獣医感染症カラーアトラス
第2版

見上　彪　監修

文永堂出版

表紙デザイン：中山　康子（㈱ワイクリエイティブ）

第2版　序

1999年に本書初版を上梓し，大学でのサブテキストとして，現場での実践書として，また獣医師国家試験の参考書とて大いに活用いただいた．それから7年間が経過したが，その間，国内外で新興・再興感染症の発生も続き，また微生物の分類や用語の改訂もあり，本書のさらなる充実を求める声が大きくなってきた．

今回の改訂では，まず初版には記載されていなかったが獣医師のかかわるものとして魚類とミツバチの感染症を加え，ダニ，昆虫に起因する感染症の章を新たに追加した．さらに海外悪性感染症をはじめ多くの疾患を追加した．また初版で写真のなかった疾患にはできる限り写真を収録し，解説もより充実したものとした．ただし全ての疾患での写真掲載はできなかったことは残念なことである．初版で分かりづらいと指摘のあったマークの記載をより明確にし，今回は索引を付しより使いやすいものとなっている．

同じく文永堂出版から発行されている『獣医微生物学　第2版』に目次立てに合わせて掲載を「第1章 細菌による感染症」，「第2章 ウイルスによる感染症」，「第3章 真菌による感染症」，「第4章 原虫による感染症」，「第5章ダニによる感染症」，「第6章 昆虫による感染症」の順としてあり，両書をあわせて学習する際により利便なものとした．追加されたものは，以下の67感染症に及ぶ．

第1章 細菌による感染症：「魚類のエジワージエラ病」，「ペスト」，「魚類のビブリオ病」，「運動性エロモナス病」，「せっそう病」，「穴あき病」，「類結節症」，「野兎病」，「細菌性鰓病」，「カラムナリス病」，「冷水病」，「ローソニア」，「牛の趾間乳頭腫状皮膚炎」，「魚類のレンサ球菌症」，「細菌性腎臓病」，「鶏結核病」，「山羊伝染性胸膜肺炎」，［伝染性無乳症」

第2章 ウイルスによる疾患:「ランピースキン病」，「牛丘疹性口炎」，「馬痘」，「伝染性膿胞性皮膚炎」，「羊痘」，「山羊痘」，「ウサギ粘液腫」，「リンホシスチス症」，「海水魚のイリドウイルス病」，「犬ヘルペスウイルス感染症」，「悪性カタル熱」，「アヒルウイルス性腸炎」，「鶏貧血ウイルス病」，「オウムの嘴・羽毛病」，「豚サーコウイルス2型感染症」，「犬パルボウイルス1型感染症」，「伝染性膵臓壊死症」，「ボルナ病」，「犬パラインフルエンザ」，「ニパウイルス感染症」，「馬モルビリウイルス肺炎」，「小反芻獣疫」，「水胞性口炎」，「伝染性造血器壊死症」，「リフトバレー症」，「アイノウイルス感染症」，「ナイロビ羊症」，「豚水胞病」，「豚エンテロウイルス脳脊髄炎」，「アヒル肝炎」，「豚水疱疹」，「ウサギウイルス性出血病」，「犬コロナウイルス病」，「馬のウエストナイル感染症」，「東部・西部馬脳炎」，「ベネズエラ馬脳炎」，「マエディ・ビスナ」

第3章 真菌による感染症：「チョーク病」，「カリニ肺炎」

第4章 原虫による感染症：「トリコモナス病」，「豚のコクシジウム病」，「ネオスポラ症」，「東海岸熱」，「熱帯タイレリア」，「ノゼマ病」

第5章 ダニによる感染症：「疥癬」，「アカリンダニ症」，「バロア病」

第6章 昆虫による感染症：「牛バエ幼虫症」

また，疾患としての項目はあげられていないが，「科」の説明を新規に加え，さらに「感染症法」にあげられる疾患の中で1～6章にでてこないものについては7章でまとめて簡明に記載した．これらにより獣医師が関連する感染症についてはほとんど網羅したものとなっている．また本文中の疾病名については，学問上の表記を考慮し法律上のものとは異なるものもある．法律上の名称については付表でご確認いただきたい．

初版にもまして本書が広く活用されることを望むものである．多々，不備なところは残っていると思われるが，この世界でも類をみない感染症カラーアトラスをさらに充実させて新版を発行できたことは望外の喜びである．執筆いただいた先生方，編集の労をとっていただいた編集の先生方，写真をご提供いただいた方々，また永井富久社長をはじめとする文永堂出版㈱のスタッフの方々に感謝の意を表したい．

2006年4月

見　上　　彪

初 版 序

獣医学の６年生教育がスタートしてからすでに 10 年以上を経過している．その間に獣医師の役割は多岐にわたるようになってきている．特に昨年４月には，「家畜伝染病予防法」が大幅に改正され，いわゆる監視伝染病は 70 種以上にもなった．また，今年４月には人の「感染症の予防及び感染症の患者に対する医療に関する法律（いわゆる感染症新法）」が改正･施行されるが，この中で指定された感染症にはいくつものズーノーシス（人獣共通感染症）が含まれている．

このような現状で獣医師がそれぞれの職場において必要・要求される微生物学・感染症学・疫学・診断学の情報・知識は，近年，ますます蓄積され，さらに広がっている．狂牛病，大腸菌 O157，エボラ出血熱などの新興感染症の発生はその由来が家畜･野生動物に起因していることが強く示唆されており，今後ますますヒトと動物のインターフェイスおよび海外からの新たな感染症の侵入を監視すべき獣医師の役割は大きくなっている．

獣医学教育における微生物感染症の対象は，家畜家禽，愛玩動物，実験動物，野生動物およびヒトであるが，それぞれが，獣医微生物学，伝染病学，公衆衛生学，獣医内科学，家畜衛生学，実験動物学など別々の教科で講義されており，同じ病原体が引き起こす感染症もそれぞれの科目で対象動物が異なっているのが現状であり，膨大な情報を整理したうえで，獣医師として必要な総合的知識を習得しなければならない．また感染症の講義においてはスライドなどを用いて視覚的に病気の症状，病理像，診断法などを学習するが，獣医学・畜産学・実験動物学を学ぶ学生の副読本としてこの要求を満たすカラーアトラスがこれまで見当たらなかった．

上記のような学問的背景と獣医学教育面での要請を念頭に置いて，獣医学を学ぶ学生の教科書・参考書として，臨床および公衆衛生の現場で活躍されている獣医師の参考書となるように，多くの専門家の協力を得て編集したものである．

理解を容易にするために，細菌およびウイルスの分類上の科（ファミリー）ごとに病原体の写真や，図表を示しながら総合的な解説を加え，各感染症においても疾病の臨床症状，病理，診断法の写真，感染経路などを中心とした疫学情報を図に示し，自習によっても理解が容易となるような配慮をした．さらに，前述した新しい「家畜伝染病予防法」および「感染症新法」に対応していることも大きな特徴である．

本書の編集にあたっては均衡のとれた内容と誤りのなきように細心の注意を払ったつもりではあるが，不適切な点についてはご指摘をお願いし，他日の改訂を期したい．

なお，本書には多くの先生方からほんとうに貴重な写真を提供していただいた．写真には提供していただいた方の氏名のみの記載に止めたが，監修者よりこの場を借りて御礼申し上げる．

最後に，本書の刊行にあたっては，文永堂出版（株）のスタッフ，ことに両角能彦氏にご尽力をいただいた．記して感謝の意を表したい．

1999 年 1 月

見 上 彪
丸 山 務

監　修

見　上　彪　内閣府食品安全委員会

編集委員（五十音順）

明石　博臣　東京大学大学院農学生命科学研究科
伊藤喜久治　東京大学大学院農学生命科学研究科
久保　正法　(独)農業・食品産業技術総合研究機構 動物衛生研究所
児玉　洋　大阪府立大学大学院生命環境科学研究科
品川　邦汎　岩手大学農学部
関崎　勉　(独)農業・食品産業技術総合研究機構 動物衛生研究所
高井　伸二　北里大学獣医畜産学部
丸山　務　(社)日本食品衛生協会
望月　雅美　共立製薬(株) 臨床微生物研究所

執筆者（五十音順）

明石　博臣　前　掲
有川　二郎　北海道大学医学部
安斉　了　日本中央競馬会馬事部
五十君靜信　国立医薬品食品衛生研究所食品衛生管理部
伊佐山康郎　前・麻布大学大学院環境保健学研究科
石川　整　(独)農業・食品産業技術総合研究機構 動物衛生研究所
磯貝恵美子　北海道医療大学歯学部
磯部　尚　(独)農業・食品産業技術総合研究機構 動物衛生研究所
伊藤　謙一　静岡県庁企画部
稲葉　右二　前・日本大学生物資源科学部
猪島　康雄　岐阜大学応用生物科学部
今井　邦俊　帯広畜産大学大動物特殊疾病研究センター
今井　壯一　日本獣医生命科学大学獣医学部
今川　浩　日本中央競馬会競走馬総合研究所栃木支所
今田　忠男　(独)農業・食品産業技術総合研究機構 動物衛生研究所
上野　弘志　酪農学園大学獣医学部
内田　郁夫　(独)農業・食品産業技術総合研究機構 動物衛生研究所北海道支所
江口　正志　(独)農業・食品産業技術総合研究機構 動物衛生研究所北海道支所
遠藤美代子　東京都健康安全研究センター
大槻　公一　京都産業大学，鳥取大学農学部
大宅　辰夫　(独)農業・食品産業技術総合研究機構 動物衛生研究所九州支所
岡田　幸助　岩手大学農学部
加来　義浩　国立感染症研究所獣医科学部
片岡　敦子　(財)畜産生物科学安全研究所
片岡　康　日本獣医生命科学大学獣医学部
鎌田　正信　日本中央競馬会競走馬総合研究所栃木支所
神尾　次彦　(独)農業・食品産業技術総合研究機構 動物衛生研究所
河津信一郎　国立国際医療センター研究所
菅野　徹　(独)農業・食品産業技術総合研究機構 動物衛生研究所北海道支所
菊池　直哉　酪農学園大学獣医学部
桐澤　力雄　酪農学園大学獣医学部
久保　正法　前　掲
熊埜御堂毅　日本中央競馬会競走馬総合研究所栃木支所
久米　勝巳　(社)北里研究所
倉園　久生　大阪府立大学大学院生命環境科学研究科
児玉　洋　前　掲
後藤　義孝　宮崎大学農学部
後藤　義之　(独)農業・食品産業技術総合研究機構 動物衛生研究所
近藤　高志　日本中央競馬会競走馬総合研究所栃木支所
齋藤　秀一　東京都家畜保健衛生所
酒井　淳一　山形県農業共済組合連合会家畜課
坂井　利夫　(有)坂井利夫家禽家畜診療所
坂本　研一　(独)農業・食品産業技術総合研究機構 動物衛生研究所

佐藤　国雄　(独)農業・食品産業技術総合研究機構 動物衛生研究所
佐藤　静夫　全国農業協同組合連合会家畜衛生研究所
佐藤　久聡　北里大学獣医畜産学部
鮫島　俊哉　農林水産省動物医薬品検査所
澤田　拓士　日本獣医生命科学大学獣医学部
品川　邦汎　前　掲
芝原　友幸　(独)農業・食品産業技術総合研究機構 動物衛生研究所
清水　実嗣　微生物化学研究所
志村　亀夫　(独)農業・食品産業技術総合研究機構 動物衛生研究所
下地　善弘　(独)農業・食品産業技術総合研究機構 動物衛生研究所
代田　欣二　麻布大学生物科学総合研究所
新城　敏晴　前・宮崎大学農学部
末吉　益雄　宮崎大学農学部
杉井　俊二　大阪府立大学大学院生命環境科学研究科
杉本　千尋　北海道大学人獣共通感染症リサーチセンター
杉山　和良　国立感染症研究所バイオセーフティ管理室
関崎　勉　前　掲
泉對　博　日本大学生物資源科学部
高井　伸二　前　掲
高島　郁夫　北海道大学大学院獣医学研究科
高瀬　公三　鹿児島大学農学部
高橋　敏雄　農林水産省動物医薬品検査所
田川　裕一　(独)農業・食品産業技術総合研究機構 動物衛生研究所
竹内正太郎　福井県立大学生物資源学部
棚林　清　国立感染症研究所獣医科学部
田淵　清　前・麻布大学獣医学部
辻本　元　東京大学大学院農学生命科学研究科
津田　知幸　(独)農業・食品産業技術総合研究機構 動物衛生研究所海外病研究施設
恒光　裕　(独)農業・食品産業技術総合研究機構 動物衛生研究所
寺嶋　淳　国立感染症研究所細菌第一部
遠矢　幸伸　東京大学大学院農学生命科学研究科
朝長　啓造　大阪大学微生物病研究所
中澤　宗生　(独)農業・食品産業技術総合研究機構 動物衛生研究所
永友　寛司　宮崎大学農学部
中村　純　玉川大学学術研究所ミツバチ科学研究施設
橋本　晃　前・北海道大学大学院獣医学研究科
長谷川篤彦　日本大学生物資源科学部
濱岡　隆文　(独)農業・食品産業技術総合研究機構 動物衛生研究所東北支所
林谷　秀樹　東京農工大学大学院共生科学技術研究院 動物生命科学部
日原　宏　前・(社)農林水産先端技術産業振興センター 農林水産先端技術研究所
平井　克哉　天使大学看護栄養学部（前・岐阜大学農学部）
福士　秀人　岐阜大学応用生物科学部
福所　秋雄　日本獣医生命科学大学獣医学部
福永　昌夫　前・日本中央競馬会競走馬総合研究所
藤崎　幸蔵　帯広畜産大学原虫病研究センター
宝達　勉　北里大学獣医畜産学部
堀内　基広　北海道大学大学院獣医学研究科
牧野　壯一　帯広畜産大学大動物特殊疾病研究センター
松下　秀　東京都健康安全研究センター多摩支所
松村　富夫　日本中央競馬会競走馬総合研究所栃木支所
松本　芳嗣　東京大学大学院農学生命科学研究科
三浦　康男　日本大学生物資源科学部
三澤　尚明　宮崎大学農学部
源　宣之　前・岐阜大学応用生物科学部
宮沢　孝幸　京都大学ウイルス研究所附属 新興ウイルス感染症研究センター
村上　賢二　(独)農業・食品産業技術総合研究機構 動物衛生研究所
村上　洋介　(独)農業・食品産業技術総合研究機構 動物衛生研究所
望月　雅美　前　掲
森　康行　(独)農業・食品産業技術総合研究機構 動物衛生研究所
両角　徹雄　(独)農業・食品産業技術総合研究機構 動物衛生研究所
山川　睦　(独)農業・食品産業技術総合研究機構 動物衛生研究所九州支所
山口　成夫　(独)農業・食品産業技術総合研究機構 動物衛生研究所
山本　茂貴　国立医薬品食品衛生研究所食品衛生管理部
山本　孝史　(独)国際協力機構
湯浅　襄　共立製薬(株) 先端技術開発センター
吉田　和生　(独)農業・食品産業技術総合研究機構 動物衛生研究所海外病研究施設
吉川　泰弘　東京大学大学院農学生命科学研究科
吉原　豊彦　日本中央競馬会競走馬総合研究所
亘　敏広　日本大学生物資源科学部

目　　次

本書で統一している略語

AAF	aggregative adherence fimbriae	凝集性粘着線毛
AEEC	attaching & effacing *E. coli*	腸管接着性微絨毛消滅性大腸菌
AIDS	acquired immunodeficiency syndrome	後天性免疫不全症候群
ATP	adenosine 5'-triphosphate	アデノシン 5'- 三リン酸
BSE	bovine spongiform encephalopathy	牛海綿状脳症
CAMP	Christie-Atkins-Munch-Peterson（test）	CAMP（テスト）
CD	cluster of differentiation	分化クラスター
CDC	Centers for Disease Control and Prevention Centers	米国・疾病管理センター
CF	complement fixation	補体結合
CFA	colonization factor antigen	定着因子抗原
CFU	colony forming unit	コロニー形成単位
CMT	California Mastitis Test	
CPE	cytopathic effect	細胞変性効果
CNS	Coagulase negative staphylococci	コアグラーゼ陰性ブドウ球菌
CP	cytopathogenic	細胞病原性
CRP	C-reactive protein	C 反応性蛋白
CT	computed tomography	コンピュータ断層撮影
DD	digital dermatitis	趾皮膚炎
DIC	disseminated intravascular coagulation	播種性血管内凝固
DMSO	dimethyl sulfoxide	ジメチルスルフォキシド
DNA	deoxyribonucleic acid	デオキシリボ核酸
DNT	dermonecrotic toxin	皮膚壊死毒
DP	digital papillomatous	趾乳頭症
EAEC	Enteroaggregative *E. coli*	腸管凝集性大腸菌
EAF	EPEC adherence fator	EPEC（腸管病原性大腸菌）粘着因子
EAggEC	Enteroaggregative *E. coli*	腸管凝集性大腸菌
EB	elementary body	基本小体
ED_{50}	median effective dose	50% 有効量
EF	edema factor	浮腫因子
EHEC	Enterohemorrhagic *E. coli*	腸管出血性大腸菌
EIEC	Enteroinvasive *E. coli*	腸管組織侵襲性大腸菌
ELISA	enzyme-linked immunosorbent assay	酵素免疫吸着（測定）法
EM	electron microscope	電子顕微鏡
EPEC	Enteropathogenic *E. coli*	腸管病原性大腸菌
ETEC	Enterotoxigenic *E. coli*	［腸管］毒素原性大腸菌
FAB 分類	French-American-British Classification	FAB 分類
FAO	Food and Agriculture Organization of the United Nations	国連食糧農業機関
5-FC	5-fluorocytosine	5- フルオロシトシン
GBS	Guliiain-Barré syndrome	ギラン・バレー症候群
GP	glycoprotein	糖蛋白
HA	hemagglutination	［赤］血球凝集
HE 染色	hematoxylin and eosin stain	ヘマトキシリン・エオジン染色

HI　hemagglutiation inhibitation　［赤］血球凝集抑制
HUS　hemolytic uremic syndrome　溶血性尿毒症症候群
IB　intermediate body　中間体
ICFTU　international complement fixation test unit　国際補体結合テスト単位
IDD　interdigital dermatitis　趾間皮膚炎
IDP　interdigital papillomatosis　趾間乳頭症
INF　interferon　インターフェロン
IgA　immunoglobulin A　免疫グロブリン A
IgG　immunoglobulin G　免疫グロブリン G
IgM　immunoglobulin M　免疫グロブリン M
LF　lethal factor　致死因子
LT　heat-labile enterotoxin　易熱性エンテロトキン
MHC　major histocompatibility complex　主要組織適合［遺伝子］複合体
NA　neuraminidase　ノイラミニダーゼ
NCP　noncytopathogenic　非細胞病原性
OIE　World Organisation for Animal Health（Office International des Epizooties）　国際獣疫事務局
ORS　oral rehydration solution　経口用輸液
PA　protective antigen　防御抗原
PAS（染色）　periodic acid - Schiff base（staining）　過ヨウ素酸－シッフ塩基（染色）
PBS　phosphate buffered saline　リン酸緩衝食塩水
PCR　polymerase chain reaction　ポリメラーゼ連鎖反応
　RT-PCR　reverse transcription PCR　逆転写 PCR
PDD　papillomatous digital dermatitis　乳頭状趾皮膚炎
RB　reticulate body　網様体
RFLP　restriction fragment length polymorphism　制限酵素切断フラグメント長多型
RNA　ribonucleic acid　リボ核酸
　mRNA　messenger RNA　メッセンジャー RNA
　rRNA　ribosomal RNA　リボソーム RNA
SARS　Severe Acute Respiratory Syndrome　重症急性呼吸器症候群
SCID　severe combined immuno-deficiency disease　重症複合免疫不全
SPF　specific pathogen free　特定病原体フリー
ST　heat-stable enterotoxin　耐熱性エンテロトキシン
STEC　Shiga toxin-producing *E. coli*　志賀毒素産生性大腸菌
TDH　thermostable direct hemolysin　耐熱性溶血毒素
TNF　tumor necrosis factor　腫瘍壊死因子
UV　ultraviolet　紫外線の
VD　verrucous dermatitis　疣状皮膚炎
VP（test）　Voges-Proskauer（test）　フォーゲス - プロスカエル（テスト）
VTEC　Vero toxin-producing *E. coli*　ベロ毒素産生性大腸菌
WHO　World Health Organization　世界保健機関

単　位

b	base　ベース
bp	base pair　ベースペア
FFU	focus-forming unit　フォーカス形成単位
PFU	plaque-forming unit　プラック形成単位
kb	kilobase　キロベース
kbp	kilobase pair　キロベースペア
Da	dalton　ダルトン
kDa	kilo dalton　キロダルトン
MDa	mega dalton　メガダルトン
S	Svedberg unit　スベドベルグ単位

マークの説明

法定：家畜伝染病予防法で法定伝染病に指定されているもの
届出：家畜伝染病予防法で届出伝染病に指定されているもの
一類：感染症の予防及び感染症の患者に対する医療に関する法律で一類感染症に指定されているもの
二類：感染症の予防及び感染症の患者に対する医療に関する法律で二類感染症に指定されているもの
三類：感染症の予防及び感染症の患者に対する医療に関する法律で三類感染症に指定されているもの
四類：感染症の予防及び感染症の患者に対する医療に関する法律で四類感染症に指定されているもの
五類：感染症の予防及び感染症の患者に対する医療に関する法律で五類感染症に指定されているもの
人獣：人獣共通感染症

＜第１章＞
細菌による感染症

大 腸 菌

基本性状
グラム陰性
運動性または非運動性の通性嫌気性小桿菌
重要な病気
大腸菌性下痢（牛）
大腸菌症（豚，鶏）
病原性大腸菌食中毒（ヒト）

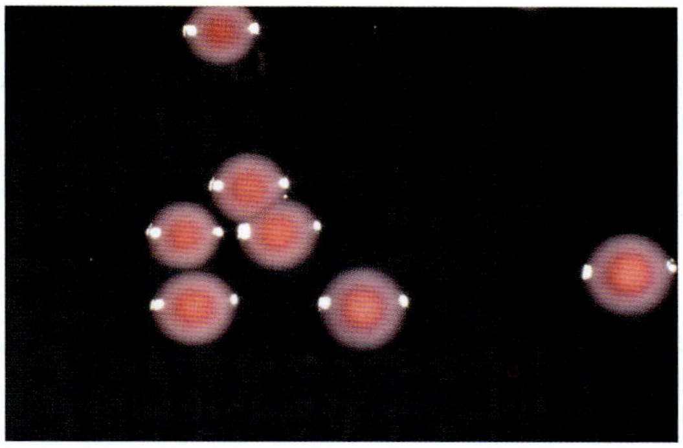

FIG *E. coli*，マッコンキー寒天培地上のコロニー

分類・性状

大腸菌（*Escherichia coli*）は，腸内細菌（*Enterobacteriaceae*）科のエシェリキア（*Escherichia*）属の 1 菌種で，主な生化学的性状はカタラーゼ陽性，オキシダーゼ陰性，インドール産生，VP テスト陰性，クエン酸利用能陰性，KCN テスト陰性などである．

大腸菌の抗原は菌体（O），莢膜（K），鞭毛（H）および線毛（F）からなる．170 以上の O 抗原，72 の K 抗原，54 の H 抗原，20 以上の F 抗原が存在する．

主に腸管感染で，牛，豚，ヒトでの下痢症，豚の浮腫病，鶏の敗血症の原因となる．

生　　態

自然界に広く分布しており，ヒト，哺乳類から爬虫類，ミミズなどに至る腸内に生息する．糞便が水を汚染して，水系感染を起こすことも多い．

分類・固定

通常の腸内細菌科の選択培地である DHL 寒天培地やマッコンキー寒天培地に直接培養して分離する．生物・生化学性状で菌種の同定を行う．さらに，診断用血清により血清型を決定する．

病　原　性

病原大腸菌は，感染様式から次の 5 種類に分類される．

- 腸管病原性大腸菌（enteropathogenic *E. coli*：EPEC）または腸管接着微絨毛消滅性大腸菌（attaching & effecing *E. coli*：AEEC）
- 腸管組織侵襲性大腸菌（enteroinvasive *E. coli*：EIEC）
- 腸管毒素原性大腸菌（enterotoxigenic *E. coli*：ETEC）
- 志賀毒素（ベロ毒素）産生性大腸菌（Shiga toxin（Vero toxin)-producing *E. coli*：STEC or VTEC）．この中で *eae A* 遺伝子を保有するものを腸管出血性大腸菌（enterohemorrhagic *E. coli*：EHEC）と記載することがある．
- 腸管凝集性大腸菌（enteroaggregative *E. coli*：EAggEC または EAEC）

牛の大腸菌性下痢

人獣

colibacillary diarrhea in cattle

Key Words：初生牛，水様性下痢，エンテロトキシン，志賀毒素（ベロ毒素）

一般に下痢の原因となる大腸菌は下痢原性大腸菌と呼ばれ，通常の大腸菌とは区別される．子牛の下痢に関与する主なものは毒素原性大腸菌（enterotoxigenic *E. coli*：ETEC）であり，一部に腸管出血性大腸菌（enterohemorrhagic *E. coli*：EHEC）や腸管接着微絨毛消滅性大腸菌（attaching & effacing *E. coli*：AEEC）の感染がある．

原　　因

ETEC の感染は生後 3 ～ 4 日齢以内の新生期に集中する．経口的に腸管に入った ETEC は付着因子（主に線毛，表 1）を介して小腸粘膜に定着し（写真 1），下痢原性毒素であるエンテロトキシン（表 2）を産生し下痢を起こす（写真 2）．この毒素は易熱性（LT I および LT II）と耐熱性（ST I および ST II）のものがあり，牛由来株は ST I 産生菌が圧倒的に多く，まれに LT II 産生菌がある．付着因子を保有しエンテロトキシンを産生する菌が強毒株である．

わが国の子牛下痢に関与する ETEC の血清型および毒素型は，O8：K(A)：F5，ST I，O9：K(A)：F5：F41，ST I，O20：K(A)：F5，ST I，O101：K(A)：F5：F41，ST I，O141：K(A)：F5，ST I などであり，とくに F5（K99）保有の O9，O101 の分離頻度が高い．

上記血清型菌の分布は北米，欧州のそれとかなり共通性があり，各血清型に共通する F5 は有用な感染防御抗原である．子牛の ETEC 感染に対する感受性は加齢とともに低下する．

一方，EHEC/AEEC の感染は粘液便や血便の排泄が特徴で，EHEC O5：H－の感染はとくに「子牛の赤痢」と称される．本症は 10 日齢以上の牛にみられるが，ETEC の感染に比べ症状は軽く，発生率も低い．ETEC 感染では，定着は小腸中部から下部にみられるが，EHEC/AEEC 感染では小腸下部から大腸にみられる．両者の下痢便ある

表 1　大腸菌の主な線毛と付着性

F 抗原	別名称	宿　主	付着性
F1	Type1	動物種に共通	?
F2	CFA/ I	ヒトの ETEC	+
F3	CFA/ II	ヒトの ETEC	+
?	CFA/ III	ヒトの ETEC	+
?	CFA/ IV	ヒトの ETEC	+
F4	K88ab，ac，ad	豚の ETEC	+
F5	K99	牛，豚の ETEC	+
F6	987 P	豚の ETEC	+
F7			
～	Pap	ヒトの尿路感染症	+
F14			
F17	FY（Att25）	牛の敗血症，ETEC	+
F18ab	F107	豚の浮腫病，STEC	+
F41		牛，豚の ETEC	+
?	F210	牛の ETEC	+
?	CS31A	牛の敗血症，ETEC	－
?	Fmsha	牛の ETEC	+
?	F165	牛，豚の敗血症，腸炎	?
?	AF/R1	ウサギの ETEC	+
?	BFP	ヒトの EPEC（局在性付着）	?
?	AAF/ I	ヒトの EAggEC	+

+：粘膜上皮への付着性あり，－：付着性なし，？：不明
＿＿：牛のワクチン用抗原，□：豚のワクチン用抗原

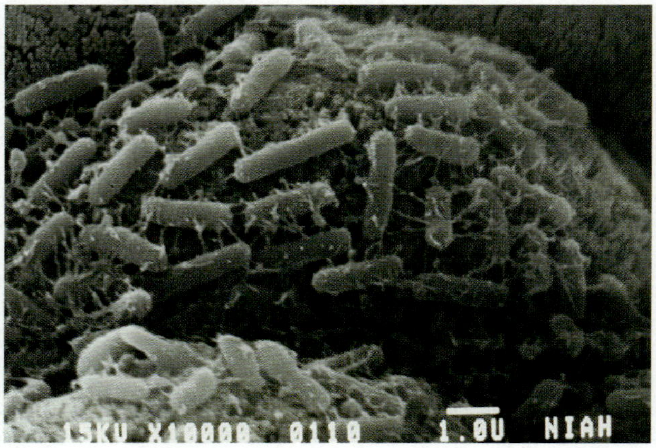

写真 1　子牛の回腸に定着した ETEC の走査型 EM 像．

表2 エンテロトキシンおよび志賀毒素の性状

性状	エンテロトキシン				志賀毒素（ベロ毒素）	
	LT I	LT II	ST I（STa）	ST II（STb）	Stx1（VT1）	Stx2（VT2）
分子量	88,000	83,000	2,000	4,800	71,000	68,000 ～ 71,000
熱安定性	60℃，10 分 失活	60℃，10 分 失活	100℃，15 分 安定	100℃，15 分 安定	80℃，10 分 失活	85℃，60 分 失活
レセプター	糖脂質 GM1 GM2	糖脂質 GD1b	74kDa 蛋白	?	糖脂質 Gb3	糖脂質 Gb3，Gb4
遺伝子	プラスミド	染色体	プラスミド トランスポゾン	プラスミド	バクテリオ ファージ	バクテリオ ファージ
アデニレートシクラーゼ活性	+	+	−	−	−	−
グアニレートシクラーゼ活性	−	−	+	−	−	−
プロスタグランジン E_2 濃度上昇	−	−	−	+	−	−
RNA N- グリコシダーゼ活性	−	−	−	−	+	+
細胞毒性	−	−	−	−	+	+
腸管毒活性：乳飲みマウス	−	−	+	−	?	?
ウサギ回腸ループ	+	+	+	−	+	+
豚回腸ループ	+	?	+（2 週齢まで）	+（7 ～ 9 週齢）	?	?

いは症状の相違は，感染定着部位および原因毒素の違いを反映している．また，EHEC/AEEC の定着した粘膜上皮の微絨毛は萎縮・消失し，上皮細胞内にアクチン線維の集積が観察される．この所見は AE 病変（attaching & effacing lesions，写真 3）と呼ばれ，本菌感染に特徴的な粘膜の変化である．粘膜便や血便の排泄は，AE 病変と志賀毒素に起因する．わが国では O5，O26，O111，O145 などの EHEC 感染が多い．

なお，牛はヒトの症例から分離される EHEC と同一の血清型菌をしばしば保菌しており，ヒトへの感染源となる．

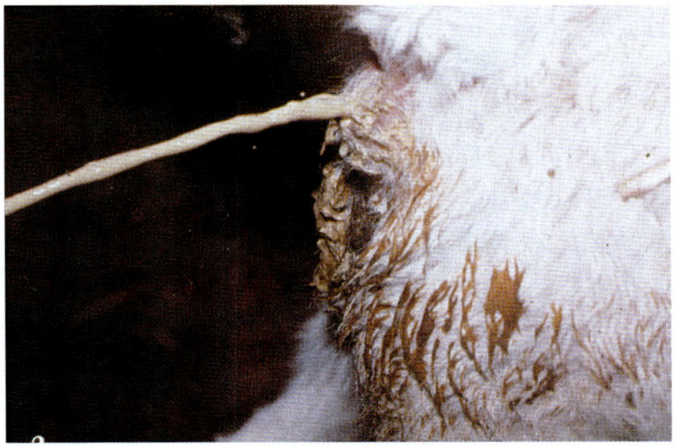

写真2 ETEC 感染による子牛の水様性下痢．

疫　　学

ETEC による下痢および EHEC/AEEC による赤痢 / 下痢は全国的にみられる．

感染源は保菌母牛や保菌同居牛であり，生後間もない子牛は糞便を介して経口的に感染を受ける．本症は一

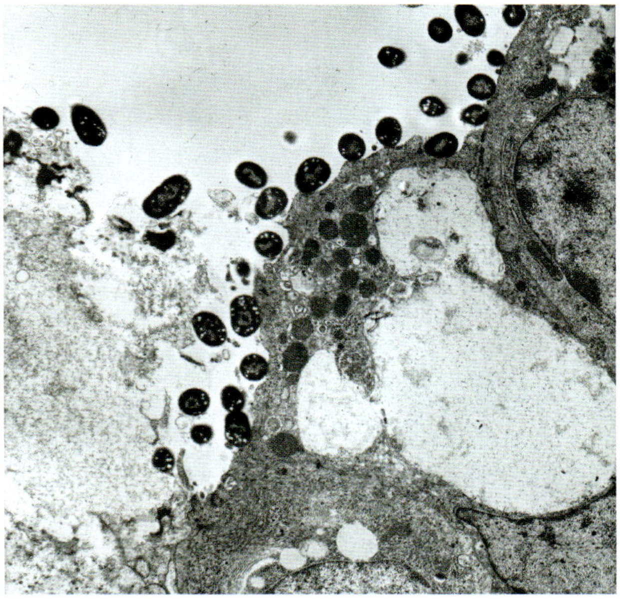

写真3 ETEC O26 の感染により子牛の大腸に形成された AE 病変の透過型 EM 像．

表3 子牛の感染性下痢の類症鑑別

病 名	便性状	症状・特徴
大腸菌性下痢	水様便（ETEC）	突然発症，下痢・脱水・敗血症により急死，生後2週齢までに多発
	粘血便（EHEC）	悪臭ある下痢，疼痛，裏急後重，生後3週齢までに好発
サルモネラ症	悪臭のある粘血便 黄白色水様便	発熱・食欲減退・下痢・脱水・敗血症死，生後2～6週齢に多発
コクシジウム症	粘血便	食欲減退・衰弱・下痢・貧血，1～3ヵ月齢に好発
クリプトスポリジウム症	黄色水様便 白色粘液便	食欲減退・下痢・脱水，生後1～4週齢に好発
牛ロタウイルス病	黄色水様便 乳白色水様便	下痢・脱水，大腸菌などとの混合感染により重篤化，生後4週齢までに好発
牛コロナウイルス病	黄色水様便 乳白色水様便	軽度の発熱，下痢・脱水，年齢に関係なく牛群全体が罹患
牛ウイルス性下痢・粘膜病	水様便 粘血便	発熱，下痢・脱水・削痩，鼻腔・口腔粘膜のびらん，潰瘍，数週齢～1歳未満の牛に多い

ETEC：毒素原性大腸菌の感染
EHEC：腸管出血性大腸菌の感染

度発生すると続発する傾向があり，畜舎疫の様相を呈する．ある発生農場における健康成牛の保菌調査では直腸便1g中に10^2～10^6個の薬剤耐性（R）プラスミド保有ETECを検出しており，このような保菌牛の存在が畜舎疫の要因と考えられる．

家畜衛生週報に集計された1988年～2002年の大腸菌症（病型の区分がないため下痢や敗血症の実数は不明）の発生頭数および死廃率をみると，年によるばらつきはあるが，年間67～429頭の発生，死廃率12.5～75％である．

症　状

ETEC感染では12～18時間の潜伏期間を経て突然激しい下痢を起こす（写真2）．下痢は酸臭のある黄白色水様または泥状便である．加療しないと哺乳欲廃絶，起立不能，脱水に陥り死亡する．

EHEC/AEEC感染では2～4日の潜伏期間を経て悪臭のある粘血便を排泄する．腹部を触診すると疼痛を，また排便時，裏急後重（しぶり）を示す．

診　断

下痢の急性期に採材した直腸便を定量培養して分離した大腸菌を対象とし，エンテロトキシン，志賀毒素，線毛，*eae A*遺伝子などの有無を調べる．診断には表3に示すような疾病との類症鑑別が必要である．

治　療

脱水とアシドーシスを防止するための輸液療法と原因療法としての抗菌剤投与を併用する．

予　防

現在わが国では付着因子（F5，F17，F41など）を含有するETEC不活化ワクチンが市販されている．分娩予定日の5～6週間前および3～4週間前の2回筋肉内あるいは皮下に注射することにより，IgG_1を主体とする抗大腸菌抗体が初乳に蓄えられ，哺乳により子牛へ移行する．このうち抗線毛抗体はETECの小腸粘膜への付着を阻止し，感染を防ぐ．また，抗菌体抗体は菌体凝集，食菌作用亢進なども期待でき，ETECの腸管からの排除は促進される．

この種のワクチンは急性伝染病に対するそれとは異なり，衛生管理の一環として使用することが推奨される．すなわち，飼養管理の改善による環境からの病原体の駆逐，母牛の健康管理の徹底，子牛の抵抗力の増強などと本ワクチンの応用を並行することにより，その効果をより高めることができる．

豚の大腸菌症

colibacillosis in swine

Key Words：大腸菌性下痢，大腸菌性腸管毒血症（浮腫病），大腸菌性敗血症

本症は発病様式や症状の違いから大腸菌性下痢（新生期下痢，離乳後下痢），大腸菌性腸管毒血症（浮腫病）および大腸菌性敗血症に大別される．また，成豚では大腸菌による乳房炎，子宮内膜炎などの局所感染が発生する．

病原体

大腸菌性下痢の主因はO8，O9，O149などに属するETECである．付着因子の主なものは線毛F4（K88，写真1），F5（K99），F6（987P），F18，F41などで，エンテロトキシンはLTⅠ，STⅠ，STⅡが重要である．菌株により，1種類もしくは2種類以上の毒素を産生する．F4保有ETECの約8割は溶血性（写真2）である．

浮腫病の原因菌はO139，O141などに属するSTECで，本菌もETECと同様に小腸内における定着が重要であり，産生された志賀毒素が吸収されて発病する．

敗血症の原因大腸菌の血清型は多彩であり，病原因子は種々報告されている．死因は血液中で増殖した大腸菌の内毒素によるショック死である．

疫学

大腸菌性下痢のうち，新生期下痢の発生は2週間以内に集中する．同時期の子豚下痢に占める本症の割合は20～35%，死亡率は発症日齢により異なり，3日齢以内では70%以上になる．初産豚の産子では発生頻度が高い．ETECを保菌する母豚の糞便が重要な感染源である．

離乳後下痢は離乳を直接または間接の誘因とし，離乳後3～10日に発生する．発生率は20～50%と高く，常在化し，死亡率は10%以下である．ロタウイルスの先行感染はETECの定着を増強し，病勢が重篤化する．

浮腫病は4～12週齢の幼豚に散発し，発生率は平均1%以下であるが，時には10%以上にもなる．死亡率は高く50～90%であり，離乳に伴う飼料の変更，豚舎の移動，他の豚とのグルーピングなどのストレスが発生誘因である．脳脊髄血管症は非定型的な浮腫病とみなされる．

敗血症は3日齢以内の新生豚に好発し，発生率は1～2%以内，死亡率は高く80%に及ぶ．通常，感染

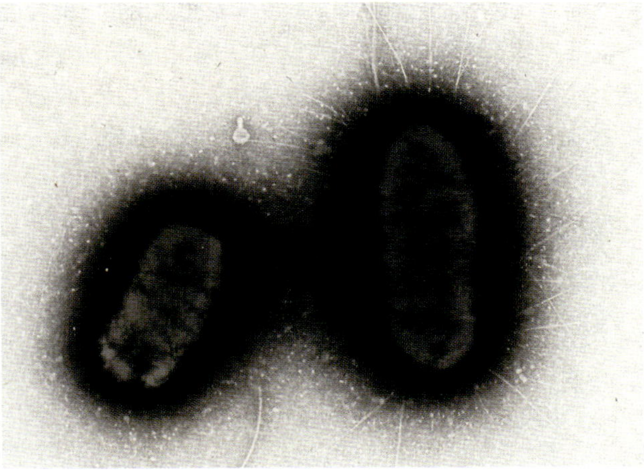

写真1　ETECのF4（K88）線毛のEM像．

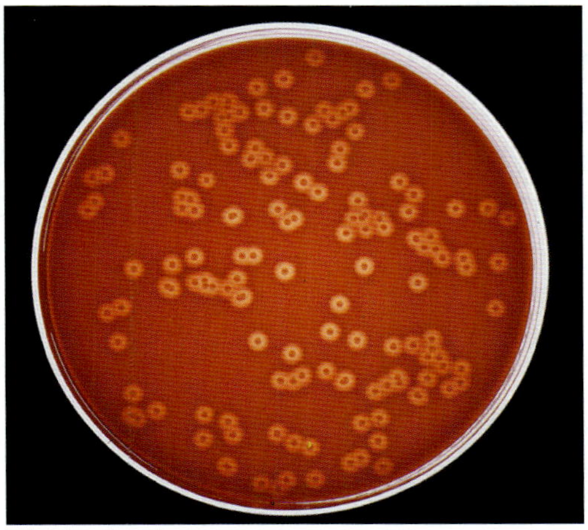

写真2　羊血液寒天培地上でβ型の溶血環を示す大腸菌．

表1　豚の大腸菌症の病型と特徴

病型	原因菌	好発豚	症　状
下痢	ETEC	新生豚 離乳豚	水様性下痢，脱水，敗血症（初生豚），泥状便，急死（離乳豚）
	AEEC	離乳豚	泥状便，粘液便
浮腫病	STEC	離乳豚	浮腫，神経症状，下痢，急死
敗血症	不特定	新生豚	発熱，沈うつ，急死
乳房炎	不特定	母豚	乳房の腫脹，無乳症，発熱，呼吸促迫

ETEC：毒素原性大腸菌
AEEC：腸管接着微絨毛消滅性大腸菌
STEC：志賀毒素産生性大腸菌

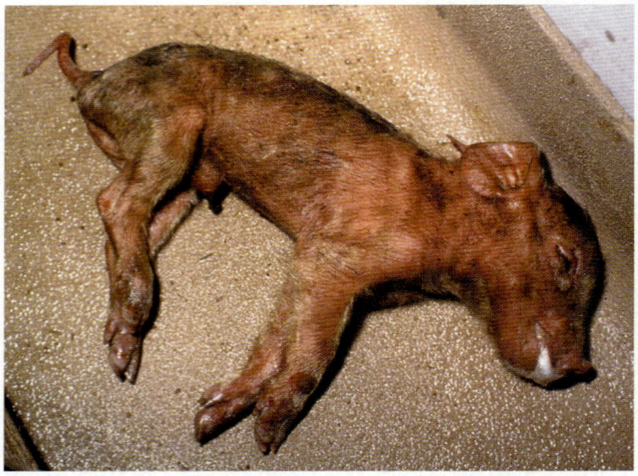

写真3　F4保有ETEC感染により死亡した子豚.
下痢による脱水で萎縮し，体表は下痢便で汚れている.

は分娩の経過中または直後に起こり，同腹豚が同時に発病する．本症は初乳の未摂取あるいは低γ-グロブリン血症と関連している．

症状・診断・治療

症　状：表1および写真3，4に示す通り．

診　断：臨床症状と分離大腸菌の病原因子を検出する．

分離大腸菌のエンテロトキシン，志賀毒素および線毛の有無を検索する．市販の検査用キットや抗血清で検出可能である．

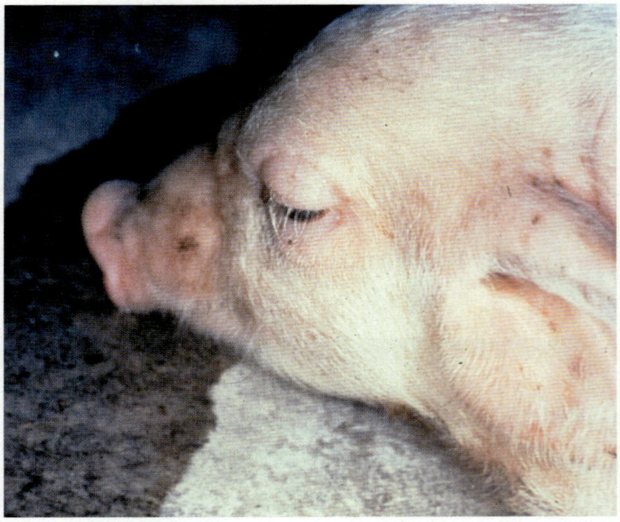

写真4　浮腫病末期の豚.
眼瞼および前頭部に浮腫がみられる.

治　療：下痢では脱水とアシドーシスを防止するための輸液療法と原因療法としての抗菌剤投与を併用する．浮腫病，敗血症は経過が急性であり，通常，治療は実施しない．

類症鑑別

新生期下痢では豚伝染性胃腸炎，豚流行性下痢，離乳後下痢ではコクシジウム病，サルモネラ症，浮腫病ではレンサ球菌症，豚コレラとの鑑別が必要である．

予　　防

各病型に共通して衛生管理の徹底，飼育環境における病原大腸菌の菌数を減らすための消毒を実施する．新生期下痢に対しては母豚免疫用ワクチンを応用し，離乳後下痢に対しては離乳時のストレスの緩和，飼料給与の適正化，有効薬剤の飼料添加を実施する．しかし，浮腫病に対してはワクチンは実用化されていないため，ストレスの緩和，制限給餌，抗菌剤の投与などを行う．

鶏の大腸菌症

avian colibacillosis

Key Words：非腸管感染，敗血症，心嚢・肝臓の白色滲出物

鶏の大腸菌症は一般に非腸管感染症であり，表1に示すような多様な病型がある．わが国では最も発生数の多い鶏の細菌病である．

原　因

血清型O1：K1，O2：K1，O78：K80が多く分離されるが，他の血清型も分離される．新鮮と殺個体の病変部よりほぼ純粋に大腸菌が分離される．発病に直接関与する病原因子は確定していないが，病原性株の多くが，鉄利用に関与するアエロバクチン産生性，血清抵抗性遺伝子（Fプラスミドの *traT* またはコリシンVプラスミド上の *iss*），および1型線毛，P線毛またはこれらに類似した線毛を保有する．

疫　学

肉用鶏で多発，6～10週齢の出荷直前の発生が多い．低温，多湿，高アンモニアの環境に加え，他の呼吸器病病原体の感染に誘発され症状が悪化する．

症　状

元気・食欲減退，増体の減少・停止と死亡．全眼球炎による失明．鶏のほか，七面鳥，アヒルでもみられる．

予防・治療

一般的な衛生管理を実施する．発病鶏は淘汰する．抗菌薬による治療を行うこともあるが，多くの場合，効果は低い．発症の軽減を目的とした不活化ワクチンが実用化されている．

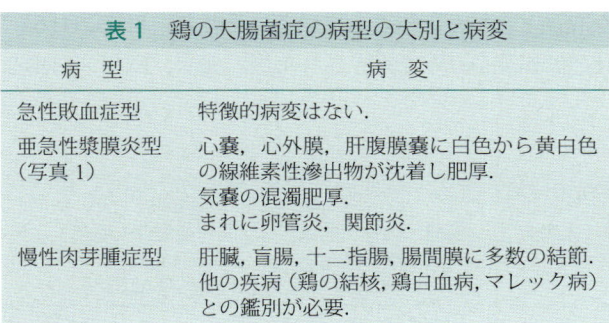

表1　鶏の大腸菌症の病型の大別と病変

病　型	病　変
急性敗血症型	特徴的病変はない．
亜急性漿膜炎型（写真1）	心嚢，心外膜，肝腹膜嚢に白色から黄白色の線維素性滲出物が沈着し肥厚． 気嚢の混濁肥厚． まれに卵管炎，関節炎．
慢性肉芽腫症型	肝臓，盲腸，十二指腸，腸間膜に多数の結節． 他の疾病（鶏の結核，鶏白血病，マレック病）との鑑別が必要．

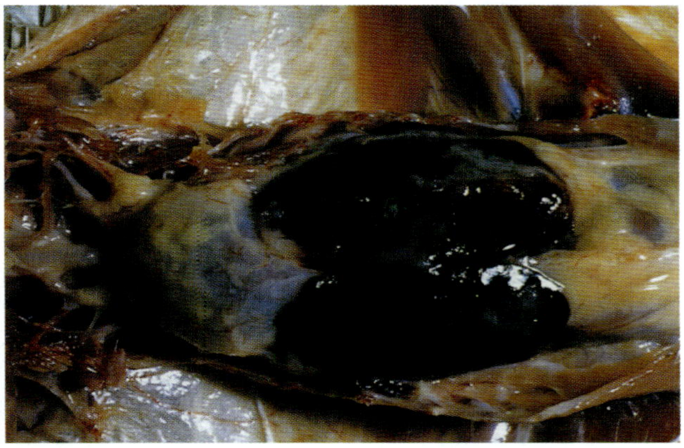

写真1　亜急性漿膜炎型の心膜病変．

病原性大腸菌食中毒

人獣
三類

diarrheagenic *E. coli* food poisoning

Key Words：下痢，旅行者下痢症，出血性大腸炎，溶血性尿毒症症候群（HUS）

飲食物を介してヒトに食中毒を起こす病原性大腸菌（下痢原性大腸菌）は，その病原性発現機序に基づき表1に示すように分類されている．

これらの原因菌による食中毒の中でわが国において多くみられるものは，EPEC，ETEC によるものであるが，EHEC 感染症は，下痢から出血性大腸炎，さらに溶血性尿毒症症候群（HUS）や脳症などの重篤な症状を呈し死に至る場合がある疾患であるため，「感染症法」では単独で三類感染症に位置づけられている．また，EHEC 感染症は主に先進国において発生しているが，その他の病原性大腸菌については，開発途上国において現在も主要な下痢性疾患であり，一部の菌は先進国におけるいわゆる旅行者下痢症の原因菌ともなっている．

疫　　学

病原性大腸菌については，それぞれ疫学においても異なった特徴を持っている．

腸管病原性大腸菌（EPEC）：先進国とは異なり開発途上国においては，EPEC は現在でも乳幼児胃腸炎の依然として重要な原因菌である．中南米を中心とした地域の乳幼児胃腸炎の患者からの EPEC の検出が多い．EPEC 感染症は成人においても発生し，わが国においても EPEC による散発下痢症や食中毒が発生している．

腸管侵入性大腸菌（EIEC）：EIEC 感染症は一般に発展途上国や東欧諸国に多く，先進国では比較的まれである．その媒介体は食品または水であるが，時にはヒトからヒトへの感染もある．現在，わが国における EIEC の分離の多くは海外渡航者の旅行者下痢からである．

毒素原性大腸菌（ETEC）：ETEC は途上国における乳幼児下痢症の最も重要な原因菌であり，先進国においてはこれらの国々への旅行者にみられる旅行者下痢症の主要な原因菌である．また，途上国において ETEC 下痢症はしばしば致死的で，幼若年齢層の死亡の重要な原因である．ETEC の感染は多くの場合，水を介しての感染であると考えられている．EPEC と同様わが国においても ETEC による散発下痢症や食中毒が発生している．

腸管出血性大腸菌（EHEC）：牛が主たる保菌動物であるが，食中毒の原因としては牛肉だけではなくさまざまな食品・食材が報告されている．とくに，EHEC O157：H7 は米国で初めて報告された後，北米，欧州，日本な

表1　病原性大腸菌の分類

	腸管病原性大腸菌 Enteropathogenic *E. coli*（EPEC）	腸管侵入性大腸菌 Enteroinvasive *E. coli*（EIEC）	腸管毒素原性大腸菌 Enterotoxigenic *E. coli*（ETEC）	腸管出血性大腸菌 Enterohemorrhagic *E. coli*（EHEC）	腸管凝集性大腸菌 Enteroaggregative *E. coli*（EAEC）
病原因子	EAF（EPEC adherence factor）プラスミド，Intimin など	病原性プラスミド	colonization factor antigen(CFA)，heat-labile enterotoxin（LT），heat-stable enterotoxin (ST)など	志賀毒素（ベロ毒素），Intimin など	aggregative adherence fimbriae（AAF），耐熱性エンテロトキシン（EAST1）など
疾病	急性胃腸炎（水様性下痢，腹痛，発熱，嘔吐）	赤痢様疾病（下痢～粘血性下痢，腹痛，発熱）	下痢・急性腸炎（水様性下痢・腹痛）	下痢～出血性大腸炎（腹痛，血性下痢）	下痢（水様性下痢・粘液性下痢）
潜伏期間	1～2日	2～3日	1～2日	1～10日	1～2日
関連主要O血清群	44，55，86，111，114，119，125，126，127，128，142，158	28，112，115，124，136，143，144，147，152，164，167	6，8，15，20，25，27，63，78，85，115，128，148，159，167	26，103，111，121，157	3，15，44，86，77，111，127

ど先進国を中心として多発したが，現在では世界中の多くの国から発生報告がある．日本では1996年に集団発生が多発した際に指定伝染病となり，その後感染症法において三類感染症として位置づけられた．食中毒の原因菌としてだけではなく重要な感染症起因菌でもある．小菌量でも感染が成立するため，接触感染を含めた2次感染もある．

腸管凝集性大腸菌（EAEC）：開発途上国の乳幼児下痢症患者からよく分離される．わが国ではEAEC下痢症の散発事例はあるが，食中毒，集団発生事例の報告は少ない．比較的新しい菌群であり，自然界での分布も明らかでない．

症　　状

EPECによる症状は下痢，腹痛，発熱，嘔吐などで乳幼児においてはしばしば非細菌性胃腸炎やETEC下痢症よりも重症で，コレラ様の脱水症状のみられることがある．ETECによる主症状は下痢であり嘔吐を伴うことも多いが，腹痛は軽度で発熱もまれである．しかし重症例，とくに小児の場合コレラと同様に脱水症状に陥ることがある．EPEC, ETEC感染症における潜伏期間は12～72時間であるが，それより短い場合もある．EIECによる症状は下痢，発熱，腹痛であるが，重症例では赤痢様の血便または粘血性下痢，しぶり腹などがみられ，臨床的に赤痢と区別するのは困難である．潜伏期間は一定しないが，通常12～48時間である．EAECによる症状は2週間以上の持続性下痢として特徴づけられるが，一般には粘液を含む水様性下痢および腹痛が主で，嘔吐は少ない．

EHECによる症状は，無症候性から軽度の下痢，激しい腹痛，頻回の水様便，さらに著しい血便とともに重篤な合併症を起こし，死に至るものまでさまざまである．多くの場合には，3～5日の潜伏期間をおいて，激しい腹痛を伴う頻回の水様便後に，血便となる（出血性大腸炎）．発熱は軽度で，多くは37℃台である．血便初期には血液の混入は少量であるが次第に増加し，典型例では便成分の少ない血液そのものという状態になる．有症者の6～7%において，下痢などの初発症状発現の数日から2週間以内に，溶血性尿毒症症候群（hemolytic uremic syndrome：HUS）または脳症などの重症合併症が発症する．HUS罹患患者の致死率は1～5% とされている．

診　　断

患者便，原因食品から大腸菌を分離し，その生化学的性状，血清型を調べるとともに毒素産生性，細胞侵入性，細胞付着性などについて病原因子を調べる．病原因子の検査方法については培養細胞を用いた生物学的方法や標的遺伝子の検出による遺伝学的方法があり各病原因子のプライマーを用いたPCR法が一般的に応用されている．EPECについては培養細胞付着性，EAFプラスミド，Intimin遺伝子等の有無について調べる．EIECでは培養細胞侵入性，病原性プラスミドの有無，ETECについてはLT，ST，CFAの有無，EAECについては，培養細胞付着性，AAF，EAST1の有無について調べる．EHECでは，確定診断は糞便からの病原体分離と志賀（ベロ）毒素の検出によってなされる．EHEC O157の分離には，

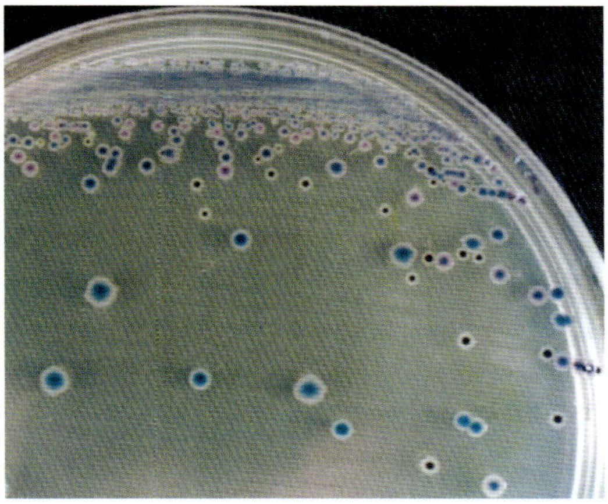

写真1　CHROMagar O157 TAM培地上のEHEC O157，O 157以外の*E. coli*および*Salmonella*.
EHEC O157は藤色，O157以外の*E. coli*は青色，硫化水素産生性の*Salmonella*は黒色コロニーを形成している．

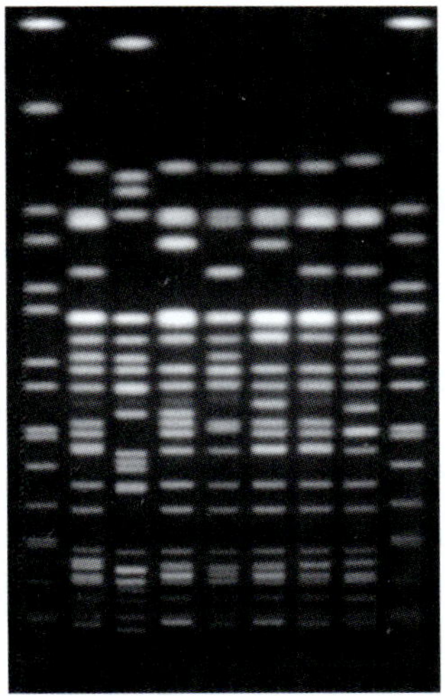

写真2　多様な遺伝子型を示すEHEC O157のパルスフィールドゲル電気泳動法による泳動像．
両端はDNAサイズマーカーとして用いた*S.* Braenderup株．

ソルビトール非分解性を利用した種々の培地が利用できる（写真 1）．患者に血便，HUS の症状がみられるのに，分離株が市販の病原性大腸菌免疫血清に凝集しない場合には，典型的な血清型以外の EHEC の可能性があるので，分離大腸菌株すべてについて毒素産生試験を行うことが望ましい．EHEC の毒素産生性試験に関しては，免疫学的検査（酵素抗体法等）および PCR 法を用いた遺伝子検査がある．食中毒の起因菌と疑われる菌株について同一血清型の菌株をさらに細分化することが可能であり，遺伝子型別（写真 2），ファージ型別などが用いられる．

予　防

治療は基本的には赤痢やサルモネラ症と同様で，対症療法と抗生物質の投与が中心である．とくに ETEC 感染症の場合は脱水症状に対する輸液が必要となる．予防対策としては，食品からの汚染を避けるために，食品の十分な加熱，調理後の長期の食品保存を避けるなどの注意が大切である．また，発展途上国等への旅行では，飲水として殺菌したミネラルウオーター等を飲用するなどの心がけも必要である．ヒトからヒトへの 2 次感染に対しては，手洗いを徹底することで予防することができる．

サルモネラ

基本性状

グラム陰性通性嫌気性桿菌

重要な病気

サルモネラ症（牛，水牛，シカ，豚，イノシシ，鶏，アヒル，七面鳥，ウズラ）
馬パラチフス（馬）
家きんサルモネラ感染症（ひな白痢，鶏チフス）（鶏，アヒル，ウズラ，七面鳥）
食中毒（ヒト）
腸チフス・パラチフス（ヒト）

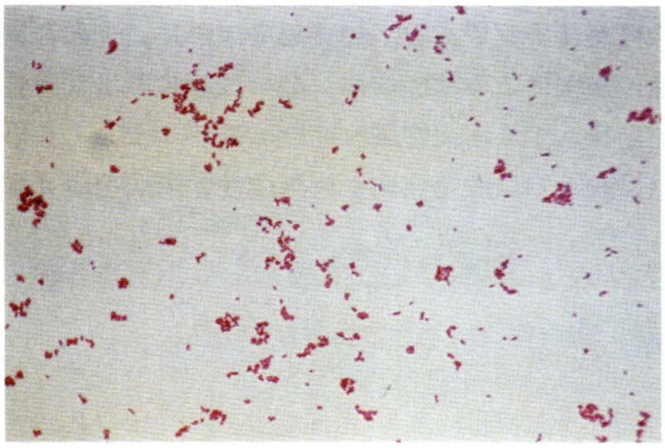

FIG　*S.* Typhimurium のグラム染色性
長さ 1 ～ 3 μm，幅 0.4 ～ 0.7 μm のグラム陰性桿菌

サルモネラは自然界に広く分布するグラム陰性通性嫌気性桿菌で，しばしば家畜，家禽に重要な下痢，敗血症を引き起こすばかりでなく，近年，ヒトの食中毒の原因菌として公衆衛生の面からも問題になっている．現在，家畜伝染病予防法における監視伝染病として，家きんサルモネラ感染症（*Salmonella* Gallinarum 生物型 Pullorum および Gallinarum によるもの）が（法定）家畜伝染病，馬パラチフス（*S.* Abortusequi）および *S.* Dublin，*S.* Enteritidis，*S.* Typhimurium，*S.* Choleraesuis によるサルモネラ症が届出伝染病にそれぞれ指定されている．

分類・性状

サルモネラ（*Salmonella*）属菌は腸内細菌科（Family *Enterobacteriaceae*）に属し，DNA の相同性から 2 菌種 6 亜種に分類されている．また，菌体抗原（O 抗原）と鞭毛抗原（H 抗原）との組合せによる分類では 2,500 以上の血清型に分類され，Kauffmann-White の抗原構造表としてまとめられている．

血清型の表記*：ネズミチフス菌を例にとると，正式な表記法では次のようになる．

Salmonella enterica subsp. *enterica* serovar Typhimurium

しかし，日常的な記載では *Salmonella* Typhimurium と簡略化して用いられることが多い．

性　状：サルモネラは通性嫌気性グラム陰性桿菌（FIG）で，菌体周囲に有する鞭毛により運動性を示す．通常グルコースを発酵的に分解しガスを産生，クエン酸を炭素源として利用する．しかし，これらの性状には血清型や菌株による例外がみられる．

分離・同定

サルモネラの分離培養には検体を直接，あるいは各種選択増菌培地（セレナイト培地，ハーナテトラチオン酸塩培地など）での増菌後，選択分離培地（DHL 寒天培地，MLCB 寒天培地など）を用いて行う．なかでも，DHL 寒天培地は選択性に優れており，培地中の糖を分解せず，ほとんどの血清型が H_2S 産生による黒色コロニーを形成することから，サルモネラを容易に識別可能である（写真 1）．

また，各種生化学的性状のなかから，特徴的所見を示し有用性が高い TSI 培地についてサルモネラの発育性状を示す（写真 2）．

病　原　性

血清型別：血清型別は市販の診断用血清を用いて，のせガラス凝集反応により O 型別を，試験管内凝集反応により H 型別を行う．さらに必要に応じて相誘導を実施し，H 抗原の第 1 相，第 2 相を決定する．

原因血清型：比較的高頻度に分離される血清型と宿主との関係を表 1 に示す．サルモネラには血清型により

*なお，2005 年，サルモネラ属の菌種の表記方法が変更になっている．概略は付表参照のこと．

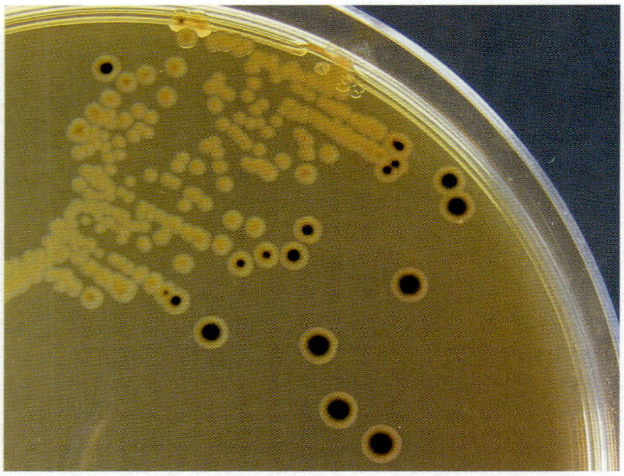

写真 1 DHL 寒天培地上でのコロニー性状（37℃，一夜培養）.

サルモネラは直径約 2 ～ 3mm の正円．一部の血清型を除き中心部黒色のスムースコロニーを形成する．

非接種対照　*S.* Typhimurium　*S.* Gallinarum　*E. coli*

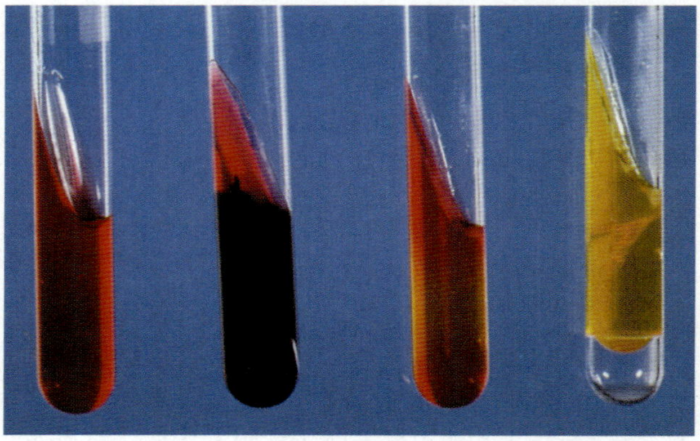

	S. Typhimurium	*S.* Gallinarum	*E. coli*
斜面／高層	－／＋	－／＋	＋／＋
ガス産生	＋*	－	＋
H_2S 産生	＋*	－*	－

＊菌株により例外あり

写真 2 TSI 倍地上での発育性状.

表 1 宿主と分離頻度の高い血清型

宿主	血清型
牛	*S.* Typhimurium，*S.* Dublin*，*S.* Enteritidis，*S.* Infantis
豚	*S.* Typhimurium，*S.* Choleraesuis*，*S.* Derby
鶏	*S.* Gallinarum*，*S.* Typhimurium，*S.* Enteritidis，*S.* Infantis，*S.* Agona，*S.* Hadar
馬	*S.* Abortusequi*，*S.* Typhimurium

* 宿主適応性の高い血清型

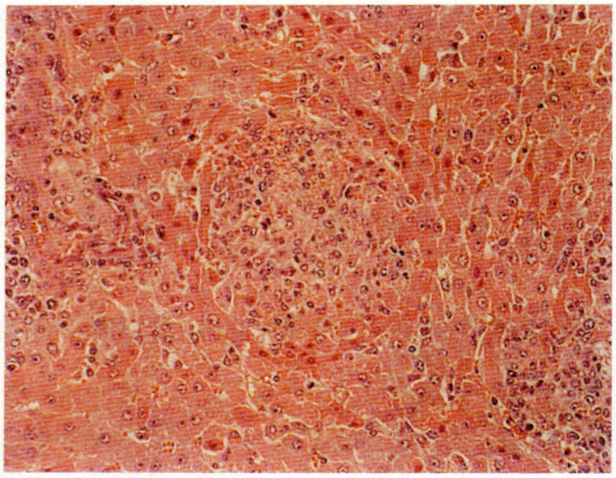

写真 3 肝臓にみられるマクロファージの集積からなるチフス結節（HE 染色）.

1　2　3　4　5

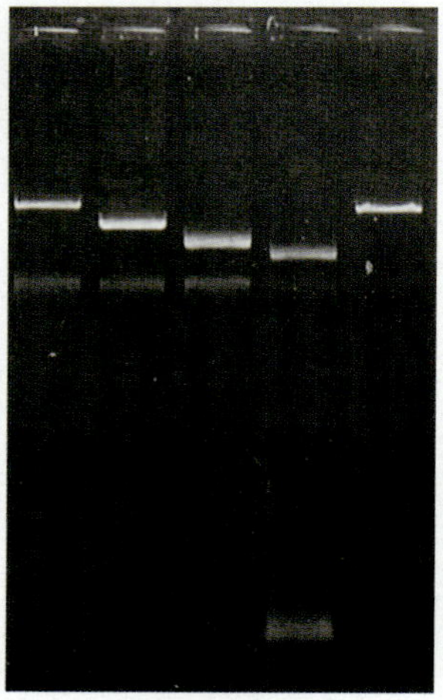

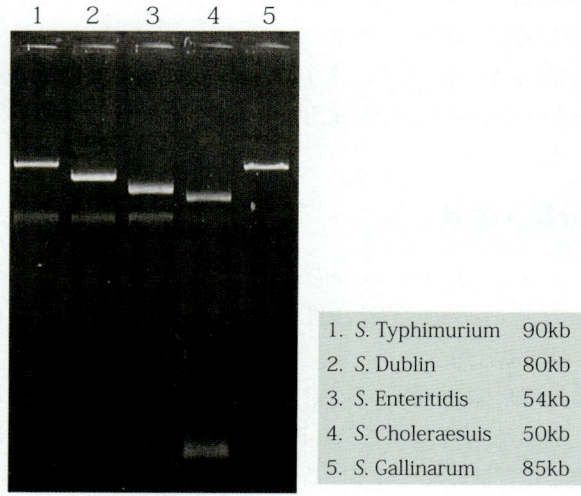

1.	*S.* Typhimurium	90kb
2.	*S.* Dublin	80kb
3.	*S.* Enteritidis	54kb
4.	*S.* Choleraesuis	50kb
5.	*S.* Gallinarum	85kb

写真 4 サルモネラの血清型特異プラスミド.

高い宿主適応性を有するものがあり，それらの血清型では適応宿主以外に対しては起病性に乏しいことが特徴である．

サルモネラ症の病型：サルモネラ症は原因となる血清型が同じでも，宿主の種類・年齢により病型が異なることがある．

急性敗血症型（チフス様疾患）：甚急性に経過した場合，数日内に敗血症死し，目立った病理所見を示さない．病勢により，各種リンパ節の腫脹，実質臓器の混濁腫脹，空・回腸のび漫性充血，肝臓のチフス結節（写真 3），巣状壊死病変形成などがみられる．

下痢症型：悪臭を伴う下痢を主徴とし，急性例の場合は早期に死に至るが，慢性に経過した場合においても腸炎に起因する脱水・削痩などにより発育不良となり，多大な経済的損失を招く．

血清型特異プラスミド：主要なサルモネラの血清型のなかには，その血清型に特異的なサイズのプラスミドを保有しているものがあり，マウス致死性などの病原因子への関与が知られている（写真 4）．

牛のサルモネラ症

届出
人獣

salmonellosis in cattle

Key Words：下痢，敗血症，流産，チフス結節

本症は下痢・敗血症を主徴とする急性伝染病で，しばしば流行的な発生に至る．なかでも，1990 年代以降，搾乳牛を中心とした成牛のサルモネラ症の集団発生が増加している．

なお，届出伝染病に指定されているのは，*Salmonella* Dublin，*S.* Enteritidis，*S.* Typhimurium，*S.* Choleraesuis の 4 血清型に限定されている．

原　因

最も高頻度に分離される血清型は *Salmonella* Typhimurium（ネズミチフス菌）で，宿主適応性の高い *S.* Dublin がそれに次ぐ．子牛から成牛まで，牛から分離されるサルモネラの大半はこの 2 血清型のいずれかであるが，それ以外にも *S.* Enteritidis などさまざまな血清型が分離される．

さらに，成牛より分離される *S.* Typhimurium には，多剤耐性を示し公衆衛生上注目されているファージ型 DT104 が高頻度に含まれていることが知られている．

疫　学

わが国におけるサルモネラ症は，乳用雄子牛の早期集団肥育の普及，乳牛の飼養形態の変化，牛舎環境の汚染度の上昇などの要因により，全国的にみて発生が増加する傾向にある．サルモネラ症の特徴として耐過した牛が容易に保菌化し，以後長期にわたり排菌を続けることにより，次世代への垂直感染，糞便を介しての飼槽や飼育器具などの環境汚染により同居牛への水平感染を引き起こすことが主要な感染経路としてあげられる．そのほかにも保菌牛の導入，保菌動物・衛生昆虫との接触，サルモネラに汚染した飼料などを介して汚染が拡大する．牛のほか，羊，山羊にも感染する．

症　状

子　牛：1 ～ 4 週齢の子牛が数日の潜伏期間の後に食欲不振，40 ～ 42℃の発熱，悪臭を伴う下痢，脱水，削痩，時に肺炎などの症状を示し，急性例では数日以内に敗血症により死亡する．下痢の様相は症例により異なり，黄白色水様便，黄色水様便，血性水様便，泥状便，粘血便などさまざまであり，偽膜の混入もしばしばみられる．

写真 1　成牛黄白色泥状下痢便．（写真提供：渡辺喜正氏）．

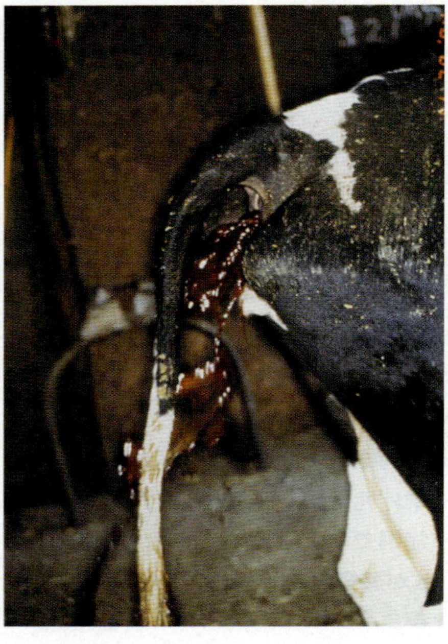

写真 2　成牛の血性水様下痢便．（写真提供：渡辺喜正氏）

写真3 小腸は著しく充血し，腸リンパ節は著明に腫大（矢印）．

成　牛：*S.* Typhimurium を原因とした搾乳牛での発生例が多く，子牛同様にさまざまな下痢（写真 1，写真 2）に加えて，発熱，食欲廃絶，乳量低下，起立不能，時に肺炎などの症状を呈し，重症例では死に至る．また，妊娠後期の黒毛和種に *S.* Dublin が感染すると，上記症状に加えて散発性の早・流産を引き起こすことが知られている．

病　　理

下痢症例では腸間膜リンパはうっ血，腫大し（写真 3），腸管は粘膜固有層の水腫，腸壁の菲薄化を伴うカタル性偽膜性腸炎を示す．また，肝臓では細網内皮系が活性化し，チフス結節を形成する．肺炎症例では肝変化などの限局した肺炎像が観察されるが，急性敗血症例では特徴的な所見に欠ける．

診　　断

他に同様の症状を呈する疾病も多いため，下痢便，流産胎子，死亡牛の主要臓器（肝臓，脾臓，肺，リンパ節）などからサルモネラを分離する細菌学的検索が重要である．そのほかにも臨床症状，病理所見，疫学的要因などを考慮して，総合的な診断を行う．

類 症 鑑 別

牛のサルモネラ症では，大腸菌症，壊死性腸炎，コクシジウム症，クリプトスポリジウム感染症，ロタウイルス，コロナウイルス，アデノウイルスなどによる牛ウイルス性下痢・粘膜症などとの類症鑑別が必要である．

予防・治療

抗菌剤による治療は有効であるが，近年，多剤耐性化が進む傾向にあるので，使用薬剤の選択には十分な注意が必要である．また，下痢による脱水症状が激しい場合には，リンゲル液の注射，経口輸液剤の投与，ブドウ糖やビタミン剤，整腸剤などの対症療法を併用する．

定期的な検査による排菌牛の摘発，隔離，汚染環境の徹底した消毒などの措置に加えて，保菌牛の導入阻止，牛舎環境・飼養器具の消毒などの日常的な清浄化への努力が肝要である．

豚のサルモネラ症

届出
人獣

salmonellosis in swine

Key Words：下痢，敗血症，流産，チフス結節

豚のサルモネラ症は急性の敗血症性疾患あるいは下痢を伴う慢性腸炎として，主に離乳後の幼豚において発生がみられる．わが国における発生は比較的少ないが，近年，米国では *Salmonella* Choleraesuis，*S.* Derby などによる集団発生が増加していることから注意が必要である．

なお，届出伝染病に指定されているのは，*S.* Dublin，*S.* Enteritidis，*S.* Typhimurium，*S.* Choleraesuis の 4 血清型に限定されている．

原　　因

急性敗血症型：宿主適応性の高い *S.* Choleraesuis によるものが大半を占め，*S.* Typhisuis による症例は世界的にみても少ない．

下痢症型：*S.* Typhimurium が最優勢であり，次いで *S.* Derby が高率に分離されるが，散発例ではその他さまざまな血清型での症例が報告されている．

疫　　学

わが国における豚のサルモネラ症は他の畜種に比較して少ないが，その反面，保菌化が進行し，食肉汚染，環境汚染による公衆衛生上の問題となることが危惧される．主な伝播経路は病豚の排泄物，感染子豚の導入，汚染飼料，媒介動物などであることから，日常の徹底した衛生管理が重要である．また，密飼い，栄養障害，輸送などによるストレスも保菌豚の排菌を助長する要因となるので，それらの軽減も防疫上有効である．

症　　状

豚のサルモネラ症では不顕性感染で耐過し，保菌化する傾向が強いことから，食肉の汚染など公衆衛生の観点から無症状の保菌豚の重要性も高い．

急性敗血症型：離乳期～ 4 か月齢前後の若齢豚の罹患が主であるが，成豚での症例も報告されている．主な症状は 40 ～ 42℃の発熱，食欲不振，元気消失を呈した後，重症例では数日以内に敗血症死する．経過によっては耳，四肢，下腹部などに紫斑をみる．

下痢症型：主に離乳期～ 4 か月齢前後の若齢豚が，悪臭を伴う慢性の黄色水様性下痢，40 ～ 42℃の発熱，嘔吐，食欲不振，時に呼吸器症状を呈する．重症例のなかには食欲廃絶，呼吸困難，起立不能などから脱水症状を呈して死に至るものもあるが，全般的に致死率は低い．しかし，耐過した豚も脱水，削痩（写真 1）の結果，“ひね豚” となり，その経済的価値は著しく低下する．

病理組織所見

急性敗血症型：特徴的な所見に乏しい急死例を除き，主に肺の水腫・充血，肝臓の混濁腫脹・チフス結節，主要リンパ節の腫脹および充・出血，腎出血，カタル性腸炎，腸粘膜の充・出血などがみられる．

下痢症型：主に空腸，盲腸，および結腸においてカタル性あるいは壊死性の腸炎像を呈し，しばしばボタン状潰瘍が散在する（写真 2）．同様に腸間膜リンパ節の腫脹，充血，肺の限局した肝変化病変，肝臓のチフス結節などもみられる．

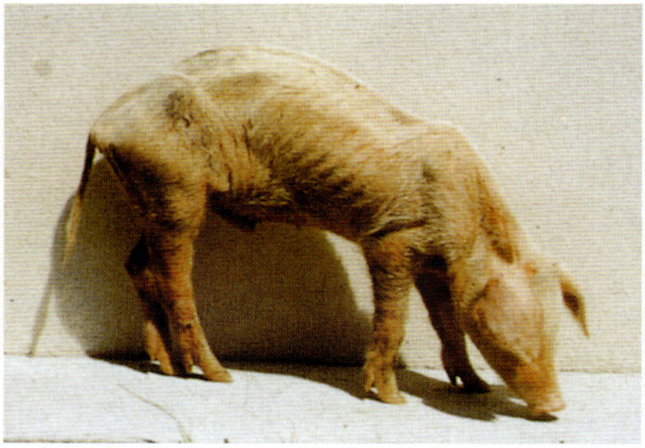

写真 1　サルモネラ症罹患豚の著明な削痩．

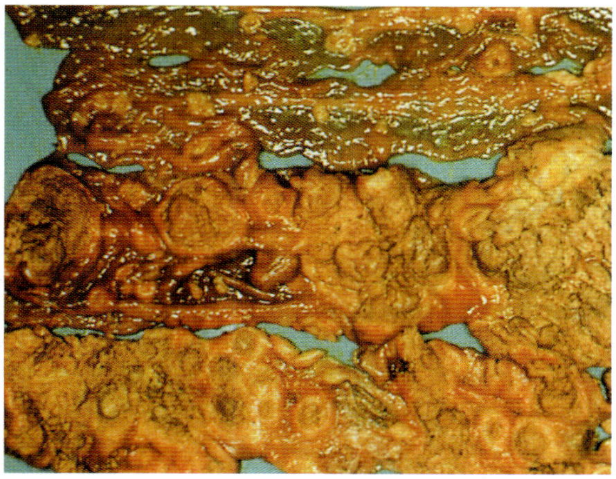

写真２ サルモネラ症罹患豚の大腸の潰瘍.

診　　断

類似疾病が多いことから，確定診断には臨床所見，病理所見に加えて，細菌学的検査により病豚の腸管，腸内容，リンパ節，肝臓，脾臓などからの原因菌の分離・同定が重要である.

類症鑑別

豚のサルモネラ症の急性敗血症および下痢症型では，以下のような疾病との類症鑑別が必要である.

急性敗血症型：豚コレラ，急性豚丹毒，浮腫病，溶血性レンサ球菌症，急性中毒.

下痢症型：豚赤痢，増殖性出血性腸炎，豚の壊死性腸炎，慢性豚コレラ，豚伝染性胃腸炎，豚流行性下痢，パスツレラ症，ヘモフィルス症，トキソプラズマ病，回虫症.

治　　療

一般に発病初期の抗菌剤投与は有効であるが，豚のサルモネラ症の場合，保菌化する傾向が強く，その結果，新たな感染の拡大，環境の汚染を招く危険性が高いので，淘汰も有効な選択肢の１つとなる．また，抗菌剤の投与による多剤耐性化の危険性への配慮も必要である.

馬パラチフス

届出

equine paratyphoid

Key Words：伝染性流産，精巣炎，子馬病，敗血症，関節炎

馬パラチフス菌が汚染した飼料・水，あるいは交配などにより，妊娠馬，種雄馬，子馬などに消化器感染や生殖器感染し，成馬では流産，精巣炎，関節炎，子馬では敗血症，関節炎，腱鞘炎を起こす．本病は家畜伝染病予防法において届出伝染病に指定されており，子馬ではパラチフスを起こすことがある．

病原体

原因菌は，*Salmonella enterica* subsp. *enterica* serovar Abortusequi（O4 群）で，クエン酸塩非利用性，硫化水素非産生．単相性で，抗原構造は 4,12：－：e,n,x である．

疫学

1893 年，米国ペンシルバニア州の流産馬の悪露から初めて分離された．その後ヨーロッパ諸国，南北アメリカ，南アフリカ，中近東，アジア諸国などで発生．現在，アジア，アフリカ，ヨーロッパの一部で散発的に流行している．日本では 1915 年に青森県で初めて発生が確認された後，1923 年に流産馬から初めて菌が分離され，その後，栃木，北海道，東北地方などの馬産地で多発．現在では北海道の重種馬で散発的に発生している．

症状

妊娠馬が感染すると流産を起こす（写真 1）．潜伏期間は 10 ～ 14 日で，通常前駆症状はないが，1 ～ 2 日前に一過性の発熱（39 ～ 40℃），乳房の腫脹，膿性腟分泌物がみられる．流産後高熱が 2 ～ 3 日間継続した後，10 日ほどで回復．種雄馬では，突然発熱し，精巣炎を起こす．成馬では，その他にき甲腫，き甲瘻，多発性関節炎，難治性の慢性化膿巣などがみられる．子馬では，敗血症，多発性関節炎，身体各所の化膿，慢性下痢などを起こす．このような子馬病に罹った子馬では予後不良となる．

病変

成馬では関節，き甲部，前胸腋窩の化膿巣，精巣炎，肝臓にチフス結節をみる．流産胎子では脈絡膜の充血，皮膚の不潔，混濁，肝臓および腎臓の混濁腫脹がみられる．

診断

細菌学的検査においては，検査材料は流産馬の胎盤，悪露，種雄馬の精液，流産胎子の胃腸内容物，肺を含む

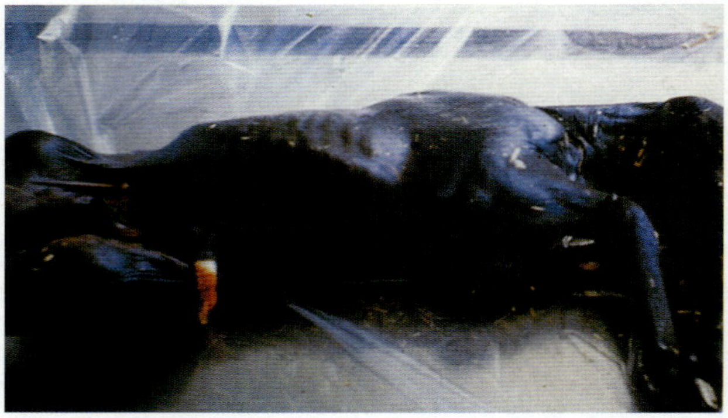

写真 1　流産胎子の混濁した体表．

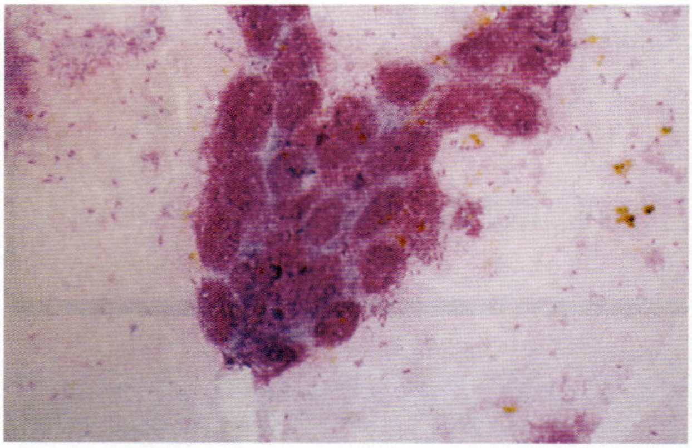

写真 2　ギムザ染色像による流産胎子の胃液内の菌．

主要臓器などを供試する（写真 2）.

分離培養には，DHL，マッコンキー，SS 寒天培地などを用い，一般のサルモネラの検索要領に従って行う．細菌培地にはハーナーテトラチオン酸塩培地やセレナイト培地を用いる．

血清学的検査には，血清診断液として馬パラチフス診断用菌液が市販されており，平板および試験管凝集反応に利用できる．一般的には平板凝集反応を行い，陽性または疑陽性を示す場合に試験管凝集反応を行う．なお，高い凝集抗体価を示しても体内に菌を保有していない場合があるので，臨床症状などを参考にして総合的に診断する．

予防・治療

死菌ワクチンは現在使用されていない．感染馬の隔離，汚染牧場の清浄化，保菌馬の摘発が主な防疫対策である．また，馬パラチフス免疫血清は，化学療法との併用により急性例の治療に有効であることから，わが国では長い間使用されてきたが，製造中止となった．治療には，クロラムフェニコールなどの抗菌薬が使用される．

ひな白痢

法定

pullorum disease

Key Words：白色下痢，異常卵胞，介卵感染

Salmonella serovar Gallinarum-Pullorum biovar Pullorum（ひな白痢菌）の感染によって，とくに初生雛が白色下痢を主徴として高率に敗血症死する消化器系伝染病である．同じ血清型の biovar Gallinarum では，成鶏が死亡することもあり，鶏チフス（fowl typhoid）と呼ぶ．

家畜伝染病予防法では，「家きんサルモネラ感染症」として法定伝染病に指定されている．

原　因

S. Gallinarum-Pullorum（O9 群）で，本菌はサルモネラ（*Salmonella*）属菌の中で唯一非運動性である．

分離・培養

糞便および感染卵からの分離培養は以下の方法で行う．

①増菌培地（セレナイト培地，ハーナテトラチオン酸塩培地など）で選択増菌培養（37℃，18 ～ 48 時間）する．

②増菌材料を分離培地（DHL 寒天，MLCB 寒天など）で分離培養（37℃，18 ～ 24 時間）を行うと，露滴状の乳白色のコロニー（写真 1）が発育する．

③分離培地上のコロニーを用いて，サルモネラ多価血清および O 型特異血清によるスライド凝集反応で O12 群と同定する．

④半流動寒天培地（SIM 培地など）を用いて非運動性の確認を行う．

疫　学

介卵感染からの同居感染，孵化後 2 ～ 3 週齢の発生が多く，日齢を増すごとに抵抗性が増す．in egg による介卵感染が重要だが，鶏パラチフスと同様 on egg による感染もある．生残すると多くは保菌鶏となる．七面鳥でも感染がみられる．

症　状

幼　雛：食欲減退，羽毛逆立て，灰白色下痢による排泄口周囲の汚れがみられる（写真 2）．

中大雛・成鶏：下痢はまれで無症状が多い．産卵は休止する．

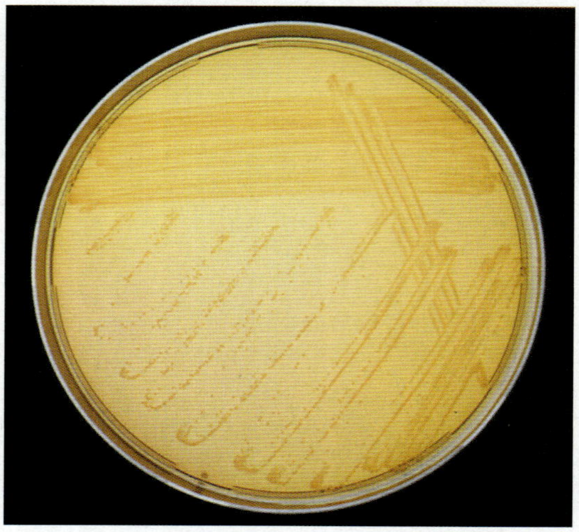

写真 1　DHL コロニー寒天培地上のひな白痢菌のコロニー．

写真 2　ひな白痢の発症による排泄口周囲の汚れ．

病理所見

幼　雛：卵黄嚢吸収不全が起こる.

中大雛：遺残卵黄，肝臓・脾臓の腫大，肝臓の白色点（壊死巣），盲腸部膨大とチーズ様物質貯留，腹膜炎，心嚢炎がみられる.

成　鶏：異常卵胞，卵墜性腹膜炎，卵管炎，精巣炎がみられる.

組　織：腸管の肉芽腫様病巣，肝臓の壊死，チフス結節がみられる.

診　　断

菌の分離と以下の血清学的診断法を用いる.

全血急速凝集反応：市販のマラカイトグリーン染色診断液を1滴と全血（または血清）1滴とをガラス平板上で混合し，1分以内の凝集を陽性とする.

試験管内凝集反応（急速法の結果の確認）：急速反応用診断液の100倍希釈液を用い，血清希釈50倍凝集を陽性とする.

APG（非特異反応の判別）：急速反応用診断液を用いて，全血または血清でAPGを行う.

予防・治療

保菌鶏の摘発・淘汰と種卵の消毒を行い，治療はしない.

鶏パラチフス

届出
人獣

avian paratyphoid infection，avian salmonellosis

Key Words：ひな白痢菌以外のサルモネラ，下痢，食中毒

ひな白痢菌，鶏チフス菌以外のサルモネラ菌によって起こる消化器系伝染病の総称．哺乳動物に病原性のある菌も含まれ，ヒトの食中毒の原因ともなる．

原　因

日本で比較的高頻度に分離される菌種と血清型は，
Enteritidis
Typhimurium
Sofia
Thompson
Blockley
Heiderberg
Infantis
Agona
Bareilly
Istanbul
Senftenberg
の 11 種である．このうち Entertidis および Typhimurium により症状を呈した場合には，家畜伝染病予防法に基づく届出伝染病「サルモネラ症」となっている．

疫　学

ネズミなど鶏舎に侵入する他の動物に伝播され，発症後同居感染する．介卵感染は on egg が主体だが，serovar Typhimurium，Enteritidis では in egg もある．鶏以外の鳥類，哺乳動物にも感染し，ヒトの食中毒の原因ともなる．

診　断

菌分離と同定. 抗体価が低いので血清診断はできない.

予　防

農場の衛生管理に加えて，生菌剤による競合排除（CE）法が実施される．Enteritidis に対しては，鶏群の発症軽減および清浄化を目的とした不活化ワクチンが実用化されている．

サルモネラ食中毒

人獣

salmonella food poisoning

Key Words：食中毒，下痢，敗血症，多剤耐性

人獣共通感染症の1つとして，ヒトにおけるサルモネラ感染症は，腸チフスに代表される全身性感染と，下痢などの急性胃腸炎の2種類の病型に分けられる．本稿で述べるサルモネラによる食中毒では腸炎が主たる病型であるが，摂取菌量，血清型，ならびに宿主の健康状態や年齢などで症状の程度が変化し，重症例では敗血症になる場合もある．サルモネラは腸内細菌科に属する通性嫌気性グラム陰性桿菌であり，菌体周囲に周毛性鞭毛を持ち，運動性を有する．2,500種類以上に及ぶサルモネラの血清型のなかでも食中毒の起因菌となる頻度が高いサルモネラの血清型は *Salmonella* Enteritidis，*S.* Typhimurium，*S.* Infantis などである．

疫　学

厚生労働省食中毒統計によると，1999年～2003年における細菌性食中毒の患者総数の中で，サルモネラによる患者数の占める割合は，21～43%であり2000年を除き病因菌別では第1位となっている．2003年の厚生労働省の集計によると，食中毒全体におけるサルモネラの占める割合は，事件数にして1,585件中350件（22.1%）とキャンピロバクターに次いで第2位，患者数にして29,355名中6,517名（22.2%）と第1位であり，食中毒対策におけるサルモネラの重要性を示している．患者数では，減少傾向が続き2001年に5,000名を下回ったものの，その後漸増傾向にある（図1）．血清型の変遷でみると，1988年までは *S.* Typhimurium が検出数としては第1位であったが，1989年以降は *S.* Enteritidis がそれに取って代わり，現在に至っている（図2）．*S.* Enteritidis が食中毒の起因菌のなかで大勢を占める背景には，1980年代後半に欧米諸国において蔓延した *S.* Enteritidis による鶏卵の汚染がある．汚染された種鶏が日本に輸入され，そこから生産される鶏卵によって *S.* Enteritidis の汚染が日本にも蔓延していったと考えられる．国内では *S.* Enteritidis が蔓延している状態が続いているが，他の血清型による集団食中毒も報告されている．1999年には *S.* Oranienburg および *S.* Chester に汚染された乾燥イカ加工品により1,634名の患者が発生した広域集団事例があった．欧米で *S.* Enteritidis と並んで問題となっているのが *S.* Typhimurium の多剤耐性菌で，ファージ型が DT104 のものである．典型的な耐性パターンは，アンピシリン，クロラムフェニコール，ストレプトマイシン，サルファ剤，テトラサイクリンの5薬剤に耐性を示す．わが国でもこの5剤耐性 *S.* Typhimurium DT104 が食中毒の事例から分離されてきており，十分な注意が必要である．

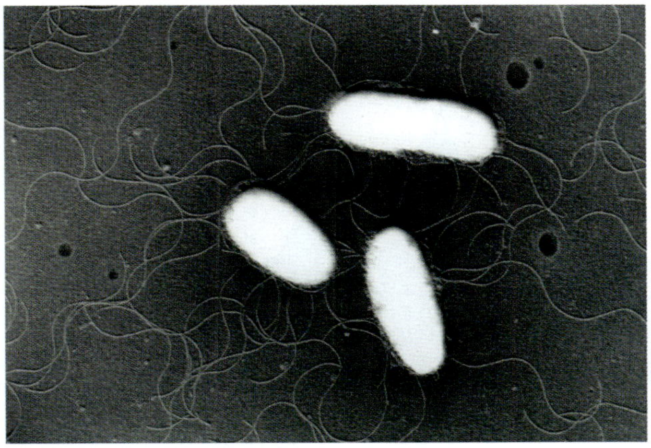

写真1　*S.* Enteritidis の EM 像（× 24,000）．
菌体周囲の周毛性の鞭毛が観察できる．

症　状

サルモネラによる食中毒では，急性胃腸炎を主体とした症状がみられる．吐き気，嘔吐，頭痛に続く腹痛，下痢などを主徴とする．下痢は軟便，水様便が多いが，重症では粘血便がみられることもある．発熱を伴うこともある．下痢は通常3～7日続くが，さらに遷延する場合もある．潜伏期間は通常12～48時間であるが，摂取菌量，患者の健康状態および年齢によって変動する．サルモネラ食中毒における発症菌量は10^5程度と考え

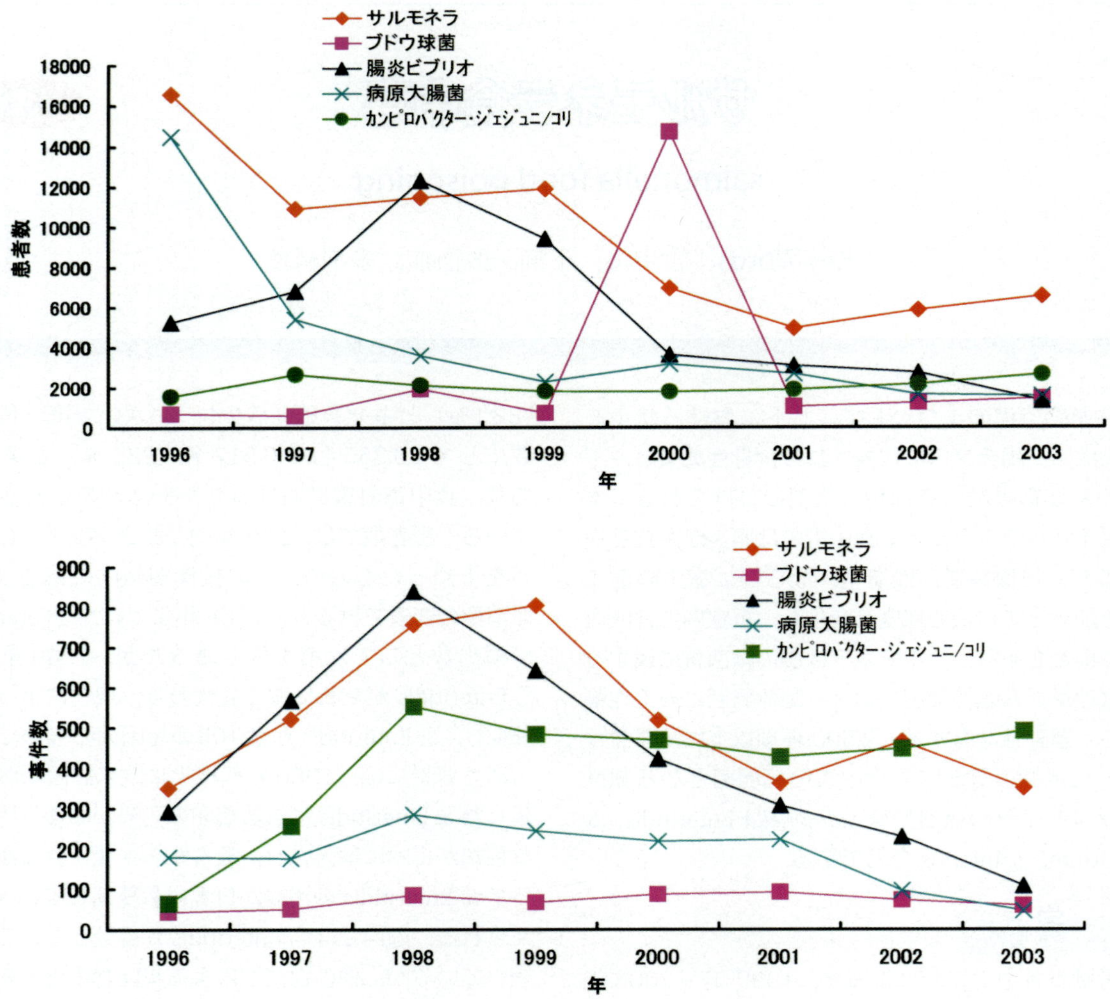

図1 主な細菌別にみた食中毒患者数と事件数の推移.（厚生労働省医薬食品局食品安全部監視安全課）

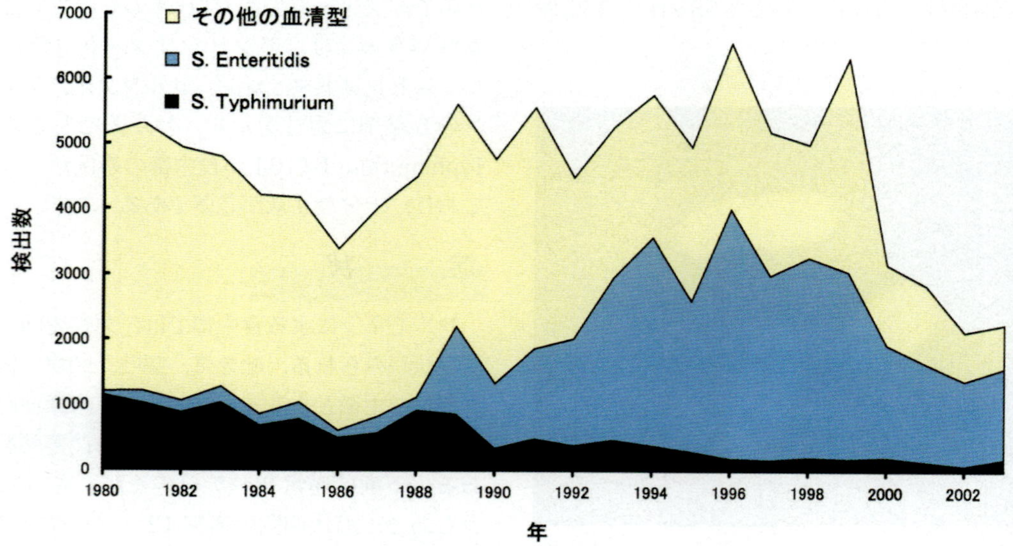

図2 ヒト由来サルモネラ検出数.（病原微生物検出情報）

表1 わが国で高頻度に分離されるサルモネラ血清型（1996～2002* 年）

順位	1996		1997		1998		1999		2000	
1	*S.* Enteritidis	3830	*S.* Enteritidis	2836	*S.* Enteritidis	3072	*S.* Enteritidis	2874	*S.* Enteritidis	1731
2	*S.* Infantis	183	*S.* Corvallis	255	*S.* Typhimurium	190	*S.* Oranienburg	1375	*S.* Typhimurium	189
3	*S.* Typhimurium	173	*S.* Thompson	161	*S.* Infantis	171	*S.* Infantis	355	*S.* Infantis	140
4	*S.* Heidelberg	173	*S.* Typhimurium	151	*S.* Corvallis	163	*S.* Thompson	182	*S.* Nagoya	98
5	*S.* Thompson	160	*S.* Hadar	124	*S.* Thompson	118	*S.* Typhimurium	168	*S.* Thompson	93
6	*S.* Hadar	97	*S.* Infantis	123	*S.* Hadar	89	*S.* Chester	158	*S.* Virchow	61
7	*S.* Montevideo	89	*S.* Litchfield	68	*S.* Virchow	71	*S.* Corvallis	107	*S.* Saintpaul	54
8	*S.* Virchow	87	*S.* Montevideo	60	*S.* Agona	68	*S.* Montevideo	59	*S.* Oranienburg	48
9	*S.* Litchfield	85	*S.* Saintpaul	53	*S.* Montevideo	59	*S.* Saintpaul	57	*S.* Montevideo	47
10	*S.* Corvallis	62	*S.* Agona	51	*S.* Litchfield	58	*S.* Agona	56	*S.* Agona	39

（病原微生物検出情報，*：2003 年 6 月現在報告数）　（つづく）

表1 わが国で高頻度に分離されるサルモネラ血清型（1996～2002* 年）（つづき）

順位	2001		2002*	
1	*S.* Enteritidis	1510	*S.* Enteritidis	1302
2	*S.* Thompson	158	*S.* Newport	105
3	*S.* Typhimurium	125	*S.* Infantis	94
4	*S.* Infantis	111	*S.* Typhimurium	58
5	*S.* Saintpaul	109	*S.* Thompson	53
6	*S.* Braenderup	70	*S.* Saintpaul	49
7	*S.* Tennessee	58	*S.* Agona	45
8	*S.* Hadar	56	*S.* Hadar	37
9	*S.* Agona	55	*S.* Montevideo	29
10	*S.* Corvallis	49	*S.* Bareilly	19

（病原微生物検出情報，*：2003 年 6 月現在報告数）

られているが，もっと少量で発症したと考えられる例もあり，摂取した菌種と患者の状態によって変化し得る．乳幼児では発症菌量も少なく，単なる腸炎で終わらずに血中に菌が入って敗血症となり，死に至ることもある．また，本来抵抗力があるはずの健常人でも死亡例が報告されている．サルモネラは他の腸炎感染症よりも症状が遷延する傾向があり，重症である場合にはもちろん，症状が続く場合にも注意が必要である．

診　断

患者の臨床症状から診断が行われ，菌の分離・同定により確定診断となる．菌の同定は，糞便を直接分離培地に塗布し，培養する．食品などの検体では選択性のない培地で前培養後，分離培地に生えてきた疑わしいコロニーを釣菌し，確認培地で確認する．起因菌が分離された場合には，多価血清，次いで因子血清による凝集反応で血清型を同定する．食中毒においては，患者からの分離菌株の性状と推定原因食品からの分離菌株の性状が一致することが重要である．推定同定では分離菌株の血清型が一致することで十分な場合もあるが，それ以外の手法も組み合わせて菌株の性状を調べる場合もある．遺伝子型別，ファージ型別などは，同一血清型の菌株をさらに細分化することが可能であり，食中毒起因菌の解析に汎用されている．

予防・治療

細菌性食中毒の予防原則に則り，菌を付けない，増やさない，殺すというのがサルモネラ食中毒を予防する基本である．原材料の生産者が菌による汚染のない原材料を提供するのが基本となるが，食品の製造・加工，流通，消費の過程で 2 次汚染を防止し，菌を増殖させない衛生管理を徹底することが重要である．治療は，感染初期や軽症では整腸薬の投与や補液などの対症療法を行い，必要に応じて抗菌薬の投与を行う．

ヒトの腸チフス

二類

typhoid fever

Key Words：チフス菌，発熱，菌血症，輸入事例

原　　因

Salmonella Typhi（チフス菌）の感染によって起こる局所の腸管病変と，細網内皮系での菌の増殖による菌血症を特徴とする全身性の感染性疾患である．

疫　　学

世界中に発生がみられる．とくに日本を除く東アジア，東南アジア，インド亜大陸，中東，東欧，中南米，アフリカなどで多い．現在のわが国の状況は，年間患者報告数 100 名以下で，その大半は海外の多発地域への旅行者による輸入事例となっている．

症　　状

持続する高熱のほか，比較的徐脈，バラ疹，脾腫が 3 大徴候であるが，これらがそろって認められることは少なくなっている．経過は 4 つの病期に分けられる．第 1 病期：発熱は階段状の上昇，3 大徴候が出現する．この時期より菌血症が起こる．第 2 病期：極期であり，39 ～ 40℃台の稽留熱になる．重症の場合は意識障害を引き起こす．第 3 病期：弛緩熱を経て解熱に向かう．下痢が止まり便秘に傾く．腸出血後まれに腸穿孔が起こる．第 4 病期：解熱し，再発がなければ回復に向かう．

診　　断

確定診断は，臨床材料（血液，糞便，胆汁）からのチフス菌検出である．第 1 および第 2 病期では血液培養で高い検出率を示す．糞便培養は第 2 期以降陽性となる．臨床的には，持続性の不明熱患者の場合，本症の可能性を考慮すべきである．第 2 病期からは，血中抗体価が上昇し，ウィダール（Widal）反応陽性となるが，チフス菌に特異的ではないため，現在では補助的な診断法としての利用に止まっている．

予防・治療

本症はヒトに限られるので，患者および保菌者の糞便が主要な感染源である．衛生環境の整った先進諸国では，衛生観念の不足している小児等の場合を除いて，接触感染はむしろまれであり，2 次汚染した飲食物を介しての感染が主体を占めている．したがって，保菌者の発見と治療・監視，食品衛生，環境衛生の徹底が重要である．また，海外の流行地域での飲食にはとくに注意が必要である．患者，保菌者に関しては，感染症予防法に従った措置がとられる．

治療には，近年の分離株の多くが従来の抗菌剤に耐性であることより，ニューキノロン系薬剤が第 1 選択剤として使用されている．本薬剤に耐性または低感受性菌の場合は，第 3 世代のセフェム系薬剤が使用される．

シゲラ

基本性状
グラム陰性通性嫌気性桿菌
重要な病気
細菌性赤痢（ヒト，サル類）

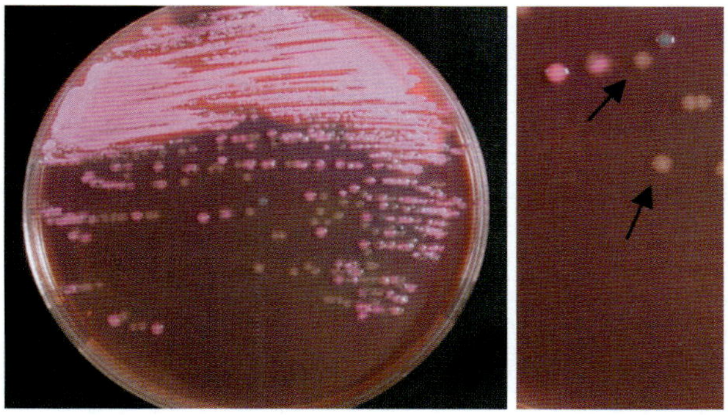

FIG　SS 寒天平板上の赤痢菌コロニー
白色，半透明のコロニー（矢印）が赤痢菌（右：拡大図）

分　類

赤痢菌は腸内細菌科（*Enterobacteriaceae*）のシゲラ（*Shigella*）属に属する通性嫌気性グラム陰性桿菌で，無芽胞，非運動性である．ディセンテリー赤痢菌（*Shigella dysenteriae*，A 群），フレキシネル赤痢菌（*S. flexneri*，B 群），ボイド赤痢菌（*S. boydii*，C 群），ソンネ赤痢菌（*S. sonnei*，D 群）の 4 菌種（亜群）に大別される．さらに，A 群菌は 12 種血清型，B 群菌は 13 種血清型（亜型を含む），C 群菌は 18 種血清型に細分類される．

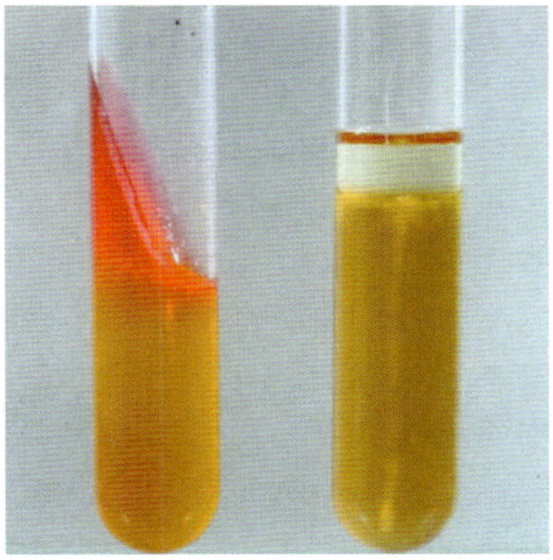

写真 1　鑑別試験における性状．
左：TSI 寒天培地，右：LIM 培地．

性　状

赤痢菌の分離培養には SS 寒天培地，DHL 寒天培地などの選択分離平板を用いる．有効な増菌培地がないため，糞便や腸内容物を直接これらの平板に塗布する．FIG に示したように，赤痢菌は乳糖非分解性の白色あるいは無色，半透明のコロニーを形成する．1 次鑑別試験に用いられる TSI 寒天培地および LIM 培地における反応を写真 1 に示す．前者で斜面赤色，高層黄色，ガス非産生（産生菌もある），硫化水素非産生，後者でリジン陰性，インドール陰性（陽性菌もある），非運動性である．疑わしい性状を示した場合，診断用抗血清による血清学的検査を実施，また必要に応じて追加生化学的性状試験を行い，同定する．

病 原 性

赤痢菌は，ヒトおよび一部のサル類のみに自然感染が成立する．ヒト感染者あるいは感染ザルの排泄物や，それで汚染された飲食物を介して経口的に感染する．100 個以下の非常に少ない菌量で感染が成立するとされる．潜伏期間は通常 1 ～ 7 日である．病原性因子としては，細胞侵入性プラスミドおよび染色体上の病原性関与遺伝子，志賀毒素などの腸管毒素，O 抗原などが知られている．

細菌性赤痢

人獣
二類

shigellosis, bacillary dysentery

Key Words：赤痢菌，経口感染，大腸炎，下痢

原　　因

シゲラ（*Shigella*）属菌（赤痢菌）の経口感染による．大腸に病変を起こし，発熱，腹痛，水様性あるいは粘血性下痢を主徴とする局所性の感染性疾患である．

疫　　学

細菌性赤痢は，ヒトとサル類のみにみられる感染症である．赤痢菌は，ヒト感染者・感染ザルの糞便や，それで汚染された飲食物を介して経口感染，伝播する．

サル類の感染例は，類人猿や旧世界ザルで多く，新世界ザルでは少ない．原猿ではまれである．自然の生息地域ではサル類における感染はみられず，ヒトによる捕獲後感染する．新規輸入ザルは本菌に感染している可能性が高く，無症状の保菌ザルも多い．

ヒトでは世界中に発生がみられる．とくに東南アジア，インド亜大陸，アフリカ，中南米の発展途上国に多い．最近のわが国における報告患者数は，年間1,000人前後で，その多くは東南アジアやインド亜大陸への旅行者が現地で罹患し，わが国に持ち込む輸入事例である．また，ペット用の輸入ザルからの感染例も認められている．分離菌種は，ソンネ赤痢菌（*Shigella sonnei*）が主体で，次いでフレキシネル赤痢菌（*S. flexneri*）であり，ディセンテリー赤痢菌（*S. dysenteriae*）とボイド赤痢菌（*S. boydii*）はまれである．

症　　状

経口摂取された赤痢菌は，胃を通過した後，大腸で増殖し粘膜細胞に侵入，炎症，浮腫，潰瘍を形成する．全身倦怠感，発熱で突然始まり，発熱1～2日後に，下痢（水様性，粘液性，粘血性，膿粘血性），腹痛，しぶり腹をきたす．S字状結腸をおかすと，粘膜の出血性化膿炎，潰瘍を形成することもある．未治療でも，通常14日（平均5日）ぐらいまでには症状が改善する．軽症例では，ほとんど自覚症状がないこともある．一般に小児の方が成人より重症化しやすい．以上は典型的ヒト症例に関してであるが，サル類においてもほぼ同様と考えられる．だだ，サル類における発症例では，無処置の場合死亡することが多い．

診　　断

確定診断は，糞便あるいは直腸肛門部のスワブからの培養による赤痢菌の検出による．選択分離培地としては，SS寒天培地，DHL寒天培地などが用いられる．疑わしいコロニーの確認培養試験，診断用抗血清による血清学的検査で同定する．

ヒトの場合，下痢，血便，発熱などをきたす疾患である，腸管出血性大腸菌感染症，カンピロバクター腸炎，サルモネラ腸炎，エルシニア腸炎，腸炎ビブリオ腸炎，アメーバ赤痢などが鑑別診断の対象となる．

予防・治療

サル類における感染予防には，新規輸入ザルや下痢症状を呈しているサルを中心に感染ザルを摘発，隔離し適切な治療を施す．また，排泄物の処理，飼育器具・器材の消毒を厳格に行う．治療にはST合剤，アンピシリン，ホスホマイシンなどが用いられるが，耐性菌も多いので，分離菌の薬剤感受性試験の実施が望まれる．

ヒトにおいては，患者の完全な治療，保菌者の検索と除菌が重要である．また，海外の流行地域における飲食にはとくに注意が必要である．サル類からの感染予防としては，なるべくペット用としてサル類を飼育しないことである．患者・保菌者に関しては，感染症予防法に従った措置がとられる．治療における第1選択薬剤は，成人で各種ニューキノロン系薬剤，乳幼児ではホスホマイシンである．服薬終了後48時間以上経過後，24時間以上の間隔をおいた連続2回の検便において陰性であれば除菌されたとみなす．

エドワージエラ

基本性状
グラム陰性通性嫌気性桿菌
重要な病気
Edwardsiella tarda 感染症（魚類）

概　　説

腸内細菌科．ヒト，哺乳類，鳥類，爬虫類，および両生類が保菌する．

分類・性状

周毛性鞭毛により運動性を示す．カタラーゼ産生，オキシダーゼ非産生，硝酸塩還元陽性．インドール陽性，MR 反応陽性，VP 反応陰性，クエン酸利用陽性，硫化水素産生，リジンデカルボキシラーゼ陽性，乳糖，ブドウ糖発酵陽性，白糖，マンニット，アドニット分解陰性である．O 抗原 17 種，H 抗原 11 種が存在し，血清型は少なくとも 54 種類が存在する．

分離・同定

SS 寒天，DHL 寒天培地などで，硫化水素により中心部が黒色の比較的小さな菌集落を形成する．普通寒天培地では，円形，灰白色，光沢性を有する菌集落を形成する．TSI 培地で硫化水素の産生を確認する．

病　原　性

魚病細菌として重要であるが，ヒトや他の動物種も本菌を保菌する．

魚類のエドワージエラ病

edwardsiella disease

Key Words：腸管感染症，敗血症，腸内細菌，膿瘍

ウナギ，ティラピア，コイ，キンギョなどの温水性淡水魚や，ヒラメ，マダイ，チダイ，ボラなど，海水魚の腸管感染症で，敗血症を招来する．

原　　因

腸内細菌科に属する *Edwardsiella tarda* の感染による．周毛性鞭毛．SS 寒天，DHL 寒天培地などで，硫化水素により中心部が黒色の菌集落を形成する．増殖温度は 15 ～ 40℃（至適温度 30 ～ 35℃）．複数の血清型が存在する．マダイおよびチダイから，非運動性，マンニットおよびソルビット分解性の非定型 *E. tarda* が分離されている．

発生・疫学

世界中に分布する．菌は有機汚染水域および底泥に存在する．水質悪化（とくにアンモニア濃度上昇），変敗飼料給与，過密飼育など，飼育条件の悪化が発病誘因となる．高水温期（20 ～ 30℃）に多発する．ウナギの被害が大きく，わが国では 1960 年代より発生し，“パラコロ病”と呼称される．高水温で飼育するハウス養殖では，年間を通して発生する．シラスウナギでは急性で，被害が大きい．菌に汚染された餌のイトミミズが感染源とされる．ヒラメ養殖においては，本病による被害が最も大きい．

症　　状

ウナギは摂餌不良，体色黒化，腹部膨満を示し，腐敗臭を伴う粘稠性腹水が貯溜する．皮膚，鰓，ひれ基部，尾柄部に出血，うっ血を観察し，膿瘍が形成される．肛門は発赤し，拡張する．ヒラメは摂餌不良，体色黒化を呈する．腹水の貯留により腹部が膨満し，直腸部が肛門より突出する（写真 1）．腹水は粘稠性で，腐敗臭を伴う（写真 2）．マダイでは，緩慢遊泳を示し，体表に膿瘍が形成される．

診　　断

ウナギでは，腎臓，脾臓，肝臓は腫大し，壊死，膿瘍を観察する．ヒラメにおいても，肝臓，腎臓に膿瘍が形成される．マダイ，チダイ，ティラピアでは，脾臓，肝臓，腎臓に小白点の膿瘍を形成する．選択培地を用いて，

写真 1　肛門から直腸部が突出したヒラメ．（動物の感染症（近代出版）より転載．児玉原図）

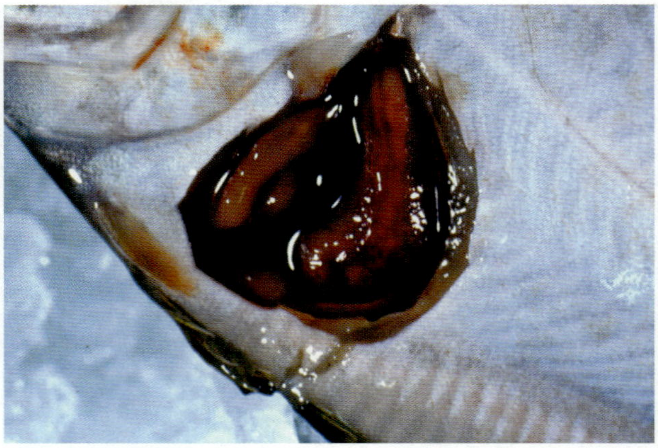

写真 2　腹腔内に貯留した，血液を混じた膿性の腹水．腐敗臭を発する．

膿瘍部分から菌を分離し，生化学性状を調べる．蛍光抗体法，スライド凝集反応により血清学的診断を行う．

予防・治療

魚の放養前に，塩素剤などで飼育池を消毒する．水温上昇に留意し，水質改善により良好な衛生状態を保持する．過密飼育回避も重要である．早期発見につとめ，病魚を排除する．ワクチンは開発されていない．治療に抗生物質や抗菌剤を経口投与するが，一般に摂餌量低下のため効果は限られる．

エルシニア

基本性状
グラム陰性通性嫌気性桿菌
重要な病気
エルシニア症（ヒト，哺乳動物，鳥類）
ペスト（ヒト，哺乳動物）

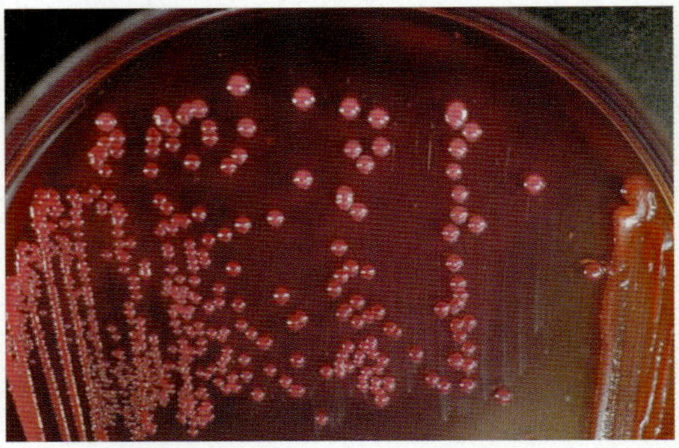

FIG *Yersinia enterocolitica* O8 の CIN 寒天培地上のコロニー
25℃ 24 ～ 36 時間培養で直径 0.5 ～ 1mm 程度の深紅色コロニーを形成.

エルシニア（*Yersinia*）属菌は腸内細菌科に属するグラム陰性通性嫌気性短桿菌で，現在 11 菌種に分類されており，このうち，*Yersinia enterocolitica*，*Y. pseudotuberculosis*（仮性結核菌）および *Y. pestis* がヒトと動物に病原性を有する菌種として知られている．エルシニア症とは，*Y. enterocolitica* および *Y. pseudotuberculosis* による感染症の総称である．なお，*Y. ruckeri* はサケ科魚類のレッドマウス病（ERM）の病原体として知られている.

性　　状

Y. enterocolitica および *Y. pseudotuberculosis* のいずれも至適発育温度が 28℃付近で，4℃以下の低温下でも発育可能な代表的な低温菌として知られている.

Y. enterocolitica は，通常，生物型別と血清型別が行われており，生物型は 8 つの生化学的性状の違いにより 5 種の生物型に分けられている．また，血清型別は通常 O 抗原による型別が行われ，現在，51 の O 血清群に分けられている．このうち，ヒトに病原性を示すものは生物型と血清型の特定の組合せに限られており，O3（3 または 4），O4,32（1），O5,27（2），O8（1），O9（1），O13a,13b（1），O18（1），O20（1）および O21（1）（カッコ内は生物型）の 9 血清群がヒトに病原性を示す．このうち，O3，O5,27，O8 および O9 は検出頻度が高く，代表的な病原性血清型菌である.

Y. pseudotuberculosis は O 抗原により，1 ～ 15 の血清群に型別され，さらに血清群 1，2，4 および 5 はさらに数亜群に分けられており，現在までのところ，21 血清群が知られている．このうち，血清群 1 ～ 7 群および 10 群が病原性を示す.

生　　態

病原性 *Y. enterocolitica* および *Y. pseudotuberculosis* は，図 1 に示すように，家畜，伴侶動物および野生動物に保菌され，これら感染動物の糞便で汚染された食品や水を摂取することによりヒトや動物に経口感染する.

分離・同定

Y. enterocolitica および *Y. pseudotuberculosis* の分離には，通常は CIN（cefsulodin-irgasan-novobiocin）寒天培地が用いられる．また，病原性 *Y. enterocolitica* の分離のために VYE（virulent *Yersinia enterocolitica*）寒天培地が開発されている．CIN 寒天培地上では，両菌とも 25℃ 24 ～ 36 時間の培養で直径 0.5 ～ 1mm 程度の深紅色コロニーを形成する．*Y. pseudotuberculosis* は *Y. enterocolitica* に比べ発育がやや遅いが，本培地上でのコロニーの性状で両菌種を鑑別することは困難である（FIG）．また，VYE 寒天培地上では病原性 *Y. enterocolitica* は暗赤色のコロニーを形成するが，非病原性 *Y. enterocolitica* ならびに *Y. pseudotuberculosis* は黒褐色のコロニーを形成し，識別が可能である.

病原性 *Y. enterocolitica* ならびに *Y. pseudotuberculosis* の病原性状の鑑別には，自己凝集性ならびにピラジナミダーゼ試験が用いられる．自己凝集性試験は Brain Heart Broth などの液体培地に菌を接種し，25℃ならびに 37℃で 24 ～ 48 時間培養すると，病原性 *Y.*

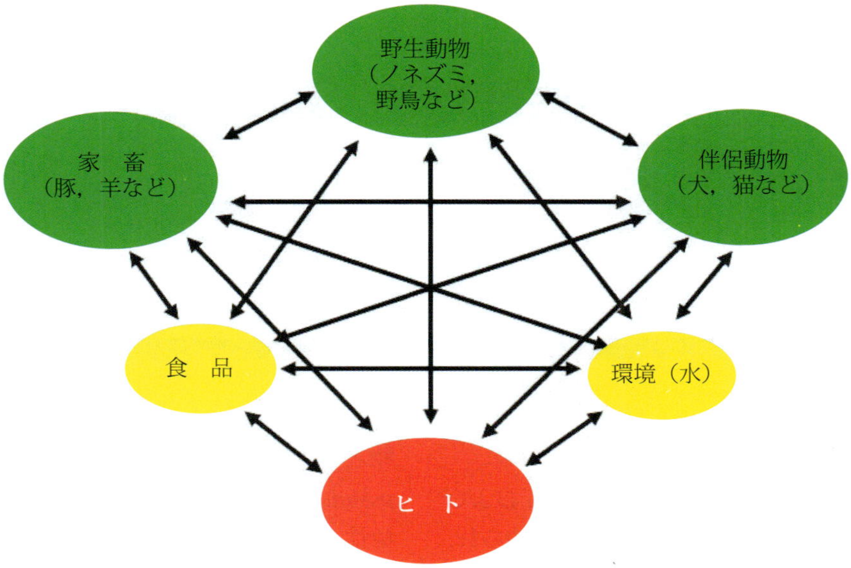

図1　エルシニア症の感染経路.

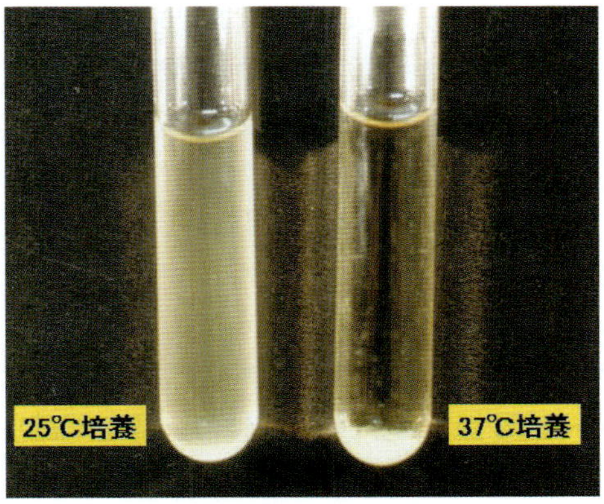

写真1　*Yersinia enterocolitica* O8 で観察される自己凝集性（25℃と37℃ 24時間培養）
病原性株では，37℃培養で凝集塊を生じる.

enterocolitica および *Y. pseudotuberculosis* は37℃培養で凝集塊を生じる（写真1）．また，ピラジナミダーゼ試験では，病原性 *Y. enterocolitica* と *Y. pseudotuberculosis* はピラジナミダーゼ分解能が陰性であるのに対し，その他の非病原エルシニアは陽性を示す.

また，適切な増菌培地がないため，菌数の少ない材料からの菌分離にはM/15リン酸緩衝液に検体を加え，4℃で3週間程度培養する低温増菌培養法が実施されている．*Y. enterocolitica* と *Y. pseudotuberculosis* の血清型別には，診断用抗血清が市販されている．また，近年，PCR法，Realtime-PCR法，LAMP（loop-mediated isothermal amplification）などによる遺伝学的診断法も開発されている.

病　原　性

病原性 *Y. enterocolitica* ならびに *Y. pseudotuberculosis* に共通して保有する病原因子として，約70キロベース（kb）の病原性プラスミドDNAにコードされている腸管上皮細胞への付着，マクロファージの食作用の阻害，食細胞内での殺菌作用に対する抵抗性などに関与すると考えられているYadAおよびYOP（*Yersinia* outer membrane protein）の産生性と，染色体DNAにコードされている上皮細胞侵入性，耐熱性エンテロトキシン産生性がある．染色体DNA上にはこれらのほか，*Y. enterocolitica* O8および *Y. pseudotuberculosis* では鉄と親和性の高い菌体外膜蛋白の産生性，また，*Y. pseudotuberculosis* の一部の菌株ではT-細胞の過剰活性化やサイトカインの過剰産生を誘導するスーパー抗原（YMP）の産生性に関与する遺伝子がコードされている.

哺乳動物・鳥類におけるエルシニア症 人獣

yersiniosis in animals and birds

Key Words：不顕性感染

疫　　学

家畜では，豚が病原性 *Yersinia enterocolitica* および *Y. pseudotuberculosis* の代表的な保菌動物として知られ，不顕性感染する．また，羊は *Y. pseudotuberculosis* の保菌動物として知られ，羊と牛では本菌による死・流産の報告がみられる．馬，鶏からは両菌とも通常分離されない．伴侶動物では犬と猫が両菌の代表的な保菌動物で，犬および猫とも両菌に対し通常は不顕性感染する．

野生動物では，ノネズミが両菌を高率に保有しており，とくに，わが国ではアカネズミやヒメネズミなどのノネズミが *Y. pseudotuberculosis* と *Y. enterocolitica* 血清型 O8 を高率に保菌し，自然界におけるこれら病原体の主たる保菌動物となっている．病原性 *Y. enterocolitica* はノネズミ以外の野生動物からはほとんど分離されないが，*Y. pseudotuberculosis* はサル，シカ，イノシシ，ノウサギなど多種の野生動物から分離され，とくにわが国ではタヌキが本菌を高率に保菌し自然界における主要な保菌動物と考えられている．また，野鳥もヨーロッパでは *Y. pseudotuberculosis* の主要な保菌動物として知られているが，わが国では野鳥における *Y. pseudotuberculosis* の保菌率は低い．なお，鳥類から病原性 *Y. enterocolitica* は通常分離されない．

症　　状

哺乳動物は，通常病原性 *Y. enterocolitica* に対し不顕性感染し，死に至ることはないが，チンチラやリスザル，テナガザルなどのサル類で死亡例が報告されている．また，動物や鳥類は *Y. pseudotuberculosis* に対しても，ほとんどの場合不顕性感染するが，時に腸炎ならびに腸間膜リンパ節，肝臓，脾臓などに壊死巣を形成し，敗血症を起こして死亡する例が，サル，ウサギ，モルモット，オウム，オオハシなどで報告されている．

両菌とも感染死亡例では，壊死性腸炎のほか，肝臓や脾臓に針頭大〜小豆大の多発性白色結節が認められる（写真 1，2）．

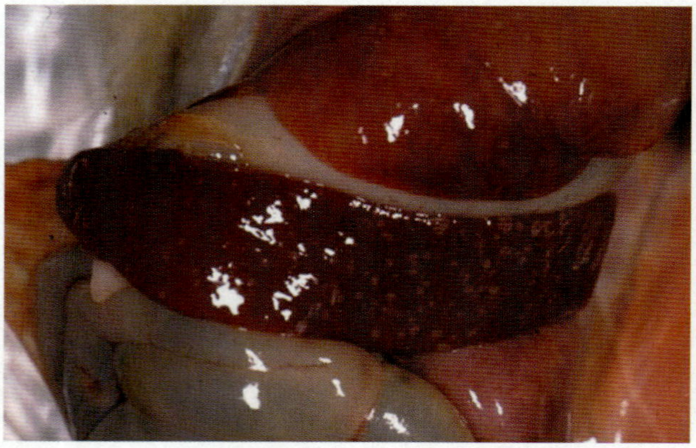

写真 1　*Y. pseudotuberculosis* 4b に感染し死亡したリスザルの肝臓と脾臓．（写真提供：宇根有美氏）
肝臓と脾臓に多発性白色結節が観察される．

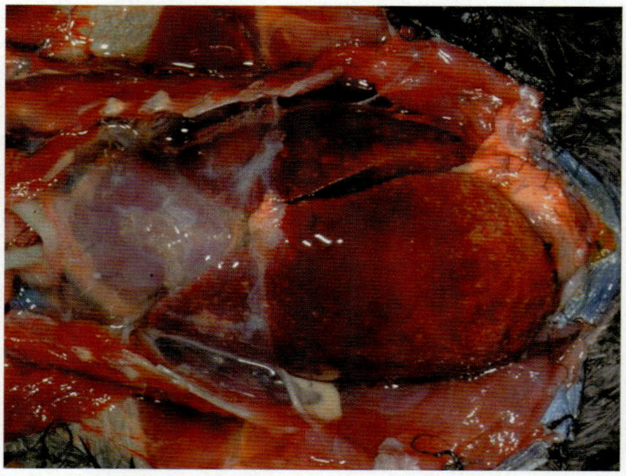

写真 2　*Y. pseudotuberculosis* 4b に感染し死亡したサンショクキムネオオハシの肝臓．（写真提供：宇根有美氏）
肝臓に多発性白色結節が観察される．

ヒトにおけるエルシニア症

人獣

human yersiniosis

Key Words：経口感染，食中毒

疫　　学

Yersinia enterocolitica は 1982 年に食中毒菌に指定されたが，本菌による食中毒事例は件数，患者数ともに多くはない．しかし，1972 年以降現在までに，日本では本菌による集団感染例は患者数 100 名を超える大きなものを含め 15 件報告されている．また，アメリカでも今までに集団感染事例が 6 例報告されている（表 1）．わが国では，15 例の集団感染事例中 9 例が 100 名を超える大規模な発生で，加工乳を原因食品と特定された 1 例を除き，他の事例では原因食品は特定されていない．また，これらの事例のほとんどは血清型 O3 によるものである．一方，アメリカではそのほとんどが O8 によるものである．

Y. pseudotuberculosis による散発事例は，毎年のように西日本を中心に報告されている．1981 年に，それ

表 1　*Y. enterocolitica* による集団感染例（日本と米国）

No.	発生年月	発生場所		推定原因食品	患者数	血清型
日本						
1	1972 年 1 月	静岡県	小学校･幼稚園	不明（給食）	188 人	O3
2	1972 年 7 月	静岡県	小学校	不明（給食）	544 人	O3
3	1972 年 7 月	栃木県	中学校	不明（給食）	198 人	O3
4	1974 年 4 月	京都府	小学校	不明（給食）	298 人	O3
5	1975 年 6 月	宮城県	小学校	不明（給食）	145 人	O3
6	1979 年 1 月	宮城県	養護施設	不明（給食）	6 人	O3
7	1979 年 11 月	広島県	小学校	不明（給食）	184 人	O3
8	1980 年 4 月	沖縄県	小･中学校	加工乳	1051 人	O3
9	1981 年 5 月	岡山県	小･中学校	不明（給食）	641 人	O3
10	1984 年 6 月	島根県	小学校	不明（給食）	102 人	O3
11	1988 年 12 月	三重県	社員寮	不明（寮の食事）	23 人	O5，27
12	1989 年 9 月	三重県	会社	不明（弁当）	19 人	O5，27
13	1994 年 7 月	青森県	小学校，公園	不明（湧水）	52 人	O3
14	1997 年 6 月	徳島県	病院・学校の寮	不明（仕出し弁当）	66 人	O3
15	2004 年 8 月	奈良県	保育園	不明 (給食)	36 人	O8
米国						
1	1976 年 9 ～ 10 月	ニューヨーク	学校	チョコレートミルク	200 人以上	O8
2	1981 年	ニューヨーク	キャンプ場	粉ミルク，チャーメン	239 人	O8
3	1981 年 12 月～ 1982 年 2 月	ワシントン	家庭	豆腐	87 人	O8
4	1982 年	ペンシルバニア	家庭	もやし	16 人	O8
5	1982 年 6 ～ 7 月	アラカンサス ミシシッピー テネシー	家庭	加工乳	172 人	O13a,13b
6	1995 年 10 月	バーモント テネシー	家庭	牛乳	10 人	O8

まで泉熱と呼ばれていた発熱・発疹を主症状とする原因不明の感染症は *Y. pseudotuberculosis* の感染によるものであることが明らかになり，現在までに，泉熱とされていたものも含め，集団感染例が 15 例確認されている（表 2）．ヒトの *Y. enterocolitica* 感染の発生は 1 年を通してみられるが，夏に比較的多い．一方，*Y. pseudotuberculosis* 感染は，秋から春にかけての寒冷期がほとんどで，夏期はまれである．また，両菌とも患者の年齢分布は 2 ～ 3 歳をピークとした幼児に多く，成人ではまれである．

症　　状

Y. enterocolitica は，ヒトに感染した場合，通常発熱，下痢，腹痛などを主症状とする胃腸炎症状を示すが，まれに結節性紅斑，敗血症，関節炎，咽頭炎，心筋炎，髄膜炎などの症状を示す．乳幼児では下痢を主体とした症状を示すのに対し，年齢が高くなるにつれて，回腸末端炎や腸間膜リンパ節炎，虫垂炎といった症状を示すようになり，老人では結節性紅斑が多くなる．また，わが国では報告がほとんどみられないが，北ヨーロッパでは血清型 O3 や O9 による関節炎患者が多発している．ヒトにおける *Y. pseudotuberculosis* 感染症も臨床症状として一般的には胃腸炎症状を示すが，そのほかに発疹，結節性紅斑，咽頭炎，苺舌，四肢末端の落屑，リンパ節の腫大，肝機能低下，腎不全，敗血症など多様な症状を呈することが多い．ヨーロッパにおける *Y. pseudotuberculosis* の感染事例では，ほとんどが胃腸炎症状に留まるのに対し，わが国の事例では上述したような多様な症状を示し，重篤となることが多い．

診断・治療

ヒトでは *Y. enterocolitica* および *Y. pseudotuberculosis* のいずれに感染した場合でも，臨床症状は感染型食中毒の症状を示すことが多いため，臨床症状から診断をすることは難しく，確定診断として感染患者の糞便からの菌検出が必要である．また，血清学的診断として，病原性 *Y. enterocolitica* または *Y. pseudotuberculosis* に対する抗体価（血中凝集素価）を測定し，急性期と回復期のペア血清で抗体価の 4 倍以上の上昇，または 160 倍以上の抗体価が認められた場合にエルシニア感染症を疑う．

治療・予防

病原性 *Y. enterocolitica* および *Y. pseudotuberculosis* とも，敗血症以外，抗生物質の臨床的治療効果は不明なため，ヒトのエルシニア症治療には対症治療を中心に行うことが望ましい．また，動物でも敗血症が疑われるような事例においてのみ抗生物質の投与を行うべきである．なお，*Y. enterocolitica* はペニシリン系の以外のほとんどの抗生物質に感受性を示す．*Y. pseudotuberculosis* もマクロライド系以外のほとんどの抗生物質に対して高い感受性を示す．

ヒトのエルシニア症予防としては，一般的な食中毒の

表 2　*Y. pseudotuberculosis* による集団感染例（日本）

No.	発生年月	発生場所		推定原因食品	患者数	血清型
1	1977 年 4 月	広島県	中学校	不明	57 人	5b
2	1977 年 10 月	岐阜県	幼稚園	不明（水？）	82 人	1b
3	1981 年 2 月	岡山県	小学校	野菜ジュース	535 人	5a
4	1982 年 1 月	岡山県	山間部住民	谷川水	268 人	4b と 2c
5	1982 年 2 月	岡山県	市街地住民	サンドイッチ	61 人	5b
6	1984 年 7 月	三重県	中学校	焼肉（飲食店）	35 人	5a
7	1984 年 7 月	三重県	家庭	焼肉（飲食店）	4 人	5a
8	1984 年 11 月	和歌山県	小学校・保育園	井戸水，谷川水	63 人	3
9	1984 年 11 月	岡山県	山間部住民	谷川水	11 人	4b
10	1985 年 4 月	島根県	小学校・幼稚園	不明	8 人	4b
11	1985 年 4 月	新潟県	小学校	不明	60 人	4b
12	1986 年 3 月	千葉県	小学校	不明	651 人	4b
13	1987 年 5 月	広島県	山間部住民	井戸水	5 人	3
14	1988 年 5 月	長野県	山間部住民	湧き水	31 人	3
15	1991 年 6 月	青森県	小・中学校	不明	732 人	5a

（福島博ほか，1989 を一部改変）

予防法に準じるが，いずれの菌も低温菌なので，食品，とくに生肉を 10℃以下で保存する場合でも保存は短時間に留め，長く保存する時は冷凍する．沢水や井戸水を介した水系感染を防ぐため，加熱・消毒したものを飲用する．また，犬や猫などの保菌動物と接触した後は，手洗いを心がける．

ペスト

人獣
一類

plague, pest

Key Words：ノミ媒介性感染

ペストは，エルシニア *Yersinia* 属の *Yersinia pestis* による人と動物の感染症である．

原因菌の性状

Y. pestis は，*Y. enterocolitica* および *Y. pseudotuberculosis* と同様，腸内細菌科 *Yersinia* 属に属するグラム陰性通性嫌気性桿菌である．Wayson 染色では両端染色性を示す（写真 1）．至適発育温度は 28℃付近で，鞭毛を欠くため運動性を示さない．*Y. pestis* は O 抗原を欠くため，単一の血清型を示す．また，生化学的性状の違いにより 3 以上の生物型に分類されている．

病　原　性

Y. pestis は，病原性 *Y. enterocolitica* ならびに *Y. pseudotuberculosis* と共通の約 70kb の病原性プラスミド（pYV）のほか，約 100kb（pFra）と約 9.5kb（pPla）の病原性プラスミドを保有している．pFra にはホスホリパーゼ D ならびに莢膜抗原（Fraction 1）を産生する遺伝子がコードされており，本菌のノミの中腸腺における生残と定着に関与している．pPla にはプラスミノーゲン・アクチベーターと呼ばれる蛋白分解酵素を産生する遺伝子がコードされており，フィブリンによる凝固阻止や貪食細胞の遊走の阻止に関与している．両者（pFra，pPla）とも本菌のノミによる媒介性伝播に不可欠の因子になっている．

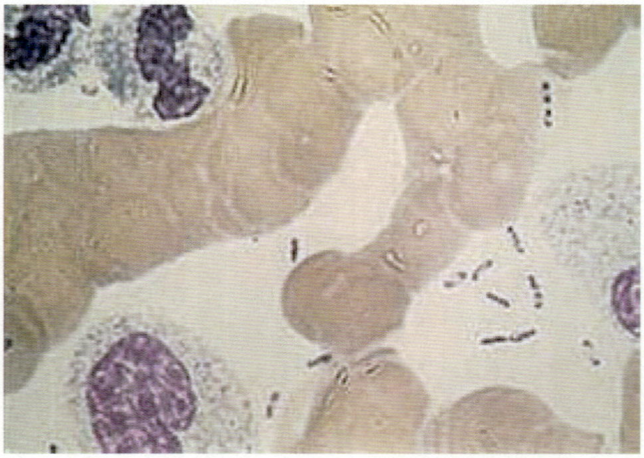

写真 1　両端染色性を示す *Yersinia pestis*（Wayson 染色）．〔CDC ホームページ（http://www.cdc.gov/ncidod/dvbid/plague/wayson.htm）より〕

生態・疫学

Y. pestis は，野生動物，特に野生げっ歯類に保菌されており，感染したこれらの個体を吸血したノミを介して，ヒトや動物に感染する．まれに，感染した個体との直接接触により感染することがある．病原性 *Y. enterocolitica* や *Y. pseudotuberculosis* のような経口感染はみられない．

現在，ヒトにおけるペストは ①アフリカ南部（マダガスカル），②インド北部，③中国（雲南省から蒙古），④北アメリカ南西部，⑤南アメリカ西部で発生がみられ，毎年 1,000 ～ 3,000 人の患者が報告されている．これらの地域では野生げっ歯類間で本菌の感染環が維持されている．日本では，1926 年に横浜での患者を最後に発生はみられない．

症　　状

1．ヒトのペスト

ヒトのペストは，以下の 3 つの病型に分類される．

腺ペスト：ヒトのペストの大多数（80 ～ 90%）を占める．潜伏期間 2 ～ 6 日で，ノミの吸血部位から侵入した菌はリンパ節（鼠径部，腋窩，頚部など）で増殖し，炎症ののちクルミ大の腫脹（ブボ：bubo）を形成する（写真 2）．また，発熱，頭痛，悪寒，倦怠感，食欲不振，筋肉痛などの全身症状を呈し，発症後，敗血症に至り 3 日程度で死亡する．致死率は 90%程度である．

敗血症ペスト：ヒトのペストの約 10%を占める．ノミの吸血後，菌が血流やリンパを介し，直接，脾臓や肝臓に到達・増殖し，リンパ節の腫脹などの局所症状がみられないまま，敗血症を引き起こす．潜伏期間 2 ～ 6

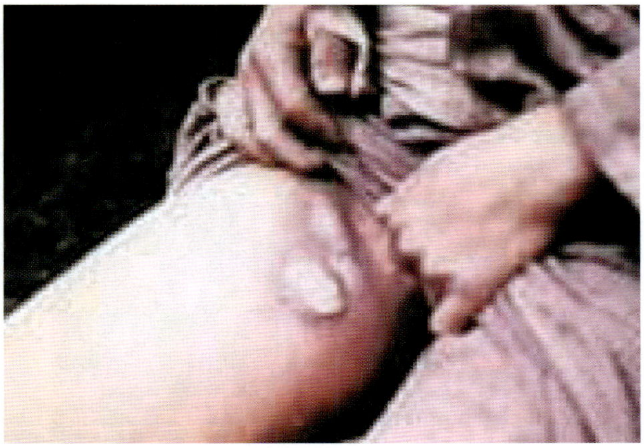

写真2 *Yersinia pestis* 感染によりブボ（bubo）を形成した例．（CDC ホームページ http://www.bt.cdc.gov/agent/plague/trainingmodule/2/02inguinal.htm より）

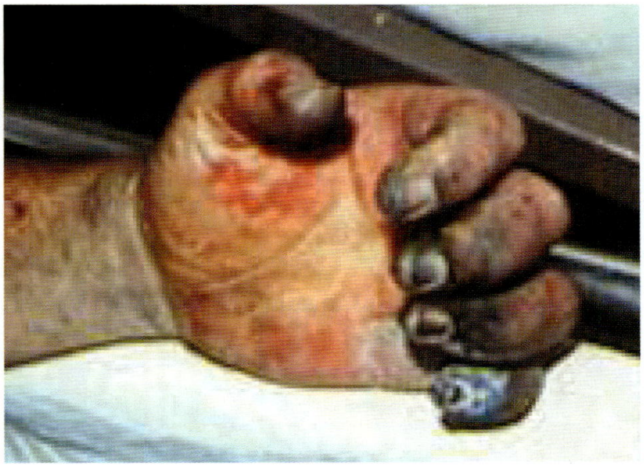

写真3 *Yersinia pestis* 感染による体表末端部の皮内出血．（CDC ホームページ http://www.bt.cdc.gov/agent/plague/trainingmodule/2/04.asp より）

日で，ショック症状，昏睡，手足の壊死，紫斑などの臨床症状が現れ，敗血症から3日以内に死亡する．致死率はほぼ100％である．

肺ペスト：腺ペストや敗血症ペストによる敗血症の経過中に，肺に侵入した菌が肺炎を起こし，そこで増殖した菌がエロゾールや痰などにより体外に排出されるようになると，ヒトからヒトへ経気道感染することがある．これを肺ペストという．潜伏期間は2～3日で，発熱，頭痛，嘔吐，急激な呼吸困難，血痰を伴う肺炎像を呈し，発病後24時間以内に死亡する．肺ペストの発生はきわめてまれであるが，感染後の経過が早く，死亡率はほぼ100％で非常に危険である．

なお，ペスト感染末期に細動脈血栓から皮膚・組織の出血・壊死が起こり，四肢末端，鼻の先端などが皮内出血から黒色に変色する（写真3）．このことから，昔はペストが黒死病（black death）と呼ばれた．

2．動物のペスト

動物ではげっ歯類の感受性が高く，ノミを介した感染により，ヒトと同様，敗血症を起こし死亡する．特に，北アメリカのプレーリードッグは感受性が高い．げっ歯類以外の動物では比較的抵抗性を示すが，犬，猫，豚，クマ，ラクダなどでも感染が知られており，特に猫は感受性が高く，猫からヒトへの感染例も報告されている．

診断・治療

感染した患者の血液，ブボ，咽頭スワブ，痰，気管支洗浄液などから，血液寒天などを用いて菌分離を行う．Wayson 染色では両端染色性の菌が観察される．また，培養菌や上記の検体のスメアに対しては，染色のほか，莢膜（エンベロープ）（fraction 1）に対する抗体を用いた直接蛍光抗体法も実施される．PCR 法は *caf1*，*yopM*，*pla* などの病原遺伝子を標的にしたプライマーが開発されている．血清学的検査としては，莢膜抗原（fraction 1）を用いた間接羊 HA 反応を行い，患者の抗体価の測定が行われている．

ペストの治療には，早期であれば抗生物質が有効で，ストレプトマイシン，テトラサイクリン，オキシテトラサイクリン，クロラムフェニコール，ニューキノロン系などが推奨されている．

クレブシエラ

基本性状
グラム陰性嫌気性桿菌
重要な病気
クレブシエラ感染症（子宮炎，子宮蓄膿症）（馬）
乳房炎（甚急性）（牛）

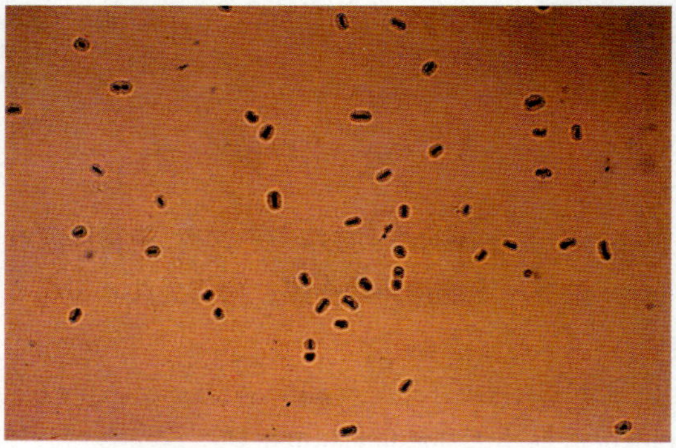

FIG 莢膜型1に対する抗血清処理により莢膜膨化が認められた *K. pneumoniae*

分類・性状

クレブシエラ（*Klebsiella*）属は，嫌気性グラム陰性の桿菌で，5菌種3亜種が認められているが，家畜に病原性を示す菌種は *Klebsiella pneumoniae* 1種である．

大きさは0.3～1.5×0.6～6.0μm．真っ直ぐな桿菌で厚い多糖体性莢膜に包まれ，鞭毛は持たず，腸内細菌科の中でシゲラ（*Shigella*）とともに運動性がない．普通寒天平板培地によく発育し，大きく盛り上がった粘稠なコロニーをつくる（写真1）．ブドウ糖を迅速に発酵し，酸と多量のガスを産生する．

血清型：クレブシエラはO抗原とK抗原を有しているが，血清型にはK抗原を用いる．K抗原は88種報告されており，スライド凝集反応，莢膜膨化試験によって型別する．

生　　態

自然界に広く分布し，動物・ヒトの気道や腸管をはじめ，植物からも分離される．

分離・培養

乳糖を含む寒天培地ではコロニーおよびその周囲が赤色を帯びる．寒天培地では培養1日目で大きなムコイド状の湿潤なコロニーを形成し（写真1），2日目には近接するコロニーが融合する．IMViC試験（インドール試験，メチルレッド試験，VP試験，クエン酸塩利用試験），オルニチン脱炭酸反応試験，ウレアーゼ試験などを実施し，同定する．莢膜型は抗血清（主要な抗血清は市販されている）を用いた莢膜膨化試験により決定する（FIG）．

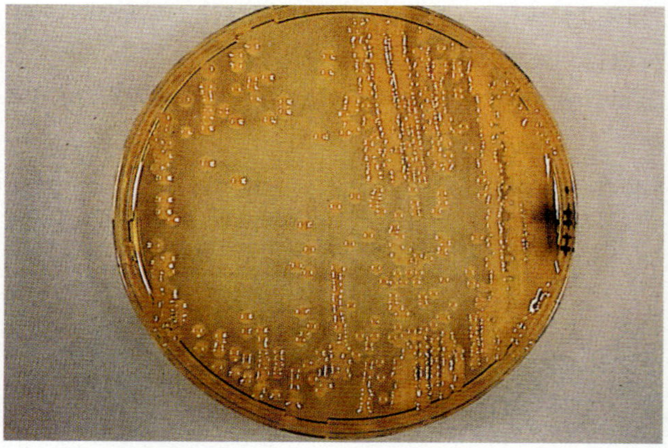

写真1 TSA培地で1日培養した *K. pneumoniae* のコロニー．

馬のクレブシエラ感染症

Klebsiella pneumoniae infection in horses

Key Words：子宮炎，子宮蓄膿症，莢膜型 1 と 5

原　　因

Klebsiella pneumoniae は馬の子宮炎，子宮蓄膿症，流産，不妊症，肺炎，下痢症，敗血症，関節炎などを起こす．

疫　　学

馬の子宮炎の流行には主に莢膜型 1 と 5（表 1）が関与し，2，6，7，21，30，68 型などによる子宮炎は散発的である．日本ではとくに莢膜型 1 による子宮炎が多い．

症　　状

種付後 1 週目前後に粘稠膿様物を外陰部から排出する（写真 1）．また腟腔内に膿性粘液が貯留し，腟粘膜は充血し濁った暗赤色を呈する．粘膜下に出血を認める．子宮粘膜は全面の暗赤色充血と水腫，粘膜上に泡沫を含む浸出液が貯留する．子宮内洗浄液よりも腟内洗浄液で白濁が著明である．

診　　断

病変部材料（浸出液，スワブなど）をマッコンキー寒天培地などに接種し，37℃，1 ～ 2 日培養する．確定診断は *K. pneumpniae* の分離による．

Taylorella equigenitalis，レンサ球菌，腸内細菌による細菌性子宮炎との鑑別検査が必要である．

表 1　子宮炎由来 *K. pneumoniae* 莢膜型 1 と 5 の生化学的性状の主な相違点

生化学的性状	陽性率（%）	
	莢膜型 1	莢膜型 5
ズルシトールからの酸産生	100	0
オルニチン脱炭酸反応	0	87.5

予防・治療

馬の本感染症に対して承認を得ている抗菌性物質製剤はほとんどないが，ゲンタマイシン，トブラマイシン，アミカシンなどのアミノグリコシド系，セファロスポリン系，ポリミキシン B，コリスチンなどの抗生物質に高い感受性を示す．テトラサイクリン系抗生物質やストレプトマイシン，カナマイシンなどのアミノグリコシド系抗生物質，クロラムフェニコール，サルファ剤に耐性株も存在する．プラスミドによる耐性の伝達が起こる．

馬体や厩舎，飼育環境などの消毒にはハロゲン塩製剤が推奨される．

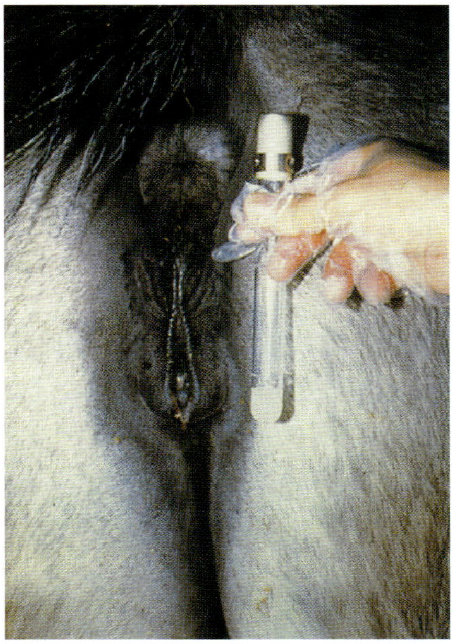

写真 1　外陰部からの白色粘稠膿様物の排出（JRA 実施感染実験馬）．

牛乳房炎

bovine mastitis

Key Words：伝染性乳房炎，環境性乳房炎，生産病

疫　　学

乳房炎とは牛乳を生産，分泌する場所，すなわち乳房の炎症の総称である．時にその症状が肉眼では確認できないことがある．発熱，食欲不振，下痢，脱水，起立不能などの全身症状を伴うこともある．

乳房炎は細菌の感染が主な原因であるが，まれに重篤な乳房炎が真菌やマイコプラズマの感染によって起こる．栄養状態，乳頭・乳房の損傷などや不適切な飼育管理，搾乳管理，衛生管理などが乳房炎の素因となる．

乳房炎の分類

乳房炎はその発生様式，発症時期，臨床症状，産歴の有無などで区分される．発生様式からは「伝染性乳房炎」と「環境性乳房炎」とに区別される．伝染性乳房炎は主に搾乳中に乳を介して他の牛に伝播する．環境性乳房炎の原因菌は牛舎内に生息し乳房，乳頭が汚染されることにより感染する．

乳房炎はまた，「泌乳期」と「乾乳期」の乳房炎に大別される．泌乳期の乳房炎は「臨床型」と「潜在性（非臨床型）」に区別される．臨床型はさらに「甚急性」,「急性」,「慢性」に区分される．泌乳期乳房炎の病型の区別は表1の通りである．

甚急性乳房炎は分娩後1週間以内に発症することが多く，全身症状を伴い，死亡する例もある．潜在性乳房炎では，乳汁は一見正常に見える．しかし，細菌が分離されたり，体細胞数の増加，乳汁性状・成分の異常などがみられる．乾乳期の乳房炎は搾乳停止後4～5日目頃から発生し，乳房・乳頭の腫脹，発赤，疼痛を伴うことが多い．

乳房炎は未経産牛にも発生する．

表1　泌乳期乳房炎の病性の判定

症　状	甚急性	急　性	慢　性	潜在性
脱水，起立不能，下痢	＋	－	－	－
発熱，食欲減退	＋	＋～－	－	－
乳房の変化（腫脹，硬結等）	＋	＋	＋～－	－
乳汁の変化（凝固物，色等）	＋	＋	＋	－
細菌検出	＋	＋	＋	＋
乳汁の理化学的性状の異常（体細胞数の増加等）	＋	＋	＋	＋

（家畜共済の診療指針，2003を一部改変）

乳房炎の主な原因菌と病性・症状

乳房炎から分離されてくる菌は多数報告されており，農家，地域によりさまざまである．乳房炎は原因菌によりその病性，症状の異なることが多い．よく分離される原因菌と病性，症状の大まかな関係を表2に示した．

重要な原因菌としては *Staphylococcus aureus*，*Escherichia coli*，*Klebsiella pneumoniae*，*Mycoplasma* spp.，*Streptococcus agalactiae*，*Arcanobacterium pyogenes*（*Actinomyces pyogenes*），*Corynebacterium bovis*，真菌などがある．これら以外にも Coagulase negative staphylococci（CNS），*Streptococcus*，*Bacillus*，*Enterococcus*，*Pseudomonas*，*Proteus* などのほか，多くの種類の微生物が分離されてくる（写真1-1～1-9）．

分離・培養

検体を血液寒天培地に接種し培養する．必要に応じ腸内細菌分離用培地，マイコプラズマ分離用培地などを併用する．

発育した菌はグラム染色性，形，溶血性，オキシダーゼ反応，カタラーゼ反応，その他の生化学的性状検査成績をもとに同定する．併せてディスク法などによる薬剤感受性試験を実施する．

診　　断

臨床症状の明らかでない乳房炎は乳汁の理化学的検査と細菌学的検査によって診断される．臨床症状が明らかな乳房炎は臨床検査だけでも診断できるが，治療，予後

表2　乳房炎の主な原因菌と病性・症状

原因菌	病性				症状							
	甚急性	急性	慢性	潜在性	全身症状	乳房の所見			乳汁の所見			
						腫脹	熱感疼痛	壊疽壊死	凝固物	色調変化	乳量減少	体細胞数増加
伝染性乳房炎原因菌												
Staphylococcus aureus	＋	＋	＋	＋	＋～−	＋	＋	−	＋	＋	＋	＋
Streptoccoccus agalactiae	−	−	−	＋	−	−	−	−	＋	−	＋	＋
Corynebacterium bovis	−	−	−	＋	−	−	−	−	−	−	＋～−	＋
Mycoplasma spp.	−	＋	＋	＋	−	＋	＋～−	−	＋	＋	＋	＋
環境性乳房炎原因菌												
CNS＊1	−	＋	＋	＋	＋～−	＋	＋	−	＋	＋	＋	＋
Streptococcus spp.＊2	−	＋	＋	＋	＋	＋	＋	−	＋	＋	＋	＋
Arcanobacterium pyogenes	−	＋	＋	−	−	＋	＋	−	＋	＋	＋	＋
Coliforms＊3	＋	＋	＋	＋	＋	＋	−	＋	＋	＋	＋	＋
Pseudomonas aeruginosa	＋	＋	＋	＋	＋	＋	−	＋	＋	＋	＋	＋
真　菌	−	＋	＋	＋	−	＋	＋	−	＋	＋	＋	＋

＋：よく認められるもの，−：まれにしか認められないもの　　　（家畜共済の診療指針，2003 に一部追加）
全身症状：脱水，下痢，起立不能，食欲減退など
色調変化：水様，灰白，黄から赤色または血様など
細胞数増加：50 万 /ml 以上または CMT 凝集度±以上
＊1 coagulase negative Staphylococci
＊2 *Streptococcus agalactiae* 以外の *Streptococcus* spp.
＊3 *Escherichia coli*，*Klebsiella pneumoniae* など

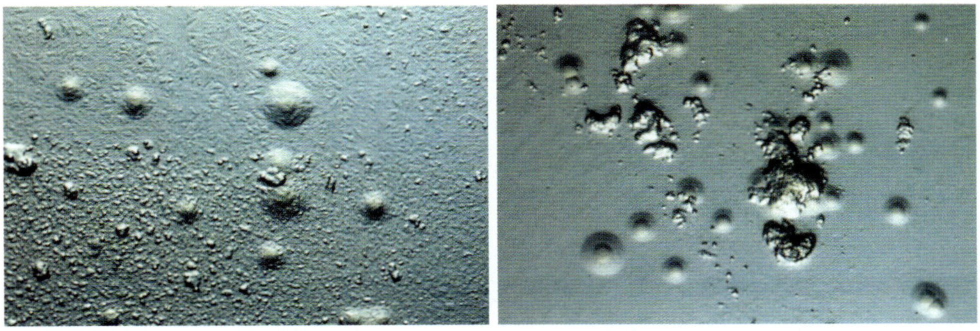

写真 1-1 *Mycoplasma bovigenitalium*
DNA 添加 Hayflick 培地.

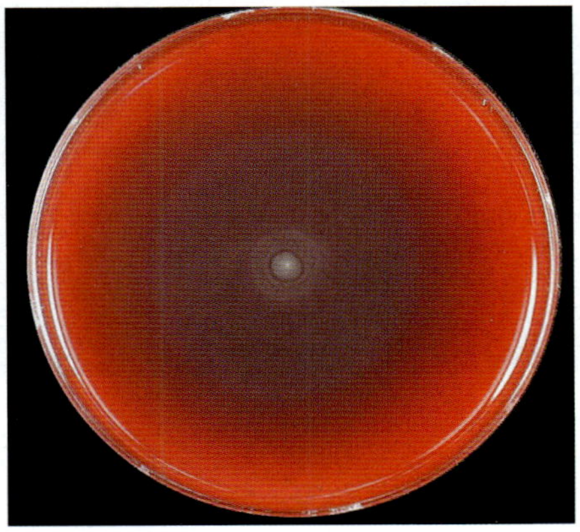

写真 1-2 *Proteus mirabilis*
5％羊血液寒天培地（12 時間培養）.

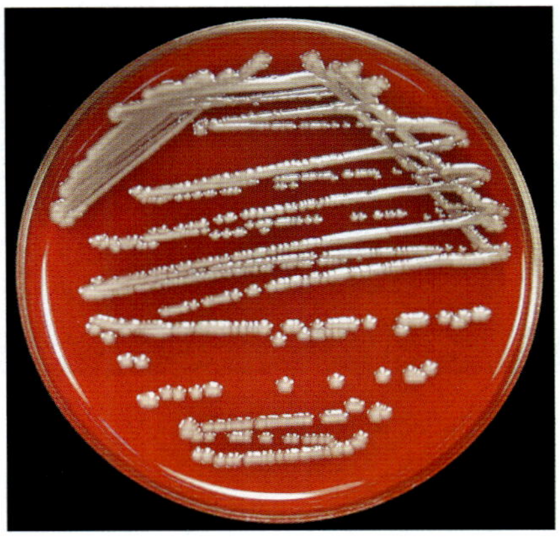

写真 1-3 *Klebsiella pneumoniae*
5％羊血液寒天培地.

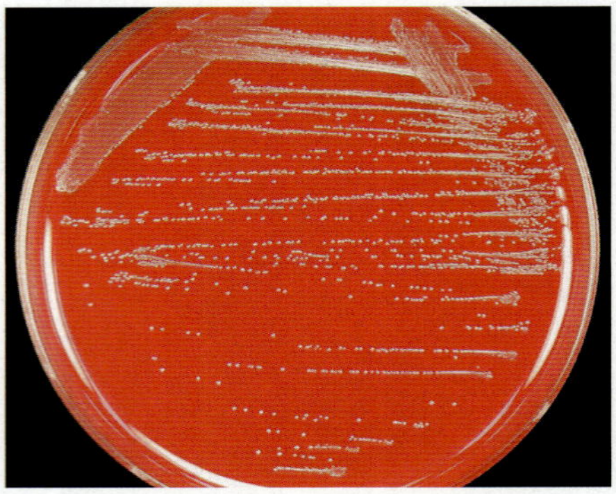

写真 1-4 *Arcanobacterium pyogenes*
5％羊血液寒天培地（2 日間培養）.

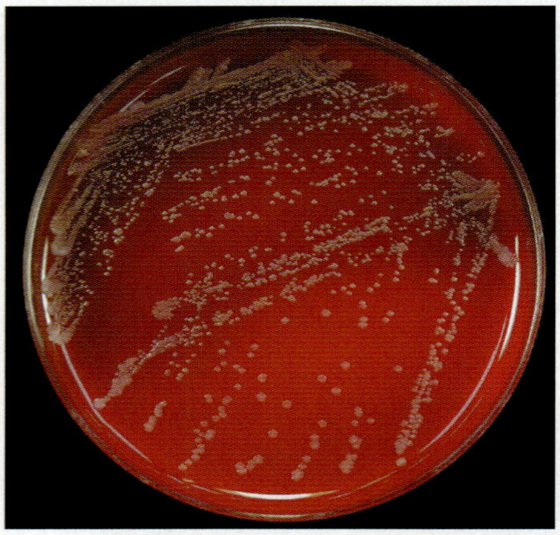

写真 1-5 *Prototheca zophii*
5％羊血液寒天培地（2 日間培養）.

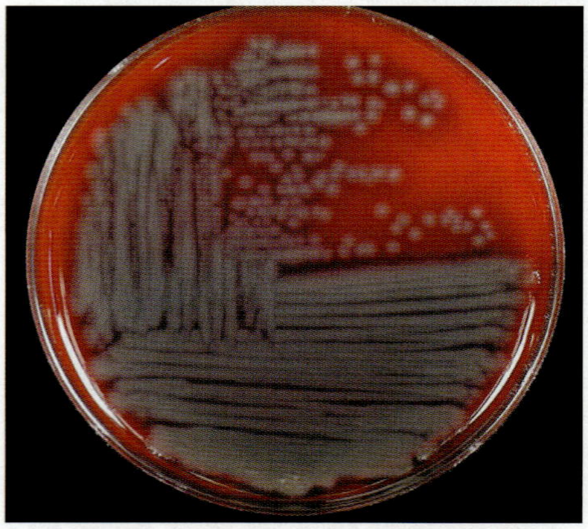

写真 1-6 *Pseudomonas aeruginosa*
5％羊血液寒天培地.

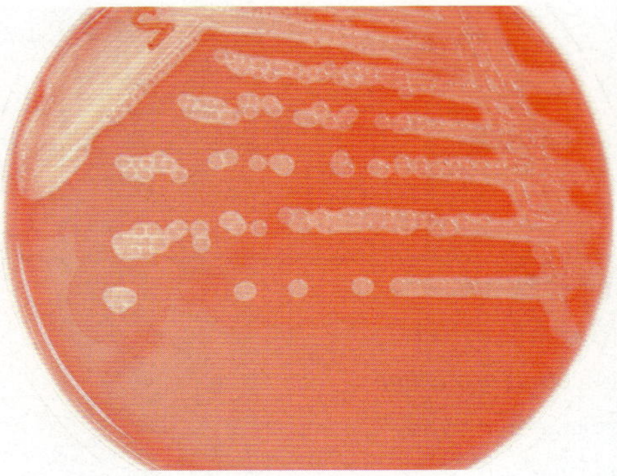

写真 1-7 *Staphylococcus aureus*
5％羊血液寒天培地（二重溶血）.

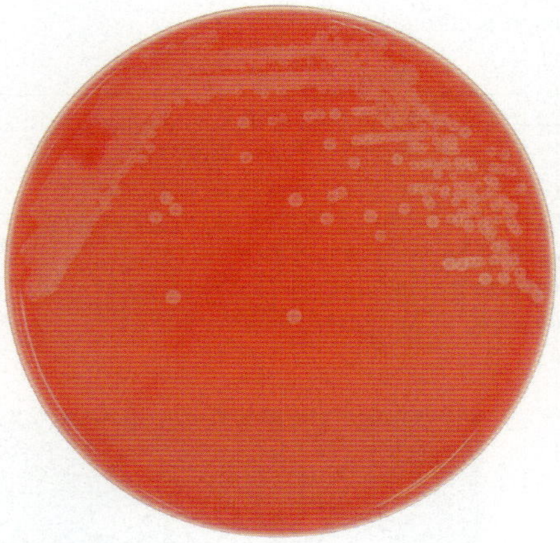

写真 1-8 *Streptococcus agalactiae*
5％羊血液寒天培地.

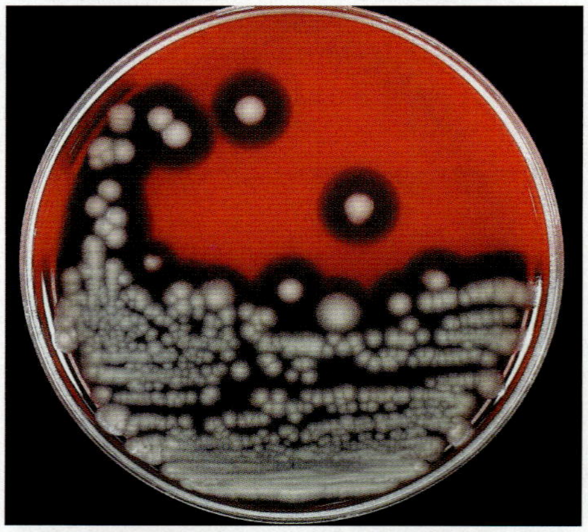

写真 1-9 *Bacillus cereus*
5％羊血液寒天培地.

写真 1-2 ～ 1-9：写真提供は草場信之氏.

写真 2　CMT 法.（写真提供：草場信之氏）
陰イオン界面活性剤による乳汁中白血球数測定数の基本的な方法である．同時に pH の程度も測定できる．生理的な変化と病的な変化を区別できないので，臨床所見，細菌検査所見を含め総合的な判定が必要である．

判定，対策などを考えると，細菌学的検査を併せて行うことが望ましい．

乳房炎乳汁では脂肪，蛋白質，乳糖，リン酸，カルシウムなどが減少し，血液由来蛋白質，塩素，ナトリウムなどが増加するとともに，細胞数の増加，炎症産物の混入もある．その結果が異常な色，臭い，粘稠度の変化，凝固物の出現などとなる．簡便検査法としてストリップカップ法や黒布法，CMT 法（写真 2），CMT 変法などがある．表 3 に示した項目の検査も乳房炎診断に有効である．

細菌学的検査は乳房炎対策の基本である．乳房炎起因菌の同定は病性の把握，予後判定などに重要であり，薬剤感受性成績は治療に有用な情報を提供する．

予防・治療

乳房炎治療の目的は原因菌の排除および症状の軽減にある．原因菌の排除には抗菌性物質を使用する．しかし，抗菌性物質はきわめて選択作用が強く，生体側の症状改善には直接役立たない．そこで必要に応じ症状改善を目的としてホルモン剤の投与，補液，抗炎症剤投与，頻回搾乳などさまざまな療法が併用される．

乳房炎の抗菌性物質による治癒率は一般に乾乳期治療で高く，泌乳期治療で低いとされているが，泌乳期であっても早期に乳房炎を発見し治療すれば，治療効率は上がる．

感染源や感染経路を断つ対策も大切である．感染源を断つため臨床型乳房炎は早期診断，早期完全治療に努め，潜在性乳房炎は乾乳時に徹底的に治療する．治療効果が望めないものは可能な限り早く淘汰する．乳房炎罹患牛は非罹患牛と分けて管理することが望ましい．感染経路を断つため牛舎，搾乳器具，搾乳後乳頭の消毒などを励行する．

乳房炎発生誘因の除去にも努める．すなわち，乳房の毛刈り，適切な搾乳手順の励行，搾乳器具・施設の点検・整備，牛舎の整備，蹄の管理，飼料の質と量の管理などを十分に行う．

表 3　検査室で行う乳汁理化学的検査項目と検査項目変化の原因

検査項目	検査項目変化の原因
細胞数 / 細胞種類・比率 / カタラーゼ / 抗体	生体の防御反応
乳　糖	乳腺での合成能の低下
血清アルブミン /Na，K，Cl	血管の透過性亢進
ラクトフェリン /N- アセチル -β-D-グルコサミニダーゼ	乳腺組織の損傷
エンドトキシン	乳房炎起炎物質

エロモナス，ビブリオ

基本性状
グラム陰性通性嫌気性無芽胞桿菌
重要な病気
エロモナス食中毒（ヒト）
腸炎ビブリオ食中毒（ヒト）
コレラ（ヒト）
ビブリオ病（魚類）
運動性エロモナス感染症（魚類）
せっそう病（魚類）
穴あき病（魚類）
類結節病（フォトバクテリウム症）（魚類）

ビブリオ科に属しヒトに病原性を有する主なものは，ビブリオ（*Vibrio*）属とエロモナス（*Aeromonas*）属である．ビブリオ属の菌は海水あるいは汽水域に生息し，エロモナス属の菌は淡水域が本来の生息域であるが，海水から検出されることもある．両属の菌は，生息域の魚介類を介してあるいは糞口感染によりヒトに感染する．

性　状

エロモナス属菌でヒトに病原性を有する主なものは，*Aeromonas hydrophila*, *A. sobria* および *A. caviae* である．エロモナス属菌は，極単毛性鞭毛を有するグラム陰性桿菌でブドウ糖，白糖および乳糖を分解し，オキシダーゼ陽性である．

ビブリオ属菌でヒトに病原性を有する主なものは，*Vibrio cholerae*（コレラ菌），*V. parahaemolyticus*（腸炎ビブリオ），*V. vulnificus*，*V. mimicus*，*V. hollisai* である．*V. cholerae* は，極単毛性鞭毛を持ち活発な運動性を示すグラム陰性桿菌で，コンマ状に屈曲している．酸に弱く，アルカリ性を好む．*V. parahaemolyticus* は，2～3％食塩存在下でよく増殖する低度好塩菌で，夏季の海水および汽水域から高頻度に検出される．

分　類

V. cholerae は O 抗原，血清学および生物型により分類される．法定伝染病のコレラとして O 抗原の O1 と O139 が指定されている．これら 2 種類の抗原型以外のコレラ菌はナグビブリオ（NAG vibrio：non agglutinable vibrio）と呼ばれ，伝播性が弱いため通常の食中毒菌として扱われる．*V. cholerae* は血清学的に稲葉型，小川型，および彦島型に分類され，この内の稲葉型が血清学的には原型と考えられている．*V. cholerae* はさらに，鶏赤血球凝集能，ファージ（ⅣあるいはⅤ）に対する感受性，ポリミキシン B に対する感受性等の違いで，アジア型とエルトール型の 2 型の生物型に分類される．第 1 次から第 6 次のコレラ世界大流行はいずれもアジア型であったが，1961 年にはじまり現在も続いている第 7 次コレラ世界大流行以降，分離される生物型のほとんどがエルトール型である．

V. parahaemolyticus は，O，H，および K 抗原を持つ．O 抗原により 11 群，K 抗原により 71 群に分類される．近年，世界中で流行を繰り返している O3：K6 の抗原型に注目が集まっている．

分　離

糞便からのエロモナス属菌の分離には，DHL 寒天培地またはマッコンキー寒天培地を用い，これら寒天平板上の赤色または無色のコロニーを釣菌する．本菌は，血液寒天上でしばしば β 溶血を示す．

V. cholerae はアルカリ側を好むため，増菌用としてアルカリ性ペプトン水がよく用いられる．*V. cholerae* の分離培地としては，TCBS 寒天培地とビブリオ寒天培地がよく用いられ，TCBS 寒天培地上では黄色のコロニー，ビブリオ寒天培地上では青色のコロニーをつくる．

V. parahaemolyticus は低度好塩菌であるので，本菌の分離培地にはすべて 3％以上の食塩を加える．増菌培養には，4％食塩加ペプトン水やコリスチンブイヨン等を

使用する．分離培養には，TCBS寒天培地，ビブリオ寒天培地あるいはBTB-teepol培地を用いる．

病原性

エロモナス属菌の病原因子は，本菌の産生する溶血毒素と考えられ，血液寒天培地上でβ溶血を示す．この毒素は下痢活性を持つことからエンテロトキシンとも呼ばれるが，一般にはアエロリジン（aerolysin）と呼ばれる．

*V. cholerae*の病原因子としては，定着性線毛以外に，コレラ毒素（cholera toxin：CT），zonula occludens toxin（ZOT），accessory cholera enterotoxin（ACE）等が報告されているが，*V. cholerae*による激しい下痢はCTで説明できる．

*V. parahaemolyticus*の病原因子では，TDH（thermostable direct hemolysin：耐熱性溶血毒）がよく研究されており，本菌の病原性の指標とされている．TDHは溶血性の他に，下痢原性，心臓毒性，致死活性を示す．

エロモナス食中毒

Aeromonas spp.-associated gastroenteritis

Key Words：下痢，水生菌，アエロリジン

エロモナス（*Aeromonas*）属菌は，淡水環境および魚介類に広く分布する淡水域の常在菌である．本菌による感染症は夏季に集中する．熱帯および亜熱帯の開発途上国での発生が多いため，これらの地域への渡航者は注意を要する．本菌による下痢症は，わが国では散発的で小児や老人の発症が多い．

本菌は下痢症の他に，創傷感染，基礎疾患のある患者にみられる敗血症，尿路感染，髄膜炎等の患者から分離される．

エロモナス属菌はグラム陰性通性嫌気性桿菌で，現在，16 の Hybridization 群に分類されている．その内，ヒトに病原性を示す主な菌種は，*Aeromonas hydrophila*（写真 1），*A. sobria* および *A. caviae* である．

病原因子

エロモナス属菌による下痢発症の原因物質は確定していないが，本菌の産生する溶血毒について研究が進んでいる．この溶血毒は *A. hydrophila* から分離・精製され，溶血活性（寒天平板上の β 溶血）や下痢活性が証明された．この溶血毒は膜に小孔を形成することより，pore-forming toxin の一種と考えられる．この溶血毒に類似した溶血毒は，*A. sobria* および *A. caviae* さらには *A. salmonicida* でも見つかっている．

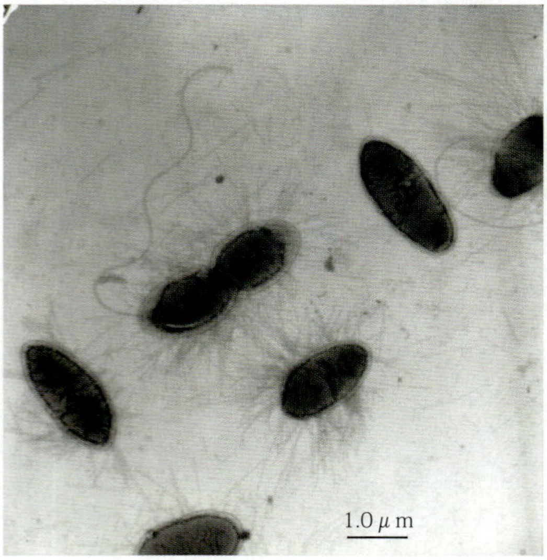

写真 1　*A. hydrophila* の EM 像．（写真提供：岡山県立大学，有田美知子先生）
菌体周囲の繊毛と鞭毛が観察される．

症　状

多くの症例では，平均 12 時間の潜伏期間を経て軽い水様性下痢や腹痛を発症し，1 ～ 3 日で回復する．しかし，まれに下痢が長期間にわたり潰瘍性大腸炎を起こしたり，コレラ様の激しい下痢を起こすことがある．

診　断

確定診断は糞便からの菌の分離である．糞便からの本菌の分離培養には，DHL 寒天培地またはマッコンキー寒天培地を用いる．これら寒天平板上の赤色または無色のコロニーを釣菌する．糞便以外の検体には血液寒天が用いられる．*A. hydrophila* および *A. sobria* は，血液寒天上で β 溶血を示す．

予　防

①本菌は低温でも増殖するので冷蔵庫を過信しない．

②本菌の汚染が疑われる水や魚介類からの 1 次および 2 次汚染を防止する．

③熱帯および亜熱帯の途上国を旅行する際には生水を取らない．

治　療

軽症の場合は自然治癒する．下痢の症状が重度の場合は，補液と抗生物質の投与を行う．小児ではノルフロキサシン，大人ではニューキノロンを 3 ～ 5 日間内服させる．

腸炎ビブリオ食中毒

Vibrio parahaemolyticus-associated gastroenteritis

Key Words：好塩性，神奈川現象，TDH

腸炎ビブリオは（*Vibrio parahaemolyticus*），1950年に大阪で起きたシラス中毒事件の際に，藤野恒三郎博士により発見されたグラム陰性桿菌である．コレラ菌とは異なり菌体は彎曲せず，液体培地中では極単毛性鞭毛（写真1），固形培地上では極単毛性鞭毛と側鞭毛を形成する．本菌は2～3％食塩存在下でよく増殖する低度好塩菌で，夏季の海水および汽水域から高頻度に検出される．

疫　学

腸炎ビブリオによる食中毒は，サルモネラやキャンピロバクターとともに細菌性食中毒の上位3位に常に入る．腸炎ビブリオによる食中毒は7～9月に集中し，8月にピークを迎える（図1）．これは海水の温度が15度以下では本菌の増殖が抑制され，20度以上になると活発に増殖し魚介類の本菌による汚染が進むからである．1992年頃を境に，流行する腸炎ビブリオの血清型がO4：K8からO3：K6に代わり，この血清型が現在，世界的に流行している．

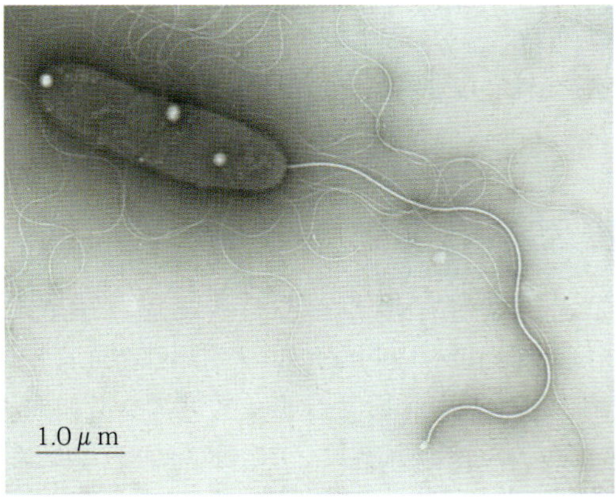

写真1　腸炎ビブリオのEM像．（写真提供：岡山県立大学，有田美知子先生）
固形培地上では図のように極単毛性鞭毛と側鞭毛を形成する．

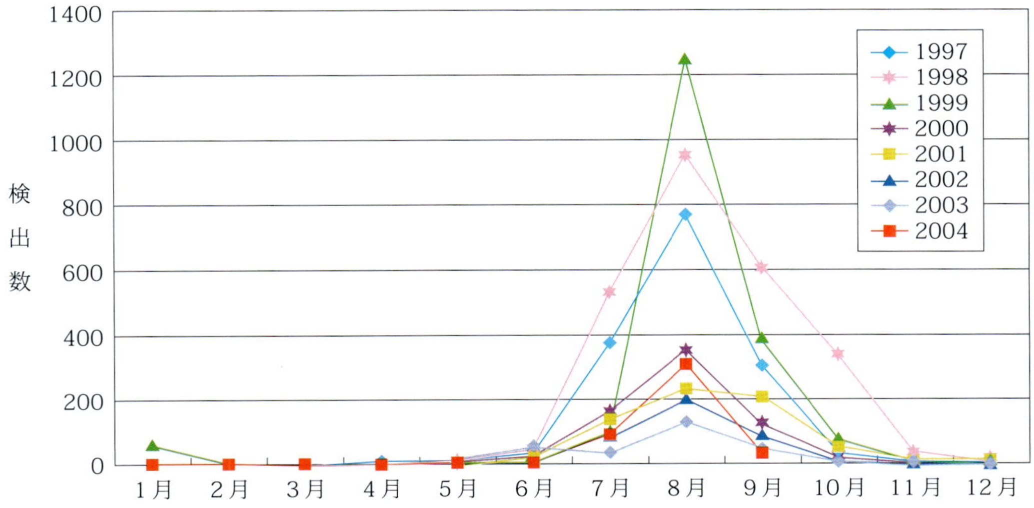

図1　腸炎ビブリオ　月別検出状況，1997～2004年（国立感染症研究所感染症情報センター　病原微生物検出情報：2004年10月25日現在）．（提供：国立感染症研究所　感染症情報センター）

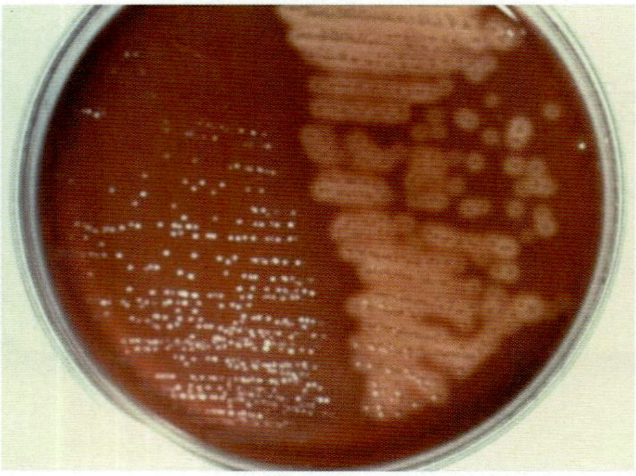

写真2 神奈川現象．（写真提供：日本細菌学会 細菌学教育用映像素材集；国立予防衛生研究所 細菌第一部）
TDH 産生株は我妻培地上で溶血反応を示す．

病原因子

病原因子は現在のところ，本菌が産生する TDH（thermostable direct hemolysin：耐熱性溶血毒）と考えられている．TDH は我妻培地（マンニット加血液寒天培地）上での溶血反応（写真 2）でその産生が判定される．この溶血反応を神奈川現象と呼ぶ．TDH は溶血性に加え，下痢原性，心臓毒性，および致死活性が報告されている．しかし，TDH 非産生株による腸炎の報告もあり，TDH を腸炎ビブリオの病原因子とするに至っていない．なお，TDH 類似毒素（TDH-related hemolysin：TRH）を産生するものもある．

症　　状

約 12 時間の潜伏期間を経て，激しい腹痛を伴う水様性や粘液性の下痢が起こる．発熱や嘔吐がみられる場合があるが，これらの症状は 1 両日で回復に向かう．しかし，高齢者では心停止により死亡した症例があり，TDH の心臓毒性との関連が疑われている．

診　　断

必要に応じて，4％食塩加ペプトン水やコリスチンブイヨン等で増菌培養を行う．

糞便検体は TCBS 寒天培地に直接塗抹する．本菌は TCBS 培地上では，白糖非分解の青緑色のコロニーを形成する（写真 3）．分離した菌株は生化学的性状を検査した後，O および K 抗原を調べて血清型を決定する．*tdh* 遺伝子および *trh* 遺伝子の検査も必要に応じて行う．

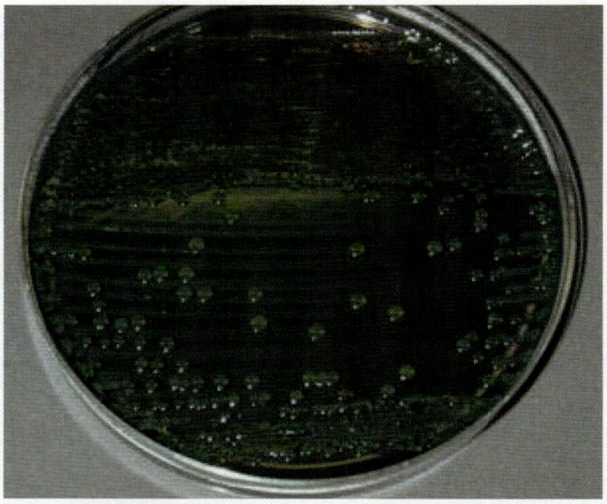

写真3 TCBS 培地上に形成された，腸炎ビブリオの青緑色のコロニー．下はその拡大図．（写真提供：日本細菌学会 細菌学教育用映像素材集；阪大微研 飯田哲也先生）

予防・治療

夏季（7 月〜 9 月）は，原因となる魚介類の低温保存を徹底し，調理の際の交差汚染に注意を払う．本菌は加熱により死滅するので，夏季は鮮度の落ちた魚介類には加熱調理が肝要である．

治療としては第 1 に補液を行い，次いで乳酸菌製剤を与えて本菌の定着を阻止する．抗生物質を使用する場合は，ニューキノロンあるいはホスホマイシンを 3 日間投与する．

コレラ

二類

cholera

Key Words：コレラ毒素，血清型 O1 と O139

コレラ菌（*Vibrio cholerae*）は，グラム陰性通性嫌気性桿菌である．かって，*V. comma* と呼ばれていたように菌体は弯曲している（写真 1）．通常，極単毛性鞭毛（写真 2）で飛蚊状と呼ばれるほど活発な運動性を示す．酸に弱いため，胃酸はコレラ菌感染を阻止する重要なバリアーである．

疫　　学

コレラの世界的流行は記録されている限り，現在まで 7 回である．第 1 次世界流行（1817 年）から第 6 次世界大流行は，O1 アジア型コレラ菌が原因菌であったと考えられる．しかし，1961 年に始まり現在も流行が続いている第 7 次世界大流行の原因菌は，O1 エルトール型コレラ菌である．1961 年以降，O1 アジア型コレラ菌はほとんど分離されていない．世界中で年間 20 ～ 30 万人以上の人々がコレラに罹患していると考えられる．

1992 年インド南部のマドラスで発生し世界中で流行した血清型 O139 コレラ菌によるコレラは，新興感染症の 1 つである．この世界大流行を踏まえ，感染症法では法定伝染病の「コレラ」の原因菌として従来の O1 コレラ菌に加えて O139 コレラ菌が追加された．O139 コレラ菌によるコレラは，現在もインド亜大陸において O1 エルトールコレラ菌と交互に，あるいは同時に流行を繰り返している（写真 3）.

わが国におけるコレラのほとんどが輸入感染症，すなわち，熱帯・亜熱帯のコレラ流行地域を旅行したヒトの現地での感染例である．国内での感染例の報告もあるが，輸入魚介類などの汚染が原因であろうと推定されている（図 1）．実際にインド亜大陸から輸入された海老から本菌が分離され，輸入された海老すべてが廃棄処分となった例がある．

症　　状

小腸下部の微絨毛にコレラ菌が線毛により定着して活発に増殖する．腹痛や発熱を伴わずに，激しい水様性下痢（米のとぎ汁様の水様便＋）を突然発症する．ただし，嘔吐を伴うことがある．重度の下痢によって生じる細胞外液や電解質の急激かつ大量な喪失により，代謝性アシドーシス，低カリウム血症，さらには筋痙攣を起こす．治療を行わなければ，チアノーゼや呼吸促迫となり，遂には昏睡に陥って死亡する．

予防・治療

コレラは熱帯・亜熱帯地方の感染症であるので，これらの地域を旅行するヒトは生水を取らず，必ず加熱した

写真 1　コレラ菌の EM 像．（写真提供：日本細菌学会 細菌学教育用映像素材集；京都大学 後藤俊幸先生・神戸検疫所 井村俊郎先生）

極単毛性鞭毛を有する．

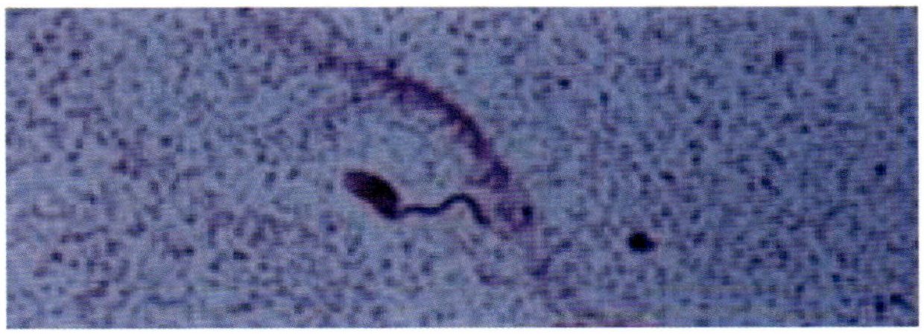

写真 2　*Vibrio cholerae* O1 の鞭毛染色像（光学顕微鏡，1000 倍）．（写真提供：日本細菌学会 細菌学教育用映像素材集；京都大学 後藤俊幸先生・神戸検疫所 井村俊郎先生）

弯曲した菌体と極単毛性鞭毛が観察される．

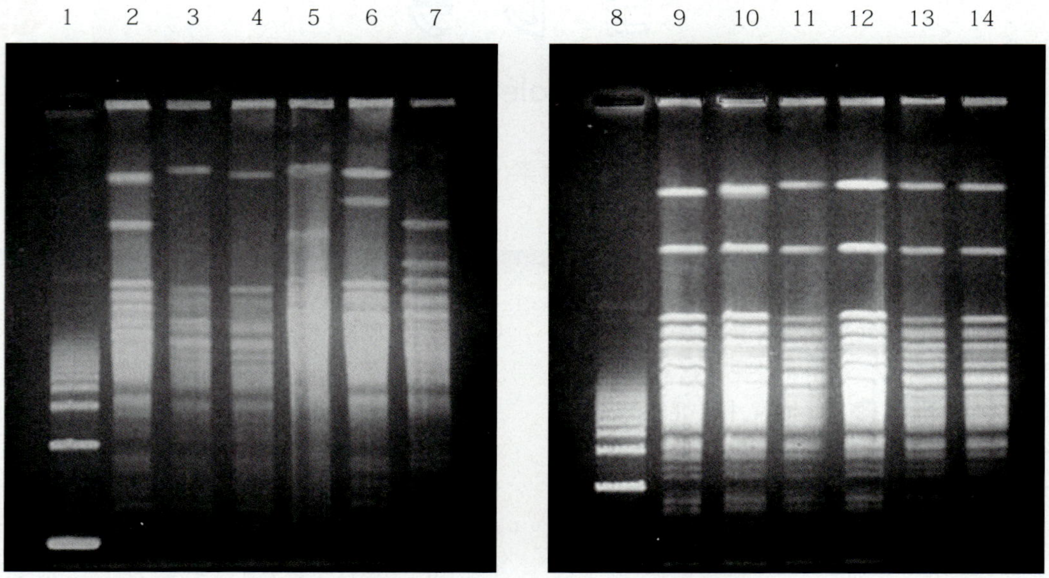

写真3 *Vibrio cholera* の PFGE パターン．
左図：01 と 0139 のパターン比較．すべての株のパターンが異なる．1：Marker，2：0139，3～6：01 ElTor，7：01 Classical
右図：0139 世界大流行の際に各国で分離された 0139 のパターン比較．すべての株のパターンが一致．8：Marker，9：ネパール，10：インド，11：バングラデシュ，12：中国，13：タイ，14：マレーシア

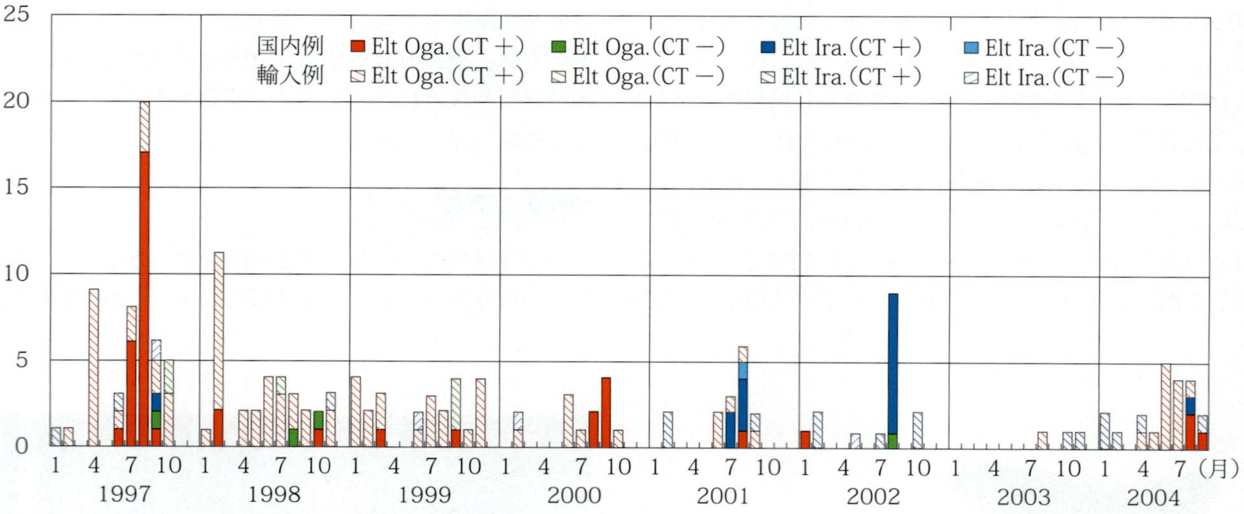

図1 *V. cholerae* O1 月別検出状況，1997 年 1 月～ 2004 年 9 月（国立感染症研究所感染症情報センター 病原微生物検出情報：2004 年 10 月 25 日現在）．（提供：国立感染症研究所 感染症情報センター）

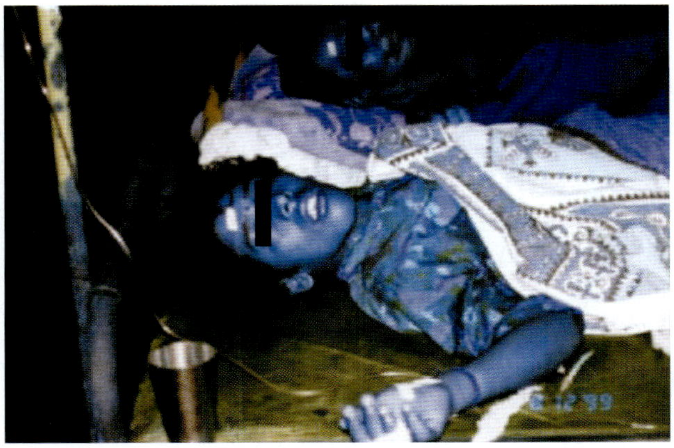

写真4 コレラを発症し，静脈内点滴注入を施されている患者.

食物を取ることに注意する.

治療で最も重要なものは，重度の脱水症状を改善するための水分・塩類の供給である．経口補液を行い，重症例に対しては経口補液と静脈内点滴注入を行う（写真4）．経口補液と静脈内点滴注入には WHO が推奨している経口用輸液（oral rehydration solution：ORS）を用いる（表1）.

表1 ORS の組成

食塩	3.5g
炭酸水素ナトリウム	2.5g
塩化カリウム	1.5g
グルコース	20.5g
水	1L

コレラの治療において，抗生物質投与は本質ではないが，コレラ菌の排出期間および下痢の発症期間の大幅な短縮が期待できる．抗生物質としては，ニューキノロン，テトラサイクリン，クロラムフェニコールなどがあげられる.

魚類のビブリオ病

vibrio disease

Key Words：敗血症，出血，ワクチン

古くから最もよく知られる海水魚，淡水魚，ならびに汽水魚の伝染病の 1 つであるが，最近はその発生は減少している．日本ではとくにアユ，ブリ，ヒラメ，マダイ，マアジやサケ科魚類の被害が大きい．

原　　因

Listonella anguillara（*Vibrio anguillarum*）はグラム陰性の弯曲した桿菌で，極単毛性鞭毛を有する．O 抗原に基づき，J-O-1（淡水アユ，サケ科魚），J-O-2（ウナギ，海産アユ），J-O-3（海水魚），および J-O-8 までの 8 血清型に型別される．食塩 1 ～ 3％を含有する通常の培地で，20 ～ 25℃で発育する．β 溶血性を示す（写真 1）．*V. ordalii* はサケ科魚類に感染する．菌の発育はやや悪い．非溶血性である（写真 2）．北欧のサケ科魚類に *V. salmonicida* を原因とする冷水性ビブリオ病が知られる．水温 8℃以下の冬から春にかけて多発する．ウナギのビブリオ病は *V. vulnificus* によっても起こる．

発生・疫学

ほとんどすべての魚種が感受性を有するが，コイおよびキンギョは非感受性である．養殖ウナギは現在は淡水飼育のため，発生は少ない．アユにおいては，本病は最も多発する疾病である．水質悪化，水温急変などの環境要因，また過密飼育，選別，輸送などのストレスが発病誘因となる．菌は，病魚，死魚および耐過魚から水を介して伝播する．感染経路は経口，経鰓あるいは創傷である．

症　　状

遊泳不活発となり，食欲不振，体色黒化，眼球の充出血および突出を示す（写真 3）．体表，鰓ぶた，口部，ひれ基部や肛門周囲に発赤，出血をみる．びらん，潰瘍は膿瘍へと移行する．筋肉にも出血病変を認める．出血性腸炎もしばしば起こる．

診　　断

肝臓，脾臓，腎臓にうっ血，出血斑を認め，退行性変性から壊死に至る病変を形成する．普通寒天培地や HI 寒天培地を用いて，病魚から菌を容易に分離し得る．スライド凝集反応により血清型を決定し，さらに生化学的

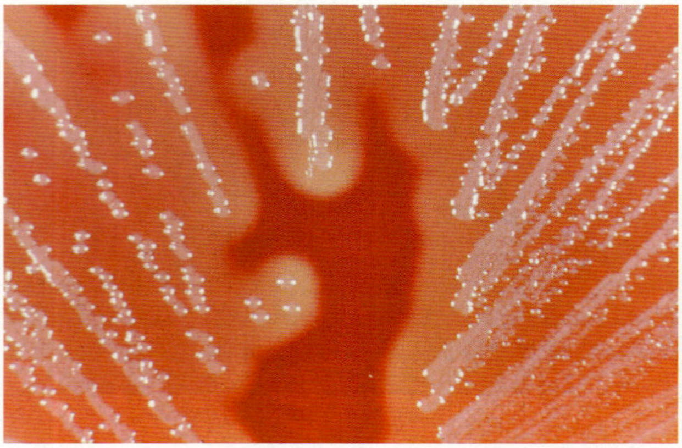

写真 1　血液寒天に増殖した *L. anguillara*（β 溶血性．20℃，2 日）．

写真 2　血液寒天上の *V. ordalii*（非溶血性）．発育は遅く，微細コロニーをつくる（20℃，4 日）．

写真３　*V. ordalii* 感染ニジマスに観察された眼球突出.
眼球突出は本病に特有のものではなく，魚類の感染症においてしばしば観察される.
(動物の感染症，近代出版より転載．児玉原図)

性状を調べる.

予防・治療

過密飼育を避け，魚の取り扱いに注意し，体表に傷がつくのを防ぐ．外部寄生虫の駆除に努める．感染魚は淘汰し，死魚は速やかに排除する．残餌，ヘドロの除去など，原因菌の常在化を防ぐ．また，水路，飼育池や器具を消毒し，飼育水系を分けるなどの対策をとる．流行地からの魚の導入は行わない．アユ，サケ科魚およびブリ属魚種用ビブリオ病ワクチン（ホルマリン不活化 *V. anguillarum*）が実用化されている．治療に抗生物質や抗菌剤の経口投与を行う．

運動性エロモナス感染症

motile aeromonas infection

Key Words：*Aeromonas hydrophila*，体表感染，立鱗病

多種淡水魚に体表の感染を起こす．

原　因

Aeromonas hydrophila は単鞭毛で，運動性を有する．多くの血清型が存在し，病原性も多様である．普通寒天培地に 20 ～ 25℃でよく増殖する．選択培地として，リムラーショット寒天が用いられる（*A. hydrophila* は黄色の菌集落を形成）．

発生・疫学

世界各国に分布する．わが国ではウナギの"ひれ赤病"，アユの "口赤病"，コイ科魚類の "赤斑病"，"立鱗病（松かさ病）"，"尾ぐされ病" などが，それぞれの病態をよく現している．越冬明け（ウナギ）や高水温期（アユ）に多発し，あるいは周年発生（コイ科魚）する．原因菌は有機物を含む水中に常在し，健康魚，野生魚も腸管内に高率に保菌する．腸管（経口）感染および経皮感染を起こす．環境条件の急変，給餌過多，有機物汚染，過密飼育や他種病原微生物の感染が発病誘因となる．

写真 1　キンギョに観察された皮膚の広範な潰瘍と充出血．鱗の水腫により鱗が立ち上がった状態になり，"立鱗病（松かさ病）" とよばれる．腹水の貯留により，腹部は膨満している．眼球突出もみられる．
（動物の感染症，近代出版より転載．児玉原図）

症　状

ウナギは元気消失，食欲不振を示し，水面を浮遊する．体色は黒化し，皮膚およびひれ基部に発赤・出血，潰瘍が起こる（"ひれ赤病"）．肛門部は発赤あるいは出血し，拡張する．コイ科魚においては元気消失，食欲不振，体色黒化，眼球突出などを示す．"立鱗病" では，鱗嚢の水腫による局所的あるいは全身的うろこの立ち上がりが顕著である．体表に出血斑を観察する．腹水貯溜も顕著である（写真 1）．"赤斑病" では，体表，ひれに皮下出血が起こる．アユは皮膚，ひれ基部の発赤・出血，皮膚の潰瘍を示す．肛門部は拡張する．

診　断

カタール性～出血性腸炎を呈し，腸粘膜上皮は壊死する．肝うっ血，脂肪変性がみられ，腎臓，脾臓は腫脹，壊死する．特有の症状と病変から，診断は比較的容易である．皮膚病巣，血液，腎臓などから菌分離を行う．

予防・治療

飼育環境の改善（有機物汚染軽減，水温低下，飼育密度低下，曝気）につとめ，消毒を励行する．ワクチンは開発されていない．病死魚を除去する．抗生物質，抗菌剤の投与を行う．

類症鑑別

原因菌は水中の常在菌であるため 2 次感染を起こすことが多く，他の疾病（ビブリオ病，エドワージエラ病，穴あき病など）との鑑別が重要である．

せっそう病

furunculosis

Key Words：*Aeromonas salmonicida*，体表膨隆患部，色素産生，敗血症

Aeromonas salmonicida に起因するサケ科魚類の伝染病．“せっそう病”の名で古くからよく知られる．体側の膨隆患部，すなわち化膿性の血液を混入する水ぶくれの形成を特徴とする．

原　　因

原因菌はグラム陰性桿菌で，無莢膜，無鞭毛である．普通寒天，血液寒天，TSA 培地などに 20 ～ 25℃でよく発育する．培養後 4 ～ 5 日で，培地中のペプトン類に含まれるチロシンあるいはフェニルアラニンを基質とする水溶性の褐色色素を産生するため，寒天平板が茶褐色に変化する（写真 1）．

発生・疫学

世界各国で発生し，すべてのサケ科魚類が感受性を有する．わが国では被害は全国に及ぶ．春から夏，あるいは夏から秋の水温変動期に多発する．経皮（創傷）感染を主とし，その部位に膨隆患部を形成する．感染源は死魚や保菌魚である．

症　　状

食欲不振，体色黒化，眼球突出が起こる．病魚は力なく遊泳し，排水口付近へ集まったり水底に沈む．体側に，直径数 mm ～数 cm の膨隆患部が形成される．また，体表，ひれ基部に出血斑を認め，また肛門の発赤，拡張を示す（写真 2）．

診　　断

菌の産生する蛋白分解酵素による組織融解の結果，限局性の膿瘍が形成される（写真 3）．漿液の滲出や出血

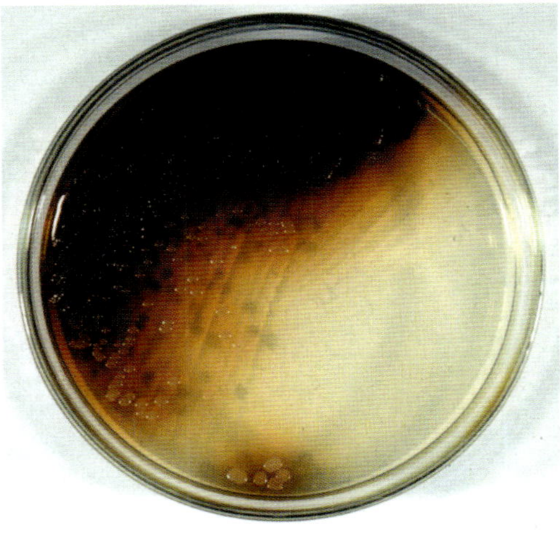

写真 1　普通寒天上の *A. salmonicida* コロニー（20℃，5 日培養）．
培地中のペプトンに含まれるチロシンあるいはフェニルアラニンを基質とする酵素により，培地が茶褐色に変色する．

写真 2　躯幹部に膨隆患部（いわゆる“せっそう病変”）が形成されたニジマス．
胸鰭に出血を見る．

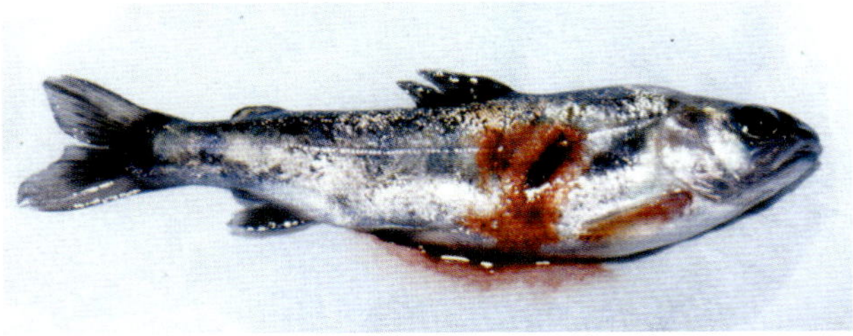

写真 3　菌が産生する蛋白分解酵素により組織融解が起こり，膿瘍が形成される．
膨隆患部を切開すると，血液を混じた膿汁が排出される．

で軟化し，なかに白血球，赤血球，組織の崩壊物および多数の細菌を含む．また，著しい腸炎のため腸管は発赤し，管腔に血液を混じた粘液を認める．症状や病変から診断は容易である．皮膚病変部，血液あるいは腎から菌分離を行う．スライド凝集反応を行い（自己凝集性を有する株があるので注意），また，分離菌の生化学的性状を調べる．

予防・治療

発症魚を淘汰する．また，野生魚による飼育水の汚染を防止し，飼育池の清掃と消毒を行う．授精卵は有機ヨード剤で消毒する．良質の飼料の給与，適正数飼育と飼育環境の整備は，魚の抵抗性を高め，ストレスを軽減する．ワクチンはわが国では開発されていない．抗生物質や抗菌剤投与は有効であり，早期発見により適切な処置を行う．

穴あき病

atypical *Aeromonas salmonicida* infection

Key Words：色素非産生 *Aeromonas salmonicida*，体表出血，潰瘍

コイ，フナ，キンギョなどの，躯幹や頭部の潰瘍形成を特徴とする疾病.

原　因

非定型 *Aeromonas salmonicida*（色素非産生あるいは弱産生性，インドール産生）を原因とする（写真 1).

発生・疫学

日本では，1971 年にコイの穴あき病が初発した．創傷感染し，春および秋に多発する．水質悪化や他の感染症が誘因となり，一度発生すると流行することが多く，死亡率も高い.

症　状

体表（鱗）が白濁し，その部位が肥厚する．次いで充出血（写真 2)，脱鱗が起こり，最終的に穴があき，筋肉が露出した状態となる（写真 3).

診　断

皮膚組織の変性脱落壊死が顕著である．皮膚病変部からの菌分離と同定を行う．2 次感染菌が分離されることが多いため，1 次原因の確定に注意を要する．内部臓器には通常病変を認めず，菌が分離されることもまれである.

予防・治療

ワクチンは開発されていない．適切な飼育，水質管理を行う．抗生物質の投与を行う.

類症鑑別

1 次原因は *A. salmonicida* であるが，形成される潰瘍は 2 次感染した *A. hydrophila*（運動性エロモナス病）や *Flavobacterium columnae*（カラムナリス病）によるものであり，1 次原因菌の特定が必要である．真菌や原虫の 2 次感染も多い.

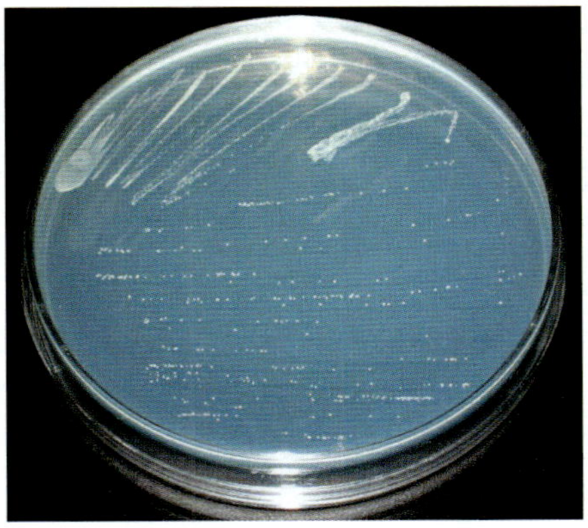

写真 1　HI 寒天に形成された，非定型 *A. salmonicida* の微小コロニー（23℃，4 日).
本菌は褐色水溶性色素非産生ないし弱産生.

写真 2　発病初期に観察される皮膚の出血（コイ).
体表から非定型 *A. salmonicida* が分離される.

写真 3　背部および尾柄部に潰瘍が形成され，いわゆる“穴あき”状態になったコイ.
皮膚に広範な出血がみられる．本病の 1 次原因は非定型 *A. salmonicida* であるが，潰瘍病変は *A. hydrophila*，*Flavobacterium columnae* などの 2 次感染菌によって形成される.

類結節症（フォトバクテリウム症）

pseudotuberculosis（photobacteriosis）

Key Words：急性感染，白色点状病巣，高致死率，敗血症

ブリ，カンパチ，および他のアジ科魚類（シマアジ，マアジなど）の急性感染症．

原　　因

Photobacterium damselae subsp. *piscicida*（旧名 *Pasteurella piscicida*）はグラム陰性，通性嫌気性短桿菌で，両端濃染性である．非運動性．0.5 ～ 3.0％の食塩を含む血液寒天，BHI 寒天培地で，20 ～ 25℃で発育する．血清学的に均一である．

発生・疫学

ブリのフォトバクテリウム症を類結節症と呼称し，細菌病ではレンサ球菌症に次いで被害が大きい．ブリを養殖している北海道以外の全国に分布する．魚齢に関係なく，水温 20 ～ 25℃（6 ～ 7 月）で多発する．環境変化が発病要因となり，降雨による海水塩濃度低下時（2％程度，通常は 3.5％）に多発する（とくに梅雨期）．菌は，富栄養化した海水中で生存する．野生魚，不顕性感染魚，病魚が感染源となる．

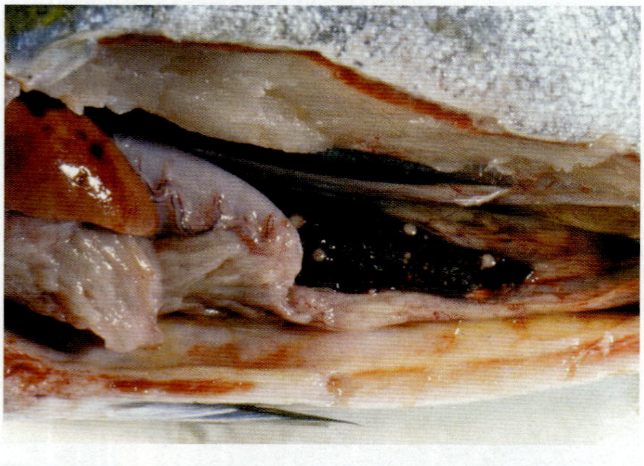

写真 1　罹患ブリの脾臓に形成された多数の白色結節状病巣（針先大～数 mm）．
この病巣は，内部に菌の集塊物を含む．

症　　状

異常をみない魚が摂餌不良となり，急激に元気消失して水底に沈下し，そのまま死亡することが多いため，早期発見が困難である．体表の肉眼病変に乏しく，体色は黒化ないし青白色化する．脱鱗をみることもある．

診　　断

腎臓，脾臓，時に心臓，鰓に針尖大～数 mm の白点が多数形成されるのが特徴である（写真 1）．内部に菌の集塊物が存在する．白点病巣と症状から，診断は容易である．病変部，血液や腹水の塗抹染色標本で菌を確認し，また，菌分離を行う．スライド凝集反応，蛍光抗体法を実施する．

予防・治療

早期発見，迅速な治療を基本とする．病気の存在しない種苗を導入する．過密養殖を回避し，環境の保全につとめる．ワクチンは開発されていない．抗生物質や抗菌剤を経口投与する．薬剤耐性菌が多いため，感受性試験の結果をもとに，適切な薬剤を使用する．

類 症 鑑 別

臓器に小白点を形成するブリの疾病には，ほかにノカルジア症とイクチオホヌス症（真菌病）がある．前者は体表の膨隆患部形成を特徴とする．

パスツレラ

基本性状
グラム陰性
無芽胞
小球から卵状の桿菌

重要な病気
出血性敗血症〔牛（水牛）〕
パスツレラ肺炎（牛，豚）
家きんコレラ（家きん）
パスツレラ症（肺炎，化膿性疾患）（ヒト）
スナッフル（ウサギ）

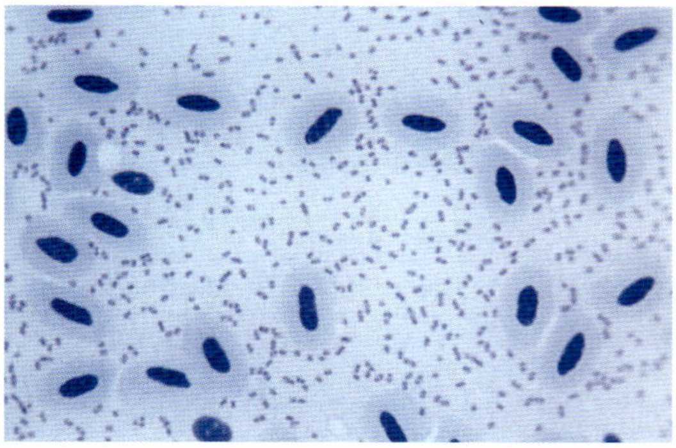

FIG *P. multocida* の両端染色性
自然感染ガチョウの心血，大きい細胞は赤血球．
メチレンブルー染色．

パスツレラ（*Pasteurella*）属の中で動物およびヒトに病原性のある主な菌種は，*Pasteurella multocida* と *Mannheimia*（*Pasteurella*）*haemolytica* である．*P. multocida* はいずれも家畜伝染病予防法に基づく法定伝染病である出血性敗血症および家きんコレラのほか，牛と豚のパスツレラ肺炎，ウサギのスナッフルに，ヒトに対しては肺炎などの呼吸器疾患や化膿性の局所疾患の原因となる（表 1）. *P. haemolytica* はマンヘイミア（*Mannheimia*）属菌として独立した（表 1，2）.

分類・性状

パスツレラ属は非運動性，単在から短連鎖，しばしば多形性，通常両端染色性（2 極染性），新鮮分離菌の多くは莢膜保有．溶血性は菌種により異なる．

コロニーの解離：寒天培地上のコロニーにしばしば解離が出現し，実体顕微鏡での透過斜光法による観察で輝き（蛍光・虹・橙・桃色など）の強い（iridescent type），あるいは粘稠度の高い（mucoid type）コロニーを形成する菌は莢膜を有する．莢膜を喪失すると blue type や grey type の小型コロニーを形成する．

血清型：*P. multocida* は 5 種の Carter の莢膜抗原型（A, B, D, E, F）と 12 種（波岡）あるいは 16 種（Heddleston）の菌体抗原型が存在し，これらの組合せによって多くの血清型に分類される（表 3）．*M.*（*P.*）*haemolytica* に

表 1　パスツレラ属菌による主な感染症と宿主

種	宿　主	症状（病名）
P. multocida	牛，水牛	出血性敗血症，肺炎
	豚	萎縮性鼻炎，肺炎
	鳥類	家きんコレラ，慢性局所感染
	ウサギ	鼻炎（スナッフル），肺炎
	モルモット	肺炎
	ヒト	肺炎，化膿性局所感染，敗血症
M(*P*). *haemolytica*	牛	肺炎（輸送熱）
	羊，山羊	肺炎，敗血症
P. trehalosi	牛	肺炎？
	子羊	敗血症
P. pneumotropica	マウス，ラット	化膿巣

表2 パスツレラ属菌の種類と特徴

種	溶血性	カタラーゼ	マッコンキー培地での発育	インドール	ウレアーゼ
P. multocida	−	+	−	+	−
M(P). haemolytica	+β	+	+	−	−
P. trehalosi	+β	−	−	−	−
P. pneumotropica	−	+	−	+	+
P. gallinarum	−	+	−	−	−

表3 *P. multocida* の血清型，宿主および病型との相互関係

血清型			宿主	病型
莢膜抗原型	菌体抗原型			
Carter [a]	Heddleston [b]	波岡 [c]		
A	1，3，3・4，4，7，11	0-1，0-3，0-5，0-7，0-8	哺乳類	呼吸器病，局所感染症
	1，3，3・4，4，10，12	0-5，0-8，0-8・9，0-9	鳥類	家きんコレラ
	3・4	不明	シカ	敗血症
B	2，2・5	0-6	牛，水牛，豚	出血性敗血症
	3・4	0-11	牛	局所感染症
	3・4	不明	シカ	肺血症
	1・4	不明	鳥類	家きんコレラ
D	1，3，3・4，4，12	0-1 ～ 4，0-10，0-12	哺乳類	呼吸器病，局所感染症
	4，11，12	0-2	鳥類	家きんコレラ
	不明	0-12	鳥類	局所感染症
E	2，2・5	0-6	牛，水牛，豚	出血性敗血症
F	1，3，4，5，7，10，12	不明	鳥類	家きんコレラ
	3・4	0-8・9	鳥類	家きんコレラ
	3・4	不明	牛	局所感染症

[a] 間接 HA 反応，[b] 寒天ゲル内沈降反応，[c] 凝集反応

は，莢膜抗原型が 16 種存在するが，そのうち 3，4，10 および 15 型の菌は生物型 T に属し，新しい菌種 *P. trehalosi* として独立した（表 2）．

生　態

P. multocida のうち病原性の弱い非出血性敗血症型菌は動物の上部気道に常在していて，猫，犬では口腔内の保菌率は 80 ～ 100％である．

分離・培養

血液，病変部（実質臓器，肺門リンパ節）や鼻腔拭い液からの分離を行う．

分離は，血液寒天培地，DSA 培地，YPC 培地，あるいはこれらに抗菌剤（カナマイシン，バシトラシン，クリンダマイシン，バンコマイシン，ゲンタマイシンなど）を加えた選択培地で 37℃，24 時間，好気・嫌気培養で行う．

肉眼による観察では，直径 1 ～ 4mm の円形で半透明の光沢あるコロニーがみられる．哺乳類の呼吸器由来の *P. multocida* A 型菌はムコイドが強く，しばしば水様性で隣のコロニーと融合する．透過斜光法では，菌株によりさまざまな色調と輝度を呈する．変異を避けるため，継代培養（とくに液体培地での）は短時間（6 時間以内）で行う．血液寒天培地では溶血性を観察する．

その後，諸性状を調べ，鑑別・同定する．

病 原 性

P. multocida は血清型によって病原性が異なり，出血性敗血症型と非出血性敗血症型に大別される．

病原因子としては以下のものが考えられている．

P. multocida：莢膜，外膜蛋白質，易熱性皮膚壊死毒素（DNT），内毒素．

M(P). haemolytica, P. trehalosi：莢膜，ロイコトキシン．

牛と水牛の出血性敗血症

法定

hemorrhagic septicemia in cattle and buffalo

Key Words：急性敗血症死，下顎部の浮腫性腫脹，点状出血，熱帯地域

原　　因

Pasteurella multocida 莢膜抗原型 B と E が原因である（写真 1）.

疫　　学

東南アジア，中近東，アフリカおよび中南米諸国で発生が報告されている．流行株の莢膜抗原型は，東南アジアでは B，アフリカでは E，北アフリカと中近東では両型が混在する．菌体抗原型はともに波岡の 0-6，Heddleston の 2，5 である．感染は経気道および経口による．*P. multocida* は乾燥，日光に対する抵抗性が弱く，外界では長期間生存できない．伝播は発症あるいは保菌獣，あるいは本菌で汚染された牧草，敷わらや床などに接触するか，汚染された川や池などの水を介して起こる．本症は 1 年を通じて発生し，とくに乾期の終わりから雨期の初めに多発する．この時期は良質の牧草が少なく，牛や水牛の栄養状態が悪化，さらに水田耕作のための使役など，ストレスが重なって発病する．罹患率は 30 ～ 60％，患畜の大部分が死亡，流行は 7 ～ 10 日で終息する．

症　　状

甚急性では突然に死亡する．通常は急性で，発熱，元気喪失（写真 2），反芻停止がみられる．そのほか流涎，流涙，粘液様鼻汁，下顎・頚側の腫脹，咳，呼吸促迫，呼吸困難，横臥，体温下降を示し，死に至る．経過は数時間～ 2 日間である．

診　　断

病原診断は発病獣の血液または実質臓器の塗抹を染色鏡検による菌の検出と培養による分離である．

病理所見：甚急性例では顕著な所見なし．急性例では下顎や頚部，胸前に膠様浸潤および胃壁，腸管の漿・粘膜面，心膜などに広範な充出血点がみられる（写真 3, 4）．経過が長いと肺充血，浮腫，線維素性心外膜炎もみられる．

予防・治療

ゲルまたはオイルアジュバント添加不活化ワクチンが

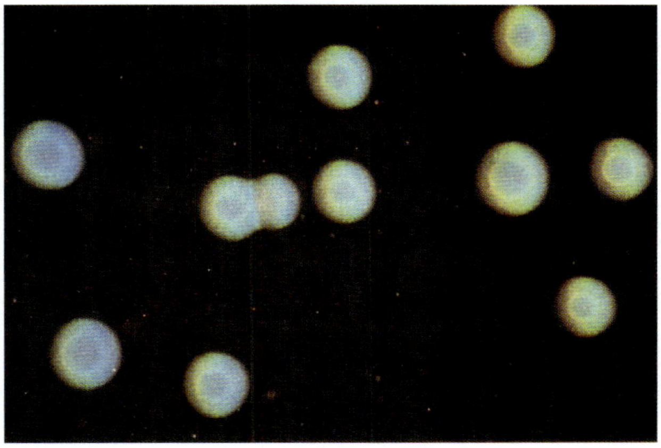

写真 1　出血性敗血症罹患牛由来 *P. multocida*（莢膜抗原 B 型）のコロニー．
透過斜光による観察．

写真 2　出血性敗血症発症直後の水牛．（写真提供：平棟孝志氏）
発熱，元気消失，落ち着きなし，翌朝死亡．

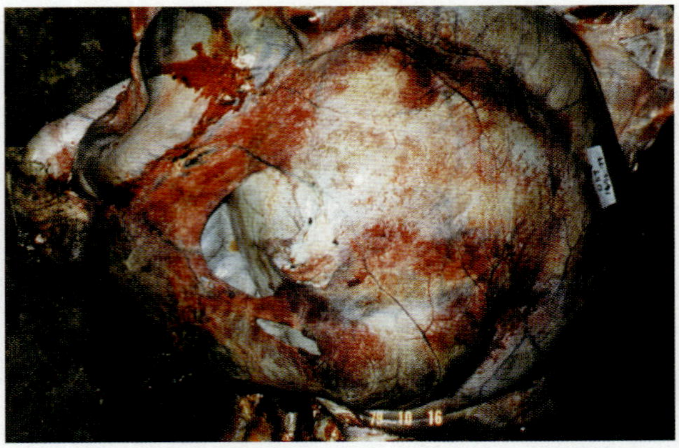

写真3 出血性敗血症で死亡した水牛の胃漿膜面の広範な点状出血.（写真提供：平棟孝志氏）

写真4 出血性敗血症で死亡した牛の腸管漿膜の広範かつ重度な充出血（Dr. Ramdani Chancellor,「Research Institute for Veterinary Science」, Bogor, Indonesia).

発生地域で使用されている．治療は経過が早く困難である．

牛のパスツレラ肺炎

pneumonic pasteurellosis in cattle

Key Words：混合感染，輸送熱牛

原　　因

Mannheimia（*Pasteurella*）*haemolytica*，*P. multocida* である（写真 1）．

疫　　学

北米で発生が多く，重要である．日本でも各地で発生し，子牛に多いが，成牛の感染例が増加している．牛は *M.*（*P.*）*haemolytica* に対してより感受性が強い．輸送，環境の急変などのストレス，*P. multocida*，マイコプラズマ，ウイルスなどの感染で肺炎は増悪化する．*P. trehalosi* の起病性は不明である．

症　　状

発熱，元気消失，膿様鼻汁，呼吸器症状を呈する．発病率は数%～ 20%程度である．

診　　断

病原診断は，病変部（写真 2）から菌の分離・培養による．

病理所見：気道内に粘液，血液を含み，肺の浮腫，フィブリンの析出，小葉間結合織の拡張，胸膜にフィブリンの沈着がみられる．付属リンパ節は浮腫および腫大が認められる．*M.*（*P.*）*haemolytica* による肺炎の特徴は多発性凝固壊死の形成である（写真 2）．

予防・治療

欧米でウイルスとの混合不活化ワクチンを使用しているが，日本でも開発された．ストレスの回避が基本である．ペニシリン系，セフェム系，テトラサイクリン系，フルオロキノロン等多くの抗菌剤が有効である．

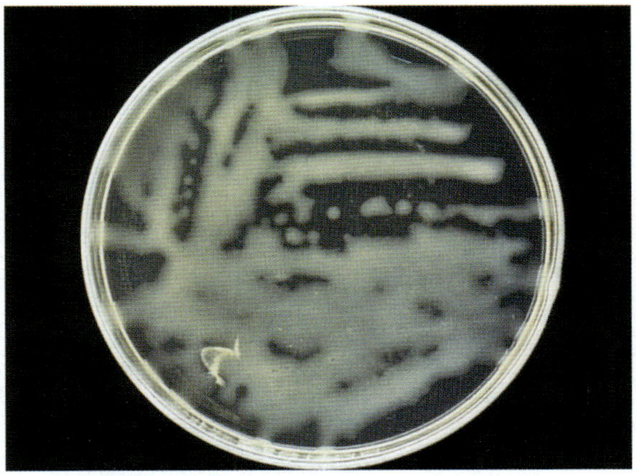

写真 1　牛肺炎病巣由来 *P. multocida*（莢膜抗原 A 型）のコロニー．
水様性ムコイド．デキストロース・スターチ寒天平板培地，18 時間培養．

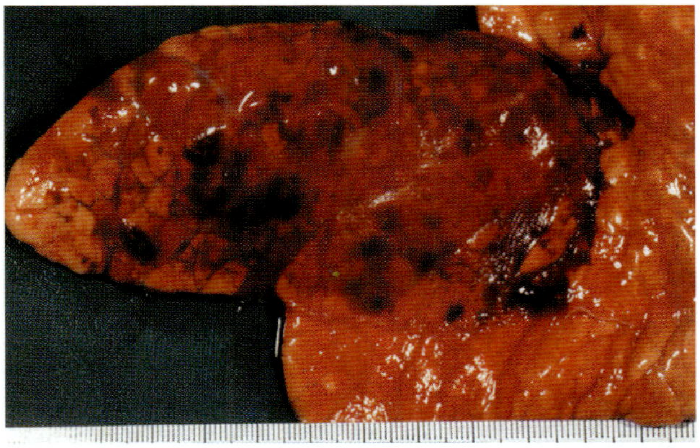

写真 2　*M.*（*P.*）*haemolytica* 感染子牛の肺炎病巣．
多発性の出血，壊死．（写真提供：幡谷　亮氏）

豚のパスツレラ肺炎

pneumonic pasteurellosis in swine

Key Words：混合感染，胸膜炎

原　　因

Pasteurella multocida 莢膜抗原型AとDである（写真1）．

疫　　学

発生に地域および季節差はない．月齢による感受性の差もない．多くは散発，時に集団発生する．菌は健康豚の上部気道に高率に存在し，発病には宿主の抵抗性や環境の変化などが誘因となる．感染様式は飛沫または接触感染である．

症　　状

急性例では，元気・食欲喪失，横臥，発熱，発咳および激しい腹式呼吸を呈し，多くは数日で死亡する．

診　　断

病原診断は，肺病変部または肺門リンパ節から，血液寒天培地，DSA培地，YPC培地，あるいはこれらに抗菌剤を加えた選択培地で菌分離を行う．

病理所見：急性例では，肺の前葉および後葉に限局性，斑状で暗赤色ないし灰赤色の硬い肝変化病巣が散在する．経過が長いと病巣は拡大し，胸膜炎を起こす．しばしば出血を伴い，肺門リンパ節では腫脹・うっ血が生じる（写真2）．

予防・治療

欧米では不活化ワクチンを使用しているが，日本にはない．ストレスの回避，一般衛生管理が重要である．

ペニシリン系，テトラサイクリン系，チルミコシン，ビコザマイシンなどの抗生物質，フルオロキノロン系，チアンフェニコール，フロルフェニコールなどの合成抗菌剤の投与が有効である．

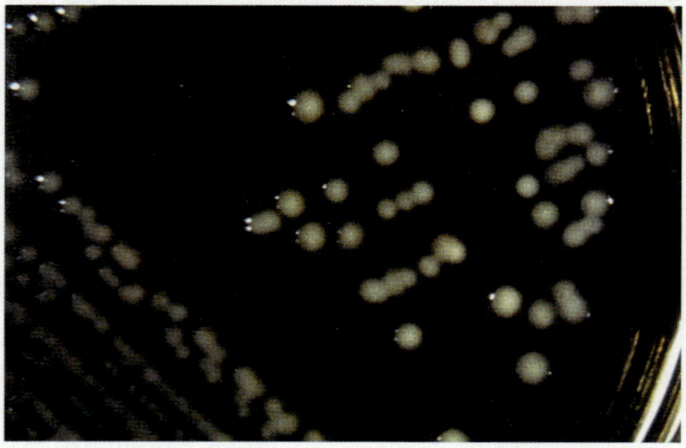

写真1　豚肺炎病巣由来 *P. multocida*（莢膜抗原D型）のコロニー．

半透明，ムコイド．デキストロース・スターチ寒天平板培地，18時間培養．

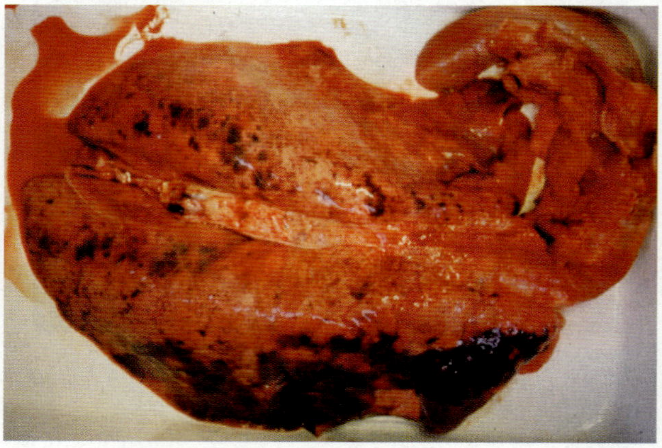

写真2　*P. multocida* 感染豚の肺炎病巣．

出血を伴う肺炎（写真提供：神奈川県家畜病性鑑定所）．

家きんコレラ

法定

fowl cholera

Key Words：急性敗血症死，下痢，点状出血，多発性巣状壊死

原　　因

Pasteurella multocida による（写真 1）．起因菌の血清型は，莢膜抗原型は A が主であるが，まれに B，D，F もみられる．菌体抗原型は Heddleston の 1，3，4，波岡の 0-5，0-8，0-9 が主体である．

疫　　学

アジア，アフリカ，中近東および欧米諸国で発生がみられる．日本でも種々の鳥類で発生しているが，近年法的措置の対象例はない．比較的季節の変わり目に多い．成鳥の感受性が高い．気候の変化，栄養，外傷や興奮などのストレスは発病誘因となる．死亡率は 0 ～ 70％．侵入経路は呼吸器粘膜である．鶏は七面鳥や水きん類に比べ，やや抵抗性である．

症　　状

急性例では，沈うつ，発熱，食欲廃絶，羽毛の粗鬆化，口からの粘液漏出，下痢，呼吸促迫などがみられる．死亡直前に肉冠や肉垂にチアノーゼが認められ，通常，2 ～ 3 日で死亡するが，耐過して慢性に移行する例もある．

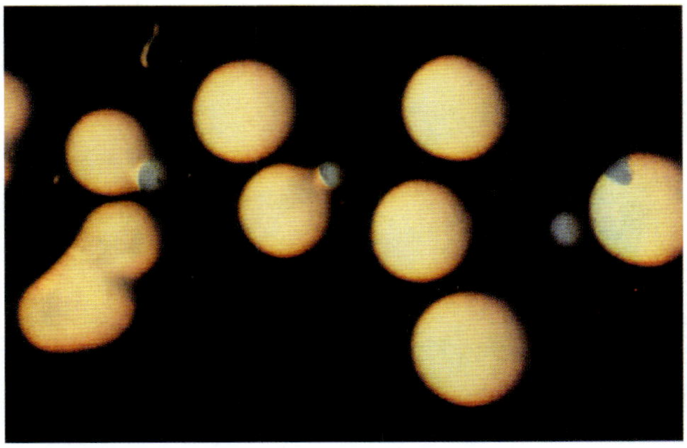

写真 1　家きんコレラ罹患七面鳥由来 *P. multocida*（莢膜抗原 A 型）のコロニー．
Iridescent type（有莢膜株）から Blue type（無莢膜株）への解離．透過斜光法．

写真 2　家きんコレラ実験感染鶏の病変（1）．
心外膜（心冠部脂肪織）の点状出血，肝臓のうっ血と小白色壊死巣，肺の浮腫．

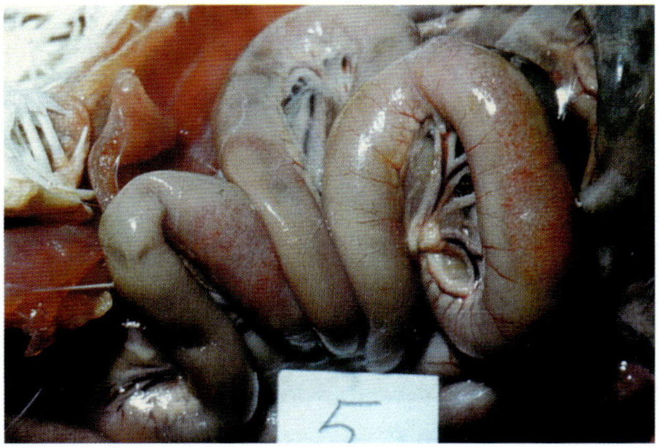

写真 3　家きんコレラ実験感染鶏の病変（2）．
空回腸漿膜面の点状出血．

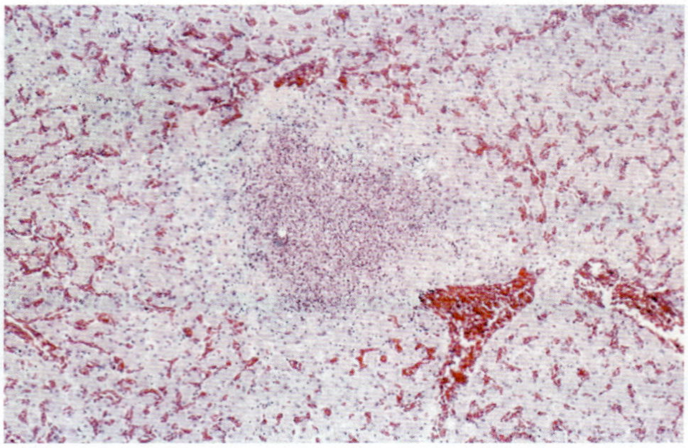

写真４ 家きんコレラ自然感染ガチョウの肝臓.
多数の菌塊を含み，偽好酸球浸潤を伴う実質の巣状壊死.

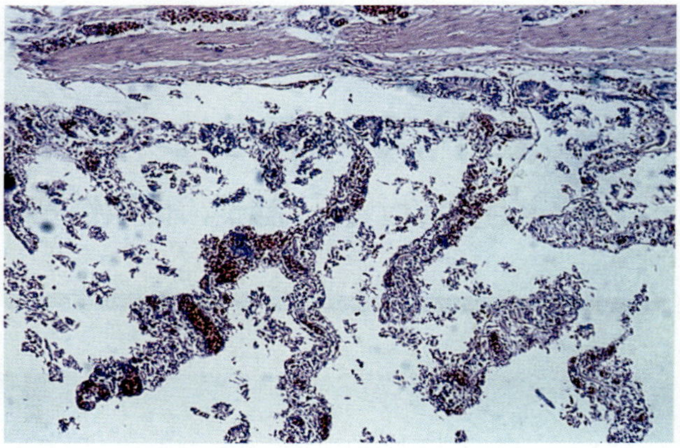

写真５ 家きんコレラ実験感染鶏の小腸.
粘膜上皮細胞の剥離，うっ血した絨毛の血管内に多数の菌.

診　断

病原診断は，病鳥の血液や臓器を塗抹して単染色し，鏡検するとともに，血液寒天培地で菌分離を行う.

病理所見：甚急性死亡例では肉眼的著変は認められない．急性死亡例では，肝臓，脾臓，十二指腸，皮下組織，心冠部脂肪織に点状出血や出血斑，肝臓・脾臓の腫大，黄白色の壊死斑が特徴的である（写真２～５）．慢性例では通常，肉垂，眼窩下洞，脚や翼の関節，足蹠，胸骨の粘液嚢などの腫脹がみられる．結膜や咽頭に滲出性病変，時に斜頚も起こる.

予防・治療

諸外国ではワクチンを使用している．日本では一般衛生管理の徹底を行う．治療はせず，発生群を淘汰する.

ヒトのパスツレラ症

pasteurellosis in human

Key Words：肺炎，化膿性局所疾患（膿瘍），敗血症

疫　　学

幼児と老人に多い．犬，猫の咬傷，掻傷による感染が多く，接触や飛沫感染による場合もある．健康な犬，猫の半数以上が口腔内に保菌し，ヒトへの主要な感染源となる．起因菌の血清型は哺乳類の肺炎や局所性炎症のそれと同じである．

症　　状

外傷を受けて1～2日以内に局所の激痛，発赤，腫脹を呈し，時に化膿する．一般に病変は限局性，基礎疾患を有す患者では全身感染もある．

診　　断

局所の膿汁，滲出液から菌分離を行う．

予防・治療

犬・猫による咬傷，掻傷を防ぐことや，キスなど濃密な動物との接触を避ける．治療にはペニシリン系，セフェム系などの抗生物質を投与する．

ヘモフィルス

基本性状
グラム陰性通性嫌気性桿菌
重要な病気
牛ヘモフィルス・ソムナス感染症
（血栓塞栓性髄膜脳脊髄炎）（牛）
グレーサー病（豚）
伝染性コリーザ（鶏）

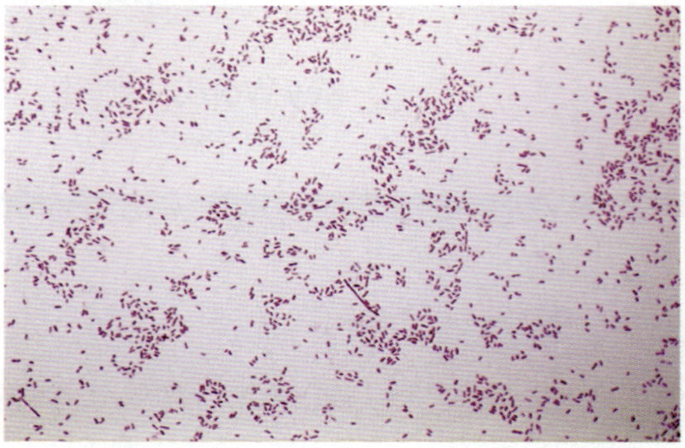

FIG *H. parasuis* のグラム染色像.
グラム陰性小桿菌．一部は繊維状（フィラメント状）を示す

分類・性状

ヘモフィルス（*Haemophilus*）属はパスツレラ科のグラム陰性小桿菌である．時に球菌状から繊維状になり，多形性を示す（FIG）．通性嫌気性で，発育至適温度は35～37℃である．芽胞を形成せず鞭毛を有しない．ほとんどの菌種は発育に血液中のＸおよびＶ因子の両方あるいはいずれか一方を必要とする（表1）．

硝酸塩を還元する．糖を発酵的に分解し酸を産生する．基準種は *Haemophilus influenzae* である．"*H. somnus*" および "*H. agni*" は暫定的な細菌名である．これらは羊から分離される "*Histophilus ovis*" と同一菌種であることが確認され，正式な細菌名として新たに *Histophilus somni* と呼称することが提案されている（表1，2）．

表1　動物のヘモフィルスの種類と特徴

菌種＼性状	要求性：X因子	要求性：V因子	ポルフィリン	カタラーゼ	硝酸塩還元	インドール	酸産生：ブドウ糖	酸産生：白糖	酸産生：マンニット	宿主
H. parasuis	−	＋	＋	＋	＋	−	＋	＋	−	豚
H. paragallinarum	−	＋	＋	−	＋	−	＋	＋	＋	鶏
H. haemoglobinophilus	＋	−	−	＋	＋	＋	＋	＋	＋	犬
H. felis	−	＋	＋	＋	＋	−	＋	＋	＋	猫
H. paracuniculus	−	＋	＋	＋	＋	＋	＋	＋	−	ウサギ
"*H. somnus*" *	−	−	＋	−	＋	＋	＋	−	＋	牛
"*H. agni*" *	−	−	＋	−	＋	−	＋	−	＋	羊

＋：90％以上陽性，－：90％以上陰性
＊：*Histophilus somni*（Angen ら，2003）

生　態

ヒトおよび種々の動物の上気道，口腔または生殖器の粘膜の偏性寄生菌である．宿主特異性が高く，種々の動物から同一の菌種は検出されない．

分離・同定

チョコレート寒天培地上で微小から小型コロニーをつくる．Ｘ因子のみを要求するヘモフィルスは血液寒天培地上で良好に発育する．XV両因子要求性またはＶ因子要求性のヘモフィルスは，羊または牛血液寒天培地上ではほとんど発育しないが，ブドウ球菌と一緒に培養するとブドウ球菌の発育コロニーの周囲に小型コロニーをつくる（衛星現象，写真1）．

Ｘ因子はヘミンで熱に安定である（耐熱性）．Ｘ因子要求性の検査では，培地に混入するヘミンの除去が難しいことなどから判定に誤りが生じていた．かつて *H. suis* および *H. gallinarum* はXV両因子要求性であるとみな

表2　主な病原性ヘモフィルス属菌と疾病

種	宿主	病名
"*H. somnus*" *	牛	血栓塞栓性髄膜脳脊髄炎
H. parasuis	豚	グレーサー病
H. paragallinarum	鶏	伝染性コリーザ

**Histophilus somni*

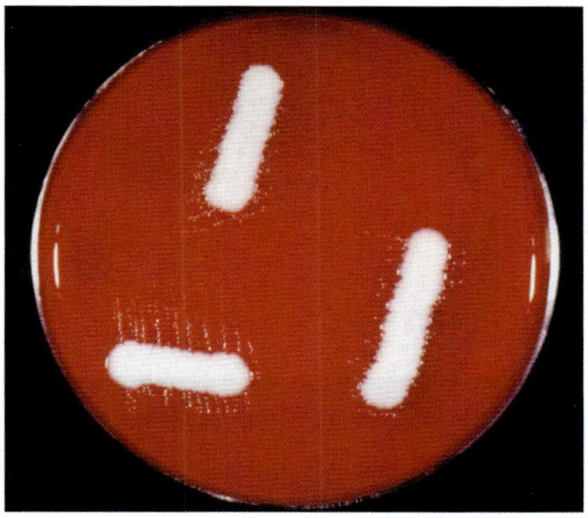

写真1 衛星現象.
血液寒天培地上でブドウ球菌（白線の部分）とともに発育した *H. parasuis* の灰白色小型コロニー.

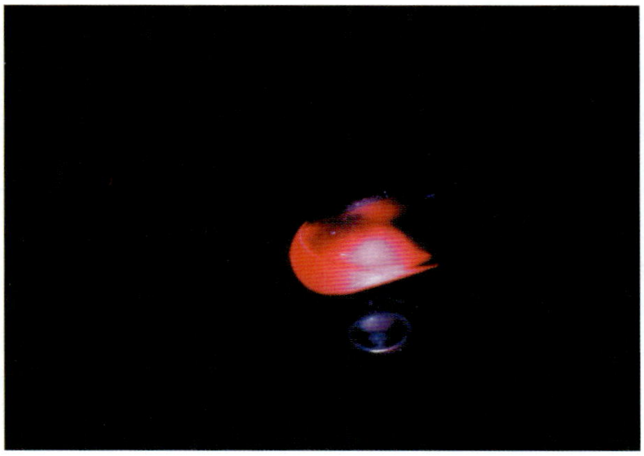

写真2 ポルフィリン試験（X因子要求性試験）.
紫外線の照射により δ-ALA を入れてある試験菌液に赤色蛍光が認められることから，ポルフィリン試験が陽性で，供試菌はX因子を要求しないことが分かる．X因子要求性菌では試験菌液に赤色蛍光を認めない.

されていたが，X因子非要求性であることが判明し，現在ではそれぞれ *H. parasuis* および *H. paragallinarum* と呼称されている．X因子非要求性ヘモフィルスは δ アミノレブリン酸（δ-ALA）からポルフィリン体を合成できるが，X因子要求性ヘモフィルスはこれを合成できないことから，ポルフィリン試験が考案され，X因子要求性の確実な検査法として用いられている（写真2）.

方　法：δ-ALA 溶液を入れた試験管に寒天培養菌を接種し，37℃，4～24時間培養した後，紫外線（360nm）を照射する．菌体または溶液中に赤色蛍光を認めれば，ポルフィリン陽性で発育にX因子を要求しないことを示す.

V因子は NAD（nicotinamide adenin dinucleotide）で熱に不安定である（易熱性）．ある種のヘモフィルスでは，発育にXまたはV因子以外の血液成分を要求する（写真3）．そこでV因子要求性の検査では，寒天培地に血液を添加し，121℃，15分間オートクレーブして培地中のV因子を完全に失活させたチョコレート寒天培地に被検菌を接種した後，NAD 含有ディスクを置いて培養する．V因子要求性のヘモフィルスは NAD ディスクの周囲のみにコロニーをつくる．ブドウ球菌は発育中にNAD を産生するため，ブドウ球菌で NAD ディスクの代用ができる.

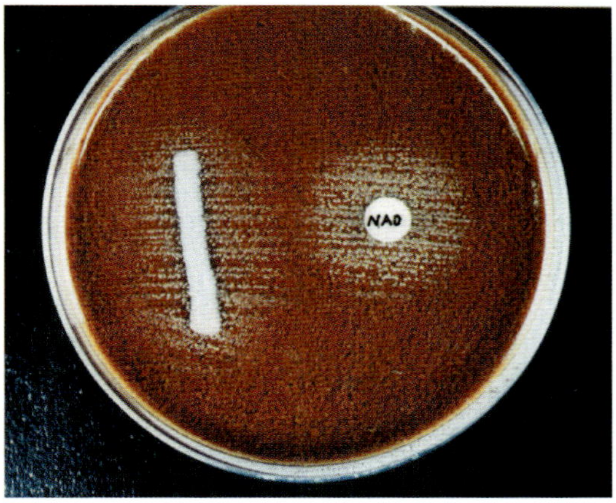

写真3 V因子要求性.
チョコレート寒天培地上で NAD ディスクおよびブドウ球菌の周囲のみに発育した *H. parasuis* のコロニー．チョコレート寒天培地は，121℃，15分間高圧加熱（オートクレーブ）で作製し，培地中の NAD を完全に不活化してある.

牛ヘモフィルス・ソムナス感染症

Haemophilus somnus infection in cattle

Key Words：髄膜脳脊髄炎，肺炎，生殖器疾患

原　　因

原因菌の *Haemophilus somnus* はグラム陰性，非運動性の多形性桿菌で，培養のためには培地への血液成分やイーストエキスの添加を必要とするが，本来のヘモフィルス（*Haemophilus*）属細菌とは違って，X および V 因子非要求性である．*H. somnus* は羊から分離される *Histophilus ovis*（乳房炎，精巣上体炎等），*Haemophilus agni*（敗血症）と呼ばれる菌ともにパスツレラ科の１つの分類群を構成し得ることが確認されていたが，2003 年，分類学上の正式な菌種名として，*Histophilus somni* が提案された．細胞付着性，細胞毒性，食細胞機能抑制能，Ig 結合蛋白の産生などが認められるが，その病原因子としての意義はさらに検討が必要である．

疫　　学

血栓塞栓性髄膜脳脊髄炎の発生は年間を通じてみられるが，晩秋から初冬に多発しやすく，導入後数週間内に多くみられる（牛の輸送や気候の変動によるストレスや他の呼吸器疾患などが誘因となるため）．北アメリカのフィードロット牛にみられる突然死の主たる原因は *H. somnus* 感染による髄膜脳脊髄炎であったが，近年，*H. somnus* 感染による心筋炎を原因とした突然死が増加している．また，*H. somnus* 感染による肺炎も多くみられ，肺炎の起因菌の１つとしても重要視されている．肺炎病巣からは本菌が単独で分離されることもあるが，パスツレラ，マイコプラズマやウイルスとの混合感染が多い．肺炎は春から夏に多く，また若齢牛に多い．流死産の原因となるほか，子宮内膜炎，腟炎，包皮炎，膿性精液，虚弱子症候群からも *H. somnus* が分離される．また，本菌は健康牛の呼吸器や生殖器，精液からも分離され，雄の生殖器，とくに包皮口や包皮腔からは高率に分離される．しかし保菌状態から発症に至る経過はまだ明らかにされていない．

症　　状

発症初期には発熱，元気消失，食欲不振がみられ，しばしば運動失調を認める．四肢麻痺，痙攣，起立不能，さらに昏睡状態に陥り死亡する．

診　　断

肉眼的には髄膜の充血と混濁，脳全般に散在する出血性壊死が認められる（写真１，２）．脳脊髄液は混濁増量

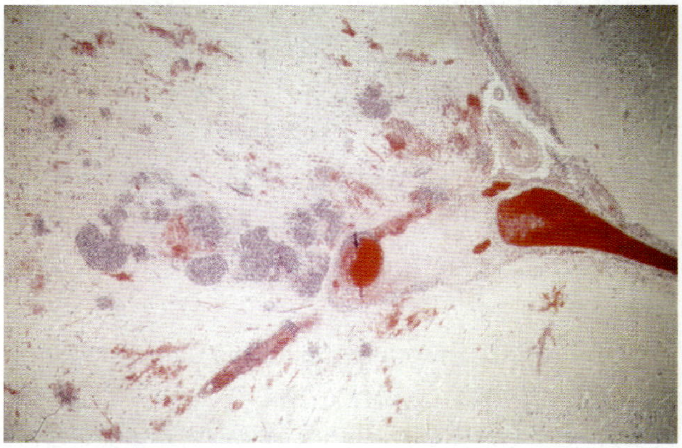

写真 1　大脳皮質に形成された出血性，壊死性，化膿性病変．

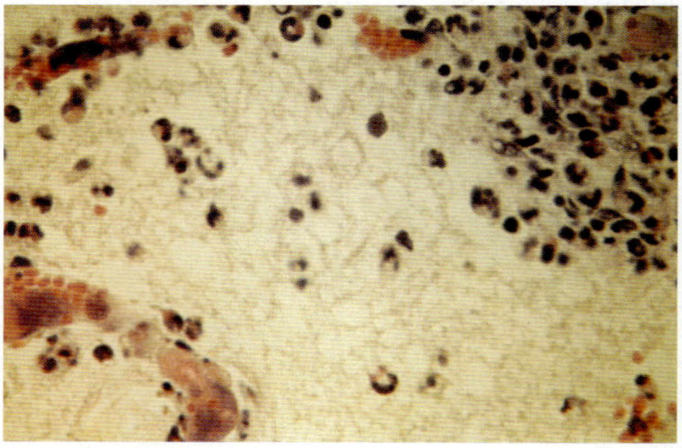

写真 2　病巣内の血栓，菌栓塞および好中球浸潤．

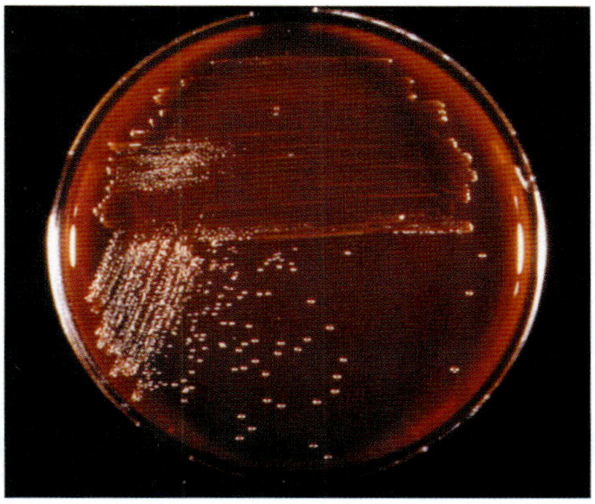

写真３ 血液寒天培地での *H. somnus* のコロニー形成.

する.

脳脊髄液，血液，脳，肺その他の実質臓器を菌分離材料とする．牛または羊血液寒天培地を用い，37℃，5～10％炭酸ガス存在下で培養（２～３日）すると，直径1～2mm の淡黄色，正円形，光沢のある集落を形成し，白金耳でかきとるとレモン色を呈する（写真 3）．栄養要求性が厳しいため，性状検査では基質溶液に菌を濃厚に接種して反応をみるミクロ法により安定した成績が得られる．また市販の簡易同定キットを用いて性状検査が可能である．なお，新菌種名の提案に伴って，本菌の同定には PCR 増幅による菌種特異的な 16S rRNA 遺伝子断片の検出が有用であることが示された.

予防・治療

予防には髄膜脳脊髄炎予防のための全菌体不活化ワクチンが応用されている．導入後短期間に発生するものが多いため，導入時の抗生物質の予防的投与も効果があるが，薬剤耐性菌の出現に対する配慮が必要である.

本菌は各種の抗菌剤に感受性を示すが，脳脊髄炎発症牛の治癒率は低い．早期発見に努め，発症初期に抗菌剤を大量に投与することが必要である．肺炎や生殖器疾患の予防・治療については今後の検討が必要である.

豚グレーサー病

Glässer's disease

Key Words：線維素性多発性漿膜炎，急性関節炎，化膿性髄膜炎，敗血症，Ｖ因子要求性（衛星現象）

グレーサー病は *Haemophilus parasuis* によって起こり，線維素性多発性漿膜炎，急性関節炎，化膿性髄膜炎を特徴とする．

原　　因

H. parasuis はグラム陰性，非運動性の多形性小桿菌である．非溶血性，Ｖ因子要求性であり，血液寒天培地上で衛星現象を示す（表 1）．本菌は豚およびイノシシ以外の動物からは分離されない．寒天ゲル拡散法ならびに間接 HA 反応で 15 の血清型（1 ～ 15 型）に区別される．ポリアクリルアミドゲル電気泳動（PAGE）による可溶化菌体構成蛋白質の泳動像から，本菌は PAGE Ⅰ型とⅡ型に区別される（写真 1）．本菌の特定遺伝子領域（*tbpA*）に対する 3 種類の制限酵素による PCR-RFLP で多型が認められる．

表 1　豚由来Ｖ因子要求性菌の鑑別性状

性　状／菌　種	溶血性	CAMP 反応	要求性 X 因子	要求性 V 因子	ポルフィリン	カタラーゼ	インドール	ウレアーゼ	ブドウ糖	アラビノース	白糖	ラフィノース	マンニット	ソルビット
H. parasuis	－	－	－	＋	＋	＋	－	－	＋	－	＋	－	－	－
A. minor	－	－	－	＋	＋	－	－	＋	＋	－	＋	＋	－	－
A. porcinus	－	－	－	＋	＋	－	－	－	d	d	d	d	d	d
A. indolicus	－	－	－	＋	＋	＋	＋	－	＋	－	＋	＋	－	－
A. pleuropneumoniae	＋	＋	－	＋	＋	d	－	＋	＋	－	＋	－	＋	－

＋：90％以上陽性，－：90％以上陰性　　（Møller ら，1996 より一部改変）
d：菌株により異なる

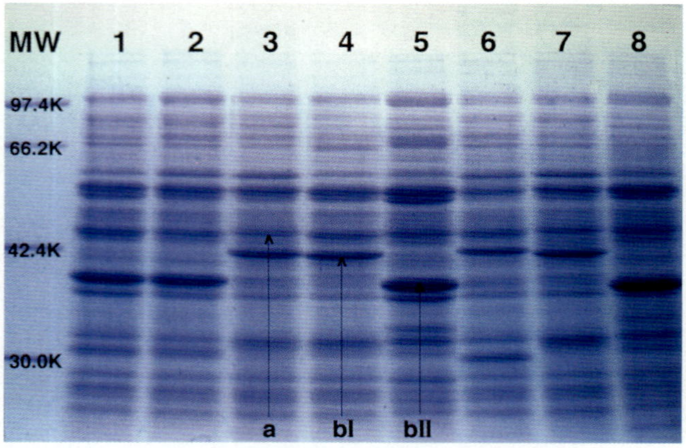

Ⅱ　Ⅱ　Ⅰ　Ⅰ　Ⅱ　Ⅰ　Ⅰ　Ⅱ

写真 1　SDS-PAGE による *H. parasuis* の菌体構成蛋白質の比較．

SDS-PAGE では分子量 43K 付近に 2 種類の主ポリペプチド（分子量の大きいバンド a と分子量の小さいバンド b）が認められる．バンド a の形成位置はほぼ同じであるが，バンド b の形成位置は菌株によって異なり，a に近い bⅠの位置および a から離れた bⅡの位置（36K ～ 38K）の 2 種類がみられる．この a-bⅠの位置関係にあるものが PAGE Ⅰ型（36K ～ 38K にバンド b がないもの），a-bⅡの位置関係にあるものが PAGEⅡ型である．No.1,2,5,8 は PAGEⅡ型菌であり，No3,4,6,7 は PAGEⅠ型菌である．MW は分子量標準蛋白質．

疫学

輸送，離乳，気温の急激な変化などが誘因（ストレス）となり，子豚に散発的に発生する．

SPF豚群が本菌に汚染されると，種豚や肥育豚など月齢の進んだ豚でも高い罹患率と死亡率を示すことがある．血清型は本菌の基本的な疫学マーカーである．病巣由来株には4型菌と5型菌が多くみられる．PAGE型では，PAGE II型菌はグレーサー病の病巣および肺炎から分離されることが多く，PAGE I型菌は健康豚の鼻粘膜からしばしば分離される．

症状

発熱，元気消失，食欲不振などを示し，急性に経過する．関節が腫脹し跛行することがある．時に耳根部の炎症性腫脹がみられる（写真2）．甚急性例では突然死する．鼻端，肢端，腹部にチアノーゼを示すことがある（写真3）．髄膜炎を併発すると後躯麻痺や遊泳運動などの神経症状が現れる．耐過豚では発育が遅延する．

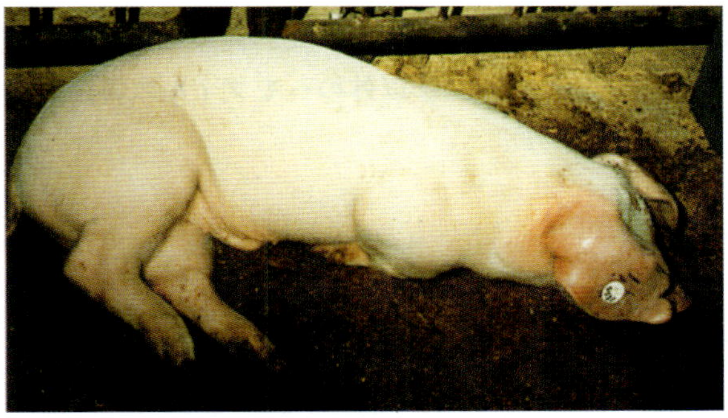

写真2 グレーサー病発症豚．
片側の耳根部に炎症性腫脹がみられる．

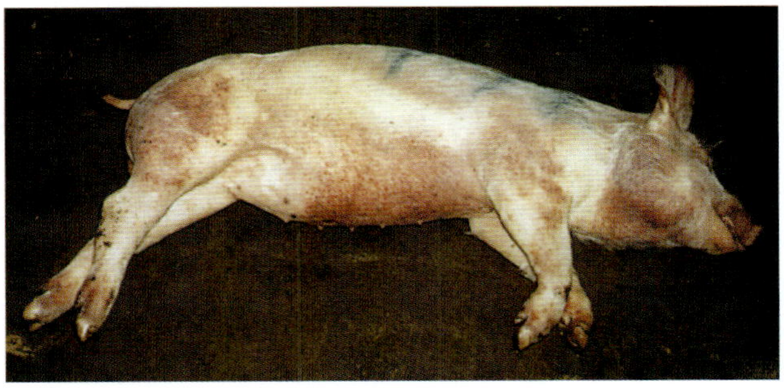

写真3 グレーサー病で死亡した豚．
体表にチアノーゼがみられる．

診断

発症豚の病巣からの *H. parasuis* の分離率は30～60％前後とかなり低い．このため発生状況，臨床症状，病理学的および細菌学的検査成績を総合して本病の診断を行う．

***H. parasuis* の培養**：血液寒天培地では衛星現象を利用する．チョコレート寒天培地ではNAD（0.02％）を添加して発育を強化する．5～10％炭酸ガス環境下で，37℃，24～48時間培養する．非溶血性V因子要求性のアクチノバチルス（*Actinobacillus*）属菌ならびに *Actinobacillus pleuropneumoniae*（豚胸膜肺炎菌）との鑑別を行う（表1）．

線維素性または漿液線維素性胸膜炎，心外膜炎，腹膜炎および関節炎を特徴とする（写真4～写真6）．胸膜

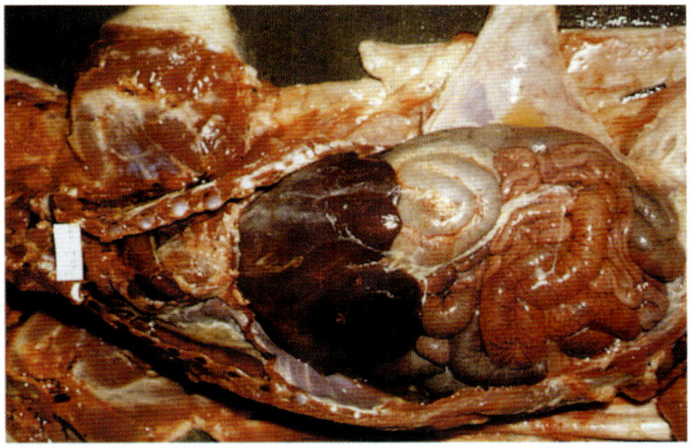

写真4 線維素性胸膜炎，心外膜炎，腹膜炎．
肺，心臓，腹部臓器の表面に線維素が析出している．

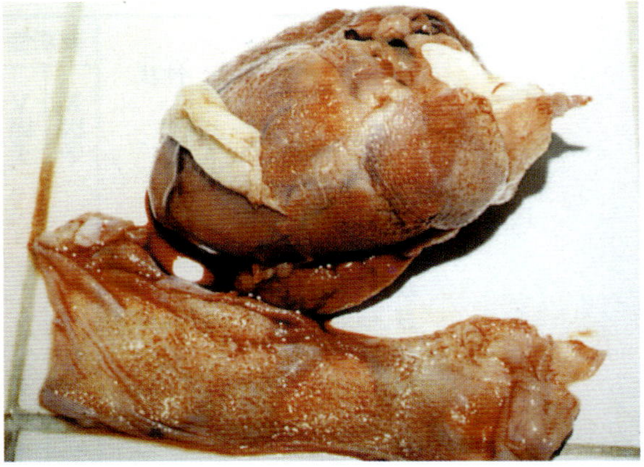

写真5 線維素性心外膜炎．
心臓の表面に線維素が析出している．

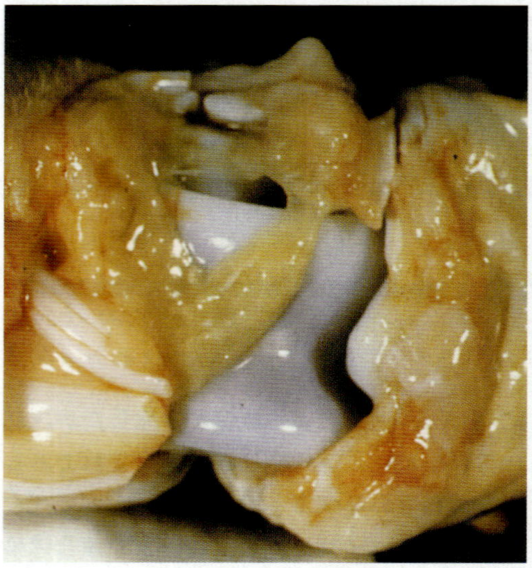

写真6 線維素性関節炎.
関節腔に線維素が析出している.

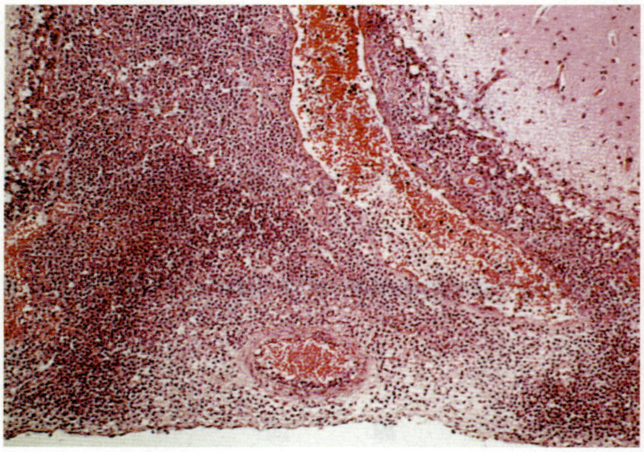

写真7 脳の組織病変.
脳軟膜に充血が著明で好中球, 大食細胞（マクロファージ）の高度の浸潤がみられる.

炎や心外膜炎または関節炎のみの症例もある. 組織学的には好中球の浸潤が強く, 線維素化膿性炎を特徴とする（写真7）. 敗血症例ではしばしば化膿性髄膜炎や腎臓の血栓形成がみられる.

予防・治療

治療にはペニシリン系, とくに持続性ペニシリンによる治療が最も効果的かつ経済的である. 予防には, 豚へのストレスを軽減させる, 異常豚の早期発見・早期治療に努めるなど飼養管理と衛生管理を徹底する. わが国では不活化ワクチンが市販されており, グレーサー病の予防効果が認められている.

鶏伝染性コリーザ

infectious coryza

Key Words：顔面腫脹，鼻汁漏出，産卵停止，急性呼吸器病

原　　因

本病の原因菌である *Haemophilus paragallinarum* は，グラム陰性，非運動性の小桿菌であり，莢膜（写真 1）を形成するが，芽胞，鞭毛などは認められない．線毛はまれに認められる．

血清型：凝集素または赤血球凝集（HA）素に基づく分類で 3 または 7 型に区分される（表 1）．

増殖性：菌の栄養要求性は大変厳しく，分離培養には，鶏肉水，大豆製ペプトン，カザミノ酸，鶏血清，β-NADH（V 因子）などで調製した S 培地を用いないと，分離菌が変異して血清型別が困難である．

疫　　学

本病は，主として高温，多湿の国での発生が多い．

わが国では，1962 年以降に A（HA-1）型，また 1972 年以降に C（HA-4）型菌による症例が多発したが，ワクチンの普及に伴い，現在，発病例はきわめてまれである．

わが国を除く諸外国では，不適切なワクチンの使用や有効性の低いワクチンの応用での発病例が依然として多数認められている．

非免疫鶏では高い発病率を呈するが，本病単独で死亡することはない．症状はマイコプラズマなどとの複合感染で重篤化する．

本病の養鶏場への伝播は，野鳥を介して成立すると考えられる．

病原菌は，病鶏との直接接触や鼻汁で汚染した飲水・飼料を介して伝播する．本病は主として採卵鶏で認められるが，若齢鶏は本菌に対して比較的抵抗性を示す．発生は年間を通じてみられるが，季節の変わり目に多い．潜伏期間は通常 1 ～ 3 日であり，非免疫鶏群では群全体がごく短期間に発病する．発病鶏は呼吸器症状を呈し，鼻汁の漏出（写真 2），顔面の浮腫性腫脹（写真 3），くしゃみや奇声，開口呼吸などがみられる．採卵鶏では産卵を停止するが，産卵率は症状の改善に伴って回復する．

診　　断

診断は臨床症状ならびに発生状況から比較的容易であ

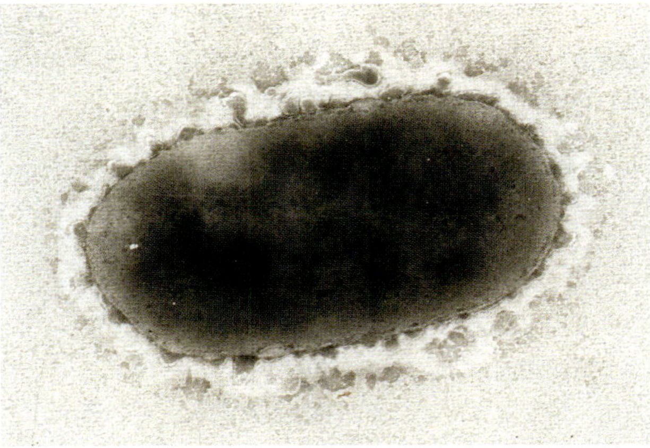

写真 1　*H. paragallinarum* A（HA-1）型菌 221 株莢膜保有菌の EM 像．

莢膜保有菌は鶏に対する病原性を有する．本菌は感染鶏の鼻粘膜に定着，増殖するとともに，正常鶏血清の殺菌作用に抵抗する．莢膜は菌の定着と感染の持続に重要な役割を果たしていると考えられる．

表 1　*H. paragallinarum* の血清型

菌　株	菌株の由来	凝集素に基づく血清型[*1]	赤血球凝集素に基づく血清型[*2]
221	日本	A	HA-1
2403	西ドイツ	B	HA-2
E-3C	ブラジル	N[*3]	HA-3
H-18	日本	C	HA-4
Modesto	アメリカ	C	HA-5
SA-3	南アフリカ	N	HA-6
2671	西ドイツ	B	HA-7

[*1] Page（1962）の型別による
[*2] Kume ら（1983）の型別による
[*3] 未同定菌株

写真 2 発病鶏で認められた鼻汁の漏出.
感染初期の鼻汁は白色ないしは透明感を呈し，鼻汁中には大量の莢膜保有菌が存在するので，菌分離に適している.

写真 3 発病鶏（感染後期）で認められた顔面の腫脹.
本症例の鼻汁は黄色化している．本菌は鶏体内で容易に変異するため，本症例は菌分離に適さない.

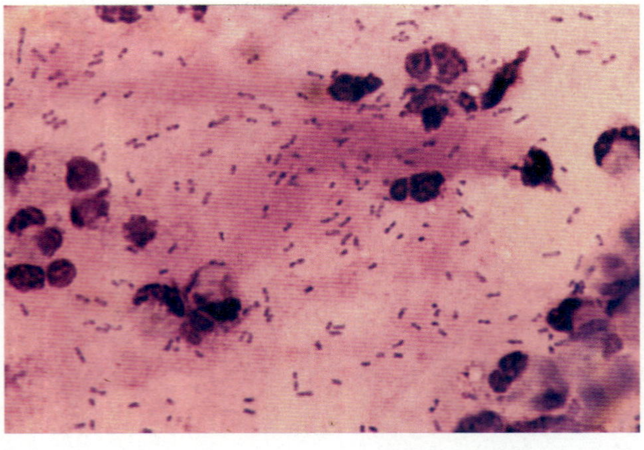

写真 4 感染鶏の鼻汁中には，大量の *H. paragallinarum* が存在し，感染源となっている．グラム染色.

写真 5 *H. paragallinarum* A（HA-1）型菌 221 株莢膜保有菌のコロニー．無染色.
莢膜保有菌を実体顕微鏡を用いて反射透過光下で鏡検すると，種々な程度の赤緑色の iridescence（ir）を呈するが，莢膜を保有しない菌は ir を欠く．ir の強さは莢膜の厚さと比例するため，菌分離には ir の強いコロニーを集菌するよう心掛けなくてはならない.

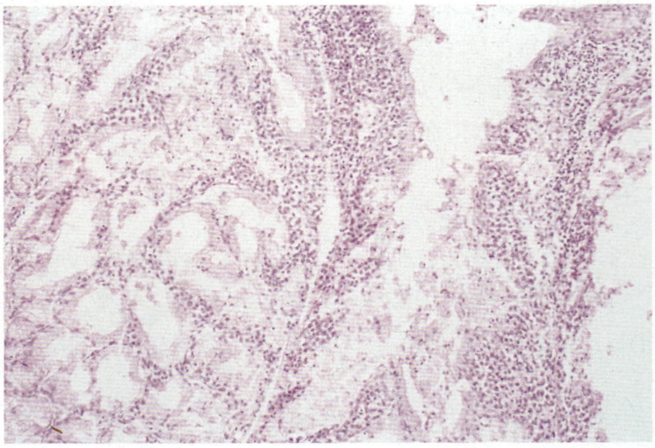

写真 6 *H. paragallinarum* A（HA-1）型菌 221 株莢膜保有菌を接種後 1 日目の鼻粘膜所見．HE 染色.
鼻粘膜では粘膜上皮細胞における変性性変化と粘膜固有層から粘膜下織にかけての偽好酸球の浸潤，結合組織の水腫性疎開，充出血などの急性炎の症状が認められる（写真提供：吉川　堯氏).

る．類症鑑別では，伝染性気管支炎，マイコプラズマ感染症，緑膿菌感染症，頭部腫脹症候群などとの鑑別が必要である.

確定診断としては菌分離を行う．感染鶏ではほとんど抗体が上昇しないため，血清診断は応用できない.

病原菌は臨床症状を呈する鶏の鼻腔および眼窩下洞ならびに鼻汁（写真 4）からのみ分離される.

S 培地を用い，37℃，5％炭酸ガス下で培養する．病原性を有する莢膜保有菌のコロニーは，実体顕微鏡を用いて反射透過光下で鏡検すると，赤緑色の iridescence（写真 5）を呈する．分離菌は分離直後に凍結乾燥保存しないと，菌が変異または死滅する．

剖検上の特徴は，鼻腔や眼窩下洞における粘液の貯留である．

病理組織学的には，鼻腔・眼窩下洞粘膜の上皮細胞の変性・腫大，粘膜下織にわたる水腫と偽好酸球の浸潤が顕著である（写真 6）．

予防・治療

本病に対するワクチンはきわめて有効であるため，ワクチンの注射は必須である．わが国では，A（HA-1）型とC（HA-4）型の 2 価ワクチンならびに 2 価ワクチンにニューカッスル病ワクチン，伝染性気管支炎ワクチンなどを混ぜた各種の混合ワクチンが応用されている．発病鶏に対しては，各種の抗生物質や抗菌剤が応用される．

アクチノバチルス

基本性状
グラム陰性通性嫌気性桿菌
重要な病気
胸膜肺炎（豚）
類放線菌症（牛）

分類・性状

アクチノバチルス（*Actinobacillus*）属は，パスツレラ科に属する，グラム陰性，無芽胞，非運動性の通性嫌気性桿菌であるが，球菌が混在し，その点と線の配列はモールス符号のように見える．

ブドウ糖を発酵するがガスを産生せず，カタラーゼ陽性，メチールレッド，インドール陰性である．

表1　主な病原性アクチノバチルス属菌と疾病

種	宿主	病名
A. pleuropneumoniae	豚	豚胸膜肺炎
A. lignieresii	牛	類放線菌症
A. equuli	馬，豚	敗血症，心内膜炎
A. suis	豚	敗血症，肺炎，腎炎など

生　　態

ヒトを含む多種の動物の気道，消化管あるいは生殖器の粘膜表面にしばしば常在する．

分離・同定

Actinobacillus pleuropneumoniae は増殖に NAD（V 因子）を要求するが，その他の菌種はマッコンキー寒天培地に増殖する．いずれの菌種も分離当初は “sticky” 型コロニーを形成する．

病　原　性

病原因子としては，*A. pleuropneumoniae* の Apx（溶血毒または細胞毒）が知られる．

豚の胸膜肺炎

porcine pleuropneumonia

Key Words：線維素性胸膜肺炎，肺胸膜の癒着

原　　因

Actinobacillus pleuropneumoniae は，増殖にV因子を必要とする生物型1と必要としない生物型2があり，莢膜多糖の抗原性により前者は15の，後者は2つの血清型に分けられている．病豚から分離されるのは，ほとんどが生物型1である（写真1），通常 β - 溶血性（写真2）を示すが，継代により失われることがある．この場合でもCAMP試験は陽性である．

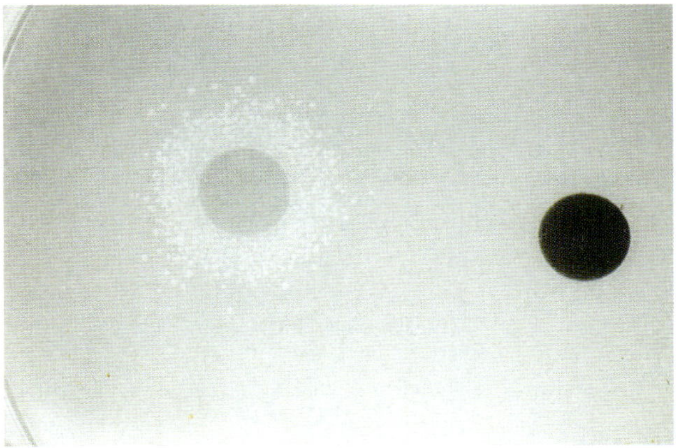

写真1　トリプチケースソイ寒天培地全面に菌液を塗抹し，Xディスク（右）およびVディスク（左）を置いて培養すると，V因子要求性の本菌はVディスク周囲にのみ発育が認められる．

疫　　学

世界各地に分布するが，原因菌（生物型1）の血清型は国により一定の傾向があり，日本や欧州では2型，米国，カナダ，台湾などでは1型および5型が多い．感受性動物は豚である．

症　　状

初めて本菌の侵襲を受けた豚群では，甚急性から急性経過をとり，発熱（40.5～42℃），呼吸促迫して起立不能となり，重症例では18～36時間で死亡する．死亡率は25％に達する．常在豚群では飼料効率は低下するが，発咳（湿性）以外さしたる症状を示さない．死亡

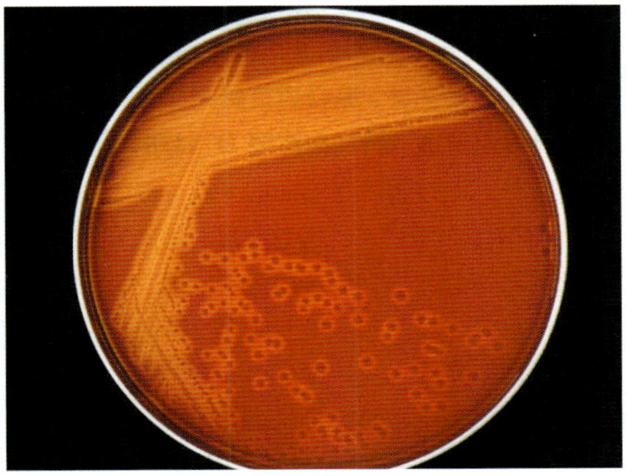

写真2　V因子を含む血液寒天培地で培養すると著明な β - 溶血が認められる．

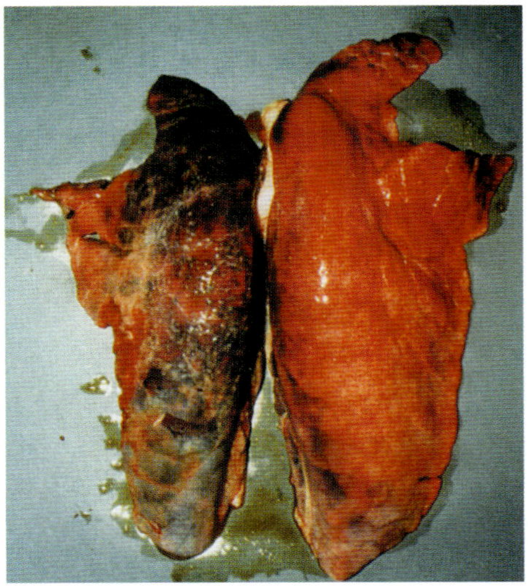

写真3　急性斃死例の肺．
線維素の被膜でおおわれ，出血のため暗赤色を呈している．

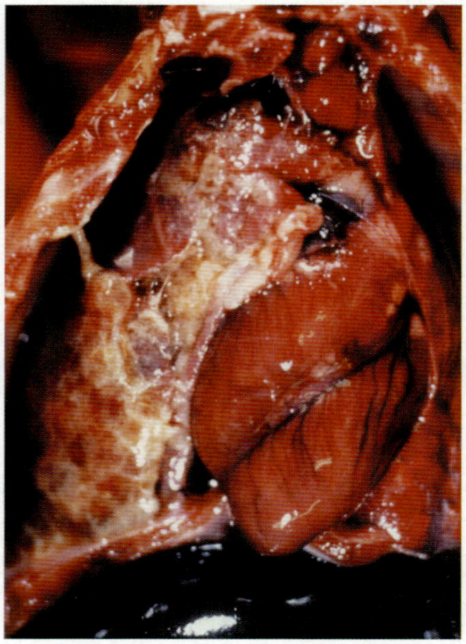

写真4 急性斃死例の胸腔.
胸水の貯留，線維素の析出が著明.

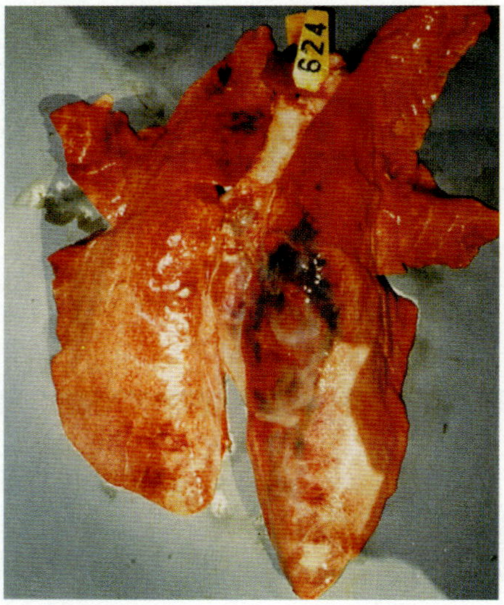

写真5 慢性例の肺.
後葉に鶏卵大の腫瘤が認められる．腫瘤の表面には線維素が付着していることもある.

表1 豚の3大呼吸器病の比較

	萎縮性鼻炎	マイコプラズマ性肺炎	胸膜肺炎
病原体	*Bordetella bronchiseptica*	*Mycoplasma hyopneumoniae*	*Actinobacillus pleuropneumoniae*
増悪因子	*Pasteurella multocida*	*Pasteurella multocida*	
臨床症状	くしゃみ，鼻汁，鼻出血，アイパッチ，狆面，不整咬合	発咳（乾咳）	急性期：発熱，食欲不振，呼吸促迫・困難，開口呼吸，起立不能，チアノーゼ 慢性期：発咳（湿性）
罹患年齢	幼若豚	肥育豚	肥育豚
剖検所見	鼻甲介の萎縮	カタル性肺炎	線維素性胸膜肺炎
診断	生前：臨床症状，菌分離，凝集反応 死後：剖検，菌分離	生前：乾咳，CF，ELISA 死後：剖検，菌分離	生前：急性例では臨床症状，慢性例ではCF 死後：剖検，菌分離

豚は散発的に認められる.

病変はほとんど胸腔に限られ，急性期には肺は出血のため暗赤色を呈して膨化し（写真3），肺胸膜は壁側胸膜と癒着している．胸腔には血液の混じった胸水が貯留している（写真4）．慢性病変は主として後葉にあり，結合組織の被膜でおおわれたウズラ卵から鶏卵大の腫瘤として認められる（写真5）．内部は膿瘍となっているもの，壊死してタール状あるいはモザイク状を呈しているものなどさまざまである.

診　　断

チョコレート寒天培地やV因子を添加した血液寒天培地を用いて菌分離を実施する．CFによる血清学的診断も有用である．分離菌株の血清型別は，共凝集反応が簡便である.

予防・治療

生物型1のうち血清型1型，2型，5型には菌体や細胞毒を抗原としたワクチンが市販されている．また，すべての血清型に有効とされる細胞毒を抗原としたワクチンも市販されている．発症豚の治療には，ペニシリン系，セファロスポリン系，テトラサイクリン系抗生物質やチアンフェニコール，ニューキノロン系合成抗菌剤などを注射する．血清型2以外の血清型（とくに血清型1）は耐性化しやすい.

バークホルデリア

基本性状
グラム陰性好気性桿菌
重要な病気
鼻疽（馬，驢馬，騾馬，ヒト）
類鼻疽（げっ歯類，山羊，羊，馬，犬，ヒト）

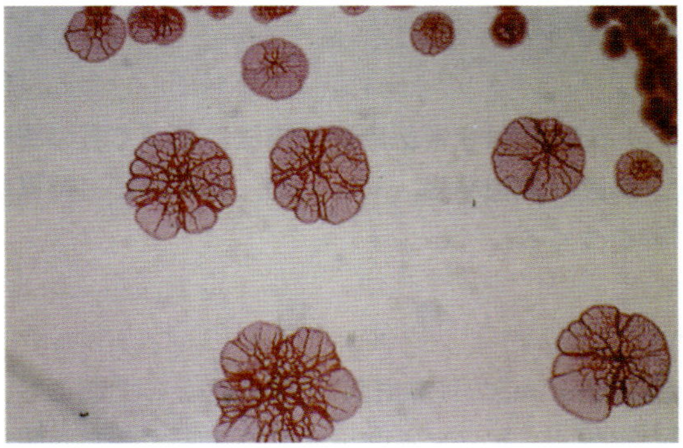

FIG 類鼻疽菌のコロニー
アッシュダウン培地，96時間培養
（写真提供：藪内英子氏）

分類・性状

1993年にシュードモナス（*Pseudomonas*）属からRNA homology group Ⅱの7菌種がバークホルデリア（*Burkholderia*）属として独立，現在37菌種からなる．主として土壌菌で，動物および植物病原菌を含むが，獣医学領域では*Burkholderia mallei*と*B. pseudomallei*が重要である（表1）．糖を酸化的に分解し，芽胞や莢膜を欠く．運動性を有する種の鞭毛は極在性である．Poly-β-hydroxybutyrate（PHB）を蓄積する．

分離・同定

普通寒天培地でよく発育する．*B. mallei*菌はグリセリン加寒天培地で発育が促進され，淡琥珀色で透明のコロニーをつくり，粘稠性で精液臭がある．

表1 主な病原性バークホルデリア属菌と疾病

種	宿 主	病 名
B. mallei	馬，驢馬，騾馬，ヒト	鼻疽
B. pseudomallei	げっ歯類，山羊，羊，馬，犬，ヒト	類鼻疽

鼻疽

glanders

法定 人獣

Key Words：馬，鼻疽結節，マレイン反応，Straus 反応

鼻疽は家畜伝染病予防法に基づく馬の法定伝染病で，鼻腔，気道粘膜，リンパ節，皮膚などに特異的な鼻疽結節をつくる．

原　因

Burkholderia mallei（鼻疽菌）の感染によって起こる．本菌は毒力が強く，ヒトにも強い病原性を示す危険な菌であるが，消毒薬や乾燥，熱などの理化学的感作には弱い．

疫　学

かつては世界中，現在では中近東，アジア，アフリカ，南米の一部で発生するが，日本での発生はない．馬が最も高感受性である．経口感染が主で，経鼻・創傷感染もある．感染馬の分泌物で直接，もしくは汚染した水や飼料を介して間接的に感染する．肉食獣では感染馬の肉の摂取によって感染する．ヒトでは感染馬との接触や実験室感染がある．

症　状

症状は，肺炎，鼻腔粘膜の結節・潰瘍と膿性鼻汁，皮下リンパ管の念珠状結節・潰瘍などである（写真 1，2）．臨床症状の違いによって，肺鼻疽，鼻腔鼻疽，皮疽とも

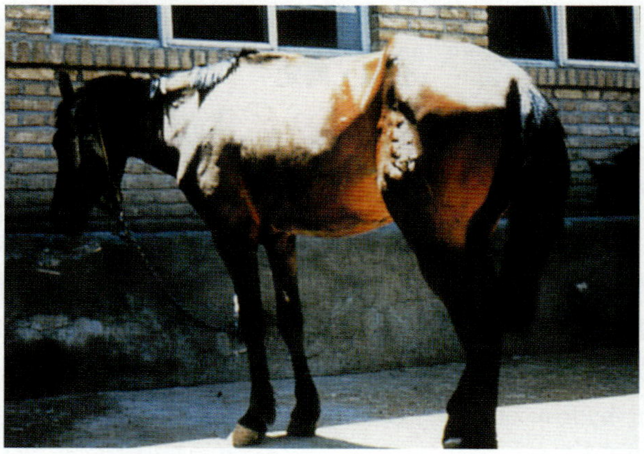

写真 2　鼻疽の臨床症状．
後軀皮下念珠状結節．（写真提供：小澤義博氏）

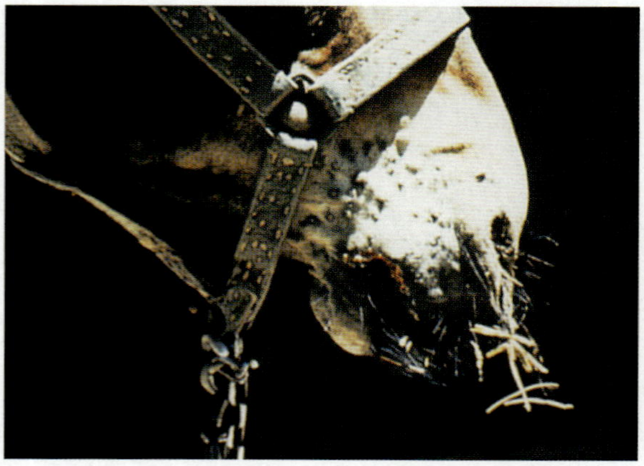

写真 1　鼻疽の臨床症状．
膿性鼻汁の排出．（写真提供：小澤義博氏）

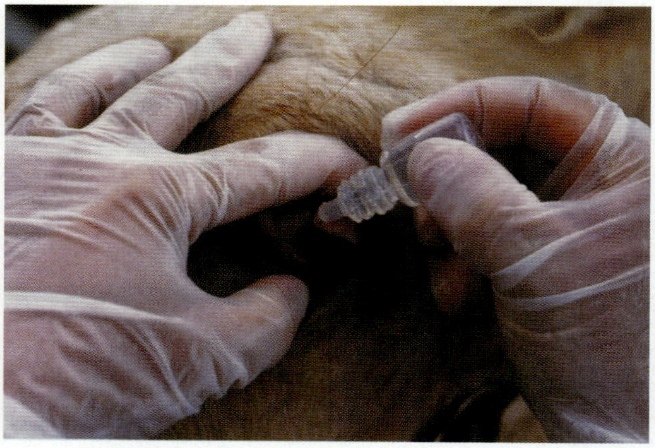

写真 3　マレイン反応．
マレイン液の点眼．

呼ばれる．驢馬，騾馬および清浄地の馬では急性転帰をとり，2週間以内に死亡することが多い．慢性型は疾病常在地の馬に認められ，長期にわたって発症と回復を繰り返す．肺炎は必発で，粟粒結節を形成するものから気管支肺炎まで多様である．気管，肝臓，脾臓，およびその付属リンパ節にも病変が多発する．組織学的には肉芽腫性肺炎像を呈する．

診　　断

診断は菌の分離・同定が最も確実である．通常の培地には発育が悪く，グリセリンあるいは血液を加えた培地に発育する．本菌は運動性を欠く．雄のモルモットの腹腔内に菌を接種すると，3～4日以内に特異的な精巣炎を起こす（Straus反応）．免疫学的診断法として点眼によるアレルギー反応をみるマレイン反応（写真3），抗体検査法としてCFテスト，ELISAなどがある．

予防・治療

ワクチンは使用されず，感染動物はすべて殺処分する．菌に汚染した可能性のあるものはすべて焼却処分もしくは消毒する．

類鼻疽

届出
人獣

melioidosis

Key Words：東南アジア・オーストラリア北部，土壌菌

原因

Burkholderia pseudomallei（類鼻疽菌）の感染によって起こる．

疫学

類鼻疽菌は熱帯・亜熱帯の土壌中に分布，とくに東南アジア・オーストラリア北部に多い．日本には常在しない．吸血昆虫媒介性，経皮・経気道感染するが，伝染性はない．主としてげっ歯類の疾病であるが，反芻獣，馬，犬，ヒトなどもしばしば感染する人獣共通感染症である．

症状

全身のリンパ節や諸臓器に乾酪性小結節・膿瘍（鼻疽様結節）を形成する（写真 1）．馬では鼻疽との類症鑑別が必要である．

診断

診断は菌の分離と同定によって行われる．通常の培地によく発育し，3 日以上で皺のある乾燥コロニーとなる．本菌は運動性を有し，Straus 反応陽性である．

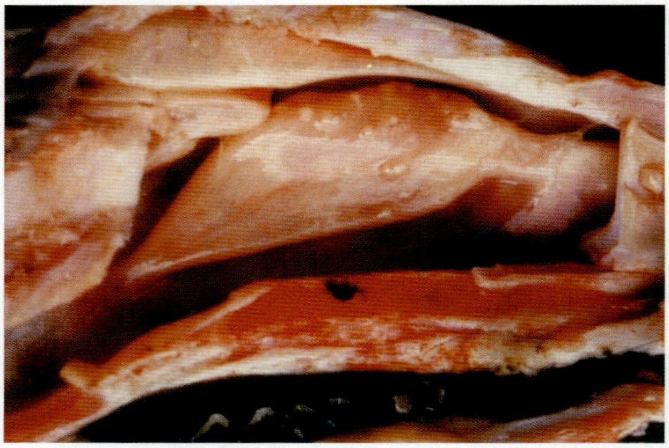

写真 1　山羊の類鼻疽.
副鼻腔粘膜に小結節.（写真提供：成田實氏）

予防・治療

予防には汚染地域から導入される動物の検疫と，感染動物から排出される菌による環境汚染の防止が重要である．治療薬としてはミノサイクリン，ピペラシリンなどが有効である．

ボルデテラ

基本性状

グラム陰性好気性短桿菌

重要な病気

萎縮性鼻炎（豚）
百日咳（ヒト）
七面鳥コリーザ（七面鳥）

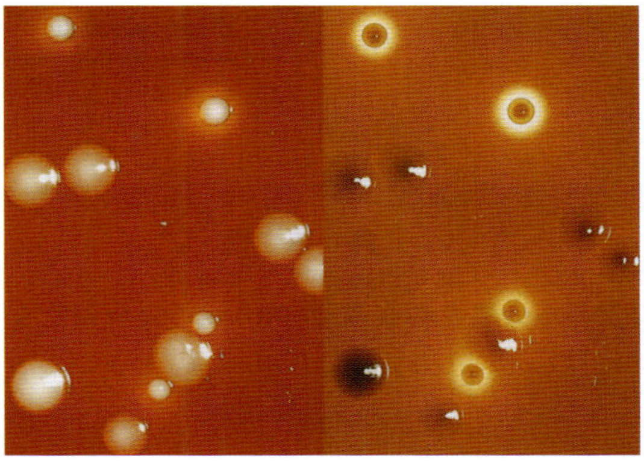

FIG *B. bronchiseptica* Ⅰ，Ⅲおよびラフ相株のコロニー
異なる照明法により同一視野を撮影した

分類・性状

ボルデテラ（*Bordetella*）属は，糖非分解性の微小桿菌（0.2 ～ 0.5 × 0.5 ～ 2.0 μm）で，カタラーゼ陽性である．鞭毛を有するが，ヒトの病原菌である百日咳菌（*Bordetella pertussis*）およびパラ百日咳菌（*B. parapertussis*）は鞭毛を欠く（表 1）．

分離・同定

ボルデ・ジャング培地あるいは血液寒天培地によく発育する．また，マッコンキー培地にも発育する（百日咳菌は発育しない）．

病原性

動物から分離される *B. bronchiseptica* 株の多くはⅠ相で（写真 1），莢膜，定着因子，ならびに多様な毒素を産生するが，*in vivo* あるいは *in vitro* でこれらの病原因子を欠くⅢ相に解離することがある（FIG）．

表 1 ボルデテラ属菌種による主な感染症

菌種	宿主	感染症
B. bronchiseptica	豚 犬 モルモット	萎縮性鼻炎，気管支肺炎 伝染性気管気管支炎 流行性肺炎
B. avium	七面鳥	コリーザ
B. pertussis	ヒト	百日咳
B. parapertussis	ヒト	パラ百日咳

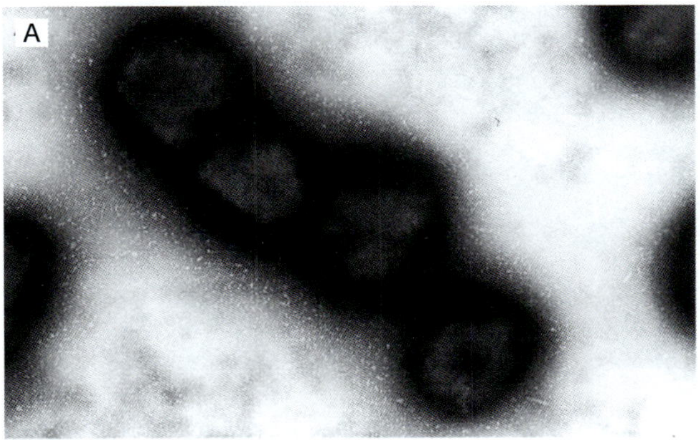

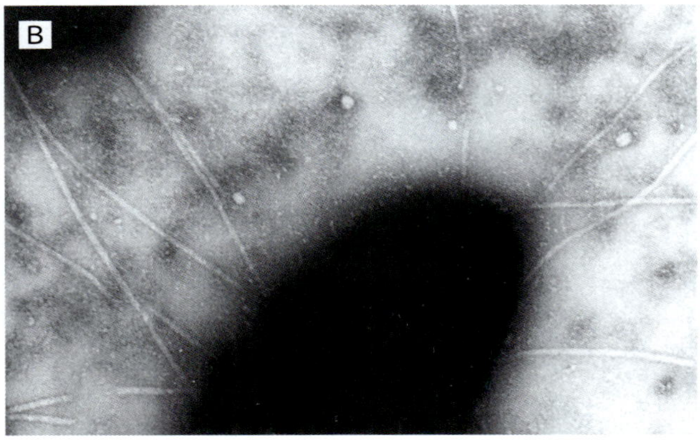

写真 1 ネガティブ染色された *B. bronchiseptica* 菌体の EM 像．
鞭毛はⅠ相株にはみられないが（A），Ⅲ相株には周毛が認められる（B）．

豚萎縮性鼻炎

届出

atrophic rhinitis

Key Words：鼻甲介萎縮，鼻中隔弯曲，上顎短縮

萎縮性鼻炎は，鼻甲介の形成不全あるいは萎縮を特徴とする豚の呼吸器系感染症である．発生が多く，発育の遅延，飼料効率の低下，2次感染の誘発などにより，しばしば重大な経済的損失をもたらす．

原　　因

Bordetella bronchiseptica および毒素産生性 *Pasteurella multocida* が本病の病因として確定されている．

B. bronchiseptica（I相株）は豚の鼻腔に容易に定着して鼻粘膜に炎症を導き（写真1），産生される皮膚壊死毒（dermonecrotic toxin：DNT）の作用により若齢豚の鼻甲介骨形成を阻害する．一方，*P. multocida* は正常な鼻粘膜には定着せず，*B. bronchiseptica* 感染などに起因する粘膜の損傷により，定着が可能となる．毒素産生株の産生する毒素（*P. multocida* toxin：PMT）は，DNTに類似の毒素作用を有し，病変形成を加速するとともに

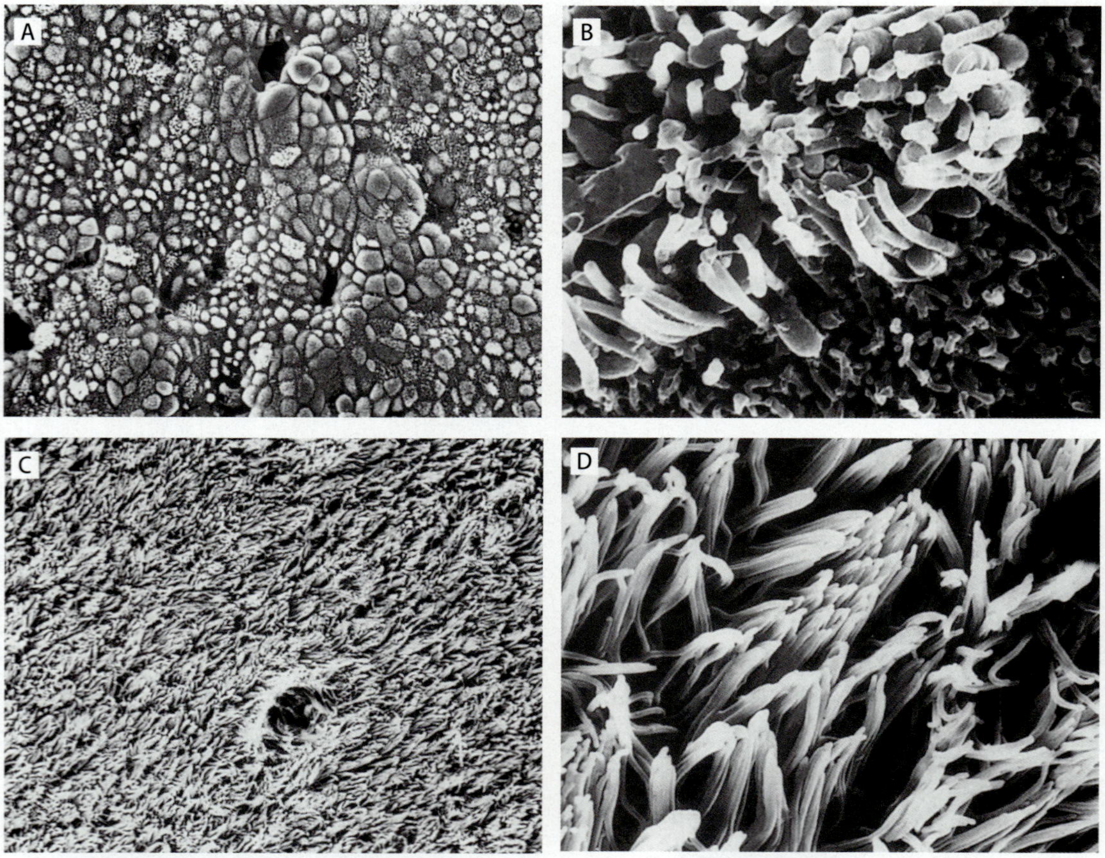

写真1　豚の鼻甲介粘膜の走査型EM像．（写真提供：桑野　昭氏）
B. bronchiseptica 感染豚では広範囲にわたる上皮細胞の変性と線毛の脱落がみられ（A），残存する線毛には多数の菌体が付着する（B）．CおよびDは正常な粘膜上皮．

写真 2　病豚の臨床所見.（写真提供：福井県家畜保健衛生所）
鼻出血，アイパッチおよび鼻梁の弯曲が認められる.

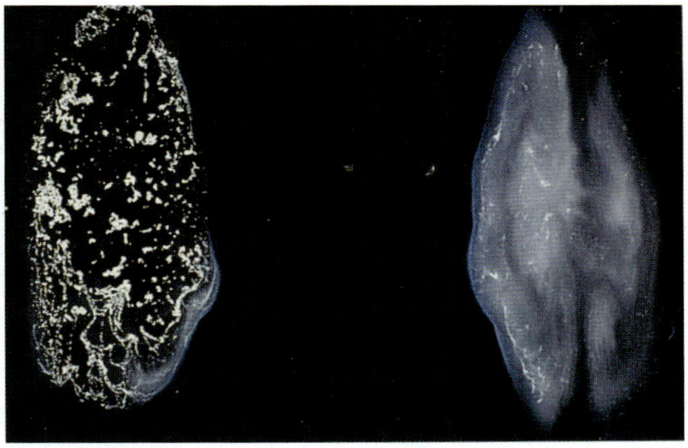

写真 3　特異抗血清によるスライド凝集反応.
B. bronchiseptica 菌体は生理食塩液中で均一な浮遊液となるが（右），特異抗血清の添加により強く凝集する（左）.

本病の症状を著しく悪化させる.

症　状

感染時の日齢が低いほど，強い症状を発現する．生後間もない感染により，気管支肺炎を併発することがある．

発病の初期には，くしゃみ，鼻みず（漿液性），鼻づまりなどがみられる．鼻みずが粘液膿性となり，鼻づまりが著しくなると，鼻端を豚舎の壁や同居豚の体壁に擦り付ける．くしゃみが頻発する場合，しばしば鼻出血がみられる．また，激烈なくしゃみにより，粘液膿性滲出物や鼻甲介断片などを排出することもある．鼻粘膜の炎症が涙管の鼻腔開口部に及ぶと，その狭窄あるいは閉塞により，流涙がみられる．これにより内眼角下部の皮膚が汚染され，黒褐色の斑点（“アイパッチ” と呼ばれる）が生じる．

発病後 1 か月を過ぎると，鼻骨，上顎骨，前頭骨などの発達の遅れに伴い，顔面の変形が明らかになる．すなわち，上顎の発達が阻害されると，下顎の切歯が上顎の切歯より前方に突出して咬合面が合わなくなり，咀嚼に障害をきたす．この場合，鼻梁背側の皮膚に皺襞が形成される．骨の発達が片側性に強く阻害される場合には，鼻梁の側方弯曲（“鼻曲がり” と呼ばれる）がみられる（写真 2）．

診　断

細菌学的診断法（*B. bronchiseptica*）：滅菌綿棒により採取された鼻腔分泌液を，血液寒天培地，ボルデ・ジャング寒天培地，あるいはマッコンキー寒天培地に塗抹し，好気培養する（表 1）．

B. bronchiseptica はグラム陰性の微小球桿菌である．運動性（液体培養菌の懸滴標本の鏡検による），カタラーゼ陽性，オキシダーゼ陽性，ウレアーゼ陽性，糖非分解性などの鑑別性状を検査する．また，特異抗血清によるスライド凝集反応も利用できる（写真 3，毒素産生性 *P. multocida* については「豚のパスツレラ肺炎」の項（p.68）を参照のこと）．

血清学的診断法（*B. bronchiseptica*）：試験管内凝集

表 1　*B. bronchiseptica* のコロニー所見と菌体表層抗原

相	集落 *[1]						菌体表層抗原 *[2]		
	直径(mm)	隆起	光沢	透明感	辺縁	溶血性	K	H	O
I	＜1	強	有	無	正円	強	＋	－	－
II	1～2	弱	有	有	正円	弱	－	＋	＋
III	1～2	弱	有	有	正円	無	－	＋	＋
ラフ	＞2	弱	無	無	不整	無	－	＋	＋

*[1] ボルデ・ジャング寒天培地（37℃，48 時間）
*[2] 凝集反応による

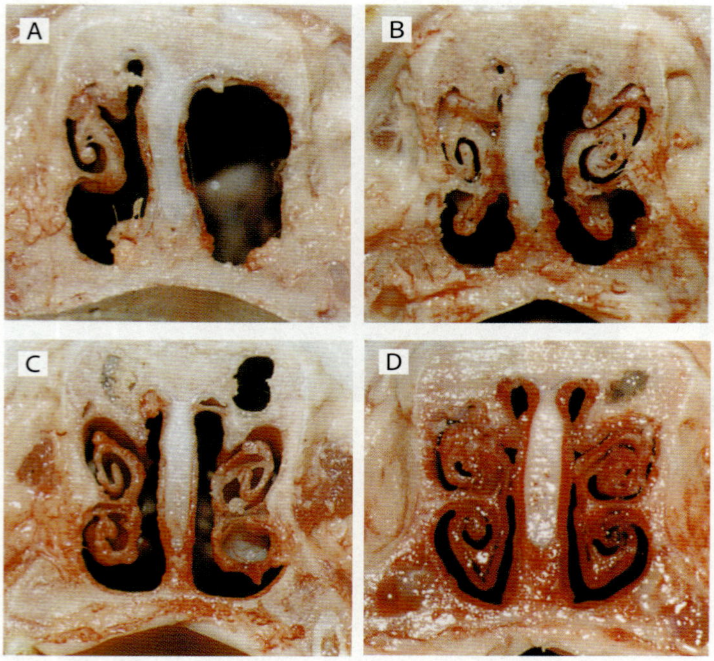

写真４ 鼻梁の切断面.（写真提供：谷中　匡氏）
病豚の鼻甲介にはさまざまな程度の萎縮あるいは消失がみられる（A ～ C）. D は健康豚の鼻甲介.

反応あるいはスライド凝集反応用ホルマリン不活化Ⅰ相菌液が市販されている．抗体陽性豚の中には *B. bronchiseptica* の分離されない個体，症状の認められない個体，病変の認められない個体が含まれ，個体レベルでの診断は困難であるが，定期的な検査により，抗体陽性率の変動から群の汚染状況を把握することは可能である（毒素産生性 *P. multocida* については「豚のパスツレラ肺炎」の項を参照のこと）.

病理解剖学的診断法：鼻甲介萎縮の強さを肉眼的に評価する方法である．第 1 前臼歯の位置で，口蓋面に垂直に上顎を切断する.

切断面を観察し，萎縮の程度を－，±，＋，卄，卅の 5 段階で判定する．病変形成の初期には，腹鼻甲介腹側渦に萎縮がみられる．病変の進行に伴い，腹鼻甲介背側渦，背鼻甲介，篩骨甲介が萎縮し，末期には鼻甲介全体が消失する（写真 4）.

予防・治療

予防は，病原体の侵入防止と一般衛生管理の強化，およびワクチン接種により行う.

B. bronchiseptica 感染症に対して不活化ワクチン（コンポーネントワクチンを含む）が市販され，*B. bronchiseptica* 感染症および毒素産生性 *P. multocida* 感染症の両者に対応する混合不活化ワクチン，混合トキソイドなども市販されている.

治療には，抗菌薬としてサルファ剤，強化サルファ剤およびテトラサイクリン系抗生物質が広く使用されている.

ブルセラ

基本性状
グラム陰性好気性短桿菌
重要な病気
ブルセラ病（牛，豚，山羊，羊，犬，ヒト）

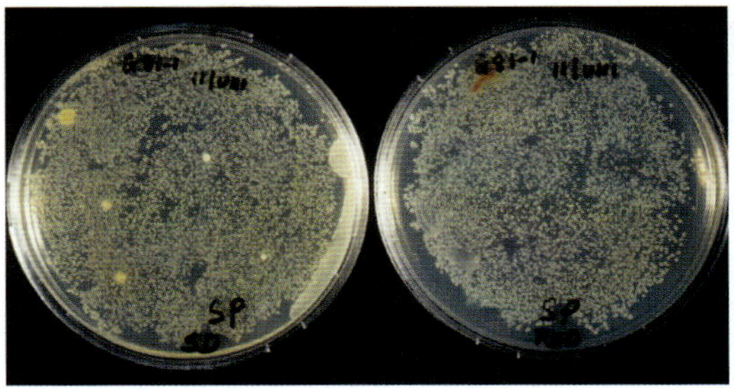

FIG *B. abortus*，10％ CO_2 添加分離培養の発育所見
牛の脾，右は選択培地，5日目．菌は小正円形，透明なコロニーとして発育

分類・性状

ブルセラ（*Brucella*）属は動物に細胞内感染するグラム陰性の細菌である．*Brucella melitensis* はBruce(1887)により，マルタ熱で死亡した兵士の脾臓から分離され，菌は後にBruceにちなみ *Brucella* と名付けられた．分類学的には *Brucella melitensis* 1属1菌種とされたが，医学，獣医学では混乱を避けるため，6生物型（biover）を従来通り6菌種，*B. melitensis*，*B. abortus*，*B. suis*，*B. ovis*, *B. neotomae*, *B. canis* として扱う．カタラーゼ陽性，ペプトン含有培地では糖からの酸産生を示さない．ウレアーゼ陽性である．また，海洋哺乳動物からは *B. maris* が分離された．

生　態

動物体内に依存する生活環以外は明らかにされていない．感染宿主があり，宿主の分布で，各菌種の分布や感染動物，ヒトの発病や病気の経過にも関係する（表1）．家畜以外の野生草食獣，食肉獣ならびに海洋哺乳類にも表1および「野生，海洋哺乳動物のブルセラ病」の項の表1（p.104）の通りの固有の感染がある．したがって野生動物群については本病の蔓延防止策が新たに必要となっている．

分離・同定

普通寒天培地では発育が遅いので，菌分離には血清や血液を加えた培地が用いられる．菌増殖での CO_2 要求性，

表1　ブルセラ属の宿主と分布

菌種・生物型	宿　主	主な分布
B. melitensis 1，2，3型	山羊，羊	北米，ニュージーランド，オーストラリアを除く多くの山羊，羊の生産地域，国
B. abortus 1，2，3，4，5，6，7，9型	牛	生物型1型：全世界，2型：特定地域，3型：南米，インド，エジプト，東アフリカ，5型：英国，ドイツ，他の型：まれ
B. suis 1，2，3，4型	豚	生物型1型:全世界，2型:西･中央ヨーロッパ，3型:北米，アルゼンチン，シンガポール，4型:北米，シベリア，アラスカ，カナダのトナカイ
B. neotomae	サバクキネズミ	北米（ユタ州）
B. ovis	羊	ニュージーランド，オーストラリアおよび羊生産国（米国，南米，ルーマニア，チェコスロバキア，南アフリカ）
B. canis	犬	北米，南米，日本，台湾，欧州の一部
B. maris	アザラシ，イルカ	英国北東海岸，カリフォルニア海岸，北極海

B. abortus 8は除外

硫化水素産生性，オキシダーゼ反応性，色素培地での発育性などは生物型の型別の判断に重要である．

病 原 性

家畜，野生動物の感染は，流早産と泌乳の際の排菌を介して行われ，哺乳類の汚染群が形成されている．感染は持続感染の型をとるので，診断は通常血清反応を主軸とするが，流早産と泌乳時およびヒトの発熱時の検査には菌の検出が重要である．菌の細胞壁抗原，エンドトキシンは直接B細胞を感作し，長期間抗体，とくにIgG抗体を産生し続ける．

法定
人獣
四類

牛のブルセラ病

bovine brucellosis

Key Words：流・早産，精巣炎，ヒトの波状熱

原　　因

原因菌は *Brucella abortus* であり，分布については「ブルセラ」の項の表 1（p.93）を参照のこと．

疫　　学

菌は経口，経皮，交配により感染し，侵入部位のリンパ節の細胞内で増殖する．菌は菌血症で全身のリンパ節，臓器に分布する．乳腺に達した菌は増殖して，泌乳とともに大量の菌が排泄される．胎盤が形成されていると，菌はエリトリトールによりとくに増殖し，胎盤炎による血行障害で流産を起こす．妊娠 7 ～ 8 カ月のブルセラ流早産では大量の排菌が起こり，新たな感染源となる（写真 1 ～ 3）．感染牛は正常に出産しても大量の排菌を起こす．草地での胎子，胎盤は他の家畜や野生動物の感染源となる．流産後の悪露や乳からの排菌もまた，畜舎，飲水，放牧場，草地を汚染させ，感染乳牛を増加させる．

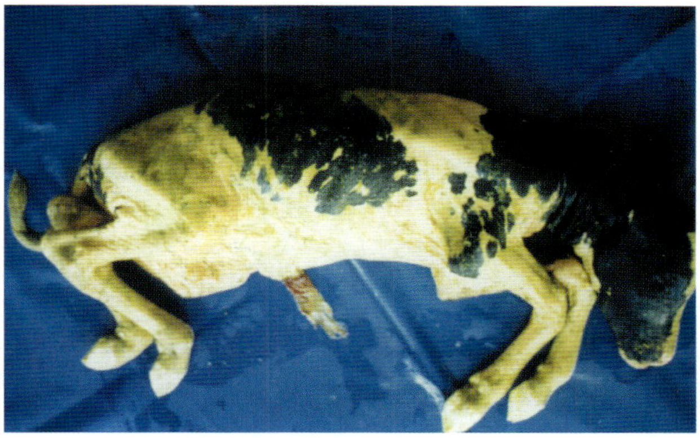

写真 1　牛の流早産．
流産胎子，7 ～ 8 月齢の突然の流産，大量の排菌による汚染源（写真提供：故 呂 栄修氏）

写真 2　流産後の悪露の漏出による感染源（写真提供：故 呂 栄修氏）

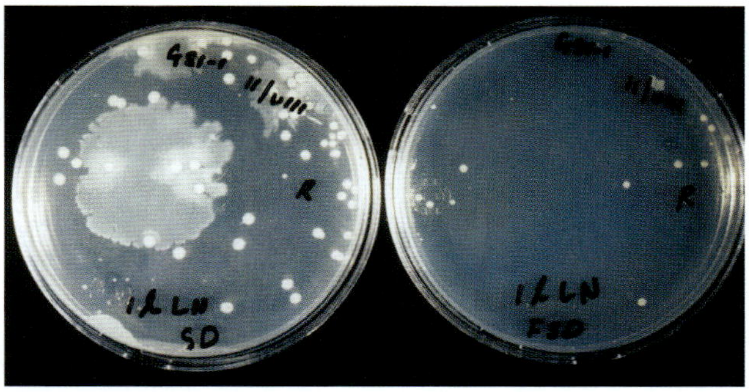

写真 3　牛の腸骨リンパ節，右は選択培地，5 日目．

表 1　ブルセラ病の検査の方法

1. 動物検疫	輸出入種畜の検疫 健康なもののみ輸入
2. 家畜保健衛生所	定期検査：乳牛 種畜検査 発生群の追跡調査
3. 検査研究機関	血清診断　菌の同定 犬の健康証明書　*B. canis* 感染を否定 大学の実験動物施設搬入検疫
4. 病　院	ヒトの熱性疾患（小児の髄膜炎に留意）

表2　血清・免疫学的診断

1. 検査材料　血清，乳汁，乳清，精漿		
2. 反応の種類		
1）ミルクリングテスト		
2）凝集反応	平板法	無染色抗原　30IU/ml，日本 染色抗原　100IU/ml ローズベンガル抗原　30IU/ml
	試験管法	100IU/ml，日本　他
3）CF	試験管法	可溶性多糖体抗原　14IU/ml，日本 菌体抗原　30IU/ml
	マイクロトレイ法	
4）寒天ゲル内沈降反応		
5）ELISA		可溶性多糖体抗原 菌体抗原
6）皮内反応	ブルセリン　羊	
3. 交差反応*		
Yersinia enterocolitica 09		

IgG *Brucella* 抗体による 1,000IU/ml の国際標準血清を血清反応で測定し，抗原の感度を恒常化させる．各国は国際標準血清を基準として作製した標準血清で検定する．
**B. abortus* と *Y. enterocolitica* 09（日本ではまれ）とは交差反応するので，疫学・追跡調査は常に行う．

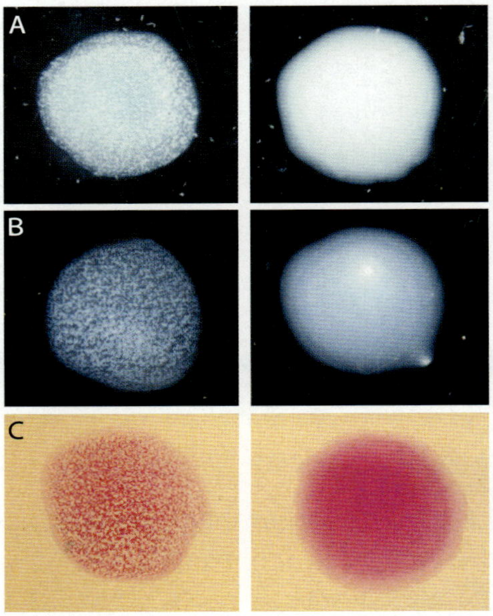

写真4　A：ブルセラ平板凝集法（日本法），反応陽性（左）と陰性（右）．陽性は 30IU/ml 以上を検出．
B：ブルセラ平板凝集法（米国法），反応陽性（左）と陰性（右）．陽性は 100IU/ml 以上を検出．
C：ブルセラローズベンガル平板凝集法（全世界で使用），反応陽性（左）と陰性（右）．陽性は 30IU/ml 以上を検出，pH 3.65 の緩衝液に浮遊したローズベンガル染色菌液の抗原で，感染抗体と交差反応の IgM 抗体との分別．

表3　日本のブルセラ病の診断基準

<table>
<tr><th>判　定</th><th colspan="2">凝集反応</th><th>CF</th><th>備　　考</th></tr>
<tr><td rowspan="4">患　畜</td><td colspan="2">○</td><td>○</td><td>菌が分離されたもの．</td></tr>
<tr><td rowspan="4">陽性　＋</td><td rowspan="2">1：80 以上
200IU 以上</td><td>＋</td><td rowspan="2">補体結合反応は参考として実施することとし，判定には考慮しない．</td></tr>
<tr><td>−</td></tr>
<tr><td rowspan="2">1：40
100IU</td><td>＋</td><td rowspan="2">補体結合反応により区分けし，疑似患畜の推移を観察する．</td></tr>
<tr><td rowspan="2">疑　似
患　畜</td><td>−</td></tr>
<tr><td rowspan="2">疑　±</td><td rowspan="2">1：20
50IU</td><td>＋</td><td rowspan="2">凝集反応の疑似を補体結合反応により区分けする．</td></tr>
<tr><td>健　康</td><td>−</td></tr>
<tr><td>疑似患畜</td><td rowspan="2">陰性　−</td><td rowspan="2">1：20 未満
50IU 未満</td><td>＋</td><td rowspan="2">通常は補体結合反応を実施しない．疫学的に必要な群について行う．</td></tr>
<tr><td>健　康</td><td>−</td></tr>
</table>

凝集反応の抗原は 1,000IU の国際標準血清に 1：400，50％凝集の感度に調整するので，その 1：40 の反応は 1,000：400=x：40 で，100IU となる．
補体結合反応：−は 1：5 陰性，14 ICFTU 未満，＋は 1：5 陽性以上，14 ICFTU 以上
その他の反応：平板凝集反応・急速凝集反応が陰性のもの，30IU/ml 未満は健康
疑似患畜の反応が 3 回続いたものは健康
IU は国際単位の略．

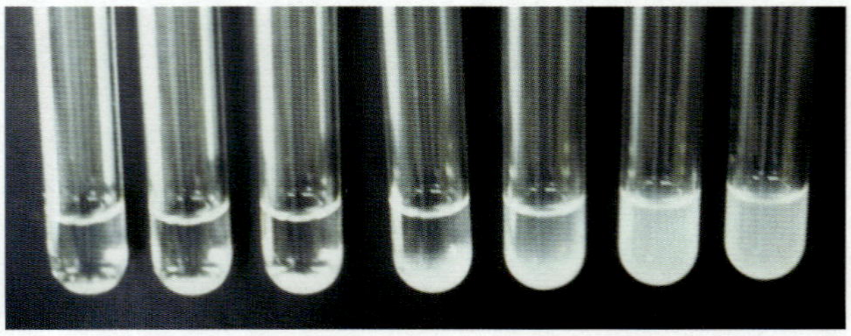

写真5　ブルセラ試験管凝集反応（日本法）．
左第 1 管から血清希釈，10 倍，20 倍，40 倍，80 倍，160 倍〜 640 倍で，凝集は 5 管まで，凝集価 160 倍，400IUml，診断基準により陽性，感染家畜として法令による殺処分．

感受性動物は，牛，羊，山羊，豚，馬，ヒトである．

診　　断

ブルセラ病の検査は表 1 の通り，輸入検疫，国内の乳牛について毎年の定期検査，種畜検査ならびに発生に対応した検査を行う．

検査の方法は表 2 に示した反応のうち，スクリーニ

表 5　ブルセラ培地

1. 基礎培地
   1）Oxoid 血液寒天用 No.2 培地
   2）Albimi ブルセラ寒天
   3）Trypticase soy 寒天
   4）Tryptose 寒天
   5）トリプトソイ寒天培地

   液体培地にはブロスを用いる．
2. 血清ブドウ糖加培地

   5％馬血清，1％ブドウ糖加寒天培地

表 4　菌の検索と同定

1. 検索材料	1）流産時の羊水，胎子の肺，第四胃，盲腸，胎盤，後産，悪露 2）乳汁，精液 3）反応陽性家畜，動物の血液，骨髄，乳汁，各種臓器，各左右リンパ節
2. 培養法	1）乳汁：遠心し，脂肪層と沈渣細胞の混合液を培地に塗抹およびモルモット接種 2）血液：増菌後平板寒天培地に培養 3）その他：培地に塗抹と 10% CO_2 培養
3. 発育集落の同定	1）菌の発育とコロニーの性状 10% CO_2 添加，37℃培養，2 ～ 5 日で小正円形，透明なコロニーとして発育 2）発育コロニーの試し凝集とグラム染色 抗 *Brucella* S 型，R 型血清との凝集，分離当初は小球菌状のグラム陰性，小桿菌 3）同　定 カタラーゼ陽性，オキシダーゼ陽性，通常の培地では炭水化物から酸の産生を示さない．CO_2 要求性，H_2S 産生，色素培地上の発育，抗 A，抗 M，抗 R 血清との凝集，ファージ溶菌性，代謝試験で 7 菌種に同定，*B.melitensis*，*B.abortus*，*B.suis*，*B.neotomae*，*B.ovis*，*B.canis*，*B.maris*．DNA の GC 含量は 56 ～ 58

表 6　分離用選択 Farrell の改良培地

抗菌薬剤	含有量
Bacitracin	25 単位 /ml
Polymyxin B	5 単位 /ml
Cycloheximide	100 μ g/ml
Vancomycin	20 μ g/ml
Nalidixic acid	5 μ g/ml
Nystatin	100 単位 /ml

基礎培地には血清ブドウ糖寒天培地を用い，Polymyxin B の希釈液は－ 20℃に，他の希釈薬液は 4℃に保存して用いる．

表 7　ブルセラ細胞および細胞成分の検出

1. 菌の分離培養法
2. 蛍光抗体法
3. ELISA
4. DNA 診断法
   1）Blot
   2）In situ hybridization
   3）PCR 法

表 8　ブルセラ病のワクチン

ワクチン	特　徴
動物用	
B. abortus 19 株生菌ワクチン	雌子牛 4 ～ 8 月齢，5-10 × 10^9 個，皮下接種，妊娠時に抗体陰転，3 × 10^8 ～ 3 × 10^9 個接種法，ワクチン抗体は CF が陰性なので感染抗体と鑑別する．
B. melitensis Rev.1 株生菌ワクチン	羊，山羊，ストレプトマイシン依存株，4 ～ 6 月齢，10^9 個，皮下接種，追加免疫，5-10 × 10^4 個を 2 ～ 3 回目の妊娠中．
B. suis 2 株生菌ワクチン	中国の羊，山羊の *B. melitensis* 感染予防用，10^{10} 個経口投与．牛には 5 × 10^9 個，豚には 2 × 10^{10} 個を 2 回投与．
B. abortus 45/20 株 R 型ワクチン	各種動物の年齢，妊娠・非妊娠に関係なく，6 ～ 12 週間で 2 回接種，R 型菌の抗体のみを産生，特定の国で使用．
B. melitensis H38 株死菌ワクチン	子羊，成羊用．検疫・淘汰法では難点あり．
ヒト用	
B. abortus 19-BA 株生菌ワクチン	ロシアの *B. melitensis* 感染予防用．
B. abortus 104M 株生菌ワクチン	中国の *Brucella* 感染予防用．
Brucella 細胞壁由来蛋白・多糖体ワクチン（非生菌）	ロシアで使用．
Brucella 細胞壁ワクチン（非生菌）	フランスで開発．

表9 ブルセラ病の診断基準

1. 凝集反応

	生菌ワクチン非接種	生菌ワクチン接種
25IU/ml 未満	陰 性	陰 性
25IU/ml	陰 性	陰 性
50IU/ml	疑 似	陰 性
100IU/ml	陽 性	疑 似
200IU/ml 以上	陽 性	陽 性

2. CF

	日本	EU	EU
反応法	4℃法 S 抗原[1]	4℃法 C 抗原[2]	37℃法 C 抗原[2]
1,000ICFTU[3]	1：350[4] 1：5[5]	1：640 1：20	1：256 1：8
検出感度	2.9ICFTU[6]	1.6ICFTU	3.9ICFTU
陽性限界の感度	14ICFTU[7]	31ICFTU	31ICFTU

[1]は可溶性抗原，[2]は凝集反応の菌体抗原，[3]の 1,000ICFTU の血清を血清希釈で測定したところ，[4]の通り 1：350 であった．反応の検出感度は[6]の通り 2.9ICFTU となる．陽性限界は[5]に示した 1：5 なので，陽性限界の感度 x は，1,000：350 = x：5 で[7]の 14ICFTU となる．CF の日本法は 14ICFTU から，EU では 31ICFTU から陽性としているので，約 2 倍強厳しい検疫を行っていることになる．
ICFTU は international complement fixation test unit の略.

ング法は凝集反応の平板・急速法で陰性，30IU/ml 未満は健康と判定する（写真 4）．陽性のものは試験管法で凝集価を測定し，必要に応じて表 3 の診断基準の通りに CF を行う（写真 5）．陽性の患畜は感染の蔓延防止のため処分し，国が代価を補償する．

処分時および流産時には菌の検索を表 4 のように行う．培地は基礎培地に発育支持物質を加えたもの（表 5）と選択培地（表 6）とを用いる．諸外国では流産時などの菌の検出には表 7 の通り，菌の培養と，死滅を考慮して蛍光抗体法，ELISA や開発中の DNA 診断法なども併用している．

予防・治療

わが国では家畜，動物の治療は安価で効果の高い抗菌薬が開発されるまで行わない．また，汚染度の高い国々で使用しているワクチン（表 8）は検疫と淘汰で清浄度を守る予防体制をとっているので用いない．ワクチン接種国の診断基準は表 9 の通りで，また CF はワクチン抗体と感染抗体との鑑別に用いている．

法定
人獣
四類

豚のブルセラ病

swine brucellosis

Key Words：流産，精巣炎，関節炎，脊椎炎，群の不妊，ヒトの波状熱

原　　因

原因菌は *Brucella suis* であり，分布については「ブルセラ」の項の表 1（p.93）を参照のこと．

疫　　学

「ブルセラ」の項の表 1（p.93）の分布のほか，非定型株の感染が東南アジア，オセアニア諸島，南米に，また野生化豚の *B. suis* 感染群がフロリダとクインズランドにある．感染は品種，雌雄，去勢，年齢，繁殖，肥育に感受性の差がなく，群に本病が侵入すると急性症状を示し，やがて慢性化する．一部が次世代に残ると大流行を繰り返す．感染は流産胎子，胎盤の採食と交配などで起こる．感染初期は無症状で，経過とともに流産，不妊，精巣炎（写真 1，2），後駆麻痺，跛行が起き，流産は妊期に関係なく起こる．子宮の粟粒ブルセラ病を起こす *B. suis* 生物型 2 を除くと 1，2，3 の間の症状，病原性に差はみられない．感受性動物は，豚，トナカイ，ヒトである．

診　　断

血清診断では IgM の非特異抗体と感染特異抗体が低いことに留意し，ローズベンガル抗原〔「牛のブルセラ病」の項の表 2（p.96），写真 4-C（p.96）を参照〕により非特異抗体を抑え，菌検出とともに群の感染の程度を知る．必要に応じ種々の血清反応を併用する．

予　　防

中国では感染群に *B. suis* 2 株生菌ワクチンを用いて感染の増大阻止に努めている．ワクチンによる予防は効果的でなく，と場出荷群の血清の検査を併用した検疫と淘汰で清浄化に努める．通常，次の 3 つの方法が用いられている．①血清反応で感染を認めた場合は群を淘汰する．②親を淘汰し，系統保存の離乳子豚の検査を繰り返し，育成して群を再構築する．③検査と反応豚の隔離で生産を続ける．長い経過からみると①が推奨される．②と③は成功率が低く，飼育管理人が感染するなど危険性が高い．

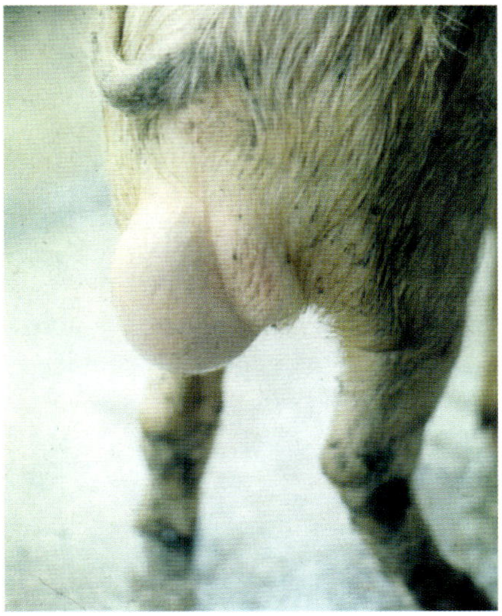

写真 1　種雄豚の精巣炎による左側精巣の腫脹．（写真提供：故 呂 栄修氏）

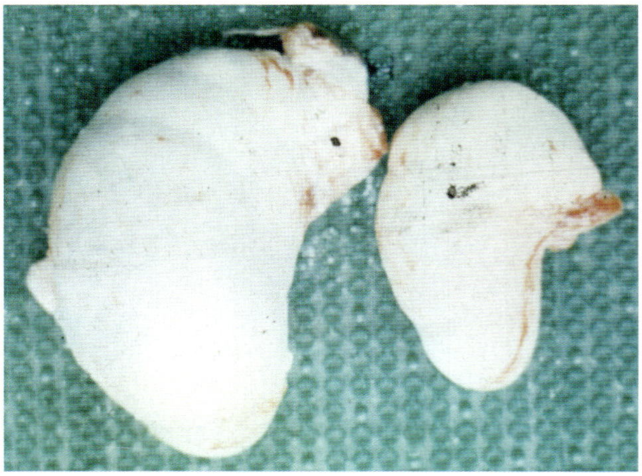

写真 2　種雄豚の剖検所見．左側精巣の著しい腫脹．（写真提供：故 呂 栄修氏）

山羊・羊のブルセラ病

法定
人獣
四類

caprine and ovine brucellosis

Key Words：流産，ヒトのマルタ熱

原　　因

原因菌は *Brucella melitensis* であり，分布については「ブルセラ」の項の表 1（p.93）を参照のこと．

疫　　学

感染は地中海沿岸諸国，中近東，南西アジア，ラテンアメリカ諸国に汚染国がある．山羊はすべての品種に高い感受性があるが，羊はマルチーズ種が抵抗性で，脂肪尾種が高い感受性を持っている．主症状は流産と精巣炎で，牛と同様の感染様式をとる．交配時に感染が起こるが，山羊では腟からの長期間，大量の排菌と，乳汁からの排菌とが感染源となる．飲用乳およびフレッシュチーズはヒトや観光旅行者への感染源として重要である．感受性動物は，山羊，羊，牛，野生哺乳類，ヒトである．

診　　断

牛の診断方法と同様であるが，スクリーニングテストにはミルクリングテスト（「牛のブルセラ病」の項の表 2，p.96 を参照）は適さず，皮内反応が用いられている．牛用のローズベンガル抗原は菌濃度を上げて，非ワクチン接種群に用いる．Rev.1 ワクチン（「牛のブルセラ病」の項の表 8，p.97 を参照）接種羊，山羊の診断には凝集反応は非特異反応が時にみられるので，CF でワクチン抗体と感染抗体とを鑑別する．

予　　防

「牛のブルセラ病」の項の表 8（p.97）の通り，中国では *B. suis* 2 株生菌ワクチンの経口投与を感染群に用いている．H38 ワクチン抗体は血清反応で感染抗体と鑑別することは難しい．検疫と淘汰で清浄化をはかるが，非感染群や低感染群からの導入では検疫を十分に行う．

羊の（*Brucella ovis* による）ブルセラ病

法定 人獣 四類

ovine brucellosis（*Brucella ovis* infection）

Key Words：精巣上体炎，散発的な流産

原　　因

原因菌は *B. ovis* である．発育に CO_2 を必要とし，抗原は R 型で，血清診断用抗原は *B. ovis* で作製する．分布については「ブルセラ」の項の表 1（p.93）を参照のこと．

疫　　学

感染雄の精液中の *B. ovis* が交配により雌へ感染し，この雌を介して健康種雄が感染する．若種雄は雌よりも感受性が高い．羊の主要生産国での汚染群の発見は感染率が 20 ～ 50％と高い状態で異常を認め，検査により発見された．雄が感染すると精巣上体炎を起こすので，生産性は 25％に低下した．菌血症は 2 ～ 3 年間継続する．牧場の農夫，牧羊犬，と場の従業員は抗体検査陽性で不顕性感染は認められるが，*B. ovis* による発症はみられない．感受性動物は，羊，山羊である．

診　　断

菌検索は血液，電気射精で採取した精液，流産胎子の肺，脾，リンパ節について行う．菌の分離培養の培地とその方法は，「牛のブルセラ病」の項の表 4，5（p.97）に従い，10％ CO_2 添加培養法を用いる．凝集反応陰性で精液に菌が含まれる場合は CF が陽性である．CF は流産後に陽転する場合もある．診断には寒天ゲル内沈降反応や ELISA も用いられる．

予　　防

本病の清浄化は種雄羊の管理によるので，雄には *B. melitensis* Rev.1 株ワクチンを接種し，検疫と淘汰で進める．Rev.1 株は S 型抗原なので，血清反応で感染の R 型抗体を検出する際に，ワクチン S 型抗体が診断に影響することはない．

犬のブルセラ病

人獣
四類

canine brucellosis

Key Words：*B. canis* 感染，流産，精巣上体炎，雄の永久不妊，ヒトの波状熱

原　　因

原因菌は *Brucella canis* であり，分布については「ブルセラ」の項の表1（p.93）を参照のこと．

疫　　学

犬，キツネ，オオカミの感染はそれまで *B. abortus*, *B. melitensis*, *B. suis* であったが，1966年，米国で *B. canis* 感染が検出された（写真1，2）．わが国では米国に次いでビーグル犬の繁殖場で流産胎子から *B. canis* を検出し，本病の存在を確認した．その後，感染はメキシコ，アルゼンチン，西ドイツ，台湾にもあり，また広く世界のイヌ科野生哺乳動物にも存在することが明らかにされた．訓練所，ペットホテル，実験動物施設の汚染は感染を急速に拡大する．放棄犬の調査では菌血症のものが2～3%存在していたが，検疫と淘汰で清浄化は進んだ．最近の調査では繁殖場などの感染が明らかにされ，公的機関による積極的対応が進められている．

症　　状

流産は妊娠45～55日に起こり，その後2年間は菌血症を続ける．精巣上体炎の雄は精液中の排菌，精子形成異常や精子凝集があり，尿中にも長期間，大量の菌を排泄して感染源となる．

診断・予防

検疫と淘汰で清浄化するが，*B. ovis* と *B. canis* とは輸入検疫で検査が除外されている．*B. canis* は輸入国で健康証明を必要とする場合があるので，出国の際検査が行われる．*B. canis* の血清反応はR型抗原の凝集反応やELISAで行う．

写真1　*B. canis* の分離培養の発育所見．
犬の血液，カスタネーダの培地，増殖2日，平板培地部で2日目，菌はアクリフラビン液で凝集するR型の性状を持つ．

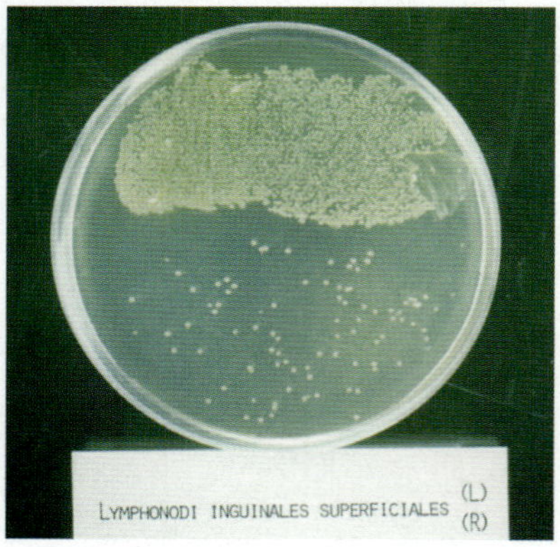

写真2　犬の浅鼠径リンパ節から分離されたコロニー．
平板培地で3日目．菌は小正円形，透明なコロニーとして発育し，経過とともにやや白濁，ムコイド型コロニーに変わる．

ヒトのブルセラ病

人獣
四類

human brucellosis

Key Words：マルタ熱，波状熱

原　因

原因菌はブルセラ（*Brucella*）属であり，分布および罹患動物については「ブルセラ」の項の表1（p.93）と「野生，海洋哺乳動物のブルセラ病」の項の表1（p.104）を参照のこと．

疫　学

感染動物から狩猟や職業病として，また食品を介して感染する．

診　断

菌血症の時期には発熱，関節痛，不快，違和感，夜間の発熱，脱力など多彩な症状を示す．血清診断と血液，髄液の菌検索を行い，予後に備える（写真1，2）．

治　療

再発しないように表1に示すことを完全に行う．

写真1　*Brucella melitensis* の分離培養の発育所見．
ヒトの血液，ボトルのブロスで増菌培養を3日行い，平板培地部に傾斜塗抹後培養3日目．

写真2　ヒトの血液培養．
平板培地部の培養3日目の拡大．

表1　ヒトのブルセラ病の治療

軽症例は通院治療，重症急性症は入院治療．
治療期間が長いので，精神安定，抗菌薬，良質の食事が必要．
感染菌の同定および治療中の菌検出による予後の判定．

1. 急性症
   rifampicin 150mg/C を4〜6C と doxycyclin 200mg の併用を毎朝1回，経口投与で6週間．
   菌が消失しない場合はさらに6週間の使用．
2. 急性症経過中の再発が長期の場合
   再発の場合は薬を変えて co-trimoxazole（trimethoprim の 160mg と sulfamethoxazole の 800mg の合剤）を毎日3回，経口投与，2週間．その後毎日2回，経口投与，6週間．
3. 抗菌薬投与開始時の Herxheimer 反応，症状が増悪の場合
   副腎ホルモン療法で対応，プレドニン（コートリル）の 50mg の静脈注射，3時間ごとに症状の点検．
4. 慢性症
   B. melitensis や *B. suis* 感染の場合は治療が長期化するので，精神状態を安定に保ち，菌の検出状態を観察．

野生，海洋哺乳動物のブルセラ病

四類

brucellosis in wild animals and sea mammals

Key Words：持続保菌動物，山岳・原野・河沼・海洋の汚染

感染家畜から感染した種々の野生動物，家畜，鳥，昆虫，ダニなどが保菌を示し，ヒトと家畜へ感染を起こす場合と，野生動物の本病の問題とがある．前者では牧場と犬，オオカミ，毛皮獣などとのかかわりにより，家畜が感染したり，狩猟動物からヒトが感染することが問題となる．一方，野生動物にも本疾病があり（表1），動物種の分布に対応した *Brucella* 菌種が感染している（「ブルセラ」の項の表1，p.93）．ヨーロッパのヤブノウサギの *Brucella suis* 2型感染は豚の感染源となり，トナカイの *B. suis* 4型感染は生活を共にするイヌイットやエスキモー犬に，またアラスカジャコウウシにも感染している．

また，英国北東海岸，カルホルニアのアザラシやイルカなどからも *Brucella* が分離され，これらは *B. maris* と命名された．その後，北極圏のホッキョクグマの感染も明らかにされている．

野生動物の中では南米のカピバラ，アフリカスイギュウやカバなどの感染率はきわめて高い．海洋ではイルカなどの子宮，乳汁からも菌が分離され，流早産が起きていると推定されている．ヒトの感染と関係が深い家畜や野生動物，海洋哺乳動物の感染は，山岳，森林，牧野，砂漠，河川，海洋，北極圏まで拡がっていることが明らかにされ，家畜の本病と同様に野生哺乳動物の感染予防が必要となり，ワクチン開発が進められている．

表1　ブルセラ病が確認された野生・海洋哺乳動物

科	属
ウシ	スイギュウ：家畜種，ヤク：家畜種，アフリカスイギュウ，アメリカヤギュウ，アラスカジャコウウシ，アルプスカモシカ，オオカモシカ，エダツノカモシカ，ネジツノカモシカ，ヤブスジカモシカ，シャープナンアカモシカ，クロアシカモシカ，クロガオカモシカ，ウシカモシカ（ローデシアヌー），クサムラカモシカ，オオハナカモシカ，アラスカドールオオツノヒツジ，ミズレイヨウ，ガゼル
シカ	トナカイ：家畜種，カリブ，ヘラジカ，オグロジカ，オジロジカ，インドハナジカ，シカ，ニホンジカ，ダマジカ，アカジカ，ホエジカ，キバノロ，ヨーロッパノロジカ
ラクダ	モウコラクダ：家畜種，ヒトコブラクダ，フタコブラクダ
カバ	ロウデシアカバ類，ミナミアフリカカバ，カバ類
ウマ	ウマ，サバンナシマウマ
イノシシ	野生化豚：家畜種の豚
ウサギ	ヤブノウサギ
ネズミ	ネズミ，サバクキネズミ
オポッサム	キタオポッサム
カピバラ	カピバラ
イヌ	イヌ，エスキモーケン，セグロオオカミ，シンリンオオカミ，ソウゲンオオカミ，アカギツネ，ホッキョクギツネ，ロシアアカギツネ，ブルガリアアカギツネ，パンパスギツネ，チコハイイロギツネ，ハイイロギツネ，リカオン
クマ	ヒグマ，アメリカクロクマ，ホッキョクグマ
アライグマ	アライグマ
イタチ	シマスカンク，マダラスカンク，アメリカアナグマ，カワウソ
ハイエナ	ブチハイエナ
ネコ	アメリカオオヤマネコ
アザラシ	ゼニガタアザラシ，ワモンアザラシ，ハイイロアザラシ，タテゴトアザラシ，ズキンアザラシ
マイルカ	スジイルカ，マイルカ，タイセイヨウマイルカ
ネズミイルカ	ネズミイルカ
イッカク	イッカク，シロイルカ

野兎病

tularemia

届出 人獣 四類

Key Words：野兎病菌，野生動物，ダニ，敗血症，潰瘍，リンパ節腫脹，人獣共通感染症

概　論

野兎病菌（*Francisella tularensis*）による急性の細菌感染症で主にウサギ目，げっ歯目で致死的感染を起こすが200種類を超す哺乳類や鳥類も感受性がある．家畜では羊，猫，犬などでの感染がある．ヒトも感染する代表的な人獣共通感染症である．ヒトおよび家畜で届出の対象疾患である．

疫　学

北米大陸，欧州，旧ソ連地域，日本などおおよそ北緯30度を越える地域で発生している（図1）．原因菌には4亜種があり，強病原性の亜種 *F. tularensis* subsp. *tularensis*（A型）は主に北米に分布し，やや病原性の弱い subsp. *holarctica*（B型）は北米やユーラシアなど広く分布する．他に subsp. *mediaasiatica* と subsp. *novicida* が知られている．日本には subsp. *holarctica* が分布し，主に関東から東北地方において野兎と接触したヒトでの発生があったが，近年はまれである．家畜での発生は報告されていない．本菌は，感染動物との接触，ダニなどの節足動物の刺咬および斃死体などで汚染された塵芥，泥，水を介して伝播する（図2）．

症　状

高感受性のウサギ目やげっ歯目では敗血症を起こして2～10日で死亡する．他ではやや慢性的に経過し衰弱，下痢，敗血症などを呈する．ヒトでは発熱，筋肉痛，感染部位の潰瘍やリンパ節腫脹，肺炎などを呈するが侵入門戸により種々の臨床症状を示す．

病　変

菌の侵入部位の水泡，潰瘍を伴う病変や肺の硬変，脾

図1　野兎病の発生地域（2002年 GIDEON 報告）.

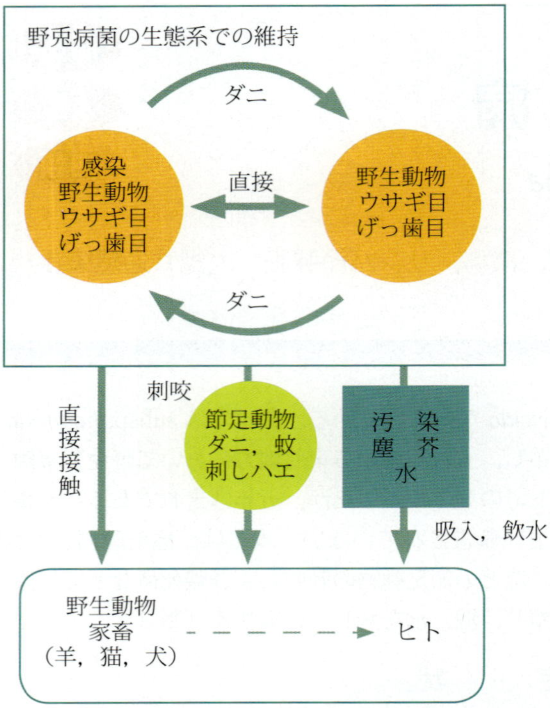

図2 野兎病菌の伝播経路.

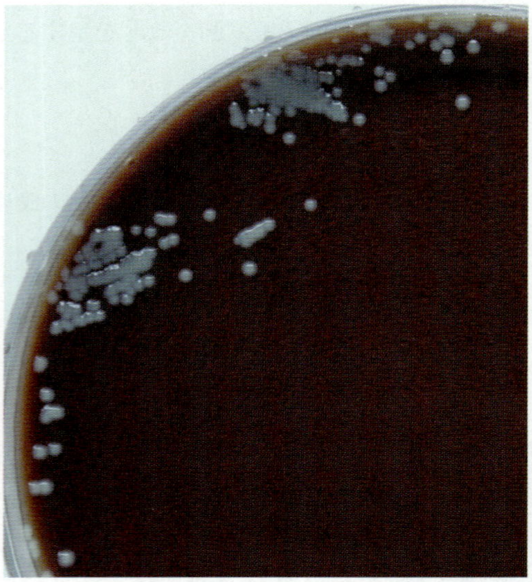

写真1 ユーゴン血液寒天培地における野兎病菌のコロニー.
ワクチン株 LVS を 37℃で 4 日間培養.

臓，肝臓などの灰白色点状病巣をみる．病理学的には小桿菌の集塊と壊死巣を示し．ペストや結核の病巣組織に似る．

診　　断

病巣部からの原因菌の分離同定による．ただし，本菌は通常の培地では発育せず，システインやグルコースおよび血液を添加した培地で３～７日間を要する(写真1)．また一旦マウス接種してから分離が試みられる．病変部のスタンプ標本については蛍光抗体法による特異抗原検出による．また，PCR 法による遺伝子検出は迅速で高感度である．抗体の検出は凝集反応や ELISA により実施される．

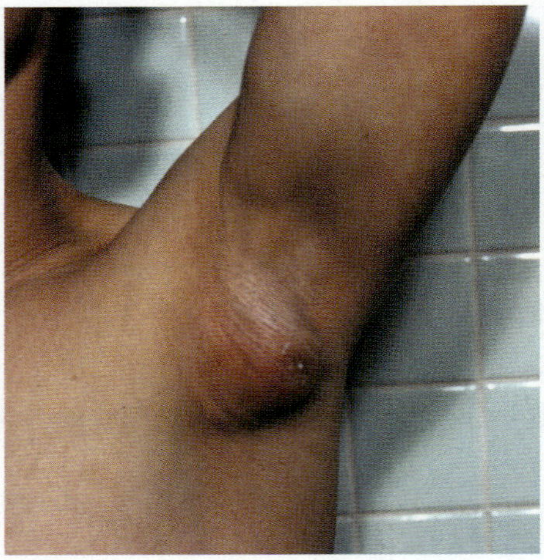

写真2 リンパ節型野兎病.（写真提供：藤田博己氏）

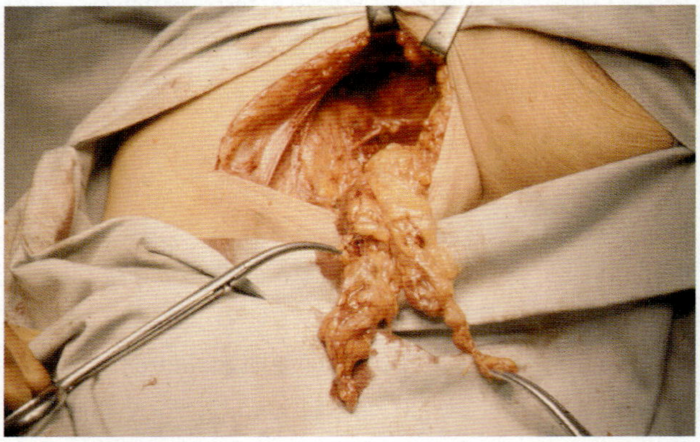

写真3 リンパ節摘出.（写真提供：藤田博己氏）

予防・治療

羊は放牧地での本病発生状況を考慮し放牧の制限やダニ対策をする．ヒトについては斃死した野兎などに直接接触しないことやダニ等の刺咬を受けないようにする．治療はストレプトマイシンなど抗生物質の投与による．ペニシリンは無効である．

モラクセラ

基本性状

グラム陰性好気性球桿菌

重要な病気

伝染性角結膜炎（牛）

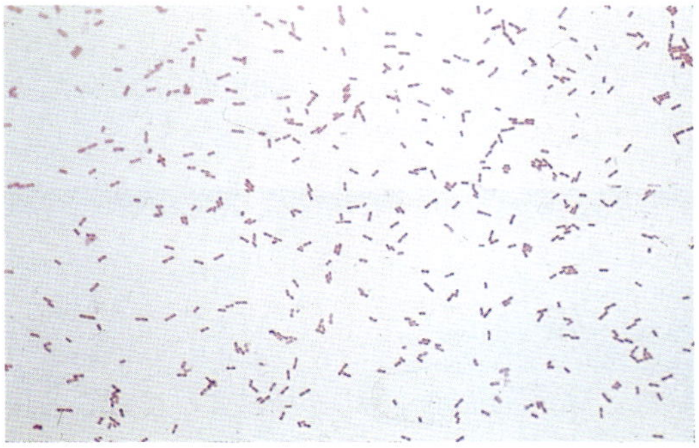

FIG　*M. bovis* のグラム染色像

分類・性状

モラクセラ（*Moraxella*）属菌は好気性グラム陰性球桿菌（FIG）で，モラクセラ亜属（6 菌種）とブランハメラ（*Branhamella*）亜属（3 菌種）に分けられ，*Moraxella bovis* が家畜の病原菌である．

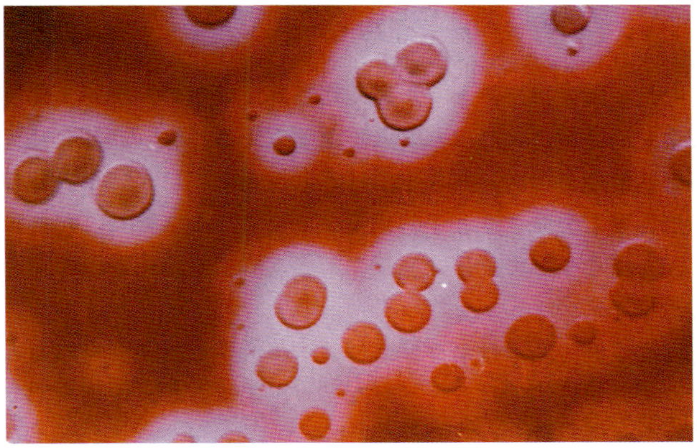

写真 1　*M. bovis* のコロニー形態．溶血性を示す．（写真提供：花松憲一氏）

本菌は 1 ～ 1.5 × 1.5 ～ 2.5 μm の大きさで，2 個または短連鎖し，鞭毛を持たず，運動性がない．新鮮分離株は莢膜や線毛を保有する．β 型溶血を示す（写真 1）．

生　態

ヒトや動物の結膜や上部気道粘膜に生息しているが，臨床症状を認めないことが多い．

分離・培養

眼結膜分泌物を血液寒天培地に塗抹し，37℃，24 ～ 48 時間培養する．β 溶血性の半透明，灰白色で，やや粘稠性を示すコロニーを形成する（写真 1）．オキシダーゼは陽性，カタラーゼは株により異なる．炭水化物から酸非産生，硝酸塩還元陰性，ウレアーゼ産生陰性，クエン酸利用陰性である．リパーゼ，プロテアーゼ，フィブリノリジンを産生する．

病 原 性

結膜への付着に関与する線毛とヘモリジンが病原性に関連する．さらに，LPS，コラゲナーゼ，ヒアルロニダーゼなども関与する．

伝染性角結膜炎

infectious bovine keratoconjunctivitis

Key Words：流涙，羞明，ピンクアイ，放牧病

原　因

本病は，*Moraxella bovis* の感染によって起こる牛の急性または慢性の伝染性眼疾患である．

疫　学

本病は世界各地で発生しているが，わが国には昭和40年代の肉用繁殖素牛の集団輸入に際して侵入し，現在では全国的にみられる．夏から秋にかけて放牧地で好発することから，昆虫類，紫外線，風，塵埃，背丈の高い牧草などによる眼の障害が感染助長因子となる．品種間で感受性に差異があり，ヘレフォード，ジャージー，ホルスタイン種など白い色の牛に発生が多く，アンガス種は比較的抵抗性を示す．

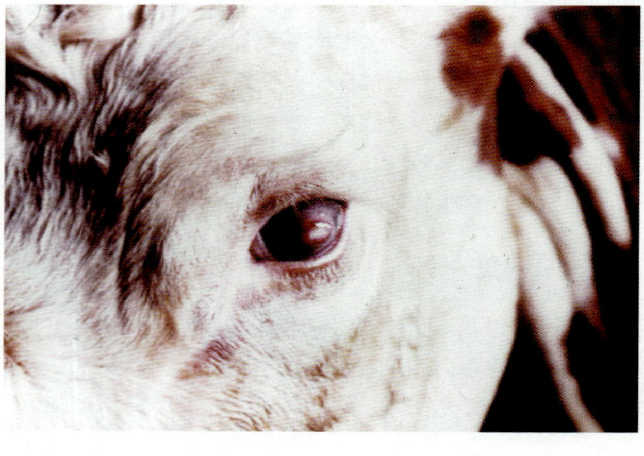

写真1　ピンクアイ．
角膜中央部の血管が増生・充血し，赤色環を形成する．

症　状

初期は多量の流涙，羞明，眼瞼浮腫がみられ，間もなく眼瞼周囲は膿性の分泌液でおおわれる．その後，角膜のほぼ中央部に白斑が出現し，角膜は次第に白濁する．放置すると角膜周囲の血管が増生・充血，赤色環を形成し，いわゆるピンクアイ症状を呈する（写真1）．さらに進行すると角膜潰瘍・穿孔，化膿性眼炎などに陥る．重症例では失明する．

角膜の病変は陥凹，白斑，隆起，白濁，突出など多彩で変化に富む．

診　断

臨床症状の観察により診断は可能であるが，細菌培養により診断は確実となる．感染初期の眼結膜スワブを血液寒天培地に培養し，β型溶血性のグラム陰性球桿菌を分離・同定する．慢性例では2次感染菌が多く，*M. bovis* の分離は難しい．なお，本菌に対する血清抗体や涙液抗体を検出することも可能であり，補助診断になる．IBRウイルス，マイコプラズマ，リステリアなどの感染症との類症鑑別が必要である．

予防・治療

わが国ではワクチンは実用化されていない．感染・保菌牛を清浄地に入れないことが重要である．病牛の早期発見，早期治療を行い，放牧地では定期検査の際に，眼や鼻腔を消毒薬で洗浄すると予防効果が期待できる．また，発病誘因を減らすため，日陰施設の整備，眼虫や昆虫類の駆除を行う．

軽症例の治療はホウ酸水による眼洗浄と抗生物質軟膏の点眼，重症例ではヨード剤なども併用するが，治癒までには2～3ヵ月の治療期間を要する．

テイロレラ

基本性状
グラム陰性好気性短桿菌
重要な病気
馬伝染性子宮炎（馬）

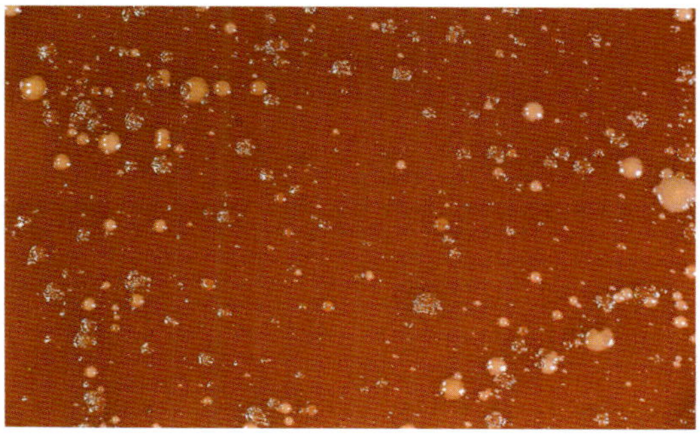

FIG ユーゴンチョコレート寒天培地上のコロニー
10％炭酸ガス存在下，37℃，5日間培養

原因菌の分類・性状

テイロレラ（*Taylorella*）属菌は微好気性グラム陰性の球桿菌あるいは短桿菌で，2菌種からなり，*Taylorella equigenitalis* が家畜の病原体である．栄養要求性が厳しく，血液成分を含むチョコレート寒天培地で5～10％炭酸ガス存在下で培養する．最初はヘモフィルス（*Haemophilus*）属に分類されていたが，X因子とV因子の要求性がなく，1984年に独立した属に移された．

本菌は0.8×5～6μmの大きさで，運動性がなく，線毛と莢膜を保有する．

生　　態

馬の生殖器（雄では包皮腔，亀頭窩，尿道，雌では陰核窩，陰核洞，子宮頚管，子宮内膜）に生息・感染する．

分離・培養

生殖器スワブをユーゴンチョコレート寒天培地に接種し，炭酸ガス培養をすると直径1～2mmの灰白色の露滴状コロニーが2日目以降に確認される．発育が遅い場合もあり，培養は2週間行う．特異抗血清を用いたスライド凝集反応でスクリーニングし，生化学的性状試験で同定する．カタラーゼ，オキシダーゼ，アルカリホスファターゼおよびホスホアミラーゼ以外はすべて陰性である．

病　原　性

付着線毛が病原性に関与する（写真1）．

写真1　*T. equigenitalis* の透過型EM像．
菌体周囲に多数の線毛が認められる．

馬伝染性子宮炎

届出

contagious equine metritis

Key Words：子宮内膜炎，不妊症，流産

原　　因

馬伝染性子宮炎（CEM）は，馬伝染性子宮炎菌（*Taylorella equigenitalis*）による生殖器感染症で，伝染力が強く，繁殖シーズンに交尾感染により繁殖雌馬群で流行する．雌馬では頸管炎や腟炎を伴う急性子宮内膜炎，不妊症，流産を起こすが，雄馬では病気は起こさない．本病は家畜伝染病予防法において届出伝染病に指定されている．

疫　　学

1977年，英国ニューマーケットの子宮炎罹患馬から初めて分離された．その後，ヨーロッパ諸国，南北アメリカ，オセアニアなどで続発した．現在，オーストラリアや米国では清浄化されたが，ヨーロッパでは軽種馬以外の品種で発生がみられる．日本では，1980年に北海道日高地方の軽種馬群で大流行し，その後千葉県と青森県でも発生が確認された．現在でも北海道の軽種馬群で少数の発生がみられる．

症　　状

雌馬は通常交配後数日以内に子宮炎を発症し，外陰部から大量の灰白色の子宮浸出液を流出する（写真1）．浸出液中の細胞の大多数は好中球で，細胞質にグラム陰性短桿菌を貪食しているものも認められる（写真2）．子宮頸管，腟粘膜の充血・浮腫．通常，全身症状は示さない．不顕性感染をするものがある．

病　　変

病理学的には急性化膿性子宮内膜炎像を示す（写真3）．病変は子宮内膜に限局し，粘膜上皮の過形成，緻密層の退行変性，上皮細胞下の空胞変性，間質への好中球，リンパ球の浸潤が認められる．

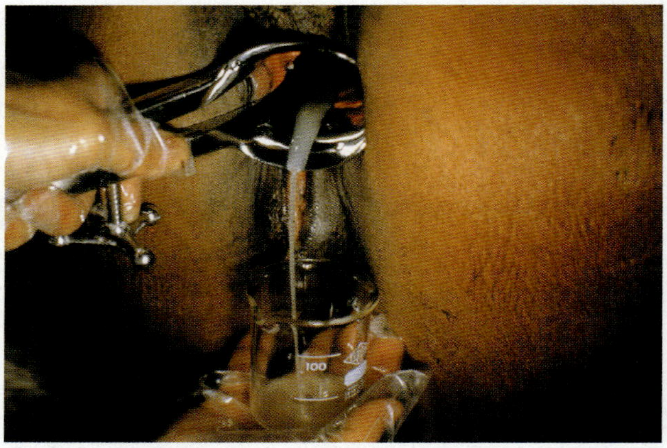

写真1　馬伝染性子宮炎罹患馬の外陰部からの子宮浸出液の流出．
実験感染後5日目．

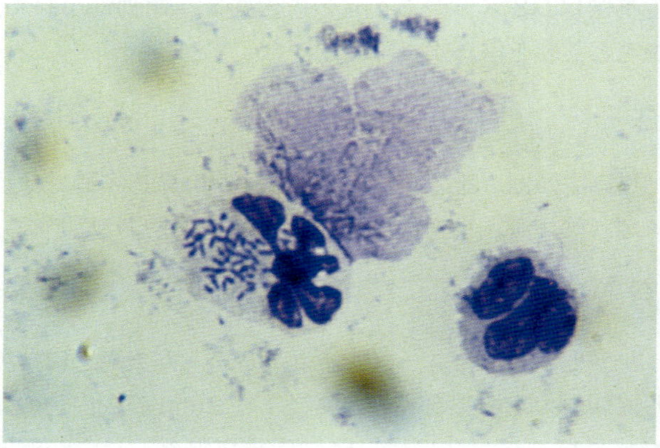

写真2　浸出液のギムザ染色塗抹標本．

診　　断

確定診断には，細菌学的検査とPCR法による遺伝子学的検査があり，検査材料として雌馬の子宮浸出液，子宮頸管・陰核（窩・洞）スワブ，雄馬の亀頭窩・尿道洞・包皮スワブを供試する．

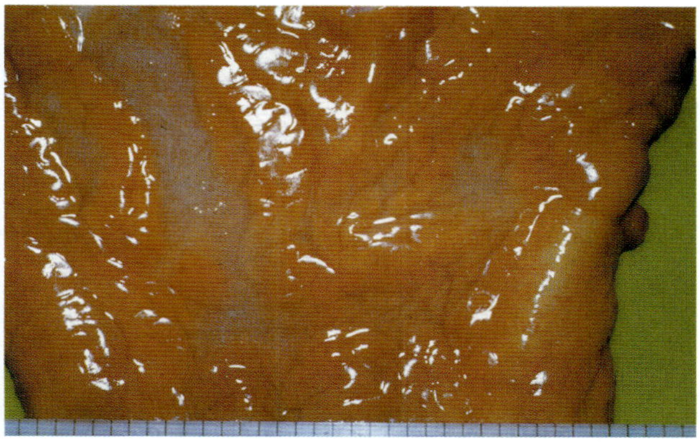

写真３　急性期剖検馬の子宮粘膜の水腫性変化．乳白色（重湯様）で粘稠な浸出液におおわれている．

輸送には両検査専用の輸送培地を使用し，冷蔵輸送する．

分離培養には抗生物質添加および無添加ユーゴンチョコレート寒天培地を用い，炭酸ガス培養（37℃，４日〜２週間）する．

コロニー形態は半透明，光沢ある微小コロニーから灰白色，隆起した光沢ある小型コロニー（２〜４日目）である．

補助診断（血清学的検査）として，CF，HI 試験が補助診断として利用されており，ELISA 診断なども開発されている．

予防・治療

本病に有効なワクチンはない．保菌馬を繁殖に供さないよう，繁殖前の細菌学的検査および遺伝子学的検査を徹底する．保菌馬の摘発には，遺伝子学的検査の方が検出感度が高く，有効である．

治療は，通常局所的な化学療法により行われ，アンピシリンなどのペニシリン系薬剤をはじめ多くの抗生物質が有効である．また本菌は消毒薬に対しても抵抗性が弱く，クロルヘキシジンなどの消毒薬を用いた局所洗浄も生殖器からの菌の除去に有効である．しかし，治療された雌馬の約３％から再び菌が分離されており，そのような保菌馬の治療には陰核洞または陰核切除が実施されている．

フラボバクテリウム

基本性状

グラム陰性好気性長桿菌

重要な病気

細菌性鰓病（魚類）
カラムナリス病（魚類）
冷水病（尾柄病）（魚類）など

概　　説

自然界（土壌，水）に広く分布し，魚類の病原体として重要である．魚類の感染症の原因菌で *Flexibacter* 属に分類されていたもののいくつかは，フラボバクテリウム（*Flavobacterium*）属に転属された．

分類・性状

非運動性．ただし，カラムナリス病原因菌（*Flavobacterium columnae*）は，鞭毛を欠くが，菌体の弯曲により活発な運動性を示す．カタラーゼおよびオキシダーゼ陽性，硝酸塩還元陰性，インドール陰性．ブドウ糖，麦芽糖を分解して酸を産生する．澱粉を分解するが，マンニット，ラムノース，アドニットを分解しない．ゼラチンおよびカゼインを分解する．

分離・同定

通常の培地には増殖しにくく，サイトファーガ培地，TY 培地など，低栄養・低塩分培地を用いて菌分離を行う．

細菌性鰓病

bacterial gill disease

Key Words：フラボバクテリウム，鰓感染，低栄養培地，鰓薄板癒合，呼吸困難，塩水浴

細菌性鰓病（BGD）はサケ科魚類，アユ，ウナギ，コイ，キンギョなどの鰓表面に，多数の長桿菌が増殖する感染症である．

原　　因

Flavobacterium branchiophilum に起因する．食塩濃度0.1％以下のサイトファーガ寒天培地に，18℃，5日で淡黄色小円形集落を形成する．非運動性ないし弱運動性である．

発生・疫学

世界各国に分布する．日本ではサケ科魚類の幼稚魚期に多発し，急激な大量死を招来する．低水温期（10～18℃）に発生する．菌は水中，底土に常在しており，環境条件の悪化（アンモニア濃度上昇，溶存酸素量低下，有機物，過密飼育など）により発病する．餌料の過剰給与は，病気の発生を助長する．同じく鰓に障害を与えるカラムナリス病が高水温期に多発するのとは対照的である．ウナギ，コイ，キンギョ，アユに発生する鰓病と，*F. branchiophilum* との関連は不詳である．

症　　状

発生は急激で，元気消失，摂餌不良を示す．群を離れて水面・池壁付近を力なく遊泳し，排水口付近に流される．多量の粘液分泌のため，鰓ぶたが開いた状態となり，呼吸困難により死亡する（写真1）．

診　　断

鰓に多量の粘液が分泌される．鰓全体が暗赤色を呈し，腫脹，うっ血・充出血をみる．鏡検すると，患部に長桿菌が無数に繁殖している．上皮細胞が増生し，鰓薄板は肥厚・癒合して，いわゆる“棍棒化”する．鰓の生検，あるいは染色標本で，長桿菌と鰓薄板の病変を確認する．また，蛍光抗体法を実施する．さらに，菌分離を行う．原因菌は体内に侵入することはなく，内臓や筋肉から分離されることはない．

予防・治療

ワクチンは開発されていない．早期発見が重要である．過密飼育を回避し，換水率上昇，飼育池清掃など，環境条件の改善につとめる．過食に注意し，発生時には餌止めを行う．塩水浴（0.8～1.0％）は著しい治療効果がある．

類症鑑別

鰓の病変部に2次感染菌が増殖するので，検査には発病初期の材料を用い，1次原因の確定を行う．

写真1　鰓での菌の増殖と上皮細胞の増殖により，鰓全体が腫脹し，粘液が異常に分泌されているニジマス病魚（下）．鰓のうっ血により，暗赤色を呈する．
（動物の感染症，近代出版より転載．児玉原図）

カラムナリス病

columnaris disease

Key Words：フラボバクテリウム，滑走細菌，鰓感染，低栄養培地，カラム形成，塩水浴

コイ科魚，ウナギ，アユ，サケ科魚類ほか，多種淡水魚に発生する，鰓と体表の感染症である．

原　　因

原因菌は *Flavobacterium columnare* で，以前は *Flexibacter*（*Cytophaga*）*columnaris* の名前が長く用いられていた．鞭毛を欠くが，菌体の弯曲により活発な運動性を示す（滑走細菌）．通常の培地には増殖しにくく，サイトファーガ培地，TY 培地など，低栄養・低塩分培地で，黄色～橙色の辺縁樹枝状，扁平な菌集落を形成する（写真 1）．培養温度は 25 ～ 30℃である．複数の血清型が存在する．株間に毒力差がある．

発生・疫学

世界に広く分布する．わが国の養殖コイでは，本病による被害が最も大きい．水温 15℃以上で発生し，夏に多発する．健康魚，野生魚も *F. columnare* を保菌する．過密飼育，環境条件の悪化，選別，移動に伴い発病する．菌は配合飼料表面を好んで増殖するため，餌料の過剰投与は発生を助長する．

症　　状

患部の位置により俗に，“鰓ぐされ”，“口ぐされ”，“尾ぐされ”，“ひれぐされ” などと呼称される（写真 2，3）．病魚は活力を消失し，水面近くを遊泳，また水流の弱い場所に集合する．背部，後部の体表，ひれ，鰓，口腔周辺に，黄白色～褐白色の小斑点（菌の集落）を観察する．患部は周囲組織へ拡大し，壊死・崩壊し，潰瘍を形成する．

診　　断

病魚の外見，および鰓の病変と菌の観察により，診断は容易である．上皮細胞の増生による鰓薄板の肥厚，多量の粘液を伴う白色ないし黄色の壊死病巣が特徴である．鰓ぶたを圧迫すると，血液を混じた粘液が漏出する．末期には，鰓薄板は欠落する．病変部の生標本で，活発に運動する無数の長桿菌を観察する．静置すると菌が集合し，組織辺縁に特異な円柱状物（column）を形成す

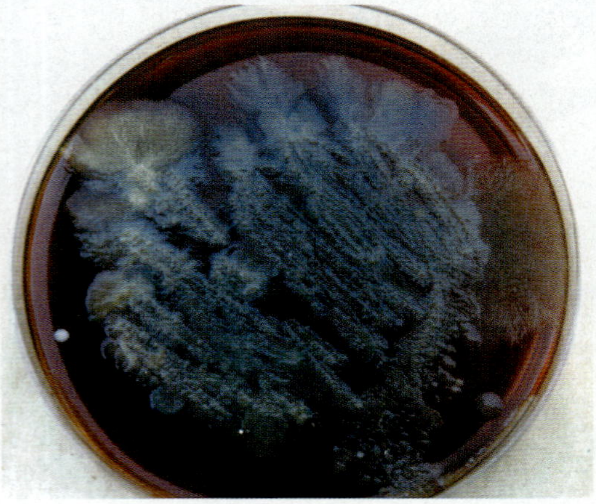

写真 1　サイトファーガ培地（低栄養培地）における，*F. columnare* の発育.

本菌はコロニーは形成せず，滑走運動により寒天表面に薄く広がった，いわゆる樹根状発育を示す.

（小熊俊壽：動物の感染症，近代出版，2004 年より転載）

写真 2　罹患コイの鰓病変（いわゆる “鰓ぐされ”）.

部分的に鰓（鰓薄板）の壊死と崩壊が観察される.

（写真提供：小熊俊壽氏）

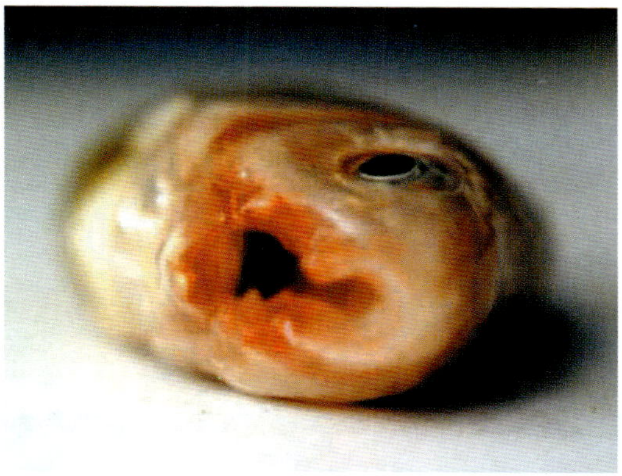

写真 3　コイの口腔に形成された潰瘍（いわゆる“くちぐされ”）.
（小熊俊壽：動物の感染症，近代出版，2004 年より転載）

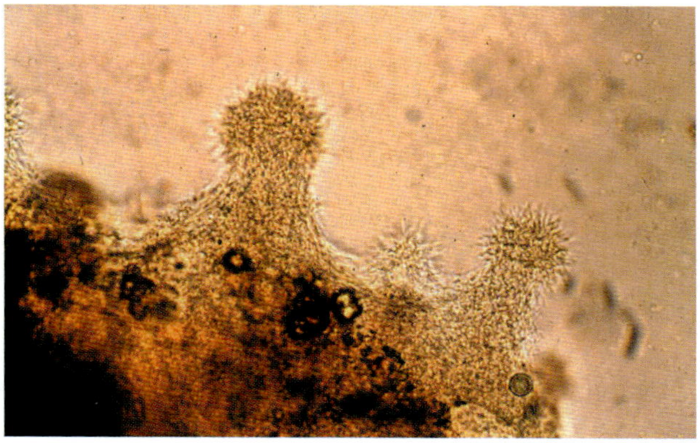

写真 4　鰓や皮膚の生標本で，本病に特徴的な柱状構造物 column を観察する．
これは，活発に運動する無数の菌が集合したものである．
（吉水　守：動物の感染症，近代出版，2004 年より転載）

る（写真 4）．病変部から菌分離を行い，凝集反応を実施する．内部臓器には異常を認めない．

予防・治療

ワクチンは開発されていない．過密飼育を回避し，創傷感染防止のため魚の取り扱いに注意し，外部寄生虫を駆除する．餌料の過剰給与を避け，流水量を増加し，水質悪化を防止する．水温を低下させる．0.5 ～ 0.8％の塩水浴は著効を示す．抗生物質を投与する．

類症鑑別

病状が進行した患部には，他種細菌が 2 次感染をしていることが多いため，1 次原因の確定が必要である．

冷水病（尾柄病）

cold water disease（peduncle disease）

Key Words：フラボバクテリウム，鰓感染，体表感染，低栄養培地

低水温期に多発し，体表にびらん，潰瘍を形成する疾病である．わが国ではサケ科魚類，アユ，コイ，フナ，ウナギに発生をみる．

原　　因

Flavobacterium psychrophilum はグラム陰性の長桿菌で，旧名に *Cytophaga psychrophila* が用いられていた．菌体の弯曲運動により運動性を有するが，微弱である．菌は 5 ～ 23℃で増殖する．サイトファーガ培地で（15 ～ 20℃，5 日培養），辺縁不整の平坦な黄色集落を形成する．

発生・疫学

米国，カナダ，ヨーロッパ諸国，オーストラリア，韓国に存在する．Davis により，ニジマスの尾柄病として報告されたのが最初である（1946 年）．日本では，低水温（通常 12℃以下）で，ギンザケ，マスノスケ幼稚魚，アユに多発する．

症　　状

サケ科魚類では，尾柄部のびらん，潰瘍，尾ひれの欠落をみる（尾柄病）．皮膚に潰瘍が形成され，筋肉は露出する．孵化直後の幼魚では臍嚢が崩壊し，卵黄が漏出して死亡する．アユでは体表白濁，尾柄部のびらん，潰瘍のほか，出血，鰓ぶた部の出血，また口腔周囲の出血と口吻部の欠落が起こる（写真 1）．

診　　断

サケ科魚類では，鰓の貧血，脾腫，腹腔壁の出血，腸炎が顕著である．アユでは鰓，肝臓の貧血が起こる．カラムナリス病とは異なり，皮下，筋肉，内臓で菌が増殖する．病変部（筋肉，内臓）から菌を分離し，凝集反応，蛍光抗体法を実施する．PCR 法も行われる．

予防・治療

有機ヨード剤による卵消毒を励行し，飼育環境浄化につとめる．抗生物質，抗菌剤を投与して治療する．水温を 25℃以上に上昇させ，病気の沈静化を図る試みもなされている．

写真 1　アユの鰓ぶたならびに口腔周囲の出血．口吻部が脱落しかけている個体もみられる．

バルトネラ

基本性状
グラム陰性好気性桿菌
重要な病気
猫ひっかき病（ヒト）

FIG *B. henselae* のグラム染色像
B. henselae Houston-1 株，5％ウサギ血液寒天培地，35℃，5％ CO_2 下培養 7 日目

分　類

バルトネラ（*Bartonella*）属は以前，その生物化学的性状によってリケッチア目の 1 細菌属に分類されていて，*Bartonella bacilliformis* 1 種が属していた．しかし，主要な基準が 16S rRNA の塩基配列の特徴を基にした系統分類となった現在，バルトネラ属はリケッチア目から除外された．本属はリゾビア目バルトネラ科バルトネラ属に位置しており，近縁の属にはブルセラ等がある．

現在バルトネラ属菌は約 20 菌種で構成されている．この内の大半は，長く起因病原体不明だった猫ひっかき病が 1990 年代に *B. henselae* による感染症と判明後に，他の細菌属の菌種が編入されたか新たに発見されたものである．

B. henselae および *B. bacilliformis* を含めて 7 菌種がヒトに起病性があると証明されている．また，その他の 2 菌種でその疑いが強いと考えられている．バルトネラ属菌の多くは，特定の節足動物を介して固有の哺乳動物宿主に感染する．本菌属による感染症は概ね新興の人獣共通感染症とみなされている（*B. bacilliformis* および *B. quintana* は例外的にヒトのみを固有の哺乳動物宿主としている）．

ヒトの発症例や他の動物の感染状況についての報告の多いものは表 1 に示した 3 菌種によるものである．その他の人の病原体 4 菌種としては *B. elizabethae* と *B. vinsonii* が心内膜炎を，*B. grahamii* が視神経網膜炎を，*B. washoensis* が心筋炎を起こすことが少数例ながら報告されている．同じく少数例ながら，*B. clarridgeiae* が猫ひっかき病を，*B. koehlerae* が心内膜炎を起こすことを強く示唆する報告がある．

感染動物の発症については不明な菌種が多いが，猫に対して *B. henselae* が起病性を持つことを推測させる報

表 1　バルトネラに属する細菌による主要なヒトの病気

菌種	哺乳動物宿主	媒介節足動物	ヒトの免疫状態	病名
B. henselae	猫	ネコノミ	正常	猫ひっかき病，心内膜炎
			易感染性	敗血症，血管増殖性疾患
B. quintana	ヒト	シラミ	正常	塹壕熱[*1]，心内膜炎
			易感染性	敗血症，血管増殖性疾患
B. bacilliformis	ヒト	サシチョウバエ	正常	カリオン病[*2]

[*1] 塹壕熱は第 1 次および第 2 次世界大戦の塹壕戦時にみられたが，今ではほとんど発生報告がなく，*B. quintana* による疾患としては表に示した他の病気の報告が多い．
[*2] カリオン病は *B. bacilliformis* に起因する 2 つの異なる病名（オロヤ熱とペルーいぼ）の総称．

告（後述：猫ひっかき病），*B. vinsonii* が犬にさまざまな病気，とくに心内膜炎を起こす可能性を示唆する報告が散見される．

生　　態

本属の多くの種は節足動物で媒介されると考えられている．表1に示した3菌種は節足動物の媒介が明らかなものであり，かつ報告の多いものである．例えば，*B. henselae* では猫とネコノミ間で感染環が形成され，ヒトの大多数は猫から感染し，*B. bacilliformis* はヒトとサシチョウバエ間で感染環が形成されている．

表1に示した菌種以外にも，*B. vinsonii* が犬とダニの間で，*B. clarridgeiae* が猫とネコノミの間で感染環が成立すると推測させる報告がある．しかし，このような菌種の疫学情報は少なく，その生態には不明点が多い．

性状・分離・培養

微小なグラム陰性桿菌である．カタラーゼ反応，オキシダーゼ反応共に陰性であり，細胞壁の脂肪酸組成としてC18：1w7c を多量に含む．

培養条件は菌種により多少異なるが，おおむね共通の条件がある．すなわち，温度は35～37℃，5～10%の血液を加えた寒天平板培地を用い，5% CO_2 下で培養する．通常の細菌とは異なり，生材料からの初代培養では長期間（1～数週間）培養後に集落の形成が認められ，継代を続けると培養時間の短縮化傾向がある．なお，*B. koehlerae* および *B. vinsonii* では血液寒天培地よりチョコレート寒天培地を用いた方が良好に発育する．

猫ひっかき病

人獣

cat scratch disease

Key Words：猫による受傷，リンパ節炎，敗血症

本病は，文字通り猫による受傷（掻き傷，咬傷）後に発症するヒトが多いため命名された．

本病の起因病原体は，1950 年の初症例報告以来長い間不明だったが，1990 年頃に *Afipia felis* と *Bartonella henselae*（分離当初の学名 *Rochalimaea henselae*）が異なる患者から分離された．その後，本病との関連の続報はほぼ *B. henselae* に限られている．最近，*B. clarridgeiae* によると推測される報告もあるが，その裏付報告もきわめて少ない．本稿では，*B. henselae* を唯一の病原体として記載する．

原　因

起因細菌 *B. henselae* は，グラム陰性わずかに弯曲を示すことのある微小(0.5 × 2.0 μm 程度)な桿菌である．本菌は健常者には猫ひっかき病と心内膜炎を，易感染性者に敗血症と血管増殖性の疾患（血管腫症）を起こす．

分　布

本病の臨床症例は，日本を含む世界各国から散発的に報告されてきた．*B. henselae* の発見当初，その感染は主に米国で確認された．その後，欧州諸国，日本を含むアジア諸国でも患者報告がなされてきた．またこれらの地域では感染源である猫のバルトネラ感染も報告されている．しかし，アフリカ大陸と南アメリカ大陸からの患者，感染猫の報告は少なく，その実態には不明点が多い．猫が主要な病原巣動物であり，猫集団の間ではネコノミが本菌を媒介する（図 1）．そのため，感染猫はネコノミの生息に有利な温暖多湿な地域に多くみられる（表 1）．ヒトの感染の大多数は猫との外傷性の接触後に起こるが，ネコノミによる刺傷を原因とする患者報告もある．また，犬が原因となったヒトの患者発生も報告されている．ただこのよう

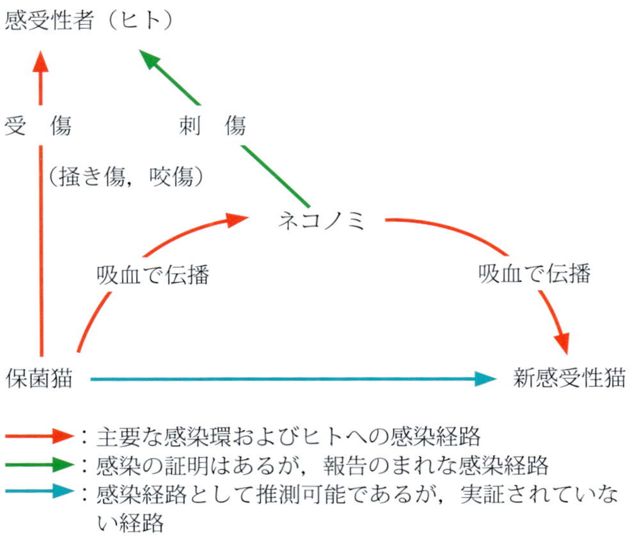

図 1　猫ひっかき病（*B. henselae*）伝播様式．

表 1　*B. henselae* 抗体保有猫の地理的分布（1995 年，米国 *）

地　域	陽性率（%）	陽性猫数 / 総検査猫数
全体	28.0	162/551
南東部・フロリダなど 5 州	54.6	53/97
ハワイ州	47.4	9/19
西海岸・カリフォルニア 1 州	40.0	32/80
中央南部平原・テキサス州など 3 州	36.6	22/60
太平洋岸北西部・オレゴンなど 2 州	33.3	11/3
ワシントン DC と北東部 3 州	29.0	20/74
南西部・アリゾナなど 2 州	15.0	6/40
中央西部・イリノイなど 3 州	6.7	4/60
ロッキー山大平原・ユタなど 4 州	5.9	4/68
アラスカ州	5.0	1/20

* 日本でも，米国同様に温暖多湿地域に抗体保有猫の多いことおよび保菌猫の多いことが証明されている．また，寒冷なスカンジナビア諸国で抗体保有猫が低頻度であることが報告されている．

な報告例はきわめて少なく，犬の疫学上の意義は十分解明されていない．

症状・治療

ヒト：必発症状は，猫による受傷5～50日後に現れる受傷部位付近のリンパ節炎（数週間～数か月間持続する）であり（写真1），発熱，不快感や受傷部位に潰瘍を発することも多い．これらの症状は概して軽く，安静などの対症療法で自然治癒し，予後は良好である．合併症は2～10%に起こり，パリノー症候群が最も多い．網膜炎，結膜炎もしばしば報告される．すなわち，眼科領域の疾患の原因としても重要である．低頻度ながら，脳症などの重篤例の発生もあり，積極的な抗生物質療法の成功例もある．*In vitro* では，本菌は多くの種類の抗生物質に感受性を示すことが知られているが，現段階で治療スケジュールは確立されていない．ただ，近年アジスロマイシンの投与による本病治療の有効性が証明されつつある．有効なワクチンは開発されていない．

動物：猫は，一般に無症状であるが，発熱や軽度の神経症状の原因と推測される特定の菌株の存在が示唆されている．本菌感染による犬の発症については，現段階では確定的な証拠に欠けている．

診　　断

病原体判明前は臨床診断に頼っていた．これに加え，今では血清診断（間接蛍光抗体法と酵素抗体法）での確定診断が主流である．既述のごとく本病は重症例が少ないため，リンパ節切除などの侵襲性の高い治療法の選択は得策ではない．そのような療法の必要な場合，得られたリンパ節を材料として病原体の分離・同定を行うとよい．

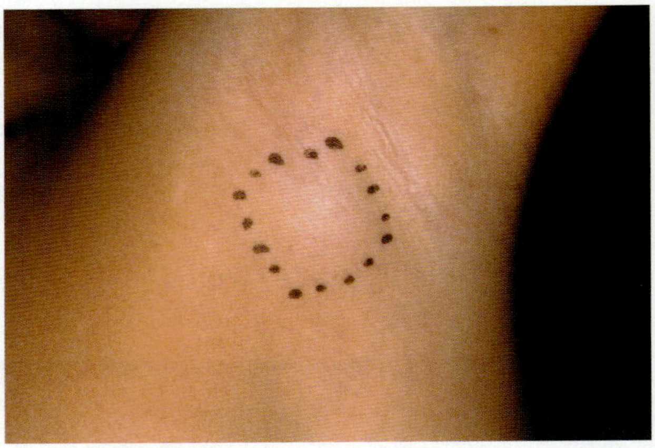

写真1　猫ひっかき病の主要症状であるリンパ節炎．（写真提供：加藤英治氏）
血清学的およびPCR法により本病と確定診断された患児の左腋窩リンパ節炎．

分離には，血液寒天培地を用い，5% CO_2 下，35℃で1～6週間培養する．初代培養では，培地に埋まりこみ，固着性の強い薄い灰色のラフ型集落を形成する．同定は，集落性状，グラム陰性桿菌であることの確認後，分離株につき，特異的遺伝子の検出とその制限酵素切断パターンの解析や塩基配列の決定による．生材料を用いた特異遺伝子の検出も有用である．

猫の感染は，間接蛍光抗体法による血清診断と血液からの病原体の分離・同定で証明される．

ヒト，猫ともに届出義務など法的規制のない疾患である．

芽胞を形成しない嫌気性菌

基本性状

無芽胞嫌気性グラム陰性桿菌
（無芽胞嫌気性グラム陽性桿菌）
（嫌気性グラム陽性球菌）

重要な病気

肝膿瘍（牛）
趾間腐爛（牛，羊，山羊，豚）
バクテロイデス感染症（豚，幼獣）

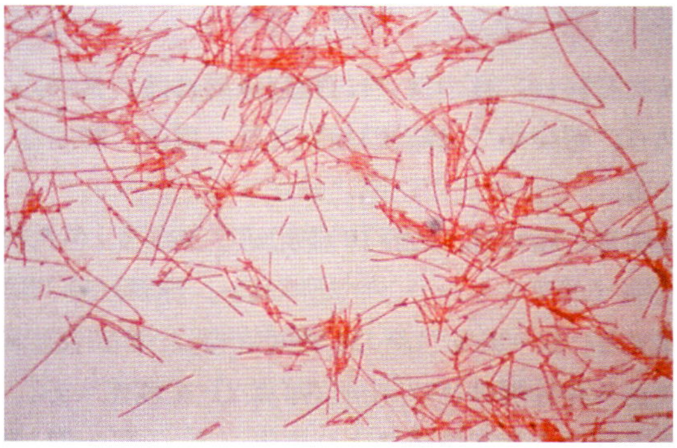

FIG *Fusobacterium necrophorum* subsp. *necrophorum* JCM 3716[T]（牛肝膿瘍由来）

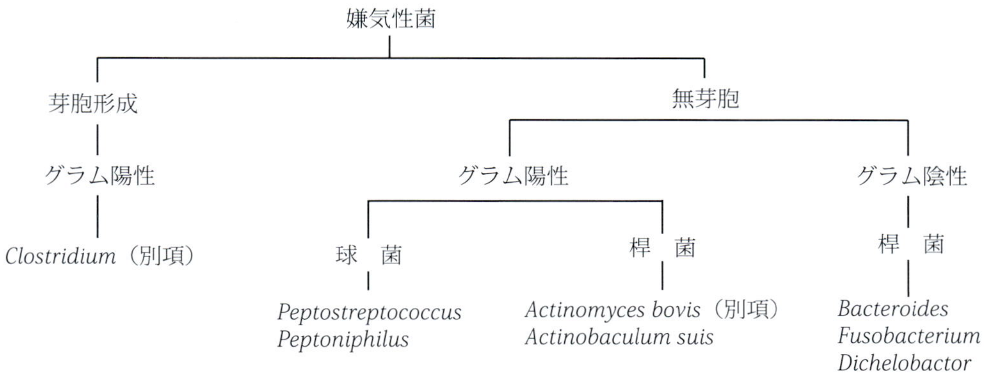

分類・性状・生態（表1）

無芽胞嫌気性グラム陽性桿菌：動物の粘膜に生息する．ヒトの日和見病原菌と臨床的に重要な菌もある．獣医学領域では *Actinomyces bovis*，*Actinobaculum suis* が重要である．

無芽胞嫌気性グラム陰性桿菌：口腔あるいは下部消化管に多く生息するきわめて多様性のある集団である．臨床材料から分離されるのは *Bacteroides*，*Fusobacterium* など，ほんの数種類の属である．

表1　家畜に感染症を引き起こす芽胞を形成しない嫌気性菌

嫌気性菌	宿　主	病　名
Peptoniphilus indolicus	牛	夏季（性）乳房炎
Actinobaculum（*Eubacterium*）*suis*	豚	腎盂腎炎
Bacteroides fragilis	子牛，子山羊，子馬，子豚	下痢
	牛	乳房炎
	豚	膿瘍
Dichelobacter nodosus ＋（*Fusobacterium necrophorum*）	牛，羊，山羊	趾間腐爛
Fusobacterium necrophorum	牛	牛の壊死桿菌症（肝膿瘍，子牛ジフテリー）

グラム陽性嫌気性球菌：口腔，皮膚，下部消化管，腟などに存在する．*Peptostreptococcus anaerobius* は通常他の菌とともに分離される．*Peptoniphilus indolicus* は夏季（性）乳房炎から分離される．

分離・培養

嫌気性菌の培養に最も適した臨床材料は針と注射器で採取されたもので，酸素の暴露を最小限にして，乾燥しないようにできるだけ迅速に輸送する．

分離培地への塗抹など材料処理は，嫌気グローブボックス（嫌気チャンバー）内で酸素暴露を避けて行うのが理想的である．嫌気性菌の分離に推奨される増菌培地，非選択培地，選択培地が市販されているので，それぞれの用途に応じ用いる．培養システムとしては，嫌気性チャンバー法，嫌気性ジャー法，ガスパック法などがある．

グラム染色性と菌形態，各種性状検査，ガスクロマトグラフィーを用いた最終代謝産物の分析結果を用いて同定が行われる．簡易同定システム（API システム，ミニテックシステム，RapID ANA システム，アニテントシステム）も市販されている．PCR 法による同定も可能になってきた．

病　原　性

Fusobacterium necrophorum の付着素，溶血素，*Bacteroides fragilis* の腸管毒素様蛋白，蛋白分解酵素を含めた菌体外酵素や莢膜などが病原性に関与する．

牛の肝膿瘍

bovine liver abscess

Key Words：ルーメンパラケラトージス，内因性嫌気性感染症

分離・性状

原因菌である *Fusobacterium necrophorum* はグラム陰性無芽胞嫌気性多形性桿菌で，動物の消化管内に生息している．本菌は鶏赤血球凝集性の有無により凝集性の *F. necrophorum* subsp. *necrophorum*（Fnn）および非凝集性の *F. necrophorum* subsp. *funduliforme*（Fnf）の 2 亜種に分類された．

フソバクテリウム（*Fusobacterium*）属はブドウ糖やペプトンから酪酸を主要代謝産物であることを特徴とする．*F. necrophorum* は乳酸からプロピオンを産生する．この性状は本菌のみが持っているので同定は容易で，両亜種は鶏赤血球凝集能の有無により鑑別できる（表 1）．PCR 法を用いた亜種鑑別のためのプライマーも開発されている．両亜種とも溶血素を産生するが，Fnn が強い

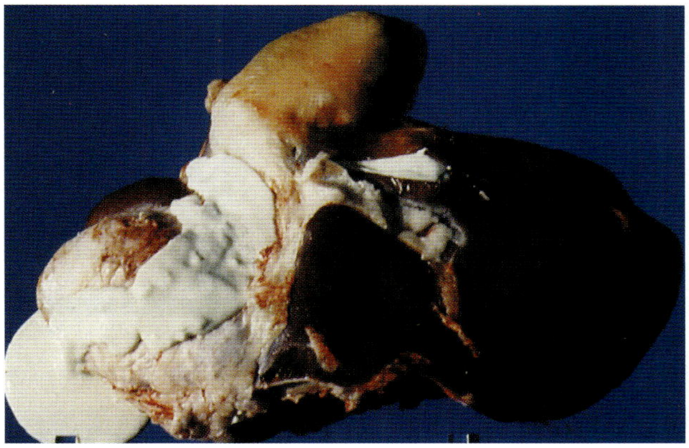

写真 1 牛の肝膿瘍．

表 1　フソバクテリウム属主要菌の主性状

性状／菌種	インドール	エスクリン水解	乳酸→プロピオン酸	ステニン→プロピオン酸	20％胆汁加培地での発育	DNA分解酵素	鶏赤血球凝集性	リパーゼ	代謝産物
F. necrophorum									
subsp. *necrophorum*	＋	−	＋	＋	d	＋	＋	＋	Bpa *
subsp. *funduliforme*	＋	−	＋	＋	d	−	−	d	Bpa
F. ulcerans	−	−	−	−	−			−	Ba
F. gonidiaformans	＋	−	−	＋	d			−	BAp
F. mortiferum	−	＋	−	＋	＋			−	Bap
F. naviforme	＋	−	−	−	d			−	BLa
F. nucleatum	＋	−	−	＋	＋			−	Bap
F. russii	−	−	−	−	d			−	BLa
F. varium	v	−	−	＋	＋			−	BLap

d：大多数の菌株が（−），v：不安定
* B(b)：酪酸，P(p)：プロピオン酸，A(a)：酢酸，L(l)：乳酸．大文字が主要代謝産物，小文字は少量産生あるいは非産生代謝産物．

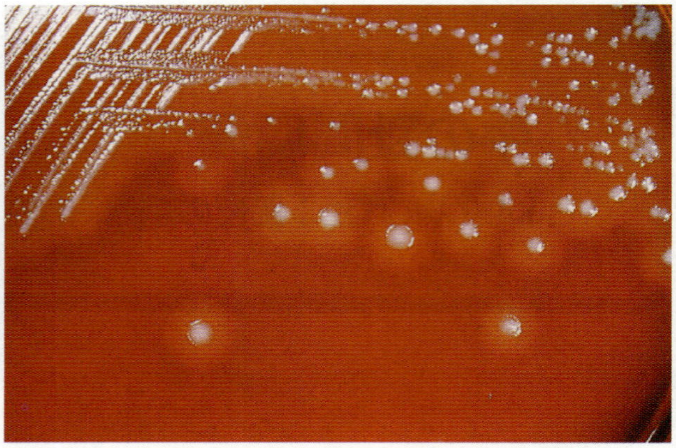

写真2 *F. necrophorum* subsp. *necrophorum* JCM3718^T の血液寒天培地上のコロニー.

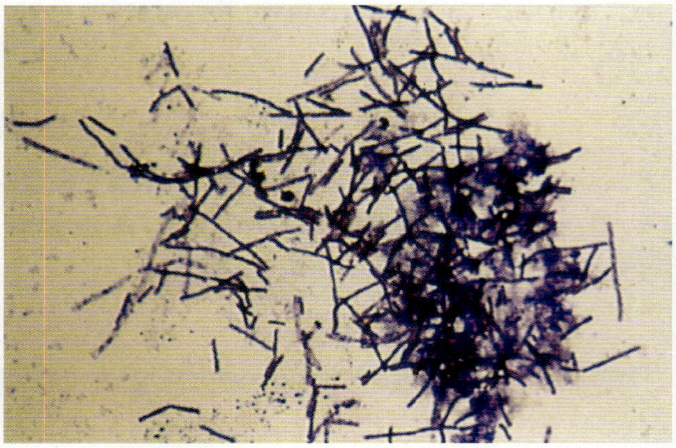

写真3 *F. necrophorum* subsp. *necrophorum* JCM3718^T の菌形態（クリスタルバイオレット染色）.

活性を示す.

病　原　性

Fnn は主として肝膿瘍のような病巣から分離され（写真 1），マウスの腹腔内接種でマウスを倒すのに対し，Fnf は主に消化管から分離され，マウスを致死させない．両亜種は自然感染および実験感染においても病原性が異なる．両亜種は食細胞抵抗性，溶血活性，DNase 活性，細胞付着性などが異なるので，本菌の病原性にはいくつかの病毒因子が関与しているのであろう．

分離・培養

膿瘍からの菌分離には市販の嫌気性培地に血液を加え，また選択培地としては市販の変法 FM 培地（ニッスイ）を用いる．血液寒天培地上の β 溶血性のコロニーと選択培地上に出現したコロニーでグラム陰性無芽胞嫌気性桿菌は *F. necrophorum* の可能性が高い（写真 2，3）．市販のバクテロイデス培地（ニッスイ）には発育しない．

牛の趾間腐爛

bovine foot rot

Key Words：蹄部の創傷，代謝性疾病，混合感染

原　　因

本症は複数菌感染症であるが，病巣部からは *Fusobacterium necrophorum* がより高率に分離される．しかし，本菌の病巣形成における役割については不明である．本菌の単独感染実験では趾間腐爛は再現されていないが，他菌との混合感染例では発症した．*Dichelobacter nodosus*（弱毒株）や *Arcanobacterium*（*Actinomyces*）*pyogenes* の感染は病状を悪化させる．

疫　　学

趾間腐爛は急性あるいは慢性の蹄趾間部を中心とする感染症で，近年わが国でも多頭飼育牛に多発するようになった（写真 1）．環境や飼育形態の種々の要因に細菌感染が加わって起こる生産病の 1 つと考えられている．誘因としては飼養管理失宜に基づく代謝性疾病，蹄の創傷などがあげられる．

診　　断

F. necrophorum 分離培養については，「牛の肝膿瘍」（p.123）を参照のこと．*D. nodosus* は「羊，山羊の趾間腐爛」の項（p.126）を，*A. pyogenes* については，「放線菌・ロドコッカス」の項（p.231 ～ 234）を参照のこと．

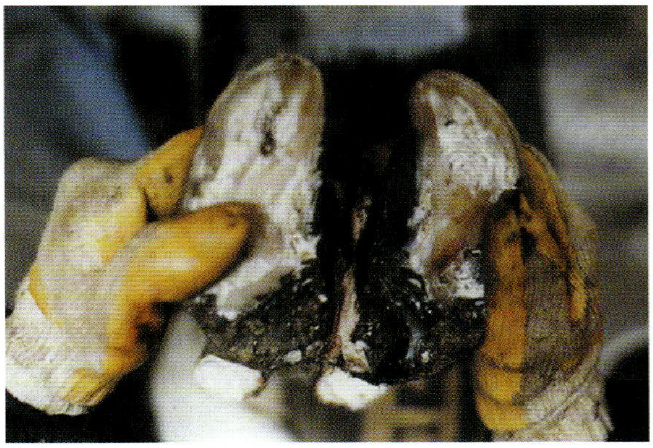

写真 1　牛の趾間腐爛（写真提供：浜名克己氏）．

羊・山羊の趾間腐爛

foot rot in sheep and goat

Key Words：*D. nodosus*，嫌気性菌

趾間腐爛は反芻動物，とくに羊，山羊，牛の接触伝染性の感染症で，土壌中に存在する複数のグラム陰性偏性嫌気性菌で引き起こされる．その主役は *Dichelobacter nodosus* であるが，本菌は偏性寄生体である．

原　　因

グラム陰性無芽胞嫌気性桿菌，非運動性，代謝産物として酢酸，コハク酸，プロピオン酸をわずかに産生する．糖を発酵しない．蛋白分解性は強い．

羊の趾間腐爛には重症型と良性型の２型がある．重症例由来菌は強い蛋白分解酵素（エラスターゼ）産生能を有し，良性型由来菌は弱いか，それを欠く．牛（趾間皮膚炎）由来菌は後者に似る．病巣部のみから分離される偏性寄生性菌で，羊から牛への感染は成立するが，牛由来菌は病原性が弱いため，その逆の感染は成立しない．

疫　　学

発生は世界各国に分布するが，とくに熱帯から温帯気候で降水量も多い．オーストラリア，ニュージーランドの羊生産国では経済的損失の大きな疾病である．

趾間腐爛により約10％の体重減と羊毛の生産減があるという．

症　　状

重要例では蹄の上皮組織の壊死と広範な角化重層扁平上皮の分離が起こり，跛行による採食困難から体重減少と羊毛の品質低下を招く．

診　　断

蹄炎症部，壊死部組織を分離材料とする．分離培地には蹄粉末を1.5％に加えた寒天培地を用いて，嫌気的に37℃，4～5日間培養する．PCR法による遺伝子診断も開発されている．

バクテロイデス感染症

bacteroidosis

Key Words：皮下および内部臓器膿瘍，幼獣の下痢

Bacteroides fragilis は豚の皮下（腫瘤）および内臓における膿瘍形成を引き起こし，エンテロトキシン産生菌（ETBF）は幼獣（子羊，子牛，子豚，子馬）に下痢を起こす．

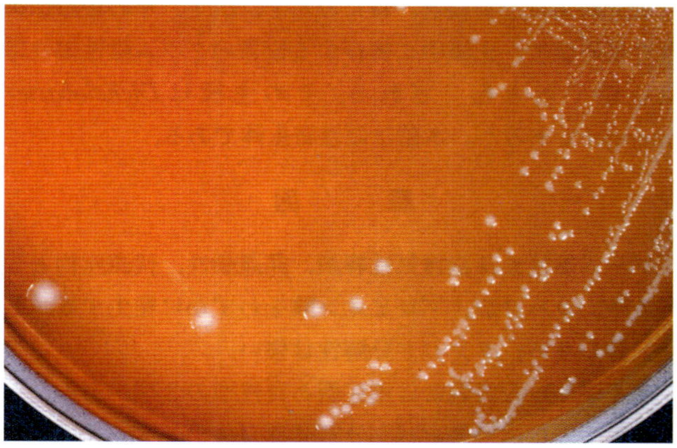

写真 1 *B. fragilis* NCTC 9343ᵀ の血液寒天培地上のコロニー．

原　　因

旧バクテロイデス（*Bacteroides*）属は現在では 16 属に細分されている．旧分類で *B. fragilis* group だったもののみが，バクテロイデス属となった．本菌属はグラム陰性無芽胞嫌気性桿菌で非運動性，コハク酸と酢酸が主要代謝産物で 20％牛胆汁加培地で発育する（表 1）．

病原因子として莢膜形成（抗貪食性），線毛形成（腸管上皮細胞への付着），エンテロトキシン産生（幼獣の下痢）がある．

表 1　*Bacteroides*，*Dichelobacter* および *Prevotella* 属の主要菌種と主性状

菌種＼性状	黒色コロニーの形式	20％胆汁での発育	主要代謝産物	酸の産生				インドールの産生	硫化水素の産生	ミルク培地での発育	G＋C モル％
				グルコース	マンニット	ラムノース	トレハロース				
B. fragilis	−	＋	SA*	＋	−	−	−	−	d	c	41〜44
B. vulgatus	−	＋	SA	＋	−	D	−	−	＋	c	40〜42
B. distasonis	−	＋	SA	＋	−	v	＋	−	d	c	43〜46
B. ovatus	−	＋	SA	＋	d	D	＋	＋	＋	c	39〜43
B. thetaiotaomicron	−	＋	SA	＋	−	D	D	＋	＋	c	40〜43
D. nodosus	−	−	asp	−	−	d	−	−	v	d	45
P. melaninogenica	＋	−	SA	＋	−	−	d	−	−	c	36〜40
P. zoogleoformans	−	−	SAP	D	−	−	−	＋	−	c	47

D：大多数の株が（＋），d：大多数の株が（−），v：不安定
*S（s）：コハク酸，A（a）：酢酸，P（p）：プロピオン酸．大文字は主要代謝産物，小文字は少量産生るあいは非産生代謝産物．

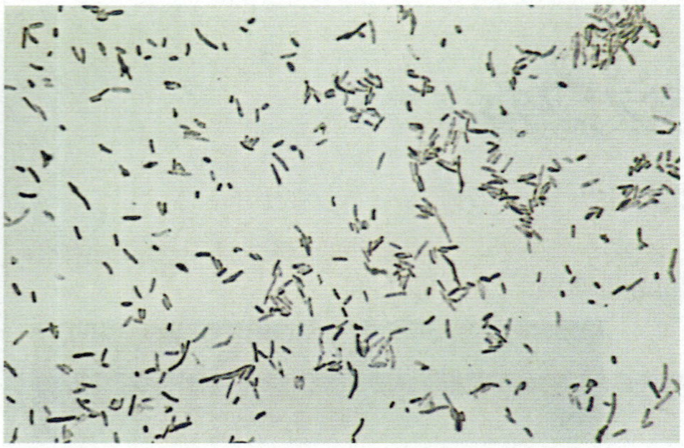

写真２ *B. fragilis* NCTC 9343^T の菌形態（グラム染色）.

疫　　学

ヒトや動物の腸内フローラの一員であり，日和見感染菌として腸内から侵入し内臓に膿瘍をつくる．創傷部より他の菌との混合感染により体表部に膿瘍をつくる．

診　　断

主として膿瘍が分離材料となる．エリスロマイシン，ブリリアントグリーン，牛胆汁などを加えた選択培地が使用できる（写真１,２）．市販のバクテロイデス培地（ニッスイ）はバクテロイデス属以外のグラム陰性無芽胞嫌気性桿菌も発育するので，20％牛胆汁添加 GAM 半流動高層培地での発育を確認する．

カンピロバクター

基本性状

グラム陰性
微好気性
らせん状桿菌

重要な病気

カンピロバクター症（牛，水牛）
ローソニア感染症（豚）
カンピロバクター食中毒（ヒト）
流産，不妊（牛，羊）

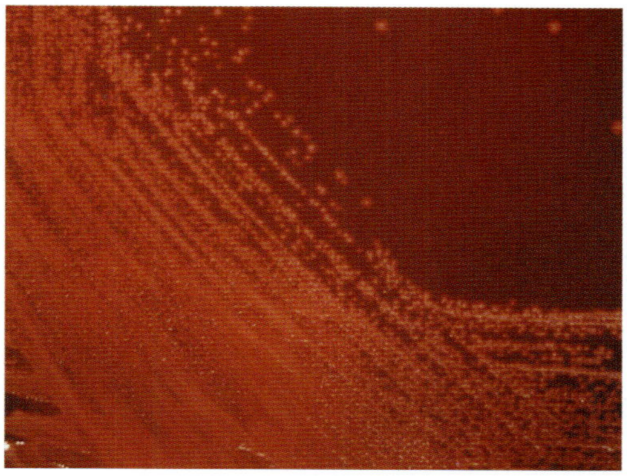

FIG *Campylobacter fetus* subsp. *fetus* の血液寒天培地上でのコロニー
37℃，3日間微好気培養

メモリ：1mm

分類・性状

カンピロバクター科に属し，カンピロバクター（*Campylobacter*）属として現在16菌種，6亜種，3生物型に分類されている．同科には4菌種からなるアーコバクター属も含まれる．

性　状：グラム陰性弯曲桿菌（0.2～0.5×0.5～5.0 μm），微好気発育（酸素濃度5～15%），オキシダーゼ陽性．

運動性：鞭毛（単毛または両毛）を有し，活発なコルクスクリュー様運動を示す．

分離・同定

血液または血清加寒天培地を用い，微好気条件下，

表1　カンピロバクター属各菌種の分布と病原性

菌 種	亜種 (subspecies)	生物型 (biovar)	分布と病原性
C. fetus	*fetus*		牛・羊の流産；ヒトの敗血症，髄膜炎
	venerealis		羊の伝染性不妊
C. jejuni	*jejuni*		ヒトの下痢；牛の下痢？；鳥類（糞便）
	doylei		ヒトの下痢
C. coli			ヒトの下痢；動物の下痢？
C. lari			鳥類（糞便）；ヒトの下痢？
C. hyointestinalis	*hyointestinalis*		豚（腸管）；牛の下痢？
	lawsonii		豚（胃）
C. sputorum		*sputorum*	動物・ヒトの口腔
		faecalis	牛・羊の糞便
		paraureolyticus	牛（糞便）；ヒトの下痢？
C. upsaliensis			犬の下痢？；ヒトの下痢？
C. mucosalis			豚（腸管）
C. helveticus			猫・犬の下痢？
C. hominis			ヒト（糞便）
C. lanienae			ヒト（糞便）
C. concisus			ヒト（口腔）
C. curvus			ヒト（口腔）
C. rectus			ヒト（口腔）
C. showae			ヒト（口腔）
C. gracilis			ヒト（口腔）

表2　主なカンピロバクター属菌の鑑別性状

性状 / 菌種	カタラーゼ	硝酸塩還元	発育 25℃	発育 43℃	1%グリシン	硫化水素TSI	馬尿酸加水分解	ナリジクス酸	セファロシン
C. jejuni subsp. *jejuni*	＋	＋	－	＋	＋	－	＋	S	R
subsp. *doylei*	d	－	－	－	＋	－	d	S	S
C. coli	＋	＋	－	＋	＋	－	－	S	R
C. lari	＋	＋	－	＋	＋	－	－	R	R
C. upsaliensis	w	＋	－	＋	d	－	－	S	S
C. fetus subsp. *fetus*	＋	＋	＋	－	＋	－	－	R	S
subsp. *venerealis*	＋	＋	＋	－	－	－	－	R	S
C. hyointestinalis subsp. *hyointestinalis*	＋	＋	＋	＋	＋	＋	－	R	S

＋：陽性，－：陰性，w：弱陽性，d：菌株により異なる，
S：感受性，R：耐性

37℃で3日間培養を行う．培地をコック付きのジャーに納め，約－80kPa（－60cmHg）の陰圧とした後，混合ガス（二酸化炭素10％，水素10％，窒素80％）を充填するか，微好気ガス発生袋（日本BD，Oxoidなど）を使用する．一部のカンピロバクターは，発育気相に水素を要求する．

増菌培地：プレストン培地，CEM培地．

選択培地：スキロー寒天培地，CCDA寒天培地，CAT寒天培地．

同定は表2の性状により行う．

病　　気

Campylobacter fetus subsp. *fetus* と *C. fetus* subsp. *venerealis* は牛および羊の不妊，流産の原因となる．*C. mucosalis*, *C. hyointestinalis* subsp. *hyointestinalis* はローソニア感染症の2次感染菌とみなされている．ヒトの食中毒は，43℃で発育し “thermophilic *Campylobacter*” と呼ばれる *C. jejuni* と *C. coli* による．

牛カンピロバクター症

届出
人獣

bovine venereal campylobacteriosis

Key Words：流産，不妊，下痢

原因・症状

臨床的には，*Campylobacter fetus* subsp. *fetus* および *C. fetus* subsp. *venerealis* 感染による不妊，流産といった繁殖障害が主である．両菌は，細菌分類学的には生物型（biovar）としての差しかないが，病型が異なるため，上位の亜種（subspecies）として記載される．流産は全妊娠期間を通じてみられるが，妊娠中期（胎齢５～７か月）での発生が多い．無症状の保菌雄牛が伝播源として重要である．その他，*C. fetus* subsp. *fetus*（写真 1），*C. jejuni* subsp. *jejuni*，*C. hyointestinalis* subsp. *hyointestinalis* 感染によると思われる下痢も報告されているが，実態は明らかでない．*C. fetus* は人にも感染し，焼肉が原因と考えられる集団食中毒も報告されている．

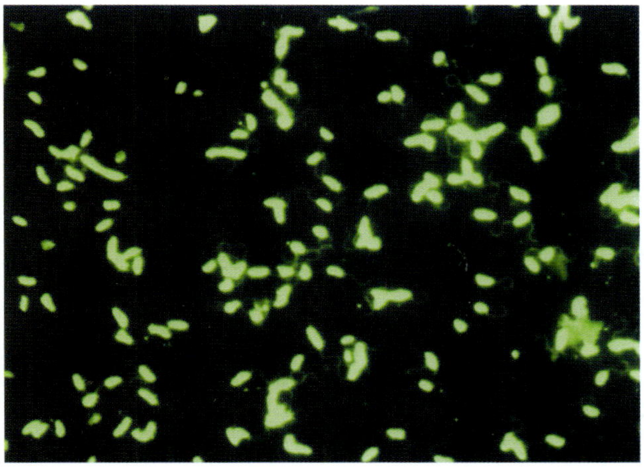

写真 1　蛍光抗体法で観察された*C. fetus* subsp. *fetus*の菌体．細い紐状の構造物は鞭毛である．

疫　　学

本病の感染は，直接，間接の生殖器相互の接触によるものであるが，汚染された精液，人工授精用器具を介して伝播することも多い．牛では流産，不妊の両病型がみられるが，羊では流産が主である．

診　　断

雌　牛：流産例については，胎子の消化器内容，胎盤，悪露を材料とし，石炭酸フクシンによる単染色，蛍光抗体法により特徴的な弯曲桿菌を確認するとともに，培養を行う．不受胎例では，腟粘液凝集反応および培養検査を行う．

雄　牛：包皮腔洗浄液および精液の蛍光抗体法による観察と培養検査を行う．

予防・治療

ストレプトマイシン，ゲンタマイシン，エリスロマイシン，テトラサイクリンによる治療を試みることもあるが，保菌種雄牛が摘発された場合，事情の許す限り廃用淘汰するのが望ましい．防疫上は，定期的な種畜の健康検査と採取毎の精液検査を行う．

表 1　牛カンピロバクター症の病型

	C. fetus subsp. *fetus*	*C. fetus* subsp. *venerealis*
病型	散発性流産	伝染性不妊
主な感染経路	経口感染	交尾感染
臨床症状	突発的流産（妊娠中期）	受胎率の低下，発情不定
臓器親和性	胎盤親和性	生殖器親和性
病原性	胎盤・胎子に感染，胎子の敗血症死	子宮内膜炎，卵管炎，腟炎，受精卵の着床障害，胎胚の早期死滅
寄生部位	腸管，胆嚢，（生殖器）	雄：包皮腔，陰茎，雌：子宮，卵管，腟

ローソニア感染症

Lawsonia intracellularis infection in swine

Key Words：腸腺腫症，増殖性腸炎，増殖性出血性腸炎

病因論の変遷

本疾病は，過形成した病変部の，粘膜上皮細胞の細胞質内に観察される，カンピロバクター様菌（CLO）が起因菌と考えられ，人工培地を用いた分離が試みられてきた．その過程で，*Campylobacter mucosalis*, *C. hyointestinalis* が分離されたが，培養菌による本病の再現試験の多くは失敗に終わり，病変部粘膜乳剤または病変部粘膜から抽出したCLOの投与では高率に病変が再現されるのとは対照的であった．また，細胞質内CLOに対するモノクローナル抗体，CLO特異DNAプローブが開発され，既知のカンピロバクターとは反応しないことが明らかとなった．1993年，Lawsonらは，ラット腸細胞由来株化細胞（IEC-18）を用いたCLOの分離と継代に初めて成功し，McOristらは同年，細胞培養CLOによる本病の再現にも成功した．この偏性細胞寄生性菌は，分類学的検討の結果 *Desulfovibrio* 科に属することが明らかとなりMcOristらによって1995年，新菌種 *Lawsonia intracellularis* と命名された（写真1）．前述のカンピロバクターは2次感染菌とみなされている．1994年，McOristらは，無菌豚への *L. intracellularis* 実験感染が成立しなかったことを報告し，本菌の腸管内への定着と増殖，病変形成には，豚赤痢の発病機序と同様に，ある種の腸内嫌気性菌が関与している可能性を指摘している．

疫学・症状

ローソニア感染症は，離乳後肥育期の豚に発生し，小腸および一部大腸粘膜の過形成による肥厚を特徴とする急性あるいは慢性の疾病群であり（写真2，3），臨床的には腸腺腫症，増殖性腸炎，限局性回腸炎とも呼ばれ

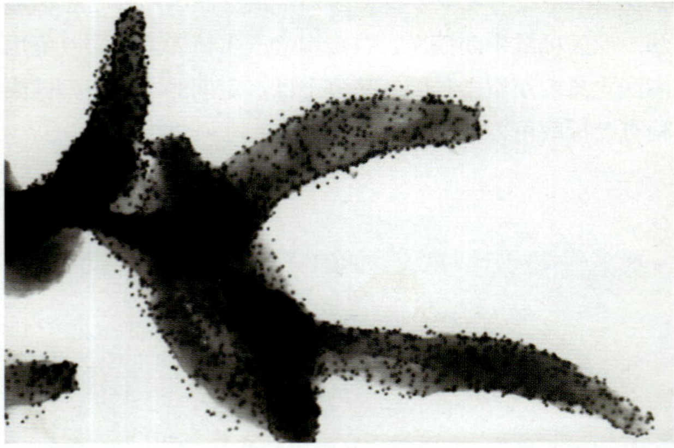

写真1 *L. intracellularis* の透過型EM像．
抗外膜モノクローナル抗体による金コロイド免疫染色．
（写真提供：Steven McOrist 氏）

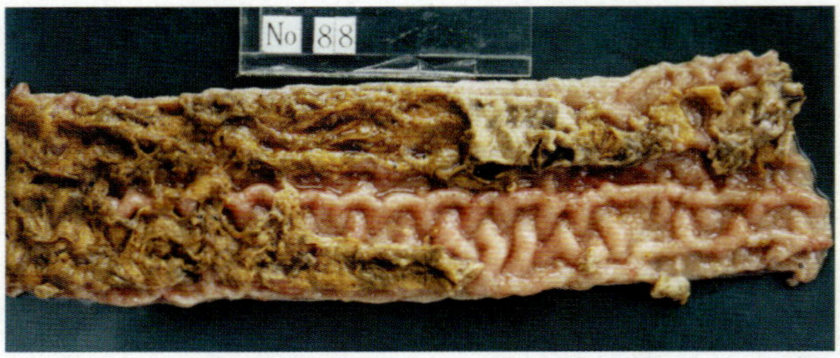

写真2 腸腺腫症（1）．
回腸粘膜の襞状肥厚と偽膜．

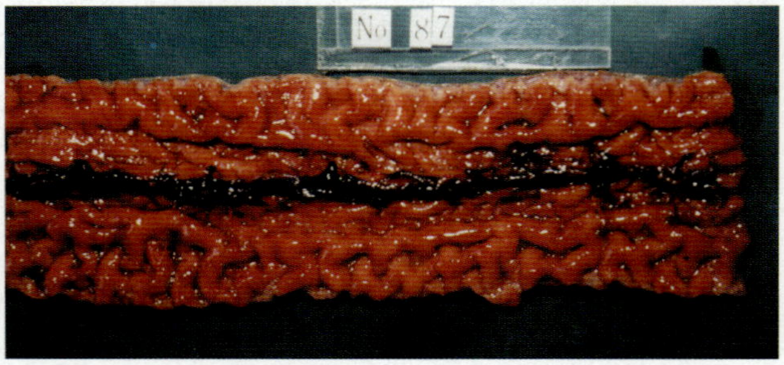

写真3 腸腺腫症（2）．
回腸粘膜の襞状肥厚と紐状血液塊．

写真4 発症豚が排泄した悪臭を伴うタール様血便.

る．粘膜の出血により多量の血便を排泄し，貧血を伴い急性経過で死亡する病型を増殖性出血性腸炎と称することもある（写真 4）．本疾病は，偏性細胞寄生性の新菌種 *Lawsonia intracellularis* による感染症である．増殖性出血性腸炎の病型を除いて，臨床症状に乏しく，間歇性の下痢，血便，発育不良がみられる程度である．

診　　断

病変部粘膜または糞便を材料とした PCR 法による *L. intracellularis* 特異遺伝子の検出と病理組織学的診断が主体となる．病変部粘膜上皮の腺腫様過形成と過形成した上皮細胞の先端部にカンピロバクター様菌が確認されれば，本病と診断される（写真 5，6）．

予防・治療

タイロシン，チアムリン，クロルテトラサイクリンの投与が，治療・予防に有効である．畜舎および器具器材の消毒には，逆性石けん系，ヨード系消毒薬が適している．

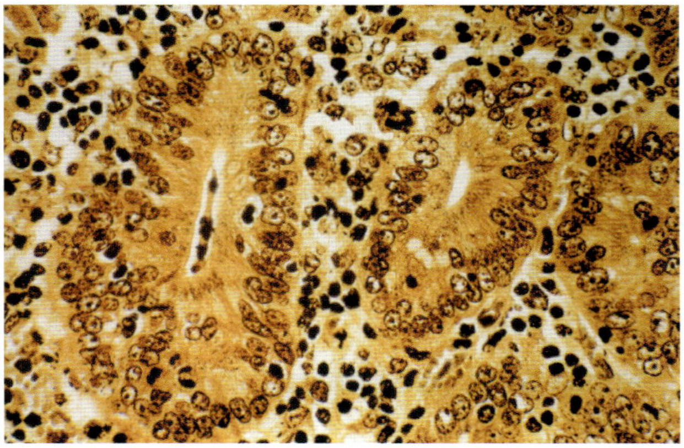

写真5 過形成した陰窩上皮細胞質先端に認められる多数の CLO.（写真提供：久保正法氏）

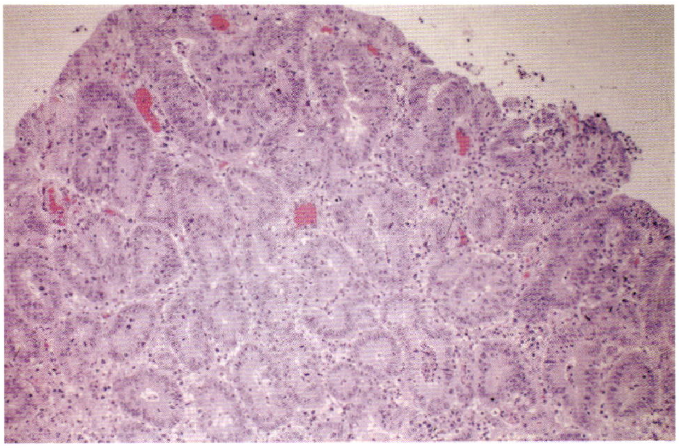

写真6 回腸粘膜の腺腫様過形成.（写真提供：久保正法氏）

米国，カナダでは弱毒生菌ワクチンが承認・使用されており，死亡率の低下，増体および飼料効率の向上が期待できるといわれる．

カンピロバクター食中毒

人獣

campylobacteriosis

Key Words：食中毒，下痢，鶏，ギラン・バレー症候群

カンピロバクター食中毒は重要な食水系感染症の1つで，開発国，発展途上国を問わず全世界で発生している．食品や飲料水を媒介とした集団発生例や散発性下痢の他，旅行者下痢の原因としても重要である．先進諸国において本食中毒は1990年以降増加傾向にあり，欧米ではサルモネラ感染症の患者数を上回っている．国内においても増加傾向にあり（図1），細菌性食中毒のうち患者1人事例の発生件数では2001年以降から第1位を占めている．さらに，近年本菌のキノロン系薬剤に対する耐性獲得の増加や本症の合併症として麻痺を伴うGuillain-Barré（ギラン・バレー）症候群（GBS）との関連が問題となっている．

原　因

下痢患者便から分離されるカンピロバクター（*Campylobacter*）属菌として，*Campylobacter jejuni* subsp. *jejuni*，*C. jejuni* subsp. *doylei*，*C. coli*，*C. lari*，*C. fetus* subsp. *fetus*，*C. upsaliensis*，*C. hyointestinalis* subsp. *hyointestinalis*，*C. concisus*，*C. sputorum* biovar *sputorum* などが報告されているが，カンピロバクター食中毒の大部分は *C. jejuni* subsp. *jejuni* に起因する．日本では *C. jejuni* と *C. coli* の2菌種が食中毒細菌に指定されている．

疫　学

本属菌の多くは家禽，家畜，伴侶動物および野生動物などの腸管内に広く分布する他，河川，湖沼，下水などの環境からも分離される．本属菌は微好気性で実験的には乾燥に弱く，30℃以下の温度では増殖できず，大気中の酸素濃度で速やかに死滅するが，4℃以下で保存した食品や飲料水中では比較的長期間生存する．感染源としてとくに注意が必要な食品は鶏肉とその関連調理食品で，市販鶏肉は他の食肉に比べ *C. jejuni/coli* の汚染率が高い．鶏の介卵感染はないと考えられている．ヒトへの感染は，菌に汚染された食品や飲料水を介して，あるいは保菌動物との接触によって起こる（図2）．比較的少ない菌量（100個程度）で感染が成立するが，ヒトからヒトへの感染はまれである．*C. jejuni* と *C. coli* は，菌体の易熱性抗原（Lior型）と耐熱性抗原（Penner型）により多くの血清型に型別され，疫学マーカーとして利用されている．

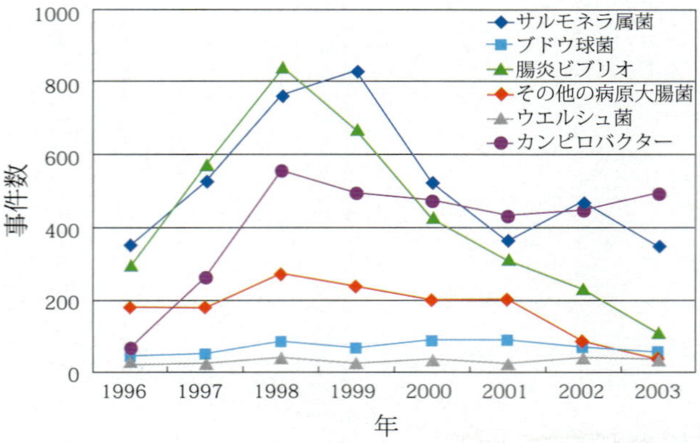

図1 国内における主要な細菌性食中毒発生件数の推移.

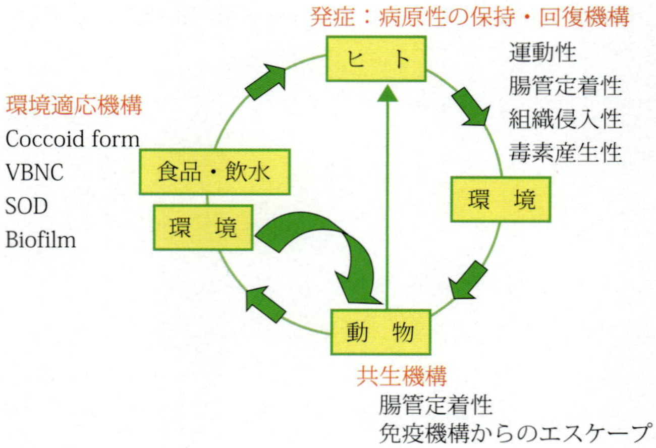

図2 カンピロバクター食中毒の感染様式.

写真 1 Skirrow 寒天培地および CCDA 寒天培地上の *C. jejuni*.

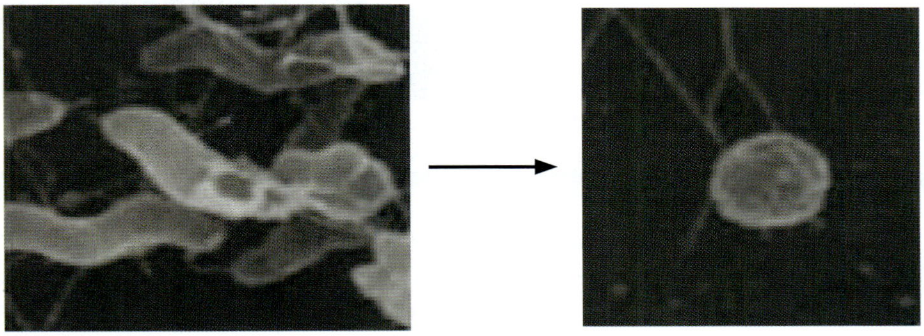

写真 2 *C. jejuni* の培養に伴う菌形態の変化.

症　　状

潜伏期間は 2 ～ 7 日．*C. jejuni* による腸管感染症の症状は，他の感染型細菌性食中毒と類似し，腹痛，頭痛，悪寒，発熱，悪心，嘔吐，倦怠感などがみられ，水様性あるいは粘血性の下痢が認められる．下痢は通常 1 ～ 3 日程度で回復する．まれに肝炎，敗血症，髄膜炎，関節炎のほか，手足や全身の筋肉が麻痺する GBS を併発することもある．GBS は急性の運動麻痺を主徴とする末梢神経系の炎症性，脱髄性疾患で，重度の後遺症を残す例や急性期の治療が十分にできないと死亡する例がある．これまでの疫学調査によると GBS 患者の少なくとも 30％が *C. jejuni* の先行感染を受けていると推定されている．

診　　断

患者便および食品などの検査材料を選択剤の入った液体培地（プレストン培地など）で増菌した後，Skirrow 培地や CCDA 培地などの選択分離培地を用いて分離・同定する（写真 1）．*C. jejuni/coli* はらせん菌であるが，陳旧培養では球状に変化する（写真 2）．菌種に特異的な PCR 法などの遺伝子診断法も開発されている．

カンピロバクター食中毒事例において，その感染源を特定するのは困難なことが多い．その主な理由として，食品中の汚染菌量が比較的少ないこと，潜伏期間が比較的長いため原因食品が残っていないか，食品中の菌が死滅あるいは減少し，食品からの菌分離が困難であることなどが考えられる．とくに食品の凍結・融解によって本菌の生残性は著しく減少する．

予防・治療

予防法としては，食品の加熱調理と 2 次汚染の防止，伴侶動物の適正飼養などが重要である．とくに感染源として問題となっているブロイラーに関しては，農場における衛生対策，プロバイオティクス投与による菌の排除，食鳥肉処理場における衛生対策などが予防法として重要となるが，現状ではこれらの過程でカンピロバクターを制御するのは困難である．

エリスロマイシン，ニューキノロン系薬剤などが第 1 選択剤として用いられるが，ニューキノロン系薬剤に対する耐性菌の出現が問題となっている．

レプトスピラ

基本性状

グラム陰性らせん状のスピロヘータ

重要な病気

黄疸出血性レプトスピラ症（Weil 病）（ヒト）

レプトスピラ症

（牛，水牛，シカ，豚，イノシシ，犬）

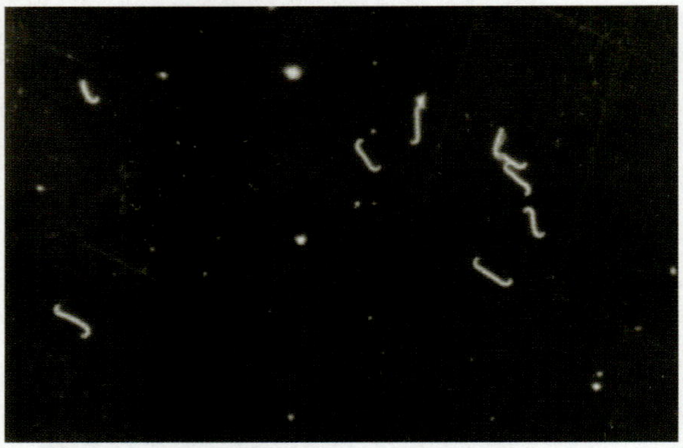

FIG　暗視野顕微鏡下でのレプトスピラ

分類・性状

グラム陰性，好気性，0.1 μm × 6 ～ 20 μm の細長いらせん状で，細胞の先端が鉤状に屈曲している．菌の両端から派生した２本の軸糸（ペリプラスム鞭毛）がらせん状の菌体に巻き付き，それらをエンベロープが包む．回転および屈折により活発に運動（暗視野顕微鏡下で観察）する．

レプトスピラは遺伝学的な性状から，病原性を示す *Leptospira interrogans* や非病原性を示す *L. biflexa* などを含む 18 種の遺伝種（genomospecies）に分類されている．これらの菌種はさらに 28 血清群 250 以上の血清型に分類されている．

レプトスピラ症は *L. interrogans* などの病原性レプトスピラの感染により発熱，血色素尿，黄疸，流産などを主徴とする人獣共通感染症である．症状は血清型により多様である（表 1）．

生　態

レプトスピラ症は水や土壌などを介して動物間で循環形式で感染が成立する（図 1）．

感染した動物が耐過すると，レプトスピラは腎臓の尿細管に局在し，尿中に排菌される．本菌によって汚染された地表水や湿った土壌にヒトや家畜が接触することにより，体表（とくに創傷などがある場合）から感染する．ドブネズミなどのげっ歯類は，感染しても発症せず長期間にわたって排菌し続けるので，病原巣（reservoir）としてヒトや家畜への感染に重要な役割を果たしている．

表 1　わが国における主なレプトスピラ症

病　名	分布	血清型
黄疸出血性レプトスピラ症（Weil 病）	全国	Icterohaemorrhagiae，Copenhageni
秋季レプトスピラ症	全国	Autumnalis，Hebdomadis，Australis
犬型レプトスピラ症	全国	Canicola
その他のレプトスピラ症	沖縄	Pyrogenes，Javanica

分離・同定

ウサギ血清加コルトフ培地，EMJH 培地などや，5- フルオロウラシル，ネオマイシン，シクロヘキシミドを添加した選択培地が使用される．菌分離材料を接種した培地は数週～数か月間観察する．

菌の同定は，基準株に対するウサギ免疫血清を用いて顕微鏡凝集反応によって行う．その他，鞭毛遺伝子の塩基配列，PFGE パターンなどにより同定される．

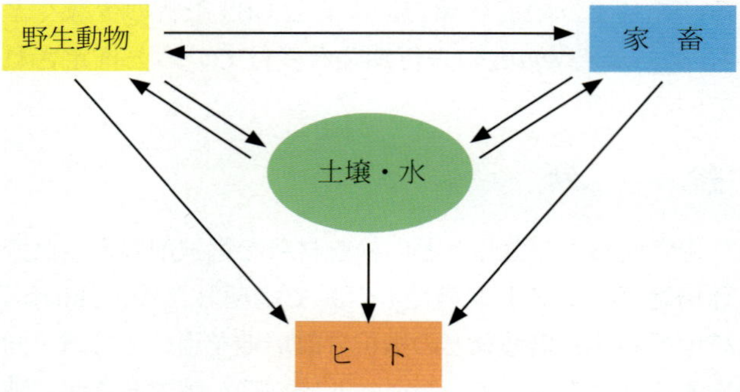

図 1　レプトスピラの感染様式．

牛のレプトスピラ症

届出
人獣
四類

bovine leptospirosis

Key Words：血色素尿，黄疸，顕微鏡凝集反応

原　　因

世界各地で発生があり，地域によりレプトスピラの血清型が異なる．主要な血清型は

日本：Autumnalis，Australis，Hebdomadis

米国：Pomona，Hardjo

欧州：Grippotyphosa

症　　状

臨床症状，死亡率は血清型により異なる．

一般に発熱（39.5 ～ 41℃），結膜炎，貧血，乳量減少などを伴う．重症例では血色素尿が著明で，暗赤色または黒色状となる（写真 1，写真 2）．黄疸や脳炎症状もみられる．腎不全や肝壊死を併発すると死亡する．Pomona 感染の場合，死流産のケースが多い．

診　　断

菌の分離：レプトスピラが感染し体内に侵入すると，血液中で増殖し発熱する（急性期，レプトスピラ血症）．血中抗体が産生されると（発症後数日以降）血中から菌が消失する．その後，腎臓の尿細管中で増殖し尿中に排泄される．したがって，急性期（有熱期）では，血液（2 ～ 3 滴）を，慢性期では尿または腎臓を材料とし，これを液体培地に接種し，30℃　数日～ 2 か月程度培養する．材料が汚染されていたり，菌数が少ない場合には，モルモットの腹腔内に接種し，発熱時の心血を培養して菌を分離する．

血清診断：顕微鏡凝集反応（microscopic agglutination test：MAT）が応用されている．希釈した被検血清に等量の抗原（生菌あるいは死菌）を加え，37℃ 3 時間後，凝集の有無を暗視野顕微鏡下で観察する．抗原は，その地域に存在する主要な血清型を中心に使用する．

予　　防

病原巣となるネズミなどのげっ歯類や野生動物の牛舎への侵入あるいは定着を阻止することが重要である．

死菌ワクチンは発症阻止や流産予防に効果はあるが，腎レプトスピラ症を防ぎ，尿中へのレプトスピラ排出を阻止することに対しては十分ではない．日本では，発症例が少ないので牛に対するワクチンは応用されていない．

治　　療

ペニシリンは症状を軽減させるには有効であるが，腎中のレプトスピラを除去するにはストレプトマイシン投与がよい．両薬剤の併用が望ましい．

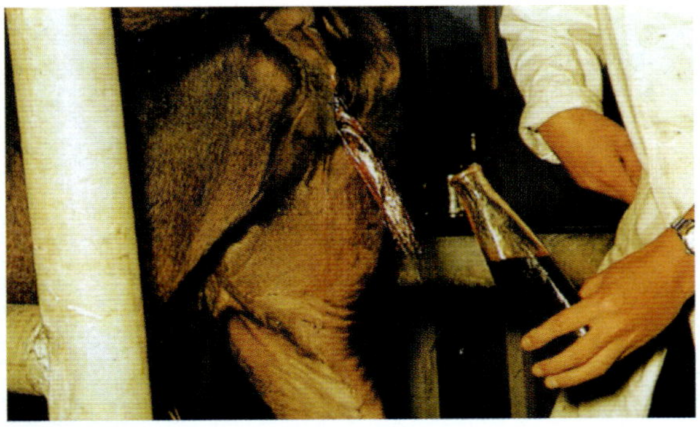

写真 1　暗赤色を呈する血色素尿の排泄．（乾　純夫 著，農林水産省畜産局監修，「家畜疾病カラーアトラス」，家畜伝染病予防法施行 40 周年記念出版事業協賛会，1992 年より）

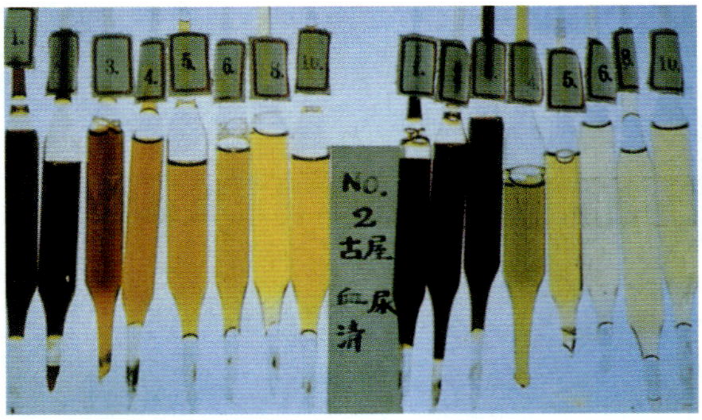

写真 2　感染牛の尿と血清の経時的変化．（乾　純夫 著，農林水産省畜産局監修，「家畜疾病カラーアトラス」，家畜伝染病予防法施行 40 周年記念出版事業協賛会，1992 年より）

犬のレプトスピラ症

届出 人獣 四類

canine leptospirosis

Key Words：黄疸，出血，腎機能障害，ブドウ膜炎

Leptospira interrogans の感染による疾患である．

本菌は 19 血清群に分けられ，血清型は 200 以上に区分されている．犬からは *L.* Icterohaemorrhagiae と *L.* Canicola が最も頻繁に分離されている．

症　　状

血清型によっては宿主に特異的なものがある．感受性のある動物の粘膜または皮膚損傷部位から侵入する．

主要症状：甚急性・急性：発熱，筋肉弛緩，嘔吐，脱水，ショックを起こす．また播種性血管内凝固，出血がみられる．肝機能障害および腎不全を伴い，黄疸，出血，尿毒症を呈して死亡する．

亜急性：発熱，嘔吐，脱水，黄疸（写真 1），筋肉痛がみられる．血管および血小板が障害され，出血が起こる．髄膜炎や腎炎を呈する．流産もみられる．

慢性・無症状：原因不明の発熱やブドウ膜炎が発現することがある．主として慢性腎炎が問題となる．

診　　断

病理学的には主に肝臓，腎臓，肺（写真 2）に病変がみられる．脳，眼，生殖器も障害される．急性型では出血や浮腫を伴う実質臓器の炎症が，また慢性型では線維化や萎縮が顕著である（写真 3）．

各種検査を病期によって適切に行う必要がある（表 1）．

直接鏡検：暗視野顕微鏡や位相差顕微鏡を用いて，末梢血，尿などについて直接菌を検索する．

組織学的検査：銀染色法，蛍光抗体法，酵素抗体法などによって菌を検出する．

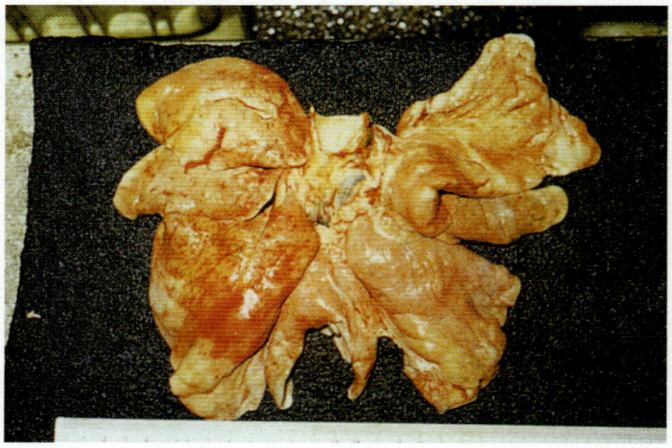

写真 2　肺にみられた出血（犬）．

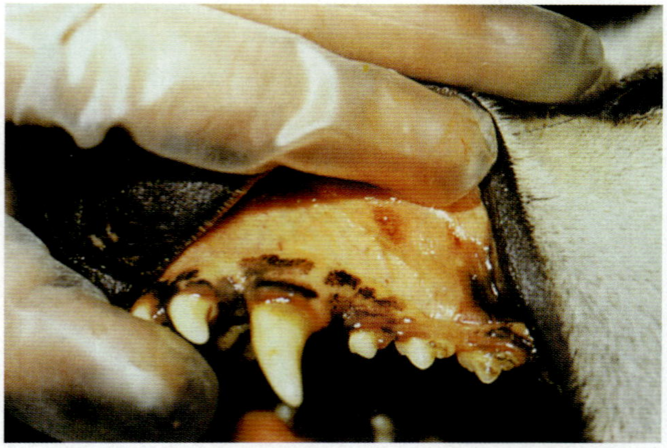

写真 1　口腔粘膜の黄疸と出血（犬）．

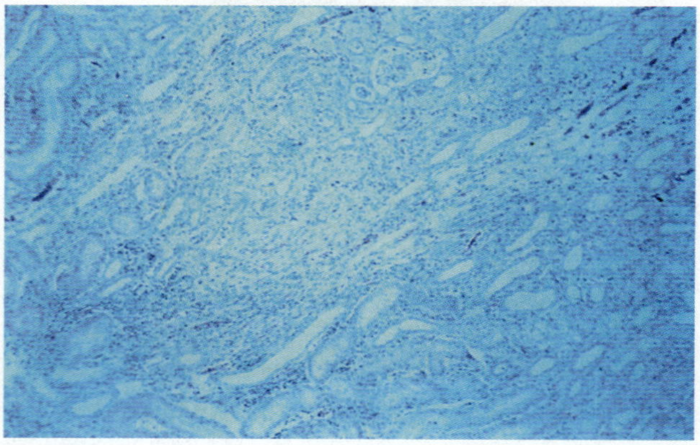

写真 3　病理組織像．尿細管部の病変が顕著．

表1 検査法と検査時期

検査法	病期	可検材料				
		血液	髄液	尿	肝組織	腎組織
暗視野検査	1週目	＋	＋		＋	＋
	その後			＋		＋
培養検査	1週目	＋	＋		＋	＋
	その後			＋*		＋
血清抗体検査	1週目	(＋)	(＋)			
	その後	＋	＋			

＊動物接種による．

培養検査：コルトフ培地やコックス培地などに材料を接種し，25℃で培養する．組織は1％牛血清アルブミン中でホモジネートし，10倍以上に希釈して培養する．体液も同じように希釈するが，体液中に存在する発育阻止因子の作用を減弱させるためである．また，モルモットなど感受性動物に接種して菌を分離する．

抗体検査：ペア血清で検査し，その変化で判定する．顕微鏡凝集反応（シュフナー・モホタール反応）やラテックス凝集反応による．

遺伝子検査：血液や尿中のレプトスピラ遺伝子を検出する．

予防・治療

ワクチン接種を行うと同時に保菌動物であるげっ歯類を制御する．また，レプトスピラの生存に適した環境を根絶し，感染動物は隔離して徹底治療する．

原因療法は抗生物質（ペニシリン，ストレプトマイシンなど）の投与である．対症療法と支持療法によって，ショック，出血に対応し，腎不全を是正する．

ヒトでも黄疸，出血，髄膜炎，ブドウ膜炎などがみられ，死亡例も多い．したがって，排菌している動物を隔離し，完治させる．汚染された場所はヨード系消毒剤で消毒し，乾燥させる．げっ歯類をはじめ動物の尿が感染源となることが多いので，注意する必要がある．

ヒトのレプトスピラ症

人獣
四類

leptospirosis

Key Words：Weil 病，秋やみ，黄疸

本症は，重症のものでは黄疸・出血・蛋白尿を主徴とするが，軽症のものでは発熱のみを主徴とし，多彩な病型を示す急性熱性疾患である．2003 年より「感染症法」により四類感染症に新たに加えられた．

疫　　学

1970 年代までは全国的に多発していたが，その後激減し，80 年代以降は散発的な発生である．自然界における病原体保有動物はドブネズミ，クマネズミで，尿中にレプトスピラを排泄する．ヒトへの感染は経口的，皮膚粘膜の創傷から起こる．野生動物が多く生息する地域に踏み込むことにより感染することもある．

症　　状

黄疸出血性レプトスピラ症（Weil 病）は，きわめて速やかな経過をとり，重篤となりやすい．早期治療の場合死亡率は 10％以下であるが，それ以降であると 20 ～ 40％となる．

第 1 期（発熱期）：発熱（39 ～ 40℃），頭痛，全身倦怠，眼球結膜の充血，黄疸，出血傾向．腎炎，蛋白尿，血尿，白血球増多，血中および尿中窒素の増加．

第 2 期（発黄期）：最も危険な時期，黄疸顕著，出血傾向（皮下，口腔内，鼻出血，眼球結膜，血尿），循環不全，神経症状（意識障害，痙攣）．

第 3 期（回復期）：黄疸出血消退．

秋季レプトスピラ症（表 1）の症状は，Autumnalis や Australis によるものでは比較的強く，Hebdomadis によるものでは軽度で黄疸はまれである．3 ～ 4 週で回復する．

表 1　秋季レプトスピラ症

血清型	病　名
Hebdomadis	福岡県の 7 日熱（なのかやみ） 静岡県の秋疫（あきやみ）
Autumnalis	静岡県の秋疫 長崎県の波佐見熱 岡山県の佐州熱
Australis	天竜川流域の用水熱

犬型レプトスピラ症では，黄疸や出血は欠くかきわめて軽度である．3 ～ 4 週で回復する．風土病として各地に存在する．

診　　断

基本的には牛の診断法と同様である．

レプトスピラの検出には発熱期（レプトスピラ血症）の血液・髄液，回復期の尿を用いる．

予　　防

水田などの湿式農業が広く営まれている中国や東南アジアなどの流行地では，多価死菌ワクチンが用いられている．日本では *Leptospira interrogans* serovar Icterohaemorrhagiae（または Copenhageni），Autumnalis，Hebdomadis，Australis の 4 血清型混合ワクチンである Weil 病あきやみ混合ワクチンが用いられている．

ペニシリン系，テトラサイクリン系，マクロライド系抗生物質に対して感受性である．

ブラキスピラ

基本性状
グラム陰性嫌気性らせん菌
重要な病気
豚赤痢（豚）
豚結腸スピロヘータ症（豚）
（豚腸管スピロヘータ）

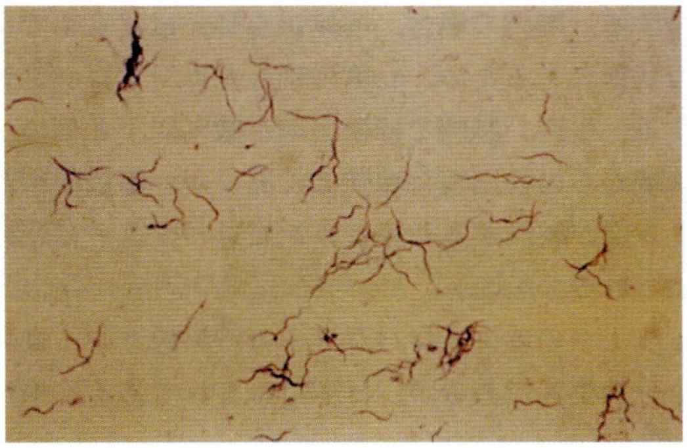

FIG　ブラキスピラ属のギムザ染色像
穏やかならせん形を呈する

分類・性状

ブラキスピラ（*Brachyspira*）属は生化学的性状から *Spirochetes* 目トレポネーマ（*Treponema*）属に分類されていたが，1992 年，DNA 相同性試験からトレポネーマ属からサープリーナ（*Serpulina*）属として独立した．しかし，1997 年，本属菌の 16S rDNA 配列が，*Brachyspira aalborgi* と高い相同性を示すことが報告され，命名上の優先性からサープリーナ属菌はブラキスピラ属に統一されている．ブラキスピラ属には，*B. aalborgi* の他に，豚に病原性のある *B. hyodysenteriae*，*B. pilosicoli* および非病原性の *B. innocens* および *B. murdochii*，さらに病原性の不明な *B. intermedia* が含まれている．ブラキスピラ属菌は，グラム陰性で，緩やかならせん状の形態を呈し，長さ 5.2 ～ 14 μm，幅 0.19 ～ 0.40 μm の運動性を持つらせん菌である（写真 1）．生菌を暗視野顕微鏡で観察すると，形態およびその運動性（菌体の回転，屈曲，蛇行運動）が明瞭に観察できる．透過型電子顕微鏡で観察すると，菌体は波状の外被膜で包まれ，菌体と外被膜間に 4 ～ 14 本の軸糸が認められる（写真 2）．

生　　態

スピロヘータ類は，一般に水中で自由生活できるもの

写真 1　*B. hyodysenteriae* の走査型 EM 像．
長さは 7 ～ 10 μm で，幅は 0.3 ～ 0.4 μm である．

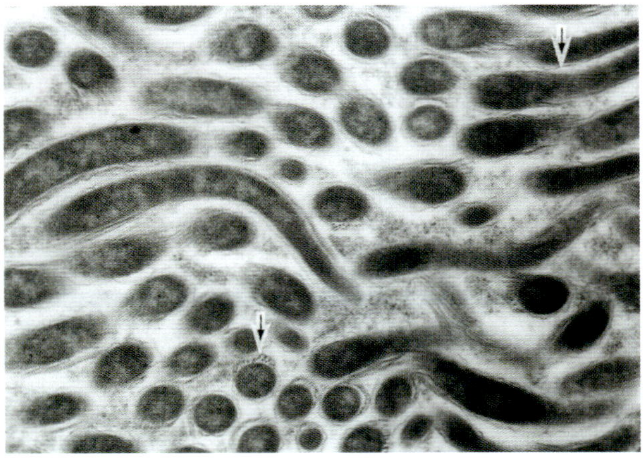

写真 2　*B. hyodysenteriae* の透過型 EM 像．
菌体の外被膜に複数の軸糸（矢印）が走行する．

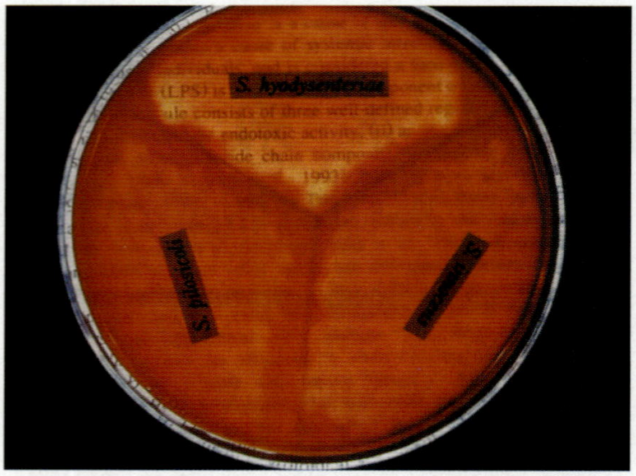

写真３　*B. hyodysenteriae*，*B. pilosicoli* および *B. innocens* の溶血斑．（写真提供：大宅辰夫氏）
B. hyodysenteriae は β 溶血斑を呈し，他の類似菌は弱い溶血性を呈する．

が多い．発病動物や保菌動物の糞便中などに排泄され，これらを経口摂取することによって感染する．

分　離

豚などの哺乳類の腸管や糞便から分離される．希釈した糞便の暗視野顕微鏡法により菌体の運動が観察される．

ブラキスピラ属は 25 ～ 30℃では増殖せず，36 ～ 42℃で増殖する．38℃で 48 ～ 96 時間，血液加トリプチケースソイ寒天培地で嫌気培養すると，直径 0.5 ～ 3mm で扁平で半透明のコロニーが観察され，菌種によっては溶血性あるいは強い β 溶血性を示す（写真 3）．

病 原 性

本菌属には，獣医学上重要な *B. hyodysenteriae*（豚赤痢菌）および *B. pilosicoli* がある．

豚 赤 痢

届出

swine dysentery

Key Words：出血性大腸炎，粘血性下痢，発育不良

豚赤痢は，*Brachyspira hyodysenteriae* による粘血性下痢を主徴とする急性または慢性の豚の伝染性大腸疾患である．

原　因

原因菌は，本病の発生報告があってから約 50 年間もの長い年月の間確定できなかった．1972 年に罹患豚の大腸内容物から大型スピロヘータが分離・培養された．本菌はトレポネーマ（*Treponema*）属の *Treponema hyodysenteriae* と命名されていたが，1992 年にトレポネーマ属からサープリーナ（*Serpulina*）属として独立したのち，1997 年に従来からあるブラキスピラ（*Brachyspira*）属に再分類され，現在，*B. hyodysenteriae* とされている．

本菌は，長さ 7 ～ 10 μm，幅 0.3 ～ 0.4 μm の緩やかならせん状を示すグラム陰性の嫌気性細菌である．形態の特徴として，7 ～ 14 本の軸糸と称される鞭毛様構造物が整列して菌体の両端に発し，外皮膜下に走行している．腸内容物あるいは糞便の暗視野顕微鏡法で激しい運動性がみられる．*B. hyodysenteriae* には，現在 11 種（A ～ K）の血清群が報告されている．

疫　学

本病は 1921 年に最初の発生報告があり，現在では世界中の豚生産国でその発生がみられている．国内では，1960 年代から発生している．品種，性別に関係なく発病する．離乳後の 15 ～ 70kg の豚に多くの発生が認められ，時に，成豚や哺乳豚でも発生が認められる．

発生例の多くは，保菌豚の導入が感染源となっている．伝播速度は緩やかであり，死亡率は 5％程度であるが，発病率は 80％に及ぶこともあり，長期間持続する．一度発生すると常在化する傾向があり，発育遅延および飼料効率の低下をもたらすためその経済的損失は大きい．

症　状

元気消失，食欲減退，体重減少がみられる．本病の特徴は悪臭のある粘血下痢便を排泄する赤痢症状である（写真 1，2）．便の性状は，軟便から下痢便に進行し，粘液が混入し粘稠となり，出血がみられ，剥離・脱落した上皮細胞の混入が認められるようになる．下痢は一般に 5 ～ 10 日間持続する．回復後の再発もある．

発病機序：感染形式は経口感染で，発病豚や保菌豚の糞便を摂取することによって成立する．潜伏期間は

写真 1　感染豚の粘血便．（写真提供：大宅辰夫氏）

写真 2　感染豚の出血性下痢便．（写真提供：牛島稔大氏）

1～2週間である．

腸管に侵入した本菌は，激しい運動性で腸上皮細胞内あるいは細胞間に侵入し，基底膜に達し，基底膜に沿ってさらに侵入する．このために，成熟吸収上皮細胞は剥離・脱落し，水分・電解質などの吸収不全が起きる．また，本菌の一部は，粘膜固有層にも侵入し，血管にも傷害を与え，出血性病変を誘発する．本菌の病原因子として，溶血毒素およびLPSが報告されている．溶血毒の数種は，細胞毒性を有し，豚の腸上皮細胞に対しても毒性を有することが知られている．一方，陰窩深部では腸上皮細胞の幹細胞の核分裂が旺盛となり，杯細胞などの上皮細胞が過形成し，粘液および水分などの分泌亢進が認められる．このような，腸粘膜の退行性変化および進行性変化のために出血，粘液を伴った下痢が発現する．しかし，赤痢発症には，本菌の感染に加えて，*Fusobacterium necrophorum*，*Bacteroides vulgatus*，クロストリジウム（*Clostridium*）属菌などの腸内フローラの存在あるいはストレスが関与している．

診　　断

迅速診断としては，腸内容物あるいは糞便材料の暗視野顕微鏡法により，大型らせん菌の有無を観察する．確定診断には下痢便または粘膜病変部からの本菌の分離・同定が必要である．選択培地には，スペクチノマイシン（400 μg/ml）添加，あるいはさらにコリスチン（25 μg/ml）およびバンコマイシン（25 μg/ml）添加した5%血液加トリプチケースソイ寒天培地で，37～42℃で3～6日間，ガスパック法などで嫌気培養する．他のブラキスピラ属との鑑別には，β溶血斑が指標となる．

剖検所見：病変は，盲腸，結腸および直腸に限局して認められ，腸間膜リンパ節は腫脹する．腸壁は水腫性肥厚し，充血が著しい．粘膜面は暗赤色を呈し，出血を認める．表面は粘液や血液の混在した粘稠性の滲出液で被われている（写真3）．偽膜を形成することもある．

組織所見：急性の場合，粘膜表層では，腸上皮の変性，壊死，剥離，脱落が著しく，出血，細胞頽廃物および線維素の滲出が認められ，粘膜固有層には好中球の浸潤が認められる．陰窩では，上皮細胞の過形成，陰窩腔の拡張と粘液の充満が認められる．Warthin-Starry（ワーチン・スターリー）法によると銀染色では，本菌が粘膜表面，陰窩腔内および杯細胞などの上皮細胞内に認められる．慢性の場合，粘膜は肥厚し，陰窩上皮細胞の著明な過形成が認められる（写真4，5）．

電子顕微鏡所見：本菌の腸上皮細胞への付着像あるい

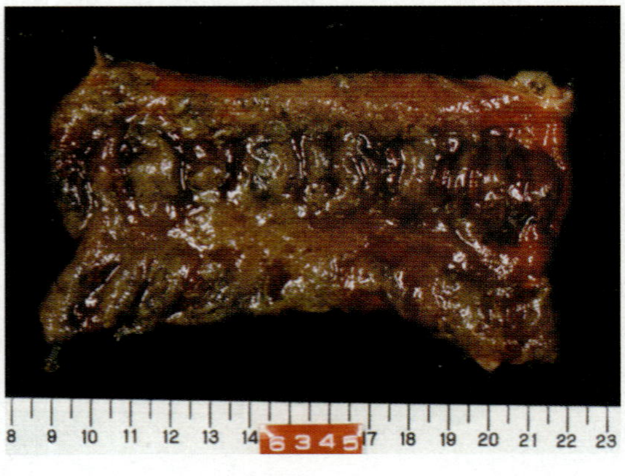

写真3　感染豚の結腸粘膜．
粘膜は出血し，粘液および線維素が滲出する．

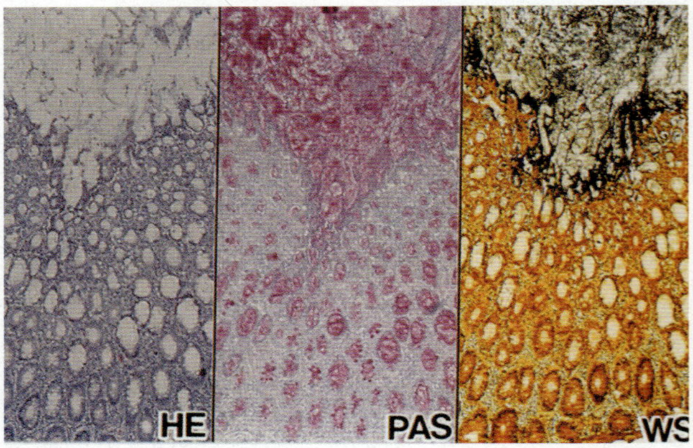

写真4　感染豚の結腸粘膜の組織像．
粘膜の肥厚，陰窩腔の拡張，粘液の分泌亢進があり，本菌が著明に増殖している．HE：ヘマトキシリン・エオジン染色，PAS：過ヨウ素酸シッフ染色，WS：Warthin-Starry 染色．

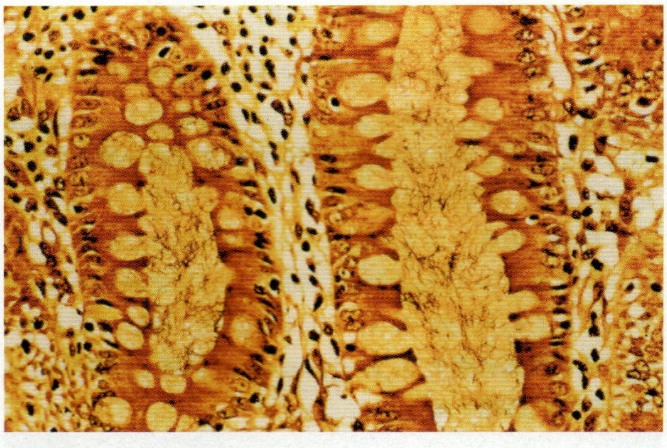

写真5　結腸粘膜の陰窩．
黒色に染まる大型らせん菌が陰窩腔内に充満し，一部は杯細胞などの上皮細胞内に侵入する．Warthin-Starry 染色．

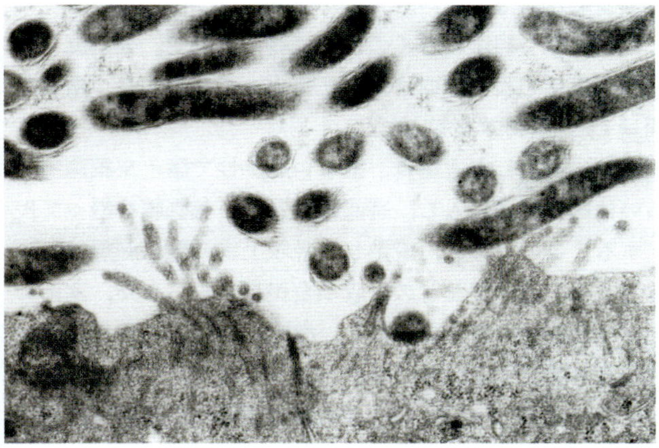

写真 6 腸上皮細胞に付着した *B. hyodysenteriae*（透過型 EM 像）.
細胞表面の微絨毛は破壊される.

は細胞内侵入像が観察される（写真 6）. 微絨毛は破壊され，ミトコンドリアおよび小胞体の腫脹など，細胞小器官は重度な障害を受け，腸上皮細胞は壊死に陥る.

類症鑑別

増殖性腸炎，サルモネラ症，壊死性腸炎あるいは鞭虫症との鑑別が必要である.

予防・治療

有効な治療薬剤としては，カルバドックス，フマル酸チアムリン，塩酸リンコマイシンおよびデルデカマイシンがある. 予防としては，罹患豚との接触の防止，飼養環境の改善，豚のオールイン・オールアウト方式における清浄化が望ましい.

その他のスピロヘータ

牛の乳頭状趾皮膚炎

bovine papillomatous digital dermatitis

Key Words：スピロヘータ，*Treponema brennaborense*，らせん菌，皮膚炎，蹄疾患

疾　病　名

1974年イタリアで報告された趾皮膚炎（digital dermatitis：DD）に関連する疾病には，乳頭状趾皮膚炎（papillomatous digital dermatitis：PDD），趾乳頭腫症（digital papillomatosis：DP），趾間皮膚炎（interdigital dermatitis：IDD），疣状皮膚炎（verrucous dermatitis：VD），趾間乳頭腫症（interdigital papillomatosis：IDP），footwarts，hairy warts，Mortellaro病がある．日本の一部の地域では“ヒゲイボ”と呼ばれている．これらの病因は特定されていないが，共通してスピロヘータが感染している症例が多く確認されるため，一群の感染症と考えられている．

原　　因

本蹄疾患に関連するスピロヘータは少なくとも3ヵ国で分離されている．ドイツで発生したDDの病変部より分離されたDD5/3T株は，*Treponema brennaborense*と命名されている．この*T. brennaborense*は，ヒト歯肉炎病変から分離されたスピロヘータ*T. maltophilum*と遺伝学的に高い相同性（89.5％ 16S rRNA similarity）が認められ，長さ5～8μm，幅0.25～0.55μmの菌体に，2本のペリプラズム鞭毛をもち，運動性に富む．アメリカで発生したPDD並びにIDDの病変部からは，数種の未同定の*Treponema*が分離されている．また，イギリスで発生したDDの病変部から分離されたスピロヘータは，*T. brennaborense*並びに米国株と形態的に異なり，長さ5.35～7.25μm，幅0.25～0.35μmの菌体に9本の軸糸をもつ．これらの結果は，多くの異なるスピロヘータが蹄疾患の発症に関与し，地域および農場間で多くのバリエーションがあることを示している．一方，本疾患の原因が未分離・未分類の腸管スピロヘータである可能性も示唆されている．本蹄疾患の発症にはスピロヘータ以外の要因も関係することが推察される．日本では，PDD発症に*Campylobacter sputorum*の関与を示唆する報告がある．

疫　　学

本蹄疾患は，ヨーロッパ諸国，イラン，イスラエル，日本，カナダ，米国，メキシコ，チリ，ブラジル，南アフリカ，オーストラリアで発生している．日本では，1991年群馬での発生後，北海道，栃木，茨城，山梨，三重，兵庫，岡山，島根で確認されている．その発症は夏，とくに高温多湿な時期にフリーストール飼育されている泌乳初期の経産乳牛の後肢に多発する傾向がある．

症　　状

疼痛と跛行を示し，泌乳量と体重の減少がみられる．病変の多くは，後趾蹄球に隣接する趾間隆起部（写真1）付近に認められ，直径0.5～5cmで，丘疹状～乳頭状（写真2）を呈する．病変部は特有の腐敗臭をもつ．

診　　断

診断は，病理組織学的手法が主となる．HE染色にて，表皮の過形成（写真3）がみられる．Warthin-Starry（ワーチン・スターリー）染色にて，角質層・有棘細胞層に多数のらせん菌（写真4）が確認される．抗*T. pallidum*

写真 1 乳牛に発生した乳頭状趾皮膚炎(矢印).(写真提供:高橋孝志氏)

写真 2 乳頭状趾皮膚炎病変部の横断面.
髭のように伸びる表皮が確認できる(写真提供:高橋孝志氏).

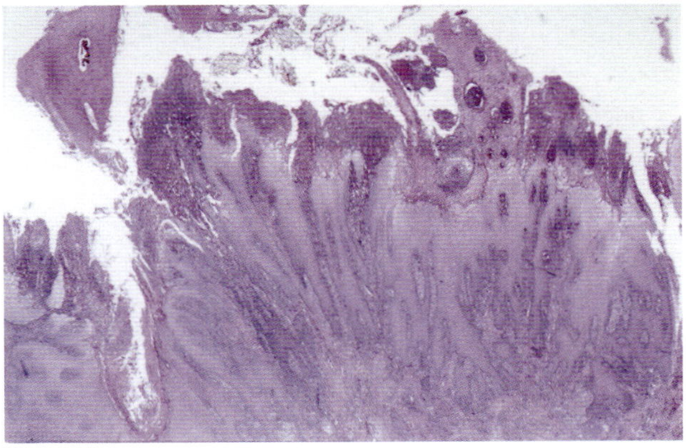

写真 3 乳頭状趾皮膚炎の組織像.
表皮は乳頭状に著しく増殖し,乳頭の過度の伸展を伴っている.HE 染色.

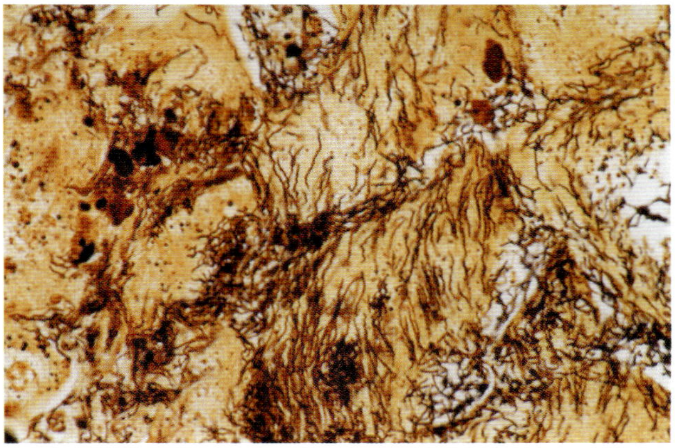

写真 4 乳頭状趾皮膚炎の組織像.
増殖した表皮層で増殖する多数のらせん状菌が認められる.Warthin-Starry 染色.

写真 5 乳頭状趾皮膚炎病変部の走査型 EM 像.
らせん状菌(矢印)が認められる(写真提供:小林勝氏).

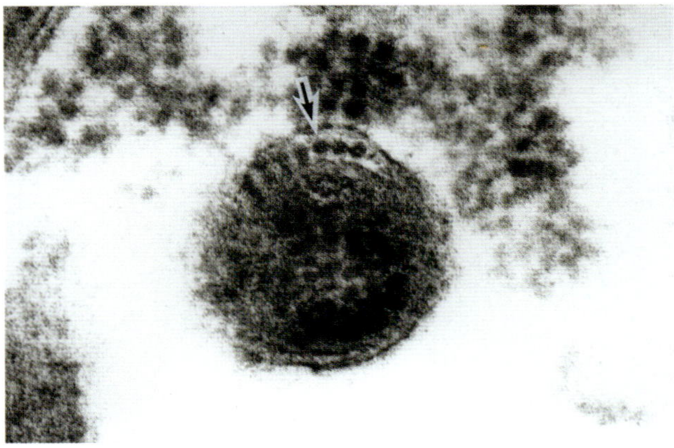

写真 6 乳頭状趾皮膚炎病変部の透過型 EM 像.
スピロヘータ特有の軸糸(矢印)がみられる.

ウサギ血清を用いた免疫組織学的検索にて，らせん菌は陽性反応を示す場合が多い．菌のらせん形状は走査型EMでも観察できる（写真5）．透過型EM観察では，スピロヘータ特有の軸糸（写真6）がみられる．PCR法によって病変部位からスピロヘータに特異的な16S rRNA遺伝子を検出することも診断の一助となる．

予防・治療

治療にはオキシテトラサイクリン，エリスロマイシン等の抗生物質を用いた脚浴，局所的軟膏塗布，噴霧が有用である．しかし，その効果は一時的な場合が多く，長期の予後観察と衛生管理の徹底が必要である．予防には，導入牛の事前検査の実施，牛床の衛生管理の徹底が重要である．

ボレリア（ライム病ボレリア）

基本性状

グラム陰性らせん状のスピロヘータ

重要な病気

ライム病（ヒト，犬，猫，牛，馬）

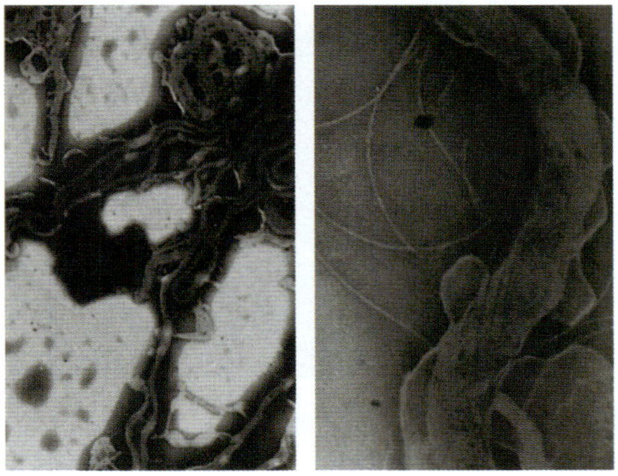

FIG *B. garinii* の EM 像

分類・性状

ライム病ボレリア（*Borrelia*）は回帰熱ボレリアと同様，節足動物媒介性のスピロヘータ科に属する菌属である．本菌は長さ 4 ～ 30 μm，幅 0.18 ～ 0.25 μm のらせん状を呈し，暗視野顕微鏡下で容易に観察できる．約 1,000kb からなるクロモゾーム上には中間代謝産物，高分子生合成，菌体構築などに関連する遺伝子が存在している．15 ～ 50kb の線状および環状プラスミドには *osp*（outer sheath protein）遺伝子があり，発現蛋白としての OspA から OspF は感染における重要な役割をもつ機能分子として注目されている．

ボレリアはライム病ボレリア以外のほとんどの菌種（*Borrelia hermsii*，*B. duttonii* など）はヒトの回帰熱の病原菌である．動物に対しては *B. anserine*（Avian Borreliosis），*B. theileri*（Bovine borreliosis，horse borreliosis），*B. coriaceae*（Epizootic bovine abortion）などが知られている．*B. burgdorferi* も含めて，いずれもダニやシラミの媒介によって感染が起こる．

生　　態

野ネズミが主なレゼルボア（保菌動物）となり，マダニをベクター（媒介節足動物，写真 1，2）とする自然界での循環がある．

ライム病ボレリアの媒介者（ベクター）はマダニ（*Ixodes*）属のマダニである．日本でボレリアを分離できたマダニの種類は，シュルツェマダニ以外にヤマトマダニ，タヌキマダニ，アカコッコマダニおよびキチマダニなどがある．このうち，シュルツェマダニとヤマトマダニはボレリア保有率が 10 ～ 50％と，きわめて高い．シュルツェマダニは日本では中部山岳地帯以北の寒冷地に分布する北方系の種で北海道では平野部にも生息し，ヤマトマダニは全国的に分布している．なお，北米では

写真 1　吸血後のシュルツェマダニ．

マダニはそれぞれの期に適した宿主から吸血する．マダニ科のシュルツェマダニは満腹するまで宿主から離れない．満腹すると体長は 10 倍，体重は 100 倍を超えるほどに膨大化し，自発的に宿主を離れる．この状態を飽血という．

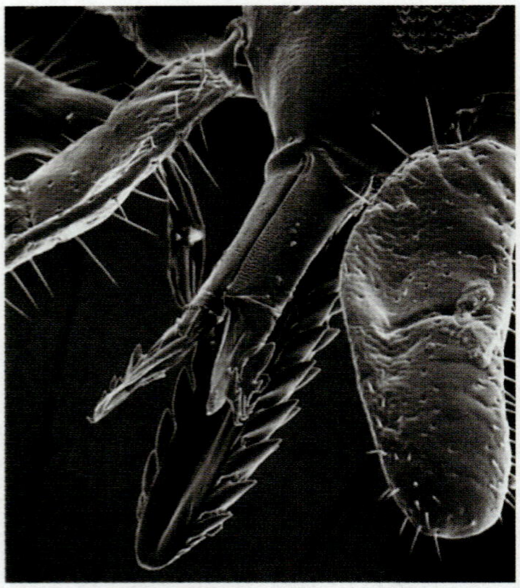

写真2 シュルツェマダニの顎体部の走査型 EM 像.
中央に口下片，その外側に一対の鋏角ならびに蝕肢が観察できる．口下片は宿主の皮膚を刺し，自分自身を固定する役目をもつ．そのため，歯は逆向きに付いている．唾液腺からはセメント質様の物質が分泌される．

Ixodes scapularis，欧州では *I. ricinus*，東欧から極東にかけては *I. persulcatus* がライム病病原体の主たる媒介者として知られている．

ライム病ボレリアの保菌動物としての必要条件は，異なったステージにあるマダニが高頻度に寄生することである．幼虫および若虫の寄生対象は野鼠などの小型哺乳類と野鳥であり，自然界でのボレリア伝播の主要サイクルが完成する．

一般的に，中大型哺乳類はマダニ類の個体群維持に役立っているといわれている．日本において，シュルツェマダニの若ダニおよび成ダニはエゾシカなどの大型哺乳動物を寄生対象とする．性フェロモンは集合フェロモンとしても働くといわれ，1 カ所に集中してマダニが集まってくる．このような環境は効率的に成ダニ－若ダニ間でライム病ボレリアの受け渡しを可能とする．このことはボレリアの第 2 の伝播維持機構として中大型哺乳動物が保菌宿主として重要な役割を担っていることを示すものである．

マダニ類は哺乳類のみならず鳥類にも寄生することが知られている．*B. garinii* はその他のボレリアに比べて，温度耐性があるため，鳥類での保菌が可能となる．野鳥は繁殖地でボレリアの分布を撹乱し，遠隔地への拡散を促すなどの役割を担っている可能性を持つ．

分類・培養

マウス，発育鶏卵などに接種し，分離培養できる．BSK II 培地を用いて液体培地での分離培養も可能である．30 ～ 34℃で 4 ～ 6 週間培養し，暗視野顕微鏡でスピロヘータを観察する．同定にはライム病ボレリアに特異的な 16S rRNA 遺伝子，外膜蛋白質遺伝子などを増幅する PCR 法がよい．

ライム病

人獣
四類

lyme disease

Key Words：マダニ媒介性，遊走性紅斑，感冒性症状

原　　因

ライム病ボレリアの菌種には11種が報告されており，*Borrelia burgdorferi* sensu stricto，*B. garinii*，*B. afzelii* の3菌種が病原体として重要である．

疫　　学

ライム病ボレリアはマダニ（*Ixodes*）属によって媒介される．自然界でのサイクルでは，孵化したマダニ幼虫（larva）は野鼠や野鳥を吸血，脱皮して若虫（nymph）となる．若虫は小動物や大型中型動物を吸血，脱皮して成虫（adult）となる．雌は産卵のためもう一度吸血する（写真1）．マダニの吸血行動においてボレリアの受渡しが行われる．したがって，ライム病はマダニの分布に一致して世界各地の温帯から亜寒帯の森林地域から主に発生する．北米，ヨーロッパ，アジアでマダニの種は異なり，ボレリアの種や性状が異なっている．

疾病感受性は動物種や系統によって異なり，犬では高く，牛では低い．主要組織適合遺伝子複合体は免疫機構における遺伝的拘束因子の1つであるが，ヒトの慢性関節炎でもDR4やDR2に相関が見出されている．マウスではH-2分子以外に複数の分子が関与している．

ライム病ボレリアの多様性に基づいたゲノム分類の結果は，その相違が臨床症状の差に関連付けられることを示している．すなわち，*B. burgdorferi* sensu stricto は関節炎との関連が，*B. garinii* は神経ボレリア症との関連が，*B. afzelii* は慢性萎縮性肢端性皮膚炎との関連がある．

症　　状

ライム病において唯一特徴的な症状はマダニ刺傷部を中心に現れる遊走性紅斑（erythema migrans：EM）である．北米では50～80％の患者に出現するが，ヨーロッパやアジアでは10～50％と低い．ほかの早期症状としては感冒様症状や髄膜炎症状などがみられ，こうした皮膚以外の症状が重症であるほど後期症状が重症化

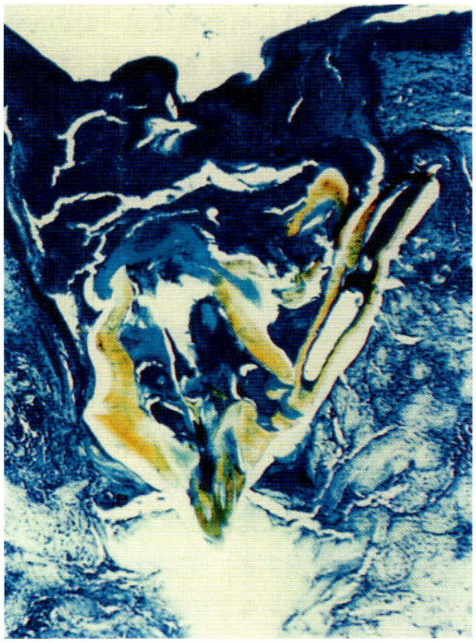

写真1　野生シカの皮膚に食い込んだマダニの顎体部．

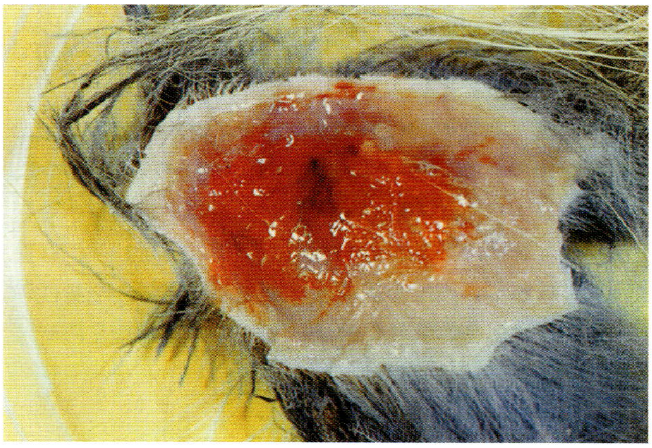

写真2　野生キタキツネ皮下出血病変．
マダニ刺傷部だけでなく皮下には同様の病変が認められ，ライム病ボレリアが分離された．

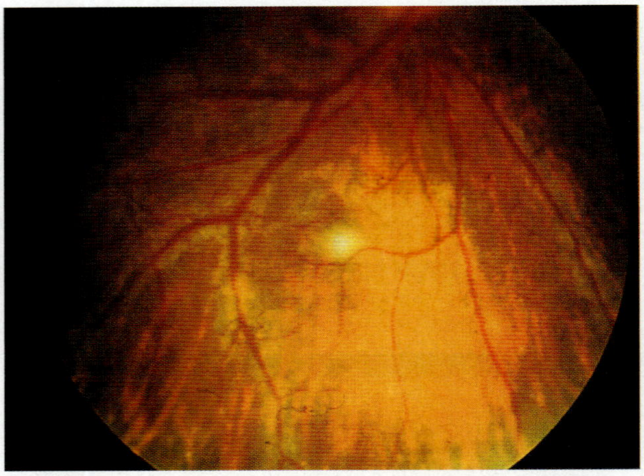

写真3 眼ライム病と考えられた症例の眼底像.
ELISA およびウエスタンブロット陽性.

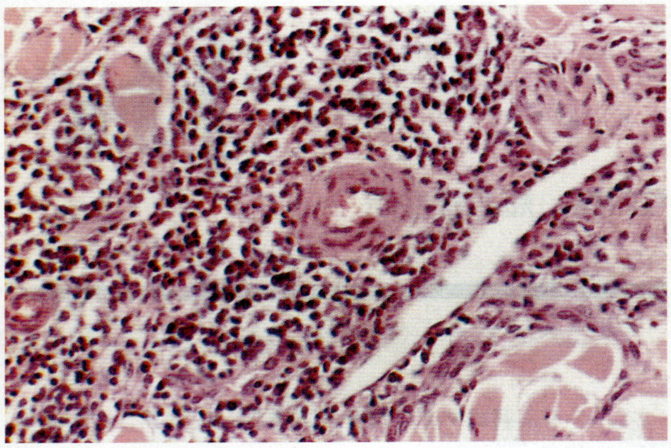

写真4 野生シカの皮膚病変.
血管周囲性の細胞浸潤がみられる. PCR 陽性.

するリスクが高い. 後期症状としては神経（髄膜炎, 脳神経および末梢神経ニューロパチー）, 心臓（心筋炎, 心膜炎, 房室ブロック）, 筋肉, 骨格（非対称性の多関節炎）, 眼（ブドウ膜炎）など多彩である（写真2, 3）. また, 胎盤感染により流産や奇形が生じることも報告されている.

初期病変は血管周囲性の細胞浸潤で, 好中球, 次いでリンパ球が出現する（写真4）. 出血や紅斑はマダニ刺傷部のみならず, 遠隔部の皮下にも認められる. 各々の組織ではリンパ球浸潤が主体となった病変がみられる. ライム病ボレリアは血管内皮に付着し, 内皮を貫通して全身に拡がる. 全身性の炎症病変には血小板活性化因子, IL-1 や TNF などのサイトカインなどが関与する.

診　断

類症鑑別が必要な疾病は多岐に及ぶ. マダニ刺傷を受けたか, もしくはマダニ棲息環境下で飼育されている動物で原因不明の神経症状を呈している場合は本病を疑うべきである. 血清診断としては ELISA, 蛍光抗体法, ドットブロット, ウエスタンブロットなどがある. 偽陽性, 偽陰性などの問題があるので総合的判断が必要である. 分離培養は望ましいが, 実用的でない. PCR 法は簡便で迅速な方法である.

予　防

ワクチンとして犬用はすでに北米で実用化されている. 組換え体ワクチンは研究開発競争により急速に進展中である. しかし, 北米のように抗原性状が一定の一菌種である場合, ワクチンは効果的と考えられるが, 日本でのライム病ボレリアの抗原性状は多様性に富むためワクチンの開発実用化は難しい. 基本的な予防の第 1 歩はマダニとの接触を避けることである. ダニ, ノミの忌避剤を含んだ首輪が市販されている. また, マダニ刺傷を受けた時は早期にマダニを除去し, 予防的に抗生物質を投与する.

治　療

抗生物質が有効である. 早期ライム病では経口のテトラサイクリンが選択される. ペニシリン系ではアモキシリンが有効であり, 小児や幼若動物では第 1 選択薬として優れている. 上記の抗生物質に対するアレルギーがある場合はエリスロマイシンを使用する. 後期ライム病ではペニシリン G, セファトリアキソンなどの静脈内投与が行われる.

ブドウ球菌

基本性状

グラム陽性，通性嫌気性菌

重要な病気

豚滲出性表皮炎（豚）
ブドウ球菌症（皮膚炎，関節炎）（鶏）
ブドウ球菌食中毒（ヒト）
乳房炎（牛）
化膿性疾患（ヒト）

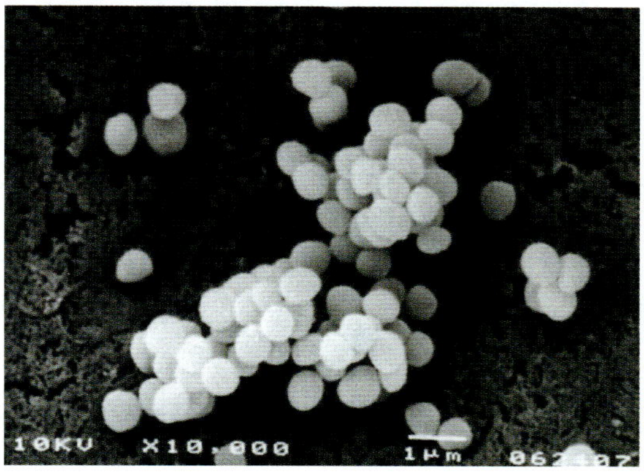

FIG　黄色ブドウ球菌の走査型EM像

分類・性状

ブドウ球菌（*Staphylococcus*）属の菌は，その名の通り，ブドウの房状の不規則な集塊を形成するグラム陽性球菌で，1974年には黄色ブドウ球菌（*Staphylococcus aureus* subsp. *aureus*），表皮ブドウ球菌（*S. epidermidis*）および腐敗性ブドウ球菌（*S. saprophyticus*）の3菌種であった．その後，次々に新しい菌種が追加されて，1994年のBergey's manual of determinative bacteriology 9版では，ブドウ球菌属は4亜種を含む28菌種に分けられ（表1），現在では36菌種17亜種が含まれている．

生　　態

ヒトや動物の鼻腔，咽頭腔，腸管内および体表に正常細菌叢として生息し，また自然界にも広く分布している．

分離・培養

ブドウ球菌の分離培養は，7～10% NaClを含む選択培地（ブドウ球菌110培地）を用いて行い，黄色のコロニーを形成する菌を黄色ブドウ球菌と推定し，コアグラーゼの産生を調べる（写真1，2）．コアグラーゼは，動物，とくにウサギの血漿を凝固させる酵素で，黄色ブドウ球菌，*S. delphini*，*S. hyicus*，*S. intermedius* によって産生される．また，DNaseおよび溶血毒産生も同定のための性状として重要である．

表1　ブドウ球菌の分類

種	宿主	病名
S. arlettae		
S. aureus subsp. *anaerobius*		
subsp. *aureus*	牛	乳房炎
	鶏	皮膚炎
S. auricularis		
S. capitis subsp. *capitis*		
subsp. *ureolyticus*		
S. caprae		
S. carnosus		
S. caseolyticus		
S. chromogenes		
S. cohnii subsp. *cohnii*		
subsp. *urealyticus*		
S. delphini		
S. epidermidis		
S. equorum		
S. felis		
S. gallinarum		
S. hemolyticus		
S. hominis		
S. hyicus	豚	滲出性表皮炎
S. intermedicus	犬	皮膚炎
S. kloosii		
S. lentus		
S. lugdunensis		
S. saccharolyticus		
S. saprophyticus		
S. schleiferi subsp. *coagulans*		
subsp. *schleiferi*		
S. sciuri		
S. simulans		
S. warneri		
S. xylosus		

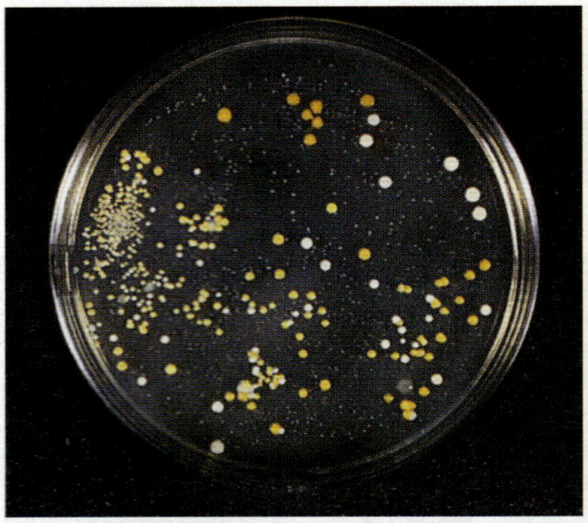

写真1 ブドウ球菌110培地での黄色と白色のコロニー.

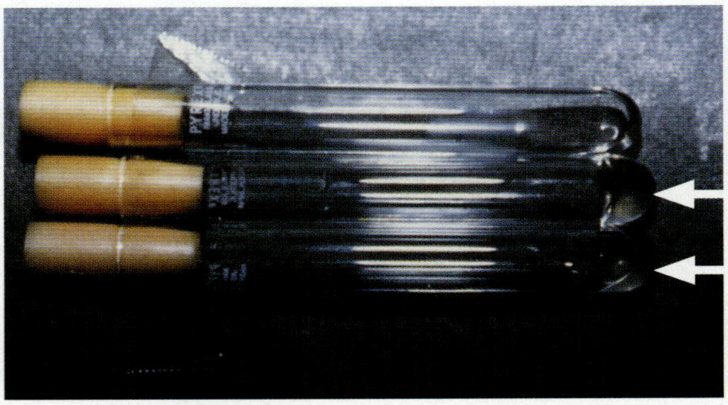

写真2 コアグラーゼ試験.
下2本の試験管では血漿が凝固し，陽性であるが，上の1本の試験管は陰性である.

病原性（病原因子）

これらの菌種の中でも，黄色ブドウ球菌（*S. aureus* subsp. *aureus*）は，牛の乳房炎，鶏の皮膚炎の原因菌として重要であり，ヒトには化膿性疾患，敗血症，尿路感染症などの多彩な疾病を起こす．また，本菌は，毒素型細菌性食中毒の代表的な原因菌であり，調理済みの食品を介してヒトに食中毒を起こす．このほか，*S. hyicus* は豚の滲出性表皮炎，*S. intermedius* は犬の皮膚炎の原因菌と考えられている．このほかの菌種の病原性は比較的弱いと考えられているが，病巣からしばしば分離される．

ブドウ球菌の病原因子としては，コアグラーゼ，フィブリノリジン，エンテロトキシン，α，β，γ，σ溶血毒素，表皮剥脱毒素，毒素性ショック症候群毒素などが精製され，性状が明らかにされている．

豚滲出性表皮炎

exudative epidermitis in pig

Key Words：スス病，ヒネ豚，表皮剥脱毒素

原　　因

滲出性表皮炎は生後1か月以内の哺乳豚に好発する滲出性・壊死性皮膚炎を主徴とする疾病であり，*Staphylococcus hyicus* の皮膚感染により生じる．罹病豚は全身の皮膚・被毛に滲出物が膠着して黒褐色となり，重症例では，脱水により衰弱して死亡する．わが国では罹病豚の皮膚病巣があたかも煤を被った様相を呈するため，「スス病」と呼ばれている．

疫　　学

生後5～35日齢の幼豚に同腹豚を単位として発生する．本病の発生は世界各国でみられ，発病率は10％程度であるが，1群の哺乳豚が100％発病することもある．死亡率は20～25％程度である．4～10月の比較的温暖な季節に多発する傾向がある．甚急性型では体表全体に滲出物が膠着し，3～5日以内に死亡する．急性型では皮膚が肥厚して皺を形成し，食欲不振，脱水により衰弱し，4～8日以内に死亡する．亜急性型では病変の進行が遅く，死亡率も低いが，回復は遅い．なお，近年は成豚においても本病の発生がみられるようになったが，その症状は一般に幼豚よりも軽い．

症　　状

はじめに赤褐色の輪癬が現れ，次いで脂性滲出物が体表をおおい，汗をかいたような外観を呈する（写真1）．滲出現象とともに表皮の脱落が顕著となり（写真2），滲出物に皮垢や塵埃が混じて黒色に変じ（写真3），悪臭を放つようになる．体表の滲出物はやがて乾燥して痂皮となり（写真2，3），全身の皮膚は肥厚して所々に亀裂を生じる．罹病豚は脱水，哺乳困難となり，重症例では死亡する．生き残ったものは発育が遅延し，ヒネ豚となる．

病変は，表皮顆粒層と有棘層の間に水胞が形成され，表皮角質層の肥厚と表皮や真皮への好中球・リンパ球

写真1　滲出性表皮炎罹患豚における滲出現象．
脂性滲出物により発汗したような様相となり，眼瞼・鼻端・耳介に皮垢を伴った滲出物の膠着がみられる．

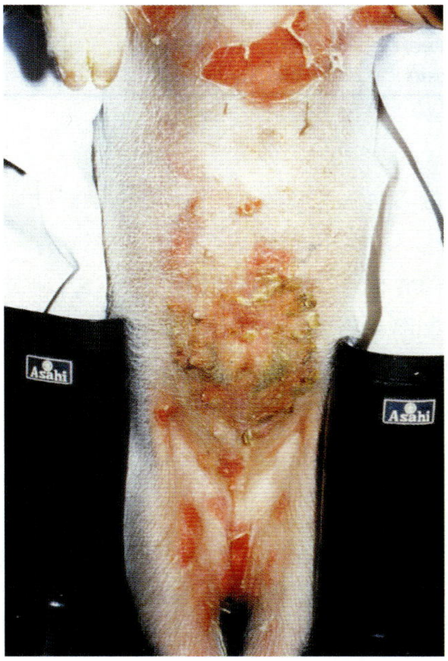

写真2　滲出性表皮炎罹患豚における表皮．
胸部に表皮の脱落，腹部に痂皮形成がみられる．

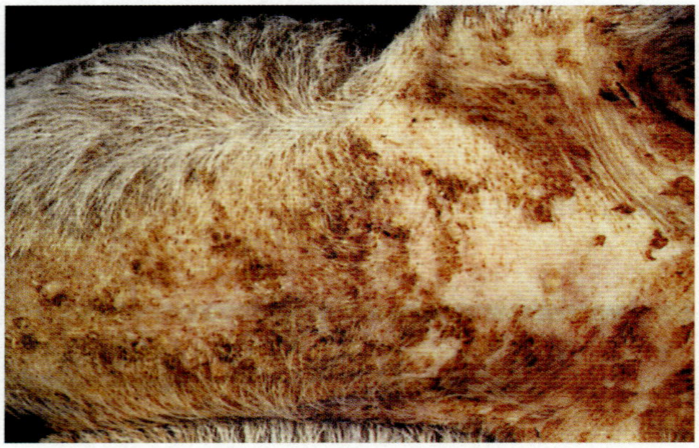

写真3 滲出性表皮炎罹患豚における滲出物.
皮垢や塵埃を伴った滲出物が皮膚表面に付着しており，皮膚と被毛の境界部が黒ずんでいるのがみられる．痂皮形成もみられる．

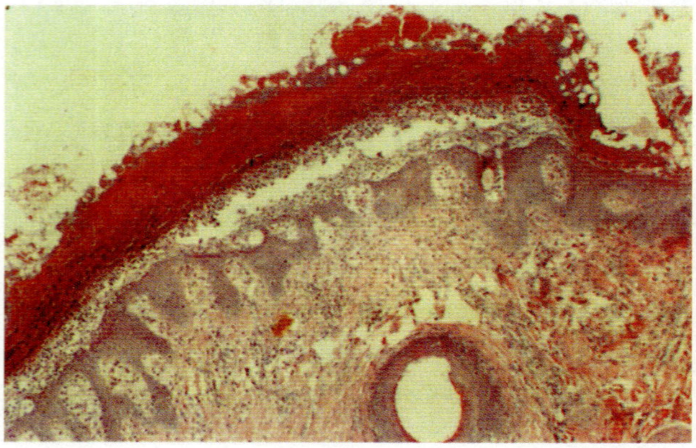

写真4 表皮角質層の肥厚ならびに表皮・真皮への細胞浸潤.
角質層は数倍に肥厚し，内部に菌塊を含む．顆粒層と有棘層間に裂隙が形成される．

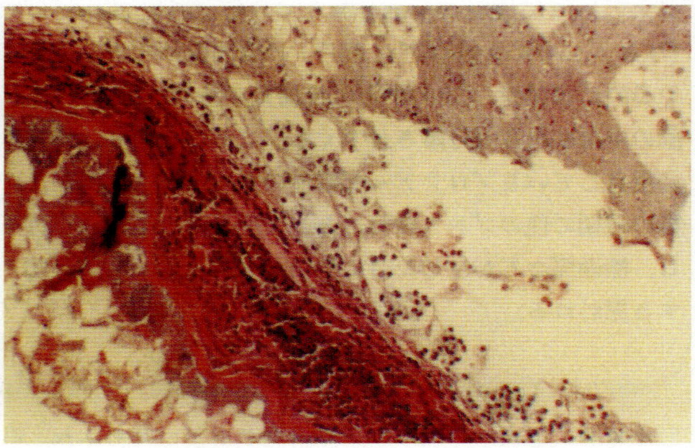

写真5 有棘細胞の円形化と空胞化ならびに表皮・真皮への細胞浸潤.
有棘層の細胞は円形化もしくは空胞化し，間隙には好中球やリンパ球がみられる．

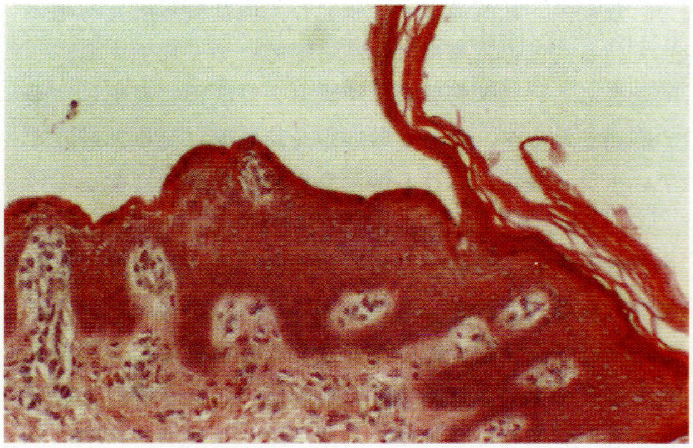

写真6 顆粒層を伴った表皮角質層の剥離.
病変の辺縁部では細胞変性像は少なく，剥離像がみられる．

の浸潤がみられる（写真4，5）．重症例では，有棘細胞は円形化し，空胞化も認められる（写真5）．表皮表層部では，菌塊を含む細胞崩壊物が堆積し，角質層が通常の数倍に肥厚する（写真4）．病変が進行した部位では，表皮細胞が壊死し，剥離する．病変辺縁部では上記のような滲出性炎症像は認められず，顆粒層を伴った角質層の剥離像が認められる（写真6）．

診　　断

臨床症状，発生日齢，発生様式などからある程度診断できるが，確実な診断には病変部からの細菌分離と菌種同定ならびに病理組織学的検査が必要である．本病の臨床症状は本菌が産生する表皮剥脱毒素〔5血清型：SHETA（ExhB），SHETB，ExhA，ExhC，ExhD〕により生じるので，確定診断に際しては分離菌の表皮剥脱毒素産生能や毒素遺伝子の検出が重要である．

本病との類症鑑別が必要な疾病としては，豚痘，不全角化症，湿疹，ビオチン欠乏症などがある．

予防・治療

現在のところ本病に対する予防法はないので，豚舎の消毒や飼育環境・管理の改善が必要である．治療には，原因菌に有効な抗生物質の投与と皮膚の消毒が有効である．広範囲なスペクトルを持つペニシリン系薬剤の投与は，発病の初期段階で用いるならば効果を期待できるが，近年多剤耐性菌が増大しているので，使用薬剤の選択には注意が必要である．皮膚の消毒にあたっては，体表を温水や逆性石鹸で洗い，乾燥後に保護剤（亜鉛華オリーブ油，ホウ酸軟膏）を塗布する．

鶏のブドウ球菌症

staphylococcosis in chickens

Key Words：皮膚炎，関節炎，脊椎炎

原　　因

黄色ブドウ球菌（*Staphylococcus aureus* subsp. *aureus*）による皮膚炎は，1938 年に水腫性壊疽性皮膚炎として報告されて以降，1957 年から 1962 年に関東地方，愛知県，北海道などで多発し，現在でも散発的に発生している．この皮膚炎は，主に中雛に多く発生する．

関節炎あるいは関節膜炎は中雛および成鶏に発生し，慢性の経過をとるが，時おり敗血症を伴い死に至る．最近ではブロイラー種鶏における関節炎の発生が問題になっている．

その他の病気としては，臍帯炎，敗血症，脊椎炎，心内膜炎などが報告されている．このほか，1969 年には，ブロイラー鶏に歩行困難，起立不能などの症状を示し，開股すると大腿骨の上部が骨折する骨脆弱症（へたり病）と呼ばれる病気が多発し，骨折部から黄色ブドウ球菌が高率に分離された（写真 1）．

疫　　学

病鶏から分離される黄色ブドウ球菌は，分子量 25,000，等電点 5.8 のチオールプロテアーゼを産生し，この酵素が病巣の形成に重要な役割を演じていると考えられている（写真 2）．このようなプロテアーゼ陽性株は初生雛の皮膚や鼻腔には付着していないが，皮膚炎の多発する 40 ～ 50 日齢の中雛になると分離されてくる．このことから，鶏舎内に生息しているプロテアーゼ陽性の黄色ブドウ球菌が，中雛の時期に他のブドウ球菌にとって代わって，体表に付着し，擦過傷などが生じた時に傷口から侵入し，病気を起こすと思われる．

症　　状

皮膚炎：出血性漿液性浸潤が両翼の皮下に認められ，時には胸部および腹部にまで波及する（写真 3）．

関節炎：病鶏は，発熱，跛行を呈し，起立不能に陥り，脛骨足根骨および隣接の腱鞘の腫脹がみられる．このように腫脹した関節は漿液あるいはチーズ状の滲出物を含んでいる（写真 4）．

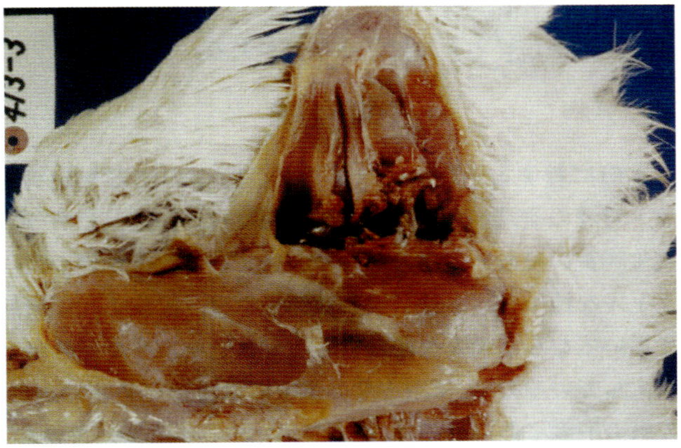

写真 1　骨脆弱症．
大腿骨上部の骨折が認められる．

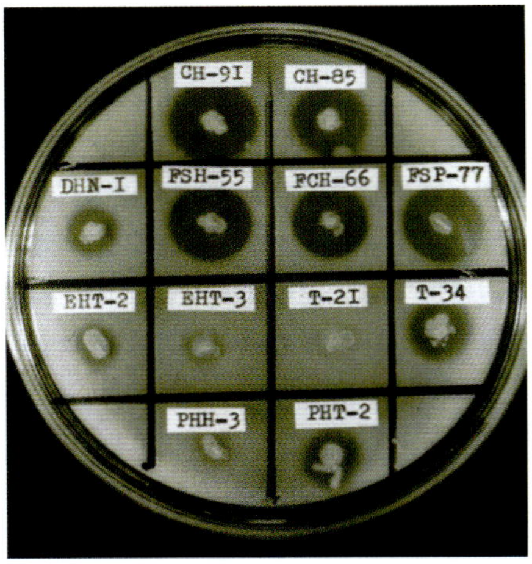

写真 2　鶏由来の黄色ブドウ球菌．
スキムミルク加寒天培地上でプロテアーゼに基づく透明帯を形成する．

写真3 皮膚炎（感染実験）.
漿液性の浸潤が腹部に認められる.

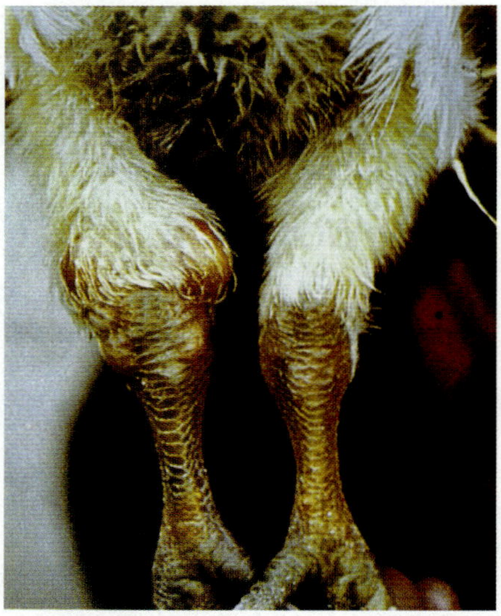

写真4 関節炎.
関節部の腫脹が認められる.

診　　断

鶏の症状および病変は，診断の1つの助けになるが，他の病原体，例えばクロストリジウム（*Clostridium*）属菌による病気と区別するために，菌の分離，同定を行う必要がある．菌の分離培養は，ブドウ球菌110培地で行い，黄色コロニーで，コアグラーゼ，DNaseおよび溶血毒陽性の菌を黄色ブドウ球菌と同定する．さらに，鶏由来の黄色ブドウ球菌は，大量のチオール（システイン）プロテアーゼを産生するので，スキムミルク加寒天培地でプロテアーゼに基づく透明帯の形成を確かめる必要がある．また，最近，このプロテアーゼ遺伝子（*ScpA*）の塩基配列が明らかにされたので，PCR法によって遺伝子を検出し，診断することも可能になった．

予防・治療

有効な予防・治療法はない．しかし，日常の衛生管理と飼養管理に注意を払うことによって，ブドウ球菌症の発生は抑えられる．

ブドウ球菌食中毒

staphylococcal food poisoning

Key Words：エンテロトキシン，コアグラーゼ型

食中毒起因ブドウ球菌とエンテロトキシンの性状

黄色ブドウ球菌（*Staphylococcus aureus* subsp. *aureus*）は，マンニット分解，コアグラーゼ陽性，卵黄反応（写真 1）を呈する．食中毒は，食品の中で本菌が増殖する際に産生するエンテロトキシン（SEs）を摂取して起こる「食物内毒素型」で，悪心・嘔吐を主症状とする．

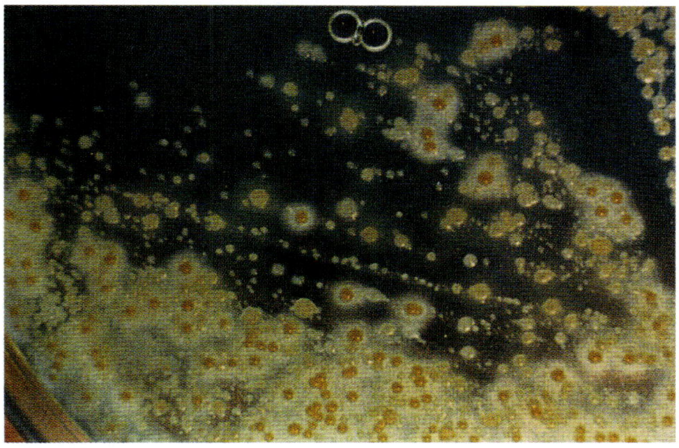

写真 1 黄色ブドウ球菌コロニー．
マンニット・食塩・卵黄加寒天培地．黄色で卵黄反応陽性コロニー．

エンテロトキシンは現在までＡ～Ｒ型，およびＵ型の 18 型が報告されている．Ｆ型は毒素性ショック症候群の原因毒素（TSST-1）であり，エンテロトキシンから除外された．Ｃ型は物理的性状により C_1，C_2，C_3 型に型別されている（表 1）．

性　状：エンテロトキシンは分子量約 25 ～ 29K の単純蛋白質であり，Ａ型とＥ型およびＰ型は約 80％のホモロジーを，またＢ型とＣ型は 75％のホモロジーを示す．A，B，C_2 およびＤ型は結晶化されており，本毒素は２つのドメイン（Ｔ細胞レセプターとの結合部位と生物活性部位）から成り立っている．

生物活性：催吐，マイトジェン（細胞分裂促進），発熱，インターフェロン産生などの活性を有する．

催吐活性：催吐実験にはサルおよびスンクスが用いられる．いずれのエンテロトキシンも，サルへの静脈内投与では 0.03 ～ 1 μg/kg，経口投与で 0.9 ～ 10 μg/ 匹で嘔吐（ED_{50}）を示す．ヒトではＢ型 20 ～ 25 μg/ ヒト（経口摂取）で嘔吐を示し，原因食品の毒素量と摂取量から推定するとエンテロトキシン 100ng ～ 1 μg/ ヒトで食中毒を呈す．

嘔吐機序：エンテロトキシンの作用部位は胃・腸管で，その刺激は迷走神経と交感神経を経て脳の嘔吐中枢に達

表 1　ブドウ球菌エンテロトキシン（SE）の性状

	SEA	SEB	SEC_1	SEC_2	SEC_3	SED	SEE	SEG	SEH	SEI	SEIJ	SEIK	SEIL	SEIM	SEIN	SEIO	SEIP	SEIQ	SEIR
分子量（KDa）	27.1	28.4	27.5	27.6	27.6	26.9	26.4	27.0	25.1	24.9	28.6 *	25.3 *	24.7 *	24.8 *	26.1 *	26.8 *	26.7 *	25.1 *	27.1 *
ED_{50}（μg/サル，経口投与）	5	5	5	5	5	5	10～20	ND **	ND	ND	ND	ND	ND	ND	ND	ND	ND	ND	ND
最少嘔吐量（サル）																			
静脈内投与（μg/kg）	0.03	0.1	0.1	ND	0.05	ND	ND	ND	ND	ND	ND	ND	ND	ND	ND	ND	ND	ND	ND
経口投与（μg/ サル）	1	0.9	1	ND	＜10	ND	ND	160～320	30	300～600	ND	ND	＞100	ND	ND	ND	ND	＞50	ND
スーパー抗原活性	＋	＋	＋	＋	＋	＋	＋	＋	＋	＋	ND	＋	＋	＋	＋	＋	＋	＋	＋

SE：エンテロトキシン，SEI：エンテロトキシンライク（様）
* SignalP により予測した成熟型毒素配列に基づき算出
** not determined

し，中枢神経系を刺激して嘔吐が発現する．

物理化学的性状：エンテロトキシンは物理化学的（熱，酸，酸素など）処理に対し，高い安定性を示す．

食中毒の疫学

発生状況は以下の通りである．

日 本：ブドウ球菌食中毒は，年々減少の傾向を示し（表2），年間60～90件（食中毒全事件数の約3～5％を占める）で，発症率（患者数/摂食者数）は他の食中毒に比べて低い（15～20％前後）．

外 国：多くの国ではサルモネラおよびウエルシュ菌，カンピロバクター食中毒に次いで第3～4位の発生である．

発生時期：わが国では年間を通して発生．とくに，5～10月に70～90％の発生を示す．

原因食品：米飯（にぎり飯など）を主体とする「穀類および加工食品」によるものが最も多く（約25～35％），次いで複合調理品（弁当など，20～30％）である．和洋菓子類，魚・食肉加工品などによるものもみられる．外国ではハム，ソーセージ，家きん肉および乳・乳加工品が多い．

原因施設：飲食店（約35～45％），家庭（20％前後），仕出屋，旅館などで多く発生している．

食中毒においてブドウ球菌型別として，以下の型別がよく行われている．

コアグラーゼ型：*S. aureus* コアグラーゼ型にはⅠ～Ⅷ型があり，食中毒はⅦ型（60％以上），Ⅱ，Ⅲが多く，Ⅰ，Ⅷはほとんどみられない．

ファージ型：ファージⅠ，Ⅱ，Ⅲ群および雑群に分けられ，食中毒ではⅢ群によるものが多い．

エンテロトキシン型（食中毒とエンテロトキシン型・量）：食中毒はA型およびA型と他の型による混合型（A＋B，A＋C，A＋D型など）が多い．B型による事例は少ない．しかし近年，多くのエンテロトキシン型が発見され，A型以外の種々の組合せ型によるものもみられる．

エンテロトキシン産生 *S. aureus* の分布は以下の通りである．

ヒト・動物の保菌：*S. aureus* はヒトや動物の皮膚，粘膜，腸管などに棲息しており，健康者では20～40％保菌を示す．

食品の汚染率と汚染菌数：鶏肉，にぎり飯，弁当などで汚染が高い（数％～20数％の汚染），その汚染菌数はほとんどが100CFU/g以下である．

食品分離菌株のエンテロトキシン産生性：エンテロトキシン検出法によって異なるが，各食品分離菌株の数％～70％がエンテロトキシン産生を示す．また，これらの毒素産生遺伝子の保有率は50～70％を示す．

症 状

食中毒は悪心（吐気），嘔吐は必発症状であり，遅れて腹痛，下痢（下痢のない事例あり）を呈す．

潜伏期間は1～6時間（平均3時間）であり，1～2日で治癒し，予後は良好である．

診 断

食中毒の診断：原因食品および患者材料（吐物，便）からエンテロトキシン産生 *S. aureus* を検出（10^5CFU/g以上）するか，エンテロトキシンを直接証明することが必要である．

表2　わが国での年度別のブドウ球菌およびその他主な菌による食中毒発生

	1999		2000		2001		2002		2003	
	事例数	患者数	事例数	患者数	事例数	患者数	事例数	患者数	事例数	患者数
食中毒総数	2,697	3,524	2,247	43,307	1,928	25,862	1,850	27,629	1,585	29,355
病因物質判明事例総数	2,602	33,470	2,155	41,202	1,837	23,564	1,780	26,067	1,513	27,780
細菌性事例総数	2,356	27,741	1,783	32,417	1,469	5,753	1,377	17,533	1,110	16,551
サルモネラ	825	11,888	518	6,940	361	4,949	465	5,833	350	6,517
腸炎ビブリオ	667	9,396	422	3,620	307	3,065	229	2,714	108	1,342
カンピロバクター	493	1,802	469	1,784	428	1,880	447	2,152	491	2,642
病原大腸菌	245	2,284	219	3,164	223	2,671	96	1,640	47	1,559
黄色ブドウ球菌	67	736	87	14,722	92	1,039	72	1,221	59	1,438
（％）*	(2.6)	(2.2)	(4.0)	(35.7)	(5.0)	(4.0)	(4.0)	(4.7)	(3.7)	(4.9)
ノロウイルス	116	5,217	245	8,080	269	7,358	268	7,961	278	10,603

*病原物質判明事件数に対するブドウ球菌食中毒の割合（％）

表3　ブドウ球菌エンテロトキシンの検出法

1. 生物学的方法
催吐活性：サル，スンクスへの経口，腹腔および静脈内投与などによる嘔吐

2. 免疫学的方法
寒天ゲル内沈降反応：ミクロスライド法（0.1〜1.0μg/ml），オクタロニー法（0.5〜2.5μg/ml）
ラジオイムノアッセイ：ポリスチレン，チューブ法など（1〜2.5ng/ml）
酵素抗体法 ELISA：ビーズ，プレイト，チューブ法など（1〜2ng/ml）
凝集反応：逆受身血球，ラテックス凝集反応など（1ng/ml）

（ ）：最少検出量

表4　黄色ブドウ球菌の増殖およびエンテロトキシン産生条件

	増殖			エンテロトキシン産生		
	至適	最低	最高	至適	最低	最高
温度（℃）	32〜37	5〜8	47.8	36〜37	10	46
水分活性（a_w）	0.99以上	0.83〜0.85	0.99以上	0.99以上	0.90〜0.94	0.99以上
pH	6.0〜7.0	4.0	9.8	6.5〜7.3	4.0〜5.7	9.8
酸素要求性	好気	嫌気〜好気で増殖		好気	嫌気〜好気で産生	

エンテロトキシン検査法：生物学的および免疫学的方法があり，抗エンテロトキシン血清を用いる免疫学的方法が広く用いられている（表3）．なお，現在種々の検出キットが市販されている．

検出毒素量：ミクロスライドゲル内沈降反応（0.1〜1.0μg/ml）や高感度検出法（1ng/ml）がある．

毒素検出時間：逆受身ラテックス凝集反応（RPLA法）の3〜4時間から長時間（24〜48時間）必要な方法がある．

治療・予防

特別な治療を行わなくても1両日で回復する．重症者に対しては乳酸リンゲルの点滴も有効である．

予防は，①食品への *S. aureus* 汚染防止，②食品中での本菌の増殖防止（速やかに摂食，または10℃以下に保存）が重要である．

ブドウ球菌食中毒は食品中のエンテロトキシン摂取により起こるが，本毒素は加熱処理によっても失活されないので注意．

ブドウ球菌の増殖および毒素産生条件を以下に示す（表4）．

温　度：本菌の増殖温度は5.0〜47.8℃（至適32〜37℃）である．またエンテロトキシン産生は10℃から45〜46℃である（B，C型は40℃で産生が最も早い）．

水分活性（a_w）：発育最低 a_w は0.83〜0.85であり，エンテロトキシン産生はA型で a_w 0.90〜0.92，B型で a_w 0.97以上である．A型産生菌は他に型に比べ a_w の影響を受けにくい．米飯（にぎり飯）表面の水分によって，産生量は大きく異なる．

pH：本菌の増殖はpH4.9〜9.8，エンテロトキシン産生はpH4.0以上（毒素産生至適pHは6.5〜7.3）であり，A型はB型，C型に比べpHの影響を受けにくい．

O_2 要素要求：エンテロトキシン産生は酸素分圧によっても大きく影響を受ける．振盪培養および酸素注入（バブリング）培養により毒素産生は増大する．

化学物質：好的条件ではNaCl 16〜18%でも増殖する．エンテロトキシン産生はpH，a_w および培養条件が好適であればNaCl 10%でも産生する．

糖：ブドウ糖添加は，エンテロトキシン産生を抑制する．

食品添加剤：硝酸塩・亜硝酸塩添加はpH，a_w と関連してエンテロトキシン産生に大きく影響する．

常在細菌：乳酸菌，大腸菌は糖分解して酸を産生しエンテロトキシン産生を抑制する．

牛乳房炎

bovine mastitis

Key Words：伝染性乳房炎，環境性乳房炎，生産病

詳細は「クレブシエラ」の「牛乳房炎」（p.44）を参照.

レンサ球菌

基本性状

グラム陽性通性嫌気性または嫌気性球菌

重要な病気

レンサ球菌症（豚，鶏，ヒト，魚類）
腺疫（馬）
乳房炎（牛）

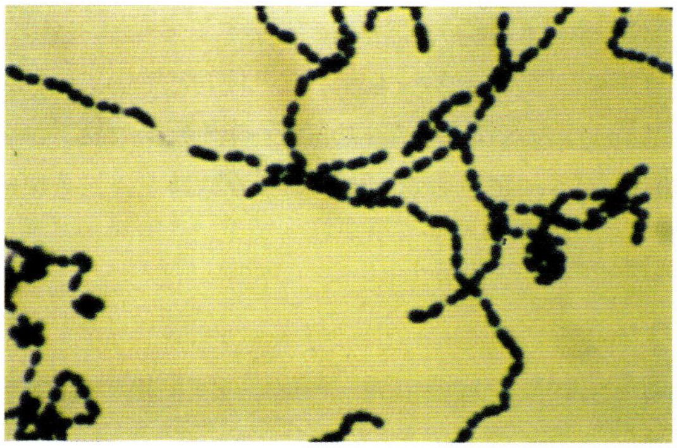

FIG *S. pyogenes* のグラム染色像
グラム陽性の球状あるいは卵円形を示し，長連鎖状を呈する

分類・性状

レンサ球菌と総称されるストレプトコッカス（*Streptococcus*）属は，グラム陽性球菌，連鎖状あるいは双球菌状，カタラーゼ陰性，オキシダーゼ陰性，糖を発酵的に分解，ガス非産生，硝酸塩を還元しない．インドールおよび硫化水素非産生である．栄養要求性が厳しいため，血液あるいは血清添加培地での発育が良好である．ストレプトコッカス属の代表的菌種とその性状について表1にまとめた．

表1　ストレプトコッカス属菌の種類と特徴

菌　種	溶血性	Lancefield 血清群	分　布
S. pyogenes	β	A	ヒト，家畜（まれ）
S. agalactiae	β	B	牛，羊，ヒト
S. equi subsp. *equi*	β	C	馬
S. equi subsp. *zooepidemicus*	β	C	家畜，家きん，げっ歯類
S. dysgalactiae subsp. *dysgalactiae*	α，β，γ	C，L	牛，豚，羊，馬
S. dysgalactiae subsp. *equisimilis*	β	C，G	ヒト
S. equinus	α	D	家畜
S. suis	α	D	豚，ヒト，牛，馬
S. porcinus	β	E，P，U，V	豚
S. uberis	α，γ	−	牛
S. parauberis	α，γ	−	牛
S. intestinalis	β	−，G	豚
S. hyointestinalis	α	−	豚
S. canis	β	G	犬，牛
S. iniae	β	−	イルカ，魚類
S. phocae	β	−，F，C	アザラシ
S. pneumoniae	α	−	ヒト，家畜（まれ）
Entrococcus faecalis	α，γ	D	家畜，ヒト，ミツバチ
E. faecium	α，γ	D	家畜，ヒト，ミツバチ
E. durans	α，γ	D	家畜，ヒト
E. avium	α，γ	D	家きん
Lactococcus garvieae	α	D	魚類

溶血性：β溶血（完全溶血），α溶血（不完全溶血），γ溶血（非溶血）（写真1～3）．また，*S. agalactiae* はCAMP因子を産生するため，*Staphylococcus aureus* の産生するβ溶血素と反応し，溶血性の増強が起こる（写真4）．

Lancefield 血清群：細胞壁に存在する多糖体（C多糖）によって群別する（A～V群，17種：ただし，I，J，R，S，Tは除く）．方法としては，スライド凝集反応，ラテックス凝集反応，毛細管沈降反応がある．

分離・同定

病変部からの分離は，血液寒天培地あるいは血清加寒天培地を用いて，分離培養（37℃，24時間）する．

初代分離は嫌気度が高い方が分離率がよい（5～10％炭酸ガス培養あるいは嫌気培養）．

病　原　性

菌体外酵素（フィブリノリジン，ヒアルロニダーゼ，DNaseなど）や菌体外毒素（溶血毒であるストレプトリジンOまたはS，発熱毒の発赤毒）を産生する．一部の菌種の菌体表層に存在するM蛋白は，好中球の食作用への抵抗性に関与する．主な病原性レンサ球菌とそれが引き起こす疾病について表2にまとめた．また，ストレプトコッカス属はヒトにも病原性を示し，一部の菌種は人獣共通感染症として注目されている（表3）．

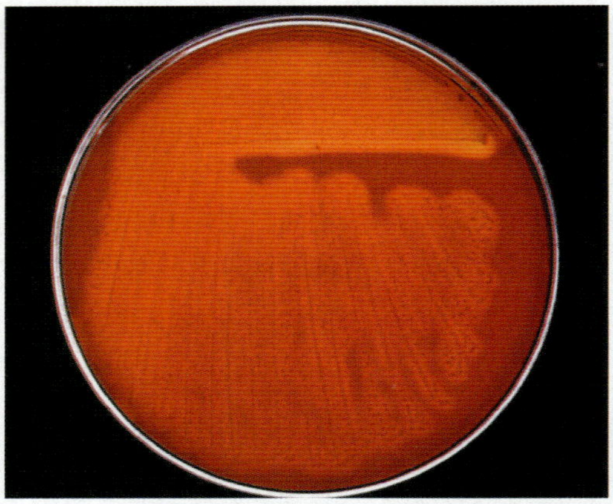

写真1　レンサ球菌のβ溶血性．
レンサ球菌を羊脱線維血液寒天培地で培養すると溶血性を示す（β溶血：コロニー周囲の血液が完全溶血する）．

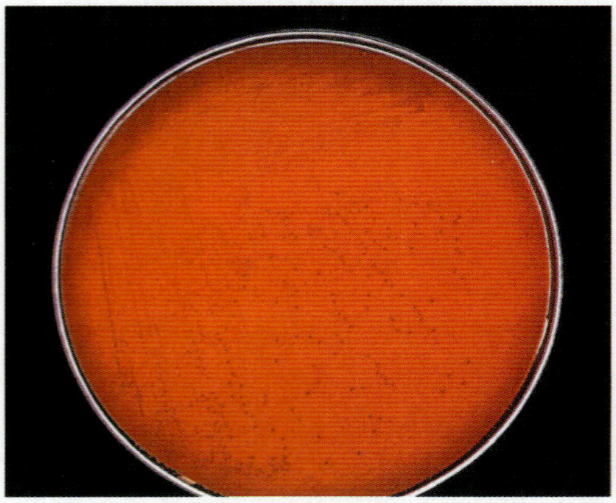

写真2　レンサ球菌のα溶血性．
レンサ球菌を羊脱線維血液寒天培地で培養すると溶血性を示す（α溶血：コロニー周囲の血液は不完全溶血のため緑色帯を呈する）．

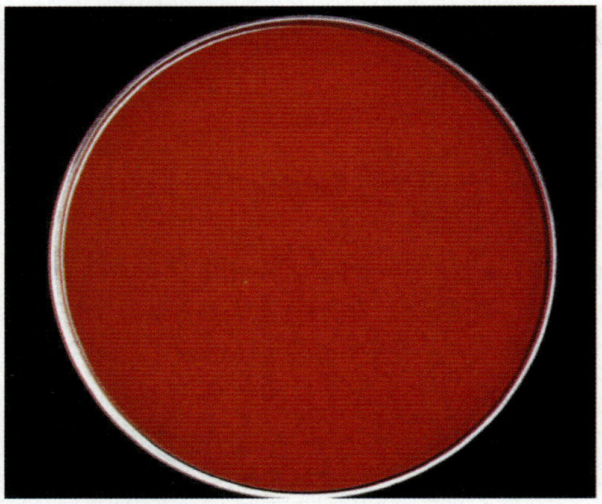

写真3　レンサ球菌のγ溶血性．
レンサ球菌を羊脱線維血液寒天培地で培養すると溶血性を示す（γ溶血：溶血性は認められないが便宜上γ溶血という）．

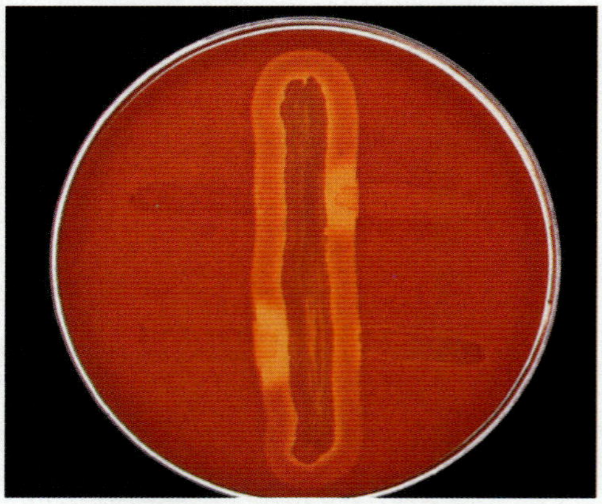

写真4　CAMP反応．
S. agalactiae はCAMP因子を産生するため，*Staphylococcus aureus* の産生するβ溶血素との相互作用により溶血性が増強される現象を示す．

表2 ストレプトコッカス属菌による家畜およびペットの感染症

感染症	病原体	感染動物	症 状
牛の乳房炎	*S. agalactiae* *S. dysgalactiae* subsp. *dysgalactiae* *S. uberis* ほか	牛	乳房炎
腺疫	*S. equi* subsp. *equi*	馬	リンパ節炎，鼻炎
馬のレンサ球菌症	*S. equi* subsp. *zooepidemicus* *S. dysgalactiae* subsp. *dysgalactiae*	馬	肺炎，流産
豚のレンサ球菌症	*S. suis* *S. dysgalactiae* subsp. *dysgalactiae* *S. porcinus*	豚	敗血症，髄膜炎，肺炎，心内膜炎，関節炎，流産
犬のレンサ球菌症	*S. canis*	犬	敗血症，流産
魚のレンサ球菌症	*Lactocococes garvieae* *S. iniae*	ブリ，ハマチ，サケ科魚類，イルカ	敗血症

表3 ストレプトコッカス属菌によるヒトの感染症

感染症	病原体	症 状
猩紅熱	*S. pyogenes*	発熱，咽頭炎，扁桃炎，苺舌，発疹
丹毒		浮腫性紅斑，膿疱・壊疽
劇症型レンサ球菌症		進行性壊死性筋膜炎
乳幼児髄膜炎	*S. agalactiae*	発熱，頭痛，嘔吐，意識障害，痙攣
敗血症	*S dysgalactiae* subsp. *equisimilis*	高熱，寒気，ふるえ，発汗，ショック
敗血症（院内感染）	Vancomycin 耐性 *E. faecalis* *E. faecium*	腹膜炎，術創感染，肺炎，敗血症
敗血症（人獣共通感染症）	*S. suis*	化膿性髄膜炎，敗血症，聴覚障害
肺炎	*S. pneumoniae*	肺炎，結膜炎
歯性感染症	*S. mutans*，*S. sorbinus*，*S. mitis*，*S. salivarius*	う歯，歯肉炎
心内膜炎	〃	発熱，主要血管塞栓
ベーチェット病	〃	口腔粘膜の再発性アフタ性潰瘍

豚のレンサ球菌症

人獣

streptococcosis in swine

Key Words：髄膜炎，敗血症，心内膜炎，多発性関節炎，流産

種々のレンサ球菌によって起こる豚の感染症の総称で，その病型は髄膜炎，心内膜炎，関節炎，敗血症などと多彩である．主要な原因菌は，*Streptococcus suis*，*S. dysgalactiae* subsp. *dysgalactiae*，*S. porcinus* で，このうち *S. suis* によるものは伝染性が強い．

S. suis 感染症

原　　因

原因菌の *S. suis* は莢膜多糖体により血清型が 1 ～ 35 型まで認められるが，世界的にも血清型 2 型の発生が最も多い（写真 1, 2）．わが国においても同様の傾向で，血清型 2 型の発生が最も多い（表 1）．

疫　　学

わが国では，1979 年に島根県で発生して以来，現在では北海道から沖縄まで全国的に発生している．また豚以外でも牛，馬でも発生しており，ヒトの感染症も 1995 年に発生している．諸外国ではヒトの本菌感染症は畜産関係業種の職業病の 1 つとして注目されている．本菌感染症は扁桃に *S. suis* を保菌する保菌豚が群の中に持ち込まれることから感染が拡大する．したがって，新たに豚を導入する場合には *S. suis* フリーの豚群から導入するよう心がける．発症の要因としてストレスがあげられるため，一般的な衛生管理の徹底が要求される．

症　　状

初期症状は発熱，食欲減退，やがて震え，平衡感覚喪失，

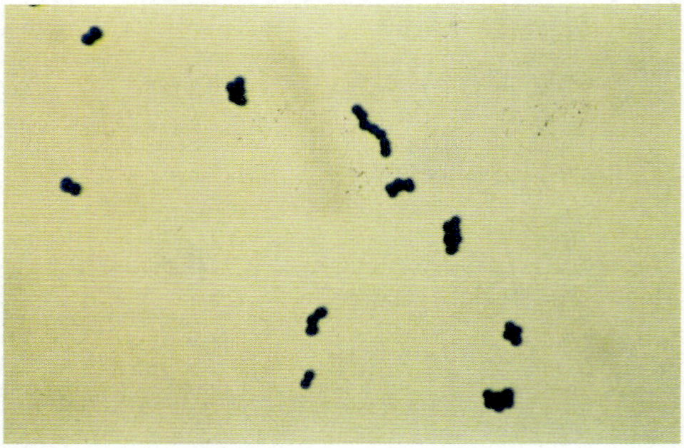

写真 2　*S. suis* のグラム染色像．
グラム陽性で球状あるいは卵円形を示し，通常長い連鎖は形成しない．

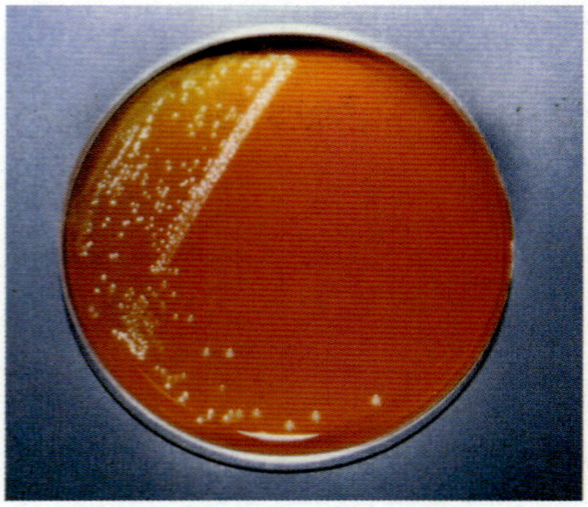

写真 1　*S. suis* の羊脱線維血液寒天培地上のコロニー（α 溶血性）．

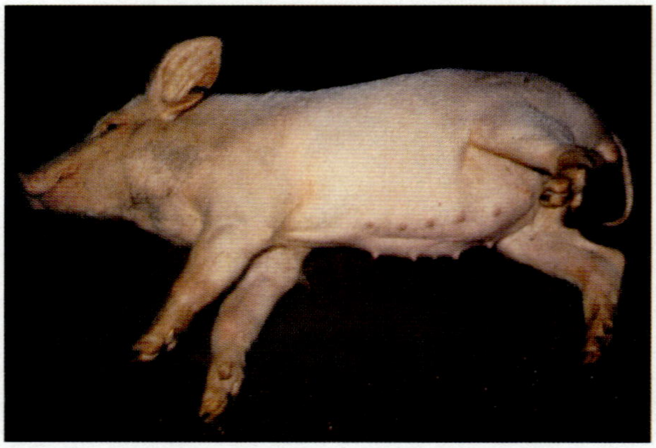

写真 3　髄膜炎を発症した豚の神経症状，遊泳運動を伴い起立困難となる．

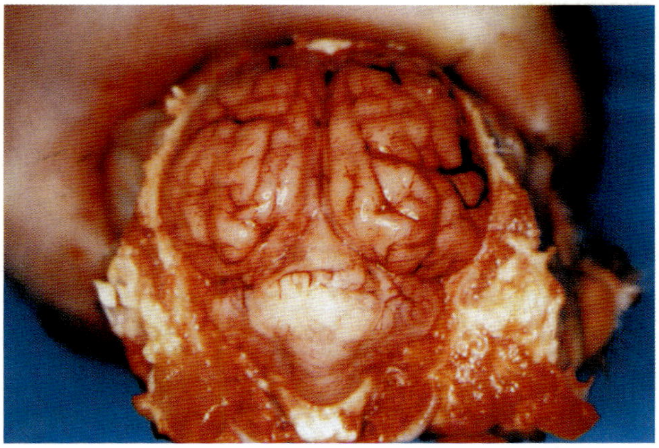

写真 4　髄膜炎を呈した豚の大脳髄膜の充血.

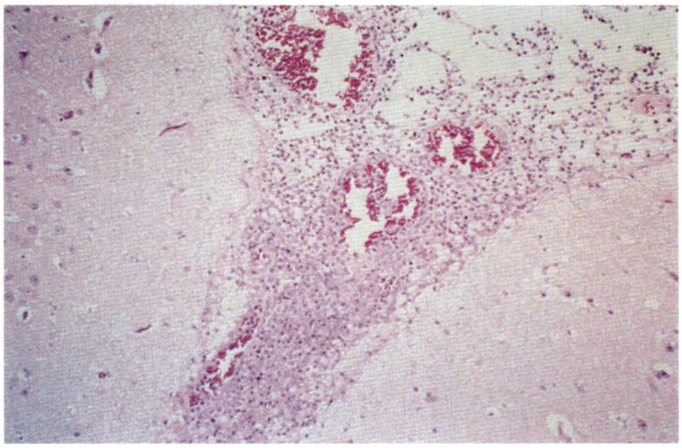

写真 5　大脳における化膿性髄膜炎像（HE 染色血）.

運動失調などの神経症状が認められる（写真 3）. 急性経過の場合には特徴的症状を欠くが, 髄膜炎を呈した症例では脳脊髄液の混濁, 髄膜の充血が認められる（写真 4, 5）. 関節炎の症例では, 関節腔内に線維素性化膿性液の貯留, 心内膜炎例では増体不良などの症状のほか, 心弁膜に疣状物の形成が認められる. *S. suis* 血清型別の病型を表 2 にまとめた.

診　　断

菌の分離を行う. 同定には簡易キットを用いるが, 分離金の血清型は血清学的に同定することが必要となる（表 3）. また, 血中抗体を測定する方法として ELISA が, 抗原検出として PCR 法, 蛍光抗体法が応用可能である.

予防・治療

根本的な予防対策法はわが国ではまだ開発されていない. 欧米ではホルマリン死菌ワクチン（血清型 2 型）が市販, 応用されている.

治療はペニシリン系薬剤による治療が有効である（ただし, ペニシリン耐性菌の存在も報告されている）.

S. dysgalactiae subsp. *dysgalactiae* 感染症

原　　因

原因菌の *S. dysgalactiae* subsp. *dysgalactiae* は 1996 年に承認された新しい名称で, それまでは "*S. equisimilis*" と称されていた. 本菌は Lancefield 血清群の C, L 群に属するが, C 群の発生が最も多い.

疫　　学

豚のレンサ球菌症の中では本菌感染症の発生が最も多い.

症　　状

敗血症死の場合には臨床症状を欠くが, 一般的には発熱, 沈うつ, 食欲不振などの症状が認められ, 関節炎の場合には熱感を持った関節の腫脹が認められる.

診　　断

菌の分離同定による.

予防・治療

予防は一般的な衛生対策が主であり, 治療にはペニシリン系抗生物質が有効である.

S. porcinus 感染症

原　　因

S. porcinus は, Lancefield 血清群 E, P, U, V 群に属する.

疫　　学

E 群による頚部膿瘍（レンサ球菌性リンパ節炎）の発生はわが国では認められていない. アメリカでは, 本血清群による感染症がと畜場で敗血症として診断され廃棄処分となるため, 経済的損失の大きい疾病として重要視されている.

症　　状

頚部に膿瘍形成, リンパ節炎, 関節炎などがみられる.

診　　断

菌の分離同定による.

表1　わが国における *S. suis* 感染症の血清型別発生状況（1987 ～ 1991 年）

年度	合計	*Streptococcus suis* 血清型 1	1/2	2	3	4	5	6	7	8	9	10	11	12	13	14	15	16	17	18	19	20	21	22	NT
1987	36		3	13			1		2		1(1)	1		2							4	2(1)		1	6(3)
1988	23	3	3	5		2			2	2								2						1	3
1989	67		3	13	5				3			5	1	7	4		3	2	1				2		18
1990	142	4	18	36	14	11			23	1	3(3)			3			2	3		5(5)			3		16
1991	112	3	5	40	9	8		1	11	1	9(4)	1(1)	1				1	2					1		19(3)*
合計	380	10	32	107	28	21	1	1	41	4	13(8)	7(1)	2	12	4	0	6	9	1	5(5)	4	2(1)	6	2	62(6)*
%		2.6	8.4	28.2	7.4	5.5	0.3	0.3	10.8	1.1	3.4	1.8	0.5	3.2	1.1		1.6	2.4	0.3	1.3	1.1	0.5	1.6	0.5	16.3

NT：血清型別不能株，（ ）：ウシ由来，＊：ウマ由来株 1 株を含む.

表2　*S. suis* 感染症の血清型別病型

疾　病	合計（%）	*Streptococcus suis* 血清型 1	1/2	2	3	4	5	6	7	8	9	10	11	12	13	14	15	16	17	18	19	20	21	22	NT
髄膜炎	145(38.2%)	10	4	52	4	11			28	2	1(1)	1(1)		5			1	3				1(1)	1	2	19
敗血症	19(5.0%)		3	10							3														3(1)
心内膜炎	35(9.2%)		1	5								5		4						1(1)					19(1)
関節炎	3(0.8%)			3																					
肺炎	127(33.4%)		22	35	24	4			9	1	8(6)	1		2			2	3		4(4)			1		11(4)*
漿膜炎	11(2.9%)					2			4																5(1)
流産	5(1.3%)																2	2							1
健康	26(6.8%)		1	2				1					2	1	4		1	1	1		4		4		4
その他	9(2.7%)		1			4	1			1	1(1)											1			
計	380	10	32	107	28	21	1	1	41	4	13(8)	7(1)	2	12	4	0	6	9	1	5(5)	4	2(1)	6	2	62(7)*

NT：血清型別不能株，（ ）：ウシ由来，＊：ウマ由来株 1 株を含む.

表3　API 20 STREP による同定成績

同定菌種	合　計	*Streptococcus suis* 血清型 1	1/2	2	3	4	5	6	7	8	9	10	11	12	13	14	15	16	17	18	19	20	21	22	NT
S. suis Ⅰ	101(26.6%)	2	17	35	3	3			5		4	5		3			3	2		2					17
S. suis Ⅱ	232(61.1%)	8	12	71	23	17	1		36	2	9	1	2	3	4		2	7	1	3	4		5	1	20
その他	47(12.4%)		3	1	2	1		1		2		1		6			1					2	1	1	25
計	380	10	32	107	28	21	1	1	41	4	13	7	2	12	4	0	6	9	1	5	4	2	6	2	62

予防・治療

S. dysgalactiae subsp. *dysgalactiae* 感染症と同様に，予防は一般的な衛生対策であり，治療はペニシリン系抗生物質が有効で，感染初期では外科的療法も有効である.

腺　　疫

strangles

Key Words：馬，化膿性リンパ節炎，続発症

原　　因

Streptococcus equi subsp. *equi*（腺疫菌）の感染によって起こる．ウマ科の動物に特有の伝染病である．

疫　　学

主として若齢馬で流行する．世界中の馬産国で発生している．日本では近年ほとんどみられなくなっていたが，1992年に重種馬の集団発生が報告された．以降は軽種馬を含めて発生が認められる．

腺疫菌は発症馬や保菌馬の膿汁および鼻汁中に含まれ，馬同士の接触によって直接，あるいはこれに汚染された水や餌を介して間接的に伝播する．若い馬ほど感受性が高いため，清浄地域の若齢馬集団に発症馬や保菌馬が導入されることによって集団発生する．

症　　状

感染は経鼻および経口的に起こる．粘膜からリンパ系に侵入した菌は，頭部から頚部のリンパ節に膿瘍を形成する．潜伏期間は3～14日で，初期に発熱，元気消失，食欲不振，水様性鼻汁，次いで下顎リンパ節の腫脹，膿性鼻汁，嚥下困難などがみられる（写真1，2）．通常は発症後1～2週間が経過するとリンパ節の自潰が起こり，その数週間後に自然治癒する．重症例では，全身リンパ節や臓器への感染拡大がみられ，予後不良となることもある．またまれに，回復後に，喉頭麻痺，心筋炎，貧血，出血性紫斑病などの続発症が認められることがある．

診　　断

集団発生した場合は臨床症状から推定が可能．確定診断は鼻腔粘膜スワブもしくは自潰前の化膿したリンパ

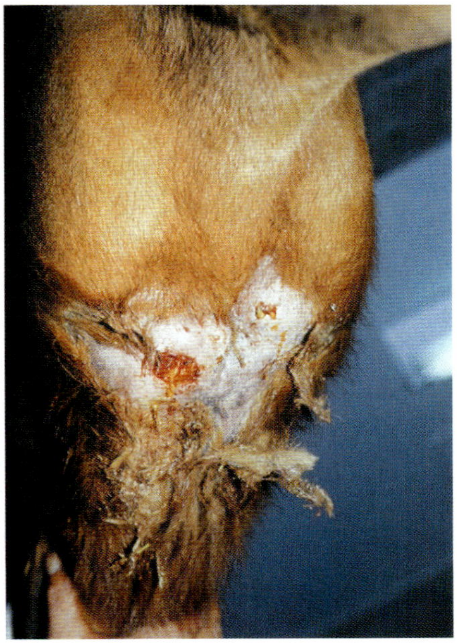

写真1　腺疫の臨床症状．
下顎リンパ節の腫大と自潰．

写真2　腺疫の臨床症状．
膿性鼻汁の排出．

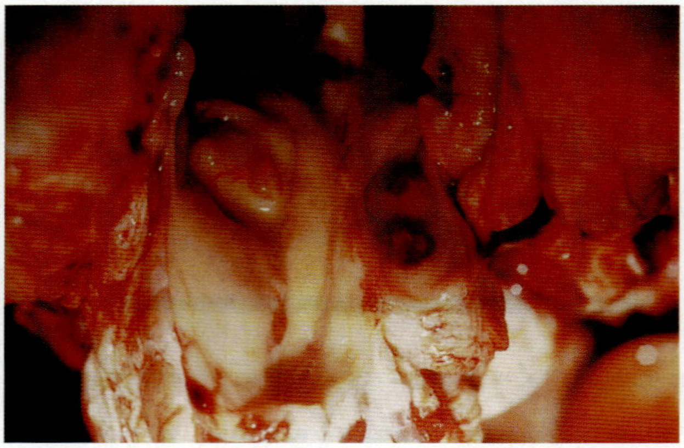

写真3 腺疫の病理解剖所見.
咽頭後リンパ節の化膿と喉嚢内への自潰.

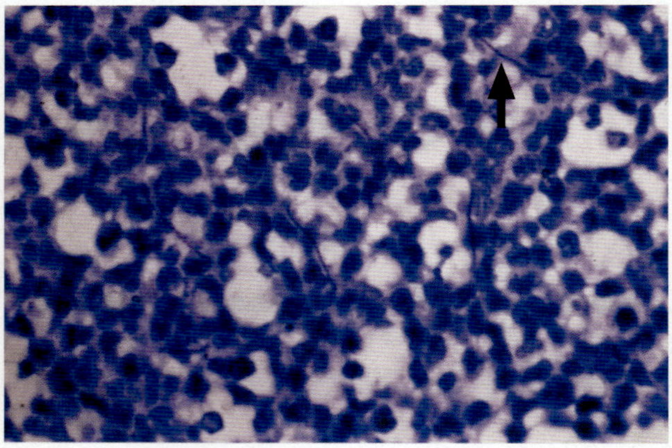

写真4 腺疫の病理組織所見.
好中球の浸潤と連鎖状球菌（矢印）.

節から菌分離もしくはPCR法を行う．分離には血液を加えた寒天培地を用い，37℃で1～2夜培養する．同定にはβ溶血を示すC群連鎖球菌の糖分解試験を行う．市販の同定キットも使用可能である．開放性部位から採取した検体にはしばしば，馬の上部気道の常在菌でコロニー形態上は腺疫菌と鑑別が困難な *S. equi* subsp. *zooepidemicus* の2次汚染が起こっているので，注意が必要である．また，腺疫菌は喉嚢に保菌されることがあり，その場合には鼻腔への排菌が長期間継続する．

病理学的には，頭部から頚部のリンパ節が化膿性に著しく腫大し，割面は黄白色・クリーム状である（写真3）．組織学的には，好中球を主体とする激しい細胞浸潤と細胞外の連鎖状球菌を認める（写真4）．

予防・治療

海外では不活化および生ワクチンが使用されているが，わが国では使用されていない．

腺疫菌はペニシリンに高い感受性を示す．その他に，セフェム系第1世代，ST合剤などにも感受性を示すが，アミノ配糖体系には抵抗性である．抗菌剤の投与は，治療および集団内に発生があった場合の予防的投与にも効果が認められる．ただし，膿瘍が形成された後に抗菌剤を投与すると，抗体の産生と膿瘍の自潰が妨げられ，結果的に回復を遅らせるばかりが，保菌馬をつくる原因ともなるので注意が必要である．喉嚢保菌馬の治療には内視鏡を用いた喉嚢の洗浄が有効である．

腺疫の蔓延防止には，感染馬および保菌馬を菌の排出が完全に認められなくなるまで隔離することが必要である．

魚類のレンサ球菌症

streptococcosis

Key Words：乳酸球菌, *Lactococcus garvieae*, *Streptococcus iniae*, 脳内感染, 心外膜炎, ワクチン

海水魚，サケ科魚類，アユ，ウナギなどに発生する．ブリの伝染病のなかで最大の被害をもたらし，類結節症（フォトバクテリウム症）とあわせ，経済的損失の90%近くを占める．

原　　因

レンサ球菌科，乳酸球菌属の *Lactococcus garvieae*（旧名 *Enterococcus seriolicida*）（α溶血性）による（ブリ，マアジ）．また，*Streptococcus iniae*（β溶血性）は，アユ，ニジマス，アマゴ，ギンザケ，ヒラメ，マダイ，イシダイ，ウナギなどに病気を起こす．ともにグラム陽性，通性嫌気性球菌，非運動性である．BHI寒天，HI寒天培地など栄養豊富な培地で，20～37℃で容易に発育する．

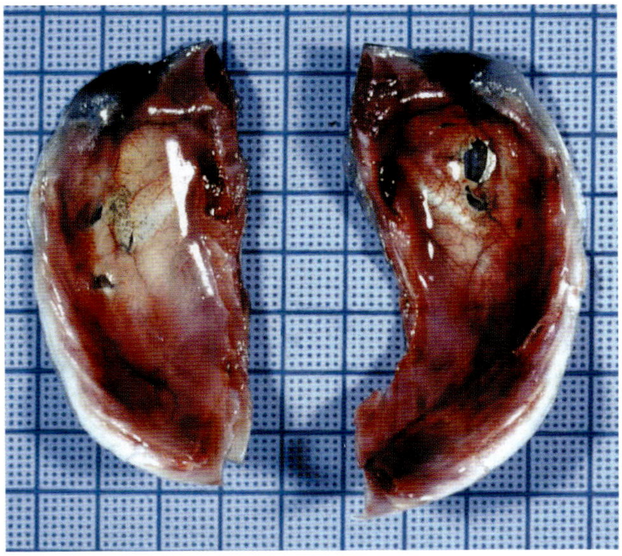

写真1　シマアジ病魚に観察された血管怒張による鰓ぶた裏面の赤色化.
（動物の感染症，近代出版より転載．児玉原図）

発生・疫学

ブリの本病は季節，魚齢を問わず発生するが，高水温期（20℃以上）に多発し，長期間死亡が持続する．水中，底土，雑魚から菌が分離される．経口，経鼻感染する．高水温，過密飼育，過食，環境条件悪化，ストレス（選別，移動など）が誘因となる．

症　　状

元気消失し，水面近くを力なく遊泳する．体色は黒化する．脳内に菌が侵入した場合，狂奔遊泳する．眼球白濁・突出，眼球周囲の出血，腹部膨満，肛門拡張を呈する．皮膚，口腔周囲，ひれ，尾柄郡に出血，潰瘍，膿瘍を観察する．ブリやシマアジでは，鰓ぶた内面の血管が怒張して全体が赤変し，膿瘍が形成される（写真1）．

診　　断

出血性腸炎を起こす．心外膜炎が必発する．脳に膿瘍が形成される．脳，鼻腔，腎臓，脾臓，心臓からの菌分離を行い，蛍光抗体法，スライド凝集反応を実施する．

予防・治療

ブリ属魚類用経口および注射ワクチン（*L. garvieae*）が実用化されている．過密飼育回避，良質餌料の給与，過食回避につとめる．早期発見を心がけ，病魚を除去する．発病のあった飼育場からの魚の導入を禁止する．抗生物質や抗菌剤を経口投与する．養殖ブリ，ウナギでは，1週間以上の絶食は流行の鎮静化に最も有効である．

ヒトのA群溶血性レンサ球菌症

group A streptococcal diseases in man

Key Words：咽頭炎，化膿性疾患，劇症型溶血性レンサ球菌症（STSS）

原　　因

β溶血を起こすレンサ球菌の中で，A群を保有する *Streptococcus pyogenes* などによる感染症である．

症　　状

A群溶血性レンサ球菌の疾患として代表的なものである猩紅熱（上気道感染症）は，扁桃炎，咽頭炎を原発巣として，菌体外毒素によって引き起こされ，皮膚発疹やいちご舌を特徴とする．続発症としてリウマチ熱および急性糸球体腎炎なども散見される．これら以外にも，皮膚の膿瘍，膿痂疹，さらに中耳炎，化膿性関節炎，骨髄炎，髄膜炎などを発症することもある．また，この菌で汚染された食物も感染源となる．近年注目されている，劇症型溶血性レンサ球菌症（STSS）は，急速な軟部組織の壊死，ショック，DIC などを呈する．

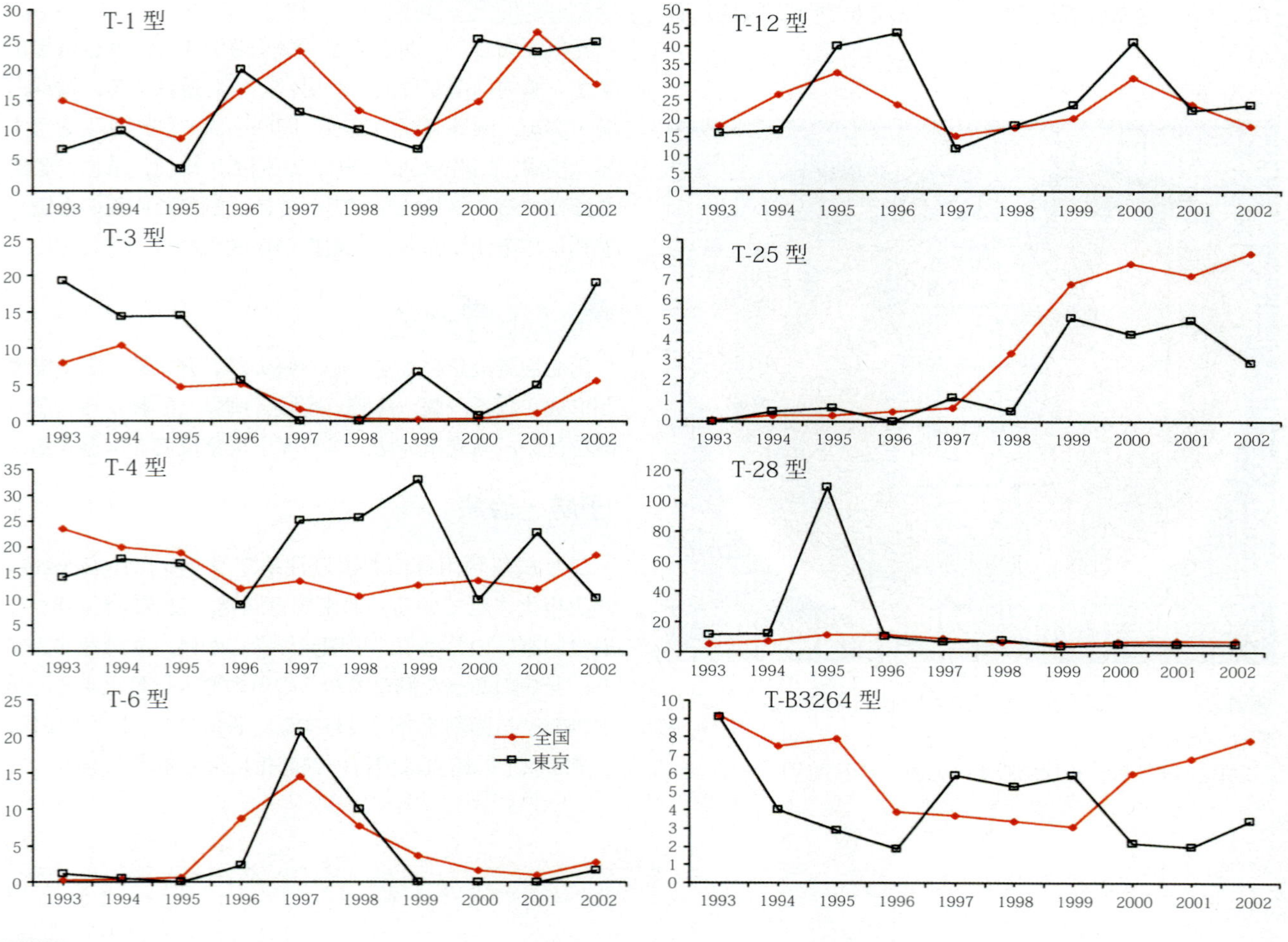

図1 全国の各地方衛生研究所および東京都サーベイランス検査で分離された主なA群レンサ球菌のT型血清型別の年次推移．

疫　学

猩紅熱は，小児疾患として代表的なものであったが，化学療法の出現により，重篤な臨床症状は激減した．咽頭炎は幼児，学童・生徒を中心に発生がみられ，冬～春季に多発している．

A群溶血性レンサ球菌は，細胞表層蛋白抗原を有しており，これらの抗原性により型別が行われている．T抗原血清型別では，1993～2002年に各地方衛生研究所等で分離された分離株の血清型は，T12型が最も多く次いでT1型，T4型，T3型，T28型などであった．これらの主要なT型菌の年次推移は図1の通りである．劇症型溶血性レンサ球菌症は1980年代から報告され，わが国では1992年に清水らにより報告された(写真1, 2)．T1型とT3型菌による発症報告が多い．

診　断

咽頭拭い液や化膿巣内容物から血液寒天培地により分離培養を行う．β溶血（写真3），バシトラシン感受性，オプトヒン耐性(写真4)などが決め手となる．現在では，咽頭拭い液のイムノクロマト法によるA群溶血性レンサ球菌の迅速検査キット（写真5）により迅速診断も行われる．また，白血球数増加，CRP（C反応性蛋白）値上昇など炎症反応を認める．劇症型溶血性レンサ球菌症は，

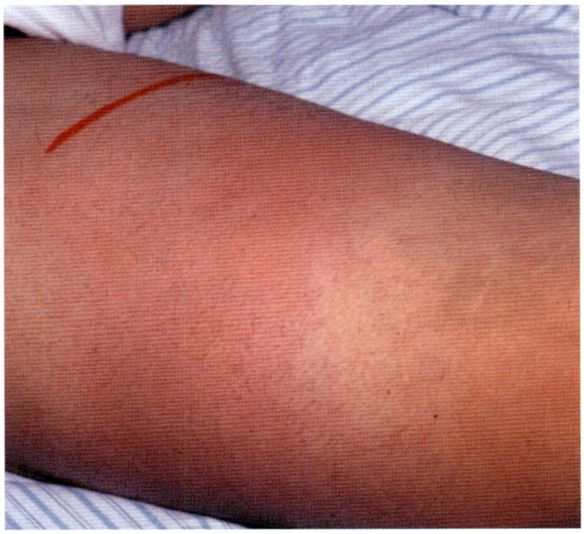

写真1　壊死性筋膜炎を起こした下肢の発赤と腫脹．(写真提供：大江健二氏)

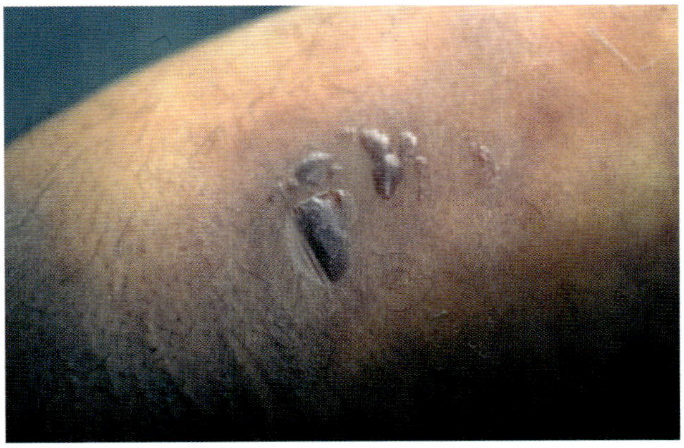

写真2　壊死性筋膜炎を起こした部位の皮膚，患部は赤紫色を帯び水疱を形成．(写真提供：大江健二氏)

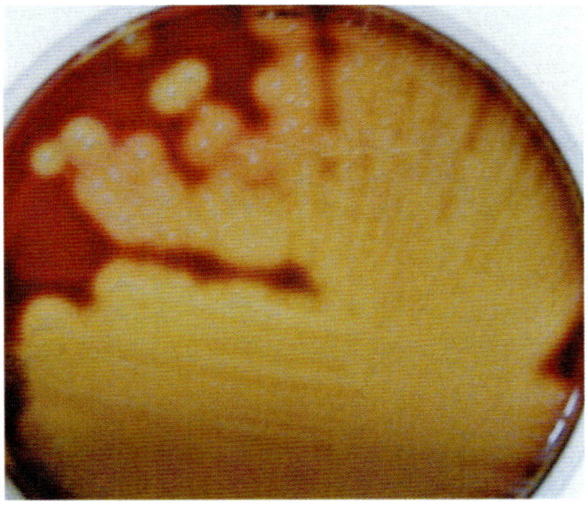

写真3　馬血液加トリプトソイ寒天培地でのコロニー周囲のβ溶血環．

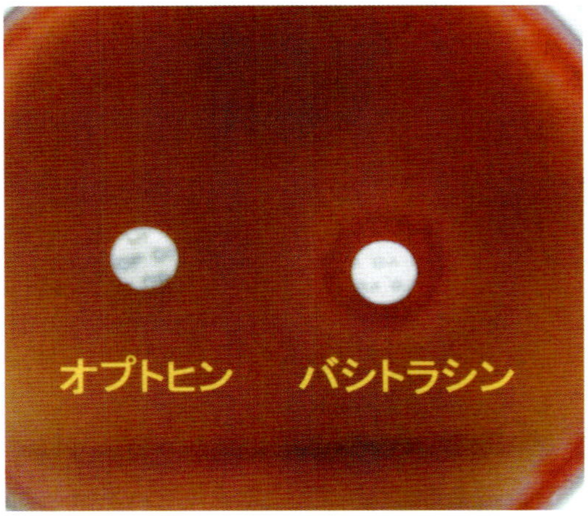

写真4　血液寒天培地状でのバシトラシン・オプトヒン感受性試験．

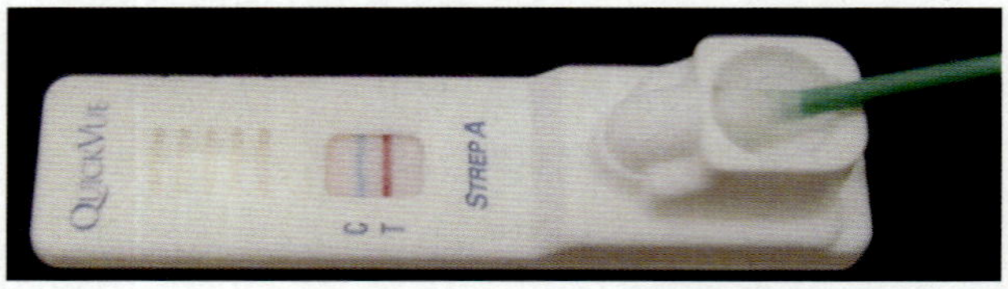

写真5 咽頭拭い液を検査する迅速検査キット．

表1　劇症型A群溶血性レンサ球菌症の診断基準

Ⅰ．A群溶血性レンサ球菌が以下の部位から検出されること
　A．正常では無菌である部位：血液，脊髄，創傷部位など
　B．正常では無菌でない部位：咽頭，痰，腟，皮膚など

Ⅱ．重篤な臨床所見が認められること
　A．低血圧：収縮期圧が成人では90mmHg以下.
　B．以下の所見が少なくとも2つ以上認められること
　　1．腎機能の低下
　　2．血液凝固異常
　　3．肝機能異常
　　4．成人呼吸窮迫症候群（ARDS）
　　5．全身性紅斑性皮膚発疹：時に落屑を伴う．
　　6．軟部組織の壊死：壊死性筋膜炎，筋炎を含む

ⅠAとⅡ（AとB）の基準を満たすとき確診例，あるいはⅠBとⅡ（AとB）の基準を満たす場合，他の疾患が認められない場合に限り疑い例とする．

診断基準（表1）が規定されている．感染組織および血液を直接塗抹し，染色後鏡検しレンサ状の細菌を確認する（写真6）．

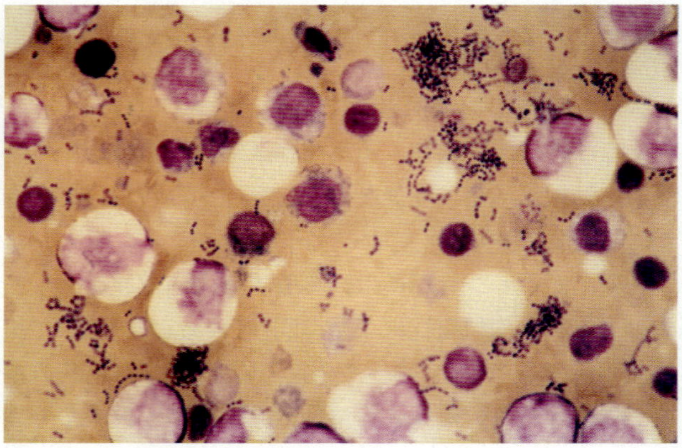

写真6 劇症型レンサ球菌症を起こした妊婦の末梢血で観察されたA群溶血性レンサ球菌と考えられる細菌．（写真提供：大江健二氏）

予防・治療

A群溶血性レンサ球菌症は，咽頭，皮膚，腟に保有している保菌者との皮膚接触，飛沫の吸入などにより，ヒトからヒトへ感染する．予防は，外出後の手洗いやうがいの実施である．

治療は，幼児：ペニシリンG 20万単位 /kg/ 日．体重30kg以上：100万単位 / 日，10～14日間内服．

内服できない場合：ペニシリンG 60万単位筋注．安静，保温，保湿が必要．

劇症型溶血性レンサ球菌症は発症機序が明らかでないため，有効な予防策はない．

治療は，早期診断，早期治療が必須，厳重な全身管理，壊死組織の切除など外科的処置，ヒト免疫グロブリンの静注，ペニシリンG 200～300万単位を3～6時間ごとに静注，さらにクリンダマイシン0.6～1.2 gを6時間ごとに静注する．

牛乳房炎

bovine mastitis

Key Words：伝染性乳房炎，環境性乳房炎，生産病

詳細は「クレブシエラ」の「牛乳房炎」(p.44) を参照.

バシラス

基本性状
グラム陽性通性嫌気性または好気性桿菌

重要な病気
炭疽（牛，馬，羊，豚，ヒト）
腐蛆病（ミツバチ）
セレウス菌食中毒（ヒト）

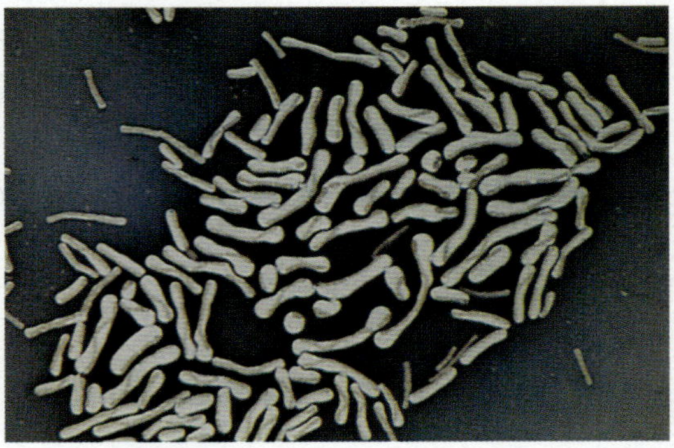

FIG 莢膜染色
炭疽菌の莢膜，20％炭酸ガス下で培養した菌
（ベニヤン法によるネガティブ染色）

分類・性状

バシラス（*Bacillus*）属には34菌種が記載されており，多くは非病原菌である．獣医学上重要な菌種としては，炭疽の原因菌である炭疽菌（*Bacillus anthracis*），食中毒の原因菌であるセレウス菌（*B. cereus*）があり，さらにミツバチの腐蛆病の原因菌として *Paenibacillus*（*B.*）*larvae* の3菌種があげられる．

生　態

バシラス 属菌は自然界に広く分布し，芽胞として土壌中に生存し，長期にわたり感染性を保持する．

分離・同定

分離は容易だが，他のバシラス属菌と区別するために，特殊な方法を用いて同定する．

表1 主な病原性バシラス属菌と疾病

種	宿　主	病　名
B. anthracis	牛，馬，羊，豚，ヒトなど	炭疽
P.（*B.*）*larvae*	ミツバチ	腐蛆病
B. cereus	ヒト	食中毒

病　原　性

炭疽菌では毒素と莢膜，セレウス菌では嘔吐毒および腸管毒，腐蛆病菌では蛋白分解酵素がそれぞれ病原因子として知られている．炭疽菌の毒素の産生および莢膜の形成はそれぞれ182kbおよび95kbのプラスミドDNA（pXO1，pXO2）に規定されている（写真1）．

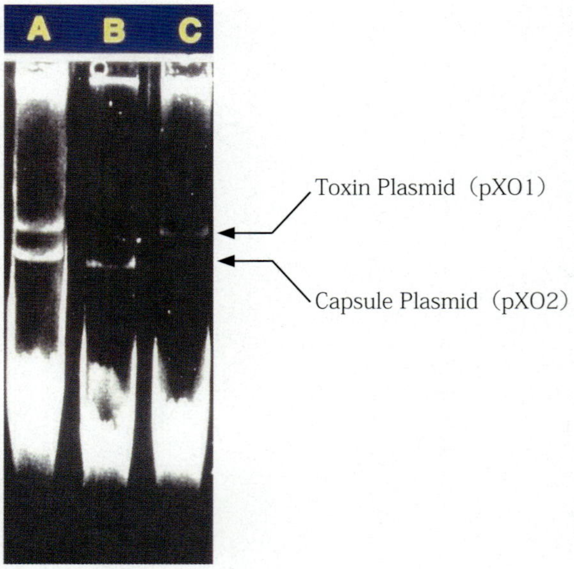

写真1 炭疽菌のプラスミドプロファイル．
A：強毒株，B：毒素非産生株，C：無莢膜変異株
下の濃いバンドは染色体DNA．

牛の炭疽

anthrax

法定
人獣
四類

Key Words：急性敗血症，芽胞，土壌病

炭疽は典型的な土壌病の1つとされており，主に草食獣における伝染病であるが，人獣共通感染症としても重要である．

原　因

原因菌である炭疽菌（*Bacillus anthracis*）はグラム陽性の芽胞桿菌である（写真1）．

普通寒天培地上で，やや隆起したラフ型で縮毛状の周縁をもつ特徴的なコロニーを形成する（写真2）．

運動性は陰性で，非溶血性または弱溶血性である．

病原因子は莢膜（D-グルタミン酸のホモポリマーで構成される），毒素（防御抗原（protective antigen：PA），致死因子（lethal factor：LF），浮腫因子（edema factor：EF）などである．

芽胞は高温多湿な条件で最もよく形成され，ひとたび形成された芽胞は熱，乾燥，消毒に対して強い抵抗性を示す．そして土壌中で長期間生存し，動物への感染源となる．

疫　学

土壌中の芽胞が直接，あるいは飲水，牧草を介して感染する．感受性動物は，牛，馬，羊，豚，ヒトなどである．

症　状

急性敗血症，天然孔からの出血，血液の凝固不全，脾臓の腫大，浮腫がみられる（写真3）．

診　断

臨床症状，剖検所見，細菌学的検査〔①莢膜染色（「バシラス」p.176のFIG参照），②ファージテスト（写真4），③パールテスト（写真5），④アスコリーテスト（写真6），⑤炭酸ガス培養によるコロニーのムコイド化，⑥莢膜および毒素遺伝子を標的としたPCR法〕によって診断する．

動物接種ではマウスまたはモルモットへ皮下接種する．マウスなら24時間以内，モルモットなら36時間以内に敗血症死する．

類症鑑別は，気腫疽，ガス壊疽などである．

予防・治療

無莢膜変異株の芽胞液を用いた弱毒生ワクチンにより予防する．

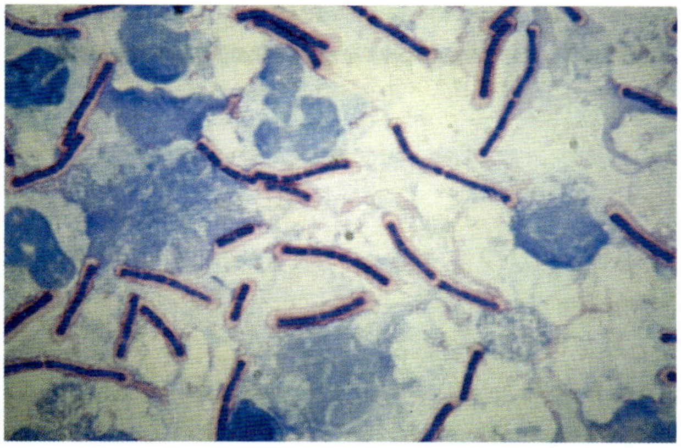

写真1　炭疽菌の莢膜，マウス感染実験例の脾臓（メチレンブルー染色）．

写真2　辺縁が縮毛状の集落．

表1 炭疽菌とその類似菌の性状

性　状	*B. anthracis*	*B. cereus*	*B. thuringiensis*	*B. mycoides*
運動性	−	＋	＋	＋
溶血性	−	＋	＋	(＋)
γファージによる溶菌	＋	−	−	−
パールテスト（0.5～10units/ml）	＋	−	−	−
毒素プラスミド（pXO1）および莢膜プラスミド（pXO2）	＋	−	−	−

(＋)：弱い陽性反応

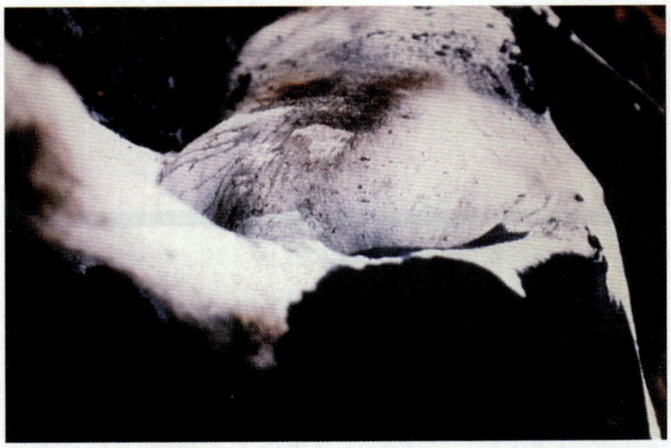

写真3 浮腫.

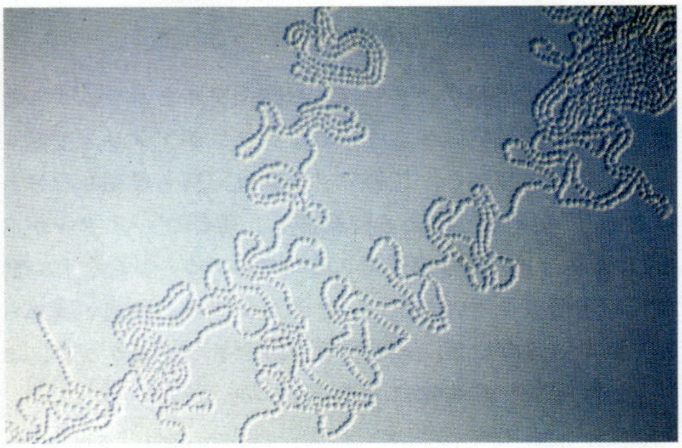

写真5 パールテスト.
ペニシリンを含む寒天培地で，真珠状の連鎖となる.

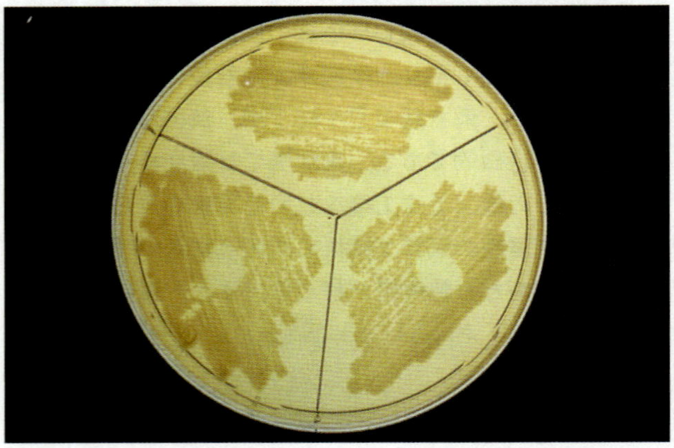

写真4 ファージテスト.
普通寒天平板培地に菌を塗抹し，その中心部にγ-ファージ液を滴下する．37℃，8～18時間培養する．被検菌が炭疽菌であればファージを置いたところには菌が発育せず，周囲のみ発育する.

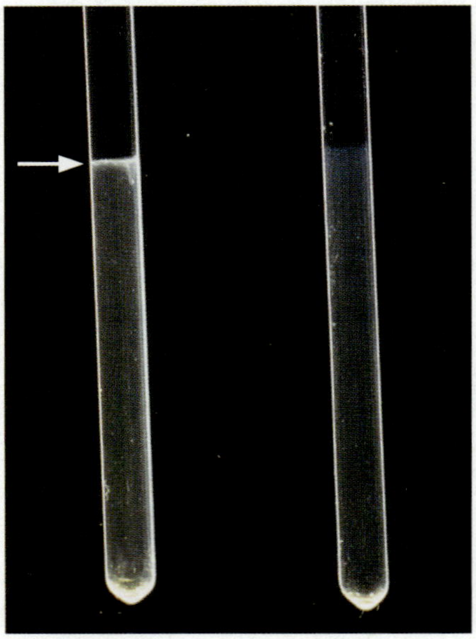

写真6 アスコリーテスト.
室温で15分間静置している間に血清と抗原液の接触面に白輪が生じた場合を陽性とする.

本病が生前に診断される例は少ないが，疫学的にまたは症状が本病と診断された場合は，ペニシリン，ストレプトマイシン，オキシテトラサイクリンなどの抗生物質が有効である.

ヒトの炭疽

人獣
四類

anthrax in human

Key Words：皮膚炭疽，腸炭疽，肺炭疽

疫　　学

ヒトへの感染は，感染動物あるいはその骨，毛皮，皮革との接触により起こる．そのため，獣医師，牧畜業者，毛皮取扱業者に感染者が多く，発展途上国では発生が多い．

症　　状

ヒトの炭疽のうち95％以上が皮膚炭疽である．露出部の手，腕，頭などの創傷から菌または芽胞が侵入して，悪性膿疱をつくる（写真1）．これは冠状の黒色調の痂皮や炎症性の浮腫を取り囲むように形成され，所属リンパ管炎やリンパ節炎を合併する．発熱，倦怠感などを伴うが，無痛性であり化膿を示さないことが特徴的である．重症例では敗血症を起こして死亡する．その他，大気中の大量の芽胞を含む塵埃を吸入すると，激痛と錆色の喀痰を伴う閉塞性気管支肺炎が特徴的である，致命率の高い肺炭疽が起こる．また，罹患動物の肉を摂取して，腸炎を伴う致命率の高い腸炭疽がきわめてまれに起こることがある．

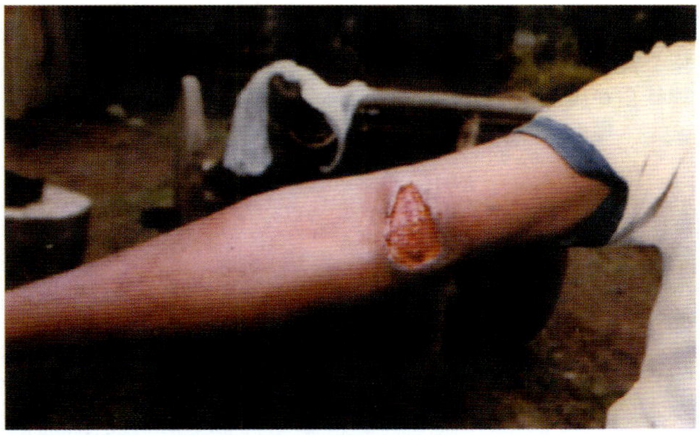

写真1　典型的なヒトの皮膚炭疽．（写真提供：丸山　務氏）

診　　断

問診や臨床症状を参考にして炭疽を疑うことができるかどうかが，早期診断上の重要な鍵となる．炭疽の確定診断は，炭疽菌の培養ならびに同定によってなされる．培養のための検体として，悪性膿胞，痂皮，喀痰，リンパ節，腹水，脳脊髄液または血液などが用いられる．また，感染初期や抗菌薬内服例などで，菌を分離できない場合は，PCR法などの遺伝子増幅法による診断も試みる必要がある．肺炭疽の早期診断は困難である．初期症状は発熱，呼吸困難，咳嗽，頭痛，嘔吐，悪寒，倦怠感，腹痛，胸痛などの非特異的症状が多い．臨床徴候や検査所見も非特異的である．

予防・治療

従来，炭疽菌に対するワクチンはもっぱら動物用として使用されてきた．ただし，米国や英国などでは死菌による不活化ワクチンが用いられ，中国やロシアでは生ワクチンが使用されている．現在，日本国内で人体用のワクチンは使用されていない．治療としては，炭疽，とくに肺炭疽では急激に病状が進展し重篤な状態に陥りやすいため，有効な抗菌薬を早期から大量に投与することが重要である．抗菌薬の選択および投与法については，これまでに症例が少ないため，十分なデータは得られていない．しかし，動物実験等の研究結果などをもとに，CDCなどで一定の指針が示されている．初期の治療には，シプロフロキサシンが推奨されているが，他のフルオロキノロン系抗菌薬も有効である．炭疽菌には通常ペニシリンが有効であるが，ペニシリン耐性菌に対しては無効なため，薬剤感受性試験の結果に基づいて，ペニシリンやドキシサイクリンなど多くの薬剤の使用も可能である．しかし，病状の進行に伴って，脱水，呼吸不全，ショックなどに陥りやすいため，補液，酸素吸入，昇圧剤など全身管理を含めた治療も必要である．

腐蛆病

法定

American foulbrood, European foulbrood

Key Words：芽胞，プロテアーゼ試験（ミルクテスト），焼却処分

ミツバチの蜂子（幼虫および蛹）にのみ感染死を起こす伝染性疾病の総称である．

アメリカ腐蛆病

原因

グラム陽性芽胞形成性桿菌の *Paenibacillus larvae* subsp. *larvae* が原因である．

疫学

世界の各地域で発生が認められており，日本では年間50～100件程度の発生届出報告がある．

2日齢以内のミツバチの幼虫が *P. larvae* の芽胞を経口的に摂取した場合に感染が成立し，感染幼虫は蛹の時期までに死亡する．

症状

感染後死亡した幼虫は働き蜂により清掃除去されるが，巣房内に放置されたものは腐蛆となる（写真1A），腐蛆は黄白色から茶褐色を呈し，粘稠性で糸をひく（写真1B）．腐蛆の存在する巣房の蓋は湿り気を帯びて陥凹する．腐蛆はやがて巣房下面に広がり，乾燥して黒褐色のスケイルとなる．

健康な蜂群の産卵圏は，無蓋区から有蓋区への移行が同心円状にみられるが，感染が進んだ群では有蓋区の中に無蓋房が散在してみられる（写真2）．巣脾は膠臭を発する．

腐蛆数の増加により働き蜂数は減少し，蜂群の管理機能および活動性の低下がみられる．

診断

診断には，臨床症状を観察し，ミルクテストを行う（写真3）．ミルクテストは1.5mlの0.5％スキムミルク水溶液に1匹の腐蛆を入れ，菌の出す蛋白分解酵素の有無を調べる．室温ないし37℃下に10分間放置した後に，液が透明化したら陽性である．

腐蛆中の芽胞および桿菌の確認をする（写真4A）．桿菌に混じって写真中央部には楕円形の芽胞がみられる．さらに，J培地を用いた菌の分離および同定を行う（写真4B）．

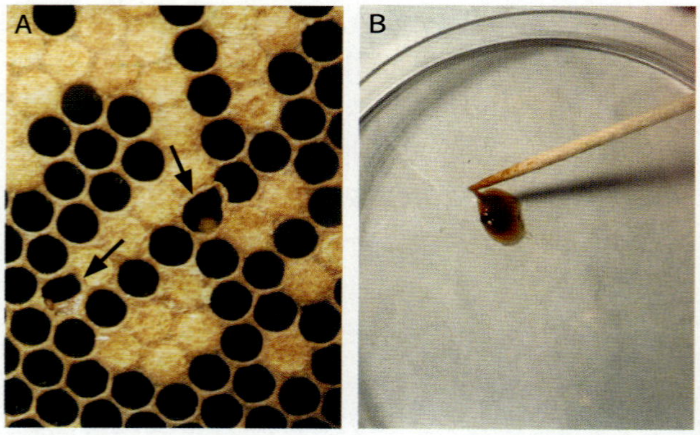

写真1　A：巣房内の腐蛆，B：腐蛆
A：陥凹した巣房の蓋を開けてみると腐蛆が観察される．

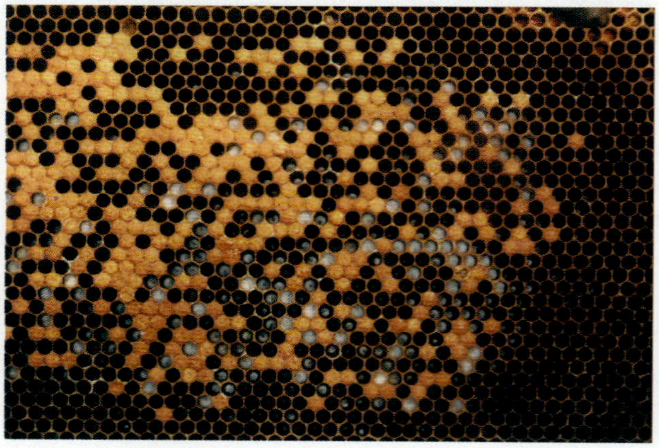

写真2　アメリカ腐蛆病の巣脾．

写真3 ミルクテスト.
左：陰性，右：陽性.

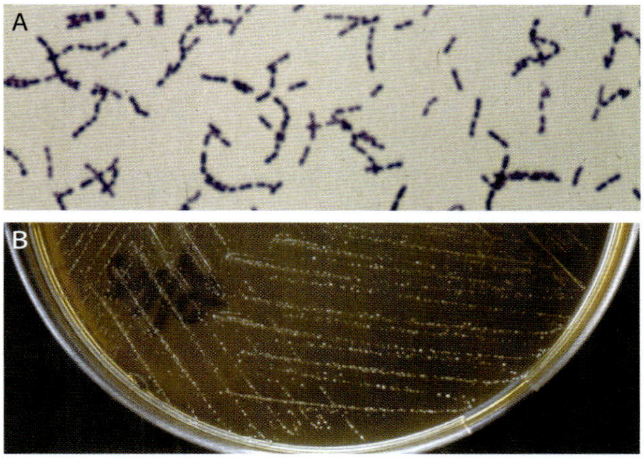

写真5 A：*M. plutonius* 菌体（グラム染色），B：*M. plutonius* コロニー形状.（写真提供：富永　潔氏）

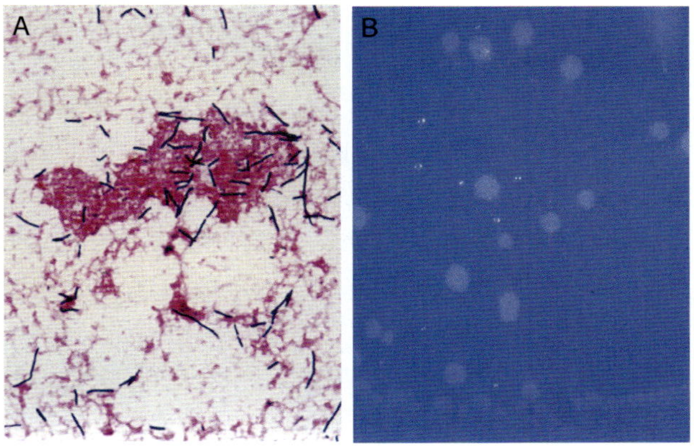

写真4 A：*P. larvae* 菌体および芽胞（グラム染色），B：*P. larvae* コロニー形状，5% CO_2，37℃，2 日間培養.

写真6 A：巣房内の腐蛆，B：腐蛆.（写真提供：富永　潔氏）

予防・治療

予防薬としてマクロライド系抗生物質のミロサマイシンが市販されている．治療はせず，法令に従って感染蜂群の焼却，埋却ならびに器具の消毒を行う．

ヨーロッパ腐蛆病

原因菌は *Melissococcus plutonius*（グラム陽性の連鎖球桿菌，写真 5A）で，菌の分離には，KH_2PO_4 および可溶性澱粉を加えた BHI 寒天培地（Na/K 比が 1 以上）を用いる．5%以下の炭酸ガスが存在する嫌気条件下で，37℃，4 日間の培養を行うと，白色微小コロニーを形成する（写真 5B）．

主に無蓋房の 4 日齢ないし 5 日齢の幼虫に腐蛆がみられる（写真 6A）．死亡幼虫は汚白ないし灰褐色となり，著しい水様感を呈して巣房内に横たわる（写真 6B）．巣脾は酸臭を発する．

予防薬はない．感染蜂群は治療はせず，法令に従って処置する．

セレウス菌食中毒

Bacillus cereus food poisoning

Key Words：下痢型食中毒，嘔吐型食中毒，日和見感染症

原因菌の分類・性状と食中毒原性毒素

セレウス菌（*Bacillus cereus*）はバシラス（*Bacillus*）属に属し，菌体の中央に楕円形の芽胞を形成し，グラム陽性，大（長）桿菌（1.0～1.2×3～5μm）である（写真1）．ヒトに食中毒（下痢型，嘔吐型）やヒト・動物に日和見感染症を起こす（表1）．

運動性：ほとんどの菌が周毛性鞭毛で，運動性を示す．鞭毛形成能を欠くものもある．

血清型：菌体（O），鞭毛（H）および芽胞抗原があり，H血清型別はセレウス菌および *B. thuringiensis*（*B. cereus* に酷似し，菌体内に結晶体毒素を形成）の疫学調査に有効である．

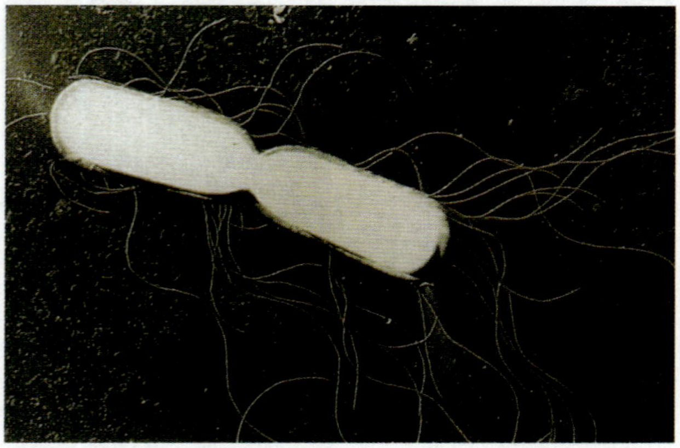

写真1　セレウス菌（EM像）．

増　殖：5～50℃（至適28～35℃），pH4.4～9.4で増殖し，ペニシリン，ポリミキシンに耐性を示す．

性　状：セレウス菌は炭疽菌（*B. anthracis*），*B. mycoides*，*B. thuringiensis* に類似している（表2）．

食中毒原性毒素（表3）：

①嘔吐毒：嘔吐型食中毒の原因物質であり，耐熱性のデプシペプチド（セレウリド：分子量1,153）で，アルカリ・酸，消化酵素（トリプシン，ペプシン）および熱にきわめて安定である．また，本毒はサルおよびスンクスへの経口・腹腔投与により嘔吐を示し，HEp-2細胞に空胞化変性活性を呈する．

②下痢原性毒素（エンテロトキシン）：下痢型食中毒の原因物質であり，易熱性（56℃，5分失活）蛋白質である．アルカリ・酸，消化酵素で容易に失活する．サルへの経口投与で下痢を生じる．エンテロトキシンは単一の蛋白分子（41～50KDa）または3つの蛋白質複合体で，これらが一緒になって生物活性を示す．

③嘔吐毒の産生：至適温度25～30℃で対数増殖期から停止期に産生され，米飯・牛乳培地などで良好な産生を示す．

表1　セレウス菌，ウエルシュ菌および黄色ブドウ球菌による食中毒の特徴

	ウエルシュ菌	セレウス菌（下痢型）	セレウス菌（嘔吐型）	黄色ブドウ球菌
食中毒の型	生体内毒素型	生体内毒素型	食物内毒素型	食物内毒素型
潜伏期間（時間）	8～22	8～16	1～5	1～6
持続時間（時間）	12～24	12～24	6～24	6～24
症　状				
下痢，腹痛	頻繁	多い	まれ	やや多い
悪心，嘔吐	まれ	偶発的	最多	最多
発熱	偶発的	偶発的	まれ	まれ
原因毒素	エンテロトキシン	下痢毒素	嘔吐毒	エンテロトキシン（A～R型）
毒素の熱抵抗	易熱性	易熱性	耐熱性	耐熱性

表2　セレウス菌およびその類似菌の生化学的性状

性　状	セレウス菌	*B. thuringiensis*	*B. mycoides*	炭疽菌
菌体（μm）	1.0～1.2×3～5	1.0～1.2×3～5	1.0～1.2×3～5	1.0～1.2×3～5
莢　膜	−	−	−	+*
毛様状コロニー	−	−	+	−
結晶体毒素	−	+	−	−
運動性	D	D	−	−
カタラーゼ	+	+	+	+
嫌気的増殖	+	+	+	+
卵黄反応	+	D	D	+
増殖温度				
最　高	40～50	40～45	35～40	40
最　低	5～15	10～15	10～15	15～20
7% NaClの増殖	D	+	D	+
病原性	腸炎および日和見感染	殺虫性（結晶体毒素）日和見感染		炭疽，脾脱疽

+：85%以上が陽性，D：50～84%が陽性，−：85%以上が陰性，*：ブドウ糖寒天培地で産生

④エンテロトキシンの産生：32～35℃で対数増殖期に産生される．1%ブドウ糖加BHI培地で産生良好である．

日和見感染症：ヒトの感染症として，外傷，術後の感染が多い．その他，敗血症，急性結膜炎，ガス壊疽様感染症などがある．

動物の感染症としては牛乳房炎（壊疽性乳房炎），流産などがある．

生　　態

土壌，塵芥，汚水などの自然界に広く分布しており，とくに土壌中では10^3～10^5CFU/g存在し，それらの多くは芽胞である．

分離・同定

検査材料としては，食中毒では食品（原因食品，食材），患者便などで，感染症では病変材料（乳汁，血液，臓器など）を用いる．

食中毒の場合は，検査材料の10倍乳剤を作成後，10倍段階希釈液を分離培地（ポリミキシン・マンニット・卵黄寒天培地など）に接種する．32～35℃，18～24時間培養後，卵黄反応陽性，マンニット非分解のコロニー（写真2）を計測する．

分離菌は生化学性状により同定する．「嘔吐型」食中毒由来株は澱粉分解陽性，下痢型由来株は陰性が多い（表3）．

セレウス菌食中毒の疫学

セレウス菌「嘔吐型」食中毒は黄色ブドウ球菌食中毒に，「下痢型」はウエルシュ菌食中毒に類似している．本食中毒事例の90%以上が5～10月に発生している（とくに7～9月に多い）．

原因食品は，「嘔吐型」食中毒では焼き飯，弁当，米飯などの米飯類，スパゲッティー，焼きそばなどが主体である．「下痢型」食中毒は肉類，牛乳，弁当などによるものが多くみられる．

診　　断

本食中毒の診断は，①原因食品（10^5～10^7CFU/g），

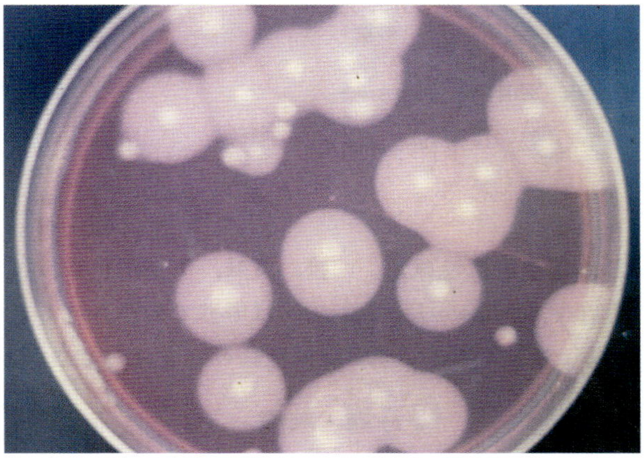

写真2　セレウス菌コロニー．
ポリミキシン・マンニット・卵黄加寒天培地．卵黄反応陽性コロニー．

表3 セレウス菌下痢原性毒素と嘔吐毒

	下痢毒素	嘔吐毒
本 態	単一蛋白質または3つの蛋白質の複合	デプシペプチド
分子量	38,000～46,000（SDS-PAGE） 50,000～57,000（ゲル濾過）	1,191.6
等電点	5.1～5.6	ND
安定性		
熱	56℃，5分で失活	126℃，90分安定
pH	3以下，11以上で失活	2～11，2時間安定
保存	4℃，30日間で失活	4℃，60日間安定
消化酵素	トリプシン，ペプシン，プロナーゼ感受性	トリプシン，ペプシン抵抗
生物活性		
サルの経口投与	下痢（0.5～3.5時間）	嘔吐（1～5時間）
ウサギループ試験	液体貯留（150～300 μg），腸管壊死	陰性
マウスリープ試験	液体貯留（10～12 μg）	ND
ウサギ（モルモット）皮内反応	陽性（0.05 μg），皮膚壊死	陰性
乳のみマウス投与	液体貯留	ND
マウス致死試験（i.v.）	致死（12～30 μg）	致死（0.8～1.0 μg）
細胞（Vero，HFS，CHO細胞）	細胞毒性有	ND
HEp-2細胞に対する活性	無	空胞化変性
抗原性	有	無
抗毒素産生性	産生（抗血清は生物活性を中和）	非産生

ND：未検討

患者便（10^3～10^6CFU/g）からセレウス菌を多数検出，②分離菌株の生化学性状，H血清型，ファージ型などが同一性状を示すことを確認，③分離株の毒素（嘔吐毒，下痢原性毒素）産生性を検査する，などに基づいて行う．嘔吐毒のヒトへの最少発症毒素量は約1 μg/ヒトと推定されており，嘔吐型食中毒の場合，原因食品から嘔吐毒の検出・定量を行う．

日和見感染症の診断は，病変材料から直接菌の検出を行い，性状，型別を調べる．

予防・治療

本食中毒の予防は，細菌性食中毒と同様に，菌を食品に付着させない，増殖させない，殺菌するなどが重要．この他，①新鮮な材料（セレウス菌の汚染の少ないもの）を用いて調理する．②調理後，再汚染させない，③調理食品は高温（50℃以上）または低温（10℃以下）に保存する．④調理した食品は直ちに喫食することなどが大切である．

日和見感染症ではゲンタマイシン，セファゾリンなどの抗菌剤治療が有効である．

クロストリジウム

基本性状
偏性嫌気性，グラム陽性有芽胞桿菌

重要な病気
気腫疽（牛，水牛，シカ，羊，山羊，豚，イノシシ）
悪性水腫〔家畜，ヒト（ガス壊疽）〕
壊死性腸炎（エンテロトキセミア）（豚，鶏，牛，羊）
破傷風（馬，牛，水牛，シカ，ヒト）
ボツリヌス中毒（ヒト，家畜，鳥類）
ウエルシュ菌食中毒（腸炎）（ヒト）

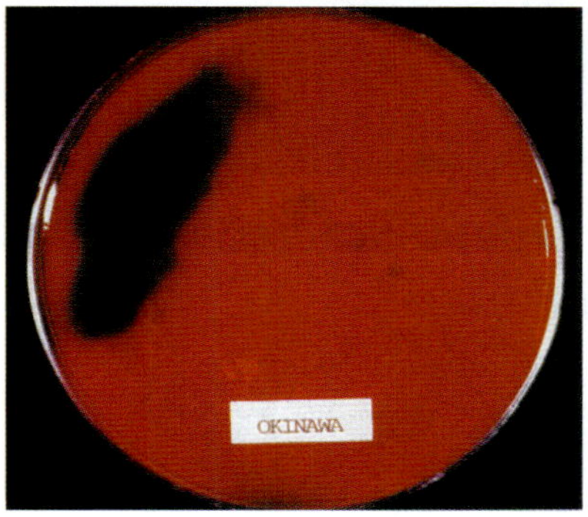

FIG　*C. chauvoei* のコロニー
ツァイスラー血液寒天培地，37℃，36時間培養
透明で微細なため，微かな溶血環がないと見落とすことがある．

分類・性状

偏性嫌気性，グラム陽性有芽胞桿菌を一括してクロストリジウム（*Clostridium*）属菌とする．多種多様な性状，病原性を示す菌種が含まれる．

一般に周毛性鞭毛を持ち運動性を示す．病原性クロストリジウムではウエルシュ菌（*Clostridium perfringens*）のみが鞭毛を持たず非運動性である．

多くは糖を含む培地で多量のガスと種々の有機酸（酢酸，酪酸など）を産生するため，独特の臭気を発する．芽胞の形成能は菌種，菌株により異なる．家畜に病原性を示す *C. perfringens* は通常の培養条件ではほとんど芽胞を形成しないが（写真1），食中毒の原因となるエンテロトキシン産生性 *C. perfringens* は多量の芽胞を形成する．主要な病原性クロストリジウムはすべてゼラチンを液化する．

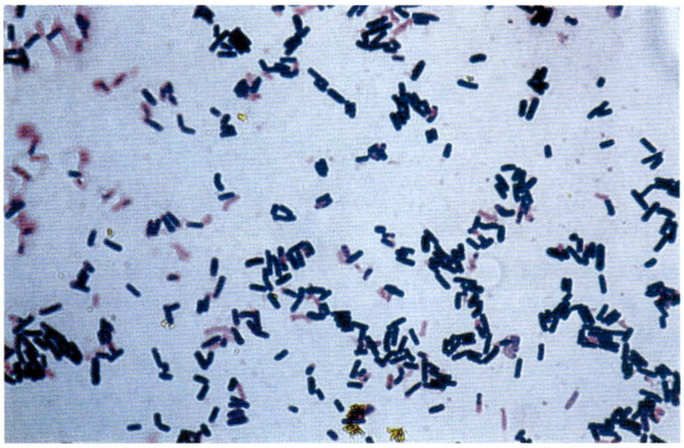

写真1　*C. perfringens* type C のグラム染色標本．
米俵状の菌体で，視野中に芽胞がほとんどみられないのが特徴的である．

生　　態

芽胞が熱や乾燥といった環境要因に抵抗することから，土壌などの自然環境中に広く分布する．一度クロストリジウムに汚染された場所では散発的に発生を繰り返す．

分離・同定

病原性クロストリジウムの分離には嫌気培養を行う．*C. perfringens* は簡便なガスパック（室温触媒法）でも十分に発育するが，*C. novyi* はガス噴射法など，より高い嫌気性を要求し，ガスパックでは分離培養に成功しない場合が多い．すべての場合に適用できるのは VL-g 培地などの pre-reduced 培地を利用するガス噴射法（ロールチューブ法）である．

同定は生化学的性状を調べる通常の方法のほか，*C. perfringens* の場合のように特異的抗毒素濾紙（市販品）を用いた CW 寒天培地上での乳光反応中和試験，ボツリヌス菌，破傷風菌のように特異的毒素の産生を確認することによる臨床細菌学的同定も可能である（写真2～5，表1）．嫌気性菌用の同定用マニュアルとして，

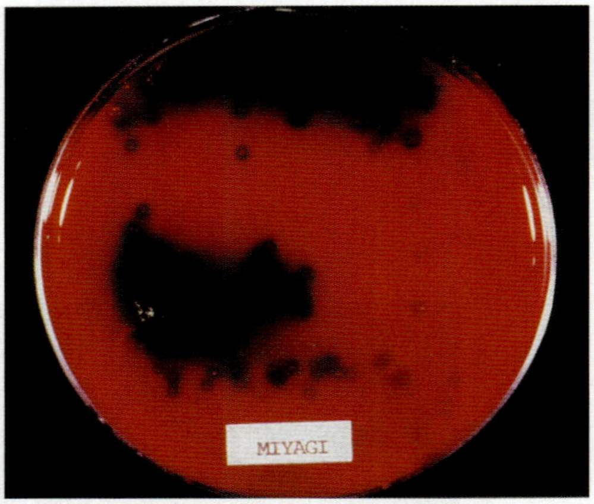

写真2 *C. septicum* のコロニー．
ツァイスラー血液寒天培地，37℃，24 時間培養．半透明・不整形で培養を続けると完全溶血する株が多い．

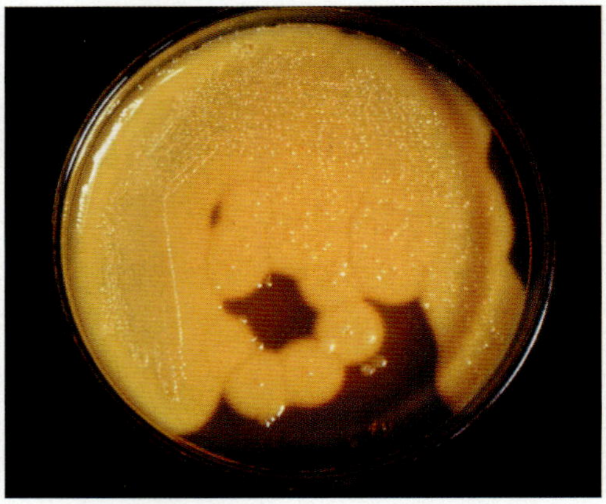

写真5 卵黄加 CW 寒天培地での乳光反応．
C. perfringens などレシチナーゼを産生する菌のコロニー周囲に乳白色混濁帯が出現する．

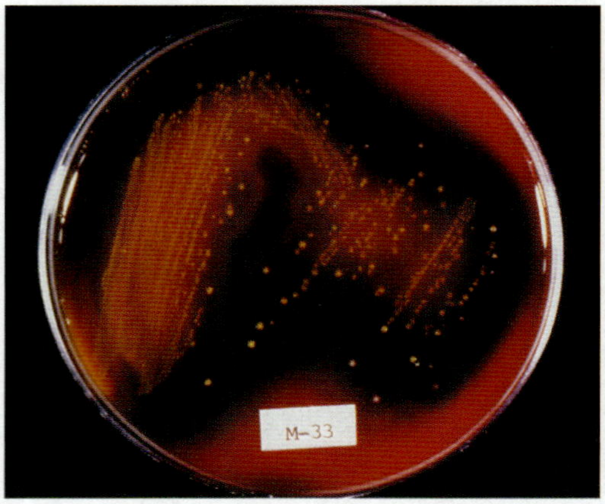

写真3 *C. perfringens* のコロニー．
ツァイスラー血液寒天培地，37℃，18 時間培養．空気に 1 時間ほど暴露するとコロニーが緑色に着色する．

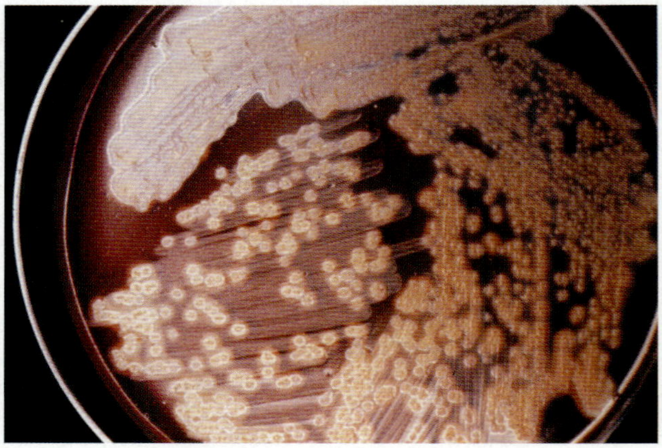

写真6 卵黄加 CW 寒天培地での真珠層．
C. novyi type A などリパーゼを産生する菌のコロニーが真珠様の光沢（油膜状）の被膜でおおわれている．

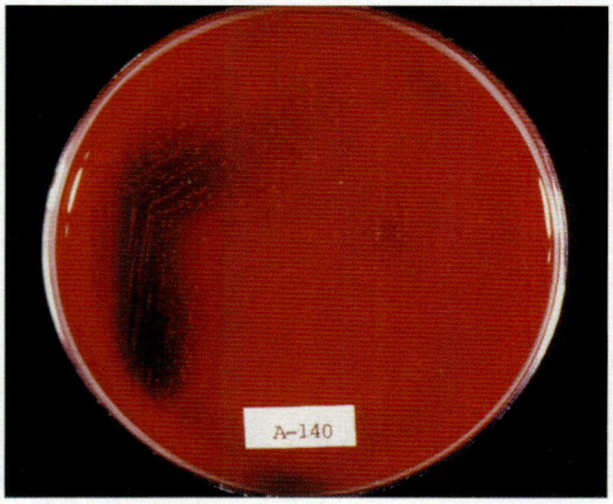

写真4 *C. novyi* type A のコロニー．
ツァイスラー血液寒天培地，37℃，36 時間培養，溶血性の半透明・不整形の小型コロニー．初代培養では発育しない場合も多い．

Anaerobe Laboratory Manual 第 4 版（V. P. I. Anaerobe Laboratory, Virginia Polytechnic Institute and State University, Virginia, USA）がある．同定用キットは嫌気性菌用のものが多種類市販されているが，一般的には家畜に特異的な菌種（気腫疽菌など）や発育の悪いものに対しては良い成績が得られない．

病原性（病原因子）

病原性クロストリジウムは強力な菌体外毒素を産生する．破傷風菌（*C. tetani*），ボツリヌス菌（*C. botulinum*）は神経毒，気腫疽菌（*C. chauvoei*），悪性水腫菌（*C. septicum*），*C. perfringens* などは致死・壊死毒というように，多くの場合，産生する主要毒素が各菌種による病態を特徴付けている．

表1　家畜の病原性クロストリジウムの性状と病名

菌種名	乳光反応（レシチナーゼ）	真珠層（リパーゼ）	炭水化物分解				インドール産生	ゼラチン液化	感染症
			グルコース	ラクトース	サッカロース	サリシン			
C. chauvoei	−	−	+	+	+	−	−	+	気腫疽
C. septicum	−	−	+	+	−	+	−	+	悪性水腫
C. novyi A	+	+	+	−	−	−	−	+	悪性水腫
C. novyi B	+	−	+	−	−	−	−	+	壊死性肝炎
C. novyi D（*C. haemolyticum*）	+	−	+	−	−	−	+	+	細菌性血色素尿症
C. perfringens	+	−	+	+	+	±	−	+	エンテロトキセミア，悪性水腫
C. sordellii	+	−	+	−	−	−	+	+	悪性水腫，エンテロトキセミア
C. tetani	−	−	−	±	±	−	±	+	破傷風
C. botulinum C, D	+	+	+	−	±	±	−	+	鶏・牛・ミンクボツリヌス症

気腫疽

届出

blackleg

Key Words：若齢牛から成牛，急性死，皮下気腫

原　　因

Clostridium chauvoei による．

分離・培養

肝臓あるいは病変部（筋組織）乳剤，皮下滲出液などから分離される．

培養には pre-reduced 培地の VL-g 培地を用いたガス噴射法（ロールチューブ法）が有効である．37℃，24 ～ 48 時間でピンポイント状の微細コロニーを形成する（類似菌種の *C. septicum* は長径 2 ～ 3mm の雲状不規則コロニーを形成することから容易に鑑別可能である）．表面コロニーは直径 1mm ほどの半透明クレイター状を示す（写真 1）．

ツァイスラー血液寒天培地（ブドウ糖血液寒天培地），血液加 GAM 寒天培地などの血液寒天平板培地を用いた室温触媒法（嫌気ジャー，嫌気グローブボックス）では，透明微細コロニーのため，溶血環を頼りに分離を行うが，初代分離培養には不適である．

疫　　学

主に牛（時に羊，山羊，豚）にみられ，甚急性に死亡する．幼牛では少なく，若牛から成牛が死亡する．全国的に発生するが，東北，北海道での発生が若干多い．春から秋に，多くは散発的，時に集団発生がみられる．

症　　状

殿部から大腿部，肩部などの多肉部の腫脹と触診による捻髪音が特徴的である．多くは死後発見である．天然孔からの出血をみることがある（写真 2）．

診　　断

診断は *C. chauvoei* の分離による．迅速診断には蛍光抗体法が有効である．患畜の病変部あるいは接種マウスなどの臓器スタンプからは直接特異蛍光で染まる *C. chauvoei* が検出できる（写真 3）．

動物接種による診断：モルモット，マウスが感受性を持つ．2.5％塩化カルシウム（マウスの場合 3％）水溶液と同時接種（後肢大腿部に筋注）で 24 時間以内に死亡する．腹部皮下に赤色膠様浸潤がみられる．腹腔内の諸臓器は肉眼的には著変がないが，肝漿膜面のスタンプ

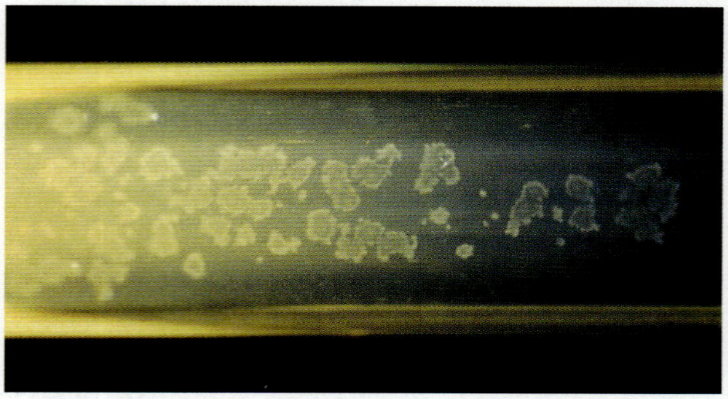

写真 1　*C. chauvoei* の VL-g 斜面培地（ガス噴射法）表面のクレイター状コロニー．

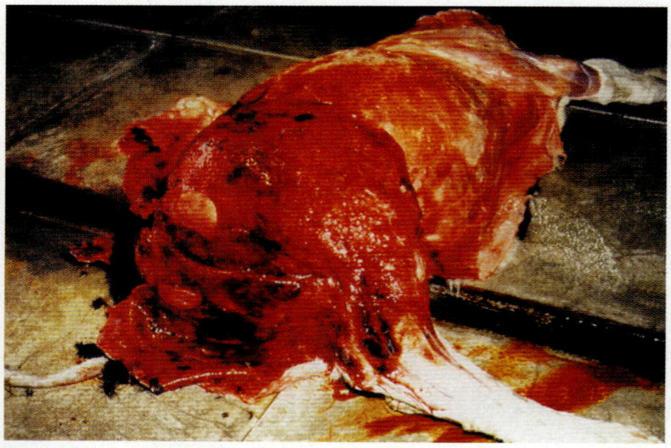

写真 2　気腫疽の外貌．
右殿部から大腿にかけ腫脹し，捻髪音を発した．剥皮すると筋の暗黒赤色病変が認められる（写真提供：青森県十和田家畜保健衛生所）．

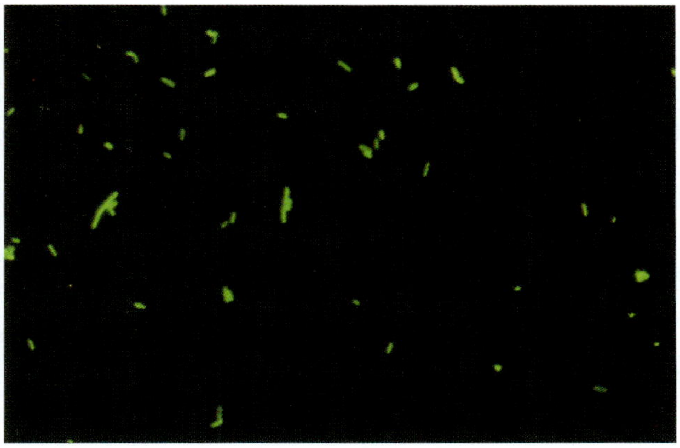

写真3 気腫疽の蛍光抗体法による診断.
材料接種マウス（死亡）のスタンプ標本. 特異蛍光を発する桿菌が多数確認できる.

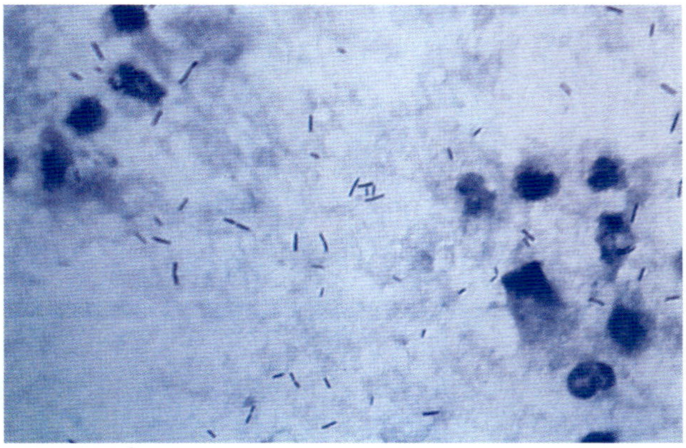

写真4 *C. chauvoei* 接種モルモット（死亡）の肝漿膜面スタンプ標本.
ギムザ染色. 単から２連鎖の小桿菌が多数みられる.

スメアのギムザ染色標本では単在あるいは２連鎖の桿菌が多数確認できる（写真4）.

類症鑑別：炭疽，悪性水腫およびエンテロトキセミアなどとの鑑別が重要である.

予防・治療

有効な不活化ワクチン（単独，３種混合）が市販されている.

悪性水腫

人獣

malignant edema

Key Words：急性死，創傷感染，ガス壊疽

原　　因

Clostridium septicum，*C. novyi*，*C. perfringens*，*C. sordellii* の単独あるいは混合感染である．ただし，わが国の場合，*C. septicum* を悪性水腫菌と呼び，その単独感染例が多い．

分離・培養

病変部（筋組織）あるいは肝臓，脾臓などの臓器から分離できる．

ツァイスラー血液寒天培地，GAM 寒天培地などの寒天平板培地を用いた室温触媒法では良好に発育する．遊走傾向があるため，十分乾燥させた培地を用いる．37℃，18 ～ 24 時間で 1 ～ 2mm の不整形，半透明のコロニーを形成する．大きさ，透明度や形態の異なる非定型コロニーが混じることがある．

疫　　学

主に牛にみられるが，感受性宿主域は気腫疽に比べ広い．発生は全国的で，季節的要因もとくに重要ではない．多くは創傷感染で，汚染地域で散発的発生を繰り返す．気腫疽と異なり集団発生はほとんどみられない．

症　　状

気腫疽と同様，経過は甚急性で多くは死後発見例である．病変部（体躯の皮下織）の腫脹，熱感，気腫疽と比較し，①好発部位が限局しない，②水腫性変化のため捻髪音がないなどが鑑別点といわれるが，区別は容易でない．

診　　断

原因菌の分離で確定診断する．*C. septicum* に対しては蛍光抗体法が応用できる．

動物接種による診断：モルモット，マウスに加えウサギも感受性がある．気腫疽とほぼ同様の経過，所見を示す．肝漿膜面のスタンプで長連鎖あるいは長糸状の桿菌が特徴的に観察され（写真 1），*C. chauvoei*（単在，2 連鎖）との重要な鑑別点となる．

類症鑑別：炭疽，気腫疽，エンテロトキセミア．

予防・治療

C. chauvoei，*C. septicum*，*C. novyi* の 3 種混合不活化ワクチンが有効である．

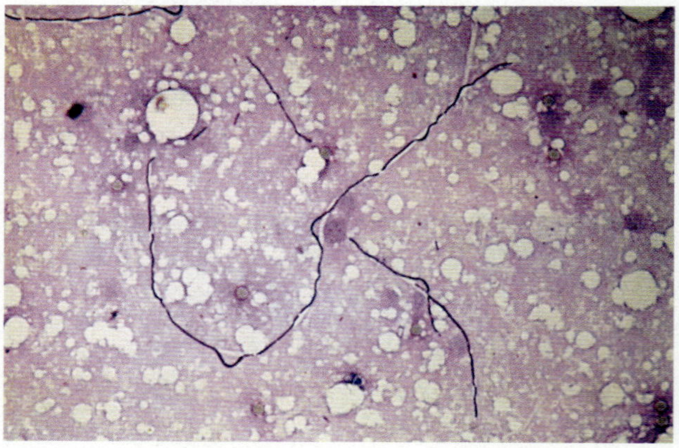

写真 1　*C. septicum* 接種モルモット（死亡）の肝臓スタンプ標本．

ギムザ染色．*C. chauvoei* とは対照的に長連鎖の桿菌が認められる．

豚の壊死性腸炎

necrotic enteritis in piglets

Key Words：乳光反応，出血性壊死性腸炎

原　　因

豚の壊死性腸炎（エンテトロキセミア）の原因菌は *Clostridium perfringens* C 型菌である．

分離・同定

小腸上部の病変部から定量培養を行う．卵黄加 CW 寒天平板培地，ガスパック法を含む室温触媒法で十分な発育がみられる．37℃，12 時間で 1 ～ 2mm の光沢，隆起，正円形で，乳白色の混濁帯（乳光反応）を伴うコロニーを形成し，コロニー周囲は培地を黄変する（クロストリジウムの項，写真 5 参照，p.186），

抗毒素濾紙による同定：CW 寒天平板培地に添付の抗毒素濾紙により乳光反応が中和（阻止）された場合，*C. perfringens* と同定する（写真 1）．

毒素型別：*C. perfringens* は産生する毒素（α，β，ε，ι）により，A，B，C，D，E 型に分類される．また，型特異抗毒素血清を用いたマウス致死中和試験によって型別する．新生豚の壊死性腸炎の場合，C 型菌が分離できる．

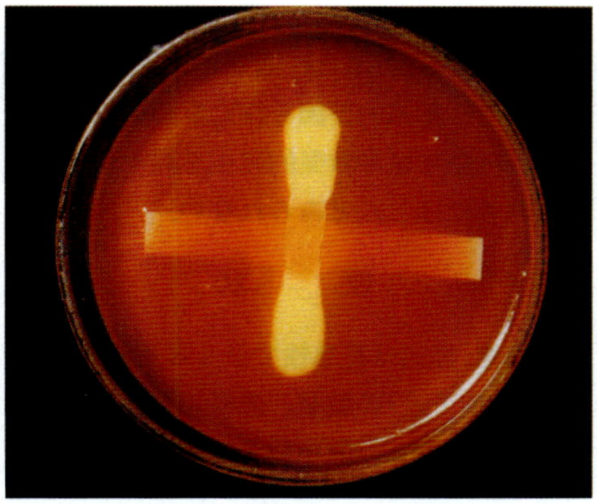

写真 1　*C. perfringens* の乳光反応（レシチナーゼ）中和試験による同定．

中央にウエルシュ菌抗毒素濾紙を埋め込んである卵黄加 CW 寒天培地上に，濾紙と直角に被検菌を画線培養する．被検菌が *C. perfringens* であれば，写真のように濾紙の上の乳光反応が阻止される．

疫　　学

生後 1 週齢（多くは 3 日齢）以内の子豚に発生する．地域や季節に関係なく，散発的発生である．発生農家では継続的に発生する傾向が強い．血便を認めた子豚の致死率は 100％といわれる．

症　　状

出生時は正常であるが，24 時間以内に元気消失，出血性下痢，虚脱に陥り，3 日以内に死亡する．病変は小腸上部に限局した出血性壊死性腸炎がみられる（写真 2）．

診　　断

細菌学的に *C. perfringens* C 型菌を分離する．病理学的に出血性壊死性腸炎像を確認する．

大腸菌症，伝染性胃腸炎（TGE），豚流行性下痢（PED）との類症鑑別が必要である．

予防・治療

トキソイドによる母豚の免疫が有効といわれるが，わが国では応用されていない．発生農家では分娩前後に抗生物質の予防的投与を行う．

写真 2　新生豚の壊死性腸炎．

上部小腸に限局して出血性壊死性腸炎病変（黒赤色部）がみられる（写真提供：福島県郡山家畜保健衛生所）．

破傷風

tetanus

届出 人獣 五類

Key Words：創傷感染，強直性痙攣，去勢

原　　因

Clostridium tetani による．

分離・培養

感染部位と推定される創傷部位から，強い遊走性を利用して分離する．

増菌培養にはクックドミート培地，37℃，48 時間培養後，100℃，5 分加熱処理する．

分離培養には VL-g 寒天斜面培地を用いたガス噴射法などで増菌培養液を斜面下端に接種し，37℃，24 時間培養後，斜面上端まで遊走した菌を分離する．グラム染色でグラム陽性，時に陰性に染まる，太鼓のバチ状桿菌である（写真 1）．

疫　　学

馬が最も感受性が高いが，ヒト，牛，羊，山羊，豚などにもみられる．季節に関係なく汚染地域で創傷感染（分娩，去勢，断尾術）により散発する．わが国では全国的に発生をみる．

症　　状

症状として，知覚過敏，強直性痙攣がみられる．

診　　断

菌は感染局所にのみ存在するため，感染局所が特定できない場合は分離培養は成功しない．この場合，臨床症状により診断する．

動物接種による診断：1％グルコース加クックドミート培地で培養した菌液をマウス後肢に筋肉内接種すると，12 ～ 24 時間で後肢の強直，知覚過敏などの特徴的症状を示し（写真 2），死亡する．

予防・治療

破傷風トキソイドが有効である．

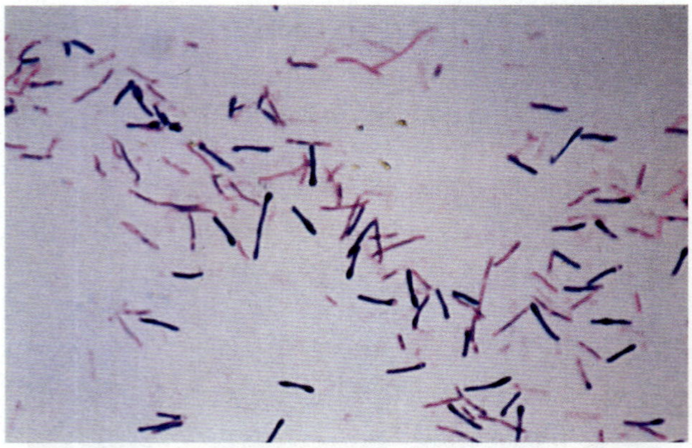

写真 1　*C. tetani* のグラム染色標本．
細桿菌の菌端に正円形芽胞を形成．太鼓のバチ状と形容される．グラム陰性に染まる菌体も多数みられる．

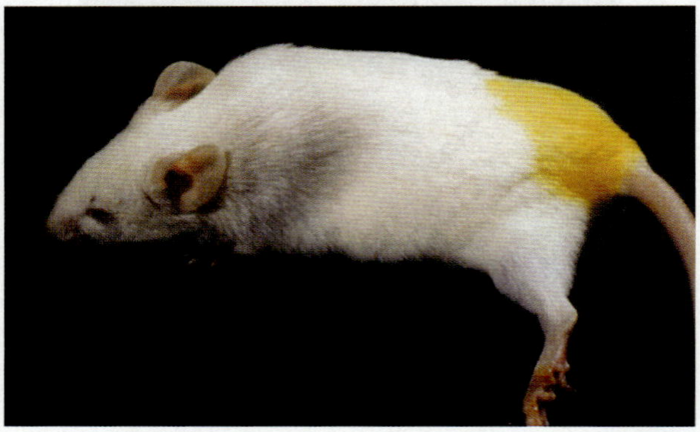

写真 2　破傷風マウス．
左後肢に *C. tetani* を接種．接種部は強直し，肩甲部が突出，音や光刺激で強直性痙攣を起こす．

鶏の壊死性腸炎

avian necrotic enteritis

Key Words：ブロイラー，コクシジウム，出血性壊死性腸炎

原　　因

Clostridium perfringens A 型による．

分離・同定

豚の壊死性腸炎の項を参照のこと．

疫　　学

5～8週齢のブロイラーに多発するが，地域や季節には関係しない．コクシジウム感染が誘発あるいは増悪因子となる．群での死亡率は5～50％である．

症　　状

元気・食欲喪失，急性経過で死亡する．病変は小腸に限局し，出血，壊死（写真1）が特徴である．

診　　断

C. perfringens A 型菌は非病原性のものが少なくないため，診断には病変部からの分離菌量と毒素原性の確認が重要である．

予防・治療

ワクチンなどの特異的予防法はない．発生鶏群にはペニシリン系抗生剤の投薬が有効である．

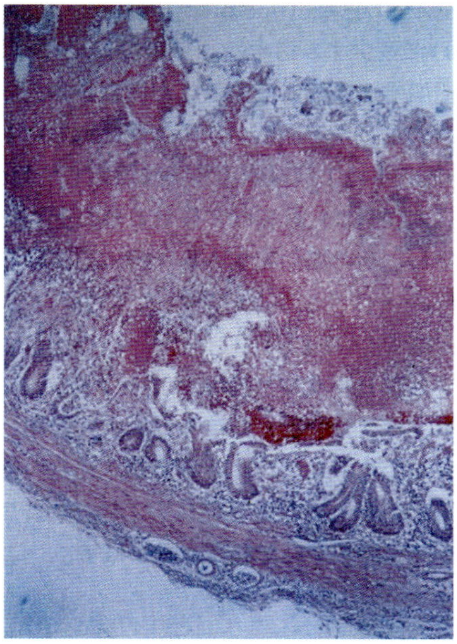

写真 1　鶏の壊死性腸炎の病理組織像．
典型的な出血性，壊死性腸炎像が認められる（写真提供：秋田県中央家畜保健衛生所）．

人獣
四類

ボツリヌス中毒

botulism

Key Words：毒素の活性化，ボツリヌス神経毒，乳児ボツリヌス症

ボツリヌス中毒は，菌（*Clostridium botulinum*）が産生する毒素（ボツリヌス毒素：神経毒素と無毒成分から構成）により起こる．一般的には，食品中で菌が増殖する際に産生された毒素を食品とともに摂取して発病する（食餌性ボツリヌスまたは単にボツリヌス中毒）．一方，生後1年以内の乳児に限定して発症する「乳児ボツリヌス症」は，経口的に摂取された芽胞が腸管内で発芽，増殖し，その際に産生された毒素が原因となる．

創傷部に大量の菌が入った場合にのみ起こる「創傷ボツリヌス症」は，まれな疾患である．

ボツリヌス菌

ボツリヌス菌は生化学的性状により4群に分類される（表1）．Ⅰ群菌は蛋白分解性で，芽胞は抵抗性が強い．Ⅱ群菌は発育温度域が低く，蛋白非解性で，芽胞の抵抗性は低い．

ボツリヌス毒素

ボツリヌス毒素は，抗原性に基づいてA，B，Cα，Cβ，D，E，F，Gの8型に分類されている．ヒトのボツリヌス中毒は，主にA，B，E，Fにより起こり，また家畜の中毒は，Cα，Cβ，Dにより起こる（表1）．

ボツリヌス毒素は単純蛋白質で，80℃，20分の加熱で失活するが，pH3.5～6.8では安定である．Ⅰ群菌の産生する毒素は，菌自身の産生する蛋白分解酵素で活性化され，またⅡ群菌の産生する毒素は，消化管内でトリプシンにより活性化される．Ⅱ群菌の産生する毒素は，実験的にもトリプシンで活性化され，毒力は10～10,000倍上昇する．

ボツリヌス毒素は腸管から吸収された後，末梢神経に到達し，末梢神経のアセチルコリンの遊離を阻害する．最終的には呼吸麻痺で死亡する．

治　療

複視などの初期症状が現れた時点で，抗毒素投与を主とする治療を施せば回復の可能性が高い．

表1　ボツリヌス菌の分類と特徴

	ボツリヌス菌群			
	Ⅰ	Ⅱ	Ⅲ	Ⅳ
毒素型	A，B，F	B，E，F	Cα，Cβ，D	G
ゼラチン液化	＋	－	＋	＋
牛乳カゼイン消化	＋	－	－	＋
トリプシンによる活性化	－	＋	－	＋
至適発育温度（℃）	37～39	28～32	40～42	
最低発育温度（℃）	10	3.3	15	
芽胞の耐熱性（D値）	25分	0.1分以下		
罹患動物	ヒト	ヒト	家畜，ミンク，鳥類	
乳児ボツリヌス症	＋	－	－	－

ウエルシュ菌食中毒

人獣

Clostridium perfringens food poisoning

Key Words：生体内毒素産生型食中毒，エンテロトキシン，Hobbs 型

ウエルシュ菌（*Clostridium perfringens*）は，ヒトや動物に腸炎，ガス壊疽など各種疾病を起こす．原因は菌が産生する毒素である．最も発生件数の多いのがヒトの腸炎であり，世界各地で多発している．起因物質はエンテロトキシンであるが，食品中にあらかじめ産生されたエンテロトキシンによるのではない．摂取した生菌が腸管内で増殖・産生したエンテロトキシンによることから，「感染型」（あるいは「生体内毒素産生型」）食中毒に分類されている．

下痢と腹痛を主症状として，一過性，予後は比較的良好である．

ウエルシュ菌の分類と疫学

ウエルシュ菌は 14 種類以上の毒素を産生するが α，β，ε，ι の 4 毒素の産生性（スペクトル）に基づき，A ～ E の 5 つの毒素型に型別される（表 1）．ウエルシュ菌腸炎の大部分はエンテロトキシンを産生する A 型菌で起こる．エンテロトキシン産生 A 型菌は，耐熱性がとくに強い芽胞形成菌である．本菌に汚染された食品を加熱調理すると，耐熱性の芽胞は生残し，冷却後に発芽し，食品中に急激に増殖する．

ウエルシュ菌は，多くは芽胞として自然界や動物の腸管内に常在している．したがって，菌の分布調査あるいは腸炎発生時における原因菌や原因食品の追究には，A 型菌の菌体抗原の血清型を判定する Hobbs 型別が威力を発揮する．

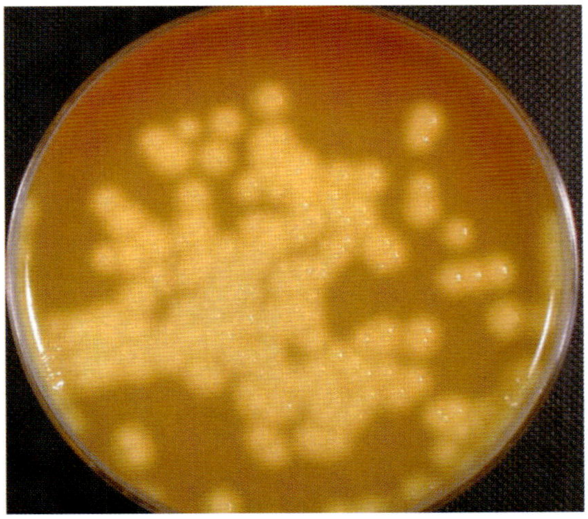

写真 1　卵黄加 CW 寒天培地上のコロニー．
卵黄加 CW 寒天培地でウエルシュ菌を培養すると，卵黄中のレシチンが菌の産生するレシチナーゼにより分解されるため，菌（コロニー）の周囲には乳白色混濁環（帯）が観察できる．

表 1　ウエルシュ菌の毒素型と疾病

毒素型	主用産生毒素 CPE	α	β	ε	ι	疾病（罹患動物）
A	＋	＋	－	－	－	腸炎（ヒト），ガス壊疽（ヒト，動物）
B	－	＋	＋	＋	－	壊死性腸炎（子羊）
C	(＋)	＋	＋	－	－	壊死性腸炎（ヒト，山羊，羊，豚）
D	(＋)	＋	－	＋	－	壊死性腸炎（山羊，羊，牛）
E	－	＋	－	－	＋	まれにエンテロトキセミア（牛）

α：アルファ，β：ベータ，ε：イプシロン，ι：イオータ，CPE：エンテロトキシンの各毒素
(＋)：一部の菌のみが産生することが認められている．エンテロトキシン産生性は，ウエルシュ菌の毒素型別には無関係である．

表2 ウエルシュ菌腸炎の発生機序

1. 常在菌による食品汚染
2. 保存中の加熱調理食品中での耐熱性芽胞の発芽・異常増殖
3. 10^5/g 以上の栄養型（vegetative form）菌を含む食品の摂取
4. 腸管内での芽胞形成・エンテロトキシン産生
5. エンテロトキシンの局所作用による腹痛・下痢発現

エンテロトキシン

エンテロトキシンは，ウエルシュ菌の他の毒素と異なり，芽胞形成時に限って産生される．分子量約3.5万の易熱性の単純蛋白質である．ウサギやモルモットの皮内に投与すると発赤を生じ，またウサギや子羊の結紮腸管内に投与すると腸管液の貯留を起こす．ウエルシュ菌腸炎の主な発症機序は，表2の通りである．

リステリア

基本性状
グラム陽性通性嫌気性無芽胞性桿菌

重要な病気
脳炎（羊，牛，山羊，ヒト）
流産（牛，羊，山羊，ヒト）
敗血症（幼獣，単胃動物，ヒト）
乳房炎（牛）

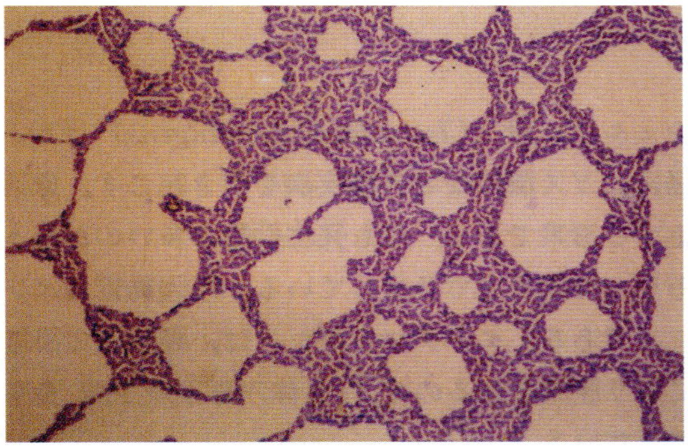

FIG　リステリアのグラム染色像

分　類

リステリア（*Listeria*）属には6菌種（*Listeria innocua, L. ivanovii, L. grayi, L. monocytogenes, L. seeligeri, L. welshimeri*）が存在し，家畜とヒトに病原性を示す菌種は，*L. monocytogenes* と *L. ivanovii* の2種である．*L. ivanovii* には2つの亜種（subsp. *ivanovii* と subsp. *londoniensis*）がある．

性　状

グラム陽性，非抗酸性，莢膜や芽胞を有しない短桿菌（0.5～2 μm × 0.4～0.5 μm）である（写真1）．典型的なグラム陽性菌の細胞壁を持ち，ペプチドグリカンのテラトペプチドの3番目のアミノ酸はジアミノピメリン酸（DAP）で，細胞壁多糖体がO抗原となる．周毛性鞭毛は22℃で多数発現し運動性を示すが，37℃培養では発現が少ない．発育温度域は4～45℃と広く，至適培養温度は30～37℃．普通寒天培地に発育し直径1～2mmの乳白色コロニー形成．0.04％亜テルル酸カリウム，0.025％酢酸タリウム，3.75％チオシアン酸カリウム，10％塩化ナトリウム，40％胆汁酸に耐性．pH5.5～9.6でも発育可能．リステリア属菌は菌体（O）抗原と鞭毛(H)抗原により16種の血清型に分類される．その他の性状は表1参照．

生　態

リステリア属菌は自然界に広く分布し，土壌，野菜，サイレージ，下水，河川水，50種類以上の動物（反芻獣，豚，馬，犬，猫，鳥）等から分離される（図1）．ある地域では70％以上のヒトが無症状保菌者との報告もある．

病　原　性

家畜のリステリア症は *L. monocytogenes* による牛，羊，山羊，馬および豚の感染症で，宿主，飼養環境および菌の侵入門戸の違いにより脳炎，死流産，敗血症を引き起こす（表1）．宿主への侵入経路は，菌の経口感染（腸

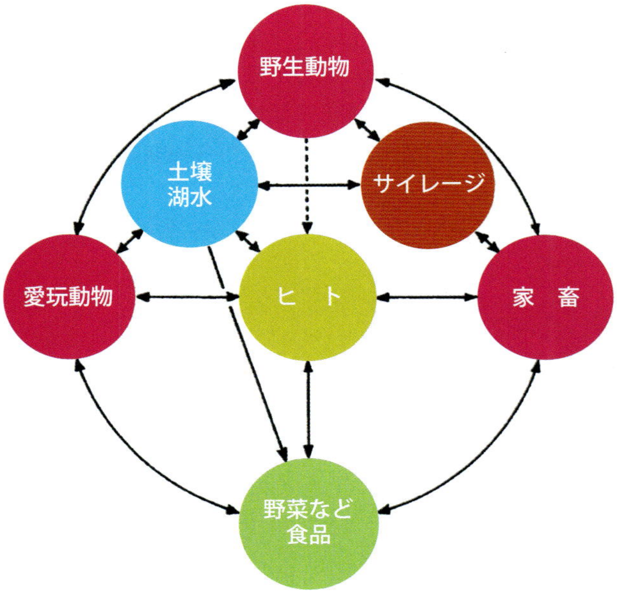

図1　リステリアの感染経路．

表1 リステリア属菌の同定と感染症

菌種	溶血性	CAMP-S	CAMP-R	ラムノース	キシロース	マンニトール	宿主	病名	血清型
L. monocytogenes	+	+	±	+	−	−	若い家畜，鳥 牛，羊，山羊 ヒト	敗血症（肝臓に病巣） 脳炎（旋回病），流産，乳房炎 髄膜炎，敗血症，脳炎，流産	1/2a，1/2b，1/2c，3a，3b. 3c，4a，4ab，4b，4c，4d，4，e，7
L. ivanovii	+	−	+	−	+	−	牛，羊	流産	5
L. innocua	−	−	−	V	−	−	なし		4ab，6a，6b，US
L. grayi	−	−	−	V	−	+	なし		S
L. seeligeri	V	−	−	−	+	−	なし		1/2a，1/2b，1/2c，4b，4d，6b，US
L. welshimeri	−	−	−	V	+	−	なし		1/2b，4c，6a，6b，US

CAMP-S（CAMP 試験　*S. aureus*）
CAMP-R（CAMP 試験　*R. equi*）
V：variable，S：specific，US：undesignated serotype

粘膜上皮細胞，パイエル板のM細胞）から血行性全身感染と口腔内の傷口から三叉神経を介して上行性に中枢神経への感染．ヒトにおいても乳幼児の敗血症，妊婦の死流産を起こす．ウサギに本菌を感染させると末梢血中に単球が増加し（monocytosis），本菌名の由来となっている．

リステリアは食細胞の殺菌に抵抗し，細胞内増殖可能な通性細胞内寄生細菌であり，いくつかの病原因子が明らかになっている．

ActA：ActA 蛋白質は，アクチン重合によって細胞内移動を起こし，細胞への付着と侵入に関与する．

Internalisin：表層蛋白質で，標的細胞への付着と侵入に関与する．

Listeriolysin O：Listeriolysin O は SH 基を持つ還元剤で活性化されるのでチオール活性化酵素と呼ばれ，細胞膜に孔（pore）を形成する．食胞から細胞質内への脱出の際に分泌される．*L. ivanovii* は Ivanolysin を産生する．

Phospholipase C：細胞膜リン脂質を分解し，細胞膜を破壊する酵素．

分離・同定

脳炎や敗血症の場合は髄液や血液を直接血液寒天培地などに接種し，10％ CO_2，35℃培養．汚染された臓器やサイレージなどからの分離には低温培養による増菌培養と選択分離培地（Oxford 培地，PALCAM 培地）を併用．暗視野実体顕微鏡で乳青白色の蛍光を発する微小集落について，グラム染色で陽性短桿菌を確認し，半流動培地における傘状の運動性，VP 反応，カタラーゼ反応が陽性で，血液寒天平板で β 溶血が認められればほぼリステリアと同定できる．マウス感染実験で無毒のリステリア属菌と鑑別容易．

家畜のリステリア症

人獣

listeriosis in ruminants

Key Words：脳炎，旋回病，流産，敗血症，サイレージ

本症はリステリアがサイレージなどを介して反芻動物（牛，羊，山羊）に感染し，脳炎，死流産，敗血症などを散発的に引き起こす感染症である．まれに馬，豚にも感染し，敗血症を引き起こす．

原　因

Listeria monocytogenes の血清型 4b, 1/2a, 1/2b および 3 が主に感染するが，その分布には地域特異性がある．*L. ivanovii* は牛と羊に流産を引き起こす．

疫　学

自然界に広く分布する菌（土壌，野菜，サイレージ）を経口的に摂取することにより感染する（表 1，写真 1）．わが国においては，牛，羊などの家畜では変敗サイレージを摂取する機会の多い春先（3～6 月）に散発的に発生する．易感染因子として低栄養状態，突然の天候変化，妊娠・分娩，輸送などの環境因子が重要．反芻動物に多いが，まれに新生子馬や豚に敗血症が認められる．ブロイラー鶏の脳炎の集団発生も報告されている．

感染経路

敗血症，流産型は菌に汚染されたものを経口的に摂取し，腸管粘膜上皮細胞とパイエル板の M 細胞から菌が侵入・感染し，血行性に伝播する（図 1）．脳炎型では，口腔内の傷口から三叉神経を介して中枢神経に上行感染する（図 1）．実験動物としてネズミ，ウサギ，モルモットは高い感受性を示す．

表 1　飼育環境からのリステリアの分離

牧場	牛直腸便	敷き藁	乾草	サイレージ放置	サイロ内サイレージ
A	1/64	5/23	2/19	2/3	0/4
D	1/128	0/24	2/15	4/5	1/6

（Ueno ら，Microbiol. Immunol. 1996 より）

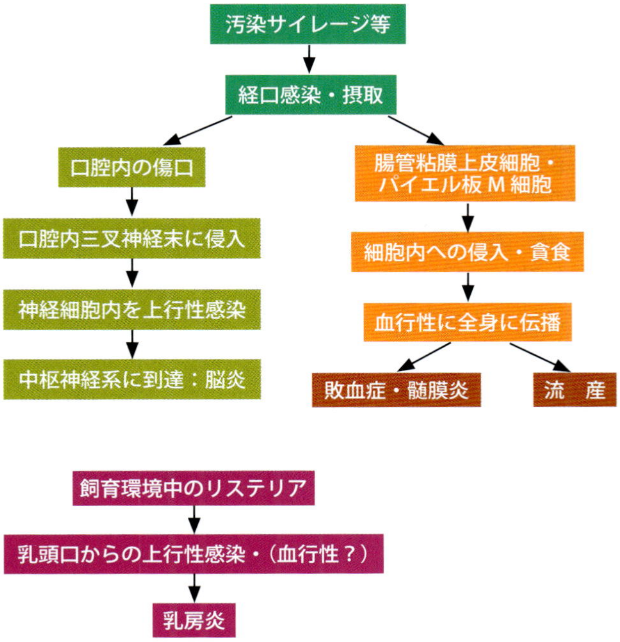

図 1　リステリアの感染経路と臨床症状．

写真 1　リステリア汚染が問題となるロールサイレージ．（写真提供：丸山　務氏）

写真2 リステリアを発症し斜頚している羊．（写真提供：丸山　務氏）

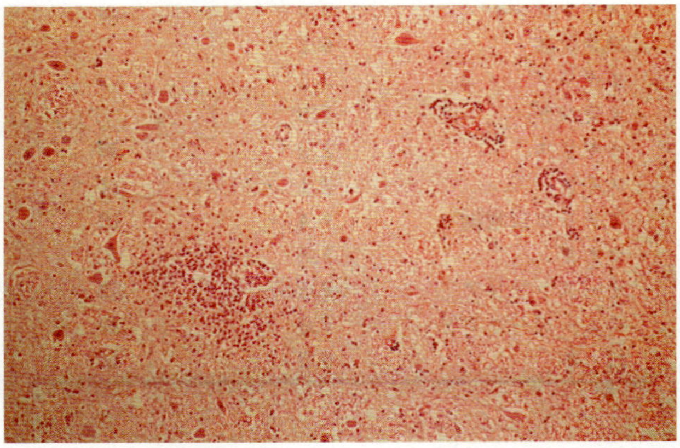

写真3 好中球浸潤を伴う微細膿瘍形成と囲管性細胞浸潤．（写真提供：小山田敏文氏）

症状（発病メカニズム）

脳炎型：群からの離脱，発熱（～40℃），突然の運動障害，沈うつ，不安に始まり，旋回，流涎，起立不能，斜頚（写真2），痙攣麻痺などの経過を取り，通常牛では1～2週間で，羊や子牛では2～4日で死亡する．死因は呼吸不全．

流産：綿羊や山羊では汚染サイレージ給与から2日目には敗血症が，6～13日後には流産が始まる．牛では妊娠後期に死流産が起こり，臨床的な髄膜脳炎を伴うことはない．羊や山羊では妊娠12週以降から流産が始まる．豚の流産はまれ．なお，*L. ivanovii* による流産とは区別できない．

敗血症型：急性敗血症は反芻獣の成獣ではない．幼若子羊と子牛および単胃動物に発生する．発熱，沈うつ，元気消失，多くは下痢を伴い，症状の進行に連れ，角膜混濁，呼吸困難，眼球振盪などを起こし，約12時間で死亡する．

乳房炎型：体細胞数の著しい上昇を伴った慢性乳房炎．しかし，乳は一見正常．ヒトの感染源として重要．

診断（病理，検査法）

脳炎型の病理解剖肉眼所見は顕著でないが，脳脊髄液は混濁し，髄膜血管のうっ血が認められる．病理組織学的検索では，延髄を中心に，脳橋，小脳髄質，大脳脚に本症の特徴である好中球浸潤を主体とする化膿病巣を認める（写真3，4）．

敗血症型と流産胎子では，内臓病変として，肝臓，脾臓，心内膜などに壊死病巣が多数認める．

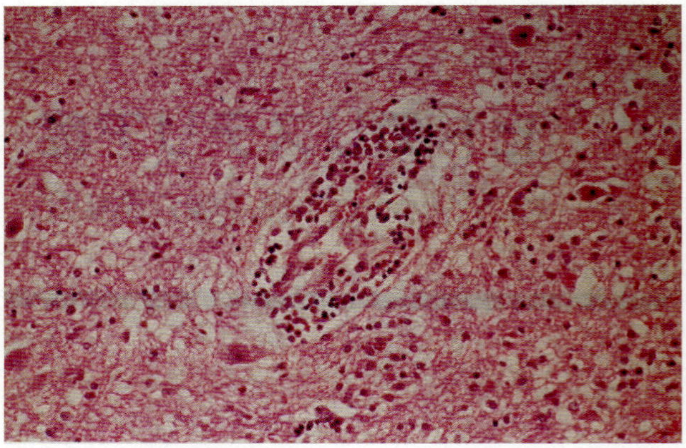

写真4 単核細胞からなる囲管性細胞浸潤．（写真提供：小山田敏文氏）

細菌学的診断：病畜の脳病変，胃を含む胎子臓器，胎盤および子宮排泄物からの菌分離を行う．

動物接種試験：マウスの静脈（腹腔）内接種試験（3～5日で死亡），ウサギ眼接種試験（Antons eye test）（24～36時間後に化膿性角結膜炎）．

類症鑑別：脳炎症状を示すヘモフィルス・ソムナス（*Histophilus somni*）感染症，低カルシウム血症，低マグネシウム血症，日本脳炎，破傷風，牛のクラミジア症，狂犬病，伝達性海綿状脳症との鑑別が必要．

予防・治療

家畜には変敗したサイレージは給与しない．ヨーロッパの一部で羊に生ワクチンを使用．

治療にはペニシリンとゲンタマイシンまたはテトラサイクリンの併用．

ヒトのリステリア症

人獣

human listeriosis

Key Words：食品媒介感染症，髄膜炎，日和見感染症

歴　　史

リステリア症は，古くは伝染性単核症や髄膜炎を起こす人獣共通感染症として知られていたが，1980年代から，欧米諸国を中心に野菜サラダ，乳製品，食肉加工品などの食品を介したヒトにおける集団感染が相次いで報告された．現在，先進国では致命率の高い食品媒介感染症として重要視されている．散発事例では，主に免疫機能低下者の日和見感染症である．

世界における発生状況

発生は全世界的にみられるが，とくに食品媒介感染症として，本症のサーベイランスが行われているヨーロッパやアメリカでの発生率は高い（表1）．重症化したリステリア症の致命率は20～30％である．散発事例が多いが，多発国では食品に由来する集団感染例も発生している．一方，発展途上国での報告はほとんどない．多発する患者年齢は，1歳以下と60歳以上と2峰性のピークを示す（図1）．

表1　各国におけるヒトのリステリア発生頻度

国（年）	罹患率/100万人
アメリカ合衆国（1998）	5.0
フランス（1997）	4.1
イギリス（1990年代）	1.6～2.5
オランダ（1991～95）	0.7
日本（1996～2001）	0.65
デンマーク（1990）	7.0
フィンランド（1990）	6.0
イタリア（1990）	3.5
スイス（1990）	2.1
カナダ（1990）	1.8
オーストラリア（1990）	6.5
ニュージーランド（1990）	7.3

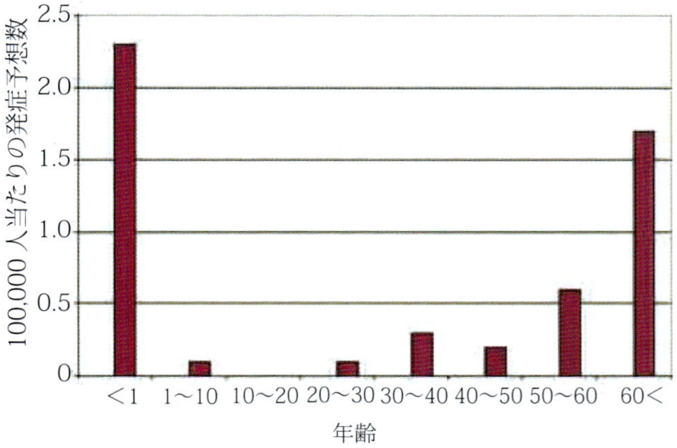

図1　年齢によるリステリア発症予想FoodNet1997年(CDC,1998).

日本における発生状況

1958年，山形県での小児髄膜炎，北海道での胎児敗血症性肉芽種のそれぞれ1例が最初の報告である．厚生労働省研究班の調査によると，1996年以降の単年度当たりの重症化したリステリア症の発生件数は，平均83症例と推定されている．研究班で確認された事例はすべて散発例であった．多発する患者年齢は，5歳以下と60歳以上と2峰性のピークを示した．発生に地域特性はみられない（図2）．重症化した場合の患者の致命率は21％である．2001年に北海道で発生した集団例は，わが国初の食品媒介リステリア感染と考えられるが，重症化はみられず感染初期のカゼ様症状や急性胃腸炎症状のみが観察された．

疫　　学

ヒトへの感染は，母親からの垂直感染と食品を介した事例が報告されている．原因菌の *Listeria monocytogenes* は，自然界にきわめて広く分布し，健康なヒトや家畜からも数％程度の頻度で分離される．食品の汚染調

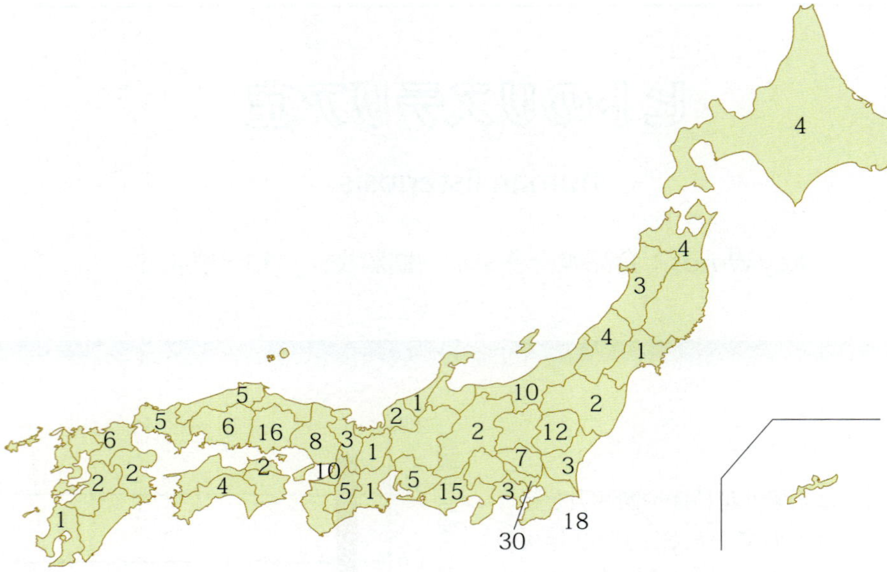

図2 リステリア症203症例の県別分布.

査では，生の食肉を中心に汚染が認められる．調理済み加工食品などにも，菌数や頻度は低いが汚染が認められる．わが国における健常人の糞便からの分離率は，1.3％である．

症　　状

本菌の高い菌数の汚染を受けた食品摂取による感染初期の症状は，カゼ様症状と急性胃腸炎症状である．わが国での重症化したリステリア症については，約50％が脳髄膜炎などの中枢神経疾患，40％弱が敗血症を呈し，その他流産や乳幼児感染が報告されている．潜伏時間は，感染初期のカゼ様症状で24～48時間程度である．重症化した場合は，感染を特定することは困難であるが，潜伏期間は数日から90日以上といわれており，きわめて幅が広い．

診断・検査

臨床症状，喫食調査，細菌検査の結果などを総合して診断する．通常，髄液や血液，場合によっては糞便などの臨床材料および食品からの *L. monocytogenes* の分離が決め手となる．重症化した患者の場合，抗生物質の投与により菌分離が困難な場合もある．PCR法による *L. monocytogenes* DNAの検出や，ペア血清による特異的抗体価の測定による診断も可能となってきている．

表2 各種食品のリステリア汚染頻度

食　品	分離率（％）	調査国
薫製魚介類	4.2～33.7	アメリカ，フィンランド，デンマーク，イタリア，スペイン，日本
鮮魚介類	1.3～51.4	デンマーク，アメリカ，日本
魚介類加工品	10.4～20.7	デンマーク，スウェーデン
野菜類，サラダ含む	0.7～5.5	ドイツ，アメリカ，ブラジル，日本
ソフトチーズ（熟成）	1.0～6.3	ドイツ，アメリカ，ヨーロッパ
未殺菌乳，生乳	0.0～6.1	フランス，オランダ，イギリス，アメリカ，ドイツ，日本
ソーセージ	1.8～15.9	アメリカ，ドイツ，ベルギー
デリミート	0.4～7.3	イギリス，アメリカ，デンマーク，ギリシャ，ベルギー
パテ類	2.6～4.1	イギリス，アメリカ，ベルギー
デリタイプサラダ	1.8～31.2	ドイツ，アメリカ，ベルギー

（仲真晶子2004のデータにより作成）

治療・予防

治療にはペニシリン系，とくにアンピシリンが有効で，ほかにゲンタマイシン，マクロライド系抗生物質などとの併用が効果的である．本感染症において主な感染経路と考えられているのは食品であり，本菌の低温増殖性を考えると，食品の取扱いには冷蔵庫での保存を過信しないこと．とくに妊婦や高齢者などハイリスクグループに属するヒトは，汚染の可能性が高いと思われる食品の摂取をできるだけ控えるか，加熱殺菌後摂取するなどの注意が必要である．

エリジペロスリックス

基本性状
グラム陽性通性嫌気性桿菌
重要な病気
豚丹毒（豚）
類丹毒（ヒト）

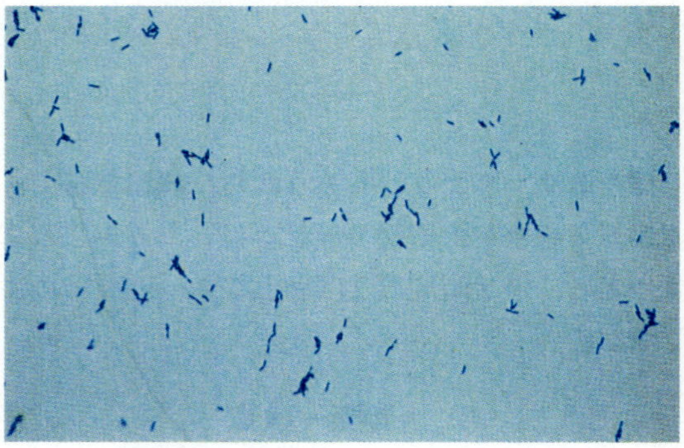

FIG 豚丹毒菌のグラム染色像

分類・性状

エリジペロスリックス（*Erysipelothrix*）属菌は，*Erysipelothrix rhusiopathiae*（豚丹毒菌）の 1 菌種のみであると考えられてきたが，DNA-DNA 相同性の研究から，これまで 23 種類の血清型に分けられてきた *E. rhusiopathiae* の血清型の一部は *E. tonsillarum* として分類された．また，最近の研究では *Erysipelothrix* をタイプ属とする新たな科が提案されており，*E. rhusiopathiae* と *E. tonsillarum* の 2 つの菌種に加えて新しく 1 菌種 *E. inopinata* が提案されている．

豚丹毒菌はグラム陽性の微小桿菌で，運動性はなく芽胞はつくらない．カタラーゼ陰性，オキシダーゼ陰性，硫化水素陽性で，多くの糖類を発酵して酸を産生する．これまでこの菌は莢膜はつくらないと考えられてきたが，この菌は莢膜を保有し，それが病原性に深く関与することが明らかとなった．

この菌は通性嫌気性菌で，至適 pH は 7.4 ～ 7.8，普通寒天培地での発育は悪く，血清，ブドウ糖，あるいは Tween 80 の添加により発育が増強される．寒天培地上では普通，透明で光沢のある小円形のコロニーをつくり，血液寒天培地上では不明瞭な α 溶血を示す．液体培地では通常混濁発育をするが，菌株によっては沈殿がみられることがある．

生　　態

この菌は自然界に広く分布し，家畜のほかにも野生の動物，鳥類，魚類などから分離される．

分離・同定

普通寒天培地では発育が悪く，小露滴状コロニーを形成するが，血液，ブドウ糖や Tween 80 を添加すると発育がよくなる．血液寒天培地では α 溶血を示す．ゼラチン培地を液化しないが穿刺線に沿って試験管ブラシ状発育を示す．

病　原　性

豚丹毒菌は，豚以外では牛や羊の多発性関節炎，七面鳥や鶏に敗血症を引き起こすが，経済的には豚のほかに七面鳥における感染症が問題になる．*E. tonsillarum* は豚や鶏には病原性が低く，これらの動物における *E. tonsillarum* の病原学的意義は少ないと考えられている．

豚丹毒

届出 **人獣**

swine erysipelas

Key Words：急性敗血症型，蕁麻疹型，関節炎型，心内膜炎型

原　　因

豚丹毒菌（*Erysipelothrix rhusiopathiae*）の感染によって起こる感染症である．豚丹毒菌は豚の扁桃に常在していることが多く，これらが保菌動物となり，あるいは菌で汚染された環境から経口的に感染する．3か月齢以上の豚で発生しやすいが，感染への感受性は個体の免疫状態に強く左右される．哺乳豚は通常，生後数週間は親からの移行抗体により免疫状態にあるため感染しない．豚丹毒に罹患した豚から分離される菌の血清型のほとんどは，血清型1型あるいは2型である．感受性動物は，豚，牛，羊などの哺乳類，七面鳥，鶏などの鳥類である．

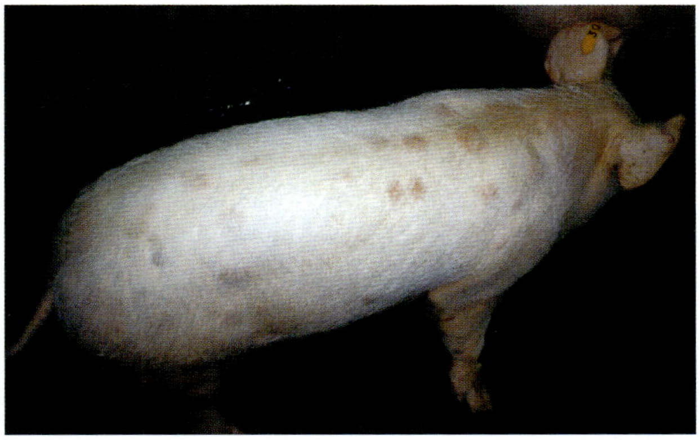

写真1　豚丹毒菌接種による全身の発疹．（写真提供：故 横溝祐一氏）

症　　状

豚丹毒の病型は臨床的に，急性型である敗血症型および蕁麻疹型，慢性型である関節炎型および心内膜炎型に分けられる．急性の敗血症型は，40℃以上の高熱が突発し，1～2日の経過で急死する．死亡率は非常に高い．妊娠豚では流産が起こることもある．蕁麻疹型は，発熱や食欲不振などの症状に加えて，感染1～2日後に菱形疹（ダイヤモンド・スキン）と呼ばれる特徴的な皮膚病変を示す（写真1）．慢性の関節炎型や心内膜炎型は，急性型の後遺症として起こることが多く，関節炎型は，四肢の関節に好発し，関節の腫脹，疼痛，跛行がみられる．心内膜炎型は，臨床的に異常を認めることはほとんどなく，その大部分は剖検の際に発見される．

急性敗血症では，皮下のうっ血，心外膜の点状出血，胃腸のカタルないし出血炎，脾臓の充血と腫脹，肺水腫，腎皮質の点状出血，リンパ節の腫脹と充血などである．

診　　断

急性敗血症では，豚コレラおよびトキソプラズマ症，関節炎および心内膜炎では，ストレプトコッカス症などとの類症鑑別は重要になる．

確実な診断は細菌学的検査による．アザイド培地などの選択培地がある．

組織学的には，全身における血管の損傷が著明で，血管周囲性にリンパ球や繊維芽細胞の浸潤が認められる．また，他の細菌感染症と異なり，化膿性の炎症は認められず，反応する細胞の主体は単球やマクロファージである．蕁麻疹型では，皮膚の病変のほかは肉眼的な症状は認められない．関節炎型は増殖性の非化膿性炎が特徴的な病変で，滑膜は線維性の結合組織で肥厚する．炎症を起こしている関節の支配リンパ節が腫脹出血していることが多い．心内膜炎型では，弁膜に大豆から米粒大の肉芽形成が認められ，多くは二尖弁にみられる．

予防・治療

現在，わが国ではアクリフラビン加寒天培地で継代して弱毒化した生菌ワクチンのほかに，死菌ワクチンとして，血清型2型菌の培養液をホルマリンで不活化し，水酸化アルミニウムゲルを加えて濃縮したバクテリンが使用される．

治療にはペニシリン系の抗生物質がきわめて有効である．

類丹毒

人獣

erysipeloid

Key Words：創傷感染，皮膚疾患

原因

豚丹毒菌（*Erysipelothrix*）のヒトでの感染を，類丹毒と呼ぶ．この疾患の歴史は古く，病原菌が確定する前の1873年にはすでに肉や魚を扱う職人に特殊な皮膚炎の起こることが文献的に記録されていた．豚丹毒菌がヒトの病原体であることを発見したのは，Rosenbachである．1909年，彼は，皮膚疾患の患者から本菌を分離し，それまでの丹毒（化膿性連鎖球菌 *Streptococcus pyogenes* の感染によって起こるヒトの皮膚および皮下組織の急性炎症）とは別に，豚丹毒菌の感染によって起こる類丹毒という疾病がヒトに存在することを初めて証明した．

疫学

現在では，世界各国に患者はみられるが，職業病に指定されているのは，ドイツをはじめとした欧州諸国のみである．患者は，水産関係者（漁師，鮮魚商および漁港で魚の運搬や箱詰めに従事するヒトなど）と畜産関係者（と場従業員，獣医師および精肉商など）に限定されるが，両方の産物を扱う家庭の主婦や料理人も時に感染することがある．感染源は，水産物では生の魚介類で，畜産物では豚丹毒に罹患した豚の肉，まれにはその加工品などである．わが国では，本病は職業病に指定されていないため菌分離まで行って確定診断をした症例は少ないと思われる．

症状

感染のほとんどは，手指の損傷部位からの本菌の侵入による．潜伏期間は1～2日で創傷部を中心として限界明瞭で多少隆起した紅斑，腫脹が生じる（写真1）．この発赤腫脹部には波動や化膿はみられない．通常，局所感染にとどまり，発熱もなく，予後は良好である．時には腕のリンパ管炎やリンパ節炎が起こり，発熱や疼痛を伴うこともある．きわめてまれではあるが，敗血症や心内膜炎に陥り死亡した例も報告されている．

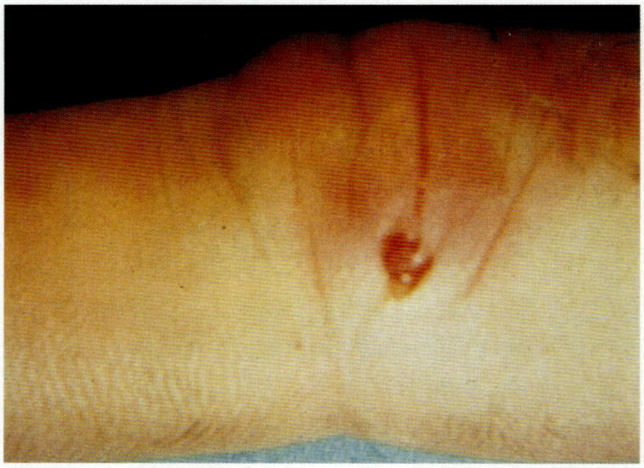

写真1 ヒト手指の創傷部から豚丹毒菌が感染した典型的な類丹毒の症状．
感染部位の特異な紫赤色のいわゆるerythemaが顕著である．（写真提供：澤田拓士氏）．

診断

特徴的な皮膚病変のほかに，患者が前記職業のいずれかに従事しており，手指に刺傷などがあった場合は，通常，細菌学的検査を行わずに，本病と診断される．病変部からの菌分離は，職業病としての認定が必要な際にしか実施されない．豚丹毒菌には23種類の血清型の存在が確認されているが，これまで類丹毒の症例から分離された菌の血清型としては，1型，2型，3型，11型およびN型などが報告されている．一般に，豚丹毒に罹患した豚から分離される豚丹毒菌のほとんどは，血清型1型または2型に属するが，類丹毒の場合もこれらの血清型の分離頻度が高いようである．

予防・治療

予防薬はない．経過の良好なものは，とくに治療をしなくても自然治癒する．本病の治療には，とくにペニシリン系抗菌剤がきわめて有効である．

レニバクテリウム

基本性状
グラム陽性桿菌
重要な病気
細菌性腎臓病（サケ科魚類）

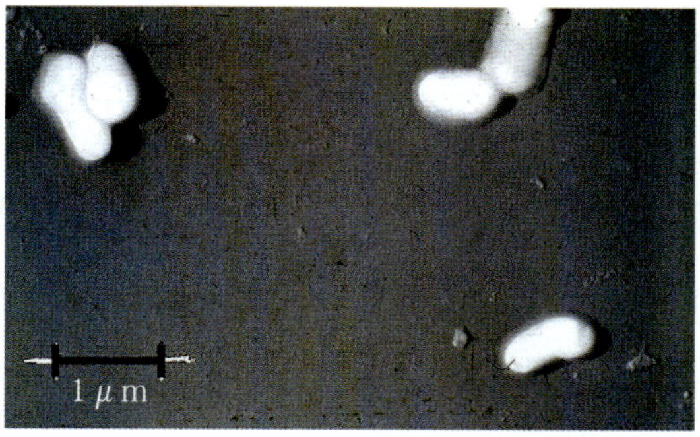

FIG *Renibacterium salmoninarum* の EM 像
無鞭毛，無莢膜
（吉水　守：動物の感染症，近代出版，2004 年より転載）

分類・性状

Renibacterium salmoninarum 1 種が存在する．微小桿菌で，非運動性，莢膜を形成しない．非抗酸性．オキシダーゼ陰性，カタラーゼ産生，糖非分解，ゼラチン非分解．

分離・同定

栄養要求性，培養条件が厳しく，システイン，血液あるいは血清加培地，あるいは KDM-2 培地を用いて培養を行う．15 ～ 20℃で, 2 ～ 3 週後に菌集落を形成する．β 溶血性を示す．

病　原　性

サケ科魚類に病原性を示す．

細菌性腎臓病

bacterial kidney disease

Key Words：レニバクテリウム，慢性感染症，腎臓膿瘍

細菌性腎臓病（BKD）はサケ科魚類の腎臓に膿瘍が形成される慢性疾患である．

原　　因

Renibacterium salmoninarum を原因とする．偏性細胞内寄生細菌である．1 血清型．

発生・疫学

ヨーロッパ，北米，南米，日本に分布する．わが国ではとくにギンザケの被害が大きい．潜伏期間が長く，低水温期から発生し，水温上昇（魚の成長）に伴い多発する．魚齢を問わず感染し，幼稚魚では高致死率を招来する．成魚では不顕性感染が多く，新たな感染源となる．介卵伝播（卵内汚染）する．

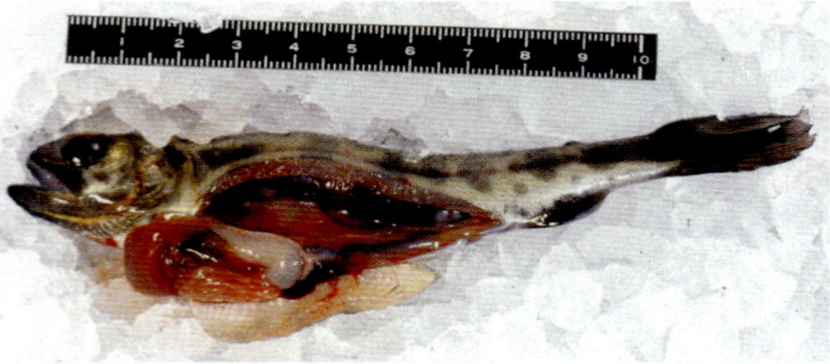

写真 1　ヤマメの腎臓に形成された，白色～茶褐色の膿瘍．このチーズ様病巣では，無数の菌が増殖している．

症　　状

慢性あるいは亜急性で，長期にわたり死亡が続く．元気消失し，排水口や水面近くを遊泳する．削痩，体色黒化，眼球突出・出血，腹部膨隆を示す．ひれ基部，肛門の出血，体側の発赤および潰瘍を観察する．また，腹水が貯溜する．

診　　断

腎臓，時に肝臓，脾臓に種々の大きさの白色ないし黄色のチーズ様病巣が形成される（写真 1）．病患部で多数の菌が増殖し，組織壊死，崩壊，マクロファージ活性化を起こす．肉眼病変より，診断は比較的容易である．腎塗抹標本で無数の小桿菌を確認し，病巣部から菌分離を行う．蛍光抗体法，腎乳剤を抗原とするゲル拡散法，あるいは共同凝集反応により抗原を検出する．

予防・治療

わが国ではワクチンは使用されていない．病魚排除，環境浄化につとめ，汚染卵の導入を回避する．有機ヨード剤により，授精卵を消毒する．幼稚魚へ予防的薬剤投与を行う．発症魚への抗生物質（エリスロマイシン）投与は，あまり効果を期待できない．

コリネバクテリウム

基本性状

グラム陽性通性嫌気性桿菌

重要な病気

膀胱炎・腎盂腎炎（牛）
乾酪性リンパ節炎（羊）
ジフテリア（ヒト）

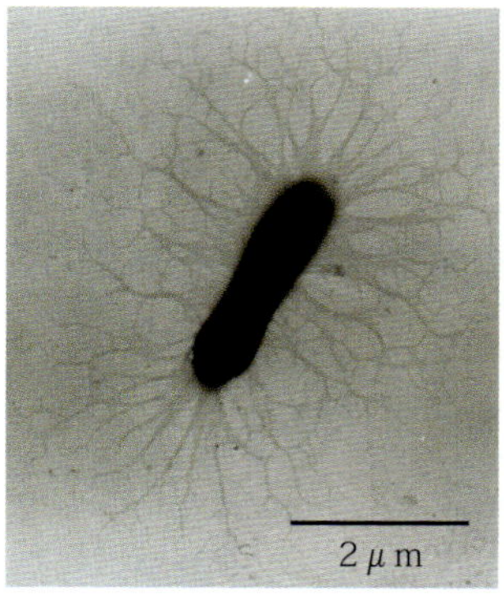

FIG *Corynebacterium pilosum* の線毛．EM 像

分類・性状

コリネバクテリウム（*Corynebacterium*）属はグラム陽性通性嫌気性の多形性桿菌で，名称はギリシャ語で棍棒状（coryne）の形態に由来する．家畜に病原性を示す菌を表 1 にあげた．

大きさは 0.5 ～ 0.6 × 2 ～ 4 μm．塗抹標本では V 字あるいは L 字状に配列し，弯曲した菌体もあり，一端が膨隆する．莢膜，芽胞，鞭毛はなく，運動性もない．非抗酸菌であり，メチレンブルーで紫色に染まる異染小体を菌体内に持つ．牛の尿路コリネバクテリア 3 菌種は線毛を保有する．

分離・培養

普通寒天培地に発育し，菌種によってコロニー形態は若干異なるが，灰白色～淡黄色の表面がやや乾燥した円形の 1 ～ 2mm のコロニーをつくる．血液寒天培地では溶血環を示す菌種もある．亜テルル酸（K_2TeO_3）を含んだ選択培地で黒色のコロニーを形成する．

生　　態

動植物，土壌などに広く分布する．

病 原 性

C. pseudotuberculosis は細胞内寄生菌で外毒素と細胞壁の脂質が，*C. renale* などの尿路感染菌は付着に関与する線毛とウレアーゼが，*C. diphtheriae* ではジフテリア毒素がそれぞれの病原性に関与する．

表 1　主なコリネバクテリウム属菌によって起こる病気

菌　種	宿　主	病　名	生息場所
C. bovis	牛	乳房炎？	乳頭
C. kutscheri	マウス，ラット	化膿巣（肝臓，腎臓など）	保菌動物の粘膜
C. pseudotuberculosis	羊，山羊 馬	乾酪性リンパ節炎 潰瘍性リンパ節炎	皮膚，粘膜 消化管内
C. renale	牛	腎盂腎炎，膀胱炎	保菌牛の生殖器
C. cystitidis	牛	腎盂腎炎，膀胱炎	保菌牛の生殖器
C. pilosum	牛	腎盂腎炎，膀胱炎	保菌牛の生殖器
C. diphtheriae	ヒト	ジフテリア	ヒト，馬

牛の膀胱炎および腎盂腎炎

bovine cystitis and pyelonephritis

Key Words：泌尿器，血尿，膀胱炎，腎盂腎炎

原因

原因は *Corynebacterium renale*（写真 1），*C. pilosum*，*C. cystitidis* で，グラム陽性松葉状桿菌である（写真 2）．ウレアーゼ陽性で，腎臓，尿中で増殖，アンモニアを産生し，泌尿器の障害を起こす（表 1）．

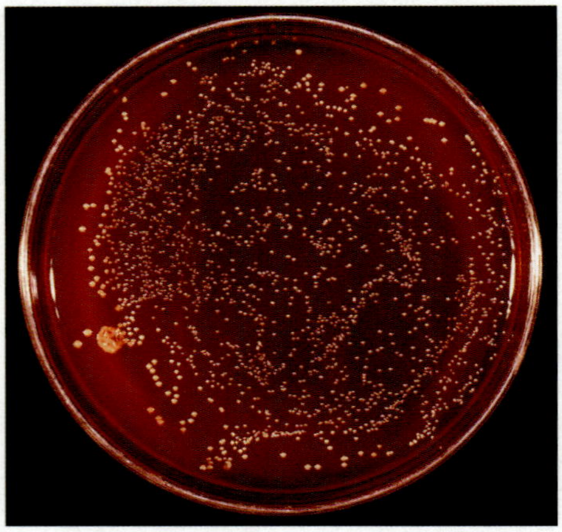

写真 1 血液寒天培地上の *C. renale*.
37℃，24 時間培養．円形，淡黄色，やや乾燥したコロニーを形成する．

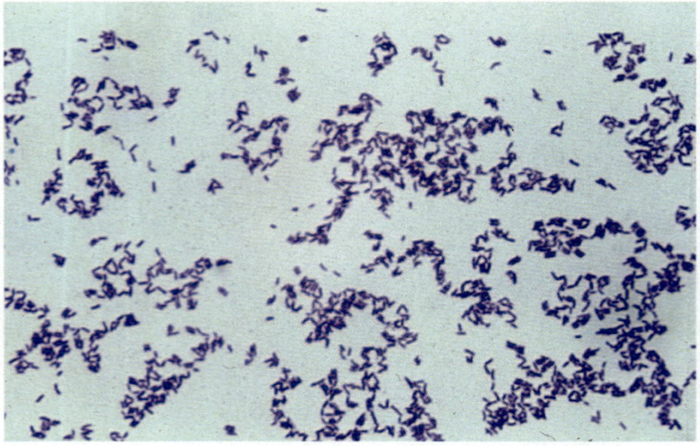

写真 2 *C. renale* のグラム染色．

表 1 牛尿路コリネバクテリアの鑑別点と病原性

	C. renale	*C. pilosum*	*C. cystitidis*
カゼイン分解	＋	－	－
硝酸塩還元	－	＋	－
キシロース分解	－	－	＋
CAMP 反応	＋	－	－
線　毛	少	多	少
健康牛での寄生部位	外陰部，腟前庭	外陰部，腟前庭，包皮腔	包皮腔
病原性	強	弱	強

線毛は細胞への付着に関与している（感染の第 1 歩）．上記 3 菌種のうち，*C. renale* のみが CAMP 反応陽性である（本菌の簡易同定法）．

疫学

分布は外陰部，腟前庭（*C. cysititidis* は包皮腔内）である．寄生部位から上行性に膀胱や腎臓に感染し，膀胱炎や腎盂腎炎を起こす．寒冷地，とくに冬期間に雌成牛が発症する．*C. renale* と *C. cystitidis* は病原性が強く，病気を起こすが，*C. pilosum* によるものはまれである．

症状

血尿（写真 3），頻回排尿，発熱，尿蛋白がみられ，尿中に上皮細胞，赤血球，白血球，桿菌が認められる．

膀胱粘膜には浮腫および出血がみられる．尿管は拡張し，腎臓は腫大，腎盂の拡張，膿，結石を生じる（写真 4）．

診断

尿から菌を分離し，生化学的性状，尿路コリネバクテリア 3 菌種の抗血清を用いた 寒天ゲル内沈降反応，CAMP 反応を行い同定する．

腎盂腎炎を起こした牛は血清抗体陽性（寒天ゲル内沈降反応）であるが，膀胱炎のみの牛は血清抗体陰性である．

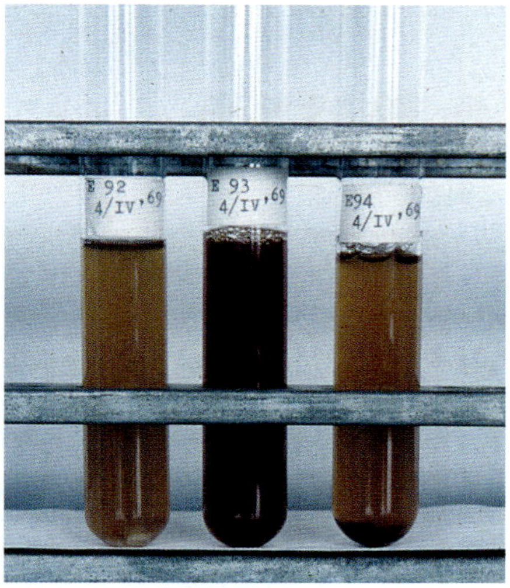

写真３ *C. renale* 感染牛の尿.
左右：混濁尿，中央：血尿.

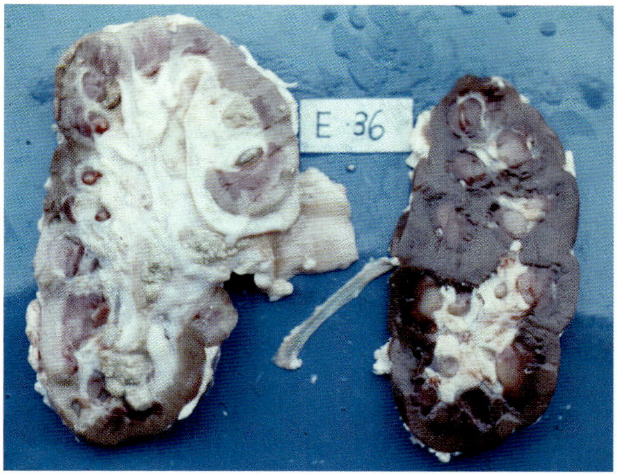

写真４ *C. renale* 感染牛の腎臓.
左腎は著しく腫大し，腎盂は多量の膿汁のため拡張.

治　　療

ペニシリンやストレプトマイシンなどの抗生物質が用いられている．再発することが多いので 1 週間以上の長期連続投与を行う．

抗酸菌（マイコバクテリア）

基本性状
　グラム陽性桿菌
重要な病気
　結核病（牛，鶏）
　ヨーネ病（牛）
　抗酸菌症（豚）
　非結核性抗酸菌症（ヒト）

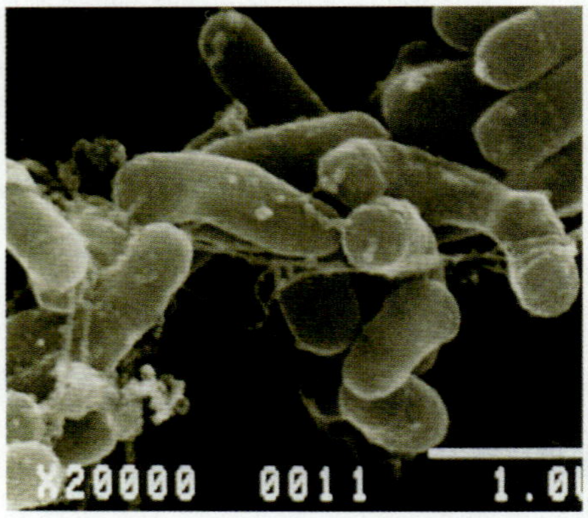

FIG ヨーネ菌の走査型EM像
（写真提供：故 横溝祐一氏）

分類・性状

抗酸菌は好気性のグラム陽性桿菌で，鞭毛，莢膜，芽胞を形成しない．脂質やミコール酸などの脂肪酸に富む細胞壁を持つため，通常のグラム染色では染まりが悪く，抗酸性を示す．大部分の菌種は pH6.8 ～ 7.0 でよく発育する．抗酸菌は結核菌群とそれ以外の非結核性抗酸菌に大別される．後者のうち人工培地で培養可能な菌について Runyon は色素産生能と発育速度からⅠ～Ⅳの4群に分けた（表1）．Ⅰ～Ⅲは遅発育菌，Ⅳは迅速発育菌である．ヨーネ菌（*Mycobacterium avium* subsp. *paratuberculosis* など一部の菌種は特殊栄養要求性を持つ．ハンセン病（らい病）の原因菌である *M. leprae* は今日に至るも人工培地での培養には成功していない．

抗酸菌は乾燥に強く，卵培地上の集落は半年以上も感染力を保つ．水溶液中の菌の温度に対する抵抗性は芽胞のように強いというわけではないが，喀痰内のヒト結核菌が 100℃で 5 分以上，牛乳中の菌が 60℃で約 1 時間，70℃でも 10 分程度生残したという記録がある．一般細菌に比べ酸や，アルカリに耐えるため，この性質を利用して菌を分離培養する際に，材料を水酸化ナトリウム溶液や硫酸水で前処理することが行われるくらいである．両性界面活性剤やビグアニド類の消毒効果はあまり期待できない．ヨウ素系あるいは塩素系消毒薬でさえ短時間処理では菌は殺されない．消毒アルコール中でさえも数分以上耐える．

抗酸性：抗酸性の本態は脱色作用に対する抵抗性である．すなわち媒染剤（通常はフェノール）を介して，アニリン色素（フクシンがよく用いられる）を長時間染色もしくは加熱することにより細胞壁に捕捉させ，次に，強酸アルコールやアルカリもしくは加熱処理によってそこから強制的に脱色させると，本属の菌はこれに強く抵抗する性質を持つ．ただし，人工培地上の発育集落を長期間放置した場合やグリセリン欠乏培地など飢餓状態に近い不良環境下に長期間放置された場合，あるいは幼若期にあって細胞壁に十分な脂質が蓄えられていない菌は，抗酸性が弱いかほとんど抗酸性を示さないことがある．さらに宿主体内においては，陳旧性病巣の中で静菌状態である場合や，菌が増殖できない（防御免疫等により減衰期にある）場合も弱い抗酸性しか示さない．また菌種による細胞壁の構成成分の違いも影響し，一般に *M. avium* の抗酸性は *M. tuberculosis* のそれよりも弱いとされる．

生　　態

結核菌群，ヨーネ菌は保菌動物から伝播するが，その他の抗酸菌は動物体内の常在菌の一部となっているかあるいは土壌や水などの自然環境に広く分布する．抗酸菌の感染症はヒト，家畜，伴侶動物を含めた多くの哺乳動物，鳥類，爬虫類，魚類に至るまでさまざまな報告例がある．

分離・培養

抗酸菌の分離培養や純培養に用いる固形培地として

表1　抗酸菌の分類と各菌の集落性状，各菌に対する感受性動物

	菌種	発育温度	培養期間 週（日）	集落性状，特性	感受性動物
結核菌群	*M. tuberculosis*	37	2〜3	R型，白色	ヒト，サル，鳥類（オウム），ゾウ，犬
	M. bovis	37	3〜5	S型またはR型，白色	牛，豚，ヒト，サル
	M. microti	37	3	樹根状，不透明	ネズミ
	M. africanum	37	3	R型，白色	ヒト
I	*M. kansasii*	37	＞1	R型，白色（曝光により橙黄色）	ヒト
	M. marinum	30	＞1	S型，灰白色（曝光により黄色）	魚類，ヒト
	M. simiae	37	＞2	S型，灰白色（曝光により黄色）	サル，ヒト
	M. intermedium	37	＞2	S型，灰白色（曝光により黄色）	ヒト
II	*M. scrofulaceum*	37	＞2	S型，黄〜橙色	ヒト
	M. szulgai	37	＞2	S型，黄〜橙色	ヒト
	M. interjectum	31〜37	＞2		ヒト
	M. lentiflavum	22〜37	＞2		ヒト
III	*M. avium* subsp. *avium* subsp. *paratuberculosis*	37〜42	＞2	S型，白〜淡黄色 古くなると黄色 subsp. *paratuberculosis* は発育にマイコバクチンが必要	鳥類，豚，ヒト，牛，その他多くの哺乳動物 subsp. *paratuberculosis* は牛，水牛などのほか多くの反芻動物が感受性
	M. intracellulare	37	＞2	S型，白〜淡黄色 古くなると黄色	ヒト，猫
	M. ulcerans	30	3〜4	S型，白〜淡黄色 古くなると黄色	ヒト
	M. xenopi	40〜45	3〜4	S型，黄色	変温動物（カエル），鳥類，ウサギ，ヒト
	M. malmoenze	37	＞2	S型，灰白色	ヒト，鳥
	M. haemophilum	30	＞2		ヒト
	M. genavense	42	＞6	S型，透明微小，劣性発育．古くなると優性発育変異株が出現	鳥類，ヒト
	M. conspicuum	22〜30	＞2	S型，象牙色，劣性発育	
IV	*M. fortuitum*	28〜37	（3）	S型，灰白色，古くなると褐色味を帯びR型化	ヒト（肉芽腫性リンパ節炎），魚類
	M. chelonae	25	（3）	S型，灰白色	ヒト，変温動物（ヘビ，カメ）
	M. abcessus	37	（3）	S型，灰白色	ヒト
	M. phlei	37	（3）	S型，黄色	猫（皮膚結節性潰瘍）
	M. smegmatis	37	（≦3）	S型，灰白色	
その他	*M. lepraemurium*			大量菌を接種すれば人工培地上でも増殖可．	マウス，ラット（鼠ライ），猫（皮膚結節性潰瘍）
	M. leprae			培養不能	ヒト（ハンセン病），アルマジロ

I〜IVはRunyon分類で非結核性抗酸菌とされるもので，I〜IIIは遅発育性，IVは迅速発育性の抗酸菌．I群は光発色菌photochromogen，II群は暗発色菌scotochromogen，III群は非光発色菌nonphotochromogenとも呼ばれる．

は卵をベースとしたものと，寒天をベースにしたものと２種類ある．前者には小川培地やハロルド培地が，後者にはMiddlebrook 7H10や7H11がある．わが国では臨床材料からの菌分離には1％または3％小川培地がよく用いられる（写真1）．炭素源としてグリセリンやブドウ糖を，また窒素原としてグルタミン酸やアスパラギンを加える．また大量培養やツベルクリン蛋白を得るためにグリセリンブイヨンやソートン（Sauton）などの液体培地を用いることがあるが，これらの培地では培養液の表面に菌膜をつくって増殖する（写真2）．Tween80（polyoxyethylene sorbitan monooleate）はグリセリン添加固形培地上で発育不良の抗酸菌の増殖を促進する作

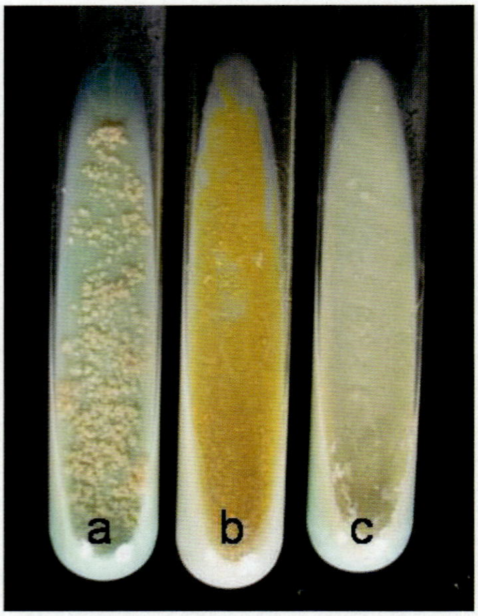

写真 1 1％小川培地上に発育した抗酸菌.
a：*M. tuberculosis*，b：*M. kansasii*，c：*M. avium* subsp. *avium*

表 2 結核菌群（牛型，ヒト型，ネズミ型）の動物種間の病原性の違い（自然感染例と実験感染例のデータをもとに総合的に評価した）

	M. bovis	*M. tuberculosis*	*M. microti*
牛	+++	+〜−	不明
豚	++	++	不明
犬	++	++	不明
モルモット	+++	+++	+
ウサギ	++	+	+
マウス	+++	+++	+++
ヒト	++	+++	+〜−
鶏	+〜−	+〜−	不明

+++：高感受性（菌はよく増殖し，場合により重篤な症状）
++：中感受性（菌は増殖し，結核結節を形成）
+：低感受性（菌の増殖はよくないが，結核結節を形成する）
−：感染不成立

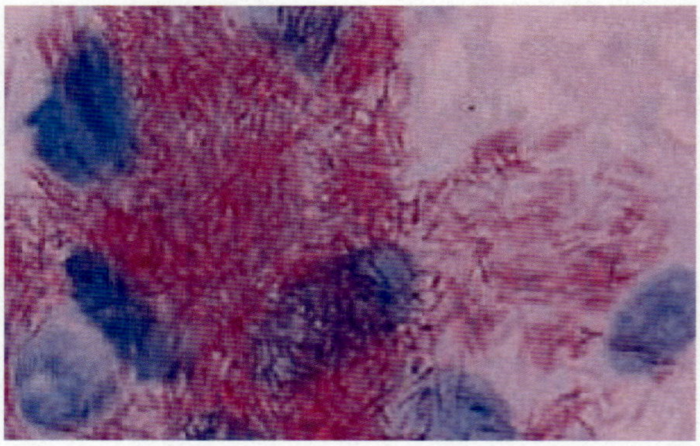

写真 3 マクロファージ内で増殖する *M. intracellulare*.
同菌に感染した猫の皮下組織のスタンプ標本.

写真 2 Sauton 液体培地の表層で増殖する *M. tuberculosis*.

用があり，また液体培地に添加すると菌の疎水性を減弱させ液中で均等発育させる作用もある．一方，ある種の脂肪酸は抗酸菌の発育に対し発育阻害作用を持つため，そうした脂肪酸を含む寒天をベースにした培地では，阻害物質を中和する目的で血清やアルブミンを加える．

病 原 性

哺乳動物に強い病原性を示すのは結核菌群であるが，家畜，伴侶動物，実験動物で，それらに対する感受性は異なっている．表 2 に結核菌群の動物に対する感受性の違いを示す．

1998 年，強毒ヒト型結核菌 H37Rv 株のゲノムの全塩基配列が決定され，4,411,529 塩基対 3,924 個の遺伝子が存在することが明らかとなった．解析の結果，同菌はすべての必須アミノ酸，ビタミン，補酵素などはすべて自前で合成する能力を有していること，脂質代謝に関連する多くの遺伝子が非常に多い（およそ 250）といった特徴を持つことが分かった．実際，結核菌の細胞壁は脂質成分に富み，ミコール酸，スルホリピド，リン脂質などからなる．ミコール酸は総炭素数が約 80 の高級脂肪酸で，このミコール酸 2 分子とトレハロースが結合したものはコードファクターと呼ばれ，病原因子の 1 つである．またペプチドグリカン - アラビノガラクタン - ミコール酸の結合物は結核菌の細胞骨格であり，フロイントアジュバントの主成分でもあり，免疫増強活性や種々のサイトカイン誘導活性を持っている．医学・獣医学上問題となる抗酸菌の大部分はマクロファージ内で増殖する細胞内寄生菌である（写真 3）．

牛の結核病

法定
人獣

tuberculosis in cattle

Key Words：呼吸器感染，結核結節，乾酪化肉芽腫，ツベルクリン反応

原　　因

牛型結核菌（*Mycobacterium bovis*）の感染が主で，まれに鳥型結核菌（*M. avium* subsp. *avium*）やヒト型結核菌 *M. tuberculosis* による感染がみられることもある．*M. bovis* は *M. tuberculosis* と遺伝的に近縁で諸性状が類似するが，牛，羊，山羊，シカに感染し，主として肺およびその付属リンパ節に結核結節を形成する．

疫　　学

わが国では明治時代以来，乳用牛の結核対策に重点がおかれ，撲滅計画が出された 1900 年代初期における *M. bovis* の感染率は 4 %以上と高かったが，1960 年代までに 0.03 %以下に激減した．一方，肉用牛は法的規制からはずされていたため，ツベルクリン反応による陽性牛の淘汰を含めた十分な防疫対策がとられず，散発的な発生のほか飼育形態の変化（集約的な多頭飼育化）による集団発生もみられる．近年では輸入飼育シカにおける集団感染例が報告されている．

牛型結核菌に感受性の動物は非常に多い．牛や山羊などの家畜のほか，犬，猫などの伴侶動物，野生動物ではシカ，レイヨウ，キリンなどの反芻動物はじめ，オポッサム，アナグマ，アライグマ，ライオン，ヒョウ，アザラシ，トドなどで感染例が報告されている．最近，欧米を含めた世界各国の野生動物に本菌が感染していることが分かり，感染拡大が問題になっていると同時に，家畜への感染が懸念されている．

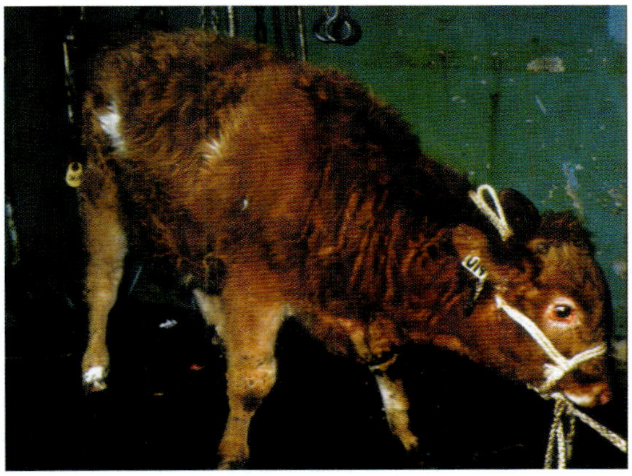

写真 1　皮毛粗剛を呈する重症結核牛（写真提供：故 横溝祐一氏）．

症　　状

感染初期あるいは慢性であっても感染部位が一部リンパ節など限局性にとどまる場合は異常を認めないことが多い．広範な肺結核症や進行性の重症例では，咳嗽，食欲不振，泌乳量減少などがみられ，病末期には発咳が頻繁となり，栄養不良のため，削痩，皮毛粗剛となる（写真 1）．

病　　理

感染は直接あるいは間接的に経気道または経口的に起こる．感染初期には下顎，縦隔膜，肺門の各リンパ節はじめ肺に限局性の結核病巣を形成する（初期変化群）．病巣は個体の持つ抵抗力により左右され，免疫状態の低下は転移性臓器結核や全身への菌の播種による粟粒結核を引き起こす．また免疫を持つ感染個体に体外から毒力の強い菌が再侵入すると，激しいアレルギー性炎症による組織破壊が進み重症化することもある．

病巣は肺およびその付属リンパ節に頻発し，2 次病巣として腹腔内臓器や乳腺組織にも形成される．肺は組織が乾酪壊死に陥った結節性病巣が散在し（写真 2），胸腔内（胸膜）にも光沢を持ったブドウの房状の結核結節（真珠病）がみられることがある（写真 3）．消化管から侵入した菌が腸間膜リンパ節に達し，病巣を形成する場合もある（写真 4）．組織病変は滲出性変化と増殖性変化に分けられ，前者では局所が次第に乾酪化して，古くなると石灰沈着を起こす．増殖性変化は凝固壊死層を中心部に多核巨細胞を含む類上皮細胞層がこれを囲み，さらにその外層を線維芽細胞や膠原線維が取り囲む典型的

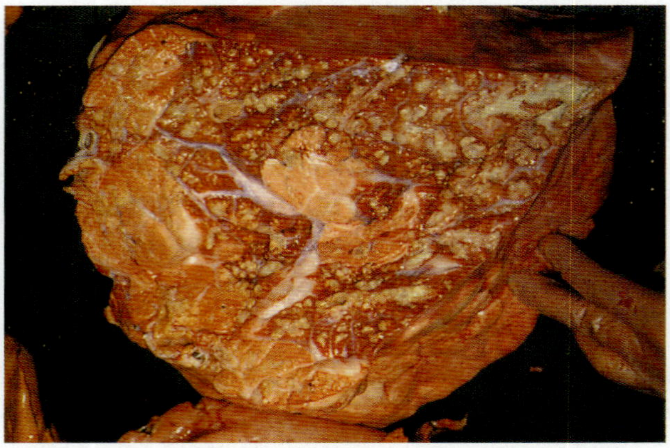

写真 2 肺の乾酪化肉芽腫病巣（写真提供：故 横溝祐一氏）.

写真 3 胸壁の結核性結節（写真提供：故 横溝祐一氏）.

写真 4 腸間膜リンパ節の乾酪化肉芽腫病巣（写真提供：故 横溝祐一氏）.

な肉芽腫性病変である．類上皮細胞層ならびに線維芽細胞層にはリンパ球の浸潤がみられる．

診 断 法

生前診断法としてツベルクリン反応を行う（写真5）．わが国では旧ツベルクリン原液*を尾根部の皮内に0.1ml 接種，注射前と注射後 24 ～ 72 時間目の皮膚の厚さを測定し，腫脹差が 5mm 以上で硬結を伴う場合を陽性，腫脹差が 3mm 以下で硬結がみられない場合を陰性，それ以外を疑陽性と判定する．

写真 5 哺乳型ツベルクリン接種 48 時間後の尾根部皺壁部の腫脹反応．

写真 6 頚側部での哺乳型ツベルクリンと鳥型ツベルクリンとの比較試験（写真提供：故 横溝祐一氏）.

牛型結核菌と鳥型結核菌から精製した 2 種類のツベルクリン PPD*を頚側皮内にそれぞれ同時注射し，それぞれの反応値を比較する方法もある（写真 6）．両菌種には共通抗原が多く交差反応がみられるが，反応の強弱を比較し原因菌を推定する．

無病巣反応牛：ツベルクリン反応は陽性であるが，原因菌が分離できない症例が少なからず存在する．これは環境中に生息している非定型（非結核性）抗酸菌の感染

*ツベルクリンは結核菌の培養濾液中に分泌される蛋白を主成分としており，濾液をそのまま濃縮したものを旧ツベルクリン，部分的に蛋白画分を精製したものを精製ツベルクリンまたは PPD（purified protein derivative）という．

もしくは感作による交差反応が原因となっていると思われる．

菌の分離と同定

M. bovis のグリセリン添加卵培地における分離当初の発育は *M. tuberculosis* のそれに比して一般的に不良（dysgonic）であるため，グリセリンを除いた培地を用いる．ナイアシン試験は *M. bovis* と *M. tuberculosis* を鑑別する有効な手段となる（*M. bovis* は陰性）．また薬剤 F2H（Furan-2-carboxylic acid hydrazide）や T2H（Thiophen-2-carboxylic acid hydrazide）に対する感受性が大きく異なり，*M. bovis* は 1 μg/ml 添加卵培地で増殖できないが，*M. tuberculosis* は 10 μg/ml の濃度でも増殖する．

分子遺伝学的手法による同定：DNA ハイブリダイゼーション法を応用した診断キット（DDH マイコバクテリア；極東）を用いれば，結核菌群かそれ以外の抗酸菌かを判別できる．同様に結核菌群のみが保有するとされる挿入配列（IS6110 など）を PCR 法で検出するという方法もある．ただし *M. bovis* と *M. tuberculosis* が保有する遺伝子の大部分は相同性がきわめて高いので，両者を鑑別するためには幾つかの特定遺伝子上の塩基配列のわずかな違いを検出する方法などを組み合わせて行う必要がある．

ヒトへの感染事例

わが国ではヒトが牛型結核菌に感染することはきわめてまれである．ただし諸外国ではいくつかの事例が報告されている．英国では結核患者の 1％から牛型結核菌が分離されるという．感染動物との直接接触による感染発病は獣医師や動物飼育者に多く，その他の感染事例は大部分が牛型結核菌に汚染された食品（とくに乳製品）の摂取によるものである．

予防・治療

ワクチンによる予防ならびに抗生物質による治療は行わない．ツベルクリン陽性反応個体の摘発・淘汰が，確実な防疫手段となる．病気が発生した場合は，同居牛について定期的にツベルクリン検査を実施し，陽性個体の摘発・淘汰に努める．また牛舎も消毒（生石灰の散布）による除菌を行う．

ヨーネ病

法定

Johne's disease, paratuberculosis

Key Words：慢性下痢，削痩，経口感染，マイコバクチン要求性，ヨーニン反応

原　　因

ヨーネ菌（*Mycobacterium avium* subsp. *paratuberculosis*：MAP）の経口感染による．牛を含め多くの反芻動物が感受性を示すほか，サイ，ウサギ，キツネ，テンなどでも感染例の報告がある．牛は初生期に本菌に汚染された乳を介して感染する．重症の妊娠牛では垂直（経胎盤）感染もみられる．

疫　　学

わが国における初発例は1930年，英国から輸入したショートホーン種に見つかり，以後50年間はもっぱら米国から輸入された乳牛での発生にとどまっていた．しかし1980年代頃から黒毛和種ならびに褐毛和種における集団発生が相次いで報告されるようになり，国産乳牛における発生も報告されるようになった．1990年代後半から2000年にかけての発生数は約800頭前後で，2000年には山羊の感染例も見つかっている．米国，欧州，オーストラリアにおける牛，山羊，羊の本菌汚染率は非常に高く問題となっている．英国では本病が発生した農場の野ウサギがMAPに濃厚感染し，感染を拡大させたとみられる事例が報告されている．MAPに感染した動物からヒトへの感染報告はないが，クローン病患者の腸管やリンパ節から本菌の感染を疑う事例が報告されている．

症　　状

間歇性の水様性下痢がみられ，栄養状態が悪化するにつれ皮毛の光沢は消失し，極度に削痩する（写真1）．泌乳中の牛にあっては乳量の減少がみられ，重症例では泌乳停止に陥る．病勢の進行に伴い蛋白尿や浮腫がみられるようになる．1歳未満での発病はまれで，通常は3～5歳で発病する．雌牛では分娩直後に発症することが多い．

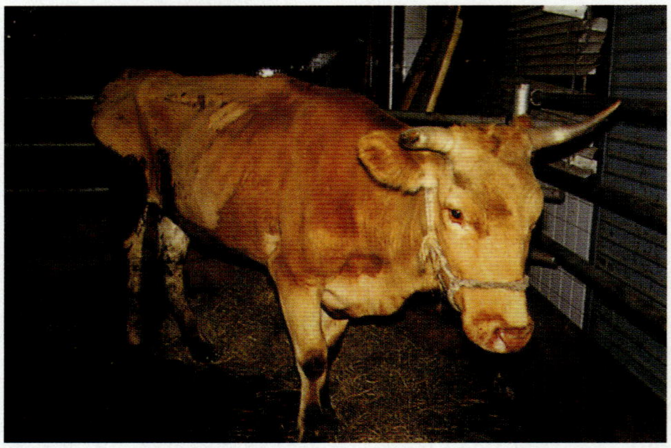

写真1　重度の削痩を呈する病牛（写真提供：故 横溝祐一氏）．

病　　理

生後1週以内の哺乳期が最も感染しやすく，この時期感染母牛の糞便中には大量のMAPが含まれているため，飼育環境が汚染されるとともに，乳や飲水を介して容易に感染が起こる．MAPはパイエル板の発達した回腸部から侵入し同部ならびに近傍のリンパ節で増殖を開始する．このため初期病巣は回腸下部とその支配下にあるリンパ節にみられることが多い（好発部位）．感染が進行するにつれ病変は十二指腸や盲腸へと拡大し，粘膜面は皺壁状に肥厚し幾重にも盛り上がった特徴的病変を形成する（写真2）．粘膜上皮細胞の損傷はほとんどなく，病変はもっぱら粘膜固有層から下織にかけてび漫性に形成される類上皮細胞（マクロファージ）肉芽腫とリンパ流のうっ滞による腸壁の肥厚である．進行性の症例ではこれら類上皮細胞や巨細胞中に無数の菌の存在を認める（写真3）．MAPは肝臓にも肉芽腫病変を形成するが，本病の中心はあくまで腸管の病変であり，この点，呼吸器系を中心とした結核結節病変を形成する牛型結核菌とは病態を異にする．

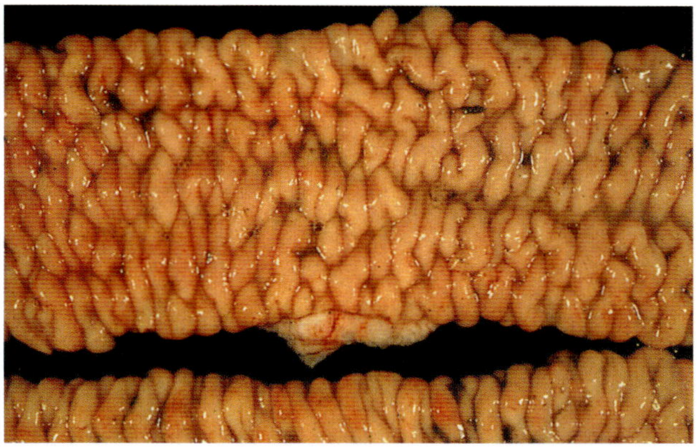

写真2 皺壁状に肥厚した回腸の粘膜面（写真提供：故 横溝祐一氏）.

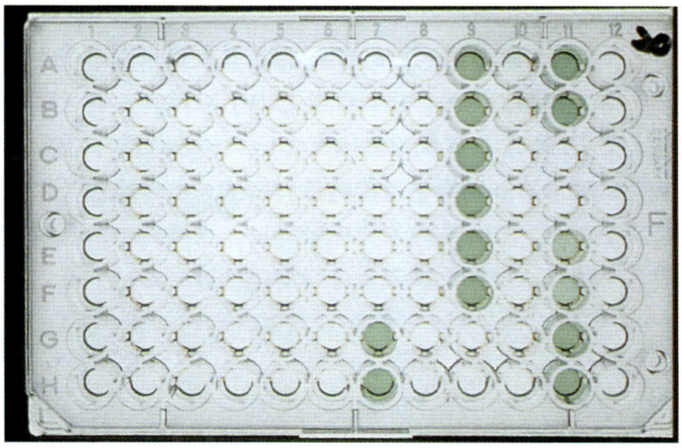

写真4 ヨーネ病の血清診断用 ELISA（写真提供：故 横溝祐一氏）.

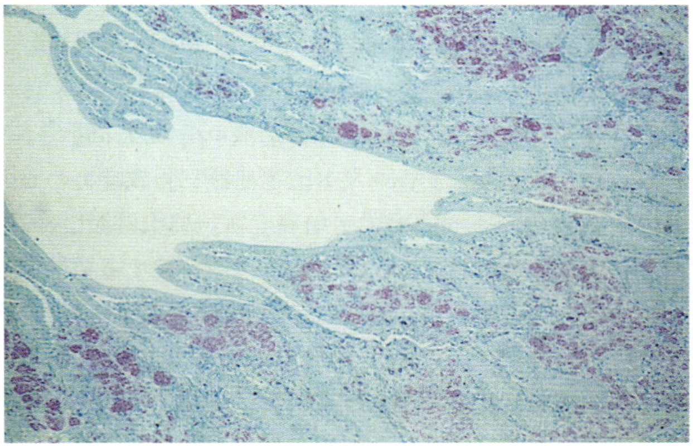

写真3 回腸粘膜固有層の類上皮細胞肉芽腫病巣中のヨーネ菌（写真提供：故 横溝祐一氏）.

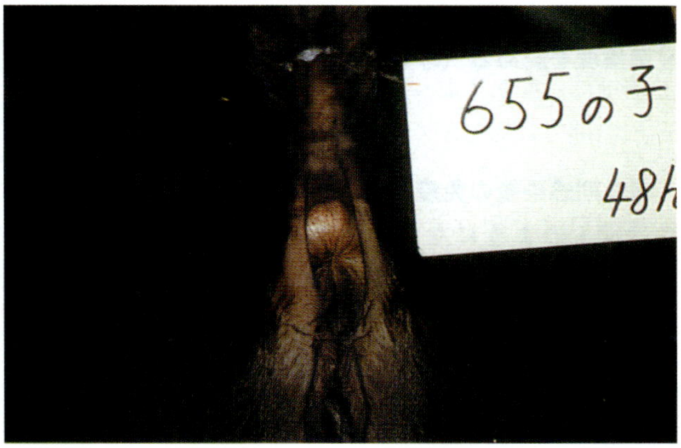

写真5 ヨーニン注射 48 時間後の尾根部皺壁部の腫脹（写真提供：故 横溝祐一氏）.

診 断 法

以下の方法をいくつか組み合わせて総合的に判断する.

免疫学的検査：血清中の抗体を検出するための ELISA が開発されている（写真 4）．また，遅延型アレルギー反応を利用したヨーニン皮内テスト（写真 5）は無症状期における感染個体の摘発に有効である．過去にヨーネ病が発生した農場では，6 か月未満の牛にはヨーニン皮内テストのみを，6 か月を過ぎた牛にはヨーニン皮内テストに加えて ELISA ならびに細菌学的検査を定期的に実施すべきである．感染初期においては特異抗体の検出は難しいが，発症牛では抗体陽性率は非常に高くなる．ヨーニン反応が病状の進行とともに低下する（重症例では陰性のこともある）のに対し，一旦上昇した抗体価は感染末期まで高い状態で推移する.

分子遺伝学的検査法：MAP に特有の塩基配列としてゲノム中の挿入配列（IS*900* や IS*1311*）が知られているが，これらの一部を PCR 法で増幅して検出する方法，もしくは同部位の特異的プローブを作成し，ハイブリダイゼーションにより検出する方法などがある．検出感度は検体中に含まれる PCR 阻害物質の混入や，菌数により左右され，細菌学的検査より検出感度が劣るが，短時間で診断できるため優れた方法といえる.

細菌学的検査：生後 1 歳未満の個体は無症状で排菌量も不十分なことが多いので，糞便の塗抹検査ならびに培養検査が陰性に終わることが多い．しかし有症状個体においては，糞便の塗抹検査と培養検査は有効である．糞便の塗抹標本を抗酸染色（Ziehl-Neelsen 法）すれば赤染する菌体を検出できる（写真 6）．培養法に比べ検出感度は低いが迅速診断の一助となる.

菌の分離培養にはハロルド卵黄培地が用いられる（写真 7）．MAP はジデロフォア（鉄イオンを取り込むためのキレート分子）を合成し分泌する能力を欠くため，あ

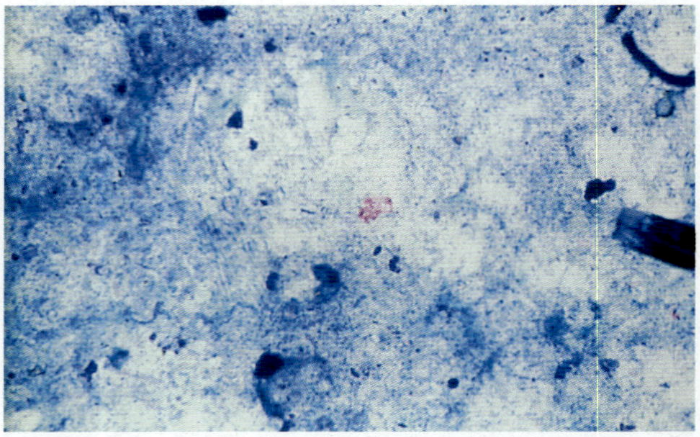

写真6 Ziehl-Neelsen（チール・ネルゼン）染色で赤く染まる糞便塗抹中のヨーネ菌（写真提供：故 横溝祐一氏）.

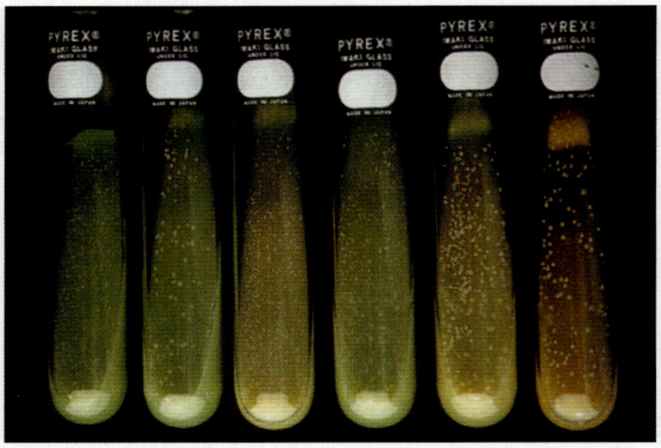

写真7 ハロルド斜面培地上のヨーネ菌コロニー（写真提供：故 横溝祐一氏）.

らかじめ他の抗酸菌種のジデロフォア（マイコバクチン）を培地に添加しておく必要がある．ハロルド卵黄培地は選択培地ではあるが，他の一般細菌の増殖を抑えるため糞便は5%ヘキサデシルピリジニウムクロライド液で前処理を行ってから培地に接種する．37℃で2か月以上培養する．6週以上たって，マイコバクチンを添加した培地のみにコロニーが形成された場合，MAPの可能性が高い．最終的な同定は前述のPCR法によって行う．

予防・治療

ワクチンによる予防ならびに抗生物質による治療は行わない．発症牛に対しては，抗体検査と細菌学的検査を行う．糞便中への排菌は発病より前に起こっているので，農場全体が汚染されている可能性がある．また同居牛に対しヨーニン試験を行い，感染牛の摘発･淘汰に努める．拡大の防止を図る．汚染農場からの新規導入は避け，定期的検査を行って清浄状態の維持に努める．

豚の抗酸菌症

mycobacterial infection in swine

Key Words：経口感染，肉芽腫性リンパ節炎，（鳥型）ツベルクリン反応

原　　因

Mycobacterium avium subsp. *avium*（MAA）の感染による慢性肉芽腫性疾病である．わが国の症例の大部分はMAA感染によるものであるが，外国ではMAAのほか *M. intracellulare* や *M. scrofulaceum* の感染例も報告されている．MAAと *M. intracellulare* を併せてMAI complexあるいはMACと呼ぶ場合もある．両菌種は遺伝的に近縁というわけではないが,生化学的に区別しにくいこと，細胞壁に特有の脂質抗原（glycopeptidelipid）を有し，1～28の血清型に分類できることから便宜上こう呼ばれる．このうち血清型1～6および8～11がMAAで，わが国の豚の抗酸菌症からは4，8，9型が多く分離される．

疫　　学

豚の抗酸菌症は日本，オーストラリア，ヨーロッパ，アメリカなど世界各国で発生がみられる．わが国における最初の大規模な豚群での発生は，1969年に北海道の食肉衛生検査において確認され，その後，養豚農家の規模拡大とともに，集団感染例が全国の食肉衛生検査機関により相次いで報告されている．全国の食肉衛生検査所が昭和56年に行った実態調査では，北海道から沖縄まで全国39道府県で発生が報告されている．また平成7年～9年度にかけて実施された全国食肉衛生検査所の調査成績によれば，全国の豚の約0.7％に発生がみられ，有病巣率は平均0.5％前後で推移している．ところで，豚になぜ抗酸菌症が多発するかというと，床敷として抗酸菌に汚染されたオガクズを使用すること，飼育形態の変化（多頭集団化）により保菌母豚の排菌による子豚への感染機会の増大の2つが主な原因と考えられている．オガクズの原料の木材が本菌に汚染されていることが多いこと，それを床敷として使用した場合，糞尿汚染により本菌にとって好適な増殖環境がつくり出されることが指摘されている．

病　　理

経口的に摂取された菌は咽頭部あるいは腸管の粘膜から侵入し，下顎はじめ肝門，腸間膜などのリンパ節や扁桃，脾臓などの免疫臓器に定着し増殖する．感染後3か月を過ぎると消化管内（とくに回腸部）における菌の増殖は低下し，糞便中への排菌もほとんどみられなくなる．5～6か月後には病変は縮小し，石灰化する．多くの場合無症状で経過し，と畜場における食肉検査で発見される．たいていの病変は腸管リンパ節や下顎リンパ節に限局した肉芽腫性炎であるが，まれに肝臓，脾臓，肺にまで播種性に広がった病変がみられる．同居感染豚における個体間の感受性差は菌株間の毒力の違いや，T細胞を中心とした獲得性免疫機構による防御能力の差異によるものと考えられる．ストレスや妊娠は病変を増大させる．とくに分娩直後には病巣が再燃してふたたび菌増殖が活発化し，糞便中への排菌がみられることがある．

診　　断

免疫学的診断法：生前診断法としてはツベルクリン反応が最も有効である．鳥型ツベルクリン診断液を耳翼背

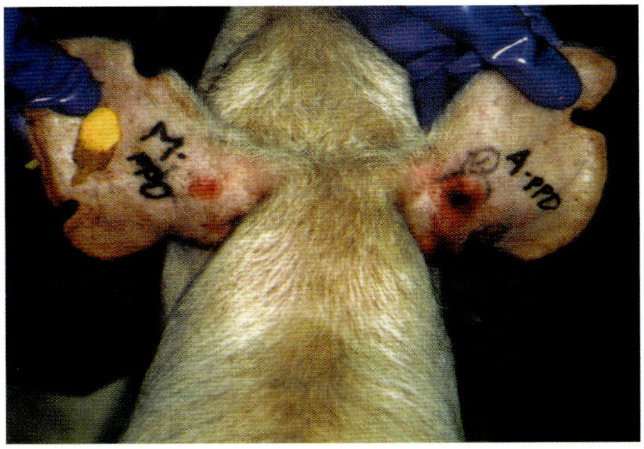

写真1　鳥型ツベルクリン接種後の発赤反応（写真提供：故 横溝祐一氏）．

部皮下に注射し，48 時間後における局所皮膚の腫脹が 3mm 以上または発赤の直径が 5mm 以上ならば陽性と判定する（写真 1）．体液性免疫応答はあまりよくないので，通常血清診断は行わない．

菌の分離培養：扁桃ぬぐい液を 1％水酸化ナトリウム水溶液で処理し，1％小川培地に接種する．剖検材料では下顎リンパ節や腸間膜リンパ節を 1％水酸化ナトリウム水溶液で処理し，その乳剤を 1％小川培地に接種する．37℃ 2 〜 3 週間の培養で白色〜淡黄色の S 型集落が観察されるようになる（写真 2）．

遺伝子診断（分子遺伝学的診断法）：リンパ節や扁桃から分離した菌は生化学的試験により同定する（市販の同定キットがある）．また分離菌から全 DNA を抽出し，診断キット（DDH マイコバクテリア；極東）を用いたハイブリダイゼーション法を行えば，MAA 以外の抗酸菌であっても同定が可能である．MAA の可能性が高い場合は，同菌に特異的な挿入配列 IS*1245* を指標とした PCR 法によりバンドが検出できる．

血清型別が必要な場合は分離培養後の菌を用いて，凝集反応または薄層クロマトグラフィーによって行う．

病理学的診断：多くは腸間膜リンパ節，下顎リンパ節に限局し，黄白色結節としてみられる肉芽腫病変で，陳旧化したものでは石灰化している（写真 3）．全身性播種例では肝臓や肺に直径数 mm の白色の結節性病変が散在して認められる（写真 4，5）．病理組織学的には中

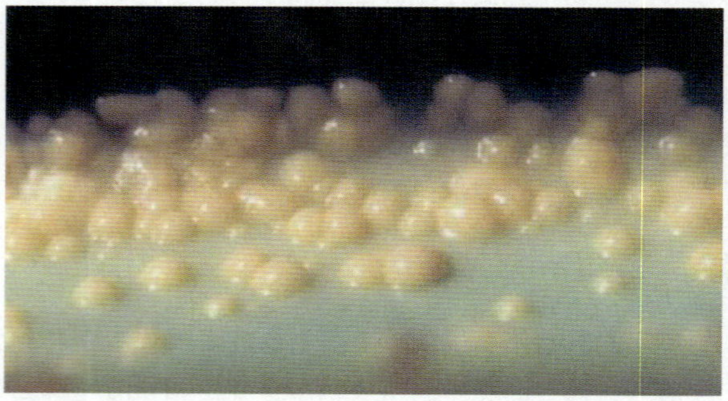

写真 2 鳥型結核菌（*M. avium*）の S 型集落.

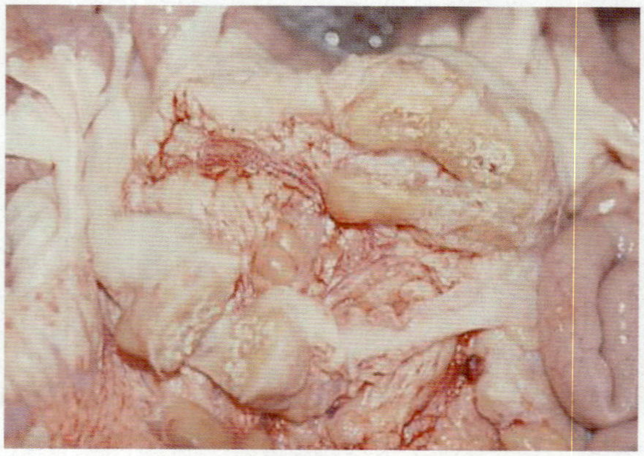

写真 3 腸間膜リンパ節にみられた石灰化病変.

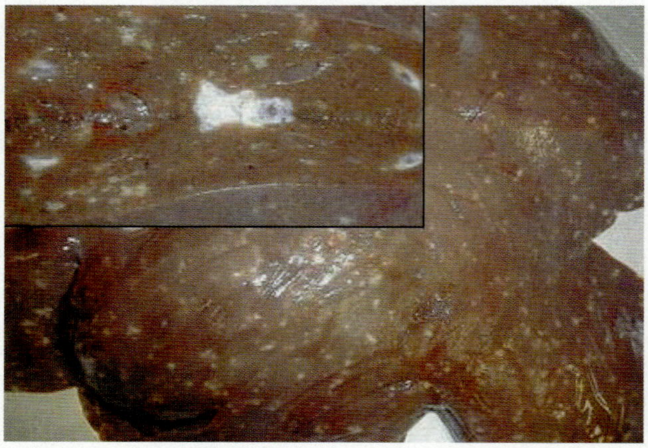

写真 4 肝臓にみられた結節性病変（左上は割面）.

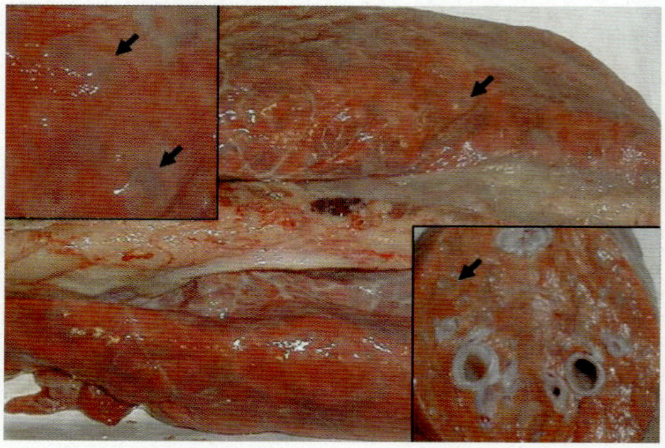

写真 5 播種性抗酸菌症例の肺にみられた白色結節（矢印）. 左上：表面拡大，右下：割面拡大.

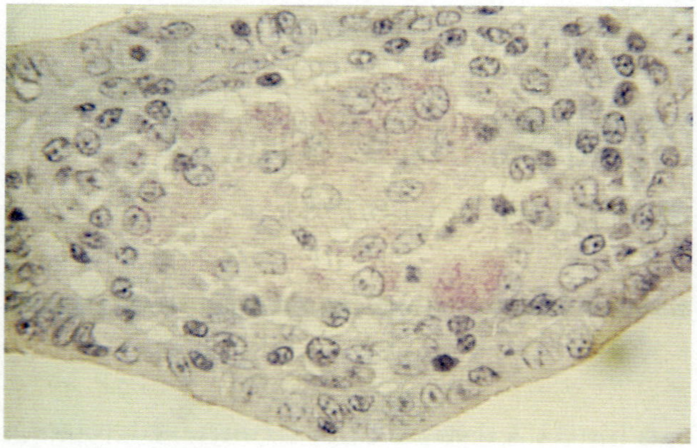

写真 6 回腸の粘膜固有層中の類上皮細胞肉芽腫病巣中の鳥結核菌（写真提供：故 横溝祐一氏）.

央の乾酪化した壊死巣を類上皮細胞と線維芽細胞が取り囲む結核様肉芽腫病変である（写真6）．菌が活発に体内増殖する時期では病巣中の類上皮細胞（またはマクロファージ）内にZiehl-Neelsen染色で赤染する菌体を見出すことができる（写真6）が，陳旧化した病巣部で同染色によって菌を見つけるのは困難な場合もある．

予防対策・治療

保菌母豚を含めた環境因子が感染の最大要因であるので，集団発生がみられた場合，①レゼルボアと考えられるオガクズをはじめとする飼育環境の消毒浄化を行う，②ツベルクリン検査による保菌母豚の淘汰を行う，の2点が重要である．有病巣率の高い豚群はオールアウトし，豚舎消毒を徹底した後，清浄豚群を新規導入する．ワクチンによる予防ならびに抗生物質による治療は行わない．

鶏結核病

届出

avian tuberculosis

Key Words：慢性伝染病，鳥型結核菌，肉冠・肉垂の貧血，削痩，結核結節

鶏結核病は，*Mycobacterium avium* subsp. *avium*（鳥型結核菌）の経口感染による鳥類の慢性伝染病で，発症鶏では肉冠や肉垂の貧血，削痩，産卵低下，時に下痢等がみられる．剖検では特徴的な結核病変が認められる．わが国では届出伝染病とされている．

原　　因

M. avium subsp. *avium* は，*M. avium* complex に認められている 28 種の血清型のうち，血清型 1 ～ 6，8 ～ 11 および 21 とされている．鶏からは主に 1 型および 2 型，野鳥類からは 3 型が検出されるが，わが国ではヒメウズラの症例から血清型 9 が分離されている．本菌は感染動物から排泄された糞便中や土壌中では 4 年間も生存するが，消毒薬や熱に対する抵抗性は弱く，70％アルコールで 5 分，5 ～ 10％クレゾール石鹸液で 1 ～ 3 時間，60℃ 10 ～ 30 分で死滅する．

疫　　学

本病は 20 世紀前半頃までは世界的に発生し，養鶏産業に多大の被害を及ぼしたが，養鶏先進国では飼養・衛生管理の進歩した商業的養鶏農場の普及により急減している．わが国でも養鶏場での発生はなく，動物園の飼育鳥（フラミンゴ，金銀鶏，アオカケイ，サンケイ，ヒメウズラ，鶏，烏骨鶏，アオクビアヒルなど），ガンカモ科の渡り鳥，輸入ハトおよびダチョウなどの症例が報告されている．

症　　状

本病は慢性疾患であり，症状は病変の程度によるが，飼養条件の良好な動物園などの症例では，内臓に明らかな結核病変がみられても無症状な場合がある．発症鶏は元気なく羽毛が逆立ち，肉冠や肉垂は貧血萎縮し，産卵は低下する．食欲はあるものの体重は減少し，次第に痩削，衰弱して，早い場合は 2 ～ 3 か月，大部分は数か月で死亡する．菌が骨髄や関節に移行した場合には跛行など歩行異常を呈する．また，腸管に病変を有する症例では慢性の下痢がみられる．

診　　断

本病の診断は剖検上特徴的な結核結節の存在で比較的容易であるが，病変部材料の塗抹・火炎固定あるいは病理組織標本を Ziel-Neelsen（チール・ネルゼン）染色して赤色に染まる抗酸菌を確認する（写真 1）．また，1％水酸化ナトリウム処理した病変部材料をグリセリン加 1％小川培地で 37 ～ 45℃培養すると約 2 ～ 3 週間で白色または黄色のコロニーがみられる．分離菌の同定には PCR 法による 16S rRNA，IS*901* のプライマーに対応するバンドの検出が有用である．なお，クロアカスワブあるいは臓器乳剤における菌検査への本 PCR 法の応用も試みられている．

本病に特徴的な黄白色の（結核様）結節病変は肝臓，脾臓および腸などに好発する（写真 2 ～ 7）．また，時には骨髄にも同様の結節がみられる．鶏の呼吸器系（肺，気管，気嚢）病巣は肝臓，脾臓などの病巣に伴って出現

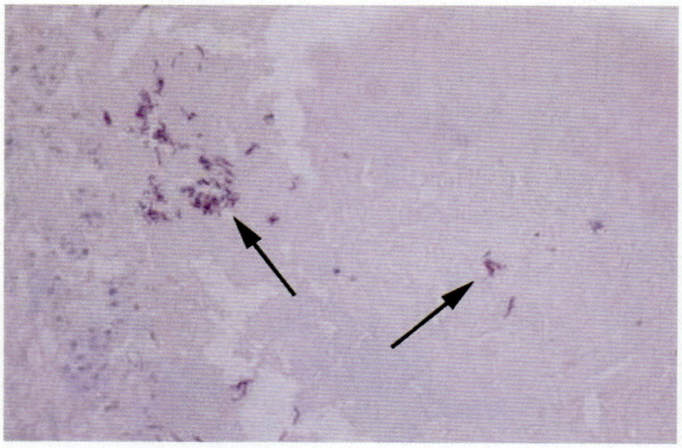

写真 1　烏骨鶏の脾臓病変部（結核結節）にみられた抗酸菌（矢印）（Ziel-Neelsen 染色）．（写真提供：東京都家畜保健衛生所）

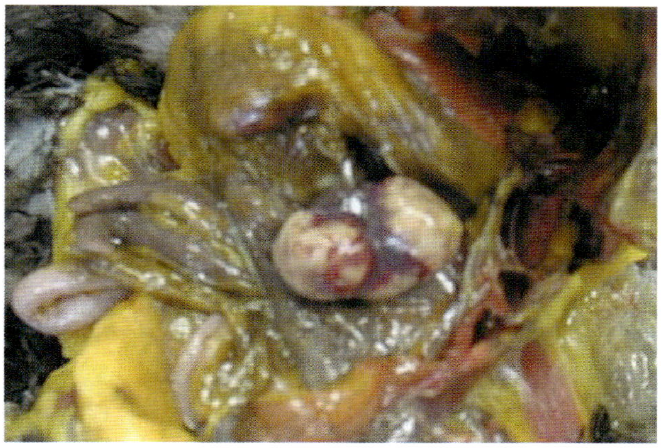

写真2 烏骨鶏の脾臓にみられた結核結節．（写真提供：東京都家畜保健衛生所）

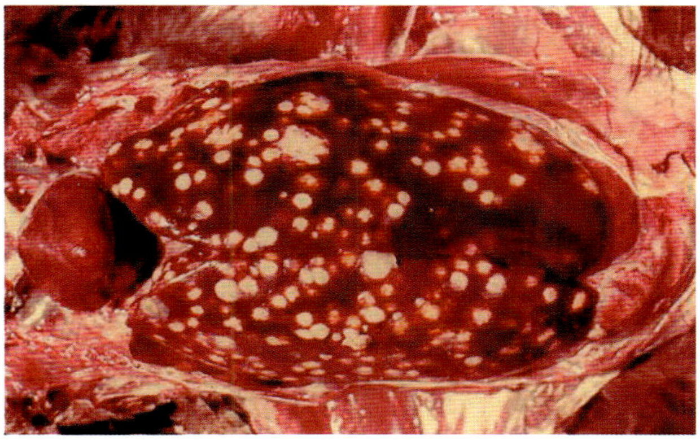

写真3 七面鳥の肝臓における多数の結核結節．（写真提供：井上　勇氏）

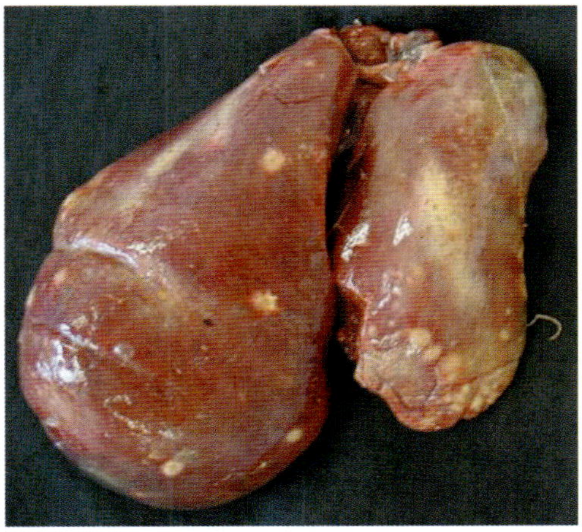

写真4 アオクビアヒルの肝臓における結核結節．（写真提供：東京都家畜保健衛生所）

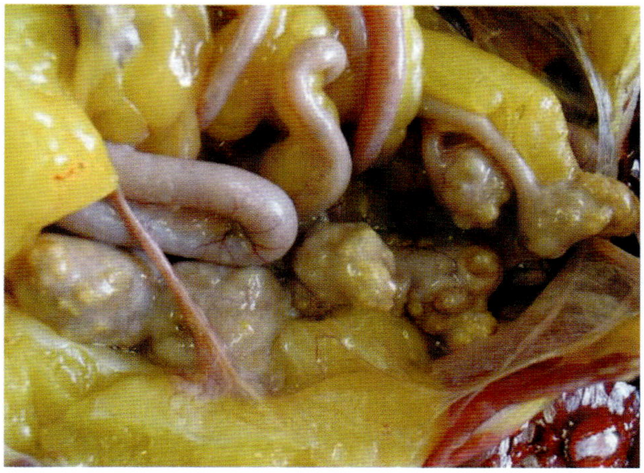

写真5 腹腔内脂肪に富み栄養良好な横斑プリマスロック鶏の腸管にみられた結核結節（糞便の抗酸菌培養陽性）．（写真提供：東京都家畜保健衛生所）

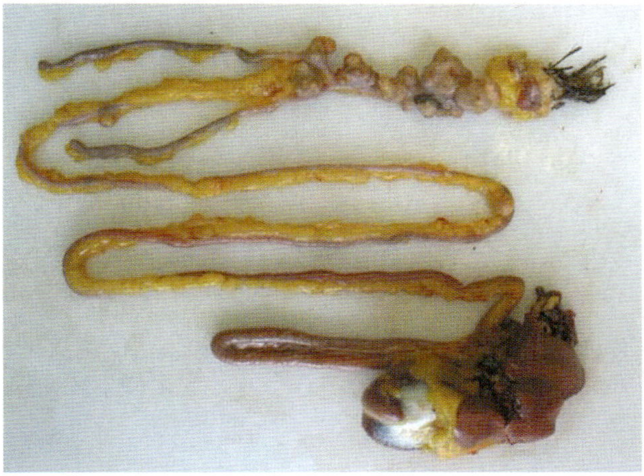

写真6 同鶏の腸管にみられた多数の結核結節．（写真提供：東京都家畜保健衛生所）

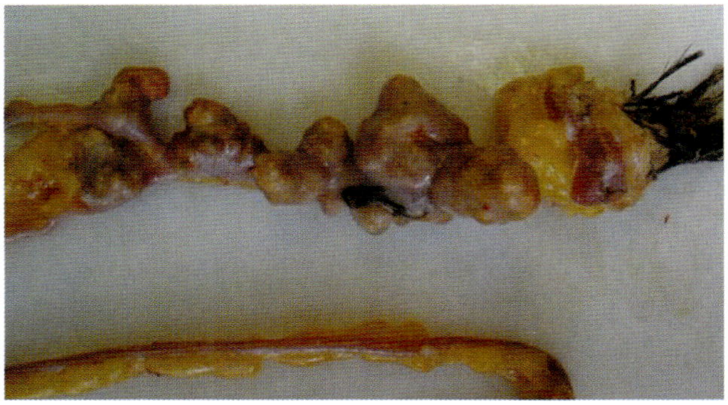

写真7 写真6の直腸部位における結核結節の拡大．（写真提供：東京都家畜保健衛生所）

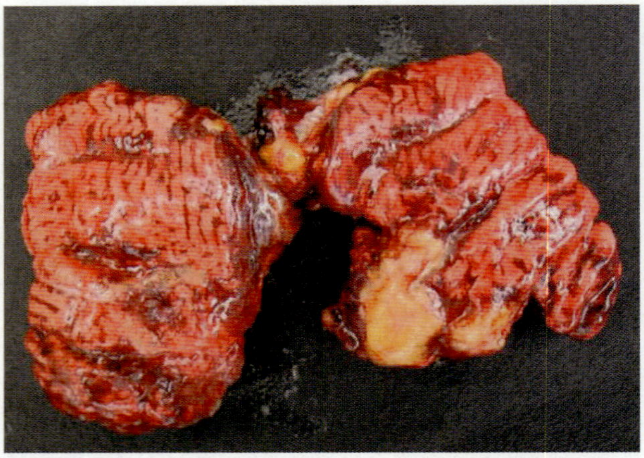

写真 8 横斑プリマスロック鶏の肺（横隔面）における結核結節．（写真提供：東京都家畜保健衛生所）

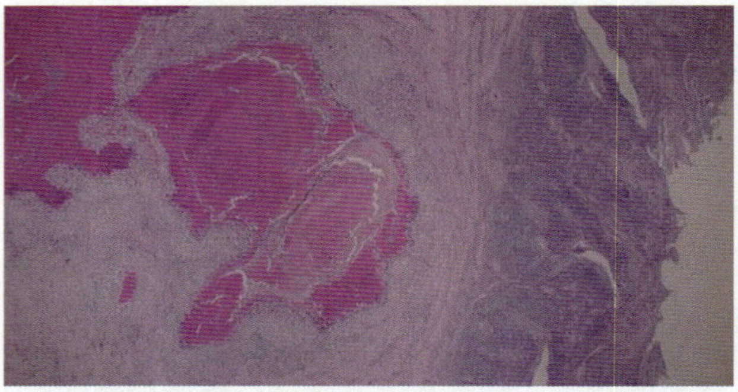

写真 9 横斑プリマスロック鶏の腸管周囲における肉芽腫（結核結節）組織病変（HE 染色）．（写真提供：東京都家畜保健衛生所）

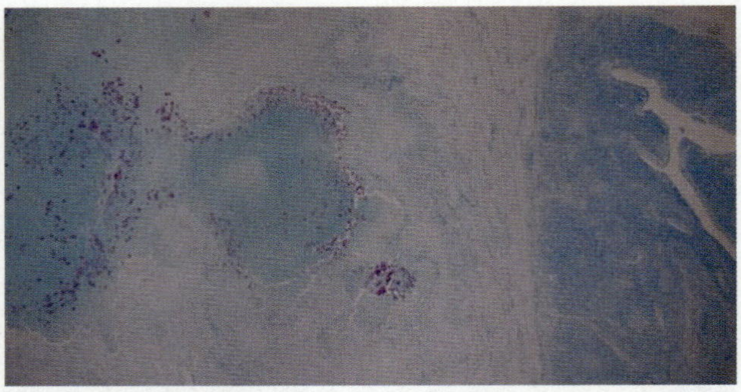

写真 10 横斑プリマスロック鶏の腸管周囲病変部の組織にみられた抗酸菌（Ziel-Neelsen 染色）．（写真提供：東京都家畜保健衛生所）

し，単独でみられることはまれである（写真 8）．

病理組織学的には，結核結節は中心部の乾酪壊死巣，その周辺部の類上皮細胞とラングハンス型巨細胞，最外縁部にリンパ球と結合組織から形成される（写真 9）．Ziel-Neelsen 染色により壊死巣および類上皮細胞内に抗酸菌を認める（写真 10）．本病類似の肉眼病変として鶏の大腸菌感染による肉芽腫があるが，わが国では鶏の大腸菌性肉芽腫の発生はほとんどみられていない．

予防と治療

予防には野鳥との接触防止を図る．感染鶏群および伝播の疑われる鶏群をオールアウトして焼却処分する．鶏舎や器材は徹底的に洗浄消毒し，土壌は生石灰を散布したり火炎放射器で焼却処理する．なお，海外では種鶏群の感染予防対策に鳥型ツベルクリンによる皮内反応が有用とされているが，わが国では応用されていない．本病に対する有効な治療法はない．

ヒトの非定型抗酸菌症（非結核性抗酸菌症） 人獣

human atypical mycobacteriosis（non tuberculous mycobacteriosis）

Key Words：呼吸器疾患，抗酸菌，薬剤耐性菌，日和見感染

原　因

ヒトの抗酸菌感染症，とくに結核菌群以外の菌種によって起こる感染症を非定型抗酸菌症（最近は非結核性抗酸菌症）という．『Bergey's Manual of Systematic Bacteriology 第8版』によれば，抗酸菌属は便宜上遅発育菌群（slow grower）と迅速発育菌群（rapid grower），ならびに特殊な発育要求を持つかまたは人工培地培養不能の菌群に3群別されており，54種の抗酸菌が記述されている．

日本では，*Mycobacterium avium* subsp. *avium*，*M. intracellulare*，*M. kansasii* の感染が多い．

疫　学

非結核性抗酸菌は通常土壌菌として存在し，ヒトへの病原性は弱いとされており，一種の日和見感染として感染する．家禽，豚，牛，まれに羊の感染例もある．

近年，AIDS 患者で非結核性抗酸菌症が増加し，大き

表1　マイコバクテリウム属菌の種類とヒトに対する起病性

群　別	Runyon の分類	ヒトに対する起病性 +	ヒトに対する起病性 −
遅発育菌（slow grower）	結核菌群	*M. tuberculosis* *M. bovis* *M. africanum*	*M. microti*
	I	*M. kansasii* *M. marinum* *M.simiae*	*M. asiaticum* *
	II	*M. scrofulaceum* *M. szulgai*	*M. gordonae* * *M. farcinogenes*
	III	*M. avium* subsp. *avium* *M. intaracellulare* *M. xenopi* *M. malmoense* *M. haemophilum* *M. ulcerans* *M. shimoidei*	*M. gastri* *M. nonchromogenicum* * *M. terrae* * *M. triviale* * *M. avium* subsp. *paratuberculosis* *M. lepraemurium*
迅速発育菌（rapid grower）	IV	*M. fortuitum* *M. chelonae* subsp. *chelonae* *M. chelonae* subsp. *abscessus*	*M. smegmatis* *M. chitae* *M. phlei* *M. flavescens* *M. parafortuitum* *M. thermoresistibile* * *M. aurum* *M. duvalii* *M. neoaurum* *M. gilvum* *M. gadium* *M. vaccae* *M. komossense* *M. senegalense*

*まれに感染症を起こしたと報告のある菌種．
Approved Lists of Bacterial Names（1980）に記述されているものに限った．

な問題となっている．

また，非結核性抗酸菌は薬剤耐性菌が多いことも特徴で菌種の同定が重要である．

診　　断

胸部Ｘ線撮影と３回の喀痰培養を行い，菌分離された場合，陽性と判断する．

治　　療

抗結核薬の多剤併用療法によるが，多剤耐性菌が多く出現しており，新薬の開発が行われている．

ヒトの結核

人獣

human tuberculosis

Key Words：呼吸器疾患，抗酸菌，慢性肉芽腫性炎，乾酪壊死，ラングハンス巨細胞

原　　因

結核菌群（*Mycobacterium tuberculosis*，*M. bovis*，*M. africanum*）による感染症である．通常，肺に病気をつくるが，進行すると脳髄膜，肝臓，腎臓，腸，骨など全身性病変を形成する（写真 1 ～ 3）．

予　　防

BCG（カルメット - ゲラン桿菌）の予防接種を行う．

診　　断

ツベルクリン反応（写真 4），胸部 X 線撮影（写真 5），喀痰培養を行って診断する．

治　　療

ストレプトマイシン（SM），カナマイシン（KM），パラアミノサリシル酸（PAS），イソニアジド（INH），リファンピシン（RFP）など各種抗菌剤が用いられている．

犬，猫へのヒトからの感染

犬や猫はヒトの結核菌（*M. tuberculosis*）に感染する．

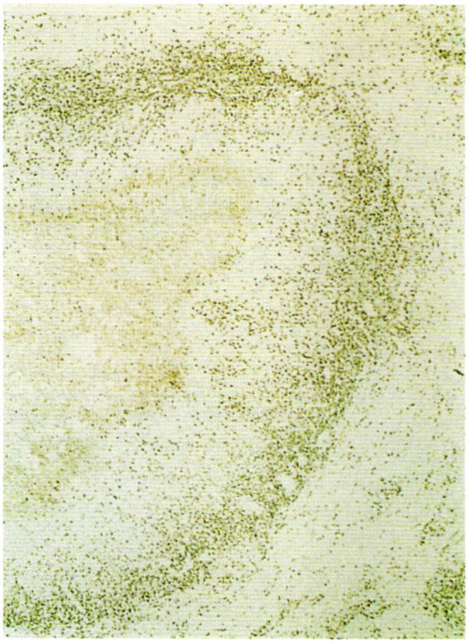

写真 2　肺の病変．
乾酪化壊死部の周辺の CD4 陽性細胞．免疫染色．

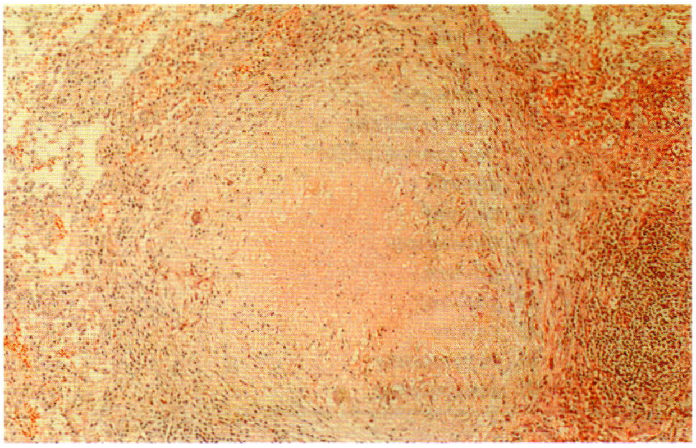

写真 1　肺の病変．
中央が乾酪化した肉芽腫．HE 染色．

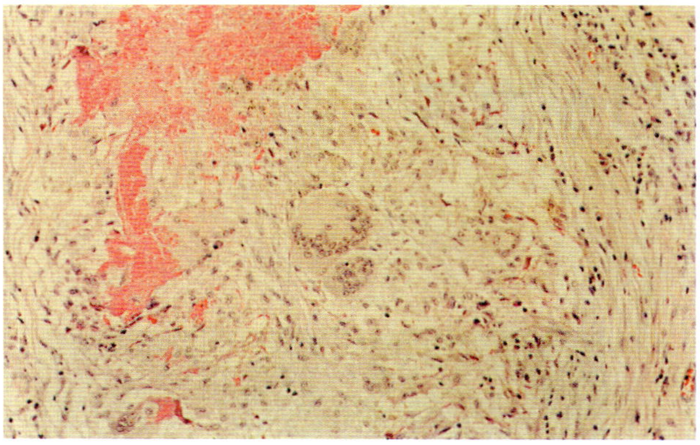

写真 3　肺の病変．
ラングハンス型巨細胞．HE 染色．

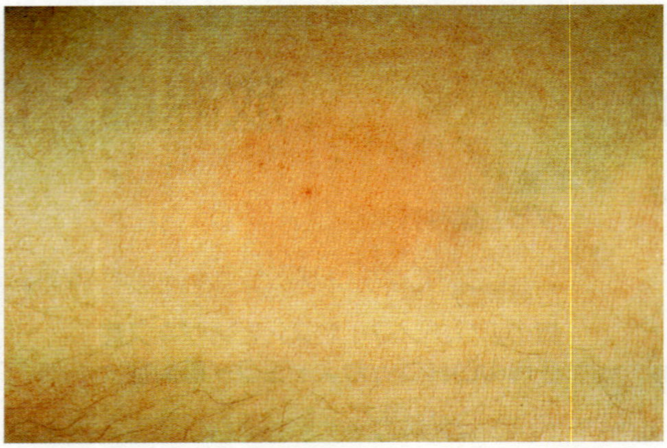

写真 4 PPD（精製無蛋白ツベルクリン）接種後 48 時間のツベルクリン反応.
強陽性像.

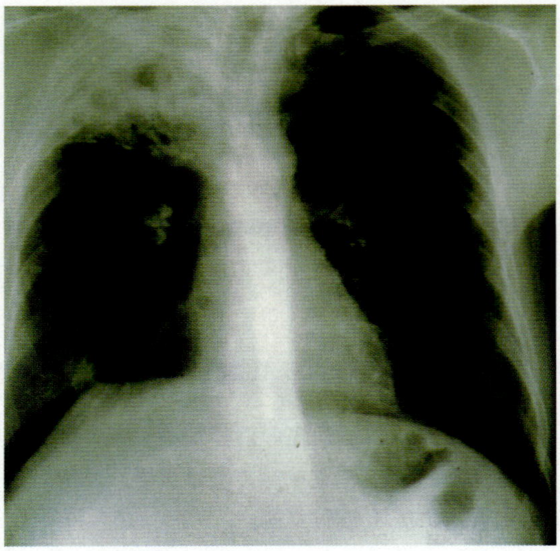

写真 5 肺結核の X 線写真.
右肺に典型的な, また左肺に軽度の病巣（陰影）を認める. 非定型抗酸菌の X 線像もこれとほぼ同様であり, 結核と鑑別しがたい.

猫は *M. bovis* の方に感受性が高い. 汚染されたミルクや食物から感染し消化管に病巣をつくる. 犬はヒトから直接感染することもあり, 呼吸器疾患を呈することが多い. 犬も猫と同様に食物から感染する.

放線菌・ロドコッカス

基本性状

グラム陽性好気性桿菌・球菌

重要な病気

放線菌症（牛）
アルカノバクテリウム・ピオゲネス感染症（豚）
ロドコッカス・エクイ感染症（子馬，犬，猫）

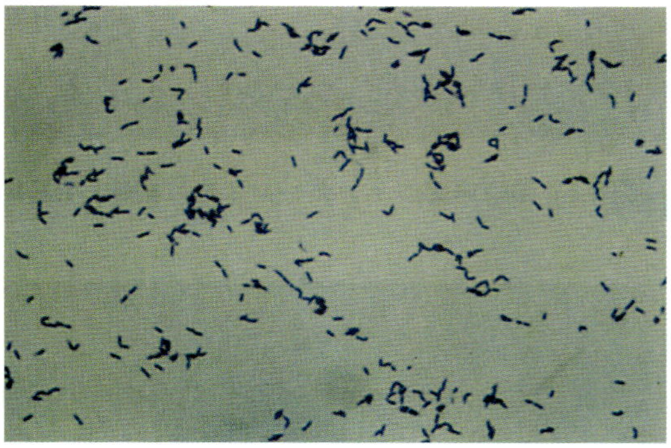

FIG　アクチノマイセス属のグラム染色像
グラム陽性の短桿状，分岐状を示す．

分類・性状

アクチノマイセス（*Actinomyces*）属，アルカノバクテリウム（*Arcanobacterium*）属，ロドコッカス（*Rhodococcus*）属，ノカルジア（*Nocardia*）属を含む一連のグラム陽性桿菌は自然界に広く分布する．芽胞をつくらず，形態は不規則で，多形性を示す．これらの菌属は放線菌群と呼ばれていたが，1986年の『Bergey's Manual of Systematic Bacteriology』からこの分類方法が廃止された．

分枝を形成し，菌糸体を生じるものもあり，一見，真菌と類似する．しかし，典型的な細胞壁構造を示し，細菌である．

生　態

アクチノマイセス属およびアルカノバクテリウム属の菌は動物の口腔粘膜や歯の表面に生息し，ロドコッカス属，ノカルジア属は土壌，水などの自然環境や消化管内に広く分布する．

分離・培養

アクチノマイセス属およびアルカノバクテリウム属の菌は血清・血液寒天培地などで分離するが，ロドコッカス属，ノカルジア属の菌は普通寒天培地によく生育する．

表1　アクチノマイセス属，ロドコッカス属，ノカルジア属によって起こる病気

菌　種	宿　主	病　名
Actinomyces bovis	牛	放線菌症
Arcanobacterium pyogenes	牛，羊，豚	豚のアルカノバクテリウム・ピオゲネス感染症
Rhodococcus equi	馬	子馬の化膿性肺炎
Nocardia asteroides	牛	牛ノカルジア症

放線菌症

人獣

actinomycosis

Key Words：牛下顎部化膿性肉芽腫，慢性化膿性増殖性炎，瘤顎（lumpy jaw），硫黄顆粒

原　　因

原因菌は *Actinomyces bovis* でグラム陽性，非抗酸性，非運動性，無芽胞性の菌糸様発育をする嫌気性～微好気性細菌である（写真１）．10％ CO_2 加嫌気性培養にてコリネ型（V，Y 字状）ないし分岐性菌糸型（長糸状）菌体となり，グリコーゲン・澱粉発酵性，カタラーゼ陰性，リボース非分解性で時に溶血毒を産生する．放線菌類抗原 B 群に属し，GC 含量は 57 ～ 63％である．

リボース発酵性放線菌類の抗原 D 群に属する類似菌 *A. israelii* はヒト放線菌症の主な原因菌であるが，まれに牛にも感染する．

ヒトの *A. israelii* 感染では下顎部・四肢の化膿性肉芽腫を起こす．また，犬の *A. canis* 感染では肉芽腫性胸膜炎，豚では *Actinobaculum*（*Actinomyces*）*suis* による腎盂腎炎・膀胱炎の症例報告がある．

疫　　学

自然界に広く分布し，動物の皮膚面・上部気道および消化器粘膜にも生息し，とくに口腔内・扁桃小窩に常在的である．感染は鋭利な金属片などによる組織内穿刺挿入・創傷感染による．発生は常に散発的で疫性流行はない．

症　　状

A. bovis の感染は慢性化膿性増殖性炎を特徴とし，牛での好発部位は下顎部，歯齦部で時に骨もおかす．比較的硬い膿瘍，肉芽腫を形成し，体表近在の顕著な腫脹例では瘻孔を生じて自壊・排膿する（写真２）．化膿病巣内には 0.1 ～ 2 mm 大の硫黄顆粒 sulphur granule があり，中心部菌塊の周囲にグラム陰性棍棒体 club（1 ～ 2 × 5 ～ 10 μm）が菊花状に配列する（写真３）．

乳房炎の原因ともなり，雄牛では精液生産が不良となる．羊および豚では気管支肺炎も起こす．

診　　断

典型的な化膿性肉芽腫の形成であり，臨床所見に加えて膿汁中および病巣部生検にて硫黄顆粒を認める．10 ％ CO_2 加嫌気性培養にてコリネ型ないし菌糸型菌体を検出する．

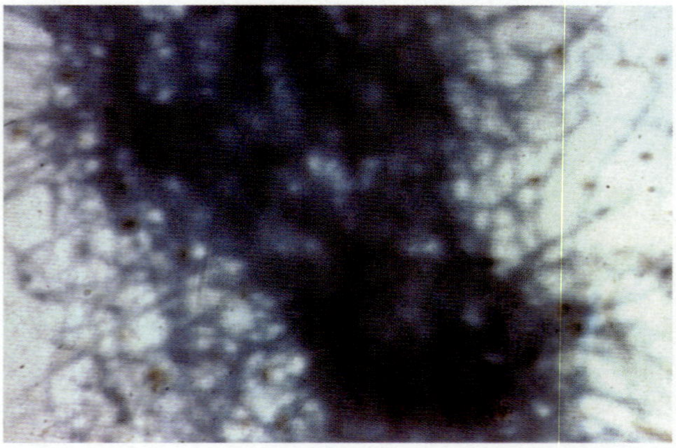

写真１　嫌気性培養菌の形態（メチレン青染色）．

写真２　下顎部の硬結を伴った巨大腫瘤．

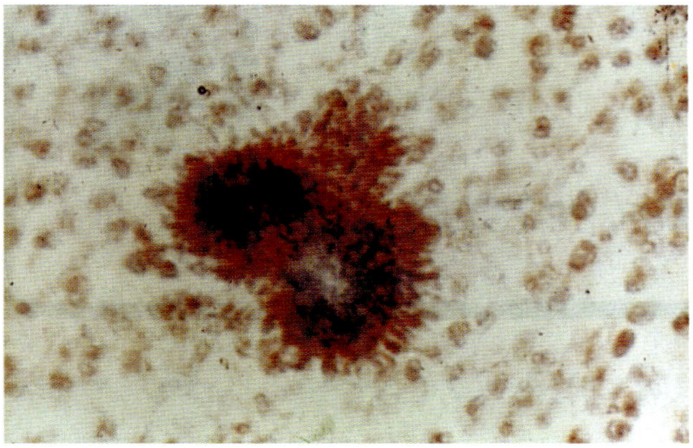

写真3 膿中硫黄顆粒の菊花弁状ロゼット（HE 染色）.

類似化膿性疾患との鑑別が必要である．とくに硫黄顆粒の形成は，グラム陽性の *Staphylococcus aureus* によるブドウ球菌症，*Arcanobacterium pyogenes* による化膿例の他，グラム陰性の *Actinobacillus lignieresii* による感染症でも検出される．一方，菌糸型増殖性の *Nocardia asteroides*（または *N. farcinica*）によるノカルジア症（牛皮疽）では硫黄顆粒非形成である．

予防・治療

化膿性肉芽腫の外科的切除と局所のヨード剤による消毒を行う．

A. bovis はサルファ剤，ペニシリン，ストレプトマイシン，オキシテトラサイクリン，エリスロマイシンに感受性であるが病勢の進行した播種性肉芽腫では治療困難である．

予防法としては感染門戸となる口腔内などの創傷の発生防止のために飼料衛生・飼養管理に注意する．有効なワクチン類の開発はない．

豚のアルカノバクテリウム・ピオゲネス感染症

Arcanobacterium pyogenes infection in pigs

Key Words：皮下膿瘍，化膿性関節炎，脊椎膿瘍

原　　因

本症は，アルカノバクテリウム・ピオゲネス（*Arcanobacterium pyogenes*）の関与する皮下膿瘍，化膿性関節炎，脊椎膿瘍などの膿瘍性疾患の総称である．この原因菌は，以前は，コリネバクテリウム（*Corynebacterium*）属あるいはアクチノマイセス（*Actinomyces*）属に分類されていた．したがって，病名もコリネバクテリウム・ピオゲネス症あるいはアクチノマイセス・ピオゲネス症と呼ばれていた．

疫　　学

原因菌である *A. pyogenes* は，血液寒天培地上で微細なコロニーを形成し，溶血性を示す（写真1），短桿状，分岐状の小桿菌で，病原因子としては溶血毒とプロテアーゼが推測されている．本菌は扁桃に常在し，飼養管理の欠陥に基づく外傷，咬傷などの素因によって感染する．それゆえ，本症は管理病とも呼ばれている．

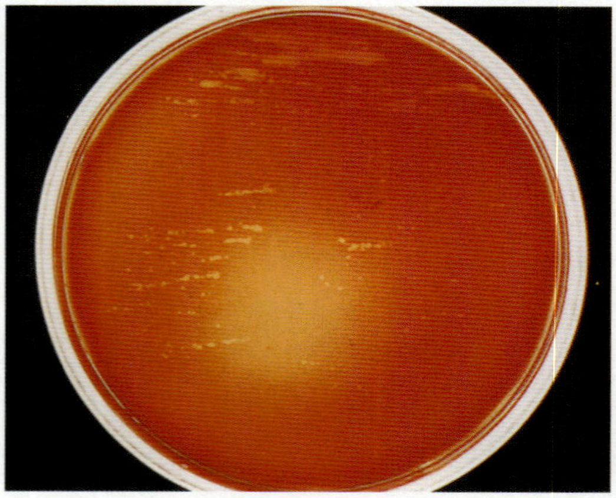

写真1　血液寒天培地上で微細なコロニーと溶血性が認められる．

症　　状

皮下膿瘍は，体表の傷からの侵入菌あるいは他の部位からの転位菌によって形成されると考えられている．この膿瘍は，四趾，殿部，肩甲部，内股部，顎部などに発生し，その腫脹部は波動を呈し，灰白色クリーム状の膿

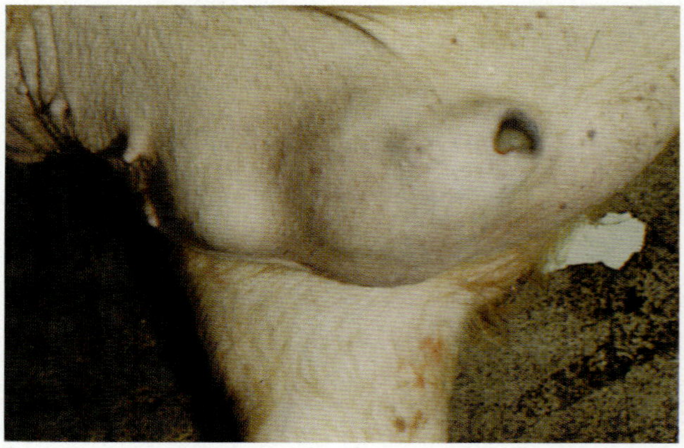

写真2　皮下膿瘍．
触診により波動感のある腫脹が認められる．

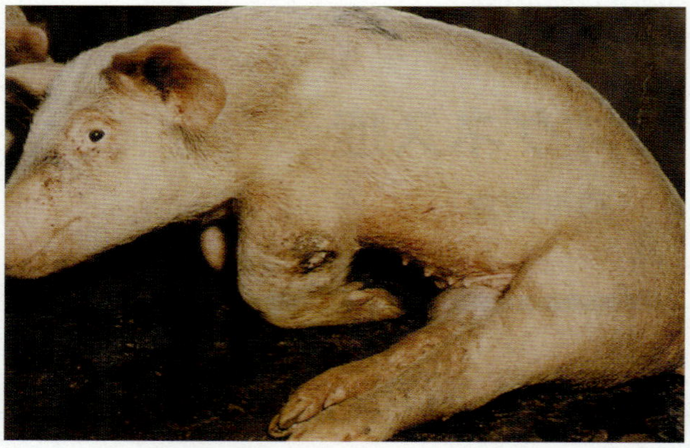

写真3　化膿性関節炎と脊椎膿瘍により起立不能に陥っている．

汁を含む（写真 2）．

菌が，足の潰瘍や裂蹄あるいは関節周囲の擦り傷から侵入して化膿性関節炎を起こすと考えられている．病豚では関節部が著しく腫脹し，跛行を呈し，起立不能に陥ることが多く，自然治癒することは少ない（写真 3）．

菌が尾の咬傷から侵入し，血行，リンパ流に乗って脊椎に移行して，膿瘍を形成すると考えられている．病豚の多くは，体温の上昇，食欲減退，廃絶を呈し起立不能に陥り，発育不良になるか，他の病気を併発して死の転帰をとる．

診　　断

細菌学的検査としては，病変部を血液寒天培地上で培養し，溶血性とグラム染色により，原因菌を推定し，分離菌の同定を行う．また，血清学的検査として，原因菌のプロテアーゼ抗原を用いる寒天ゲル内沈降反応が開発されている．さらに，最近，本菌の溶血毒素（pyolysin）をコードする *plo* 遺伝子の塩基配列が明らかにされ，PCR 法による診断が可能となった．

予防・治療

飼養管理の改善と病豚の隔離，淘汰が予防法として有効である．皮下膿瘍には，外科的に切開，排膿し，抗生物質を投与する．

子馬のロドコッカス・エクイ感染症

Rhodococcus equi infection in foals

Key Words：子馬，化膿性肺炎，潰瘍性腸炎，膿瘍

子馬のロドコッカス・エクイ感染症は1～3か月齢以内の子馬に化膿性気管支肺炎，潰瘍性腸炎と付属リンパ節炎を引き起こし，治療しなれれば致死的な感染症である．まれに反芻獣（牛，羊，山羊），豚，野生動物に感染する（表1）．

原　　因

グラム陽性無芽胞球菌～短桿菌（1 μm ×～ 5 μm）（写真1，2）で，しばしば弱い抗酸性を示す．

表1　動物のロドコッカス・エクイ感染症

動　物	病　気	発生頻度
馬	化膿性肺炎	高い
	腸管リンパ節炎	高い
豚	下顎リンパ節炎	比較的多い
牛，山羊，ラマ	化膿性リンパ節炎	まれ
犬，猫 野生動物	皮膚の肉芽腫性病巣など リンパ節炎など	まれ
ヒト	腎臓移植，腫瘍などの基礎疾患を持つ	まれ
	AIDS	増加

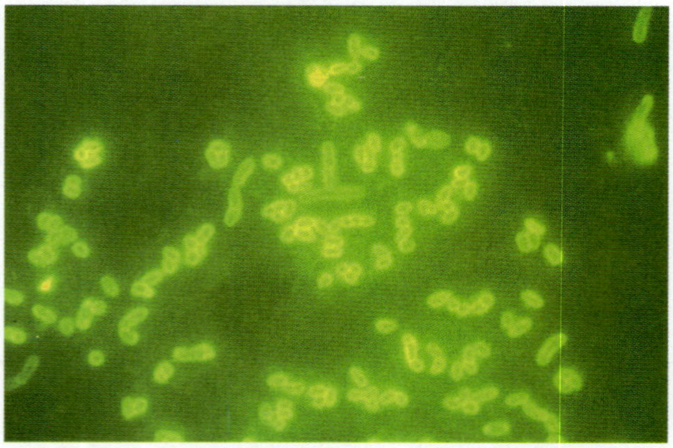

写真1　VapAに対するモノクローナル抗体を用いた蛍光抗体法．

馬からは *Rhodococcus equi* 強毒株（VapAをコードする病原性プラスミドの保有）が，豚からは中等度毒力株が分離される（表2）．

疫　　学

子馬に病原性を示す強毒株は世界各地の馬生産地の飼

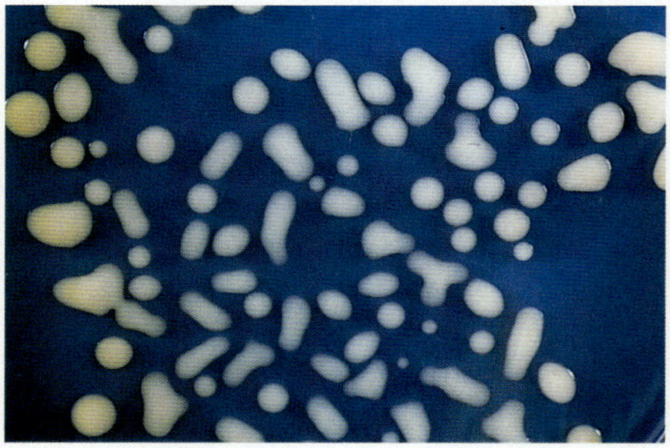

写真2　普通寒天培地で培養された *R. equi* のコロニー．隣接するコロニーは融合しやすい．

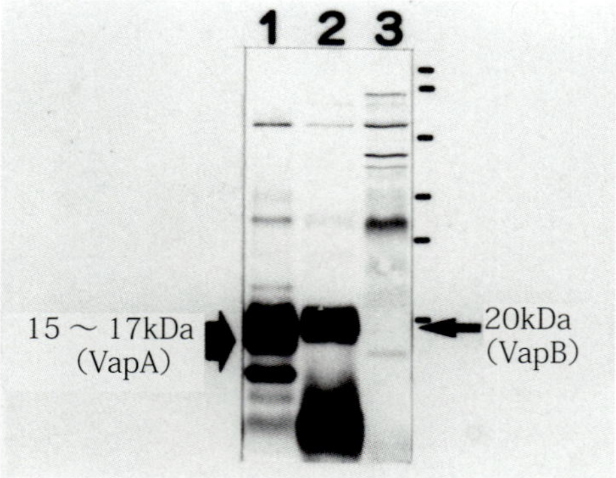

写真3　強毒株（レーン1），中等度毒力株（レーン2）および無毒株（レーン3）全菌体抗原のSDS-PAGE像のウエスタン・ブロット像．
矢印はそれぞれの毒力関連抗原を指す．

表2　ロドコッカス・エクイの毒力

菌　株	毒力関連抗原	病原性プラスミド	マウスに対する病原性（LD50）	子馬に対する病原性（感染最小量）	分布（宿主）
強毒株	VapA（15～17kDa）	85～90 kb（12種類）	10^6	10^4	馬，その飼育土壌
中等度毒力株	VapB（20kDa）	79～100 kb（17種類）	10^7	10^6	豚，その飼育土壌
無毒株	なし	なし	$> 10^8$	$> 10^{10}$	土壌

育環境土壌中に広く分布する．発生地域に生まれた子馬は，生後1か月以内に環境土壌中の強毒株に経気道感染し，10日～2週間の潜伏期間を経て発病する．感染子馬は気道分泌液中の強毒株を嚥下，腸管内増殖し糞便中に多量の強毒株が排泄され牧場飼育環境を汚染する．散発的に発生する牧場が多いが，汚染が進むと厩舎疫的に発生する．

症　　状

4～6週齢時に38.5～40.0℃の発熱，漸次発咳などの臨床症状を呈する．聴診では乾性の粗励音や明瞭な気道音が聴取され，重症例では挙動不安あるいは運動を嫌うようになり横臥姿勢をとることが多くなる．臨床症状もなく進行し，呼吸困難になった状態（鼻翼の拡張や腹式呼吸）で発見され，数日で死亡する場合，あるいは病理解剖時に診断される場合も多い．

発病病理

加齢に伴って感染抵抗性が備わってくることから子馬の生体防御機能が感染発病に密接に関連しているが，発病機構はよく分かっていない．

病　　理

化膿性気管支肺炎．急性例では赤色肝変化巣に微小膿瘍を認め，慢性例では小豆大から鶏卵大のさまざまの多発性膿瘍を形成する（写真4）．病理組織学的検査では，膿瘍周囲にマクロファージの浸潤を認め，強毒株は肺胞マクロファージ内で殺菌抵抗性を示し増殖する細胞内寄生性を示す（写真5）．肺病変の他に2次病巣として前腸間膜リンパ節，腸付属リンパ節，小腸パイエル板の化膿に由来する膿瘍形成．これらは径数10cmに及ぶ腹腔膿瘍を形成することがある（写真6）．時に，四肢・脊椎の関節炎や骨髄炎．

病原・血清診断

病巣からの菌分離が確定診断となる．呼吸器型では気管洗浄液を分離材料とする．発熱や呼吸器症状が認められた3か月齢以内の子馬では，ELISAによる血清抗体価の測定が感染子馬のスクリーニングに有効である．

汚染された臓器，糞便，土壌からの分離にはNANAT選択分離培地を用いる．

予　　防

ワクチンはない．海外では免疫血清が市販され，生後

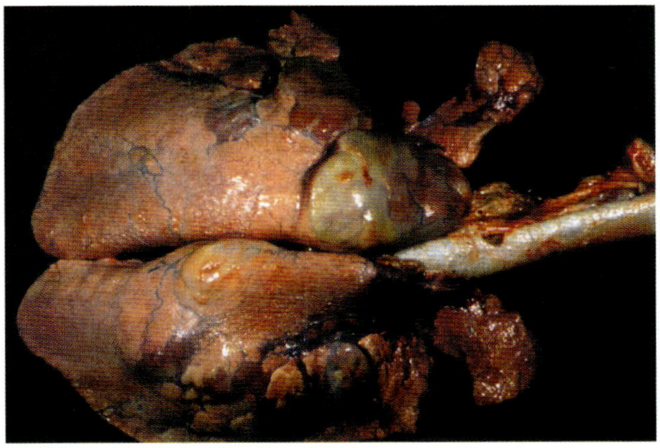

写真4　ロドコッカス感染症で死亡した子馬の肺．多発性膿瘍が特徴的である．

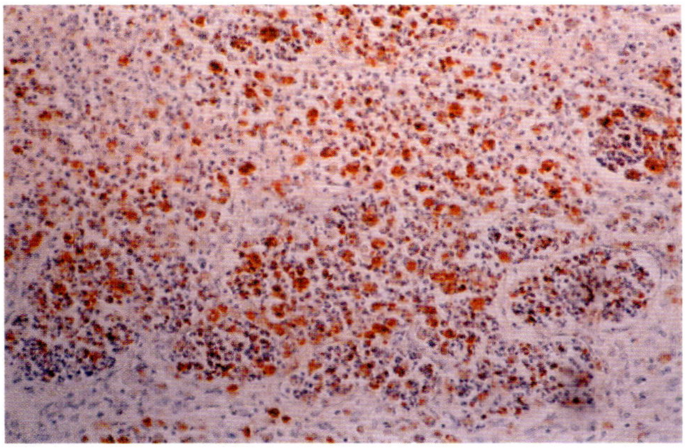

写真5　肺の病理組織検査所見．膿瘍周囲にマクロファージの浸潤が認められる．

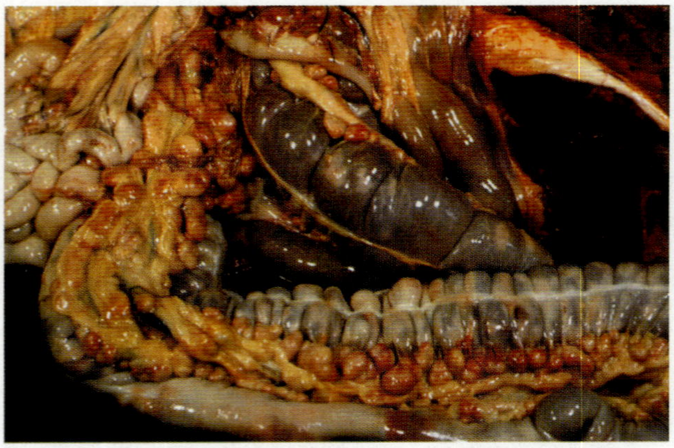

写真6 ロドコッカス感染症で死亡した子馬の腸病変.リンパ節の腫大が特徴的である.

数日の子馬に投与されて予防効果をあげている．毎日の検温や定期的な健康診断が感染子馬の発見に役立つ．早期発見・早期診断により治療に成功するとともに，感染子馬を隔離して糞便によって牧場環境を汚染させないことが地方病的発生を防ぐ.

治　療

わが国ではゲンタマイシンと他剤との組合せが主流になっている．細胞内寄生菌に薬効の高い抗生物質の組合せとしてはリファンピシンとエリスロマイシン併用があげられるが，副作用に注意が必要である.

猫と犬のロドコッカス・エクイ感染症

Rhodococcus equi infection in cats and dogs

Key Words：ロドコッカス・エクイ，猫，膿瘍，四肢

原　因

Rhodococcus equi 強毒株と無毒株.

疫学と症状

猫におけるロドコッカス・エクイの感染例は 1975 年に Jang らによるリンパ肉腫に罹患した猫の腸間膜リンパ節炎からの分離報告に始まり，その後も四肢のフレグモーネ，体表の外傷，脚の膿瘍や肉芽腫性病変（写真 1 ～ 3）からの菌分離が報告されている．細胞内寄生菌である性状は猫の症例においても肉芽腫性病巣を形成し，外科的摘出も治療法として一時的には有効であるが，新たな病巣が出現することが多い.

犬においては全身感染例での分離株もあるが，多くは鼻や目のスワブあるいは体表の膿瘍から分離されている．これらの犬においては，ロドコッカス・エクイが主たる感染症の起因菌というよりも，たまたま分離された菌の 1 つがロドコッカス・エクイであったという可能性もあり，その詳細はよく分かっていない.

病 原 性

猫と犬分離株の病原性については猫由来 11 株中 7 株が VapA 陽性の強毒株，一方，犬由来 13 株中 12 株は無毒株であったという報告がある．比較例数が少ないので今後も追加検討する必要はあるが，猫と犬の分離株の強毒株割合の間に有意差が認められる（表 1）．猫と犬の分離株における強毒株割合は 64％と 8％であり，ヒトの HIV 感染患者と非 HIV 患者（臓器移植患者など）における強毒株分離状況と類似していた．猫においては

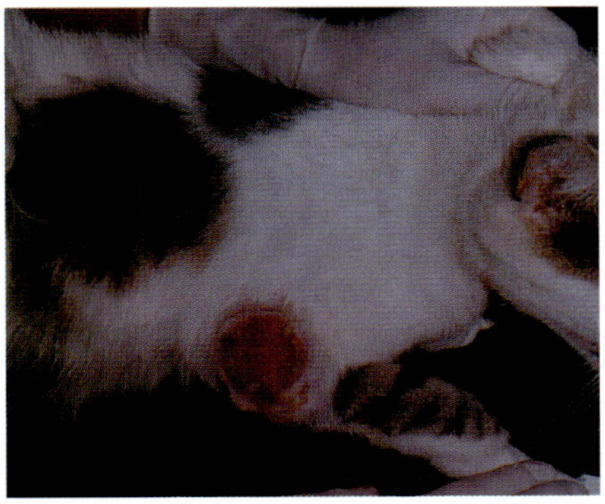

写真 1　ブラジルの猫の症例.（写真提供：Drs. Farias, M.R. & Ribeiro, M.G.）

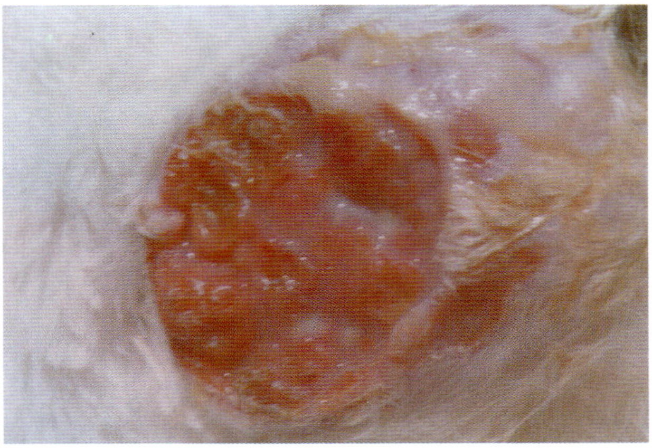

写真 2　同病変の拡大.

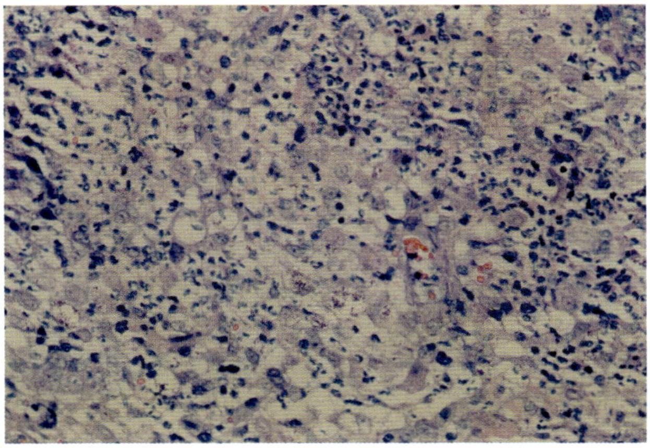

写真 3　病変部マクロファージ内に菌の集塊.

表1 猫と犬由来株の強毒株割合

動物種	検体数	強毒株	無毒株
猫	11	7 (64%)*	4
犬	13	1 (8%)	12

*$p < 0.05$

ヒトの場合と同じように易感染因子としてFIV感染などが想定されるが，今後の詳細な検討が必要である．

治　療

愛玩動物における治療ではPatel（2002）は猫にドキシサイクリンを用いているが，成書にはゲンタマイシンとリンコマイシンの併用が推奨され，エリスロマイシンとリファンピシンの併用は副作用があるが有効である．

デルマトフィルス

基本性状

グラム陽性
非抗酸性
菌糸性発育
縦横分裂性菌糸型細菌
運動性遊走子

重要な病気

デルマトフィルス症（牛）

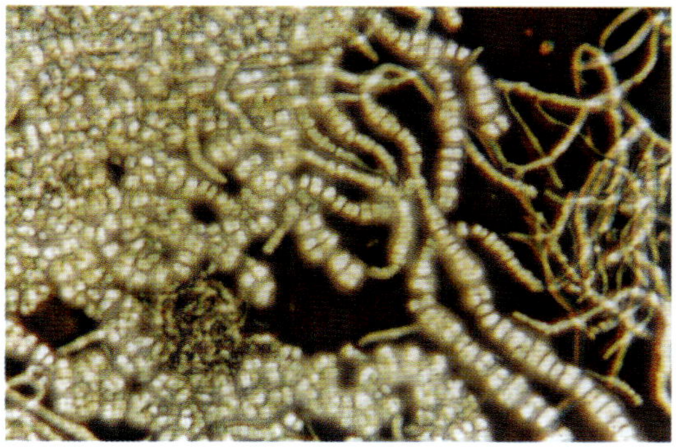

FIG　*D. congolensis* の形態
墨汁法.

分類・性状

デルマトフィルス（*Dermatophilus*）属は好気性放線菌類に分類され，グラム陽性，非抗酸性の菌糸性発育を示す細菌で内生胞子・分生子非形成である．*Dermatophilus congolensis* は，分岐性菌糸が縦横に分裂して球状ないし桿状断片となり各断裂細胞が叢毛性鞭毛を形成して運動性遊走子となる生活環を示す（FIG）．カタラーゼ・ウレアーゼ産生陽性，カゼイン・ケラチン分解陽性，通常カロチノイド色素を産生する．GC 含量は 57 ～ 59％である．

分離・同定

雑菌混入検体からの菌分離では検体小片を滅菌蒸留水に入れて室温に 3 時間半静置後，5 ～ 10％ CO_2 存在下に約 15 分間静置すれば遊走子が水面部に集まるのでこの表層部を分離培養に供す．血液寒天培地および BHI 寒天培地の 37℃好気的培養にて灰白色～橙黄色 R 型～蝋様コロニーを形成し，β 型溶血性を示す（写真 1）．10％ CO_2 存在下では気中菌糸を生じる．サブロー培地では非増殖性である．

D. congolensis の O 抗原および H 抗原は特異的であり，通常 O 抗原を用いた寒天ゲル内沈降反応，HI 反応，ELISA による抗体検出が可能である．また，菌体抗原の検出には蛍光抗体法が応用できる．

病　原　性

D. congolensis の感染増殖部位は皮膚（表皮）に限局的であり，非角化層にて増殖し溶血毒を産生する．

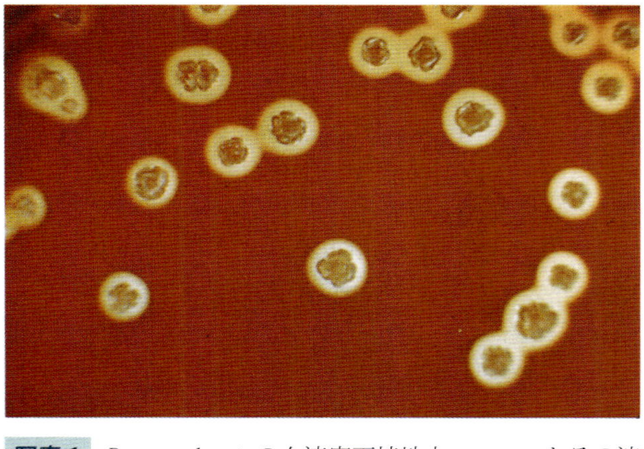

写真 1　*D. congolensis* の血液寒天培地上コロニーとその溶血環.

デルマトフィルス症

人獣

dermatophilosis

Key Words：増殖性皮膚炎，表皮感染，偏性寄生菌

病名同義語として，ストレプトスリコーシス（streptothrichosis），ラムピーウール（lumpy wool），増殖性皮膚炎（strawberry foot-rot）がある．

原　　因

Dermatophilus congolensis は自然環境中での生息分布が未確認で専ら動物病巣部でのみ検出される偏性寄生菌である．動物間の伝播・蔓延は感染動物との直接的接触や有棘植物・吸血昆虫による間接的伝播で起こる．また，雨で濡れた皮膚面では病巣部の遊走子が健常部へ伝播・拡散する．感受性動物は牛，羊，山羊，馬，豚，犬，猫，ヒト，その他の野生脊椎動物である．

疫　　学

熱帯から亜熱帯地域での栄養不良牛や発育遅延幼若牛に多発し，アフリカ大陸を中心に世界的に発生する．日本では沖縄県宮古・八重山列島の周年放牧牛や青森県下での自然感染例がある．沖縄での抗体保有率は約 5.4％で発症例の約 80％は生後 6 か月齢未満の発育遅延牛である．感染耐過牛は再感染に抵抗する．

症　　状

表在性の皮膚炎で滲出性・痂皮形成炎および増殖性炎を特徴とする．被毛の刷毛状ないし樹皮状所見ならびに 2 ～ 6 cm 大のブロック状痂皮を形成して痂皮・病変部皮膚表層の落屑を生じ（写真 1），後に病変部皮膚が剥離して脱落創を露出する（写真 2）．好発部位は頭部・背面・殿部・四肢などであるが，通常，痒覚症状はない．グラム陽性菌糸様ないし球菌状断裂菌体が痂皮・表皮細胞間・毛嚢外根鞘および内根鞘にて増殖生息する．羊の脚部ではストロベリー状の増殖炎を呈する．

診　　断

臨床的には表在性の滲出炎・痂皮形成性皮膚炎と病巣部皮膚の脱落創形成，直接鏡検査により痂皮・皮膚落屑などにグラム陽性の分岐性・縦横断裂性・菌糸状細菌および約 2 μm 大の運動性球状体の集塊を検出する．確定診断は分離培養菌の同定試験による．

類似の臨床所見はウイルスによる牛痘・伝染性膿疱性皮膚炎，*Trichophyton verrucosum* による皮膚糸状菌症（黄癬）でも観察され，鑑別は微生物学的・免疫血清学的検査による．

予防・治療

ペニシリン，ストレプトマイシンまたはカナマイシンの大量・併用投与やエリスロマイシン単独投与が有効である．ワクチンによる感染防御効果も報告されている．

動物の輸入・導入時の検疫励行，罹患動物の隔離，隔離期間中での完全治療が最重要であり，放牧衛生・飼養管理など，とくに幼若牛の衛生面に注意する．

写真 1　子牛背面皮膚の *D. congolensis* 感染所見．

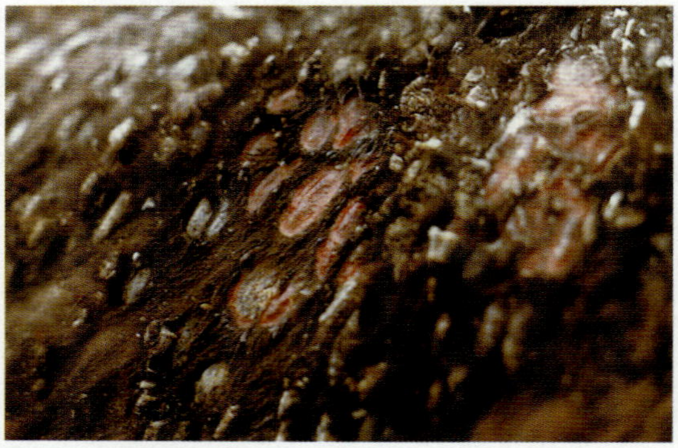

写真 2　病変部皮膚が剥離して脱落創を形成．

マイコプラズマ

基本性状
細胞壁を欠き多形性
重要な病気
牛肺疫（牛，水牛，シカ）
山羊伝染性胸膜肺炎（山羊）
マイコプラズマ肺炎（牛，豚）
伝染性無乳症（羊，山羊）
鶏呼吸器性マイコプラズマ病（鶏，七面鳥）
マイコプラズマ乳房炎（牛）

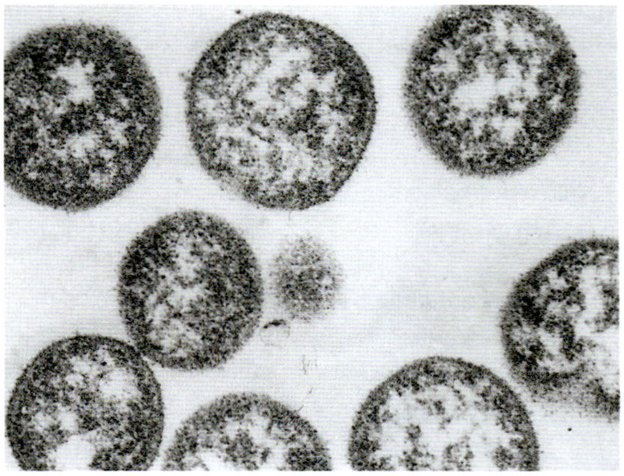

FIG マイコプラズマ属菌の EM 像

マイコプラズマは，一般細菌と異なり，形を特徴付ける細胞壁を持たず，外界とは3層の単位膜（unit membrane）と呼ばれる膜構造で隔てられた，きわめて小さな微生物である．さらに，自己増殖に必要な酵素系と代謝系を持ち，無細胞培地で増殖が可能である．その形態は多形性を示すが，大部分の種においては球状が基本形態であり，その直径は 250 ～ 800nm である（FIG）．また，多くのマイコプラズマ種では，その寒天培地上のコロニーがいわゆる目玉焼き状を呈するのも，マイコプラズマの特徴の1つとなっている（写真1）．分類学的には，細菌，リケッチアより分離され，*Mollicutes*（soft skin を意味する）として1つの綱（class）が設定されている．現在，表1に示したように，4目（order），5科（family），8属（genus）に分類され 200 種（species）

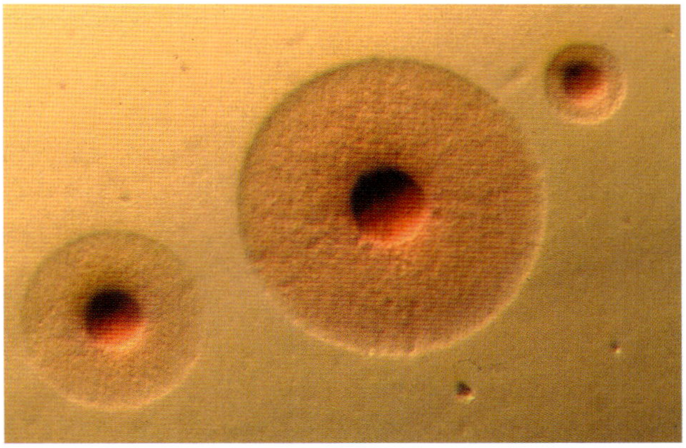

写真 1 *Mycoplasma mycoides* subsp. *mycoides* の寒天培地上のコロニー．
Neutral red による染色像．

表 1 マイコプラズマ（*Mollicutes*）の分類

綱	目	科	属	現在の種の数
Mollicutes	*Mycoplasmatales*	*Mycoplasmataceae*	*Mycoplasma*	106
			Ureaplasma	6
	Entomoplasmatales	*Entomoplasmataceae*	*Entomoplasma*	5
			Mesoplasma	12
		Spiroplasmataceae	*Spiroplasma*	45
	Acholeplasmatales	*Acholeplasmataceae*	*Acholeplasma*	13
	Anaeroplasmatales	*Anaeroplasmataceae*	*Anaeroplasma*	4
			Asteroleplasma	1
	"*Candidatus* Phytoplasma"			26

表2 マイコプラズマの分類と性状

分　類	GC%	ゲノムサイズ（kb）	コレステロール要求性	由　来	その他の特性
Mycoplasmataceae					
Mycoplasma	23～40	580～1,350	＋	ヒトおよび動物	至適発育温度 37℃
Ureaplasma	27～30	760～1,170	＋	ヒトおよび動物	尿素分解
Entomoplasmataceae					
Entomoplasma	27～29	790～1,140	＋	昆虫，植物	至適発育温度 30℃
Mesoplasma	27～30	870～1,100	−	昆虫，植物	至適発育温度 30℃
Spiroplasmataceae					
Spiroplasma	25～30	780～2,220	＋	昆虫，植物	らせん状形態 至適発育温度 30～37℃
Acholeplasmataceae					
Acholeplasma	26～36	1,500～1,650	−	動物，昆虫，植物	至適発育温度 30～37℃
Anaeroplasmataceae					
Anaeroplasma	29～34	1,500～1,600	＋	反芻獣ルーメン内	嫌気性
Asteroleplasma	40	1,500	−	反芻獣ルーメン内	嫌気性
Ca. Phytoplasma	23～29	640～1.185	？	昆虫，植物	*in vitro* で非発育

表3 牛由来マイコプラズマと病原性

牛マイコプラズマ	関与する疾病
M. alkalescens	
M. alvi	
M. arginini	
M. bovigenitalium	肺炎，乳房炎，関節炎，膣炎，
M. bovirhinis	肺炎（？），乳房炎（？），中耳炎（？）
M. bovis	肺炎，乳房炎，関節炎，中耳炎
M. bovoculi	結膜炎（？）
M. californicum	乳房炎
M. canadence	乳房炎，関節炎，肺炎（？）
M. dispar	肺炎
M. mycoides subsp. *mycoides*	肺炎（牛肺疫）
M. verecundum	結膜炎（？）
Mycoplasma sp. Group 7	関節炎，乳房炎，肺炎（？）
Ureaplasma diversum	肺炎（？），乳房炎（？），結膜炎（？），泌尿生殖器炎（？）

（？）：病変部より分離されるが，病原性が確定していない種

以上が登録されている．これらの他，培養に成功していない植物由来の mycoplasma-like organisms（MLOs）は，“*Candidatus* Phytoplasma” として *Mollicutes* に含まれる．さらに，かつて *Richettsiales* 目，*Anaplasmataceae* 科に分類されていたヘモバルトネラ（*Haemobartonella*）属およびエペリスロゾーン（*Eperithrozoon*）属の菌種も 16S rRNA の塩基配列の比較などから，マイコプラズマ（*Mycoplasma*）属へ再編された．表2には *Mollicutes* 綱に属する微生物の生物学的並びに遺伝学的特徴をまとめたが，これらの性状が分類の基準ともなっている．

表4 豚由来マイコプラズマと病原性

豚マイコプラズマ	関与する疾病
M. flocculare	肺炎（？）
M. hyopharyngis	
M. hyopneumoniae	肺炎（豚流行性肺炎）
M. hyorhinis	関節炎，多発性漿膜炎，中耳炎，肺炎（？）
M. hyosynoviae	関節炎，肺炎（？）
M. sualvi	

（？）：病変部より分離されるが，病原性が確定していない種

1898年に，フランスのNocardとRouxにより牛の伝染性胸膜肺炎（contagious bovine pleuropneumonia，牛肺疫）の病原体として発見されたマイコプラズマは，その後，脊椎動物，無脊椎動物さらには植物界にも広く分布していることが明らかにされている．そして，その一部が動物および植物に対して病原性を有する．哺乳動物由来のマイコプラズマの主要な寄生部位は，気道，乳腺，眼，耳，泌尿生殖器および消化管等の粘膜表面であり，このような寄生部位と関連して，マイコプラズマ感染による疾病も，呼吸器感染症，乳房炎，中耳炎，泌尿生殖器感染症等が多い．さらに，組織侵襲性の強い種では関節炎，多発性漿膜炎等を起こすことが知られている．表3および4に主要な牛，豚由来マイコプラズマと関与する疾病を示した．

牛肺疫 法定

contagious bovine pleuropneumonia

Key Words：胸膜肺炎，マイコプラズマ，家畜法定伝染病，海外悪性伝染病

線維素性間質性肺炎および胸膜炎を主徴とする本病の病原体は，*Mycoplasma mycoides* subsp. *mycoides* である．この病原体は，人工培地での培養に最初に成功したマイコプラズマであり，これを端緒としてマイコプラズマの研究が進展した．

発生と疫学

牛肺疫は18世紀にヨーロッパで初めての発生が認められ，その後全世界に広がり畜牛産業に多大な被害を与えたが，その後畜産先進国では撲滅に成功し，多くの国が本病の清浄国となっている．現在，アフリカ諸国，中近東および中央アジアの国々で発生が認められる．さらに，長年本病の清浄地域であったヨーロッパ（ポルトガル，スペイン，フランス，イタリア）でも最近発生が認められ，各国の防疫体制の強化が求められている．わが国では，1925年，1929年および1940年に朝鮮，中国から移入した牛に発生したが，撲滅され，その後発生していない．感染経路は，感染牛との直接接触あるいは飛沫吸入による気道感染が主であるが，特異な感染経路として，本病原体が尿中に排泄され，その汚染乾草によって経口感染が成立することが報告されている．

症状と病変

臨床症状：発熱と倦怠，食欲不振，呼吸促迫等がみられ，病状の進行とともに発咳，食欲廃絶，衰弱し，乳牛では泌乳が停止する．

病理学的所見：胸膜肺炎を特徴とし，肺と肋・胸膜との線維素性癒着が認められる．肺は腫大硬化し，その割面は赤褐色，黒褐色等の肝変化部に桃色の正常健康部が混在し，これらの病変部が水腫性に腫脹した小葉間間質に囲まれて，いわゆる大理石様紋理（marbled appearance）を呈する（写真1）．一方，慢性耐過牛では，肺実質に灰黄色乾酪様の壊死巣が線維素性被膜でおおわれた sequestra と呼ばれる結核様結節が形成される（写真2）．

診　断

病理学的診断：本病の肺病変は比較的特徴的であり，診断の一助となる．

病原学的診断：*M. mycoides* subsp. *mycoides* の分離と

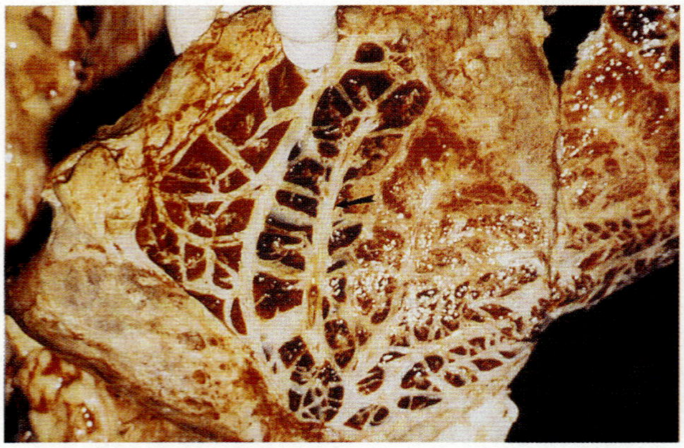

写真1 牛肺疫に特徴的な肺病変部の大理石様紋理（写真提供：Central Veterinary Laboratory, United Kingdom, R.A.J. Nicholas 氏）

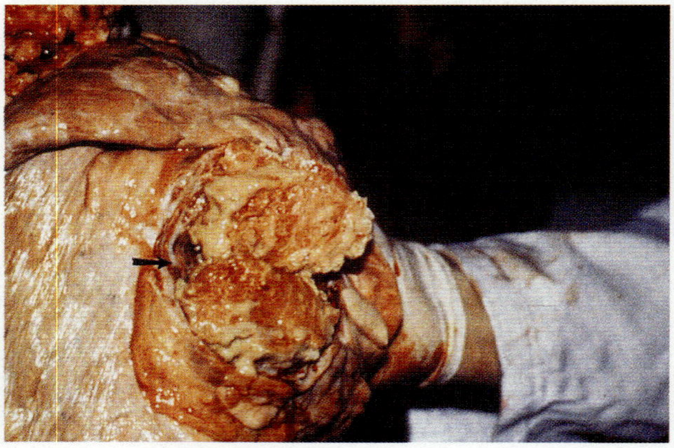

写真2 牛肺疫慢性耐過牛にみられる "Sequestra" と呼ばれる壊死巣（写真提供：Central Veterinary Laboratory, United Kingdom, R.A.J. Nicholas 氏）

同定．本菌種には小型集落を形成する SC（small colonies）株と大型集落を形成する LC（large colonies）株と呼ばれる 2 種の生物型が存在し，牛肺疫を起こすのは SC 株である．SC 株は LC 株に比べ発育が遅く，寒天培地上のコロニー形成に 4 ～ 7 日を要する．検査材料より DNA を抽出し，PCR 法を用いて *M. mycoides* cluster および *M. mycoides* subsp. *mycoides* SC 遺伝子を検出する方法も有用である．

血清学的診断：補体結合反応が主に用いられるが，競合 ELISA も試用される．

治療と予防

治療は行わず，法に定められた手続きに従って患畜は淘汰し，同居牛は移動を禁止する．

山羊伝染性胸膜肺炎

届出

contagious caprine pleuropneumonia

Key Words：胸膜肺炎，マイコプラズマ，山羊

疫　　学

山羊伝染性胸膜肺炎（CCPP）は，*Mycoplasma capricolum* subsp. *capripneumoniae* が原因である．*M. mycoides* subsp. *mycoides* large colonies（LC 型），*M. mycoides* subsp. *capri*，*M. capricolum* subsp. *capricolum* も山羊に類似疾病を起こすが，OIE による区分（2004 年）では，これらのマイコプラズマが原因となる感染症は山羊伝染性胸膜肺炎とは呼ばれない．

密飼時には罹患率 100％にも及ぶ強い伝染性と，時に 80％を示す高い致死性の感染症である．現在，ケニア，ウガンダ，エチオピアなど東アフリカを中心とした地域，トルコ，オマーンなどの西アジアなどで発生が確認されている．日本では届出伝染病に指定されているが，これまで発生報告はない．

直接接触あるいは発咳時の飛沫により感染する．感染に年齢差，性差はない．本菌は羊，牛には感染しない．

症　　状

感染後 41 ～ 43℃の高熱が 2 ～ 3 日間続いた後，呼吸の促迫，咳などの呼吸器症状が出現する．末期には動けなくなり，伸張させた前肢のみで体を起こし，頭頚部を伸張させ，時に流涎する像が観察されることがある（写真 1）．剖検により胸水の増量，胸膜炎，肝変化を伴う線維素性胸膜肺炎がみられる（写真 2）．

診　　断

確定診断は原因マイコプラズマの分離による．分離は肺病変部，胸水，付属リンパ節とくに縦隔リンパ節から行う．肺からの分離には病変部と健常部との境界部を材料とすることが望ましい．変法 Newing トリプトース培地，Gourlay 培地，変法 Hayflick 培地，Thiaucourt 培地などが分離培養に使用される．同定に当たっては *M. mycoides* subsp. *mycoides* LC 型，*M. mycoides* subsp. *capri*，*M. capricolum* subsp. *capricolum*, *M. ovipneumoniae*，L 型菌などとの鑑別が重要となる．菌種同定は PCR 産物の制限酵素（*Pst* I）解析，血清学的手法（発育阻止試験，間接螢光抗体法，代謝阻止試験など）による．血清診断に CF 反応，間接 HA 反応，ラテックス凝集反応，競合 ELISA などの血清反応が使われている．全菌体や膜などを抗原として使った血清反応は特異性に欠ける．

予防・治療

本病の経過が急であることからワクチンによる予防が望ましい．ケニアではサポニンで不活化したワクチンが使用されている．治療にテトラサイクリン系，マクロライド系，ニューキノロンなどの感受性抗菌剤が使われる．

写真 1　山羊伝染性胸膜肺炎を発症した山羊．

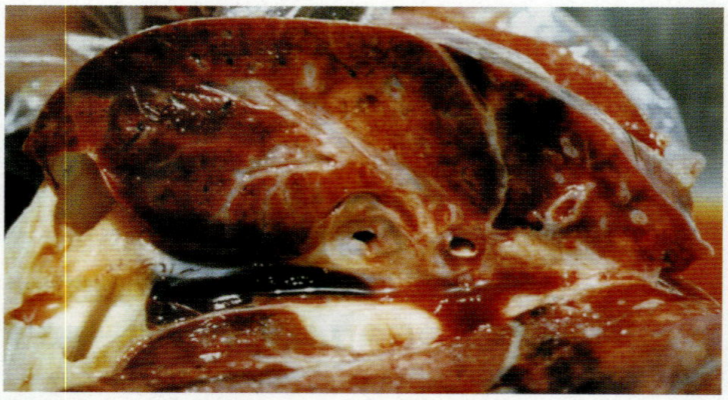

写真 2　線維素性胸膜肺炎の肺病変部．

牛マイコプラズマ肺炎

mycoplasmal pneumonia in cattle

Key Words：肺炎，マイコプラズマ，cuffing pneumonia，日和見感染症，複合感染症

牛肺疫以外の牛の肺炎病巣からは，*Mycoplasma bovis*，*M. dispar*，*Ureaplasma diversum*，*M. bovigenitalium*，*M. bovirhinis* 等の数多くのマイコプラズマが高率に分離される．これらの中で実験的にも肺炎起病性が証明されているのは前4者である．しかし，肺炎起病性が疑われるマイコプラズマ種も単独では臨床症状を伴わない軽度の肺炎病巣を形成するのみで，野外において観察される子牛あるいは成牛の肺炎の多くは，マイコプラズマとウイルスや細菌との複合感染症である．

発生と疫学

本病の発生は，集団飼育方式の普及とともに増加し，世界各地で認められている．わが国でも，*M. bovis*，*M. bovigenitalium*，*M. dispar* および *U. diversum* が関与した肺炎例が報告されている．感染経路は，主に接触感染と飛沫感染と考えられる．

症状と病変

臨床症状：発熱，粘液性あるいは膿様鼻汁の漏出，発咳等．

病理学的所見：肺前葉，中葉および後葉前部にかけて肝変化した無気肺病変，細菌との混合感染により，線維素性癒着や膿瘍等が認められる．組織学的には，気管支周囲の細胞浸潤が顕著で，いわゆる周囲性細胞浸潤肺炎 cuffing pneumonia が認められる．

診　断

病原学的診断：マイコプラズマの分離と同定により行う（写真1）．また，肺炎病巣よりDNAを抽出し，PCR法により *Mycoplasma* の遺伝子を検出することも可能である．とくに，初代分離が比較的難しい *M. dispar* の検出には有効である（写真2）．

血清学的診断：間接HA反応，ELISA等が試用されている．

治療と予防

一般的に抗生剤の投与が有効であり，テトラサイクリン系およびマクロライド系抗生物質に感受性を示す．ワクチン等による予防法が確立されていない為，衛生的な飼養管理に努め，細菌などの2次感染を防ぐことが重要である．

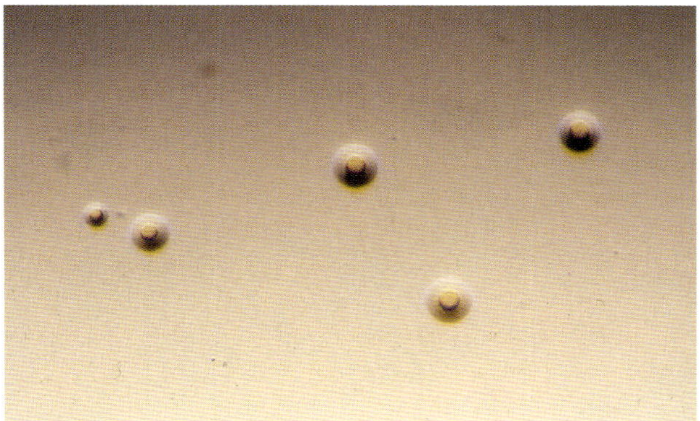

写真1　*M. bovis* の寒天培地上のコロニー．
マイコプラズマに特徴的な「目玉焼き状」のコロニーを形成する．*M. dispar* ではこのような目玉焼き状のコロニーを形成されず，扁平な小さなコロニーが認められる．

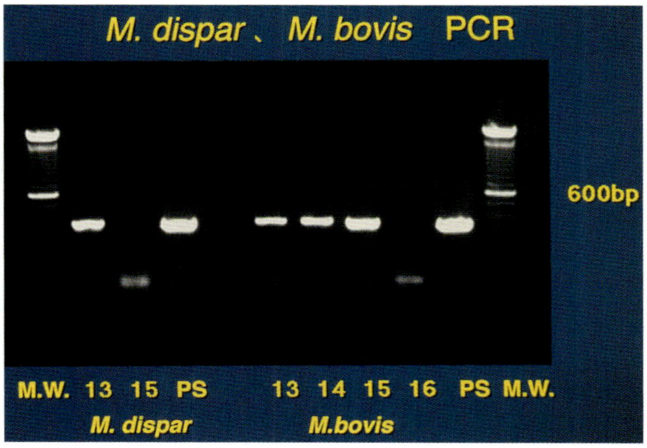

写真2　肺炎病巣の乳剤より抽出・調製したDNAを用いたPCR法による *M. bovis* と *M. dispar* の検出．
No.13のサンプル中には両者の遺伝子が検出されている．

豚マイコプラズマ肺炎

mycoplasmal pneumonia of swine

Key Words：肺炎，マイコプラズマ，豚流行性肺炎，日和見感染症

Mycoplasma hyopneumoniae の感染によって起こる豚マイコプラズマ肺炎は，世界各地で発生している豚の慢性呼吸器病であり，マイコプラズマによって惹起される家畜疾病の中では最も罹患率の高い疾病である．本病による致死率は低いが，発育の遅延および飼料効率の低下等により多大な経済的損失を養豚産業に及ぼしている．

発生と疫学

本病は養豚産業が存在する全ての国に発生が認められ，わが国における発生率も高く，と畜場出荷豚の50～60％が本病による肺病変を保有し，抗体陽性率は85％以上に達する．本病の伝播は主に接触感染と飛沫感染によると考えられている．また，発症には宿主側の因子および環境因子が関与し，とくに飼養環境の悪化は本病の増悪因子として重要であり，換気不良，密飼い等により発症率が高くなると報告されている．

症状と病変

臨床症状：発咳（2～3週間から数か月続くことがある），発育の遅れ．

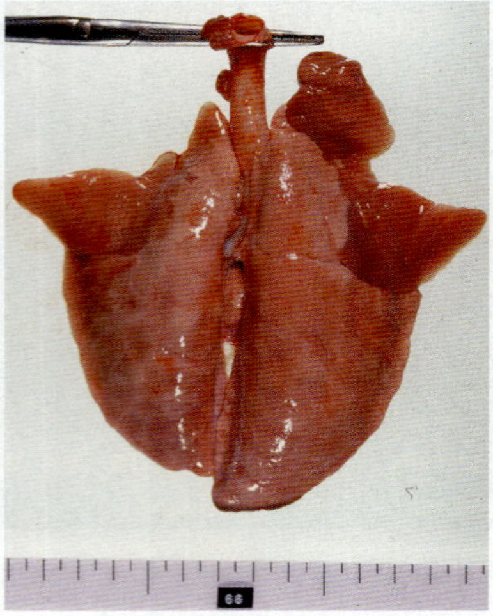

写真 1　*M. hyopneumoniae* 実験感染豚の肺炎病巣．

病理学的所見：肝変化した無気肺状の病変が前葉および中葉に形成されることが特徴である（写真 1）．病変部と正常健康部との境界は明瞭であり，病変部の色調は暗褐色から灰白色等を呈する．組織学的には，気管支および血管周囲への単核球の浸潤とリンパ濾胞の過形成が認められる（写真 2）．

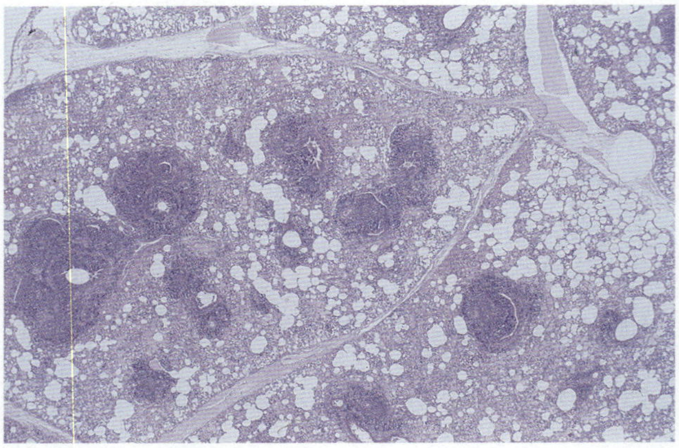

写真 2　*M. hyopneumoniae* 実験感染豚の肺炎病巣，組織所見．

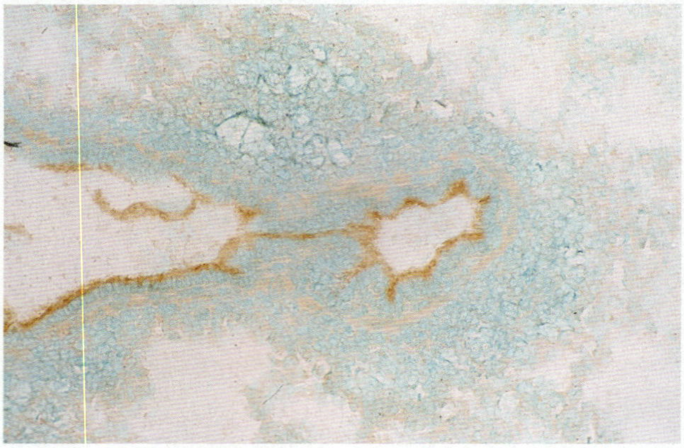

写真 3　抗 *M. hyopneumoniae* モノクローナル抗体を用いた酵素抗体法による特異抗原の検出．

診　　断

病理学的診断：本病の肉眼的および組織学的肺病変は比較的特徴的であり，診断の一助となる．

病原学的診断：肺病変部の凍結切片を用い，蛍光あるいは酵素抗体法により *M. hyopneumoniae* 特異抗原を検出する（写真 3）．*M. hyopneumoniae* の分離・同定（2 週間～ 1 か月を要する）を行う．また，肺炎病巣より DNA を抽出し，PCR 法により *M. hyopneumoniae* の遺伝子を検出することも可能である．

血清学的診断：遺伝子組換え抗原を用いた ELISA，あるいはモノクローナル抗体を用いた競合 ELISA 等が用いられている．

治療と予防

治療法として抗生物質の飼料添加あるいは飲水投与が行われ，薬剤としてはマクロライド系，テトラサイクリン系あるいはチアムリン等を用いられる．予防法として，死菌ワクチンが実用化されており，ワクチン接種により病変の軽減，飼料効率の改善が認められる．

伝染性無乳症 届出

contagious agalactia

Key Words：乳房炎，マイコプラズマ，山羊，羊

疫　学

Mycoplasma agalactia，*M. capricolum* subsp. *capricolum*，*M. mycoides* subsp. *mycoides* LC 型，*M. putrefaciens* が原因となる山羊，羊の伝染性の強い感染症で，重度の乳房炎，無乳症などの他，関節炎，角結膜炎，時に流産，肺炎，生殖器感染症などを発症する．*M. agalactia* 以外は主に山羊に感染症を起こす．伝染性無乳症はヨーロッパ，北アフリカ，西アジア，アメリカなどで確認されている．主に *M. agalactiae* はヨーロッパ，西アジア，アメリカなどに，*M. capricolum* subsp. *capricolum* は北アフリカに，*M. mycoides* subsp. *mycoides* LC 型は世界各国に，*M. putrefaciens* は西ヨーロッパに分布している．日本では届出伝染病に指定されているが，これまで発生報告はない．病原体は感染動物の乳，鼻汁，涙等に数か月にわたって排泄される．伝染は病原体に汚染された乳汁，飼料等の摂取，ヒトによる搾乳時の伝播，汚染昆虫などによって起こる．潜伏期間は1週間～2か月程度とさまざまである．本病は高い伝染性を示すが，致死率は低い．

症　状

急性例では発熱に続き敗血症により死亡する．時に無症状のまま数日で死亡するものもある．しかし，多くは慢性に経過する．カタル性炎症に始まる重篤な乳房炎が共通して観察されるが，不顕性感染に止まるものもある．その他の症状は原因菌種によって若干異なる．*M. agalactiae* は関節炎（写真1），跛行，角結膜炎（写真2），流産，肺炎などを，*M. capricolum* subsp. *capricolum* は敗血症，関節炎，肺炎などを，*M. mycoides* subsp. *mycoides* LC 型は敗血症，関節炎，胸膜炎，肺炎，角結膜炎などを，*M. putrefaciens* は乳房炎，関節炎，流産などを発症する．

診　断

確定診断は原因マイコプラズマの分離による．急性期血液，鼻腔スワブ，乳房炎乳，関節腔液，眼スワブ，耳，剖検時には関節腔液，肺，胸水，心嚢水，乳房などを，新鮮イーストエキストラクト，血清を含む通常のマイコプラズマ用培地で培養する．検査材料中には複数のマイコプラズマが混在することがあるため，生化学的性状

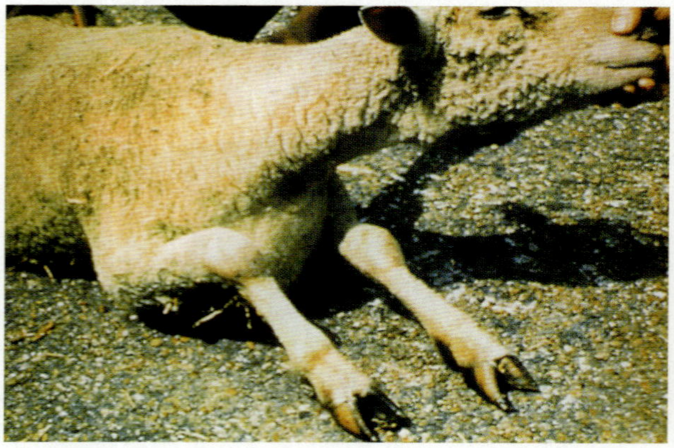

写真1　関節炎．
前肢関節部の腫脹が著しい．

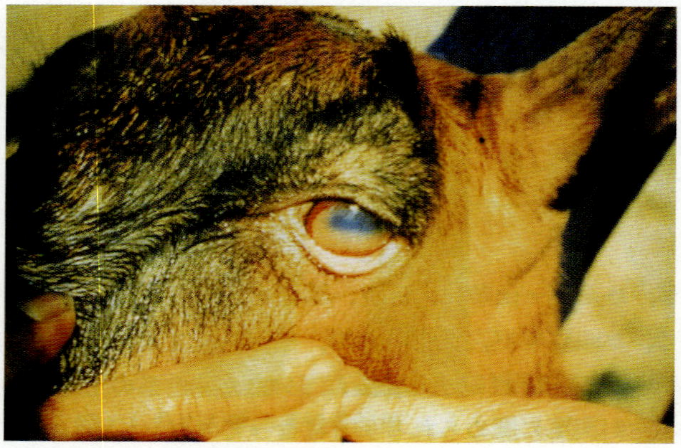

写真2　角結膜炎を呈した山羊．

検査の前にはクローニングがとくに大切となる．発育阻止試験，フィルム形成阻止試験，間接蛍光抗体法，ドットイムノバインディング法などによる血清学的方法により，またPCR法により同定される．間接蛍光抗体法，ドットイムノバインディング法，PCR法は複数のマイコプラズマが混在する場合であっても応用可能である．血清学的診断にはCF反応が応用可能であるが，群診断に使用すべきである．ELISAが *M. agalactiae* 感染診断のために開発されている．

予防・治療

治療にはテトラサイクリン系，マクロライド系，ニューキノロン系などの感受性抗菌剤が使われる．*M. agalactiae* 予防用にヨーロッパでは不活化ワクチンが，トルコでは弱毒ワクチンが使われている．弱毒ワクチン接種羊では排菌を伴う感染が起こることがあるため，泌乳期には使用すべきではない．*M. mycoides* subsp. *mycoides* LC型感染に対して不活化ワクチンが地中海沿岸の一部の国で使用されている．*M. capricolum* subsp. *capricolum*，*M. putrefaciens* 感染に対するワクチンはない．

鶏呼吸器性マイコプラズマ病

届出

mycoplasma infection of domestic fowl

Key Words：慢性呼吸器病，気嚢炎，関節炎，介卵感染

原　因

Mycoplasma gallisepticum または *M. synoviae* の感染による．ただし，感染しただけでは無症状で推移することが多いが，他の何らかの不健康な誘因が加わると慢性呼吸器病および関節炎（滑膜炎）を発症する．鶏の慢性呼吸器病は 1936 年頃から認められていたが，*M. gallisepticum* は Markham と Wong（1952）により，*M. synoviae* は Chalquest ら（1960）により初めて確認された．国内では田島（1956），佐藤（1964，1973）および清水（1971）らにより確認され，研究が進められた．関節炎の併発率は *M. synoviae* によるものが多く，*M. gallisepticum* によるものは少ない．なお，鶏からは *M. gallisepticum* および *M. synoviae* 以外に，表 1 に示すマイコプラズマが分離されるが，自然界で養鶏産業に被害を与える呼吸器病や関節炎との関連性は低いものと考えられている．なお，本病は鶏マイコプラズマ病として，届出伝染病に指定されている．

疫　学

世界各地で認められ，養鶏産業上重要な疾病である．本菌はいずれも種鶏から初生雛へ介卵伝染する．ヘモフィルス，ブドウ球菌および大腸菌などの細菌，またはニューカッスル病，鶏伝染性気管支炎，鶏伝染性喉頭気管炎および伝染性ファブリキウス嚢病などのウイルスの感染がある場合，あるいは鶏舎内の埃やアンモニアガス濃度の増加などによるストレスがある場合に，呼吸器病および関節炎などを発症する．発症鶏のいる鶏群内では容易に水平感染が起こる．なお，七面鳥の場合は *M. meleagridis* による類似の疾病がある．

症　状

M. gallisepticum の単独感染では無症状で経過することが多いが，*M. synoviae* の単独感染では不顕性の気嚢炎が認められる（写真 1）．症状としては，複合感染の病原体や環境因子により一様でないが，鼻汁，流涙，くしゃみ，開口呼吸および呼吸促迫などの呼吸器症状を示すようになる．副鼻腔炎や眼窩下洞炎がある場合は眼

表 1　鶏から分離されるマイコプラズマ

マイコプラズマ種名	主な分離部位
Mycoplasma gallisepticum	呼吸器，関節
M. synoviae	呼吸器，関節
M. gallinarum	気管，生殖器
M. gallinaceum	気管
M. gallopavonis	気管
M. glycophilum	呼吸器，卵管
M. iners	呼吸器，生殖器
M. iowae	呼吸器，生殖器
M. lipofaciens	呼吸器
M. pullorum	呼吸器
Ureaplasma gallorale	口腔
Acholeplasma equifetale	気管，総排泄腔
A. laidlawii	眼窩下洞

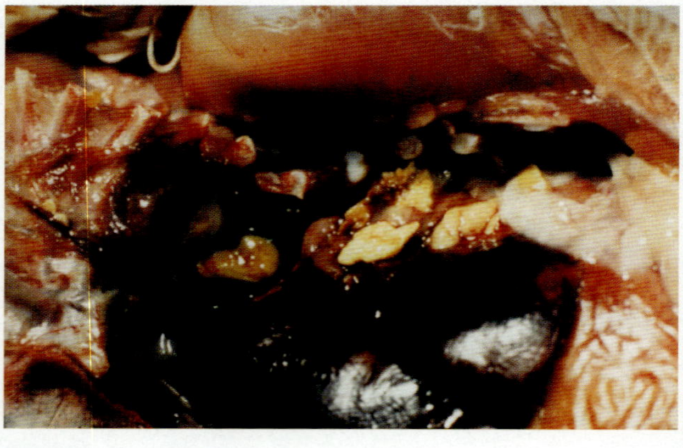

写真 1　*M. synoviae* 感染による気嚢炎．
気嚢の肥厚，混濁およびチーズ様凝魂が認められる．（写真提供：清水高正氏）

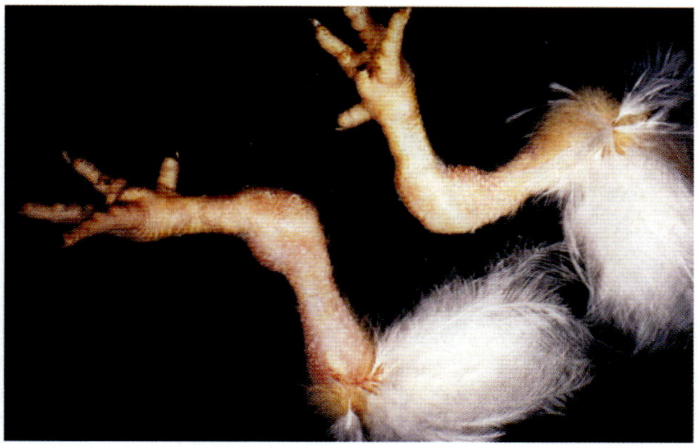

写真2 *M. synoviae* 感染による足関節の腫脹（伝染性滑膜炎）.（写真提供：清水高正氏）

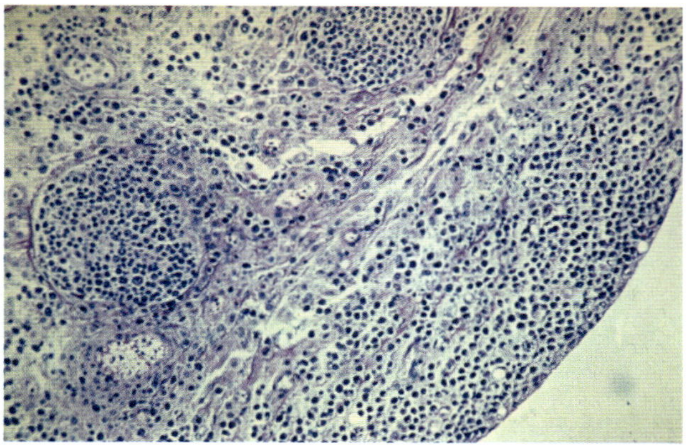

写真3 *M. gallisepticum* 感染鶏の気嚢の組織像（リンパ濾胞の形成）.（写真提供：清水高正氏）
リンパ球，マクロファージ，プラズマ細胞が認められる.

瞼部や顔面両側に腫脹が認められる．この顔面の腫脹は徐々に硬くなる．飛節や足底部に腫脹を伴う関節炎がある場合は跛行がみられる（写真2）．その他，産卵率の低下，体重の減少，孵化率の低下などが認められる．

発症した *M. gallisepticum*，*M. synoviae* 感染鶏の病理学的所見はほぼ類似している．すなわち，気嚢の混濁と肥厚が高率に認められ，気嚢内に灰白色あるいは帯黄色の滲出液や黄色の凝塊が認められる例が多い（写真3）．また，肺炎，心嚢の肥厚および癒着，肝包膜の混濁も認められる．顔面の腫脹の認められる例では，鼻腔，眼窩下洞内に帯黄色の滲出液や凝塊も認められる．関節炎の認められる関節腔には黄色または黄褐色のゲル状滲出物がみられ，関節膜の肥厚が認められる．なお，*M. synoviae* 感染例では心内膜炎や弁膜症が認められる場合がある．

診　　断

気管，気嚢または眼窩下洞の滲出液あるいは関節液から *M. gallisepticum*，*M. synoviae* を分離・同定する．

血清反応としては，鶏群の汚染の有無を調べるために，市販の *M. gallisepticum*，*M. synoviae* 抗原を使用した急速平板凝集反応が便利である．ただし，ウイルスあるいは細菌の不活化ワクチンの投与，または他の感染症を有する鶏では，非特異凝集がみられることがあるので留意する必要がある．HI 反応や酵素抗体反応も症例の診断に用いられる．

類症鑑別としては，顔面の腫脹および呼吸器症状は伝染性コリーザに類似するが，伝染性コリーザの顔面腫脹は一側性で波動感があり，病勢が急である．その他，ニューカッスル病，鶏伝染性気管支炎および鶏伝染性喉頭気管炎などとの鑑別が必要である．

予防・治療

四季を通じて発生があり，とくに秋から冬にかけての発症が多い．*M. gallisepticum*，*M. synoviae* は容易に垂直感染および水平感染するので，予防には一般的な衛生管理の徹底が基本である．本病が発症した場合，発症鶏の隔離とともに，その発症誘因を検索し，その除去に務める．有効な抗生物質の投与は症状を軽減できるが，マイコプラズマを完全に消滅させることは困難である．

リケッチア

基本性状

偏性細胞内寄生性細菌

重要な病気

アナプラズマ病（牛，水牛，シカ）
Q熱（コクシエラ症）（牛，ヒト）
紅斑熱（ヒト）
発疹チフス（ヒト）
ツツガムシ病（ヒト）
発疹熱（ヒト）
ヘモバルトネラ症（猫）

分類・性状

リケッチアは，細胞内でのみ増殖し細菌より小さいことから，ウイルスに近い微生物と考えられた時代があった．しかし，光学顕微鏡下でアニリン系色素に短桿菌状ないし球菌状の多形小体として染色されること，細胞壁にムラミン酸を有すること（クラミジアは持たない），細菌の構造を持ち2分裂により増殖すること，DNAとRNAを併有すること，不完全ながら自己代謝系を有すること（クラミジアは持たない）から，現在では偏性細胞内寄生性の細菌とされている．

リケッチア目に属する菌種はグラム陰性の短桿菌状または球菌状で多形性を示す．大きさは球菌の1/2から1/4の無鞭毛菌である．宿主細胞の細胞質ないし核内で増殖する．

リケッチア目は，16S rRNAによる遺伝子解析が進み，2科7属37種に最近再分類された（表1および表2）．従来の3つの科 *Rickettsiae*，*Ehrlichieae* および *Wolbachiae* と1つの属 *Cowdoria* が廃止された．コクシエラ（*Coxiella*）属はレジオネラ目のコクシエラ科に移

表1　リケッチア目に属する2科の性状比較

性　状	*Rickettsiaceae*	*Anaplasmataceae*
3層の細胞壁	＋	−
無細胞培地での発育	−	−
脊椎動物の感染細胞		
有核細胞	＋	−
赤血球	−	＋

表2　リケッチア群の分類

目	科	属	種
Rickettsiales	Ⅰ）*Rickettsiaceae*	1. *Rickettsia*	17
		2. *Orientia*	1
	Ⅱ）*Anaplasmataceae*	1. *Anaplasma*	7
		2. *Aegyptianella*	1
		4. *Ehrlichia*	8
		5. *Cowdria*	1
		6. *Neorickettsia*	2
		7. *Wolbachia*	2
未定	*Bartonellaceae*	*Bartonella*	10
Legionellales	*Coxiellaceae*	*Coxiella*	1
		Rickettsiella	6
		Wolbachia melophagi	1
		Francisella（*Wolbachia*）*persica*	1
Mycoplasmatales	未定	*Haemobartonella*	3
		Eperythrozoon	5

表 3　リケッチア属とオリエンチア属の性状比較

性　状	発疹チフス			紅斑熱群														恙虫病群
	(1)	(2)	(3)	(4)	(5)	(6)	(7)	(8)	(9)	(10)	(11)	(12)	(13)	(14)	(15)	(16)	(17)	(18)
分　布																		
世界的	+	+	−	−	−	−	−		−	−	+	−	−	−	−		−	−
西半球のみ	−	−	+	+	−	+	−		+	−	−	+	+	+	+	+	+	−
東半球のみ	−	−	−	−	+	−	+		+	−	+	−	−	−	−	−		−
節足動物																		
シラミ	+	−	−	−	−	−	−	−	−	−	−	−	−	−			−	−
ノ　ミ	−	+	−	−	−	−	−	−	−	−	−	−	−	−			−	−
マダニ	−	−	+	+	+	+	+	+	+	+	−	+	+	+	+		+	−
ダ　ニ	−	−	−	−	−	−	−	−	−	−	+	−	−	−			−	+
増殖部位																		
細胞質	+	+	+	+	+	+	+	+	+	+	+	+	+	+			+	+
核	−	−	+	+	+		+		+		+	+	+	+			+	−
発育鶏卵の増殖																		
35℃	+	+	+	−	−	−	−		−	−	−	−						+
32～34℃	−	−	−	+	+	+	+	+	+	+	+	+						−

(1) *R. prowazaekii*, (2) *R. typhi*, (3) *R. canada*, (4) *R. rickettsii*, (5) *R. sibirica*, (6) *R. slovaca*, (7) *R. conorii*, (8) *R. africae*, (9) *R. parkeri*, (10) *R. australis*, (11) *R. akari*, (12) *R. montana*, (13) *R. rhipicephali*, (14) *R. japonica*, (15) *R. helvetica*, (16) *R. belli*, (17) *R. massiliae*, (18) *Orientia tsutsugamushi*

表 4　リケッチアによる代表的な動物とヒトの病気

病　気	病原体	自然宿主	分　布
ダニ熱	*Ehrlichia phagocytophia*	牛，羊，野生偶蹄類	ヨーロッパ，インドなど
牛のエールリキア	*Ehrlichia bovis*	牛	アフリカ，中近東
羊のエールリキア	*Ehrlichia ovina*	羊	アフリカ，中近東
コクシエラ症（Q 熱）	*Coxiella burnetii*	牛，羊，野生動物，鳥類，ヒト	全世界
牛のアナプラズマ病	*Anaplasma centrale*	牛	全世界
	Anaplasma marginale	牛	全世界
牛のエペリスロゾーン病	*Eperythrozoon wenyonii*	牛	全世界
牛出血熱	*Cytoecetes ondiri*	牛，羊	アフリカ
水心嚢	*Cowdria ruminantium*	牛，羊，野生偶蹄類	アフリカ
伝染性眼炎	*Colesiota conjunctiviae*	牛，羊，豚	アフリカ，オーストラリア，ヨーロッパ
ヒトのエールリキア病	*Ehrlichia chaffeensis*	ヒト，野生動物	アメリカ
馬のポトマック熱	*Ehrlichia risticii*	馬	アメリカ，カナダ
豚のエペリスロゾーン病	*Eperythrozoon suis*	豚	全世界
	Eperythrozoon paruum	豚	全世界
犬エールリキア病	*Ehrlichia canis*	犬，野生イヌ科動物	全世界
猫ヘモバルトネラ病	*Haemobartonella felis*	猫	全世界
猫ひっかき病	*Bartonella henselae*	猫	全世界
エジプチアネラ症	*Aegyptianella pullorum*	鶏，アヒル，ウズラ	アフリカ，アジア，南ヨーロッパ
日本紅斑熱	*Rickettsia japonica*	ヒト，ダニ，野生小動物	日本
他の紅斑熱群	*Rickettsia* の他 9 種	ヒト，ダニ，野生小動物	菌種により分布が異なる
発疹チフス	*Rickettsia prowazekii*	ヒト，シラミ	ヨーロッパ，アジア，中南米
発疹熱	*Rickettsia typhi*	ヒト，ノミ，野生小動物	アジア，中南米，ロシア
ツツガムシ病	*Orientia tsutsugamushi*	ヒト，ダニ，野生小動物	日本，アジア

動した．また，ヘモバルトネラ（*Haemobartonella*）属およびエペリスロゾーン（*Eperythrozoon*）属の一部の種をマイコプラズマに移動する提案がなされている．

生　　態

リケッチア（*Rickettsia*）属の菌種は0.3～2.0 μmの多形性を示し，マキャベロおよびギメネッツ染色では赤色に染別される．節足動物と脊椎動物の細胞質およびまれに核内で増殖する．

リケッチアは節足動物の腸管内皮細胞や哺乳動物の網内系および血管内皮系細胞ないし赤血球に感染し増殖する．ヒトをはじめ哺乳動物は主に節足動物により媒介されて疾病を起こす．

分離・同定

培養には発育鶏卵や培養細胞を用いる．低温に比較的強いが，56℃の加熱で急激に不活化される．患者血清は *Proteus vulgaris* と反応するものがある（Weil-Felix反応）．なお，この反応はリケッチアとプロテウスとの共通抗原を利用した患者血清による凝集反応で，OX19，OX2，OXKの3菌株を用いる．テトラサイクリン系抗生物質が有効である．

病 原 性

リケッチア属およびオリエンチア（*Orientia*）属の14種はヒトに疾病を起こし，生物学的性状から3群，発疹チフス群，紅斑熱群およびツツガムシ病群に大別される（表3）．リケッチアによる動物とヒトの代表的な病気を表4に示す．

アナプラズマ病

法定

anaplasmosis

Key Words：赤血球寄生，貧血，リケッチア，ダニ媒介性

原　　因

赤血球寄生性のリケッチア（*Rickettsiales*）目に属する *Anaplasma marginale*，*A. centrale*，*A. ovis* で，前二者は牛，後者は山羊，羊に感染．試験管内長期培養や実験動物への伝達は不可能である．ギムザ染色では赤血球内に濃く塩基性に染色される直径 0.3 ～ 1.0 μm の円形の形態で，*A. marginale* は赤血球の辺縁部，*A. centrale* は中心部近くに観察される．牛，水牛，シカの *A. marginale* 感染症は，アナプラズマ病として法定伝染病に指定されている．

疫　　学

病原性は *A. marginale* が高く，*A. centrale* の病原性は低い．主に熱帯～亜熱帯諸国に分布する．これら 2 種とも約 20 種のマダニが生物学的ベクターとなり得るが，アフリカでは主に *Boophilus decoloratus*，豪州では *B. microplus* が主たるベクターである．機械的にはサシバエ，蚊などもベクターとなり得るが，伝達できるのは吸血後短時間である．日本には *A. centrale* 以外は分布しない．

症　　状

1 年以下の幼牛では不顕性，2 歳齢前後に成長した個体では症状が重くなり，成牛では重篤となり時に死亡する．急性例では発熱，貧血，泌乳停止，流涎，呼吸促迫，下痢，流産．貧血により可視粘膜は蒼白となる．血色素尿の排出はない．死亡率は約 50%．回復に向かう個体の一部では黄疸が認められる．2 週間～ 3 か月の慢性経過をとる個体では，食欲不振，体重減少，脱水，貧血，黄疸がみられる．感染から回復しても持続感染状態となる．わが国では *A. centrale* と他の住血原虫（*Theileria orientalis*，*Babesia ovata*）の混合感染がみられ，貧血発症の一要因となっている．羊，山羊の *A. ovis* の感染も貧血を主徴とする．

診　　断

血液塗抹標本をギムザ染色して鏡検を行う．発症時には寄生率はきわめて低く，検出は困難．貧血回復期には網状赤血球や Howell-Jolly 小体陽性赤血球との鑑別に注意する．血清診断として CF，蛍光抗体法，酵素抗体法が用いられ，遺伝子検出（PCR 法）も有用である．

類症鑑別：牛の小型ピロプラズマ病，牛のバベシア病トリパノソーマ感染症，レプトスピラ感染症．

予防・治療

予防にはベクターの防除が最も有効である．また生ワクチン（*A. centrale* 感染血液）が用いられている流行国もある．持続性テトラサイクリン剤の予防的投与も行われている．治療には抗生物質（テトラサイクリン系），化学療法剤（imidocarb）を投与するが，混合感染している病原体に対する治療薬も併用する．

Q熱（コクシエラ症）

Q fever

人獣
四類

Key Words：インフルエンザ様症状，リケッチア，ダニ媒介性

原　　因

コクシエラ（*Coxiella*）属の菌種は *Coxiella burnetii* のみで，リケッチア（*Rickettsia*）属の諸性状と類似するが，次の点で異なる．本菌は細胞質内小空胞内で増殖し，大型細胞と胞子様構造を持つ小型細胞からなる（写真 1）．2 つの型はともに感染性がある．したがって，温度や消毒薬などに対し比較的強い抵抗性を有する．また，腸内細菌の S-R 変異に似た相変異を示す．

疫　　学

哺乳動物とダニに感染環がある．ヒトは感染動物の排泄物乾燥粉塵の吸入や乳製品から感染する．保菌ダニによる咬傷とヒトからの感染もまれに起こる．

本症は世界各国に分布し年々増加している．外国では過去に爆発的な集団発生が多数ある．最近のトピックとしては，猫が感染源で飼育者の衣類を介して職場で集団発生した例，猫が原因で付近の住民に集団発生した例，飼育動物から小・中学校や大学で集団発生した例，牧場から風伝播で集団発生した例がある．感染源を特定できない症例も多い．日本にも急性および慢性 Q 熱が広く存在することが明らかになってきた．感染源は，牛の生乳，乳房，子宮スワブや愛玩動物の血清などから病原体が分離されることから，これらの動物からと推定される（図 1）．1999 年から感染症法による四類の届出疾患になり，年間に約 20 名から約 40 名の患者が報告されているが，実体は相当数いると推定されている（表 1）．

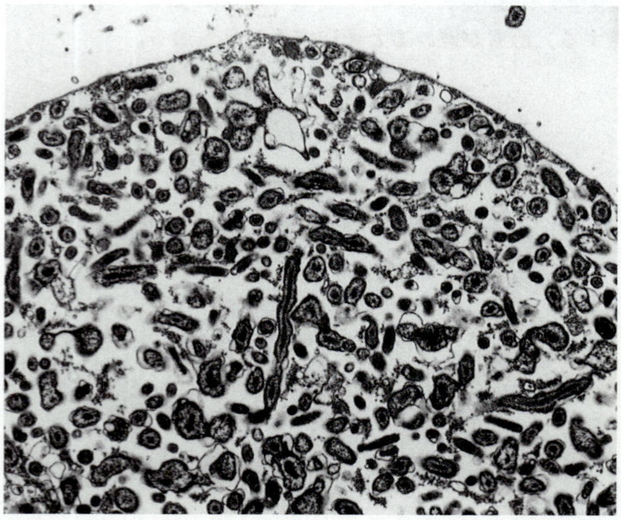

写真 1　*C. burnetii* Nine Mile 株のⅠ相菌．
感染羊胎盤の透過型 EM 像．細胞質内に多形性の菌体が多数観察される（Dr.Mariassy, A.T. の好意による）．

症　　状

感染動物は軽い発熱以外に症状を示さないが，リケッチア血症になり，乳汁や糞便などに病原体を排泄する．妊娠動物が感染すると死・流産などの繁殖障害を起こす．ヒトはインフルエンザに似た発熱，頭痛，胸痛，筋肉痛などから気管支炎，肺炎，肝炎，髄膜炎，発疹，髄膜脳炎など多彩な病像を示す．慢性例では肝炎，心内膜炎，壊死性気管支炎などの病像を呈する（表 2）．急性 Q 熱患者の約 10％は倦怠感，不眠，関節痛などが長期間続き，post Q fever fatigue syndrome（QFS）と呼ばれている．

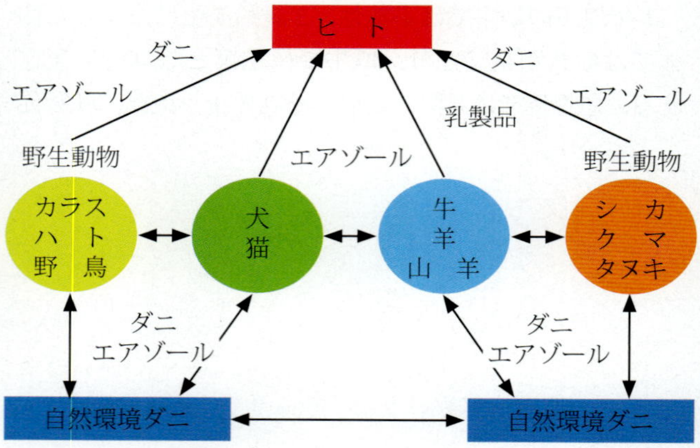

図 1　Q 熱リケッチアの自然環境における生態．

表1　Q熱の症例（1997年）

症例	依頼日	依頼病院	患者 年齢	患者 性	患者 症状	急性期 IF	急性期 PCR	急性期 分離	回復期 IF	回復期 PCR	家族	推定感染
1	8/2	東松山病院内科	17	女	不明熱	32倍	＋	NT	256倍	NT	健康	飼育猫（IF＋，PCR＋）
2	8/3	秋大医小児科	6	男	高熱 急性小脳炎	16倍	＋	＋（髄液）	NT	NT	健康	不明（近くに酪農家）
3	8/4	杏林大医小児科	3	男	持続発熱 肺炎	16倍＞	＋	NT	256倍	＋	健康	不明（ハトの糞）
4	9/8	都立墨東病院内科	23	男	不明熱	64倍	＋	NT	256倍	＋	健康	チベットとネパール旅行 ヤクの生乳と生チーズ
5	9/19	都立墨東病院内科	30	男	不明熱	128倍	＋	NT	NT	NT	健康	野良猫とよく遊ぶ
6	9/6	名古屋市城西病院	2	男	不明熱 発疹	64倍	＋	NT	NT	NT	健康	1週間前母親と山歩き
7	9/7	名市大医小児科	15	男	不明熱 発疹	32倍	＋	NT	128倍	－	健康	不明（キャンプに参加）
8	11/13	秋大医小児科	7	男	髄膜炎	512倍	＋	NT	1024倍	－	健康	不明（約1カ月前乗馬）
9	12/3	池袋病院内科	16	女	不明熱	32倍	＋	NT	64倍	－	健康 父母＋	猫3/5（IF＋，PCR＋） 犬1/4（IF＋，PCR＋）

表2　Q熱の病型

	急性型	慢性型
感染源	感染動物とその尿，糞，胎盤，羊水など	（急性期からの移行）
感染様式	感染臓器，体液および排泄された菌に汚染された粉塵・エロゾールなどの吸入 ごくまれに未殺菌の乳肉製品の摂取	
潜伏期間	2～3週間	
臨床所見	発熱，頭痛，筋肉痛，全身倦怠感，呼吸器症状（咳，気管支炎，肺炎など），肝炎など	心内膜炎，肉芽腫性肝炎，post Q fever fatigue syndrome（QFS）など
検査所見	CRPや肝酵素（AST，ALT）の上昇，血小板減少，貧血（Hb減少）など	急性期の所見に加え，高γグロブリン血症など（QFSは除く）

診　断

ヒトの症状は，発熱，肺炎，肝炎，心内膜炎など多彩で，他の病原体による疾患ときわめて類似し臨床鑑別が難しい．また，動物ではほとんど症状がない．したがって，診断は血清学的，遺伝学的および病原学的による行われるが，わが国では診断用抗原や血清などが普及していない．抗体は凝集法（直接法や微量法など），補体結合反応（CF），間接蛍光抗体法（IF），酵素抗体法（ELISA）などにより測定されるが，このうちIF法は感度が高く汎用されている．しかし，判定は主観的で熟練が必要である．抗原は精製菌体が一般に用いられる．

予防・治療

不明熱が続いたら注意が必要である．治療はテトラサイクリン系抗生物質やニューキノロン系抗生剤などが有効であるが，症状の改善があっても3週間以上投薬しないと再発する．治療が遅れると死亡することもある．

紅 斑 熱

人獣
四類

spotted fever

Key Words：発熱，全身性出血性発疹，リケッチア，マダニ媒介性

原　　因

紅斑熱（spotted fever）は，ロッキー山紅斑熱に代表される紅斑熱はボタン熱，シベリアダニ熱，オーストラリアダニ熱など10種がある．

疫　　学

わが国には紅斑熱の発生がないと考えられていたが，1984年に徳島県に新しい紅斑熱が見出され，病原体のリケッチアが *Rickettsia japonica* と命名された．リケッチア痘を除き，すべてマダニにより媒介される（図1）．野生小動物および野鳥とマダニに感染環がある．犬には菌種により軽い症状を示す．感染経路はダニの咬傷によ

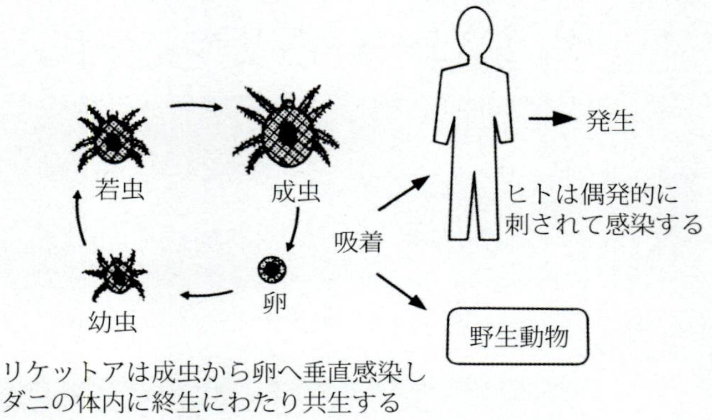

図1　マダニをリベクターとする紅斑熱群リケッチアの伝播様式.
斜線はリケッチアを保有していることを示す.

表1　日本紅斑熱の症例数（1984～2004）

	1984	1985	1986	1987	1988	1989	1990	1991	1992	1993	1994	1995	1996	1999	2000	2001	2002	2003	2004
鹿児島							1			3	1	3	2		5	8	6	14	8
熊本																	1		
宮崎		1	3	2	1	1						1		7		4	3	2	3
長崎														1					
大分																			1
島根				1	1	1							2		10	8	1	12	12
鳥取																	1		
愛媛																		2	5
高知	3	9	7	2	8	9	2	4	3	1	1	6	2	15	3	12		14	11
徳島	5		5	4	2	2	3	5	2	1			3	1				4	9
岡山																	1		
広島														2			3		
兵庫					3		1		1	2	1		3	9	6	4	3	3	2
大阪																	1		
和歌山											3				4	2	2		1
三重					1														
静岡															1				
神奈川				1					2										
千葉					1	2	5	2	3	2	2	2	2	2	9				4
埼玉														1					
長野											1								1
福井																			1

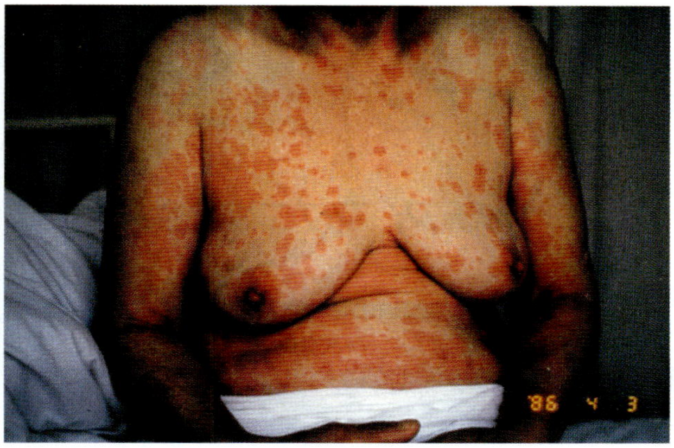

写真 1 ヒトの日本紅斑熱（写真提供：馬原文彦氏）.

表 2 日本紅斑熱とツツガムシ病の比較

	日本紅斑熱	ツツガムシ病
病原体	*Rickettsia japonica*	*Rickettsia tsutsugamushi*
ベクター	マダニ（主としてチマダニ属）	ツツガムシ（小型のダニ）
潜伏期間	2～8日	7～10日
発熱	高熱	高熱
刺し口	あり	あり
発疹	四肢から体幹，のちに出血性	主として体幹部
リンパ筋腫脹	少ない	多い
発生時期	4～10月に多い	10～12月（新型，温暖地） 4～6月，10～12月（新型，寒冷地） 7～8月（古典型，東北・北陸）

る．病原体はマダニの経卵巣感染により維持される．ヒトは保菌マダニに刺されると感染する．

症例数は1994年まで年間に10～20名であったが，1995年から増加し，1999～2001年には年に約40名になった．発生地域は，1998年以前に鹿児島，宮崎，高知，徳島，兵庫，島根，和歌山，三重，神奈川および千葉であったが，1999年以降は広島，長崎および静岡県でも発生している（表1）．

症　　状

ヒトでは発熱と発疹を主徴とする．発疹は全身性でしばしば出血性になる（写真1）．大部分の患者はダニの咬傷部位に刺し口が認められる（表2）．

診　　断

血清学的診断は一般的に蛍光抗体法が用いられる．

予防・治療

ダニの咬傷を防ぎ，治療は早期にてテトラサイクリン系の抗生物質を用いる．

発疹チフス

人獣
四類

epidemic typhus

Key Words：出血疹，中枢神経障害，リケッチア，シラミ媒介性

原因・疫学・症状

病原体 *Rickettsia prowazekii* によるヒトの本症は戦後日本にも流行したが，現在はアジアの一部，近東，中南米，北アフリカに分布する．ヒトとシラミの感染環が主であるが，最近ムササビに寄生するシラミからの本症が米国東部に散発している（森林型チフス）．本症はシラミを介してヒトからヒトへ伝播され，高熱，バラ疹から出血疹，中枢神経障害が特徴で，致命率は 10 ～ 40％である．

ツツガムシ（恙虫）病

人獣
四類

tsutsugamushi disease

Key Words：頭痛，発熱，躯幹・四肢の発疹，リケッチア，ダニ（ツツガムシ）媒介性

原　　因

Orientia tsutsugamushi は野生小動物とツツガムシ科のダニに感染環があり（図1），ダニからヒトへ感染する（写真1）．しかし，このダニは幼虫期に一度だけ吸血する．また，リケッチアは有毒系の雌ダニでの経卵巣感染によって維持されていると考えられている．病原体 *O. tsutsugamushi*（写真2）は3つの血清型が知られていたが，近年新しい血清型の株が分離されている．本菌は日本を北限にインド，東南アジア，インドネシア，オーストラリアまで分布する．最近，本菌はリケッチア（*Rickettsia*）属の菌種と生物学的および遺伝学的性状が異なることから，新しい属 *Orientia* として独立した．

疫　　学

わが国では古来，信濃川，阿賀野川，最上川などの流域に発生してきた（古典的ツツガムシ病）．しかし近年，北海道を除く全国で発生が認められている（新型ツツガムシ病）．感染経路はツツガムシの咬傷による．

写真1　ツツガムシ（写真提供：多村　憲氏）．

アカツツガムシによる古典的ツツガムシ病は夏に多く発生するのに対し，タテツツガムシ（*Leptotrombidivm scutellare*），フトゲツツガムシによる新型ツツガムシ病はそれぞれ秋～冬，春～初夏と秋に発生する（表1および図2）．

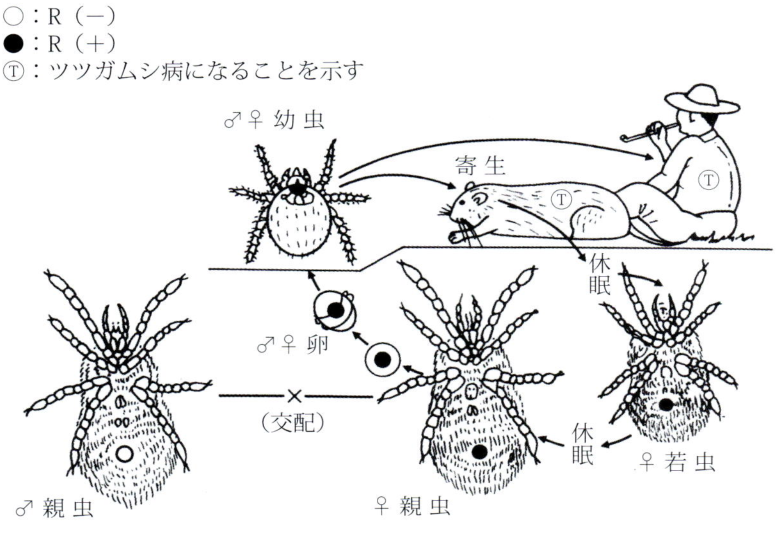

図1　ツツガムシ病の感染環（図提供：多村　憲氏）．

表1 古典型および新型ツツガムシ病の比較

	古典型	新 型	
ベクター	アカツツガムシ	タテツツガムシ	フトゲツツガムシ
媒介される株のタイプ*	Kato 型	主に Kuroki，Kawasaki 型	主に Gilliam，Karp 型
発生地域	秋田，山形，新潟県を中心	関東以南の地方（沖縄除く）	主に東北・北陸地方
発生場所	河川敷	森林，畑，藪など	
発生季節	夏	秋〜初冬	秋〜初冬と春〜初夏(年２回)

* *Orientia tsutsugamushi* の型

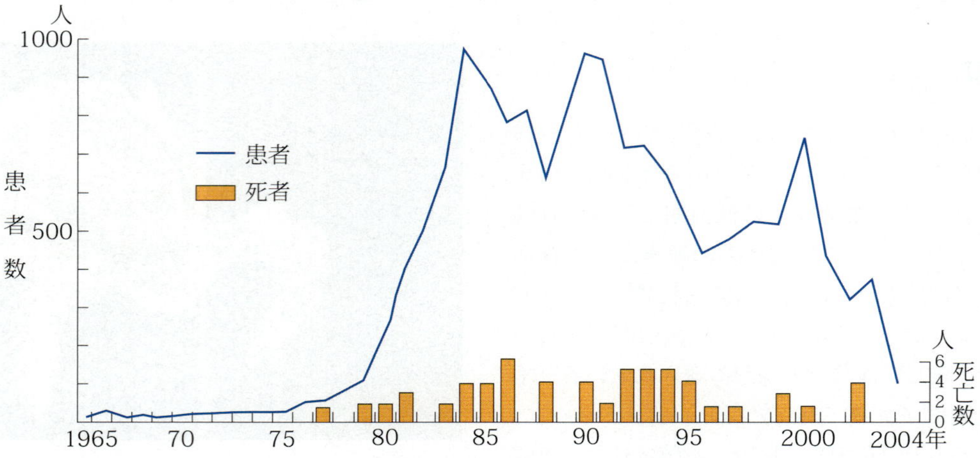

図2 ツツガムシ病患者年別発生数および死亡数（厚生労働省統計情報部「伝染病統計」より）．

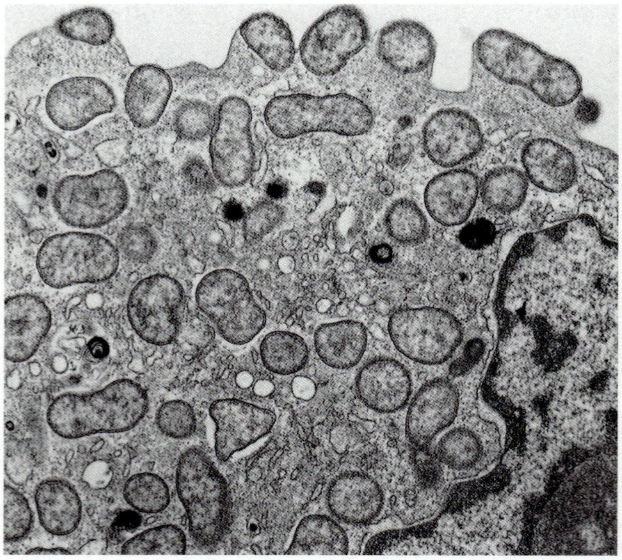

写真2 *O. tsutsugamushi* の透過型 EM 像（写真提供：多村 憲氏）．

症　　状

ヒトの症状は頭痛・発熱後に躯幹から四肢に発疹が生じる．刺口部も認められる（写真3）．臨床的には紅斑熱と区別し難い（「紅斑熱」の項の表2，p.263）．動物は無症状といわれている．

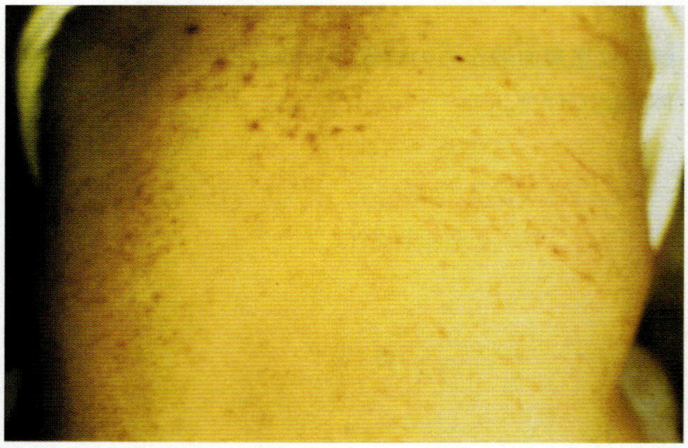

写真3 ヒトのツツガムシ病（写真提供：多村　憲氏）．

診　　断

診断は患者血液からの病原体分離あるいは蛍光抗体法による抗体検出で行う．

治　　療

治療はテトラサイクリン系やニューキノロン系抗菌剤などが用いられる．

発疹熱

人獣

endemic typhus

Key Words：出血のない発疹，ネズミノミ媒介性，リケッチア

原因・疫学

病原体は *Rickettsia typhi* で世界中に分布する．わが国では最近発生がない．ヒトは発疹チフス同様，感染したネズミノミの糞に含まれるリケッチアが皮膚の傷からあるいは吸引により感染する．

症　　状

ヒトの潜伏期間は 6 ～ 15 日で頭痛悪寒を呈する．発疹は第 3 ～ 5 病日から現れるが，発疹チフスのように，発疹に微細な出血がない．死亡率は 2％程度である．病原巣のネズミは無症状である．

診断・治療

蛍光抗体法や CF により血清学的に診断する．早期にテトラサイクリン系抗生物質による治療を行う．

猫のヘモバルトネラ症

feline haemobartonellosis

Key Words：溶血性貧血

Ricettsiales 目，*Anaplasmataceae* 科，ヘモバルトネラ（*Haemobartonella*）属のリケッチアである *Haemobartonella felis* が原因である．

赤血球表面に寄生し，ギムザ染色で赤紫色に染まる 0.2 〜 0.6 μm の小体として検出される（写真 1）．赤血球表面に付着して血漿中には遊離しない．

疫　　学

ベクターは不明であるが，ノミのような吸血節足動物が考えられている．

H. felis 陽性親猫から生まれた 3 日齢の子猫に感染が認められたことにより，分娩時の感染が考えられているが，証明はされていない．

症　　状

衰弱，発熱，可視粘膜の蒼白を伴う溶血性貧血，心雑音，脾腫，呼吸促迫，頻脈が認められる（表 1）．

不顕性感染から，著しい元気消失，死亡例までとさまざまで，症状の程度は貧血の程度と関連する．

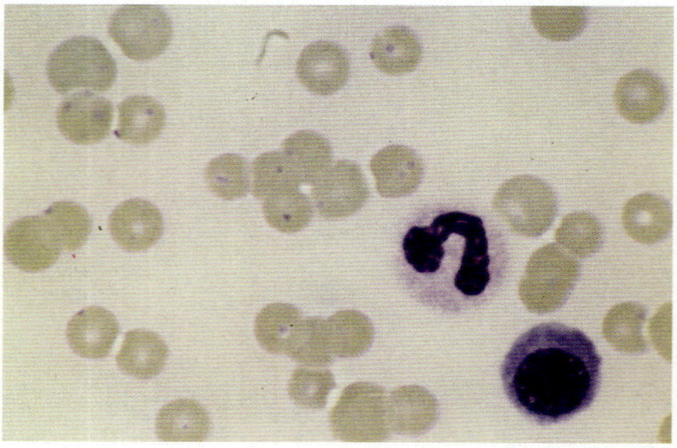

写真 1　*H. felis* 感染猫の末梢血液塗抹標本．

赤血球表面に *H. felis* が多数認められる．また，貧血に反応して多染性赤芽球も出現している．

病 態 生 理

感染血液を接種してから赤血球表面に多数のリケッチアが出現するまで 1 〜 3 週間を要し，リケッチアは周期的に血中に出現する．

赤血球の破壊は直接反応より免疫反応に基づき，血管内溶血よりも貪食作用による方が重要である．

FeLV（猫白血病ウイルス）感染や膿瘍などを併発している場合には重篤となる．

診　　断

血液塗抹標本上での *H. felis* の検出にて行う（塩基性斑点やハウエルジョリー小体，染色の汚れなどのアーティファクトと鑑別が必要）．溶血性貧血の血液所見を有する．大球性低色素性貧血，有核赤血球が出現し，赤血球の自然凝集が認められることもある．高ビリルビン血症を起こす例もある．ヘモグロビン尿症は認められない．

遺伝子診断

猫のヘモバルトネラは近年分子生物学的な手法によりマイコプラズマと近縁であることが明らかにされ，さらに病原体の 16S rRNA の遺伝子解析により Ohio-Florida/Oklahoma 株と California/Birmingham 株の 2 つの株はそれぞれ *Mycoplasma haemofelis* と“*Candidatus* Mycoplasma haemominutum”と解明された．

ヘモバルトネラ症の診断は末梢血液の塗抹標本の観察

表 1　猫のヘモバルトネラの臨床症状

急性症状	慢性症状
沈うつ	体重減少
可視粘膜蒼白	断続的な発熱
黄疸	沈うつ
	食欲不振
	脾腫

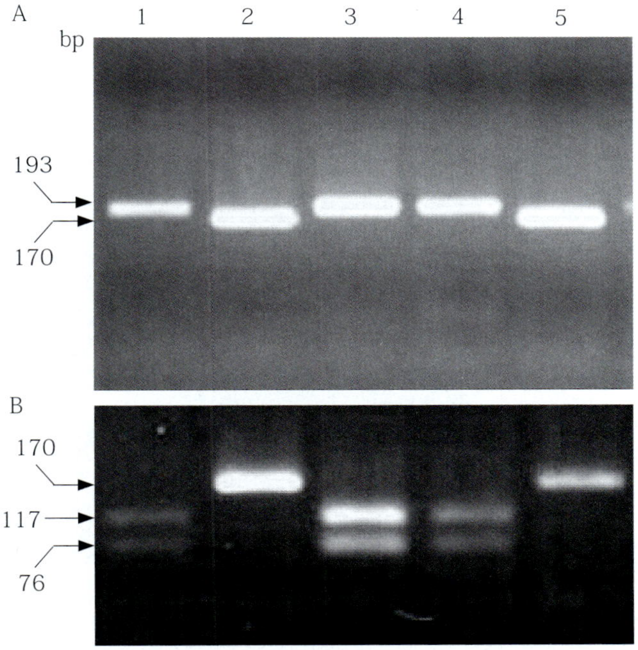

写真 2　ヘモバルトネラ症の PCR 診断（写真提供：猪熊壽氏）.

A：16S rRNA 遺伝子配列に基づくヘモバルトネラ特異的プライマー Hemo-F と Hemo-R（Jensen ら，2001）を用いて PCR 法を行うと，*M. haemofelis* は 170 bp（レーン 2 と 5），"*C.* Mycoplasma haemominutum" は 193 bp（レーン 1，3，4）のバンドを形成する．

B：PCR 産物を制限酵素 *Hind*Ⅲ で消化すると，*M. haemofelis* の PCR 産物は切断されないが，"*C.* Mycoplasma haemominutum" の PCR 産物は 76 bp と 117bp に切断される．

から行うが非常に小さな寄生体であるため，少数寄生症例ではゴミなどとの鑑別が難しく検出率の低下が予想される．そこでヘモバルトネラ特異的な遺伝子を増幅する PCR 法によりより確実な診断が可能となった．また陽性と診断できた場合には次のステップとして PCR 産物を制限酵素である *Hind*Ⅲにより切断し，PCR-RFLP を行うと病原性の強い *M. haemofells* は切断されないのに対し，病原性の低いとされる "*Candidatus* Mycoplasma haemominutum" は切断され陽性バンドが 2 本になることからこの両種が明瞭に鑑別可能である．

予防・治療

治療には下記のような薬剤が用いられている．

抗リケッチア剤としてはテトラサイクリン系抗生物質であるオキシテトラサイクリンを 20 ～ 25mg/kg，1 日 3 回，3 週間投与する．

また，ドキシサイクリンを 1 ～ 3mg/kg，1 日 2 回，3 週間投与する．

赤血球貪食の抑制には，グルココルチコイド剤であるプレドニゾロンを 1 ～ 2mg/kg，1 日 2 回経口投与，その後減量する．

補助療法として貧血が著しい場合には，輸血が必要である．その他, 補液や保温などが必要となる場合もある．

クラミジア

基本性状

グラム陰性，偏性細胞内寄生性細菌

重要な病気

クラミジア性流産・繁殖障害（牛）
クラミジア脳脊髄炎（牛）
クラミジア性結膜炎および上部気道炎（猫）
流行性羊流産（羊）
鳥類のクラミジア感染症
オウム病（ヒト）

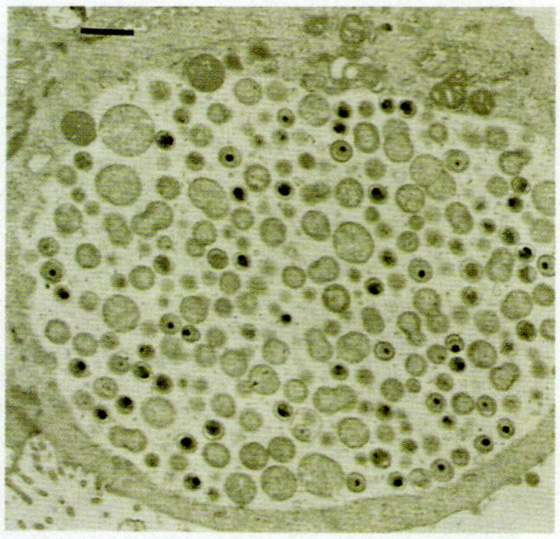

FIG クラミジアの透過型EM像

分類・性状

クラミジアは偏性細胞内寄生性原核生物である．細菌培養用の培地では増殖しない．

クラミジアは以前は1科1属（*Chlamydiaceae* 科 *Chlamydia* 属）4種（*Chlamydia trachomatis*，*C. psittaci*，*C. pneumoniae*，*C. pecorum*）に分類されていたが，*Chlamydiales* 目内の再編成により，*Chlamydiales* 目，*Chlamydiaceae* 科 *Chlamydia* 属および *Chlamydophila* 属の各菌種に再分類された（表1）．

Chlamydiaceae 科の菌は科特異的（以前は属特異的といわれた）なエピトープを有するリポ多糖体を外膜に持つ．属および種の鑑別は遺伝子および抗原解析による．生物学的性状で菌種の分類上有用な性状はほとんどない．遺伝子検出および型別に用いられる主要外膜蛋白質遺伝子塩基配列に基づく系統樹を図1に示す．

クラミジアゲノムは1,000～1,200kbpであり，クラミジア属のうち *C. trachomatis*，*C. muridarum*，*C. pneumoniae*，*C. caviae* および *C. abortus* の全ゲノム塩基配列が公開されている．残念ながらオウム病クラミジアに関しては全く明らかにされていない．

生　態

クラミジアは真核細胞内でのみ増殖可能である．さらに，他の原核生物と異なり形態学的変化を伴う増殖環を有する（図2）．感染性粒子は基本小体（elementary body：EB）と呼ばれる直径約300nmの小型球型粒子である（図3）．基本小体は食作用により宿主細胞内に取り込まれる．この基本小体を含む食胞はリソゾームと融合しない．食胞内において網様体（reticulate body：RB）と呼ばれる直径約500～1,500 nmの大型粒子に変化し，2分裂増殖を開始する．網様体は数回の2分裂増殖を繰り返した後，中間体（intermediate body：IB）と呼ばれる形態を経て再び基本小体となり，宿主細胞の溶解とともに細胞外へ放出される．

基本小体は偏在した電子密度の高い核様体（ヌクレオイド）と散在するリボゾーム顆粒が細胞質膜およびグラム陰性菌に類似した外膜からなる被膜（エンベロープ）により包まれており，感染性を有する（図3）．網様体は脆弱な粒子であるが，さまざまな代謝活性を有する．被膜の構造はグラム陰性菌に類似し，外膜にリポ多糖体が存在するが，ジアミノピメリン酸やムラミン酸などは検出されていない．クラミジアはATP合成能を欠き，宿主から得ていると考えられている．また，低分子代謝中間体やアミノ酸などを宿主細胞から取り込みクラミジアに特異的な代謝および高分子合成を行っている．宿主体内で不顕性感染をしている状態での代謝や形態は不明である．

分離・培養

培養細胞や孵化鶏卵に接種し培養する．感受性細胞としてマウスL細胞およびヒトHeLa細胞がよく用いられる．培養細胞馴化株では接種後2～3日で細胞変性がみられる．感染細胞および培養上清に基本小体が観察さ

表1　クラミジアの分類と特徴

目	科	属	種	宿主域	概　要	旧学名
Chlamydiales	*Chlamydiaceae* *	*Chlamydia*	*trachomatis*	ヒト	粗でグリコーゲン陽性の封入体．サルファ剤感受性．Trachoma（14の血清型）および Lymphogranuloma venereum（4の血清型）生物型からなる．性行為感染症（STD）および眼疾患，肺炎の原因菌．完全なゲノム塩基配列が知られている．	*Chlamydia trachomatis* biovar Trachoma および biovar Lymphogranuloma venereum
			suis	豚	粗でグリコーゲン陽性の封入体．ほとんどがサルファ剤感受性だが，耐性株もある．*C. trachomatis* MOMP と交差抗原性を示す．	*Chlamydia trachomatis*
			muridarum	マウスおよびハムスター	粗でグリコーゲン陽性の封入体．サルファ剤感受性．MoPn（マウス）および SFPD（ハムスター）の2株のみが知られる．MoPn 株の完全なゲノム塩基配列が知られている．*C. trachomatis* と交差抗原性を示す．	*Chlamydia trachomatis* biovar Mouse
		Chlamydophila	*psittaci*	鳥類，哺乳類	ほとんどすべての鳥類に感染し，不顕性感染．幼鳥や時として成鳥に致死性の全身感染．血清型がある．ヒトは偶発宿主．ヒトの *C. psittaci* 感染症は古くからオウム病として知られる．	*Chlamydia psittaci*
			abortus	鳥類および哺乳動物	*C. psittaci* に非常に近縁．病原性も類似するが，羊，牛および山羊ならびにウマ，ウサギ，モルモット，マウスおよびブタに流産を引き起こす．	
			felis	猫	猫に結膜炎および上部気道炎を引き起こす．感染猫の全身の臓器から分離される．血清型はない．ヒトへの感染例がある．血清疫学的にも人獣共通感染症が疑われている．	
			caviae	モルモット	封入体結膜炎の起因菌．これまでに分離された菌はすべて同一の ompA 遺伝子を有する．	
			pneumoniae	ヒト，コアラ，モルモット	*C. psittaci* TWAR として報告された．完全なゲノム塩基配列が知られる．ヒトに呼吸器疾患および循環器疾患を引き起こす．コアラには眼疾患および泌尿生殖器疾患を引き起こす．ウマからの分離株は一株で呼吸器から分離された．	*Chlamydia pneumoniae*
			pecorum	哺乳類およびコアラ	多様な病原性を示す．反芻動物では不顕性感染が一般的．こあらでは *C. pneumoniae* と同様に眼疾患および泌尿生殖器疾患を引き起こす．	*Chlamydia pecorum*
	Waddliaceae	*Waddlia*	*chondrophila*	牛（?）	牛の流産胎児から未知のリケッチアとして1986年に分離．16S rRNA 塩基配列からクラミジア科に分類．	なし
	Parachlamydiaceae	*Parachlamydia*	*acanthamoebae*	原生動物（アメーバ）	*Acanthamoeba* や *Hartmanella* に感染．環境中の水から検出される．疾病との関連性は不明．	なし
		Neochlamydia	*hartmannellae*			
	Simkaniaceae	*Simkania*	*negevensis*	不明	培養細胞への混入微生物として分離．血清疫学的にはヒトの肺炎との関連性がいわれているが，実際には不明．	なし

* グラム陰性．科特異的リポ多糖体エピトープ α Kdo-（2-8）- α Kdo-（2-4）- α Kdo（以前の属特異的抗原エピトープ）を持つ．*Chlamyidaceae* EB の剛性は 40 kDa 主要外膜蛋白質，親水性システイン・リッチ蛋白質および低分子システイン・リッチリポ蛋白質を含むジスルフィド結合エンベロープ蛋白質による．

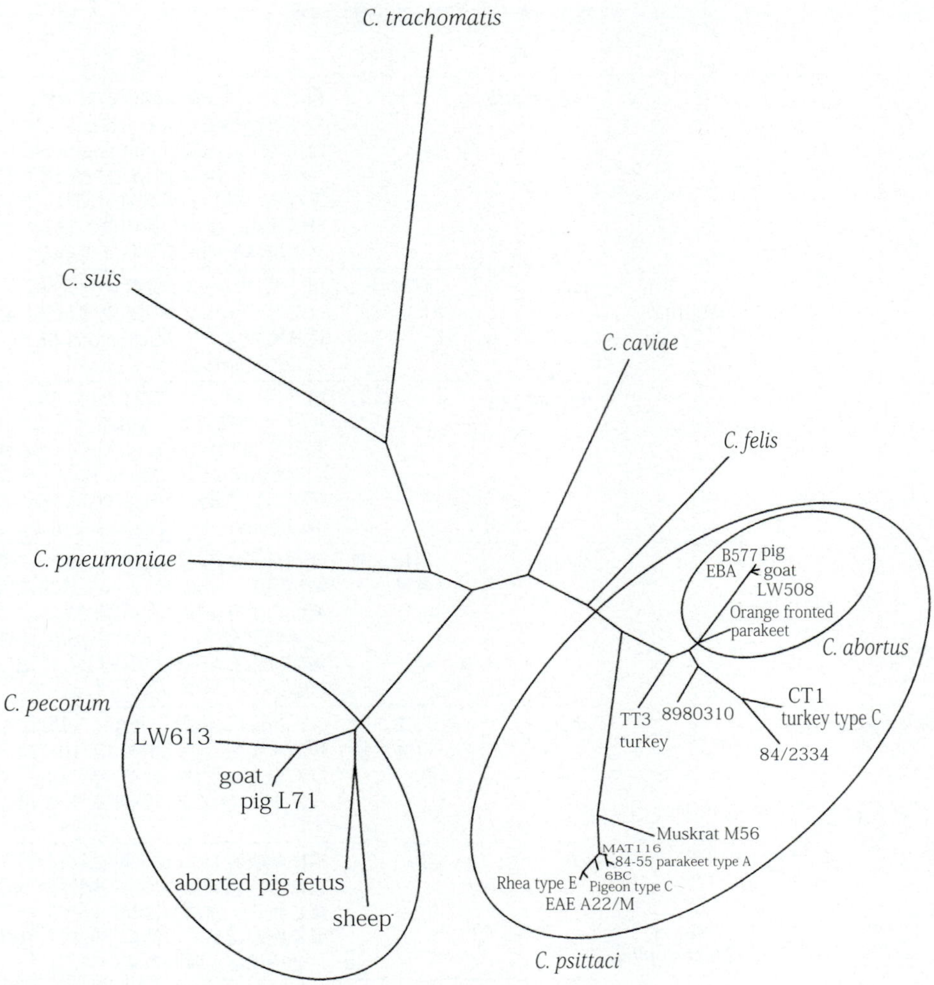

図1 クラミジアの分子系統樹.
主要外膜蛋白質遺伝子塩基配列を用い，近隣結合法により作成した分子系統樹．*C. psittaci* は多様なクラミジアから構成されている．*C. abortus* は *C. psittaci* と非常に近縁である．

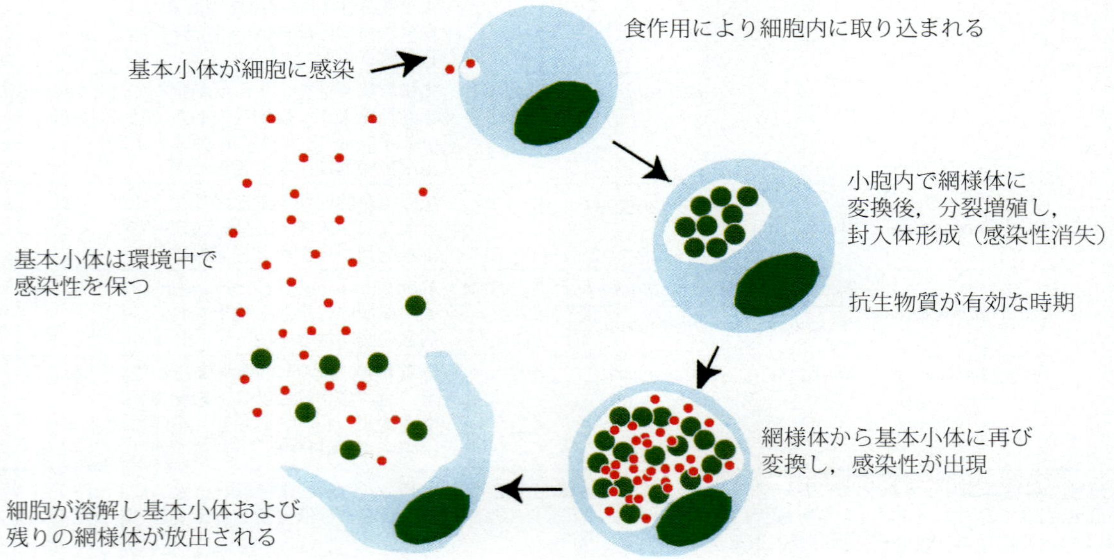

図2 クラミジアの増殖環（本文参照）.

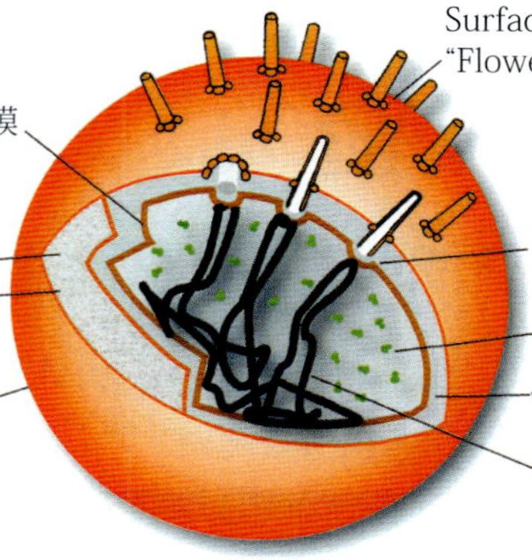

図3 クラミジア基本小体の模式図.（松本　明氏の原図にもとづく）

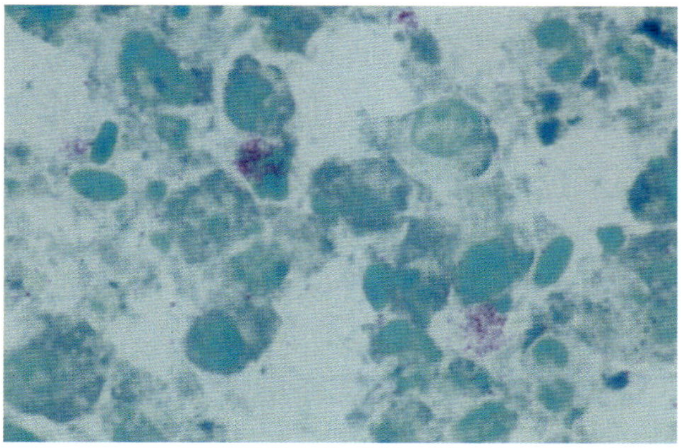

写真1 クラミジア感染細胞の Gimenez 染色像.（写真提供：岐阜大学応用生物科学部獣医微生物学研究室）
マラカイトグリーンにより青緑色に染まった細胞を背景に，塩基性フクシンにより赤色に染まった基本小体が多数みられる.

れる．孵化鶏卵の場合は孵卵 6 ～ 7 日の鶏卵卵黄嚢内に接種する．1 週間～ 10 日間培養し，卵黄嚢に増殖した基本小体を確認する（写真 1）.

病　原　性

クラミジアは多彩な病原性を示す（表 1）．*C. psittaci* および *C. abortus* は全身感染を引き起こす．*C. felis*，*C. caviae*，*C. pneumoniae* は結膜炎および呼吸器疾患を引き起こす．*C. pecorum* は腸炎，脳脊髄炎などを引き起こす．*C. pneumonae* は近年，冠状動脈疾患の原因として注目されている．いずれも自然宿主では不顕性感染がみられ，重要な感染源となる.

反芻動物のクラミジア感染症

ruminant chlamydiosis，chlamydophila infection in ruminants

Key Words：流産，関節炎，結膜炎，肺炎，脳脊髄炎

原　　因

Chlamydophila abortus による流産および *Chlamydophila pecorum* による種々の感染症がアメリカ・ヨーロッパで報告されている．日本では 1988 年に新潟県内の乳牛におけるクラミジア性流産の集団発生が報告されている．*C. abortus* による流行性羊流産は届出伝染病である．日本での発生報告はない．

症　　状

クラミジアによる流産は妊娠 6 ～ 8 か月に発生する．回復動物は不妊症になりやすい．クラミジアを持続的に排泄する．流産胎子は皮下の浮腫，膠様浸潤，肝臓・脾臓の腫大，暗赤色の胸水，腹水の貯留などを示す（写真 1，2）．

C. pecorum は関節炎・結膜炎（写真 3，4），腟炎（写真 5）などを引き起こす．また，牛の脳脊髄炎も報告さ

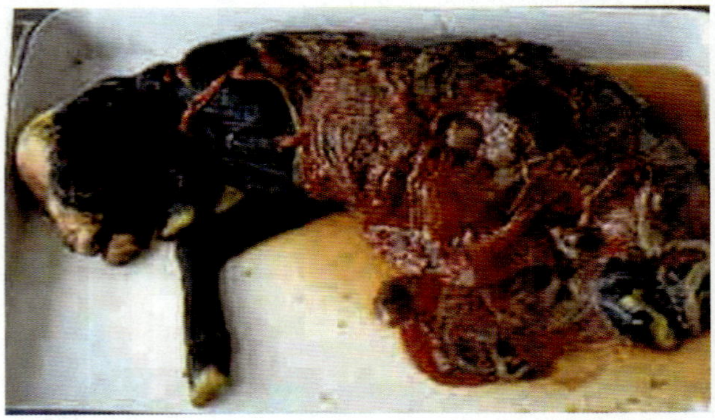

写真 1　胎盤のついたままの流産胎子．（写真提供：Annie Rodolakis 氏）

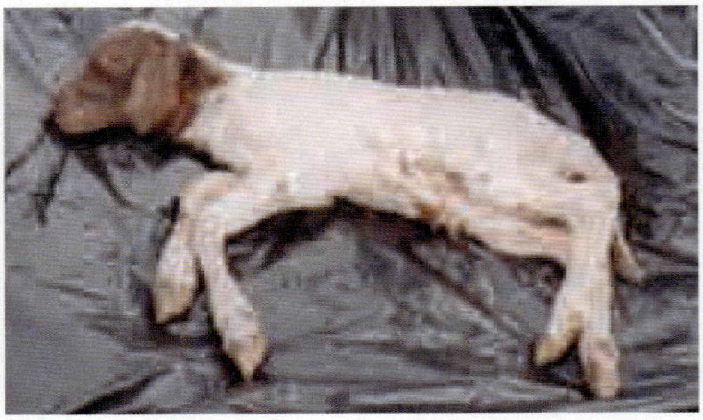

写真 2　流産胎子．（写真提供：Annie Rodolakis 氏）

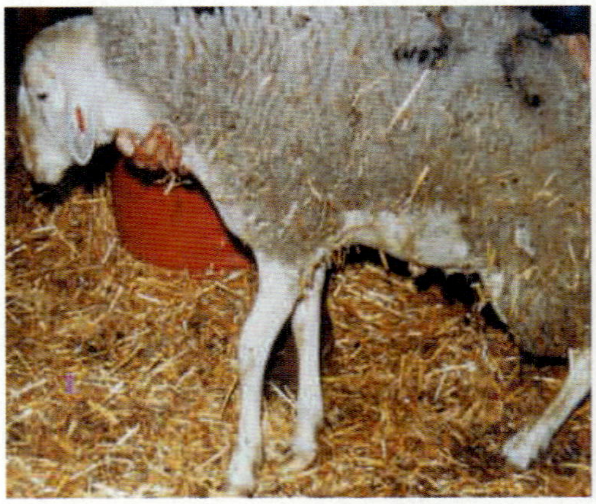

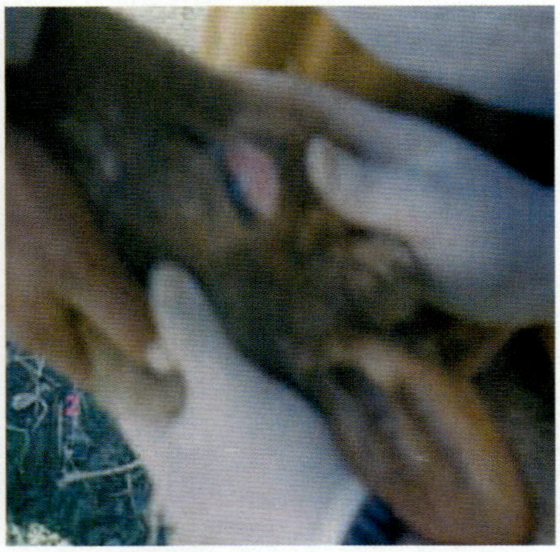

写真 3　左：子羊の関節炎，右：子羊の結膜炎．（写真提供：Annie Rodolakis 氏）

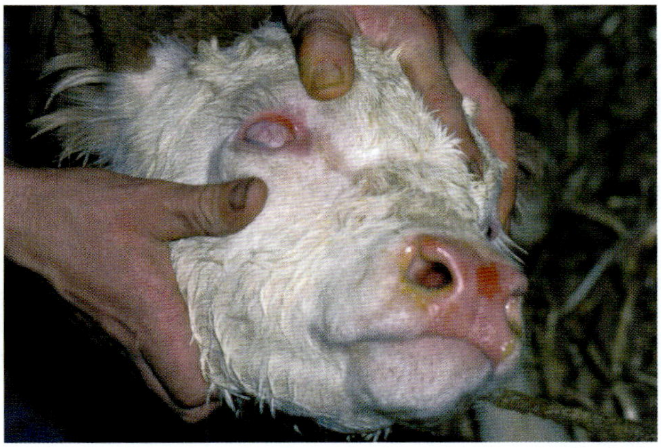

写真4 子牛の結膜炎.（写真提供：Bernhard Kaltenböck 氏）

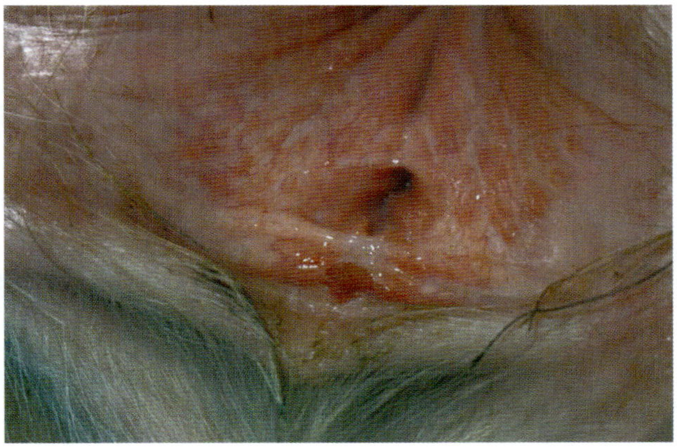

写真5 牛の腟炎.（写真提供：Bernhard Kaltenböck 氏）

れている.

診　断

組織標本の遺伝子診断，蛍光抗体法によるクラミジア粒子の検出，胎子臓器乳剤の発育鶏卵卵黄囊内接種，L929 ないし HeLa229 細胞などを用いた培養細胞接種によりクラミジア分離を行う.

治　療

ほかのクラミジア感染症と同様にテトラサイクリン系抗生物質が投与される.

猫のクラミジア感染症

feline chlamydiosis, chlamydophila infection in cats

Key Words：結膜炎，上部呼吸器病

原　　因

原因菌は猫クラミジア（*Chlamydophila felis*）である．実験室内感染例ではオウム病クラミジア（*Chlamydophila psittaci*）も報告されている．血清学的にはトリ由来クラミジアや他の哺乳動物由来クラミジアと区別されるが，猫クラミジアとしては抗原型は単一である．主要外膜蛋白質遺伝子の解析では株間ではほとんど相違はみられない．*C. felis* のゲノムサイズは約 1,200kbp であることが最近明らかになった．

C. felis は猫に結膜炎および上部呼吸器疾患を引き起こすが，腹膜炎や胃腸炎も報告されている．

疫　　学

健康な猫からも *C. felis* が分離されるため，*C. felis* は正常細菌叢の一部として結膜や上部呼吸器粘膜に常在すると考えられている．ベクターの存在は知られていない．他の動物での感染も知られていない．環境中における生存性についてはよく分かっていない．猫から猫への伝播は接触や飛沫感染である．

猫での感染は一般に不顕性感染である．初感染ないし他の病原体との混合感染により発症する．クラミジア検出法の改良に伴い，結膜炎を伴う上部呼吸器疾患の多くは猫クラミジア，猫ヘルペスウイルスないし両者の混合感染であることが明らかになってきている．血清疫学調査では飼い猫の 10 ～ 20%，野良猫の約 50%が抗体を保有していた．

症　　状

クラミジアは粘膜上皮で増殖し，炎症を引き起こす（写真 1）．実験感染では結膜における増殖に伴って上部呼吸器および内部臓器でもクラミジアの増殖がみられている．結膜炎はしばしば片側性であるが，両側性もよくみられる．呼吸器疾患としては軽度の鼻炎，気管支炎，細気管支炎が主であり，肺炎はまれである．

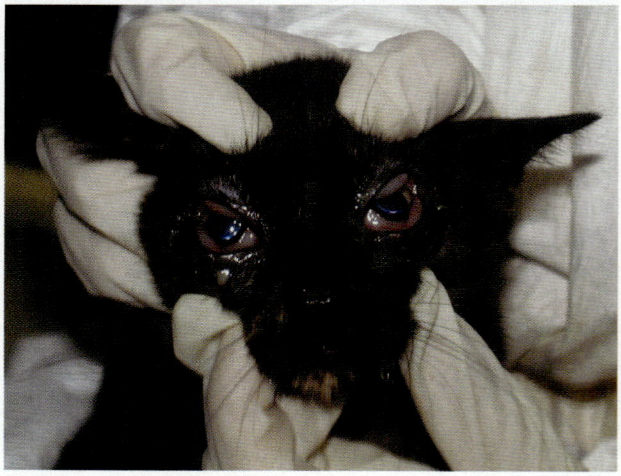

写真 1　実験感染猫における結膜炎．接種後 5 日目．

臨床症状は罹患猫により大きく異なる．猫の年齢や免疫状態，感染量などの影響を受ける（図 1）．潜伏期間はおおむね 3 ～ 14 日である．適切な抗生物質治療がなされなかった場合には，数週間から数か月間持続する慢性疾患となりやすい．

予後は一般に良好で，感染が軽い場合は子猫では 2 ～ 6 週間，大きい猫では 2 週程度で回復する．

組織学的には眼結膜炎（粘膜上皮の剥離，粘膜下織への炎症細胞浸潤），間質性肺炎および脾臓リンパ濾胞の増生が認められる．個体によっては気管炎，肺出血，肺胸膜炎または間質性腎炎が認められる．

診　　断

臨床症状からの診断は困難である．

結膜上皮細胞におけるクラミジア封入体の検出，PCR 法によるクラミジア遺伝子検出，さらに分離培養ないし蛍光抗体法による抗原検出がある．

結膜から擦過物を採取する際には目を洗浄液で洗い，0.5%プロパラカインなどで局所麻酔を施した後に，小型のスパーテルで擦り，スライドグラスに塗抹する．同

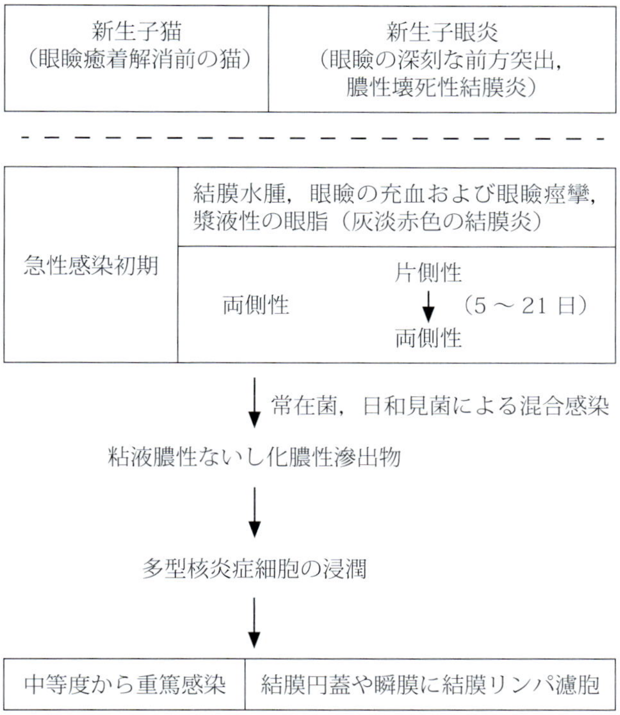

図1 猫のクラミジア感染症の発病病理の模式図．

様の材料をPCR法の検体とすることができる．

クラミジア分離には滅菌PBSで湿らせた滅菌綿棒で患部から擦過物を採取し，培養細胞に接種する．培養細胞としてはMcCoy細胞，CRFK細胞などが用いられる．感染量によるが，おおむね2日で細胞変性効果（CPE）が観察される（写真2，3）．

血清学的診断法としては科特異抗体（以前の属特異抗体）価測定が用いられるが，感染の履歴を示しているだけであることを考慮する必要がある．

予　防

わが国では2000年末からワクチン（不活化）市販されている．4週齢のSPF猫へのワクチン接種では症状を軽減した．

感染の拡大を防ぐため，感染猫は隔離し治療するべきである．また，病原体の排泄は阻止できないが，症状を軽減させ得ることからワクチン接種が推奨される．

治　療

他のクラミジアと同様にテトラサイクリン系およびニューマクロライド系抗生物質に猫クラミジアは高い感受性を示す．

治療法としては3週間のドキシサイクリン（12時間毎に5mg/kg，経口）投与により臨床症状の改善および病原体排泄の阻止が示されている．しかし，ドキシサイクリン投与は妊娠猫や子猫には行うべきでない．

猫におけるアジスロマイシンの応用としては，はじめに7～10mg/kgを24時間毎に14日間，その後，5mg/kgを24時間毎に7日間，さらに5mg/kgを48時間毎に14日間，いずれも経口投与することによりドキシサイクリン投与と同様の効果が報告されている．

テトラサイクリン眼軟膏の局所投与（6時間毎）が治療法として推奨されてきた．テトラサイクリン含有局所眼軟膏への過敏症が一般にみられる．過敏症の症状としては投与初期には結膜充血および眼瞼痙攣が顕著にみられる．眼瞼炎がみられる場合もある．過敏症が疑われる場合は使用を止める．

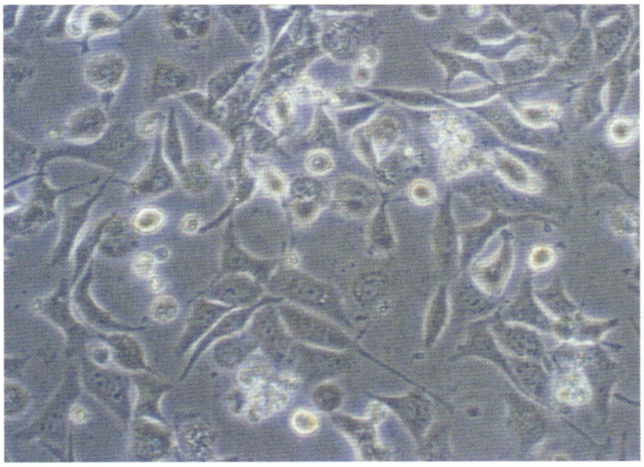

写真2 McCoy細胞に*C. felis*を接種後44時間における細胞変性効果．
細胞の円形化がみられる．

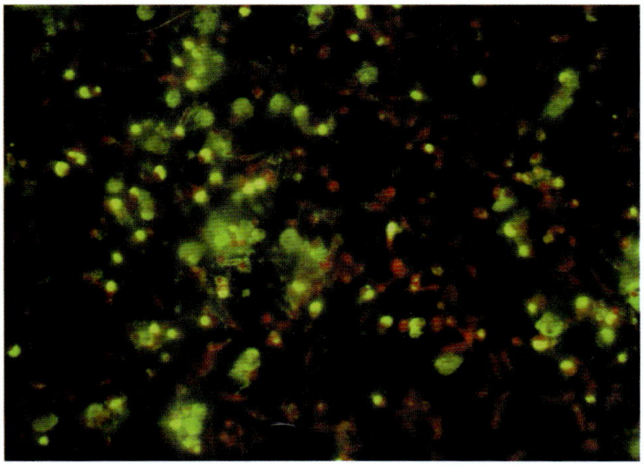

写真3 *C. felis*感染McCoy細胞における間接蛍光抗体法による封入体検出．
接種後42時間．

鳥類のクラミジア感染症

avian chlamydiosis, chlamydophila infection in birds

Key Words：不顕性感染，水平感染，緑白色下痢便

原　　因

Chlamydophila psittaci および *C. abortus* により引き起こされる．*C. psittaci* および *C. abortus* の宿主域は広い．鳥類ではオウム目を含む18目145種から報告されている（表1）．野生のオウム・インコ類におけるクラミジアの保有率は約5％である．一般に愛玩鳥として飼育されている飼い鳥はオウム目およびスズメ目が大多数である．これらの愛玩鳥はいずれもクラミジアに感受性である．

クラミジアゲノムは1,000～1,200kbpであり，オウム病関連では *C. abortus* の全ゲノム塩基配列が公開されている．（http://www.sanger.ac.uk/Projects/C_abortus/）

疫　　学

クラミジア感染鳥のほとんどは不顕性感染であり，間欠的に排菌する．感染鳥が排泄する糞便にはクラミジアの感染性粒子である基本小体が多数含まれる．基本小体は乾燥に強く，環境中で感染性を保っている．

発病期のオウム・インコ類は糞便1グラム当たり10^4～10^8の病原体を排泄する．回復しキャリアーとなった鳥あるいは不顕性感染鳥は長期間にわたり排泄物中に病原体を連続的ないし間欠的に排泄し，糞便には10^3～10^6/g，鼻分泌液には10^2～10^5/gのクラミジアが存在する．

持続感染はクラミジアの生存と伝播に大きな役割を果たしている．再活性化の要因としては飼育環境の諸条件の悪化や宿主側の障害が考えられている．

鳥類間におけるクラミジアの伝播様式は接触，吸入，経口による水平伝播であり介卵伝達はない．感染源は病鳥および保菌鳥の排泄物，分泌物，羽毛などの飛沫，汚染された給餌器や飼料・水，病原体を含む排泄物が乾燥した塵などである．飼育場や繁殖場の群内における伝播様式は空気伝播で，多様な疫学的様相を呈する．

東南アジア，オセアニア，南アフリカなどの森林に生息する野生のオウム・インコ類におけるクラミジアの保有率は4～5％であるとされている．これらの鳥の輸送中に水平感染が起き，また，ストレスの影響や他の微生物による混合感染により，輸入後まもなく顕性発症したり，不顕性感染キャリアーが増加すると考えられている．

表1　クラミジアの感染が証明されている鳥種

目	代表的な鳥
オウム	オウム，セキセイインコ，ヒインコ，ボタンインコ
スズメ	カナリア，フィンチ，キュウカンチョウ，カエデチョウ
チドリ	シギ，カモメ，アジサシ
ガンカモ	アヒル，ガチョウ，ハクチョウ
コウノトリ	ダイサギ，アオサギ，コウノトリ，フラミンゴ
ワシタカ	ハゲワシ，タカ，ワシ，トビ
ハ　ト	ハト，ダブ，サケイ
管　鼻	ウミツバメ，アホウドリ
ツ　ル	シチメンチョウ，ツル
ア　ビ	アビ
ペリカン	ペリカン
ブッポウソウ	カワセミ，ブッポウソウ
フクロウ	フクロウ
ペンギン	ペンギン
キツツキ	オオハシ
カッコウ	バリケン，カッコウ
アマツバメ	ハチドリ，アマツバメ

発生状況

環境省が実施し平成15年3月に公表したペット動物流通販売実態調査報告書によれば，平成14年度における鳥類の国内生産数は84,500羽，輸入数は115,000羽であったとされている．

2003年，1年間における調査では健康診断依頼検体491例中25例（5.4％），および何らかの疾病が疑われた検体71例中5例（7.6％）にクラミジアが検出された．斃死鳥では感染症が疑われた59例中13例（28.3％）からクラミジアが検出された．鳥種別にみると，クラミ

表 2　健康診断ないし感染症疑いで検査された鳥種およびクラミジア保有率

鳥　種	検査羽数	陽性数	陽性率（%）
オカメインコ	44	7	16
セキセイインコ	30	4	13
ゴシキセイガイインコ	37	4	11
チャガシラハネナガ	22	1	5
コバタン	24	1	4
ネズミガシラハネナガ	38	1	3
ヨウム	103	2	2

ジア保有率はオカメインコ（保有率16%），セキセイインコ（13%），ゴシキセイガイインコ（11%），チャガシラハネナガ（5%）などであった（表2）．

症　　状

鳥類のクラミジア感染症はほとんどが不顕性感染である．雛鳥の初感染では一部の感染雛鳥は発症し死亡する．他は保菌鳥となる．保菌鳥は輸送，密飼いなどのストレス，栄養不良などの要因が引き金となり発症する．発症鳥の症状は鳥種，日齢により異なり，軽症から重症までさまざまであり，時として死亡する（表3）．通常，元気消失，食欲減退，鼻腔からの漿液性ないし化膿性鼻漏がある．緑灰色下痢便，粘液便がみられることもある．急性例では症状に気付かないまま死亡することもある．鳥類では早期に治療されれば回復するが，時期を逸すると多くの場合，死の転帰をとる．

表 3　クラミジア罹患鳥の症状

鳥　種	症　状
鳥類全般に共通	呼吸器症状，粘液膿性鼻漏，下痢，多尿，沈うつ
アマゾンオウム，コンゴウインコ	中枢神経系障害
オカメインコ	片側性ないし両側性結膜炎，角結膜炎，間欠的黄色尿酸塩
セキセイインコ	片側性ないし両側性結膜炎，角結膜炎，間欠的黄色尿酸塩，副鼻腔炎
ハ　ト	クラミジア単独の発症はまれ，上部呼吸気道症状，飛翔力の低下，慢性感染ハトでは跛行，斜頸，反弓緊張，振せん，痙攣
カナリア，フィンチ	倦怠，上部気道疾患，結膜炎，水様便
七面鳥	羽毛逆立，抑うつ，食欲欠乏，悪液質，中等度の下痢，眼および鼻漏，咳および呼吸困難などの呼吸器症状
アヒル	頭部振せん，歩行困難，結膜炎，漿液性から膿性鼻漏，抑うつ，横臥，斃死
鶏	比較的抵抗性，雛に発生，失明，体重減少，中等度の致死率の増加

病　　理

肉眼病変としては，オウム・インコ類は脾臓が2～10倍に腫大する（写真1，2）．腫大した脾臓の直接塗抹標本ではクラミジア基本小体が観察される．カナリア，文鳥，ジュウシマツなどのスズメ目は脾腫を欠くことが多い．肝臓の腫大はいずれの鳥種でも認められる．肝臓は脆弱，黄白色に変化し，時として灰白色の小壊死巣が多数みられる．心臓は腫大し，心外膜の肥厚や線維素性滲出物がみられる．気嚢は軽度の混濁や線維素性滲出物および肥厚がみられる．不顕性感染ないし慢性感染では脾腫がみられる程度である．組織学的には肝臓・脾臓の壊死性病変を特徴とする（写真3，4）．

診　　断

生前診断は臨床症状および排泄物からの病原体検出により行う．斃死した場合は臨床症状および剖検所見から

写真 1　クラミジア感染ゴシキセイガイインコの脾腫．（写真提供：柳井徳磨氏）

写真 2　クラミジア感染ゴシキセイガイインコの脾腫．（写真提供：柳井徳磨氏）

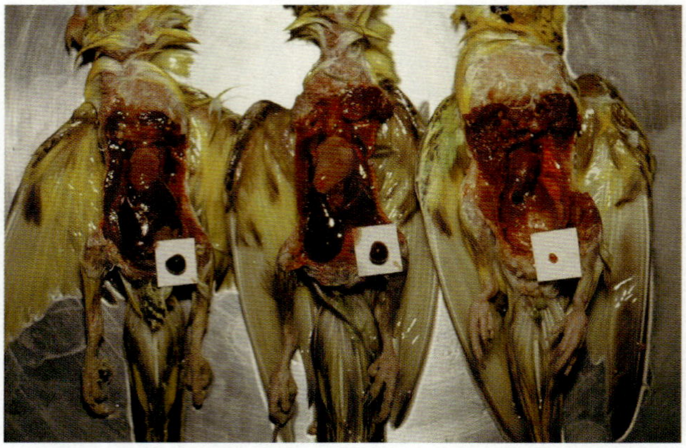

写真3 クラミジア感染鳥にみられた脾腫.（写真提供：岐阜大学応用生物科学部獣医微生物学研究室）
クラミジアに感染した鳥では脾腫がみられることが多い（左および中央のセキセイインコ，右は健康なセキセイインコ）.

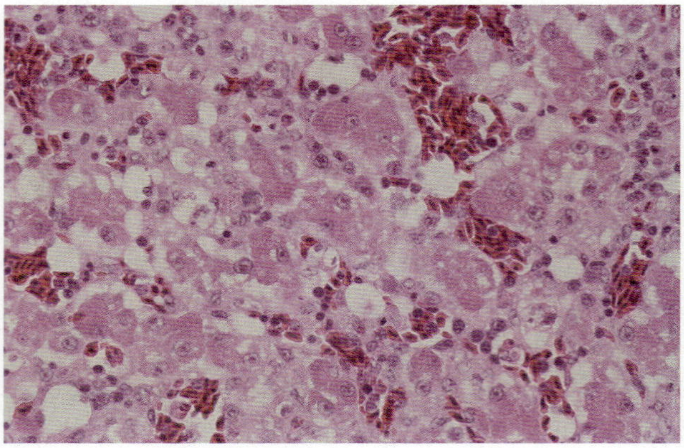

写真4 クラミジア感染鳥の肝臓（× 400）.（写真提供：柳井徳磨氏）

オウム病を疑う．いずれも確定診断は病原体の分離ないし検出である．オウム病が疑われた鳥はみだりに剖検するべきではない．また，剖検時に脾腫がみられた場合はオウム病を疑う．オウム病が疑われた場合は，安全キャビネット内で以降の作業を行うか，剖検を中止し検査機関に連絡をとり，検査を依頼する．

病原体検索およびクラミジア遺伝子検査は生前では糞やクロアカのスワブを材料とする．抗生物質の治療前に採剤しないと検出は困難であるが，投薬後 7 ～ 10 日間は遺伝子を検出できる場合もある．

不顕性感染では間欠的に病原体を排出しているので，数週間おきに数回検査をする必要がある．斃死した場合は脾臓および肝臓を材料とする．

病原体検索には 6 ないし 7 日孵化鶏卵卵黄嚢内接種または L 細胞や HeLa 細胞等の培養細胞が用いられる．微生物汚染がひどい材料は培養細胞による分離は困難である．遺伝子検出には PCR 法が用いられる．

予　　防

鳥類用のワクチンはない．飼育環境の衛生および不顕性感染鳥の摘発および治療により拡大・伝播を防ぐ．外部から新しい鳥を導入する場合は数週間の検疫および病原体検査を行うべきである．

治　　療

鳥類の治療にはドキシサイクリン，クロルテトラサイクリンおよびエンロフロキサシンが用いられる．鳥種により投薬方法が異なる（表 4）．

β - ラクタム系抗生物質は増殖を抑えるが，静菌作用しかなく，投与を中止すると再びクラミジアの増殖が始まるので，使うべきではない．アミノグリコシド系抗生物質には感受性がない．現在までに耐性菌は見い出されていない．

罹患鳥には 45 日間の連続投与が推奨されているが，鳥によっては副作用がみられるため，投与期間中は鳥の健康状態を常にモニタリングし，場合によっては強肝剤やプロバイオティックを投与する．

表 4　鳥種別投薬方法

適応鳥種	薬用量	投与期間	投与経路	備考
全鳥種	100mg/100ml	45 ～ 60 日	飲水	なし
オウム類	1g/kg	45 ～ 60 日	食餌	ソフトフード
ヒインコ	10g/kg	45 ～ 60 日	食餌	シード
小型コンコ・カナリア	1g/kg	45 ～ 60 日	食餌	ソフトフード
ゴシキセイガイインコ	16mg/kg	45 ～ 60 日	ネクター	なし
水鳥類	100mg/l	45 ～ 60 日	飲水	なし
水鳥類	240ppm	45 日	食餌	なし
水鳥類	100mg/kg（bw）	45 日	経口	なし

ヒトのオウム病

人獣

四類

human psittacosis

Key Words：多臓器障害，鳥由来感染症

原　　因

Chlamydophila psittaci および *C. abortus* を病原体とする．

疫　　学

ほとんどの症例が鳥類を感染源としている．ヒトからヒトへの伝播はないことはないが，きわめて少ない．家族発生の場合でも，同一の感染源からの感染による．感染源となった鳥も発症している場合が多い．まれに鳥との接触や関わりを見い出せない症例が報告されている．

推定感染源ではインコ類が多く，届け出事例の約60%である（図1）．

感染鳥からの伝播は気道感染である．感染鳥は排泄物に多量の病原体を排出する．排泄物が乾燥すると塵埃となり，この病原体を大量に含む塵埃の吸入により感染すると考えられている．

わが国における発生状況は，これまで届け出義務がなかったため，統計がなく明らかではなかった．1999年4月の感染症法施行以前は異型肺炎の中に含まれ，市中肺炎の2～3%と推測されていた．届け出が始まった1999年4月以降は，1999年（4月～12月）に23件，2000年に18件，2001年に35件，2002年に54件，2003年に43件の届け出があった（図2）．月別の発生数をみると5月～6月が多い（図3）．年代別では50代をピークとし，幅広い年齢でみられる．成人に多く，小児は少ない．小児で肺炎例が少ない理由は明らかでない．

動物の展示施設で罹患したと考えられるオウム病の症例としては，1996年に姫路のサファリパークを訪問したことによる，オウム病の単発例が報告されている．2001年の11月～12月に発生した事例では，患者数17名と報告例としては最大規模の集団発生であった．しかし，動物の展示施設の訪問者は地理的に分散しているため，集団発生があったとしても把握しにくいと考えられる．したがって，姫路の例においても，実際は集団発生があった可能性は否定できない．

症　　状

発症は急性型と徐々に発症するものがあり，臨床症状も軽度のインフルエンザ様症状から，多臓器障害を伴う劇症型まで多彩である．7～4日の潜伏期間の後に，悪

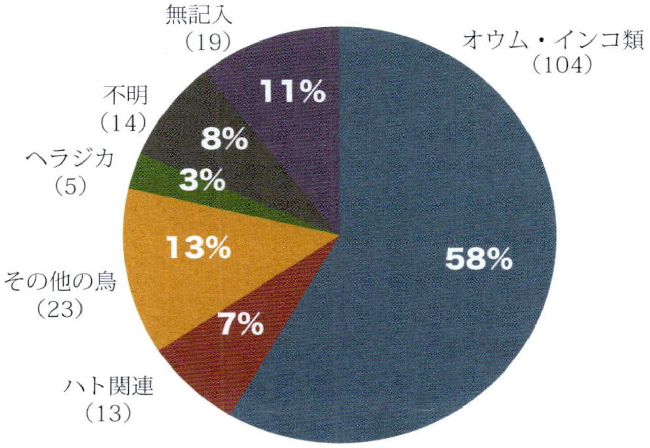

図1 オウム病届け出症例の推定感染源（IDWRより）．

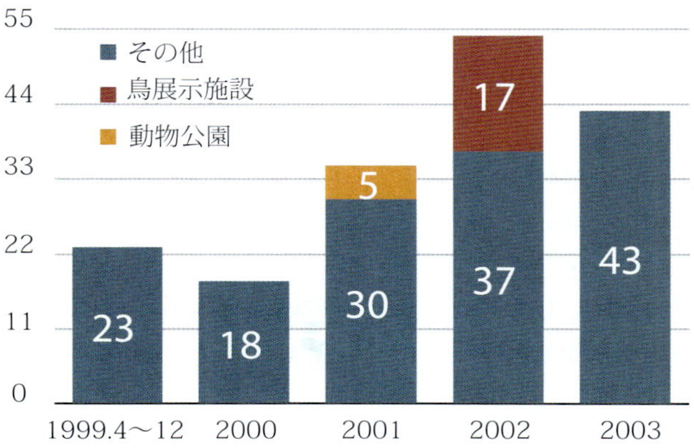

図2 オウム病届け出数の年次別推移（IDWRより）．

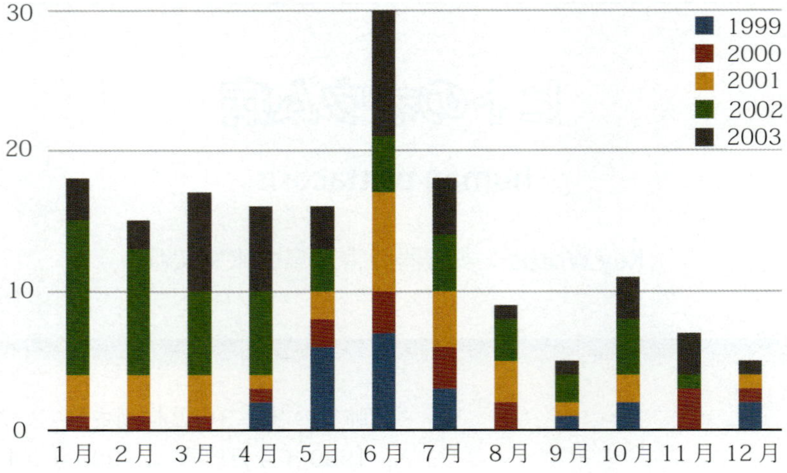

図3 オウム病届け出数の月別集計（IDWRより）.

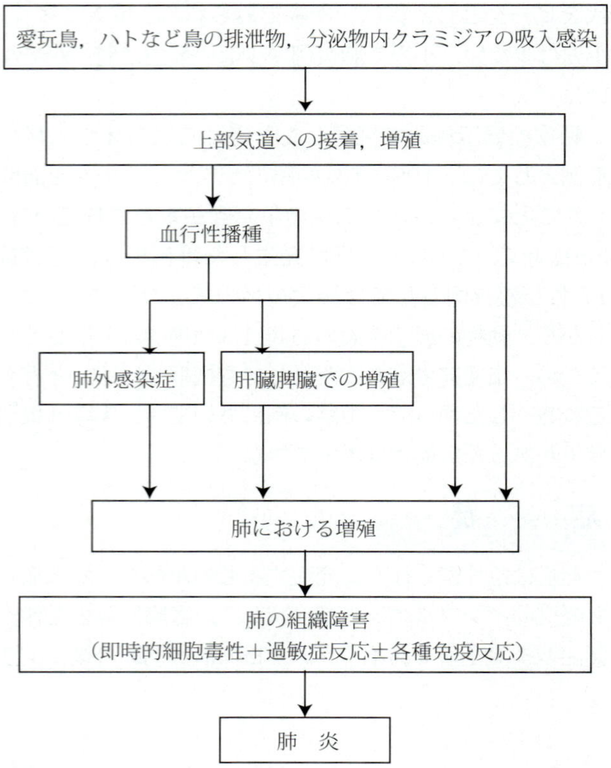

図4 オウム病の発病病理模式図.

寒を伴う高熱で突然発症し，1～2週間持続する．頭痛，羞明，上部ないし下部呼吸器疾患および筋肉痛などのインフルエンザ様症状を主徴とする．悪心，嘔吐を伴う場合もある．しばしば，肝臓や脾臓の腫大がみられる．発病病理の模式図を図4に示した．

診　断

オウム病に特徴的な検査所見はない．胸部X線所見はさまざまであるが，通常肺門から外側にかけて放射状に連続して広がる淡い陰影として認められることが多い．

セフェム系抗生剤が無効の肺炎で，比較的徐脈や脾腫を伴い，発症前に鳥との接触歴があれば強くオウム病を疑う．飼育していた鳥が発症ないし死亡している場合はとくに疑いが強くなる．飼育していない場合でも，ペットショップや野外の公園で，鳥との接触歴がある患者も多い．オウム病が疑われる患者はペア血清における抗体価の上昇の確認が診断の主体となる．これは多くの場合，病原診断が困難であるためである．

分離材料の採取は化学療法開始前に行う．患者の喀痰，咽頭拭い液，血液，死亡例では肺などの臓器を用いる．しかし，分離は一般検査室では困難であり，特定の研究室または検査機関に依頼する必要がある．

遺伝子および抗原検出には，オウム病の抗原検出キットとして市販されているのは直接蛍光抗体法用抗体であり，標的抗原はクラミジア科特異的リポ多糖体である．各種分泌液や病変部の塗抹標本によりクラミジア基本小体を検出する．

遺伝子診断は，喀痰・咽頭スワブなどの呼吸器材料からDNAを抽出し，PCR法により行う．

抗体検査には種の特定が可能なmicro-IF法などを用いる．micro-IFは，基本小体をスライドグラスに点状に塗布し，アルコール固定後抗体検出に用いる方法である．原則としてペア血清で4倍以上の抗体上昇が認められた場合，確定診断とする．発症時に補体結合抗体価が16倍以下であっても，その後に上昇することもあり注意が必要である．

予防

ワクチンはない．鳥類がオウム病の病原体を保有している場合があることを認識し，接触に気をつける，飼育鳥の健康管理を適切に行うなど，飼育者への啓蒙が重要である．とくに鳥との濃厚接触を避ける．飼育鳥の元気がなくなったり，排菌が疑われる場合は，できるだけ早期に獣医師による治療を受けさせる必要がある．

治療

第1選択薬はミノマイシンをはじめとするテトラサイクリン系薬である．次いで，エリスロマイシンなどのマクロライド，さらにニューキノロン系薬が選択される．妊婦や小児ではマクロライド系を第1選択薬とする．β-ラクタム系は無効なので使ってはいけない．アミノ配糖体も効果はない．

胸部X線像や赤沈の改善が完全でない場合でも，他の所見が明らかに改善していれば，治療を終了しても問題はない．

全身症状を呈す者に対しては補助療法を行う．肺炎が両側にひろがり低酸素血症を呈した場合は酸素投与，呼吸管理，またステロイドを使用する．DIC への対応が必要とされる場合もある．

＜第２章＞
ウイルスによる感染症

ポックスウイルス科

基本性状

楕円形（220 ～ 300 × 130 ～ 150nm）あるいは
レンガ状粒子（250 ～ 330 × 200 ～ 280 × 200 ～ 250nm）
二本鎖 DNA
細胞質内で増殖

重要な病気

きん痘（鶏）
牛　痘（牛）
偽牛痘（牛）
サル痘（サル類，げっ歯類，ヒト他）
ランピースキン病（牛，水牛）
牛丘疹性口炎（牛）
馬　痘（馬）
伝染性膿疱性皮膚炎（羊，山羊，シカ）
羊　痘（羊）
山羊痘（山羊）
ウサギ粘液腫（ウサギ）

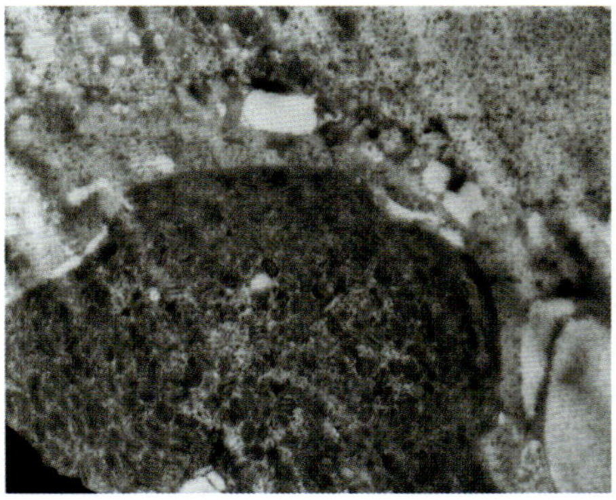

FIG　ポックスウイルス感染細胞の超薄切片像

分　類

ポックスウイルス科（*Poxviridae*）は，脊椎動物を宿主とするコルドポックスウイルス亜科（*Cordopoxvirinae*）と昆虫を宿主とするエントモポックスウイルス亜科（*Entomopoxvirinae*）に大別され，コルドポックスウイルス亜科（*Chordopoxvirinae*）は 8 属，エントモポックスウイルス亜科は 3 属に分けられている．亜科間ならびに属間には共通抗原性は認められないが，属内のウイルス間では強い交差がみられる．宿主域とウイルス属の間には関連性がある．牛にはオルトポックスウイルス（*Orthopoxvirus*）属とパラポックスウイルス（*Parapoxvirus*）属，鳥類にはアビポックスウイルス（*Avipoxvirus*）属，羊・山羊にはカプリポックスウイルス（*Capripoxvirus*）属，豚にはスイポックスウイルス（*Suipoxvirus*）属，ウサギ類にはレポリポックスウイルス（*Leporipoxvirus*）属，サル類にはヤタポックスウイルス（*Yatapoxvirus*）属のウイルスが感染する．

性　状

ポックスウイルスは最大のウイルスで，楕円形（パラポックスウイルス属およびエントモポックスウイルス A と B）またはレンガ状（その他のポックスウイルス属）を呈する（図 1）．この特徴的な形態から，EM による直接観察でも容易にポックスウイルス感染症と診断される（FIG）．粒子表面にはエンベロープがあり，粒子内には直鎖状の二本鎖 DNA からなるゲノムと，1 ～ 2 個の側面体が存在する．

DNA ウイルスであるが，A 型封入体（ウイルス蛋白）と B 型封入体（viroplasm；ウイルス粒子形成部位）を伴って細胞質内で増殖する．

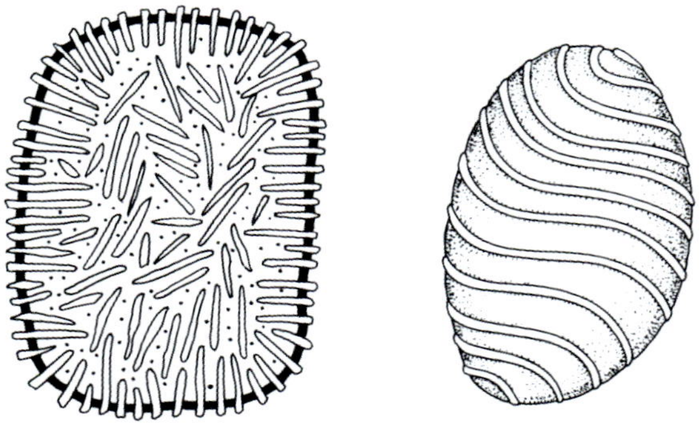

図 1　ポックスウイルスの模式図．
左はレンガ状の，右は楕円形（糸捲状）の形態を示す．両形ともにその表面構造も特徴的である．

ランピースキン病

届出

lumpy skin disease

Key Words：ポックスウイルス，皮膚結節・腫瘤

原　　因

ランピースキン病の病原体は，羊痘・山羊痘に類似したポックスウイルス科カプリポックスウイルス属に分類される．とくに，Neethling ウイルスがよく知られる．羊や山羊には病原性がないといわれる．5～7日目の発育鶏卵の漿尿膜上にポックを形成して，発育鶏卵でよく増殖する．BHK や Vero 細胞などの培養細胞などにも細胞質内封入体が観察される．

疫　　学

発生はアフリカおよびマダカスタル島であり，近年クエート，イスラエル，イエメンなどの中近東の国々にまで及ぶ．2000 年の発生では，英連邦独立国モーリシャスおよびモンザビークで発生が報告され，数百～千頭単位の感染があった．河川の流域や低地での発生が多く，季節的には多湿夏期に多いといわれる．主な伝播様式は感染牛の唾液との接触感染または唾液で汚染された飼料や飲水の摂取による．機械的ベクターとして昆虫の介在も考えられる．アフリカでは水牛などの野生反芻動物が汚染源となる．

感染率は5～50％と高いが，死亡率は2％以下である．

症　　状

潜伏期間は2週間以下であるが，5週間と潜伏期間の長い場合もあるという．

初期には，発熱，食欲不振，鼻漏，流涎が認められ，発熱後 48 時間以内に多数の結節・発疹が体表や呼吸器，消化器，生殖器の粘膜に現れる．結節の大きさは 0.5～5cm．結節部が2次感染により壊死し，潰瘍となり，滲出液が固まり痂皮を形成する．軽度の病変は2～3週間で治癒するが，回復までに3か月以上かかる場合があり，回復後も痕跡が残る．肉眼的にはリンパ節炎とリンパ液の貯留による浮腫が乳房や胸部，腹部，四肢に認められ，時に患畜が跛行する．

診　　断

肉眼的検査：皮膚や内臓粘膜の小結節，リンパ節の腫脹，脚部の浮腫．

病理学的検査：病変組織の好酸性細胞質内封入体の確認，電子顕微鏡によるポックスウイルスの存在．

病原学的検査：病変部組織乳剤の感受性細胞および発育鶏卵への接種によるウイルス分離．

血清学的検査：間接蛍光抗体法，中和試験．

予防・治療

汚染国においては，培養細胞継代および発育鶏卵で弱毒化した生ワクチンによる防圧が有効である．清浄国においては，発生国からの家畜の輸入禁止と検疫所における摘発が必要である．万一国内での発生が認められた場合には早期の摘発淘汰が必要である．

有効な治療法はない．

牛丘疹性口炎

届出
人獣

bovine papular stomatitis

Key Words：パラポックスウイルス，丘疹，類症鑑別

原　因

パラポックスウイルス感染によって起きる牛，水牛の皮膚疾患である．抗原的に交差し，形態的にも類似する２種類のパラポックスウイルス，牛丘疹性口炎ウイルスおよび偽牛痘ウイルス，が原因である．牛，水牛では，家畜伝染病予防法に基づく届け出伝染病に指定されている．

疫　学

日本を含む世界中で発生がみられる．皮膚の創傷から直接的に，あるいはウイルス汚染飼料等を介して経口的に感染が成立する．

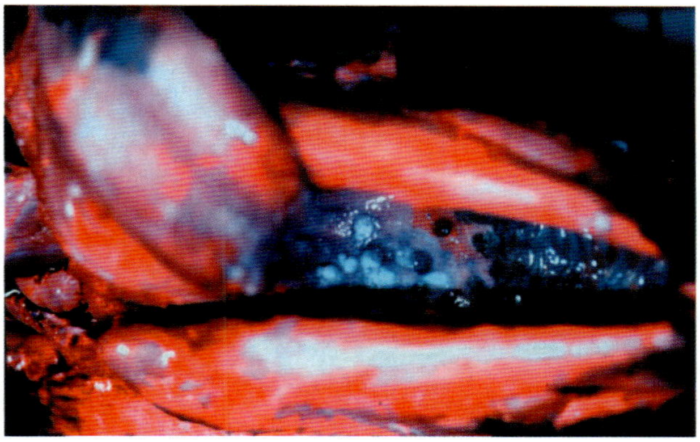

写真１ 発症牛口腔内の丘疹．（写真提供：小前博文氏）

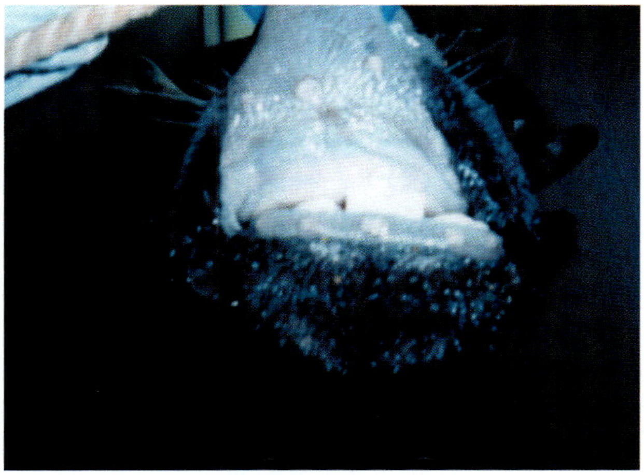

写真２ 実験感染牛口唇部の丘疹．（写真提供：動物衛生研究所）

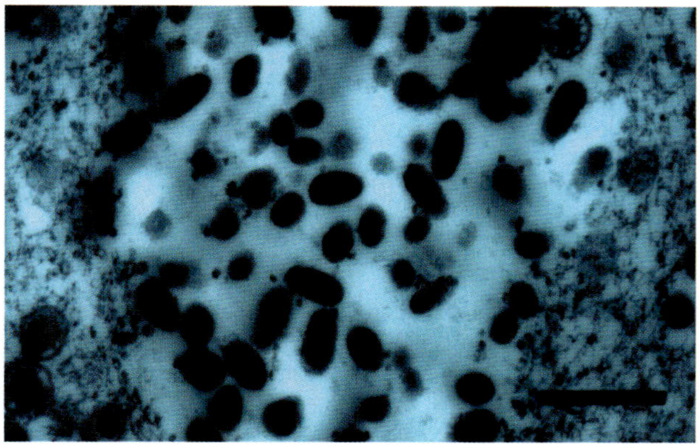

写真３ 病変部組織におけるウイルス粒子．（写真提供：動物衛生研究所）
Bar = 500nm

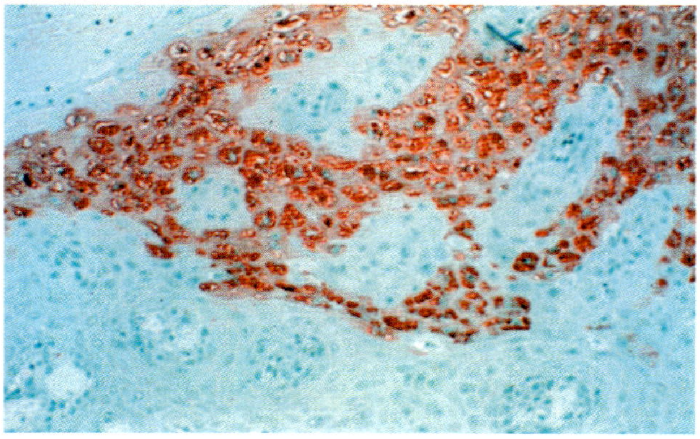

写真４ 病変部組織の免疫染色．（写真提供：動物衛生研究所）

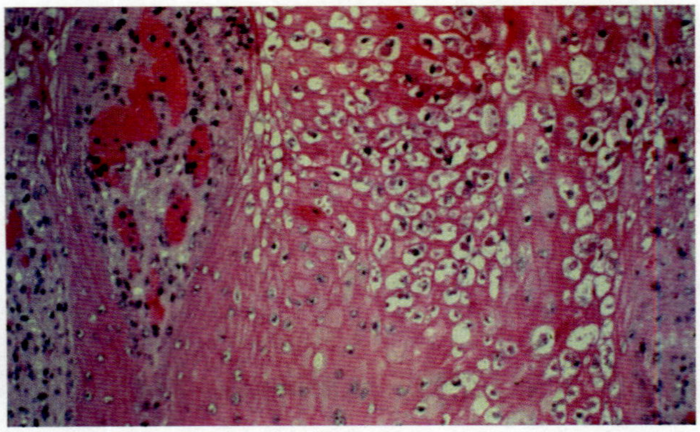

写真５　有棘細胞の増生と空胞変性，細胞質内封入体．（写真提供：動物衛生研究所）

症　　状

主に口周辺，口腔に丘疹，結節を形成するが，ウイルスの感染部位によりさまざまである（写真１，２）．膿疱，潰瘍まで進行することもあるが，全身症状や死亡することはまれで，痂皮を形成後１か月程度で外見上治癒する．

診　　断

PCR 法によるウイルス遺伝子の検出．ウイルス分離．電子顕微鏡によるウイルス粒子の検出（写真３）．免疫組織学的手法によるウイルス抗原の検出（写真４）．有棘細胞の増生と空胞変性，細胞質内封入体の観察（写真５）．口蹄疫との類症鑑別が重要である．

予防・治療

有効な予防法・治療法はない．

馬痘

届出

horse pox

Key Words：ウアシン・ギシュー病，乳頭腫様の皮膚病，細胞質内封入体，馬の伝染性軟疣

古典的な馬痘は古くからヨーロッパで発生していたが，最近は全く報告されておらずウイルスも分離されていない．馬を固有宿主とするポックスウイルスには，コルドポックスウイルス亜科に分類されるオルトポックスウイルス属のウアシン・ギシュー病（Uasin gishu disease）ウイルスがあり，ヒトを宿主とするモラシポックスウイルス属のウイルス感染による馬の伝染性軟疣（molluscum contagiosum of horses）を馬痘とみなすことがある．わが国では届出伝染病に指定されている．

疫　学

ウアシン・ギシュー病は，アフリカのケニアにあるウアシン・ギシュー高原で発見され，馬の皮膚病として1934年に報告された．臨床的に同様な皮膚病がブルンジ，ルワンダ，ザンビア，ザイールなどでも報告されている．ウイルスは馬と馬が直接接触するか，馬具や馬の取扱者を介して間接的に伝播するが，野生動物や吸血昆虫の関与なども考えられ不明な点が多い．

症　状

乳頭腫様の皮膚病変が頭部，頚部，肩部，胸部，腹部，大腿部などの表皮に認められる．触診で硬度のある結節は白色の痂皮を伴うが，痂皮が剥離すると出血斑を呈する．これらの結節は同一馬にさまざまな発育過程で観察され，数年にわたって間欠的に出現することがある．また，*Dermatophilus congolensis*，*Microsporum gypseum*，*Microsporum equinum* などによる皮膚糸状菌症との合併症として認められることがある．

病　変

病巣部の病理組織学的所見は，表皮の有棘細胞層の過形成と肥厚が特徴的である．それはウイルスDNAからなる細胞質内封入体が形成されるためで，基底層に近接する深部細胞の封入体はHE染色で桃紫色，ギムザ染色では暗紫色に染まる．表在細胞に形成される封入体は細胞質の大部分を占め，大型で淡く染まる．

診　断

臨床的に馬の伝染性軟疣，馬媾疫，水胞性口炎および皮膚糸状菌症との類症鑑別が必要である．病巣部皮膚組織の電子顕微鏡観察によって，特徴的な形態を示すポックスウイルス粒子の存在を確認する．ウイルス分離には子牛腎培養細胞を用い，病巣部皮膚組織乳剤を接種してCPEの出現を観察して行う．分離ウイルスの同定は，中和試験やゲル内沈降反応によりワクチニアウイルスあるいは牛ポックスウイルスとの交差反応を利用する．

予防・治療

予防のためのワクチンは存在しない．特別な治療法も確立していない．明らかではないが感染源として疑われる野生動物との接触を避け，機械的な伝播を避けるために吸血昆虫の防除に努める．

伝染性膿疱性皮膚炎

届出 人獣

contagious ecthyma, contagious pustular dermatitis

Key Words：パラポックスウイルス，丘疹

原　　因

パラポックスウイルス感染によって起きる羊，山羊，ニホンカモシカの皮膚疾患である．原因ウイルスはオルフウイルス（*Orf virus*）である．羊，山羊，特用家畜の鹿では，家畜伝染病予防法に基づく届出伝染病に指定されている．

疫　　学

日本を含む世界中で発生がみられる．皮膚の創傷から直接的に，あるいはウイルス汚染飼料等を介して感染が成立する．特用家畜の鹿は届出伝染病の対象であるが，現在（2004年7月）までに発生の報告はない．また，野生ニホンジカの抗体調査でも感染は確認されていない．

症　　状

主に口周辺，口腔，乳頭に丘疹，結節を形成するが，ウイルスの感染部位によりさまざまである（写真1，2，3，4）．膿疱，潰瘍まで進行することもあるが，全身症状や死亡することはまれで，痂皮を形成後1か月程度で外見上治癒する．ただし，病変部によって哺乳・採食・歩行が困難なものや，2次感染がみられるものは重症と

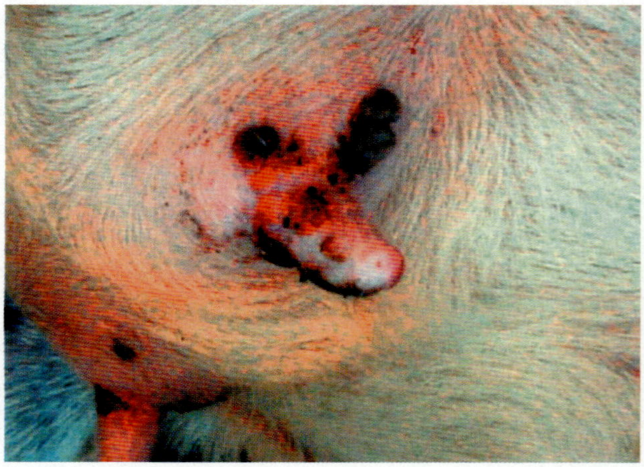

写真2　発症山羊乳頭の丘疹，結節および痂皮．（写真提供：動物衛生研究所）

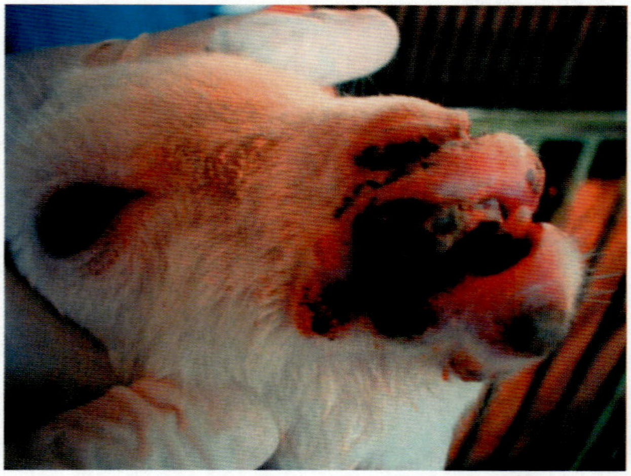

写真1　発症山羊口唇部の丘疹，結節および痂皮．（写真提供：動物衛生研究所）

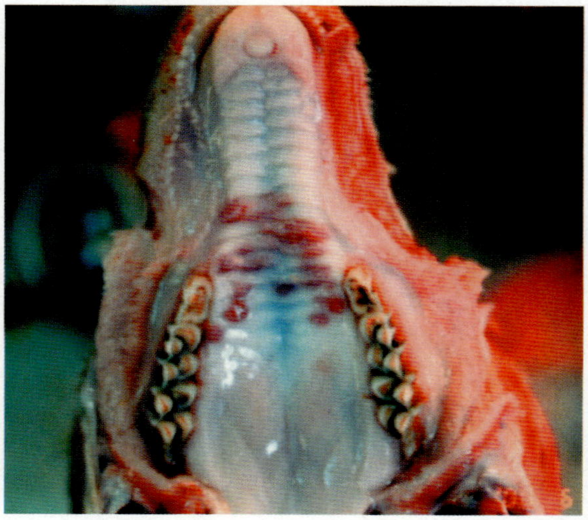

写真3　発症山羊口腔内の丘疹．（写真提供：吉田晶徳氏）

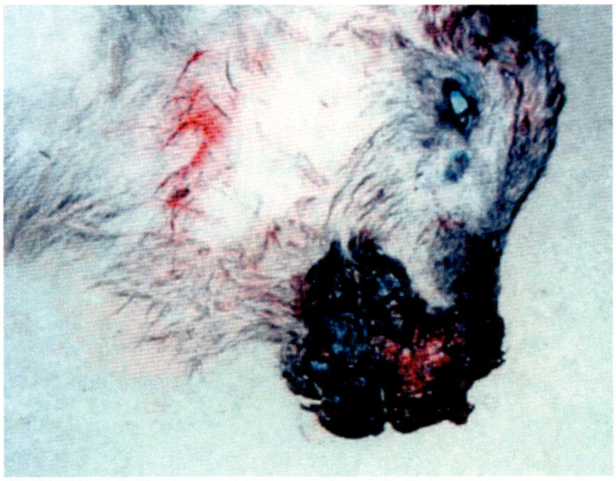

写真４　発症ニホンカモシカ口唇部の結節，潰瘍および痂皮．（写真提供：福島県県中家畜保健衛生所）

なる．

診　　断

PCR 法によるウイルス遺伝子の検出．ウイルス分離．電子顕微鏡によるウイルス粒子の検出．免疫組織学的手法によるウイルス抗原の検出．有棘細胞の増生と空胞変性，細胞質内封入体の観察．（牛丘疹性口炎の項の写真を参照すること．）口蹄疫との類症鑑別が重要である．

予防・治療

一部の国で病変部乳剤を用いた生ワクチンが使用されているが，ワクチン接種動物は本ウイルス非汚染群において新たな感染源となり，本疾病を広めてしまうため注意が必要である．また，ヒトにも感染することから，ワクチン取扱者が誤って感染する危険性についても注意が必要である．有効な治療法はない．

羊　　痘

届出

sheep pox

Key Words：カプリポックスウイルス，発疹

原　　因

羊痘ウイルス（*Sheeppox virus*）感染によって起きる羊，山羊の皮膚疾患である．

疫　　学

赤道以北のアフリカ，トルコ，イラン，アフガニスタン，パキスタン，インド，ネパール，中国などで発生．ウイルスを含むエロゾールを吸い込んだり，罹患動物との直接的な接触，また昆虫などによる機械的伝播により感染が成立する．若齢では死亡率が高く経済的被害が大きい．

症　　状

40℃以上の発熱．腋窩，鼠径部などに直径 1 ～ 3cm

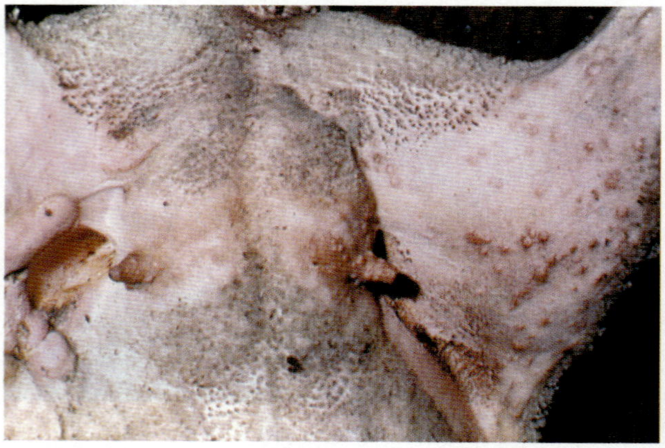

写真 1　羊の鼠径部の発疹．
病変の融合に注意．

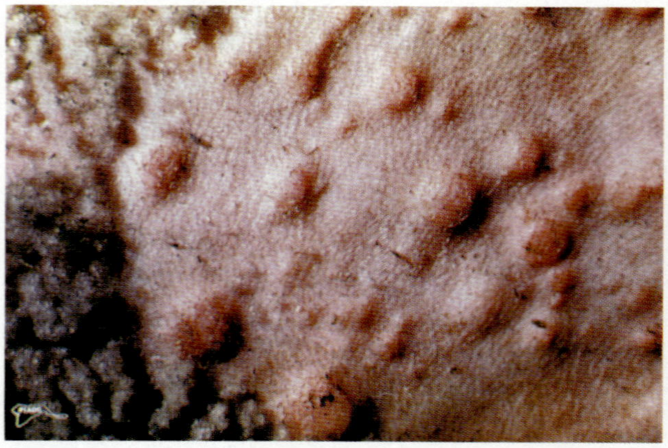

写真 2　羊の丘疹性皮膚病変の拡大．

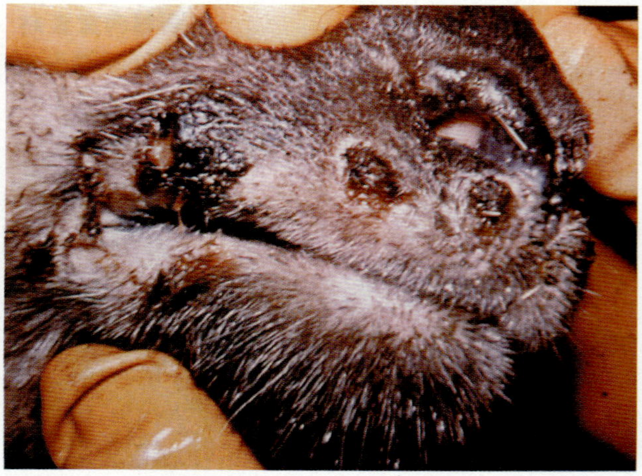

写真 3　鼻鏡および口唇の病変．

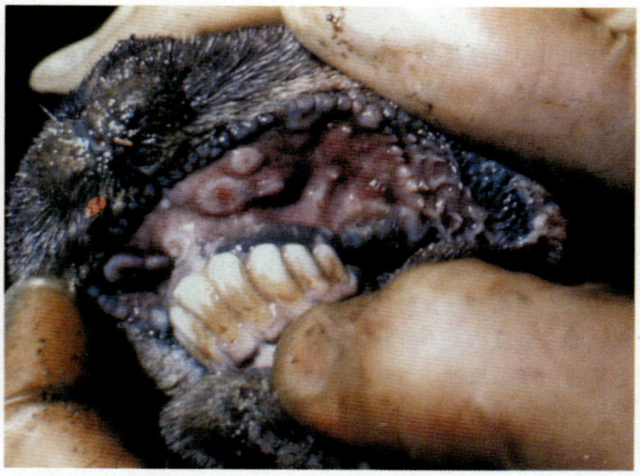

写真 4　歯齦の病変．

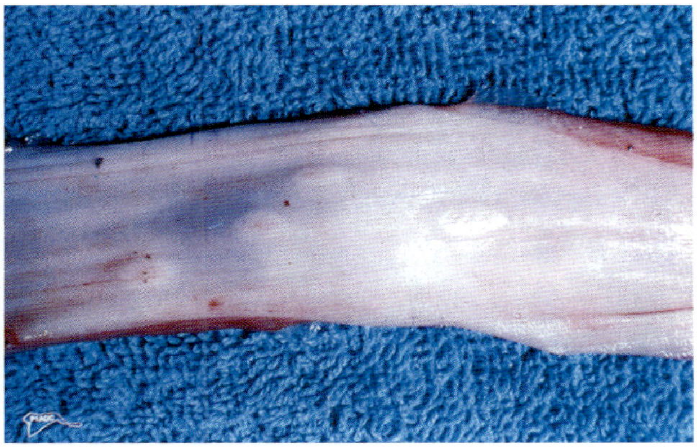

写真5 食道粘膜の病変.

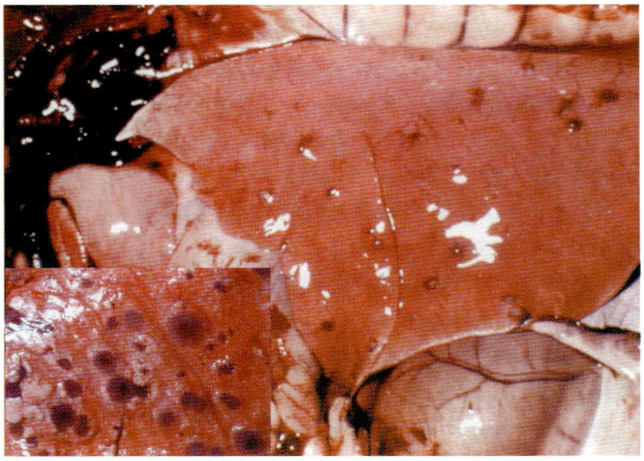

写真6 肺の病変．左下は拡大図.

の充血した発疹が現れ，やがて全身に広がる．鼻，眼，口など粘膜部の丘疹は速やかに潰瘍となる．

診　　断

病変部のバイオプシー材料を電子顕微鏡により観察しウイルス粒子を検出する．現在までに羊痘に特異的かつ高感度の抗体検査法はない．

予防・治療

常在国では生ワクチンおよび不活化ワクチンが用いられている．治療法はない．

＊写真はすべて「図解 海外家畜疾病診断便覧」，メキシコ・米国口蹄疫防疫委員会編，故野口一郎訳，㈳日本獣医師会，1989 より許可を得て転載．

山羊痘

届出

goat pox

Key Words：カプリポックスウイルス，発疹

原因

山羊痘ウイルス（*Goatpox virus*）感染によって起きる山羊，羊の皮膚疾患である．羊痘ウイルスときわめて近縁のウイルスである．

疫学

赤道以北のアフリカ，トルコ，イラン，アフガニスタン，パキスタン，インド，ネパール，中国などで発生．羊痘と同様に，ウイルスを含むエロゾールを吸い込んだり，罹患動物との直接的な接触，また昆虫などによる機械的伝播により感染が成立する．若齢では死亡率が高い．

症状

臨床症状は羊痘と同様であるが，一般的に羊痘よりも軽い．発熱が認められ，腋窩，鼠径部などに直径1～3cmの充血した発疹が現れ，やがて全身に広がる．鼻，眼，口など粘膜部の丘疹は速やかに潰瘍となる．

診断

病変部のバイオプシー材料を電子顕微鏡により観察しウイルス粒子を検出する．現在までに山羊痘に特異的かつ高感度の抗体検査法はない．

予防・治療

常在国では生ワクチンおよび不活化ワクチンが用いられている．治療法はない．

ウサギ粘液腫

届出

myxomatosis

Key Words：粘液腫，吸血昆虫による機械的伝播，ウサギの駆除

病　　因

本症は，腫瘍原性ポックスウイルスによる，頭部を中心にした皮膚の腫脹を特徴とする家兎の致死的伝染性疾病である．OIE リスト B 疾病であって，わが国では監視伝染病に指定されている．本症の病因である粘液腫ウイルス（*Myxoma virus*）は，ポックスウイルス科コルドポックスウイルス亜科レポリポックスウイルス属に分類され，エンベロープを持つ 163kb の二本鎖 DNA ウイルスである．ビリオンは縦 300nm ×幅 250nm のれんが状である．

疫学・症状・病変

このウイルスの自然宿主は南北アメリカに棲息する *Sylvilagus* 属のウサギである．これら本来の宿主では良性の線維腫が引き起こされる．蚊，ノミやブユなどの吸血昆虫によって機械的に伝播される．

オーストラリアで害獣化したヨーロッパウサギ（*Oryctolagus cuniculus*）を駆除するため散布された粘液腫ウイルスは 1950 年～ 1951 年に大流行したが，その後弱毒ウイルスと抵抗性ウサギが出現したため完全な駆除にはいたらなかった．ウイルス伝播を促進するため 1968 年にヨーロッパウサギノミ（*Spilopsyllis cuniculli*），1993 年にはスペインウサギノミ（*Xenopsylla cunicularis*）を導入し，現在もウイルスを散布している．1952 年フランスでも撒布が行われた．1953 年，英国では違法にウイルスが持ち込まれた．本来の宿主が棲息している南北アメリカと人為的に撒布されたオーストラリアおよびヨーロッパで発生があるが，わが国では発生がない．ヨーロッパでは臨床症状を伴わない粘液腫ウイルスが流行している．

結節型と眼 - 呼吸器型の 2 つの病型がある．潜伏期間は 2 ～ 5 日で，すべての年齢と品種のウサギが発症し，結節型では感染部位の皮膚が浮腫化し腫脹する．次いで 40 度以上の発熱がみられる．眼瞼，鼻，耳，肛門および生殖器官も腫脹し，結膜炎になり膿性の目やにが出る．肺にも出血と水腫が認められ呼吸困難になる．強毒ウイルスでは感染後 10 ～ 15 日以内に死亡する．眼 - 呼吸器型では目やにや鼻汁の増加に引き続き，炎症性のピンクの斑点が 1 次病巣として形成される．組織学的には小血管壁に未分化の大きな核を持つ間葉系由来の大きな星状の粘液腫細胞が多数認められる．

診　　断

診断は初代ウサギ腎細胞や RK-13 細胞などの継代細胞を用いてウイルスを分離・同定するか，あるいはウイルス抗原を検出して行う．このウイルスに特徴的な合胞体とエオジン好性の細胞質内封入体が観察できる．ウイルスの同定は寒天ゲル内沈降反応で実施する．粘液腫ウイルスでは 3 本の沈降線ができるが，類症鑑別が必要なショープ線維腫ウイルスは 1 本である．抗体測定法としては CF 反応，間接蛍光抗体法，ELISA が実施される．

予防・治療

治療法はない．予防ではウサギ線維腫ウイルスと粘液腫ウイルス由来の生ワクチンが使用されている．

きん痘

fowlpox

Key Words：鶏痘，皮膚型，粘膜型，細胞質内封入体，ボリンゲル小体

アビポックスウイルス属のウイルスに起因し，鳥類の皮膚や粘膜にポックスウイルス特有の発痘を引き起こす疾病を「きん痘」という．アビポックスウイルス属には鶏痘ウイルスのほかに，カナリヤ痘ウイルス，ムクドリ痘ウイルス，鳩痘ウイルス，オウム痘ウイルス，ウズラ痘ウイルス，スズメ痘ウイルス，シチメンチョウ痘ウイルスなど，11 種類が存在する．大型の DNA ウイルスで，DNA は約 300kbp である．ウイルス粒子は角が丸みを帯びたレンガ状形態を有する．同属内のウイルスは共通抗原を有し，血清学的に交差反応性を示す．きん痘ウイルスは鶏胚や各種の鳥類の胚で増殖し，鶏胚の漿尿膜には白色，大型のポックを形成する．鶏やアヒル由来の線維芽細胞で増殖し，CPE を示す．ウイルス感染細胞には細胞質内封入体がみられる．ウイルスはエーテル耐性で，乾燥状態での抵抗性が強く，乾燥した痂皮中で数か月間生存する．

鶏とウズラのポックスウイルス感染症（鶏痘）は届出伝染病である．

疫　　学

アビポックスウイルス感染は 20 科 60 種類以上の鳥類で報告され，この中には，オウム類，キジ類，ハト類，ワシタカ類，チドリ類，ダチョウ類，ガンカモ類，スズメ類が含まれる．ワクチンの普及や衛生管理技術の向上により，わが国での鶏痘の発生は減少している．

鶏痘ウイルスは蚊やヌカカなどの吸血昆虫によって伝播されるので，夏から秋にかけて多発する．皮膚や粘膜の傷からウイルスが侵入し発生することも多い．その他，単純な創傷，脱羽，ダニ，ハジラミなどによる刺傷も感染の機会となる．冬に多くみられる粘膜型鶏痘は，夏の間に増殖したウイルスがほこりや糞便などとともに鶏舎内に温存され，感受性のある若鶏に感染して起こる．

症　　状

皮膚型では無毛部皮膚（写真 1），すなわち，肉冠，肉垂，

写真 1　典型的な皮膚型鶏痘（写真提供：堀内貞治氏）．

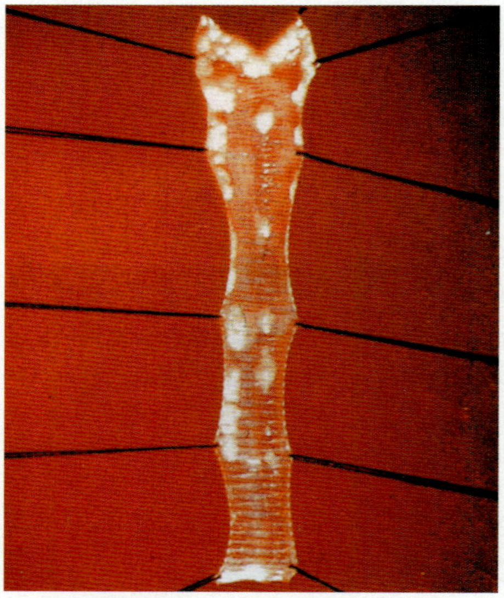

写真 2　野外発生鶏の気管（写真提供：堀内貞治氏）．粘膜における発痘．

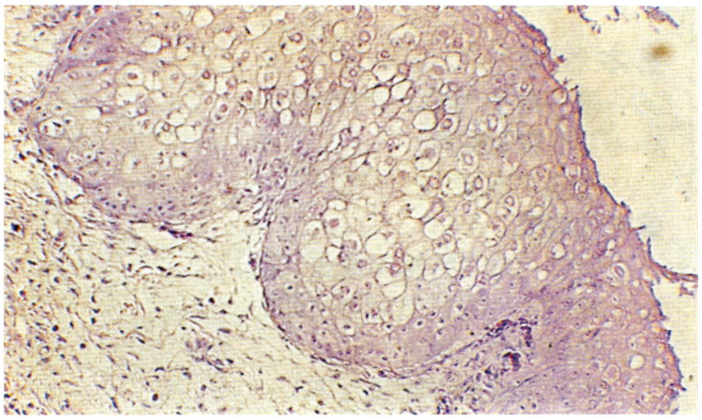

写真3 発痘部の組織病変（写真提供：堀内貞治氏）．
腫大・増生した細胞の細胞質内ボリンゲル小体．HE 染色．

眼瞼，顔，口角，翼下，総排泄孔周囲に病変を形成する．発痘から回復までは一般に“発痘→丘疹→びらん→痂皮→脱落”の経過をとる．致死率は一般に低い．

粘膜型（写真 2）は晩秋から春にかけて，2 ～ 4 か月齢の若鶏に多発する．眼瞼，咽頭部，気管などの粘膜に病変が出現する．眼瞼粘膜がおかされると結膜炎を起こし失明することもある．口，舌，食道がおかされた場合は採食困難となる．鼻腔，眼窩下洞がおかされると鼻汁を排出し，顔面が腫脹する．気管がおかされると呼吸困難となり開口呼吸を起こし，重症の場合は窒息死する．致死率は皮膚型に比して高い．細菌や真菌の 2 次感染で死亡率が高くなる．

診　断

臨床診断：皮膚型は蚊の発生する夏から秋にかけて，粘膜型は冬に多く発生することなど，季節との関係も診断に役立つ．皮膚型では特徴的な発痘がみられるので診断は容易である．粘膜型でも眼瞼部や口角など外部から観察可能な部位に病変が発現した場合は，診断は容易である．しかし，外部から観察困難な気管や喉頭部に病変が発現した場合には，呼吸器症状を示すので，他の呼吸器性疾病（伝染性気管支炎，伝染性喉頭気管炎など）との類症鑑別のために剖検が必要となる．口腔，咽頭部，あるいは気管などの粘膜に丘疹や不潔なジフテリー性偽膜が出現した場合には，ほぼ鶏痘と診断できる．皮膚や粘膜にウイルスが感染した場合の特徴的な組織病変は上皮細胞の著しい増殖と細胞の腫大で，これらの細胞質内には，エオジン好性の A 型細胞質内封入体（ボリンゲル小体）が認められる（写真 3）．

ウイルス学的診断：発痘部の 5 ～ 10 倍乳剤に抗生物質を適量加え，これを接種材料とし，鶏，発育鶏卵，あるいは培養細胞に接種して鶏痘ウイルスを証明する．鶏に接種する場合は，鶏痘ウイルス感染歴，鶏痘ワクチン接種歴のない 1 ～ 3 か月齢の鶏の外股部の羽毛を抜き，その毛穴に接種材料を塗抹するか，外股部または翼膜に穿刺する．肉冠の発達した鶏であれば鶏冠に傷を付け，そこに材料を塗抹する．材料中にウイルスが存在すれば接種後 3 ～ 4 日頃から発痘し，8 ～ 11 日で病変は極期となる．発育鶏卵を用いる場合は，接種材料を 8 ～ 11 日齢の発育鶏卵漿尿膜上に接種し，4 ～ 5 日間転卵せずに孵卵を続けた後に開卵する．材料中に大量のウイルスが含まれていた場合は，漿尿膜が灰白色に肥厚する．鶏腎細胞あるいは鶏胚線維芽細胞に材料を接種した場合は，接種後 3 ～ 7 日で円形の CPE が出現する．この培養液を発育鶏卵漿尿膜上に接種するとポックが形成される．また，この細胞培養液を濃縮して抗原とし，既知陽性血清と寒天ゲル内沈降反応を行うこともできる．

血清学的診断：ウイルスの抗体は寒天ゲル内沈降反応，間接 HA 反応，中和試験，蛍光抗体法，ELISA で測定ができる．このうち寒天ゲル内沈降反応が最も広く用いられている．寒天ゲル内沈降反応ではアビポックスウイルス種間に共通抗原性が認められるので，この反応でアビポックスウイルスの診断およびアビポックスウイルス種間の比較もできる．

予防・治療

鶏痘の予防には有効な生ワクチンがある．採卵鶏および種鶏にはワクチン接種を 2 回（7 ～ 14 日齢と 90 日齢）行う．接種 6 ～ 7 日後に発痘を確認する．また，初回と 2 回目の接種は翼（左，右）を変えて実施する．肉用鶏では 0 ～ 14 日齢で 1 回のみ接種する．皮膚型の予防には蚊やヌカカなどの吸血昆虫の駆除，粘膜型の予防には鶏舎の消毒など一般的な衛生管理も重要である．

アスファウイルス科

基本性状

球形ビリオン

エンベロープを持つビリオンは直径 175 ～ 215nm

非分節，線状二本鎖 DNA ウイルス

同科のウイルスは 1 属（*Asfivirus*） 1 種
（アフリカ豚コレラウイルスのみ）

重要な病気

アフリカ豚コレラ（豚）

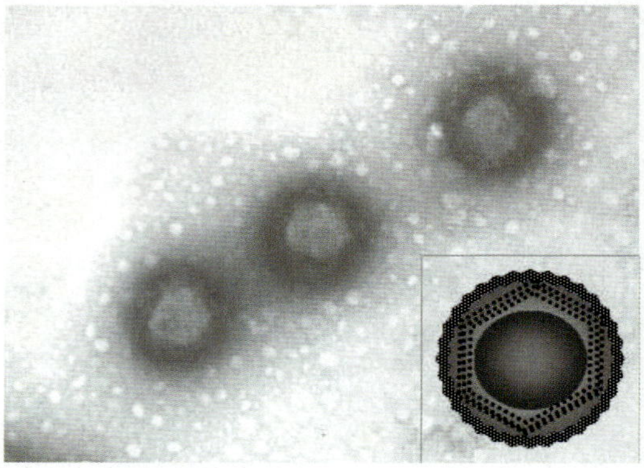

FIG　アフリカ豚コレラウイルス（模式図と電子顕微鏡像）

分　類

アフリカ豚コレラウイルス（*African swine fever virus*：ASFV）は，かつてイリドウイルス科（*Iridoviridae*）に分類されていた．しかし，本ウイルスの分子生物学的な性状解明が進み，ゲノムの構造とウイルスの増殖機構はむしろポックスウイルス科（*Poxviridae*）やフィコドナウイルス科（*Phycodnaviridae*）のウイルスに類似することから，イリドウイルス科から除外され，一時的に 1 属 1 種のウイルスとして *African swine fever-like viruses* 属に分類されていたことがある．しかし，ASFV のビリオン構造やその他の性状において，ポックスウイルス科やフィコドナウイルス科のウイルスとも異なることから，国際ウイルス分類委員会は現在 ASFV をアスファウイルス科（*Asfarviridae*）アスフィウイルス（*Asfivirus*）属の唯一のウイルス種として分類している．アスファウイルス科の名称は，African Swine Fever And Releted Viruses に由来する．

性　状

ビリオンは，直径 70 ～ 100nm の球状ヌクレオプロテイン・コア，それを包む直径 172 ～ 191nm の正 20 面体（T = 189 ～ 217）のカプシド，さらにエンベロープから構成される．カプシドのネガティブ染色による電子顕微鏡像では複数層からなる六角形の偏縁構造が観察される．ウイルスの増殖において細胞外転写過程を持つ．細胞外ウイルス粒子は直径 175 ～ 215nm でエンベロープを持つが，細胞内ウイルス粒子にはエンベロープがない．また，カプシドは 1,892 ～ 2,172 個のカプソメアを持つ．カプソメアは直径 13nm で中空六角柱構造を持つ．ウイルスゲノムは，大きさ 170 ～ 190kbp，グアニンとシトシン含量 39％の単分子，非分節の線状二本鎖 DNA である．ゲノム両端にはヘアピン構造やタンデム状反復領域がある．ゲノム中心部分の約 125kbp は株間によく保存されている．ゲノムは約 200 種類に及ぶ蛋白質をコードし，ビリオンには構造蛋白質の他，多種類の酵素を含む 50 種類以上の蛋白質がある．エンベロープは宿主細胞膜に由来する糖脂質を持つ．

ビリオンの浮上密度は Percol で 1.095g/cm^3，CsCl で 1.19 ～ 1.24g/cm^3，エーテル，クロロホルム，デオキシコール酸に感受性で，60℃，30 分間の加熱で不活化するが，20℃や 4℃では 1 年以上不活化されない．pH4 や pH13 でも不活化されない株がある．

アフリカ豚コレラ

法定

African swine fever

Key Words：発熱，チアノーゼ，出血病変，間質性肺炎，関節炎，皮膚炎，海外悪性伝染病

古典的なアフリカ豚コレラは，全身の出血病変を伴う急性熱性伝染病と定義されていたが，豚の間で感染環が成立した現在では，多様な症状がみられる．原因は，アスファウイルス科，アスフィウイルス属のアフリカ豚コレラウイルスである．本ウイルスはいわゆる国民保護法に基づく家畜に病原性を有する生物剤に指定されている．本病は家畜伝染病予防法に基づく監視伝染病（法定伝染病）である．

疫　　学

アフリカ豚コレラウイルスは，アフリカやイベリア半島に棲息する数種類のダニ（オルニトドロス属）に感染し，ダニ間で交尾および介卵感染で独自の感染環が成立する．豚は家畜の中では唯一の自然宿主で，感受性が高く，感染ダニの吸血以外にも豚間で接触感染する．イボイノシシなどアフリカに棲息する野生のイノシシは感染ダニの吸血によって感染するが，不顕性感染である．ダニとイボイノシシは相互にレゼルボアとなる．一方，豚の間ではキャリアー化した慢性感染豚や不顕性感染豚が感染源になるため，防疫上の障害になる．本病の清浄国への伝播は，感染豚を用いた非加熱畜産物を介したものが多く，国際便の航空機や船舶の厨芥を残飯養豚に用いた事例が大半を占める．これまでポルトガル，スペイン，フランスおよびオランダなどの欧州と，ブラジル，ハイチおよびキューバなどの中南米の多数の国に伝播したことがある．現在は，サルジニア島（イタリア）と中南部アフリカに発生がある．

症状・病変

ウイルスの病原性の差異によって，甚急性，急性，亜急性，慢性および不顕性の多様な病性を示す．亜急性，慢性および不顕性感染例は，アフリカ以外の地域に多い．甚急性では発熱後1～3日で死亡する．急性では突発的な発熱（40～42℃），食欲不振，血便，体表のチアノーゼなどの症状を示して1週間以内に死亡する（写真1）．急性症状は豚コレラのそれに類似して，死亡率は100％である．亜急性では急性の症状を示したのち，死亡までに数週間を要する．慢性では，肺炎，関節炎，壊死性皮膚炎などを起こすが，回復して不顕性感染例になるものがある．慢性例の臨床診断は困難である．慢性や不顕性

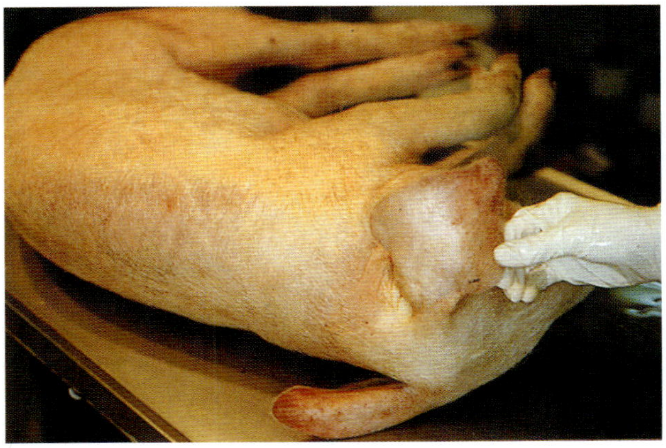

写真1　アフリカ豚コレラウイルス強毒株感染豚の体表チアノーゼ．（写真提供：坂本研一氏）
耳翼端，その他の体表が赤変する．

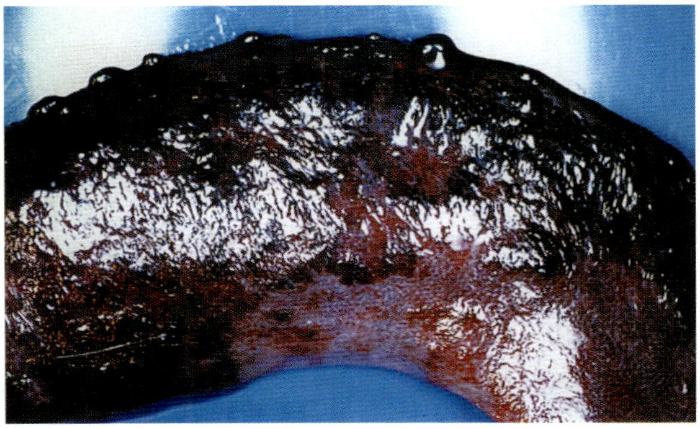

写真2　アフリカ豚コレラウイルス強毒株感染豚の脾臓．（写真提供：坂本研一氏）
多数の出血性梗塞が観察される．このほかに正常の数倍に腫大する脾臓がみられることがある．

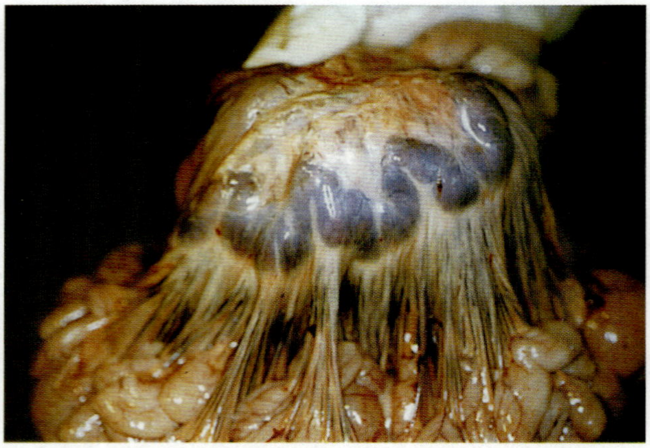

写真3 アフリカ豚コレラウイルス強毒株感染豚の腸管リンパ節.（写真提供：坂本研一氏）
リンパ節は出血し腫大する.

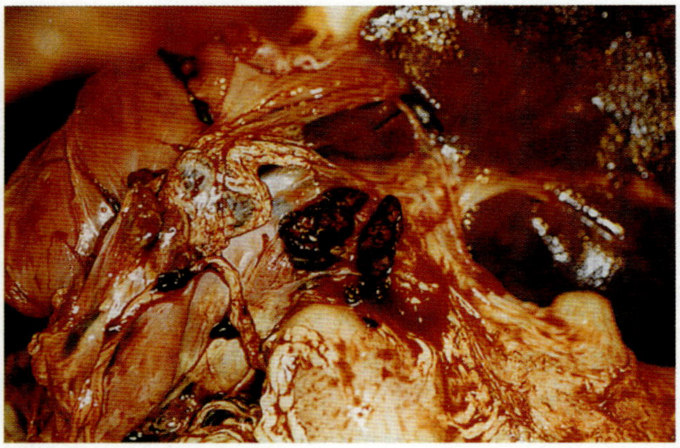

写真4 アフリカ豚コレラウイルス強毒株感染豚のリンパ節割面.（写真提供：坂本研一氏）
リンパ節は出血とともに壊死性病変がみられる．とくに胃と腸管付属のリンパ節の出血性腫大が顕著である.

感染した個体はキャリアー化して感染源になる．急性感染例には全身臓器の出血性病変，水腫，脾臓の腫大，リンパ節の出血性壊死などが観察される（写真 2，3，4）．組織学的には，急性例では細網内皮系細胞の変性壊死，慢性例では間質性肺炎などが観察される.

診　断

感染豚の血液あるいは臓器を用いて蛍光抗体法（間接および直接）で抗体と抗原の検出を同時に行う．豚の白血球細胞培養を用いて分離を試み，赤血球吸着反応や蛍光抗体法でウイルスを証明する．その他に，ウエスタンブロット法や PCR 法などが利用される.

予防・感染

感染豚に一般のウイルス感染で認められる中和抗体が検出されないので，ワクチンなどの予防法はない．本病の防疫は的確な診断に基づく摘発と淘汰で行われる．治療法はない.

イリドウイルス科

基本性状

正 20 面体粒子で，ビリオンは 160 ～ 350nm
二本鎖 DNA
核内で核酸が合成され，細胞質内で組み立てられる

重要な病気

流行性造血器壊死症（魚類）
イリドウイルス病（魚類）
リンホシスチス病（魚類）

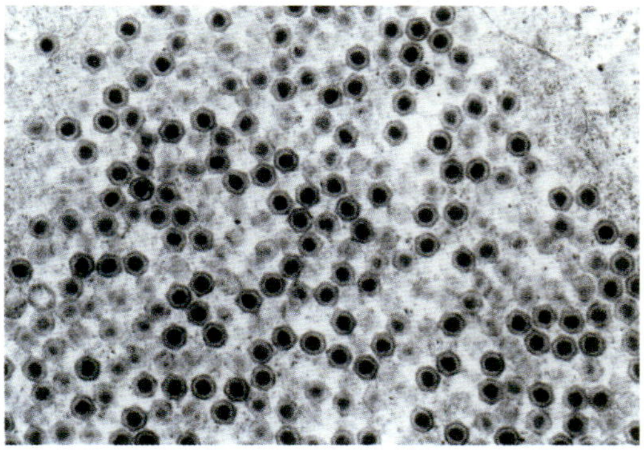

FIG　ブリのマダイイリドウイルス
（写真提供：長谷川　賢氏）

分　類

イリドウイルス科（*Iridoviridae*）のウイルスは昆虫，魚類，両生類を宿主とするウイルス群で 4 属からなる．イリドウイルス（*Iridovirus*）属とクロルイリドウイルス（*Chloriridovirus*）属は昆虫を，ラナウイルス（*Ranavirus*）属は両生類と魚類を，リンホシスチウイルス（*Lymphocystivirus*）属とメガロシチウイルス（*Megalocytivirus*）属は魚類を宿主とするウイルスが分類されている．

性　状

直径約 160 ～ 350nm の，特徴的な六角形断面を示す粒子（FIG）は，通常はエンベロープに囲まれていないが，エンベロープを有するウイルス種も存在し，その形状や大きさに多様性が認められる．ヌクレオカプシドは 125 ～ 300nm 径で，中に直鎖状の二本鎖 DNA1 分子のゲノムを有する．ビリオンがエンベロープにおおわれていなくても 5 ～ 9％の割合で脂質を含むウイルス種がある．

獣医学領域で重要なイリドウイルスは魚類に感染するものだけで，ラナウイルス属で，レッドフィンパーチやニジマスの流行性造血器壊死症ウイルス（*Epizootic haematopoietic necrosis virus*），ブリ，カンパチやマダイなどの海水魚や，淡水魚のイリドウイルス病，リンホシスチウイルス属に分類され，カレイ科やヒラメ科の魚類のリンホシスチス病ウイルスウイルス 1 型と 2 型（*Lymphocystis disease virus 1&2*）があげられる．

リンホシスチス病

lymphocystis disease

Key Words：イリドウイルス，巨大細胞，リンホシスチス細胞，自然治癒

海水魚，汽水魚，淡水魚 150 種以上の体表に，巨大化した結合織細胞の集塊を形成するウイルス病である．

原　　因

イリドウイルス科，リンホシスチウイルス属，リンホシスチス病ウイルスによる．正 20 面体で二本鎖 DNA を有し，エンベロープを持たない．ウイルス粒子の直径は 130 ～ 330nm と，魚種により異なる．例外を除き，ウイルス分離は困難である．血清型は 1 つである．

発生・疫学

世界中に分布する慢性感染性伝染病である．わが国ではスズキ，ブリ，ヒラメ，マダイ，イシダイ，カレイ，トラフグ，クロソイなどに多発する．重度の場合をのぞき死亡するのはまれで，自然治癒する．皮膚の創傷から感染する．

症　　状

頭部，口腔周囲，皮膚，ひれに白色，灰白色ないし黒色疣状の細胞の集塊が形成されることにより，商品価値が低下する．良性で，発症数か月で細胞集塊が脱落し，自然治癒する．

写真 1　ヒラメの尾鰭，背鰭（上側の鰭），ならびに尻鰭（下側）に形成されたリンホシスチス病変．
床の上であばれたため，尾鰭の病巣の一部が剥離し，出血している．

写真 2　グラスフィッシュの背鰭，尻鰭および尾鰭に形成された，白色のリンホシスチス病変．（写真提供：森友忠昭氏）

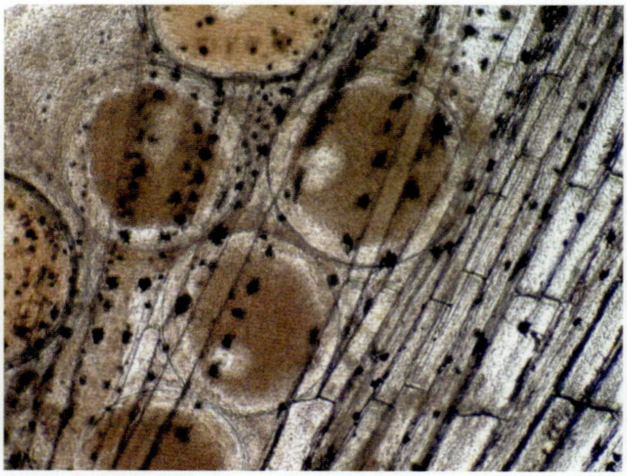

写真 3　グラスフィッシュに形成された病変部の拡大．（写真提供：森友忠昭氏）
厚い膜で囲まれた，球状のリンホシスチス細胞の集合体が観察される．

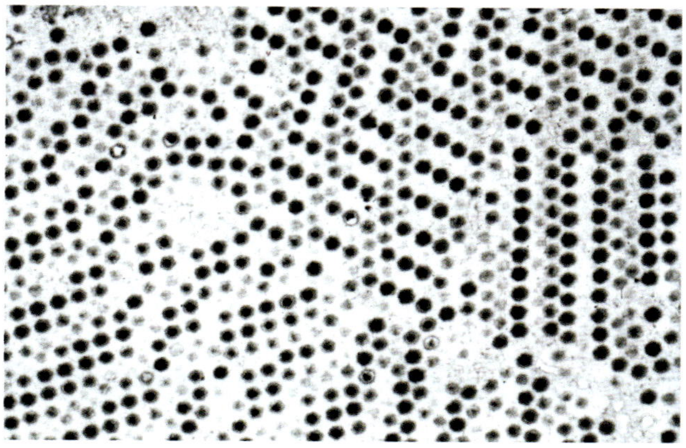

写真 4 ヒラメ病魚のリンホシスチス細胞内に観察されたウイルス粒子.（吉水　守：動物の感染症，近代出版，2004年より転載）

診　断

疣状突起物は，ウイルス感染により巨大化した結合織細胞（リンホシスチス細胞）の集塊である．細胞の直径は 0.1 ～ 1mm に達し，厚い硝子様被膜（5 ～ 10 μm）に囲まれるため，個々の細胞を触診可能である．核および核仁は巨大化し，好塩基性細胞質内封入体が形成される．肉眼病変から，容易に診断可能である．例外を除きウイルス分離が困難なため，電顕によりウイルス粒子を観察する．

最近，PCR 法による診断が確立された．

予防・治療

ワクチンは開発されていない．病魚を淘汰，あるいは隔離する．発症魚を移動させない．有効な治療法ない．

海水魚のイリドウイルス病

iridovirus disease of sea water fish

Key Words：異型肥大細胞，高致死率，ワクチン

海水魚の内部臓器に異型肥大細胞と呼ばれる細胞が出現する，致死的なウイルス病であり，大きな被害をもたらしている．

原　　因

原因はイリドウイルス科，メガロシチウイルス属のウイルスである．ウイルス粒子の直径は 200 ～ 260nm．正 20 面体で二本鎖 DNA を有し，エンベロープを持たない．魚類由来株化細胞で，20 ～ 25℃で細胞が円形化する CPE を呈するが，ウイルスの継代は比較的難しい．

発生・疫学

1990 年の愛媛県の養殖マダイでの発生以来，多種海水魚に発生している．マダイのほかブリ，カンパチ，シマアジ，ヒラメ，スズキ，イシダイ，イシガキダイなど 30 種以上の魚種に発生し，ウイルス病では最大の被害をもたらしている．水温 25 ～ 30℃の夏期に多発する．

症　　状

病魚は遊泳緩慢となり，水面近くを浮遊する．体色は黒化，あるいは褪色する．顕著な貧血が特徴で，鰓は白色に褪色する．その他の外見的特徴は乏しい．

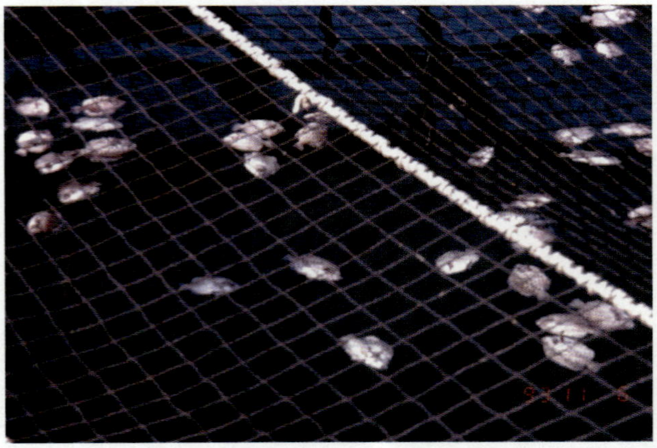

写真 1　イリドウイルス感染により死んで浮き上がったイシガキダイ．
遊泳不活発となり，衰弱して斃死する．

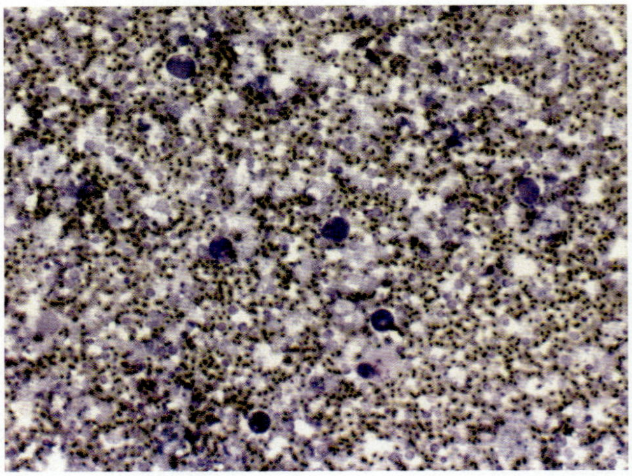

写真 2　イシガキダイ脾臓スタンプ標本に観察された異型肥大細胞（ギムザ染色）．
赤血球や白血球に混じって，大型円形，濃染性の細胞が多数出現する．

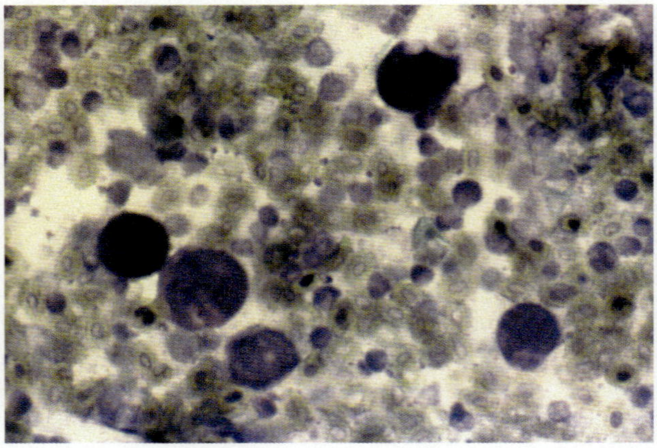

写真 3　異型肥大細胞の大きさは，正常白血球のそれの数倍に達する．

診　　断

鰓薄板に点状出血を観察する．脾臓，肝臓，腎臓，心臓，鰓に，異型肥大細胞とよばれる好塩基性球形大型細胞が多数出現する．細胞質内にウイルス粒子を観察する．診断は，臓器塗抹標本のギムザ染色や組織切片で，特異大型細胞を確認する．蛍光抗体法によりウイルス抗原を確認する．また，PCR 法により，ウイルス DNA を検出する．

予防・治療

マダイおよびブリ属の魚に，不活化ワクチンを腹腔内接種して予防する．また，ウイルスフリーの種苗を導入する．有効な治療法はない．

ヘルペスウイルス科

基本性状

球形粒子（100 ～ 200nm）
二本鎖 DNA
核内で増殖

重要な病気

猫ウイルス性鼻気管炎（猫）
犬ヘルペスウイルス感染症（犬）
伝染性喉頭気管炎（鶏）
馬鼻肺炎（馬）
牛伝染性鼻気管炎（牛）
悪性カタル熱（牛，羊，シカ）
オーエスキー病（豚）
B ウイルス感染症（サル，ヒト）
マレック病（鶏，ウズラ）
アヒルウイルス性腸炎（アヒル）

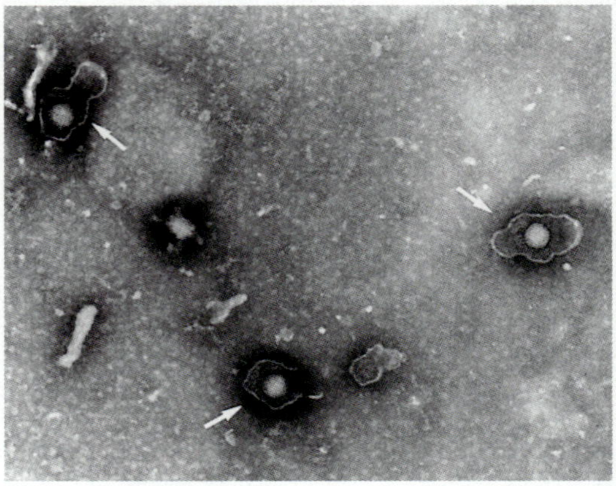

FIG 精製した猫ヘルペスウイルスのネガティブ染色像（矢印）
直径が約 100nm のカプシド粒子の周囲をエンベロープが囲んでいる．エンベロープは物理化学的作用により破壊されやすく，感染性もなくなる

分類

ヘルペスウイルス科（*Herpesviridae*）に所属するウイルス種は数多く，主にそれらの生物学的性状に基づいてアルファ，ベータ，ガンマヘルペスウイルス亜科の3つに分けられている．アルファヘルペスウイルス亜科（*Alphaherpesvirinae*）には動物に急性感染するウイルスの大部分が所属しており，以下に解説されるヘルペスウイルス病は悪性カタル熱とアヒルウイルス性腸炎（アヒルペスト）を除いてすべて本亜科に属する．ベータヘルペスウイルス亜科（*Betaherpesvirinae*）にはサイトメガロウイルスの類が所属する．ガンマヘルペスウイルス亜科（*Gammaherpesvirinae*）のウイルスはリンパ（様）細胞に感染し腫瘍化させるのを特徴とする．

性状

いずれも初感染回復後には潜伏感染するのがヘルペスウイルスの特性で，アルファヘルペスウイルス亜科は神経系細胞に，ベータヘルペスウイルス亜科は唾液腺や腎臓に，ガンマヘルペスウイルス亜科はリンパ球に潜伏感染する．潜伏感染ウイルスはゲノムの状態で存在し，宿主がストレスなどにより，あるいは他のウイルス感染や医療行為により免疫能が低下すると再活性化し，体外に排泄され，再発病する．

直径 100 ～ 200nm の球形ビリオンは 162 個のカプソメア（150 個のヘキサマーと 12 個のペンタマー）からなる直径約 100nm の正 20 面体カプシドと，その外側周囲にはテグメントと呼ばれる無定形，非対称形の物質層があり，さらにその周囲をエンベロープが囲む（FIG）．カプシド内には直鎖状の二本鎖 DNA からなるゲノムが入っている．ゲノムは反復配列の有無やそれらの位置など構造的に A ～ F の 6 型に分けられている．

ウイルスはエンベロープを介して細胞に吸着し，融合によりヌクレオカプシドは細胞質内に侵入し，ゲノムは核に達する．ウイルス DNA は核内で合成され，ヌクレオカプシドは核膜の内層で出芽しエンベロープでおおわれて感染性を獲得する．ウイルス粒子は核膜内・外層の間や小胞体腔内に集簇し，小胞体を経て放出される．

猫ウイルス性鼻気管炎

feline viral rhinotracheitis

Key Words：鼻気管炎，結膜炎，潜伏感染

猫ヘルペスウイルス 1（*Felid herpesvirus 1*：FHV-1）の上部気道感染症で，猫カリシウイルス（*Feline calicivirus*：FCV）感染症とともに猫の呼吸器病の大部分を占めている．鼻気管炎と結膜炎を主徴とする猫のコアウイルス病である．

疫　学

世界中で発生が認められる．感染源は，急性発症猫と回復後にキャリアーとなった猫の眼や鼻からの分泌物と唾液である．ウイルスの抵抗性が弱いため，汚染器物を介するよりもそれらに直接接触することで主に経鼻感染する．母猫の急性感染は胎子の垂直感染の原因となるが，重要性は低い．キャリアー猫は疫学上，重要である．他のヘルペスウイルス感染症と同じく，大部分の猫は急性感染から回復してもウイルスは中枢神経系神経節内に潜伏感染するらしく，宿主の免疫状態の悪化により再排泄される．

症　状

数日の潜伏期間の後に元気消失，発熱，食欲減退，くしゃみなどの初期症状を呈し，漿液性から粘液膿性に変わる鼻水や眼やにの排泄，流涎などの症状を呈する（上部気道感染型，写真 1）．その後，炎症や分泌物などにより鼻道が閉塞されると呼吸困難を，また結膜浮腫，角膜炎，角膜潰瘍などの眼部症状が顕著となる（眼感染型，写真 2）．栄養状態と宿主の免疫能が良好で，2 次感染（一般細菌やクラミジア）がなければ，症状発現 7 ～ 10 日後には回復し始める．下部気道のウイルスの直接侵襲や口腔・舌の潰瘍形成の頻度は FCV 感染症よりも低い．その他，皮膚感染型（潰瘍形成），神経感染型（中枢神経症状），骨感染型（鼻甲介壊死・吸収），生殖器感染型（腟炎），流産型，全身感染型（新生子死）などの病型を示す．

診　断

臨床症状による類症鑑別は容易でない．全般的には FCV 感染症よりも顔面の不潔感が強く，眼部症状が顕著である．病型にもよるが，病理学的変化は上部気道（鼻から気管上部）と眼部に限定されることが多い．炎症部，とくに結膜，鼻と口・咽頭粘膜上皮細胞には特徴的所見である核内封入体形成を認める（写真 3）．

2 次感染により増悪修飾されていることが多いので，

写真 1　典型的な上部気道感染型を示す子猫．
熱発し，活動的でなく，食欲もみられない．眼が腫れぼったく充血している．最初は片側，漿液性であるが，後に両側，粘液膿性に変わり，写真 2 に示したような結膜炎に進行する．

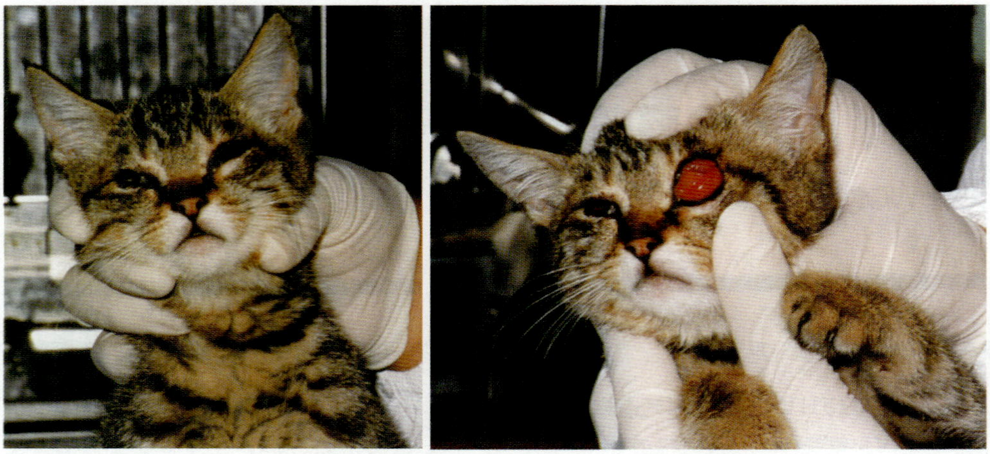

写真2 FHV-1 感染による典型的な眼症状.

写真左から分かるように右眼は涙眼で瞬膜が突出しているが，まだ物が見えるようである．左眼は結膜が充血腫脹し，分泌物は膿性に変化している．写真右に示したように腫脹した結膜のために視界はない．このまま放置すると角膜炎，潰瘍へと進行する．

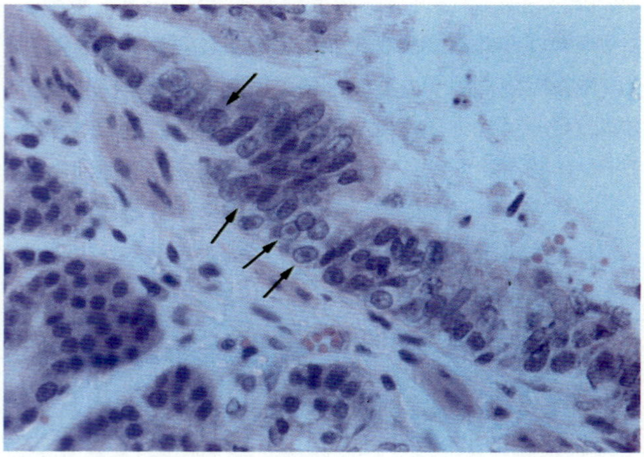

写真3 気管支上皮細胞内に形成された FHV-1 の核内封入体（矢印）.

封入体はウイルス感染による病理学的変化に伴って検出される．HE 染色（写真提供：代田欣二氏）.

病原学的に確定診断する．結膜塗抹標本中の特異抗原を蛍光抗体法で検出する方法が迅速である．滅菌綿棒で口腔や結膜を拭い，専門検査機関にウイルス分離検査の依頼をすることができる．血清学的診断法は事後的で推奨できない．幼若齢の全身感染死亡例はオーエスキー病との鑑別診断も考慮する．

予防・治療

治療の主眼は対症療法，抗生物質による 2 次細菌感染の防止・治療，ならびに治癒能の促進におかれる．潰瘍性角膜炎などの眼症状の軽減に抗ヘルペスウイルス用目薬（0.1％ヨードデオキシウリジン），症状全般の軽減に IFN の適用が考えられる．FHV-1，FCV，ならびに猫汎白血球減少症ウイルス感染予防用の 3 種混合ワクチン，あるいはクラミジアバクテリンを加えたワクチンが市販されている．キャリアー猫の摘発も発生防止に有効である．

犬ヘルペスウイルス感染症

canine herpesvirus infection

Key Words：全身性出血性疾患，胎子・新生子感染，潜伏感染

アルファヘルペスウイルス亜科に属する犬ヘルペスウイルス（*Canid herpesvirus 1*：CHV）によって胎子・新生子の全身諸臓器の出血と壊死を特徴とする致死的感染と幼若犬・成犬に非致死的の呼吸器や生殖器などの局所感染あるいは不顕性感染が起きる．

疫　学

イヌ科動物が感染し，世界中に広く存在する．血清学的調査成績では感染犬が経年とともに増加している．また家庭犬に比べ，多頭飼育される繁殖犬舎や動物施設などで陽性率が高い．新生子犬は主に産道感染や接触感染するが，経胎盤感染も起きる．幼若犬･成犬の局所感染，不顕性感染や潜伏感染とその再活性は胎子・新生子犬への感染源となる．抗体陽性犬は本症および CHV が関与する周産期疾病発生の危険因子として重要である．CHV はケンネルコフ症候群や混合感染の原因因子にもなる．

症　状

約 4 週齢までの新生子犬は感染後およそ 4 ～ 6 日で発症し，3 ～ 7 日で斃死する．感染初期には，元気消失，吸乳の減少，灰白色ないし緑色下痢便がみられ，病期の進行とともに水様性下痢便に変わる．吐き気，流涎や嘔吐があり，末期には食欲廃絶する．呼吸器症状として，初期には漿液性，次いで粘液膿性時には出血性の鼻汁がみられ，やがて呼吸促迫や呼吸困難が起きる．末期には運動失調，特徴的な持続性の啼鳴と腹部圧痛がみられる．病期を通して発熱はない．

幼若犬・成犬の CHV 感染を示唆する臨床的所見として，雌，雄犬の外部生殖器に生じる水疱性丘疹や腟前庭粘膜におけるリンパ濾胞の過形成がある（写真 1）．成犬でまれにヘルペス角膜炎がみられる．妊娠早期ないし中期までの経胎盤感染では，胎子吸収，胎子死や流産が起こり，中期から後期では，胎子死，ミイラ化や早産・死産が起きる．

診　断

胎子・新生子犬における本症の診断は，発生状況，臨床症状および病理学的所見からおおむね可能であるが，感染の確認には組織材料によるウイルス抗原検出，感染臓器やスワブからのウイルス分離および血清学的検査が必要である．

致死的感染した新生子犬の肉眼的主病変は，全身諸臓器における多発性の点状ないし斑状の出血と灰白色壊死巣および脾腫で（写真 2），腎臓の皮質・髄質境界部の楔型出血斑は疾病特異的である（写真 3）．病理組織学的には，好酸性 A 型核内封入体を伴った巣状壊死（CHV 病変）が全身諸臓器にみられる（写真 4）．非化膿性髄膜脳炎や神経節炎もみられる．胎子では，CHV 病変は心筋や肺の細気管支で目立つ．

CHV の中和抗体産生は不定で弱く，とくに感染初期の抗体検出の感度が低いので，感度の高い ELISA が推奨される．

予防・治療

全身性感染の徴候を示す新生子犬の適切な治療法はな

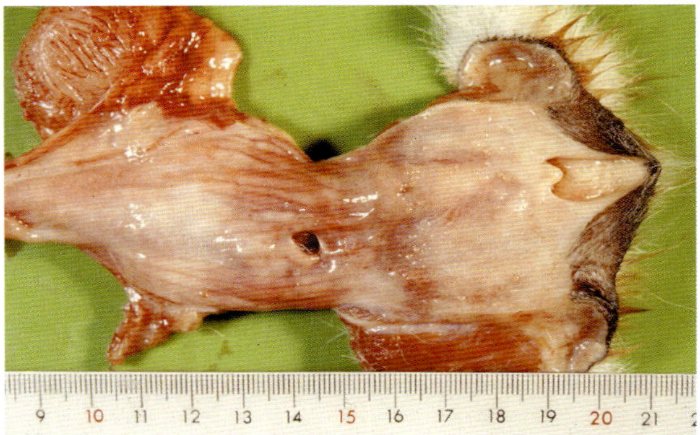

写真 1　CHV を静脈内接種後 2 か月の成犬の腟前庭に認められた多数のリンパ濾胞．

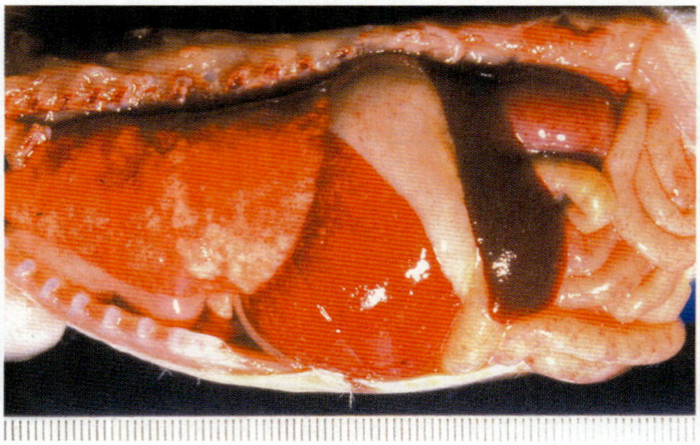

写真2 CHV 感染新生子の典型的病変.
内臓諸臓器の出血・壊死班が認められる．脾臓の腫大と肺水腫もある.

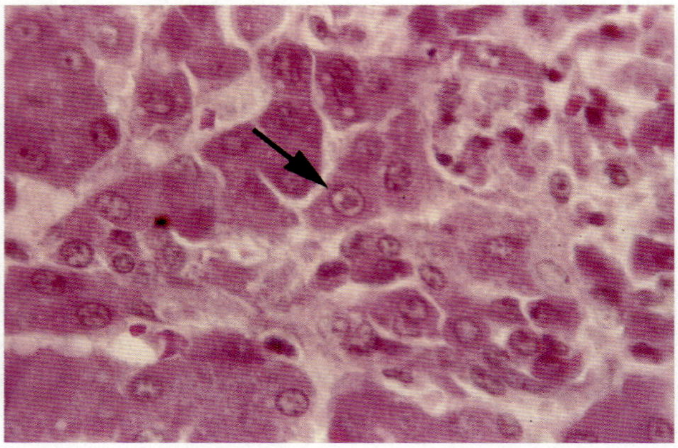

写真4 肝臓の CHV 病変.
好酸性核内封入体（矢印）は壊死巣辺縁部の肝細胞に認められる傾向がある．HE 染色.

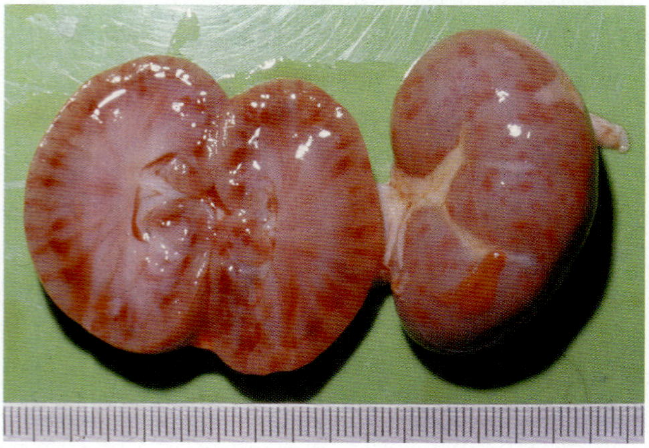

写真3 CHV 自然感染新生子の腎臓.
皮質・髄質境界部の楔型出血斑に特徴がある.

い．保温によって致死的感染を免れ生き残るが，中枢神経系や腎臓，心筋などに障害が残るので，適切な治療法となり得ない．ウイルスとの接触の機会を避けることや妊娠犬と繁殖時の感染防止が予防の基本である．高い抗体価の血清の感染早期の投与は有効であり，感染が予測される場合には予防的投与も試みる．初乳を介して十分量の抗体が新生子犬に移行すれば，急性致死的感染は防げるが，不顕性感染は起こり得る．CHV 感染歴のある母犬が，その後の出産で常に健康な胎子を出産する保障はない．十分予防効果のあるワクチンはまだ開発されていない．妊娠犬に不活化ワクチンを投与することで，新生子の感染・発症を防いだ実験成果がある.

伝染性喉頭気管炎

届出

infectious laryngotracheitis

Key Words：呼吸器病，喉頭気管炎，血痰，合胞体，核内封入体，産卵低下

アルファヘルペスウイルス亜科のイルトウイルス（*Iltovirus*）属に属する伝染性喉頭気管炎ウイルスの感染によって起こる急性の呼吸器病であり，家畜伝染病予防法に基づく届出伝染病に指定されている．主に鶏で問題となる．鶏の呼吸器病の中で最も激しい呼吸器症状を示す．

疫学

日本では，1933年に輸入鶏に発生が認められたが，流行に至らなかった．しかし，1962年の再発生後は国内に定着した．本病の発生は1年中みられるが，気温の低い季節に多い．鶏は，品種，性別，日齢に関係なく本病に感受性である．通常，ウイルスは上部呼吸器道と結膜から侵入するが鶏体内でのウイルス分布は主に呼吸器道と結膜に限局している．本病から回復した一部の鶏では気管や三叉神経節で持続感染が成立しキャリアーとなる．

ウイルス伝播は接触（飛沫）感染が主体だが，ウイルスに汚染した飼料，敷料，養鶏器具器材なども感染源となる．伝播は比較的遅く緩慢であるが，飼育形態によっても異なる．ブロイラーの群飼いや平飼いでは遅くない．介卵感染はない．

症状

激しい呼吸器症状が特徴である．発症鶏は，発咳（グシュン，キャツキャツといった音），異常呼吸音（ゴロゴロ，ゼイゼイ，ズウズウといった音），開口呼吸（喉を伸ばし喘ぐ：写真1），血痰の喀出，鼻汁漏出，眼症状（結膜の発赤・腫脹，流涙），そのほか産卵低下も示すが激しくない．血痰の喀出は本病のみの特徴だが（写真2），幼・中雛ではまれ．死亡の多くは，喉頭や気管に貯留した痰（滲出物）が気道を塞ぐことによる窒息死と考えられている（写真3）．死亡率は衛生管理状態，混合感染の有無など種々の要因の影響を受けるが，およそ20%以内である．通常，発症鶏は10～14日くらいで回復するが，一部の鶏では持続感染が成立し感染源となる．

写真1 開口呼吸．（写真提供：川村　齊氏）
喉を伸ばし喘ぐ．

写真2 喀出されてケージの金網に付着した血痰．（写真提供：川村　齊氏）
気道を塞いでいた痰が出れば鶏は死を免れる．他の呼吸器病では血痰の喀出は認められない．

診断

激しい呼吸器症状，血痰の喀出，喉頭から気管にかけて典型的な肉眼病変があれば診断は困難ではないが，病勢の軽い例では組織学的あるいはウイルス分離などの病

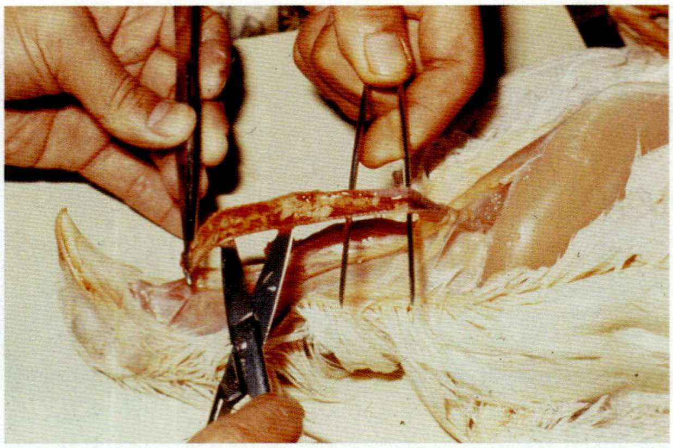

写真3 気管における血様滲出物.（写真提供：高瀬公三氏）偽膜様になった滲出物は容易に剥がすことができる.

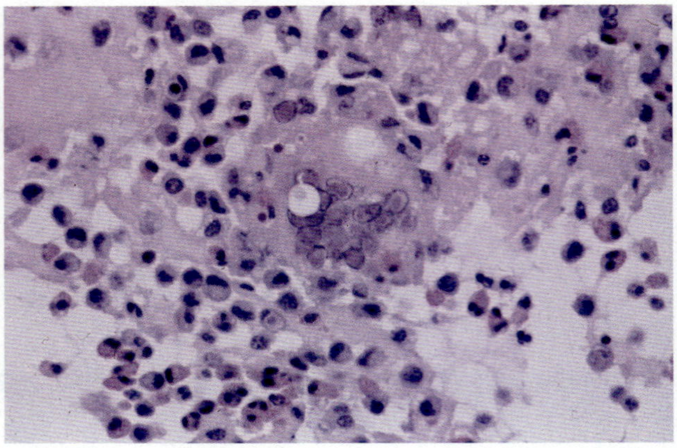

写真4 気管腔内に認められた合胞体と核内封入体.（写真提供：中村菊保氏）

原学的検査を要する.

病理学的診断：呼吸器道，とくに喉頭から気管にかけて粘膜表面に偽膜様に付着した血様，黄色クリーム様あるいはチーズ様滲出物があり，それが容易に剥離するようであれば，ほぼ本病と診断できる（写真3）．組織学的には，呼吸器および結膜などの粘膜上皮細胞の合胞体形成と核内封入体が認められれば診断できる（写真4）．封入体と合胞体は病変形成初期にはよく検出されるが，粘膜上皮の剥離後や再生上皮では封入体は認められないので注意を要する.

ウイルス学的診断：発病初期の鶏や死亡直後の鶏の滲出物，喉頭，気管，肺の乳剤を発育鶏卵，鶏腎臓培養細胞あるいは感受性鶏の気管内や眼窩下洞に接種し，ウイルス分離を行う．発育鶏卵の漿尿膜上あるいは漿尿膜腔内に接種した場合，ウイルスが存在すれば漿尿膜にポックが形成され，組織学的に核内封入体を伴う細胞塊が認められる．培養細胞では，融合性の細胞変性効果（CPE）を起こし，核内封入体を伴う合胞体の形成が認められる．また，蛍光抗体法などにより抗原が検出されれば診断はより確実である.

迅速診断法：病変部の粘膜塗布標本から合胞体と核内封入体の検出，蛍光抗体法により粘膜塗布標本や凍結薄切標本からウイルス抗原を検出することにより早期に診断できる.

抗体検出には，蛍光抗体法，中和試験，寒天ゲル内沈降反応，ELISAが用いられる.

類症鑑別を要する疾病として，ニューカッスル病，伝染性気管支炎，粘膜型鶏痘，マイコプラズマ症，伝染性コリーザがあげられる.

予防・治療

常在地域および発生農場では生ワクチンの接種を行う．本病の伝播力は強くないので，発生地域との交流に注意し，ウイルスを侵入させないことが予防上重要である．有効な治療法はない.

馬鼻肺炎

届出

equine rhinopneumonitis

Key Words：呼吸器病，流産，神経性疾患，不顕性感染

馬鼻肺炎は，馬ヘルペスウイルス1型（*Equid herpesvirus 1*：EHV-1）あるいは4型（EHV-4）の感染によって起こる発熱を伴った呼吸器病，流産，神経性疾患の総称である．子馬や競走馬の感染では通常発熱を伴った呼吸器症状を呈し，妊娠馬の感染では流産を起こす．

EHV-1とEHV-4について：EHV-1とEHV-4の両ウイルスを総称して，現在でも馬鼻肺炎ウイルス（Equine rhinopneumonitis virus）と呼んでいる．これらのウイルスは，馬に感染すると発熱を伴った同様な呼吸器感染を起こす．また，これら両ウイルスの生物学的性状および抗原性が類似していたことから，分離当初は両者の区別が困難で同一ウイルスと考えられていたこともあった．その後，両ウイルスの抗原性の違いが明らかになり，EHV-1は馬ヘルペスウイルス亜型1，またEHV-4は馬ヘルペスウイルス亜型2として分類された．その後，ウイルス遺伝子の解析が進み，これらのウイルスは異なったウイルスであることが証明され，現在のようにEHV-1とEHV-4とに分類されるに至っている．しかし，現在でもこれら2種の異なったEHVの感染によって起こる疾病を総称して「馬鼻肺炎」と呼んでいる．

疫　　学

EHV-1はウマ属にだけ感染するウイルスであり，世界中の馬群に浸潤している．日本では，EHV-1の感染により毎年冬季に集団飼育された競走馬が呼吸器感染症を起こしている．また，呼吸器感染後に神経性疾患を発病することもあるが，その発生はきわめてまれである．ウイルス感染馬は持続感染し，再発を繰り返す．血清学的調査によると，4歳の競走馬のほとんどがこのウイルスに対する抗体を保有している．競走馬群における抗体保有率がきわめて高い割には発症馬が少ないことから，多くは不顕性感染と推察されている．通常，本ウイルスは，鼻汁中のウイルスを含んだ飛沫によって感染する．汚染されたヒトの手指や衣類および馬具などに接触することによっても感染する．インフルエンザのように伝染性はそれほど強くはないが，同一厩舎内における感染では，新しく入厩した馬のほとんどが短期間に感染してしまうような例も珍しくはない．さらに，表1に示したように生産地においてはEHV-1の感染により毎年妊娠馬に流産が起きているが，その発生頭数は多くはない．

EHV-4は，季節に関係なく主として子馬に，まれに明け3歳の競走馬に感染し散発的な呼吸器感染を起こしている．

症　　状

EHV-1の感染：このウイルスの感染による呼吸器感染症は，冬季に2～3歳の競走馬にたびたび発生する．感染馬には，39～40℃の発熱と鼻汁の漏出を認める（写真1）．きわめてまれではあるが，呼吸器感染に続き，腰萎，起立不能，尿失禁などの神経症状を引き起こす症例もある（写真2）．妊娠馬の感染では，妊娠期間最後の2～4か月間に何の前駆症状も示さずに突然流産を起こす（写真3）．流産以外の臨床症状は全くなく，流産後の経過もきわめて良好である．

EHV-4の感染：このウイルスの感染は，生産地の子馬にたびたび認め，その感染子馬の症状は39～40℃の発熱と鼻汁の漏出である．妊娠馬がこのウイルスに感染しても，流産を起こすことは通常ない．

表1　サラブレッドの生産地である北海道日高地方における馬鼻肺炎による流産の発生状況

年	1993	1994	1995	1996	1997	1998	1999	2000	2001	2002
発生頭数	13	13	9	24	22	15	12	12	12	11

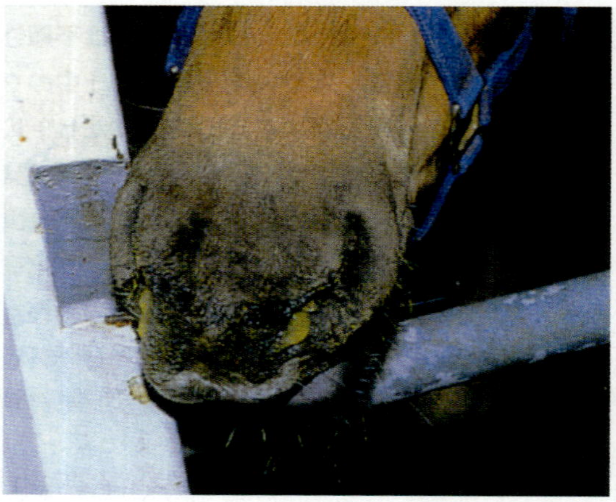

写真1　呼吸器感染を起こした子馬における膿性鼻汁.

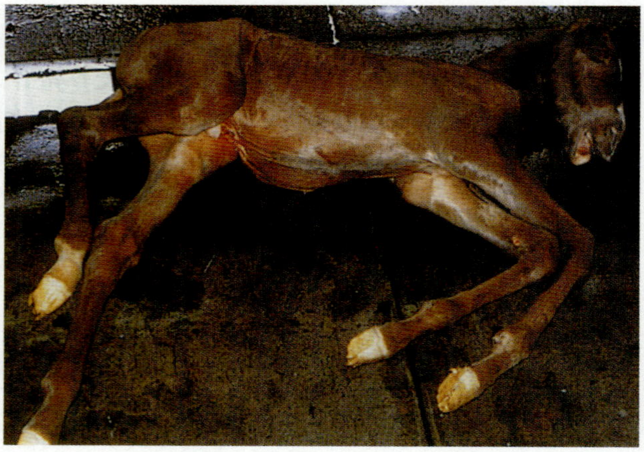

写真3　EHV-1 の感染により起きた流産.

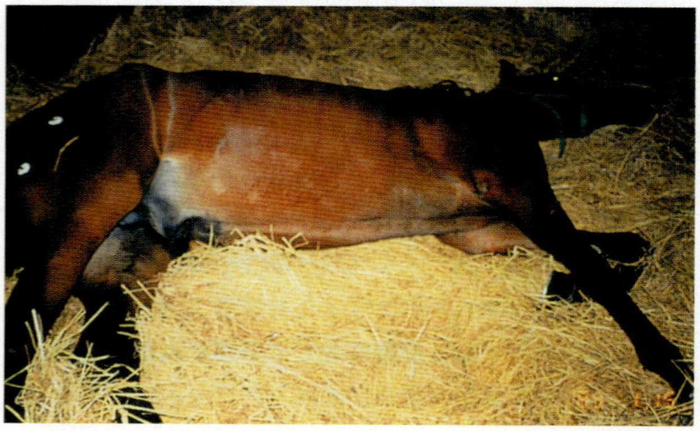

写真2　神経型を発症した成馬にみられた起立不能.

写真4　流産胎子における胸水の増量と肺水腫.

診　断

ウイルス学的診断：呼吸器感染症では，発病初期の鼻汁からウイルスを分離するのが最も確実な診断法である．流産の場合には，胎子の肝臓や肺からのウイルス分離やそれらの凍結切片を用いて特異蛍光抗原を検出することも可能である．

遺伝子診断：鼻汁あるいは流産胎子の臓器を用いて PCR 法により迅速診断ができる．

病理学的診断：流産胎子の剖検では胸水の増量や肺水腫（写真 4）ならびに肝臓における微小白色壊死巣が認められる．組織学的には肺の細気管支粘膜上皮細胞や肝臓の壊死巣周辺の実質細胞に核内封入体を認める（写真 5）.

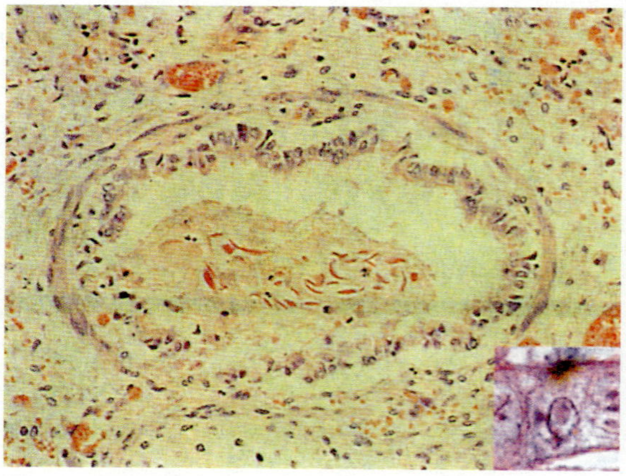

写真5　流産胎子の気管支粘膜上皮細胞の変性とその細胞内好酸性核内封入体（枠内）（HE 染色）.

血清学的診断：呼吸器感染症では，急性期と回復期のペア血清を用いて CF テストや中和試験を行い，抗体の有意な上昇によって診断することができる．流産症例では潜伏期間が長いため，流産時点ですでに妊娠馬は抗体を保有しているために通常血清学的には診断できない．

予防・治療

本病の流産および呼吸器感染症の予防に不活化ワクチンが応用されている．しかし，ワクチン接種による抗体の持続期間が短いことと，本病が再感染や再発を容易に起こしやすいことから，ワクチンの効果は十分でない．このため，細胞性免疫を誘導するワクチンの開発が望まれている．

本症に対する特別な治療法はなく，2 次感染を防ぐために対症療法が実施されている．

牛伝染性鼻気管炎

届出

infectious bovine rhinotracheitis

Key Words：鼻気管炎，角結膜炎，膿疱性陰門腟炎，亀頭包皮炎，流産，髄膜脳炎，潜伏感染，核内封入体

ヘルペスウイルス科，アルファヘルペスウイルス亜科，バリセロウイルス（*Varicellovirus*）属に属する牛ヘルペスウイルス1（*Bovine herpesvirus 1*：BHV-1）は別名牛伝染性鼻気管炎ウイルスとも呼ばれる．このウイルスの感染により，鼻気管炎，角結膜炎，腟炎，亀頭包皮炎，流産，髄膜脳炎，乳房炎など多様な病気を起こし，全国的に発生がみられている．これが牛伝染性鼻気管炎（IBR）である．わが国の発生例はほとんどが上部気道炎と流産で，まれに髄膜脳炎や膿疱性陰門腟炎がみられる．

疫　　学

多量のウイルス（10^4 ～ 10^6TCID$_{50}$/ml）が比較的長期間（4 ～ 11 日），罹病牛の鼻汁，流涙あるいは生殖器分泌物中に含まれており感染源となる．感染牛では回復後もウイルスは潜伏感染し，妊娠，分娩，長距離輸送，放牧などが誘因となり，ウイルスを間欠的に再排泄する．したがって，潜伏感染牛（抗体陽性牛）は重要な感染源の1つとなっている．

牛のほか，山羊，豚も感染し，これらからもBHV-1が分離されている．また，抗体調査では山羊，羊，豚，水牛などの家畜はもちろん，ウシカモシカ，シカなどの野生動物からもBHV-1抗体が検出されている．

症　　状

BHV-1の感染による症状は，他のヘルペスウイルス感染症と同様にかなり多様で，ウイルス感染部位によってさまざまである．

鼻気管炎：最も頻繁にみられる症状で，わが国のこれまでの発生例はほとんどが本症である．症状は高熱（40 ～ 41℃）で始まり，次いで元気消失，食欲不振，多量の流涙，流涎，粘液膿様鼻汁などがみられる（写真1）．鼻鏡，鼻粘膜は高度に充血する．鼻鏡は乾燥して痂皮を形成し，痂皮が脱落すると下部組織が露出して赤い鼻（red nose）となる．また，上部気道および気管は滲出物の蓄積により，呼吸は物理的に阻害され呼吸困難となり，喘鳴音が聴かれる．呼気は鼻粘膜の壊死により悪臭があり，時に咽頭部に滲出物あるいはチーズ様偽膜などが蓄積するため嚥下困難となり鼻腔から食渣あるいは飲水の逆流がみられることもある（写真2）．

角結膜炎：多くの場合，上部気道炎との合併症として

写真1　鼻粘膜，眼結膜は充血し，膿様のめやにおよび鼻汁が多量にみられる（瀕死期の病牛）．

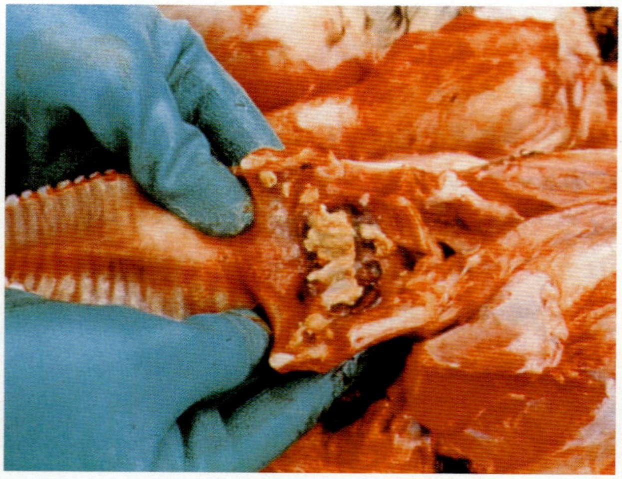

写真2　喉頭部にチーズ様滲出物が充満し，偽膜が形成されている．

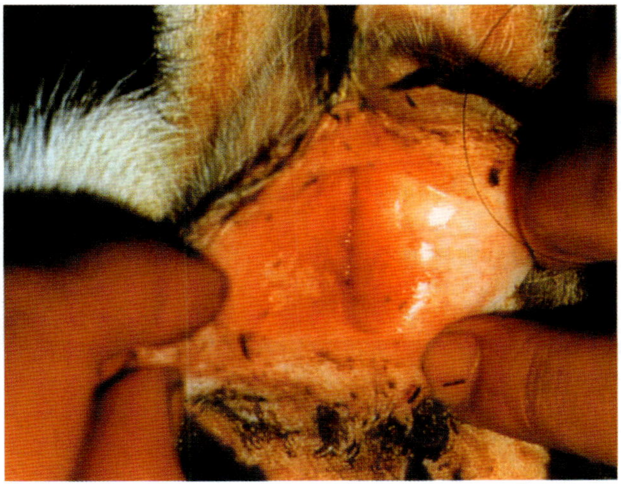

写真 3 腟粘膜の充血および黄灰白病巣.

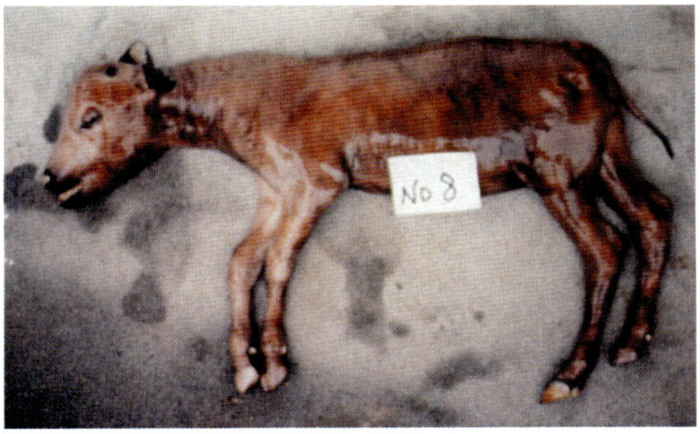

写真 4 流産胎子.

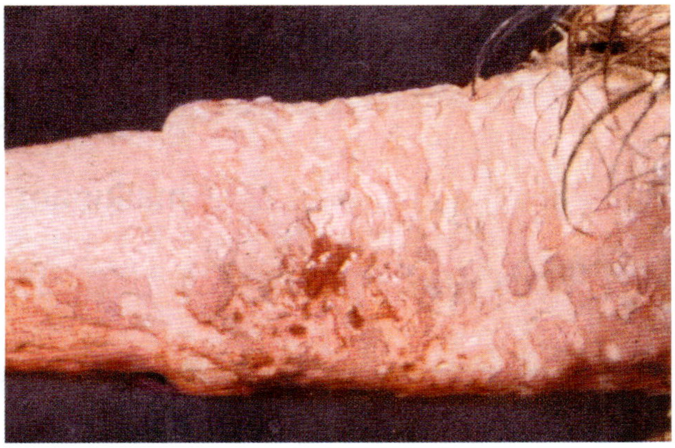

写真 5 亀頭，包皮，陰茎などが充血し，潰瘍形成もみられる亀頭包皮炎.

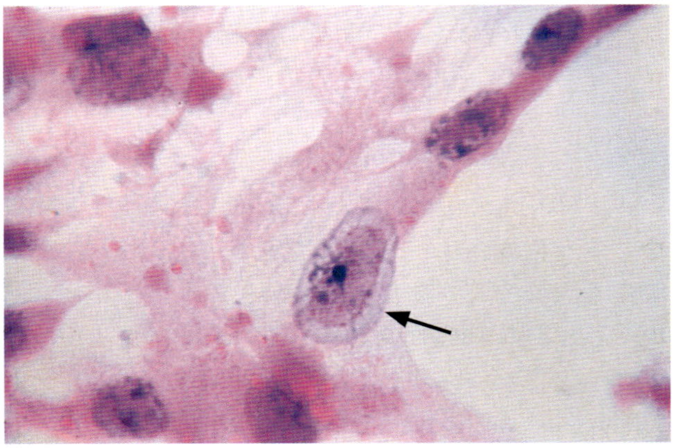

写真 6 牛伝染性鼻気管炎ウイルス感染牛腎培養細胞にみられる核内封入体（Cowdry A 型：矢印）.

みられる．発生初期には，眼瞼の浮腫と眼結膜の高度の充血により，多量の流涙や目やにの付着がみられる（写真 1）.

その他：髄膜脳炎，膿疱性陰門腟炎（写真 3），子宮内膜炎，流産（写真 4），不妊，亀頭包皮炎（写真 5），乳房炎，腸炎などがみられる.

診　断

カタル性線維素性上部気道炎，非化膿性脳炎，三叉神経節炎が主たる病変である．また，感染細胞では核内封入体（Cowdry A 型，写真 6，矢印）がみられる.

流産胎子では壊死性胎盤炎のほか，肝臓，脾臓，腎臓，リンパ節などに壊死巣がみられる.

類症鑑別が必要な疾病としては，上部気道炎例では牛流行熱，イバラキ病，牛 RS ウイルス病，牛パラインフルエンザ，牛アデノウイルス病，牛レオウイルス病，牛ライノウイルス病などのウイルス感染症や牛パスツレラ症，ヘモフィルス・ソムナス感染症，牛マイコプラズマ肺炎，牛カンピロバクター症，伝染性角結膜炎，牛肺疫，出血性敗血症などの細菌感染症がある．流早死産などの異常産例では，アカバネ病，アイノウイルス感染症，チュウザン病，牛ウイルス性下痢・粘膜病，牛のクラミジア病などがある．確定診断では，ウイルス分離またはペア血清を用いた血清反応による抗体価の有意上昇の有無を確かめる.

予防・治療

単味生ワクチンのほか，牛パラインフルエンザ，牛ウイルス性下痢・粘膜病，牛 RS ウイルス病，牛アデノウイルス病などの生ワクチンとの混合ワクチンが市販されている．有効な治療法はないが，細菌の 2 次感染による重篤化を防ぐうえで適切な抗生物質などの投与は必要である.

悪性カタル熱

届出

malignant catarrhal fever

Key Words：ガンマヘルペスウイルス亜科, ウシカモシカ由来型悪性カタル熱, 羊随伴型悪性カタル熱

悪性カタル熱（MCF）は，ガンマヘルペスウイルス亜科ラジノウイルス（*Rhadinovirus*）属に分類される MCF ウイルスによって起こる牛亜科および鹿科動物の重篤な全身性疾患であり，致死率は高い．発生は散発的だが，家畜伝染病予防法に基づく届出伝染病に指定されている．

疫　　学

MCF は，ウシカモシカ（ヌー）をレゼルボアとするウシカモシカヘルペスウイルス 1（AIHV-1）の感染によるウシカモシカ型 MCF（WD-MCF）と羊をレゼルボアとする AIHV-1 と近縁の羊ヘルペスウイルス 2（OvHV-2）の感染によって起ると考えられている羊随伴型 MCF（SA-MCF）の 2 つの病型に分けられる．

ウシカモシカが感染源である WD-MCF は，アフリカ以外に動物園でもみられる．発生はウシカモシカの周産期と関連がある．ウシカモシカの目や鼻の分泌物に AIHV-1 が含まれているが，とくに，出生後の幼獣ではウイルス量が多く，主な感染源となる．

SA-MCF の発生は羊の周産期と関係があると考えられているが，ウイルスの伝播様式は十分に解明されていない．世界各地で発生がある．原因と考えられている OvHV-2 は分離されていないが，羊と発症動物において AIHV-1 と反応する抗体と AIHV-1 とホモロジーのある遺伝子が検出されることから，OvHV-2 は AIHV-1 に近縁なウイルスと考えられている．1998 年に豚の SA-MCF が報告された．

牛や鹿から他動物種へのウイルス伝播は認められず，これらの動物は終末宿主と考えられている．ハーテビーストからも AIHV-1 に近縁なウイルス（AIHV-2）が分離されている．

症　　状

甚急性に死亡する例もあるが，多くの発症動物は 4 〜 15 日で死の転帰をとる．また，慢性例や回復例も報告されている．

突然の発熱，元気や食欲の消失，脱水，呼吸数や脈拍数の増加がみられる．体表リンパ節は腫脹し，容易に触診できる．眼は重度に充血し，流涙（写真 1），羞明，角膜の混濁がみられる．鼻鏡や鼻腔・口腔粘膜も重度の充血を示し，びらんや潰瘍が形成され，流涎や膿性鼻汁（写真 2）が認められる．鼻鏡は粘液膿性の滲出物にお

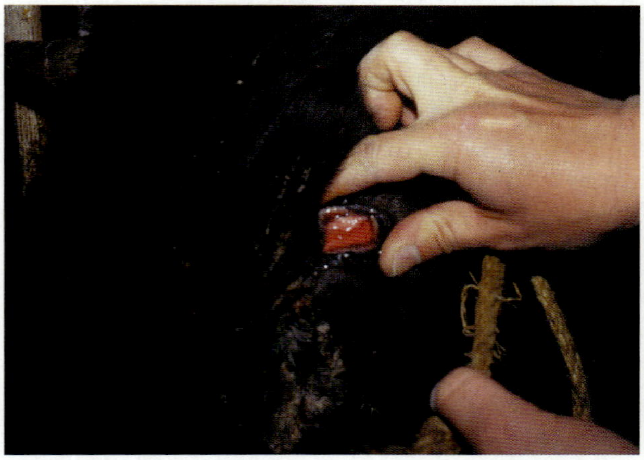

写真 1　結膜の充血と流涙.

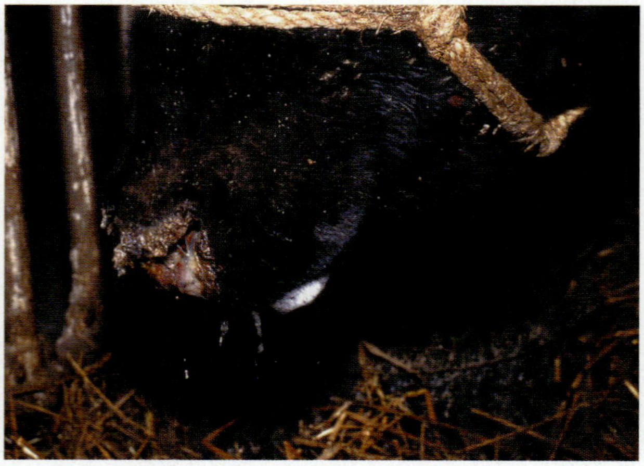

写真 2　粘液膿性の鼻汁と鼻鏡の痂皮.

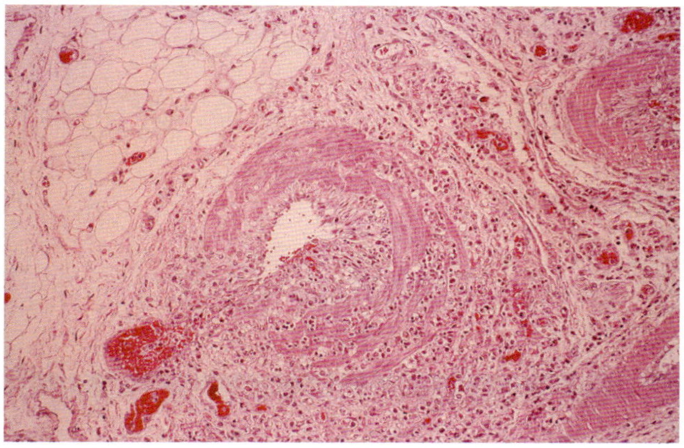

写真３　高度のリンパ球浸潤を伴う腸間膜動脈の壊死性血管炎.（写真提供：川嶌健司氏）

おわれ，こびりついて痂皮ができるが，こうした滲出物やびらん，潰瘍によって脱落した組織が入り混じって，鼻孔を塞ぐので呼吸困難を呈し，呼気には悪臭がある．悪臭の下痢（しばしば血液が混在），神経症状，皮膚炎も認められる．

診　断

典型的な例では，レゼルボアとの接触などの疫学所見や症状，病理学的所見により診断可能である．肉眼的には全身粘膜の充出血，びらん，潰瘍，腎臓の白斑，リンパ節の腫大がみられる．病理組織学的には粘膜の変性壊死，血管炎（写真３）および血管周囲炎，単核細胞の浸潤，壊死性リンパ節炎，非化膿性脳炎などがみられる．

WD-MCF では，血液やリンパ系組織を材料に感受性細胞を用いてウイルス分離は可能だが，分離は難しい．AIHV-1 や OvHV-2 に特異的な PCR 法による診断が行われている．AIHV-1 抗体の検出は補助診断として有効である．

予防・治療

ワクチンや治療法はない．予防としてレゼルボアとの接触を避ける．

オーエスキー病

届出

Aujeszky's disease

Key Words：死流産，神経症状，呼吸器症状，瘙痒症，非化膿性脳炎，核内封入体

オーエスキー病（AD）はヘルペスウイルス科に属する豚ヘルペスウイルス1の感染に起因する急性疾患で，豚をはじめ牛，犬，猫など多種類の動物に発生する．しかし，豚以外の動物の発生頻度は低く，本病の被害は豚に集中する．

疫　学

ADウイルスは多種類の動物に感染するが，ウイルスの存続には豚が中心的な役割を果たす．豚は急性期に鼻汁や唾液中にウイルスを排出し，接触感染や飛沫感染により豚群内に感染を拡大する．また，空気伝染により近隣の養豚場に伝播することもある．感染から回復した豚では，ウイルスが三叉神経節の神経細胞に潜伏し，潜伏感染が成立する．潜伏感染豚は終生体内にウイルスを保持する（キャリアー）．キャリアーが気候の急変，輸送，妊娠や分娩などのストレスに曝されると，潜伏感染ウイルスが再活性化され新しい感染源となる．遠隔地への伝播はキャリアーの移動によることが多く，このことが本病の防疫を困難にする最大の原因となっている．

わが国における発生は昭和63年をピークに減少し，汚染地域は東北，関東，九州地方の一部に限局しつつある．しかし，汚染農場の割合は暫減ないし横ばい状態にとどまり，一部の地域では常在化している．平成15年度の調査では，東北，関東，九州地方の汚染農場は，それぞれ1.9％，23.7％，2.3％となっている．その他の地域は清浄性を維持している．

豚以外の動物が感染すると急性脳脊髄炎を起こし，ほとんどが死亡する．しかし，発病動物からのウイルスの排泄は少なく，同居感染も成立しない．したがって，これらの動物の感染は終末感染であり，感染源は豚と考えられている．犬や猫では，汚染豚肉の給餌によって発生することが知られている．

症　状

豚は高い感受性を示すが，症状は日齢によって異なり，若齢豚ほど重篤な症状を示し，致死率も高い．哺乳豚では発病率・致死率とも高く，1腹の子豚全頭が死亡することもある．潜伏期間は2～5日で，最初に元気や食欲が消失し，下痢や嘔吐の認められることが多い．次いで，震え，痙攣，平衡感覚の失調などの神経症状を示す（写真1）．病期がさらに進むと，昏睡に陥り死亡する．3～4週齢の子豚では，哺乳豚と同様の症状を示すが，哺乳豚よりも軽度なことが多く，致死率も低い．成豚の感染では，環境条件，2次感染の有無，流行ウイルスの病原性などによって病状が異なるが，一般に不顕性感染あるいは一過性の発熱，食欲減退，嘔吐，便秘，呼吸器症状などを示して回復する豚が多い．しかし，一部の豚に神経症状や重度な呼吸器症状の認められることがあり，そのような豚の予後は不良である．成豚の症状は軽度であるが，妊娠豚が感染すると死流産が高頻度に起こる（写真2）．妊娠初期の感染では流産，後期の感染では黒子や白子などの死産が多い．死亡豚と正常豚が混在して分娩されることもある．

豚以外の動物の発生は少ないが，ひとたび感染すると致死的な急性脳脊髄炎を起こす．潜伏期間は2～5日

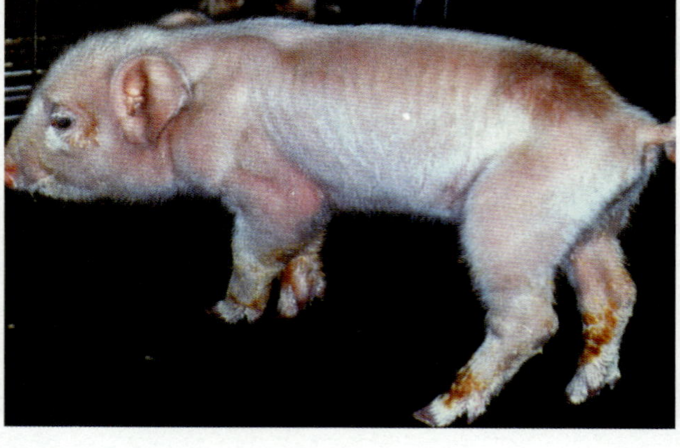

写真1　オーエスキー病の哺乳豚．
皮毛が逆立ち，神経症状が認められる．

写真2 オーエスキー病による異常産.
黒子，白子などさまざまな状態の胎子が混在する.

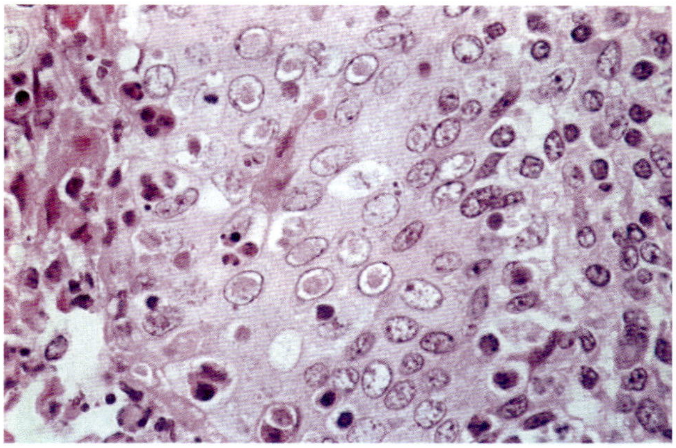

写真4 オーエスキー病感染豚の扁桃病変.（写真提供：成田　實氏）
好酸性の核内封入体の形成を伴った扁桃炎が認められる.

で，患畜は瘙痒症，間代性痙攣，運動の不協調，咆哮，唾液分泌の亢進などの神経症状を示し，発病2日後にはほぼすべての動物が死亡する．瘙痒症は本病に特徴的かつ激しく，アメリカで本病を狂瘙痒症（mad-itch）と呼んだほどである．患畜は瘙痒部位を噛んだり壁に擦りつけるため，真皮が露出するようになる（写真3）．しかし，一般神経症状のみで，瘙痒症を示さない動物もある．

病　　変

発病豚に特徴的な肉眼病変は少ないが，脳膜の充血や脳脊髄液の増量，リンパ節の小出血と軽度な充血，また重症例では鼻粘膜と咽喉頭の充血，肺の水腫や肝変化，腎臓の点状出血などが観察されることがある．病理組織学的検査では，神経系と扁桃に主要な病変が認められる．主な病変は神経細胞の変性壊死とグリア細胞の増殖を伴う非化膿性脳炎で，大脳と小脳皮質にみられることが多い．同様な病変が神経節にも認められる．病変部の神経細胞や神経膠細胞には，好酸性の核内封入体が観察される．呼吸器系では，核内封入体の形成を伴った鼻炎や咽頭炎，扁桃炎（写真4）が認められる．また，脾臓や肝臓，副腎皮質の巣状壊死，肺水腫や間質性肺炎などが観察されることもある．豚以外の動物における病変は軽度で，瘙痒部皮下の出血性浮腫，非化膿性脳脊髄炎や神経節炎などの変化が認められる．

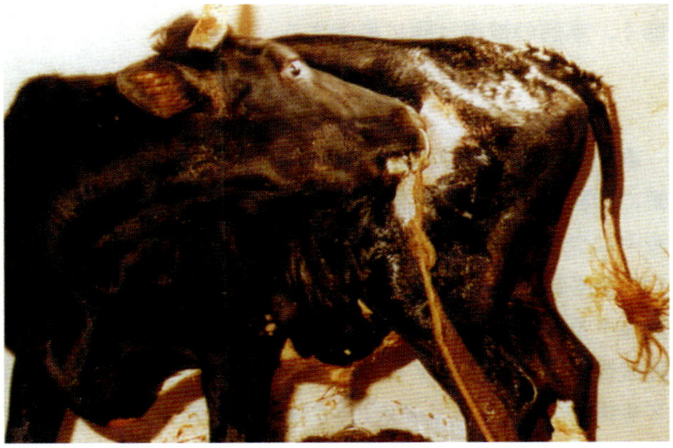

写真3 牛のオーエスキー病（実験感染）.
瘙痒部位を囓ったり壁に擦りつけるため，真皮が露出するようになる.

診　　断

瘙痒症や核内封入体の形成を除き，本病に特徴的な臨床症状や病理学的変化は少なく，確定診断にはウイルスおよび血清学的診断が必要である．ウイルス学的診断にはウイルス分離とウイルス抗原の検出があり，いずれも容易である．診断材料には脳や扁桃，鼻腔拭い液を用いる．ウイルス分離には豚由来のほか各種培養細胞が用いられ，ウイルスが陽性の時には核内封入体の形成を伴った明瞭な細胞変性効果が認められる．分離ウイルスの同定は，中和試験や蛍光抗体法によって行われる（写真5）．組織中のウイルス抗原の検出は，蛍光抗体法を応用した凍結切片法が一般的である．中和試験，間接蛍光抗体法，間接ラテックス凝集反応，ELISAなどによる抗体の検出も容易で，ペア血清を用いた診断に用いられる．

予防・治療

本病に有効な治療法はない．わが国では「オーエスキー

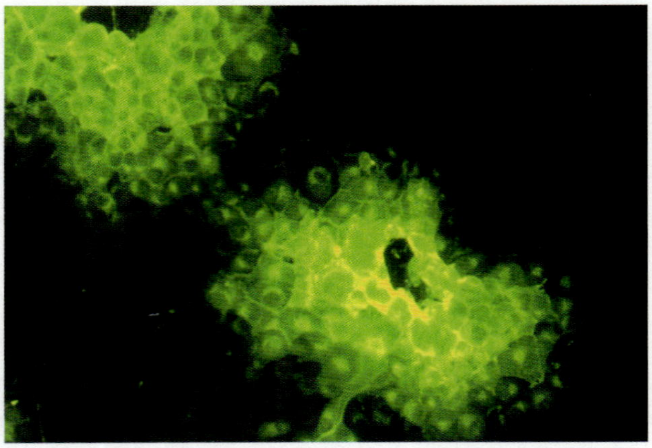

写真４ 豚腎細胞による AD ウイルスの分離（蛍光抗体染色）．
巣状の細胞変成効果（フォーカス）を示し，細胞質内に特異蛍光が認められる．

病防疫対策要領」により，汚染度に応じた防疫指針が定められている．防疫の基本はウイルスの侵入阻止と豚群の清浄化で，清浄地域では導入豚を抗体陰性豚に限ることと，定期的検査により異常豚の早期発見に努めることなどが重要である．

汚染地域では抗体検査によりキャリアーを摘発・淘汰し，感染源を除去することが大切である．キャリアーの少ない養豚場では，キャリアーを全淘汰することが望ましい．感染豚が多く全淘汰が困難な養豚場では，ワクチンを併用した清浄化対策を実施する．まず，自然感染抗体とワクチン抗体を識別し得るワクチンを集中的に使用し，被害の軽減化とウイルス汚染度の低減化を図る．次いで，抗体検査に基づいてキャリアー（自然感染抗体陽性豚）を摘発し，計画的に淘汰することにより清浄化を達成する．自然感染抗体とワクチン抗体の識別を可能とするため，一部の蛋白質を欠損したワクチンと抗体識別キットが市販されている．

Bウイルス感染症

人獣
四類

B-virus infection

Key Words：水疱性発疹，上行性脳脊髄炎，マカカ属サル，実験室内感染

Bウイルス（B-virus）はアジア産のマカカ属（通称マカク）サル類に広く存在するヘルペスウイルスで（表1），ヒトに感染すると上行性脳脊髄炎を起こし，致死率は約70％である．本来の宿主であるサルはほとんど症状を示さない．大多数は研究用アカゲザルによる咬傷などの傷害によって引き起こされる人獣共通感染症である．実験，展示およびペットとしてマカクを取り扱う場合には，Bウイルスによるバイオハザードについての認識が必要である．

Bウイルスはアルファヘルペスウイルス亜科に属し，分類名は *Cercopithecine herpesvirus 1*（CeHV-1）である．ヘルペスB，サルBウイルス，Herpes simiae，Herpesvirus simiae などとも呼ばれるが，Bウイルスという用語が最も一般的に使われている．急速増殖性で感染細胞を溶解する．ニューロンに潜伏感染し，ヒトの単純ヘルペスウイルスときわめて類似性が高い．サルのヘルペスウイルスで唯一ヒトに高い病原性を示す．ヒトに加え，非マカクのパタスザル，アビシニアコロブス，オマキザルやマーモセットなども致死的感染を起こす．若いサルでは感染率は低いが，成獣になるに伴い急速に感染率が上がり，80～90％となる．

疫　　学

Bウイルスは，1933年に正常と思われるアカゲザルに手を咬まれ，急性進行性髄膜脳炎で死亡した研究者の脳と脊髄から分離された．1994年までに約40例のヒトの感染が報告されている．よく調査されている25例のヒトの感染のうち16例が死亡した（死亡率64％）．1950年代後期には12例報告されているが，いずれもマカクを用いてのポリオワクチンの大量生産と関連している．

診　　断

水疱，結膜，咽頭拭い液および患部組織などからウイルスを分離する．分離にはサル腎臓やウサギ腎臓の初代細胞やVero，HeLa，BSC-1，LLC-RK1などの継代細胞を用いる．単純ヘルペスウイルスとBウイルスは高い交差反応を示し，血清診断を困難にしている．イムノブロットのような特異抗体法や吸収操作を用いての特異抗体検出EIA法が，Bウイルスを取り扱えるいくつかの実験室でのみ行うことができる．臨床材料からのBウイルスDNA検出用PCR法が開発されている．

予防・治療

ヒト用のワクチンはない．ヘルペスウイルスDNAポリメラーゼを阻害するアシクロビルによる抗ウイルス薬治療が有効である．米国CDCからサル取扱い者の感染予防に関するガイドラインが出されている（MMWR36（1987））．

（付）サルの臨床症状

自然宿主では感染しても，通常は無症状である．アカゲザルの感染例では初期に舌背，唇の粘膜皮膚の境界部または口腔内に水疱を形成する．水疱は破れ，痂皮を

表1　Bウイルスを保有するサル

	和　名	学　名	英　名
多数報告されている	アカゲザル	*Macaca mulatta*	rhesus
	カニクイザル	*Macaca fascicularis*	cynomolgus
分離報告のあるもの	ボンネットザル	*Macaca radiata*	bonnet
	タイワンザル	*Macaca cyclopis*	Taiwan
	ベニガオザル	*Macaca arctoides*	stump-tailed

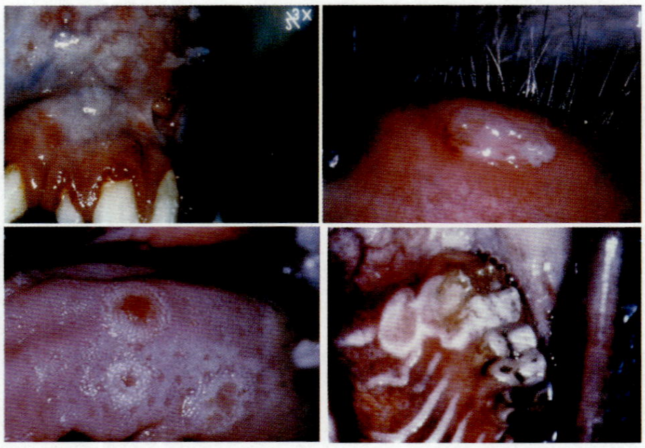

写真1 ウイルス肉眼写真．（写真提供：長　文昭氏）
Bウイルス感染時にみられた口腔，皮膚，毛の病巣．

形成する．時おり結膜炎を示す．皮膚にも0.5～2.0cmの痂皮が形成される．全身症状を示すことはごくまれである．

（付）ヒトの臨床症状

初期の症状：暴露された部位またはその近傍に，水疱性発疹または潰瘍が形成される．暴露された部位には激しい痛みまたはかゆみがある．領域のリンパ腺症が発現する．

中期の症状：発熱，暴露された手足の筋肉衰弱または麻痺，結膜炎，持続的しゃっくりなどが現れる．

後期の症状：静脈洞炎，首の強直，24時間以上続く頭痛，嘔気，嘔吐を認める．脳幹所見としては，複視，どもり，嚥下困難，目まい，交差片側麻痺，運動失調，交差知覚喪失，頭蓋神経麻痺，精神活動の変質が認められ，中枢神経系損傷またはウイルス脳炎に一致する徴候として尿貯留，呼吸障害，痙攣，攣縮，片側麻痺，半身不随，局所的神経学的徴候，進行性上行性麻痺，昏睡が発現する．

（付）実験室ハザード

最も感染の危険度の高いのが，病変を持つ感染ザルの咬傷，ひっかき，皮膚または口腔，目の粘膜または生殖器分泌物である．臨床症状がなくてもウイルスを排泄している場合がある．そのほか，感染ザルの新鮮組織，培養組織，針刺し，ケージなどの表面についた病変材料も要注意である．エロゾールによる暴露は低い．ヒトからヒトへの伝播は一例だけ知られており，感染者の水疱液，口腔分泌物，結膜分泌物には注意する．マカクの材料の取扱いはバイオセーフティレベル2（BSL-2）で，Bウイルスを含む材料の取扱いはBSL-3で，また大量のウイルス産生や濃縮はBSL-4で行う．

マレック病

届出

Marek's disease

Key Words：脚麻痺，悪性リンパ腫，空気伝播

アルファヘルペスウイルス亜科，マルディウイルス（*Mardivirus*）属に属するマレック病（MD）ウイルスの感染によって起こる悪性リンパ腫である．T細胞が腫瘍化する．ウイルスの伝播力は強く大きな被害を与えてきたが，ワクチンの使用により発生は激減した．しかし，ワクチンが100％発病を阻止しないことや，種々の要因がワクチン効果に影響を与えることから，現在でも被害の多いウイルス病である．家畜伝染病予防法に基づく届出伝染病に指定されている．

MDウイルスには2つの血清型があり，血清型1は非常に腫瘍原性が強い株から弱いものまで種々の株を含む．血清型2は非腫瘍原性株を含む．その他，MDウイルスと抗原的に交差する七面鳥ヘルペスウイルス1が血清型3として同じグループに分類されている．

疫　　学

鶏が主要な自然宿主であり，被害が多い．ウズラでも発生がみられるが，感受性は鶏より低い．

鶏は空気伝播によりウイルスに感染し抗体を産生するが，ウイルスは排除されず持続感染の状態になる．感染性の成熟ウイルスは鶏の羽包上皮細胞のみで産生され，感染後2週目頃には抜けた羽軸根部に付着したり，あるいはフケとともに体外に排泄され感染源となる．一般の養鶏場では，鶏は4週齢頃までにはウイルスに感染するが，多くは不顕性で生涯にわたりウイルスを排泄する．発症するのはその一部である．

MDの発生率，死亡率，病鶏における病変の出現部位や程度などは，ウイルス毒力の強弱や感染量，鶏の品種による感受性の違い，移行抗体，感染日齢（若いほど感受性が高い），他の病原体との混合感染，飼育ストレスなど多くの要因により影響を受け，鶏群により一定ではない．一般に，死亡率と罹患率はほぼ等しい．発生は1か月齢前後からみられることもあるが，2～7か月齢に多い．ワクチンが接種されていなければ，損耗率は通常約30％以下であるが50～60％に達することもある．ワクチンが接種されている採卵鶏の損耗率は通常5％以下である．

症　　状

最も一般的な症状は麻痺であり，病変が形成される末梢神経の部位により症状は異なる．多くみられる症状は歩行異常，脚麻痺であり（写真1），翼や頭部の下垂，斜頸なども認められる．主に末梢神経がおかされるものを定型（古典型）MD，末梢神経もおかされるが主に内臓に腫瘍を形成し死亡率が高いものを急性MDに分けることもある．内臓のみがおかされた場合は，削痩，沈うつ，嗜眠，うずくまりなどの症状を示す．眼がおかされれば瞳孔の変形，虹彩の退色が認められ，光への反応が鈍くなり失明することもある．

写真1　右の鶏は特徴的な脚麻痺症状を示している．片側の脚を前に出し，反対の脚を後に伸ばしている．左は内臓にリンパ腫が形成された病鶏だが，麻痺は認められず，たたずみ嗜眠している．

診　　断

ウイルスに感染しても必ずしも発症しないので，ウイルスや抗体の検出は感染の有無を知ることはできるが，病気の診断にはならない．多くの場合，発生状況，症状，肉眼所見により診断可能であるが，確定診断には組織検査を行う．リンパ性白血病との鑑別が必要な時もある（表 1）．

腫瘍病変は内臓，末梢神経，皮膚，筋肉などいろいろな部位にみられるが，肝臓，脾臓，腎臓，卵巣，末梢神経などで出現頻度が高い（写真 2）．一般に，臓器は退色しびまん性に腫大したり，灰白色ないし白色の結節（針頭大から拇指頭大）が形成される．末梢神経病変は座骨神経，腰仙骨神経叢，頚部迷走神経，腕神経叢などで出現率が高く，神経はやや黄色を帯び，水っぽく腫脹し，正常でみられる横縞が消失する（写真 3）．皮膚病変の多くは羽包周囲に大小の結節として出現し（写真 4），互いに融合したり表面が破れ潰瘍や痂皮を形成することもある．一般に，腫瘍原性の強いウイルスは広範囲な部位に病変をつくるが，弱い株は神経や卵巣に病変をつくりやすい．

組織像は腫瘍性病変と非腫瘍性反応性病変とに分類される．腫瘍性病変は，大小不同のリンパ様細胞や細網細胞などの単核細胞の増殖によって特徴付けられる（写真 5）．非腫瘍性反応性病変は主に末梢神経や皮膚におい

表 1　マレック病とリンパ性白血病との主な鑑別点

	マレック病	リンパ性白血病
発生日齢	1 か月齢以降	4 か月齢以降
神経症状（麻痺）	あり	なし
肉眼病変		
末梢神経	あり	なし
皮膚・筋肉	あり	なし
ファブリキウス囊	主に萎縮，腫瘍はまれ	結節性腫瘍
腫瘍組織		
構成細胞	大小不同のリンパ様細胞，細網細胞	リンパ芽球細胞
ファブリキウス囊	濾胞間腫瘍	濾胞内腫瘍
細胞表面抗原		
T 細胞マーカー	60 ～ 90%	まれ
MATSA *	5 ～ 40%	なし
B 細胞マーカー	3 ～ 25%	91 ～ 99%
IgM	＜ 5%	91 ～ 99%

* MATSA（Marek's disease tumor associated surface antigen）：マレック病腫瘍付随表面抗原

（Calnek and Witter，1991 より改変）

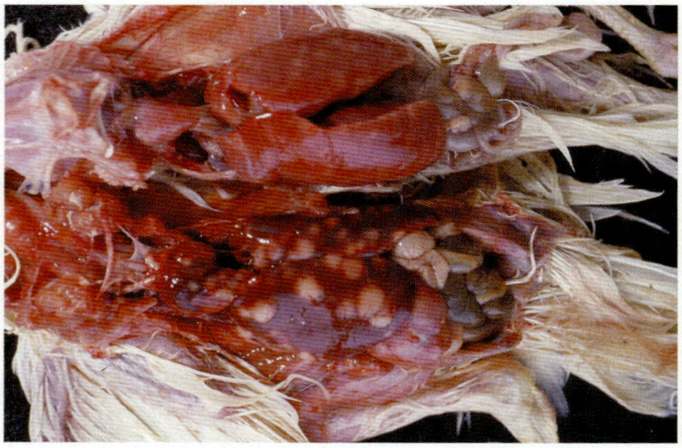

写真 2　肝臓の腫瘍．
肝臓は著しく腫大している．下の肝臓では多数の白色結節が認められる．

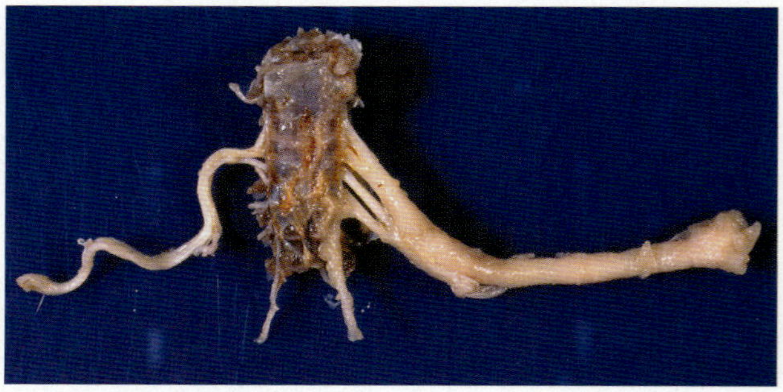

写真 3　末梢神経病変．
坐骨神経と腰仙骨神経叢が著しく腫大している．

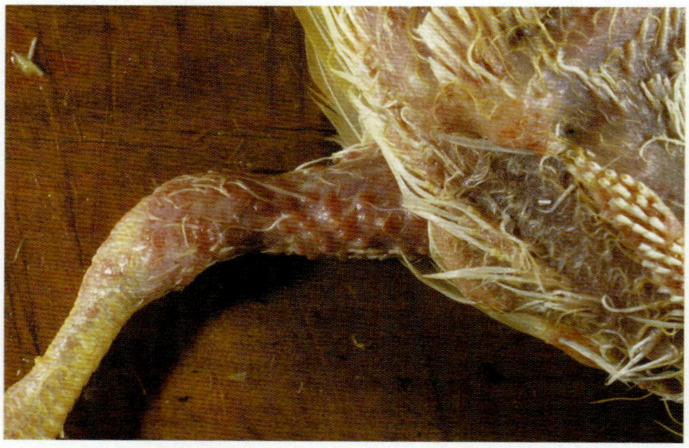

写真 4　皮膚の結節性病変．
羽毛を除かないと気付かないことが多い．

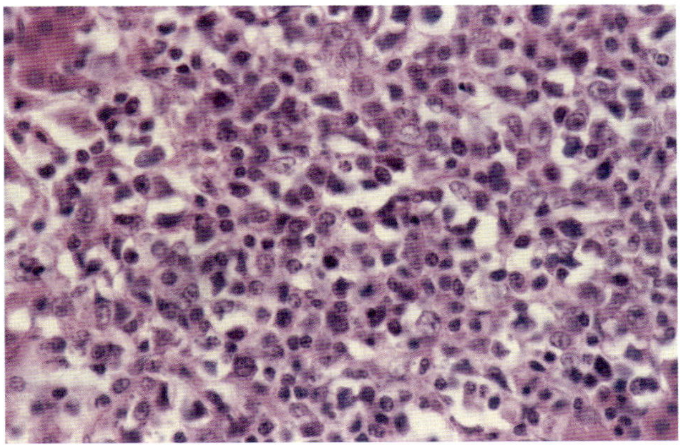

写真5　リンパ腫は，大小不同のリンパ様細胞，細網細胞などの各種の単核細胞から成り立っている．
　リンパ性白血病では，均一なリンパ芽球様細胞から構成されているので区別される．

て認められ，小型リンパ球を主体とする単核細胞の浸潤からなる．神経では間質の水腫，時に脱髄やシュワン細胞の増殖も認める．

　ウイルス分離は病鶏の腎臓を直接培養する方法が，最も感度がよい．白血球，脾臓細胞，腫瘍細胞などの生細胞からも分離が行われる．抗体検出には，蛍光抗体法，寒天ゲル内沈降反応，ELISAなどが用いられる．

予防・治療

　生ワクチンとして血清型1のMDウイルスワクチン，血清型3の七面鳥ヘルペスウイルスワクチン，二価ワクチン（血清型1あるいは2のMDウイルス＋七面鳥ヘルペスウイルス）の3タイプが市販されている．ワクチンは腫瘍化を抑えるがウイルス感染は阻止しない．ワクチンは孵化直後の雛に接種されるが，免疫を獲得するまで1～2週間かかる．また，MDに対する感受性は若い雛ほど高いので，幼雛期の隔離飼育はワクチン効果を上げるのに重要である．オールインオールアウトの実施，消毒の徹底なども発生防止に効果がある．有効な治療法はない．

アヒルウイルス性腸炎

届出

duck virus enteritis，duck plague

Key Words：ガンカモ科の急性疾病，消化管の出血，肝臓の出血・壊死

アヒル腸炎ウイルス（duck enteritis virus：DEV）によるアヒル，カモ，ガチョウ，コハクチョウなどのガンカモ科ガンカモ目の鳥類にのみ感染する急性感染症で，アヒルペスト（Duck plaque）ともいわれる．DEV はヘルペスウイルス科に属する未分類のヘルペスウイルス（Anatid herpesvirus 1）である．株によっては病原性が異なることがあるが血清学的には同一である．本病は届出伝染病であり，また海外伝染病に指定されている．

疫　　学

これまで北米，ヨーロッパ，中国，インド，タイで発生している．致死率は 1 ～ 3 週齢で 50％以下が多いが，時には 100％に達することもある．伝播は感染鳥との直接もしくは環境を介しての間接的接触によって成立し，持続感染がみられる．感受性を持つ鳥はいずれも水禽類であることから，DEV に汚染された湖沼の水を介して摂餌，飲水，水浴びの際に感染鳥より伝播されると考えられている．人工的感染試験で DEV が経口，経鼻，静脈内，腹腔内，筋肉内，盲腸内接種によって感染することが確認されており，また，吸血昆虫による伝播の可能性も示唆されている．

症　　状

アヒルでの潜伏期間は 3 ～ 7 日である．罹患アヒルは元気消失，食欲不振，極度の口渇，流涎，運動失調，後弓反張などを呈する．また，羽毛は逆立し，眼は半ば閉じ羞明の状態となり，鼻汁の漏出がある．さらに翼を外側に垂れ，頭を下げ，水様性下痢あるいは出血性下痢を呈し，起立不能となる．発症後 1 ～ 5 日以内に死亡する．

罹患アヒルを強制的に動かすと頭部，頚部，および胴体に震戦が認められる．産卵中の群では産卵低下がみられる．経過の長い例では発育不良，背部の皮膚に発赤・脱毛，腹水の貯留によるペンギン様姿勢などがみられる．その他，死亡した雄の成鳥ではペニスの露出（伸長）が特徴的である．

病　　変

肉眼病変の特徴的な所見としては血管の障害，諸臓器からの出血・壊死，消化管粘膜上の発疹，リンパ組織の病変，実質臓器の変性があげられる．

臓器別の所見としては心筋の蒼白化，心尖部の変形，

写真 1　水様性の下痢．（写真提供：㈶化学及血清療法研究所）

写真 2　眼瞼周囲の異常．

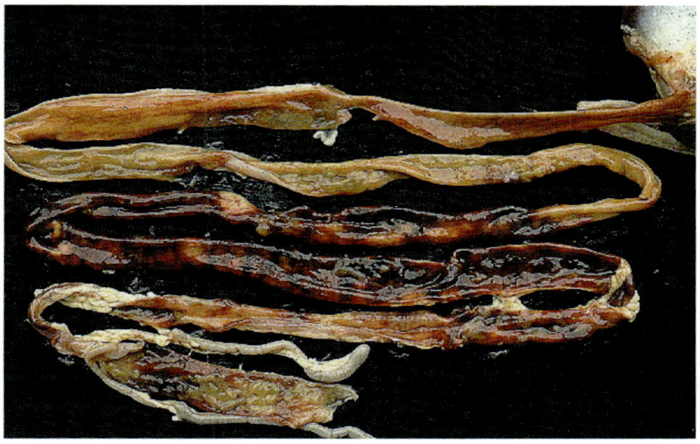

写真 3　病鳥の腸管．（写真提供：㈶化学及血清療法研究所）
腸管の内部は点状・斑状出血が認められ盲腸内部には壊死・偽膜が認められる．

写真 4　病鳥の腸管．（写真提供：㈶化学及血清療法研究所）
腸管の内部は粘膜の出血と血液の貯留がみられる．

写真 5　病鳥十二指腸．（写真提供：㈶化学及血清療法研究所）
内部には偽膜がみられる．

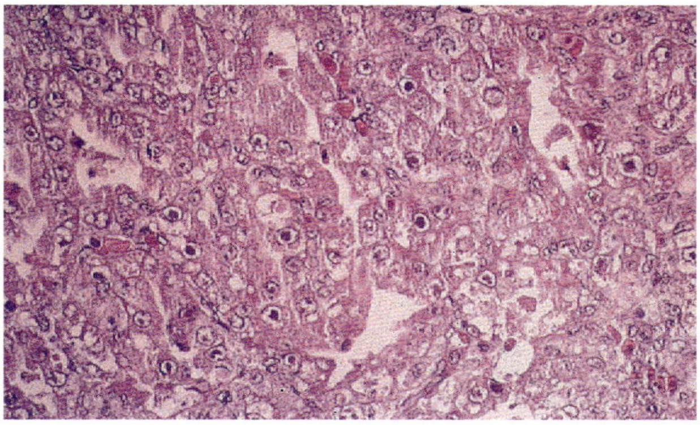

写真 6　病鳥の肝臓．（写真提供：㈶化学及血清療法研究所）
核内封入体がみられる．

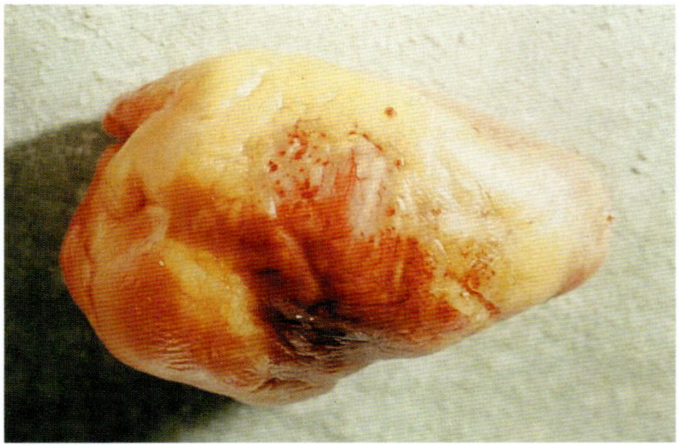

写真 7　病鳥の心臓．（写真提供：メリアル）
脂肪織の点状出血．

心嚢水貯溜，脂肪織の出血．また食道，総排泄腔などの消化器粘膜やパイエル板などの点状～斑状の出血および，腹腔，腺胃および腸管などの体腔内の血液貯溜，脾の萎縮がみとめられる．経過の長引いた症例では小腸の内部に黄白色の偽膜や，偽膜などが変性した円柱状の固形物をいれ，慢性的な経過をみることもある．

組織所見では肝の巣状壊死と肝細胞や消化管粘膜上皮細胞および心筋に核内封入体がみられる．

診　断

診断は剖検所見ならびに病理組織学的所見での肝細胞や消化管粘膜上皮細胞の核内封入体の検出で可能である．アヒルの胚線維芽細胞あるいはアヒル卵の漿尿膜を用いて肝臓からウイルスの分離・同定を行う．血清学的には中和試験，受身 HA 反応，ELISA が用いられる．

予防と治療

本病はわが国では家畜伝染病予防法で届出伝染病に，また海外伝染病に指定されており法的処置の対象となる疾病であり，本病が疑われる場合には家畜保健衛生所に連絡する．

予　防：予防には野生アヒルや由来の不明なアヒルとの同居をさせない．外国では鶏線維芽細胞順化生ワクチンが利用されている．

治　療：有効な治療法はない．

類似疾病

水辺で発生する疾病としてアヒル家きんコレラ，ボツリヌス症などとの鑑別が必要である．また，若齢アヒルの死亡率が高く急死する疾病であるアヒル肝炎，アナチペスチファ感染症，クラミジア感染症，中毒などとの鑑別が必要である．

アデノウイルス科

基本性状

正 20 面体粒子（80 ～ 110nm）
二本鎖 DNA
核内で増殖

重要な病気

牛アデノウイルス病（牛）
犬アデノウイルス感染症（犬）
鶏の封入体肝炎（鶏）
産卵低下症候群（鶏）

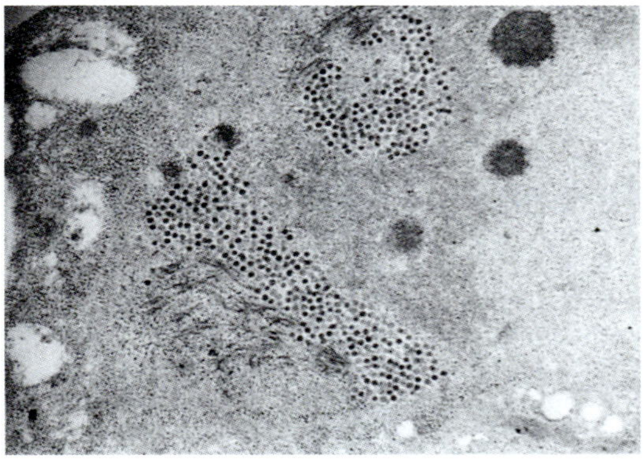

FIG　アデノウイルス感染細胞の超薄切片像
（写真提供：久保正法氏）

分　　類

アデノウイルス科（*Adenoviridae*）のウイルスは，哺乳類を宿主とするマストアデノウイルス（*Mastadenovirus*）属，哺乳類やヘビを宿主とするアトアデノウイルス（*Atadenovirus*）属，鳥類を宿主とするアビアデノウイルス（*Aviadenovirus*）属，および七面鳥とカエルを宿主とするシアデノウイルス（*Siadenovirus*）属の 4 属に分類されている．属内のウイルスは各々共通の抗原性を有している．ほぼすべての家畜に本ウイルスの感染が認められるが，実質的には犬と牛ならびに鶏のアデノウイルス病が問題となっている．

性　　状

直鎖状の二本鎖 DNA のゲノムが直径 70 ～ 90nm の正 20 面体粒子内に収まっており，エンベロープを欠く（FIG）．12 個のペントンと 240 個のヘキソンの合計 252 個のカプソメアからなり，ペントンには 1 ～ 2 本のアンテナ状のファイバーが付いている．属特異抗原性はヘキソンとペントンに，種特異抗原性はヘキソンとファイバーにある．

赤血球凝集素であるファイバーが宿主細胞のレセプターに結合し，ウイルス感染過程が核内で進行していく．成熟粒子は宿主細胞の破壊により細胞外に放出される．許容細胞では細胞のブドウ房状変化，核内封入体形成，溶解性 CPE（写真 1）を呈して増殖するが，非許容細胞ではトランスフォーメーションを起こすウイルスもある．

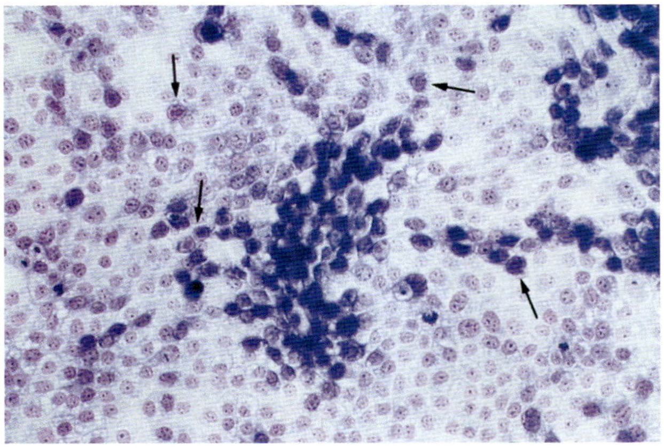

写真 1　犬腎細胞培養系の MDCK 細胞における犬アデノウイルスによる CPE（ギムザ染色）．
ウイルス感染細胞は巣状に球形化し，球形化細胞は色素に青く濃染する．その周囲には赤く染色された核内封入体（矢印）が認められる．

牛アデノウイルス病

bovine adenovirus infection

Key Words：上部気道炎，下痢，肺腸炎，経口・経鼻感染，核内封入体

アデノウイルス科，マストアデノウイルス属に属する *Bovine adenovirus A*（牛アデノウイルス 1），*Bovine adenovirus B*（牛アデノウイルス 3），*Bovine adenovirus C*（牛アデノウイルス 10），*Human adenovirus C*（牛アデノウイルス 9），*Ovine adenovirus C*（牛アデノウイルス 2）およびアトアデノウイルス属に属する *Bovine adenovirus D*（牛アデノウイルス 4，5 および 8），*Bovine adenovirus E*（牛アデノウイルス 6），*Bovine adenovirus F*（牛アデノウイルス 7）（写真 1）の感染により呼吸器，消化器症状を主徴とする急性伝染病である．

疫　　学

全国的に年間を通して発生がみられている．とくに導入直後，飼養環境の変化，長距離輸送直後，放牧初期に高率に発生がみられる．また，子牛では発症率が高く重症となり，致命率は 60％以上である．ウイルスは血液，リンパ節，肺，脾臓，腎臓などの臓器のほか，鼻汁，下痢便，尿などに排泄される．なお，本病の特徴として症状が消失し，外見上健康と思われる牛でもかなり長期間，糞便中に多量のウイルスが排泄され感染源となる．経口感染，経鼻感染により伝播する．

最近，野牛，シカ，羊，山羊，トナカイなどからも牛アデノウイルスが分離されており，また中和抗体も検出されていることから，牛以外の動物の間でも牛アデノウイルスが広く浸潤していると考えられている．

症　　状

症状およびその程度は血清型によりいくらか異なる．しかし，一般的には感染牛は呼吸器症状または消化器症状のいずれか，または両者の合併症を呈する．主な症状としては発熱（一過性であるが感染したウイルスの型によっては稽留熱である），発咳，鼻汁，時に粘液または血液を混ずる下痢便などがみられる．発熱時に一過性の白血球減少症を呈する．まれに多発性関節炎または角結膜炎がみられることもある．

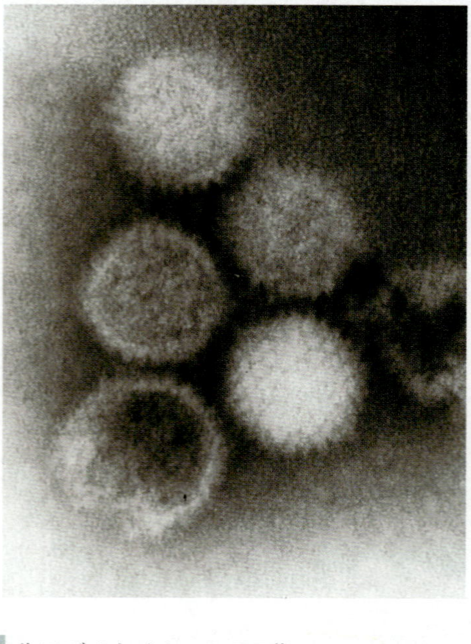

写真 1　牛アデノウイルスの EM 像．× 100,000

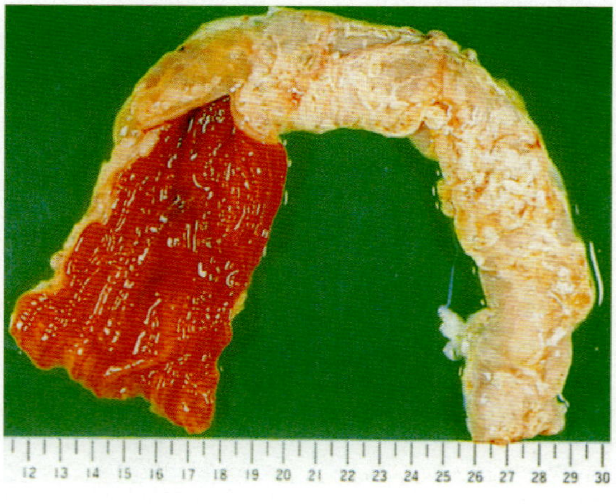

写真 2　結腸における漿膜の膠様物を伴う水腫と粘膜の高度の充血を伴う肥厚．

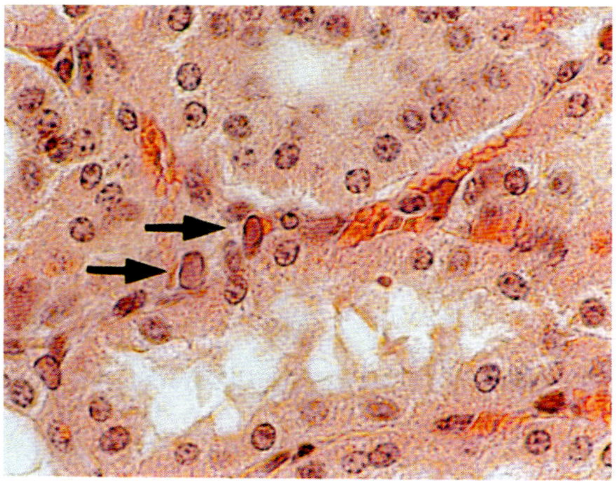

写真 3　牛アデノウイルス 7 型感染牛腎臓の毛細血管内皮細胞にみられる核内封入体．HE 染色．

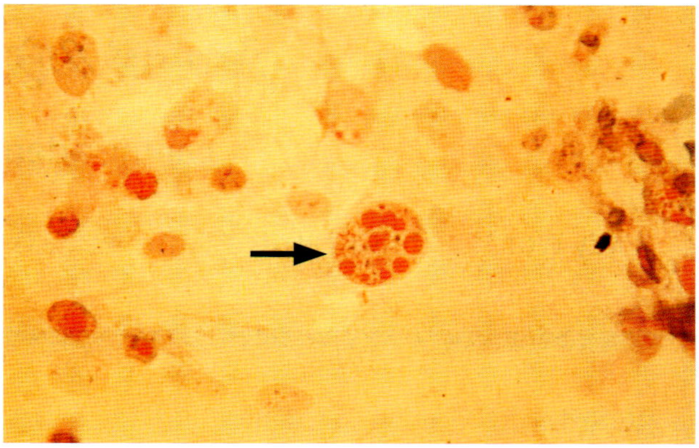

写真 4　牛アデノウイルス 7 型感染牛精巣培養細胞における核内封入体．HE 染色．

診　　断

臨床的には急性カタル性腸炎（写真 2），剖検では軽度の肺気腫および肺の肝変化病巣がみられる．組織学的には気管支肺炎および肺胞拡張不全がみられる．また，腎臓，脾臓，腸粘膜下組織などの血管内皮細胞に核内封入体がみられる（写真 3）．

類症鑑別が必要な疾病としては，呼吸器障害例では牛流行熱，牛 RS ウイルス病，牛伝染性鼻気管炎，牛パラインフルエンザ，牛ライノウイルス病，牛クラミジア病，パスツレラ症，消化器障害例では牛ウイルス性下痢・粘膜病，牛ロタウイルス病，牛コロナウイルス病，牛大腸菌症，牛壊死性腸炎などがある．したがって，確定診断はウイルス分離または血清反応による．なお，ウイルス分離には，牛の精巣と腎臓の細胞培養を同時に用いなければならない（写真 4）．また，精巣型のウイルスは初代で CPE を示すことはまれであるため，少なくとも数代の継代が必要である．一方，用いた組織培養に由来するアデノウイルスも多数分離されているので，十分な注意が必要である．ウイルス分離材料としては病牛の血液，鼻汁，眼洗浄液，下痢便などを用い，死亡牛では肺病変部，脾臓，腎臓，リンパ節，小腸内容などが適している．また血清反応としては急性期と回復期の血清を用いた HI 試験（1，2，4，7 型のみ可能）または中和試験が用いられるが，牛アデノウイルスには血清型が多いので，アデノウイルス群共通抗原を検出する CF テストまたは寒天ゲル内沈降反応も用いられている．

予防・治療

7 型に対する生ワクチンが単味，または牛伝染性鼻気管炎，牛ウイルス性下痢・粘膜病，牛パラインフルエンザおよび牛 RS ウイルス病生ワクチンとの 5 種混合生ワクチンとして市販されている．有効な治療法はないが，細菌の 2 次感染による重篤化を防ぐうえで適切な抗生物質などの投与は必要である．

犬アデノウイルス感染症

canine adenovirus infection

Key Words：犬伝染性肝炎，犬伝染性喉頭気管炎，ケンネルコフ，伝染性気管気管支炎，ブルー・アイ

犬伝染性肝炎は肝炎を主徴とするイヌ科動物の全身性伝染性疾患で，犬アデノウイルス1型（CAV-1，犬伝染性肝炎ウイルス）の感染により引き起こされる．犬アデノウイルス2型（CAV-2，犬伝染性喉頭気管炎ウイルス）は上部気道炎の原因となるが，肝炎からの分離報告はなく，実験的にも肝炎を起こさない．CAV-1の中には呼吸器疾患を起こす株もある．

疫　　学

犬伝染性肝炎は，広く世界に発生が認められる急性伝染病で犬のコアウイルス病の1つである．ウイルスはほとんどの分泌物や排泄物に存在し，これを介して伝播するが，とくに尿中には長期間排泄される．

CAV-2型感染による病気は伝染性喉頭気管炎と呼ばれ，ウイルスは1962年カナダにおいて呼吸器疾患の犬より初めて分離され，日本でも1982年に分離されている．本ウイルスは犬のカゼ症候群（ケンネルコフ）の原因の1つでもあり，若齢犬やワクチン未接種犬に広く伝播していると考えられる．致死率は低いが伝染力は強く，とくに集団飼育環境下で流行し，冬季に発生が多い．犬以外ではCAV-2の自然感染の報告はない．

症　　状

犬伝染性肝炎の症状は一般に特徴に乏しく，発熱，扁桃腫大，咽喉頭炎，頭頸部の浮腫，頸部リンパ節腫大などが認められるが，黄疸は通常顕著ではない．幼若犬の致死率は高いが，耐過すれば1週間前後で回復し，軽症例では症状が気付かれないこともある．回復初期には，しばしば片側ないし両側性ブドウ膜炎のため一過性の角膜混濁（ブルー・アイ）を生じる．一方，外観上健康な犬が突然虚脱し，24時間以内に斃死することもある（突発性致死型，甚急性型）．

犬伝染性喉頭気管炎では発咳が特徴で，一般に症状は軽く数日間で治る．重症例では長い経過をとるが，多くは幼若犬，老齢犬や免疫能の低下した犬で，細菌の2次感染やジステンパーウイルスとの混合感染によって病状は重篤化し，致死率も高くなる．

診　　断

両ウイルス感染症は臨床的特徴に乏しく，診断は血清反応，ウイルス分離，免疫組織学的手法による抗原検出，組織切片や臓器・浸出物（CAV-2感染症）の押捺／塗抹標本での核内封入体の検出による．

犬伝染性肝炎では肝臓の腫大，黄褐色化，脆弱化と

写真1　胆嚢壁の高度な水腫性肥厚．固定後，割面．

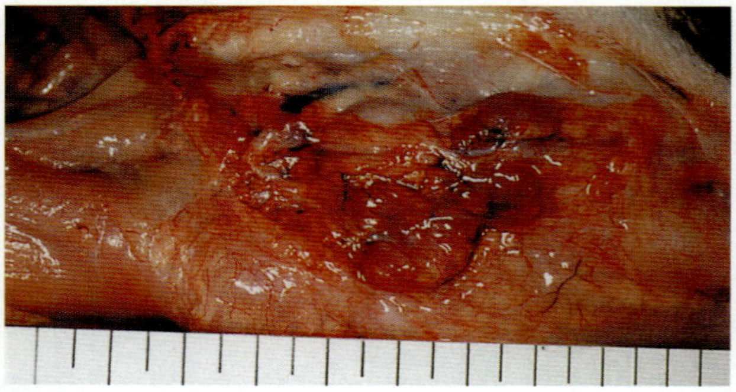

写真2　甚急性斃死例．
下顎リンパ節の充血・腫大と皮下の浮腫．

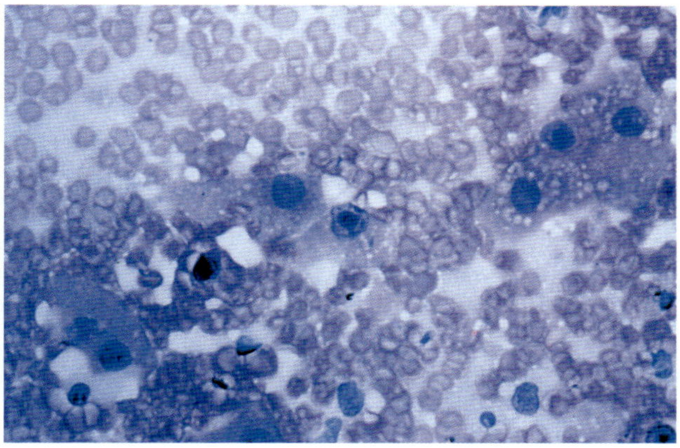

写真 3　肝臓，押捺標本に認められた肝細胞内の核内封入体（ギムザ染色）．

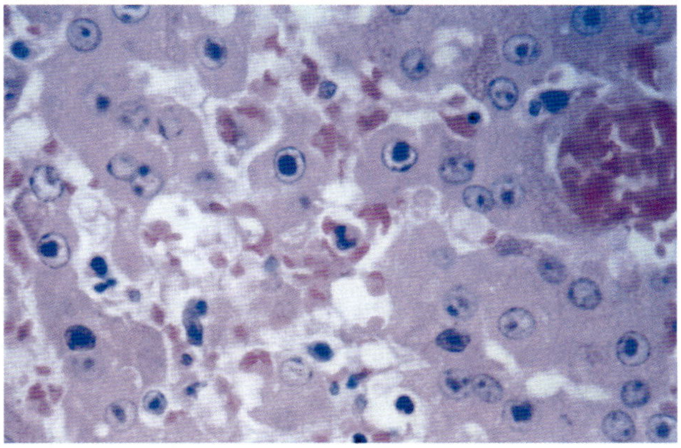

写真 4　肝臓における核内封入体形成．

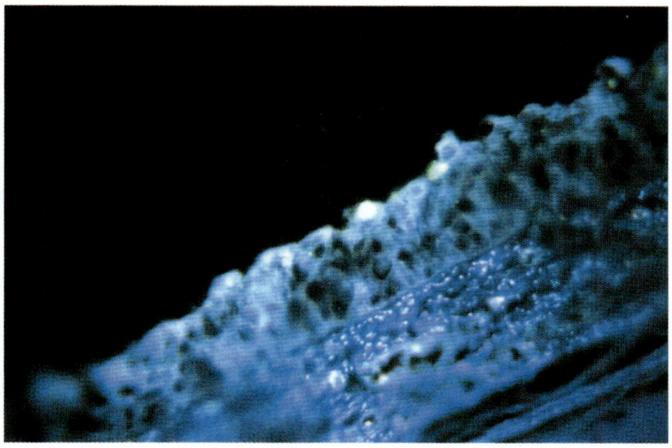

写真 5　気管粘膜上皮細胞における CAV 抗原の証明（蛍光抗体法）．

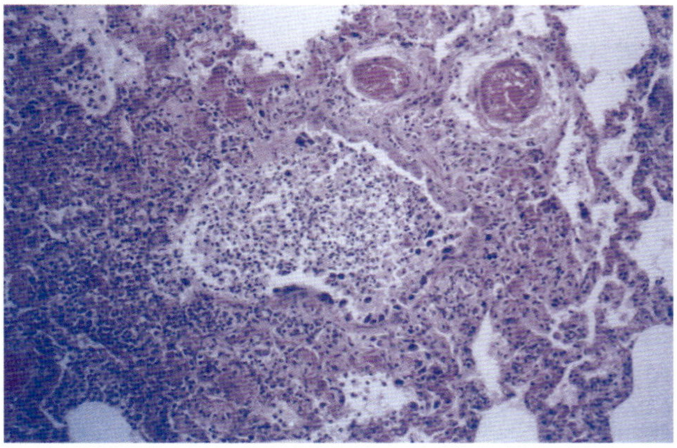

写真 6　CAV-2 感染による壊死性気管支炎．

点状出血・胆嚢壁の水腫性肥厚が特徴で（写真 1），全身に点状出血，透明腹水の貯留，急性斃死例では頭頸部の皮下浮腫とリンパ節腫大が認められることもある（写真 2）．組織学的には肝細胞の壊死，肝細胞，クッパー細胞そして全身の血管内皮細胞に核内封入体がみられる（写真 3，4）．

犬伝染性喉頭気管炎では，扁桃や気管気管支リンパ節の充血・腫大と上部気道の充血があり，組織学的には上部気道粘膜に核内封入体形成を伴う壊死，炎症が認められ，ウイルス抗原が証明される（写真 5）．肺病変が形成された場合は壊死性細気管支炎が特徴的である（写真 6）．肝臓や胆嚢には病変がない．CAV による核内封入体は形成当初は好酸性で，その後好塩基性になる．

予防・治療

治療は対症療法と 2 次感染防止である．ブルー・アイはとくに治療の必要がない．CAV-2 の弱毒生ワクチンは安全性が高く，CAV-1 による伝染性肝炎に対しても予防効果がある．現在多く用いられているのは，犬ジステンパーウイルス，2 型犬パルボウイルスの弱毒生ウイルスとの混合ワクチンや，さらに犬パラインフルエンザ，犬コロナウイルスの不活化ないし弱毒ウイルス，レプトスピラのバクテリンを加えた混合ワクチンである．

鶏の封入体肝炎

inclusion body hepatitis of chickens

Key Words：核内封入体，肝臓腫大，肝臓出血，突然死

鶏の封入体肝炎はサブグループⅠ鳥アデノウイルスの鶏感染症で，主たる病変が肝臓にあり，肝細胞に核内封入体形成を伴う肝炎が認められる疾病である．サブグループⅠ鳥アデノウイルスには12の血清型が知られているが，本病の原因ウイルスは特定の血清型に限定されない．

疫　学

病原ウイルスは日本の養鶏場および世界に広く分布しており，その発生は3～7週齢の肉用鶏に多い．感染鶏の糞便中にウイルスが大量に排泄され，鶏は容易に経口感染するため，ウイルスは汚染された糞便，飼料，飲水，塵埃などを介して伝播する．発生には鳥アデノウイルス以外に鶏貧血ウイルスや伝染性ファブリキウス嚢病ウイルス等の免疫抑制性ウイルスの混合感染が関与している場合が多い．

症　状

肉付きの良い肉用鶏が突然死亡するのが本病の特徴で（写真1），発生群では3～4日間の死亡率上昇がみられ，累計死亡率は通常10％程度となるが，時に30％に達することもある．発症鶏は羽毛を逆立させてうずくまり，一両日以内に死亡または回復する．

診　断

肝臓の特徴的な肉眼病変と，病理組織検査による肝細胞の核内封入体形成を伴った肝炎確認で本病の診断がなされる．病鶏の肝臓は中程度に腫大し，全体が黄色を帯び，脆弱になる．表面に種々の大きさの出血斑や黄白色の壊死斑がみられる（写真2）．骨髄の黄色化が認めら

写真1　7週齢肉用鶏の突然死例．（写真提供：谷口稔明氏）

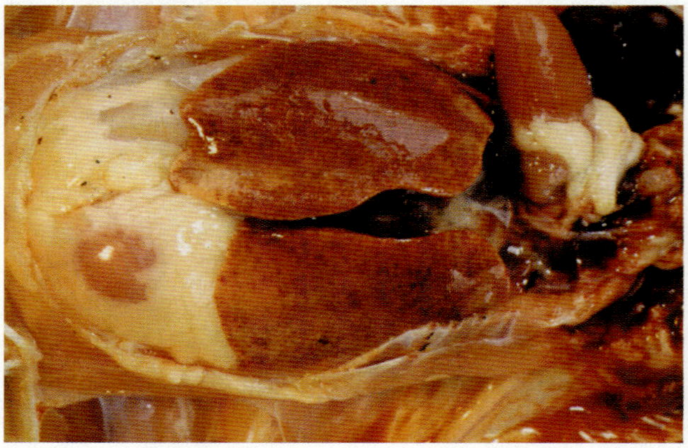

写真2　肝臓の腫大と出血斑．（写真提供：谷口稔明氏）

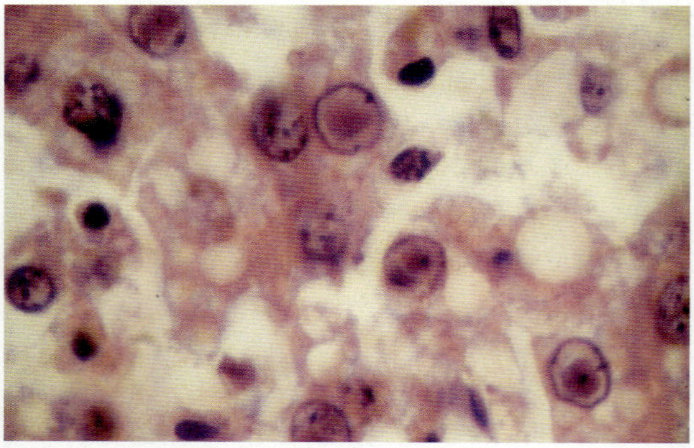

写真3　肝細胞の核内封入体と細胞質内の小空胞形成．（写真提供：谷口稔明氏）

れる．組織病変は肝細胞の核内封入体形成，脂肪変性，壊死などである（写真 3）．骨髄では造血組織が消失し，脂肪織となる．

肝臓切片の免疫染色で鳥アデノウイルス抗原陽性，または核内封入体が確認された肝臓からの鳥アデノウイルス分離は，本病診断を確定的とする．

予防・治療

鳥アデノウイルスは血清型が多く，ワクチンによる予防策はない．鶏貧血ウイルス感染や伝染性ファブリキウス囊病対策は発生予防に有効と思われる．また，細菌の 2 次感染による病勢の悪化を少なくするため，日常の衛生管理に注意し，密飼いを避けることが肝要である．治療法はない．

産卵低下症候群

egg drop syndrome

Key Words：産卵低下，卵殻形成不全卵，赤血球凝集性，介卵感染

産卵低下症候群は1976年にオランダで初めて報告された鶏の伝染病で，egg drop syndrome-1976（EDS76）と命名されたが，最近ではegg drop syndrome（EDS）との記載が多い．初発の原因は，アヒルのアデノウイルスが迷入したワクチンを鶏に接種したためと考えられている．原因ウイルスはサブグループⅢ鳥アデノウイルスに分類されている赤血球凝集性のウイルスである．

疫　学

本病は1970年代後半に欧州諸国で流行し，日本では1978年から流行した．これまでに豪州，欧州，アジア，南米等の世界の多くの国に分布が確認されている．ウイルスは介卵感染や水平感染で鶏群に伝播する．介卵感染の場合，一部の鶏がウイルスを潜伏感染したまま生育し，産卵開始時期に潜伏ウイルスが再活性化し，群内に感染拡大するものと思われる．

症　状

発生群では軽度の下痢と卵殻形成不全卵の産出を伴う産卵率低下が主な臨床症状である．発生群では，3～8週間のV字型の産卵率低下を示し，通常予定の産卵率より10～30％低くなる．産卵低下時期に退色卵，薄殻卵，無殻卵等の卵殻形成不全卵が産出される（写真1）．卵黄や卵白には異常は認められない．

診　断

産卵率低下と卵殻形成不全卵産出が認められた場合は，本病が疑われる．確定診断は抗体検出と病変検査でなされる．肉眼病変は卵管に認められ，子宮部の粘膜襞

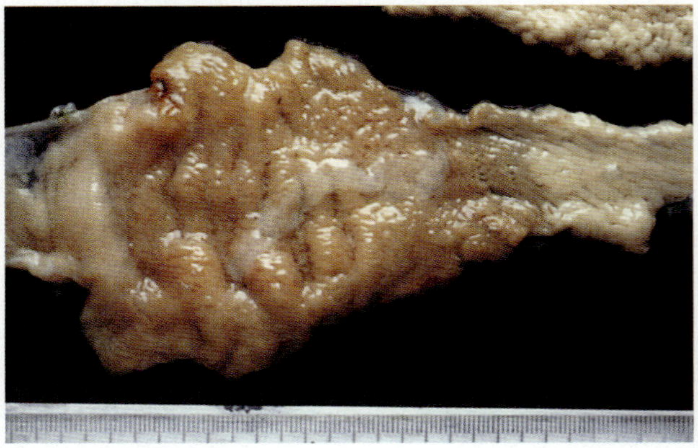

写真2　卵管子宮部の肉眼病変．

写真1　EDS76の異常卵．
正常卵（上列左），退色卵（上列中），破卵（上列右），無殻卵（下列3個）．

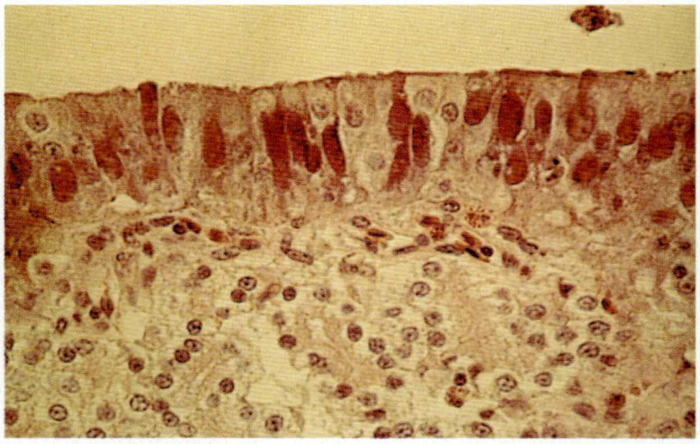

写真3　子宮部粘膜上皮細胞に認められた核内封入体．（写真提供：谷口稔明氏）

は水腫性に腫脹し，腔内には白色の滲出物やチーズ様物がみられる（写真 2）．卵巣に軟卵胞が認められる場合もある．組織病変は卵管子宮部の襞の水腫と粘膜上皮細胞の核内封入体形成（写真 3）が特徴的である．抗体は鶏やアヒルの赤血球を用いての HI 試験，間接蛍光抗体法，ELISA 等で検査する．

予防・治療

産卵開始前の不活化ワクチン接種は本病の予防に有効である．ウイルス感染種鶏由来の雛を使用しないことが介卵感染を防ぐうえで重要である．水平感染を防ぐため，鶏舎への出入り制限，入る時の着替えや消毒等の一般衛生管理が重要である．有効な治療法はない．

ポリオーマウイルス科

基本性状

球形の正 20 面体ビリオン（直径 40 ～ 45nm）
閉鎖環状の二本鎖 DNA（サイズ：5kb）
核内で増殖

重要な病気

セキセイインコ雛病（フレンチモルト）

分　類

ポリオーマウイルス科（*Polyomaviridae*）はポリオーマウイルス（*Polyomavirus*）属のみからなる．SV40 を規準種として牛ポリオーマウイルス，セキセイインコヒナ病ウイルス，マウスポリオーマウイルス等 13 種のウイルスが分類され，1 種のウイルスが仮分類されている．

性　状

ウイルスは 40 ～ 45nm の小型球形正 20 面体粒子で，72 個のカプソメアからなる．エンベロープはない．ウイルスはカプシド蛋白とウイルス DNA と結合した宿主由来ヒストンからなる．ウイルス増殖は核内で起こり，ウイルス粒子は感染細胞を溶解して放出される．

ウイルスは世界中に分布している．自然宿主では不顕性感染が主体で家畜では重要視されるような病気は起こさない．多くのポリオーマウイルスはげっ歯類に腫瘍原性を持つ．

パピローマウイルス科

基本性状
球形の正 20 面体ビリオン（直径 55nm）
閉鎖環状の二本鎖 DNA（サイズ：8kb）
核内で増殖

重要な病気
牛乳頭腫（牛）
馬乳頭腫（馬）
犬口腔乳頭腫（犬）

FIG 牛の頚部皮膚にみられた多発性乳頭腫
（Color Atlas of Diseases and Disorders of Cattle 2nd ed. Blowey,R.W. & Weaver,A.D. Mosby 2003 を許可を得て転載）

分　類

現在，パピローマウイルス科（*Papillomaviridae*）は 16 のウイルス属に細分化されている．ヒトのパピローマウイルスが分類されるアルファパピローマウイルス（*Alphapapillomavirus*）属にアカゲザルパピローマウイルスが所属する以外は，動物パピローマウイルスは 11 のウイルス属に分かれて分類されている．

性　状

ウイルスは 55nm の小型球形正 20 面体粒子で，72 個のカプソメアからなる．エンベロープはない．ウイルスはカプシド蛋白とウイルス DNA と結合した宿主由来ヒストンからなる．ウイルスは真皮層の細胞分裂の盛んな基底細胞に感染し，その後分化し終わった上皮細胞の核内で感染性ウイルスが産生される．ウイルス粒子は感染細胞を溶解して放出される．

ウイルスは多くの動物種から分離されており，いずれもそれぞれの自然宿主の皮膚や粘膜に良性の乳頭腫をつくり自然治癒するが，時に悪性化する．ヒトの乳頭腫ウイルスは子宮頚がん，咽頭がん，直腸がんなどの発生と関連がある．

サーコウイルス科

基本性状

球形粒子（直径 12 ～ 26nm）
環状一本鎖 DNA（サイズ：1.7 ～ 2.3kb）
核内あるいは細胞質内で増殖

重要な病気

鶏貧血ウイルス病（鶏）
オウムの嘴・羽毛病（オウム・インコ類）
豚サーコウイルス 2 型感染症（豚）

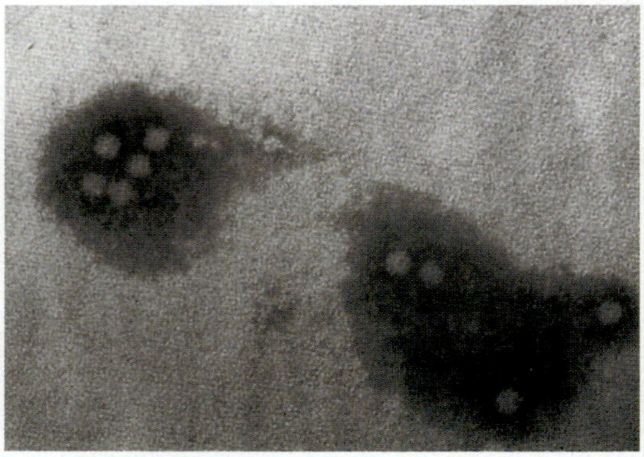

FIG　鶏貧血ウイルス粒子のネガティブ染色像
ウイルス粒子の直径は 19nm
（写真提供：御領政信氏）

分　　類

サーコウイルス科（*Circoviridae*）はサーコウイルス（*Circovirus*）属とギロウイルス（*Gyrovirus*）属からなる．サーコウイルス属には豚サーコウイルス（PCV）およびオウムの嘴・羽毛病ウイルス（PBFDV）が，ギロウイルス属には鶏貧血ウイルス（CAV）が分類される．これら3種ウイルス間ではヌクレオチドおよび宿主域の点で明らかに異なり，また共通抗原も認められていない．その他，ハト，ガチョウおよびカモメにもサーコウイルス様粒子が，牛では PCR 法で PCV 遺伝子が検出され，抗体も確認されている．ヒト肝炎材料からみつかった TT ウイルスはサーコウイルスと考えられている．

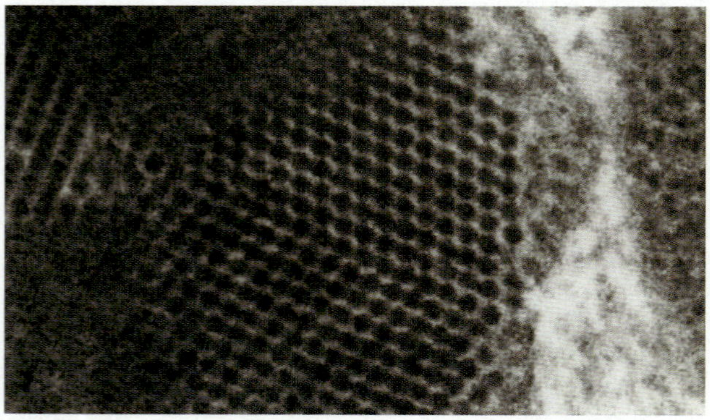

写真 1　オウムの嘴・羽毛病ウイルス感染細胞の封入体拡大像に認められたウイルス粒子の結晶状配列（写真提供：御領政信氏）
ウイルス粒子の直径は 17nm.

性　　状

ウイルスはエンベロープを欠き，その直径はウイルス種間で異なり，12 ～ 26nm である．塩化セシウム中での浮上密度は 1.33 ～ 1.37g/cm^3．酸(pH3.0)，熱(70℃，15 分)，エーテルあるいはクロロホルムに強い抵抗性を示す．CAV は MDCC-MSB1 細胞など鶏のリンパ系株化細胞で増殖し核内で，また PCV は PK-15 あるいは Vero 細胞で CPE は示さないものの増殖し核内あるいは細胞質で，それぞれウイルス抗原が蛍光抗体法で確認される．CAV 感染では核内封入体が，一方 PCV および PBFDV 感染ではブドウ房状細胞質内封入体が特徴として認められ，同部位にウイルス粒子を認める（写真 1）．PBFDV は，増殖可能な培養細胞がみつかっていないため性状の多くが不明であるが，感染臓器由来ウイルス粒子を用いた試験では CAV および PCV には認められない赤血球凝集能が確認されている．

鶏貧血ウイルス病

chicken anemia virus infection

Key Words：貧血，胸腺の萎縮，骨髄退色・黄色化，免疫抑制，不顕性感染

疫　学

鶏貧血ウイルス（CAV）は広く鶏群内に分布し，ほとんどの鶏が経口ルートで自然感染する．母鶏からの移行抗体を保有した雛はCAV感染に抵抗性を示すため，移行抗体の消失する3週齢以降に感染する．日齢抵抗性が成立するため，移行抗体消失後の感染雛は不顕性感染となる．介卵感染した雛あるいは移行抗体を保有しない雛が早期に感染すると発症する．このような早期感染雛は免疫機能が低下し，他病誘発あるいは増悪化を招きやすい．ウイルスは感染雛の糞便中に排泄される．介卵感染も成立すると考えられている．

症　状

発症鶏は貧血，元気消失となる（写真1）．剖検では骨髄の退色・黄色化および胸腺の著しい萎縮を特徴とする（写真2）．死亡鶏では筋肉，皮下あるいは腺胃粘膜に出血を，さらにファブリキウス嚢の萎縮や肝臓の腫大も認められる．病理組織学的には，骨髄造血組織における幼若造血細胞消失による低形成，リンパ組織でのリンパ球減少による萎縮が特徴である．

診　断

骨髄，胸腺などの特徴病変は診断に役立つ．不顕性感染が多いので，ウイルス分離や抗体検査のみでは診断できない．移行抗体の有無が発症を左右するため，母鶏の免疫状態を検査することは重要である．

予防・治療

予防には雛に移行抗体を保有させることが最も効果的で，そのための種鶏用生ワクチンが開発，市販されている．

写真1　実験感染例：初生時にCAV接種，16日齢の発症雛．（写真提供：御領政信氏）
不活発で，頭部および脚は黄色を呈し，貧血が明らか．

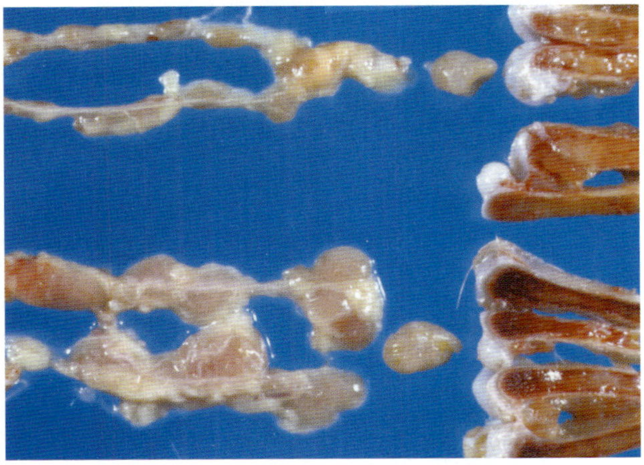

写真2　実験感染例：上はCAV感染群（5週齢），下は対照群の胸腺および骨髄．（写真提供：御領政信氏）
胸腺は半分以下に萎縮，骨髄は全域で退色・黄色化がみられる．

オウムの嘴・羽毛病

psittacine beak and feather disease

Key Words：嘴・羽毛の形成異常，嘴・爪の過形成，免疫抑制，細胞質内封入体

疫　　学

オウムの嘴・羽毛病（PBFD）は1981年にオーストラリアで初めて報告されたが，今ではわが国を含めた多くの国々で確認されている．オウム・インコ類の幼若鳥が感染し，とくに大型の白色オウム類およびヨウムは発症しやすいとされる．PBFDウイルスに汚染した糞や羽毛片などを経口的にあるいは呼吸器を介して摂取することで感染する．

症　　状

幼雛にみられる甚急性型では肺炎，腸炎を示し突然死する．ファブリキウス嚢あるいは胸腺の萎縮を伴う．急性型では1か月齢前後の幼若鳥に羽毛の形成不全や脱落が急激に起きる．慢性型では羽毛の進行性脱羽および羽毛発育障害（異常羽）の他に，嘴あるいは爪の過長や断裂を認めることもある（写真1）．急性感染例でファブリキウス嚢あるいは胸腺が障害を受けると免疫抑制状態になり2次感染を受けやすくなる．

診　　断

病理組織学的変化として，羽上皮細胞の壊死・変性および細胞浸潤が認められる．マクロファージ内に出現するブドウ房状の細胞質内封入体は本病の特徴といえる（写真2）．核内封入体は羽上皮細胞に認められる．PCR法による遺伝子検出あるいはHA反応（オウムの赤血球）によるウイルス抗原あるいは抗体検出も診断に利用できる．

予防・治療

海外からの侵入に対し輸入検疫が重要である．ワクチンは開発されていないため，一般的な防疫対策に努める．発症鳥に有効な治療法はないが，2次感染対策は必要である．

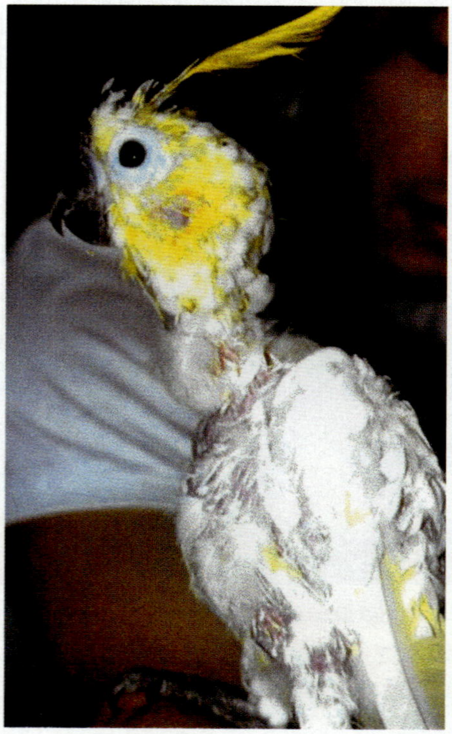

写真1　全身性の脱羽および嘴の壊死を呈するキバタン．（写真提供：真田靖幸氏）

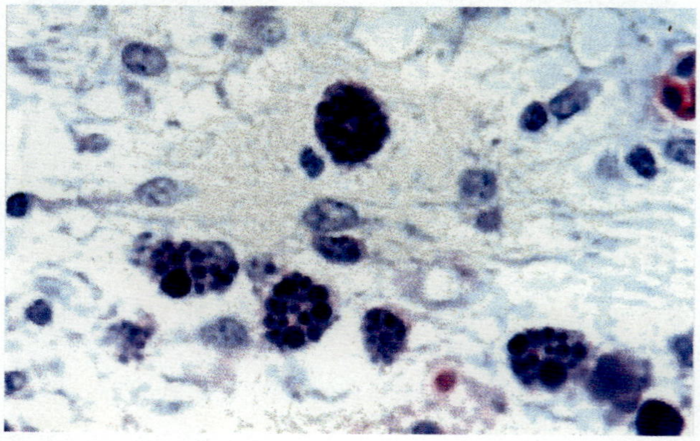

写真2　羽髄内のマクロファージに認められたブドウ房状の好塩基性細胞質内封入体．（写真提供：真田靖幸氏）

豚サーコウイルス2型感染症

porcine circovirus type 2 infection

Key Words：発育不良，削痩，呼吸困難，黄疸

豚サーコウイルス２型（*Porcine circovirus-2*：PCV2）の罹患動物は豚であり，豚の離乳後多臓器性発育不良症候群（postweaning multisystemic wasting syndrome：PMWS）に関与している．また，本ウイルスは豚皮膚炎腎症症候群（porcine dermatitis and nephropathy syndrome：PDNS），豚呼吸器複合感染症（porcine respiratory disease complex：PRDC），繁殖障害および先天性痙攣症にも関係していると考えられるが，病因学的に不明な点が多く残されている．本稿ではPMWSについて記す．

疫　学

PMWSは離乳子豚の発育不良や削痩を主徴とする疾病で，1991年にカナダで最初に報告されて以来，日本を含む多くの国々で発生が確認されている．病因であるPCV2は世界中に分布し，SPF豚を含むほとんどの豚集団に浸潤している．肥育末期豚のPCV2抗体保有率はほぼ100％を示す．よって，PMWSの発現には補因子の存在も併せて必要と考えられており，豚繁殖・呼吸障害症候群ウイルスや豚パルボウイルスなどが重要視されている．PMWSは4～16週齢（15～50kg）の豚に認められ，発病率は5～20％，致死率は50～100％とされる．流行型の発生様相だけでなく，常在型の発生様相も呈する．伝播は経口ならびに経鼻感染による．

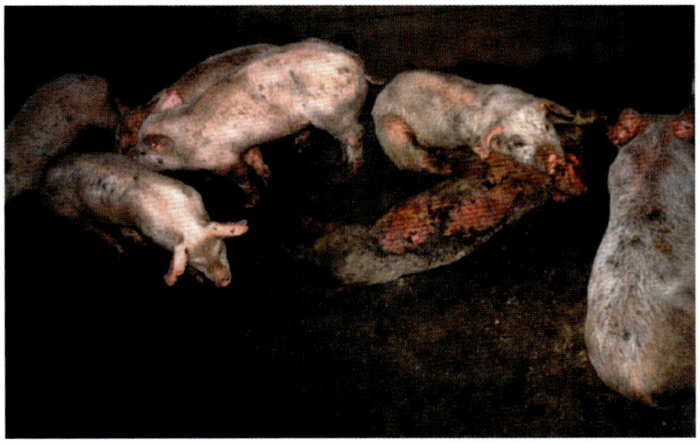

写真1　発育不良を呈したPMWS発症豚．

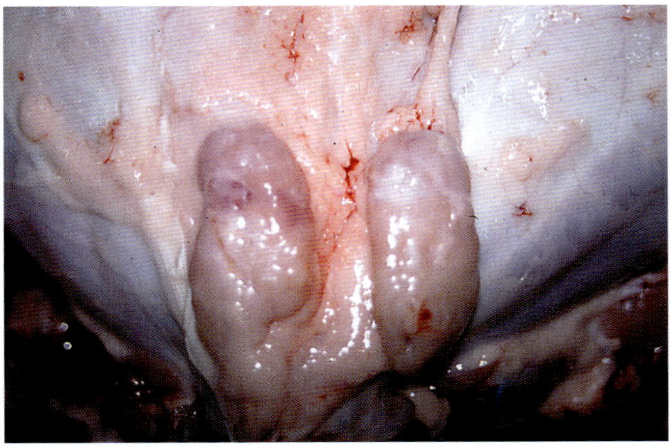

写真2　PMWS発症豚にみられた腫大した浅鼠径リンパ節．

症　状

PMWSは離乳子豚の死亡率上昇により通常発見され，増体量減少，削痩，被毛粗剛，呼吸困難，発熱，時に下痢，黄疸，皮膚の蒼白が認められる（写真1）．死亡率の上昇は数か月から1年以上続く．

病　変

PMWSの肉眼病変は全身リンパ節の腫大で，とくに浅鼠径，腸間膜，肺門および縦隔リンパ節で著しく，時に正常の2～5倍に達する（写真2）．組織学的には，リンパ濾胞でのリンパ球消失と傍リンパ領域を含めた組織球や多核巨細胞による肉芽腫病変が認められる．浸潤した組織球内にはブドウ房状の好塩基性細胞質内封入体が認められる（写真3）．間質性肺炎，間質性腎炎，壊死性肝炎，多臓器における血管周囲炎が時に観察される．また，多様な肺炎関連細菌の2次感染や混合感染が多く認められ，病変がさまざまに修飾される．

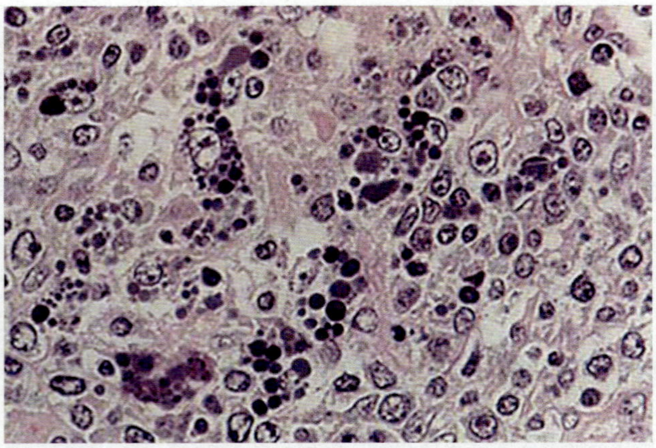

写真 3 PMWS 発症豚のリンパ組織にみられた好塩基性細胞質内封入体.

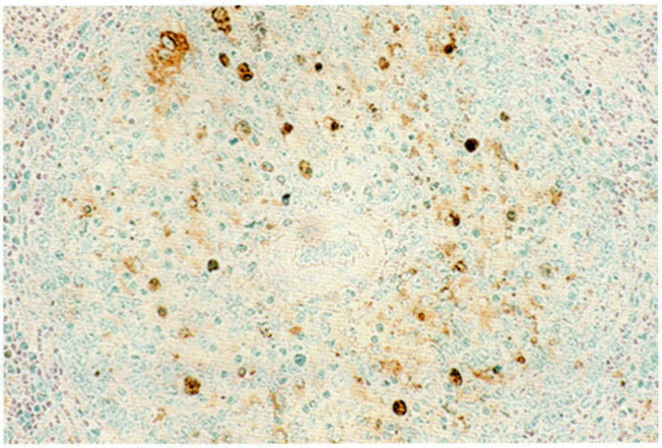

写真 4 免疫組織染色により検出された PCV2 抗原.

診　断

PMWS の診断は，臨床症状，発生状況，病理検査によるリンパ組織病変の確認および病変部における PCV2 の検出を総合して行う．PCV の検出は，電子顕微鏡法，免疫組織染色（写真 4），in situ hybridization 法などによる．

予防・治療

ワクチンはない．衛生管理を徹底し，飼育密度を下げ，オールイン・オールアウト方式の飼育管理を実施する．発病豚を早期発見して隔離する．細菌の混合感染例や 2 次感染による重篤化の予防に適切な抗生物質を使用する．

パルボウイルス科

基本性状

球形粒子（18 ～ 26nm）
一本鎖 DNA
核内で増殖

重要な病気

豚パルボウイルス病（豚）
犬パルボウイルス病（犬）
犬パルボウイルス 1 型感染症（犬）
猫汎白血球減少症（猫）
ミンク腸炎（ミンク）
ミンクアリューシャン病（ミンク）

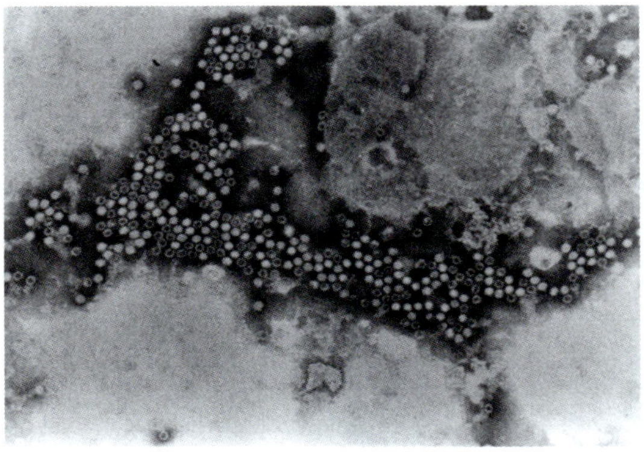

FIG　犬の下痢便内に検出された犬パルボウイルス 2 型のネガティブ染色像
白色の粒子とドーナッツ状の中空粒子が混在している．中空粒子は核酸が存在しない非感染性ウイルスで，内部に染色液が浸入した結果である

分　　類

パルボウイルス科（*Parvoviridae*）は，パルボウイルス亜科（*Parvovirinae*）とデンソウイルス亜科（*Densovirinae*）に分けられる．前者には多くの動物に病原性を示すウイルスが所属するパルボウイルス（*Parvovirus*）属，ヒトの病原性パルボウイルス B19 のエリスロウイルス（*Erythrovirus*）属，また，アデノウイルスの相補作用により増殖できるアデノ随伴ウイルスのデペンドウイルス（*Dependovirus*）属，アリューシャンミンク病ウイルスが属するアムドウイルス（*Amdovirus*）属，牛パルボウイルスと犬微小ウイルス（犬パルボウイルス 1 型）が属するボカウイルス（*Bocavirus*）属が分類される．デペンドウイルス属ウイルスには病原性は認められず，宿主 DNA にウイルス DNA が挿入されることから，最近は遺伝子導入用のベクターとして注目を浴びている．デンソウイルス亜科は昆虫のパルボウイルスである．

性　　状

パルボウイルスは直径が 20nm 前後の球状，32 個のカプソメアからなる（FIG）．ゲノムは直鎖状の一本鎖 DNA（マイナス鎖またはプラス鎖）である．非常に抵抗性の強いウイルスのため，野外における生存力が強い．

パルボウイルス属のウイルスはヘルパーウイルスの介助不要のために自律増殖性（autonomous）パルボウイルスとも呼ばれているが，多くは宿主細胞機能依存性に増殖する．ウイルスの侵入様式はよく分かっていない．複製は核内で行われ，分裂期の細胞で効率良く増殖するために標的組織が限定される．感染細胞が細胞増殖周期の S 期を経ることが複製に必要（宿主の DNA 合成酵素を利用）である．感染細胞内には特徴的な核内封入体が形成される（写真 1）．胎子，造血器官，消化管粘膜などが好んで侵襲されることから，宿主が異なっても病徴は類似している．胎子と新生獣に対しては催奇形性である．

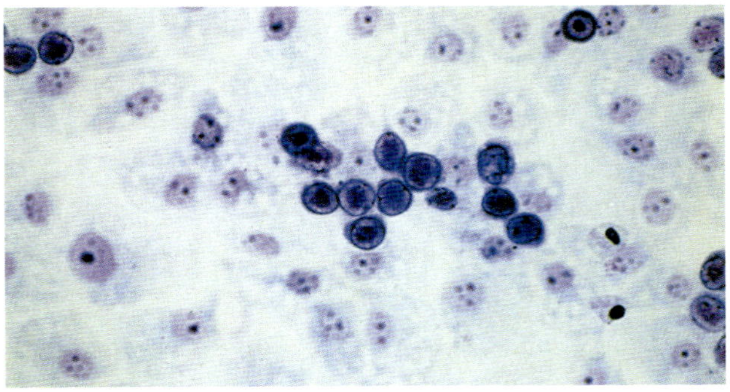

写真 1　犬パルボウイルス 2 型感染 MDCK 細胞に形成された核内封入体．

パルボウイルスの細胞溶解性は弱いため，感染ウイルス量が少ないと CPE を指標とした生標本での検出は難しく，染色標本が必要である．

豚パルボウイルス病

porcine parvovirus infection

Key Words：死流産，ミイラ変性胎子，黒子，白子，異常子

豚のパルボウイルスが妊娠中の豚に感染して，ミイラ変性胎子，黒子，白子，虚弱などの異常子の分娩，いわゆる豚の異常産を起こす．異常初生子は明らかな神経症状を示すものはほとんどなく，日本脳炎ウイルスによる異常産とは異なる．母豚は，本ウイルスに感染しても臨床症状を示さず不顕性感染である．

疫　　学

豚パルボウイルス（PPV）は，最初に英国で死産胎子から赤血球凝集性ウイルスとして分離，死産の原因であることが示唆された．その後，本ウイルスは PPV と同定された．日本では，1970 年に死産胎子の脳から PPV が初めて分離され，その後の調査で日本でも PPV 感染に起因する異常産の存在が明らかにされた．現在では，世界のほとんどの地域に分布している．

ウイルスはすべての臓器で増殖し，唾液，鼻汁，糞便中に排出される．排出されたウイルスは，豚から豚へと直接接触，あるいは汚染された器具やヒトなどを介して経口または経鼻感染を起こす．感染雄豚の精液中にウイルスが排出されることから，交配による雌の感染も可能性がある．

PPV に対する抗体保有率は経産豚で 80％以上である．PPV の移行抗体は生後約 6 ～ 7 か月間持続するために，初産豚では抗体保有率は 10 ～ 50％と低い．

異常産の発生時期は主として 8 ～ 10 月で，春から夏にかけて種付けされた母豚由来の初生豚に発生する．しかし，PPV に対して清浄な繁殖場では，ウイルスの侵入があれば初産，経産に関係なく発生して大きな被害となる．

妊娠豚が PPV の初感染を受けた場合，分娩子豚の約 10％に異常子が発生する．しかし，感染時の胎齢によって発生率は異なる．妊娠中期に感染した場合には発生率は最も高く約 30％で，次いで初期で，後期では 10 ～ 15％と低率である．

症　　状

妊娠豚以外の豚は不顕性感染で，臨床症状は全く示さない．しかし，多量のウイルスを排出するためにウイルスの感染源となる．妊娠豚が感染した場合には垂直感染を起こして異常産を起こす．ウイルスは胎盤を経て胎子に感染し，胎子は死亡する．死亡胎子はすぐに娩出されず胎内にとどまり，そのほとんどは予定日前後に娩出される．流産の経過を取ることはまれである．

異常子の内訳は，ミイラ変性胎子，黒子，白子，異常初生子などである（写真 1）．これらの異常子と正常子を同時に分娩する例が多い．異常初生子は生後すぐに死亡するが，日本脳炎の例とは異なり明瞭な神経症状を示す例はなく，その症状は起立不能や虚弱などである．妊娠初期に感染した場合には胚の死亡と吸収が起こるために，総産子数の減少，時に不妊の原因となる．

診　　断

PPV 感染による異常子の特徴的病理所見は，死産胎子の脳組織にみられる．脳実質および軟膜に分布する血

写真 1　異常産胎子．（写真提供：岡山県病性鑑定所）
死後経過の異なる胎子（ミイラ変性胎子，黒子，白子）が一腹に混在する．

管の周囲に小円形細胞が増殖して細胞套を形成する（写真2）．神経膠細胞（グリア細胞）の増殖と神経細胞の退行性変化はきわめて軽度である．このような血管病変は脳実質および軟膜に広く播種性に分布する．

血清学的診断には一般的にHI試験が用いられる．異常産は分娩して初めて判明するので，前後血清などの採血条件が整っていないとたいへん困難である．分娩後の母豚血清で抗体陰性であればPPV感染を否定できるが，陽性の場合にはPPVによる異常産を疑う程度で確定診断はできない．死産胎子の体液（心血，腹水，胸水など）が採取できれば，体液を用いてHI試験を行う．陽性の場合にはPPVによる異常産と診断できる．

異常産子からのウイルス分離が最も確実な診断法である．異常産子の脳，実質臓器，胎盤などからウイルス分離を行う．臓器乳剤を分離材料として，初代豚腎培養細胞および豚腎由来株化細胞に接種する．分離培養は，接種後2週間以上で2～3代継代する．初代培養ではCPEは明瞭に出現しない．2代継代でCPEの出現が認められ，継代するごとにCPEは明瞭となる．初代培養を2週間以上とし，培養液を採取してモルモット血球または感受性鶏赤血球を用いて赤血球凝集の有無を検査して分離を確認する．分離ウイルスの同定は，抗PPV血清を用いたHI試験および中和試験で行う．生後死亡などの新鮮な異常子の肺および腎組織が得られる場合には，トリプシン消化法による初代細胞培養を行うと分離率は高くなる．

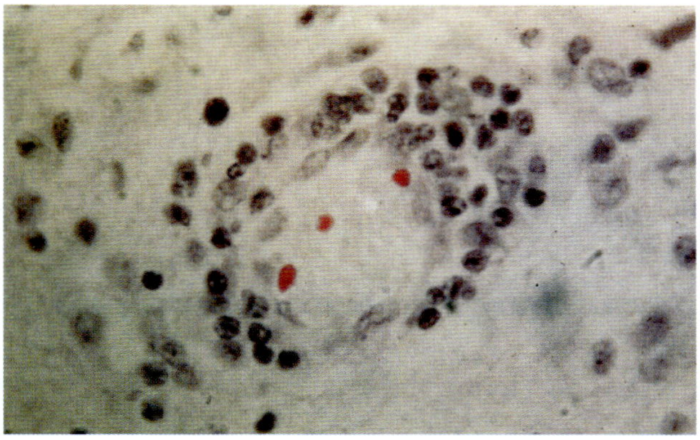

写真2 PPVによる死産胎子の脳病変．（写真提供：動物衛生研究所，病態研究部）
小円形細胞が増殖して細胞套を形成．

異常子の脳の病理組織学的検査では，血管病変（血管周囲性細胞套形成）がPPVの特徴的病変である．グリア細胞の増殖と神経細胞の変性はきわめて軽度である．

予防・治療

生および不活化ワクチンが市販されている．初産豚では，種付け1か月前にワクチンを接種する．PPVの清浄な繁殖場では，初産，経産を問わず，すべての繁殖豚にワクチン接種を行う．

犬パルボウイルス病

canine parvovirus infection

Key Words：腸炎，下痢，嘔吐，心筋炎

犬パルボウイルス（Canine parvovirus type 2：CPV-2）の感染により起こる，甚急性あるいは急性の経過をたどる致死率の高い感染症である．嘔吐および下痢を主徴とする腸炎型と，3～12週齢の子犬の突然死の原因となる心筋炎型の2つの病型がある．

疫　学

犬パルボウイルス病は1978年に初めて報告されたイヌ科動物の新しいウイルス性疾患である．以降世界各地で発生している．日本でも1979年に発生が確認されて以来，全国各地で発生している．CPV-2は1970年代後半に出現した新しいウイルスで，当時犬はCPV-2に対する免疫を保有していなかったため，1978～1980年代初頭にかけて甚大な被害を被った．CPV-2は猫汎白血球減少症ウイルス（FPLV）およびミンク腸炎ウイルス（MEV）と血清学的および遺伝学的にきわめて近縁であることから，これらのウイルスから何らかの変異により派生したと考えられている．CPV-2の出現後，数年のうちに抗原変異によりCPV-2aおよびCPV-2bが出現した．現在はCPV-2aおよび2bが流行している．また，1990年代後半にCPV-2aおよびCPV-2bが猫から分離されたとする報告が相次ぎ，現在ではCPV-2aおよび2bは猫にも感染することが確認されている．

症　状

腸炎型では，沈うつ，発熱，嘔吐およびそれに続く下痢および脱水症状が一般的な経過である．下痢は粘液状，あるいは重篤例では血液が混じる．白血球の減少が認められるが，本症ではリンパ球が減少する．心筋炎型は3～12週齢の子犬に起こる．死亡率が高く，同腹の子犬の50％以上が死亡する．叫鳴，吐き気などの前駆症状を示した後，あるいは突然虚脱し，呼吸困難に陥り急死する．

診　断

急性の嘔吐およびそれに続く下痢，脱水などの症状がある場合には本症を疑う．しかし，他の消化器疾患でも類似の症状が認められることから，必要に応じてウイルス学的，血清学的手法により確定診断する．白血球減少も認められるが，猫汎白血球減少症（FPL）ほど特徴的ではない．

肉眼所見は主に空･回腸に認められる．漿膜下の充血および出血により漿膜面は暗赤色を呈する．粘膜面にも粘膜の壊死，剥離に伴い充血および出血が認められる（写真1）．消化管の病変形成には細菌の2次感染が関与しており，SPF犬など清浄な環境下で飼育されている犬では病変は軽度である．また，腸間膜リンパ節の腫大と点状出血が認められることがある．病理組織学的には，腸絨毛の萎縮，腸陰窩上皮細胞の壊死および剥離，陰窩上皮細胞の核内封入体形成，陰窩上皮細胞の再生像などが認められる（写真2）．パイエル板や腸間膜リンパ節ではリンパ球の減少が認められる．舌の基底細胞にも核内封入体が観察されることがある（写真3）．

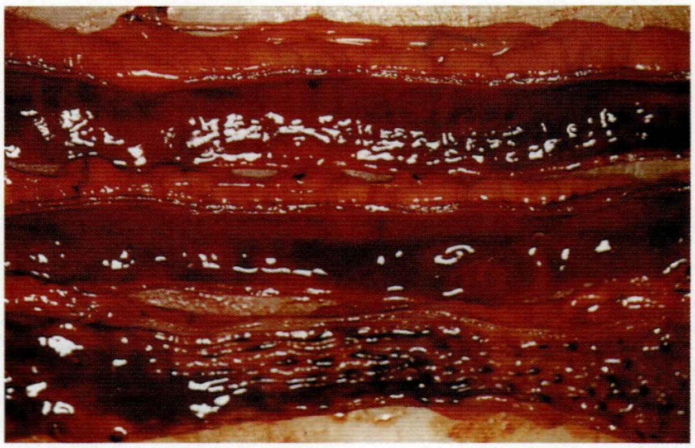

写真1 小腸の病変．（写真提供：帯広畜産大学病理学教室）出血のため，粘膜面が暗赤色を呈する．

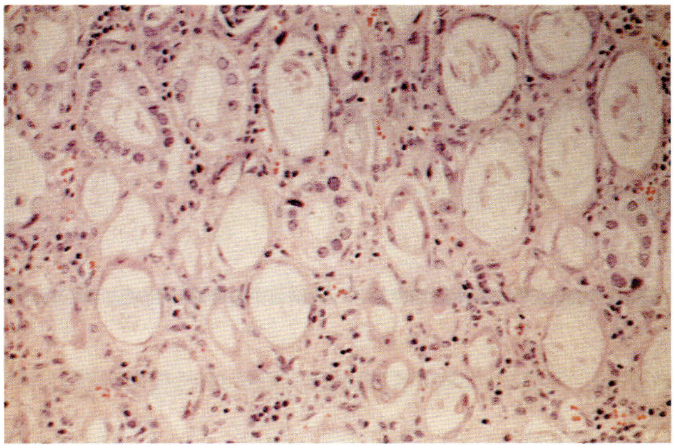

写真 2　小腸の病理組織標本.（写真提供：帯広畜産大学病理学教室）
陰窩上皮細胞の核内封入体，および上皮細胞の再生像が認められる.

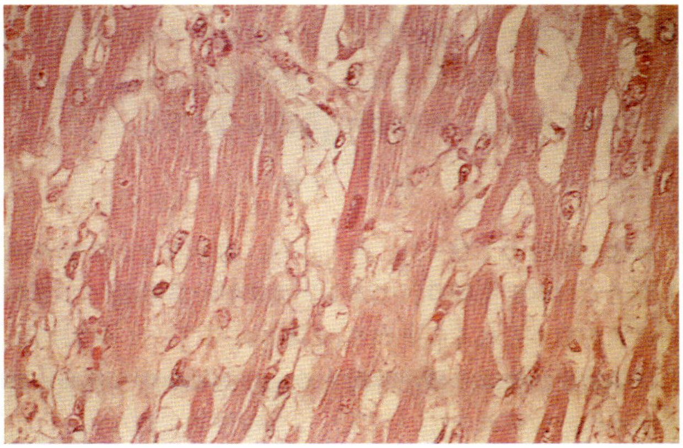

写真 4　心筋の病理組織標本.（写真提供：帯広畜産大学病理学教室）
心筋細胞に核内封入体が認められる.

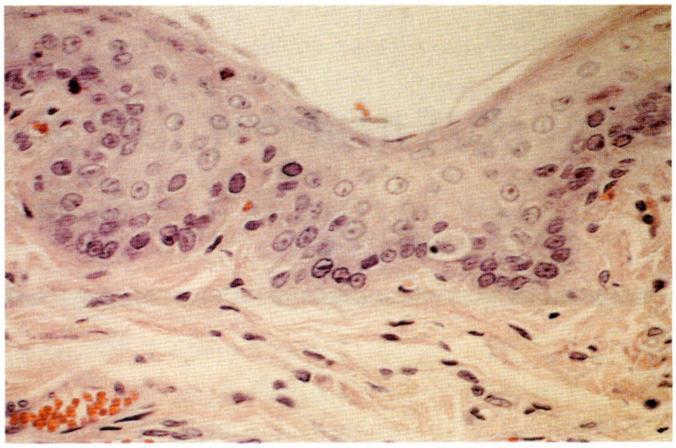

写真 3　舌の病理組織標本.
舌の基底細胞に核内封入体が認められる.

心筋炎型では，左心室の肥大，心筋の退色，肺の水腫，胸水および腹水の貯留などが認められる．病理組織学的には非化膿性心筋炎が特徴で，心筋線維の水腫および壊死，リンパ球の浸潤が認められる．心筋細胞に核内封入体が観察される（写真 4）．確定診断法として，実験室内では糞便あるいは腸内容物を材料とした HA 試験，HI 試験（豚あるいはアカゲザルの赤血球を使用），ELISA によるウイルス抗原の証明，PCR 法によるウイルス DNA の検出などが迅速であり信頼性が高い．血清中の中和抗体，HI 抗体の測定も診断に用いられる．また院内検査用に犬パルボウイルス抗原検出用キットが応用されている．類症鑑別として問題となるのは，犬コロナウイルス感染症，子犬のコクシジウム症などである．

予防・治療

ワクチンによる予防はきわめて有効である．生ワクチンが市販されている．不活化ワクチンの効果は移行抗体により干渉されやすいので，移行抗体消失時期を考慮したワクチンプログラムに沿った 2 回以上の接種が必要で，現在では使用されなくなった．生ワクチンは少量の移行抗体では干渉されず，2 年以上にわたり感染防御能を賦与するという利点がある．

嘔吐と下痢により体液が喪失しやすいので，輸液を中心とした対処療法が必要である．細菌の 2 次感染による重篤化を防ぐために広域性抗生物質の非経口投与が行われる．心筋炎型に対する有効な治療法はない．

排出された本ウイルスは外界で長期間にわたり感染性を保持し，各種消毒薬にも抵抗性であるので，完全な汚染除去は容易でない．アルコール，逆性せっけん（第四級アンモニウム系消毒薬），クレゾールなどは効果がない．次亜塩素酸，ホルマリンは効果がある．

犬パルボウイルス1型感染症

canine parvovirus type-1 infection

Key Words：minute virus of canines（MVC），下痢，呼吸器症状，胎子・新生子感染

本症は出血性胃腸炎や心筋炎を起こす犬パルボウイルス2型（CPV-2）とは，遺伝学的にも相同性が全くない犬微小ウイルス（犬パルボウイルス1型）の感染で起きる．1967年に本ウイルスを犬の正常便から最初に分離したBinnらが命名したminute virus of canines（MVC）という呼称も通常用いられる．MVCの胎子・新生子や妊娠犬における病原性が最近明らかにされ，犬の新しいウイルス感染症として臨床における重要性が注目されてきた．

疫　　学

MVCは犬だけが感染する．感受性のある新生子犬および幼若犬は，経口・経鼻感染する．経胎盤感染は妊娠日齢20～35日で母犬が感染した時に最も起きやすい．

アメリカでは，成犬におけるMVCのHI抗体保有率は50～70％になっている．スイスでもほぼ同様の血清学的調査成績がある．ヨーロッパ各国で自然例も発生しており，欧米ではMVCがすでに広く浸潤している．アジアでは，韓国からわが国に輸入された犬の糞便からMVCが分離されている．わが国における犬のHI抗体陽性率は，東海地方（愛知，岐阜）で15.4％，北海道，関東および山口県から収集した血清の調査では，1.5～12.5％であった．また，青森と岡山の下痢症状のある子犬の糞便からMVCが分離されており，わが国においても諸外国同様にMVCがほぼ全国的に存在していると思われる．

症　　状

一般に感染子犬の症状は軽微で特徴的な症状はないが，不活発，食欲不振，嘔吐，ペースト状軟便や一過性あるいは軽度の下痢便および呼吸困難などがみられる．1週齢までの新生子犬ではウイルス性心筋炎による突然死がみられることがある．斃死する例では，重篤な下痢や肺炎が認められる．不顕性感染も起きる．妊娠犬では，妊娠日齢によって発生する病態に違いが認められ，さまざまな周産期病態（不妊，胎子死，死産，流産，萎小胎子などの異常胎子の出生など）が起きる（写真1）．

診　　断

症状に特徴がないため，臨床診断は容易ではない．

肉眼的病変として，肺炎，腸炎，胸腺の浮腫や萎縮，リンパ節の腫大が認められる．病理組織学的に，肺で気管支炎を伴った間質性肺炎がみられ，気管支や肺胞の上皮細胞に好酸性あるいは塩基好性の核内封入体が認められる（写真2）．小腸では十二指腸や空腸の絨毛部の充血と絨毛先端部の上皮細胞の剥離・脱落など軽度の障害に止まり，粘膜構造はよく保たれる（写真3）．核内封入体は絨毛先端部の上皮細胞に認められる（写真4）．封入体はリンパ節や胸腺のリンパ球でも確認できる．また，蛍光抗体法や免疫組織化学的検査によるウイルス抗原の証明で正確な診断が可能となる．経胎盤感染した新生子犬では心筋炎や脳炎を認めることがある．検査室診断では，中和抗体やHI抗体の測定によって感染が証明で

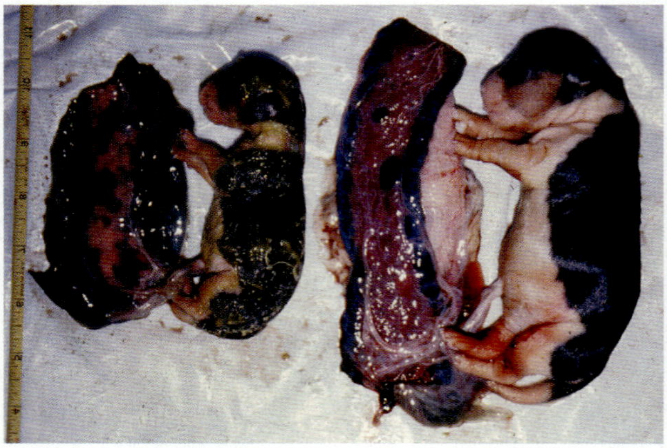

写真1　妊娠44日にMVCを羊水内接種後，15日目に帝王切開で摘出した胎子．

接種後15日目に死亡した胎子（左側）は，非接種生存正常胎子（右側）に比べて萎小で，体表には胎膜由来のdebrisが付着している．

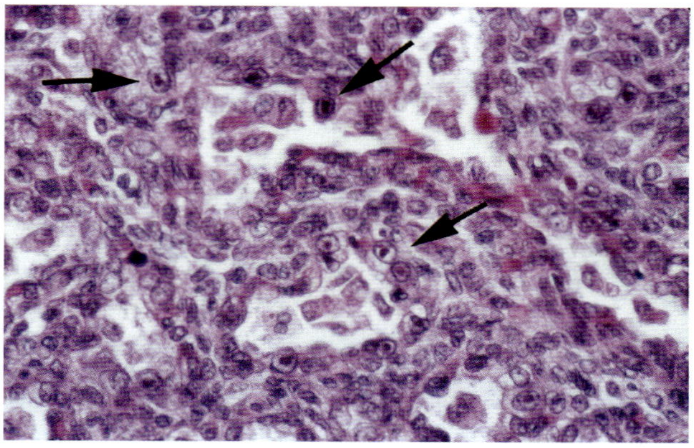

写真 2 MVC を羊水内接種した胎子の肺.
上皮細胞に好酸性核内封入体（矢印）が認められる．HE 染色，× 40（対物レンズ）.

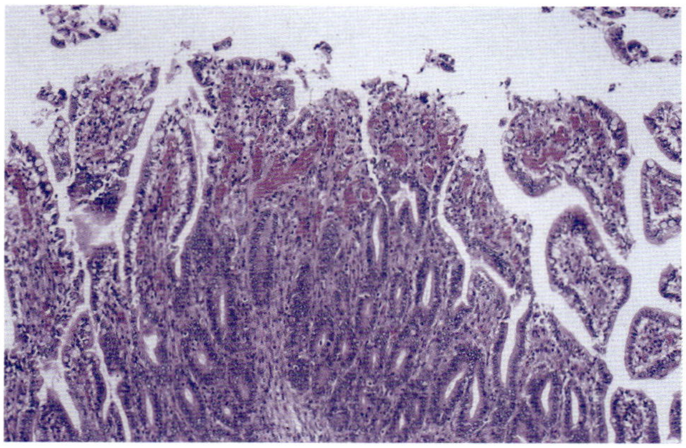

写真 3 MVC を羊水内接種した胎子の小腸.
絨毛先端部の充血と上皮細胞の脱落が認められる．HE 染色，× 10.

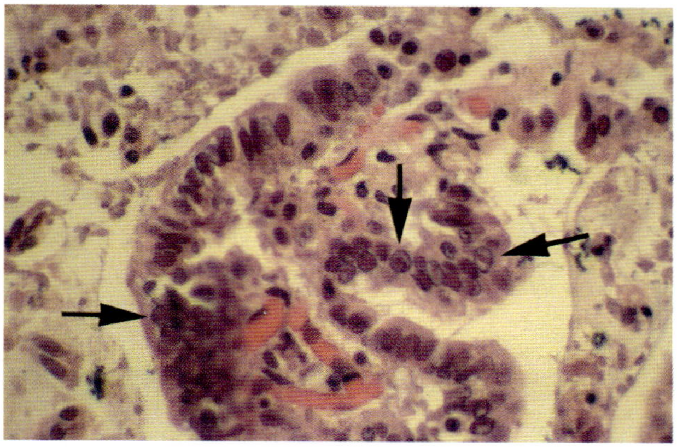

写真 4 MVC 自然感染新生子の小腸絨毛先端部.
上皮細胞に多数の核内封入体（矢印）が認められる．HE 染色，× 40.

きる．これまで MVC が増殖できる細胞は Walter Reed canine cells（WR3873-D）という細胞系に限られていたが，最近 MDCK 細胞でも増殖することが明らかにされたので，下痢便などからのウイルス分離も試みる．

予防・治療

本症の適切な治療法についての成果はまだみられないが，通常の対症療法を試みる．

糞便を介した経口感染が起きるので，汚染糞便との接触を防御することが大切である．ワクチンはまだ開発されていない．

猫汎白血球減少症

feline panleukopenia

Key Words：下痢症, 腸炎, 白血球減少症, 小脳形成不全, 運動失調症, 汎発性血管内凝固症候群

パルボウイルスである猫汎白血球減少症ウイルス（FPLV）の感染による，とくに子猫の急性致死性ウイルス病で猫のコアウイルス病の1つである．類似したウイルスが犬（犬パルボウイルス2型），ミンク（ミンク腸炎ウイルス），アライグマ（アライグマパルボウイルス）にも存在し，やはり同じような病気を起こす．キツネやタヌキに感染するパルボウイルスの種特異性は不明である．

疫　学

世界中で発生が認められる．感染回復後しばらく免疫キャリアーとなることがあるが，主たる感染源は急性発症猫の糞便中に多量に排泄されるウイルスで，経口感染する．感染力が強く，感染極期の糞便一握りに含まれるウイルス量で世界中の猫を感染させることができる．野外における抵抗性が強いため，ウイルス汚染器物やヒトを介して容易に伝播する．野生の猫科動物の感染源は飼猫であることが多い．

症　状

パルボウイルスは向汎性であるが，増殖が細胞依存性であるために感染時の宿主の細胞分裂が活発な組織が標的となる．FPLVが妊娠初期胎子に感染すると全身が標的となり死・流産を，また妊娠後期から出生後2週間くらいの間に感染すると中枢神経系が標的となり，小脳形成不全のため運動失調症に，さらに加齢している場合には骨髄やリンパ組織，空・回腸粘膜が標的となり白血球減少や下痢症が発現する．FPLVはコロナウイルスやロタウイルスなどの下痢症ウイルスが消化管を下行し腸絨毛先端円柱上皮を標的とするのとは異なり，扁桃部より侵入・増殖したウイルスが血流により腸粘膜に達して，分裂している陰窩細胞を中心に破壊するため粘膜損傷が深く激しく血便になりやすい．細菌2次侵襲による細菌内毒素血症が主因で汎発性血管内凝固症候群（DIC）を呈し，感染後5～7日の経過で死亡することが多い．この間を耐過するとウイルス中和抗体の産生とともに回復に向かう．免疫のない幼若猫の死亡率は90％に達する．

診　断

ワクチン未接種子猫が元気・食欲消失，発熱，下痢，嘔吐を呈し，総白血球数が3,000/μl以下に減少していれば臨床的に本病と暫定診断する．確定診断は専門機関に依頼するとよい．

出生前後に感染した猫では小脳形成不全（写真1），水頭症，あるいは内水頭症が観察されるが，ほかにはとくに所見は見当たらない．下痢，嘔吐，白血球減少などの典型的な症状を発現して死亡した猫では，主に消化管と，胸腺，脾臓，腸間膜リンパ節などに水腫や出血が認められる．とくにウイルス感染細胞には明瞭なエオジン好性核内封入体が一時的に形成され，特徴的所見である（写真2）．

血清学的診断はペア血清を用いるか，特異的IgM抗体活性を検出することで行う．病原学的には糞便内のウイルス（抗原），あるいはウイルス遺伝子を検出する．

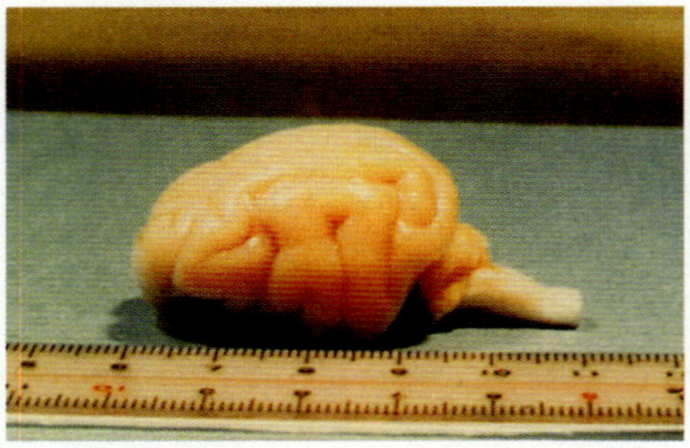

写真1　運動失調症を呈していた約3か月齢の子猫の脳．（写真提供：稲田七郎氏）

小脳がほとんど形成されていない．血中抗体価は1,024倍で，FPLVカプシド遺伝子が腎臓と残存していた小脳から検出された．多くの場合は自力で採食できないために予後不良である．

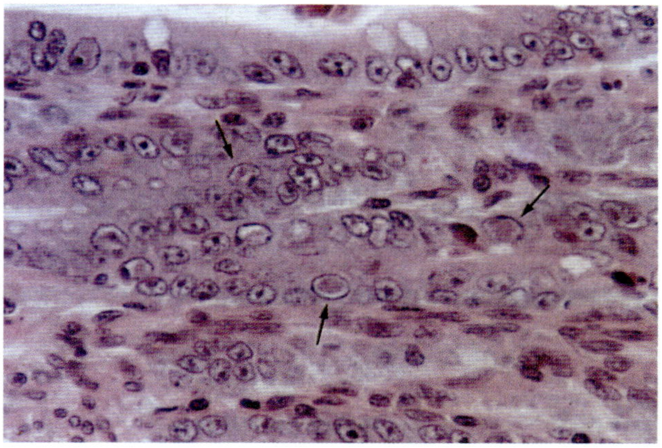

写真 2 猫汎白血球減少症と診断された野外症例の小腸粘膜細胞内に検出された核内封入体.（写真提供：代田欣二氏）
封入体（矢印）の出現は一時的であるので，病変部を広く観察する．また，Bouin's あるいは Zenker's 固定液がその目的に適している．HE 染色.

犬パルボウイルス病に使われている糞便内ウイルス（抗原）検出用の簡易検査キットも一助になる．病後期には糞便内抗体がウイルスをおおっているので，偽陰性結果には注意を要する．

予防・治療

FPLV 本来の病原性は弱く，野外症例は細菌 2 次感染によりかなり増悪されている．したがって，下痢による脱水症状の軽減と栄養補給（輸液），細菌感染阻止（広域抗生物質の非経口投与）中心の対症療法を実施することで回復する．抗血清（健康な成猫の血液の輸液）や IFN の早期併用も選択の 1 つである．不活化および生ウイルスワクチンが市販されている．FPLV は催奇形ウイルスであるので，生ウイルスワクチンの妊娠動物や新生動物への投与は禁忌である．

ヘパドナウイルス科

基本性状
- 球形粒子（40 ～ 48nm）
- 二本鎖 DNA
- 逆転写酵素
- 宿主細胞質内で増殖

重要な病気
- ヒト B 型肝炎（ヒト）
- アヒル B 型肝炎（アヒル）

分　類

ヘパドナウイルス科（*Hepadnaviridae*）は哺乳類に感染するオルトヘパドナウイルス（*Orthohepadnavirus*）属と鳥類に感染するアビヘパドナウイルス（*Avihepadnavirus*）属に分けられるが，現在のところ獣医臨床上重要な感染症はない．宿主特異性が強いウイルスで，ヒトの B 型肝炎ウイルスが代表である．急性や慢性肝炎の後，肝硬変や肝癌の原因となる．類似のウイルスがウッドチャック，ジリス，アヒル，サギなどにも検出されている．

性　状

部分的に二本鎖の環状 DNA をゲノムとし，複製の途中で DNA から RNA が形成され，逆転写酵素により再び DNA が形成されるのが特徴的である．ウイルス DNA は宿主細胞 DNA に組み込まれる．ビリオンはエンベロープに囲まれた球状である．オルトヘパドナウイルス属は直径が 40 ～ 42nm，アビヘパドナウイルス属はひと回り大きく 46 ～ 48nm である．

レオウイルス科

基本性状
球形粒子（60 ～ 80nm）
分節状二本鎖 RNA
細胞質内で増殖

重要な病気
イバラキ病（牛）
チュウザン病（牛）
ブルータング（羊，牛，山羊）
ロタウイルス病（牛，豚，馬，犬，猫）
アフリカ馬疫（馬）
馬脳症（馬）

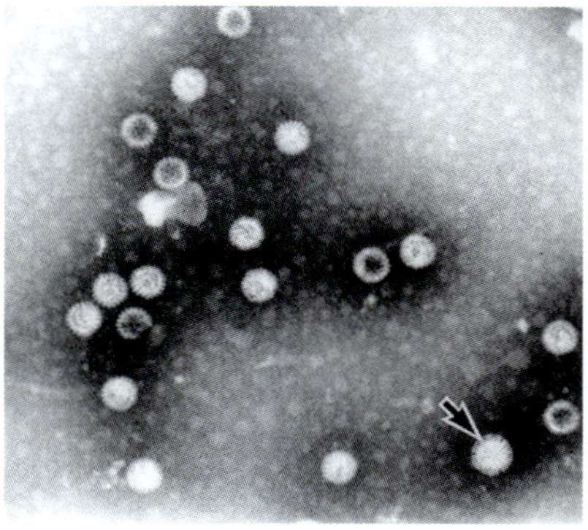

FIG 犬ロタウイルスのネガティブ染色像
写真内には直径約 65 ～ 75nm の粒子が認められるが，多くは単層のカプシドからなるウイルスである．矢印は 2 層のカプシドからなるビリオン

分　類

レオウイルス科（*Reoviridae*）は宿主域が広く，動物に感染するウイルスが 8 属に，植物に感染するウイルスが 3 属および真菌に感染するウイルス属の計 12 属に分類されている．

性　状

本ウイルス科ウイルスの共通性状は，ウイルスゲノムが直鎖・分節状の二本鎖 RNA であるという点である．分節数とそのサイズ（泳動パターン）によりウイルス属の同定をすることができる．動物に感染するレオウイルス科ウイルスでは，オルトレオウイルス（*Orthoreovirus*）属，オルビウイルス（*Orbivirus*）属，エントモレオウイルス（*Entomoreovirus*）属およびシポウイルス（*Cypovirus*）属は 10 分節，ロタウイルス（*Rotavirus*）属とアクアレオウイルス（*Aquareovirus*）属は 11 分節，コルチウイルス（*Coltivirus*）属とシードルナウイルス（*Seadornavirus*）属は 12 分節からなる．

直径 60 ～ 80nm の球形ビリオンは 2 層のカプシドからなる（FIG）．ウイルスは細胞質内で増殖し，オルトレ

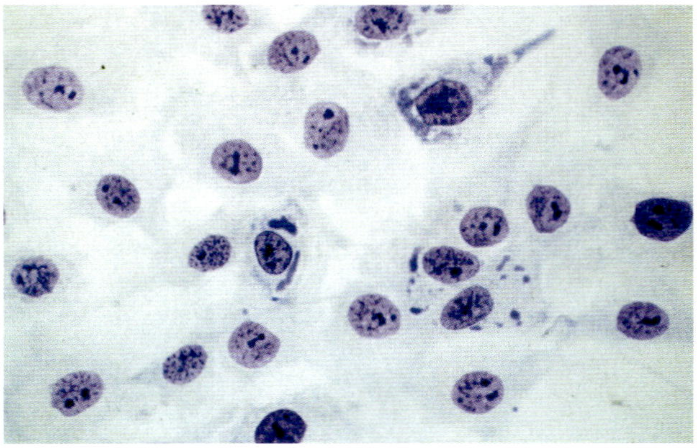

写真 1 猫レオウイルス感染細胞に形成された細胞質内封入体（ギムザ染色）．

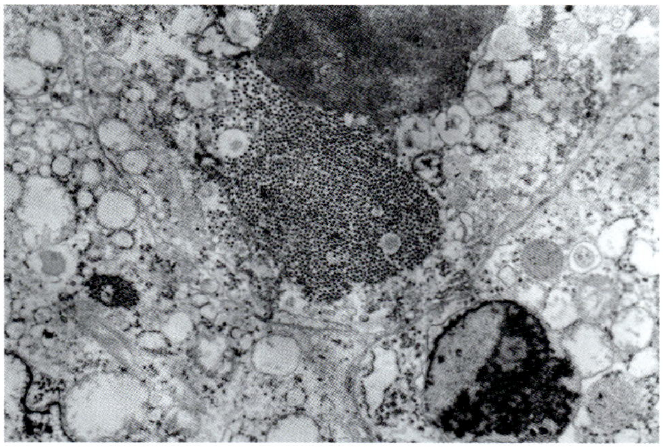

写真 2 猫レオウイルス感染細胞の超薄切片像．
写真 1 に示した細胞質内封入体部分にウイルス粒子が集簇している．

オウイルス属ではウイルス粒子が結晶状に配列した囲核性の細胞質内封入体が形成される（写真 1，2）．分節状という核酸性状のために，同属ウイルス間で遺伝子組換え（遺伝子再集合）を起こしやすい．

家畜に病原性が顕著なのはオルビウイルス属とロタウイルス属のウイルスである．オルビウイルス属は節足動物媒介性ウイルスで，その被害も大きい．ロタウイルス属はヒトを含む多くの動物の主要な下痢症ウイルスで，公衆衛生上も重要である．

イバラキ病

届出

Ibaraki disease

Key Words：嚥下障害，咽喉頭麻痺，飲水の逆流，泡沫性流涎

イバラキウイルスに感染した牛の20～30％が発病し，一時的食道麻痺，咽喉頭麻痺により飲水の逆流，嚥下障害，誤嚥性肺炎などを起こす．

疫　学

本病は，1959年～1961年までは8月末～11月頃に関東地方以南の各地で発生が認められていた．その後，1961年から生ワクチンが開発，使用されるに至り，発生は認められなくなった．しかし，逆に発生しなくなったためワクチンの接種率も低下したことから約20数年後の1982年九州地方で再び発生するようになり，1987年には九州，高知，兵庫県の西日本各地で発生が認められた．

イバラキウイルスは1959年茨城県で発生した牛から分離され，ブルータングウイルスと類似していることからブルータング様ウイルスと呼ばれていた．また1987年九州地方で流行した際に数種類のヌカカ（*Culicoides*）から分離されていることからこれらヌカカが媒介昆虫として伝播に関わっているものと推察されている．イバラキウイルスは感染牛の血液中に約2か月間存在するため吸血昆虫の活動によって急速に伝播するものと思われる．この年南九州は12月中旬にも発生が認められており，冬期であっても温暖化による暖冬など環境の変化によってヌカカなど吸血昆虫の活動が続いた場合，発生も長期に及ぶようである．

症　状

39～40℃前後の発熱とともに食欲不振，結膜の充血，浮腫，流涙，泡沫性の流涎などの所見が認められる（写真1）．また本病は，これら臨床所見が消失したあと食道麻痺，咽喉頭麻痺，舌麻痺による嚥下障害，飲水の逆流や食塊の吐出が現れる．1997年～1998年の発生では過去全く認められなかった流産が確認されている．

診　断

本病はブルータング，口蹄疫，水胞性口炎，伝染性鼻気管炎，牛ウイルス性下痢・粘膜病，牛流行熱，悪性カタル熱などとの類症鑑別が必要である．とくに牛におけるブルータングは嚥下障害が認められないことがイバラキ病との唯一異なる症状とされてきたが，1994年わが国の牛に発生したブルータングでは嚥下障害が認められたため臨床上イバラキ病と区別できない．

死亡牛では鼻腔内の食塊充満，気管粘膜の点状出血，気管と咽喉頭部の出血炎症が著しい．気管，気管支内に泡沫性貯留物と黄褐色浸出物，肺の肝変化などが認められる．また嚥下障害を示した牛の食道では漿膜から筋層にかけ出血，浮腫が認められ，筋細胞の硝子様化，石灰化，融解消失，筋細胞の再生像散見，結合織の増生さらに心筋細胞の萎縮壊死，筋間の結合織増生も認められる（写真2，3）．イバラキ病の病変は呼吸器，消化器を中

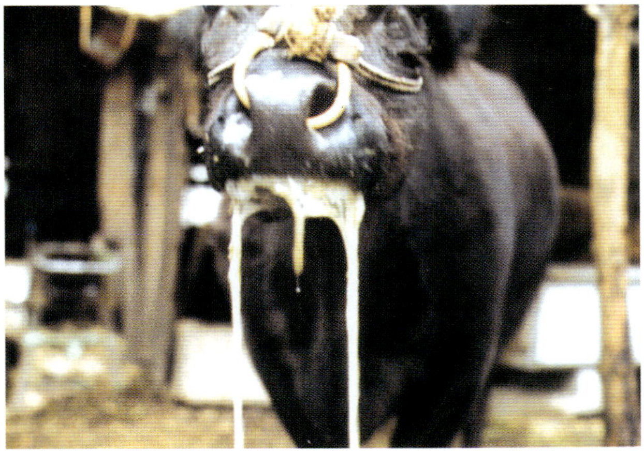

写真1　発病牛の食道および咽喉頭麻痺による嚥下障害のために飲水の逆流が生じる．

病牛は正常に飲水するが数分も経たないうちに飲んだ水が口，鼻孔から噴出してくる．結果的に水分の補給ができず脱水状態に陥り死亡する例もある．

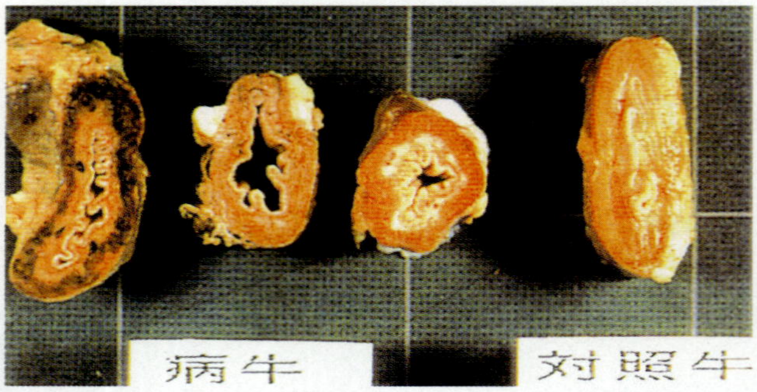

写真2 食道筋の弛緩と筋層の出血および白色化.

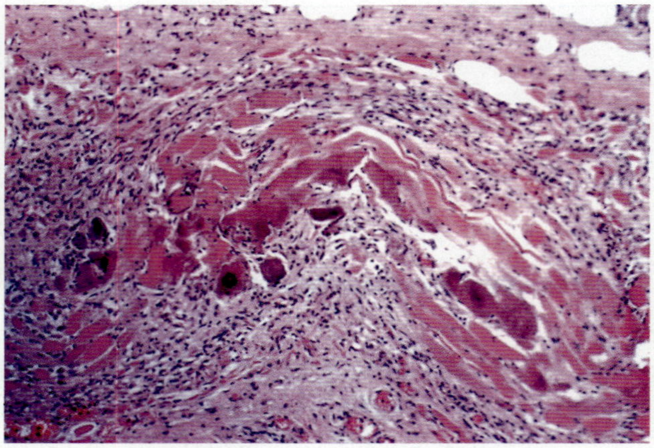

写真3 食道筋細胞の硝子化，石灰化と結合織の増生を示す.

食道筋層では筋間出血，筋細胞の硝子様化，石灰化，融解消失，筋鞘漿膜細胞の再生像，結合織の増生が認められる.

心に食物の嚥下障害に関与する舌，咽頭，喉頭，食道，胃の骨格筋が変性し，一連の障害を引き起こすものである.

イバラキウイルスは比較的容易にウイルス分離が可能であることから，ウイルス学的および血清疫学的検査から診断することが確実である．またイバラキウイルスの特徴として症状を示さない不顕生感染牛も血液中とくに血球には長期間ウイルスの存在が証明されていることから牛自体がウイルスのキャリアーとなる可能性が高く，牛の移動にあたっては時期等を十分考慮する必要がある.

予防・治療

生ワクチンが市販されている．一般的にイバラキ病は予後が良好であるため，一時的に嚥下障害による脱水症状をしめしている発病牛は大量の水分補給や強心剤の投与により回復する.

チュウザン病

届出

chuzan disease

Key Words：水無脳症，小脳形成不全，神経症状，チュウザンウイルス

妊娠牛がカスバ（チュウザン）ウイルスに感染した場合，母牛は無症状で経過するが，分娩された子牛は虚弱，起立不能，盲目，後弓反張などの神経症状を示し水無脳症（大脳欠損）および小脳形成不全症候群を主徴とする先天性異常を特徴とする．

疫　　学

1985 年 11 月頃から南九州地方では牛流行性異常産が多発し，翌年 1 月には九州全域に拡大した．この年の発生は九州を中心に中国，四国の一部でも認められ 6 月には終息した．本病の起因ウイルスであるチュウザンウイルスは本病が発生した 1985 年当時の家畜衛生試験場九州支場に配置した，おとり牛の血液および牛舎内のウシヌカカから分離されたものである．そこでこの分離ウイルスを用い血清疫学的およびウイルス学的研究から流行性異常産と密接な関係を有することが明らかとなり，さらに妊娠牛による再現性試験の結果，新しいウイルス病として確立したものでチュウザン病という名称が正しい．なおチュウザン病はわが国以外では台湾，韓国で発生が確認されているのみである．

症　　状

本病では流産がみられない，ほとんどの異常子牛は虚弱運動機能の欠如，呆然佇立し旋回運動を繰り返す，さらに，てんかん様発作，頭頚部の後弓反張などの神経症状が顕著である（写真 1）．これら異常子牛の多くは視力障害を伴っており，眼球の白濁，盲目様の異常行動もしばしば認められる．

診　　断

肉眼的な病変は中枢神経系に限定されており，異常子牛のほとんどが大脳欠損または形成不全（写真 2），小脳欠損あるいは形成不全を示す．組織学的所見は大脳残存例で実質の疎性化，菲薄化した脳実質の細胞浸潤，石灰沈着が認められる（写真 3）．さらに小脳では髄質および顆粒層の菲薄化，プルキンエ細胞の減少が顕著である．チュウザン病の所見は 水無脳症・小脳形成不全症

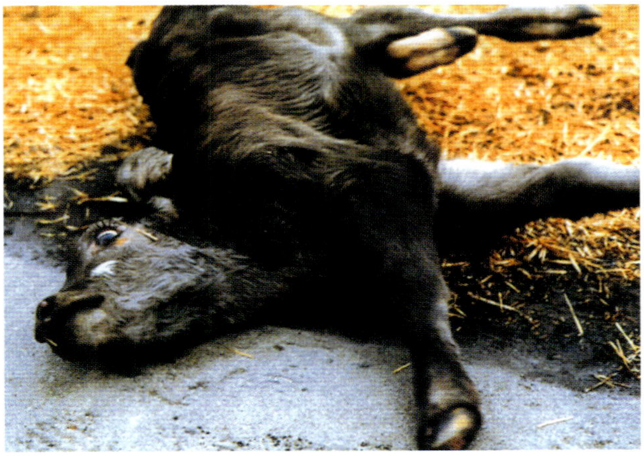

写真 1　チュウザン病自然感染例における起立不能，頭頚部の後弓反張，連続的な四肢の回転運動や屈曲などの神経症状を示す．

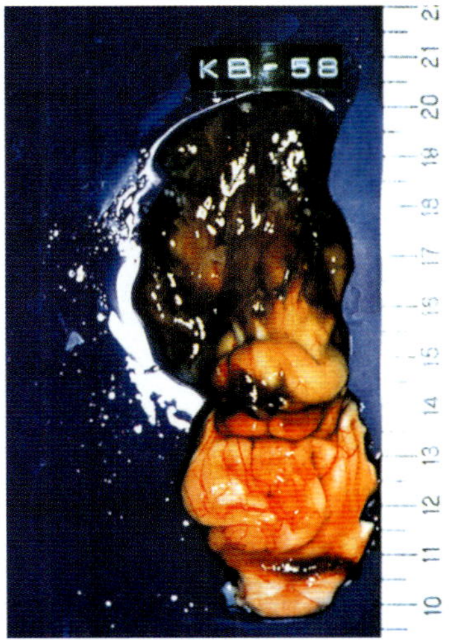

写真 2　自然感染例の大脳欠損（水無脳症），小脳形成不全．

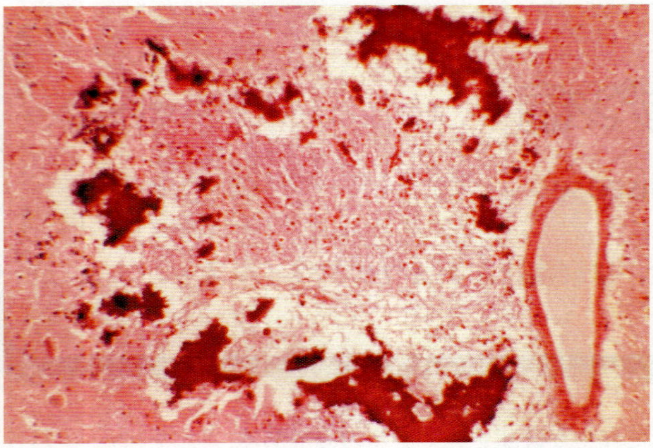

写真 3 大脳残存例における石灰沈着，大脳皮質錐体下部に沿った実質の疎性化，菲薄化した脳実質の軽度の細胞浸潤，不正形の石灰沈着が認められる．

候群 として集約される．

チュウザン病は体形異常がなく大脳欠損とともに小脳形成不全がみられる特徴からアカバネ病やアイノウイルス感染症とは類症鑑別が可能である．しかし近年流行しているアカバネ病のなかには体形異常のない症例もあり，病変から鑑別することは困難なこともある．また 1995 年秋～ 1996 年春にかけ流行したアイノウイルスに起因する牛異常産では関節弯曲症，大脳形成不全とともに小脳形成不全も認められているため病変からの類症鑑別は困難であるため，初乳未摂取異常子牛血清による抗体検査が診断の決め手となる．

予防・治療

チュウザン病不活化ワクチンが市販されている．またアカバネ病，アイノウイルス感染症とともに 3 種混合不活化ワクチンも市販されている．治療法はない．

アフリカ馬疫

法定

African horse sickness

Key Words：高熱，呼吸困難，浮腫，高い死亡率

アフリカ馬疫はアフリカ馬疫ウイルス（レオウイルス科，オルビウイルス属）の感染によって起こる甚急性ないし亜急性のきわめて死亡率の高い伝染病である．本ウイルスは吸血昆虫によって媒介され，馬等の単蹄動物に感染して発症する．これまで，日本では発生したことのない海外悪性伝染病である．

疫　　学

アフリカ馬疫ウイルスは中和試験で型別される 1 ～ 9 型の血清型が存在する．本病の常在地域はアフリカ大陸のサハラ砂漠以南の南アフリカや中央アフリカである．アフリカ大陸以外の発生では，1959 年～ 1961 年にかけて中近東からインドまで波及した流行と，1987 年～ 1990 年にかけてスペインにおける 4 年連続の発生がある．本病の感染には吸血昆虫による媒介が必要であり，馬から馬への接触感染は成立しない．媒介昆虫としては，とくにヌカカが重要であり，そのため本病の発生はヌカカの活動時期に一致しており，南半球では 3 ～ 6 月，北半球では 5 ～ 10 月である．この他，蚊およびダニも本ウイルスを媒介すると考えられている．本ウイルスの生息地は熱帯の密林と考えられているが，保毒動物については定説がない．

症　　状

臨床症状は，肺型，心臓型，肺型と心臓型の混合型および発熱型の 4 種類に分類されている．これらの型は，発熱型を除けばいずれも重篤な経過を示し，死亡率が高い．肺型は，突然甚急性の経過をとり，発熱（40 ～ 42℃），沈うつ，呼吸困難を呈した後，発作性の咳と鼻腔から泡沫を含む漿液を流出し，死亡する（写真 1）．死亡率は 95％以上である．心臓型は亜急性の経過をとり，発熱（39 ～ 41℃），沈うつ，頭部，顔面および体躯に浮腫を認める．死亡率は 70％である．肺型と心臓型の混合型は発熱（39 ～ 41℃），呼吸器症状と浮腫が合併して認められる（写真 2）．死亡率は 80％である．発熱型は一過性の発熱（39 ～ 40℃）と沈うつを認めるが，死亡することはない．

写真 1　肺型を呈して斃死した感染馬．
鼻腔から泡沫を含む漿液が流出している．

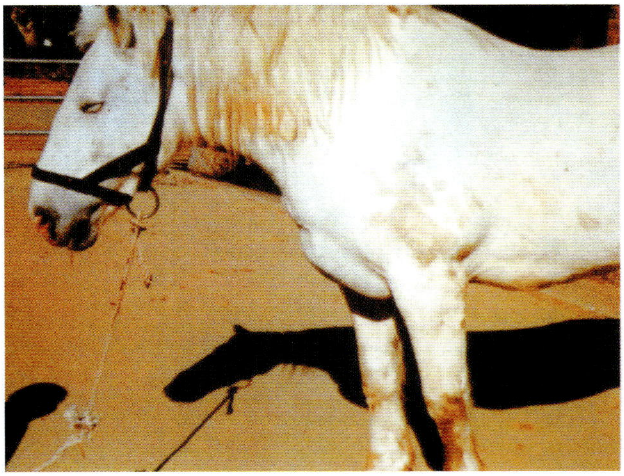

写真 2　混合型を呈した感染馬．
眼窩部および前胸部に浮腫を認める．鼻腔部に少量の漿液を認める．

病変

肺型では，肺は強い水腫性になり，著しい充うっ血を伴う，気管には泡沫を満たし，また，大量の胸腔液を認める．心外膜には点状出血を認め，混濁血清様の心膜腔液が充満する（写真3）．心臓型では，肺の水腫性変化は肺型に比べ軽度であるが，皮下織，筋膜下，臓器間隙，漿膜などほとんど全身にわたって，著しい血清様漿液浸潤を認める．肺型と心臓型の混合型では，頭部，頚部，胸部，下腹部などの皮下織に血清様漿液を認める．肺および心臓の変化は肺型とほぼ同様である．

診断

ウイルス学的診断：血液と肺，脾臓，心臓などの臓器ならびにリンパ節などの乳剤を培養細胞（BHK-21 細胞や Vero 細胞），乳のみマウスや発育鶏卵に接種することによりウイルスを分離することができる．

遺伝子診断：迅速診断法として RT-PCR 法が有用である．

血清診断：急性期と回復期の組血清を用いて CF，ELISA あるいは中和試験を実施し，抗体の有意上昇を確認することにより診断を行う．

予防・治療

南アフリカ共和国等の常在国では本病の予防のために生ワクチンが使用されている．また，これらの常在国では本ウイルスの媒介昆虫の駆除が重要である．わが国のような清浄国では発生国から本病を侵入させないように輸入検疫が重要となる．

治療法としては有効な原因療法はない．

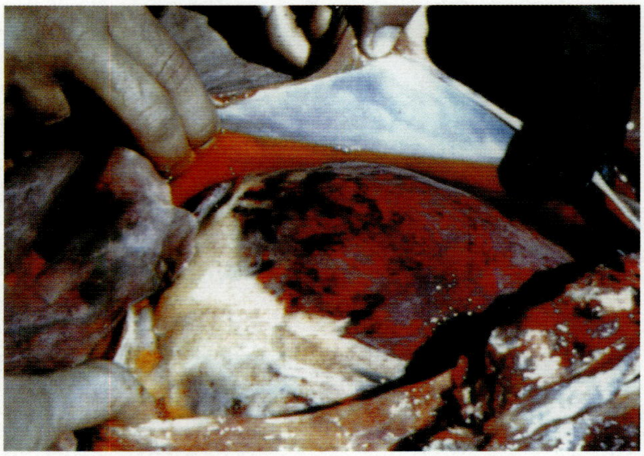

写真3　肺型を呈して斃死した感染馬の心臓．
心外膜には点状出血を認め，混濁血清様の心膜腔液が充満している．

羊のブルータング

届出

bluetongue in sheep

Key Words：嚥下障害，骨格筋線維硝子様変性，口腔粘膜潰瘍，舌のびらん

国際重要家畜伝染病としてOIEのリストAに分類されているブルータングは感染した羊および山羊が鼻鏡，口唇，歯床部，舌，口腔粘膜，蹄冠に充出血，水腫，びらん，潰瘍などの病変を示すものをいう.

疫　　学

本病は，夏の終わり頃から秋にかけ流行し，ほぼ全世界の反芻獣の間で流行が繰り返されている．これまで，わが国では羊の飼養頭数が少ないことからブルータングについては問題にされていなかった．しかし，1974年九州地方の飼養牛血清はブルータングウイルスに対する抗体を保有していることが明らかとなった．また1985年九州地域で採取した牛血液からブルータングウイルスが分離されたことなど，ブルータングウイルスはすでにわが国に存在していることが確認された．さらに1994年10月下旬～11月下旬にかけ北関東地方の飼養牛および羊に発熱，嚥下障害を主徴とする疾病が発生し，これがわが国で初めて発生したブルータングであった．なお同地域では2001年11年再び羊に発生している.

症　　状

ブルータングウイルスに感染すると41℃前後の発熱，呼吸促迫，流涎，顔面浮腫などの所見とともに嚥下障害，舌，口腔粘膜の充出血，びらん，潰瘍が認められる．とくに舌ではチアノーゼが顕著で腫脹した舌が青くみえることから“ブルータング”（中国では藍舌病）という名称がつけられている（写真1，写真2）．また妊娠羊が感染した場合，流産の原因となるため異常産起因ウイルスとしても知られている.

診　　断

本病はイバラキ病，口蹄疫，牛伝染性鼻気管炎，牛ウイルス性下痢・粘膜病，水胞性口炎，悪性カタル熱などと類似した症状を示すため，症状のみで診断することは困難である．とくにイバラキ病とは全く区別がつかないので疫学，ウイルス学および血清学的検査など総合的に判断し診断する必要がある.

病変としては鼻鏡，鼻粘膜，口腔粘膜，歯床部などに

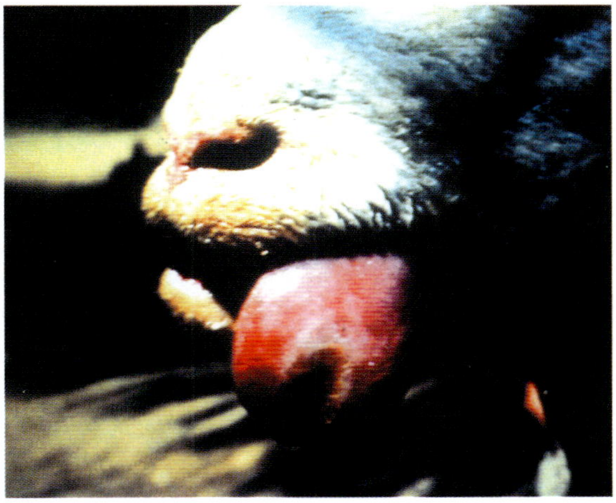

写真1　舌が腫大し口腔内に入らない，さらに舌粘膜上皮は剥離し，びらん，潰瘍がみられる.

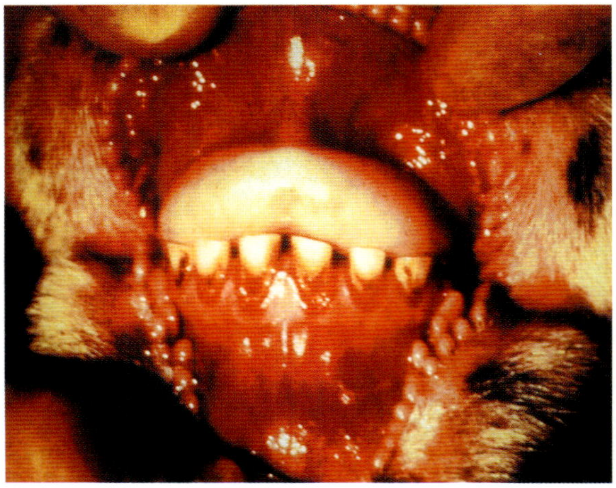

写真2　口腔から咽喉頭部粘膜および歯根部にかけて強い出血，潰瘍.

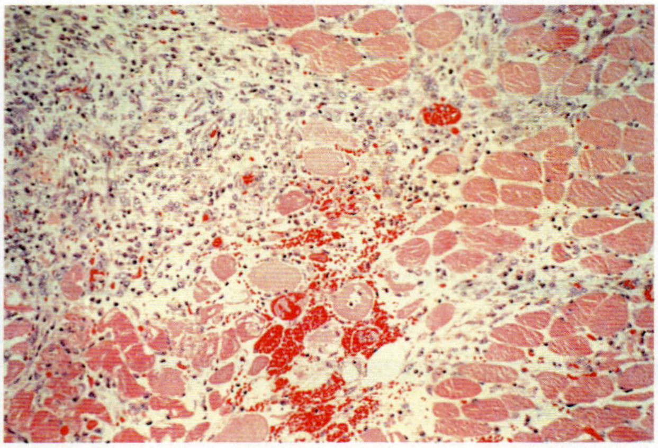

写真3 食道横紋筋線維の硝子化，断裂と再生像がみられる．

潰瘍ができる．鼻汁，流涎とともに粘液性の分泌物が漏出し，口周辺は非常に不潔になる．また四肢の蹄冠，蹄球部の腫脹，潰瘍もよく認められる．組織学的には食道横紋筋の硝子様変性，断裂，消失など特徴的な所見が観察される（写真3）．

ブルータングウイルスは血球に吸着し，血球膜に包まれ存在することから中和抗体が出現している血液でも血球を洗浄すると血球層から分離される．細胞培養によるウイルス分離は容易でないが，11日齢の発育鶏卵の静脈内へ接種し，鶏胚に順化することで細胞で分離されやすくなる．また補助診断法として感染血液中のブルータングウイルス遺伝子検出にPCR法が用いられるようになりブルータングウイルス感染の遺伝子診断が可能となっている．

予防・治療

国内ではワクチンは応用されていない．羊飼養頭数の多い南アフリカ，イタリア，中近東諸国，アメリカ，中国等ではワクチンを使用している．

発病羊は咽喉頭麻痺により嚥下障害を引き起こし飲水困難なため脱水に陥る場合が多い，補液による水分の補給，強心剤の投与は効果的である．

ロタウイルス病

人獣

rotavirus infection

Key Words：下痢，脱水，若齢動物，経口感染

本病はロタウイルスの経口感染に起因し，主に若齢動物の下痢を主徴とする急性疾病である．ヒトを含む多くの哺乳類と鳥類が罹患するが，家畜においては牛，豚および馬で下痢の被害が大きい．ロタウイルスは由来動物種ごとに牛ロタウイルス，豚ロタウイルスなどと呼んで区別されているが，由来動物種の壁を越えて感染することもある．ロタウイルスは抗原性の違いにより6群（A～F群）に分類され，牛からはA～C群，豚からはA～C群とE群，馬からはA群のロタウイルスが検出されている．A群ロタウイルスは検出頻度が高く臨床的に最も重要である．

疫　学

A群ロタウイルス病は世界中で確認されており，日本でも全国的に発生がみられる．本病の発生は一般に若齢畜に限られる．とくに子牛では1～2週齢，子豚では出生期から離乳期前後，子馬では0～3か月齢に多い．A群以外のロタウイルス病としては，B群ならびにC群ロタウイルスの感染が牛では成牛，とくに搾乳牛の集団下痢，豚では子豚の下痢として認められる．これら動物の発病初期の糞便中には大量のウイルスが含まれ，またウイルスの抵抗性が強いこともあって感染は容易にかつ急速に広がる．伝播は糞口経路による．不顕性感染も多い．牛や豚での発病率は高く，致死率は寒冷ストレス，低栄養，細菌などの混合感染や2次感染，初乳の摂取不足などにより上昇する．

症　状

子牛や子豚は12～36時間の潜伏期間の後，黄色もしくは灰白色の水様性下痢，元気食欲減退，発熱を呈し，脱水，代謝性アシドーシスなどにより衰弱する（写真1）．子豚では時に嘔吐がみられる（写真2）．細菌等の混合感染も多く，症状と予後を悪化させる．搾乳牛におけるB群ならびにC群ロタウイルス病では，下痢と産乳量の減少がみられる．

病　変

病変は小腸に限局して認められる．肉眼所見では絨毛の萎縮により小腸壁は薄くなり弛緩している．組織所見としては小腸の絨毛上部における粘膜上皮細胞の壊死・

写真1　新生子牛（アンガス種）にみられた下痢．（写真提供：藤川　朗氏）
灰白色の下痢便が肛門周囲に付着している．

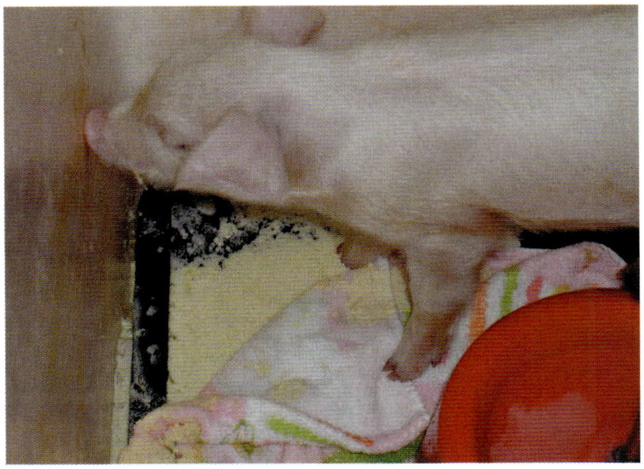

写真2　豚A群ロタウイルス実験感染子豚にみられた嘔吐．

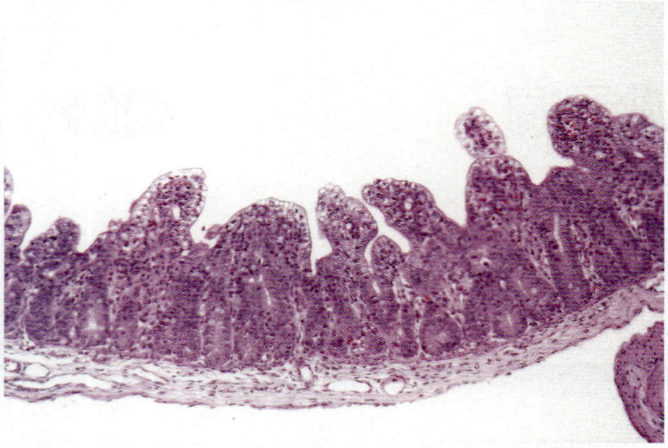

写真3 豚A群ロタウイルス実験感染子豚の空腸粘膜にみられた絨毛の萎縮と上皮細胞の空胞形成（HE染色）.

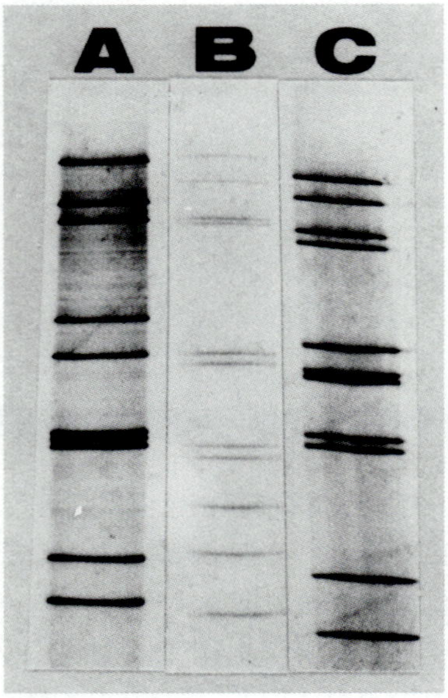

写真4 豚ロタウイルスRNAのポリアクリルアミドゲル電気泳動パターン.

A：A群ロタウイルス，B：B群ロタウイルス，C：C群ロタウイルス.

脱落により絨毛の萎縮，融合がみられる（写真3）.

診　　断

本病の診断は病原診断が必須である．発病初期の糞便中には大量のウイルスが含まれるので，電子顕微鏡法によるウイルス粒子の観察，ELISAやラテックス凝集反応などによるウイルス抗原の検出（ヒトA群ロタウイルス検出用キットが応用可能），ポリアクリルアミドゲル電気泳動によるウイルスRNA分節の検出（写真4），RT-PCR法によるウイルス遺伝子の検出，MA104細胞を用いたウイルス分離（A群ロタウイルスのみ）などを行う．また，腸管材料が得られれば，小腸の凍結切片あるいは粘膜細胞の塗抹標本をつくって蛍光抗体法でウイルス抗原を検出する.

予防・治療

母子免疫を原理とした牛A群ロタウイルスならびに馬A群ロタウイルスに対するワクチンが市販されている．初乳の連続投与などの乳汁免疫による予防は有効である.一般的な予防策として畜舎の清掃と消毒を徹底し，密飼いを避け，出生直後に初乳を十分給与することが重要である.

対症療法として脱水とアシドーシスの改善を目的とした補液療法が重要である．また，細菌の混合感染例や2次感染による重篤化の予防に適切な抗生物質を投与する.

ビルナウイルス科

基本性状

球形ビリオン（直径 60nm）
直鎖状の二本鎖 RNA，2 分節
（サイズ：3.1 ～ 3.3kbp と 2.7 ～ 2.8kbp）
細胞質内で増殖

重要な病気

伝染性ファブリキウス嚢病（鶏）
伝染性膵臓壊死症（サケ科魚類）

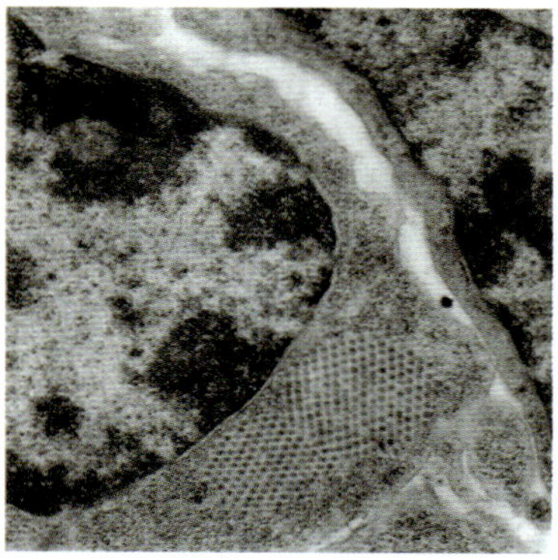

FIG 伝染性ファブリキウス嚢病ウイルス実験感染鶏の組織 EM 像
ファブリキウス嚢中の B リンパ球細胞質内に観察された粒子の集簇を示す

分　類

ビルナウイルス科（*Birnaviridae*）は鳥類に感染するアビビルナウイルス（*Avibirnavirus*）属，魚類に感染するアクアビルナウイルス（*Aquabirnavirus*）属および昆虫に感染するエントモビルナウイルス（*Entomobirnavirus*）属からなる．重要な動物病の病原体として，アビビルナウイルス属の伝染性ファブリキウス嚢病（ガンボロ病）ウイルスとサケ科魚類の幼稚魚に致死性の病気を起こすアクアビルナウイルス属の伝染性膵臓壊死症ウイルスがあげられる．

性　状

ウイルス粒子は直径 60nm で，正 20 面体の球形である．260 個のサブユニットから構成される外殻カプシド，内部に内殻カプシドと 2 分節の二本鎖 RNA ゲノムを持つ．長い分節（分節 A）は塩基数約 3,100 ～ 3,300 対で，中和抗原であり，主要外殻カプシド蛋白である VP2，群共通抗原である内殻カプシド蛋白 VP3 および蛋白分解酵素活性を持つ非構造蛋白 NS（アクアビルナウイルス）ないし VP4（アビビルナウイルスおよびエントモビルナウイルス）をコードする．アビビルナウイルスとアクアビルナウイルスでは，5' 末端に重複した読み取り枠が存在し，約 17kDa のウイルス増殖に必須ではない蛋白がコードされる．短い分節（分節 B）は塩基数約 2,700 ～ 2,800 対で，RNA ポリメラーゼ活性を持つ 94kDa の VP1 のみをコードする．VP1 は両 RNA 分節の 5' 末端に結合し，VPg とも呼ばれる．

ウイルスはレセプターに吸着し，細胞内に侵入した後，それぞれの分節から VP1 の働きによって mRNA が転写される．その後，ゲノムの複製，および粒子組み立てが行われ，ウイルス粒子が蓄積される．粒子放出の機構は解明されていない．

伝染性ファブリキウス嚢病

届出

infectious bursal disease

Key Words：ファブリキウス嚢の腫大・出血・壊死，リンパ球の壊死，免疫抑制

伝染性ファブリキウス嚢病は鶏の免疫中枢臓器の1つであるファブリキウス嚢にリンパ球壊死等の病変を形成するウイルス性伝染病で，本病による直接的被害と他病の誘発による間接的被害を起こす．病原体はビルナウイルス科に属し，2つの血清型（血清型1，血清型2）が存在する．血清型1は鶏に病原性を示すが，血清型2は示さない．

疫　　学

本病は3～6週齢に多発する．病原体は広く日本の養鶏場に蔓延している．日本では1990年から高病原性株が流行した．感染鶏の糞便には多量のウイルスが排泄され，ウイルスは汚染した飲料水，飼料，塵埃等を介して伝播する．

症　　状

発症鶏は元気消失，羽毛逆立，白色下痢を示す（写真1）．死亡鶏の出現は4～7日間で終息する．死亡率は流行株の病原性により，数～65％以上になる．幼雛は不顕性感染するが，免疫抑制状態になる．

病　　変

ファブリキウス嚢は黄色のゼラチン様物でおおわれ，水腫性に腫大する．内部の粘膜面は壊死した濾胞が黄白色を呈し，出血がみられる（写真2）．高病原性ウイルス感染の場合は骨髄の黄色化が認められる．組織病変は，ファブリキウス嚢のリンパ球壊死と炎性水腫が特徴的で

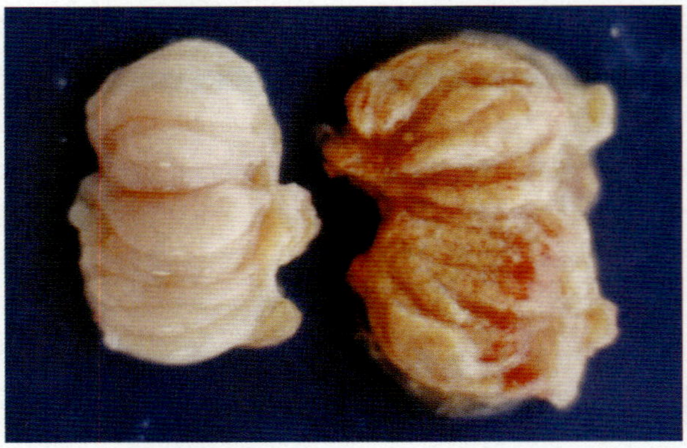

写真2　ファブリキウス嚢の腫大・出血・壊死（右），正常（左）．

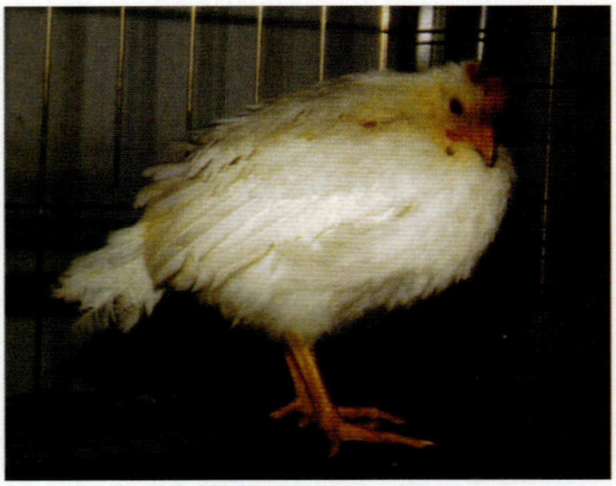

写真1　発症鶏の羽毛逆立．

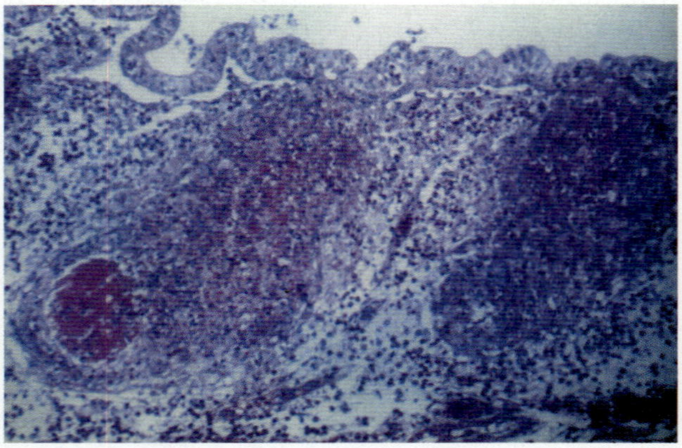

写真3　濾胞のリンパ球壊死，間質の水腫．（写真提供：谷口稔明氏）

ある（写真 3）．

診　　断

症状と肉眼病変でほぼ診断可能であるが，確定診断にはファブリキウス嚢での抗原証明またはウイルス分離が必要になる．抗原証明には寒天ゲル内沈降反応，ラテックス凝集反応および蛍光抗体法などがある．ウイルス分離は発育鶏卵の漿尿膜上接種またはリンパ腫培養細胞接種で行う．また，PCR 法も応用可能で，PCR 産物の制限酵素切断パターンで従来株と高病原性株との鑑別が可能である．

予防・治療

生ワクチン接種による予防が行われている．種鶏を免疫して，移行抗体により雛が孵化直後に感染するのを予防する．また，移行抗体が消失する中雛にワクチンを投与し，能動免疫により感染を予防する．

伝染性膵臓壊死症

infectious pancreatic necrosis

Key Words：ビルナウイルス，急性伝染病，高致死率，膵細胞壊死，カタール性腸炎

伝染性膵臓壊死症（IPN）は，サケ科魚類幼稚魚のウイルス性急性伝染病で，高致死率である．幽門垂の点状出血および膵細胞の壊死と，カタール性腸炎を特徴とする．

原　因

IPN ウイルスはビルナウイルス科，アクアビルナウイルス属に属する．正 20 面体で，エンベロープを持たず，ウイルス粒子の直径は 50 〜 70nm である．二本鎖 RNA を 2 分節有し，4 種類の蛋白が存在する．魚種由来株化細胞で増殖し，核濃縮と，細胞が細長く線維状に変形し全体に網状を呈する CPE を呈する（写真 1，2）．4 〜 26℃の範囲で増殖し，至適温度は 16 〜 20℃である．血清型は多岐にわたる．

発生・疫学

北米をはじめ，ヨーロッパ，日本など，サケ科魚類増養殖の盛んな国に分布する．わが国では全国的に分布するが，本症の発生は最近は鎮静化しており，大きな被害はみられていない．水温 10 〜 18℃での発生が多い．病魚は多量のウイルスを水中に排出し，ウイルスは容易に水平伝播する．成魚は不顕性感染に終始し，耐過魚とともにキャリアーとなって感染源となる．排泄物および体腔液から持続的にウイルスを排出し，飼育水を汚染する．また，ウイルスに汚染された卵で垂直伝播が起こる．

症　状

発生は急激で，6 〜 10 日の潜伏期間の後，多数が短期間に斃死する．狂奔，旋回遊泳，らせん運動，また横泳ぎなどの異常遊泳を示す．体色は黒化し，眼球突出を示す．体表やひれに出血をみる．腹部は突出し，肛門から糸状の粘液を下垂する．

診　断

胃内に餌料はなく，水様液の貯溜を認める．カタール性腸炎のため，腸管内に粘液物が貯溜する．幽門垂の点状出血と，幽門垂周辺に散在する膵組織の壊死が特徴である．細胞質内封入体，核濃縮および崩壊を観察する．感染個体あるいは臓器の乳剤を作成し，株化細胞を用いてウイルスを分離し，中和試験により血清型別を行う．組織中のウイルス抗原検出に，蛍光抗体法を用いる．ま

写真 1　ウイルス非感染正常 STE-137 細胞〔スチールヘッド（海産ニジマス）由来〕の単層培養．

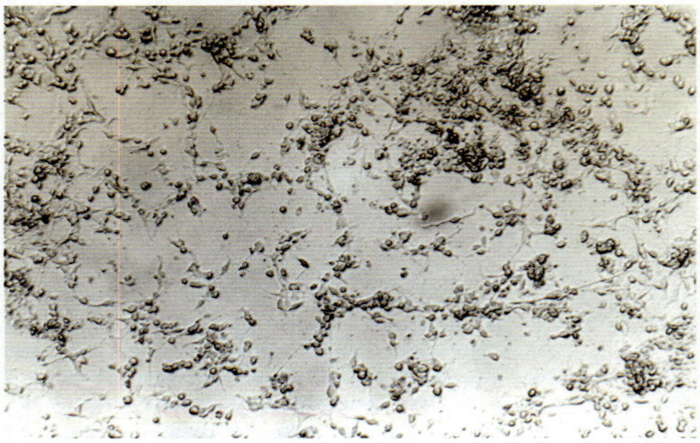

写真 2　STE-137 株化細胞に形成された CPE．細胞の萎縮・円形化と，細く伸張した細胞質が観察される．動物の感染症（近代出版）より転載．児玉原図．

た，RT-PCR 法によるウイルス遺伝子検出も行われる．

予防・治療

わが国ではワクチンは使用されていない．ウイルスフリー親魚の確保と，それから採取した授精卵を使用する．卵は有機ヨード剤で消毒するとともに，施設や飼育用具の消毒を行う．病気の存在する地域からの卵や活魚の導入をさける．有効な治療法はない．

類症鑑別

伝染性造血器壊死症との鑑別を要する．

ボルナウイルス科

基本性状

球形ビリオン（直径 80 ～ 100nm）
直鎖状のマイナス一本鎖 RNA（サイズ 8.9kb）
核内で増殖，細胞膜から出芽

重要な病気

ボルナ病（馬，牛，羊，犬，猫）

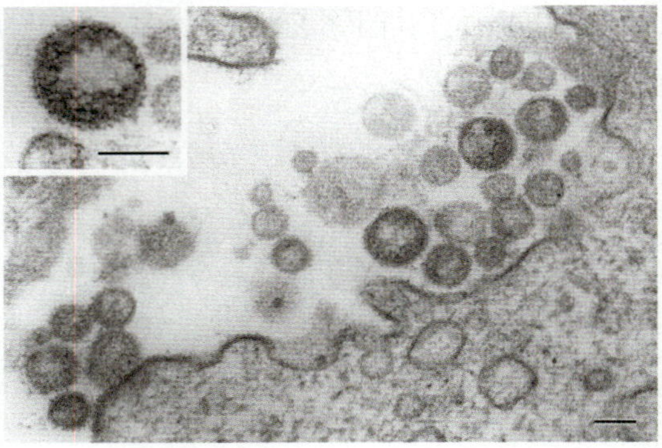

FIG MDCK 細胞より放出されるボルナ病ウイルス

分　　類

ボルナ病ウイルス（*Borna disease virus*：BDV）は，かつて未分類のウイルスであったが，1994 年にウイルスの全塩基配列が決定され，パラミクソウイルス科，フィロウイルス科，ラブドウイルス科とともにモノネガウイルス目（*Mononegavirales*）に属することが判明した．しかし，複製の場が核であることなど，他のモノネガウイルス目とは異なる性状を示すことから，単独でボルナウイルス科（*Bornaviridae*）に分類されている．現在，ボルナウイルス科はボルナ病ウイルス 1 種のみである．

性　　状

ウイルス粒子の表面はエンベロープ蛋白におおわれており，その内側には膜蛋白層がある．ウイルス粒子の中心コアには，ゲノム RNA とウイルス蛋白質の複合体（リボヌクレオプロテイン）が含まれている．エンベロープには中和抗体を誘導する糖蛋白が存在している．

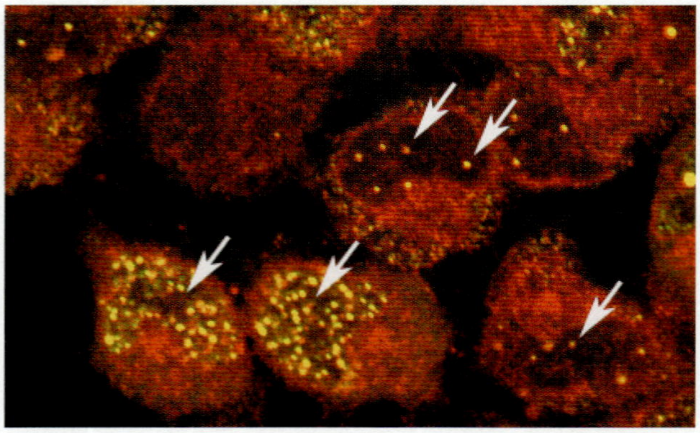

写真 1　ボルナ病ウイルスに感染したグリア系細胞．
核内にドット状のウイルス抗原の集簇がみられる（矢印）．

ゲノムは，非分節，マイナス鎖の一本鎖 RNA で，8.9 kb である．ゲノムの両端にはウイルス mRNA の転写やゲノムの複製に必須である約 30 ～ 50b の非翻訳領域がコードされている．ウイルスゲノムからは，少なくとも 6 つのウイルス蛋白質（N，X，P，M，G，L）が産生される．N，P および L（RNA 合成酵素）はウイルスのヌクレオカプシドを構成している．M は，エンベロープを裏打ちしている膜蛋白であり，G はエンベロープを形成する．X の機能は不明であるが，ウイルスの転写調節に働いていると考えられている．

ボルナウイルスは，動物由来のモノネガウイルス目の中で，唯一核内で転写・複製を行う．ウイルス特異的 mRNA の合成は，ヌクレオカプシドに含まれる RNA 合成酵素によりゲノムを鋳型として行われる．転写された mRNA は，核内でスプライシングを受けて細胞質へと運ばれる．細胞質内で翻訳を受けたウイルス蛋白は，ウイルス蛋白複合体を形成して，再び核内へと移行し，ゲノムの複製や子孫ウイルスの産生に関与する．ゲノム RNA の複製は，ゲノムサイズのプラス鎖のアンチゲノムを RNA 合成酵素が転写することから始まる．ウイルス感染培養細胞では，上清中へのウイルス粒子の放出がほとんどみられず，子孫ウイルスの形成ならびに細胞外への放出に関しては未解明の部分が多い．ウイルスは中枢神経系に強い親和性を持ち，神経細胞およびグリア系細胞の両方に感染する．

ボルナ病

人獣

Borna disease

Key Words：中枢神経系疾患

ボルナ病は，長い間，ドイツ南東部を中心とする地域の馬に発生する風土病であると考えられていた．しかし，近年の疫学調査の結果，ボルナ病ウイルス（BDV）の感染は世界中に広がっており，きわめて多くの動物種に認められることが明らかとなった．わが国においてもボルナ病を発症した馬，牛（写真 1），犬，猫（写真 2）が発見されている．

疫　学

BDV の主たる自然宿主は馬と羊と考えられている．牛への感染は，馬や羊に比べてまれであるが，わが国の牛にも感染が認められており，ボルナ病の発生例も報告されている．猫では，本ウイルスの感染と原因不明の運動器疾患である Staggering disease（よろよろ病）との関連性が指摘されている．わが国においても，運動器疾患を発症した馬や猫では陽性率が高く，中枢神経系での持続感染が認められている．これまでに犬，山羊，ロバ，ウサギ，キツネ，ヤマネコ，ならびにダチョウ，マガモ，カラスなどの鳥類においても自然感染が確認されている．

BDV は唾液，鼻汁，あるいは結腸内容液より検出され，動物間の直接接触によって伝播すると考えられている．一方，過去の調査ではボルナ病の流行は節足動物の活動期（春から夏）に集中しているとの報告もあり，媒介昆虫が存在する可能性もある．馬においては垂直感染も認められている．ヒトを含め異なる動物種より分離された BDV の遺伝子配列はきわめて類似しており，人獣共通感染症としての伝播経路の特定が重要である．

症　状

BDV 感染症には急性型と慢性型がある．急性型では，数週間から数か月間の潜伏期間の後に，微熱，軽度の行動異常，過敏，無関心などの症状が認められ，次第に痙攣，興奮，無動，麻痺などを呈した後，全身麻痺に陥り，その約 80％が死亡する（ボルナ病）．神経組織学的に脳は散在性の非化膿性髄膜脳脊髄炎像を示す（写真 3）．大型の神経細胞内には好酸性の核内封入体（Joest-Degen body）が認められる．ボルナ病を発症した牛の脳では馬に比べ脳炎が軽度である．急性型の発症が報告された国は，ドイツ，オーストリアそして日本である．しかし，神経症状を発症した個体において本ウイルスの感染に注目し解析することは未だまれであり，そのため，感染が見過ごされているケースが多いと考えられる．慢性型では特別な症状は示さず，組織学的にも病変は認められな

写真 1　ボルナ病発症牛にみられた後肢麻痺．（写真提供：谷山　弘行氏）

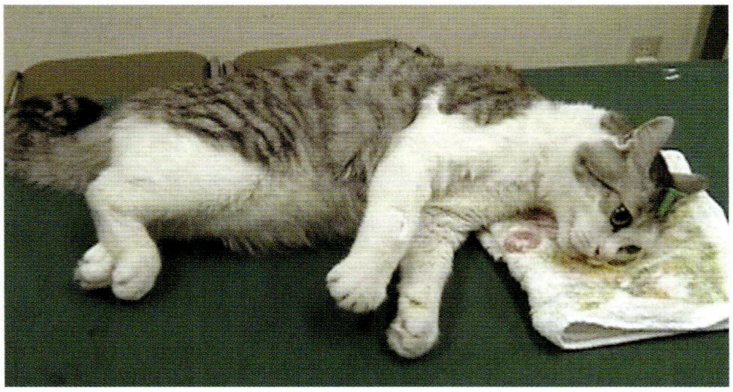

写真 2　起立不能に陥ったボルナ病ウイルス感染猫．（写真提供：鶴岡　浩志氏）

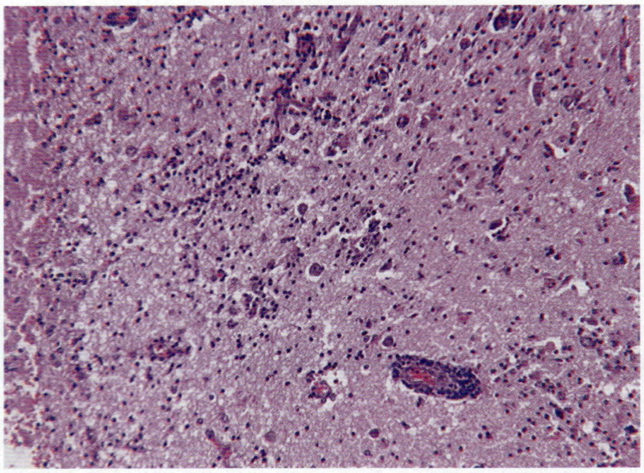

写真3 ボルナ病発症馬の脳前頭葉に認められた囲管性細胞浸潤と広範囲にわたるリンパ球の浸潤.（写真提供：谷山弘行氏）

い．感染例の多くは慢性型と考えられている．

診　断

BDVの特徴は，その幅広い宿主域と分布域にある．そのため，鑑別診断で原因が特定されない中枢神経障害例において，BDV感染の可能性を考慮することが重要である．BDVは中枢神経系に持続感染する．そのため，ウイルス分離を生前に行うことは困難であり，末梢血からのPCR法によるウイルスゲノムの検出が実用的といえる．血清学的診断法としては，特異抗体を検出する方法がとられる．ただし，同一個体においてもサンプルの採取時期により,診断結果にばらつきが認められており，感染の確定には複数の診断の併用が必要である．

治　療

特異的な治療法は確立されていないため，対症療法が主体である．中枢神経系に感染したウイルスの根絶は困難であり，ボルナ病の発症例では，その予後は不良である．

フィロウイルス科

基本性状

多形性のフィラメント状ビリオン（80 × 790 ないし 970nm，最長 14,000nm）
直鎖状のマイナス一本鎖 RNA（約 19kb）
細胞質内で増殖し，細胞膜より出芽

重要な病気

エボラ出血熱

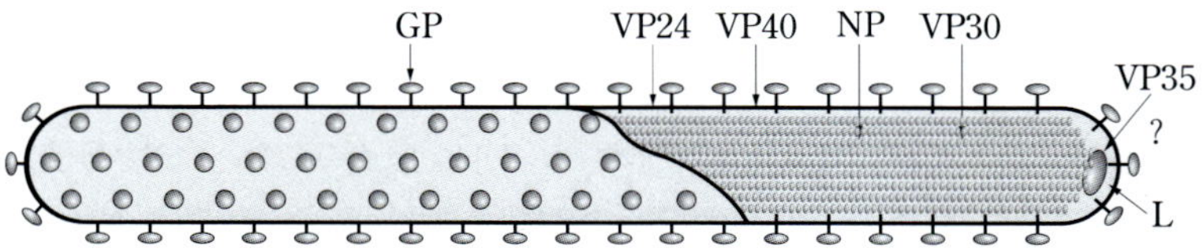

GP：糖蛋白，VP：ビリオン蛋白，NP：ヌクレオ蛋白，L：L蛋白

FIG フィロウイルスの粒子構造

Netesov, S.V. et al.（2000）：Virus Taxonomy Classification and Nomenclature of Viruses（M.H.V. van Regenmortel et al. eds），p539, Fig.1. Academic Press より転載

分　類

フィロウイルス科（*Filoviridae*）はボルナウイルス科，パラミクソウイルス科，ラブドウイルス科とともに，モノネガウイルス目（*Mononegavirales*）に属する．重要な人獣共通感染症の病原体であるエボラウイルスが属するエボラウイルス（*Ebolavirus*，以前は "Ebola-like viruses" と呼ばれていた）属とマールブルグウイルスが所属するマールブルグウイルス（*Marburgvirus*，以前は "Marburg-like viruses" と呼ばれていた）属に分けられる．

性　状

ウイルス粒子はきわめて特徴的なフィラメント状を呈する．直径は 80nm で，マールブルグウイルスでは平均長が 790nm，エボラウイルスでは 970nm であり，最長は 14,000nm にも及ぶ．分枝状，U 字状，6 字状，環状などさまざまな形態を示す．エンベロープ表面に長さ 10nm で 10nm 間隔に並ぶ糖蛋白（GP）の表面突起を有する．ヌクレオカプシドは，直径約 20nm の中心軸の周囲を直径約 50nm のらせん状ヌクレオカプシドが取り巻く構造を持つ．ゲノムは約 19kb の直鎖状のマイナス一本鎖 RNA で，7 種類の蛋白をコードする．GP は中和抗原であり，マトリックス蛋白である VP40 および第 2 のマトリックス蛋白と考えられる VP24 の他，リボヌクレオカプシドを構成するヌクレオカプシド蛋白 NP，VP35，VP30，RNA 転写酵素 L である．

ウイルスはレセプターに吸着し，エンドサイトーシスによって細胞内に侵入後，各蛋白に対応する mRNA が転写される．ヌクレオカプシドは細胞内に蓄積し，封入体を形成する．ウイルス粒子は細胞質膜から出芽し，放出される．

エボラ出血熱

人獣
一類

Ebola hemorrhagic fever

Key Words：ウイルス出血熱，新興感染症，クラス 4 病原体

エボラ出血熱はフィロウイルス科に属するエボラウイルス（*Ebolavirus*）属に起因する致死性のウイルス出血熱である．このウイルスの自然宿主はいまだ明らかになっていない．サル類，チンパンジー，ヒトはいずれも終末宿主である．病原体はクラス 4 に分類され，取り扱いにはバイオセーフティーレベル 4 施設が必要である．マールブルグ病，ラッサ熱，クリミア・コンゴ出血熱と並んでウイルス出血熱に分類され，一類感染症に指定されている．獣医師がサル類のエボラウイルス感染または感染した疑いがあると診断した時は，保健所長を経由して都道府県知事に届け出る義務がある（感染症法 13 条：獣医師の届出義務）．

疫　学

現在エボラウイルスには大きく 4 株あることが知られている．ヒトに致死率の高い病原性を示す 3 株はいずれもアフリカ地域で流行を起こしている（図 1）．他の 1 株はアジア産のサル類が感染しサル類では致命率が高い．ヒトはまれに感染するが発症しない．

図 1　エボラ出血熱の流行地域.

アフリカ型のスーダン株（*Sudan ebolavirus*）とザイール株（*Zaire ebolavirus*）は 1976 年にスーダンとザイールで，それぞれ大流行した．いずれの場合も感染の拡大は患者の収容された病院を中心に起きている．原因ウイルスはザイールでの流行地域の河川名をとってエボラウイルス（*Ebolavirus*）と命名された．最も病原性の高いのはザイール株で 1976 年（ヤンブク：318 名発症，280 名死亡，88％），1977 年（1 例で死亡，隔離されていたため 2 次感染はなかった），および 1995 年（キクウィト：296 名発症，234 名死亡，79％）に流行している．致命率は約 80％であった．

これよりやや病原性の弱いのがスーダン株である．1976 年（ヌザラ，マリディ：284 名発症，151 名死亡，53％），1979 年（34 名発症，22 名死亡，65％）に流行している．さらに 2000 年ウガンダ（グル地区）でスーダン株による大流行が起き，患者数 426 名，死亡 173 名が報告されている．

コートジボアール株（*Cote d'Ivoire ebolavirus*）は 1994 年，象牙海岸のタイ森林公園で死亡しているチンパンジーを解剖した 3 名のうち，1 名が発病したが一命を取りとめている．1996 年ガボン（ブーウエ）でウイルスに感染したチンパンジーの肉を食用に用いたため流行が起こった（37 名発症，22 名死亡，57％）．また 1996 年ガボンの医師が南ア連邦でエボラ出血熱を発病し，血液を介してシスター（修道尼）が発病，死亡した．また 1996 年から 97 年にかけてガボンで流行があった（61 名発症，45 名死亡，73％）．2001 年から 2002 年にはガボン（26 名発症，23 名死亡）と隣国コンゴ共和国（16 名発症，11 名死亡）で流行が起きている．

第 4 番目はアジア産のマカカ属サル類に感染を起こすもので，サルフィロウイルスともいわれている．1989 年バージニア州レストンのサル類検疫施設での流行が最初である（レストンエボラウイルス：*Reston ebolavirus* と命名）．その後 1990 年に米国（テキサス州），1992

年にイタリア（シエナ），1996 年に米国（テキサス州，アリス）で流行した．これはいずれもフィリピンのカニクイザル輸出業者から出荷されたものである．このウイルスはサル類では致死性で死亡率は 40％（403 例発症，163 例死亡）であった．サル類の飼育者で 4 名がレストン株に感染したことが明らかになっているが発症はしていない．

症　　状

ヒ　ト：潜伏期は 2 ～ 21 日で発症は突発的に起こる．発熱，頭痛が 100％にみられる．初期はインフルエンザ様症状が出現．その後筋肉痛，胸・腹部痛，吐血，下血を示す．死亡例の 90％以上は消化管出血を示す．

サル類：ザイール株接種例では，カニクイザル，アフリカミドリザルともに 6 ～ 10 日の経過で 100％死亡した．スーダン株では 7 ～ 11 日の経過で約半数のサルが死亡した．レストン株接種ではアフリカミドリザルは耐過，カニクイザルは 11 ～ 19 日の経過で 50％の率で死亡した．ザイール株接種例では元気消失，沈うつ，食欲は廃絶．出血斑が胸部，上腕内側，大腿部に認められた．血小板減少，肝機能の強度障害（GOT，GPT，LDH の上昇）がみられた．

病　　変

肝臓では巣状壊死，あるいは塊状壊死がびまん性に認められる．肝細胞の萎縮，好酸性変性および細胞質内に好酸性の非定型な封入体がみられる．類洞血管内皮細胞の変性・壊死（写真 1），クッパー細胞の膨化，変性がみられる．蛍光抗体法では，肝細胞，クッパー細胞，類洞血管内皮細胞にウイルス抗原がみられる（写真 2）．

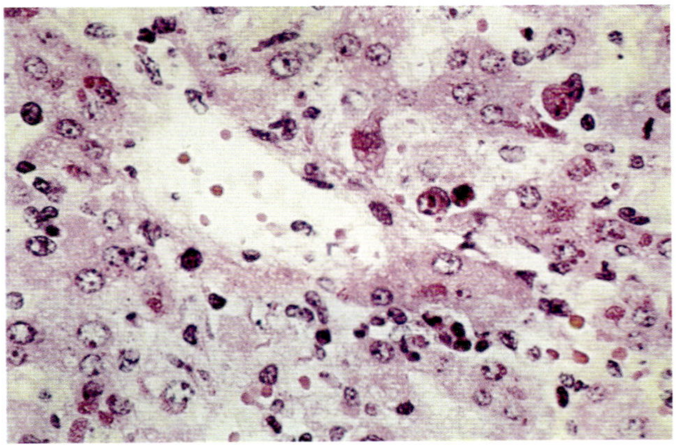

写真 1　ザイール株実験感染マウスの肝臓にみられた肝細胞の変性，壊死．（写真提供：倉田　毅氏）

クッパー細胞および類洞血管内皮細胞の変性．HE 染色．

レストン株感染カニクイザルでは，肝臓以外に脾臓の濾胞変性，濾胞内出血，線維素析出がみられる（写真 3）．

診　　断

アフリカ型に感染したサル類は短期間で発症するので，検疫期間中に流行が起これば極めて高い死亡率になる．蛍光抗体法，免疫組織化学的染色による抗原検出（白血球，肝臓，脾臓），電子顕微鏡によるウイルス検出（末梢白血球，肝臓），RT-PCR 法によるウイルスゲノムの検出（唾液，血液，肝臓，脾臓），耐過例では抗体検査（ELISA，Western blot）が診断に有効である．

解剖時にみられる広範な出血病変，実質臓器の壊死，病理組織学的な肝臓の巣状壊死，好酸性細胞質内封入体，網内系の壊死は診断の助けになる．

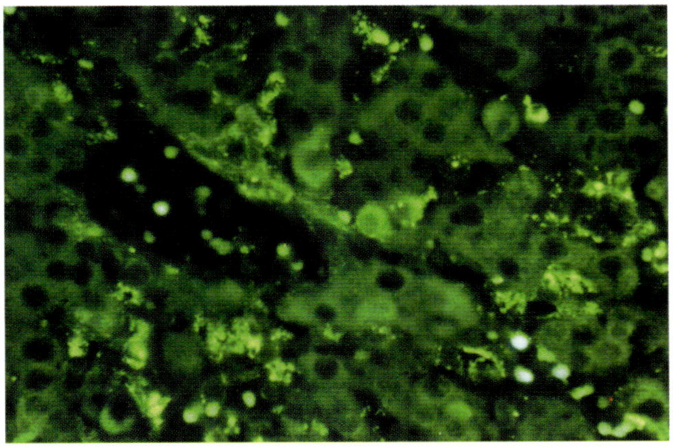

写真 2　写真 1 の蛍光抗体染色．（写真提供：倉田　毅氏）

ウイルス抗原は肝細胞，クッパー細胞，血管内皮細胞に広範に認められる．

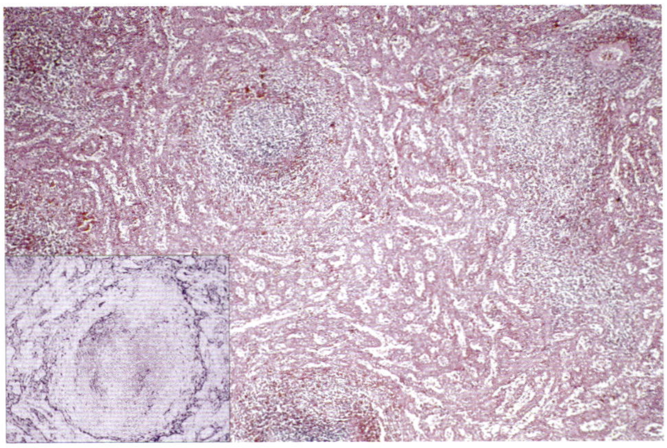

写真 3　レストン株カニクイザルの脾臓．

濾胞内への出血，赤脾髄の硝子様変性（左下枠内：濾胞周囲および赤脾髄での線維素沈着が著明）．

予防・治療

予防ワクチンはない．流行地への旅行を避ける．アフリカからのサル類の輸入は禁止されているが，検疫中はサル類との接触に注意する．また適切な防護衣，廃棄処分の可能な医療器具の使用，汚染環境の消毒等が必要である．

特異的な治療法はなく対症療法のみ．ヒトの治療例では予後は悪くない．

第2章 ウイルスによる感染症

パラミクソウイルス科

基本性状

多形性に富む球形ビリオン（直径 150nm 以上）
直鎖状のマイナス一本鎖 RNA（サイズ：15 ～ 16kb）
細胞質内で増殖，細胞膜から出芽

重要な病気

牛疫（牛，羊，山羊，豚）
牛パラインフルエンザ（牛）
ニューカッスル病（鶏）
犬ジステンパー（犬）
犬パラインフルエンザ（犬）
ニパウイルス感染症（豚，馬，イノシシ，犬，猫，ヒト）
モルビリウイルス肺炎（馬，ヒト）
小反芻獣疫（羊，山羊）
牛 RS ウイルス病（牛）

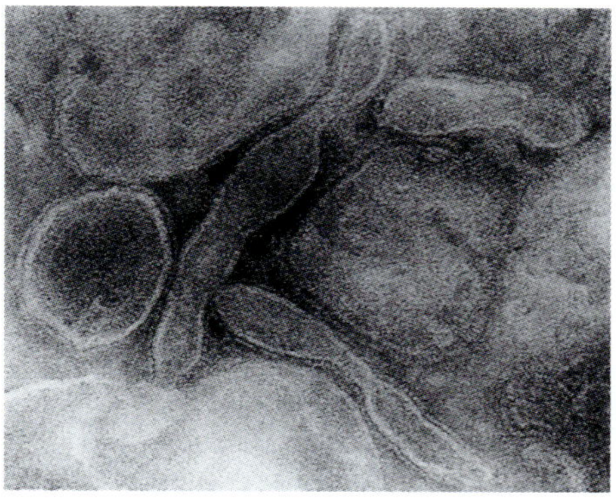

FIG ニューカッスルウイルス粒子
（写真提供：白井淳資氏）

分　類

パラミクソウイルス科（*Paramyxoviridae*）は 2 つの亜科に分かれ，パラミクソウイルス亜科（*Paramyxovirinae*）にはレスピロウイルス（*Respirovirus*），ルブラウイルス（*Rubulavirus*），モルビリウイルス（*Morbillivirus*），ヘニパウイルス（*Henipavirus*），アブラウイルス（*Avulavirus*）の 5 ウイルス属が所属する．ニューモウイルス亜科（*Pneumovirinae*）にはニューモウイルス（*Pneumovirus*）とメタニューモウイルス（*Metapneumovirus*）の 2 属が分類される．

性　状

ウイルス粒子は直径 150nm 以上の球形であるが，多形性に富み，時に繊維状を示す．エンベロープ表面に 7 ～ 10nm 間隔で，8 ～ 12nm の糖蛋白の突起を持つ．粒子内部には最長 1 μm に及ぶらせん対称のリボヌクレオカプシドを持つ（写真 1，2）．ゲノムは比較的サイズが均一で，15 ～ 16kb の直鎖状マイナス一本鎖 RNA である．ゲノム上において，3' 末端から主要蛋白遺伝子の順序が決まっており，ヌクレオカプシド蛋白 N また

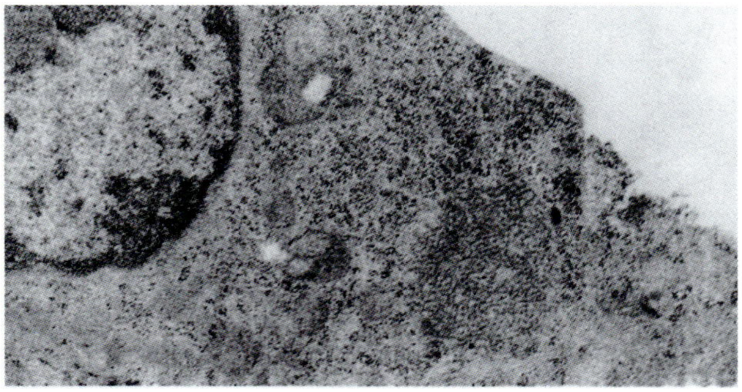

写真 1 牛のパラインフルエンザ 3 型ウイルス感染 ESK 細胞．（写真提供：久保正法氏）
細胞質内に形成されたヌクレオカプシドの集塊を示す．

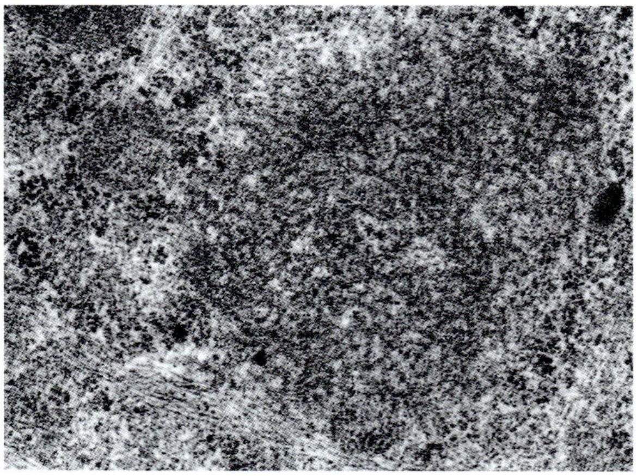

写真 2 ヌクレオカプシドの集塊の強拡大．（写真提供：久保正法氏）

はNP，リン酸化蛋白P，膜蛋白M，細胞融合活性を持つF, 糖蛋白（属により，赤血球凝集能とノイラミニダーゼ活性を持つHN，赤血球凝集能のみのH，両活性を欠くGに分かれる），RNAポリメラーゼLである．ニューモウイルス属ではFとGの位置が逆になる．このほか，属により固有の蛋白が存在し，パラミクソウイルス亜科では9～11種，ニューモウイルス亜科では8～10種の蛋白をコードしている．

ウイルスはレセプターに吸着後，F蛋白の細胞融合活性によって細胞内に侵入する．ウイルス複製は細胞質内で行われ，細胞質膜からの出芽によって細胞外へ放出される．感染細胞では細胞質内や核内封入体（モルビリウイルス属など）を形成したり，出芽の際にF蛋白の働きにより隣接する細胞との間で細胞融合を起こし，多核巨細胞を形成する．

牛　　疫

法定

rinderpest

Key Words：下痢（出血性，偽膜性），粘膜の充血，出血，水疱，偽膜，びらん，経口・経鼻感染，多核巨細胞，核内・細胞質内封入体

モノネガウイルス目（*Mononegavirales*），パラミクソウイルス科，パラミクソウイルス亜科，モルビリウイルス属に属する牛疫ウイルス（*Rinderpest virus*）の感染により，血液あるいは偽膜を混ずる水瀉性の下痢を主徴とする甚急性または急性の伝染病である．伝染性と致死性の激しさは，動物感染病の中では随一である（写真 1，2）．

疫　　学

わが国での発生はないが，アジア，アフリカおよび中近東諸国の一部で流行している．流行地では感受性野生動物（イノシシ，カモシカなどの偶蹄類）がキャリアーとなり，家畜への流行源となっている．家畜の種類や品種により感受性は異なり，羊，山羊および豚の症状は軽い．また，アフリカや東南アジアの牛は感受性が低い．しかし，わが国の和牛や朝鮮牛は高い．

写真 1　牛疫の主要症状の 1 つである水瀉性下痢．

下痢便のほか，尿，唾液，鼻汁，流涙などに大量のウイルスが含まれており，これら排泄物や分泌物による経口感染あるいはこれらの飛沫を吸入することによって感染は容易に起こる．

症　　状

牛や水牛が感染すると，甚急性ないし急性経過を示して死亡する．高熱（40.5 ～ 41℃）が約 1 週間持続（稽留熱）後，急激に体温が低下し，死亡する．そのほか，眼瞼腫脹，結膜充血，流涙，鼻粘膜の点状出血，鼻汁（水様，膿様），泡沫性唾液の分泌過多，口腔（乳嘴突起，唇，歯ぎん，軟口蓋，舌，咽頭）粘膜の充血，水疱，壊死，偽膜，びらんなどがみられる（写真 5，6）．さらに，便秘後に粘液，血液または偽膜を混じた悪臭あるいは水瀉性下痢がみられ，脱水症状を呈して起立不能となる．水瀉性下痢の場合，多くは排便時に激しい疼痛を伴い，病牛は背を曲げ，後肢を曲して怒責し，しばしば赤色ないし暗紫色の直腸末端を露出する．この症状は死の前兆で

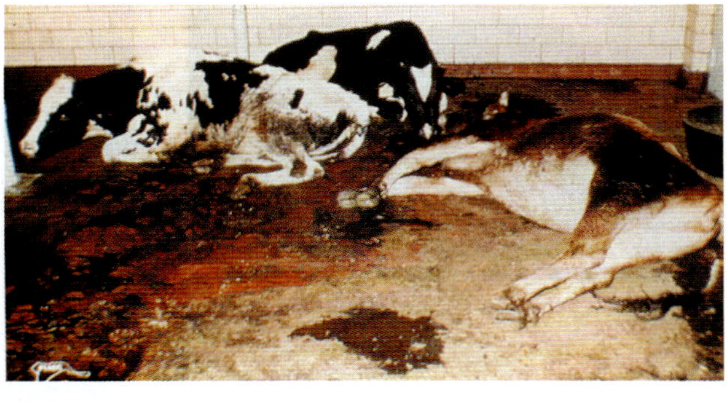

写真 2　牛疫により死亡した牛．

＊写真はすべて「図解 海外家畜疾病診断便覧」，メキシコ・米国口蹄疫防疫委員会編，故野口一郎訳，㈳日本獣医師会，1989 より許可を得て転載．

ある．

病　変

気管および消化器粘膜は出血，偽膜，びらんを（写真5～8），肝臓は黄褐色を呈し，胆嚢は胆汁の充満により膨大し，時に内壁に付着した灰緑色から灰褐色の偽膜がみられる．脾臓は萎縮する．

リンパ組織の病変が著しく，リンパ節は水腫様で腫大し，小腸のパイエル板は腫大する．大腸終末部の粘膜面はシマウマ紋様を呈する（写真9）．リンパ系細胞の変性壊死と細網内皮系細胞の活性化が認められる．各病変部の組織では多核巨細胞が形成され，細胞質内および核内に好酸性の封入体形成がみられる．

診　断

伝染性がきわめて強く，40～41℃の稽留熱，呼吸器および消化器粘膜の出血，壊死，偽膜，びらん，悪臭ある出血性水瀉性下痢などの発生および臨床症状のほか，わが国は清浄国であるため，国際的疫学情報も考慮しなければならない．

本病は法定家畜伝染病に指定されている海外伝染病であるので，流行地からの家畜および畜産物の輸入は禁止されている．したがって，検疫にあたっては本病の疫学

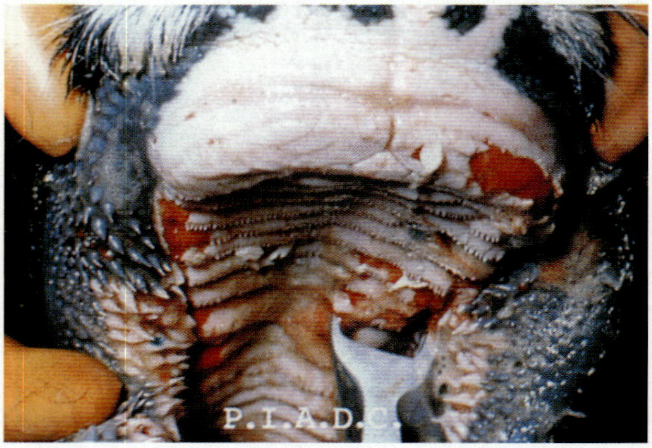

写真5　上顎無歯部や硬口蓋にみられる口蹄疫の病変に似たびらん．

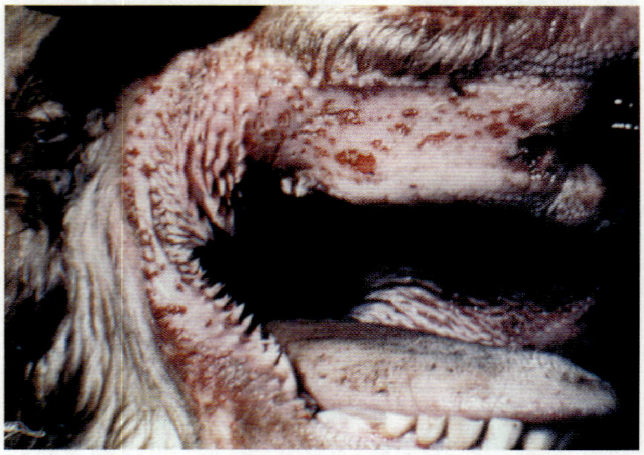

写真6　歯ぎんおよび乳嘴突起のびらん．

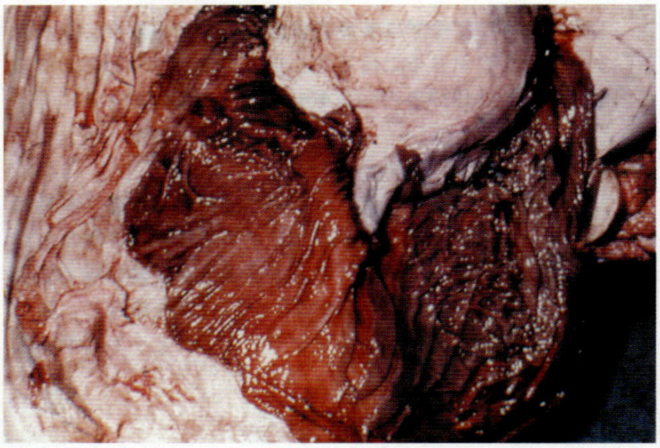

写真7　充血および出血のみられる第四胃基部．

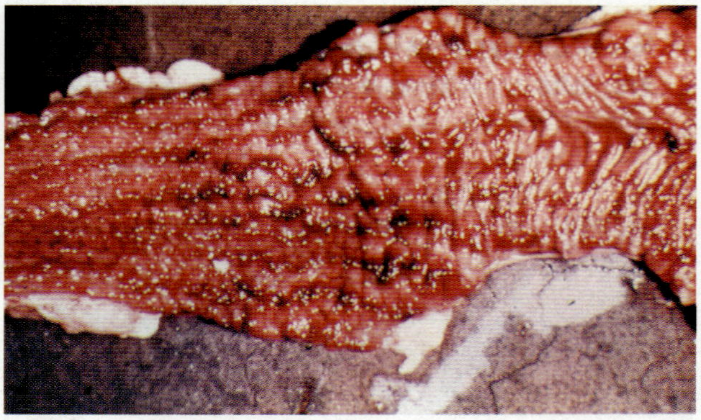

写真8　小腸における高度の充血および出血．

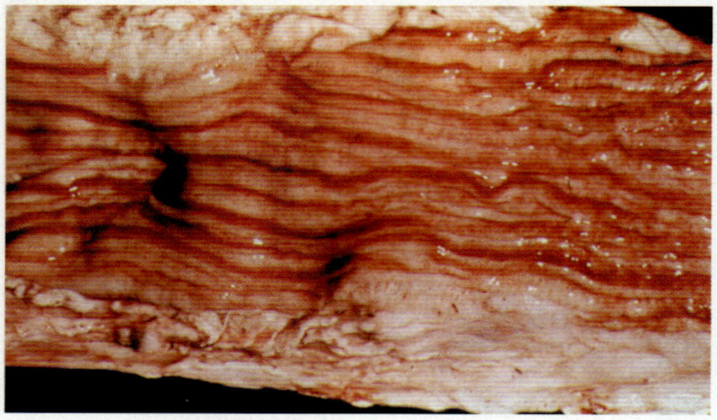

写真9　結腸末端および直腸にみられる「シマウマ紋様」．

情報は最も重要である．

疑似病牛を発見した場合，一刻も早く関係機関に連絡し，その指示に従わなければならない．わが国での確定診断には，病牛のリンパ節または脾臓乳剤を抗原とするCF テストにより特異抗原を検出する方法がとられる．

予防・治療

わが国は本病の清浄国であるため，ワクチンは使用しない．しかし，万一の発生に備えて生ワクチンが備蓄されている．有効な治療法はない．

牛パラインフルエンザ

parainfluenza in cattle

Key Words：輸送熱（shipping fever），肺炎，経鼻感染，多核巨細胞，核内・細胞質内封入体

モノネガウイルス目，パラミクソウイルス科，パラミクソウイルス亜科，レスピロウイルス属に属する牛パラインフルエンザウイルス3型（*Bovine parainfluenza virus 3*）の感染により，呼吸器症状を主徴とする急性伝染病である．

疫　　学

全国的に年間を通して発生がみられ，冬に多発する傾向がある．なお，長距離輸送，放牧，飼養環境の激変などが誘因となる．単独感染例は少なく，多くの症例は呼吸器感染症を惹起する他のウイルスや細菌との混合感染例であり，重症例もみられる．ウイルスは主として気道の分泌物，乳房炎罹患牛の乳汁に含まれる．したがって，本病はこれらに汚染された鼻汁，咳または塵埃などの経鼻感染により伝播される．

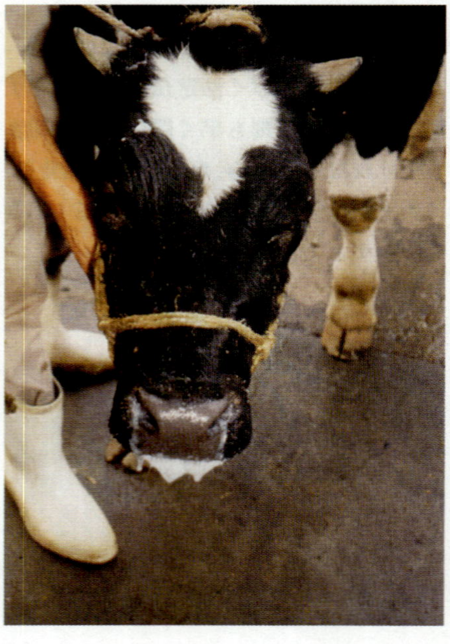

写真1　牛パラインフルエンザウイルス3型感染牛．発熱のほか鼻汁，多量の泡沫性流涎がみられる．

症　　状

多くの症例は軽症で，一過性の発熱（40～41℃），白血球減少症のほか，元気，食欲の減退，発咳，呼吸促迫，肺胞音の粗励，水様ないし膿様鼻汁，流涙などの呼吸器症状がみられる（写真1）．まれに乳房炎，流産もみられる．なお，本病は別名，輸送熱とも呼ばれ，肥育牛の輸送中または輸送後に一種の熱性呼吸器病，すなわち輸送熱に罹患し，畜主は大きな損害を受ける．

病　　変

主として，肺前葉，副葉または後葉の下垂部が重度におかされ，灰色または濃赤色で葉間結合織は明瞭である（写真2）．肺門および縦隔膜リンパ節は腫大する．また，気管，気管支内に漿液の貯留がみられる．肺胞上皮細胞，細小気管支上皮細胞または遊離上皮性大食細胞に多核巨細胞や細胞質内封入体の形成がみられる（写真3）．

診　　断

臨床的に類症例が多く，しかも混合感染例が多いので，診断は慎重でなければならない．本病は牛の輸送に関係している場合が多いので，輸送時に呼吸器症状を呈している病牛に対しては，まず本病を疑う．死亡例では，肺に無菌性肝変化病巣を認め，細胞質内および核内に封入体の形成を認めた場合は本病を疑う．なお，類症鑑別が必要な疾病としては，牛流行熱，イバラキ病，牛RSウイルス病，牛伝染性鼻気管炎，牛ライノウイルス病，牛アデノウイルス病，牛ウイルス性下痢・粘膜病，牛のクラミジア病および牛パスツレラ症，ヘモフィルス・ソムナス感染症および牛マイコプラズマ肺炎がある．

確定診断には，鼻汁からのウイルス分離・同定または急性期と回復期のペア血清を用いるHI試験または中和試験により，抗体価の有意上昇の有無を確かめる．

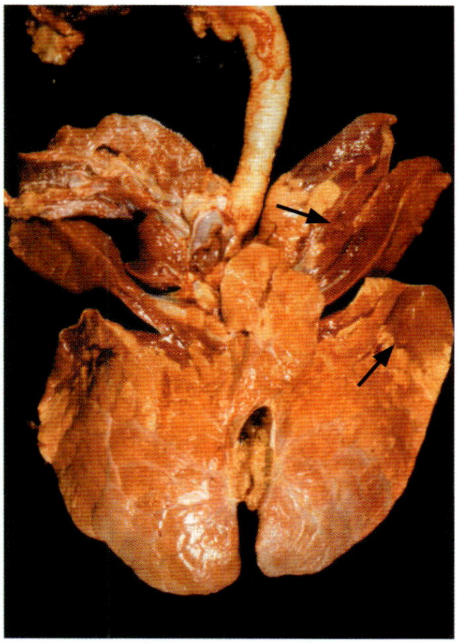

写真２ 牛パラインフルエンザウイルス３型感染牛にみられた肺炎例（矢印）.
肺の前葉および中葉に肝変化病巣がみられる.

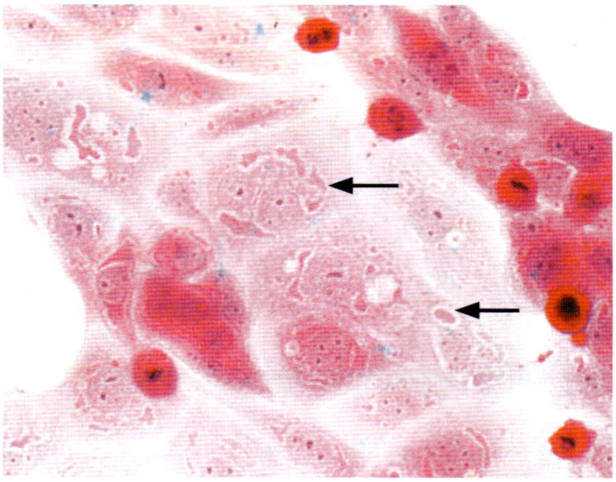

写真３ 牛パラインフルエンザウイルス３型感染牛腎培養細胞にみられる細胞質内封入体（矢印）.

予防・治療

単味生ワクチンのほか，牛伝染性鼻気管炎および牛ウイルス性下痢・粘膜病生ワクチンとの３種混合生ワクチン，さらに牛 RS ウイルス病および牛アデノウイルス病の生ワクチンを加えた５種混合生ワクチンが市販されている.

有効な治療法はないが，細菌の２次感染による重篤化を防ぐうえで適切な抗生物質などの投与は必要である.

犬ジステンパー

canine distemper

Key Words：間質性肺炎，非化膿性脳炎，脱髄性脳炎，老犬脳炎，硬蹠症

犬ジステンパーウイルス（CDV）は主にイヌ科動物に感染し，呼吸器，消化器，神経系などをおかす致死率の高い全身性疾患（犬ジステンパー）を引き起こす．犬ジステンパーは一般に急性，亜急性の経過をとり，幼若動物では致死率が高い．また，CDVは宿主域が広く，野生動物保護上も重要な疾患である．

CDVの伝染力は強く，罹患犬の鼻汁，眼分泌物，唾液，尿に排泄され，とくに鼻汁には長期にわたりウイルスが存在し，これが主たる感染源となる（図1）．胎盤感染の場合，子犬は4～6週齢頃に発症するが，感染時の胎齢により死産，流産も起こる．また，回復した子犬は免疫不全になることもある．

疫　学

犬ジステンパーは広く世界に分布する．イヌ科動物が主たる罹患動物であるが，同じ食肉目のイタチ科，ジャコウネコ科，アライグマ科動物での発症も一般的で，まれに大型ネコ科動物が感染，発病することがある（表1）．バイカル湖に生息するシベリアアザラシ（*Phoca sibirica*）の大量死例から原因ウイルスとしてCDVが分離され，アザラシジステンパーウイルス2型（PDV-2）と呼ばれるが，これはヨーロッパの食肉目動物のCDV野外株に近いことが確認されている．

犬ジステンパーの発生は3～6か月齢の子犬に多く，2歳を過ぎた犬では少なくなる．老犬脳炎は成犬，老犬にまれに認められる進行性脳炎で，CDVの脳内持続感染による．

症　状

臨床症状はウイルス株の性状，感染量，外環境の状態，宿主の年齢や免疫状態で異なる（表2，図2）．犬の場合，おそらく感染した動物の50～70％は不顕性感染で，症状が比較的軽く，いわゆる“犬のカゼ症候群（ケンネルコフ）”と鑑別できない場合も多い．潜伏期間は3～7日で，その間，ウイルスはリンパ系組織で増殖し，リンパ球を破壊するため，発病初期に発熱とリンパ球減少が認められる．この初期発熱は気付かれないことも多く，短期間でいったん平熱に戻るが，再び発熱し（二峰性発熱），結膜炎や鼻炎症状に始まり，引き続きさまざまな症状が発現する．CDVに対する免疫応答が微弱で2次感染が起こった場合には症状はさらに重篤化し，死の転帰をとったり神経症状を併発する．皮膚の紅斑，膿

表1　犬ジステンパー罹患動物（自然発生例）

動物種	動物名
食肉目	
イヌ科	犬，キツネ，タヌキ，オオカミ，ジャッカル，リカオン，コヨーテ，ディンゴ
アライグマ科	アライグマ，レッサーパンダ，キンカジュー
イタチ科	イタチ，スカンク，フェレット，ミンク，テン
ジャコウネコ科	ジャコウネコ，マングース
ハイエナ科	ハイエナ
ネコ科	ライオン，トラ，ヒョウ，ジャガー
ヒレアシ類（亜目）	
アザラシ科	シベリアアザラシ

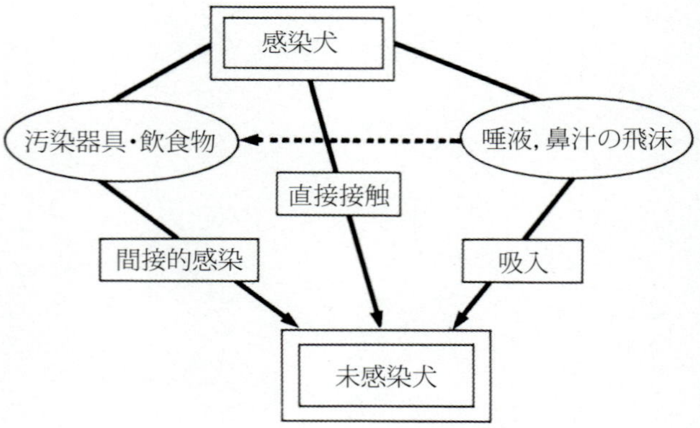

図1　CDVの感染経路．

痂疹は宿主の免疫応答を示す所見で，そのような症例の予後は比較的良いとされる．しかし，鼻鏡の角化亢進による乾燥，ひび割れ，痂皮形成や硬蹠症（ハード・パッド）が認められる例では，神経症状を併発することが多い．

神経症状は20～25％の罹患犬に認められ，通常発症したものは予後不良で，耐過してもチックなどの後遺症が残る．老犬脳炎は，進行性の神経障害，運動機能障害を特徴とし，発病後数か月内に死亡する．

表2　ジステンパーの症状

全身症状	元気喪失，食欲廃絶，体重減少，衰弱，脱水
呼吸器	発咳，水様性から粘性・膿性鼻汁排出，呼吸促迫・困難
消化器	嘔吐，下痢（しばしば悪臭を伴う）
眼	結膜炎（増悪すると眼瞼結膜に膿性分泌物付着）
皮膚	下腹部や内股部の膿痂疹（膿疱性皮膚炎），鼻鏡の角化亢進による乾燥，ひび割れ，痂皮形成，硬蹠症（ハード・パッド）
神経症状	ミオクロヌス，発作（チューインガム発作等），感覚過敏，頚部硬直，感覚失調を伴う不全対麻痺や四肢不全麻痺，旋回運動など

診　断

病理学的診断：以下のような所見がみられることが多い．

①封入体形成：全身の上皮系，リンパ系，中枢神経系組織において好酸性細胞質内および核内封入体が認められる（写真1，2，3，6）．封入体はウイルスのヌクレオカプシドにより構成される．

②多核巨細胞形成：中枢神経，ブドウ膜，リンパ節，肺などでは特徴的な融合性多核巨細胞が認められることがある（写真2，5）．

③リンパ系組織：ウイルスが増殖するため，胸腺，リンパ節や脾臓でリンパ球の壊死・減少が起こり濾胞や臓器全体の萎縮が起こる．

④肺：間質性肺炎が起こるが，しばしば2次感染により化膿性気管支肺炎となる．

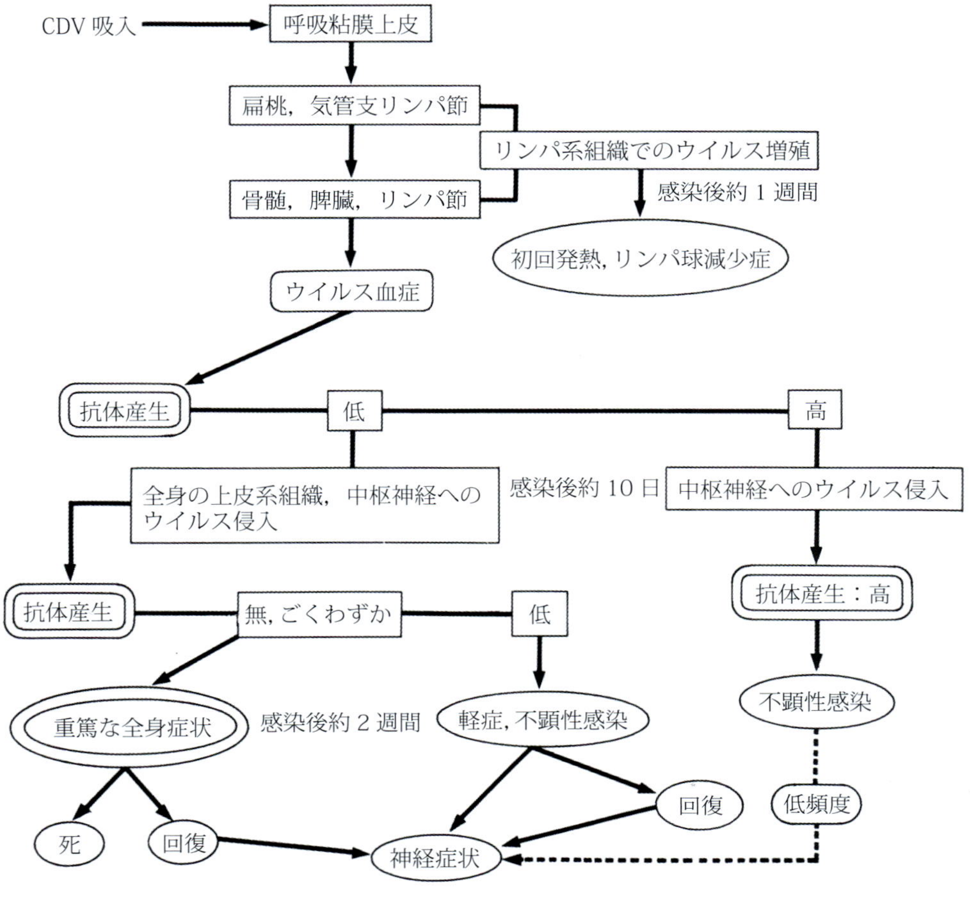

図2　CDVの感染と臨床症状．

⑤**腸**：組織学的にカタル性腸炎が起こる．

⑥**中枢神経**：非化膿性脳脊髄炎ないし脱髄性脳脊髄炎で，灰白質に神経細胞の変性・壊死，囲管性細胞浸潤，小膠細胞集簇，白質に髄鞘の変性・脱落と星状膠細胞の反応などが認められる．老犬脳炎も非化膿性脳脊髄炎で，白質に硬化病変を伴うことがある（写真4，5，6）．

⑦**胎生期，新生子期に感染した幼若犬**：通常，胸腺が萎縮し，歯のエナメル質の障害，エナメル芽細胞の変性，壊死を生じることもある．

臨床診断は症状が多様なために容易でなく，確実な診断は以下の実験室検査により行われる．

①**動物接種**：フェレットへ感染材料を接種するとほぼ確実に発症するが，臨床診断法としては実用的ではない．

②**血清学的診断**：CFテスト，中和試験は診断法として実用上の制限がある．ELISAは感度に優れ，血中の特異的IgM抗体や脳脊髄液中のIgG抗体を検出する．

③**抗原検索**：結膜，瞬膜，扁桃，腟，血液のバフィー・コートの塗抹標本について蛍光抗体法などの免疫組織学的方法で抗原を検出する．封入体よりも検出率は高い．

④**ウイルス分離**：培養細胞を用いたウイルス分離は不確実で容易でない．病犬の肺胞マクロファージなどの感

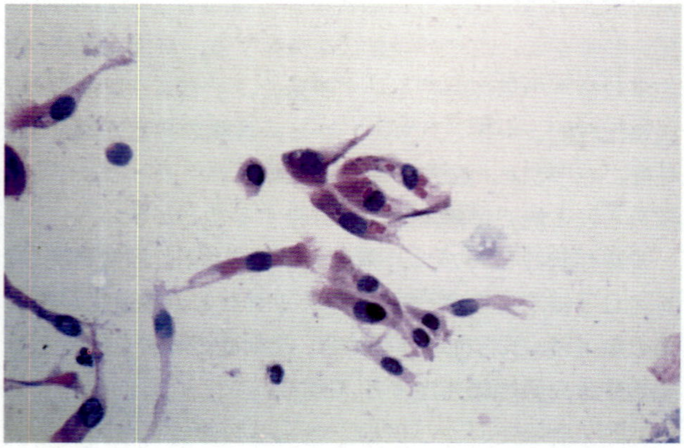

写真1　気管内分泌物の塗抹．
線毛上皮細胞内のCDV細胞質内封入体．HE染色．

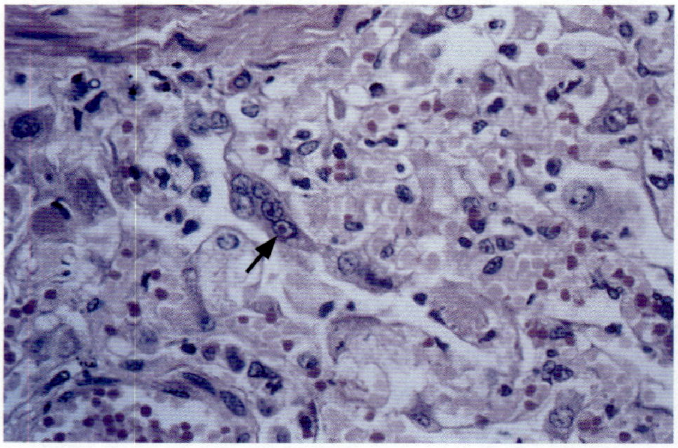

写真2　肺．
Ⅱ型肺胞上皮由来の多核巨細胞内に形成されたCDV核内封入体（矢印）．

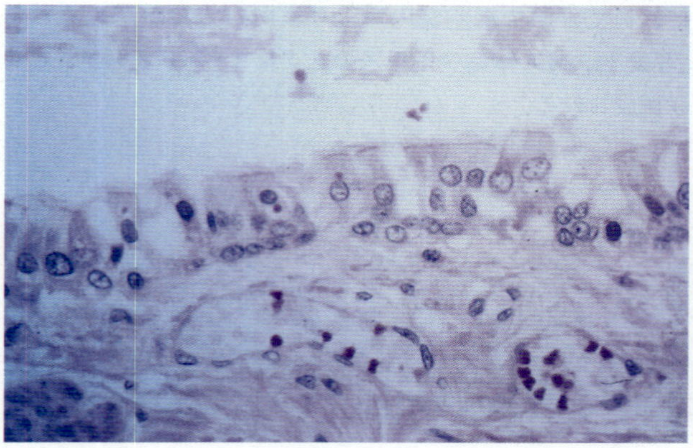

写真3　肺．
気管支上皮細胞内のCDV細胞質内封入体．HE染色．

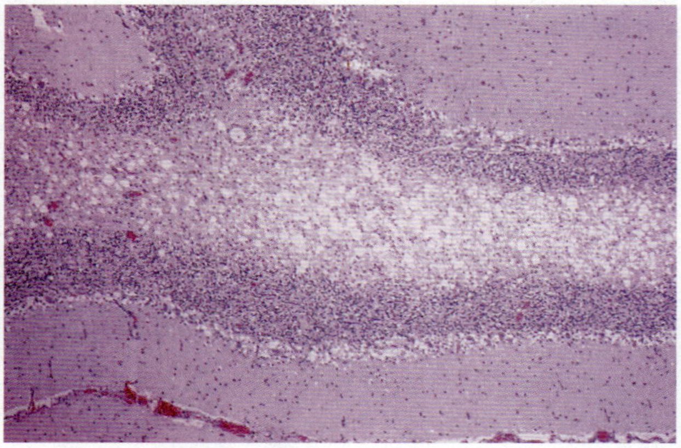

写真4　小脳髄質（白質）の脱髄性病変（HE染色）．

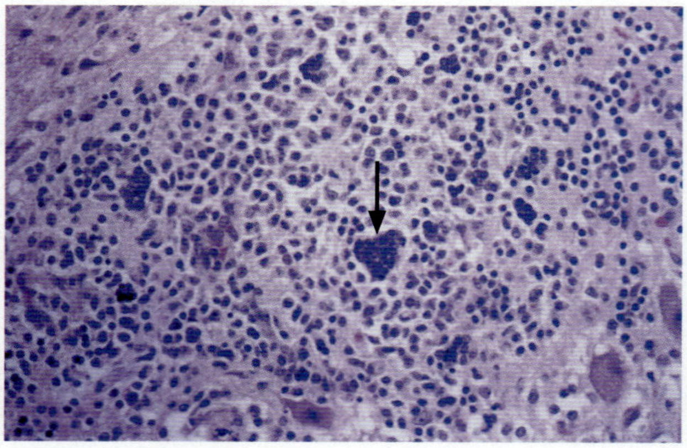

写真5　小脳顆粒層における多核巨細胞（矢印）の形成（HE染色）．

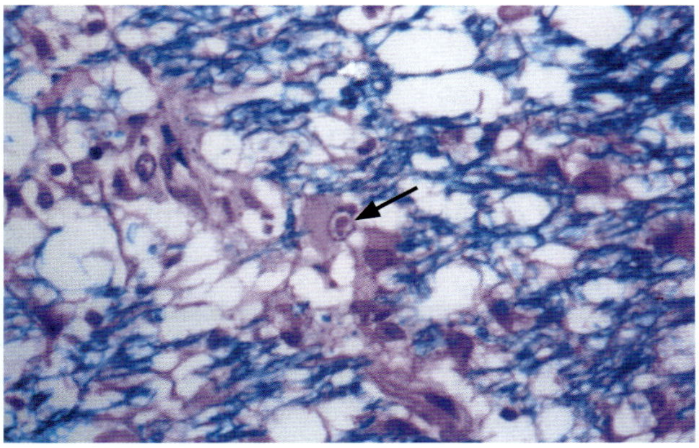

写真6 小脳脚.
脱髄病巣中の星状膠細胞内に形成されたCDV核内封入体(矢印). ルクソール・ファーストブルー・HE重染色.

染組織・細胞の直接培養により検出できることもあるが, 時間を要する.

⑤遺伝子診断：RT-PCR法が広まってきており, 生前の迅速診断には末梢血単核球が用いられる.

⑥組織診断：組織切片で封入体を検出するか, 免疫組織化学的にCDV抗原を証明する.

予防・治療

生ワクチンが混合ワクチンとして用いられている. 子犬では移行抗体が残っているとワクチン接種が無効となるため, 接種時期の選定は重要である. 移行抗体はほとんど初乳を介して子犬に移行し, 生後漸減し約3か月でほとんど消失する. したがって, 3か月齢頃にワクチン接種が必要となるが, 母犬の移行抗体価が低く, 3か月齢以前に消滅している可能性もあることから, 約7週齢で第1回目, 3か月齢で2回目接種をするプログラムもある. また, 1歳の誕生日頃に追加免疫を行ったり, それ以後も追加接種をすることもある.

CDVの弱毒生ワクチンは犬用に開発されているため, CDVに対する感受性が高いフェレットに対しては注意が必要である. また, 野生動物の中には犬細胞順化生ワクチン接種(キツネ, オオカミの一部)ないし犬・鶏細胞順化生ワクチン接種(レッサーパンダ, クロアシテン, リカオンなど)により発病するものがあり, 注意を要する.

対症療法と細菌の2次感染による重篤化防止のための抗生物質などの投与が一般的治療法である.

犬パラインフルエンザ

canine parainfluenza

Key Words：呼吸器病，伝染性気管気管支炎，ケンネルコフ

単独では病原性がほとんどみられないような毒力の低いウイルス，細菌，マイコプラズマなどが複合的に動物に感染し，時に宿主がストレスなどを受けて感染防御能が低下している場合に呼吸器病や下痢症が，とくに集団飼育されている幼弱動物に発生しやすい．犬でも繁殖施設や一時預かり施設などで起きる，そのような呼吸器病を伝染性気管気管支炎（あるいはケンネルコフ kennel cough）と呼んでいる．その代表的な病原体の１つが犬パラインフルエンザウイルスである．本ウイルスは単独でも病原性がある．

疫　　学

犬パラインフルエンザウイルスは 1967 年に呼吸器病の犬から発見され，サルやヒトから検出される同じパラインフルエンザウイルスの１種である SV5（*Simian virus 5*）とウイルス学的性状が近似していることから SV5 様ウイルスと呼ばれてきた．犬由来株の解析が不足しており，ヒト由来説，あるいは犬のウイルスが霊長類に伝播していった可能性など推測の域はでない．ヒトパラインフルエンザウイルス２型に似ていることから「犬パラインフルエンザウイルス２型」，あるいは「犬パラインフルエンザウイルス５型」と呼称されることもある．

ウイルスは世界中に分布していると思われる．わが国では 1975 年以降に陽性犬が見つかっている．最近の東京近郊での病原学的検査では呼吸器病の犬の 16.7％に検出されている．多頭飼育している環境に本ウイルスが侵入すると急速に群内に感染が広まる．感染犬の呼吸器分泌物にウイルスが排泄され感染源となるが，体外での感染性はすぐ失活する．

猫やその他の動物も感染するが臨床上の重要性は低い．

症　　状

犬パラインフルエンザウイルスの標的は上部気道粘膜細胞である．

実験感染により確認されているウイルスの病原性は弱く，感染後２週間内に軽い漿液性鼻汁や発咳が認められ，鼻汁や咽・喉頭にウイルスが出現する．ウイルス血症は起きない．しかし，野外では他の病原体の関与により呼吸器症状が重症化する．「ケンネルコフ」は乾いた短い咳が数日から数週間続くことに由来し，犬パラインフルエンザウイルスがその主たる病因子となっている．

新生犬ではウイルス血症により全身にウイルス播種され，脳炎を起こす危険性も指摘されているが自然界では起きていそうもない．

診　　断

臨床症状から病原診断はできない．気道分泌物中からウイルスを分離するか，遺伝子診断を行う．ワクチン未接種の犬では特異抗体の上昇で診断する．米国では加齢犬で死亡例が認められるような「非定型的ケンネルコフ」ではＡ型（とくに馬の）インフルエンザウイルス感染を疑う症例も出始めている．

予防・治療

気道粘膜面に産生される IgA 抗体が感染防御に必須で，そのような抵抗性を付与するワクチン免疫が望ましい．非経口投与あるいは経鼻投与用の生ワクチンが用いられている．定期的な空気の入れ替えや環境の消毒が有効である．

混合感染する細菌，とくに気管支敗血症菌（*Bordetella bronchiseptica*）やマイコプラズマの管理が症状の改善につながる．

ニューカッスル病

法定
人獣

Newcastle disease

Key Words：アジア型，アメリカ型，内臓型，神経型

ニューカッスル病（ND）はパラミクソウイルス科アブラウイルス属のNDウイルス（NDV）によって起こる急性の伝染病である．強毒ウイルスの流行では，高い致死率により甚大な被害をもたらすことから家畜伝染病予防法に基づく法定伝染病に指定され，防圧には最大の注意が払われるべき疾病である．

病因と伝播

NDVは赤血球凝集性を持つウイルスで，HI試験により抗体を検出できる．また，他の鳥パラミクソウイルスや鳥インフルエンザウイルスのような赤血球凝集性を有するウイルスとHI試験で区別できる．

NDVのウイルス株には，非常に高い致死率を示す強毒株，強毒株に比べ軽度の神経症状や呼吸器症状を引き起こす中等毒株，初生雛に対してもほとんど，あるいは全く病原性を示さない弱毒株などがあり，きわめて多様である（表1）．しかし，感染抗体により検出される抗原性に株間の差は認められない．

NDVはほとんどすべての鳥類に感染するが，鶏などキジ科鳥類の感受性が最も高い．現在はワクチンが普及し，鶏での本病の発生は少なくなってきている．しかし，宿主域が広いウイルスであり，依然として鳥類間に存続していると考えられるので，ワクチン接種による予防は養鶏場にとって必須である．レースバトでNDVが流行し，それが鶏群に感染した例も知られており，家畜伝染病予防法の対象とならない鳥類からの本病の伝播には十分な注意を払う必要がある．

症　　状

強毒株による病型はウイルス株の違いにより，死亡率が高く諸臓器に強い出血性の病変をつくる強毒内臓型と，強い呼吸器症状と神経症状，時に高率の死亡率を示すものの内臓には出血性の病変がみられない強毒神経型の２つに分けられる．

内臓型では，食欲廃絶，元気消失，嗜眠，濃緑色下痢あるいは開口呼吸などの呼吸器症状を呈し，発症後１～３日で急死する（写真1）．死亡率は100％に達する場合もある．経過が長引いた場合，産卵低下あるいは斜頚などの神経症状がみられる（写真2）．神経型では発症後の経過が長く，緑色下痢，呼吸器症状および神経症状を発現する．また，産卵率も低下する．重症例では，２～７日の経過で死亡する．死亡率は成鶏では5％前後であるが，若齢雛では50％以上に達する場合もある．

中等毒株，弱毒株でも軽度の呼吸器症状や神経症状，時に死亡がみられる場合もある．

表1　NDVの病原性型別

ウイルスの病原型	臨床型	ウイルス株の例	鶏胚致死時間	初生雛脳内接種	中雛静脈内接種	鶏胚細胞でのプラック形成
強毒株（velogenic）	強毒内臓型（アジア型，急性致死型，ドイル型）	佐藤，習志野	＜60	高死亡率	死亡（出血病変）	＋
	強毒神経型（アメリカ型，慢性型，肺脳炎型，Beach型）	宮寺	＜60	高死亡率	神経症状	＋
中等毒株（mesogenic）	低病原性神経型（Beaudette型）	TCND，Roakin	60～90	高死亡率	軽度の症状	＋
弱毒株（lentogenic）	低病原性呼吸器型（Hitchner型）	B1，La Sota	90～150	低死亡率	無症状	－
	無症状腸管型	Ulster，Queensland V4	＞150	無死亡	無症状	－

写真1　強毒ウイルス感染鶏が示している呼吸器症状.

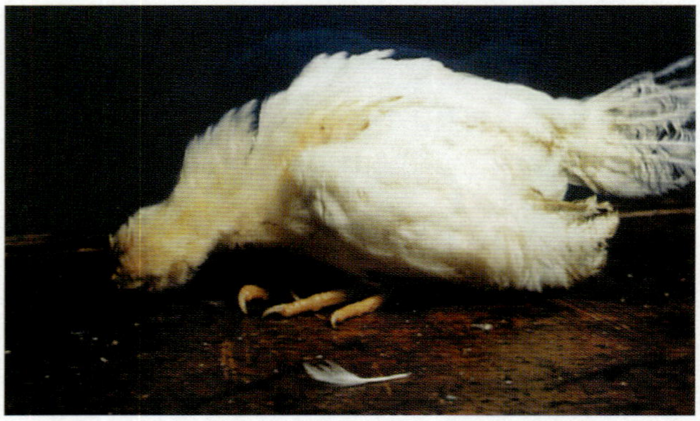

写真2　頚部麻痺の神経症状を示す発症鶏.

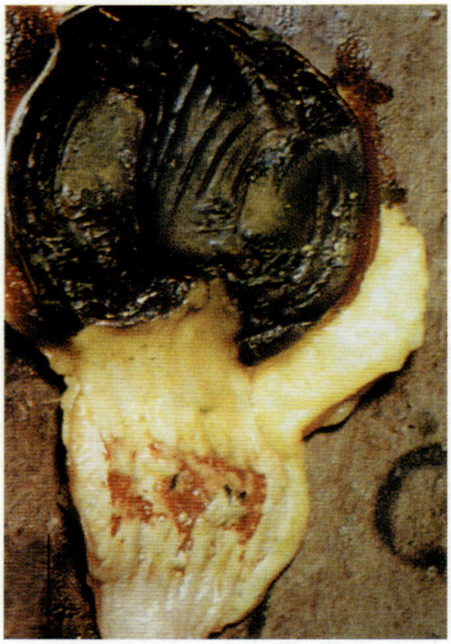

写真3　内臓型ND罹病鶏腺胃粘膜の出血・潰瘍.（写真提供：堀内貞治氏）

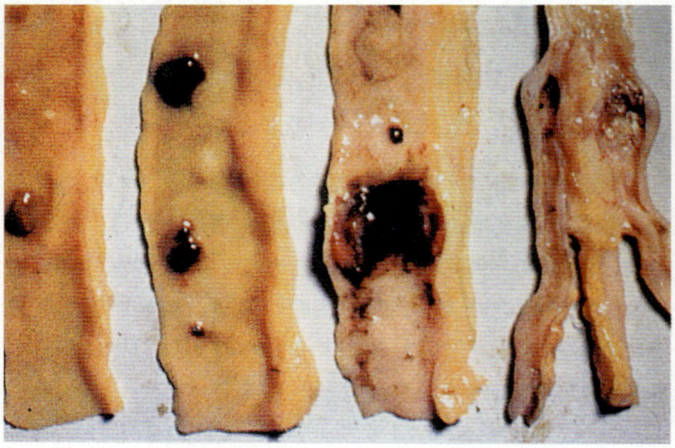

写真4　内臓型ND罹病鶏腸管の出血・潰瘍.（写真提供：堀内貞治氏）

病　　変

内臓型では，腺胃（写真3），腸管（写真4）の出血あるいは潰瘍がみられる．腸管ではとくにリンパ組織の発達した部位に好発する．脾臓の腫大と白斑の出現，気道粘膜の充・出血（写真5），卵胞の変性と出血（写真6），心冠部など脂肪織の点状出血などがみられる．神経型では，気道粘膜の肥厚，気嚢炎のほかに変性卵胞もみられるが，特徴的な重度の病変は少ない．

病理組織学的に，内臓型では各種臓器のリンパ組織やそれに隣接する部位の変性壊死が高率に認められる．神経型では，内臓に特異的な変化はみられないが，中枢神経における囲管性細胞浸潤，グリア細胞の増殖，神経細胞の変性壊死などがみられる．しかし，これらはNDだけにみられる変化ではないので，診断には注意を要する．

診　　断

日齢に関係なく発生し，伝播が速く，発症率および死亡率が高い場合は本病を疑ってみる必要がある．緑色下痢，呼吸器症状，神経症状の発現，急激でしかも長引く産卵低下が認められる．典型的な内臓型の場合は肉眼病変でほぼ診断できるが，神経型の場合はできない．野外の鶏群にはワクチンが接種されているのが普通であるから，たとえ強毒ウイルスによる感染でも，免疫の程度によっていろいろな病像を呈し，典型的な症状や病変を示すとは限らない．したがって，いずれもウイルスの分離・同定が確定診断となる．また，発生初期と発生後1～2週経過した時期のペア血清を用いて，HI抗体を測定しその上昇を確認する．

ウイルスの病原性の確認は診断上重要である．この場合，ウイルス接種による鶏胚の致死時間，初生雛脳内接

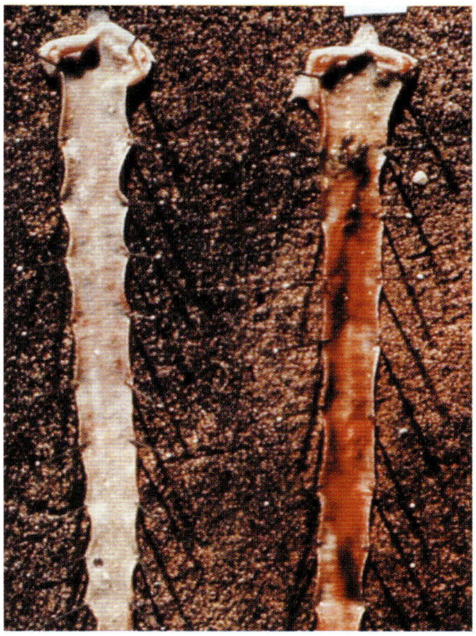

写真5 内臓型ND罹病鶏気管の粘液増加，充血・出血．（写真提供：堀内貞治氏）

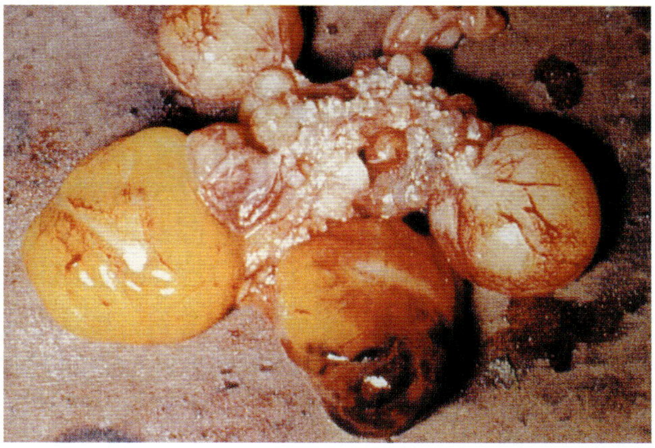

写真6 内臓型ND罹病鶏卵巣における軟卵胞，出血卵胞（血腫卵）．（写真提供：堀内貞治氏）

種および中雛静脈内接種による病原性などによって判定する（表1）．

類症鑑別

急性で高致死性の疾病として高病原性鳥インフルエンザ（HPAI，以前は家きんペストというよび方が使われていた）と家きんコレラがある．HPAIは強毒株によるNDと発生状況や病理所見では区別できない．しかし，現在鳥インフルエンザにはワクチンが使用されていないので，HPAIの流行はND以上に急性で高致死性となり，発生状況からもある程度鑑別可能であるが，最終的診断は病原学的に行う必要がある．家きんコレラはわが国での発生はなく，また設備の整った養鶏場での発生はまれである．

呼吸器症状を呈し気管病変を伴う点では，伝染性喉頭気管炎あるいは伝染性気管支炎と類似しているが，両疾病は神経症状を示さない．また，低病原性鳥インフルエンザでも，呼吸器症状，産卵低下が認められる．いずれの疾病も，病原学的検査が診断の決め手となる．神経症状を呈する点では，マレック病，鶏脳脊髄炎と鑑別しなければならない．これらは病理組織学的に診断される．

予　　防

本病の予防に生ワクチンおよび不活化ワクチンが使用されている．ワクチンの適切な使用により本病は確実に予防が可能であるので，それぞれの農場にあった適切なワクチネーションプログラムを設定し実施する必要がある．さらに，鶏群へのウイルス侵入を阻止するためには，一般的な衛生管理の励行，あるいは野鳥の侵入防止などに努める必要がある．なお，本病は法定伝染病であり，確定診断された場合は家畜伝染病予防法に基づいた適切な処置をとらなければならない．

牛 RS ウイルス病

bovine respiratory syncytial virus infection

Key Words：肺気腫，皮下気腫，喘鳴，経鼻感染，多核巨細胞，細胞質内封入体

パラミクソウイルス科，ニューモウイルス亜科，ニューモウイルス属に属する牛 RS ウイルス（*Bovine respiratory syncytial virus*，写真 1）の感染により，呼吸器症状と発熱（稽留熱）を主徴とする急性伝染病である．

疫　　学

全国的に年間を通して散発的に発生がみられるが，冬期に重症例が多い．他の呼吸器症状を起こすウイルスや細菌との混合感染例も多くみられる．伝播は主として鼻汁，咳などの経鼻感染による．

症　　状

発熱（39.5 ～ 41.5℃），発咳，呼吸促迫，喘鳴，鼻汁，流涙，時として皮下気腫などの呼吸器症状がみられる（写真 2）．

病　　変

気管および気管上皮の充出血が顕著で，肺の間質性気腫（写真 3），肝変化病巣の形成のほか，細気管支粘膜上皮細胞における多核巨細胞と好酸性細胞質内封入体の形成などがみられる（写真 4，5，6）．

診　　断

類症鑑別が必要な疾病としては，牛流行熱，イバラキ病，牛伝染性鼻気管炎，牛パラインフルエンザ，牛アデ

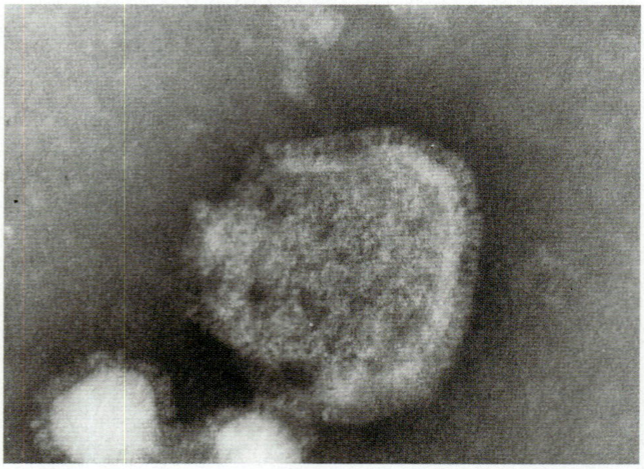

写真 1　牛 RS ウイルスの EM 像．（× 100,00）
ほぼ球形でエンベロープを有し，その表面には突起がある．

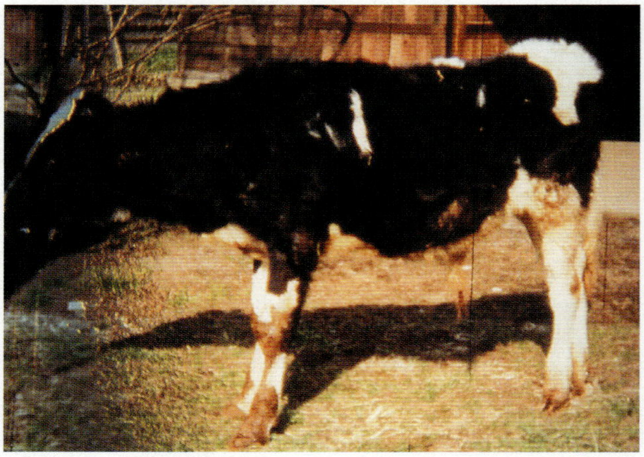

写真 2　多量の泡沫性流涎が口角周辺部にみられ，呼吸促迫，流涙，咳，喘鳴，腹式呼吸などがみられる．

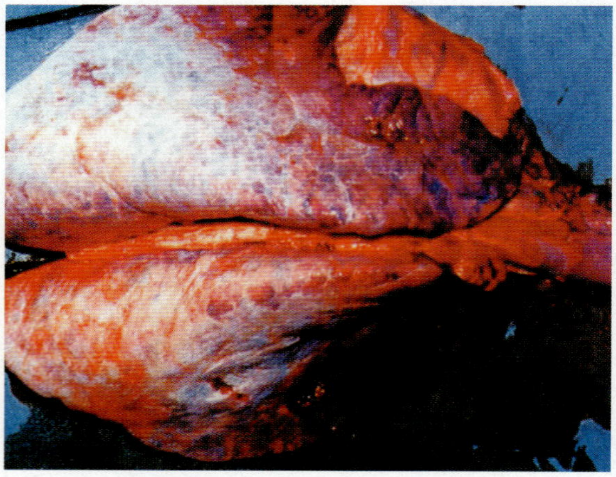

写真 3　肺の間質性気腫による退縮不全．

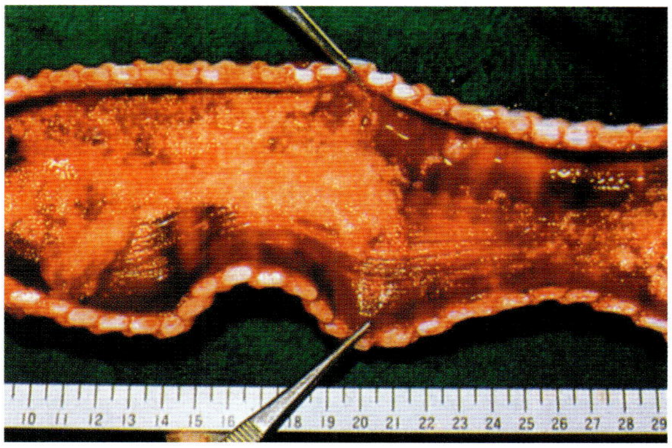

写真4 気管内の粘稠・泡沫性粘液の貯留と粘膜のび漫性充血斑.

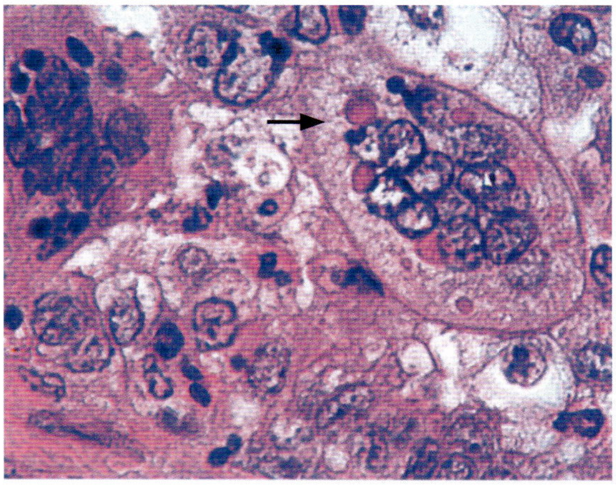

写真5 肺の細気管支の粘膜上皮細胞における多核巨細胞の形成（矢印）と好酸性細胞質内封入体.

ノウイルス病，牛ライノウイルス病，牛レオウイルス病，牛クラミジア病，牛パスツレラ症，ヘモフィルス・ソムナス感染症および牛マイコプラズマ肺炎がある.

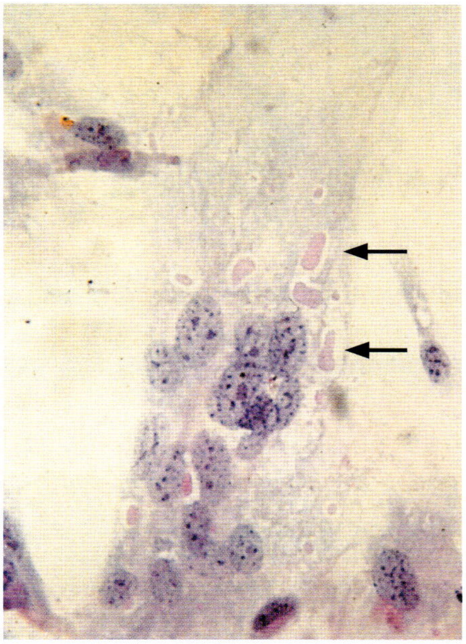

写真6 牛RSウイルス感染牛腎培養細胞の細胞質内封入体（矢印）．HE染色.

確定診断は，鼻汁からのウイルス分離と同定，鼻汁塗抹標本についてヒトRSウイルス検出用キットを用いての特異蛍光抗原の検出または血清反応，中和試験やELISAによる抗体検出による.

予防・治療

単味生ワクチンのほか，牛伝染性鼻気管炎，牛ウイルス性下痢・粘膜病，牛パラインフルエンザおよび牛アデノウイルス病の生ワクチンを加えた5種混合生ワクチンが市販されている．有効な治療法は対症療法しかないが，細菌の2次感染による重篤化を防ぐうえで適切な抗生物質などの投与は必要である.

ニパウイルス感染症

届出 人獣 四類

Nipahvirus infection

Key Words：脳炎，ヘニパウイルス属，オオコウモリ

ニパウイルス（*Nipahvirus*）の感染により，豚を始めヒトをも含めた多くの動物が発症する，脳炎や肺炎を伴う致死性の高い発熱性疾患である．

疫　　学

1999年にニパウイルスがヒトの脳炎例から初めて分離同定され，1994年にオーストラリアで馬とヒトに発生した感染症の原因であるヘンドラウイルスと性状が類似していることが判明し，両者はヘニパウイルス属に分類された．

同時に本病の疫学調査が行われ，マレーシア国内とシンガポールでのヒトと豚のニパウイルス感染症の実態はほぼ解明された．すなわち，マレーシアにおけるニパウイルス感染症の発生は，疫学的観察から，ヒトでの感染発症はニパウイルス感染発症豚との濃厚な接触による事，その感染の広がりは，感染豚の移動による事が示された．またヒトからヒトへの感染はほとんど起こっていないことから，ヒトは終末宿主と考えられている．一方，豚はニパウイルスの自然宿主ではなく，ウイルスの増幅動物として存在し，自然宿主は，ヘンドラウイルスと同様，大型のフルーツコウモリ（Flying fox）の仲間のコウモリ（order *Chiroptera*, genus *Pteropus*）であると考えられている．

マレー半島における伝染病としての豚とヒトのニパウイルス感染症は1996年頃から始まり，1998～99年をピークに，2000年までに100名以上のヒトが感染死亡した．その間，対策として発生養豚場の閉鎖，感染が疑われる豚約110万頭の殺処分，全国サーベイランスが実施され，本病は漸く終息し，2000年4月以降の発生報告はない．しかし，2002年にはカンボジアに生息するFlying foxも抗体を保有していたことが報告されている．また2004年にはバングラディシュにおいてヒトに脳炎が発生し，ニパウイルスの感染が疑われているが，豚に相当する動物に関する報告はない．

ニパウイルスに対しては，ヒトを含めて多くの動物（馬，豚，犬，猫，ウサギ，マウス，モルモット，コウモリ）が感受性を示す．感染しないという動物の情報はない．

症　　状

豚での臨床症状は，発熱を伴う呼吸器症状が中心で，若齢豚では食欲不振，鼻汁漏出，発咳等を示し，母豚では神経症状を示すこともある．不顕性感染も成立する．豚群での感染性は非常に高く，これらの臨床症状は，オーエスキー病や豚コレラのそれによく似ている．ヒトがニパウイルスに感染し，発症した場合には呼吸器症状よりは目眩，頭痛，発熱，嘔吐等の脳炎症状が現れる．予後が不良の場合，筋肉が麻痺し昏睡状態となり死亡する（死亡率40％）．猫は豚と同様に感染し，呼吸器症状や神経症状を示す．コウモリについては分かっていない．

病　　変

肉眼的には著明な病変はない．組織学的には，野外発症豚では既知の豚病には出現しない好酸性細胞質内封入体と合胞体の形成を特徴とする気管支肺炎や髄膜炎，全身諸臓器に合胞体性の多核血管内皮細胞が認められる．

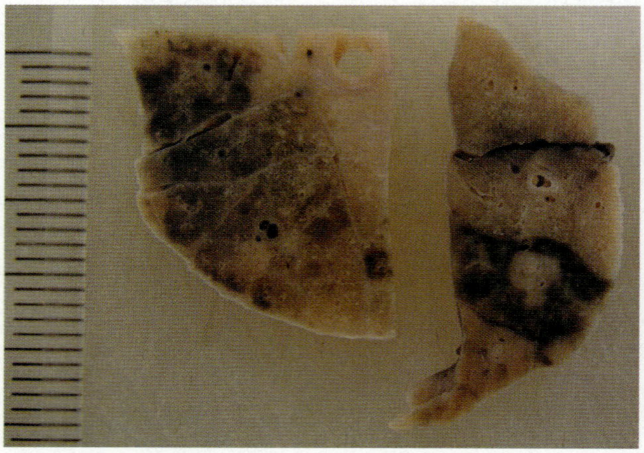

写真1　ニパウイルス感染子豚の肺（ホルマリン固定後）．気管支の閉塞，肺小葉のうっ血，硬化．

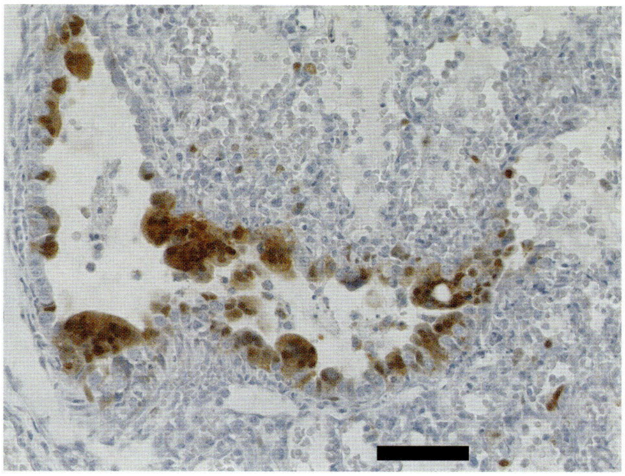

写真２　モノクローナル抗体を用いた免疫組織化学染色（写真１の肺の切片）.
細気管支上皮の合胞体にウイルス抗原が検出されている.
Bar ＝ 50 μm

ヒトでは血管内皮感染による多臓器の血管炎と中枢神経の炎症および壊死が主要な病理学的変化である.

診　断

特徴的な病変が少ないため，病原体の分離または血清診断により抗体の上昇を確認する必要がある．原因が特定された現在では，ニパウイルス感染症の存在を認識し，とくに豚，ヒト，馬，犬および猫においては神経症状や呼吸器症状を示した場合，類症鑑別が必要な疾病である．発症中の個体からのウイルス分離は比較的容易であるが安全性を確保する必要がある．脳や肺の乳剤を Vero 細胞やその他の細胞に接種し，複数の細胞で融合性の CPE が認められ，赤血球凝集性が陰性の場合，RT-PCR 法とシークエンスで確認する必要がある．抗体検出は ELISA で行うのが安全であるが，確定診断には中和試験が必要である．免疫組織化学的染色法（写真 1，2）は，ホルマリン固定パラフィン包埋標本と特異抗体と染色キットがあれば，類症鑑別診断も可能で，過去に遡った診断調査や研究にも利用でき，安全性の面からも有用な方法である.

予防・治療

特別な予防，治療法はない.

モルビリウイルス肺炎
（馬モルビリウイルス肺炎）

equine morbillivirus pneumonia

Key Words：肺炎，ヘンドラウイルス，オオコウモリ，オーストラリア

ヘンドラウイルス（*Hendravirus*）の感染による重篤な肺炎を主徴とする疾病である．1994年～1999年にオーストラリア東海岸の限局した地域で3回の発生報告がある．自然宿主はオオコウモリである．

疫　　学

1994年9月クイーンズランド州ブリスベン近郊のヘンドラで，13頭の馬が重篤な急性呼吸器症状を呈して死亡した．同じ厩舎で働く2名が発症し内1名が重篤な呼吸器疾患で死亡した．他に7頭の馬も感染したが回復または不顕性感染であった．死亡したヒトと馬から同一のウイルスが分離された．当初は性状が既知のモルビリウイルスに類似していたため馬モルビリウイルスと呼ばれたが，その後，性状が異なることが示され，ヘンドラウイルスと命名された．現在は新しい属であるヘニパウイルス属に分類されている．

次に，1995年10月に脳炎で死亡した患者が本ウイルスに感染していることが示された．この患者は1994年8月にマッケイで急性呼吸器疾患で死亡した2頭の馬の解剖に立ち会い，その後脳炎を発症し回復していた．2頭の馬も本ウイルスに感染していたことが示された．第3の発生は1999年1月のケアンズで，1頭の馬が本ウイルス感染により死亡した．

最初の発生の後，クイーンズランド州でヒト，馬および野生動物における本ウイルスに対する抗体保有状況の調査が行われたが，オオコウモリを除くすべての動物種で陰性であった．オオコウモリが自然宿主であると考えられている．馬への感染経路は不明であるが，コウモリの尿，流産胎子などからウイルスが検出されることから，汚染牧草などを介した感染が疑われる．馬の肺，肝臓，腎臓，鼻汁，リンパ節，血液および尿中にウイルスが検出される．空気伝播による感染は認められていない．

症　　状

潜伏期間は6～10日で，多くは急性に経過し発症から死亡まで1～2日程度で，致死率は高い．臨床的には沈うつ，高熱，呼吸困難など重度の急性呼吸器症状を主徴とする．血液を混じた泡沫状鼻汁を漏出し，粘膜の

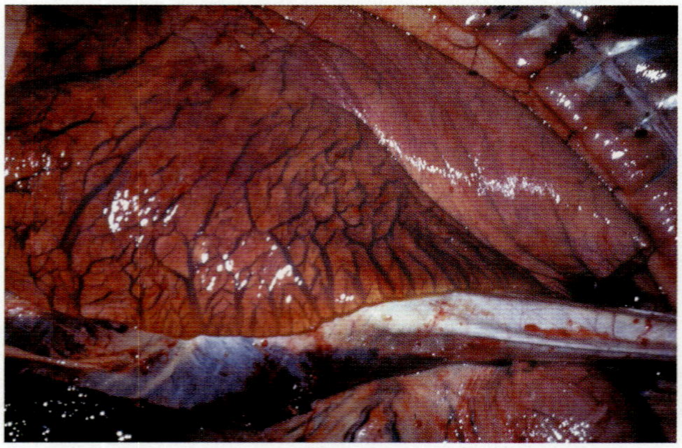

写真1　実験感染馬の肺．（写真提供：Peter T. Hooper 氏）
重度の水腫，出血，リンパ管の拡張が認められる．

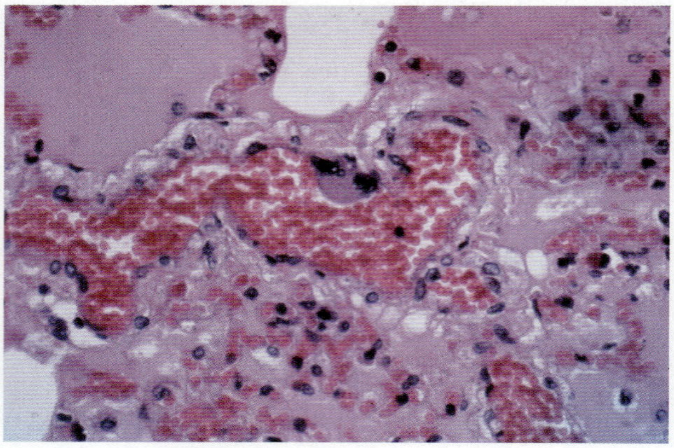

写真2　感染馬の肺組織．（写真提供：Peter T. Hooper 氏）
出血と血管内皮細胞に多核巨細胞が認められる．

チアノーゼが認められる．病理学的には，肺の水腫，小血管壁の壊死，出血，リンパ管拡張を伴う間質性肺炎が認められる（写真 1）．血管内皮細胞には多核巨細胞形成と細胞質内封入体が認められる（写真 2）．感染実験では，猫，モルモットは致死的感染，マウス，ラット，犬，鶏は不顕性感染を呈した．

診　　断

臓器乳剤（肺，脾臓，腎臓等）を Vero 細胞などの哺乳動物由来培養細胞に接種してウイルス分離を行う．細胞融合による巨細胞形成が認められる．RT-PCR 法による遺伝子検出も用いられる．血清学的診断法としては中和試験，ELISA，蛍光抗体法などが用いられる．

予防・治療

有効な予防法および治療法はない．感染馬の早期隔離は感染の拡大防止に重要である．またオオコウモリとの接触や侵入を防ぐことも重要である．

小反芻獣疫

届出

peste des petits ruminants

Key Words：牛疫，モルビリウイルス，海外伝染病

小反芻獣疫は，パラミクソウイルス科モルビリウイルス属の小反芻獣疫ウイルスの感染による山羊や羊などの小反芻獣の急性熱性伝染病である．原因ウイルスは牛疫ウイルスと抗原的に近縁である．わが国では家畜伝染病予防法に基づく監視伝染病（届出伝染病）に指定されている．

疫　学

現在，アフリカ，中東およびインドで発生がある．常在地では雨期や寒冷な乾期に散発的な発生がみられる．山羊は最も感受性が高く，さらに品種により感受性に差がある．山羊と羊のほかガゼルなど野生反芻獣も感染する．牛と豚は不顕性感染である．感染動物の涙，鼻漏や発咳などによる分泌液が感染源となり接触感染で伝播する．持続感染はしない．

症状と病変

潜伏期間は３～10日．感受性動物における感染率と致死率はそれぞれ90％および50～80％である．感染動物は，不安，沈うつ，食欲減退，突発的な発熱40～41℃，鼻部の乾燥，漿液性から粘液性へと経時変化する鼻汁，カタル性浸出物による鼻孔の閉塞，呼吸困難，発咳，鼻孔および口腔粘膜の小壊死，結膜炎，口腔内壊死，口臭，出血を伴わない下痢などを示す．脱水症状が顕著となり，体温が低下すると５～10日で死亡する．山羊では甚急性の経過をとることがある．また，品種によっては，以上の定型的な急性症状を示すことなく，呼吸器症状を主徴とする亜急性や慢性の経過をとる場合もある．口部周辺の痂皮形成や感染後期の肺炎は牛疫に感染した山羊や羊では通常観察されない．病変としては，結膜炎，下顎口唇内，歯ぎん部および舌にみられる壊死とびらんで，同じ病変は硬口蓋，咽頭および食道上部にもみられる．さらに，パイエル板の広範囲な壊死と潰瘍，回盲部と直腸の充出血（ゼブラ紋様：zebra stripes），鼻孔粘膜の点状出血，気管支肺炎，脾臓とリンパ節のうっ血性腫大などがみられる．

診　断

類症鑑別が必要な疾病は，牛疫，山羊伝染性胸膜肺炎，ブルータング，伝染性膿疱性皮膚炎，口蹄疫，水心嚢，コクシジウム症，鉱物中毒などである．とくに，牛疫とはウイルスも近縁で症状は類似している．診断材料としては，目やに，鼻汁，口腔および直腸スワブ，脾臓，リンパ節，大腸および肺などの組織，血液（血清と抗凝血剤を加えた全血）などを採取する．実験室内診断としては，ウイルス分離やRT-PCR法などの病原診断と中和試験などの血清診断がある．

予防・治療

２次感染防止のための化学療法以外に治療法はない．常在地ではワクチンが使用されている．わが国では海外伝染病として侵入防止を基本とし，関連法規に基づき摘発淘汰方式による防疫を行う．

ラブドウイルス科

基本性状

弾丸状ビリオン
（B 粒子：長さ 100 ～ 430nm，直径 45 ～ 100nm）
直鎖状のマイナス一本鎖 RNA（サイズ：11 ～ 15kb）
大部分は細胞質内で増殖し，細胞質膜から出芽

重要な病気

狂犬病（哺乳動物）
牛流行熱（牛）
水胞性口炎（牛，馬，豚）
伝染性造血器壊死症（サケ科魚類）

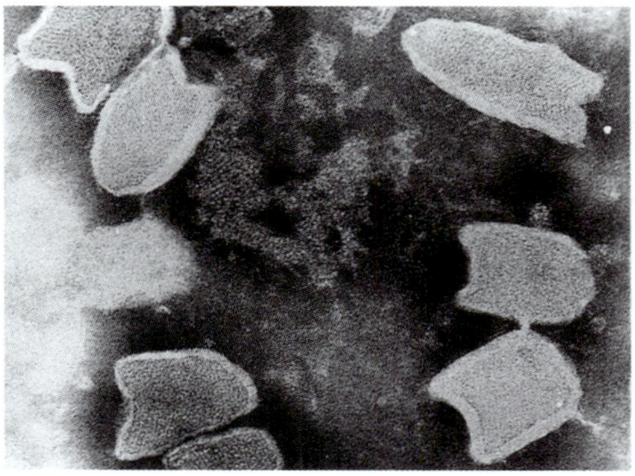

FIG 牛流行熱ウイルスの弾丸状粒子
なかには先端部のつぶれた欠損干渉粒子と思われる粒子も観察される（写真提供：稲葉右二氏）

分　類

ラブドウイルス科（*Rhabdoviridae*）のウイルスは，脊椎および無脊椎動物や植物に広く分布する．牛，馬，豚に水胞病を起こす水胞性口炎ウイルスが属するベシキュロウイルス（*Vesiculovirus*）属，狂犬病ウイルスが含まれるリッサウイルス（*Lyssavirus*）属，牛流行熱ウイルスに代表されるエフェメロウイルス（*Ephemerovirus*）属，伝染性造血器壊死症ウイルスなど魚類のウイルスが属するノビラブドウイルス（*Novirhabdovirus*）属の動物ラブドウイルス群と植物に感染するシトラブドウイルス（*Cytorhabdovirus*）属およびヌクレオラブドウイルス（*Nucleorhabdovirus*）属の 6 属からなる．その他，多数の未分類ウイルスが所属する．

性　状

ウイルス粒子は独特の形態を示し，とくに動物ラブドウイルスは一方の端が直線で，他端が丸い弾丸状や円錐状を示す（B 粒子：bullet-shaped particle，FIG）．これに対し，植物ラブドウイルスは両端が丸い桿菌状（非固定では弾丸状）である．ウイルス粒子は長さ 100 ～ 430nm，直径 45 ～ 100nm で，エンベロープ表面に糖蛋白 G からなる 5 ～ 10nm の突起（ペプロマー）を有し，マトリックス蛋白 M がエンベロープとヌクレオカプシドを結びつける．内部には，ヌクレオカプシド蛋白 N，リン酸化蛋白 P，RNA ポリメラーゼ L およびゲノム RNA から構成される，らせん対称に巻いたひも状のリボヌクレオカプシドが直径 30 ～ 70nm の円筒を形成する．ゲノム複製の際に，長さが正常の 50％以下のヌクレオカプシドを持つ欠損干渉粒子（T 粒子：truncated particle または DI 粒子）が産生され，正常粒子の増殖を抑制する．

動物ラブドウイルスはヌクレオカプシドが細胞質内で合成され，主として細胞質膜から出芽する．狂犬病ウイルスのネグリ小体のように細胞質内封入体を形成するものもある．動物ラブドウイルスの多くが，脊椎動物と節足動物の双方に感染するアルボウイルスである．

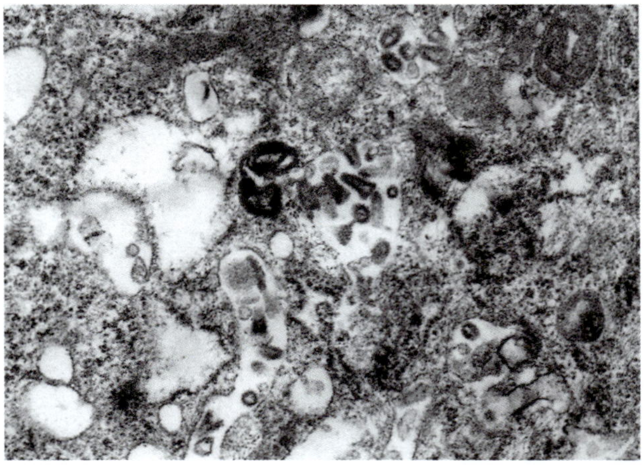

写真 1 牛流行熱ウイルス感染 HmLu-1 細胞空胞中のウイルス粒子．（写真提供：久保正法氏）

狂犬病

法定 人獣 四類

rabies

Key Words：街上毒，咬傷感染，ネグリ小体

本病は狂犬病ウイルス（*Rabies virus*）の主に咬傷からの感染によって起こる人獣共通感染症で，ヒトでは恐水症あるいは恐風症とも呼ばれている．発症した場合，重篤な神経症状を伴ってほぼ100％死亡するきわめて悲惨かつ危険な疾患である．日本では，1957年に本病を根絶して以来今日まで発生がない．しかし，世界各地の発生状況には憂慮すべきものがあり，わが国でも防疫対策はおろそかにできない．

疫　学

世界における狂犬病の発生は，ヒトと動物でそれぞれ約30,000～50,000例が毎年報告されている．しかし，実数はその数倍から数十倍と推測され，ここ数十年間ほとんど変化していないと考えられている．過去10年間以上発生のない国・地域は，オセアニア，スカンジナビア半島，イギリス，ポルトガル，日本などで，例外的存在である．ヒトの狂犬病の99％は東南アジア，アフリカ，中南米で発生している．なかでも，中国，インド，フィリピン，エチオピアなどでは毎年数百人から数万人が死亡している．

それらの地域での主な媒介動物は犬で，いわゆる古典的な都市型流行である．これらの国々では経済的，宗教的あるいは社会習慣などの理由から，犬の予防注射率はきわめて低い．

一方，ヨーロッパ，北米地域ではヒトの発生は少ない．発生動物の大部分は野生動物で，その発生は一部の地域で減少しているものの，相変わらず多い．ヨーロッパでは，1983年に年間約23,600件発生していたが，2003年には約11,000に減少させている．しかし減少の多くはフランス，ドイツなどで，ロシアやウクライナなど旧東欧では逆に増加しており，ヨーロッパの発生の73％を占めている．発生動物の約64％は野生動物によるもので，そのうちアカギツネが約50％である．野生動物対策として，旧西欧では早くから経口ワクチンの散布を行っており，近年の減少はその効果によるものである．北米でも毎年7,000～8,000件発生しており，90％以上が野生動物によるもので，2002年にはアライグマが37％，スカンクが31％，コウモリが17％と報告されている．

1996年に，これまで50年間以上にわたり本病の発生のなかったオーストラリアの北部と東部およびパプアニューギニアで，土着のオオコウモリから狂犬病類似ウイルス（N遺伝子が93％一致する）が多数分離され注目されている．

最近，狂犬病ウイルスのNあるいはG遺伝子の解析から，ウイルスと分離地域や分離動物との関連性を調べる分子疫学が確立され，狂犬病ウイルスの生態が詳細に明らかになるとともに，予防対策にも利用されている．例えば，フランスにおける種々の感染動物由来分離株の遺伝性状がいずれもアカギツネ由来株のそれと一致したことから，国内での流行疫源はアカギツネが唯一の動物であるとした．この結果に基づいて，フランスでは1985年から経口ワクチンの標的をキツネに絞って実施し，その当時2,013件あった発生を2003年には食虫コウモリからの2件（正式には狂犬病類似ウイルス，ヨーロッパバットリッサウイルス）のみに激減させている．

症　状

唾液を介して咬傷部分より体内に侵入したウイルス（街上毒）は，侵入部位近辺の非神経細胞，おそらく筋肉細胞に溜まり，その後，末梢神経組織内の軸索内で増殖しながら上行し，中枢神経組織に達する．それらの神経細胞で急激に増殖したウイルスの一部は唾液腺組織でさらに増殖し，唾液中に多量のウイルスを排泄する．潜伏期間は犬で1週間から1年4か月（平均1か月，ヒトでは7年間の例が報告されている）である．ウイルスの唾液中への排泄は最も早くて発病の13日前，一般に3～5日前である．前駆期には暗所への隠れ，食欲不振，情緒不安定などの日常とやや異なる行動が1～2日間認められる．その後，発病獣の約80％が狂躁型，

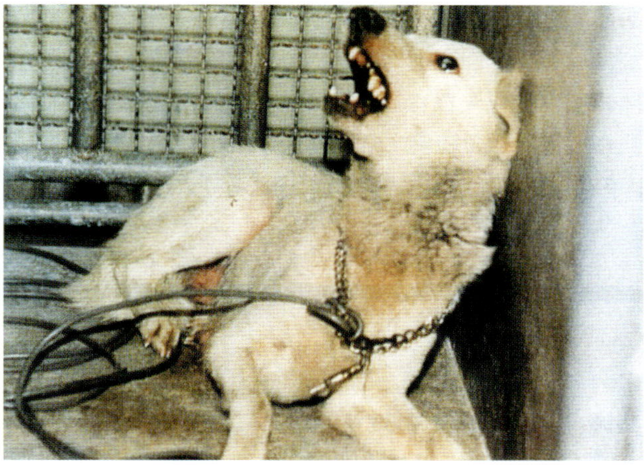

写真 1　狂躁状態の発病犬.

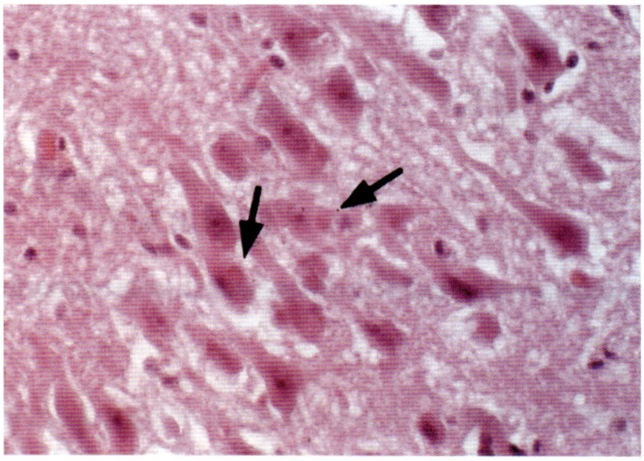

写真 2　神経細胞におけるネグリ小体.
ネグリ小体は神経細胞の細胞質内に球形，あるいは楕円形の好酸性封入体として認められる（矢印の先）．街上毒ウイルス感染マウス脳のアンモン角部位．HE 染色.

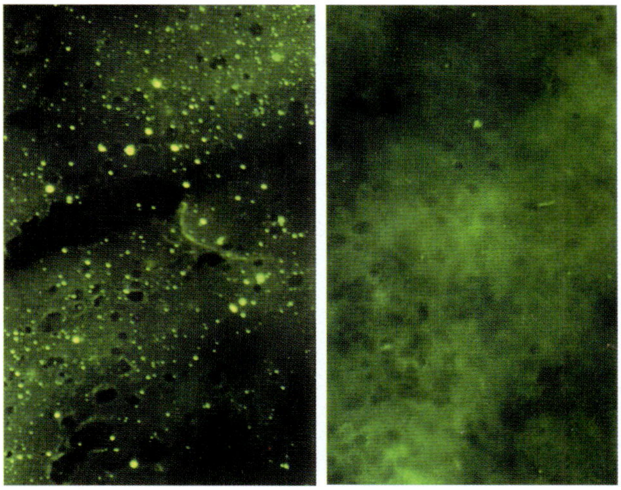

写真 3　自然感染犬脳組織の塗抹標本における蛍光抗原.
左側は感染組織．大小の顆粒状の抗原が多数認められる．右側は非感染組織．1 次抗体として抗 N 蛋白質モノクローナル抗体を用いた.

残りが麻痺型の症状を示す．狂躁型では異嗜，反射神経機能の亢進，顔貌嫌悪，各筋肉組織の攣縮・振せん，角膜乾燥，嗄れ声，流涎の興奮状態が 2 ～ 4 日間続いた後，運動失調，意識不明の麻痺状態に陥り，1 ～ 2 日間で死亡する（写真 1）．麻痺型では発病初期から麻痺状態が 3 ～ 6 日間続いて死亡するので，他の人獣への伝播はない．ヒトや他の動物の症状もほぼ同じであるが，牛では麻痺型が比較的多い.

診　　断

剖検時，特異的な変化は認められない．病理組織学的には，脳・脊髄の充血，浮腫，単核細胞浸潤，グリア細胞の増加およびノイロノファギーなどが認められる場合もあるが，病変は一般的に軽微または欠ける．神経細胞の細胞質内には直径 0.5 ～ 20 μ m の球形ないし楕円形のネグリ小体と呼ばれる好酸性封入体が出現する（写真 2）．封入体はアンモン角の錘体細胞に最も好発し，小脳のプルキンエ細胞，大脳皮質や脳橋の神経細胞がこれに次ぐ，検出には Mann あるいは Sellers 染色法が用いられている．犬での検出率は株や組織の採材時期によって大きく変化し，66 ～ 93％である．株によっては発現しない場合もあり，診断的価値は低い.

脳組織の塗抹標本で蛍光抗体法で抗原の検出を行う（写真 3）．検出率は犬で 98％に達し，迅速かつ確実な診断法として現在最も広く用いられている．蛍光抗原陰性の場合，脳組織乳剤をマウス脳内に接種する．3 ～ 21 日間以内に神経症状を現した場合，その脳で蛍光抗原の検出を行う．先進国の一部では，マウスの代わりに神経芽細胞腫由来の培養細胞（NA）に接種し，培養 3 日目に蛍光抗原を調べる *in vitro* 法が用いられている．この方法はマウス法と同等の高感度を示す．ウイルスの N あるいは G 遺伝子を検出する RT-PCR 法も蛍光抗原陰性材料でマウス法に変わって用いられている．なお，抗体は潜伏期間中に産生されず，抗体測定は早期診断に向かない.

予防・治療

動物用として日本では不活化ワクチンが，諸外国では生および遺伝子組換えワクチンも使用されている．感染動物に咬まれた動物は治療せずに殺処分する．ヒトの場合，暴露前免疫と潜伏期間の長い点を利用して，暴露後免疫の２通りの方法が行われている．後者の免疫ではヒトγ-グロブリンやIFNの併用がWHOより推奨されている．しかし，わが国には抗血清の準備がなされていない．

長期間発生のないわが国にとって，動物検疫は重要である．2004年11月から検疫制度が強化され，生後3か月以降に2回以上の狂犬病予防注射，抗体価の測定，個体識別の導入ならびに6か月間の待機期間が義務付けられた．この結果，発生国からは10か月齢以下の子犬の輸入ができなくなった．

牛流行熱

届出

bovine ephemeral fever

Key Words：三日熱，牛の流行性感冒，泡沫性流涎，起立不能

牛流行熱ウイルス（*Bovine ephemeral fever virus*）に感染した牛が一過性の高熱（三日熱で下がる），呼吸促迫，起立不能などインフルエンザ様の症状を示すことから，かつて家畜伝染病予防法において「流行性感冒」と呼んでいた急性熱性疾病である．

疫　　学

本病は夏の終わり頃から晩秋にかけて関東地方以西に限られ北緯38度線以北では発生していない．また世界的には広範囲にわたる地域で発生が確認されている．とくに熱帯，亜熱帯，温帯地方を持つオーストラリアでは地域によって毎年発生がみられている．さらに近年，中国，韓国，台湾，タイなどアジア各国でも発生し牛流行熱ウイルスが分離されている．牛流行熱ウイルスはヌカカや蚊によって伝播されることが明らかにされている．わが国の発生は韓国から季節風によってヌカカとともに運ばれて来るという説もあるが証拠はない．むしろ頻繁に発生のみられている台湾から沖縄県八重山諸島を経て侵入して来るとみる方が妥当である．1989年の発生も石垣島であり2001年やはり八重山諸島で発生したという報告はあるが，その後全く沖縄本島や九州本土での発生はない．2001年はやはり台湾南部で発生している．

症　　状

発病牛は3～7日間の潜伏期間を経て41～42℃の発熱，白血球減少症，呼吸促迫，肺気腫を起こし，泡沫性流涎，流涙，鼻鏡の乾燥，皮筋や躯幹筋のふるえ，皮膚温の不整，元気食欲の減少または廃絶などがみられる．一般的に経過は良好で数日後には平熱となり各種症状も消失する．しかし四肢関節の浮腫，疼痛により跛行し起立不能に陥る例もある（写真1）．また泌乳牛は乳量の減少や停止などの影響が残る．病変は主に気管，肺に限られる．上部気道粘膜に充出血（写真2）がみられ，肺には間質性気腫や肺実質の肝変化が認められる．組織学的にはカタル性肺炎を示し，気管支内に上皮細胞，好中球が充満している

診　　断

牛流行熱に類似した疾病はイバラキ病，ブルータング，牛伝染性鼻気管炎，牛RSウイルス感染症，牛パラインフルエンザ，牛ウイルス性下痢・粘膜病，牛疫などがあげられる．本病の診断は発生農家の飼養状況，発生時期や流行状況などの疫学，一過性の高熱，呼吸促迫，起立不能などの臨床症状からある程度の推察が可能であ

写真1　突発的に発熱，元気消失，起立不能に陥った牛．

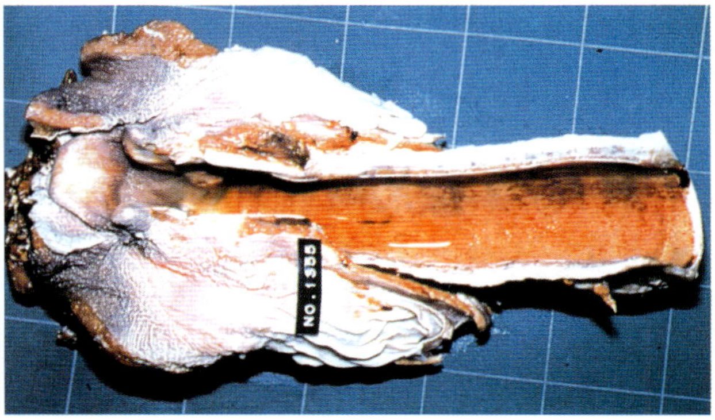

写真2　上部気道粘膜の充血および出血．

るが最終的にはウイルス分離，血清学的検査により診断する．

予防・治療

不活化ワクチンが市販されている．なお牛流行熱・イバラキ病混合不活化ワクチンやアカバネ病・牛流行熱・イバラキ病・チュウザン病四種混合不活化ワクチンも市販されている．治療は対症療法しかないが起立不能に陥った牛は筋肉の炎症を和らげる消炎剤の投与が用いられる．

法定

人獣

水胞性口炎

vesicular stomatitis

Key Words：水疱形成，監視伝染病，海外伝染病

水胞性口炎ウイルス（*Vesicular stomatitis virus*：VSV）によって引き起こされる急性熱性疾患で，馬，牛，豚を含む多くの動物の蹄部や鼻腔・口腔の粘膜およびその周辺の皮膚に水疱を形成する疾病である．国内では家畜伝染病（いわゆる法定伝染病）に，国際的にはOIEによってリストA疾病に指定されている．口蹄疫と症状が酷似し，臨床的に区別がつかないため，類症鑑別上重要な疾病である．

疫　学

米国（南西部）およびメキシコ，パナマ，ベネズエラ，コロンビア，エクアドルなどの中南米諸国で地方病的に発生が認められる．本病の流行は初夏から晩秋にかけて季節的に起こり，大きな流行は10年あるいはそれ以上の間隔で周期的に認められる．過去には北はカナダから南はアルゼンチンまで南北アメリカ大陸に広範な流行が起こったこともある．豚での発生は牛および馬での発生の後にみられることが多い．伝播様式は完全には解明されていないが，唾液や水疱液を介した粘膜や皮膚創傷部からの接触感染だけではなく，ダニやブユ，サシチョウバエ，蚊などの吸血昆虫による媒介も示唆されている．

症　状

潜伏期間は短く1～4日で，最初に流涎や食欲不振，40℃前後の発熱がみられる．続いて鼻腔･口腔粘膜，舌，鼻鏡，乳頭・乳房および蹄部に水疱や丘疹が形成される（写真1）．水疱は一時的な病変で，容易に破れてびらんや潰瘍となり（写真2，3），やがて完全に治癒する．蹄部の疼痛により跛行がみられることがある．乳牛では泌乳量が低下する．蹄部のびらんや潰瘍は細菌の2次感染を起こしやすく，重篤化の原因となる．一般的に成獣で症状がみられ，その多くが約1～2週間で回復する．発症率は10～15%，死亡率はほぼ0%である（豚では高い死亡率を示すことがある）．ヒトでは軽いインフルエンザ様症状を呈するが，感染はまれである．

病　変

ウイルスの増殖に伴う病変は，上述部位の粘膜および

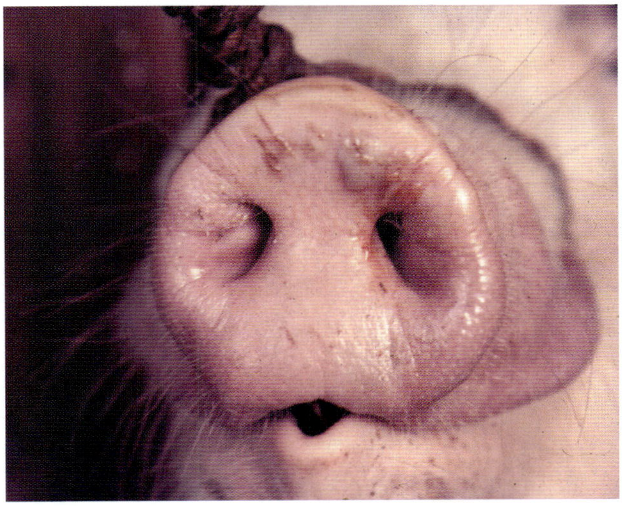

写真1　豚の鼻鏡部にみられる水疱（感染初期）．

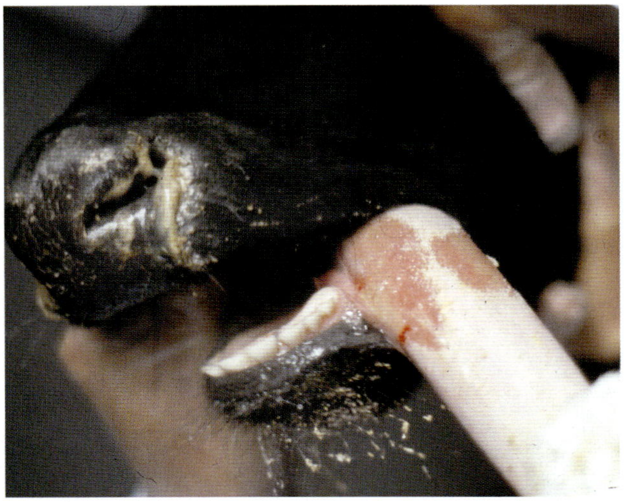

写真2　牛の舌上皮の剥離．
水疱は容易に破裂し，びらんや潰瘍を形成する．

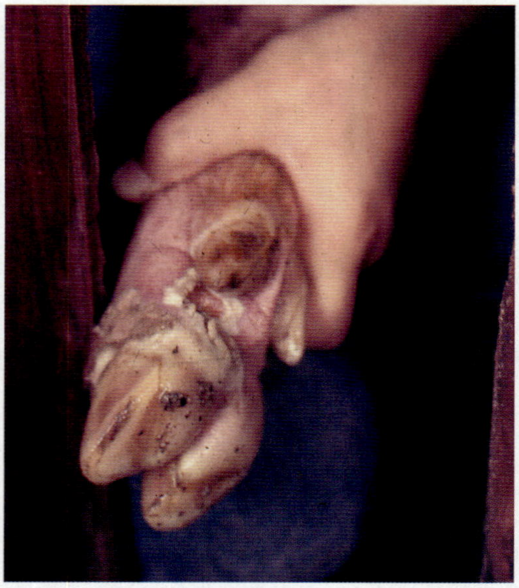

写真３ 豚の蹄部にみられる水疱．疼痛による跛行が認められる．

皮膚の上皮組織に限られているが，真皮や皮下組織にも充血や水腫，白血球の浸潤が認められる．

診　断

牛，豚などの偶蹄類の症例では口蹄疫との鑑別上，高度封じ込め実験施設内での迅速な確定診断が必要である．病原学的診断法としては水疱液や水疱上皮を材料として用いたウイルス分離や抗原検出 ELISA，CF テスト，PCR 法がある．血清学的診断法としては抗体検出 ELISA，ウイルス中和試験，CF テストがあげられる．本病を疑う疾病の発生があった場合は独立行政法人農業・生物系特定産業技術研究機構動物衛生研究所海外病研究部に病性鑑定を依頼する必要がある．

予防・治療

発生国では過去に不活化および生ワクチンが使用されていたことがある（現在は市販されていない）．有効な治療法はないが，２次感染による重篤化を防ぐため，適切な抗生物質が投与されることもある．わが国のような清浄国では，検疫強化による侵入防止が最も重要である．国内で発生がみられた場合には，法規に従い患畜の早期摘発淘汰が行われ，蔓延防止策がとられる．

伝染性造血器壊死症

infectious hematopoietic necrosis

Key Words：ラブドウイルス，急性感染症，高致死率，造血組織壊死，頭腎，出血

伝染性造血器壊死症（IHN）はウイルス性急性伝染病で，高致死率を招来し，サケ科魚類の感染病の中で最も重要な疾病の1つである．頭腎（魚類の造血組織）の壊死を起こすことに病名が由来する．

原　　因

IHN ウイルスはラブドウイルス科，ノビラブドウイルス属に属し，大きさは 80 ～ 90 × 160 ～ 180nm の弾丸型である（写真 1）．エンベロープを有する．一本鎖 RNA，5 種類の蛋白からなる．魚類由来株化細胞で増殖し，細胞が円形化し，集塊を形成する CPE が出現する．増殖至適温度は 12 ～ 18℃である．複数の血清型が存在する．

発生・疫学

北米およびヨーロッパに存在する．わが国でも全国的に存在し，幼稚魚期，しかも春秋の低水温期（8 ～ 15℃）に多発するが，体重 100g ぐらいまでの魚にも発生する．病魚との直接接触や，水を介して伝播する．成魚は不顕性感染し，キャリアーとなって卵巣，体腔液や精液中にウイルスを保有する．排泄物を介して水中にウイルスを排出する．

症　　状

4 ～ 6 日の潜伏期間を経て，幼稚魚が大量に突発的に斃死する．遊泳不活発となり，死魚・瀕死魚が排水口付近に集まる．末期には狂奔遊泳を示す．ひれ基部の出血と，体表の V 字状の出血をみる．体色黒化，眼球突出，腹部膨満を示し，腹水が貯溜する（写真 2）．消化管には食餌はなく，粘稠物質が貯留する．濃厚な粘液や滲出液を肛門から下垂する．

診　　断

筋肉内に線状の出血，腹膜，腹腔内脂肪組織，ウキブクロに出血斑をみる（写真 3）．腎臓，肝臓，脾臓は貧血のため褪色する．腎臓とくに頭腎（造血）組織の壊死が特徴的で，脾臓，膵臓にも同様の所見をみる．細胞質内封入体を認める．株化細胞を用いてウイルスを分離し，中和試験により同定する．組織中のウイルス抗原の検出に，蛍光抗体法を用いる．また，RT-PCR 法も利用される．

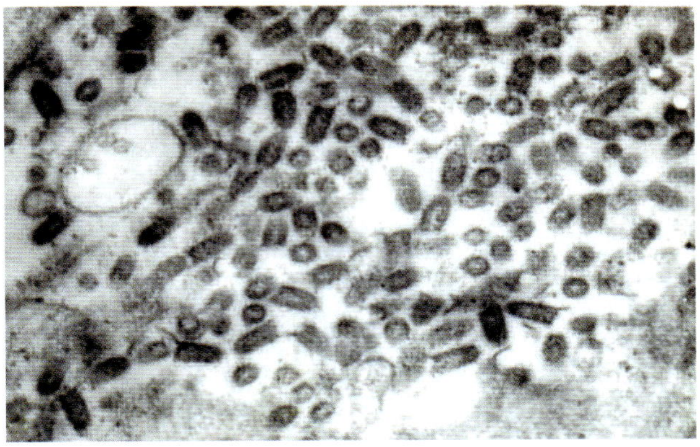

写真 1　培養細胞中の，弾丸型ウイルス粒子．

写真 2　腹部膨満を呈したニジマス幼魚．

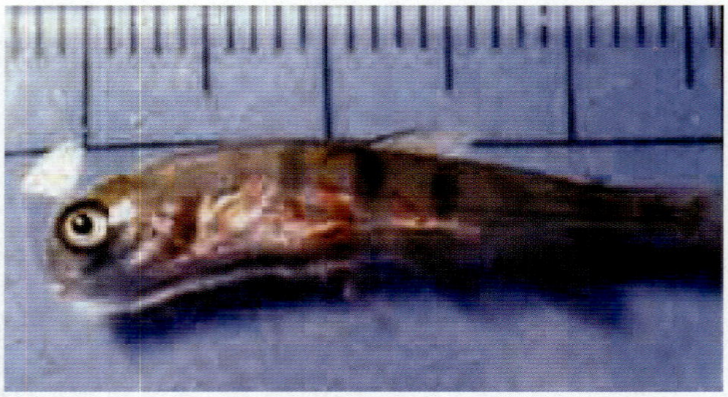

写真3 ニジマス幼魚の出血病変.
筋肉内および腹腔の出血が，体表から透けて見える.
（吉水　守：「動物の感染症」，近代出版，2004 年より転載）

予防・治療

ワクチンは開発されていない．ウイルスフリー魚の確保が最も重要であり，本病の発生歴のない地域から授精卵および種苗を導入する．卵は有機ヨード剤で消毒する．飼育水の紫外線処理やオゾン処理も有効である．不顕性感染魚および野生魚の淘汰と，飼育器具の消毒を励行する．根本的な治療方法はない．

類症鑑別

伝染性膵臓壊死症との類症鑑別が必要である．

オルトミクソウイルス科

基本性状

球形から多形性ビリオン（直径 80 ～ 120nm）
直鎖状のマイナス一本鎖 RNA（サイズ：10 ～ 15kb），
6 ～ 8 分節（属による）
細胞膜から出芽により成熟

重要な病気

馬インフルエンザ（馬）
豚インフルエンザ（豚）
高病原性鳥インフルエンザ（家きんペスト）
（鶏，アヒル，七面鳥，ウズラ，ヒト）

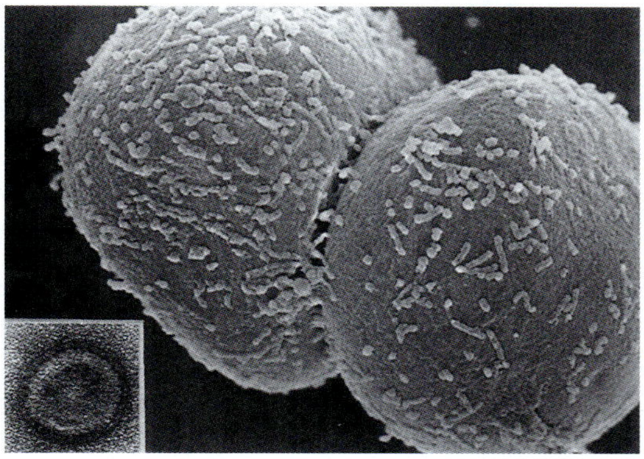

FIG 鶏赤血球に吸着したインフルエンザウイルス粒子
（写真提供：JRA 総研栃木支所）

分　類

オルトミクソウイルス科（*Orthomyxoviridae*）には，ヒトをはじめとする各種動物に呼吸器症状を引き起こすインフルエンザウイルス（*Influenzavirus*）A，B，C 属と，ダニによって媒介されるトーゴトウイルス（*Thogotovirus*）属，サケ貧血ウイルスが唯一のウイルス種であるアイサウイルス（*Isavirus*）属が分類される．

性　状

ウイルス粒子は通常直径 80 ～ 120nm の球形であるが，時にひも状や不定形の形態をとる．エンベロープ表面には，赤血球凝集素とノイラミニダーゼ（NA）の 2 種の糖蛋白が 10 ～ 14nm のスパイク状に突出する．赤血球凝集素は 15 種，NA は 9 種の抗原亜型に分けられ，インフルエンザ A ウイルスでは赤血球凝集素の抗原変異と，RNA 分節の遺伝子再集合（reassortment）により新種ウイルスが出現して，大流行を起こす．その他，エンベロープを裏打ちするマトリックス蛋白 M1 およびエンベロープ貫通蛋白 M2 も存在する．ヌクレオカプシドはらせん対称で，それぞれの分節 RNA，RNA ポリメラーゼを構成する 3 種類の蛋白（PB1，PB2，PA），およびヌクレオカプシド蛋白 NP からなる．

ウイルスはレセプターである N- アセチルノイラミン酸に吸着し，細胞に侵入する．ウイルスの RNA 転写とヌクレオカプシド合成は核内で行われ，最終的に細胞質膜から出芽することにより成熟する．インフルエンザウイルスと比べて，トーゴトウイルスとアイサウイルスの研究は進んでいない．

馬インフルエンザ

届出

equine influenza

Key Words：呼吸器病，変異，発熱，強い伝播力，インフルエンザ A ウイルス

馬インフルエンザはインフルエンザ A ウイルスの感染によって起こる呼吸器感染症であり，すべての年齢の馬が罹患する．飛沫感染であり，潜伏期間が短いため著しく伝染力が強く，短時間に多数の馬が感染する．

疫　学

本病は飛沫感染によって伝染し，繰り返して起こる激しい咳と潜伏期間が短いことから，きわめて迅速に馬から馬へと伝染していく．馬インフルエンザウイルスには，1 型（H7N7），2 型（H3N8），中国株（鳥型ともいう）（H3N8）がある．近年，世界的に流行し，その発生が問題になっているのは 2 型である．2 型はヨーロッパ諸国および北米に定着しており，これらの国では年間を通して小流行や散発的な発生がたびたび起きている．また，1989 年～ 1990 年にかけての中国の鳥型の流行を除けば，汚染国から輸入された感染馬が原因となり，図 1 に示したようなアフリカやアジアの清浄国できわめて大きな流行が発生している．わが国では 1971 年の年末に 2 型の流行があり，約 7,000 頭もの馬が感染したが，その後本病の発生はない．近年，わが国で発生がないのは，厳重な検疫により国内にウイルスが侵入していないことによるものである．なお，ヨーロッパ諸国および北米ではウイルスが常在化しているが，アジアやアフリカ諸国では流行が起きても比較的速やかにウイルスが馬群から消失してしまう．なぜ，前者の国々ではウイルスが馬群間に定着し，後者の国々では定着しないのかは現在

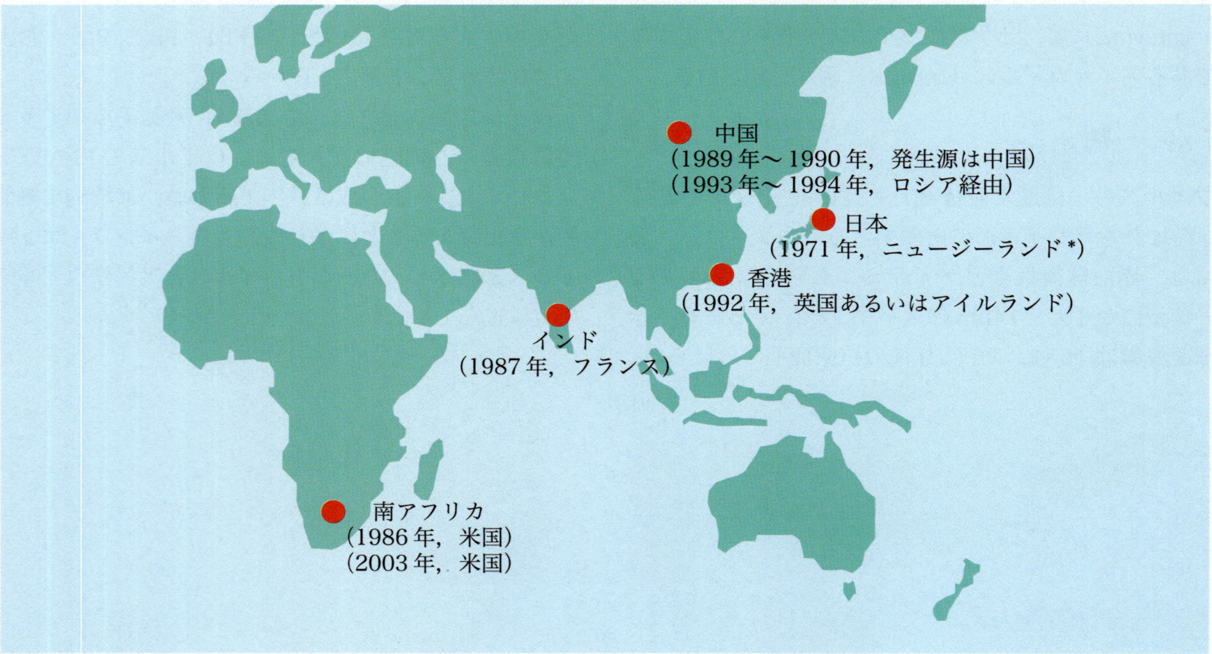

図 1　アジアおよびアフリカ諸国で発生した馬インフルエンザの大きな流行．
（　）内には流行年と流行のきっかけとなった感染馬の輸出国名を記載した．
＊：当時，ニュージーランドは馬インフルエンザの清浄国であり，当該輸入馬がどのような経路で感染したかは明らかにされていない．

のところ不明である．

インフルエンザウイルスは変異しやすいことが知られている．馬インフルエンザウイルスは，ヒトインフルエンザウイルスに比べると変異の速度は遅いが，年々変異している．2型ウイルスは，最初に分離されたプロトタイプの A/equine/Miami/63 株を起点として今日まで変異を伴いながら進化してきている．そのため，抗原性の変異を伴った変異株の出現があった場合には，ワクチン株を変更することが必要となる．

症　状

本病は，激しい呼吸器症状を示すこととわめて伝染性が強いことを特徴としている．潜伏期間は1～3日間で，発病後2～3日間，40℃前後の高熱と頻発する強い咳（写真1）を認める．最初は，水様性鼻汁（写真2）を排出するが，後に粘液性に変わる．図2に実験感染馬の臨床症状についてまとめた．過去の流行例において，ワクチン未接種馬群における感染率は95％以上と高かったが，ワクチン接種馬群における感染率は40％程度であった（図3，4）．通常，死亡率は低く，発症馬のうちの0.1％程度である．

診　断

ウイルス学的診断：感染初期に採取した鼻汁材料を発育鶏卵の漿尿膜腔に接種してウイルスを分離する．

遺伝子診断：感染初期に採取した鼻汁材料を用いてRT-PCR法により迅速診断ができる．

血清学的診断：急性期と回復期のペア血清を用いてHI試験を行い，抗体の有意上昇によって診断する．競走馬では，通常，すべての馬がワクチン接種による抗体

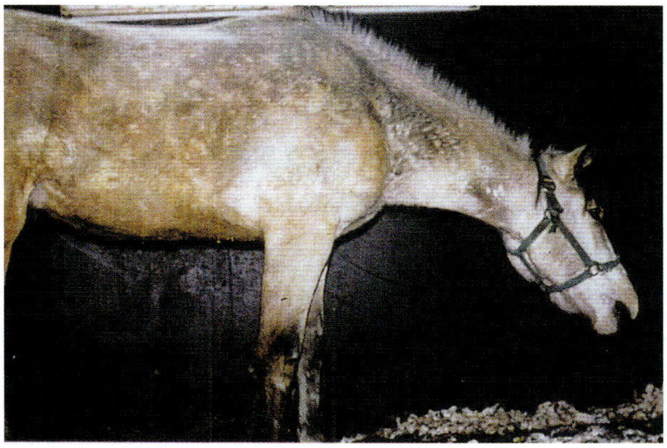

写真1　咳をしている感染馬．

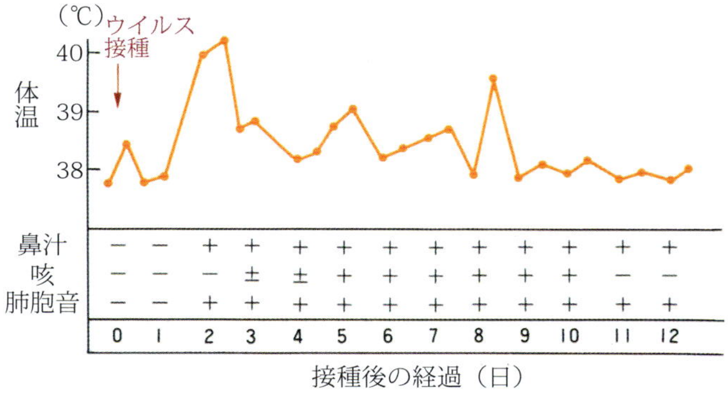

図2　実験感染馬の臨床症状．
鼻腔噴霧により，2型を接種して感染させた．

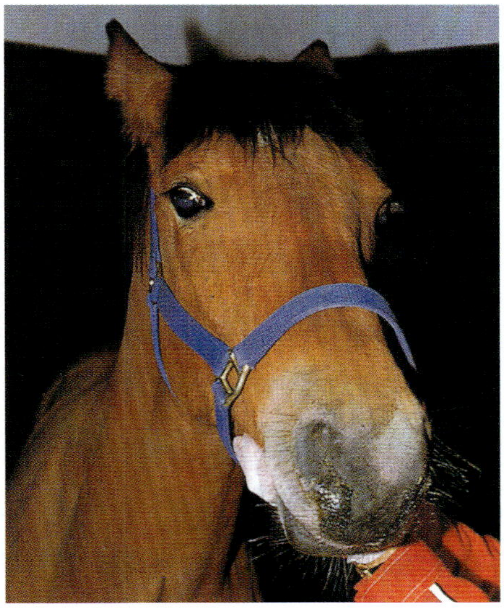

写真2　発症馬にみられた水様性鼻汁．

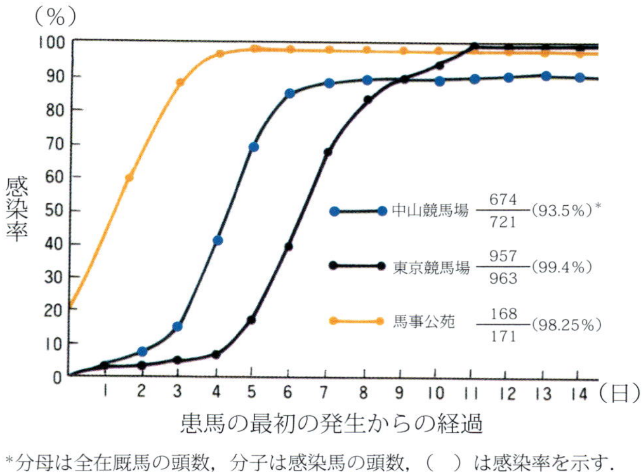

図3　ワクチン未接種馬群における流行例．
1971年に発生した中山競馬場，東京競馬場および馬事公苑における流行．

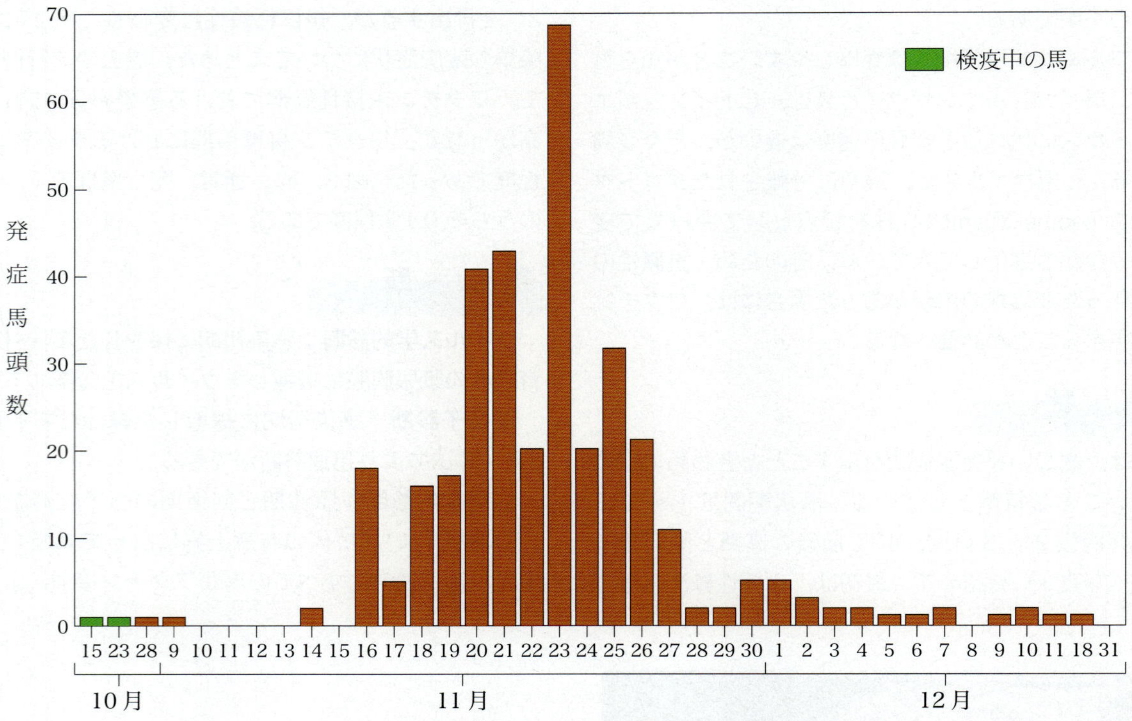

図4 ワクチン接種馬群における流行.
1992年に発生した香港のシャティン競馬場における流行であり，在厩馬956頭中356頭（37%）が感染し発症した.

を保有しているので，ワクチン接種歴を参考にして診断を行うことが必要である.

予防・治療

本病は飛沫感染し，著しく伝染力が強い．そのため，発生があった場合，その馬群の中で流行をくい止めることは不可能である．日本のような本病の清浄国における予防を考えた場合,以下の3点が重要なポイントとなる.①輸入馬に伴い紛れ込んでくるウイルスの侵入を未然に防ぐこと，②万一，国内で発生が確認された場合，早急に発生地における馬の移動禁止処置を実施すること，③ワクチン接種により，少なくとも64倍のHI抗体価を馬に保有させておくことである．現在，不活化ワクチンが日本のすべての競走馬と一部の乗馬に定期的に接種されている.

有効な原因療法はなく，一般的な対症療法である2次感染による重篤化防止のための適切な抗生物質の投与，ならびに解熱剤および消炎剤の投与が実施される．治癒までの期間は2～3週間を要する.

豚インフルエンザ

人獣

swine influenza，swine flu

Key Words：インフルエンザ，上部気道炎，気管支肺炎，肺の肝変化

豚インフルエンザはA型インフルエンザウイルス（写真1）の感染に起因し，伝染力は強いが，予後は一般的に良好な急性呼吸器病である．

疫　　学

豚の間で流行が確認されているA型インフルエンザウイルスの亜型には，H1N1とH3N2の2種類がある．前者は，1918年にヒトに世界的な大流行を起こした「スペインカゼ」の原因ウイルスが同時期に豚の間に蔓延していたものと考えられており，A/swine/Iowa/15/30（H1N1）株が代表株である．同じ亜型のウイルスは，1976年にヒトに伝播したことが北米で確認されている．一方，後者は1968年にヒトの新型流行株として確認されたA/香港ウイルスに近縁なウイルスが豚の間に蔓延したもので，日本でもA/和田山/5/69（H3N2）株が自然感染豚から分離されている．また，最近では豚の間でH1N2亜型の流行が確認されている．豚のインフルエンザウイルスは，豚に急性呼吸器病を起こすばかりでなく，豚呼吸器病症候群（porcine respiratory disease complex：PRDC）の潜在感染症の1つと考えられている．また，公衆衛生学的にもウイルスの変異や種間伝播などの疫学面で重要視されている．本病は，寒暖の差が著しい晩秋から初春にかけて発生し，発病には環境ストレスが関与する．個体間のウイルス伝播は飛沫感染と汚染物の吸引による．

症状と病変

数日の潜伏期間で豚群の数頭が発症するが，数日後には発病豚が群全体に広がる．元気消失，食欲不振および発熱（41～42℃）などの一般症状と，呼吸促迫，発咳，鼻漏などの呼吸器症状が観察される（写真2，3）．予後は一般的に良好で，約1週間の経過で回復する．死亡率は1%以下である．

病理学的には，咽頭や気管支粘膜の充血，気管支内の粘液貯留が観察され，肺炎を起こした重症例では肺前葉と副葉を中心に限界明瞭な赤色硬変部がみられる（写真4）．肺小葉間結合織は明瞭で，肺門，縦隔膜リンパ節は水腫性に腫大する．気管支上皮細胞の変性壊死と脱落がみられ，管腔内には脱落上皮と浸潤白血球細胞などが

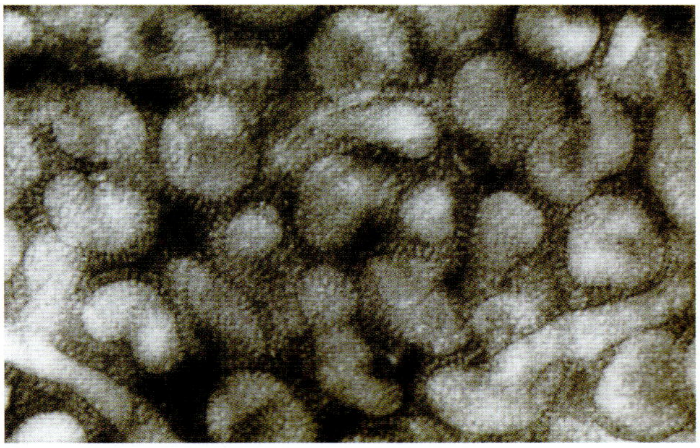

写真1　インフルエンザウイルス．
ウイルス粒子は直径80～150nmの球状であるが，糸状の粒子もみられ，多形性を示す．粒子表面には，赤血球凝集素とノイラミニダーゼからなるスパイクが配列している（写真提供：杉村崇明氏）．

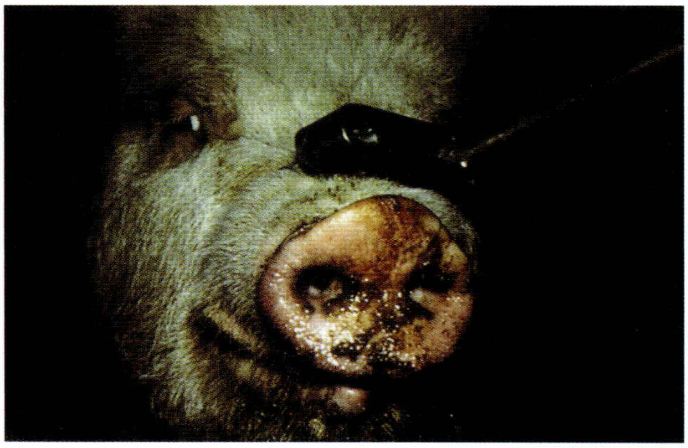

写真2　インフルエンザ発病豚の鼻汁（写真提供：杉村崇明氏）．

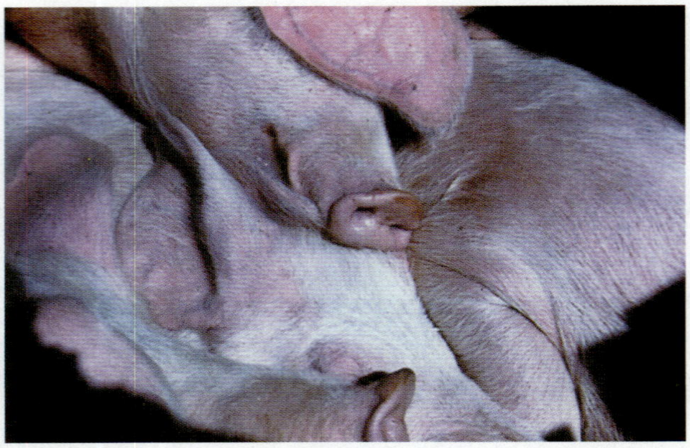

写真3 インフルエンザ発病豚.（写真提供：杉村崇明氏）
発病豚は発熱で体表が赤く，元気・食欲がなく，動きを嫌って寄り集まる.

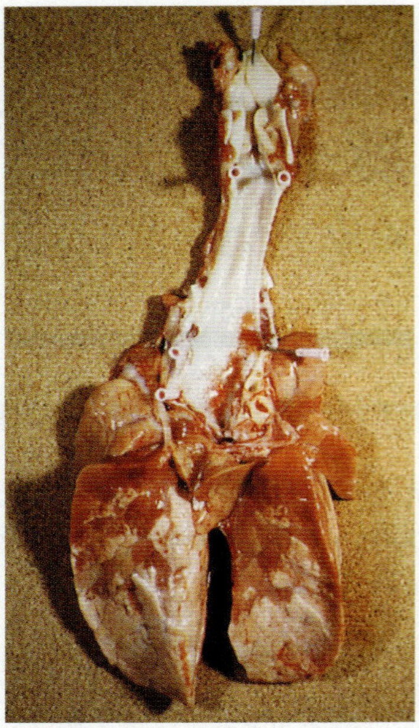

写真4 インフルエンザ感染豚の肺の肉眼病変.（写真提供：杉村崇明氏）
気管内に泡沫状粘液が充満し，前葉，中葉および後葉前部の肺葉は肝変化している.

充満する.

診　　断

鼻汁拭い液，気管や肺病変部などの新鮮材料からウイルス分離を行う．ウイルス分離は発育鶏卵（9～12日齢）の羊膜腔内あるいは尿膜腔内接種で行う．血清学的には，HI 試験で発病時と発病3週間後のペア血清で抗体変動を調べ，4倍以上の抗体価上昇を陽性とする.

予防・治療

H1N1 亜型と H3N2 亜型不活化2価ワクチンが市販されている．治療は対症療法で，細菌などの2次感染の予防を行う.

高病原性鳥インフルエンザ（家きんペスト）

法定　人獣　四類

higly pathogenic avian influenza

Key Words：インフルエンザ A ウイルス，高致死性全身性疾患

家畜伝染病予防法に基づく法定伝染病であるが，急性経過で死亡する典型的な高病原性鳥インフルエンザから不顕性感染に終始するものまで幅が広い．

疫　学

野生の鳥類，とくに水禽類は何ら臨床症状を発現することなく腸管にインフルエンザ A ウイルスを保有している．糞中にウイルスを排出するため，ウイルスは水，空気を汚染してさまざまな野鳥，ヒト，いろいろな物体を介して鶏群に空気および接触感染する．

高病原性鳥インフルエンザ型の強毒株は H7 および H5 ウイルスに限られるが，これらのウイルスは培養細胞中でトリプシンを添加しなくても増殖し，プラックを形成する．しかし，すべての H7，H5 ウイルスが強毒株であるとは限らない．他の H 亜型のインフルエンザ A ウイルスの鶏に対する病原性は高病原性鳥インフルエンザウイルスほど激烈ではない．

症　状

典型的な高病原性鳥インフルエンザ罹患鶏では甚急性の経過をたどる．すなわち，食欲廃絶，羽毛逆立，沈うつ，下痢，神経症状を発現し死亡する．成鶏では産卵停止，経過が長引いた場合には肉冠および肉髭の腫脹，紫変，顔面の浮腫，脚の皮下出血，呼吸器症状などが加わり死亡する（写真 1）．野外の鶏群が，高病原性鳥インフルエンザウイルス以外の強い病原性を持たないインフルエンザウイルスの侵襲を受けた場合，まれではあるが産卵率の低下，あるいはニューカッスル病と類似した臨床症状を示し，死亡することがある．

病　変

甚急性の経過で死亡した場合には，肉眼的な病変を認めないことがある．肉冠，肉髭，皮膚，呼吸器，腺胃，筋胃，腸管，卵巣の出血が主である．

診　断

ウイルス分離を行う．呼吸器および下部腸管の臓器乳剤をつくり，発育鶏卵の羊尿膜腔に接種する．3 日後羊尿液を採取し，赤血球凝集性の認められた場合，インフルエンザ A ウイルスに対する抗血清との間で寒天ゲル

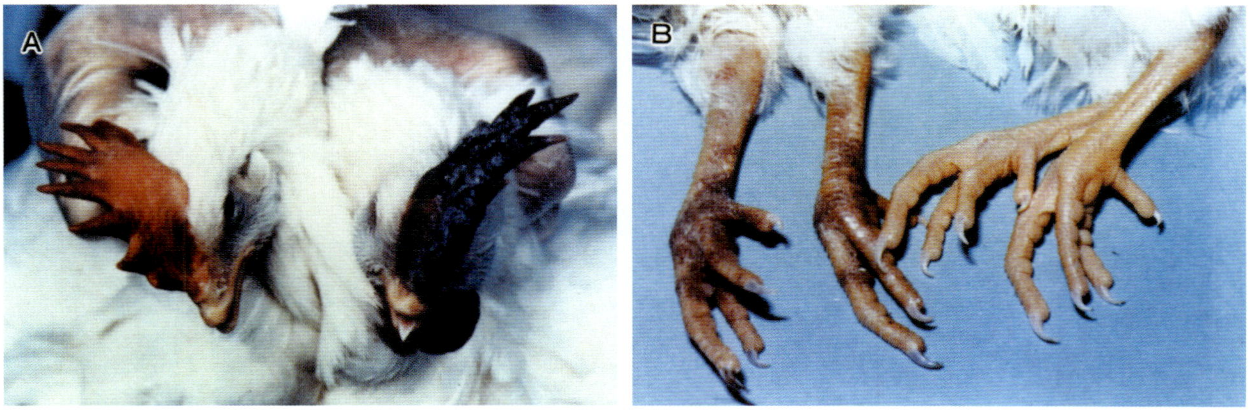

写真 1　典型的な高病原性鳥インフルエンザ型のウイルス．
A/chicken/pennsylvania/83（H5N2）株を接種後 5 ～ 6 日目の鶏．A：右側の鶏が接種例であるが，肉冠の壊死性変化および浮腫，頭部の浮腫が示されている．B：左側の鶏が接種例．脚部の出血性変化がみられる．

内沈降反応，またはCFテストを行う．陽性となった場合，HおよびNの抗原亜型の決定を行う．病鶏の血清中の抗体を検出する場合，発病初期と２～３週間後のペア血清について調べる．

治療・予防

国内ではワクチンは使用されていない．本病は法定伝染病であるから，発生が疑われた場合，直ちに行政措置がとられねばならない．

ブニヤウイルス科

基本性状

球形ないし不定形ビリオン（直径 80 ～ 120nm）
直鎖状のマイナス一本鎖 RNA（サイズ：11 ～ 19kb），3 分節
ゴルジ腔への出芽によって成熟，細胞質膜から放出

重要な病気

アカバネ病（牛，羊，山羊）
リフトバレー熱（牛，羊，山羊）
アイノウイルス感染症（牛）
ナイロビ羊病（羊，山羊）
ハンタウイルス感染症（ヒト）

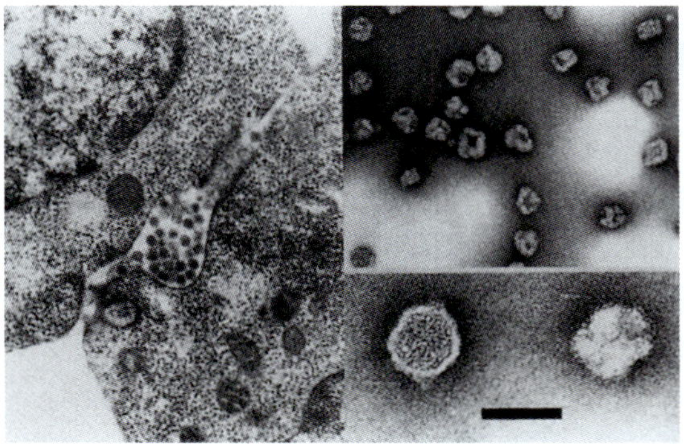

FIG　アカバネウイルス粒子
写真右下は強拡大．右は正常粒子，表面の突起が観察される．左は損壊粒子，内部構造が認められる

分　　類

ブニヤウイルス科（*Bunyaviridae*）は，アカバネウイルスなどが属するオルトブニヤウイルス（*Orthobunyavirus*）属，リフトバレー熱ウイルスなどが属するフレボウイルス（*Phlebovirus*）属，ナイロビ羊病ウイルスなどが属するナイロウイルス（*Nairovirus*）属，ヒトの腎症候性出血熱やハンタウイルス肺症候群の原因ウイルスであるハンタウイルス（*Hantavirus*）属および植物ウイルスのトスポウイルス（*Tospovirus*）属の 5 属からなる．

性　　状

ウイルス粒子は直径 80 ～ 120nm の球形ないし不定形で，表面に 5 ～ 10nm の突起を有し，2 種類の糖蛋白 Gc（G1）および Gn（G2）からなるエンベロープを持つ（FIG）．粒子内部には 3 種の環状でらせん対称のヌクレオカプシドが存在し，RNA 転写酵素 L，ヌクレオカプシド蛋白 N とそれぞれの大きさが異なる RNA 分節から構成される．ゲノムは 3 分節で，3' および 5' 末端の塩基配列が相補性を有するため，環状を呈する．

ウイルスは Gc を介して細胞のレセプターに吸着後，エンドサイトーシスによって細胞内に侵入する．RNA の転写，複製と粒子形成は細胞質内で行われ，ゴルジ腔へ出芽することによって成熟する．その後，細胞膜へ輸送され，放出される．ゲノム RNA はマイナス鎖であるが，フレボウイルス属とトスポウイルス属では一部の分節がマイナス鎖とプラス鎖の両方の機能を有しており，アンビセンスと呼ばれている．

アカバネ病

届出

Akabane disease

Key Words：先天性関節弯曲症・内水頭症，矮小筋症，アルボウイルス，異常産

アカバネウイルス（*Akabane virus*）が妊娠中の牛，羊および山羊に感染し，胎子が流産，早産，死産を起こしたり，また，生きて産まれた場合でも新生子が先天性関節弯曲症・内水頭症を示す．胎子以外の感染では一過性の白血球減少症の他，ほとんど無症状である．

疫　　学

ウイルスは吸血昆虫，主としてヌカカ（*Culicoides*）によって媒介され，動物，ヌカカ，動物のサイクルで広がっていく．

最初にウイルスの流行が確認された 1972 ～ 1973 年の大発生では，まず 8 月頃から流産，死産が観察され，10 月頃ピークに達し，その後，翌年 1 月頃早産と体型異常を伴った異常子牛の出産件数が最高値に達した．異常子牛の分娩は 5 月には終息した．地域的には九州南部に流産が初発し，その後，中国，四国，近畿，関東と広がっていった．同様の流行が 1973 ～ 1974 年，1974 ～ 1975 年にもみられ，最終的には秋田県にまで発生が及んだ．その後，1985 ～ 1986 年には東北地方で流行があり，初めて羊の症例が報告されている．また，1998 ～ 1999 年の流行では，従来発生のなかった北海道で本病が認められた．

症　　状

先天性異常子牛はさまざまな程度の四肢の関節弯曲症を示す（写真 1）．この関節弯曲症は骨や関節そのものの変化ではなく，多発性筋炎，および神経細胞の退行性変化による筋組織に対する神経刺激の減弱に起因する矮小筋症による（写真 2）．この他，大脳欠損に伴う内水頭症による頭骨の変形も認められる．外見正常な場合も，盲目や虚弱を示すことが多い．

病　　変

内水頭症を示す例では大脳皮質は菲薄化し，脳底部のみが残存している場合が多い．空隙には脳脊髄液が貯留している（写真 3）．大脳欠損の程度は個体によりさまざまで，脳底部を残して大脳のほぼすべてが欠損したものから，肉眼的にほぼ正常だが内部に空隙を認めるものまで変化に富んでいる．通常，小脳には肉眼的な変化は認められない．

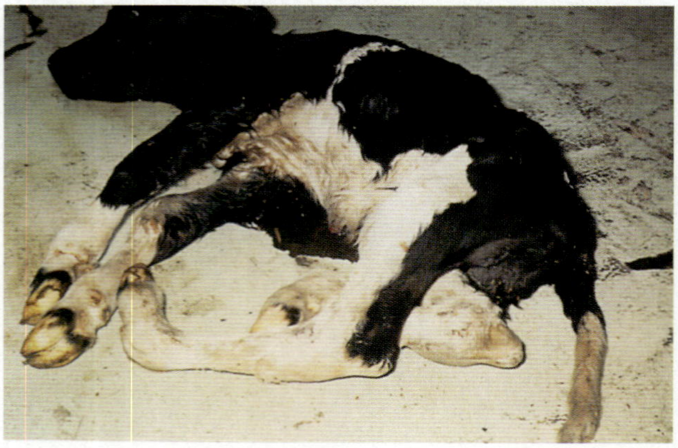

写真 1　自然感染異常子牛．
四肢の関節弯曲症を示すが，とくに後肢の弯曲が顕著で，先端部の足関節，趾関節は前方へ伸びて外反している．

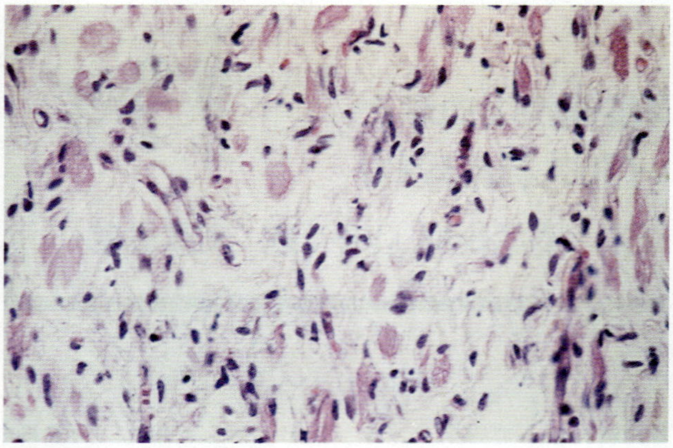

写真 2　前肢上腕部の矮小筋症を示す．
正常な筋組織が全く認められない．

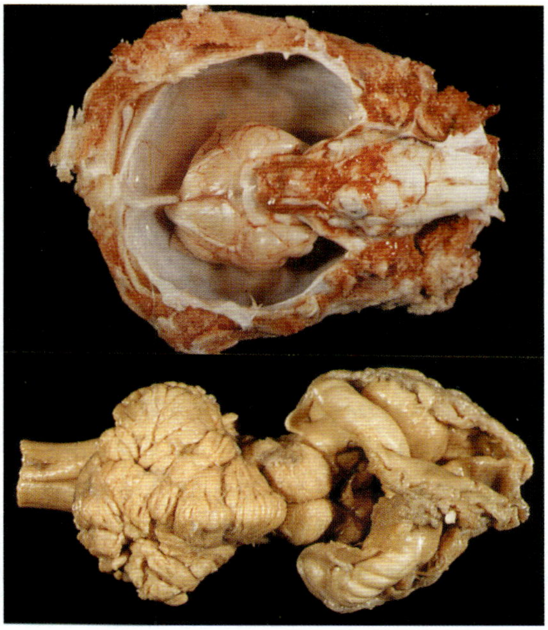

写真3　写真上は実験感染例における大脳欠損と内水頭症を示す．
　下は自然感染例から摘出した大脳，小脳である．大脳は欠損が著しいが，小脳には肉眼的に気付くような変化は認められない．

　矮小筋症を示す筋組織では，筋線維は融合，伸張せず，小球状または紡錘形を呈している．やや長めのものも，両端は丸みを帯びてソーセージ状である．また，ある程度の長さは持っているものの，きわめて細いものもみられる．

診　断

　胎子感染による流産を起こすウイルス病は多いが，異常子牛の出産という点からすると，類症鑑別が必要な疾病として牛ウイルス性下痢・粘膜病，チュウザン病（カスバウイルス病），アイノウイルス感染症，イバラキ病などがあげられる．なかでも，1995 ～ 1996 年に九州，中国地方で大流行したアイノウイルス感染症は類似点が多く，類症鑑別上重要な疾病である．ほとんどの異常子牛に多発性筋炎がみられ，小脳病変がない点はアカバネ病特有で，診断上のポイントとなる．

　流産材料からのウイルス分離は可能であるが，先天性異常を示す子牛からウイルスを分離することは不可能である．このため，先天性異常子牛の確定診断には，初乳未摂取血清からの抗体検出が必要である．

予防・治療

　単味生ワクチンの他に，アカバネ病，チュウザン病，アイノウイルス感染症予防のための牛異常産 3 種混合不活化ワクチンや，アカバネ病，チュウザン病，牛流行熱，イバラキ病予防用の牛流行性感冒・異常産 4 種混合不活化ワクチンも開発されている．先天性異常を示す子牛に対する治療法はない．

リフトバレー熱

Rift Valley fever

法定
人獣

Key Words：肝病変，流産，ベクター

リフトバレー熱ウイルス（*Rift Valley fever virus*）の感染により発症する，羊，山羊，牛など反芻獣の嘔吐および下痢などを伴う発熱性感染症である．国内では法定伝染病に，また，OIE に報告する疾病の 1 つに指定され，妊娠獣では高率に流産を起こし，ヒトにも感染する人獣共通感染症である．

疫　　学

本病は 1918 年に初めて報告され，ウイルスは 1931 年ケニアの流行時初めて分離された．その後もスーダンおよびケニアで発生を繰り返していたが，1950 年には南アフリカで，1977 年にはエジプトで，さらに 1987 年にはセネガル，モーリタニアなどの西アフリカに発生し，サハラ砂漠以南の多くのアフリカに存在している．実験室内感染を除いてアフリカのみの発生であったが，2000 年にはアラビア半島のサウジアラビアで発生し，アフリカ以外では初めての発生となった．1977 年のエジプトの発生ではナイル川デルタで飼養されていた羊および牛の約半分が本ウイルスに感染し，また，ヒトでは 18,000 人以上の感染者と約 600 人の死者を出した．病名はケニアのリフトバレー地域に多く発症していたことに由来する．本ウイルスの伝播はイエカ属，ヤブカ属，ハマダラカ属，マダラカ属など多くの吸血蚊がベクターになって起こると考えられており，サシバエやヌカカの可能性も示唆されている．多雨の後，蚊の大発生とともに流行を起こすことが多い．実験室内感染ではヒトが感染動物の血液や組織などに接触すると高率に本ウイルスに感染するので注意が必要である．

症　　状

羊，山羊，牛の潜伏期間は幼若獣で 12 ～ 24 時間，成獣ではさらに長くなる．1 週齢以下では急激な発熱，虚脱がみられ，36 時間以内に死亡する．死亡率は 70 ～ 100％と高い．成羊，成山羊では発熱，嘔吐，膿様の鼻漏，歩行不安定などを伴い死亡率も 20 ～ 30％程度である．また，成牛では発熱，流涎，食欲不振，乳量の低下，下痢を伴い死亡率は 10％程度である．妊娠している場合には流産・死産を起こす．羊，山羊，牛では幼若な場合に死亡率が高いこと，妊娠している場合に流産が多いこと，また，蚊の大発生が認められること，剖検時に肝病変を呈していること，病変に接したヒトがインフルエンザ様の症状を示していることなどの発生状況が認められた場合本病を疑う．

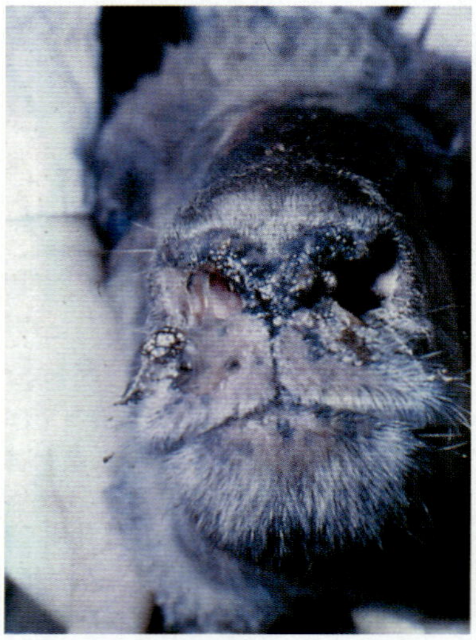

写真 1　羊の鼻鏡周囲の痂皮形成．

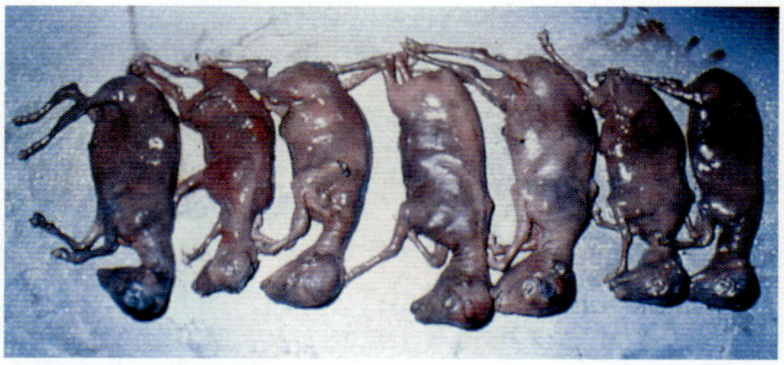

写真 2　羊に多くみられる流産．

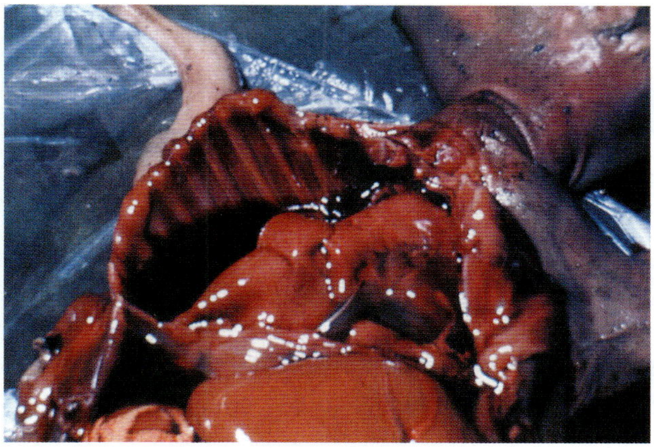

写真 3 胎子に往々みられる出血および血胸.

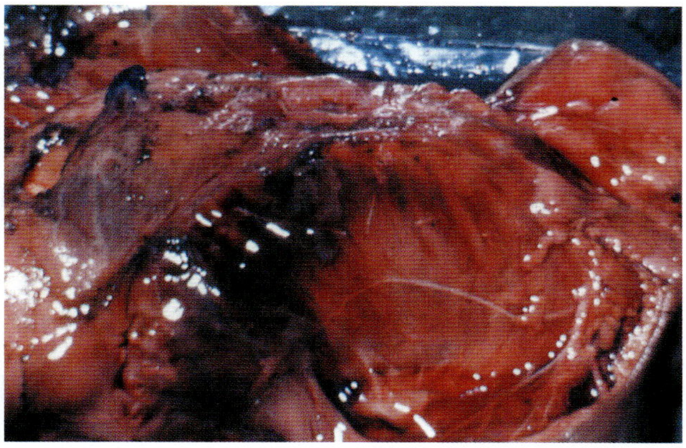

写真 4 他の胎子における出血性病変の拡大.

病　　変

肝臓に巣状の壊死がみられ，死亡動物では充血または出血性など強度の肝炎を呈する．そのほか漿膜，心内膜，胃腸粘膜などに点状出血がみられることもある．胎子では胸腔に多量の出血が認められる場合もある．ヒトの場合にはインフルエンザ様の症状を起こし，髄膜脳炎や黄疸を併発する場合もある．

診　　断

病原学的および血清学的検査によって診断する．病原学的には発熱期に採材した血液，血漿，脾臓，肝臓から乳飲みマウスおよびハムスター，発育鶏卵，Vero および CER などの培養細胞を用いてウイルスを分離した後，陽性血清を用いた中和試験で同定する．同時にそれらの採材組織を用いた蛍光抗体法も有効である．血清学的検査ではプラック抑制中和試験が最も優れている．本法は感染後 3 日でその抗体を検出可能で，特異性も高い．他には中和試験，HI 試験，CF 反応，ゲル内沈降反応，ELISA，ラジオイムノアッセイ，蛍光抗体法などがあるが，それぞれで抗体検出できるまでには感染後 1 週間を要する．一方，常在地以外の国では生ウイルスを使用しない HI 試験が好ましいが，他のウイルスとの交差反応が認められることから，本法で陽性の場合には中和試験を行う．

予防・治療

生ワクチンおよび不活化ワクチンがある．羊，山羊，牛に用いる場合，生ワクチンでは従来から Smithburn 株をマウスで継代したウイルスが使用されているが，流産の危険性がある．一方，1977 年エジプトで分離された ZH-548 株由来の MV-P12 株は流産の危険性がない．不活化ワクチンは安全性は高いが免疫原性は低く，コストが高い．一方，殺虫剤によるベクターの駆除も考えられるが，確実ではない．治療法はない．

* 写真はすべて「図解 海外家畜疾病診断便覧」，メキシコ・米国口蹄疫防疫委員会編，故野口一郎訳，㈳日本獣医師会，1989 より許可を得て転載．

アイノウイルス感染症

届出

Aino virus infection

Key Words：関節彎曲症，水無脳症，小脳形成不全，アルボウイルス，異常産

アイノウイルス（Aino virus）が妊娠中の牛に感染し早産や死産を起こす，あるいはその新生子が先天性関節彎曲症・水無脳症および小脳形成不全を示すものをいう．子牛や成牛での感染はほとんど無症状に終わることが多い．アイノウイルスはアカバネウイルスと同じオルトブニヤウイルス属の *Shuni virus* の血清型の 1 つである．

疫　　学

アカバネ病と類似した先天異常子牛の初乳未摂取血清中にアイノウイルスに対する抗体のみが検出されることから，アイノウイルスがアカバネウイルスと同様の病原性を持つことが考えられていたが，その発生は散発的でありあまり重要視されていなかった．しかし，1995 年末から 1996 年初頭にかけて九州地方を中心に関節彎曲や中枢神経異常を示す先天異常子牛の分娩が相次ぎ，初乳未摂取血清中にアイノウイルスに対する抗体が検出されたことから同ウイルスの関与が疫学的に明らかになりアイノウイルス感染症と名付けられた．その後，1998 ～ 99 年にも西日本で大きな流行が起こっている．ウイルスはヌカカによって媒介され，アカバネウイルスと同様の流行を起こす．アイノウイルスが先天異常を起こすことは胎子の実験感染でも確認されている．

症　　状

先天異常子牛は分娩予定日より 10 ～ 30 日ほど早く分娩され，死産である場合が多い．母牛は腹部が膨満し，分娩時には大量の破水が認められその後分娩微弱によって難産となる場合がある．異常子牛は四肢や脊柱の関節彎曲症を示しており，とくに四肢と頚部脊柱の彎曲が多い（写真 1，2）．外見正常な場合でも盲目や起立不能であり，哺乳することができない．

病　　変

関節彎曲症は骨には異常はみられず矮小筋症によると考えられる．水無脳症では大脳皮質は非薄化し，脳幹部のみが残存している場合も多い．頭蓋腔の空隙は脳脊髄液で満たされており，膜状化した大脳皮質が観察される．しかし，大脳の欠損の程度はさまざまであり大脳の一部が欠損し瘢痕状に空隙のあるものから，ほぼ正常のものまでさまざまである．この欠損の程度はウイルス感染時の胎齢によると考えられる．また，小脳は矮小化し，左

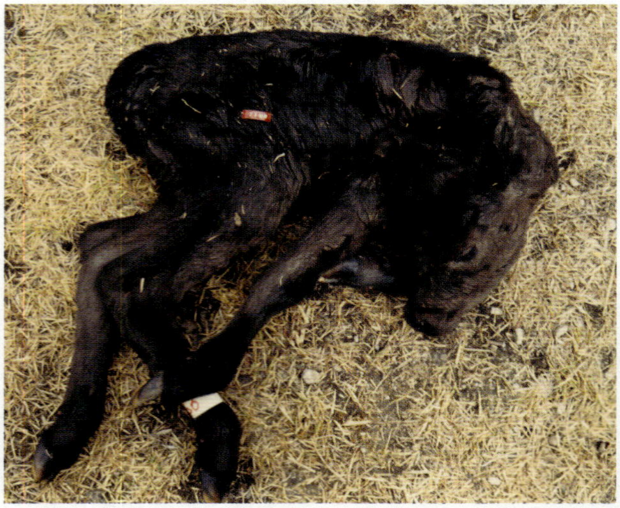

写真 1　アイノウイルス感染症自然感染例．
四肢の関節彎曲とともに頚部脊柱の彎曲によって頚を伸ばすことができない．

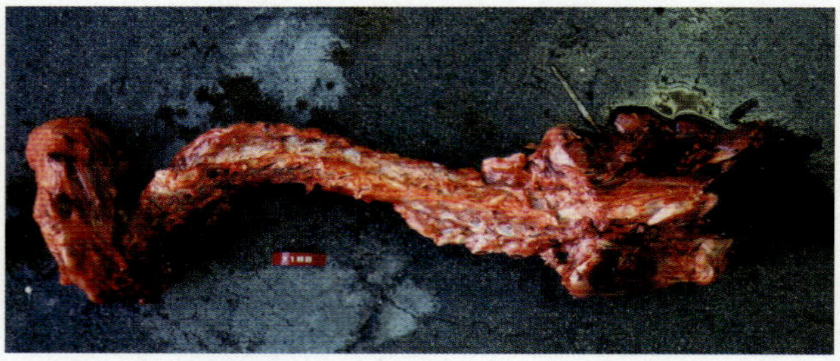

写真 2　脊柱の関節彎曲．
頚部の彎曲が顕著に認められることが多い．

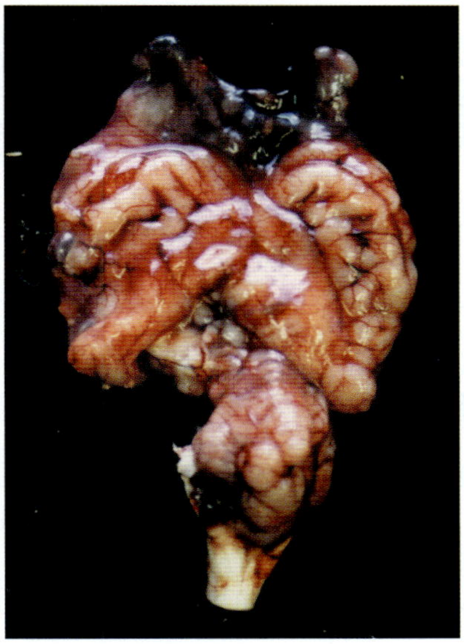

写真３ 水無脳症と小脳形成不全.
大脳皮質は菲薄化し大部分が欠損している．また，小脳も左右不対称に矮小化している.

右不対称のものも多い（写真３).

診　　断

アカバネ病との類症鑑別が必要である．先天異常子牛では初乳未摂取血清中の抗体検出が確定診断となる.

予防・治療

アカバネ病とチュウザン病との３種混合不活化ワクチンが市販されており，これをウイルスが流行する６月までに接種を終えることで予防が可能である.

ナイロビ羊病

届出 人獣

Nairobi sheep disease

Key Words：ブニヤウイルス，ダニ媒介性疾病，監視伝染病，海外伝染病

ナイロビ羊病は，マダニが媒介するブニヤウイルス科ナイロウイルス属のナイロビ羊病ウイルス（*Nairobi sheep disease virus*）の感染による，出血性胃腸炎を主徴とする羊と山羊の急性熱性疾患である．わが国では家畜伝染病予防法に基づく監視伝染病（届出伝染病）に指定されている．

疫　学

ケニア，タンザニアなどアフリカで発生がみられる．最近はギリシャでも摘発されたことがある．本病は，マダニ属のダニ（*Rhipicephalus appendiculatus* など）が媒介する．媒介ダニの間ではウイルスは介卵感染で維持されている．媒介ダニの成熟には一定以上の温湿度条件が必要で，本病の流行地域はダニの生息域に影響する気象条件により変動する．本病は清浄地で飼育され免疫を持たない羊や山羊が常在地に移送された場合に多発し，集団での致死率は 40 ～ 90％に及ぶ．また，激しい降雨のあとで媒介ダニが清浄地に侵入した場合にも流行がみられる．牛など大型反芻獣は抵抗性である．ウイルス株により，ごくまれにヒトに軽度のインフルエンザ様症状を起こした実験室内感染例がある．

症状と病変

羊と山羊の症状は類似するが，品種や系統により症状の程度が異なる．潜伏期間は 2 ～ 5 日で，41 ～ 42℃の高熱に続き，白血球数の減少，呼吸促迫，元気消失，食欲不振を示す．また，血液が混じった漿液性鼻汁や結膜炎が観察されるほか，体表リンパ節は腫大し触診が可能になる．発熱後数日以内に認められる下痢は，最初は水様性で悪臭を伴い，のち腹痛を伴う粘液性あるいは出血性の下痢に移行する．妊娠獣は流産を起こす．発熱後 12 時間で死亡する甚急性例もあるが，通常は 3 ～ 7 日の経過で下痢による脱水症で死亡する．媒介ダニが発病動物の耳や頭部の刺咬部位に認められることがある．初期病変としては，リンパ節の水腫性腫大，脾腫，出血性リンパ節炎，主要臓器（消化管，腎臓，肺，肝臓など）の漿膜面の点状あるいは斑状出血が，また後期病変としては，第四胃，十二指腸，盲腸などに潰瘍を伴う出血性胃腸炎がみられる．回盲部，結腸および大腸にはシマウマ縞が観察されることがある．病理組織学的には心筋変性，腎炎，胆嚢の壊死病変が特徴である．

診　断

リフトバレー熱，小反芻獣疫，牛疫，サルモネラ症，水心嚢などの疾病との類症鑑別が重要．診断材料としては，血液（血清と抗凝血剤を加えた全血），リンパ節および脾臓を採取する．採材時のヒトの感染に注意する．

予防・治療

常在地に免疫のない感受性家畜を導入しないこと，また媒介ダニの生息域の拡大を防ぐことが重要であるが，常在地での家畜の移動制限やダニの駆除は実際には困難で効果的な対策はない．治療法はない．

人獣
四類

ハンタウイルス感染症（腎症候性出血熱とハンタウイルス肺症候群）

hantavirus infection

Key Words：腎症候性出血熱（HFRS），肺症候群（HPS），実験動物

ブニヤウイルス科のハンタウイルス（*Hantavirus*）を原因とし，持続感染げっ歯類の尿中に排泄されるウイルスを感染源としてヒトに飛沫感染する人獣共通感染症である．ヒトに腎臓の機能障害を特徴とする出血熱を引き起こす腎症候性出血熱（hemorrhagic fever with renal syndrome：HFRS）と急性呼吸障害を主徴とするハンタウイルス肺症候群（hantavirus pulmonary syndrome：HPS）があり，ハンタウイルス感染症と総称する．感染症法では，診断した医師による届出が必要な四類感染症に分類されている．

疫　学

ハンタウイルス感染症は，媒介げっ歯類の種類と流行地域などの疫学的観点から，田園型，都市型，実験室型に分けることができる（表1）．HFRS はユーラシア大陸のほぼ全域で野生小げっ歯類によって媒介される田園型の流行が中心である．HPS はこれまで，北米全域と南米の一部にのみ報告がある．しかし，わが国では実験用ラットを感染源とする HFRS の実験室型の流行が中心で，1984 年までに全国 22 研究機関で動物実験に関連して 126 例の感染例と 1 例の死亡例がある．以後，抗体陽性ラットや関係者の散発的な発見のみで患者の発生は報告されていないが，実験用動物における重要な人獣共通感染症の 1 つである．また，わが国の主要な港湾地域の多くで感染ドブネズミが生息しており，公衆衛生学的に都市型流行の潜在的危険性が指摘されている．

症　状

自然感染げっ歯類は高い血中抗体価を示しながら不顕性に持続感染し，糞尿，唾液中にウイルスを排泄する．げっ歯類間の伝播も飛沫もしくは咬傷によって起こる．肺，腎臓などの小血管内皮細胞を中心にウイルス抗原の存在が免疫組織学的に検出されるが，病理学的にはほとんど正常である．実験的に哺乳マウス，ラットや免疫欠損動物（ヌードマウス・ラット，SCID マウス）に接種した場合，全身感染後神経症状を呈して死亡する．ヒトは，HFRS，HPS に共通した前駆症状として発熱，頭痛，筋肉痛などのいわゆるインフルエンザ様症状を示す．その後，HFRS では皮膚点状出血と結膜出血，さらに解熱後の蛋白尿を主徴する腎機能不全と皮下出血が特徴的である（写真 1）．重症例の死亡率は 1 ～ 10％である．一方，HPS では前駆症状の後，急速に肺の浸出液貯留が進行し，呼吸困難とショックによって発症例の約 50％が死亡する（写真 2）．

診　断

蛍光抗体法や ELISA を用いて血清学的に診断する．実験用ラットの本ウイルス感染は，野外に感染例の侵入や汚染動物の搬入が原因と考えられる．さらに，凍結保存されていた汚染動物由来の生物材料（細胞や組織など）

表 1　ハンタウイルス感染症の流行の型

流行型	流行地域	媒介動物	ウイルス血清型	症状
田園型	中国，韓国，ロシア極東地域	セスジネズミ，アカネズミ	Hantaan 型，Dobrava 型	HFRS，重症
	北欧，ヨーロッパ全域	ヤチネズミ	Puumala 型	HFRS，軽症
	北米，南米の一部	シロアシネズミ	Sin Nombre 型	HPS，重症
都市型	中国，韓国	ドブネズミ	Seoul 型	HFRS，中等度
実験室型	日本，韓国，フランス，ベルギー	ラット	Seoul 型	HFRS，中等度

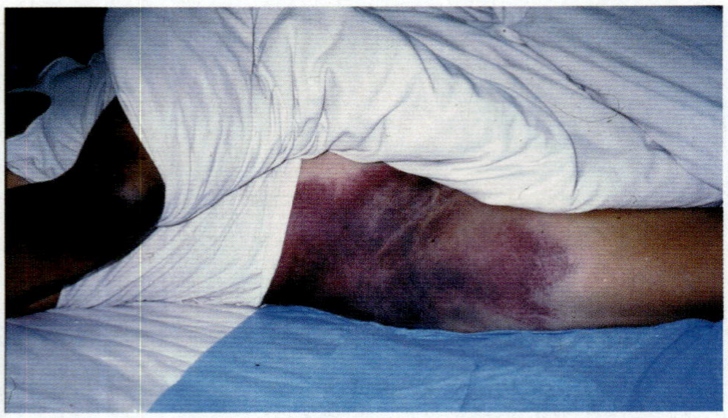

写真1 腎症候性出血熱患者．
四肢および体幹部の皮下出血が顕著な例．

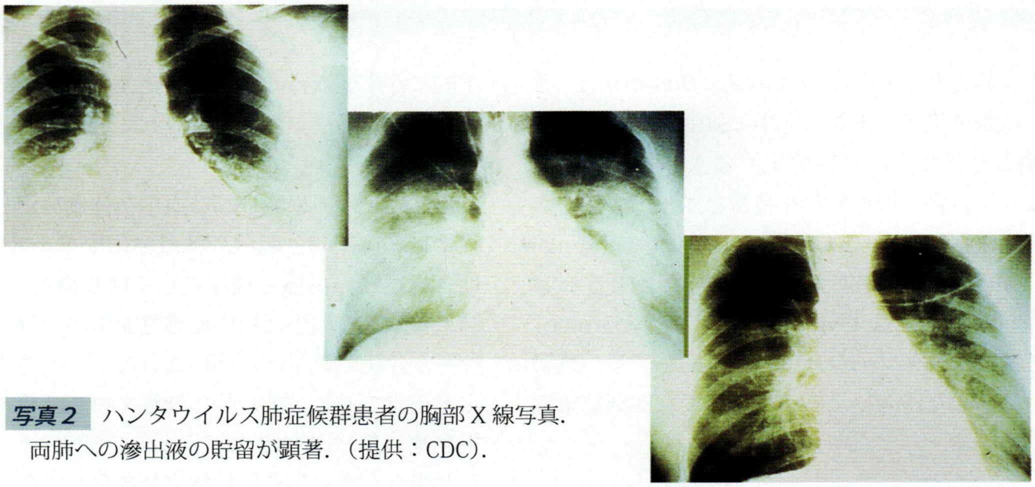

写真2 ハンタウイルス肺症候群患者の胸部X線写真．
両肺への滲出液の貯留が顕著．（提供：CDC）．

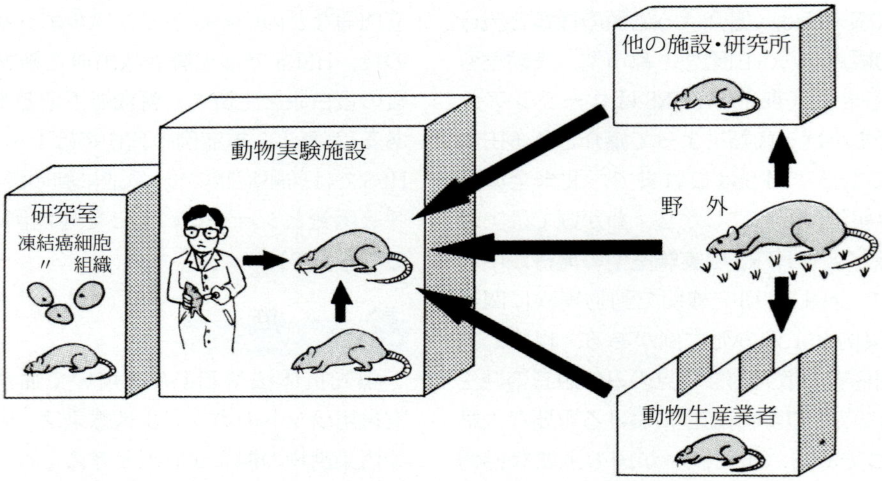

図1 実験動物施設へのハンタウイルスの感染経路として考えられるもの．

が動物に再度接種されることによっても感染が再発する．このため，定期的な血清モニタリングが重要である（図1）．この際，ペア血清を用意したり，低抗体価陽性例については再採血し，複数の方法で確定診断する．血清診断のために動物用（国産）およびヒト用（輸入）の抗体検査キットがある．

予防・治療

中国や韓国で野外作業従事者を対象にしたワクチンがつくられているが，わが国では認可されていない．治療は対症療法による．感染動物は殺処分する．

アレナウイルス科

基本性状

球形ないし不定形ビリオン（直径 50 ～ 300nm，平均直径 110 ～ 130nm）
直鎖状のマイナス一本鎖 RNA，2 分節（サイズ：7.5kb と 3.5kb）
細胞質内で増殖し，細胞膜から出芽

重要な病気

ラッサ熱など人獣共通感染症（ヒト）

分　　類

アレナウイルス科（*Arenaviridae*）はアレナウイルス（*Arenavirus*）属の 1 属のみであるが，ウイルスの分布域によって旧世界アレナウイルス群と新世界アレナウイルス群に分けられる．旧世界アレナウイルス群に属するが世界中に分布するリンパ球性脈絡髄膜炎ウイルスを除いては，アフリカないし中南米に存在する風土病の原因となる．

性　　状

ウイルス粒子は球形ないし不定形で平均直径 110 ～ 130nm であるが，小さいもので 50nm から最大 300nm におよぶ粒子も認められる．エンベロープ表面に 8 ～ 10nm の 2 種類の糖蛋白 G1 および G2 からなるスパイクを有する．ヌクレオカプシドは RNA ポリメラーゼ L とヌクレオカプシド蛋白 N およびサイズの異なる 2 分節 RNA のそれぞれから構成され，数珠状で環状を呈する．コア内部に宿主細胞由来の RNA と 20 ～ 25nm のリボゾームが存在する．リボゾームは電子顕微鏡で観察すると電子密度が高く，砂粒状（arena）に見えるところからウイルス科の名称のもととなった．両分節 RNA とも 2 種類の蛋白を逆向きにコードしており，一部のブニヤウイルス RNA と同様アンビセンスと呼ばれる．

ウイルスの複製は細胞質内で行われ，細胞質膜から出芽することにより成熟する．出芽の際に細胞膜周辺のリボゾームを取り込むと考えられるが，その詳細は不明である．ウイルスのレゼルボアはげっ歯類で，不顕性かつ持続感染を起こし，生涯にわたってウイルスを排泄する．リンパ球性脈絡髄膜炎ウイルスはヒトにインフルエンザ様の呼吸器症状を示す他，まれに髄膜脳炎を起こす．ラッサウイルス，フニンウイルス，マチュポウイルスなどは，最高危険度クラス 4 病原体に指定され，それぞれ，ヒトにラッサ熱，アルゼンチン出血熱，ボリビア出血熱と呼ばれる死亡率の高い出血性の熱性疾患を起こす．

ピコルナウイルス科

基本性状

球形ビリオン（直径 22 ～ 30nm）
直鎖状のプラス一本鎖 RNA（サイズ：7 ～ 8.5kb）
細胞質内で増殖

重要な病気

口蹄疫（牛，羊，山羊，豚）
豚水胞病（豚）
豚エンテロウイルス性脳脊髄炎（豚）
鶏脳脊髄炎（鶏）
アヒル肝炎（アヒル）

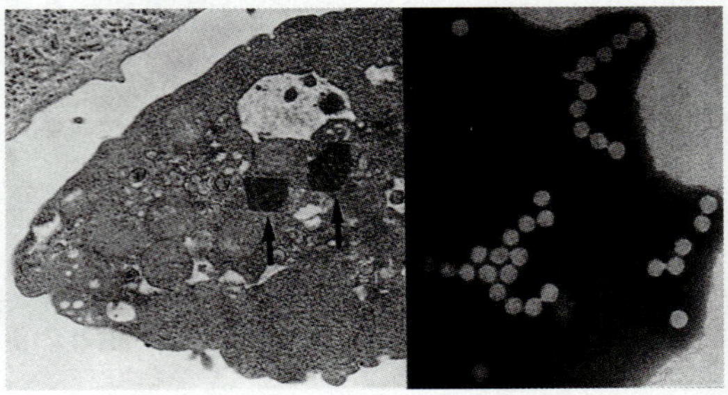

FIG 豚水胞病ウイルス粒子（右）と豚水胞病ウイルス感染 IB-RS-2 細胞（左）
矢印で示すように，細胞質内に結晶状に配列したウイルス粒子塊が観察される

分　　類

ピコルナウイルス科（*Picornaviridae*）はエンテロウイルス（*Enterovirus*）属，ライノウイルス（*Rhinovirus*）属，カルジオウイルス（*Cardiovirus*）属，アフトウイルス（*Aphthovirus*）属，ヘパトウイルス（*Hepatovirus*）属，パーエコーウイルス（*Parechovirus*）属に分けられていたが，最近，エルボウイルス（*Erbovirus*）属，コブウイルス（*Kobuvirus*）属，テシオウイルス（*Teschovirus*）属が新設され，9 属に分類されている．ピコルナウイルス科には，ヒトや動物の病原ウイルスが多く含まれるが，畜産上最も重要なウイルスはアフトウイルス属の口蹄疫ウイルスである．

性　　状

ウイルス粒子は小型球形で（直径 22 ～ 30nm），4 種類の蛋白（VP1 ～ 4）で構成されるサブユニット（プロトマー）60 個からなる正 20 面体構造を持つ．ゲノムは 5' 末端に蛋白（VPg）が結合した直鎖状のプラス一本鎖 RNA で，3' 末端にポリ A を有する．ゲノムの 5' 側から構造蛋白領域（P1）と非構造蛋白領域（P2 および P3）に分けられる．ウイルス属によっては P1 上流にリーダー蛋白遺伝子が存在する．

ウイルス増殖は細胞質内でのみ行われる．ゲノムの 5' 非翻訳領域にリボゾームの付着部位（internal ribosome entry site：IRES）が存在し，分子量 240 ～ 250kDa の巨大前駆体蛋白が翻訳され，自身の持つ蛋白分解酵素活性によって構造蛋白と各種酵素活性を有する非構造蛋白に開裂する．一部が未開裂の構造蛋白（VP0，VP1，VP3）がプロカプシドを形成し，複製されたゲノム RNA を取り込んだ後，VP0 が VP2 と VP4 に開裂し成熟粒子となる．

口蹄疫

法定

foot and mouth disease

Key Words：ピコルナウイルス科アフトウイルス属，水疱形成，空気伝播，虎斑心

ピコルナウイルス科アフトウイルス属の口蹄疫ウイルス（*Foot-and-mouth disease virus*）の感染によって起こるきわめて伝染力の強い急性熱性伝染病である．宿主は牛，豚等の偶蹄類の動物である．鼻，口腔周辺部，乳房および蹄周辺の粘膜や皮膚に水疱やびらんを形成し，歩行困難，採餌困難などにより発育障害，泌乳障害などに陥る．一般的には成獣の死亡率はきわめて低いが，伝染力がきわめて強く，広域にわたって大流行を引き起こし，きわめて大きな経済的損失を被る．わが国では家畜伝染病予防法による法定伝染病に，OIE によるリスト A 疾病に指定されている国際重要伝染病である．

疫　　学

本病の発生は東南アジア，中近東，アフリカを中心に世界各地でみられるが，北米，中米，西ヨーロッパおよびオセアニア諸国では認められない．2,000 年以降，英国（英国を発生源とするフランス，オランダ等での発生），東アジア（韓国，モンゴル，極東ロシア，日本）で本病の流行があったが，韓国，日本，英国，フランス，オランダ等では早期に撲滅され，既に清浄化されている．日本での発生は 92 年ぶりであった．

感染経路は，主として感染動物，ウイルス汚染物（畜産物，車両・器具機材等）との接触によって起こる経鼻・経口感染および創傷感染であるが，呼気や水疱の崩壊によって排泄されたウイルスが空気中の塵に付着し，風に乗って遠隔地へ飛散することによる空気感染も頻繁に起こる．ウイルスの体外排泄は，水疱液，呼気，鼻汁，乳汁，精液，糞尿などにみられる．口蹄疫ウイルスには，血清学的に 7 血清型（A，O，C，Asia1，SAT1，SAT2，SAT3）が存在し，それぞれの血清型に数多くのサブタイプが存在する．現在は，従来の中和試験による血清型サブタイプに代わって分子系統樹解析による遺伝子サブタイプによる分類が行われている．この遺伝子解析による分子疫学的な感染の広がりや感染経路の究明等が可能となっている．各血清型ウイルスによる口蹄疫の発生は，O，A および C 型では世界の流行地域に広がっているが，Asia1 型（アジア，中近東），SAT1 ～ 3 型（アフリカ大陸）では流行地域が限られている．現在は O 型の発生が世界的に多くみられる．

症　　状

潜伏期間は通常 5 ～ 8 日で，発症時には 40 ～ 41℃の高熱を示し，元気消失，食欲不振に陥るとともに多量の流涎がみられる．口腔部周辺（歯ぎん，舌，口唇，鼻腔，鼻鏡など）乳頭部，蹄冠部，趾間部に水疱を形成する（写真 1 ～ 8）．水疱は初期段階で灰白色の小さな斑点として出現するが，後に明確な水疱となる．近隣の水疱が融合することもあり，2 ～ 3 日後には水疱が破れ水疱液が流出するとともに赤紅色のびらんを形成する．死亡率は低いが，水疱の形成，崩壊により，採食困難，歩行困難，泌乳障害となり，経済的損失が大きい．幼若動物では水疱が出現する以前に死亡することがあり，死亡率が 50％にも及ぶことがある．これは，心筋や膵臓でのウイルス増殖に起因する機能障害によるものと考えられている．

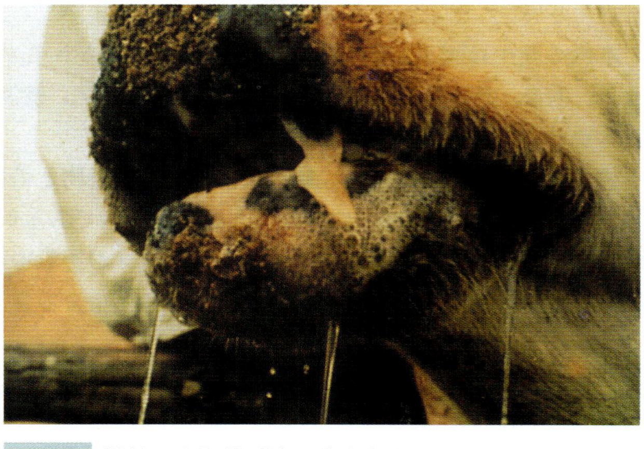

写真 1　粘性の発泡性唾液の分泌亢進（牛）．

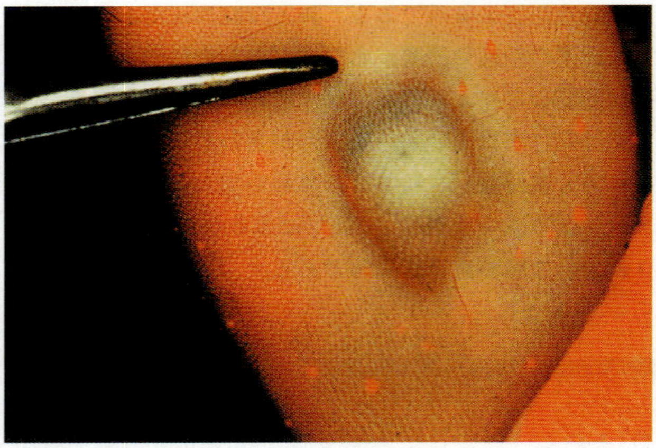

写真2 舌における水疱形成（牛）.

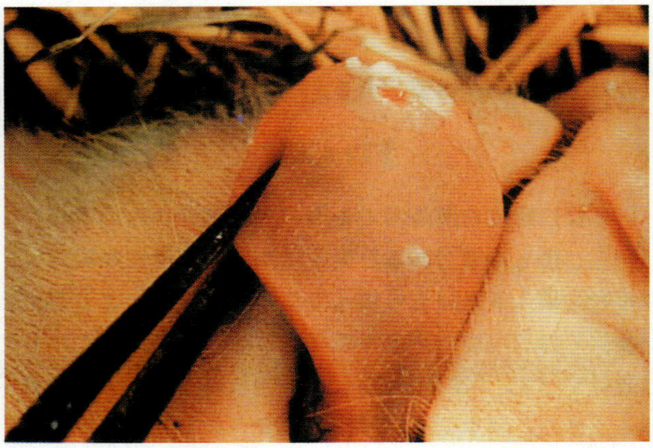

写真5 舌の水疱病変（豚）.

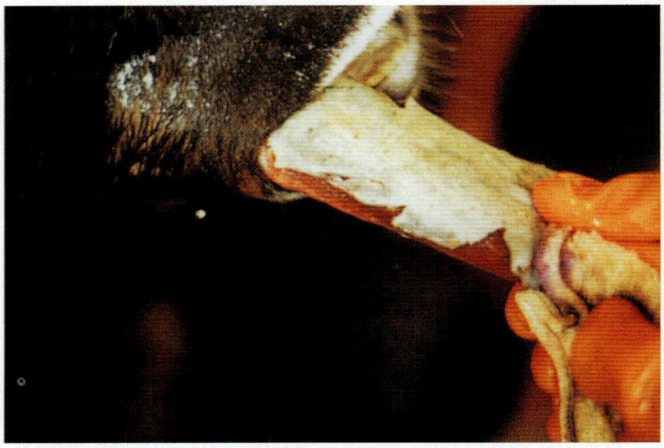

写真3 舌上皮の剥離（牛）.

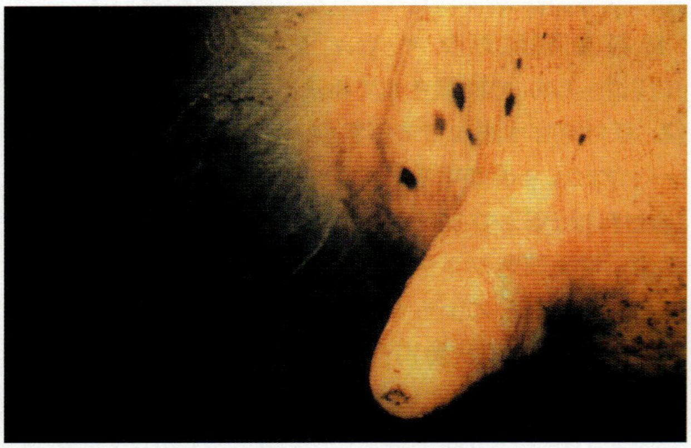

写真6 乳頭の水疱病変（牛）.

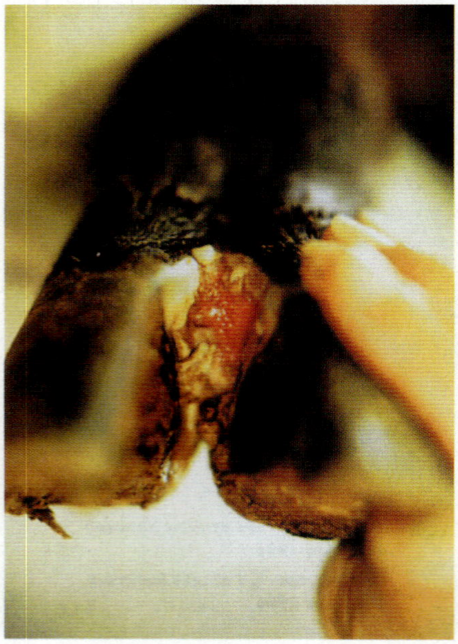

写真4 趾間部の水疱病変（牛）.

写真7 蹄部の水疱病変（豚）.

病　　変

特徴的な病変は，上述のような粘膜および皮膚の水疱形成とその崩壊によって起こるびらんである．幼若動物では心臓の心筋の変性壊死がみられ，いわゆる「虎斑心」

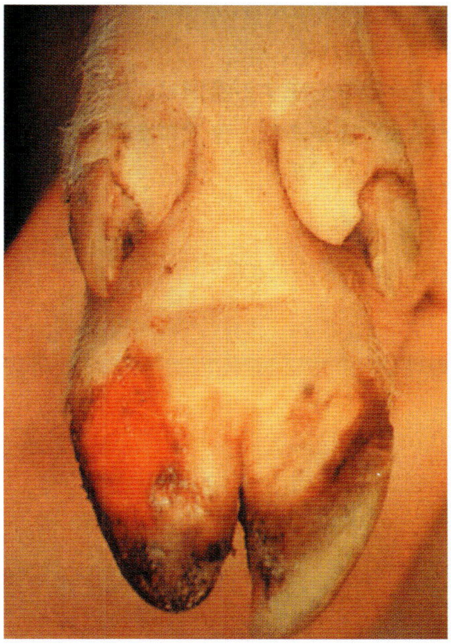

写真8 蹄裏の水疱病変（豚）.

と呼ばれる病変を示す.

診　　断

水疱形成は口蹄疫のみの病変ではないので，臨床症状のみでは本病の診断は不可能である.

ウイルス学的診断：検査材料としては，口腔周辺部，蹄周辺部，乳頭周辺部などに形成された水疱液や水疱上皮が適している．診断のための材料送付にあたっては，水疱上皮材料を50％グリセリンを含む0.04 MのPBS（pH7.2～7.4）に浸潤させて低温で送付することが重要である．採材時に水疱上皮などの材料の入手が困難な場合には，プロバングによる食道咽喉頭粘液の採取を行う．水疱上皮などの材料はPBSで10倍乳剤とし，フロロカーボン処理をした後，培養細胞やマウス接種によるウイルス分離，CFテストまたはELISAによるウイルス抗原検出に用いる．ウイルス分離には牛甲状腺初代培養細胞が最も感受性が高いが，実用的にはBHK-21細胞，IB-RS-2細胞および豚や羊の腎臓初代培養細胞が用いられている．哺乳マウス（生後2～7日）の腹腔内もしくは筋肉内接種も併用される．ウイルス抗原の検出および血清型別には，従来CFテストが使用されてきたが，最近ではELISAが汎用されるようになっている．抗体の検出には，中和試験や競合ELISA等が用いられる.

類症鑑別：水疱を形成する疾病は，豚では豚水胞病，水胞性口炎，豚水疱疹があり，牛では水胞性口炎，牛丘疹性口炎がある．これらの疾病は口蹄疫ウイルス感染動物の形成する水疱と臨床的に区別不能であるので，ウイルス学的検査による鑑別が必要である.

予防・治療

日本は口蹄疫の清浄国であるので，国外からの本病の侵入防止が最も重要である．発生国からの感受性動物および畜産物の輸入禁止はもちろんのこと，旅行者による畜産関連製品の無許可持ち込みを摘発する必要がある．これらの処置はすべて，家畜伝染病予防法に基づく動物検疫によって実施されている．また，日本では口蹄疫に代表される海外悪性伝染病が発生した場合の緊急診断や防疫措置は，家畜伝染病予防法に基づき，口蹄疫に関する特定家畜伝染病防疫指針に従って実施されることになっている．口蹄疫の常在国では，各種血清型の不活化ワクチンが使用されている．日本をはじめとする清浄国では，侵入発生時の緊急ワクチン接種のために各種血清型に対する不活化ワクチンが備蓄（ワクチンバンク等）されている．効果的な治療法はなく，摘発された感染動物および感染のおそれのある動物はすべて殺処分（淘汰）される.

豚水胞病

法定

swine vesicular disease

Key Words：水疱，跛行，家畜伝染病，海外伝染病

概　要

豚の急性熱性伝染病で，蹄部および鼻口唇部の水疱形成を主徴とする．OIE によりリスト A 疾病に，またわが国でも家畜伝染病に指定されている海外伝染病である．

ピコルナウイルス科エンテロウイルス属に分類される豚水胞病ウイルス（Swine vesicular disease virus：SVDV）の感染により起こる．豚のみに感染し，血清型も単一であるが，ヒトエンテロウイルス B の血清型の 1 つであるヒトコクサッキーウイルス B5 と共通抗原を持つウイルスである．病原性は株によって異なる．ウイルスは酸と熱に対し抵抗性を示し，死後硬直後の乳酸による低 pH 下においても不活化されずに筋肉内，上皮内に長期間生存する．

疫　学

1966 年，イタリアでの初発後，1970 年代に香港および欧州全域に広がった．わが国では 1973 年，1975 年に発生したが，いずれも短期間で清浄化された．1980 年代にイタリアを除く欧州において撲滅された．しかし，1990 年代前半に，再びオランダ，ベルギー，スペイン，ポルトガルで発生が確認され，またイタリアでは近年も継続して発生がみられている．また，東アジア諸国では常在化しているものと考えられている．

発生は感染豚の導入，汚染した豚肉が混入した加熱処理不十分な厨芥の給与によるものと推定されている．伝播は創傷からの接触感染が主体であるが，糞便等からの経口感染も考えられる．口蹄疫ウイルスのような急速な伝播は起こさず，同一豚房内の豚には容易に感染するが，豚房間の伝播は比較的おきにくい．

症　状

発症豚の蹄部および鼻口唇部の水疱形成を主徴とする（写真 1 ～ 4）．臨床症状のみでは口蹄疫をはじめとする他の水疱性疾病と鑑別が不可能である．定型例では，2 ～ 7 日の潜伏期間を経て水疱が形成される．一過性の発熱や疼痛から跛行を示す．水疱は短期間のうちに破裂して上皮が剥離し，潰瘍やびらんに移行する．病変は細

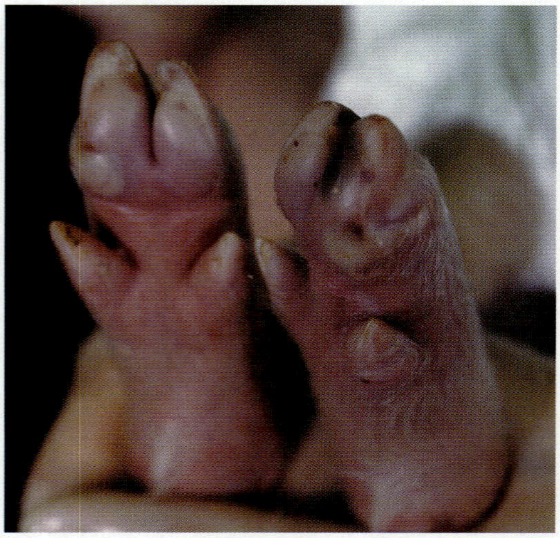

写真 1　蹄冠，蹄球部の水疱．

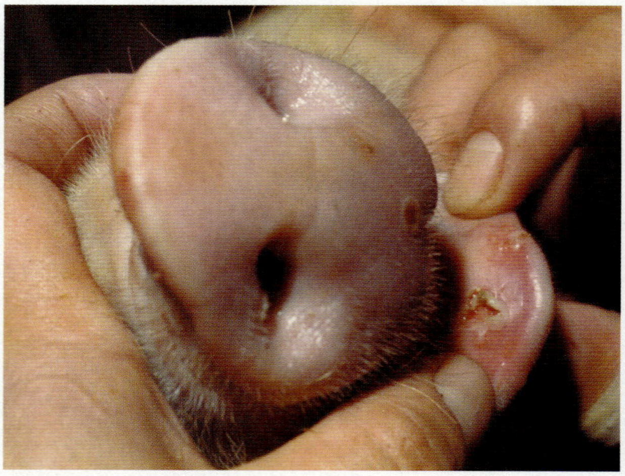

写真 2　鼻鏡，口腔粘膜の水疱破裂．（動物衛生研究所海外病研究部）

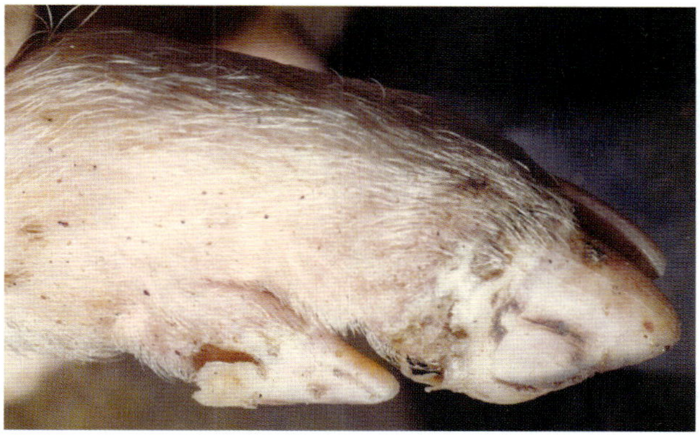

写真３　蹄冠，副蹄基根部の水疱および上皮剥離．（動物衛生研究所海外病研究部）

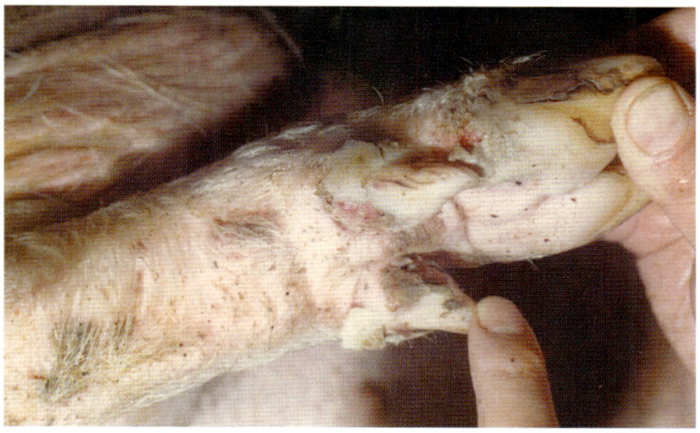

写真４　蹄球，副蹄基根部の水疱および上皮剥離．（動物衛生研究所海外病研究部）

菌の２次感染がなければ数週間で治癒する．発病豚の致死率はきわめて低い．

診　　断

臨床診断：他の水疱性疾病との鑑別が困難であるため，実験室内診断が必要である．

ウイルス学的診断：「口蹄疫防疫要領」に基づいて，診断は動物衛生研究所海外病研究部（東京都小平市）の高度封じ込め施設内で行う．病変部組織乳剤や水疱液の感受性細胞への接種によるウイルス分離，間接 ELISA，RT-PCR 法などにより行われる．

血清学的診断：中和試験により行われる．

予防と治療

取り扱いは口蹄疫と同様に家畜伝染病予防法ならびに口蹄疫防疫要領に基づいて行う．陽性と診断された場合は，患畜および同居豚を殺処分する．汚染した恐れのある糞便，飼料，畜舎，輸送車などの消毒，ヒトおよび家畜の移動制限などを行い，蔓延を防止する．ワクチンは使用せず，治療も行わない．

豚エンテロウイルス性脳脊髄炎

届出

enterovirus polioencephalomyelitis

Key Words：テッシェン病，タルファン病

豚エンテロウイルス性脳脊髄炎は，ピコルナウイルス科テシオウイルス属の豚テシオウイルス（*Porcine teschovirus*：PTV）およびエンテロウイルス属の豚エンテロウイルス（*Porcine enterovirus*：PEV）に起因する豚の神経疾患である．かつて「テッシェン病」「タルファン病」などと呼称されていたが，現在では「エンテロウイルス性脳脊髄炎」として，OIE においてリスト B 疾病に指定されている．上記のウイルスは，これまで一括して PEV 血清型 1 型～ 13 型（PEV-1 ～ -13）として分類されていたが，近年の遺伝学的解析により PEV-1 ～ -7，-11 ～ -13 は PTV として再分類された．かつては PEV-1（現 PTV-1）の一部の株のみが本症の原因となると考えられていたが，神経症状を示す豚の脳神経材料からさまざまな血清型株が分離されていることから，本病の診断と原因ウイルスに関する見解は国際的にも統一されていないのが現状である．

疫　　学

本ウイルスは，世界各地の養豚地域に広く分布しており，わが国の農場にも高率に浸潤していると考えられる．ウイルスは糞便とともに排泄され，糞便とそれによる汚染器具，餌，資材などを介して，同居豚へ経口および経鼻的に感染する．脳脊髄炎を呈する豚のみならず，腸炎，肺炎を呈する豚や無症状豚からも多くのウイルスが分離されるため，発病期の豚の他，不顕性感染豚も感染源となり得る．ある血清型の株に感染しても，血清型の異なる株の感染を容易に受けるため，感染は持続しやすい．

症　　状

神経症状を主徴とするが，重篤なものから軽微なものまでさまざまな症例が報告されている．重篤なものは，豚の月齢を問わず，高熱を発し，食欲不振，元気消失，四肢（とくに後肢）の麻痺，起立不能，眼球振盪，全身性の痙攣，後弓反射，昏睡などを示し，発症後 3 ～ 4 日で死亡し，罹患率・致死率は 70 ～ 90％に達する．近年ではこういった重篤例はほとんど報告されておらず，主に若齢豚において，罹患率・致死率の低い，運動失調や四肢の麻痺といった穏やかな病態が世界各地で報告されている（写真 1）．

写真 1　後躯麻痺を呈し，起立不能に陥った肥育豚．（写真提供：小桜利恵氏）

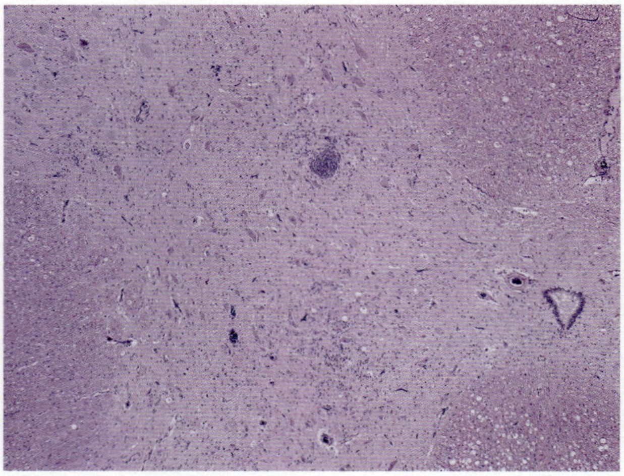

写真 2　脊髄灰白質における非化膿性炎．（写真提供：山田 学 氏）

診　　断

病理学所見としては，囲管性細胞浸潤を特徴とする灰白質の非化膿性脳脊髄炎が認められる（写真 2）．また病原学診断として，神経症状を呈する豚の脳神経材料からのウイルス分離が必要である．ウイルスは無症状豚の扁桃，腸管等からも高率に分離されるため，脳神経材料以外からのウイルス分離は診断材料にはならない．ペア血清を用いた抗体価の有意な上昇も補助診断として有効である．

予防・治療

わが国にワクチンはない．また特別な治療法はなく，対症療法を行う．

鶏脳脊髄炎

avian encephalomyelitis

Key Words：神経症状，介卵感染，神経細胞の中心性虎斑融解，V字型の一過性産卵低下

鶏脳脊髄炎（AE）はAEウイルス（AEV）に起因する鶏の感染病である．種鶏がウイルスに感染することにより介卵感染した雛，ならびにその同居雛が，時に抗体陰性の中大雛が感染し，脚麻痺・頭頚部の震えなどの神経症状を示す．また，産卵鶏が感染した場合には，V字型の一過性産卵低下がみられる．予防は産卵開始前の種鶏にワクチンを接種し，雛への介卵感染を防ぐことによる．

病因と伝播

AEVはピコルナウイルス科に属するウイルスで，ヘパトウイルス属のA型肝炎ウイルスに近い蛋白構造を持つとされ，同属に仮分類されている．ウイルス株によって鶏に対する病原性は異なるが，抗原性は同じである．ウイルスの自然感染は鶏が主であるが，キジ，七面鳥，ウズラも自然感染する．種鶏が感染するとウイルスは卵に移行する（介卵感染）．ウイルスは胚で増殖するが，通常，胚は死亡せず孵化する．孵化した雛は発病しウイルスを排泄する．その結果，同一孵化群に感染が広がる（図1）．

症　　状

幼雛における症状は元気消失と不活発さで始まり，次いで歩行異常，脚麻痺が起こり，横臥して採食・飲水が不能になり死に至る（写真1）．耐過した雛群には，水晶体が混濁して失明するものが散発する．

産卵鶏が感染すると2週間ほどV字型の産卵低下があり，小型卵を産むものもある．種鶏では感染2日頃から14日間ほどウイルスが種卵に移行する（図2）．介卵感染した雛は孵化直後から6日齢くらいで発病するものもでる．同時期に孵化した健康な雛も水平感染により10日齢頃から発病する．すなわち，雛群中のAE発生には二峰性がみられる（図1）．野外における雛の感染率は40～60％，致死率は25％前後で，時に50％を越える．種鶏群は感染後速やかに抗体陽性となり，抗体は雛に移行するので，同一種鶏群由来の雛における本病の発生は一過性に終わり，以後発生することはない．

病　　変

特徴的な内臓の肉眼病変はない．ごくまれに大脳の脳水腫がみられることがある．これは，実験的にウイルスを接種した鶏胚ではしばしばみられる（写真2）．組織学的には，中枢神経，とくに脊髄腰膨大部や中脳における大型神経細胞の中心性虎斑融解と囲管性細胞浸潤が特徴的病変である（写真3）．大型神経細胞の染色質（ニッスル小体あるいは虎斑といわれる）は，核に近い中心部から融解しはじめ（中心性虎斑融解），細胞の辺縁部

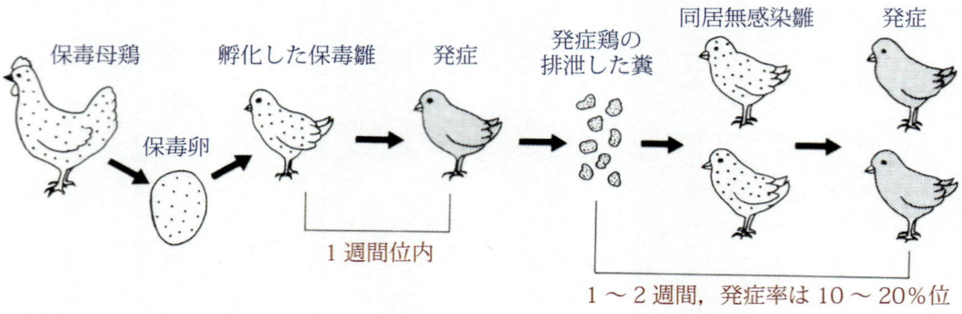

図1　鶏脳脊髄炎の主な伝播の仕方．

写真1 脚麻痺を示す感染雛．（写真提供：堀内貞治氏）

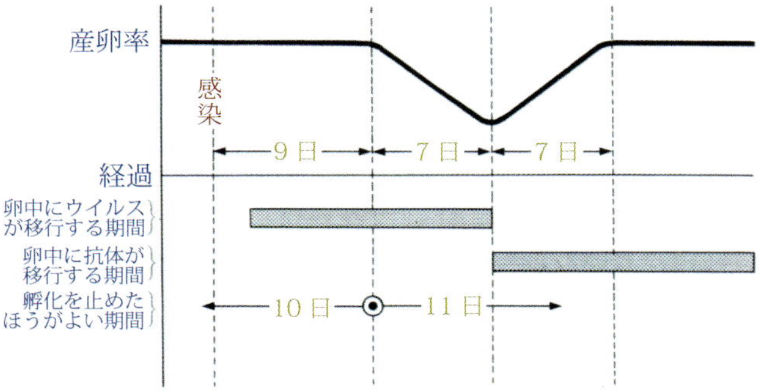

図2 鶏脳脊髄炎ウイルス感染鶏の産卵低下とウイルスの排泄．

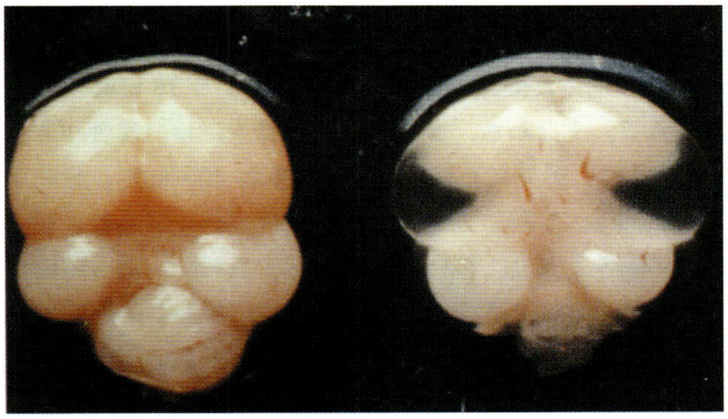

写真2 ウイルス接種鶏胚の脳水腫．左は正常．（写真提供：椿原彦吉氏）

だけに残って細胞質を縁取るようにみえる．鶏ではAE以外でこのような変化はみられないので，AEの組織診断の決め手に使える．筋胃，膵臓，心臓などの間質結合組織におけるリンパ濾胞の過形成も特徴病変の1つである（写真4）．

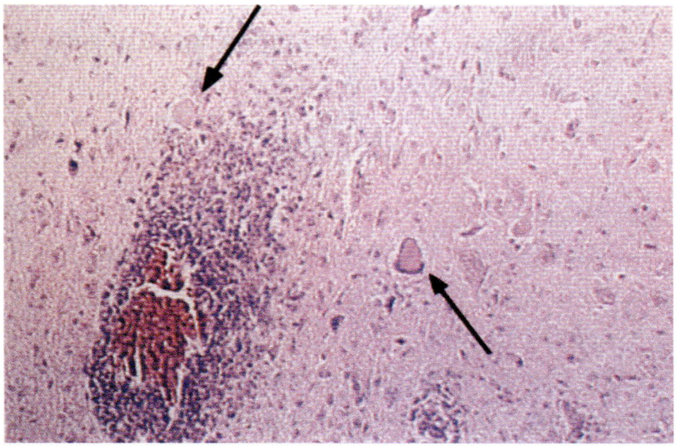

写真3 延髄の血管周囲に現れた囲管性細胞浸潤と大型神経細胞の変性像（矢印）（HE染色）．（写真提供：堀内貞治氏）

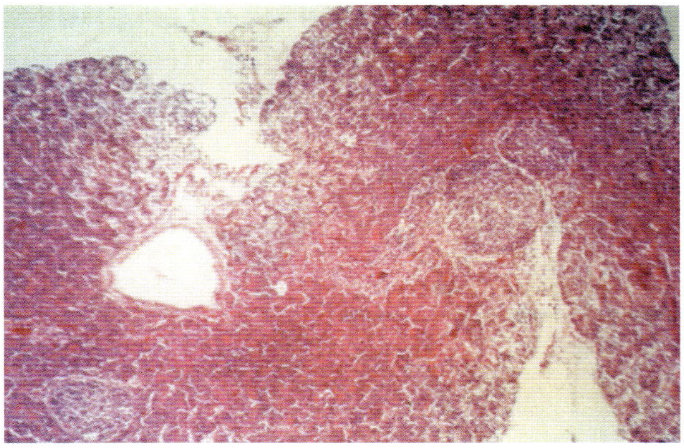

写真4 膵臓の間質におけるリンパ濾胞の形成（HE染色）．（写真提供：谷口稔明氏）

診　断

雛での神経症状は，孵化直後から始まり3週間で終息する，同一時期に同一種鶏群から孵化した雛群に発生がみられる．成鶏ではV字型の一過性の産卵低下を示す．特徴的な肉眼病変はないので，組織検査により診断する．

ウイルス分離は発病雛の脳・脊髄乳剤を抗体陰性の6日齢発育鶏卵の卵黄嚢内に接種し，孵化した雛の発症と中枢神経病変を確認することによって行う．

抗体検査は，蛍光抗体法，寒天ゲル内沈降反応，酵素抗体法あるいは中和試験で行われる．胚に病原性を有するAEVを発育鶏卵の卵黄嚢内に接種し，胚の発症の有無を指標とした中和抗体検査法（鶏胚感受性試験）も用いられる．鶏胚に病原性を有するウイルスは，鶏胚で継代することにより胚の萎縮や麻痺を引き起こすようになった株である（写真5）．そのような株を接種し，胚に異常がみられなかった場合は中和抗体陽性，異常があっ

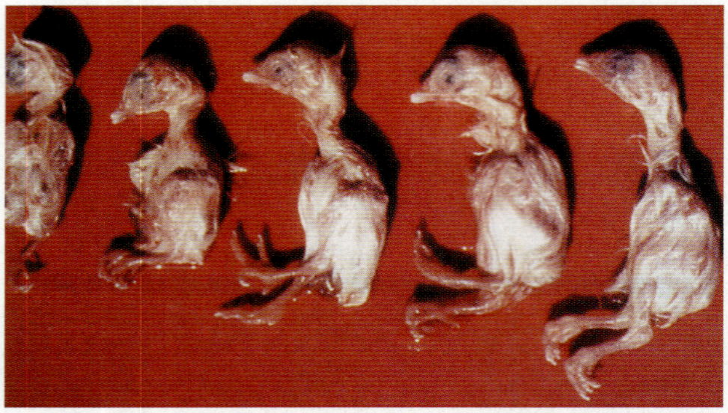

写真5 鶏胚順化ウイルスにより異常を示した鶏胚．右端は正常．（写真提供：川村　齊氏）

た場合は陰性と判定される．

AEVは野外に広く分布し，大部分の鶏群は不顕性感染により抗体陽性となるので，抗体検査は病気の診断には役立たない．しかし，抗体陰性の種鶏群がウイルスに感染すれば，それ由来の雛群の発症事故につながるので，種卵採取開始前に抗体検査を行い免疫状態を知っておくことは重要である．

鶏脳軟化症，ニューカッスル病あるいはマレック病などと鑑別が必要である．ニューカッスル病では呼吸器症状があり，マレック病は幼雛では発病しないことなどから，鑑別は容易である．鶏脳軟化症は，ビタミンE欠乏を起こした種鶏由来の雛では，孵化直後から発症するものもあるが，大部分は2か月齢未満の雛に起こる．鶏脳軟化症では，脚麻痺に加えててんかん様症状があること，小・大脳に組織の軟化と出血がみられることでAEとは鑑別できる．また，適切な配合飼料を与えられている鶏で発生はない．

予防・治療

介卵感染による幼雛の発病を予防するためには種鶏群の免疫が必要である．100～120日齢の種鶏群について抗体検査を行い，抗体陰性であれば生ワクチンで免疫を行う．1か月後に抗体検査を行い，抗体陽性を確認する．

アヒル肝炎

届出

duck hepatitis

Key Words：アヒル雛の致死性疾病，後弓反張，肝臓の腫大と出血

アヒル肝炎ウイルス（Duck hepatitis virus：DHV）の感染によって起きるアヒル雛の感染症で，アヒルウイルス性肝炎とも呼ばれる．アヒルウイルス性肝炎は，Ⅰ，Ⅱ，Ⅲ型の３種類に分けられており，Ⅰ型とⅢ型はピコルナウイルス，Ⅱ型はアストロウイルス（Duck astrovirus 1）の感染が原因である．成鳥はいずれの型でも発症しない．届出伝染病および海外伝染病に指定されている．

疫　　学

Ⅰ型は米国，英国，中国，台湾，朝鮮半島，日本で発生した．日本での発生は 1962 年に千葉県，1963 年には埼玉県および茨城県で流行した．感染率は 100％，致死率は１週齢以内では 95％である．Ⅰ型の自然感染例は若いアヒルのみで，成鳥では感染しても臨床症状は示さない．また，鶏と七面鳥では抵抗性を有し，ガチョウの雛とマガモの雛の不顕性感染例が報告されている．Ⅱ型の感染例はアヒルだけに限定されている．Ⅱ型の発生は英国での報告がある．致死率は３～６週齢で 10～25％，６～14 日齢では 50％である．Ⅲ型の発生報告は米国の発生だけに限られており，Ⅰ型よりまれである．致死率は 30％前後である．

症　　状

Ⅰ型とⅢ型の罹患雛は，群の行動から遅れがちとなり，うずくまり，その後眼を閉じ，横臥して両脚の痙攣を発して死亡する．死亡時，頭部の後転（後弓反張）の姿勢を示すことが多い（写真 1）．Ⅰ型の感染と症状の進展は非常に早く，３～４日以内で斃死する．

Ⅱ型では感染後１～４日以内で甚急性死する．死亡は通常，下痢，強い尿酸塩排泄物や間歇的な発作，急性の強直性発作を示した後の１～２時間以内で，肉付きの良好な状態のままである．耐過したアヒルには発育障害は認められない．

病　　変

Ⅰ型とⅢ型では肝臓の腫大および点状・斑状出血が認められ，脾臓は斑状を呈し腫大する（写真 2，3）．また，腎臓も充血し腫大する（写真 5）．Ⅱ型では肝臓の点状

写真１　両脚を痙攣させた後に後弓反張の姿勢をとり死亡する．（写真提供：㈶化学及血清療法研究所）

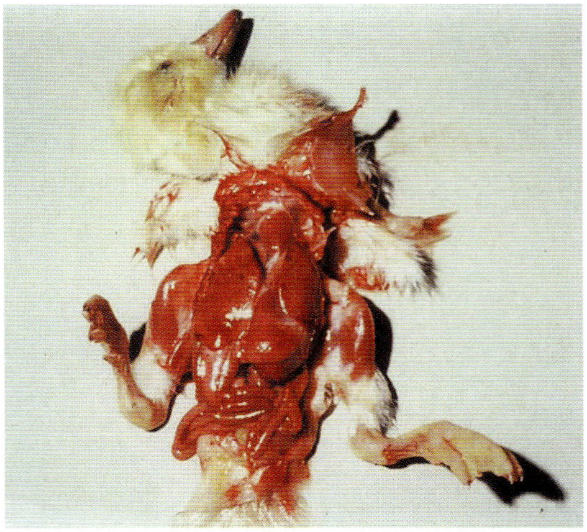

写真２　肝臓の腫大と斑状出血．（写真提供：メリアル）

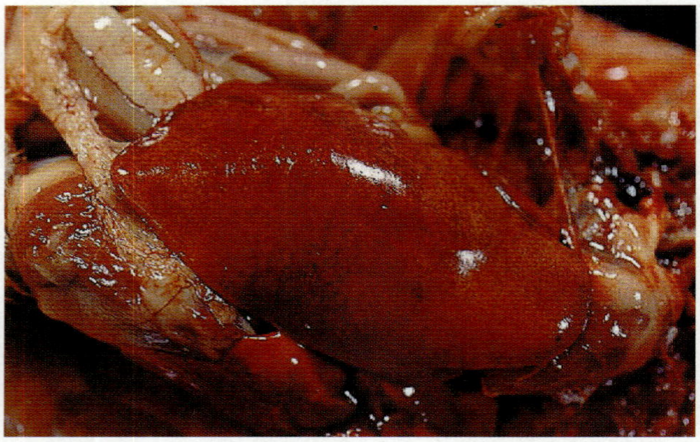

写真3 肝臓の腫大と点・斑状出血.（写真提供：㈶化学及血清療法研究所）

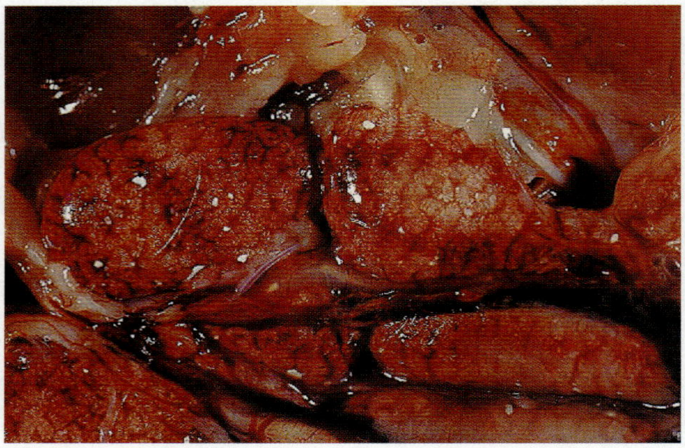

写真5 腎臓の充血・腫大.（写真提供：㈶化学及血清療法研究所）

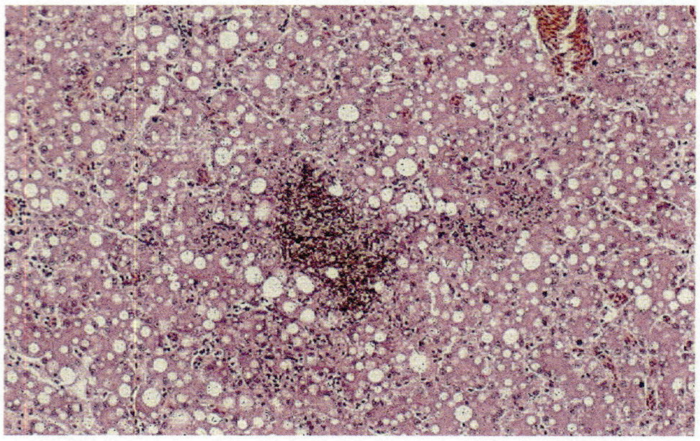

写真4 肝細胞の壊死と出血（組織病変).（写真提供：㈶化学及血清療法研究所）

出血，腎臓と脾臓の腫大がみられる.

組織学的には，肝臓では肝細胞の増殖，小葉間胆管上皮の増殖，出血，細胞浸潤などがみられる．そのほかに肝臓の巣状壊死や小葉間胆管の増殖がみとめられる（写真4).

診　　断

Ⅰ型とⅢ型は肝臓の蛍光抗原の証明とアヒル・鶏胚の尿腔内接種によるウイルスの分離，Ⅱ型は電顕により肝臓乳剤からアストロウイルスを証明する.

Ⅰ型とⅡ型ウイルスは鶏胚の尿腔内接種で増殖する．Ⅲ型ウイルスはアヒル胚漿尿膜上接種で増殖する.

予防と治療

本病はわが国では家畜伝染病予防法で届出伝染病に，また海外伝染病に指定されており法的処置の対象となる疾病であり，本病が疑われる場合には家畜保健衛生所と緊密に連携をとる必要がある.

予　防：本病の予防には環境を整備し，野生のカモと隔離して4～5週齢まで飼育するとよい．外国ではワクチンが使われている.

治　療：発病の初期に高度免疫血清の筋肉注射が有効である.

類似疾病

アヒルウイルス性腸炎（アヒルペスト)，アヒル家きんコレラ，ボツリヌス症，アナチペスチファ感染症（モラクセラ感染症)，クラミジア感染症，中毒などは死亡率の高い，急死する疾病として類症鑑別しなければならない.

カリシウイルス科

基本性状

球形粒子（直径 30 ～ 38nm）
直鎖状一本鎖 RNA
細胞質内で増殖

重要な病気

猫カリシウイルス病（猫）
豚水疱疹（豚）
ウサギウイルス性出血病（ウサギ）

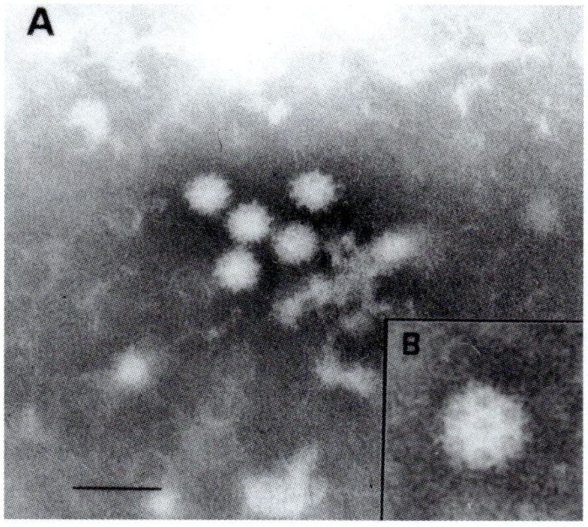

FIG　犬カリシウイルスのネガティブ染色像
A はカップ状の凹みのために逆に金平糖のような周囲の形状を示す．
B は中心の凹みの周りに 6 個の凹みが囲んでいる典型図．

分類・性状

カリシウイルス科（*Caliciviridae*）は猫カリシウイルス，サンミゲルアシカウイルス，およびすでにこの世から消滅してしまった豚水疱疹ウイルスの 3 種のみがこれまでは構成ウイルスであったが，現在はベシウイルス（*Vesivirus*）属ほか計 4 属から構成され，犬カリシウイルス，ウサギ出血病ウイルス，ヒトの下痢症カリシウイルス群（Norwalk ウイルスなど）などが新たに本ウイルス科に分類されるようになっている．

直径 30 ～ 38nm の球形ビリオンの表面に 32 個のカップ状の凹みが存在し（FIG），これまでカリシウイルスが分類されてきたピコルナウイルス科ウイルスの無構造の外観とは異なっている．ゲノムは直鎖状の一本鎖 RNA である．主要構造蛋白は，分子量 60 ～ 71kDa のカプシド蛋白 1 種類である．

猫カリシウイルス病

feline calicivirus infection

Key Words：呼吸器病，肺炎，キャリアー

猫カリシウイルス（*Feline calicivirus*）は猫およびネコ科動物の呼吸器に感染し，発熱，鼻漏，くしゃみなどのいわゆるカゼ症状を起こし，肺炎を起こす場合もある．猫ウイルス性鼻気管炎と並び重要な猫のウイルス性呼吸器病である．

疫　学

世界中に発生が認められており，伝染性が強く，感染源は発症している猫および無症状感染または回復期でもウイルスを排泄している猫（キャリアー）である．ウイルスは扁桃に持続感染することが多く，キャリアー状態は数週間から１年以上続く場合もある．

症　状

経鼻または経口で侵入したウイルスは気道粘膜上皮に感染し，増殖する．１～３日の短い潜伏期間の後に発熱，食欲減少，くしゃみ，流涙，鼻漏などの症状が認められ，重症の場合は肺炎となる（写真 1）．また，舌や硬口蓋に潰瘍が認められることも多く，これは最初にできた水疱が破れることにより形成される（写真 2）．

診　断

臨床上は猫ウイルス性鼻気管炎との鑑別が難しいうえに混合感染もある．口腔内の潰瘍が本病の特徴であるが，猫ウイルス性鼻気管炎でも発生頻度は低いが口腔内潰瘍形成が認められるので，確実な鑑別とはならない．

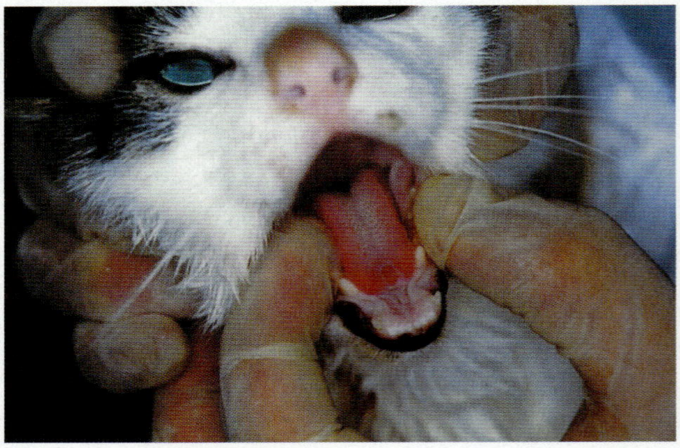

写真 2　本病で頻繁に認められる水疱が破れて形成された舌の潰瘍．

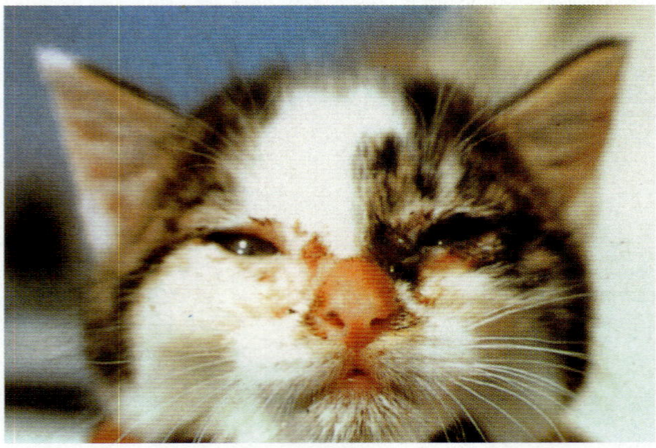

写真 1　典型的な上部呼吸器症状．
鼻漏および流涙が認められる．
（「犬と猫の感染症カラーアトラス」，共立商事，1996）

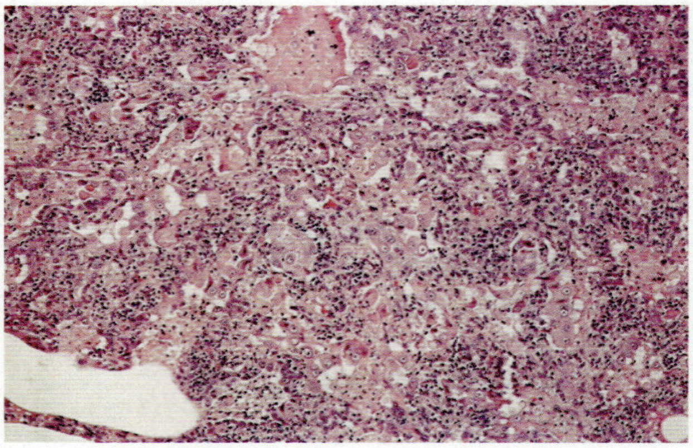

写真 3　肺炎組織．（写真提供：林　俊春氏）
Ⅱ型肺胞上皮の増生ならびに単球および好中球の浸潤が特徴的な間質性肺炎．

呼吸器系上皮に病変が認められ，上部気道の炎症，気管炎および肺炎が起きる．肺炎は初期は肺胞上皮細胞の壊死や肺胞内への漿液性線維素性滲出液を伴う滲出性肺炎で，再生期は肺胞上皮の増生を伴う間質性肺炎となる（写真 3）．

細胞培養法によるウイルス分離と血清反応（中和試験，CF テスト，蛍光抗体法）による同定，PCR 法による遺伝子検出または血中抗体価の有意の上昇の証明が確定診断に必要である．

予防・治療

猫ウイルス性鼻気管炎と猫汎白血球減少症との生または不活化 3 種混合ワクチンが市販されている．対症療法と 2 次感染細菌に対する抗生物質療法に加え，組換え型猫 IFN 製剤および抗猫ウイルス性鼻気管炎ウイルス・抗猫カリシウイルス混合抗体（組換え型）が本病の治療に応用されている．

豚水疱疹

届出

vesicular exanthema of swine

Key Words：水疱，発熱，類症鑑別

豚水疱疹ウイルス（*Vesicular exanthema of swine virus*）の感染により発症する，水疱を伴う口蹄疫様感染症である．

疫　　学

1932年アメリカ合衆国のカリフォルニア州で初めて発生報告された．口蹄疫と臨床的に区別できないため，当初は口蹄疫と診断されたが，その翌年の発生時，その原因ウイルスが口蹄疫ウイルスとは異なることが分かり，豚水疱疹ウイルスと名付けられた．その後も同地方では1956年まで発生を繰り返した．他の地域では，1946年～1947年にハワイの検疫所内，1955年にアイスランドで発生があったのみである．罹患率は0.5～100%である．本ウイルスの伝播には接触，感染豚の肉および海生動物を含む残飯給与が深く関係していた．一方，1973年にアシカから分離されたサンミゲルアシカウイルスが本ウイルスと性状が似ており，本病との疫学的関係が問題となっている．

症　　状

1～2日間40～42℃の発熱を伴い，口蹄疫と同様な水疱性病変が認められる．吻鼻およびその周辺部，口唇，口蓋，口腔粘膜および舌，蹄冠部およびその周辺に水疱が形成される．1日程度で水疱の拡大とともに破裂をきたす．細菌などの2次感染が起こった場合にはびらんや潰瘍を形成する．哺乳豚の場合には乳頭またはその周辺に水疱が形成され，乳量の減退が認められ，哺乳豚では死亡することもある．また，妊娠豚では流産が起こる場合もある．一般的には致死率は低いが，発病豚は発育障害を起こし体重が減少することから，経済的にも問題となる．潜伏期間は18～72時間で最長で12日である．

病　　変

鼻，口唇や口腔部および蹄冠部の水疱である．これらの水疱は，2次感染を受けなければ，上皮内で起こり真皮や皮下組織は破壊されない．

診　　断

抗原検索には培養細胞を用いたウイルス分離およびCFテスト，また，抗体検索には中和試験等がある．本病は口蹄疫，水胞性口炎および豚水胞病との類症鑑別が最も重要となり，高度封じ込め施設の中で迅速に行わねばならない．発生が疑われた場合，都道府県の家畜保健衛生所は農林水産省消費・安全局動物衛生課に速やかに連絡するとともに，独立行政法人農業・生物系特定産業技術研究機構動物衛生研究所海外病研究部へ口蹄疫と同様な手段を用いて，水疱上皮および水疱液などの診断材料を送付しなければならない．

予防・治療

血清型が多いこと，1957年以来本病の発生がないことから現在はワクチンはない．本病は残飯養豚が原因であることから，残飯養豚を行う場合は加熱処理をするべきである．有効な治療法はない．

ウサギウイルス性出血病

届出

rabbit hemorrhagic disease

Key Words：壊死性肝炎，播種性血管内凝固（DIC）

ウサギウイルス性出血病（RHD）は，*Rabbit hemorrhagic disease virus*（RHDV）によって，家兎に起こるきわめて高い死亡率を示す急性伝染病である．

疫　学

本病は 1984 年に中国で初めて発生し，その後韓国，ヨーロッパ各国，メキシコ，アフリカ等で発生した．伝播力がきわめて強いことから，OIE のリスト B 疾病に指定された．

日本では，1994 年に北海道，1995 年に静岡県で発生し，家畜伝染病予防法の届出伝染病となっている．

症　状

本病が病原性を示すのは 2 か月齢以上の家兎（*Oryctolagus cuniculus*）のみである．1 ～ 2 日の潜伏期間の後，発熱，食欲廃絶，呼吸促迫を呈し，末期には運動失調，痙攣等の神経症状がみられる．感染成兎の死亡率は 90 ～ 100％である．

診　断

剖検では，肝臓の脆弱化，腎臓，脾臓の高度な腫大・うっ血，肺の出血がみられ，病理組織学的には，小葉辺縁性の肝細胞壊死，腎糸球体や肺でのフィブリン血栓，脾臓の出血が特徴的に観察される（写真 1，2）．肝細胞では，免疫組織化学的に陽性抗原が，また電子顕微鏡でもカリシウイルス様粒子がみられる．RT-PCR 法による遺伝子診断も可能である．

血清学的には，ヒト O 型赤血球を用いた HI 抗体検査において，耐過したウサギでは高い抗体価が確認される．

なお，RHDV は培養細胞では増殖しない．

本病は，臨床症状，高い死亡率といった疫学と，病理学的検索により診断する．

予防・治療

海外の常在地では，不活化ワクチンが用いられている．日本では，発生ウサギ群の殺処分，施設の徹底的な消毒により，蔓延を防止する．ウサギを外部から導入する際には，由来の明確なウサギに限ること，導入後，数週間は隔離して観察することが必要である．

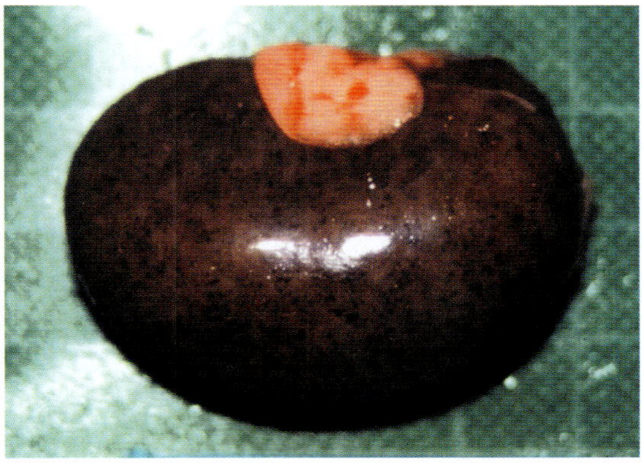

写真 1　腎臓の高度な腫大・うっ血（静岡株感染家兎）．

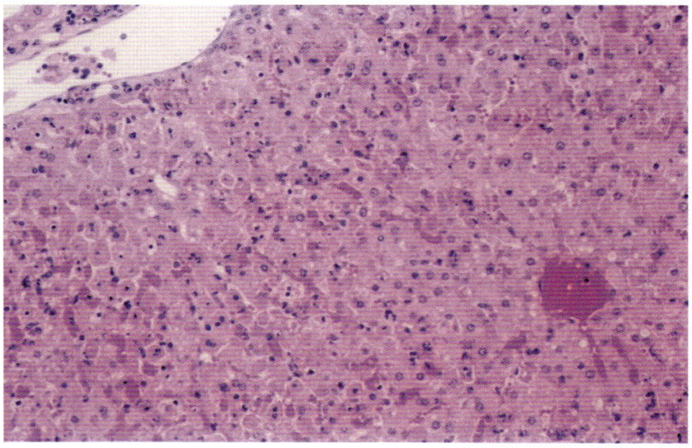

写真 2　小葉辺縁性の肝細胞壊死（静岡株感染家兎）．

アストロウイルス科

基本性状

正 20 面体粒子（27 ～ 30nm）
一本鎖 RNA
細胞質内で増殖

重要な病気

下痢症（牛，羊，豚，猫，七面鳥）
腎炎（鶏）
肝炎（アヒル）

分　　類

アストロウイルス科（*Astroviridae*）のウイルスは，哺乳類を宿主とするマムアストロウイルス（*Mamastrovirus*）属と鳥類を宿主とするアブアストロウイルス（*Avastrovirus*）属に大別される．ヒトアストロウイルスに 8 血清型，牛アストロウイルス，七面鳥アストロウイルス，および鶏アストロウイルス（鶏腎炎ウイルス）に各々 2 血清型，羊，豚，猫，アヒル，ミンクのアストロウイルスに各々 1 血清型が分類されている．

性　　状

直径約 30nm の球状の粒子内に直鎖状の一本鎖 RNA のゲノムを有するウイルスでエンベロープを欠く．小さい球状のウイルスは形態的に類似する他のウイルスと識別するのが容易ではない．アストロウイルスは表面に 5 つあるいは 6 つの頂点を持つ星状の構造が観察され，12 の角頂から小さな突起物様構造が認められ，表面構造の乏しいピコルナウイルスやダビデの星状のカリシウイルスと区別される．

ウイルス種間の抗原性交差はなく宿主特異性が認められる．種間伝播を示すデータはこれまでにない．主に消化器感染性病原体と考えられているが，病原性は強くない．

ノダウイルス科

基本性状

球形ビリオン
正 20 面体構造
カプシド直径 25 ～ 32 nm
2 分節の一本鎖 RNA
エンベロープなし

重要な病気

海水魚幼稚魚のウイルス性神経壊死症（VNN）

分類・性状

ノダウイルス科（*Nodaviridae*）ウイルスのゲノムはプラス一本鎖 RNA で，2 つの分節からなる．アルファノダウイルス（*Alphanodavirus*）属とベータノダウイルス（*Betanodavirus*）属に分類される．

ベータノダウイルスは多種海水魚の稚子魚に致死的であり，養殖魚の種苗生産段階で大きな被害をもたらす．ベータノダウイルスは 3 種の蛋白を有する．ウイルスは，細胞質内で増殖する．

病　原　性

シマアジ，カンパチ，キジハタ，クエ，マハタ，イシダイ，イシガキダイ，ヒラメ，トラフグ，マツカワ，スズキの稚子魚に感染し，高い死亡率を示す．罹病魚は遊泳不活発，あるいは旋回遊泳，回転などの異常遊泳を示す．中枢神経（脳，脊髄）および網膜組織の神経細胞に，壊死，崩壊および空胞変性を観察する．細胞質内にウイルスが高密度に存在する．親魚は不顕性感染し，生殖巣にウイルスを保有し，容易に介卵伝播を起こす．

分離・同定

ウイルス分離には成功していない．病死魚，卵巣，胎子を用いて，ELISA，蛍光抗体法によるウイルス抗原検出を行う．また，RT-PCR 法によるウイルス遺伝子検出も有用である．親魚の抗体検出は，ELISA による．

コロナウイルス科

基本性状

球形または多形性ビリオン（直径 120 ～ 160nm）
直鎖状のプラス一本鎖 RNA（サイズ：20 ～ 31kb）
細胞質で増殖，小胞体やゴルジ体から出芽

重要な病気

牛コロナウイルス病（牛）
伝染性胃腸炎（豚）
豚流行性下痢（豚）
猫伝染性腹膜炎（猫）
犬コロナウイルス病（犬）
鶏伝染性気管支炎（鶏）

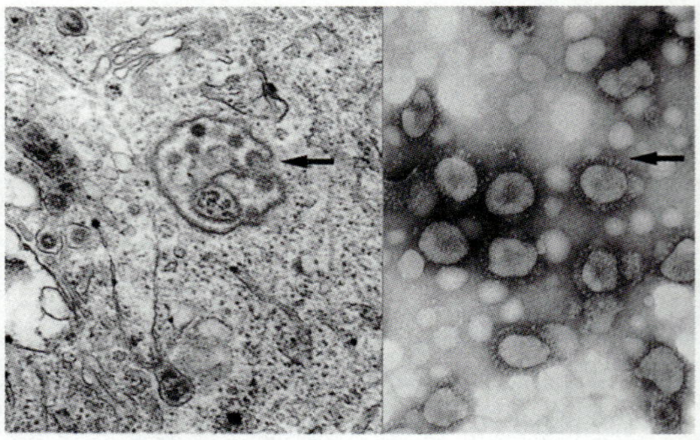

FIG　牛コロナウイルス感染マウス脳材料
矢印に小胞体へのウイルス出芽を示す
左：牛コロナウイルス，右：牛コロナウイルス粒子
（写真提供（左）：久保正法氏）

分　類

コロナウイルス科（*Coronaviridae*）はアルテリウイルス科とともにニドウイルス目に分類され，動物の病原として重要なコロナウイルス（*Coronavirus*）属と動物に下痢を起こすトロウイルス（*Torovirus*）属に分けられる．コロナウイルス属は抗原性などのウイルス性状の違いにより 3 群に分類されるが，2003 年に分離された重症急性呼吸器症候群（SARS）ウイルスは，ゲノム構造の類似性からコロナウイルス 2 群に分類された．

性　状

ウイルス粒子は球形または多形性を示し，コロナウイルス属は直径 120 ～ 160nm の大型粒子である．トロウイルス属は直径 120 ～ 140nm とやや小さく，ヌクレオカプシドが管状構造のためドーナツ状に見え，粒子形態も球形の他，楕円形や腎臓形を示すなど多形性に富む．粒子表面にコロナウイルスの名称のもととなった，スパイク糖蛋白 S からなる王冠の突起に似た長さ約 20nm の杓子状のスパイク（またはペプロマー：矢印で示す）を有する（FIG 右）．内部にはヌクレオカプシド蛋白 N と RNA ゲノムからなるらせん対称のリボヌクレオカプシドが存在する．ゲノムはコロナウイルス属で 27.6 ～ 31kb，トロウイルス属で 20 ～ 25kb であり，RNA ウイルスとしては最大サイズのゲノム長である．ウイルス種によってはエンベロープにヘマグルチニンエステラーゼ HE を持ち，赤血球凝集性を示すものも存在する．

ウイルスは細胞質内で増殖するが，5' 末端にリーダー配列を持ち，3' 末端側配列を共有する入れ子状（nested）構造を持った数種の mRNA が存在する．蛋白の翻訳は 5' 側の最初の読み取り枠からのみ行われる．ウイルス粒子は，小胞体やゴルジ膜から出芽することによって成熟する．

牛コロナウイルス病

bovine coronavirus infection

Key Words：子牛下痢，冬季赤痢，呼吸器病，脱水

本病は牛コロナウイルス（*Bovine coronavirus*：BCoV）の感染に起因し，下痢を主徴とする子牛や成牛の急性疾病である．新生子牛の下痢としての本病は牛ロタウイルス病と並ぶ多発疾病である．また，諸外国で古くから冬季赤痢（winter dysentery）と呼ばれている成牛の伝染性下痢はBCoVの感染が主原因である．加えて，BCoVは子牛の上部気道にも感染して軽度な呼吸器病を起こす．

疫　　学

本病による子牛下痢は世界中で認められ，日本でも全国的に発生がみられる．冬季に多発する．BCoVは牛に広く浸潤し，ほとんどの成牛はBCoVの抗体を持っている．そのため子牛は初乳中の抗体によって免疫を与えられるが，初乳中の抗体価は分娩後急激に低下する．よって生後3～4日ごろから本病の発生が認められ，1～3週齢の子牛に多発する．本病のような腸管局所の感染病では牛ロタウイルス病と同様に初乳から血液中に移行した抗体は防御にあまり有効でない．不顕性感染も多く認められる．致死率は寒冷ストレス，栄養不良，他の病原微生物の混合感染や2次感染，初乳の摂取不足などにより上昇する．

BCoVは成牛の下痢，とくに冬季赤痢に関与している．冬季赤痢は晩秋から初春に舎飼の成牛に発生する伝染性の下痢で，日本を含め多くの国で報告されている．本病が発生すると牛群内の成牛で急速に蔓延する（発病率50～100％）．致死率は低い．冬季の急激な気温や気圧の低下が冬季赤痢の発症誘因となる．

BCoVは牛の腸管以外にも上部気道に高い親和性があり，子牛の鼻汁から高率に検出される．時に子牛に軽度な呼吸器病を起こす．輸送熱との関連も指摘されている．

BCoVの伝播は糞口感染だけでなく，鼻汁や唾液，また，くしゃみや咳に伴う飛沫を介しても起こると考えられる．

症　　状

子牛下痢では20～48時間の潜伏期間の後，元気消失，食欲不振，黄色もしくは灰白色の水様性下痢を呈し，脱水，アシドーシスなどにより衰弱する（写真1）．時に糞便中に血液や偽膜を混じる．臨床症状で牛ロタウイルス病との区別は困難である．牛ロタウイルス，クリプトスポリジウム，毒素原性大腸菌などとの混合感染も多く，症状と予後を悪化させる．

舎飼の成牛に発生する冬季赤痢では3～7日間の潜伏期間の後，突然暗緑色もしくは黒色の水様性下痢を呈し，下痢は数日間続く．発症牛の5～10％は糞便中に血液を混じる（写真2）．時に咳，鼻汁漏出などの呼吸器症状を認める．搾乳牛では産乳量が減少する．

呼吸器感染により子牛は時に鼻汁漏出，くしゃみ，咳などの軽度な呼吸器症状を呈する．また細菌の2次感染を誘発する．

病　　変

子牛下痢による病変は小腸と大腸で認められる．肉眼

写真1　新生子牛(アンガス種)にみられた下痢．(写真提供：藤川　朗氏)
元気消失し，脱水により皮膚の弛緩，被毛粗剛および眼球陥没がみられる．

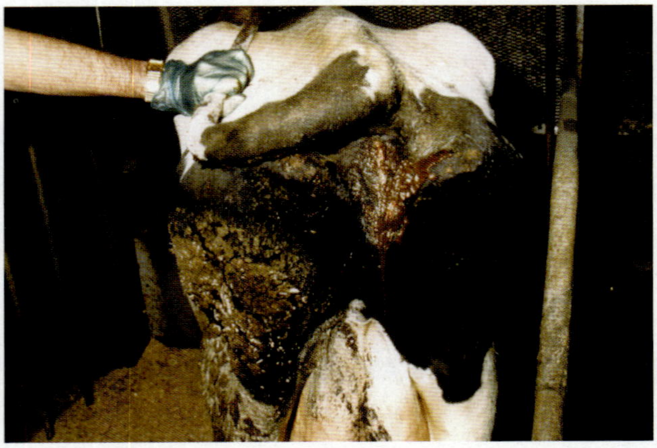

写真2 成牛の冬季赤痢．（写真提供：D. R. Redman 氏，L. J. Saif 氏）
血液を混じた下痢便の排出がみられる．

写真3 ノトバイオート子牛における回腸絨毛の EM 像．
A：正常な非感染子牛の絨毛．B：牛コロナウイルス接種 72 時間後の絨毛，萎縮と融合がみられる．なお，同様な変化は大腸粘膜表層部にもみられ，これは牛ロタウイルス病との相違点である．
（L. J. Saif and K. W .Theil 編，「Viral Diarrhea of Man and Animals」，CRC Press, 1990）

写真4 HRT-18 細胞上の牛コロナウイルスプラーク形成．

所見では絨毛の萎縮により小腸壁は薄くなり弛緩している．組織所見としては，小腸では絨毛上部における粘膜上皮細胞の壊死・脱落により絨毛の萎縮，融合がみられる（写真 3）．大腸では表層部粘膜の上皮細胞が壊死・脱落して表層部は萎縮する．

冬季赤痢では小腸下部ならびに大腸において病変が顕著に認められ，腸管壁の浮腫と肥厚，また時に粘膜面にうっ血や斑状あるいは点状出血が存在する．

診　　断

子牛下痢や呼吸器感染症については臨床症状による本病の診断は困難であり，病原学的診断が必要である．一方，成牛の下痢では冬季赤痢の特徴的な疫学や臨床症状により本病の推測は可能である．

下痢の病原診断としては発病初期の糞便を用いて電子顕微鏡法によるウイルス粒子の観察，ELISA や逆受身 HA 反応，HRT-18 細胞を用いたウイルス分離（写真 4），RT-PCR 法によるウイルス遺伝子の検出を行う．子牛の腸管材料が得られれば，小腸や大腸の凍結切片あるいは粘膜細胞の塗抹標本から蛍光抗体法によりウイルス抗原を検出する．成牛の下痢ではペア血清を用いた抗体価の有意上昇確認も有効である．呼吸器感染の診断は鼻腔拭い液からのウイルス分離や粘膜細胞の塗抹標本を用いた蛍光抗体法を行う．

予防・治療

本病に対するワクチンが市販されている．子牛に対して高力価の抗体を含む初乳や免疫グロブリン製剤などの連続給与は本病の予防に有効である．一般的な予防策として畜舎の清掃と消毒，飼育環境の改善，カーフハッチの利用，また出生直後の子牛への初乳の適正給与が重要である．

下痢の治療においては脱水とアシドーシスの改善を目的とした補液療法が重要である．また細菌の混合感染例や 2 次感染による重篤化予防に適切な抗生物質を使用する．

伝染性胃腸炎

届出

transmissible gastroenteritis

Key Words：水様性下痢，嘔吐，脱水症状，小腸絨毛の短縮

伝染性胃腸炎（TGE）はコロナウイルス科コロナウイルス属に分類される伝染性胃腸炎ウイルスの感染に起因する急性ウイルス性胃腸炎で，激しい水様性下痢と嘔吐を特徴とする．

疫　学

本病の発生には2つの特徴が認められる．1つは発生の季節性で，本病の発生は晩秋から早春に多く，冬季に最も多発する．夏季にも発生することがあるが，夏季の症状は一般に軽度で致死率も低い．TGEの発生が冬期に多い理由として，ウイルスの抵抗性が高温や光に弱いこと，冬季の気候条件が豚の抵抗性に影響を及ぼすことなどが指摘されている．もう1つの特徴は豚の日齢によって病勢が異なり，幼齢豚ほど重篤な症状を示し致死率も高いことである．

ウイルスはキャリアー状態にある豚の導入によって持ち込まれることが多い．本病から回復した豚は長期間ウイルスを保持し，キャリアーとなる．清浄養豚場にTGEウイルスが侵入すると，発病豚の下痢便中に多量のウイルスが排泄されること，またウイルスの伝染力が強いことから，爆発的な発生が起こる．ウイルスは接触感染や飛沫感染を起こすほか，ヒトの着衣や履き物，作業器具，車両などに付着して伝播する．小〜中規模の養豚場では，短期間のうちに多くの豚が死亡する（哺乳豚）か免疫となる（哺乳豚以上の豚）ため，流行は1〜2か月で終息することが多い（流行型）．しかし，大規模養豚場では感受性の子豚が連続的に生産されること，また母子免疫の効果が哺乳中に限られること（乳汁免疫）から，離乳後の子豚を中心とした感受性集団が継続して存在することになり，離乳子豚に依存した連鎖的な感染環が成立する．このような養豚場では常在化しやすく，防疫が著しく困難となる（常在型）．

症　状

潜伏期間は哺乳豚で12〜24時間，それ以上の豚で2〜4日である．感染率と発病率はきわめて高く，日齢に関係なく100％に近い．しかし，病勢は日齢によって異なり，幼齢豚ほど重篤な症状を示し致死率も高い．とくに2週齢以下の哺乳豚の致死率はほぼ100％に達する．感染豚は突然発病し，最初に食欲不振，嘔吐，次いで激しい下痢が認められる．本病の下痢は典型的な水様性下痢で，豚の下痢の中で最も激烈である（写真1）．哺乳豚の下痢は黄色で，凝乳塊の混ざることが多い．哺乳豚では下痢の開始とともに脱水症状と体重の減少が認

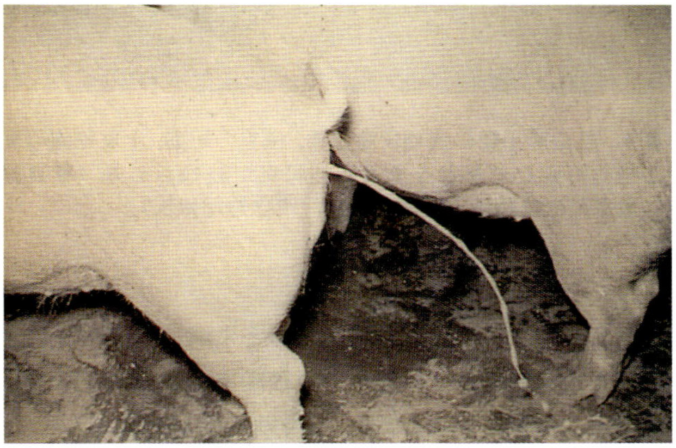

写真1　肥育豚の水様性下痢．（写真提供：梶　隆氏，清水悠紀臣氏）
TGEの下痢は豚の下痢の中で最も激烈である．

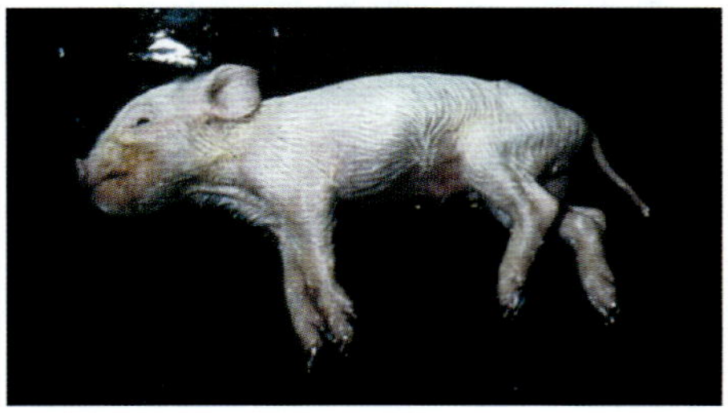

写真2　TGEで死亡した哺乳豚．（写真提供：古内　進氏，清水悠紀臣氏）
著しい脱水症状が認められる．

められ，4～7日の経過で死亡する（写真2）．3週齢以上の豚の致死率は低くなるが，子豚期に発病した豚は回復後も発育不全を起こし，いわゆる「ヒネ豚」となることが多い．肥育豚と成豚も嘔吐に続いて水様性下痢を示すが，4～7日の経過で回復するものが多い．母豚の症状は一般に軽度であるが，哺乳中の母豚が感染すると泌乳が停止する．その結果，哺乳豚の栄養失調が発生し，子豚死亡の大きな原因となる．

以上に述べた症状は流行型の定型的な例であるが，常在化した養豚場や夏期の発生では，症状や伝播速度が軽度で，子豚の致死率も低いことが多い．

病　変

病理学的変化は主に胃と小腸に認められる．哺乳豚の胃は膨満し，中に黄色の泡沫状の液体と未消化の凝乳塊を含む．胃大弯部粘膜はうっ血のため赤色化する．小腸壁は透明感が増加し，著しく薄くなる．小腸の粘膜面を解剖顕微鏡，ルーペなどで観察すると，絨毛の短縮が観察される（写真3）．病理組織学的にはカタル性腸炎が特徴的で，上皮細胞の変性壊死，空胞化，核濃縮などが観察される（写真4）．とくにTGEウイルスは円柱上皮細胞を破壊するので，陰窩細胞が代償性に増殖し陰窩が深くなる．その結果，小腸絨毛の長さと陰窩の深さの比が小さくなる．そのほか，胃粘膜表層血管の充血と上皮細胞の壊死，大腸粘膜上皮細胞の変性，腎曲尿細管上皮細胞の変性，尿管の閉塞，脾臓やリンパ節における網内系細胞の活性化などの変化が認められることがある．

写真3　小腸絨毛の短縮．（写真提供：古内　進氏）
正常豚（下）に比較し，感染豚（上）では絨毛が著しく短縮する．

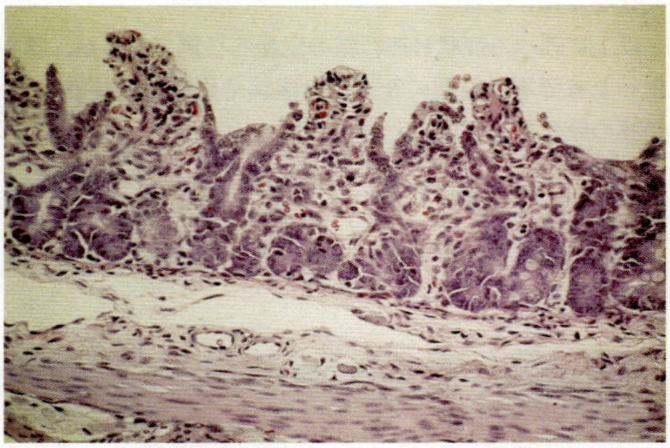

写真4　感染豚小腸の病理組織標本（写真提供：成田　實氏，清水悠紀臣氏）
絨毛の短縮，上皮細胞の変性と空胞形成などを伴うカタル性腸炎が観察される．

診　断

本病と類症鑑別を要する疾病には豚流行性下痢とロタウイルス病がある．これらの中ではTGEの症状が最も激烈で，小腸絨毛の長さと陰窩の深さの比は最小となる．しかし，類似点も多く，確定診断にはウイルス学あるいは血清学的な検査が必要である．ウイルス学的検査としては，蛍光抗体法とウイルス分離が一般的である．最近はRT-PCR法による診断も行われるが，非特異反応などに注意する必要がある．蛍光抗体法による診断には小腸の凍結切片が用いられ，感染豚では上皮細胞に特異蛍光が認められる（写真5）．本法は迅速性に優れているが，検査には発病まもない新鮮な材料を用いることが必要である．死亡豚など感染後時間の経過した材料では，ウイルス抗原の観察されない例も多い．ウイルス分離は小腸や下痢便乳剤を豚甲状腺，腎臓，精巣細胞などに接種して行う．TGEウイルスの分離は比較的難しいが，接種材料をトリプシン処理することにより，分離効率を高めることができる．ペア血清を用いた血清学的検査は事後診断となるが，最も確実な診断法である．抗体の検出には，一般に中和試験が行われる．

予防・治療

本病に著効を示す治療法はないが，大腸菌症の併発や脱水症状が問題となることが多いことから，抗生物質の投与や補液療法が行われれることがある．しかし，その

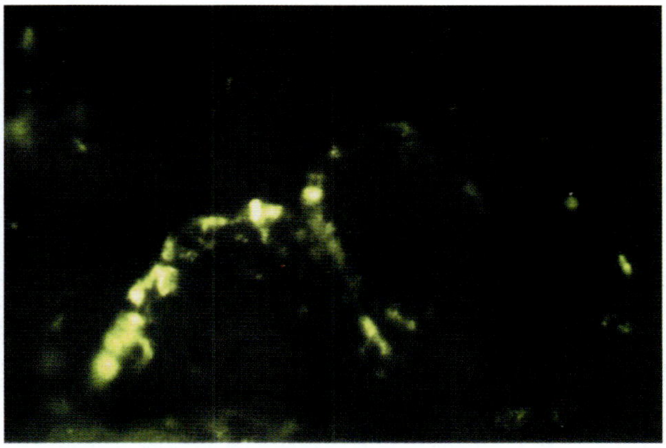

写真5 小腸凍結切片の蛍光抗体染色．（写真提供：原田熊幸氏，清水悠紀臣氏）
短縮した絨毛の上皮細胞に特異抗原が認められる．

効果には限界があり，とくに哺乳豚では無効なことが多い．

移行抗体の感染防御効果は少ないが，母豚の乳汁中に抗体が含まれると，哺乳中は子豚の感染を防御することができる（乳汁免疫）．免疫効果は主に分泌型 IgA 抗体に担われる．現在，乳汁免疫の誘導を目的とした母豚用ワクチンが市販されている．一方，子豚に直接投与し，能動免疫を誘導するワクチンも開発されている．このワクチンは短期間で免疫効果を誘導することができることから，発生があった場合の緊急予防用として有用である．しかし，ワクチンに全面的に依存することなく，導入豚の厳選や検疫の徹底によるウイルスの侵入防止，日常の衛生管理の改善による異常豚の早期発見などに努めることが，本病の予防にとって最も大切である．

豚流行性下痢

届出

porcine epidemic diarrhea

Key Words：下痢，急性型，常在型，脱水，哺乳豚，離乳期下痢

豚流行性下痢（PED）は豚流行性下痢ウイルスの感染によって起こる豚の急性伝染性下痢で，すべての日齢の豚で下痢を起こすが，哺乳豚の死亡率が高い．伝染性胃腸炎（TGE）に酷似した症状を示す．

疫　学

ヨーロッパの一部の国では抗体調査によってウイルスの浸潤が確認されているほか，日本や韓国でも本病の発生が報告されている．ウイルスは主に感染豚の糞便によって経口的に感染・伝播する．本病の発生形態はさまざまで，すべての日齢の豚が下痢を起こす場合と，哺乳豚では下痢が認められず，離乳後の豚でのみ下痢の認められる場合もある．発生形態の違いは，農場におけるウイルスの常在化によると考えられている．

症　状

特徴的な症状は水様性下痢である（写真1）．下痢はあらゆる日齢の豚で起こり，その症状はTGEにきわめて類似している．嘔吐はあまり認められない．実験感染では発病までの潜伏期間は約24時間である．死亡率は約50％程度であるが，生後1週間以内の新生豚では下痢による脱水で死亡することが多く，その死亡率は100％に達する場合もある．日齢の進んだ豚では死亡はまれであるが，体重減少が著しい．また，母豚では泌乳の減少や停止を起こすこともある．

病　変

病変は小腸に限局しており，小腸壁の菲薄化が顕著で，腸壁を通して内容物が透けて観察される（写真2）．組織学的には小腸粘膜上皮細胞の扁平化と空胞化が観察され，小腸絨毛の萎縮が顕著で正常の1/3から1/7に短縮する．

診　断

症状がTGEと酷似するため，実験室内診断が不可欠である．糞便や腸内容物を用いた免疫電子顕微鏡法が用いられるが，材料採取時期によっては確実ではない場合がある．感染小腸の凍結切片を用いた蛍光抗体法，あるいはホルマリン固定切片を用いた免疫組織化学的染色による抗原検出で確実な診断が可能である（写真3）．RT-PCR法によるウイルス遺伝子の検出は短時間で結果

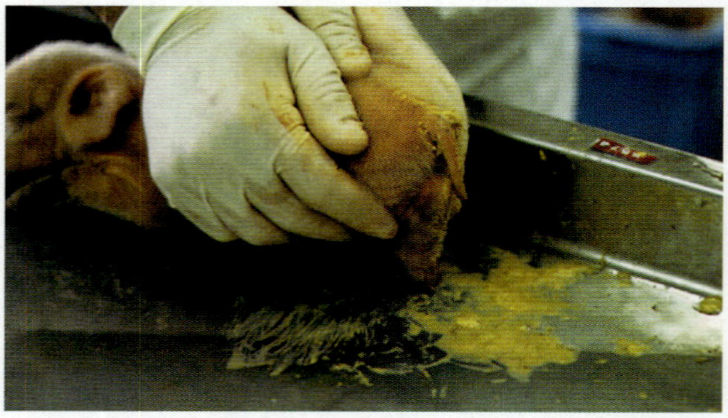

写真1　哺乳豚にみられた豚流行性下痢．
黄色水様性の下痢と脱水が認められる．

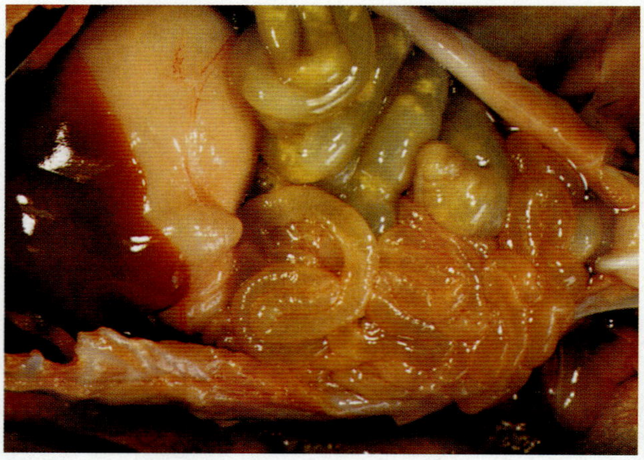

写真2　下痢発症豚の病変．
小腸壁の菲薄化が特徴的に認められ，薄くなった腸壁を通して黄色内容物が透けて観察される．

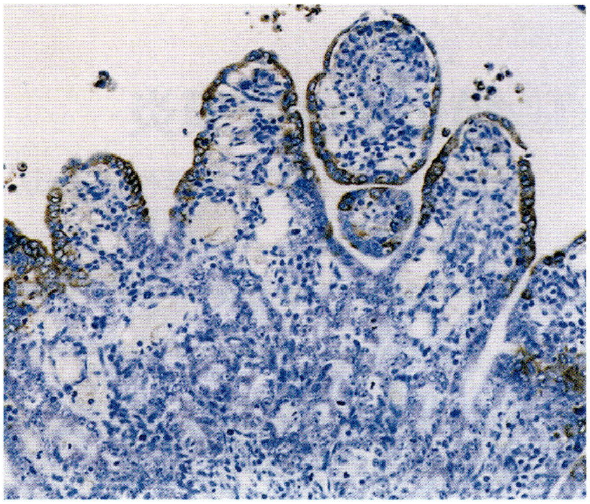

写真3 PED発病豚の腸粘膜上皮細胞内に検出されるウイルス抗原（免疫組織化学的染色）.

が得られ，確定診断には至らないが応急的な補助診断として有用である.

予防・治療

母豚用生ワクチンが実用化されているが，衛生管理強化により，侵入防止と伝播防止を図ることも重要である.

猫伝染性腹膜炎

feline infectious peritonitis

Key Words：線維素性腹膜炎，脈管炎，腹水貯留，化膿性肉芽腫，高グロブリン血症

猫伝染性腹膜炎（FIP）は，飼い猫や動物園で飼育されているチーター，ライオン，ジャガー，ヒョウなど多くのネコ科動物に発生する慢性・進行性のウイルス性伝染性疾病である．FIP は腹膜炎，腹水貯留，脈管炎，化膿性肉芽腫形成などを特徴とする疾病で，本病と診断し得るものはその予後が不良である．

疫　　学

FIP は 1960 年代にアメリカで初めて報告された比較的新しい疾病であるが，現在ではほとんど全世界でその発生が確かめられている．FIP の原因ウイルスである FIP ウイルス（FIPV）は猫コロナウイルス（FCoV）の 1 種で，豚伝染性胃腸炎ウイルスや犬コロナウイルスと抗原性が類似し，血清学的にこれらのウイルスと交差する．無作為に集められた血清の疫学調査では，約 20％の猫が FIPV に対する抗体を保有していた．しかし，野外には FIPV と血清学的に交差し，病原性の弱い（FIP を起こすことはない）別種の FCoV である猫腸内コロナウイルス（feline enteric coronavirus：FECV）が流行するため，正確な FIPV 感染率は不明である．また，FCoV は血清学的，遺伝学的にⅠ型とⅡ型に分けられ，ウイルス分離の難しい（細胞培養での増殖性が悪い）Ⅰ型が野外では優勢である．FIPV の病原性の強さには差があり，これまでに分離されたウイルス株の中ではⅠ型よりもⅡ型の FIPV 分離株で強い病原性を示すものが多い．FIP 発症には，感染したウイルス株の病原性の強さや宿主側の免疫状態などの要因が複雑に関与している．

FCoV の感染経路に関する詳細は不明であるが，おそらく感染猫の糞尿や唾液とともに排泄されたウイルスが経口および経鼻的に体内に侵入するものと思われる．また，FECV が，感染している猫の体内で FIPV に変異して FIP を発病するという説もある．

症　　状

FIP の病型は臨床・病理学的に滲出型（wet または effusive form）と非滲出型（dry または non-effusive form）に分けられる．前者は線維素性腹膜炎とこれに由来する腹水の貯留（写真 1）を特徴とし，後者は各種臓器における多発性化膿性肉芽腫形成を特徴とする．しかし，両者は完全に独立しているわけではなく，共存する例も少なくない．感染後どちらの病型に進行するかは感染猫の細胞性免疫の強さにより決定されると考えられている．

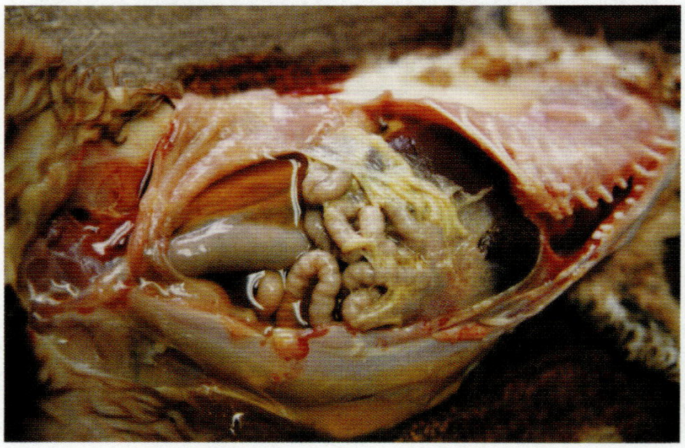

写真 1　線維素性腹膜炎と腹水の貯留．

滲出型：典型的な例では，腹水貯留による腹部膨満，胸水貯留を示唆する呼吸困難が認められる．40℃近い発熱が続き，食欲不振となり，元気消失し，体重が減少する．

非滲出型：多少変動のある不安定な発熱が続き，次第に体重が減少し衰弱していく．中枢神経系がおかされた場合，後躯運動障害や痙攣などの神経症状を示す．写真 2 に示すような眼病変もしばしば認められる．

診　　断

滲出型は腹水貯留などで比較的診断は容易であるが，非滲出型では確定診断が困難であり，臨床病理学的に総合的に診断する必要がある．

滲出型：腹膜炎，胸膜炎に由来する透明あるいは麦わ

写真 2　眼病変.

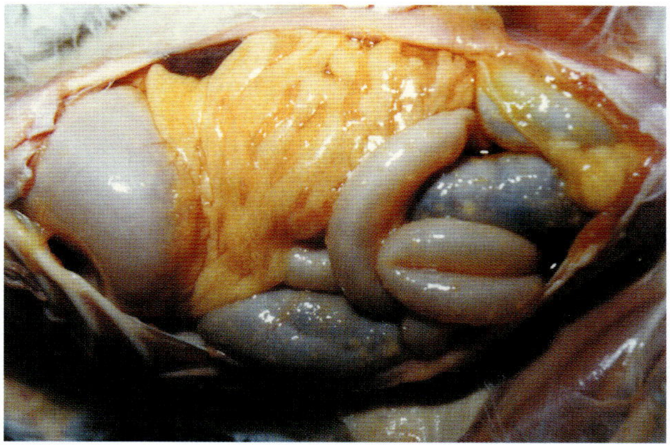

写真 3　腹腔内諸臓器の白色結節（化膿性肉芽腫）.

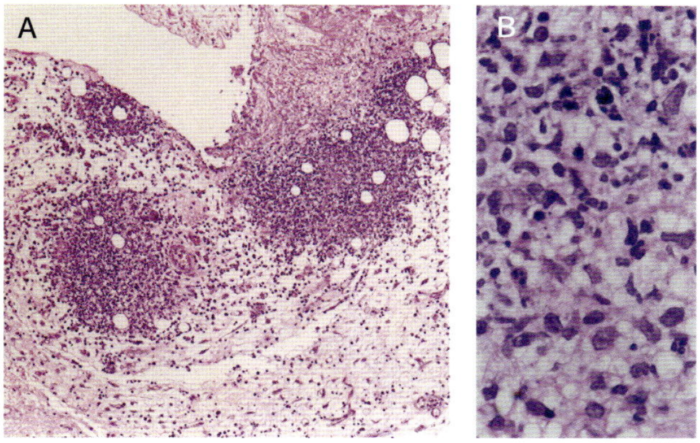

写真 4　化膿性肉芽腫組織像.
A：大網に形成された化膿性肉芽腫の低倍増．HE 染色.
B：化膿性肉芽腫の拡大像．好中球とマクロファージを主体とする細胞集簇で，細胞崩壊を伴う．HE 染色.

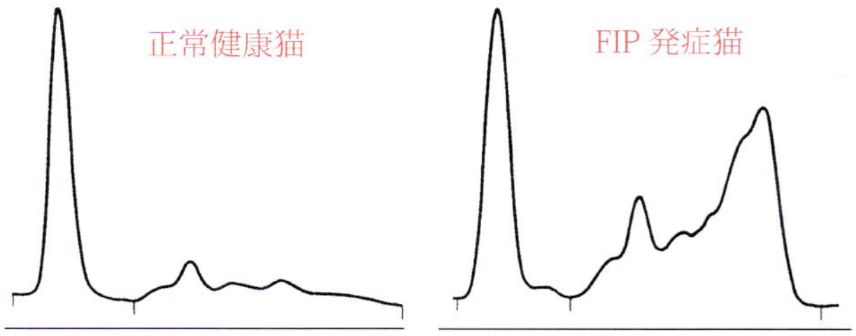

図 1　血清の蛋白電気泳動像.
対照に比べ FIP 発症猫ではグロブリン，とくに γ - グロブリン分画（右端）のピークが増加している.

ら色の腹水，胸水が貯留する．腹水，胸水は粘稠性があり，空気にさらされると凝固しゼラチン状になる．腹腔内諸臓器の表面には線維素が析出し，偽膜が形成されることがある．また，臓器表面には化膿性肉芽腫による壊死巣がみられることもある（写真 3）.

非滲出型：この型では腹水，胸水の貯留がなく，内臓諸臓器のほか脳・脊髄などの中枢神経系に比較的大型（0.5 ～ 2.0cm）の灰白色で隆起した結節（化膿性肉芽腫）を形成する．また，角膜浮腫，ブドウ膜炎，脈絡網膜炎などの眼病変を形成することもある.

滲出型，非滲出型いずれの病型も，化膿性肉芽腫は壊死巣とこれを取り囲む好中球，リンパ球，プラズマ細胞および組織球（マクロファージ）からなる（写真 4）.

血液学的には両型とも好中球増加による白血球数増多が認められることが多い．リンパ球数は正常かむしろ減少し，病気の末期では 250 個 / μl 以下の値を示すこともある．血漿蛋白質は上昇し，8.0g/dl 以上の高値を示すことがある．この高蛋白血症は，α_2，β ならびに γ グロブリンの上昇に起因するものである．この高グロブリン血症の電気泳動像（図 1）は FIP に特異的な所見ではないが，比較的有意義な診断方法となる.

抗体による診断は，前述のように FIPV と血清学的に交差し，感染しても FIP を起こさない FECV が存在するため，たとえ FIPV に対する抗体が陽性と診断されても，その猫が本当に FIPV に感染しているかどうかを判断することができない．つまり，FECV の感染により FIPV に対する抗体が陽性となっている可能性を否定することができない．両ウイルスは，病原性以外で区別することはできないことから，それぞれ独立したウイルス群と考えるよりも病原性の幅が広い 1 つの FCoV 群として考えた方が適切ではないかと指摘されはじめている．野外では，FIPV よりもこのような FIP を起こさない FECV の流行が優勢であると考えられている.

腹・胸水や病変部臓器のバイオプシー材料を使用した RT-PCR 法によるウイルス遺伝子の検出は，FIPV 感染の結果と判定でき診断的意義が高い．

予防・治療

臨床症状を発現したFIP猫に対する有効な治療法はない．免疫抑制剤による治療が試みられているが，多少の延命効果をもたらすにすぎない．

高温（39℃）では増殖できない温度感受性変異株を用いた点鼻用生ワクチンがアメリカで開発され市販されている．しかし，このワクチンを投与した猫に強毒FIPVを接種するとFIP発症がより早まったという報告があり，その安全性および効果に対する評価が異なっている．FIPVに対する抗体はFIPVの感染・発症を早めることが報告されており，このことがFIPV感染に対するワクチン応用を困難なものにしている．

犬コロナウイルス病

canine coronavirus infection

Key Words：下痢症，腸炎

グループ1コロナウイルス群に属する犬コロナウイルス（*Canine coronavirus*）の消化管感染が原因の腸炎で，多くの場合軽症であるが，犬の年齢や免疫状態，あるいは他のウイルスや細菌の2次感染により病状が悪化し，死亡することもある．

疫　学

1971年にドイツで初めて発見されて以後，ヨーロッパ諸国，米国，日本，オーストラリアなどで本病が確認され，おそらく世界中で発生があるものと思われる．品種や年齢に感受性の差はなく野生イヌ科動物も感染する．感染犬の糞便中にウイルスが排泄され感染源となる．糞口感染のために伝播しやすく，集団飼育されている犬の感染率は一般に高く，60～80％に達する．

症　状

経口的に侵入したウイルスは胃酸障壁を通過，標的器官である小腸に達する．結腸には感染しにくい．腸絨毛の上部上皮細胞に感染し絨毛を破壊する．パルボウイルスのように腸陰窩細胞を侵襲することは少ない．潜伏期間は1～3日で嘔吐や下痢が始まる．嘔吐は病初期に激しい．糞便性状は軟便～粘液・水様便で臭気が強く，数日間続く．元気と食欲が消失し，嘔吐・下痢が激しいと脱水が顕著となる．若齢の犬ほど重症で，加齢するにつれ無症状感染になる傾向が強い．他の細菌やウイルスの2次感染がない限り，ウイルス感染後1週間位で，局所抗体の産生や腸絨毛の速やかな修復により発熱することもなく快方に向かう．コロナウイルス単独感染の死亡率は低いが，2型犬パルボウイルスとの混合感染や集団飼育下のストレスは病状の悪化や回復の遅延，死亡率の上昇につながる．野外には強毒株や呼吸器向性株の存在も指摘されている．

血液性状の変化はまれである．ウイルス血症を起こさないので腸管外に広がることは少ないが，腸間膜リンパ節，脾臓，肝臓などでまれに検出される．

診　断

感染抗体価は低いので血清学的診断はペア血清を用いて中和試験で行う．下痢症診断法のゴールドスタンダードは糞便中のウイルス粒子を電子顕微鏡で検出する方法である．より簡便には細胞培養によるウイルス分離が推奨され，より迅速には遺伝子診断がよい．猫胎子細胞であるfcwf-4細胞や犬線維腫細胞であるA72細胞を用いる．遺伝子増幅法（RT-PCR法）では偽陽性が多いので，定量的なPCR法（real-time PCR）が推奨される．

予防・治療

非経口投与型の不活化ワクチンや生ワクチンが用いられているが，この投与経路を用いている限り有効性には限界がある．腸管粘膜面の免疫が必要である．繁殖施設等では母犬を免疫し，新生犬には移行抗体による乳汁免疫防御も理論的である．

ウイルスは比較的に失活しやすいウイルスに入るが，下痢便に多量に排泄され環境汚染が激しいことから感染源の管理も有効である．次亜塩素酸が消毒に適している．

治療は脱水の改善，2次増悪感染の軽減，栄養補給を主眼に行う．クロルプロマジンなどの制吐剤，アンピシリンなどの抗菌剤，シメチジンなどの胃粘膜保護剤などが指示される．

鶏伝染性気管支炎

届出

infectious bronchitis

Key Words：呼吸器病，産卵低下，腎炎

鶏伝染性気管支炎（IB）ウイルスが病原体である．鶏の代表的な呼吸器病として長い間知られてきたが，泌尿器，生殖器，消化器にもIBウイルスは高い親和性を持つために，腎炎，腸炎，産卵の低下を引き起こし経済的な被害をもたらす複雑な疾病という認識が定着している．

疫　学

鶏の品種，性，日齢に関係なく発生する．腎炎の発症が認められたり，幼雛に感染すると死亡率は高まる．持続感染に陥ることが多く，感染雛の糞便から長期間IBウイルスが排泄される．このような雛は本病の感染源として重要である．

1930年代に米国において本病初発例が報告され，病原体であるIBウイルスも分離されている．第二次世界大戦後，本病は世界中の養鶏界に広く蔓延した．国内においても昭和26年に最初の発生が認められた．世界の多くの養鶏界は本病防遏のために生および不活化IBワクチンを広く使用しているが，本病は依然として発生し続けている．1980年代半ばから国内のみならず，世界的に腎症・腎炎の発生が増加している．

IBウイルスの伝播力は非常に強い．

症　状

IBウイルスの侵入門戸として，呼吸器粘膜，眼結膜などがあるが，これら臓器のほか腎臓，卵巣，腸管でも増殖性が高い．潜伏期間は1～3日間である．幼雛では突然うずくまり，開口呼吸，異常音を伴う呼吸器症状が認められ，下痢便の排出がある（写真1）．症状が重い場合，2，3日で死亡する例がある．回復しても発育不良をきたし，無産卵鶏となることが多い．産卵鶏では呼吸器症状に伴い，産卵率の低下をきたすことが多い．異常卵の産出が認められる場合もある．顕著な臨床症状を伴わない場合，あるいは強い下痢と産卵率の低下の認められる場合（腎症・腎炎）もある．

病　変

肉眼病変は呼吸器のカタル性炎，卵胞膜の充出血，卵胞の軟化，卵管の萎縮，腹腔内の黄色混濁液の貯留，腎臓の腫大，尿酸沈着と退色が認められる（写真2）．組織学的には呼吸器の粘膜下組織細胞の軽度の増殖，リンパ球浸潤，水腫，充血，卵巣の卵黄物質の付着，偽好酸球あるいはリンパ球を主体とした細胞浸潤がある．封入体は形成されない．腎臓では尿細管上皮細胞の壊死，尿細管および集合管管腔に尿酸あるいは石灰性物質が認められる．

診　断

肺脳炎型ニューカッスル病，伝染性喉頭気管炎，伝染性コリーザとの類症鑑別が必要である．確実な診断のためには，ウイルスの分離と血清中の抗体を調べる．ウイルス分離には日数を要するが，呼吸器，腎臓などの臓器乳剤を発育鶏卵に3代程度継代して鶏胚の形状の変化（矮小化，カーリング）を観察する（写真3）．最近，

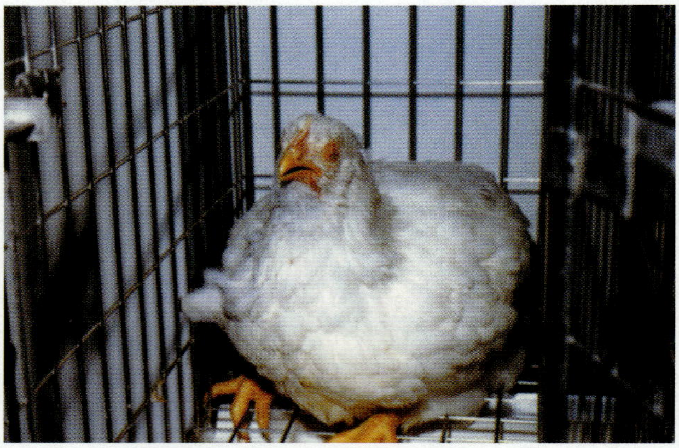

写真1 野外から分離した鶏伝染性気管支炎ウイルスを接種した鶏に発現した呼吸器症状．
この鶏には結膜炎も認められた（写真提供：青山茂美氏）．

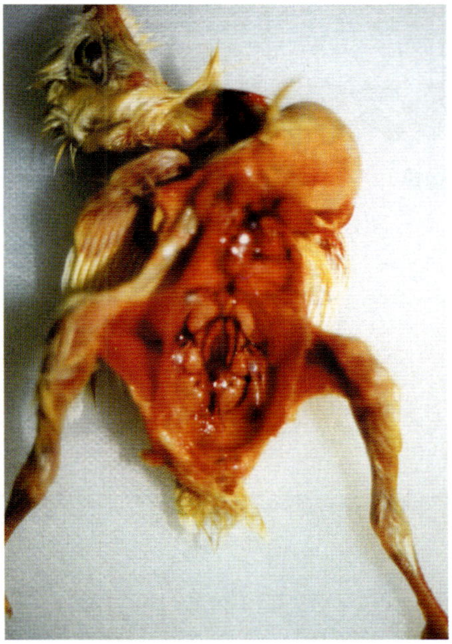

写真２　腎炎由来鶏伝染性気管支炎ウイルス HS-91 株を接種後６日目に死亡した雛.
　腎臓に重度の腫大と褪色が認められる.

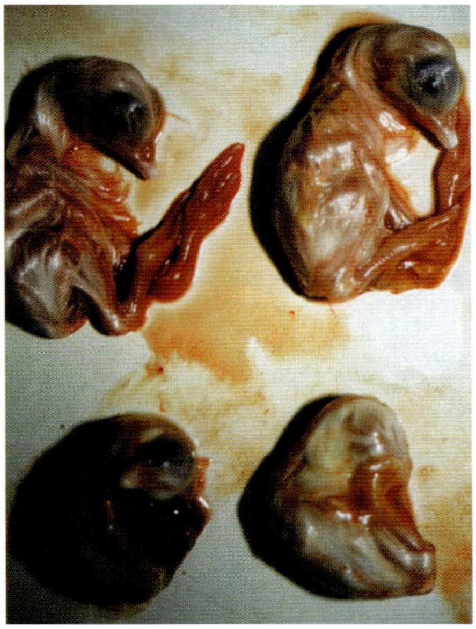

写真３　腎炎由来鶏伝染性気管支炎ウイルス HS-91 株を９日齢発育鶏卵に接種後７日目の鶏胚.
　下段の２鶏胚に矮小化とカーリングが認められる.

RT-PCR 法による IB ウイルス遺伝子の検出法も開発されている．血清中の抗体の存在はウイルス中和試験，蛍光抗体法，寒天ゲル内沈降反応，HI 試験，ELISA などによって検出できる.

予防・治療

　数種の生および不活化ワクチンが広く用いられている．しかし，これらワクチンの持つ感染防御機構は未だ解明されていないため，それぞれのワクチンの有効性については不明のまま残されている点が多い．また，効果的なワクチネーションプログラムの確立も容易ではない．IB ワクチンを投与した鶏群に確実に感染防御能を賦与できない場合があり，逆に鶏群の飼育環境が悪い場合には，接種したワクチンウイルスが原因となり，本病の発生することがある.

　治療法はない．IB 罹患鶏は IB ウイルスのキャリアーとなり，感染源となるおそれがあるため，罹患鶏群は直ちに殺処分するのが望ましい.

アルテリウイルス科

基本性状

球形ビリオン（直径 45 ～ 60nm）
直鎖状のプラス一本鎖 RNA（サイズ：12.7 ～ 15.7kb）
細胞質で増殖，小胞体やゴルジ体から出芽

重要な病気

馬ウイルス性動脈炎（馬）
豚繁殖・呼吸障害症候群（PRRS）（豚）

分　類

コロナウイルス科とともにニドウイルス目を構成する．アルテリウイルス科（*Arteriviridae*）はアルテリウイルス（*Arterivirus*）属のみで，馬動脈炎ウイルス，豚繁殖・呼吸障害症候群ウイルスの他，マウスの乳酸脱水素酵素上昇ウイルスとサル出血熱ウイルスの 4 ウイルスが属する．

性　状

ウイルス粒子は球形（直径 45 ～ 60nm）で，コロナウイルスに比べて粒子およびゲノムのサイズが遙かに小さく，またエンベロープ表面の杓子状突起も持たない．ゲノムの構造はコロナウイルス科に類似しており，直鎖状のプラス一本鎖 RNA で，3' 末端にポリ A 配列を持つ．1 ～数種のエンベロープ糖蛋白，マトリックス蛋白，ヌクレオカプシド蛋白の他，RNA ポリメラーゼ活性，蛋白分解酵素活性，ヘリカーゼ活性などを持つ分子量の大きな蛋白をコードする．

ウイルス増殖は細胞質内で行われる．コロナウイルスと同様 5' 末端にリーダー配列を持ち，3' 末端側配列を共有する入れ子状構造の mRNA が存在する．ニドウイルス目の名前の基となったラテン語の nidus はこの入れ子状構造（nested-set）の mRNA に由来する．ウイルス粒子は小胞体やゴルジ嚢への出芽で成熟し，細胞膜へ輸送され，放出される．

馬ウイルス性動脈炎

届出

equine viral arteritis

Key Words：呼吸器感染，生殖器感染，キャリアー種雄馬，流産

馬ウイルス性動脈炎（EVA）は馬動脈炎ウイルス（*Equine arteritis virus*：EAV）の感染による馬属特有の伝染病で，届出伝染病に指定されている．わが国は本病の清浄国であることから，輸入検疫で厳しい検査体制がとられている．

疫　　学

アメリカで1953年にはじめて発生が確認され，ヨーロッパでは1964年にスイスで発生した．わが国における発生報告はないが，南北アメリカ，ヨーロッパ，オセアニア，アフリカなど世界的に分布している．本病の伝播は馬と馬が接触することによって成立するが，それはキャリアー種雄馬の精液に含まれるEAVが交配あるいは人工授精など生殖器感染によって繁殖雌馬に感染する．次いで，発病した雌馬の鼻汁に含まれる多量のウイルスが呼吸器感染によって，多数の馬に感染して流行が起こる．トレーニングセンターや競馬場などの馬群では，呼吸器感染による流行形態をとる．最近，キャリアー種雄馬が繋養されていた種馬場の種雄馬群での発生が報告され，精液中に排泄されたウイルスに汚染された敷料，またはウイルスを含む精液が付着した被服や器材などによる間接的な感染ルートも存在することが指摘されている．

症　　状

主な症状は発熱，元気消失，食欲不振，鼻汁漏出，眼結膜充血（写真１），下顎リンパ節腫大，四肢（とくに後肢）の下脚部冷性浮腫，下痢，発疹，陰嚢腫大（写真２），高率に起こる流産，まれに幼駒または老齢馬の斃死である．このように症状は多様であるが，同一馬にすべての症状が現れることはない．最近の発生でみられる症状は比較的軽度で，不顕性感染例も多数存在する．

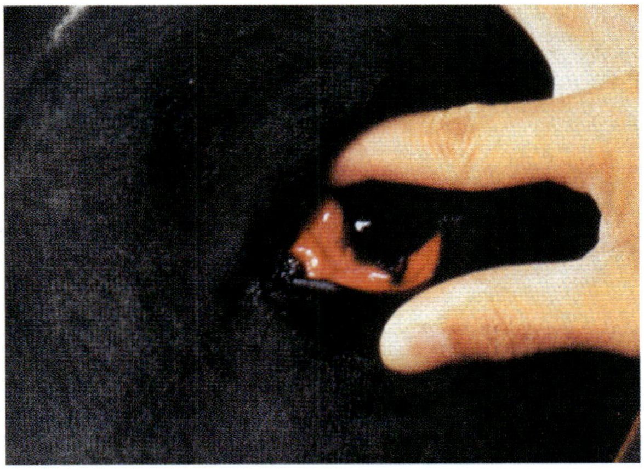

写真１　眼瞼の浮腫と結膜炎．
眼結膜は充血し，軽度の黄疸が認められる．多量の流涙を伴うことがある．

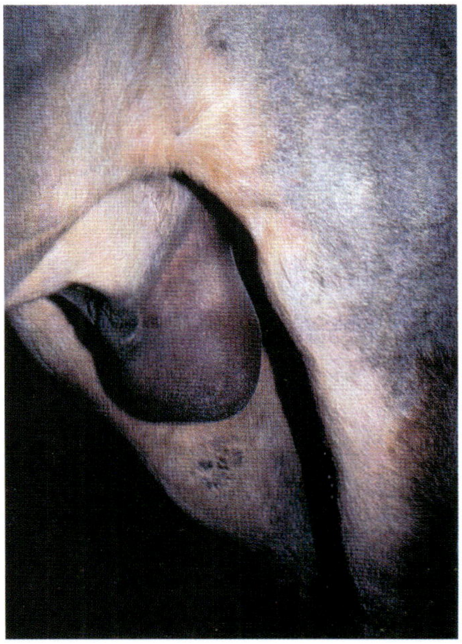

写真２　陰嚢の腫大．
大きさは正常の２～３倍となり，冷性で疼痛は伴わない．剖検により，皮下織の水腫と膠様浸潤が認められる．

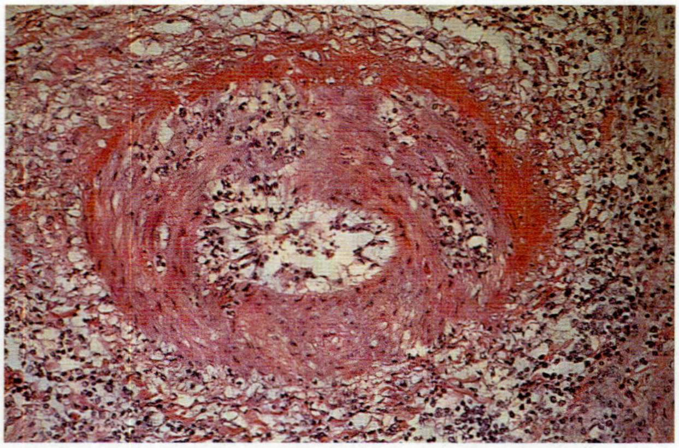

写真３ 小動脈中膜の変性壊死.
よく発達した筋層で構成される中膜にみられる平滑筋細胞の壊死と単核細胞の浸潤．外膜は水腫性で，多数の遊走白血球が認められる.

病　　変

剖検所見として皮下織の水腫ならびに膠様浸潤が認められ，胸水および腹水の貯留がみられることもある．組織学的所見として全身に分布する小動脈の炎症像が特徴的で，病名はこの所見に由来している（写真３）.

診　　断

わが国では馬のゲタウイルス病と馬鼻肺炎との類症鑑別が必要である．馬のゲタウイルス病は蚊の媒介によって流行するので，流行の時期や形態に特長がある．輸入種雄馬との交配後に繁殖雌馬が上記のいずれかの症状を示した場合は本病を疑い，直ちに隔離して確定診断を受ける．血清学的診断として中和試験，CF テスト，ELISA，病原学的診断として培養細胞によるウイルス分離，RT-PCR 法が用いられる．また，種雄馬で精液中にウイルスを排泄するキャリアーを検出するために，交配試験も行われる.

予防・治療

生ワクチンと不活化ワクチンがあり，生ワクチンは主にアメリカやカナダで，不活化ワクチンはイギリスやアイルランドなどヨーロッパで使用されている．これらのワクチンは種雄馬がキャリアーになることを予防する目的で使用されることが多い．わが国では不測の侵入に備えて，不活化ワクチンが備蓄されている.

欧米の汚染国では，繁殖シーズン前に精液中へウイルスを排泄するキャリアー種雄馬を摘発し，このような種雄馬を繁殖に使用しないように努めている．また，繁殖のために国際間を移動する抗体陽性種雄馬については，精液中へのウイルス排泄の有無が検査される.

特別な治療法はないが，解熱剤と２次感染による重篤化予防のため適切な抗生物質が使用される．一般的に予後は良好である.

豚繁殖・呼吸障害症候群

届出

porcine reproductive and respiratory syndrome

Key Words：死産，虚弱子，呼吸器症状，間質性肺炎

豚繁殖・呼吸障害症候群（PRRS）は，1980年代中期に突然出現したウイルス病で，かつてミステリー病あるいは青耳病と呼ばれた．アルテリウイルス科に属するPRRSウイルスが原因で，豚に呼吸器病と異常産を引き起こす．

疫　　学

本病の発生で特徴的なことは，発生の規模や症状の程度が農場によって異なることで，不顕性感染も多い．その理由として，飼育環境や衛生状態，管理要因，ウイルスの病原性などの相違が推察されている．ウイルスの侵入門戸は鼻と口である．感染豚の鼻汁や呼気に多量のウイルスが含まれるので，接触感染や飛沫感染が容易に起こるほか，空気感染により隣接養豚場へ伝播することもある．また，感染豚は回復後もウイルスを長期間保持するので，感染豚の移動による長距離伝播を容易にするばかりでなく，ウイルスの侵入を許すと常在化する可能性が高い．わが国でも多くの農場で常在化している．

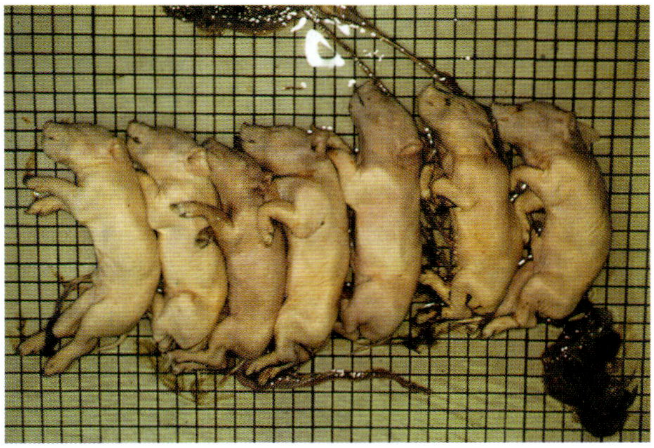

写真 1　PRRSウイルスによる異常産．（写真提供：千葉県家畜衛生研究所）
異常産胎子は妊娠末期の大きな個体が多い．

症　　状

本病の被害は異常産と子豚の呼吸器病で，異常産は妊娠後期の感染で発生する．異常子には黒子や白子が含まれるほか（写真 1），虚弱子の多いことが特徴的である．虚弱子は開脚姿勢を示し，哺乳能力が低く母豚の無乳症を誘発する．その結果，子豚は衰弱し高率に死亡する．呼吸器病は若齢豚ほど重篤となり，とくに離乳期前後の豚の被害が大きい．成豚は無症状で回復することが多い．発病豚には呼吸の促迫や鼻炎，複式呼吸などに加え，眼瞼浮腫や結膜炎，出血傾向，下痢，嘔吐などの認められることがある．細菌や他のウイルスの2次感染は病状を悪化させ，発育不全などさまざまな異常を示すことがある．一方，1996年にアメリカで「流産の嵐」と呼ばれた激しいPRRSが流行し，養豚産業を震撼させた．従来のPRRSと異なりあらゆる妊娠日齢の豚に流産が認められ，流産後に母豚が死亡することが特徴的であった．日本ではこのようなPRRSの流行は報告されていない．

病　　変

異常産子に特徴的な病変は認められない．子豚の呼吸器病では間質性肺炎が観察され（写真 2，写真 3），全葉性に認められることが多い．病理組織学的検査では，間質性肺炎のほか，繊毛の脱落，上皮細胞の空胞化と腫大を伴う鼻炎，非化膿性脳炎，多発性心筋炎などが観察されることもある．

診　　断

確定診断には血清およびウイルス学的検査が必要で，抗体検査には間接蛍光抗体，酵素抗体法，ELISAなどが応用される．ウイルス分離には白子や虚弱子由来材料，呼吸器症状を示した子豚の肺や血清を用い，豚肺胞マクロファージ培養やアフリカミドリザル腎由来のMARC145細胞に接種する．分離ウイルスの同定は蛍光抗体法で行う（写真 4）．肺組織中のウイルス抗原を蛍

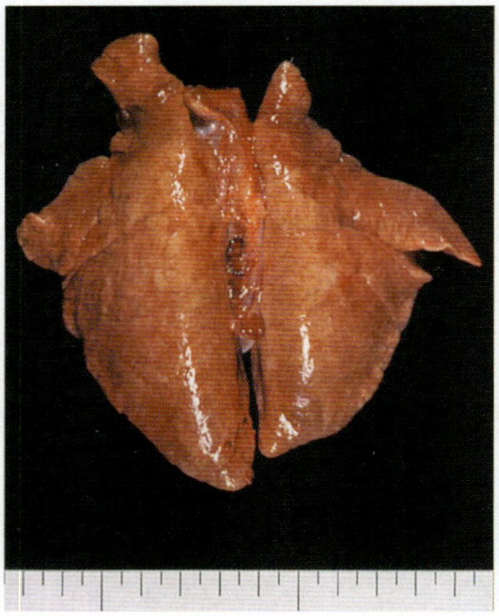

写真 2 PRRS ウイルス感染子豚肺の肉眼病変.（写真提供：川嶌健司氏）
全葉性の肺炎が認められる.

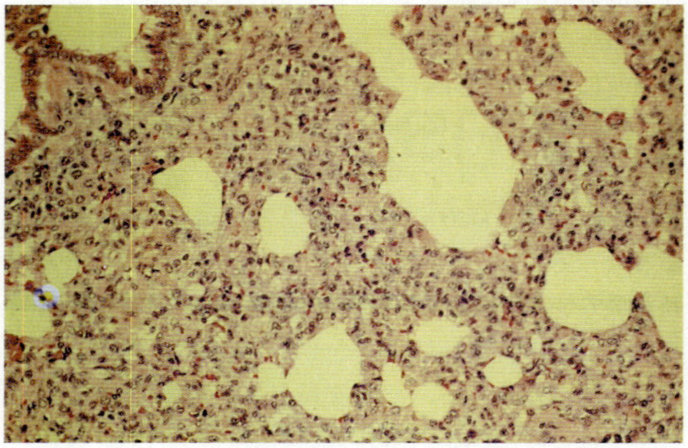

写真 3 PRRS ウイルス感染子豚肺の組織病変.（写真提供：川嶌健司氏）
特徴的な間質性肺炎が認められる.

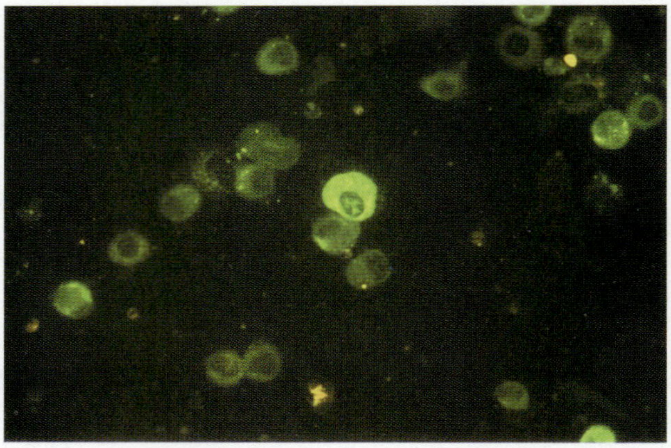

写真 4 PRRS ウイルス感染豚肺胞マクロファージの蛍光抗体染色.
細胞質に特異抗原が検出される.

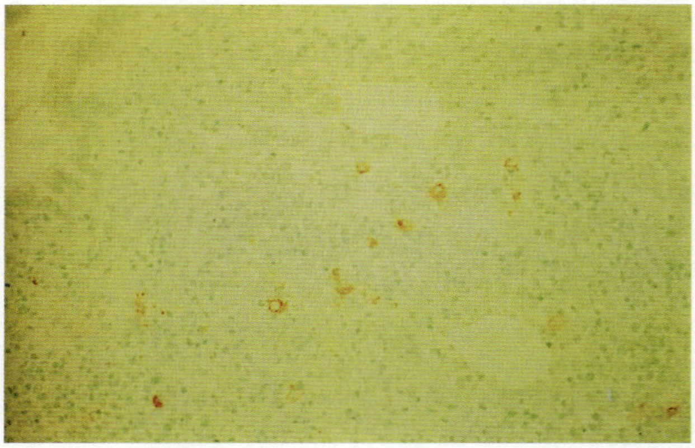

写真 5 酵素抗体法による感染豚肺からのウイルス感染細胞の検出.（写真提供：川嶌健司氏）

光抗体法や酵素抗体法で検出する方法も有効である（写真 5).

予防・治療

2 次感染の防止と軽減化を目的に，豚舎環境の改善や抗生剤などによる対症療法が行われる．早期離乳とマルチサイト・プロダクションを活用したオールイン・オールアウトは，ウイルス感染環を遮断し，ウイルス汚染度を低下させることから，被害の軽減に有効である．現在までに数種類のワクチンが開発されているが，それらの評価は定まっていない．日本でも子豚および母豚に接種する生ワクチンが市販されている．

フラビウイルス科

基本性状

球形ビリオン（直径 40 ～ 60nm）
直鎖状のプラス一本鎖 RNA（サイズ：9.6 ～ 12.3kb）
細胞質内で増殖，細胞質内膜への出芽によって成熟

重要な病気

日本脳炎（流行性脳炎）（豚，馬，ヒト）
ウエストナイルウイルス感染症（流行性脳炎）（馬，鳥類，ヒト）
牛ウイルス性下痢・粘膜病（牛）
豚コレラ（豚）

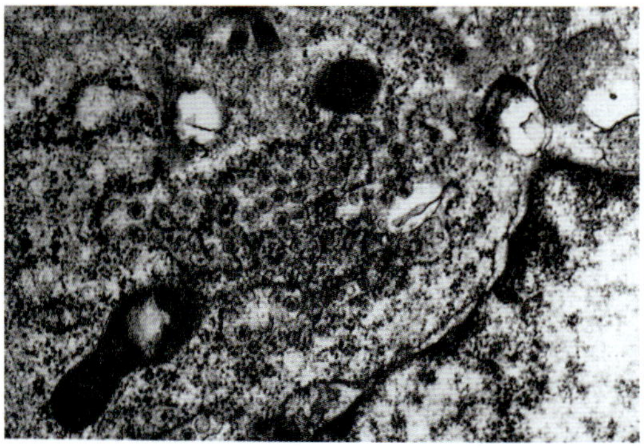

FIG BHK-21 細胞中の日本脳炎ウイルス
細胞質の粗面小胞体の中にウイルス粒子が集簇している
（写真提供：JRA 総研栃木支所）

分　類

フラビウイルス科（*Flaviviridae*）は節足動物媒介性ウイルスを含むフラビウイルス（*Flavivirus*）属，牛，羊および豚の主要な病原であるペスチウイルス（*Pestivirus*）属，C 型肝炎ウイルスが唯一のウイルス種であるヘパシウイルス（*Hepacivirus*）属からなる．フラビウイルス属は媒介節足動物の有無や種類によってダニ媒介性，蚊媒介性，非節足動物媒介性の 3 群に分けられ，さらに群内は血清学的関連性によって細分されている．

性　状

ウイルス粒子は球形（直径 40 ～ 60nm）で，2 種ないし 3 種の蛋白からなるエンベロープを持つ．内部に単一のカプシド蛋白で構成されるヌクレオカプシドが存在する．ゲノムは直鎖状のプラス一本鎖 RNA で，フラビウイルス属で約 11kb，ペスチウイルス属で約 12.3kb，ヘパシウイルスは 9.6kb である．3 属ともゲノムないしゲノム長の mRNA を基に単一の巨大前駆蛋白が翻訳され，細胞およびウイルス由来蛋白分解酵素の働きで開裂され，成熟蛋白となる．フラビウイルス属のゲノムは 5' 末端にキャップ構造を有するが，他のウイルス属は 5' 非翻訳領域に internal ribosome entry site を持つ．

ウイルスは細胞質内で増殖し，細胞質内膜に出芽の後，エキソサイトーシスによって細胞膜へ輸送され，放出される．フラビウイルス属ではエンベロープ蛋白に赤血球凝集性があり，エンベロープ中の膜蛋白が開裂することにより感染性を獲得する．

法定

人獣

四類

豚の日本脳炎

Japanese encephalitis in swine

Key Words：死産，流産，胎盤感染，非化膿性脳炎，不妊症，精子無力症

豚における日本脳炎ウイルス（*Japanese encephalitis virus*：JEV）の感染率は高いが，ヒトや馬のように脳炎を起こして死亡することはまれである．豚の日本脳炎とは，通常，妊娠豚にみられる異常産と種雄豚にみられる造精機能障害などの繁殖障害をいう．豚はJEVの増幅動物であり，有毒蚊を介して豚以外の終末宿主の感染源になる．本病は流行性脳炎のひとつとして家畜伝染病予防法における監視伝染病（法定伝染病）であるとともに，いわゆる感染症法の四類感染症である．また，JEVはいわゆる国民保護法に基づくヒトに病原性を有する生物剤に指定されている．

疫　学

JEV（写真1）は主にコガタアカイエカが媒介する．感染豚は高力価のウイルス血症を起こし吸血蚊を有毒化するが，豚以外の動物は感染してもウイルス血症が微弱で吸血蚊を有毒化しない．このため，豚－蚊－豚の感染環が成立し，わが国では毎年地域の蚊の吸血活動が活発になる時期に一致したウイルスの流行期がみられる．

免疫のない妊娠豚が感染すると胎子が感染して死亡するが，死亡胎子は直ちに娩出されないために，異常産はその地域のウイルスの流行開始後ある程度の期間が経過してから発生する．わが国における異常産の発生は，春から夏にかけて種付けされる初産豚に多く，このような初産豚では毎年8月から11月の間に異常産が発生する．免疫のない初産豚が妊娠中に初めてこのウイルスに感染した場合，母豚全体の約40％に異常産が，また分娩子豚全体の約20％に異常子豚が発生する．経産豚には異常産は多発しない．異常産の発生率は母豚が妊娠中期に感染した場合に最も高く，妊娠初期，妊娠後期の順である．雄豚にみられる繁殖障害の発生時期はウイルスの流行期にほぼ一致する．

症　状

蚊の吸血で豚体内に侵入したウイルスは，内臓で増殖したのちウイルス血症を起こす．成豚はこの時期にはほとんど症状を示さない．妊娠豚では，ウイルスが血液の流れにのって胎盤に到達し，次いで胎子が感染・死亡するため異常産が発生する．感染後死亡した胎子は妊娠中も母豚の子宮内に残り，ほぼ分娩予定日に娩出されるため，死産の形をとるものが多い．また，胎内で各胎子の感染時期が異なるために，異常子豚にはミイラ化胎子，黒子，白子などの大小の死亡子豚と，胎内で感染しても生きて娩出され，痙攣，震え，旋回，麻痺などの神経症状を示す異常子豚がみられる（写真2，3）．さらに，全く異常なく発育する正常子豚が含まれることもある．母豚が妊娠早期に感染すると，初期胚や感染胎子が母豚の体内で吸収されてしまうために，臨床的には産子数の減少や不妊の形をとる．雄豚が感染すると精巣や精巣上体などの生殖器が炎症を起こし，精子数の減少，精子生存率の低下，精子の奇形などの造精機能障害が起こる．

診　断

日本脳炎による異常産は，夏から秋にかけて分娩する初産豚に発生する．異常産を起こした繁殖豚の種付け時期を調べて，妊娠中にJEVの流行期を経過したかを確認する．また，死産胎子の体長から死亡時期を推定して，

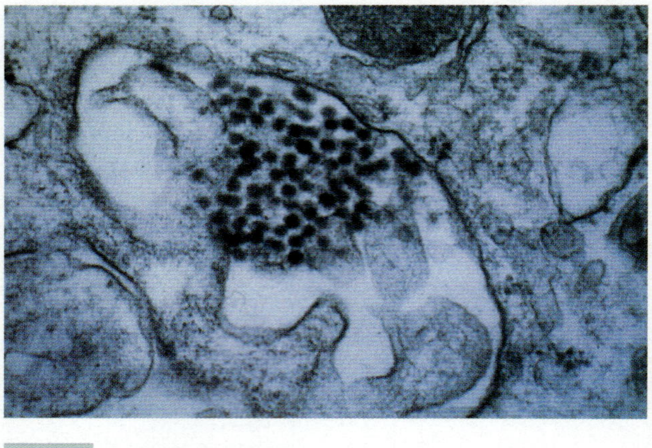

写真1　JEV感染豚腎臓細胞におけるウイルス粒子．

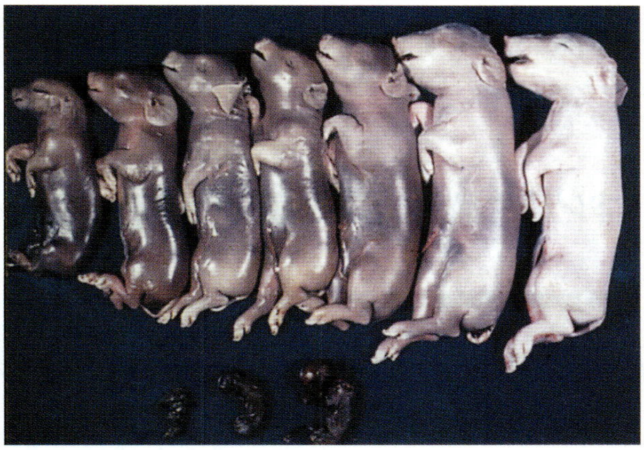

写真2　日本脳炎による豚の死産.
3頭はミイラ化胎子，5頭は黒子，2頭は脳水腫のみられた白子．豚の日本脳炎による異常産ではこのように多様な死亡胎子を分娩予定日前後に娩出する例が多い．同腹胎子はそれぞれの感染時期にズレがあるため，こうした大小さまざまな感染胎子が出現するが，母豚は通常，異常を示さない．

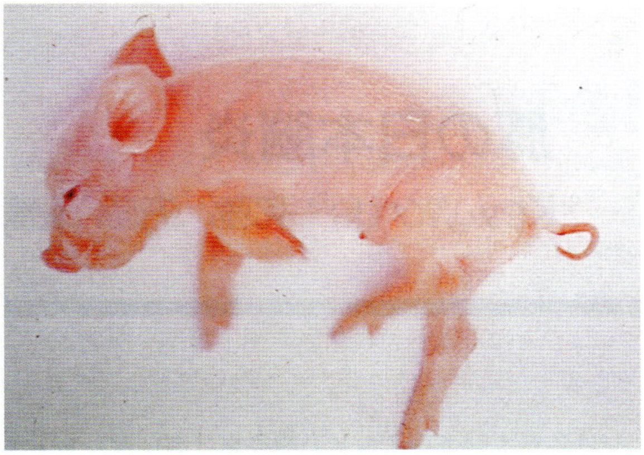

写真3　日本脳炎による発病初生豚.
胎内で感染し，生後神経症状（痙攣，震え，旋回，麻痺など）を示してまもなく死亡する例がみられる．

ウイルスの流行期との関連を調べる．また，産歴や予防注射の有無も本病の推定に役立つ．神経症状を示す初生豚が生まれるのも本病の特徴の1つである．本病との類症鑑別で重要な疾病としては，豚繁殖・呼吸障害症候群（PRRS），オーエスキー病，豚パルボウイルス病，大腸菌症，溶血性連鎖球菌症などがあげられる．いずれも日本脳炎と症状が似ているために鑑別は容易ではない．

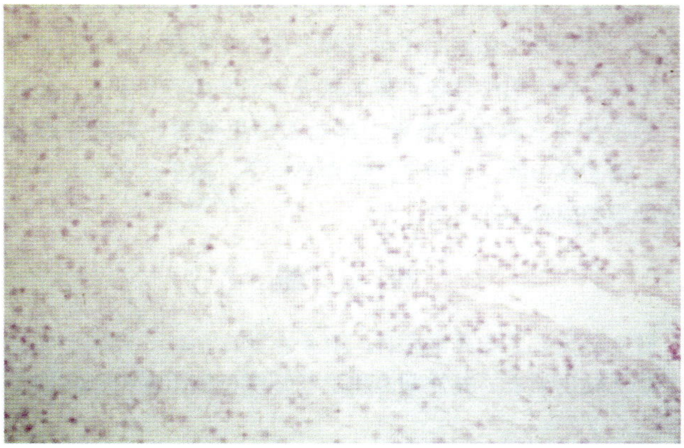

写真4　異常産胎子の脳組織病変.
新鮮な感染胎子の脳には，囲管性細胞浸潤などを特徴とする非化膿性脳炎像がみられる．

日本脳炎の確定診断には実験室内検査が必要となる．異常産の場合，生存あるいは新鮮な異常子があれば，肉眼的に脳室拡大や脳水腫などが，また組織学的に非化膿性脳炎像がみられる（写真4）．異常産の血清学的診断では，妊娠中に初めてJEVに感染したことを証明する．これにはHI試験が簡便であり，妊娠中の抗体の陽転を確認する．胎子自らが産生した（胎齢約70日以上を対象）特異抗体を胎子の血液や体液から検出して胎子の感染を直接証明してもよい．また，異常子豚からのウイルス分離は確定診断となる．

予防・治療

異常産を予防するにはワクチンを用いる．市販ワクチンとして不活化ワクチンと生ワクチンの2種類がある．また，豚パルボウイルス病やゲタウイルス病のワクチンとの混合生ワクチンも利用できる．春から夏にかけて種付けを予定している初産豚を対象に予防注射を行えば，日本脳炎による異常産はおおむね予防できるが，その地域で推定されるJEVの流行開始時期までに確実に免疫を賦与することが重要である．JEVの流行には地域差や低流行年があるので，経産豚にも予防注射が必要な場合がある．種雄豚の繁殖障害予防にもワクチンは有効であるが，造精機能障害への安全性が確認されたものを使用する必要がある．輸入豚や初めて夏を迎える繁殖種雄豚を対象に予防注射を行う．本病に有効な治療法はない．

法定
人獣
四類

馬の日本脳炎

Japanese encephalitis in horses

Key Words：神経症状，非化膿性脳炎，アルボウイルス

日本脳炎は，蚊の媒介によるウイルス感染によって起こる神経症状を伴う疾病である．近年，多数の馬にワクチンが接種されていることと，馬の飼育環境の衛生面の向上などが主な理由になり，馬の本病の発症はきわめてまれになった．

疫　学

日本脳炎はアジア全域に分布しているが，他の地域には存在しない．本病は蚊の媒介によって感染する伝染性の疾病であることから，その発生は夏から秋に限られている．日本脳炎ウイルス（*Japanese encephalitis virus*：JEV）は媒介昆虫である蚊から比較的容易に分離され，また，新生子豚から毎年定期的に抗体が検出されることから，今日でも馬がこのウイルスに感染する危険性はきわめて高いことが指摘されている．しかしながら，近年わが国における馬の本病の発生は少なく，1985 年の 3 頭と 2003 年の 1 頭の発症馬が確認されているだけである．一方，血清疫学調査において，ワクチン未接種の馬の中から抗体陽性馬が見い出されたり，ワクチン接種では通常獲得できないような高い抗体価を保有した馬が見い出されている．このため馬の発症例はきわめて少なくなったが，JEV は現在でも馬群間に広く伝播しているものと推察されている．

感染環は，ウイルスを保有した蚊が豚から吸血する際に豚が感染し，その豚の体内でウイルスが増幅する．この豚と蚊の感染サイクルの中でウイルスが伝播していく．馬やヒトへの感染はウイルスを保毒した蚊が吸血することにより起こる．なお,馬やヒトは終末宿主であり，発病した馬やヒトが感染源になることはない．

臨床症状

通常観察されるのは軽症型であり，発熱，動作の緩慢化などを認める．この型では，数日のうちに多くが完全に回復する．重症例では，発熱に始まり，運動失調，麻痺，起立不能，興奮，沈衰などの神経症状を呈する（写真 1, 2）．馬の日本脳炎と類症鑑別上重要な疾病として，日本脳炎とほぼ同時期に発生し，後躯麻痺などの神経症状を呈する牛糸状虫の馬の脳への迷入によって起こる馬の糸状虫症がある．

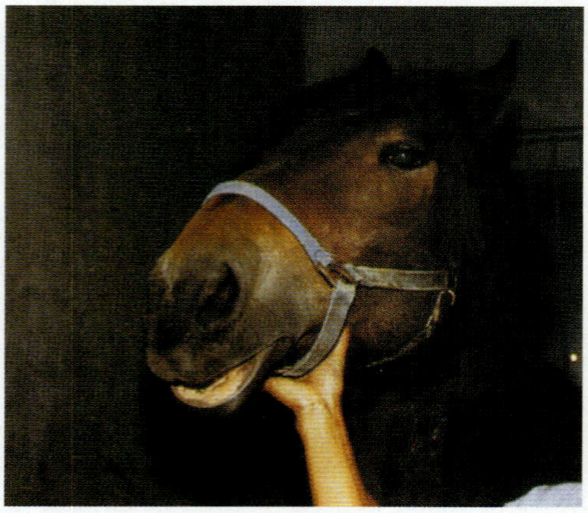

写真 1　発症馬にみられた口唇の麻痺．

写真 2　起立不能に陥った発症馬における遊泳運動．

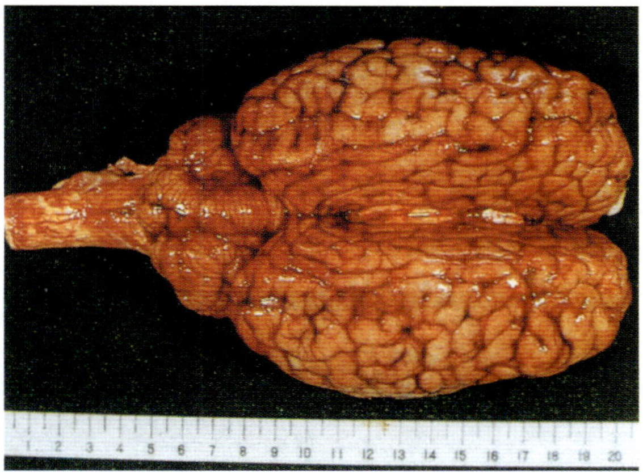

写真 3 大脳の軟膜における顕著な充血.

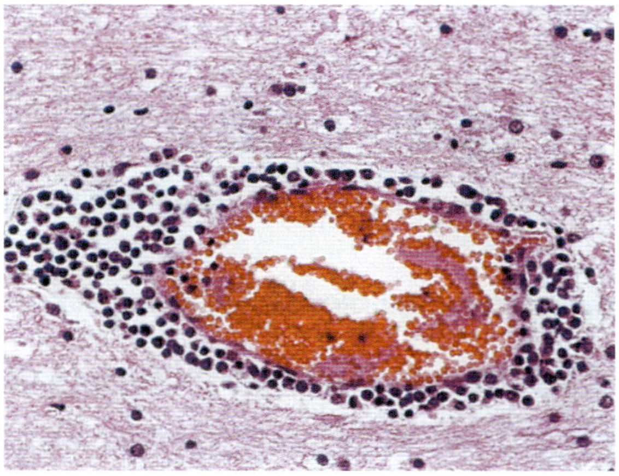

写真 4 大脳の白質における囲管性浸潤（HE 染色）.

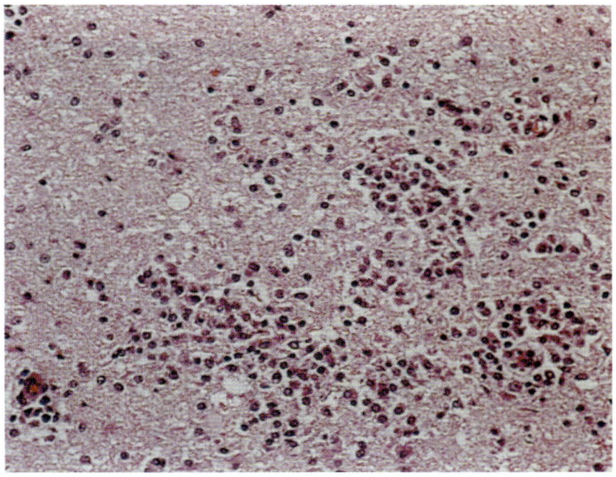

写真 5 大脳の白質におけるグリア結節（HE 染色）.

診　断

先に記載した特徴的な臨床症状が臨床診断の目安となる．これらの臨床症状，ウイルス分離，遺伝子診断，病理学的検査ならびに血清反応の検査結果を参考にして，総合的に診断を行う．

ウイルス分離：脳材料を乳のみマウスおよび培養細胞（Vero 細胞など）に接種することによりウイルス分離を行う．

遺伝子診断：脳材料を用いて RT-PCR 法により迅速診断ができる．

病理学的診断：通常，一般臓器にはほとんど変化を認めない．脳では軟膜および実質に充血を認め（写真 3），その組織学的変化としては，明瞭な囲管性細胞浸潤，グリア結節，充出血などが特徴的である（写真 4，5）．

血清学的診断：通常，HI 試験により感染馬の血清から抗体を検出することによって実施される．近年多数の馬にワクチンが接種されているので，血清診断の検査結果が陽性であっても，必ずしも JEV に感染しているわけではない．よって，検査した馬のワクチン接種歴を調べて，慎重に診断を行うことが必要である．

予防・治療

効果的な不活化ワクチンがあり，競走馬を主体に広く利用されている．規定通りにワクチン接種すればきわめて効果的であり，完全に予防できる．治療法としては，有効な原因療法はなく，一般的な対症療法が実施されている．

ヒトの日本脳炎

人獣
四類

Japanese encephalitis in human

Key Words：脳炎，流産，アルボウイルス，蚊媒介性

日本脳炎ウイルス（*Japanese encephalitis virus*：JEV）は，東南アジアで流行する蚊媒介性アルボウイルスで，ヒトと馬に脳炎を，妊娠豚には死流産を起こす．本ウイルスはコガタアカイエカ－豚の増幅サイクルに依存して伝播される．

疫　　学

JEV の主要な媒介蚊はコガタアカイエカ（図 1，写真 1）で，本ウイルスの増幅動物は豚である（図 2）．日本においては夏季に，有毒コガタアカイエカに吸血された豚の血液中にウイルスが高濃度に出現し，この血液を他の未感染コガタアカイエカが多数吸血し，ウイルスが増幅される．豚は通常ウイルス血症を示すのみで無症状で耐過するが，妊娠豚がウイルスに感染すると死流産を示す．豚のほかに，サギなどの鳥類が自然界で増幅動物になると考えられている．

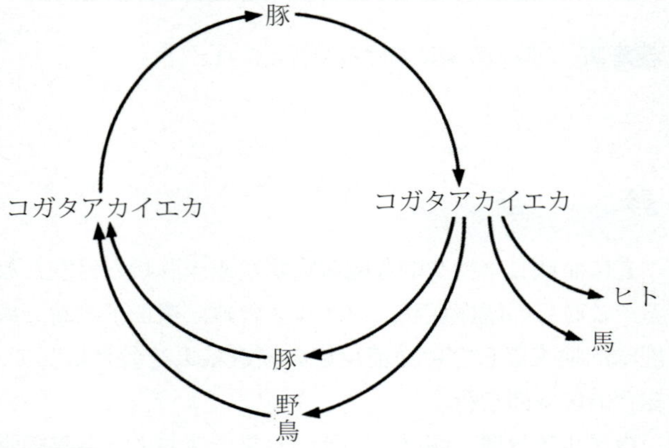

図 2　JEV の伝播サイクル．

ヒトはウイルスに感染しても血中に出現するウイルス濃度が低いため，JEV の伝播サイクルでは終末宿主となり，ヒトからの新たな伝播は起こらない．ウイルス感染を受けても脳炎を発症するヒトは低率で，多くは不顕性感染に終わるが，いったん発症した場合致死率は高い．わが国では 1967 年まで，1,000 名前後の患者が発生していたが，1968 年以降，毎年患者数は減少し，1980 年以降は 30 名前後の発生で，九州，四国などの西日本に多い．

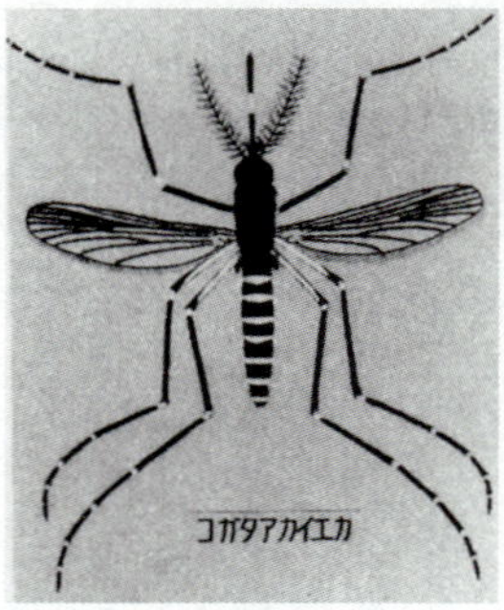

図 1　コガタアカイエカ雌成虫（写真：伊藤寿美代氏，和田義人ほか編「ハエ・蚊とその駆除」，(財) 日本環境衛生センター，1990）．

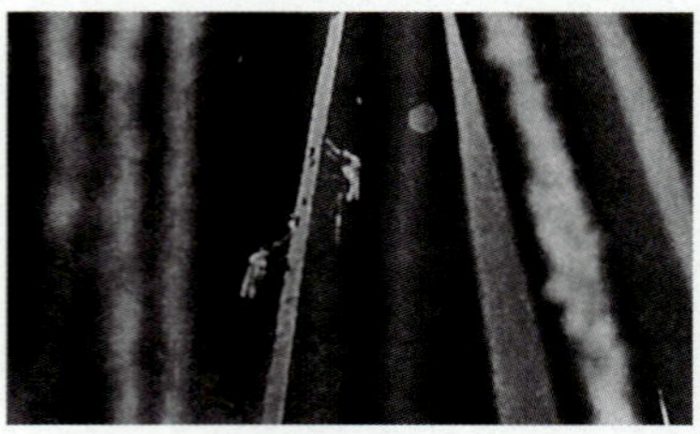

写真 1　稲にとまっている吸血直後のコガタアカイエカ．

ハマダラカと違って体は静止面に平行（写真：高木正洋氏，和田義人ほか編「ハエ・蚊とその駆除」，(財) 日本環境衛生センター，1990）．

症　　状

ヒトの初発症状として，頭痛と高熱が出現する．その他の症状としては，食欲不振，全身の違和感，嘔吐，下痢，腹痛，各部位の痛みなどである．第 2 病日に髄膜刺激症状が強くなり，第 3 ～ 5 病日になると意識障害や精神症状が著明となる．また頚部硬直，筋強剛が著明とな

り，痙攣や麻痺なども出現する．重症例では極期において 40℃以上の高熱を長く持続して昏睡に陥り，第 5 ～ 7 病日に死亡することが多い．後遺症として，急性期にみられた精神・神経症状のいずれかが残ったり，痴呆状態を示したりすることがある．

診　断

確定診断は，病原ウイルスの分離や血清学的検査によらなければならない．患者からの病原ウイルスの分離は，生後 2 ～ 3 日の乳のみマウスや組織培養細胞 C 6/36 などを用いて行う．第 7 病日までに死亡した患者の脳から，ウイルスは比較的高率に分離される．また，急性期の患者の髄液からも低率ながらウイルスが分離される．

血清学的検査には，中和試験，HI 試験，CF テストおよび ELISA などがある．急性期と回復期のペア血清について抗体価の有意な上昇を確認する．IgM 捕捉 ELISA は単一血清を用いても診断可能である．

予防・治療

日本脳炎に特異的な治療法がないため，対処療法を適正に行う．解熱剤の投与，補液，鼻腔栄養，呼吸管理および抗菌剤投与による肺炎の防止などである．

予防としては媒介蚊対策，増幅動物対策，ヒトへのワクチン接種が考えられる．第 1 の対策は，蚊を殺虫剤で減少させることであるが，媒介蚊の発生源は広大な水田であり，殺虫剤に対して蚊が抵抗性を獲得する問題もあり実用的ではない．

第 2 の対策は，増幅動物の豚に生ワクチン接種により免疫を与え，ウイルス血症を阻止し，感染環を断つ方法である．本対策は限定された地域で実施され，流行阻止に有効であったとの報告もある．しかし，肉用豚は 6 か月齢で出荷され，回転率も高く，毎年生まれる子豚を対象にワクチンを接種しなければならない．また，母豚に接種されるワクチンの移行抗体が子豚体内に残存するため，子豚のワクチン接種時期は移行抗体の消失した時期に限定される．このようなことから，増幅動物の肉用豚にワクチンを接種し，日本脳炎の流行を阻止することは一般的に実施されていない．

予防対策で最も効果的で信頼できるのは，ヒトに対するワクチン接種である．日本では，ウイルス感染マウス脳から精製した不活化ワクチンが用いられており，ワクチンの安全性と有効性は実験的にも野外試験でも証明されている．

馬のウエストナイルウイルス感染症

法定 人獣 四類

West Nile virus infection in horses

Key Words：非化膿性脳脊髄炎，神経症状，アルボウイルス，蚊媒介性

ウエストナイルウイルス（*West Nile virus*）（写真 1）の感染による脳脊髄炎を主徴とする疾患である．アフリカ，中近東，ヨーロッパの一部の地方病的な疾患であったが，1999 年ニューヨーク州でヒトと馬に発生が認められた．以後，米国，カナダ，中南米の一部に分布が拡大した．

疫　学

蚊と鳥類の間で感染環を形成する．イエカ属，ヤブカ属が主要な媒介蚊である．馬やヒトなどの哺乳動物は，蚊の吸血により偶発的に感染する終末宿主である．馬以外の多種類の哺乳動物へも感染し，犬，猫などの発症例が報告されているが多くは不顕性感染である．鳥類ではカラスやアオカケスなどが高感受性で，鶏は抵抗性である．従来，アフリカ，中近東，ヨーロッパ，インドなどに分布していた．1999 年に米国ニューヨーク州にウイルスが侵入しヒトや馬の脳炎を引き起こした．ウイルスの侵入経路は不明であるが，それ以降，米国本土，カナダ，カリブ海諸国，メキシコ，エクアドルなどに分布を拡大している．

症　状

潜伏期間は数日～ 2 週間程度で，多くは不顕性感染に終わる．発症馬は発熱，神経症状を示し，後肢の対称性あるいは非対称性の麻痺による運動失調が多くの症例で認められる．前肢あるいは四肢の麻痺，口唇麻痺，頭部下垂などを呈する症例もある．重症例では起立困難あるいは起立不能を呈し予後不良である．失明も報告されている．致死率（安楽死措置を含む）は 30 ～ 40%で，高齢馬ほど高い．

診　断

確定診断にはウイルス分離や血清学的診断が必須である．急性期の血清，脳脊髄液，剖検馬の脳乳剤材料を乳飲みマウスの脳内または Vero 細胞などの哺乳動物由来株化細胞や蚊由来株化細胞の C6/36 細胞へ接種してウイルス分離を行う．ウイルス特異的プライマーを用いた RT-PCR 法による遺伝子検出も有用である．血清学的診断法では中和試験と IgM 捕捉 ELISA がウイルス特異性が高い．しかし確定診断には，日本脳炎ウイルスなどの近縁のフラビウイルスとの交差反応性に留意する必要がある．ペア血清を用いて抗体価の上昇を確認する．病理学的には非化膿性脳脊髄炎が認められるが（写真 2, 3），

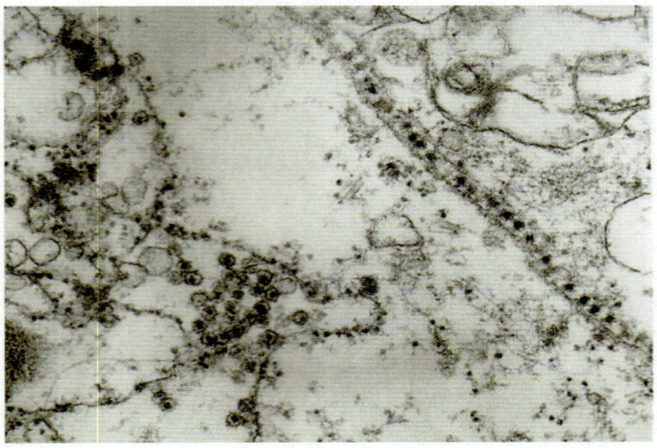

写真 1　Vero 細胞の細胞質内で増殖したウエストナイルウイルス．

写真 2　灰白質（随質）に重度な出血がみとめられる自然感染馬の脊髄（ホルマリン固定後）．

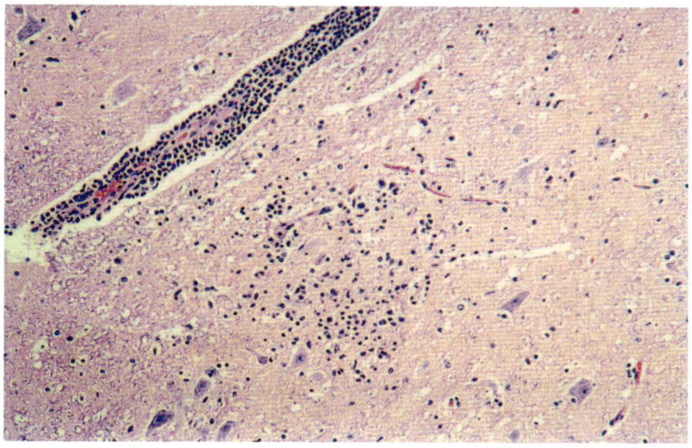

写真 3　自然感染馬の大脳の血管周囲性細胞浸潤とグリア結節.

特徴的所見に乏しく，他のウイルス性脳炎との鑑別にはウイルス特異的モノクローナル抗体を用いた免疫組織化学的検査による抗原証明が必要である.

予防・治療

蚊に刺されない対策が最も重要である．ホルマリン不活化ワクチンが米国およびカナダで使用されている．また 2004 年にはカナリアポックスウイルスベクターにウエストナイルウイルス遺伝子の一部を組込んだ組換え生ワクチンが米国およびカナダで承認された．いずれも馬用である．特異的な治療法はなく，対症療法を行う.

牛ウイルス性下痢・粘膜病

届出

bovine viral diarrhea・mucosal disease

Key Words：死流産，内水頭症，小脳欠損，持続感染，粘血性下痢，消化器系潰瘍

牛ウイルス性下痢・粘膜病（BVD・MD）はフラビウイルス科ペスチウイルス属の牛ウイルス性下痢ウイルス（*Bovine viral diarrhea virus*：BVDV）の感染に起因する伝染病で，牛の状態や感染ウイルスの性状により，一過性の発熱，呼吸器症状，下痢，免疫抑制，異常産，粘膜病など多彩な病態を示す．

疫　　学

BVDVには培養細胞に細胞変性効果を示す細胞病原性（CP）と示さない非細胞病原性（NCP）ウイルスがある．また，最近の遺伝子解析に基づき従来の1型に加え2型ウイルスの存在が報告され，それぞれさまざまな病態に関与している．遺伝子型1型のNCPウイルスが一般の牛に感染すると，軽度な症状を示して回復するか不顕性感染で終わることが多い．急性期には唾液や鼻汁中にウイルスを排泄し，感染を拡大する．ウイルスの侵入門戸は口と鼻である．一方，妊娠牛が感染すると，胎子感染が高頻度に起こる．胎子への影響は胎齢に依存し，妊娠中期（胎齢100～150日）に感染すると脳奇形が発生する．妊娠後期の感染では，感染から回復し抗体を保有した健康な牛が出生する．免疫応答能の未発達な100日齢以下の胎子が感染すると，流産やミイラ化胎子の発生することがある．この時期の感染で最も重要なことは，感染ウイルスに対する免疫寛容が誘導され，持続感染牛が生まれることである．持続感染牛は終生ウイルスを保持し，継続的に排泄することから，NCPウイルスの存続と伝播に大きな役割を果たしている．しかも，持続感染牛は粘膜病（下記参照）発生のリスク群となることが知られており，本病の中で重要視されている．現在までの調査報告によると，持続感染牛は約0.5～1％と予想以上に多く存在する．本ウイルスは全国的に広範に分布し，多くの牛が免疫となっていることから，本病は散発的に発生することが多い．しかし，免疫率の低い農場や地域で流行すると，異常産の集団発生が起こることがある．また，アカバネ病などと異なり，本ウイルスの媒介に吸血昆虫を必要としないことから，本病の発生に季節性や地域性を認めることはない．

CPウイルスは粘膜病牛から分離されるが，その起源や生態については不明な点が多い．

遺伝子型2型ウイルスは，最初にカナダやアメリカで著しい血小板減少症を伴う致死性の高い出血性疾病から分離された．わが国でも遺伝子型2型ウイルスの関与した下痢や持続感染牛，流産が観察されているが，カナダやアメリカで報告されたような致死的疾病の存在については明らかでない．

症　　状

一般牛の感染：発熱と白血球減少症を伴う消化器症状や呼吸器症状，一過性の造精障害や泌乳障害，また免疫抑制状態などの認められることがある．しかし，一般にそれらの症状は軽く，症状を示すことなく感染に耐過する牛も多い．しかし，免疫抑制に伴う2次感染の誘発や増悪には注意を要する．

妊娠牛の感染：妊娠牛が初感染をうけると，流産や異常子の出産など，感染時の胎齢に応じさまざまな異常産が発生する．通常，異常子は出産予定日に分娩されることが多い．分娩時に母牛に異常を認めることはない．妊娠中期の感染に起因する脳奇形牛は，起立不能，虚弱，哺乳不能，盲目，旋回運動などの症状を示す（写真1）．しかし，アカバネ病で観察される脊柱の弯曲など，体型異常は認められない．予後は不良で正常に発育する可能性はない．それ以前の感染に起因する持続感染牛の中には生まれつき小型なもの，また発育不全や削痩を示す牛もいるが，外見上異常を認めない牛もめずらしくない．血液性状や免疫機能も概ね正常であることが多い．しかし，持続感染ウイルスに対する免疫応答能は欠落し，ウイルスを排除することなく終生体内に保持する．持続感染牛の約半数は順調に発育し，妊娠も可能である．しかし，そのような牛は再度持続感染牛を出産する可能性が高い．残りの牛は生後6か月～2年以内に死亡する．

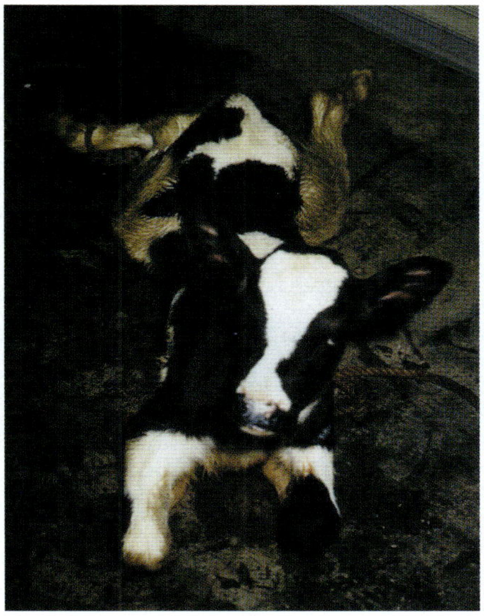

写真 1　脳奇形子牛.
起立不能，虚弱，哺乳不能，盲目，旋回運動などの症状が認められる.

死亡原因の多くは粘膜病あるいは慢性の下痢である.

粘膜病：粘膜病は 6 か月～2 歳齢の持続感染牛に好発し，発病牛からは NCP と CP ウイルスの双方が分離される．このことから，CP ウイルスの NCP ウイルス持続感染牛への重感染，あるいは NCP から CP ウイルスへの変異が粘膜病の原因と考えられている．発病牛は発熱，血液や粘液を混じた激しい下痢，鼻漏，口腔内びらん，呼吸器症状，脱水症状および削痩などを示す（写真 2）．粘膜病には急性型と慢性型があるが，いずれも致死的で，急性型では発病後数日から 1 週間で死亡する.

病　　変

脳奇形牛には水頭症と小脳欠損が認められ，大脳内には多量の液体が貯留する（写真 3）．病理組織学的には小脳と網膜の低形成が観察される．持続感染牛に特異な病変の認められることは少ない．粘膜病では口腔，食道，胃，小腸など消化器系に出血や潰瘍，びらんが多発する（写真 4）．病理組織学的検査では，消化器系の上皮細胞およびリンパ組織の変性壊死，リンパ球の減数が認められる（写真 5）.

診　　断

一般牛の感染は，血液，鼻汁などからのウイルス分離およびペア血清を用いた血清学的検査によって診断する．ウイルス分離には牛胎子筋肉や精巣，鼻甲介細胞が適しており，分離ウイルスの検出は蛍光抗体法あるいは

写真 2　粘膜病.（写真提供：酪農学園大学獣医内科学教室）
血液や粘液の混じった下痢が特徴的で，致死率はきわめて高い.

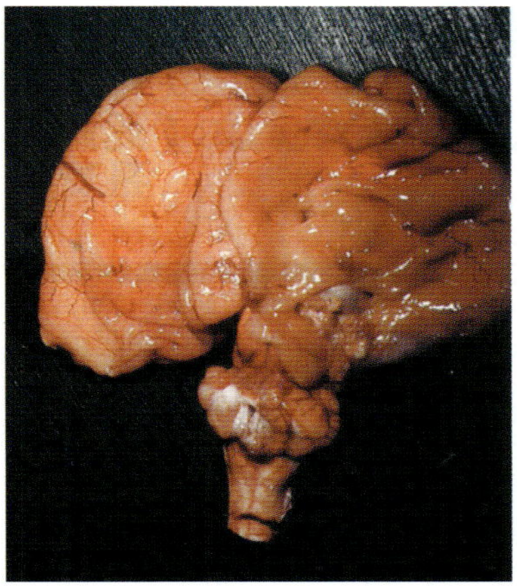

写真 3　脳奇形子牛の脳.
小脳は欠損し，大脳内には多量の液体が貯留する.

CP ウイルスを用いた干渉法で行う．抗体の検出には中和試験や ELISA が応用される.

脳奇形牛からウイルスが分離されることはほとんどなく，脳奇形牛の診断では初乳吸飲前の血清から抗体を検出することが有効な診断法である.

持続感染牛の診断は血液からの NCP ウイルスの分離によって行うが，一般牛の初感染と区別するため，複数回の検査が必要である．持続感染牛からは常にウイルスが分離される.

粘膜病の診断は臨床および病理学的検査のほか，ウ

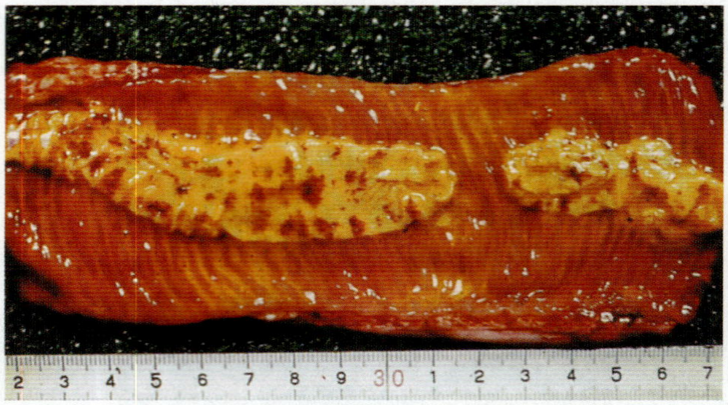

写真4 粘膜病牛の回腸.（写真提供：酪農学園大学獣医内科学教室）
パイエル板に出血や潰瘍が認められる.

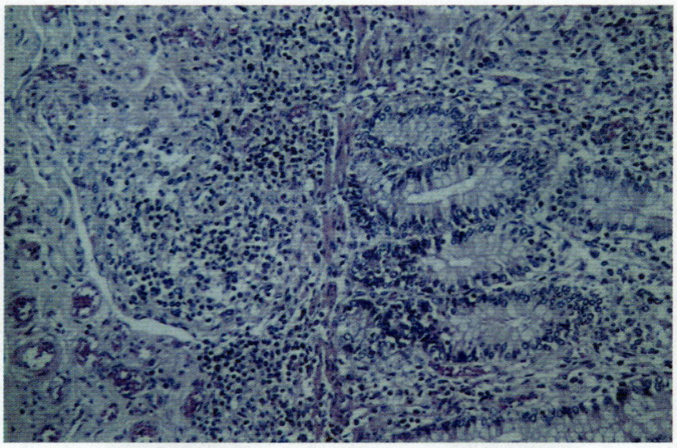

写真5 粘膜病牛回腸の組織標本.（写真提供：石狩家畜保健衛生所）
リンパ濾胞におけるリンパ球の減数が認められる.

イルス分離によって行う．粘膜病牛からは，通常CPとNCPウイルスの双方が分離される．

最近，ウイルス分離に代わりRT-PCR法による診断が行われるようになったが，非特異反応などに十分注意する必要がある．

予防・治療

持続感染牛はウイルスの存続と伝播に大きな役割を果たしていることから，早期に発見し淘汰することが必要である．ワクチンは単味生ワクチン，牛伝染性鼻気管炎やパラインフルエンザ3型との混合生ワクチンが市販されているが，ワクチンウイルスの胎子感染が懸念されるので妊娠牛への接種は避ける必要がある．異常産の防止を目的とする場合には，種付け前に接種する．最近，遺伝子型1および2型ウイルスの不活化ワクチンが市販され，妊娠牛への接種も可能となっている．

豚コレラ

法定

classical swine fever, hog cholera

Key Words：フラビウイルス科ペスチウイルス属，高熱，白血球減少，リンパ系臓器および粘膜の出血性病変，脾臓の出血性梗塞

豚コレラウイルス（*Classical swine fever virus*）（フラビウイルス科ペスチウイルス属）の感染によって起こる強い伝染力を特徴とする熱性伝染病で，急性型，慢性型，遅発型と多様な病態を示す．急性型の場合には高い死亡率をしめす．宿主は豚とイノシシである．わが国では家畜伝染病予防法による法定伝染病に，OIE によるリスト A 疾病に指定されている国際重要伝染病である．

疫　　学

感染経路は主として口および鼻である．感染豚の唾液や尿，糞便などに多量のウイルスが排泄されるので，接触感染とともにウイルスで汚染された飼料や水を介した感染が容易に起こる．養豚場間の伝播は汚染された器具や車輌，ヒトのほか，感染豚の肉や肉製品の混じった厨芥の給餌によって起こることが知られている．近隣の養豚場の間では空気伝播が起こることもある．また，ウイルス血症を起こし，感染豚の血液中には多量のウイルスが含まれる．吸血昆虫などの生物学的ベクターによる媒介はない．

症　　状

豚コレラの病型はウイルスの病原性により多岐にわたり，死亡までの経過日数により，急性型（5～20 日），慢性型（31 日～）に分類される．また，特異な病態として，病原性の弱いウイルスの胎子感染に起因する遅発型と呼ばれる子豚の疾病がある．野外における発生では，ウイルスの病原性と宿主側の要因が加わり，感染個体によって上記の病型のみならず，回復型や不顕性型のような病態を示す場合もある．

急性型：潜伏期間は 2 日ないし 4 日で，高熱（40～42℃：3～4 日係留），元気消失，食欲不振，便秘（後に下痢），結膜炎などが認められ，引き続き後駆の麻痺や痙攣，昏睡などの神経症状が認められるようになる．歩行困難となり，耳翼や下腹部，四肢などに血行障害による紫斑が出現するとともに，死の転帰をとる．死亡率はきわめて高く，100％に達する場合もある．

慢性型：病原性のやや弱いウイルスに感染した場合に起こり，発症初期には急性型と類似した症状を示す．しかし，発症後 1 ないし 2 週間で回復の兆しを示し，慢性型に移行する．弛張熱と一時的な熱解離を繰り返し，経過は 1～3 か月以上にも及び被毛の粗雑な削痩したいわゆるヒネ豚（写真 1）となることが多い．細菌の 2 次感染により皮膚の発疹，関節炎，肺炎などを示す豚も多く認められる．このような豚では，血液中に抗体とウイルスが共存する場合が多い．多くの豚は 1～3 か月の経過で死亡する場合が多いが，一部には回復する豚も認められる．また，病原性の非常に弱いウイルスでは，不顕性感染に終わる豚も存在すると考えられる．このような病原性のやや弱いウイルスの感染では，豚個体の感受性によって慢性型から急性型の幅広い病態を示すことがある．

遅発型：病原性の非常に弱いウイルスが妊娠豚に感染した場合には，母豚は発症せず，時として見かけ上健康な子豚が生まれることがある．時には子豚は振顫等の神経症状を示すこともあり，先天性振顫症（congenital tremor）の一要因ともいわれている．また，生後，徐々

写真 1　慢性型の豚コレラ（実験感染）．
発育不良（削痩），皮膚病，被毛の粗雑化などを示す．

に食欲減退，元気消失，軽度の発熱，結膜炎，皮膚炎，運動失調などの症状を現すことがあり，これを遅発型豚コレラと呼んでいる．これらの豚では胎子感染により豚コレラウイルスに対して免疫寛容となり，抗体が産生されず，ウイルス増殖が体内で長期間持続することから，感染源として問題となる．予後は不良で多くの発病豚は最終的には死亡することが多い．この現象は，同じペスチウイルスに属する牛ウイルス性下痢ウイルスにおける持続感染牛の成立と同様と考えられる．

病　　変

一般的に急性型の豚コレラでは，典型的な豚コレラの肉眼および組織病変が出現する場合が少なくないが，慢性型，遅発型の豚コレラで発病から経過の長いものでは，典型的な病変は認められないことが多い．

肉眼病変：最も多く認められる病変は，リンパ節の出血，腎臓包膜下の点状出血（写真 2）および脾臓の出血性梗塞（写真 3）である．そのほか膀胱粘膜（写真 4），心臓，咽喉頭部などに出血が認められる．脾臓の出血性梗塞は急性型豚コレラの診断に重要である．まれに小腸粘膜にボタン状潰瘍がみられる．

組織病変：特徴的な病変は，脳の小血管における囲管性細胞浸潤（写真 5）や，その周囲のグリア結節の出現である．脾臓やリンパ節では，リンパ球の崩壊，濾胞の壊死などがみられる．

血液学的変化：白血球の極端な減少と好中球核型の左方移動，血小板の減少がみられる．

診　　断

豚コレラは伝播力が強くきわめて悪性の急性伝染病であることから，その診断は迅速かつ的確に行う必要がある．多様な病態を示すことから，臨床診断を含む総合的な診断が不可欠である．また，臨床症状がトキソプラズマ病，豚丹毒，アフリカ豚コレラなどに類似するので，類症鑑別が重要である．

ウイルス学的診断：感染豚の扁桃の凍結切片を用いた蛍光抗体法によるウイルス抗原の検出（写真 6）および培養細胞を用いたウイルス分離を実施する．豚コレラウ

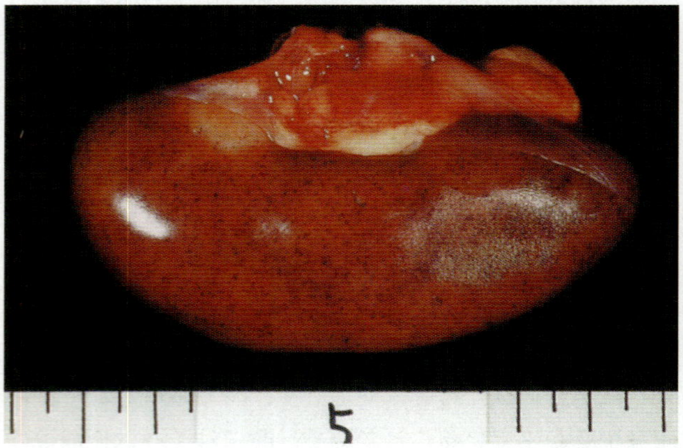

写真 2　腎臓包膜下の点状出血．

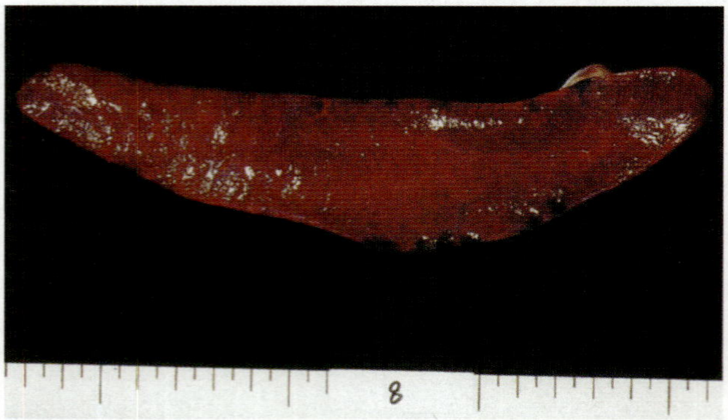

写真 3　脾臓の出血性梗塞．

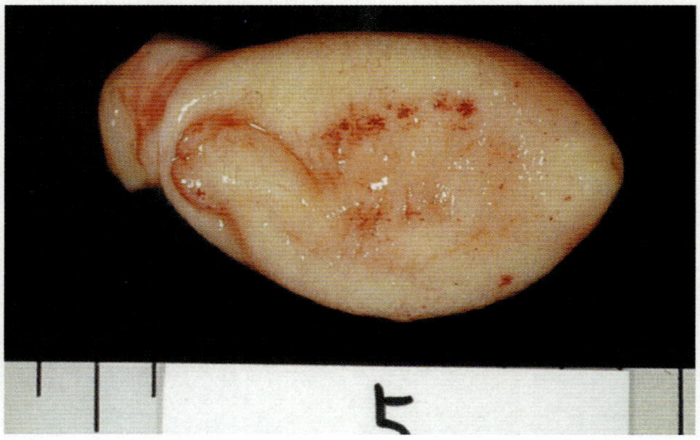

写真 4　膀胱粘膜の出血．

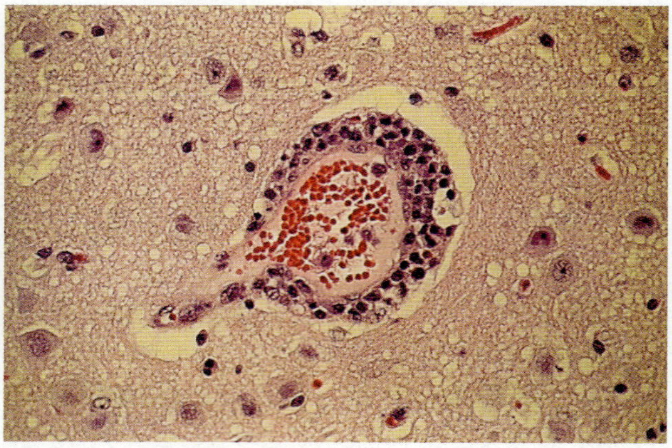

写真 5　脳における小血管の囲管性細胞浸潤．

写真６ 扁桃の陰窩上皮細胞の特異蛍光.

イルスは一般的にCPEを示さないので，ウイルス増殖の確認にはEND（exaltation of newcastle disease virus）法や蛍光抗体法などを用いる．最近では，RT-PCR法によるウイルス遺伝子の検出も応用可能である．中和抗体の検出・定量には，END中和法またはCPK-NS細胞やFS-L3細胞を用いた中和試験を実施する．OIEの診断マニュアルでは，中和試験としてNPLA（Neutralising peroxidase-linked assay）が用いられている．抗体サーベイランスには多検体処理が可能なELISAが用いられる．

病理学的診断：血液検査，肉眼および組織病変の検査を実施する．白血球の減少（8千個/μl以下）や脾臓の出血性梗塞，リンパ組織の腫脹と出血，膀胱粘膜や咽喉頭部の出血，脳の囲管性細胞浸潤やグリア結節の有無などを検査する．

予防・治療

日本では昭和43年以降，有効かつ安全性の高い豚コレラ生ワクチン（GPワクチン）が開発され，ワクチンプログラムに基づく予防接種が行われてきた．平成8年から豚コレラの撲滅計画が推進されており，現在はワクチンを使用しない摘発淘汰による防疫が実施されている．豚コレラの防疫措置は「家畜伝染病予防法」に基づき,「豚コレラに関する特定家畜伝染病防疫指針」に従って実施されることとなっている．摘発淘汰方式による防疫では，早期発見・早期診断が重要であり，養豚における日常の衛生管理〔ⓐ獣医師との協力関係, ⓑ飼育記録, ⓒ検疫期間(豚導入時), ⓓ残飯は基本的に禁止であるが,残飯給餌の場合には加熱処理等のウイルスを不活化する処理が必須．ⓔ定期的な消毒，ⓕ早期通報 等〕が重要となる．有効な治療法はない．

トガウイルス科

基本性状

球形ビリオン（直径 70nm）
直鎖状のプラス一本鎖 RNA（サイズ：9.8 ～ 12kb）
細胞質内で増殖，細胞膜からの出芽により成熟，放出

重要な病気

ゲタウイルス病（豚，馬）
東部，西部馬脳炎（流行性脳炎）（馬，鳥類，ヒト）
ベネズエラ馬脳炎（流行性脳炎）（馬，ヒト）

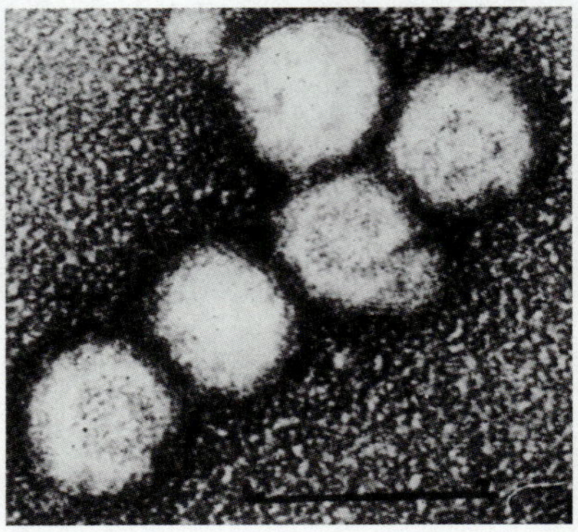

FIG　ゲタウイルス粒子のネガティブ染色像
（写真提供：JRA 総研栃木支所）

分　類

トガウイルス科（*Togaviridae*）は節足動物によって媒介されるアルファウイルス（*Alphavirus*）属と，ヒトの風疹ウイルスが唯一のウイルス種であるルビウイルス（*Rubivirus*）属に分けられる．

性　状

アルファウイルス属は直径 70nm の球形で，エンベロープと，直径 40nm で正 20 面体対称のヌクレオカプシドを持つ．風疹ウイルスは不定形で，粒子構造は不明である．アルファウイルス属のエンベロープ糖蛋白は 2 種（E1，E2）で，ウイルス種によっては 3 番目の糖蛋白（E3）を有するものもある．ゲノムは直鎖状のプラス一本鎖 RNA で，アルファウイルス属では 11 ～ 12kb, ルビウイルス属が 9.8kb である．5' 末端にキャップ構造，3' 末端にポリ A を持つ．フラビウイルス科とは逆に 5' 側 2/3 に非構造蛋白，3' 側に構造蛋白がコードされる．感染細胞内で 2 種類の mRNA が転写され，ウイルスゲノムでもある完全長 mRNA は非構造蛋白を，短い mRNA は構造蛋白を産生する．

RNA の複製やヌクレオカプシドの合成は細胞質内で行われ，細胞膜からの出芽によって感染性粒子が放出される．

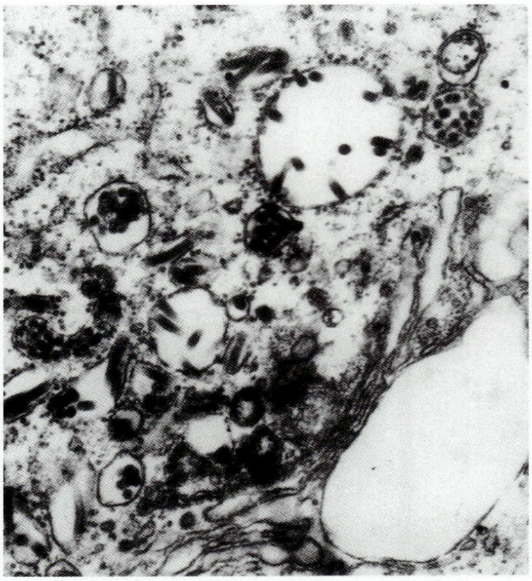

写真 1　乳のみマウスの脳内接種時の EM 像．（写真提供：JRA 総研栃木支所）

神経細胞粗面小胞体中のゲタウイルス粒子の出芽が観察される．ウイルスはしばしば棒状（いわゆる aberrant form）を呈する．

馬のゲタウイルス病

Getah virus disease in horses

Key Words：発疹，浮腫，アルボウイルス

ゲタウイルス（*Getah virus*）の感染により発症する，発疹や浮腫を伴う馬の発熱性疾病である．

疫　　学

1978 年 10 月から 11 月にかけて，関東地方の競走馬に一過性の発熱および一部に発疹や浮腫を伴う疾病の流行があり，発症馬から本ウイルスが分離されたことによって，馬に対する病原性が明らかとなった．その後も流行が報告されているが，ワクチン接種が普及しているため，大きな流行はない．抗体検査によると，日本の馬は 1961 年以前からすでにゲタウイルスの感染を受けていた．

ゲタウイルスは東アジアからオーストラリアにかけての広い地域で分離されている．宿主域は広く，多種類の哺乳類や鳥類が抗体を保有している．なかでも豚は抗体保有率が高く，本ウイルスの自然宿主と思われる．抗体陽性馬は日本全域で認められ，北海道北部まで分布している．ウイルスは吸血昆虫によって媒介され，温帯地域ではイエカやコガタアカイエカが，寒冷地ではキンイロヤブカがベクターとなっている．

症　　状

発熱を主徴とし，発疹や浮腫を伴うことがある．発熱は軽度で 1 ～ 4 日で解熱する．発疹や浮腫は，解熱後や発熱することなく現れることもある．発疹は頚部（写真 1），肩部，大腿部に，浮腫は後肢に生じることが多い．不顕性感染の割合が高く，発病するのは感染馬の 20 ～ 30％である．

病　　変

肉眼的には著明な病変はない．組織学的には脳，脾臓，肝臓などに軽微な変化を認めるが，特徴的な病変ではない．発疹部ではリンパ管の拡張，真皮層における水腫，リンパ球や好中球の浸潤，小出血巣，体表リンパ節の水様性の腫大がみられる．

診　　断

特徴的な病変が少ないため，病原体の分離または血清学的診断により抗体上昇を確認する必要がある．発熱期の血液や鼻腔スワブ材料を 1 日齢マウスの脳内または BHK や Vero などの培養細胞に接種し，ウイルス分離を行う．マウスは 1 週間以内に運動障害を起こして死亡する．培養細胞は CPE を起こし，円形化して脱落する．抗体検出は通常の手法で CF テスト，HI 試験，中和試験により行う．実験感染例では，接種後 1 ～ 4 日にかけて鼻腔内および血液中に高濃度のウイルスが出現する．いずれの抗体も接種後 5 ～ 7 日頃から検出され，6 か月以上持続する．

予防・治療

不活化ワクチンが市販されている．発症馬の予後は一般に良好であり，2 次感染に注意した対処療法を行う．

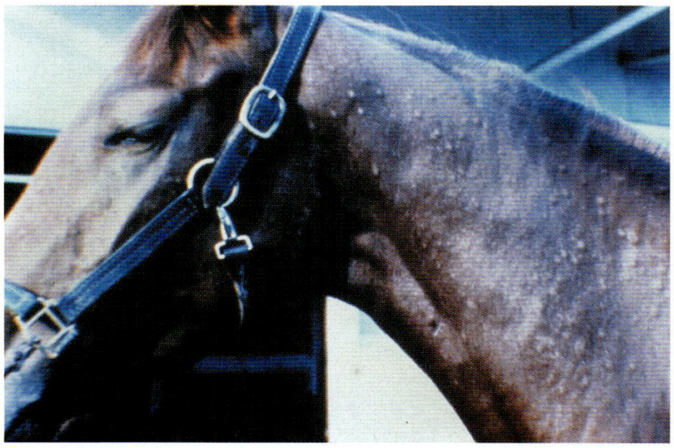

写真 1　頚部に出現した発疹．
予後は良好で痂皮を形成することはない．

豚のゲタウイルス病

Getah virus infection in swine

Key Words：子豚の急性死，神経症状，豚の異常産

ゲタウイルス（*Getah virus*）は新生豚に感染し，急性死を起こす．甚急性疾病で神経症状を示して2～3日で死亡する．剖検および組織学的にはほとんど病変が認められない．また，妊娠豚に感染した場合には，異常産の原因になることが血清疫学的および接種実験で強く示唆されている．

疫学

ゲタウイルスは，1955年にマレーシアで蚊（*Culex gelidus*）から最初に分離された．日本，中国，東南アジア，オーストラリアに分布し，イエカ，コガタアカイエカ，キンイロヤブカなどの蚊と豚の血液から分離されている．ゲタウイルスの病原性は1978年まで不明とされていたが，1978年に馬の発疹と浮腫を伴う熱性疾病の発生で，本ウイルスの病原性が明らかにされた．また1985年10月，次いで1987年9月に急死した新生豚からゲタウイルスが分離され，実験感染でも本病が再現されたことにより，新生豚の急死の原因であることが明らかにされた．豚では北海道以外の地域で抗体が検出され，抗体保有率は50～80％を示し，近畿以西の地域で高率である．本病は蚊の活動に連動し，9～10月に発生する．

症状

新生豚では，食欲不振，元気消失，全身の震え，起立困難，犬座姿勢などの神経症状を示して2～3日で死亡する（写真1）．実験感染でも野外発生例とほぼ同じ症状を示して死亡または瀕死状態となる（写真2）．

妊娠豚での実験感染では，妊娠初期に垂直感染を起こして胎子死が起こる．

病変

剖検および組織学的所見で病変はない．実験感染例でも病変は認められない．

診断

ウイルス分離が確実である．ゲタウイルスは細胞域が広く，ESK，CPK，Vero，BHKおよびHmLu細胞でCPEを伴ってよく増殖する．発病豚では血液に多量のウイルスが存在するので血清を分離材料とする．死亡豚では，

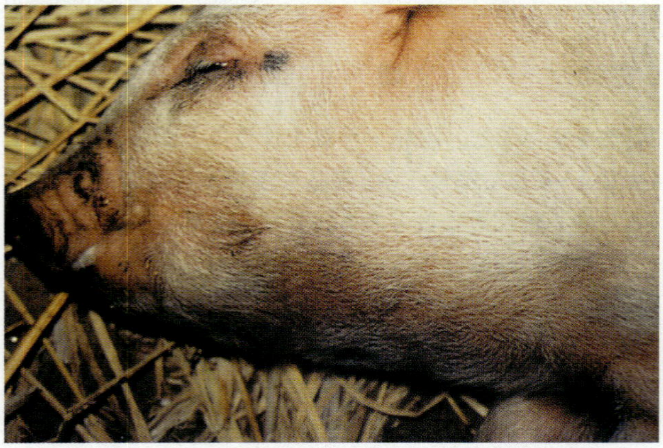

写真1 野外発生例．（写真提供：神奈川県家畜病性鑑定所）
横臥し起立不能，眼瞼周囲の腫脹，下顎から下腹部の腫脹．

写真2 実験感染例．（写真提供：鹿児島中央家畜保健衛生所）
初乳未接種子豚（1日齢）に筋肉内接種後24時間．症状：元気消失，起立困難，犬座姿勢．

脳，脊髄などの実質臓器を用いる．これらの分離材料を培養細胞に接種する．陽性の場合，培養細胞は円形化のCPEを示す．CPEを示した培養液の赤血球凝集性を検査するとともに，抗ゲタウイルス血清を用いてHI試験および中和試験を行ってウイルスの同定を行う．

予防・治療

日本脳炎・豚パルボウイルス感染症・豚ゲタウイルス感染症混合生ワクチンが市販されており，繁殖豚に接種する．

東部・西部馬脳炎

法定
人獣

Eastern equine encephalitis・Western equine encephalitis

Key Words：神経症状，アメリカ大陸，節足動物媒介

東部馬脳炎と西部馬脳炎は，トガウイルス科アルファウイルス属の東部馬脳炎ウイルス（*Eastern equine encephalitis virus*）と西部馬脳炎ウイルス（*Western equine encephalitis virus*）に感染した蚊の吸血により，主に馬とヒトに発生する人獣共通感染症である．

疫　　学

東部馬脳炎ウイルスと西部馬脳炎ウイルスは，アメリカ大陸に限局して分布するウイルスであり，北米では名前の示す通り，それぞれ主にミシシッピ川の東部と西部に分かれて分布しているが，中南米では両ウイルスともに広く分布する（図 1）．両ウイルスは，蚊をベクター，鳥を媒介動物として，蚊 - 鳥 - 蚊間で感染環を形成しており，馬やヒトは保毒蚊に吸血された際に感染する（図 2）．感染した馬やヒトの血液中のウイルス量は，媒介動物に比べるときわめて少なく，吸血蚊にウイルスを伝播する可能性がほとんどないことから，馬やヒトは終末宿主と考えられている．しかしながら，東部馬脳炎ウイルス感染馬の一部では，血液中に大量のウイルスが検出されることから，馬から蚊へのウイルス伝播の可能性も考えられている．発生時期は蚊の活動期に一致し，温帯地域では夏から秋にかけてであり，熱帯・亜熱帯地域では，1 年中認められる．

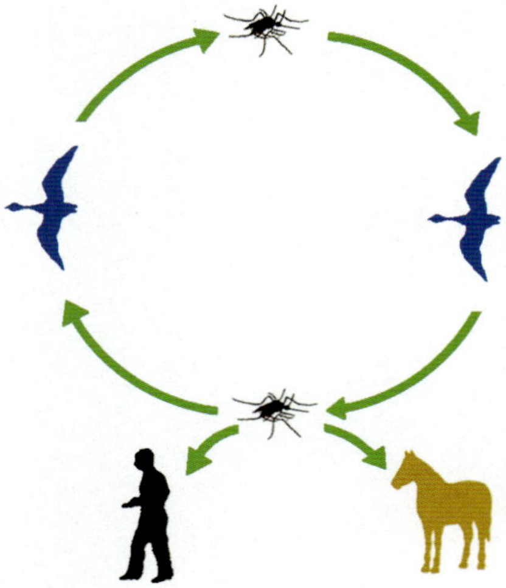

図 2　両ウイルスの感染環．

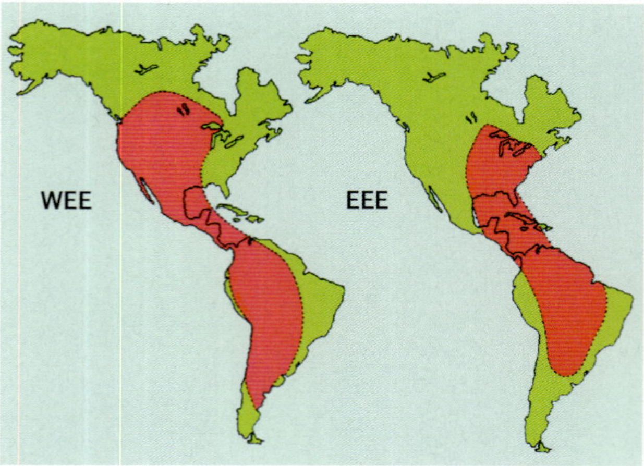

図 1　両ウイルスの分布．

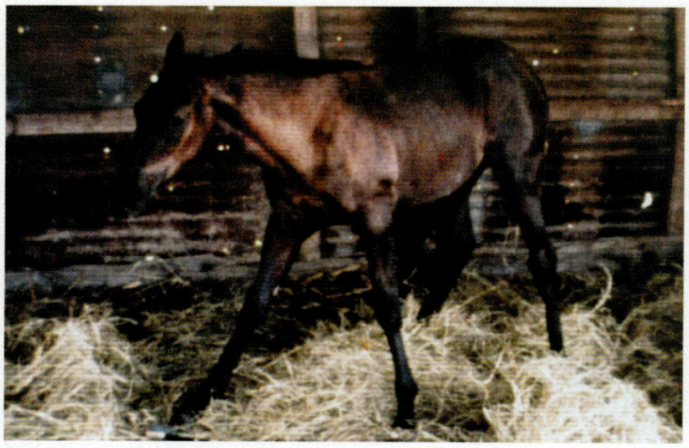

写真 1　神経症状により正常な起立状態を保てない馬（写真提供：C. H. Calisher 博士）

症　　状

潜伏期間は，1～3日（東部馬脳炎）あるいは2～9日（西部馬脳炎）であり，両疾患ともに，一般的な神経症状を示す（写真1）．すなわち，発熱，元気消失，食欲不振，旋回運動，全身違和，視力障害，麻痺，痙攣，起立不能などであり，臨床症状から両疾患あるいは他の脳炎ウイルス感染症，脳脊髄糸状虫症（*Setaria digitata*）や原虫性脊髄脳炎（*Sarcocystis neurona*）との類症鑑別は困難である．東部馬脳炎の致死率は高く，90％に達することもあり，一命を取り留めても後遺症の残ることが多い．西部馬脳炎の致死率は10～50％である．

診　　断

ウイルス学的診断：ウイルス分離が最も確度の高い診断法である．東部馬脳炎ウイルスは脳組織等から分離可能であるが，西部馬脳炎ウイルスの分離は容易ではない．分離には，乳飲みマウス脳内接種が最適であるが，鶏胚あるいは組織培養細胞も使用可能である．RT-PCR法によるウイルス特異的遺伝子の検出も汎用されている．

血清学的診断法：IgM捕捉ELISAとプラック中和試験の併用が望ましい．IgM抗体は感染時にのみ出現するが，中和抗体は感染時だけでなくワクチン接種によっても誘導される．HI試験およびCF反応では，両ウイルスに対する抗体は交差反応性を示すので注意を要する．

予防・治療

治療法はないが，米国では，両ウイルスに対する馬用不活化ワクチンが市販されている．馬の飼養環境周辺の溜まり水の除去，殺虫剤散布等のベクターコントロールとワクチン接種の組合せにより予防する．

ベネズエラ馬脳炎

法定
人獣

Venezuelan equine encephalitis

Key Words：脳炎，アルボウイルス，アルファウイルス

ベネズエラ馬脳炎（VEE）ウイルスは南アメリカ北部熱帯地域に局在する蚊媒介性のアルボウイルスで，ヒトおよび馬に重篤な脳炎を引き起こす．時に流行病となって常在地から中央・南アメリカ・アメリカ合衆国に拡大し，社会的，経済的にも大きな被害をもたらしたことがある（図1）．

疫　学

VEE ウイルスは地方病ウイルスと流行病ウイルスによって異なる感染環を営む（図2）．地方病ウイルスの主要なベクターは *Culex melanconion* 属で，げっ歯類，有袋類を主な増幅動物とする．これらの自然宿主および馬は地方病ウイルスに感染しても不顕性で脳炎は起こさないが，ヒトはこの感染環に巻き込まれて脳炎を発症する．一方，流行病ウイルスは，ウマ科動物が増幅動物となり，あらゆる蚊種の媒介によって大規模な流行を引き起こす．過去の流行では，中央アメリカ，南アメリカ，メキシコおよびアメリカ合衆国テキサス州で数10万人の感染者と200万頭を超す馬が犠牲になったことがある．VEE ウイルスの血清型はⅠ～Ⅵ型まで知られており（表1），亜種のⅠAB型およびⅠC型は流行病ウイルスに，その他のⅠD，ⅠE，ⅠF，Ⅱ，ⅢA，ⅢB，ⅢC，Ⅳ，ⅤおよびⅥの10亜種は地方病ウイルスに分類される．また，流行病ウイルスの出現にはE2糖蛋白の変異が示唆されている．

症　状

ウマ科動物は流行病ウイルスに対して感受性が最も高く，感染馬は高いウイルス血症を示し，流行時のウイルス伝播に主要な役割を果たす．潜伏期間は1～3日で，症状は重度の沈うつ，嗜眠，口唇の下垂，嚥下困難，光や音に対する過敏症を示し，末期には起立困難，断続的な呼吸困難，痙攣，視力障害，眼球振盪などがみられる．感染初期の白血球減少症（早期のリンパ球減少症とその

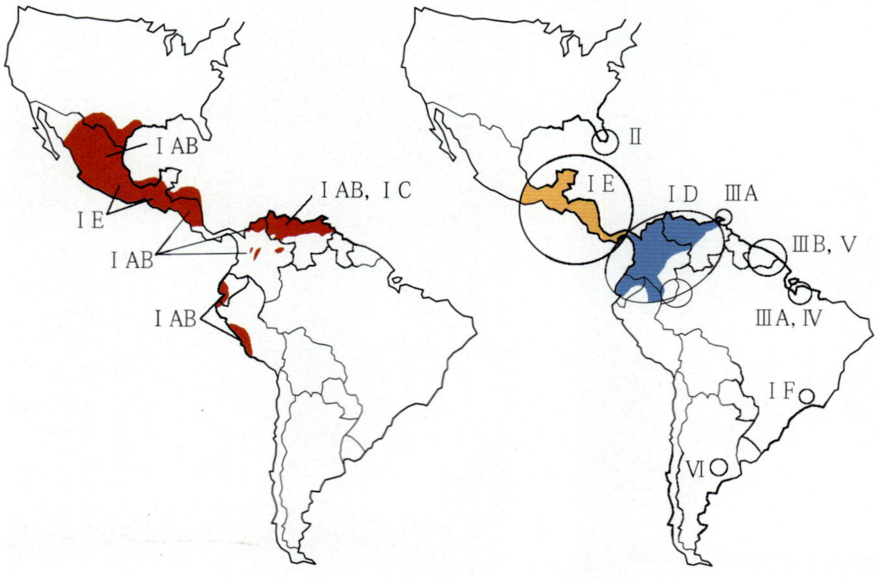

図1 VEE ウイルスの分布．

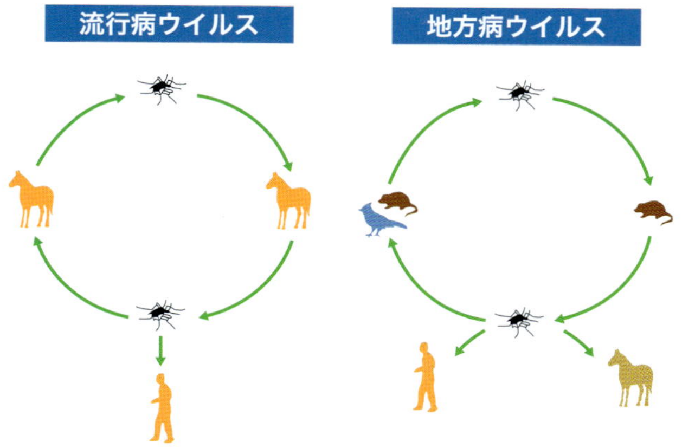

図 2　VEE ウイルスの感染環.

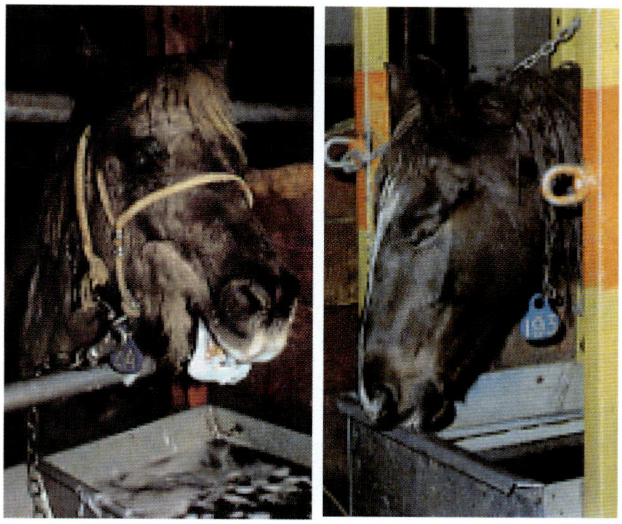

写真 1　感染馬の臨床症状.

表 1　VEE ウイルス抗原コンプレックス			
サブタイプ	亜　種	伝播形式	馬に対する病原性の有無
Ⅰ	AB	流行病型	○
	C	同上	○
	D	地方病型	×
	E	同上	×
	F	同上	×
Ⅱ	・	同上	×
Ⅲ	A	同上	×
	B	同上	×
	C	同上	×
Ⅳ	・	同上	×
Ⅴ	・	同上	×
Ⅵ	・	同上	×

後の好中球の減少）が顕著で，未感染地域の流行時の馬の死亡率は 80％以上である（写真 1）．ヒトは蚊の吸血の他，飛沫感染も起こり得る．症状は発熱，悪寒，重度の頭痛，筋肉痛，虚脱，嘔吐，下痢，咽頭炎，リンパ腺炎などを主徴とする．脳炎の発症率は成人に比べ子供や幼児で高い．ヒトの死亡率は 5 ～ 14％程度である．

診　　断

臨床的には他のウイルス性馬脳炎や毒性疾患との識別は困難である．病原学的診断はウイルス分離による．流行病ウイルスに感染した馬の発病初期（発病後 1 ～ 3 日）の血中には蚊を保毒させるのに十分な量の高いウイルス血症がみられる．しかし，脳炎症状が顕著になる感染後 6 ～ 7 日には血中ウイルスは消失しているため，血液からのウイルス回収は困難である．ただし，脳炎発症後 1 週間以内なら脳，脊髄液や臓器（リンパ節，脾臓）乳剤からのウイルス分離は可能である．ヒトの臨床例では，感染初期の血清あるいは咽頭ぬぐい液を用いた RT-PCR 法によるウイルス RNA の検出なども有効である．血清学的診断は，プラック減少法による中和試験や IgM 捕捉 ELISA による特異抗体の証明による．CF および HI 試験は類属反応があるので血清診断には適さない．

予防・治療

予防法としてはワクチンが最も効果的である．馬用ワクチンとしては TC-83 生ワクチンが有効である．ヒト用にはホルマリン不活化ワクチン C-84 がある．また，感染性 cDNA クローンを用いた弱毒生ワクチンが開発中である．不活化ワクチンは中和抗体の産生は期待できるが，実験室内感染に多い飛沫感染を予防できないことから，TC-83 生ワクチンはヒトにも限定的に使用されている．常在地域の居住者やその地域への旅行者などはワクチン接種の他，外用殺虫剤あるいは蚊の忌避剤が有効である．原因治療法はない．

レトロウイルス科

基本性状

球形粒子（直径 80 ～ 100nm）
直鎖状一本鎖 RNA
逆転写酵素
細胞質内で増殖

重要な病気

牛白血病（牛）
馬伝染性貧血（馬）
猫白血病ウイルス感染症（猫）
猫の後天性免疫不全症（猫）
鶏白血病・肉腫（鶏）
マエディ・ビスナ（羊）
山羊関節炎・脳炎（山羊）

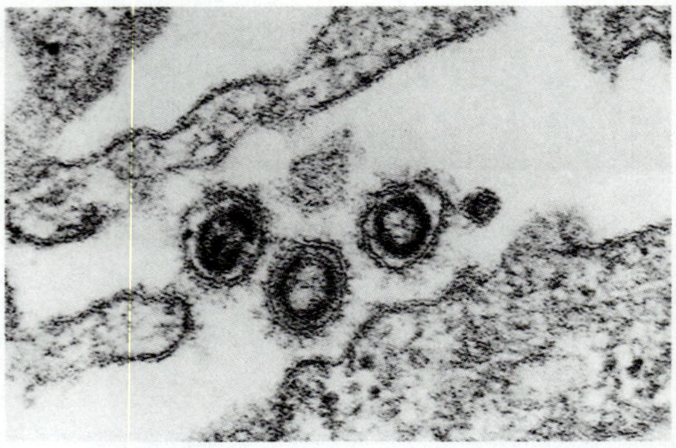

FIG 猫白血病ウイルス感染細胞の超薄切片像
（写真提供：グラスゴー大学，H. M. Laird 氏）

分類・性状

レトロウイルス科（*Retroviridae*）のウイルスは直径 80 ～ 100nm の球形粒子で，エンベロープでおおわれている（FIG）．遺伝学的性状や病原性などの点からオルトレトロウイルス亜科（*Orthoretrovirinae*）とスプーマレトロウイルス亜科（*Spumaretrovirinae*）に大別され，7 属に分類される．電顕によるウイルス超薄切片観察では，内部にコアと呼ばれる高電子密度の構造物を有している．コアの形態と感染細胞内における粒子成熟プロセスの相違から，タイプ A ～ D とレンチウイルス型に分けられる（図 1）．その中でも「タイプ C 粒子」と呼ばれるウイルスが動物に白血病やリンパ肉腫などの腫瘍病原性を顕著に示す．

ウイルス粒子内には直鎖状，プラス鎖の一本鎖 RNA が 5' 末端同士で水素結合し二量体を形成している．感染後，ウイルス RNA から逆転写酵素により DNA がつくられ，宿主染色体に組み込まれる．この状態のウイルス DNA をプロウイルスと呼ぶ．細胞分裂に伴ってウイルス遺伝子も娘細胞に伝えられる．多くのレトロウイルスゲノムにはウイルス癌遺伝子（v-*onc*）を認めないが，組込みの位置や染色体の分裂繰り返し中に（したがって，身体の中でも盛んに分裂している骨髄細胞やリンパ組織などで）細胞癌遺伝子（c-*onc*）を刺激し，長い潜伏期間を経て細胞が癌化（白血病，リンパ腫）するものと考

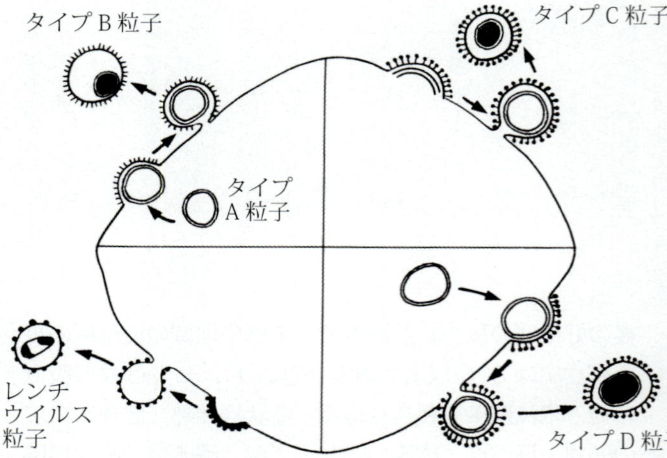

図 1 超薄切片内レトロウイルス科ウイルスの超微構造による分類．

細胞質内にあって出芽後にタイプ B 粒子またはタイプ D 粒子になる細胞質内粒子をタイプ A 粒子と呼ぶ．そのタイプ A 粒子が細胞質膜からエンベロープを得て出芽し，偏心性の電子密度の高いコアを有する粒子をタイプ B 粒子，中心性のコアを有する粒子をタイプ D 粒子と呼ぶ．それに対し，細胞質膜部分でコアが組み立てられながら出芽し，成熟後にはコアが中心性の粒子をタイプ C 粒子という．タイプ C 粒子とタイプ D 粒子のスパイクは類似しているがタイプ B 粒子に比べて明瞭ではない．レンチウイルスはタイプ C 粒子のように出芽する．桿棒状のコアは中心性で，エンベロープと近接しておりスパイクも不明瞭である．

えられる．この細胞癌遺伝子をゲノムに取り込んだウイルスが肉腫ウイルス（sarcoma virus）であり，感染後すぐに肉腫を形成する．これらのウイルスは水平伝播するレトロウイルスである．体細胞 DNA 中には，紫外線などの誘引によりウイルスとして発現される内在性レトロウイルス（endogenous retrovirus）も存在する．通常は無害であるが，外から感染したレトロウイルスとの間で組換えウイルスが形成されることがある．

牛白血病

届出

bovine leukosis

Key Words：地方病性牛白血病，散発性牛白血病，子牛型，胸腺型，皮膚型

地方病性の成牛型牛白血病と散発性の子牛型，胸腺型，皮膚型牛白血病に分類され，すべてリンパ腫である．

地方病性牛白血病（別名成牛型白血病）は牛白血病ウイルス（*Bovine leukemia virus*）感染に起因し，感染様式はほとんど水平伝播で，1割程度が垂直伝播による．発病は4～6歳に多く，感染牛は常に汚染源となる．リンパ節の腫大，眼球突出のほか全身に肉腫病巣がみられる．感染牛の診断にはウイルス抗原による寒天ゲル内沈降反応が，発病牛の診断には末梢血中の異型リンパ球の検出が有力な手段となる．

散発性の各型牛白血病の病原因子および伝染性は不明である．

子牛型牛白血病は2歳以下（青春期）の子牛，主として6か月以内の子牛に発生する．胸腺型牛白血病は6～25か月の若齢牛に多くみられる．皮膚型牛白血病は2～4歳の牛に好発する．

疫学

地方病性牛白血病は，ヨーロッパ諸国，アメリカ合衆国など全世界で発生がみられ，アメリカ合衆国では10万頭のと殺牛のうち18頭という記録がある．わが国では1927年を初発とし，その後，北東北，西日本，九州など全国的に発生がみられ，発生率は地域により差がある．1981年に岩手県で年間20万頭中100頭を超えたこともあるが，現在は防疫対策の成功により大幅に減少している．

散発性の各型牛白血病の発生は，地方病性牛白血病と比べて著しく少ない．

症状

牛白血病ウイルス感染牛には持続性リンパ球増多症（PL）を示すものがいる．しかしながら，感染牛のすべてがPLを示すわけではなく，60％以上は異常がみられないという．また，感染牛の数％以下が発病に至るにすぎない．発症牛では，末梢血中に未熟または異常リンパ球の出現と増数がみられる（診断の項参照）．

地方病性牛白血病はBリンパ球の腫瘍で，CD5陽性のB-1a細胞由来の腫瘍が最も多い．体表リンパ節の腫大，眼球突出などがみられ（写真1，2），直腸検査により，内腸骨リンパ節の腫大など骨盤腔内に腫瘤を触知す

写真1 地方病性牛白血病．
眼窩脂肪織における腫瘍形成のため，眼球が突出し盲目となる．

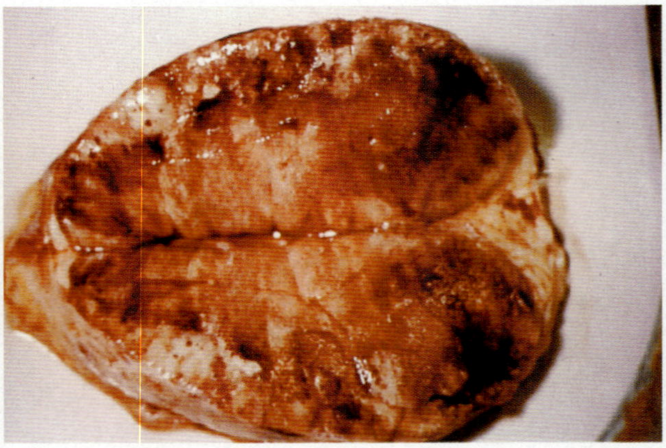

写真2 地方病性牛白血病．
浅頚リンパ節の巨大な腫瘍化．出血や壊死を伴っている．

る．削痩や後躯麻痺のみられることもある．

子牛型にはB細胞由来とT細胞由来の2種類の腫瘍がある．全身リンパ節が同時に球形に腫大し（写真3, 4），発熱を伴う．多くは急性に経過する．

胸腺型はT細胞由来の腫瘍で，頚部の胸腺が巨大に腫大する（写真5）．子牛型牛白血病の病変を随伴するものが多い．

皮膚型はT細胞由来の腫瘍で，全身に脱毛を伴う蕁麻疹様の発疹または丘疹が形成され，痂皮を伴う．自然に治癒することがある（写真6）．その機序としては，経皮膚排除機構および腫瘍免疫が考えられている．

診　　断

地方病性牛白血病の診断は，直腸検査を含む臨床症状，血液所見，バイオプシー，寒天ゲル内沈降反応による牛白血病ウイルスgp（糖蛋白）抗原およびP（蛋白）抗原に対する抗体の検出，血清酵素の測定などで行う．

牛の年齢によりリンパ球数が異なるので，年齢ごとの血液所見による診断基準がEC（ヨーロッパ共同体）より示されている（表1）．岩手県の診断基準では，24か月齢以上の牛で異常リンパ球を白血球の5%以上，実数で1μl中，1,000個以上認めるものを白血病性腫瘤を有する病畜，5%未満を疑似，2%未満を疑いなしとしている．異常リンパ球とは，前リンパ球，低分化リンパ芽球様細胞や未分化細網性細胞の形態を示す細胞の総称である．

感染牛は抗体を一生にわたって保有する．新生子が初乳を飲むことによって，移行抗体を受け継ぐ．この抗体はおよそ3～6か月の間持続し，消失する．

病牛は乳酸脱水素酵素活性値が4,000U/l以上に上昇し，アイソザイムパターンが2と3の分画が特異的に上昇する．分画2および3の合計値が50%以上を生前

写真3　子牛型白血病（4か月齢）．
すべてのリンパ節が球形に腫大している．

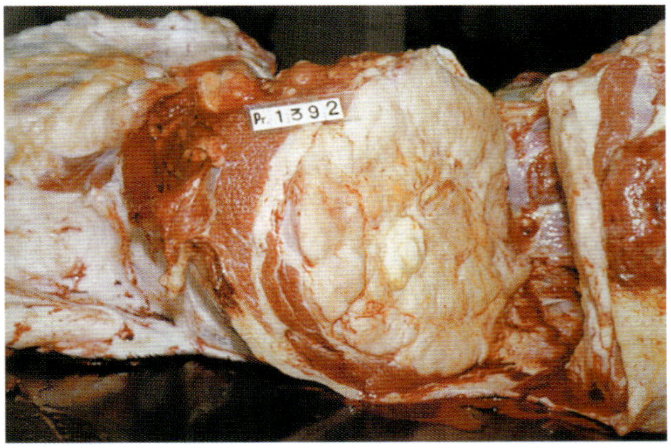

写真5　胸腺型牛白血病．
巨大な腫瘍（12.8kg）が胸腺部に形成されている．

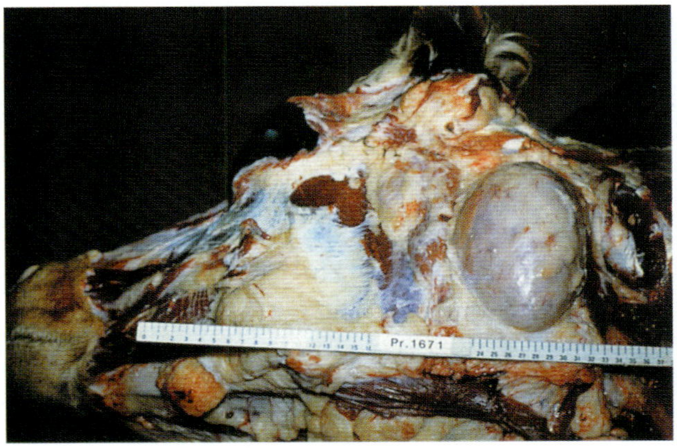

写真4　子牛型白血病（2歳）．
耳下リンパ節の腫大．

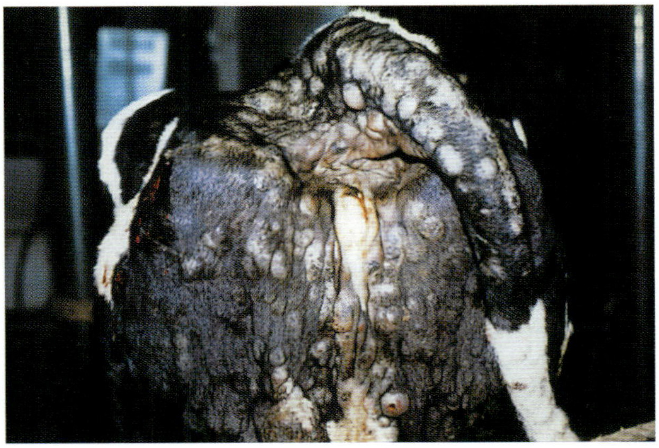

写真6　皮膚型牛白血病．
1年後には完全に治癒した（Vet.Pathol.26:136(1989）参照）．

表1 牛白血病の判定基準（リンパ系細胞数：$\times 10^3/\mu l$）

区分＼年齢	0～1	～2	～3	～4	～5	～6	7～
陽　性	13＜	12＜	10.5＜	9.5＜	8.5＜	8＜	7.5＜
疑　似	11～13	10～12	8.5～10.5	7.5～9.5	6.5～8.5	6～8	5.5～7.5
正　常	＜11	＜10	＜8.5	＜7.5	＜6.5	＜6	＜5.5

表2 牛白血病の分類

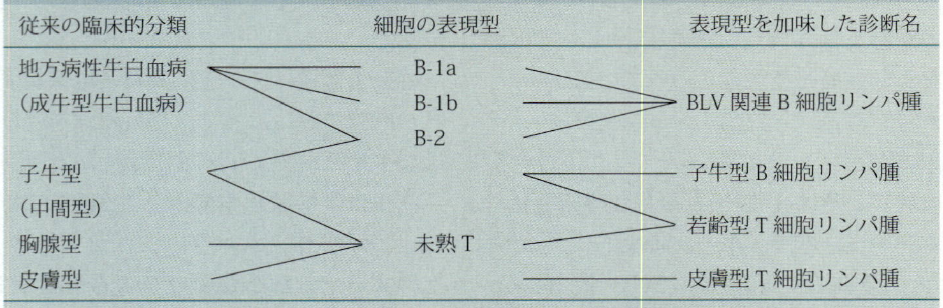

Yin et al.（2003）J. Vet. Med. Sci. 65：599

診断で地方病性白血病陽性の一応の目安とする．

病理解剖所見：地方病性牛白血病では全身リンパ節，胃壁，心臓，脾臓，血リンパ節，腎臓，子宮，肝臓，腸壁，脊髄周囲脂肪織にリンパ腫が認められる．

子牛型牛白血病では全身リンパ節の均一な腫大，骨髄における腫瘍の浸潤，肝臓，脾臓の腫大，心臓，腎臓，子宮への腫瘍浸潤がみられる．胸腺型牛白血病では胸腺が腫大するが，子牛型病変と共存することが多く，両者を子牛型 B リンパ腫と若齢型 T リンパ腫に再分類した新しい分類が提唱されている（表 2）．

皮膚型牛白血病では表皮に多発性の腫瘍結節がみられる．

散発型の各型牛白血病は病原因子が不明であるので，病理学的診断によらなければならない．

予防・治療

地方病性牛白血病はウイルス感染牛の隔離と淘汰が主体となる．ウイルスの媒介には野外ではアブによる機械的伝播が重要である．ウイルスはアブの体内では増殖せず，リンパ球が破壊されるような条件では失活するので，野外で陽性牛群と陰性牛群を 200m 離すことで感染を十分予防できる．一方，医原性に注射針に付着した血液によっても感染するので，牛群の集団検診，予防接種などでは注意しなければならない．

牛白血病ウイルスの *env* 遺伝子を組み込んだ DNA 組換えワクチニアウイルスによるワクチンやペプチドワクチンの開発が試みられており，その実用化が待たれる．

一方，牛白血病発症には，主要組織適合抗原 MHC class Ⅱのある特定の遺伝子構造（ハプロタイプ）が関与していることが牛白血病腫瘍関連抗原の研究から明らかになりつつあり，牛白血病抵抗性の牛の品種改良も期待される．

猫白血病ウイルス感染症

feline leukemia virus infection

Key Words：リンパ腫，急性白血病，免疫不全症，再生不良性貧血，
骨髄異形成症候群，持続性ウイルス血症

レトロウイルス科に属する猫白血病ウイルス（*Feline leukemia virus*：FeLV）が持続感染した猫においては，腫瘍性疾患（リンパ腫，急性白血病など），前腫瘍段階の疾患（骨髄異形成症候群），およびさまざまな非腫瘍性疾患（免疫不全症，再生不良性貧血など）が発生する．また，臨床症状を示さない無症候性キャリアーも多い．

疫　学

FeLVに持続感染した猫の唾液，尿，血液などが感染源となり，猫同士の直接接触によって水平伝播する．また，垂直感染も認められている．FeLVに暴露された猫の中には，FeLV感染に対する十分な免疫応答を示すことができず持続感染し，血中FeLV抗原陽性となる猫が存在する．子猫の時にFeLVに暴露された場合には，FeLVに持続感染する確率が高い．これらのうち，FeLVに持続感染した猫において，さまざまな疾患の発生が認められる．

症　状

猫のリンパ腫においては，元気消失，食欲不振，削痩，発熱，貧血といった症状が認められることが多い．また，胸腺型リンパ腫では呼吸困難およびチアノーゼなど，消化管型リンパ腫では，嘔吐，下痢および血便などの症状が認められる．多中心型リンパ腫の典型例では，全身の体表リンパ節の左右対称性腫大が認められるが，腸間膜リンパ節，肝臓，脾臓などの腫大が触知されることも多い．その他の型においては，眼，鼻，脳，脊髄などに発生した腫瘤により，さまざまな症状が認められる．

リンパ腫においては，病型によって腫瘤の発生部位が異なる．胸腺型リンパ腫においては，前縦隔部に未分化なリンパ系細胞からなる腫瘤が認められる（写真1，2）．消化管型リンパ腫においては，胃，十二指腸，小腸および付属のリンパ節に腫瘤が認められる．多中心型リンパ腫においては，体表リンパ節のほか，胸腔内および腹腔

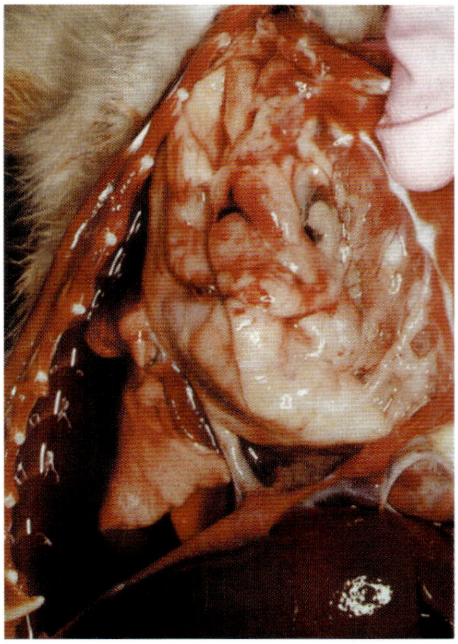

写真1　胸腺型リンパ腫．
前縦隔部から心臓の周囲にかけて乳白色の腫瘤が認められる．

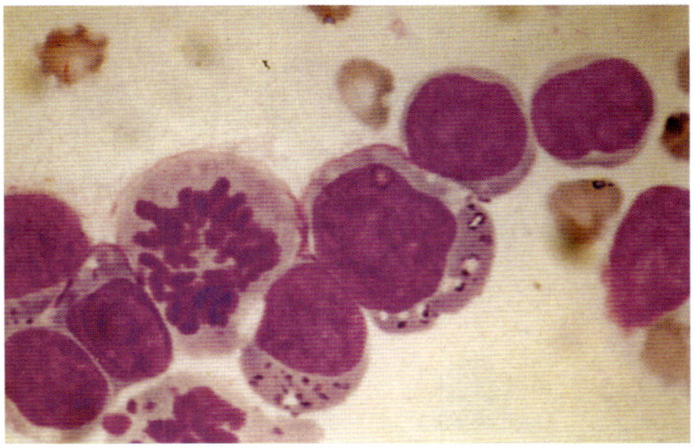

写真2　胸腺型リンパ腫の症例の胸水中に認められたリンパ芽球様細胞．
明瞭な核小体を持ち，クロマチンの凝集が認められない大型の核と，豊富な細胞質を有する多数の幼若なリンパ系細胞が認められ，有糸分裂像も観察される．

内リンパ節の腫大とともに脾臓，肝臓などの臓器の腫大が認められる．その他の型のリンパ腫においては，眼，鼻，脳，脊髄などに腫瘤の形成が認められる．

白血病の症例では，リンパ腫のような特異的な症状は認められず，可視粘膜の蒼白，食欲の低下，発熱，出血傾向などが認められることが多い．脾腫や肝腫は多くの例で認められる．

急性白血病が発生した場合には，骨髄において顆粒球系，単球系，赤血球系，リンパ球系などの未分化な細胞が一様に増生しており（写真 3），それら細胞の浸潤により脾臓，肝臓などの腫大が認められる．

免疫不全症を発生した症例では，さまざまな難治性の感染症が認められる．再生不良性貧血および骨髄異形成症候群を発症した症例では，血球減少症により，活力の低下，易感染性および出血傾向が認められる．

診　断

市販のキットを用いるか，検査センターに検査を依頼し，血清，血漿または全血中の FeLV 抗原の検出を行い，FeLV の持続感染を証明する．

リンパ腫（写真 4）の診断は，触診，X 線検査，超音波検査，CT 検査などによって腫瘤の存在を見出し，さらに腫瘤，リンパ節，胸水，腹水などにおけるリンパ系細胞の腫瘍性増殖を確認することによって行う（写真 5）．

急性白血病の診断は，末梢血液および骨髄における未熟血液細胞の腫瘍性増殖を確認することによって行う．骨髄生検によってミエログラムを算出し，それを FAB 分類にあてはめて診断する．ペルオキシダーゼ染色は必須である．その他，さまざまな染色法が補助的に用いられる．

FeLV 感染症における非腫瘍性疾患の診断においては，血中の FeLV 抗原の存在のほかに，以下のような項目によって診断を行う．免疫不全症の際には，リンパ系細胞などの機能低下および易感染性によって診断を行う．再生不良性貧血では骨髄における顆粒球系，赤血球系，巨核球系の 3 系統の造血細胞の減少を証明する．骨髄異形成症候群では骨髄における 2 系統以上の血球系の分化異常を証明することによって診断を行う．

予防・治療

FeLV の水平伝播は主に猫同士の直接接触によって起きるため，持続感染した猫を隔離することによって FeLV の感染を予防することができる．この隔離による

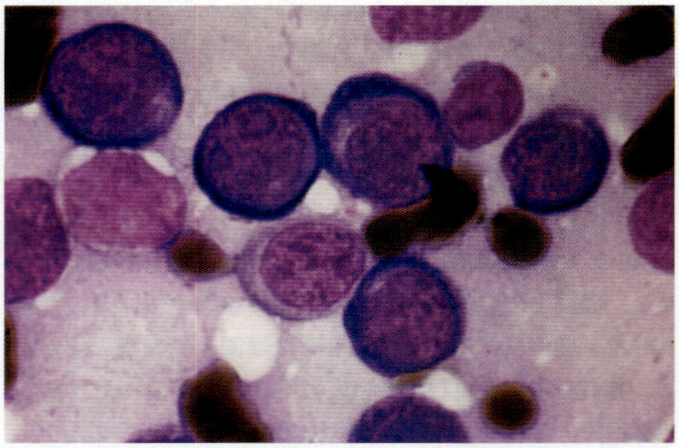

写真 3　急性骨髄性白血病（赤白血病，FAB 分類，M6）の症例における骨髄像．

赤紫色で，明瞭な核小体の認められる円形核と，きわめて好塩基性の細胞質を有する前赤芽球様細胞が一様に増生している．

写真 4　鼻腔に認められたリンパ腫．

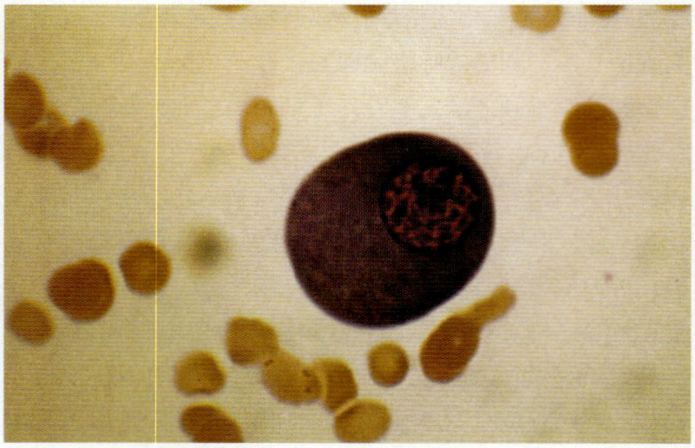

写真 5　骨髄異形成症候群の骨髄に認められた巨赤芽球様細胞．

異常に広い細胞質を有しており，細胞の分化異常が認められる．

予防は，複数の猫を室内で飼育している場合に必要とされる．また，猫を屋外に出すことは FeLV の感染の機会をつくることになる．FeLV 抗原陰性の猫のみを室内で飼育することはきわめて有効な予防法である．

FeLV 感染予防用ワクチンとして，不活化ワクチンや組換えエンベロープ蛋白を用いたコンポーネントワクチンが開発され，日本でも臨床応用されている．これらのワクチンは，他の猫と接触する猫や隔離などによる予防ができない場合に使用することが勧められる．

猫のリンパ腫の治療には，主にビンクリスチン，L-アスパラギナーゼ，サイクロフォスファマイド，アドリアマイシンなどの抗癌剤とプレドニゾロンを組み合わせた多剤併用化学療法が用いられる．猫の急性白血病に対する治療については，現在も有効な治療法は確立されていない．

FeLV 感染症に伴う非腫瘍性疾患のうち，免疫不全症では，発生した 2 次的な感染症に対する治療を行うことが重要である．再生不良性貧血においては輸血などの対症療法のほかに，副腎皮質ステロイド剤，蛋白同化ステロイド剤，サイトカイン製剤などによる治療が行われる．骨髄異形成症候群においては，輸血などの対症療法のほか，分化誘導療法が検討されている．

鶏白血病・肉腫

届出

avian leukosis・sarcoma

Key Words：リンパ性白血病，赤芽球症，骨髄芽球症，骨髄球腫症，骨髄性白血病，血管腫，線維肉腫，骨化石症，鶏白血病ウイルス

鶏白血病・肉腫の疾病には，リンパ性白血病（LL），赤芽球症，骨髄芽球症，骨髄球腫（症），骨髄性白血病（myeloid leukosis：ML），血管腫，線維肉腫，骨化石症など，病理学的に異なるさまざまな疾病が含まれる．これらの疾病のうちで，野外で多発し，養鶏産業上最も重要な疾病はLLとされてきた．しかし，近年，肉用種鶏では，J亜群鶏白血病ウイルス（ALV-J）に起因する骨髄性白血病の発生が，また，肉用鶏では，ALV-Jに起因する発育障害が，わが国をはじめ，世界中で大きな問題となっている．他の疾病の発生は野外ではまれである．鶏白血病・肉腫の疾病を起こす一群の近縁なウイルスを鶏白血病・肉腫ウイルス群とよぶ．鶏白血病・肉腫ウイルス群はアルファレトロウイルス属に分類される．この群のウイルスはその病原性から肉腫ウイルスと白血病ウイルスとに2大別され，白血病ウイルスはさらに，急性（欠損性）白血病ウイルスと鶏白血病ウイルス（ALV）に分けられる．

疫　　学

鶏のALVは，その抗原性，宿主域，相互干渉のパターンから，A，B，C，D，EおよびJの6亜群に分類される．このうち，わが国で野外鶏に広く伝播して，さまざまな疾病を引き起こすのはAおよびB亜群のALVで，なかでもA亜群ALVが感染の主体をなす．また，ALV-Jの感染は，肉用種鶏では主に骨髄性白血病を，肉用鶏では発育障害を引き起こす．ALVの感染様式には，垂直感染（介卵感染）と水平感染（同居感染）の2つがある．

症状・診断

LL：LLの発生は世界中のほとんどの鶏群にみられる．発生率は平均すると数%程度と推定されている．本病は産卵期前後（5～7ヵ月齢）に多発する．食欲の減退，産卵停止，緑色下痢便の排出，肉冠の萎縮，体重の著しい減少等の症状がみられる．本病では肝臓の腫瘍性腫大が最も頻度が高く，顕著である（写真1）．脾臓，ファブリキウス嚢，腎臓，卵巣，骨髄，胸腺にも病変が出現する．腫瘍組織は比較的大きさの均一な大型のリンパ芽球から構成される．

赤芽球症，骨髄芽球症：元気消失，肉冠の貧血，あるいはチアノーゼ等の症状を示す．赤芽球症，骨髄芽球症では，末梢血液中に腫瘍化した赤芽球または骨髄芽球を多数認める．いずれも肝臓，脾臓のび漫性腫大（写真2，写真3）と，腫瘍の原発臓器である骨髄の褪色が特徴である．

骨髄球腫（症）：病鶏の症状は骨髄芽球症の場合と同様である．骨髄球腫症では血中に腫瘍細胞は出現せず，柔らかな腫瘍が主として骨の表面や軟骨近くに形成される．急性白血病ウイルスである骨髄球腫症ウイルスMC29株を雛に接種すると，雛は接種後3～11週で発症する．発症雛では，頭部の異常な隆起や，胸骨および脛骨の隆起を生じる．剖検では，腫瘍は骨の表面や軟骨近くに形成される．腫瘍は骨髄球に類似した，きわめ

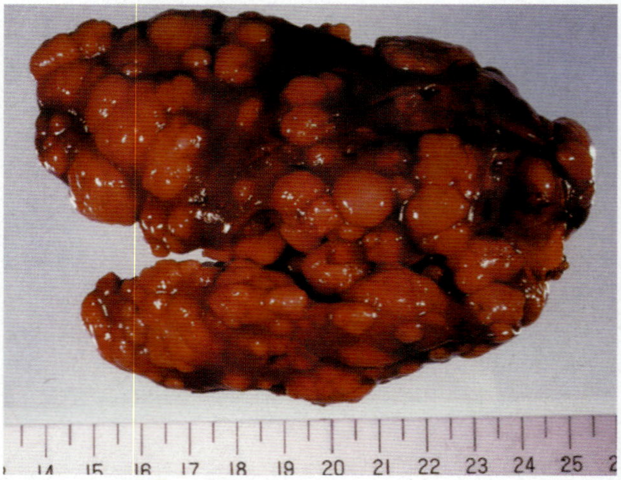

写真1　LL発症鶏の肝臓の腫瘍性腫大．

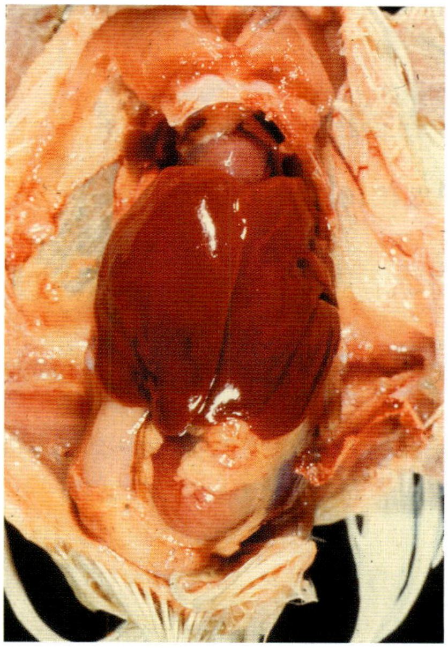

写真2　赤芽球症発症鶏の肝臓のび漫性腫大.

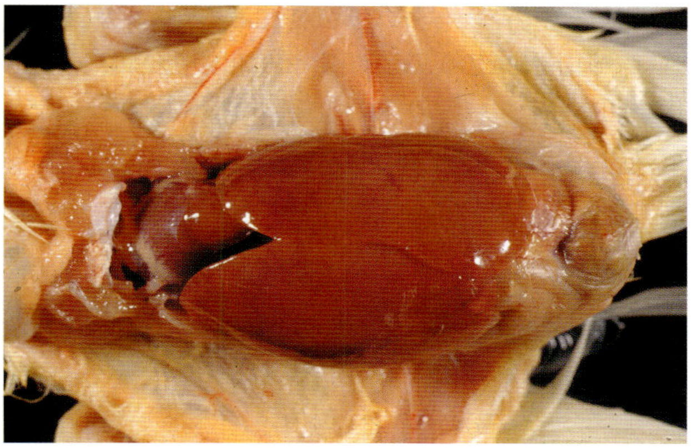

写真3　骨髄芽球症発症鶏の肝臓のび漫性腫大.

写真4　骨化石症で太くなった脚.

て斉一な腫瘍細胞から構成される．一方，Payneらによる ALV-J の参照株，HPRS-103 の雛への感染実験では，骨髄球腫症の初発日齢は，64 日で，平均発症日齢は，142 日であった．骨髄球腫症発症鶏 34 例の肉眼病変発現部位とその発現率は，肝臓の腫大が 88%と最も高く，次いで，胸骨・肋骨・脊椎・複合仙骨の内側の腫瘍が 56%で，腫瘍はいずれも骨髄球腫であった．すなわち，MC29 株接種雛と HPRS-103 接種雛では，その発症までの潜伏期間，病変形成部位は異なっており，HPRS-103は，骨髄芽球症と骨髄球腫症との中間型の ML を惹起すると考えられている．ALV-J 感染に起因する野外発生例では，骨髄芽球症と骨髄球腫症との鑑別が困難な例が多く，これらの疾病は一括して，ML とするのが妥当と考えられている．

血管腫：俗に血疣ともよばれ，さまざまな日齢の雛の皮膚や内蔵諸臓器に腫瘤または血腫として認められる．

線維肉腫：肝臓，肺，脾臓にみられることが多い．腫瘍巣は灰白色で，LL の臓器よりも密実で硬い．

骨化石症：骨組織が増殖して骨が太くなる病気（写真4）で，中足骨が腫れて，長靴をはいたような状態となる．その結果，異常歩行を示す．

予防・治療

外国およびわが国で，ALV 抗原を検出する ELISA や ALV 遺伝子を検出する PCR 法を用いて，ALV 清浄化が試みられている．治療法はない．養鶏場では感染率が低く，発病抵抗性の高い種鶏群からの雛の導入を心がける．

猫の後天性免疫不全症

feline immunodeficiency virus infection

Key Words：後天性免疫不全症，慢性口内炎，慢性上部気道疾患，CD4/CD8 比

1986 年にアメリカのカリフォルニア州で，免疫不全を呈する猫からレンチウイルスが分離され，猫 T リンパ球指向性レンチウイルス（FTLV）と命名された．その後，同ウイルスと猫の後天性免疫不全症（AIDS）との関連が明らかとなり，猫免疫不全ウイルス（*Feline immunodeficiency virus*：FIV）と呼ばれるようになった．

疫　学

アメリカ，カナダ，アルゼンチン，ヨーロッパ各国，日本，台湾，オーストラリア，ニュージーランドなど世界各国で FIV 抗体陽性例がみられている．過去の保存血清では，ヨーロッパでは 1974 年～ 1976 年，オーストラリアでは 1972 年，アメリカおよび日本で 1968 年の検体で FIV 抗体陽性例が確認されており，かなり以前より FIV が世界中に広まっていたと考えられる．現在までにエンベロープ蛋白の多様性により，A ～ E の 5 つのサブタイプ（またはクレード）と，サブタイプ B から派生した Texas グループに分類されている．現在のところ，Texas グループは新しいサブタイプには認定されていない．わが国では，A ～ D のサブタイプの感染が確認されている．サブタイプごとの病原性の違いについては明らかではない．

症　状

FIV 感染猫の病期分類がいくつか提唱されている．急性期，無症候キャリアー（AC）期，持続性全身性リンパ節腫大（PGL）期，AIDS 関連症候群（ARC）期，AIDS 期の 5 つの段階に分類することが，広く受け入れられている．

急性期：暴露ウイルス量により異なるが，一般的に感染後約 4 週間で抗体が陽転する．抗体陽転とほぼ同時に，軽度の発熱，周期的好中球減少とリンパ節腫大が観察される．急性期の持続期間は数週間から 2 か月である．

AC 期：急性期後，臨床症状は消失し，AC 期に入る．この時期においても FIV 抗体は陽性であり，末梢血リンパ球からは FIV が分離される．この時期の持続期間はさまざまであるが，疫学データからは 2 ～ 4 年くらい，あるいはそれ以上と考えられている．

PGL 期：全身性にリンパ節の腫大が認められる以外，他の症状がみられないものが PGL 期にあたるが，一部の感染猫でみられるのみである．持続期間は 2 ～ 4 か月である．

ARC 期：AC 期あるいは PGL 期の後に，ARC 期に入る．ARC 発症猫の平均年齢は 5 歳である．PGL に加え，慢性口内炎，慢性上部気道疾患，慢性化膿性皮膚疾患，原因不明の発熱，軽度の体重減少などがみられる．また，軽度から中等度の貧血がみられることが多い．多くの猫では 1 年以内にさらに重篤な症状になり，AIDS 期に移行する．

AIDS 期：著明な削痩，貧血あるいは汎血球減少症に加え，日和見感染または腫瘍がみられる．AIDS 死亡例の平均年齢は約 6 歳で，多くは AIDS の診断確定後数か月で死亡する．

ARC 期および AIDS 期においては，約半数に口腔内，とくに歯肉，歯周組織，頬，口峡部または舌の慢性進行性感染がみられる（写真 1）．慢性呼吸器感染症としては，慢性気管支炎，細気管支炎，肺炎，鼻炎が発症猫の約 1/4 にみられる．皮膚および外耳道の慢性感染症は発症例の約 15％にみられる．全身性の疥癬症，デモデックス症や慢性の膿瘍も報告されている．細菌性または原因不明の膀胱炎，尿路感染症も少数でみられる．神経症状は FIV 抗体陽性猫の約 5％にみられる．日和見感染は AIDS 期の症例に多数みられ，トキソプラズマ症，クリプトコッカス症（写真 2）やカンジダ症，ヘモプラズマ症などの 2 次感染が報告されている．腫瘍性疾患もみられるが，FIV が直接関与している証拠は得られておらず，癌に対する免疫監視能の低下によるものと考えられる．

AC 期から ARC 期にかけては，リンパ球数は正常範囲内かあるいは増加する．AIDS 期ではリンパ球数は著明

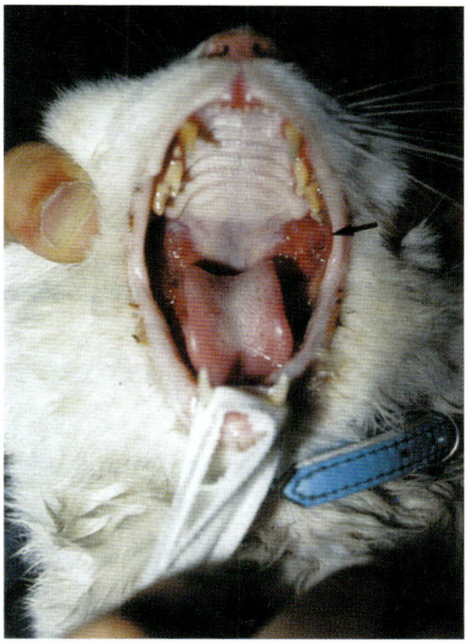

写真1 歯肉を中心とした発赤と腫脹が認められる.

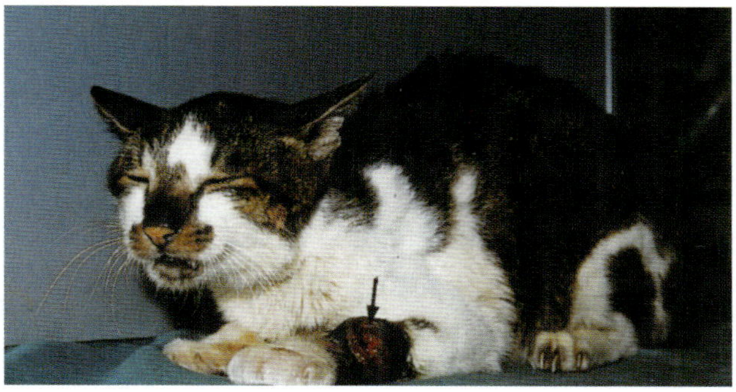

写真2 左前肢にクリプトコッカスの感染による結節形成と表面に潰瘍が認められる.

に減少し，CD4 陽性細胞数は 200/μl 以下となる．リンパ球の CD4/CD8 比は通常の 1.5 〜 2.5 前後から徐々に低下し，IL-2 産生能ならびに IL-2 反応性の低下も報告されている．血清中の IL-6，TNF レベルは亢進する．

FIV 感染による免疫抑制により，さまざまな慢性難治性疾患が発症するので，その原因により病理学的変化は異なる．自然感染例のリンパ節病変としては，AC 期から AIDS 期にかけて，①リンパ濾胞の活性化と皮質増生，②胸腺依存領域におけるリンパ球の減少と形質細胞増多，③広範なリンパ球脱落によるリンパ濾胞全体の萎縮，の順に推移する．

診　断

FIV 感染症の診断は，一般的には FIV 特異抗体の検出により行われる．抗体検出用のキットも市販されている．市販の診断キットは，ELISA またはイムノクロマト法に基づいており，使用抗原は，Env 抗原あるいは Gag 抗原が用いられている．AIDS 期の一部の猫では Gag 抗体価が低下している例もあり，また，感染初期では抗体価が上昇していないので，感染が疑われる場合，複数の検査法を組み合わせることが望ましく，陰性の場合も，数か月後に再検査する方がよい．また，一部の研究機関では，感染細胞を抗原とした蛍光抗体法や，精製ウイルスや感染細胞ライセートを抗原としたイムノブロッティング法も行われる．

予防・治療

予防のための最良の方法は，感染猫との接触を断つことであり，できる限り屋内飼育にする．また，外部から猫を新規導入する場合には先に検査を行う．アメリカでは，フォートダッジ・アニマルヘルス社から Fel-O-Vax FIV というワクチンが 2002 年に承認を受け，市販されている．国内ではワクチンはなく，個々の症状に対して対症療法がなされる．

馬伝染性貧血

法定

equine infectious anemia

Key Words：貧血，回帰熱，連続抗原変異，持続感染

馬伝染性貧血ウイルス（*Equine infectious anemia virus*）の感染により生じるウマ属の疾病で，持続的なウイルス血症，貧血を伴う高熱の持続，慢性的経過をとった場合の回帰性発熱を特徴とする．ウイルスゲノムは，宿主の染色体に組み込まれるとともに，連続的な変異をして抗体で中和されない抗原変異ウイルスを産生し続けるため，感染馬は生涯治癒することはない（図 1）．

疫　　学

かつては世界中で流行していたが，流行地域は縮小している．日本では 1993 年に 2 頭の抗体陽性馬が摘発されたことを除くと，1984 年以降は発生がなく，ほぼ完全に淘汰されたものと考えられる．北米，ヨーロッパ，オーストラリアでも発生は減少している．中南米にはまだ多くの感染馬が存在する．

感染馬は持続的なウイルス血症を呈し，とくに発熱期には $10^6TCID_{50}/ml$ 以上のウイルス血症となることもある．ウイルスを含んだ血液は，乾燥して白血球が生存していない状態でも感染性がある．乳汁，精液，分泌液なども汚染源となる．

自然界での主な感染様式は吸血昆虫の機械的媒介による伝播で，本疾病は夏季放牧中に感染するものが多く，とくにアブ，サシバエの多い湿地帯で多発する．子宮内および乳を介しての垂直感染や，皮膚に傷がある場合の接触感染によっても伝播する．競走馬の集団発生は，感染馬の採血，治療，栄養剤投与などに用いた汚染注射器を介した医原性の可能性が高い．

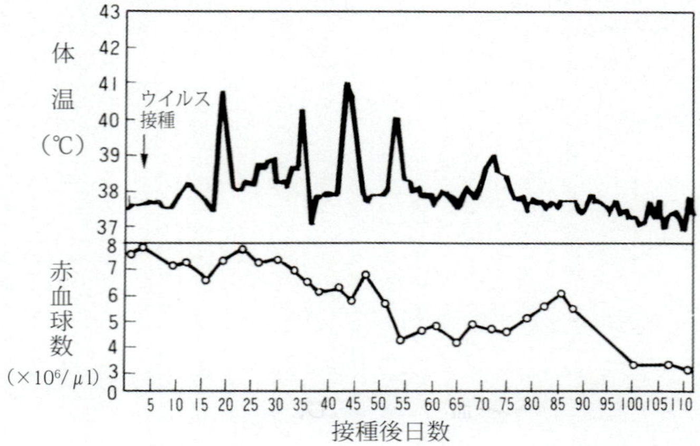

図 1　馬伝染性貧血ウイルス感染馬の回帰熱と貧血．

症　　状

臨床症状により，急性，亜急性，慢性の 3 つの型に分けられる．急性型は貧血を伴う 41 ～ 42℃の高熱が持続し，元気消失，食欲不振または廃絶となり，粘膜や結膜の出血，黄疸性浮腫が観察され，起立不能となり，衰弱して死亡する．解熱とともに体温が常温以下となり，虚脱状態となって死亡することもある．亜急性型は発熱後回復するが，再度高熱を発し，その繰り返しにより死亡する．慢性型は繰り返される発熱が徐々に軽度になるとともに無熱期が長くなり，健康馬と見分けがつかなくなる．しかし，長期の無熱期を経て突発的な発熱を生じたり，徐々に衰弱して死亡する場合もある．感染馬がどのような症状をとるかは，感染ウイルスの病原性，感染ウイルス量，馬の個体差により影響を受ける．

本疾病の特徴である貧血は発熱極期に現れはじめ，熱分離期に顕著となり，無熱期になると次第に回復する．発熱を繰り返すことにより慢性的な貧血状態となる．

診　　断

急性期の病変は，血管透過性の異常に基づく変性や組織の変化が観察される．全身の脂肪織が膠質化し，体腔ならびに各臓器の漿膜下に浮腫や出血がみられる．脾臓は腫大し赤黒色を呈し，割面は顆粒状に隆起する（写真 1）．濾胞は不明瞭となる．脾臓やリンパ節のリンパ球は変性に陥り，核崩壊が顕著になる（写真 2）．骨髄組織においても造血細胞群の変性が著しい．肝臓も腫大して黄疸を示し，巣状壊死や脂肪変性，著しい鉄沈着がみられる（写真 3）．肝臓やリンパ節の実質内には，出血

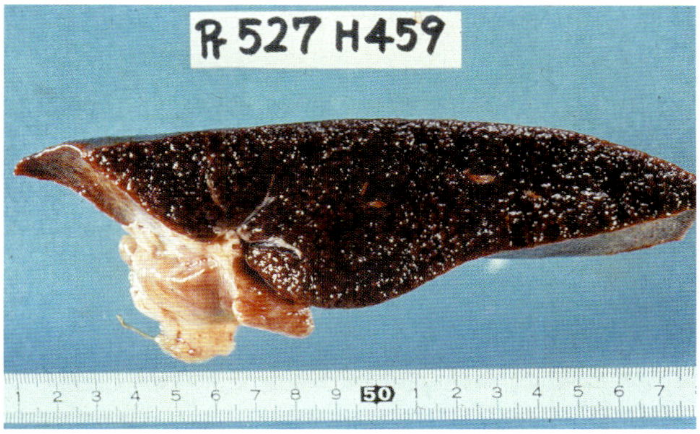

写真 1 急性型の症状を示した馬の脾臓.
脾髄の充出血により肥大化する.

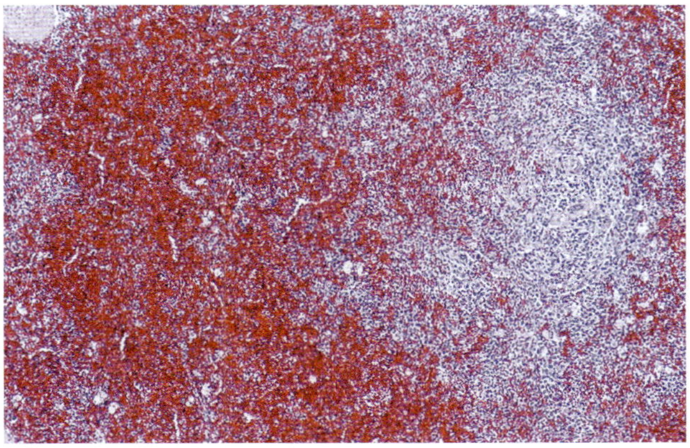

写真 2 急性型の症状を示した馬の脾臓組織.
中心動脈周囲組織の粗性化と脾髄の出血がみられる.強拡大した組織を観察すると,リンパ球の変性ないし核崩壊がみられる.

とともに網内系細胞の活性化および増殖がみられる.

亜急性型では出血所見が軽減するが,その他の所見は同様にみられる.貧血が著しい場合は実質臓器の退色がみられる.慢性型ではこれら病変は軽減するが,血管壁を中心としたリンパ様細胞の増殖や,細網内皮系細胞の活性化がみられる(写真 4).肝臓は慢性うっ血により小葉中心部が暗赤色となり小葉周辺部が脂肪変性するため,割面に紋理形成が認められるニクズク肝となる(写真 5).

発熱極期から熱分離期にかけて,末梢血中に鉄染色で青色に染まる担鉄細胞が出現する(写真 6).担鉄細胞は,白血球が赤血球を貪食・消化したもので,本疾病に特徴的に認められる.日本では,血清診断法が開発されるまで感染馬の診断法として使用されていた.

現在,ほとんどの国で,ヌクレオカプシドを構成する分子量 26,000 の蛋白を抗原とした寒天ゲル内沈降反応

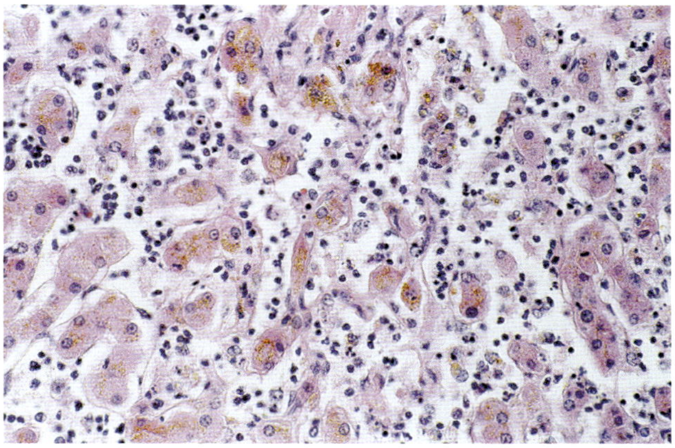

写真 3 急性型の症状を示した馬の肝臓の細網内皮系細胞にみられる鉄沈着.
クッパー細胞,類洞内皮細胞などがヘモジデリンを貪食している.

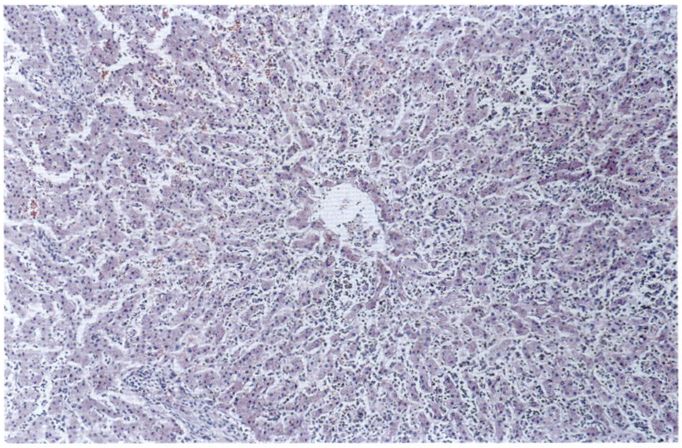

写真 4 慢性型の症状を示した馬の肝臓組織.
肝臓の小葉内に小型リンパ球様細胞の浸潤が特徴的に認められる.また,細網内皮系細胞の活性化が生じている.

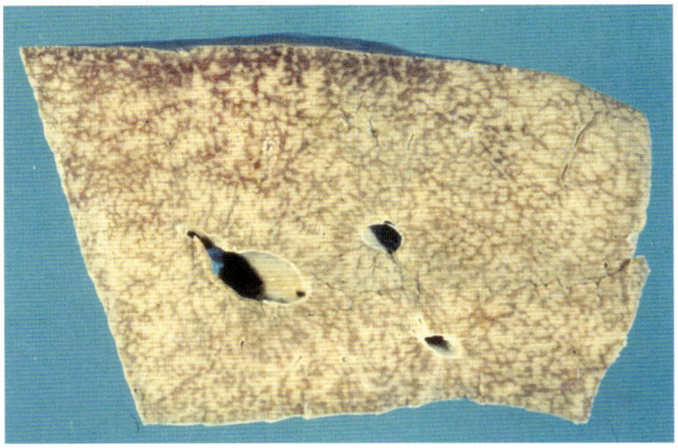

写真 5 慢性型の症状を示した馬の肝臓の断面.
肝臓は慢性うっ血のため腫大し,硬さを増す.小葉中心部が暗赤色となり,小葉周辺部は脂肪変性し黄色を帯び,割面の紋理形成が著明となる.

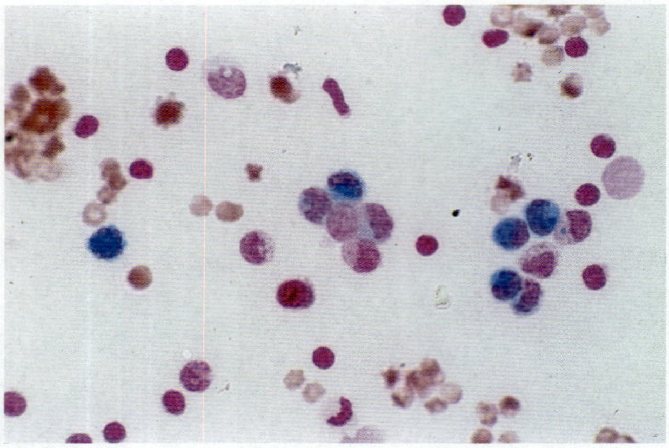

写真6 感染馬末梢血中に検出される担鉄細胞.
この細胞は伝貧発症馬に特徴的に認められ，とくに発熱極期から熱分離期にかけて高率に出現する．長く無熱に経過した慢性型では出現率が低下してくる.

によって，感染馬の摘発を行っている．ELISAを使用している国もある.

類症鑑別が必要な疾病として，トリパノゾーマ病やピロプラズマ病などの貧血を起こす疾病や，内部寄生虫による栄養低下，中毒，心臓病などの原因により元気消失や衰弱した症例がある.

予防・治療

ウイルスは連続的な抗原変異を起こすため，通常のワクチンによる感染防御は困難である．国内の馬は定期的に寒天ゲル内沈降反応による抗体検査を受け，陽性馬は淘汰されている.

マエディ・ビスナ

届出

maedi・visna

Key Words：レンチウイルス，進行性肺炎，間質性肺炎，慢性脳脊髄炎，脱髄，多核巨細胞

マエディ・ビスナはOIEリストBの疾病で，その病原体であるビスナ・マエディウイルス（*Visna/maedi virus*）はレトロウイルス科レンチウイルス属の羊/山羊レンチウイルス群に分類される．本ウイルスに感染した羊に進行性の間質性肺炎，慢性脳脊髄炎を起こす．山羊関節炎・脳炎ウイルスは同じグループに属する．本ウイルスは，羊だけでなく山羊にも感染し，肺炎や脳炎を起こす．

疫　　学

ビスナは1935年に羊の慢性ウイルス性脳脊髄炎として，マエディは羊の慢性進行性肺炎として1939年にアイスランドでそれぞれ報告された．ビスナは“衰弱”を意味するアイスランド語，マエディは“呼吸困難”を意味する．本ウイルスは分離当初別々のものと考えられていたが，現在ではビスナとマエディは同じウイルスから起因するものとされている．本病は広くヨーロッパ各地，米国，アフリカなど，主要な羊の産地に浸潤している．オーストラリアとニュージーランドでは発生報告がない．日本での発生は不明であるが，抗体を保有する羊が認められている．本病は主として，ウイルスの標的細胞であるマクロファージを含んだ肺分泌物や初乳，乳汁を介した経口感染によって水平伝播する．

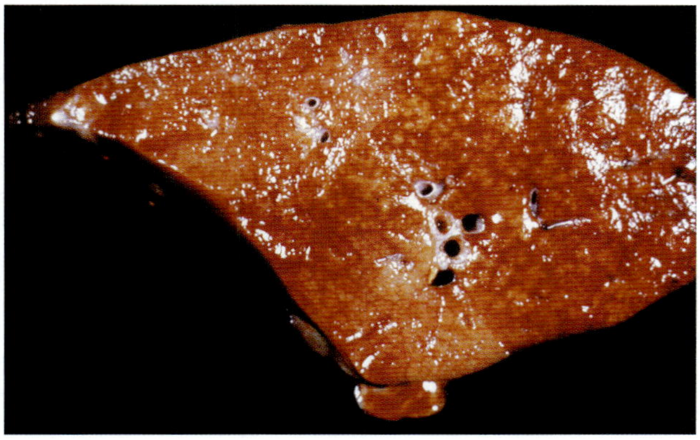

写真1　肺炎病変.（写真提供：岡田幸助氏）
斑状に硬化病巣が認められる.

症　　状

本病の潜伏期間は感染から発症まで2～3年以上，経過も数か月から数年に及ぶ．回復はまれである．通常2歳未満には発病はみられない．

マエディは，通常3～8歳に認められる．元気消失，体重減少，乾いた咳，呼吸困難を主徴とした慢性の進行性肺炎を示す．肺は正常の2～5倍の大きさになり，灰黄色～灰青色を呈し，硬化した病巣もみられる（写真1）．周辺リンパ節も腫大する．組織学的には主要病変は間質性肺炎であり，細網内皮細胞または間葉系細胞のびまん性増殖とそれらの細胞浸潤を伴った肺胞中隔の著しい肥厚を示す．気管支や細気管支にリンパ小節の増生がみられる．大型単核細胞にはギムザ染色で薄灰青色に染まる特有の細胞質内封入体が認められることもある．

ビスナは初期に，とくに後肢の歩行異状を示すため，最初は群から取り残されることで発見されることが多い．その後，後肢の麻痺により起立不能となる（写真2）．罹患羊では肉眼病変は乏しい．組織学的には病変は小脳，大脳，脊髄の白質における脱髄を主徴とする．脱髄巣にはグリア細胞やリンパ球を伴った囲管性細胞浸潤が認められる（写真3）．脳および脊髄の髄膜にリンパ球や単核細胞の浸潤がみられる．

診　　断

ウイルス学的診断：羊脈絡叢，腎臓等の培養細胞と発症羊の末梢血白血球や，ビスナでは脈絡叢，マエディでは肺や所属リンパ節組織との混合培養によりウイルス分離が可能である．接種2～3週後に多核巨細胞形成を主徴とするCPEが認められる．ウイルス遺伝子は，末梢血白血球や患部組織からPCR法，サザンブロット，in situハイブリダイゼーションを用いて検出できる．

血清学的診断：通常ウイルス分離は困難で，診断には

写真 2 後躯の麻痺.（写真提供：岡田幸助氏）

寒天ゲル内沈降反応，ELISA による抗体検出法が用いられる．

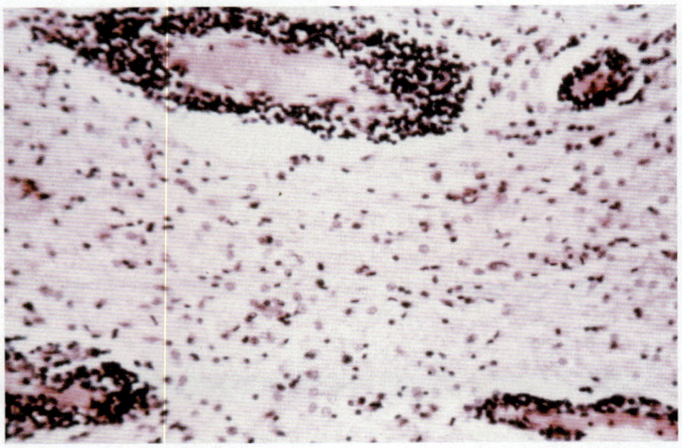

写真 3 脳の組織病変（HE 染色）.（写真提供：岡田幸助氏）
血管周囲に細胞浸潤が認められる．

予防・治療

ワクチンや治療法はない．感染から発症までの経過が長く，また不顕性感染も多いことから，抗体陽性動物の摘発淘汰が重要である．

山羊関節炎・脳炎

届出

caprine arthritis encephalitis

Key Words：レンチウイルス，慢性関節炎，脳炎，多核巨細胞

山羊関節炎・脳炎はOIEリストBの疾病で，その病原体はレトロウイルス科レンチウイルス属，羊/山羊レンチウイルス群に分類される．本ウイルスは，ビスナ・マエディウイルスと類似のウイルスであり，山羊および羊に感染する．

疫　学

本疾病は，米国，欧州，オーストラリアなどを始めとする世界各国で発生が報告されている．日本では2002年8月に本疾病の発生が報告された．本疾病の主たる伝播様式は，初乳または乳汁を介した感染である．肺炎などの呼吸器症状を呈した山羊は，周囲の動物への感染源となる．感染山羊は終生ウイルスを保持するが，発病率は低く通常10%以下と考えられている．

症　状

1～4か月齢の幼若山羊では脳脊髄炎や間質性肺炎を発症する．最初は後肢の外転が困難になる．麻痺は上向性に進行し後躯麻痺から最終的に四肢不全麻痺へと進行する．斜頚を示す場合もある．成獣にみられる関節炎型は，通常慢性・遅発性である．初期には手根関節の腫脹や歩行異常が観察され，患部の腫脹が徐々に増大し，最終的には歩行困難，起立不能となる（写真1，2）．成獣では慢性関節炎以外に乳房炎や，まれに肺炎や脳炎を起こす．脳脊髄炎の主病変は中脳後部に顕著で，白質に限局する．リンパ球，マクロファージ，大型細網細胞からなる播種性囲管性細胞浸潤と脱髄が認められ，軟髄膜にもリンパ球の巣状浸潤がみられる．関節炎では，関節嚢および腱鞘の滑膜において著しいリンパ球浸潤を伴った絨毛状増殖性炎がみられる（写真3）．肺病変には，顕著なリンパ様増生を伴った間質性肺炎が認められる．

診　断

ウイルス学的診断：羊脈絡叢，羊胎子肺，山羊滑膜細胞，山羊胎子精巣等の培養細胞と発症山羊の末梢血白血球，肺，関節滑膜組織との混合培養により，ウイルス分離が可能である．接種後2～3週後に，多核巨細胞形成を主徴とするCPEが認められる（写真4）．感染細胞を用いて間接蛍光抗体法によりウイルスを検出可能で

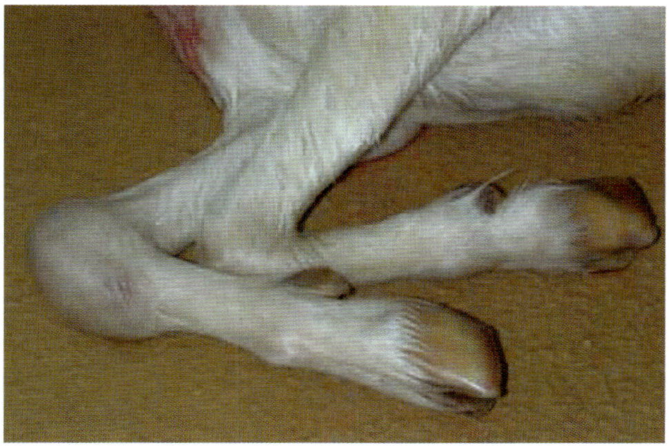

写真1　山羊前腕手根関節の腫脹．（写真提供：播谷　亮氏）

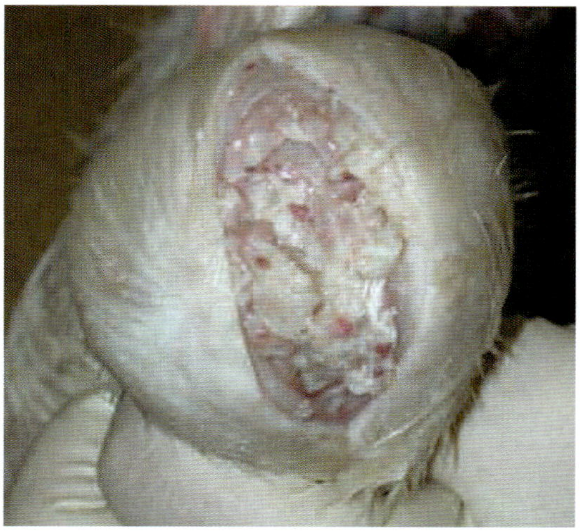

写真2　腫脹した前腕手根関節の割面．（写真提供：播谷　亮氏）

嚢水腫（ヒグローマ）の形成が認められる．

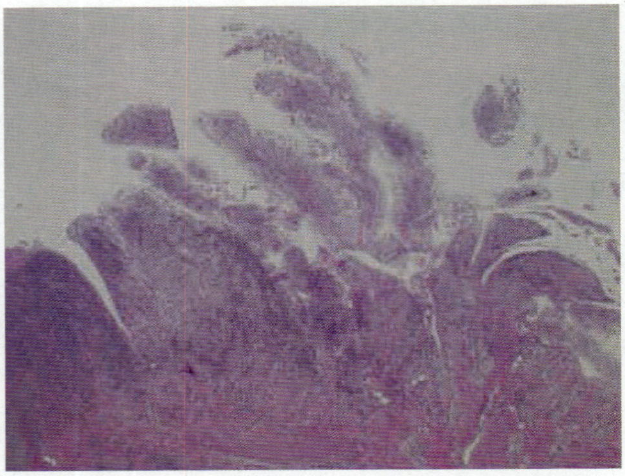

写真3 前腕手根関節の組織病変（HE 染色）.（写真提供：木村久美子氏）
リンパ球浸潤を伴った関節滑膜の絨毛状増殖.

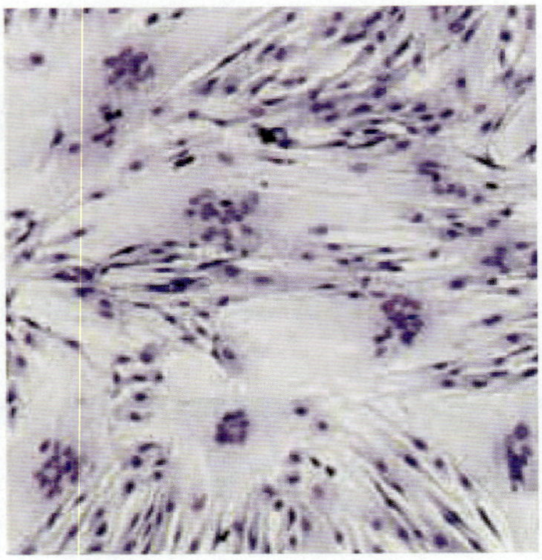

写真4 関節炎を呈した山羊の手根関節液と羊胎子肺細胞の共培養後に認められた多核巨細胞（ギムザ染色）.

ある．ウイルス遺伝子は，末梢血白血球や患部組織からPCR 法，サザンブロット，in situ ハイブリダイゼーションを用いて検出できる．

血清学的診断：ウイルスエンベロープを構成する糖蛋白を抗原に用いた寒天ゲル内沈降反応や ELISA による抗体検出法を用いる．

予防・治療

ワクチンや治療方法はない．不顕性感染が多いため，山羊を導入する際の検疫，抗体陽性動物の摘発淘汰が重要である．この感染経路を防ぐには，感染母獣が出産した子山羊を親から隔離し，非感染山羊の乳や人工乳で育てることが必要である．

プリオン

基本性状

病原体固有の核酸がない
主要な構成要素は異常型プリオン蛋白質（PrP^{Sc}）
最小感染単位を構成する粒子の形状は不明
精製感染性画分にはスクレイピー関連線維が存在

重要な病気

スクレイピー（羊，山羊）
牛海綿状脳症（牛）
慢性消耗病（シカ科動物）
クロイツフェルト・ヤコブ病（ヒト）

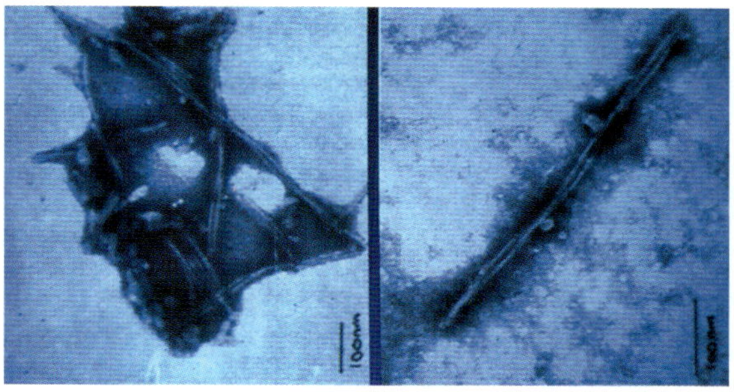

FIG スクレイピー関連線維（SAF）の EM 写真
（写真提供：英国中央獣医学研究所，Scott 氏）

分　　類

プリオンには病原体特異的な核酸がないので，遺伝子型あるいは血清型のような分類法は適応できない．現在，プリオンが由来する宿主によって分類される（表1）．プリオン病はプリオンの蓄積により生じる致死性神経変性性疾患であり，罹患宿主と発生原因により分類される（表1）．原因から，①外来性のプリオンの感染により起こる感染性プリオン病，②宿主遺伝子 PrP の変異が原因の遺伝性プリオン病，③感染および遺伝子の変異とは関係なく原因が不明の孤発性プリオン病，の3種に分類される．動物プリオン病はすべて感染性プリオン病と考えられている．動物プリオン病のうち，羊と山羊のスクレイピー，シカ科動物の慢性消耗病は自然状態でそれぞれの宿主間で伝播する．それ以外の動物プリオン病の発生は，BSE に代表されるように，プリオン

表1　プリオン病の分類

動物のプリオン病	自然宿主，発生動物
スクレイピー（scrapie）	羊，山羊
慢性消耗病（chronic wasting disease：CWD）	鹿，エルク
牛海綿状脳症（bovine spongiform encephalopathy：BSE）	牛
伝達性ミンク脳症（transmissible mink encephalopathy：TME）	ミンク
ネコ科動物の海綿状脳症（feline spongiform encephalopathy：FSE）	家猫，ピューマ，チーター，オセロットなど
その他の有蹄類の海綿状脳症（exotic ungulate encephalopathy）	クードゥー，エランド，ニアラ，オリックスなど
ヒトのプリオン病	**原　因**
クロイツフェルト・ヤコブ病（Creutzfeldt-Jakob disease：CJD）	
孤発性 CJD	孤発（不明）
家族性 CJD	遺伝
医原性 CJD	感染
変異 CJD	感染
ゲルストマン・ストライスラー症候群（Gerstmann-Straussler Scheinker syndrome）	遺伝
家族性致死性不眠症（fatal familial insomnia）	遺伝
クールー（kuru）	感染

に汚染された飼料の給餌などが原因であり，自然状態で伝播する可能性はほとんどない．マウスへの伝達試験における潜伏期間の長さと神経病変のプロファイル，および異常型プリオン蛋白質（PrP^{Sc}）の生化学性状から，プリオンの株をある程度区別することは可能である．この方法では，BSE と BSE が伝播したと考えられている FSE および変異 CJD のプリオンが類似した性状を示す．また，プリオン病は実験的に伝達可能であることから，古くから伝達性海綿状脳症（transmissible spongiform encephalopathy：TSE）と呼ばれてきた．

性　状

プリオンの主要構成要素は PrP^{Sc} と考えられるが，唯一の構成要素なのか，あるいはコファクターが存在するのかについては，結論は出てない．PrP^{Sc} は宿主遺伝子 PrP の産物である正常型プリオン蛋白質（PrP^{C}）の構造異性体である．PrP^{C} と PrP^{Sc} は PrP 遺伝子の産物でありアミノ酸配列は同じであるが，その高次構造が異なる．PrP^{Sc} 一分子が感染性を有しているのではなく，PrP^{Sc} オリゴマーに感染性が付随する．しかし，最小感染単位（1 感染単位）を構成するプリオン粒子の形状は不明である．精製感染性画分にはスクレイピー関連線維（scrapie-associated fibrils：SAF）あるいはプリオンロッドと呼ばれる，2 本の微細線維が平行に並び，ゆるやかにねじれた幅，10 ～ 20nm，長さ 50 ～ 500nm 程度の線維状あるいは桿状構造物が存在する（FIG）．これは PrP^{Sc} が高度に凝集したものである．

プリオンは物理化学的処理に著しい抵抗性を示す．UV 照射，DNA 分解酵素，ソラレン処理，ホルマリン，アルコール，煮沸では容易に不活化されない．SDS（sodium dodecyl sulfate）存在下での煮沸，グアニジン塩や尿素処理，および 1N NaOH 処理などの強力な蛋白質変性処理，あるいは 134℃以上のオートクレーブなどで感染価は著しく低下する．

感染動物におけるプリオン体内分布は宿主により異なる．スクレイピー感染羊ではプリオンは中枢神経系組織やリンパ系組織で増殖する．一方，BSE 感染牛ではプリオンはリンパ系組織でほとんど増殖しない．

PrP^{C} は蛋白質分解酵素処理に感受性であるが，PrP^{Sc} は凝集体を形成するために，同処理に高い抵抗性を示す．この差は，PrP^{Sc} 検出によるプリオン病の確定診断に利用されている．

スクレイピー

法定

scrapie

Key Words：プリオン，瘙痒症，海綿状脳症，羊，山羊

疫　学

スクレイピーはヒトのクロイツフェルト・ヤコブ病（CJD）や牛の伝達性海綿状脳症（BSE）等，プリオン病の１つである．スクレイピーは250年以上も前から発生があり，伝達性海綿状脳症の中では最も古くから知られていた．スクレイピーはオーストラリアとニュージーランド等の少数の国を除き，世界中で発生がみられる．スクレイピーの感染様式は不明な点が多いが，垂直感染および水平感染すると考えられている．

症　状

初期症状としては，音に対して敏感となったり，攻撃的になったり，あるいは群から離れて呆然としている．その後，多くの羊は柵等に体をこすりつける瘙痒症状を呈し（写真１），運動失調，頭・頸部の震戦等を示し，最終的には起立不能となり死亡する．瘙痒症を示さず，運動失調のみを呈するものもあり，症状だけではスクレイピーと診断できず，病理組織学的検査が必要である．

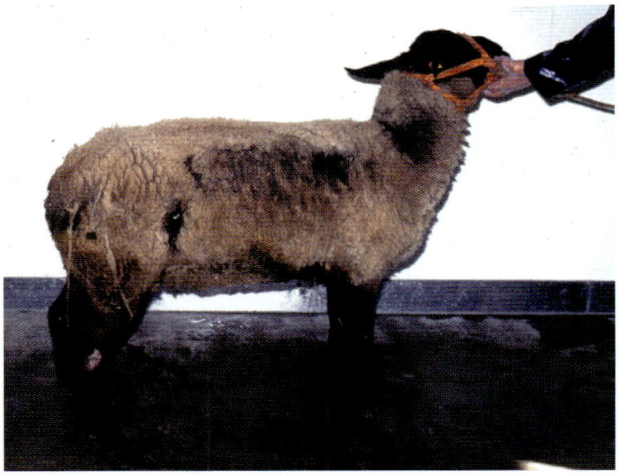

写真１　臨床的に瘙痒症を示し，脱毛がみられる．（写真提供：十勝家畜保健衛生所）

病　変

肉眼的には脱毛以外にスクレイピーに特徴的な病変はない（写真１）．

組織学的には，空胞変性が主として脳幹部にみられる．神経細胞の細胞質内に１個ないし複数個の空胞がみられ

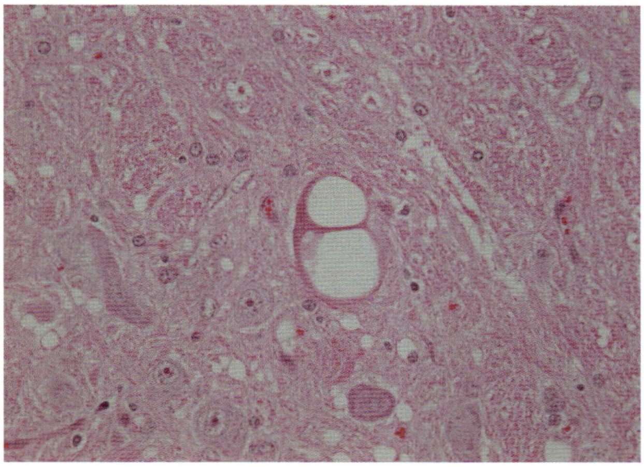

写真２　神経細胞および神経網に空胞が散見される．

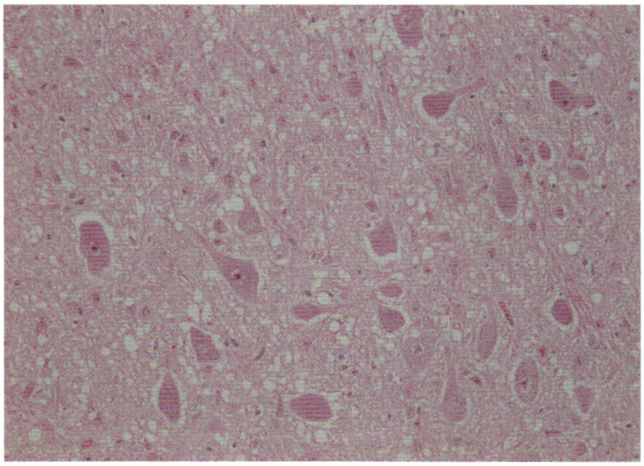

写真３　神経網に多数の空胞がみられる．

る（写真２）．神経網にも小空胞が散見される（写真３）．このような特徴病変は，延髄のオリーブ核，孤束核，副楔状束核，三叉神経脊髄路核等に観察される．

スクレイピー等のプリオン病は，免疫応答が誘導されないので，囲管性細胞浸潤等の生体反応がみられないのが特徴である．

診　　断

前述したように，スクレイピーでは病原体に対する免疫応答がないので，血清診断は不可能であり，病理組織標本による中枢神経系の特徴的空胞変性の確認により確定診断を行う．

プリオン蛋白質に対する抗血清を用いた脳の組織標本での免疫染色によりプリオン蛋白質を確認する．

プリオン蛋白質に対する抗体を用いて，ELISA でスクリーニングを，ウエスタンブロット法で確定診断を行う．また，マウス等の動物への伝達試験を行う．

予防・治療

予防としては，発病歴にある羊群から導入しない．治療法はない．

牛海綿状脳症（BSE）

法定 人獣

bovine spongiform encephalopathy

Key Words：プリオン，海綿状脳症，牛

疫　学

牛海綿状脳症（BSE）はヒトのクロイツフェルト・ヤコブ病（CJD）や羊のスクレイピー等，プリオン病の1つである．スクレイピーは250年以上も前から発生があり，CJDは1920年頃から知られている．BSEは1986年に英国で初めて報告された．BSEに罹患した牛から生産した肉骨粉内に存在していた異常プリオン蛋白質を摂取したために，BSEが拡散したと考えられている．

1986年～2004年3月までに，英国では183,880頭の牛がBSEと診断された．BSEは2000年頃からヨーロッパ全域に拡大した．これは，英国が輸出した肉骨粉が原因となっている．また，2001年9月には日本でもBSEの発生が確認され，2005年12月までに20頭がBSEと診断された．日本におけるBSEの感染源は不明のままである．

症　状

感染牛は音，光等に対する過敏，体重減少，歩行困難，乳量の低下を示す．歩行異常は後肢に顕著にみられ，後肢を高く持ち上げ，歩幅を大きく取るようになる．末期には転倒や麻痺がみられるようになり死亡する．

異常プリオン蛋白質の摂取から発症までの潜伏期間は2～8年あるいはそれ以上である．

病　変

臨床病理学的にはBSEに特徴的な変化は認められない．

病理組織学的には，脳幹部，とくに迷走神経背側核，弧束核，三叉神経脊髄路核といった神経核の存在する灰白質に左右対称性の空胞変性がみられる（写真1）．前記神経核に沿った神経網には卵円形から円形の小空胞がみられ，内部には何も存在しないのが特徴である．病気が進行すると，空胞変性は中脳から視床まで拡大するが，大脳皮質には病変がみられないのが普通である．免疫染色では，プリオン蛋白質は神経細胞や神経突起の周辺に蓄積しており，空胞変性の分布パターンとほぼ一致している（写真2）．空胞変性の分布とほぼ一致して星状膠細胞（アストロサイト）の増殖がみられる．

病変のパターンはほぼ一定であり，BSEのプリオン蛋

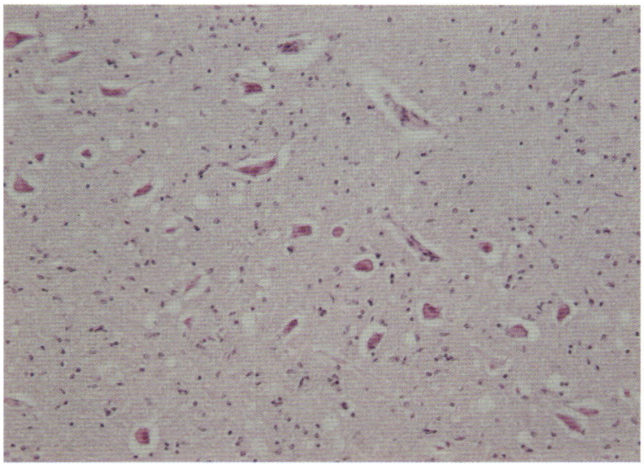

写真1　オリーブ核の神経網に小空胞が多数みられる．

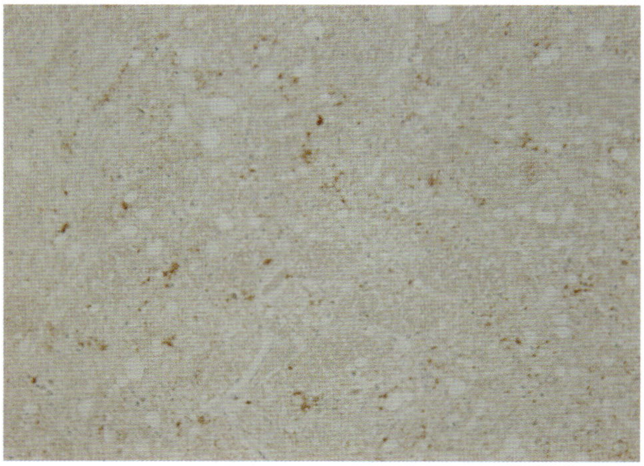

写真2　プリオン蛋白質に対する免疫染色．蓄積したプリオン蛋白質が褐色に染まっている．

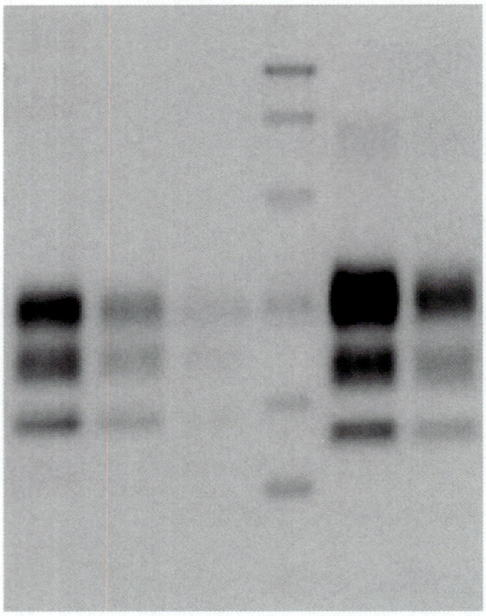

写真3 プリオン蛋白質のウエスタン・ブロッティング.（写真提供：横山　隆氏）

1～3：スクレイピー（マウス）. 各25, 6.25, 1.56 μg 脳等量.

4：蛋白質マーカー.

5～6：BSE. 312, 78 μg 脳等量. 抗プリオン蛋白質モノクローナル抗体で検出.

白質はスクレイピーのものとは異なり，1つの安定した株であることを示している．これはまた，マウスへの接種実験によっても支持されている．近年，ウエスタンブロット法による泳動パターンの異なるプリオン蛋白質が見つかり，BSE もスクレイピーと同様に，プリオン蛋白質の異なるものが存在することが示唆されている．

診　断

プリオン病は，通常の感染症と異なり，炎症反応がなく，免疫応答もない．現在でも血清診断等の生前診断は不可能であり，確定診断は病理組織標本による中枢神経系灰白質の海綿状変性の確認，免疫組織化学によるプリオン蛋白質の蓄積，およびウエスタンブロット法によるプリオン蛋白質の確認により行う（写真3）．

マウス等の動物への伝達試験を行う．

予防・治療

予防は異常プリオン蛋白質を摂取ないし体内に入れないようにする．治療法はない．

＜第３章＞

真菌による感染症

皮膚糸状菌（症）

人獣

基本性状

粉状型分生子形成（大分生子，小分生子）
分節分生子

重要な病気

表在性皮膚糸状菌症
深在性皮膚糸状菌症

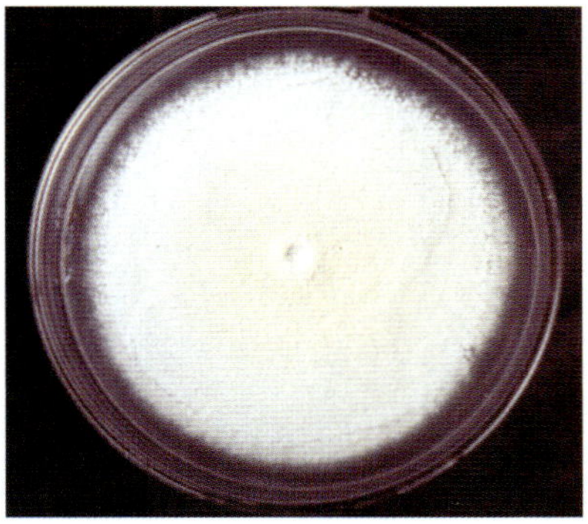

FIG　*T. mentagrophytes* のコロニー
サブロー寒天培地

皮膚糸状菌症（dermatophytosis）は皮膚糸状菌群に分別される糸状菌に起因する皮膚疾患で，各種動物に認められる．菌種によってはヒトへの感染を予防することも重要である．

菌　　学

表皮角質層にのみ寄生する明調な糸状菌を一群として皮膚糸状菌（dermatophyte）と呼称している．それは医学的ないし病因学的な立場の考えによるものであって，菌学的な分類上の菌群ではない．これら菌群は多くの研究の結果，現在では，不完全菌亜門 - 線菌綱 - 線菌目 - 粉状型分生子形成菌群に分類されている．すなわち，表皮菌（*Epidermophyton*），小胞子菌（*Microsporum*，写真 1）および白癬菌（*Trichophyton*，FIG）の 3 属に分類され，約 40 種の菌が皮膚糸状菌およびその類縁菌とされている（表 1）．これらのうち完全時代（有性型）の認められている菌は，子嚢菌亜門 - 不整子嚢菌綱 - ホネタケ目 - アルスロデルア科のアルスロデルマ（*Arthroderma*）属に分類されている（これまでは *Trichophyton* 属の菌のみを *Arthroderuma* 属とし，*Microsporum* 属の菌は *Nannizzia* 属とされていた）（表 2）．

主な菌種の鑑別上の特徴を図 1，2 に示す．

臨床所見

軽度の脱毛と若干の落屑を呈する程度のものから，皮膚肥厚や厚い痂皮形成のみられるものまである．多くは表在性であるが，まれに深在性を呈する．ヒトでは白癬，黄癬，渦状癬などがある．病変部も局所的なものから体表全域に及ぶようなものまである．幼若動物では病巣が広範囲に拡大しやすい傾向にある（写真 2 ～ 5）．不顕性で保菌状態にある動物も少なくない．各種動物における主な原因菌を表 3 に，また各菌種ごとに感染する主な動物を表 4 に示す．

検　　査

①直接鏡検：病変部から被毛，落屑を採取し，スライドグラス上におき 10 ～ 20％の水酸化カリウム溶液 1 ～ 2 滴を滴下し，カバーグラスをかける．15 ～ 20 分放置し，材料が自然に軟化し，透明になるのをまって鏡検する．絞りを絞り，コンデンサーを下げ，視野をやや暗くし，コントラストをつけて菌を検索する．透明化を促進するために水酸化カリウム溶液に DMSO を加えたり，また菌検出を容易にするため染色用にパーカーイ

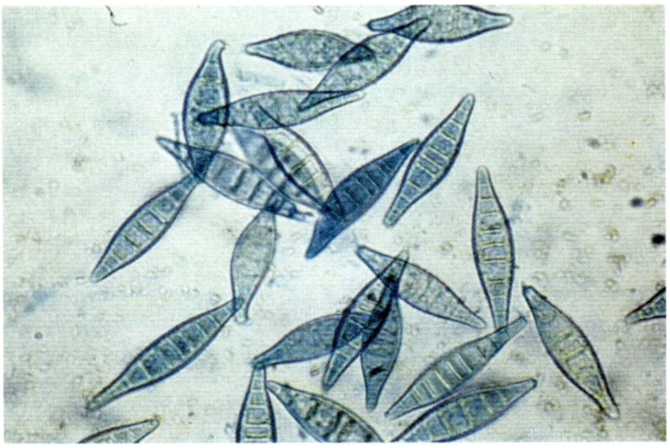

写真 1　*M. canis* の大分生子．

表1 皮膚糸状菌およびその類縁菌

属	菌 種	属	菌 種
Epidermophyton	*E. floccosum*	*Trichophyton*	*T. flavescens* *1
	E. stockdaleae *1		*T. georgiae* *1
Microsporum	*M. amazonicum* *1		*T. gloriae* *1
	M. audouinii		*T. gourvilii*
	M. boullardii *1		*T. kanei* *2
	M. canis		*T. longifusum* *1
	var. *canis*		*T. mariatii* *1
	var. *distortum*		*T. megninii*
	M. cookei		*T. mentagrophytes*
	M. equinum		var. *mentagrophytes*
	M. ferrugineum		var. *interdigitale*
	M. fulvum		var. *erinacei*
	M. gallinae		var. *quinckeanum*
	M. gypseum		*T. phaesioliforme* *1
	M. nanum		*T. raubitschekii* *2
	M. persicolor		*T. rubrum*
	M. praecox		*T. schoenleinii*
	M. racemosum		*T. simii*
	M. ripariae		*T. soudanense*
	M. vanbreuseghemii		*T. terrestre* *1
Trichophyton	*T. ajelloi* *1		*T. tonsurans*
	T. concentricum		*T. vanbreuseghemii*
	T. equinum		*T. verrucosum*
	T. fischeri *2		*T. violaceum*

*1 病原菌とは考えられていない.
*2 T. rubrum の亜種と考えられる（T. yaoundei についてはラテン語記載がないので割愛).

表2 皮膚糸状菌群の完全時代

不完全時代	完全時代
Microsporum Gruby, 1843	*Arthroderma* Currey ex Berkeley emendo Weitzman *et al.*, 1986
M. amazonicum	*A. borelli*（Moraes *et al.*）Padhye *et al.*, 1986
M. boullardii	*A. corniculatum*（Takashio *et de* Vrey）Padhye *et al.*, 1986
M. cookei	*A. cajetani*（Ajello）Ajello *et al.*, 1986
M. canis var. *canis*	*A. otae*（Hasegawa *et* Usui）McGInnis *et al.*, 1986
M. canis var. *distortum*	*A. otae*
M. gypseum	*A. fulvum*（Stockdale）Weitzman *et al.*, 1986
M. gypseum	*A. incurvatum*（Stockdale）Weitzman *et al.*, 1986
M. gypseum	*A. gypseum*（Nannizzi）Weitzman *et al.*, 1986
M. nanum	*A. obtusum*（Dawson *et* Gentles）Weitzman *et al.*, 1986
M. persicolor	*A. persicolor*（Stockdale）Weitzman *et al.*,1986
M. racemosum	*A. racemosum*（Rush-Monro *et al.*）Weitzman *et al.*, 1986
M. vanbreuseghemii	*A. grubyi*（Georg *et al.*）Ajello *et al.*, 1967
Microsporum sp.	*A. cookiellum* Weitzman *et al.*, 1986
Trichophyton Malmsten, 1845	*Arthroderma* Currey ex Berkeley emendo Weitzman *et al.*, 1986
T. agelloi	*A. uncinatum* Dawson *et* Gentles, 1961
T. flavescens	*A. flavescens* Padhye *et* Carmichael, 1971
T. georgiae	*A. ciferrii* Varsavsky *et* Ajello, 1964
T. gloriae	*A. gloriae* Ajello, 1967
T. mentagrophytes	*A. benhamiae* Ajello *et* Cheng, 1967
T. mentagrophytes	*A. vanbreusaghemii* Takashio, 1973
T. simii	*A. simii* Stockdale *et al.*, 1965
T. terrestre	*A. quadrifidum* Dawson *et* Gentles, 1961
T. terrestre	*A. insingulare* Padhye *et* Carmichael, 1972
T. terrestre	A. lenticularum Pore *et al.*, 1965
T. vanbreuseghemii	*A. gertleri* Bohme, 1967

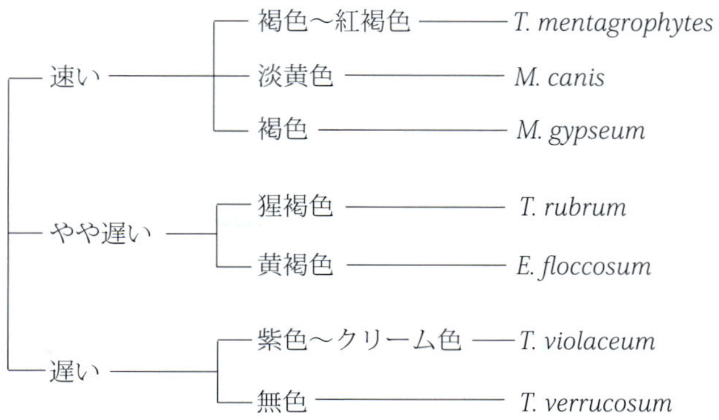

図 1 サブロー培地上での集落の発育速度と色調による鑑別.

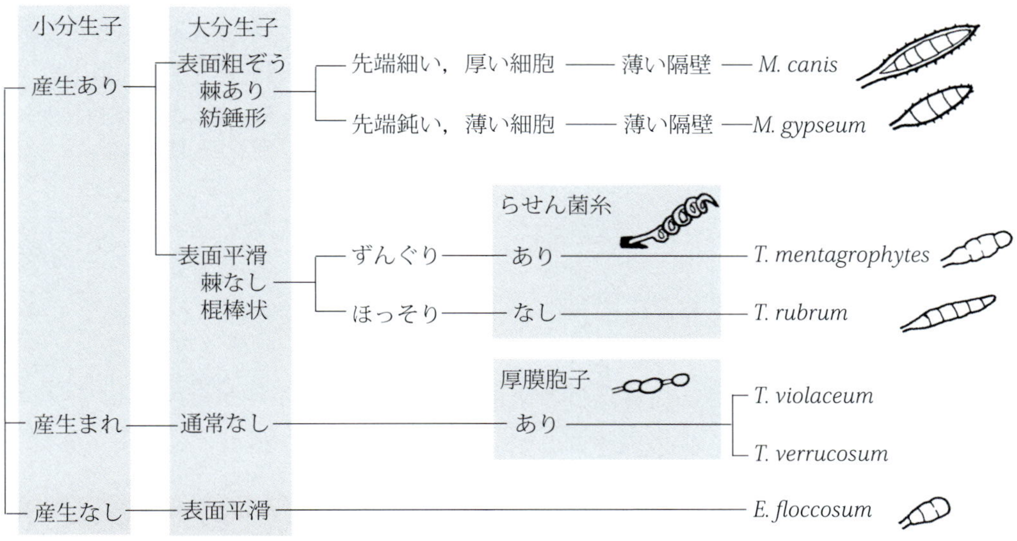

図 2 顕微鏡所見による鑑別.

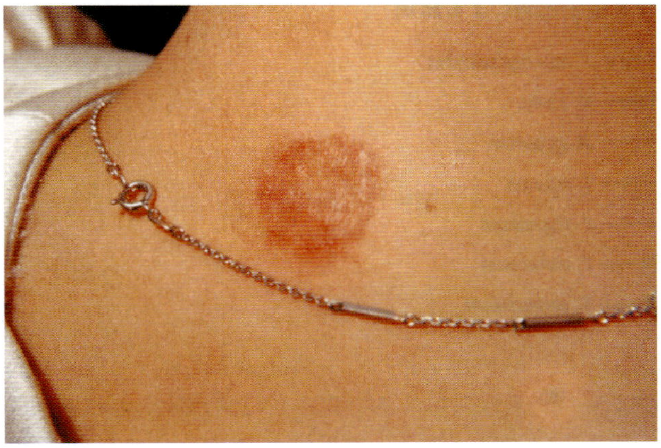

写真 2 *M. canis* による病変（ヒト）.

写真 3 *M. canis* に感染した猫.

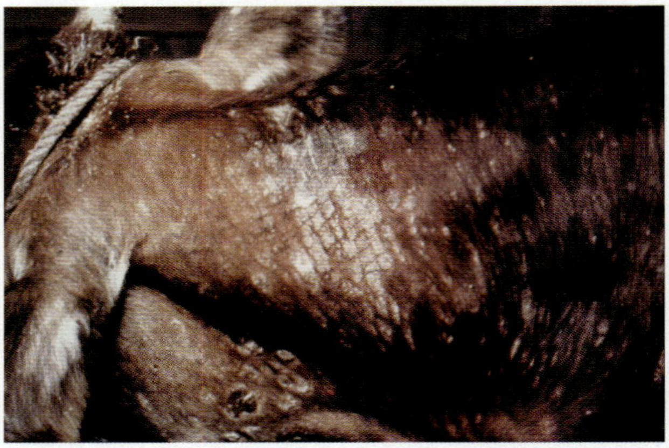

写真4 *T. verrucosum* による病変（牛）

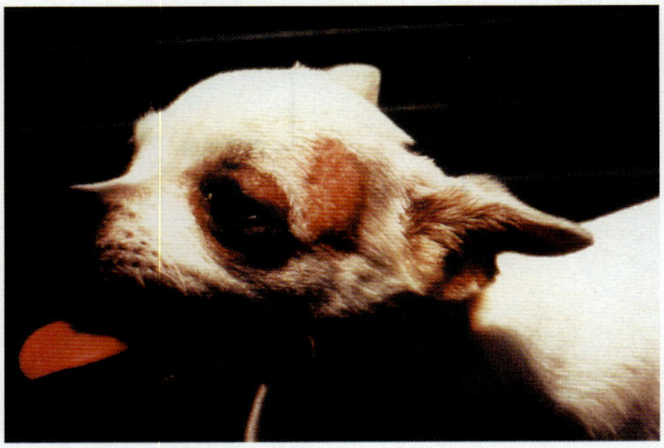

写真5 *M. canis* による病変（犬）

表3 各種動物の皮膚糸状菌症の主要原因菌

猫	*M. canis, M. gypseum, T. mentagrophytes, T. schoenleinii*
牛	*T. mentagrophytes, T. verrucosum*
犬	*M. canis, M. gypseum, T. mentagrophytes, T. rubrum, T. schoenleinii*
モルモット	*T. mentagrophytes*
鶏	*T. gallinae, T. mentagrophytes*
馬	*M. canis, M. equinum, M. gypseum, T. equinum, T. mentagrophytes*
サル	*M. canis, M. canis var. distortum, M. gypseum, T. rubrum, T. simii*
マウス	*T. mentagrophyte, T. schoenleinii*
ウサギ	*T. mentagrophytes*
ラット	*T. mentagrophytes*
羊・山羊	*T. mentagrophytes, T. verrucosum*
豚	*M. nanum, T. mentagrophytes*

表4 日本で動物から分離された皮膚糸状菌

菌　種	動　物
M. canis	猫，犬，馬，サル，トラ
M. gypseum	猫，犬，馬，サル
M. nanum	豚
T. equinum	馬
T. mentagrophytes	猫，犬，モルモット，ラット，シマリス，ハムスター
T. rubrum	犬
T. simii	サル
T. verrucosum	牛，山羊，馬

ンクなどを加えるとよい．

被検材料は病巣の周辺部など新しい病巣から採取する．毛髪は容易に抜毛可能なもの，先端を欠くものなどを選ぶ．小水疱の被膜，落屑，増殖した角層も対象となる．爪の場合にはほじるようにして比較的深部から材料を採取する必要がある．菌糸と分節分生子を検出する（写真6）．

②ウッド灯検査：360nm の波長の紫外線を照射すると，*M. canis*，*M. ferrugineum* などの菌種では，その感染被毛が蛍光を発するので診断に応用されている．

③培養検査：培養には普通，サブローブドウ糖寒天培地が用いられ，細菌の汚染を防ぐためクロラムフェニコールまたはペニシリンとストレプトマイシンあるいはゲンタマイシンなどが添加される．他の真菌を抑えるためには，シクロヘキシミド（アクチジオン）が加えられる．

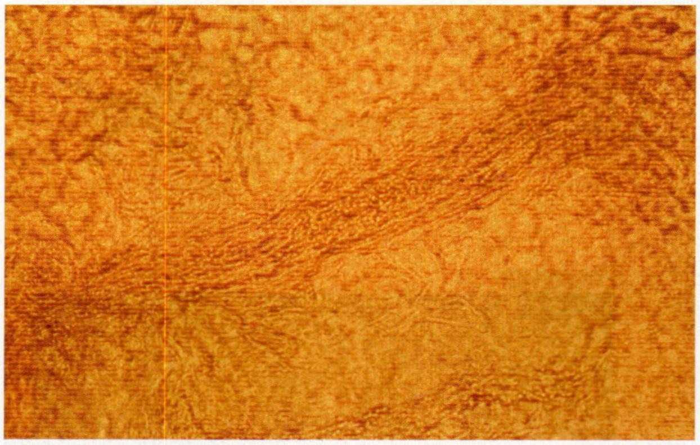

写真6 *M. canis* の感染した被毛．
分節分生子と菌糸がみられる．

④組織学的検査：菌の寄生部位は角質層，毛嚢，毛髪であり，毛嚢が破壊すると真皮内に菌が放出される．菌が真皮内で増殖すると，これを中心にして肉芽腫が形成される（深在性）．

⑤トリコフィチン反応：白癬菌の培養濾液を皮内注射

して，48 時間後の浸潤性紅斑を調べる遅延型反応の検査である．ケルスス禿瘡のような病巣が深いものでは陽性になることが多く，表在性の体部白癬では陽性率は低い．また，白癬性肉芽腫ではトリコフィチン反応はツベルクリン反応とともに陰性である．

予　防

①宿主：現在，牛などでワクチンの研究が行われているが，免疫によって感染を予防する方法は現在のところ一般的ではない．小外傷が誘因となったりするので，衛生的管理を怠らず，健康を保全する以外はない．

②原因菌：菌の増殖を抑制し，また積極的に撃滅する．治療または隔離，汚染物の焼却や消毒などを行う．また，建物なども消毒し洗浄化する．

M. gypseum は土壌菌といわれ，土壌中に生息することが知られている．とくに動物の被毛などのケラチン物質があると菌が増殖するものと思われる．*M. canis* や *T. mentagrophytes* も土壌培養すると発育旺盛であることから，動物寄生性菌ではあるが，条件によっては土壌で長く生残し，また発育する可能性も考えられる．

③感染経路：菌との直接接触を避けるため，罹患動物や保菌動物を隔離することが重要である．用具器材などの取扱いにも注意し，汚染されたものを健康な動物に使用しないようにする．また，媒介の可能性のある昆虫などの防除も試みる．

治　療

①外用療法：液剤，クリーム剤，軟膏などとして外用されるが，10 万倍以上の希釈濃度で十分に菌の発育を阻止することができる抗菌力のものもあり，刺激性の少ないこと，角質への浸透がよいことなどが検討されている．主な薬剤としてはトルナフテート，アゾール系薬剤，テルビナフィン，ブテナフィンなどが用いられている．

②内服療法：グリセオフルビンが投与される．消化管で吸収された本剤は，皮膚角質層，爪，被毛に沈着し，静菌的に作用する．菌は角層の剥離とともに排除され，治癒する結果となる．副作用としては胃腸障害，白血球減少，肝障害，催奇形の問題などがある．

現在ではケトコナゾールやイトラコナゾールの内服療法が行われるようになった．

カンジダ（症）

人獣

基本性状

酵母様菌
多極性出芽
仮性菌糸

重要な病気

流産（牛，ヒト）
肺カンジダ症
カンジダ血症
外耳炎（犬）
乳房炎（牛）

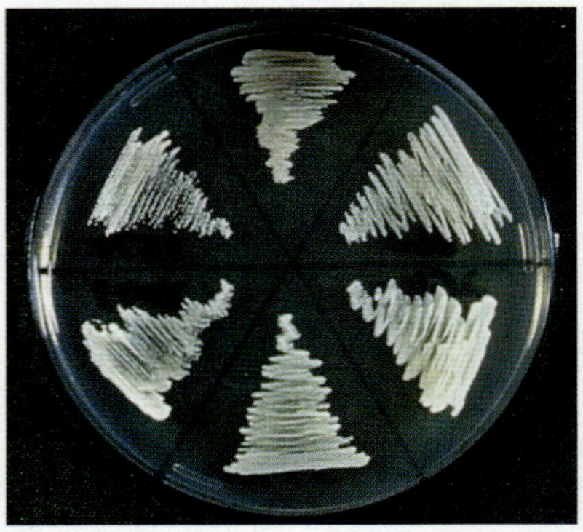

FIG　*C. albicans* のコロニー
サブロー寒天培地

カンジダ症（candidiasis）は，カンジダ（*Candida*）属に属する酵母様菌に起因する急性ないし慢性疾患で，皮膚や粘膜および全身各臓器にみられる．主要な原因菌は *Candida albicans*（FIG，写真1，2），*C. tropicalis* など数種で，健康な動物の体表，糞便などからも検出され，とくに消化管に常在していることが知られている．

菌　学

カンジダ属は分類学的には不完全菌亜門 - 分芽菌網 - クリプトコックス目 - クリプトコックス科に分類されている．なかには完全時代（有性型）が発見されている菌種もある（*C. guilliermondii* → *Pichia guilliermondii*，*C. kefyr* → *Issachenki orientalis*，*C. krusei* → *Kluyveromyces marxianu* など）．現在，約200種の菌が知られているが，病原菌として注目されているのは数種である．なお，*Torulopsis* 属の菌種はカンジダ属に統合されているが，独立性を主張する見解もある．

主として単細胞性で，球状，卵形，円筒形を呈している．通常分芽によって増殖し，多極性出芽を特徴としている．仮性菌糸や真性菌糸を形成するものもある．鑑別は糖発酵能，糖分解能などによる（表1）．また，血清学的鑑別や分子生物学的鑑別も行われている．

臨床所見

①皮膚のカンジダ症：病型は多彩であり，その分類も種々である．指趾間に発赤びらんがみられる．爪囲炎，口角炎，座瘡，毛嚢炎，角質増殖，肉芽腫などが認められる（写真3）．

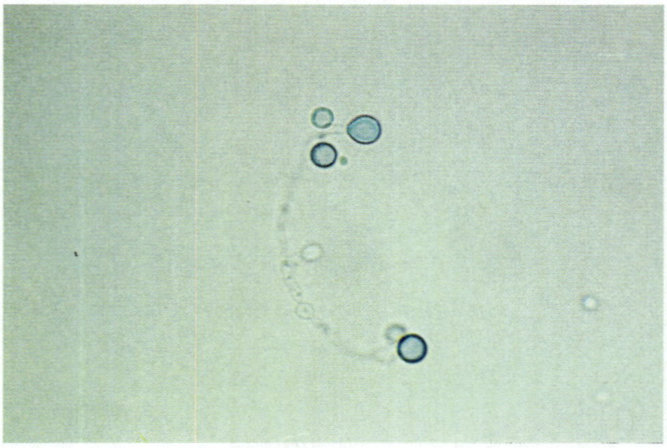

写真1　*C. albicans* の厚膜分生子．

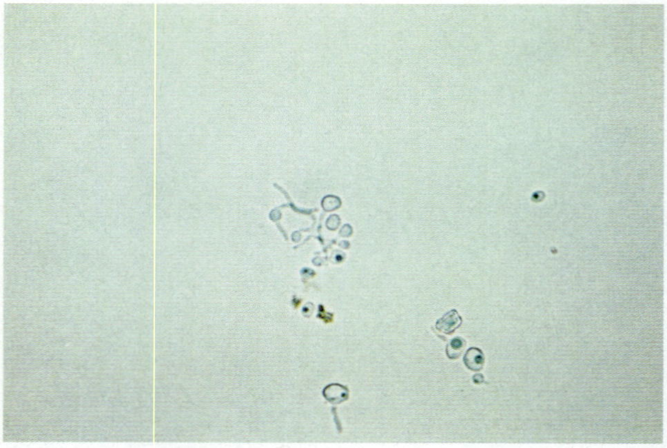

写真2　*C. albicans* の発芽管．

表1　主なカンジダ属菌の性状

性状＼菌種	37℃の発育	菌膜形成	仮性／真性菌糸	厚膜胞子	発芽管	莢膜	糖利用												グルコース発酵	ウレアーゼ	硝酸塩利用	フェノールオキシダーゼ	血清学的性状
							グルコース	マルトース	シュクロース	ラクトース	ガラクトース	メリビオース	セロビオース	イノシトール	キシロース	ラフィノース	トレハロース	ズルチトール					
Candida albicans A	＋	－	＋	＋	＋	－	＋	＋	＋	－	＋	－	－	－	＋	－	＋	－	＋	－	－	－	1，4，5，6
Candida albicans B	＋	－	＋	＋	＋	－	＋	＋	＋	－	＋	－	－	－	＋	－	＋	－	＋	－	－	－	1，4，5，13
Candida tropicalis	＋	＋	＋	－	－	－	＋	＋	＋	－	＋	－	＋	－	＋	－	＋	－	＋	－	－	－	1，4，5，6
Candida guilliermondii	＋	－	＋	－	－	－	＋	＋	＋	－	＋	＋	＋	－	＋	＋	＋	＋	＋	－	－	－	1，4，9
Candida parapsilosis	＋	－	＋	－	－	－	＋	＋	＋	－	＋	－	－	－	＋	－	＋	－	＋	－	－	－	1，13
Candida krusei	＋	＋	＋	－	－	－	＋	－	－	－	－	－	－	－	－	－	－	－	＋	＋*	－	－	1，11
Candida pseudotropicalis	＋	－	＋	－	－	－	＋	－	＋	＋	＋	－	＋*	－	＋*	＋	－*	－	＋	－	－	－	1，8
Candida glabrata	＋	－	－	－	－	－	＋	－	－	－	－	－	－	－	－	－	＋	－	＋	－	－	－	1，4，6，34

*：菌株により差のあることを示す．
数字：カンジダ抗原
（深沢義村による）

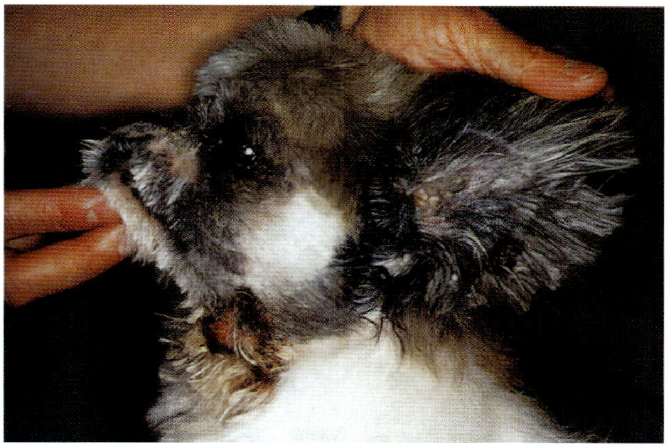

写真3　皮膚のカンジダ症（犬）．

②消化管のカンジダ症：口内炎や舌炎がみられるが，肛門部のびらんもみられる．口内炎や食道炎の症例数はしだいに増加しているともいわれている．びらん，潰瘍の形成があり，難治性のものもある．とくに悪性疾患に続発する例が多い．その他，消化管のびらん，潰瘍の発現もみられる．

③流産：牛で問題となっている．ヒトでの報告もある．

④泌尿生殖器のカンジダ症：外陰部，腟内に発赤びらんがみられる．尿道炎，膀胱炎の発症も知られている．

⑤肺カンジダ症：気管支肺炎で，粘液性の痰を喀出し，発咳がひどく，膿瘍を形成するようになる傾向がある．発熱は中等度であるが，細菌との混合感染も多い．

⑥カンジダ血症：重症基礎疾患に継発することが多く，とくに静脈内留置カテーテルを長時間行うと発現しやすい．消化管潰瘍や肺膿瘍から菌が侵入し，血行性に播種して生じる例もある．

⑦カンジダ性心内膜炎をはじめ循環器ではリウマチ性心疾患，心奇形および弁置換のような心臓手術に合併することが多いといわれている．

⑧眼のカンジダ症：内眼球炎，角膜炎，結膜炎などが知られている．

⑨外耳炎：犬などで報告がある．

⑩乳房炎：牛で報告されている．続発性のことが多い．

⑪その他：骨髄炎，関節炎，心筋炎，髄膜炎，慢性皮膚粘膜カンジダ症（ヒトで報告されている），酩酊症（ヒトでの特殊な病態）などがある．

検　　査

①直接検査：鱗屑，膿疱，被膜，爪などの角質材料や粘膜の白苔，喀痰その他，分泌物を水酸化カリウム処理して鏡検する．2～3μmで細長く分岐した仮性菌糸がみられ，太さは一様でなく各所にくびれがある．分生子は円形ないし楕円形で時に分芽している像もみられる．寄生形態であることの診断には菌糸状の発育を確認する必要がある．

②培養：サブローブドウ糖寒天培地を用い，25℃または27℃で培養する．細菌の汚染を防ぐため培地に抗生物質を添加するが，抗真菌作用のあるシクロヘキシド

（アクチジオン）は用いない．また，選択培地としてよく水野 - 高田培地が用いられる．菌が分離されても，ただちに原因菌を考えると誤診につながるので注意を要する．

③組織学的検査：中心に膿瘍があり，これを取り囲んで肉芽腫性の反応がみられるのが最も一般的である．仮性菌糸と分生子が認められる．

④その他，免疫学的な診断法などが検討されているが十分応用されているものはない．

治療・予防

生体に常在する菌であり，何らかの要因によって発症をみる結果となる．したがって，菌の異常な増殖を制御し，生体の防御機構を健全に保持するように努めなければならない．発症因子として西本は表２のようなものをあげている．これらの要因を排除することが予防につながるものと思われる．また，治療においても同様で，これらの状態を早急に改善することが肝要である．治療薬としてはポリエン系のアンホテリシンＢおよびアゾール系（ケトコナゾール，イトラコナゾールなど）の抗真菌剤などが用いられている．

家畜に対しては，集団としての対策が要求されることが多く，畜舎，給餌，給水など飼育環境の衛生上の配慮が重要である．

表２　カンジダ症の発症因子

Ⅰ　全身性要因
1）慢性皮膚粘膜カンジダ症のうち，Hause-Rothman 型カンジダ肉芽腫にみられる免疫学的異常
2）その他，種々の先天性免疫不全症候群：とくに細胞性免疫と関係するもの
3）悪性リンパ腫・種々の血液疾患
4）胸腺腫
5）悪性腫瘍末期・消耗性疾患
6）ステロイド・免疫抑制剤・抗生物質などの使用時
7）内分泌疾患：甲状腺機能低下・副甲状腺機能低下・アジソン病・糖尿病など
8）陽性肢端皮膚炎
Ⅱ　局所性要因
1）温度
2）湿度
3）酸素分圧の低下
4）ステロイド局所使用
5）局所グルコース量
6）局所の蛋白，アミノ酸量・壊死組織
7）エストロジェン増加時の外陰部
8）神経障害のある部：とくに運動障害
9）子宮内環境

（西本勝太郎による）

クリプトコックス（症）

人獣

基本性状
酵母様菌
莢膜形成
フェーノールオキシダーゼ陽性

重要な病気
肺クリプトコックス症
皮膚クリプトコックス症

FIG　*C. neoformans* のコロニー
サブロー寒天培地

クリプトコックス症（cryptococcosis）は，クリプトコックス（*Cryptococcus*）属に属する酵母様菌である *Cryptococcus neoformans* に起因する疾患で，皮膚，呼吸器，神経系などが障害される．本菌は自然界に常在し，鳥類，とくにハトの堆積糞から高率に分離されることが知られている．ある種のユーカリに寄生しているものもある．

菌　　学

クリプトコックス属は分類学的には不完全菌亜門 - 分芽菌綱 - クリプトコックス目 - クリプトコックス科に分類されている．約 40 種の菌種が知られているが，*C. neoformans* 以外では *C. albidus*，*C. luteolus*，*C. terreus* などが疾病と関連して分離されることがある．

C. neoformans は生化学的症状から var. *neoformans* と var. *gattii* に分けられる．また血清型として A，B，C，D，AD の 5 種が知られている．完全時代も認められ，担子菌亜門 - 冬胞子菌綱 - ウスチラギナレス目 - フィロバシディラ科のフィロバシディラ（*Filobasidiella*）属に分類されることが判明し，*F. neoformans* と命名された（図 1）．

クリプトコックス属の主な菌種の性状を表 1 に示す．

臨床所見

①肺クリプトコックス症：分生子ないし担子を吸入したことによって原発性の肺感染が起こるものと考えられている．軽度の発熱や少量の粘液性の痰のみられる咳嗽を伴うことが報告されている．X 線像でもしばしば濃い塊状の陰影がみられる．このほか無症状で経過するような感染もあり，剖検時に初めて痕跡的な肺病巣が発見される場合もある．

②皮膚クリプトコックス症：全身感染時には皮膚にも病変がみられることがあり，これは潰瘍性ゴム腫様結節ないしニキビ様小結節で，散在性に多発するのが普通である（写真 1）．また，皮膚のみに限局した型のものがあり，皮膚の小さな外傷に本菌が入り込み，そこに原発性，1 次性の皮膚感染病巣を形成する．膿腫状または肉芽腫性病変で，限局性のものもあるが，リンパ行性に拡大し，リンパ節転移を生じるものもある．

③中枢神経系のクリプトコックス症：髄膜炎を呈するが，発病は徐々であるが進行したものはきわめて重篤である．基礎疾患など明らかに免疫不全が関連していると

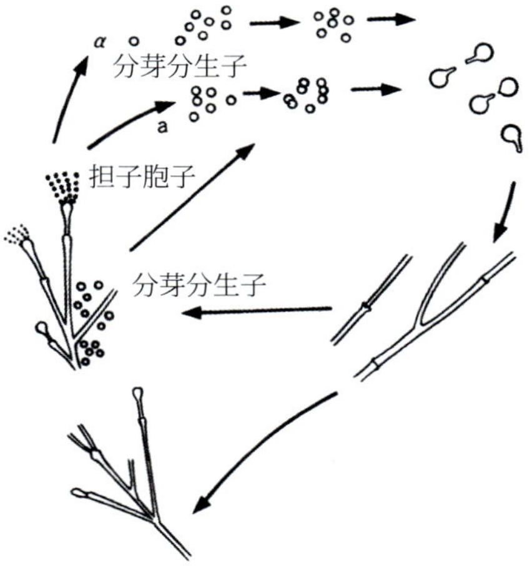

図 1　*Filobasidiella neoformans* の生活史．

表1　主なクリプトコックス属菌の性状

性状＼菌種	37℃の発育	菌膜形成	仮性／真性菌糸	厚膜胞子	発芽管	莢膜	糖利用 グルコース	マルトース	シュクロース	ラクトース	ガラクトース	メリビオース	セロビオース	イノシトール	キシロース	ラフィノース	トレハロース	ズルチトール	グルコース発酵	ウレアーゼ	硝酸塩利用	フェノールオキシダーゼ	血清学的性状
Cryptococcus neoformans var. *neoformans*	＋	−	R	−	−	＋	＋	＋	＋	−	＋	−	＋	＋	＋	＋*	＋	＋	−	＋	−	＋	1, 2, 3, 7, 1, 2, 3, 8, 1, 2, 3, 7, 8
Cryptococcus neoformans var. *gattii*	＋	−	R	−	−	＋	＋	＋	＋	−	＋	−	＋	＋	＋	＋*	＋	＋	−	＋	−	＋	1, 2, 4, 5 1, 4, 6
Cryptococcus albidus var. *albidus*	−*	−	−	−	−	＋	＋	＋	＋	＋*	＋*	＋	＋	＋	＋	＋	＋	＋*	−	＋	＋	−	1, 2, 3, 7
Cryptococcus albidus var. *aerius*	−*	−	−	−	−	＋	＋	＋	＋	＋*	＋*	＋*	＋	＋	＋	＋	＋	＋*	−	＋	＋	−	1, 4, 6
Cryptococcus luteolus	−	−	−	−	−	−	＋	＋	＋	−	＋	＋	＋	＋	＋	＋	＋	＋	−	＋	−	−	1, 2, 3
Cryptococcus terreus	−*	−	−	−	−	＋	＋	＋*	−	＋*	＋*	−	＋	＋	＋	−	＋	−*	−	＋	＋	−	1, 2, 3

*：菌株により差のあることを示す　（深沢義村による）
R：まれにつくるものがある．
数字：クリプトコックス抗原

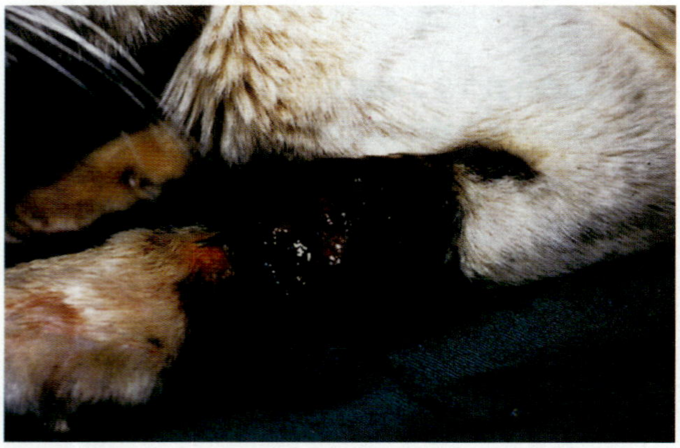

写真1　クリプトコックス症（皮膚病変）．

思われる例が大半であるが，一見して健康と思われるものでの発症も知られている．

④その他：免疫不全の状態では播種性病変がみられ，腎臓，肝臓，脾臓，副腎，骨，関節，眼などをはじめ全身の各臓器が障害を受けることになる．犬や猫では最初に鼻腔に病巣があり，それから直接的に眼や中枢に病変が波及したと考えられる症例もある．乳牛では本菌による乳房炎が報告されており，重症例ではリンパ管炎も併発することが報告されている．

本症と白血病，癌，免疫不全との関連が重視されているが，犬，猫でも2次感染例が認められる．

検　　査

痰や膿汁などの分泌物を採取して，墨汁標本を作成して直接鏡検する（写真2）．脳脊髄液は遠沈して検索すると菌の発見が容易である．墨汁標本では酵母様の菌細胞の周囲に厚い莢膜が認められ，ハロー状を呈し，各菌細胞は相互に接触せず遊離している．

培養は，サブローブドウ糖寒天培地などを用い25～37℃で行う．細菌の汚染を除くためにペニシリン，ストレプトマイシン，クロラムフェニコールを使用し，他の真菌の汚染を少なくするために20℃の低温で培養す

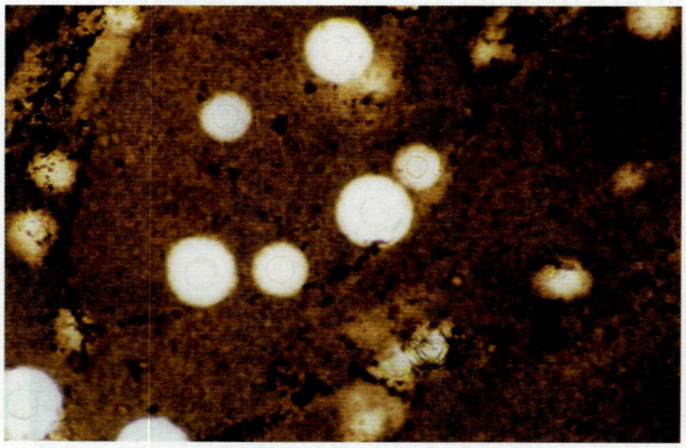

写真2　*C. neoformans* の墨汁標本．

る．

免疫学的には莢膜の多糖体抗原に対する抗体の検索がなされている．また，血清や尿中などに存在する菌体成分，すなわち莢膜多糖体を検出する方法（抗原価測定）が行われている．

組織学的には厚い莢膜を有する菌体が集塊を形成し，嚢腫状病巣を形成する．著しい炎症性皮膚病変では慢性肉芽腫性の炎症反応がみられ，多くの巨細胞もみられる．病巣の中心部には多数の菌からなる集塊が認められる．分子生物学的検査も可能である．

予防・治療

本菌は自然界に広く腐生的に存在することが知られているが，とくに神社仏閣などにあるハトの堆積糞から高率に分離されている．したがって，鳥類の糞便を処理することが必要である．

動物から動物へ，動物からヒトへと直接感染するとは考えられていないが，発病動物の治療や死体処理には十分な配慮が望まれる．

また，本症の発現には免疫不全との関連が重視されているので，基礎疾患の対策，免疫機能の改善を考慮しなくてはならない．

治療にはアンホテリシンBが使用されてきた．静注や髄腔内注入が行われる．5-フルオロシトシン（5-FC）やフルクナゾール，イトラコナゾールなど各種アゾール系抗真菌剤も効果のあることが知られるようになり，現在これら薬剤の併用療法が行われている．

アスペルギルス（症）

人獣

基本性状
分生子頭
頂嚢
フィアライド

重要な病気
肺アスペルギルス症（鳥類，牛）
皮膚アスペルギルス症
真菌性流産（牛，馬）

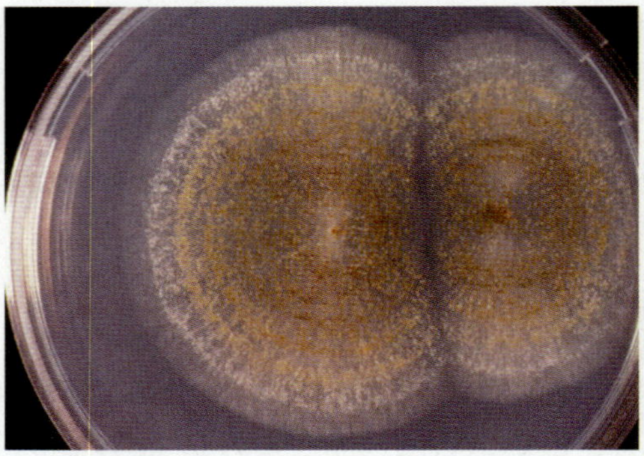

FIG　*A. fumigatus* のコロニー
サブロー寒天培地

アスペルギルス症（aspergillosis）は，アスペルギルス（*Aspergillus*）属の菌種に起因する疾患で，呼吸器，皮膚，耳，眼などが侵襲される．主要な菌種は *Aspergillus fumigatus*，*A. flavus*，*A. nidulans*，*A. niger*，*A. terreus* などである．これらの菌は広く自然界に常在している．

菌　学

アスペルギルス（コウジカビ）とは，もともと分生子時代（無性型）に対する呼称で，アスペルギルス属は不完全菌亜門 - 線菌綱 - 線菌目のフィアロ型分生子形成菌群に分類されている．本属には 200 ～ 300 種の菌が報告されているが，疾病と関連する主な菌の性状を表 1 に示す．アスペルギルスのうち完全時代（有性型）の認められている菌は，子嚢菌亜門 - 不整子嚢菌綱 - コウジカビ目 - コウジカビ科に分類されている．有性時代と無性時代の対応を表 2 に示す．

Aspergillus fumigatus の性状を 1 例として以下に記載する．

ツアペックおよび麦芽寒天培地上ですみやかに拡大，ビロード状ないし羊毛状，はじめ白色，のち分生子形成により青緑色から暗灰緑色を呈する．裏面は無色ないし黄色，緑色または赤褐色である（FIG）．

鏡検所見では，分生子頭は円柱形，400 × 50 μm までである．分生子柄は栄養菌糸から直立，または気生菌から短い分枝として生じ，その長さは 300 ～ 500 × 2 ～ 8 μm で，しばしば緑色を呈する．先端はフラスコ形で，直径 20 ～ 30 μm の頂嚢となる（写真 1）．フィアライドは頂嚢の上半部から上部 2/3 に直生，密に平行して伸長し，長さは 5 ～ 10 × 2 ～ 3 μm である．分生子は球形で，直径 2.5 ～ 3 μm，その表面は粗で，緑色を呈し，連結して，円柱状の集塊となる．

臨床所見

①肺アスペルギルス症：感染型のものは肺炎であるが，元来まれである．血液疾患や消耗性疾患などの基礎疾患，ステロイド剤の濫用に継発することが多く，剖検によって初めて判明する例も少なくない．吸入された分生子が副鼻腔や細気管支にひっかかって，肉芽腫性病変を招来する（写真 2）．肺実質に拡大し，壊死と空洞形成がみられる．時に脳や腎臓などに血行性に播種する例もある．軽度の発熱，発咳，粘液膿性の喀痰を生じ，血液が混じることもある．

多くは 2 次感染と考えられている．とくに集約的な飼育で，狭い戸内の場所に多くの動物が入れられている

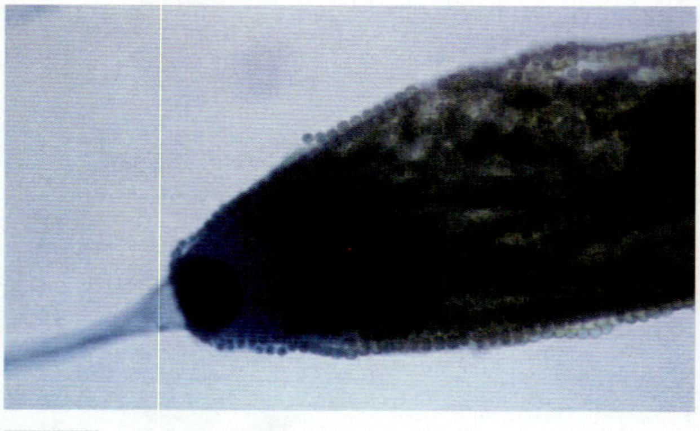

写真 1　アスペルギルスの分生子頭．

表1　アスペルギルスの性状

菌　種	コロニーの肉眼的所見				その他
	ツアペック・ドックス寒天上の発育速度	コロニーのきめ	コロニーの色調（表面）	コロニーの色調（裏面）	
A. flavus	遅いものから速いものまでさまざま	羊毛状～綿毛状，時に放射状の溝を持つ	初め黄色，速やかに黄緑色～青緑色へ	無色～ピンク色がかった灰黄褐色	
A. fumigatus	速い	ビロード状～綿毛状	初め白色，緑色を経て灰緑色	無色，黄色，緑色または暗褐色	45℃でも発育可能
A. nidulans	速い	ビロード状～綿毛状	黄緑色～暗緑色	紫紅色	
A. niger	速い	緻密，顆粒状	初め白色，次第に黒色～黒褐色	しばしば淡黄色	
A. terreus	速い	ビロード状，綿毛状，扁平または放射状の溝を持つ	シナモン色～黄褐色～褐色	灰黄色～褐色	

菌　種	鏡検所見							
	分生子柄	頂　嚢	フィアライド	分生子	分生子頭	菌　核	閉子嚢殻	厚壁細胞
A. flavus	壁厚い 無色 表面粗い	亜球形～球形	フラスコ形 単列または複列 頂嚢大部分をおおう	1細胞性 球形～亜球形 棘状 3～6 μm（径）	球状～放射状	有	無	無
A. fumigatus	壁うすい 無色 表面平滑	半球形	フラスコ形 単列 頂嚢上半分をおおう	1細胞性 球形～亜球形 棘状，壁うすい 2～3.5 μm（径）	密な円柱状	無	無／有	無
A.nidulans	波状 （黄）褐色 表面平滑	半球形	フラスコ形 複列 頂嚢上半分をおおう	1細胞性 球形 壁は粗い 3～3.5 μm（径）	短い円柱状	無	有	無
A. niger	壁厚い 無色～褐色 表面平滑	大きな球形	フラスコ形 複列 頂嚢全体をおおう	1細胞性 球形 壁は棘状かまたは粗い 4～5 μm（径）	球状～放射円柱状	有	無	有
A. terreus	無色 表面平滑	ドーム形	フラスコ形 複列 頂嚢大部分をおおう	1細胞性 平滑 1.8～2.4 μm(径)	長く，密な円柱状	無	無	有

（山口英世らによる）

表2　アスペルギルス属の亜属，セクションとテレオモルフ

亜属，セクション	テレオモルフ属名	旧グループ名
Aspergillus 亜属		
1. *Aspergillus* セクション	*Eurotium* *Edyuillia* *Dichlaena*（？）	*A. glaucus*
2. *Restrichi* セクション	—	*A. restrictus*
Fumigati 亜属		
3. *Fumigati* セクション	*Neosartorya*	*A. fumigatus*
4. *Cerulini* セクション	—	*A. ceruinus*
5. *Ornati* 亜属	*Hemicarpenteles* *Sclerocleista* *Warcupiella*	*A. ornatus*（ヒューレ細胞形成種を除く）
6. *Clavati* 亜属	—	*A.clavatus*
Nidulantes 亜属		
7. *Nidulantes* セクション	*Emericella*	*A. nidulans*
8. *Versicolores* セクション	—	*A. versicolor*
9. *Usti* セクション	—	*A. ustus*
10. *Terrei* セクション	—	*A. terreus*
11. *Flavipedes* セクション	*Fennellia*	*A. flavipes*
Circumdati 亜属		
12. *Wentii* セクション	*Petromyces*	*A. wentii*
13. *Flavi* セクション	—	*A. flavus*
14. *Nigri* セクション	*Saitoa*	*A. niger*
15. *Circumdati* セクション	—	*A. ochraceus*（*A. alliaceus* を除く）
16. *Candidi* セクション	—	*A. candidus*
17. *Cremei* セクション	*Chaetosartorya*	*A.cremeus*
18. *Sparsi* セクション	—	*A. sparsus*

（宇田川俊一による）

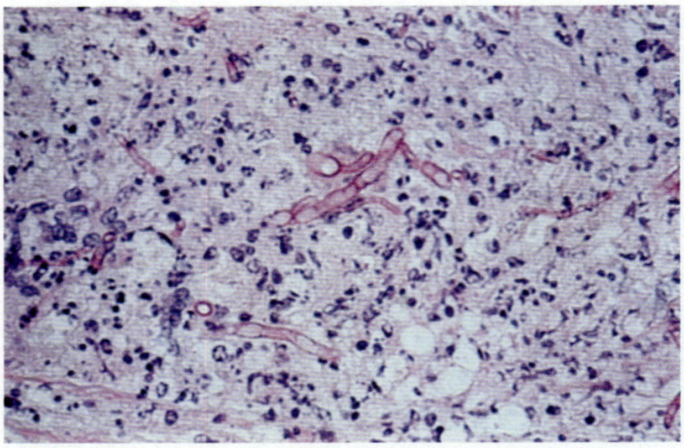

写真2　アスペルギルスによる肺病変.

場合，換気も悪く，一方，敷きわらや飼料で菌が増殖し多くの分生子が散布されることになり，感染の機会が多くなる．また，ウイルス性ないし細菌性の呼吸器病の発生も誘因となる．

鳥類では気嚢内で菌が増殖し，最初は腐生的であるが，組織に侵入して感染を起こす．重篤なものでは全身感染をみる．動物園において南極産のペンギンの多くが本菌の感染を受けた報告がある．馬では喉嚢炎が問題である．

②外耳道のアスペルギルス症：多くは耳垢や鱗屑上に菌が腐生するだけで，組織の深部へ菌が侵入することはない．

③皮膚アスペルギルス症：皮膚に潰瘍性肉芽腫病変を呈するものと膿疱性病変を特徴とするもの（原発性膿皮症様アスペルギルス症）がある．鶏でも本菌による皮膚炎が報告されている．

④真菌性流産：牛や馬の流産にはアスペルギルスが原因となるものが報告されている．胎盤炎が特徴的で，妊娠6～8か月に流産することが多い．流産胎子の皮膚に真菌病変が認められ，また胃内容にも菌が存在する．

⑤その他：動物では消化管感染もみられ，とくに子牛では壊死と潰瘍を伴う胃腸炎が，また成牛でも各種胃腸病変に続発して本菌の侵入がみられる．また，乳牛では乳房炎の原因菌となっていることがある．その他，脳に病巣のみられることがある．

検　査

痰，膿汁，その他分泌物を水酸化カリウムで処理した標本を作製して，直接鏡検する．隔壁のある太い菌糸などが認められる．

培養検査はサブローブドウ糖寒天培地などを用い，25℃または37℃で行う．本菌は汚染菌としても発育するので，反復培養し，常時，純培養のように発育するかどうかなどを検討して原因菌を決定する．

生検材料および剖検材料の組織学的検索では，多く中心に壊死を認める肉芽腫病変がみられ，樹枝状に分岐する菌糸の存在が確認される．時に星芒状を呈する菌体もみられる．

免疫学的診断法や分子生物学的診断法が種々研究されている．

予防・治療

基礎疾患に対する対症療法を十分考慮することと，換気空調などの浄化を行い，環境衛生に注意する．治療にはアンホテリシンB，5-FC，イトラコナゾールなど，アゾール系抗真菌剤が主に使用されている．動物の場合，とくに治療の奏効した例の報告はほとんどないが，自然治癒ないし軽快している例が存在することが予想されている．

接合菌（症）

人獣

基本性状

胞子囊
胞子囊胞子
無隔壁菌糸

重要な病気

ムコール症（牛）

FIG　*A. corymbifera* のコロニー
サブロー寒天培地

接合菌症（zygomycosis）は接合菌亜門に分類される菌に起因する疾患である．ムーコル症（ムーコル科の菌による）が主体であるが，バシジオボルス症やコニジオボルス症なども含まれる．本菌は自然界に広く分布しており，その日和見感染は無視できない．

菌　　学

接合菌亜門 - 接合菌綱に分類されるムーコル（ケカビ）目とエントモフトラ（ハエカビ）目に属する菌が問題になる（表 1）．とくにムーコル科のムーコル（ケカビ）属，アブシシア（ユビケカビ）属，リゾプス（クモノスカビ）属およびリゾムコール属の菌種の感染がみられることが多い．これらの属の特徴を図 1 に示す．

Absidia corymbifera の性状を 1 例として以下に記載する．

ポテトデキストロース寒天培地上で 37℃に培養した時，生育が速やかで，羊毛状，明オリーブ灰色ないし青味のある灰色を呈する．裏面は黄色から鈍黄色である（FIG）．

鏡検すると胞子囊柄は仮根の中間のほふく枝から生じ，83 ～ 450（～ 500）× 4 ～ 8（～ 15）μm，ほふく性，多様に分枝し，各分枝の先端は胞子囊になる．分枝性仮根はほふく枝のふくれた部分から生じる．胞子囊は 20 ～ 50（～ 70）μm，直立，無色からやや褐色，洋梨形，もろく，滑面からやや粗面．小型胞子囊は先端性のものに類似するが，直径 12 ～ 20 μm．柱軸は大型，16 ～ 27（～ 56）μm，球形～短卵形，長円形，へら形，円錐形，10 ～ 21 × 10 ～ 12 μm，明瞭な襟を持った小型柱軸の先端は 4.5 × 3 μm，1 ～数個のいぼ状突起を生じる．胞子囊胞子は形状，大きさとも不規則，多くは小型，卵形から亜球形，3 ～ 4 × 2 ～ 3 μm または 3.5 ～ 6.5 μm，表面は滑らかである（写真 1，2）．

表 1　接合菌症原因菌の分類

目	科	属	主要な病原性菌種
ムーコル（ケカビ）目	ムーコル科	ムーコル（*Mucor*）属	*M. ramosissimus*
		アブシジア（*Absidia*）属	*A. corymbifera*
		リゾプス（*Rhizopus*）属	*R. oryzae*，*R. arrhizus*，*R. microsporus*，*R. rhizopodiformis*
		リゾムーコル（*Rhizomucor*）属	*R. pusillus*
	サクセナ科	サクセナ（*Saksenaea*）属	*S. vasiformis*
	カニングハメラ科	カニングハメラ（*Cunninghamella*）属	*C. bertholletiae*
エンドモフトラ（ハエカビ）目	バシジオボルス科	バシジオボルス（*Basidiobolus*）属	*B. ranarum*（*B. heptosporus*）
	エントモフトラ科	コニジオボルス（*Conidiobolus*）属	*C. coronatus*，*C. incongruas*

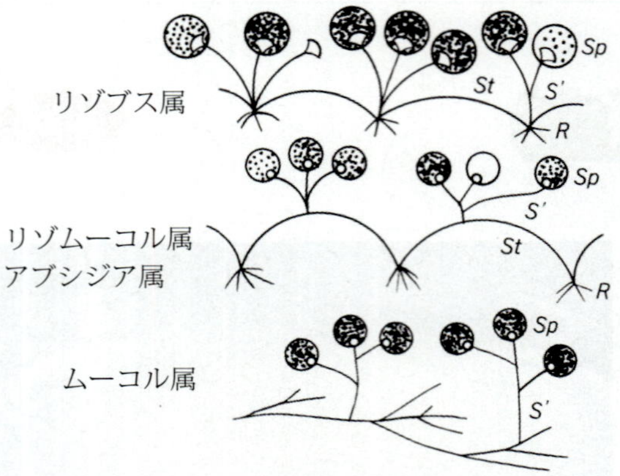

図1　ムーコル目ムーコル科の4属の特徴.
Sp：胞子嚢，*S'*：胞子嚢柄，*St*；ストロン，*R*：仮根

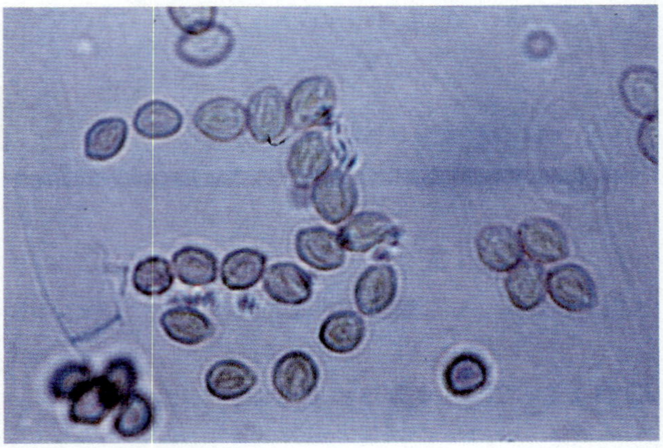

写真2　*Rhizopus arrhizus* の胞子嚢胞子.

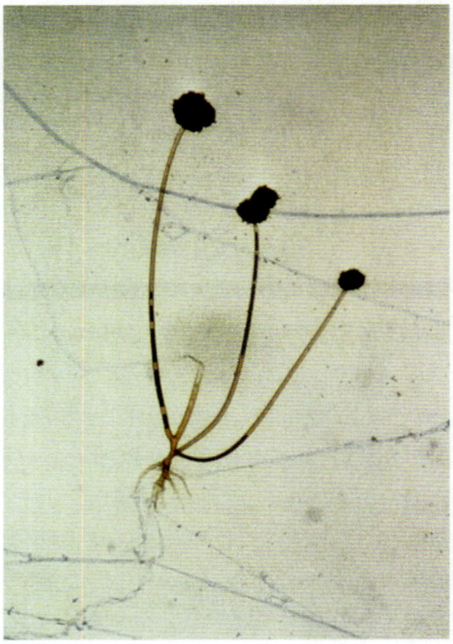

写真1　*Rhizopus arrhizus* の胞子嚢および仮根.

臨床所見

ムーコル症は一般に重篤な基礎疾患に合併することが多く，ステロイド剤の長期連用，抗腫瘍剤，抗生剤の投与に関連する．内臓が本菌におかされると，その経過はきわめて急速で，脳や肺に大型の出血性梗塞を形成するため急死する．空気中の胞子を吸入すると副鼻腔に蜂窩織炎を生じ，周囲組織に拡大し，脳病変をも招来する．また，肺や消化管にも初発病変を形成し，急速な血行性播種がみられる．

特殊な問題として牛の流産がある．真菌性胎盤炎のため3～7カ月で流産が起こり，流産胎子の皮膚にも皮膚糸状菌症様の病変がみられる．

とくに牛では下痢と嘔吐を伴う重篤な胃腸炎の病状を呈し，剖検で出血と潰瘍がみられ，食道に病巣がみられることもある．抗生物質の投与や濃厚飼料の多給により負荷がかかり，あらかじめ消化管に種々の病変が生じ，それが誘因となると考えられている．

コニジオボルス症やバシジオボルス症は野生のネズミなどで報告されている．他はきわめてまれである．

検　　査

膿汁，喀痰，その他分泌物を水酸化カリウム処理して直接鏡検する．隔壁のない幅の広い菌糸が認められる．

これら可検材料をサブローブドウ糖寒天培地などを用い，25℃で培養する．本菌は雑菌として混入することが多いので，反復培養して検討する．

剖検材料または生検材料を組織学的に検索すると，隔壁を欠く太い菌糸などが認められる．血管がおかされていることが多く，血栓もみられ，壊死病巣の形成が顕著である．

予防・治療

衛生的な環境の保持と基礎疾患に対する対策が重要である．局所的なものでは外科的摘除が考えられるが，基礎疾患に続発する重篤なものは発症後の経過が急性であるため看過され，剖検後に初めて確認される例が多い．これまでアンホテリシンBをはじめ各種の抗真菌剤が試みられているが，効果的なものがないので早期に診断し治療を開始する必要がある．

スポロトリックス（症）

人獣

基本性状

二形性菌
シンポジオ型分生子形成

重要な病気

皮膚型，内臓型

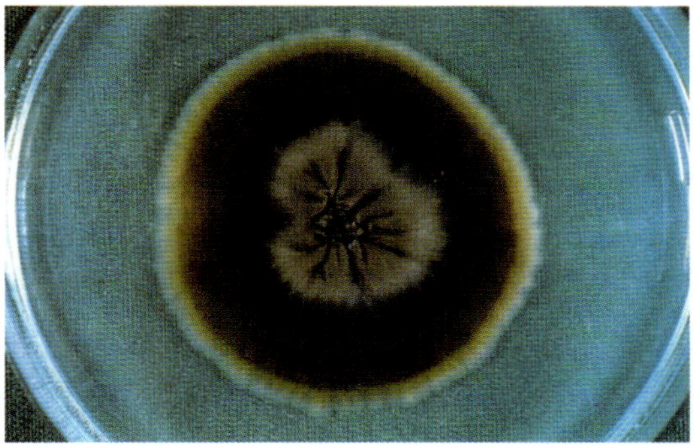

FIG　*S. schenckii* のコロニー
サブロー寒天培地

スポロトリックス症（sporotrichosis）は，スポロトリックス（*Sporothrix*）属の1種である *Sporothrix schenckii* による疾患で，主として皮膚感染症であるが，場合によっては全身性（内臓）感染の例が報告されている．自然界に常在し，土壌，草木などからも分離される．とくに温帯から熱帯の多湿地域で発生する．

菌　　学

スポロトリックス属は不完全亜門 - 線菌綱 - 線菌目のシンポジオ型分生子形成菌群に属するものである．

本菌は二形性を示し，組織内に寄生している場合，または33℃，高糖濃度培地に培養した時は酵母状になる．この際のコロニーは柔らかく，白色ないし灰黄色となる．その形状は球形から卵形で，直径10μmまたは3～10×1～3μmの出芽細胞からなる．

一方，サブロー寒天培地など通常の培地を用いて26℃に培養した時は，菌糸形を呈し，しわのある，羊毛状，ビロード状，綿毛状，またはなわ状で，はじめ白色からクリーム色，のち灰色，暗褐色，黒色のコロニーになる（FIG）．

分生子柄は薄壁，隔壁のある菌糸から直立し，先端部は小歯牙状の分生子形成細胞となり，10～40×0.7～1.5（～2）μm，花弁状に分生子の集塊を形成する（写真1）．分生子は無色，滑面，西洋梨形から紡錘形，基底部は尖り2.5～5.5（～8）×1.5～2.5（～3）μm，古くなると暗色，厚壁となる．

臨 床 所 見

ヒトでは病型として，表1のように限局性皮膚型，皮膚リンパ管型，播種型および皮膚以外の型があり，4型に分類されている．

限局性皮膚型は皮膚固定型ともいわれ，病変が菌の侵入部位である原発巣に限局し，リンパ行性の転移を伴わないものである．

本型は疣状型，潰瘍あるいは潰瘍増殖型，結節 - 膿瘍型および瘻孔型に細分され，その臨床像はさまざまで，病期によってそのどれかに該当する．

皮膚リンパ管型は，小外傷により菌が侵入した部位に肉芽腫または潰瘍を形成し，その後，リンパ管に沿って求心性に飛石状を呈し，転移病巣を形成するものである．病巣もはじめは皮内ないし皮下の結節として発現す

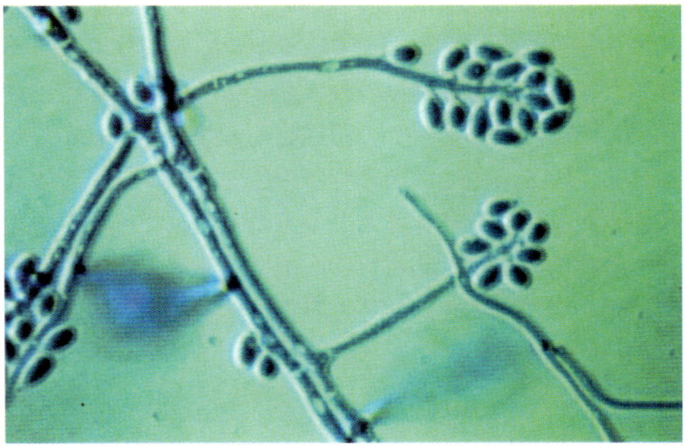

写真1　*S. schenckii* の分生子．

表1 スポロトリックスの病型（ヒト）
1. 限局性皮膚型 a）疣状型 b）潰瘍あるいは潰瘍増殖型 c）結節 - 膿疱型
2. 皮膚 - リンパ管型
3. 播種性皮膚型
4. 皮膚以外のスポロトリコーシス（内臓型）
（福代良一による）

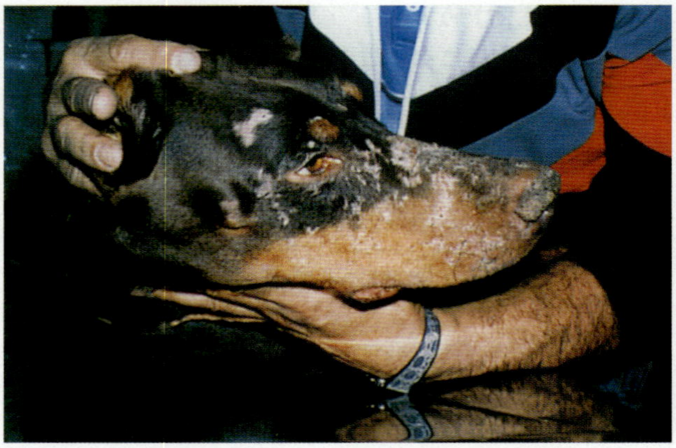

写真2 スポロトリックス症（犬）.

るが，のちに皮膚表面に破潰してゴム腫様潰瘍となる．

播種型はゴム腫様潰瘍性病変が皮膚の各所に播種状に多発するもので，血行性転移が考えられている．原発巣は不明のことが多く，まれに粘膜，骨，関節などに病変を伴うことがある．

皮膚以外の型は口腔 - 咽頭の粘膜，骨，関節，内臓に病変のある例で，肺がおかされた報告がある．

動物の場合もヒトと同様であるが，とくに犬，猫，馬などでの報告がある．犬では骨や肺，肝臓といった内臓への転移例も知られている（写真 2）．

検査

膿汁や痂皮を病巣から採取し，直接鏡検して菌体を検出することは一般に困難であるといわれていた．PAS などの各種染色を行ったり，免疫蛍光法によっても菌の検出率はそれほど高くならないといわれている．しかし，最近，直接鏡検でも多数の菌要素の認められることが判明した．犬や猫の場合には，潰瘍病巣などに多数の酵母状の菌が発見される．

生検材料などの組織学的検査では肉芽腫性炎症反応で，小膿瘍を中心としてその周囲を類上皮細胞，巨細胞，リンパ球などの細胞が肉芽組織を形成して取り囲んでいるのが認められる．菌形状の 1 つである星芒体といわれるものが認められるが，これは直径 3 ～ 5 μm の球形の菌細胞に，周囲に HE 染色で均一に好酸性に染まる物質が付着し，長短種々の長さの突起を形成して星芒体を呈したものである．この菌細胞に分芽がみられることもある．PAS 染色では菌細胞は染色されるが，星芒体は染色されない．星芒体および星芒のみられない裸の菌体が小膿瘍内などに認められる．菌型は球形，卵円形，または葉巻形まであり，発芽もみられ，多様である．

培養は膿汁，痂皮，組織片をサブローブドウ糖寒天培地を用い 25℃で行う．他の雑菌が発育することが少なく，分離培養は比較的容易である．本菌が確認されれば直ちに起因菌と考えて治療する．

免疫学的にはスポロトリキンによる皮内反応が行われている．本症のどの病型でもほとんど 100％陽性を呈する．動物での本反応は十分検討されていない．スポロトリキンは菌体または培養濾液から抽出した多糖体抗原で，非特異的反応の少ないことが知られている．その他 CF 抗体，沈降抗体，凝集抗体などの検出に各種血清検査も行われている．分子生物学的検査も有益である．

予防・治療

本菌は土壌や草木に腐生的に存在し，小さな外傷部から侵入するので，常在地では外傷に対し十分な消毒を行うなどして感染発症を予防する．

犬，猫の皮膚病巣には多数の菌が存在するので注意が必要である．事実，飼い主や獣医師が感染した例が認められている．

治療としてはヨード剤の内服，スポロトリキシンの注射，温熱療法およびアンホテリシン B や 5-FC の治療などがある．最近では，イトラマナゾールやケトコナゾールが使用されている．ヨードカリの内服はきわめて効果のあることが知られており，ヒトをはじめ動物でも用いられている限局性皮膚型では局所を熱する温熱療法が有効である．

コクシジオイデス（症）

人獣

四類

基本性状

分節分生子
内生胞子

コクシジオイデス症（coccidioidomycosis）は，コクシジオイデス（*Coccidioides*）属の菌種に起因する疾患で，*Coccidioides immitis* による感染症である．

菌　　学

C. immitis は不完全菌亜門 - 線菌綱 - 線菌目に分類され，培養では主に分節分生子の産生がみられる．

臨床所見

感染しても無症状に経過するものが多いといわれているが，牛，豚，羊では胸部リンパ節が腫大している例がよく知られている．明らかな症状を呈するのは主に犬と霊長類であって，通常は呼吸器疾患である．しかし，時に全身的に病変のみられるものもある．骨もおかされ，骨膜炎や骨融解の認められる例もある．

検　　査

膿や喀痰のような分泌物，胸水，腹水などを直接鏡検して本菌の特徴である球状体を検索する．培養には抗生剤添加のサブロー培地を用い，25℃で培養する（実験室内感染の危険が大であるので，培養は真菌専門施設に依頼する．一般の検査室では培養しない方がよい）．平板培養を避け，試験管培養とし，しかも容器を二重にする．また，菌の取扱いは特別な室でクリーンベンチ内などで行う．

コクシジオイジンによる皮内試験も診断に利用される．本剤は米国などで市販されている．動物では一般に未希釈の本剤を 0.1ml 皮内に注射し，肉食および雑食動物では 24 ～ 48 時間後，草食動物では 72 ～ 96 時間後に判定する．ただし，発病初期には陰性のことがある．その他の免疫学的診断法として沈降反応，CF テスト，ラテックス粒子凝集反応などが行われている．

予防・治療

有病地域が北米大陸の西南部に限定されている．また，土壌に常在し，野生動物，とくにげっ歯類が感染し，あるいは保菌動物となる．ヒトからヒトへ，動物から動物，またはヒトと動物間の直接感染することはなく，ほとんど土壌中や，空中の分生子を吸入して感染すると考えられている．

日本では流行地への旅行者や，輸入綿から感染した人体例の報告がある．治療にはアンホテリシン B およびアゾール系抗真菌剤（イトラコナゾール，ケトコナゾール）が用いられている．

ヒストプラズマ（症）

人獣

基本性状

菌糸形と酵母形の二形性

重要な病気

仮性皮疽（馬）

ヒストプラズマ症（histoplasmosis）は，ヒストプラズマ（*Histoplasma*）属の菌種に起因する疾患を指すが，*Histoplasma capsulatum* による感染症を意味している．他に *H. farciminosum* が知られているが，これは馬の仮性皮疽（届出伝染病，伝染性リンパ管炎）の原因菌とされている．なお，両種を同一菌とする考えもある．

菌学

H. capsulatum は不完全菌亜門 - 線菌綱 - 線菌目の粉状型分生子形成菌群に分類される菌で，菌糸形と酵母形の二形性を呈する．完全時代も認められ，子嚢菌亜門 - 不整子嚢菌綱 - ホネタケ目 - ホネタケ科に分類される *Ajellomyces* 属に属している（*A. capsulatus*）．

臨床所見

無症状で経過する例が多いとされているが，犬，馬，牛，豚での発症が報告されている．しかし，犬を除けばきわめてまれである．犬の症状は，慢性の発咳，難治性の下痢，不規則な発熱，体重減少などである．また，進行すると貧血，黄疸，腹水，リンパ節の腫大，脾腫，肝腫も認められる．馬の仮性皮疽は，他の独立疾患と考えられている．

検査

ヒストプラスミンによる皮内反応を行う．喀痰や排膿液中に菌を検出するか，培養によって菌を証明する．直接鏡検は無染色の場合とくに看過しやすいので，ギムザ染色またはライト染色を行う方がよい．6％に血液を添加したブレインハートインヒュージョン培地を用い，37℃で培養する．その他，生検材料の病理組織学的検索によって細網内皮系細胞内に菌の寄生を認めることも可能である．

予防・治療

わが国においても，ヒストプラスミン試験を行った結果，陽性例のあることがヒトや牛で報告されているが，実際には本症の発生もなく，菌も分離されない．分子生物学的に診断された犬の例が報告されている．一般的には有病地域との交流を監視することが大切である．有病地域では，野生動物の感染と土壌中に生息していることを忘れてはならない．

慢性消耗性疾患の場合には，家畜では殺処分する例が多い．ヒストプラスミンの皮内反応陽性で無症状の動物では自然治癒が考えられ，とくに治療の報告はない．治療にはアンホテリシンBやアゾール系の抗真菌剤（イトラコナゾール）が使用されている．

ブラストミセス（症）

人獣

基本性状

菌糸形と酵母型の二形性

ブラストミセス症（blastomycosis）は，ブラストミセス（*Blastomyces*）属の菌種に起因する疾患で，*Blastomyces dermatitidis* による感染症である．

菌　学

B. dermatitidis は不完全菌亜門 - 線菌綱 - 線菌目の出芽型分生子形成菌群に分類される菌で，菌糸形と酵母形の二形性を呈する．完全時代も認められており，子嚢菌亜門 - 不整子嚢菌網 - ホネタケ目 - ホネタケ科に分類される *Ajellomyces* 属に属している（*A. dermatitidis*）．

臨床所見

主としてヒトと犬での感染が報告されているが，猫や馬，アシカでの発症も知られている．犬での症状は多彩であるが，障害された臓器に依存している．局所的な皮膚病変，肺をはじめ多臓器における病巣形成，骨障害，眼疾患などが認められる．犬では多発する症状としては，発熱，衰弱，発咳，呼吸困難，皮膚病変（膿瘍，蜂窩織炎，潰瘍，腫瘤など），眼障害，骨関節症状である．

検　査

可検材料の直接鏡検と培養である．直接鏡検では必要なら水などで材料を希釈するが，染色すると逆に菌がリンパ球などと混同されてしまう．標本を数時間放置すると発芽するので，そこで鏡検するとよい．培養にはブレインハートインヒュージョン培地や血液寒天培地を用いる．はじめ 27℃で培養し，疑わしいコロニーがみられたら 37℃に移し，酵母形の発育を確認する．

免疫学的検査にはブラストミシン皮内反応や抗体価測定があるが，繁雑さも加わって問題がある．生検材料などの病理組織学的検査は有益である．

予防・治療

日本での報告はない．有病地域は北米や南米で，とくにアメリカ合衆国の各地（五大湖やミシシッピーなどの大河川地域など）で発生がみられているので，流行地域との関連に注意する．偶発的な人為的接種などが起こらないようにすることが肝要である．

治療にはアンホテリシン B が使用されていたが，アゾール系の抗真菌剤（イトラコナゾール）も有効である．

チョーク病

届出

chalkbrood

Key Words：真菌，*Ascosphaera apis*，マミー，幼虫

原　　因

不整子嚢菌ハチノスカビ（*Ascosphaera apis*）の感染によって，ミツバチの蛹が死亡する．胞子の発芽に低温が関与することから，低温・高湿期に発生が多い．発生は世界各地で報告されている．日本では届出伝染病に指定後にのみ統計上の記録があるが，発生は古くから知られている．

症　　状

ハチノスカビの胞子は経口でミツバチの幼虫体内に侵入し，腸管粘膜上で発芽し，幼虫が前蛹化する直前から菌糸が体表に侵出して体全体をおおう．最初は白色の，見かけ上チョークのようなミイラ状態（マミー）となることから，この病名がある．カビの胞子形成に伴って，チョークの色調は暗緑色から黒色を帯びる．幼虫の死亡

写真 1　chalk 巣板.

写真 2　chalk 巣門.

写真 3　子嚢は子嚢胞子を内包.

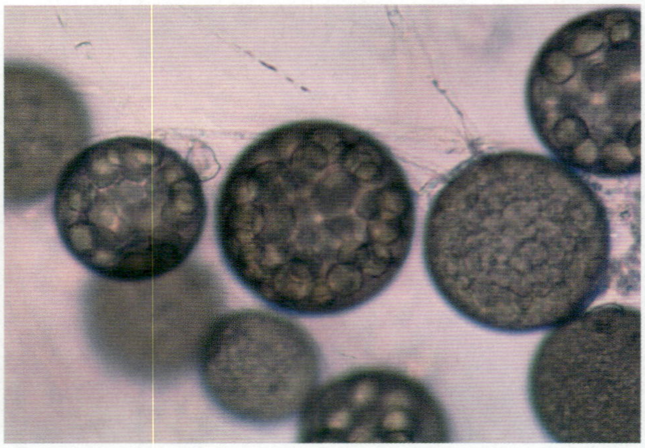

写真 4　子嚢を内包した子嚢果.

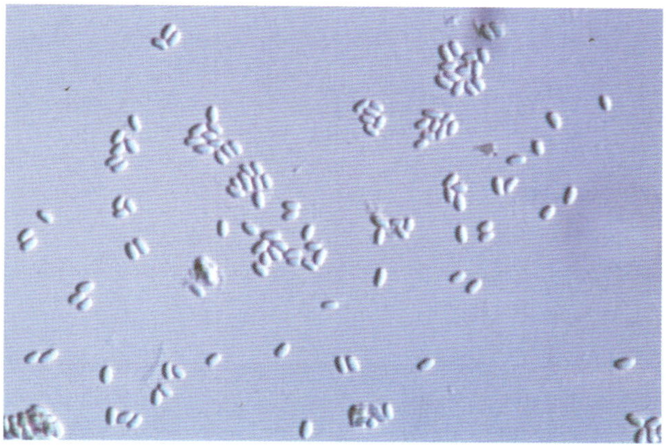

写真5　子嚢胞子.

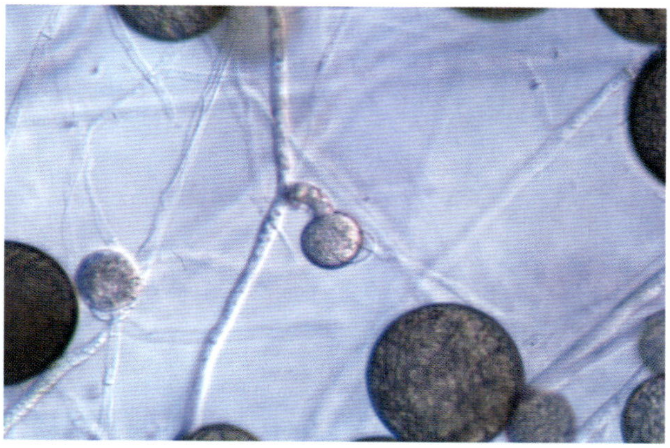

写真6　融合した造嚢器と造精器.

直後は，巣房内に死体が膨化した状態でみられるが，やがて収縮，乾燥して小型化し，この時期に働き蜂によって除去されたものが巣箱の巣門付近でみられる．これも初期ほど白色で，時間がたち巣内で蔓延すると暗緑色や黒色のものが増える．また症状が重い場合にはマミーが巣箱の底に蓄積し，巣板上にも多数残る．一般に自然治癒しやすいが，長期にわたって慢性化することもあり，感染が重篤な場合は，蜂群の弱勢化が進む．

診　　断

巣門前に落下したマミーで発症を知ることが多いが，この時点ではすでに巣板上での感染が拡大し始めている．巣房内のマミーは本病に特徴的なものであり，これをもって診断とする．

本病には，塩素系薬剤のトリクロロイソシアヌール酸を有効成分とする薬剤が用いられてきたが，現在は本病予防に使用できる登録薬剤はない．

ニューモシスチス・カリニ肺炎

Pneumocystis carinii pneumonia

Key Words：日和見感染症，肺炎

ニューモシスチス・カリニ肺炎は *Pneumocystis carinii* によって引き起こされる日和見感染症である．*P. carinii* はこれまで原虫の一種とされてきたが近年真菌の一種であると考える研究者が多い．常在微生物と考えられるが宿主の免疫不全に乗じ肺胞内で増殖し重篤な肺炎を起こす典型的な日和見病原体である．肺以外の組織で増殖することがあり，この場合ニューモシスチス症と呼ばれる．

疫　　学

ヒト以外に豚，馬，牛，山羊，犬，猫等の家畜，伴侶動物，さまざまな動物園動物，タヌキ，イノシシ，野ネズミ等野生動物，ラット，マウス，ウサギ，モルモット，ニホンザル，カニクイザル等の実験動物における本肺炎が報告されている．わが国においても SPF 動物実験施設の汚染，免疫不全動物を用いた実験における流行性の発症が報告されており，とくに注意する必要がある．これらの病原体はすべて *P. carinii* と記載されている．しかし近年の DNA 塩基配列の比較研究，また宿主間交差感染実験の結果から，個々の宿主ごとに病原種が異なることが考えられ，*P. carinii* に宿主名を併記することが推薦されている．少なくとも現時点では *P. carinii* が人獣共通感染症である証拠はない．

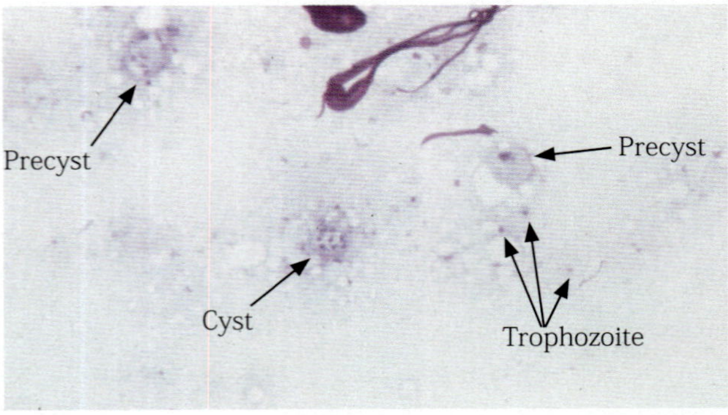

写真 1　ラット肺の押捺標本のギムザ染色像．
8 個の嚢子内小体を有する成熟嚢子が観察される．

症　　状

熱発，動脈血酸素分圧（PaO_2）の低下が起こり多呼吸，頻脈を呈する．呼吸困難，チアノーゼが進み，体重減少をきたす．胸部 X 線像では achinous shadow が集合して，両肺野に磨りガラス状の陰影が認められる．ニューモシスチス症の場合は病原体の増殖による組織壊死に基づくさまざまな症状が現れる．

病　　変

本肺炎で死亡した動物の肺は肝臓様で硬く重たく，割面は膨隆する．肉眼的には大理石様の紋様を呈する．肺の組織学的所見では肺胞は拡大し，蜂窩状泡沫物質が充満している．メテナミン銀染色を施すと，蜂窩状泡沫物質中に *P. carinii* 嚢子型が鍍銀染色される．透過型電子顕微鏡による観察では蜂窩状泡沫物質は嚢子型と栄養型の集塊であることが分かる．また I 型肺胞上皮細胞の剥離と II 型肺胞上皮細胞の増生がみられる．本肺炎は 1952 年，栄養不良児における肺の間質の増生と形質細胞の著しい浸潤を特徴とする間質性形質細胞性肺炎とし

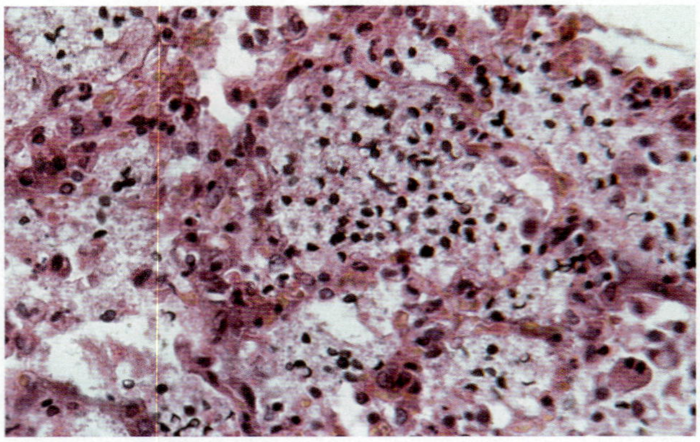

写真 2　ラット肺の病理組織像（HE ＋メテナミン銀染色）．
肺胞内に蜂窩状泡沫物質が充満し嚢子が暗褐色に染色される．

て報告されたが，間質の病変は本肺炎に必発ではない．

診　　断

経皮的肺生検あるいは気管支肺胞洗浄を行い病原体の検出を行う．検査試料からPCR法による病原体DNAの検出を行うことができるが，*P. carinii* は健康体の肺胞にも常在しているので検出感度に注意する必要がある．免疫学的診断としては各動物由来 *P. carinii* 特異的なモノクローナル抗体を用い病原体を検出することができる．*P. carinii* は常在微生物と考えられ，健康体でも抗体陽性のことが多い．一方免疫不全状態で起こる疾患であるため発症個体でも抗体陰性の場合があり，抗体の検出による本症診断は確実性を欠く．

予防・治療

治療にはトリメトプリムとサルファメトキサゾールの合剤（ST合剤）が用いられる．ただし細菌感染症に対して用いる場合より多量を（トリメトプリムとして20mg/kg）連用する必要があり，副作用（骨髄抑制など）に注意が必要である．また抗原虫薬として知られるペンタミジンも有効である．

＜第４章＞

原虫による感染症

トリパノソーマ

基本性状

鞭毛虫類

重要な病気

トリパノソーマ病（牛，馬）

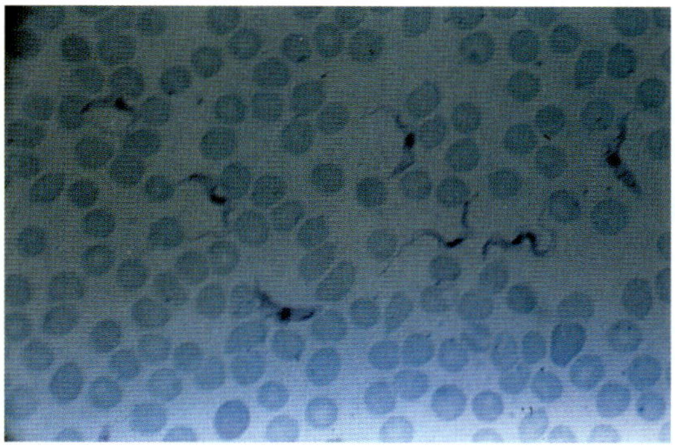

FIG　*T. brucei* 感染牛血液塗抹標本（ギムザ染色）

分類・性状・病原性

動物性鞭毛虫綱，キネトプラスト目（Kinetoplastida），トリパノソーマ科（Trypanosomatidae），トリパノソーマ（*Trypanosoma*）属に属する原虫で，ヒトや各種動物に寄生し，血液中で増殖，発熱，貧血などを主徴とする疾病を引き起こす．体長 20 ～ 30 μm の紡錘形で体軸に沿って付着する波動膜，鞭毛を保有し，その波動により運動する．表 1 に示すように *Trypanosoma* 種の宿主域は重なり合うが，宿主との組合せで病原性の強さも異なる．多くはツェツェバエを生物学的ベクターとするが，吸血昆虫による機械的伝播，接触伝播が可能な種もある．*T. brucei* は 3 亜種（*brucei*，*gambiense*，*rhodesiense*）に細分類されるが，後二者はヒトの眠り病の病原体である．わが国には *T. theileri* のみが分布する．本種は本来非病原性であるが，まれに牛に貧血などの臨床症状を引き起こすこともある．

表 1　主な病原性トリパノソーマ属原虫の分類

亜　属	種	病原性						感染様式
		牛	山羊	羊	豚	馬	ロバ	
Trypanozoon	*T. brucei*	+	++	++	+	+++	+	ツェツェバエによる生物学的伝播
	T. evansi	++	+	+	++	+++	++	吸血節足動物による機械的伝播
	T. equiperdum	−	−	−	−	+++	++	生殖器感染
Nannomonas	*T. congolense*	+++	++	++	+	++	++	ツェツェバエによる生物学的伝播
Duttonella	*T. vivax*	+++	++	++	−	++	+	ツェツェバエによる生物学的伝播，吸血節足動物による機械的伝播

牛，馬のトリパノソーマ病

届出

bovine and equine trypanosomiases

Key Words：ツェツェバエ，貧血

原　因

起因原虫は，*Trypanosoma congolense*，*T. vivax*，*T. evansi*，*T. brucei*，*T. equiperdum*（馬科動物のみ）である．

疫　学

T. congolense，*T. brucei* の分布は赤道を中心とした熱帯アフリカに限定され，その分布はほぼツェツェバエ（写真 1）の分布と重なる．流行地域では各種の野生動物，慢性感染牛が感染源となっている．*T. vivax* は南米にも分布する．*T. equiperdum* の伝播にはベクターは不要で，生殖器を介した接触感染が成立する．本種の分布の中心は赤道以南のアフリカであるが，赤道以北のアフリカ，中近東，南～東南アジアにも分布する．*T. evansi* の分布域はより広く，アジア（日本など一部諸国を除く），中南米，アフリカである．牛，山羊，羊，馬，ロバ，ヒト，その他哺乳類にこれらのトリパノソーマによる感染症が報告されている．

症　状

牛トリパノソーマ（主に *T. congolense*，*T. vivax*）病（ngana）：宿主血液中で原虫が増殖することによる貧血を特徴とし，経過は急性→亜急性→慢性で，流行地では慢性症例が最も多い（写真 2）．

急　性：2～6 週間の経過で，多くは死亡する．発熱，外見や運動の異常（外耳下垂，硬直状態での歩行，群からの離脱，衰弱）がみられ，流涙，泌乳量急減，また流産を起こす．生残した個体では慢性感染に移行する．

亜急性：外見や運動の異常がみられ，可視粘膜の蒼白，リンパ節腫脹，被毛粗剛，削痩，頚静脈拍動が起こる．4～6 か月の経過で死亡する．

慢　性：消耗性疾患であり，重度の貧血，被毛粗剛，極度の削痩となる．リンパ節の腫脹は外部から観察できる．

馬トリパノソーマ（*T. equiperdum*）病（媾疫）：無症状型，浮腫型，神経型の 3 病型．無症状型はとくにロバで多い．浮腫型は体重減少，外部生殖器の浮腫，腟から浸出液を排出する．神経型は浮腫型に続発し，知覚麻痺，運動神経障害がみられる．アフリカでは *T. brucei*，*T. congolense* が牛の症例と類似した疾病を馬にも引き起こす．

***T. evansi* 病（surra）**：牛，馬以外にも水牛，羊，山羊，犬，ラクダなども感染する．馬，犬での感染は急性で致死的である．それ以外の動物では症状は比較的軽度である．

写真 1　ツェツェバエ（*Glossina morsitans*）．

写真 2　トリパノソーマ罹患牛（亜急性）．一般状態の悪化に注目（削痩と耳翼，尾の脱力による下垂）．

診　断

牛トリパノソーマ病：末梢血液中の原虫検出（血液懸滴標本の直接鏡検，塗抹標本のギムザ染色）である．ヘマトクリット管に採血後，遠心し白血球層を顕微鏡観察することで寄生率が低い場合でも検出が可能となる．また感染血液のマウス接種，血清抗体検出（蛍光抗体法，酵素抗体法）による抗体検出および遺伝子検出法（PCR法）も用いられる．

馬トリパノソーマ病：血液，組織中の原虫証明は困難であり，血清反応（CF 反応）で診断する．

類症鑑別を要する疾病として，急性発熱期には *Babesia bovis*，*B. bigemina*，*Theileria parva*，*Anaplasma marginale* 感染症（牛）があげられる．慢性感染期には栄養不良，内部寄生虫感染症との鑑別が必要となる．

予防・治療

ベクターコントロールによる予防：殺虫剤の散布，トラップによるベクター捕獲．

抗原虫剤による治療：Diminazene aceturate（商品名 Berenil），Isometamidium chloride（Samorin），Quinapyramine sulphate（Trypacide）などが有効である．

トリコモナス

基本性状

鞭毛虫類

重要な病気

トリコモナス性流産・不妊（牛，水牛）
腸トリコモナス感染症（犬，猫など）
腟トリコモナス症（ヒト）

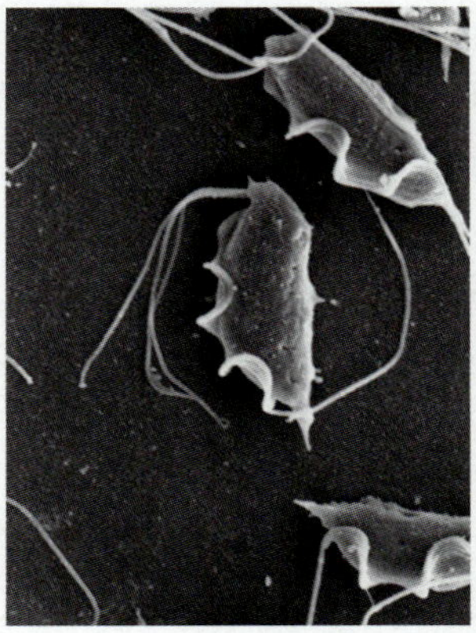

FIG *Pentatrichomonas hominis* の SEM 像

分　　類

肉質鞭毛虫門，鞭毛虫亜門，動物性鞭毛虫綱，トリコモナス目（Trichomonadida）に属する原虫の総称で，体の前端にある前鞭毛の数により，*Tritrichomonas*（3 本），*Trichomonas*（4 本），*Tetratrichomonas*（4 本），*Pentatrichomonas*（5 本）などの属に分けられる．*Trichomonas* 属は遊離の後鞭毛がない点で *Tetratrichomonas* 属と区別される．多くの種があり，わが国で最も普通に遭遇するのは犬，猫をはじめ種々の動物の腸管に生息する腸トリコモナス *Pentatrichomonas hominis* であるが，本種の病原性はほとんどない．ヒトの腟トリコモナス（*Trichomonas vaginalis*）も時に腟炎，外陰炎，尿道炎の原因となるが，無症状に経過する場合が多い．これに反して，現在わが国ではほとんどみられない牛胎子トリコモナス（*Tritrichomonas foetus*）は牛の流産，不妊を起こす重要な病原体となる．

性　　状

トリコモナス類は大きさ 10 ～ 20 μm 程度の小形の原虫で，消化管に寄生するものが多いが，生殖器や口腔に寄生するものもいる．体は円形ないし洋梨状で，前鞭毛，後鞭毛，波動膜のほか，1 個の比較的大きな核と虫体を縦に走る軸桿，および好染性の副基体を持つ．波

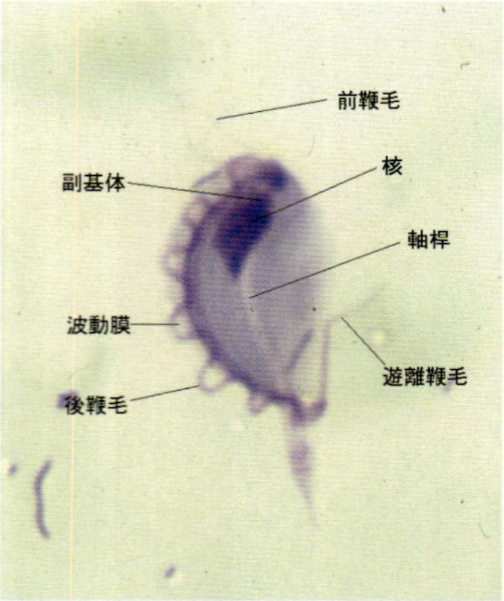

写真 1　トリコモナス（*Trichomonas*）の形態（ギムザ染色）．

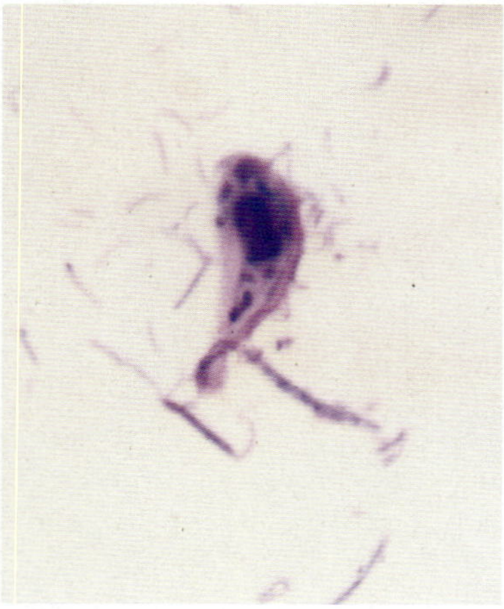

写真 2　*Pentatrichomonas hominis*（ギムザ染色）．

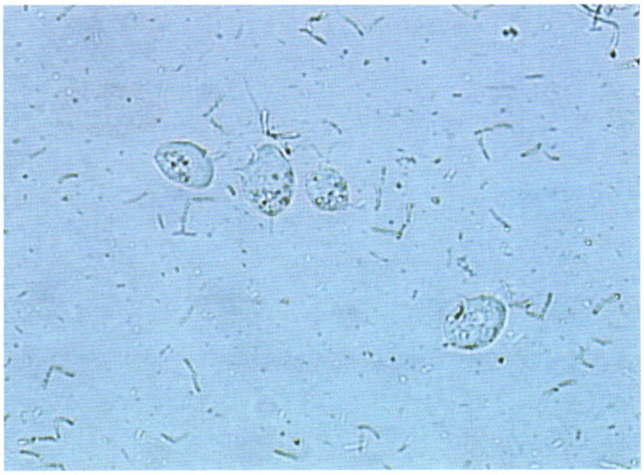

写真3 下痢便中にみられる *Pentatrichomonas hominis* の生鮮虫体.

動膜が体の一側のみに存在するため，生原虫では顕微鏡下で独特の運動を行う．この運動を観察することにより，かなり正確にトリコモナスであることの診断が可能である．治療にはメトロニダゾールや塩酸イプロニダゾールが用いられる．生殖器に寄生する *T. foetus* や *T. vaginalis* は性交時に感染する．消化管寄生の *P. hominis* は糞便中に排出された虫体の経口感染によるが，いずれもシストのステージは知られていない．*P. hominis* はしばしば下痢便中に多数がみられることがあるが，本種は下痢により増殖が活性化されることが知られており，多数の虫体が認められる場合でも本種が下痢の原因ではない場合が多い．*T. foetus* は人工授精の普及とともにわが国では急速に減少したが，海外ではまだ発症のみられるところがある．

分離・培養

上記の種は試験管培養が比較的容易である．*P. hominis* および *T. vaginalis* は田辺・千葉培地で容易に増殖する．また，*T. foetus* では BGPS 培地（Beef extrract-Glucose-Peptone-Serum）が用いられている．

トリコモナス病

届出

trichomoniasis

Key Words：不妊症，早期流産，子宮内膜炎，子宮蓄膿症

疫　　学

感染種雄牛との自然交配による感染，あるいは汚染された精液の人工授精による感染が認められている．世界的に広く分布し南米諸国では重要疾病の1つとなっているが，わが国では，人工授精の普及により1963年に本病の発生は終息した．

症　　状

雌牛では，感染後3日目ごろから腟炎が発症する．腟粘膜や陰唇の充血と腫脹，多量の黄白色または乳濁色の分泌物の流出などの特徴的所見が認められる．この炎症は，子宮頚管，子宮内膜そして卵管へと波及し，不妊症に陥る．もし妊娠したとしても，受精後2～4か月の妊娠早期に胎子は死亡し，流産に至る．ごく早期の流産は，見逃されて発情周期の異常とみなされる場合が多い．流産後に子宮内に残った胎盤などによって，子宮内膜炎や子宮蓄膿症となる例がみられる．

雄牛ではまれに包皮炎を起こすが，ほとんどは無症状に経過するため持続的感染源となる．

診　　断

雌牛の発情粘液，流産胎子の消化管内容，雄の包皮洗浄液などの生標本を鏡検する．生標本の作成にあたっては，乾燥の防止と保温に注意しなければならない．本原虫は，牛血清加ブドウ糖ブイヨン培地または牛乳培地で分離培養（37℃，7日間培養）が可能である．

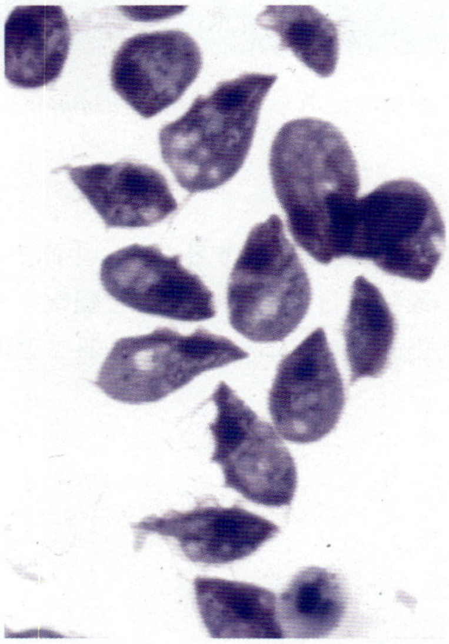

写真1　*Tritrichomonas foetus*（乾株）（培養原虫塗抹ギムザ染色）．（写真提供：動物衛生研究所）

予 防 治 療

本病の治療として，アクリフラビン含有軟膏の塗布，子宮洗浄とルゴール液注入の反復，5-nitroimidazole誘導体の経口投与または静脈内注射，ジメトリダゾール50mg/kgの5日間連続経口投与，塩酸イプロニダゾール30～50gの筋肉内注射などが有効である．予防としては，感染種雄牛の淘汰，清浄精液を用いた人工授精の実施など徹底した対策が必要である．

コクシジウム

基本性状
胞子虫類
重要な病気
コクシジウム症（鶏，牛，豚）
ネオスポラ症（牛，水牛）

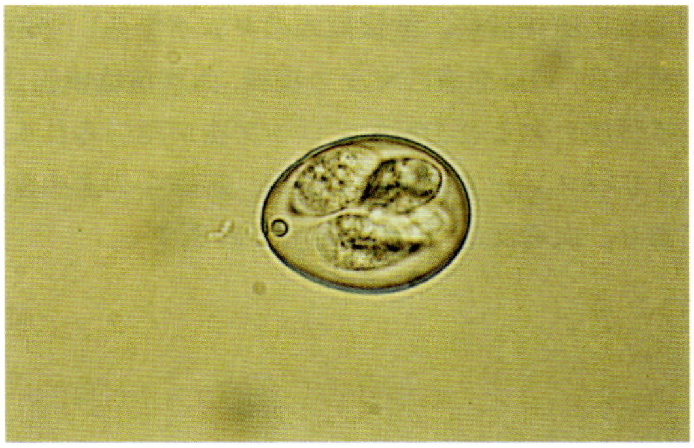

FIG *E. tenella* 胞子形成オーシスト

分類・性状

狭義のコクシジウムは，アピコンプレクサ門，胞子虫綱のアイメリア（*Eimeria*）属およびイソスポラ（*Isospora*）属に属する原虫を指し，これらによって引き起こされる疾病をコクシジウム症と呼ぶ．

感染はすべて経口感染で，アイメリアは一宿主性，イソスポラは一宿主性または多宿主性である．アイメリアでは宿主特異性が高く，他種への感染は起こらない．終宿主（固有宿主）の消化管で数回の無性生殖（シゾントやメロゾイトの形成）を行った後，有性生殖（ガメート形成，受精，オーシスト形成）を行い，オーシストとして体外に排出される．オーシストは通常体外で胞子形成し，感染力を有して新たな宿主への感染源となる．

病原性

病原性は種によって異なり，宿主が死に至るものからほとんど無症状で過ごすものまでさまざまである．

鶏のコクシジウム症

chicken coccidiosis

Key Words：下痢，腸炎，経口感染

原因・症状

鶏にはアイメリア９種が寄生する．病原性，寄生部位は種によって異なる（表１），*Eimeria tenella*（急性盲腸コクシジウム）および *E. necatrix*（急性小腸コクシジウム）の感染では，出血性の下痢が特徴である（写真１）．出血のため，貧血，体重減少が起こり，斃死が認められる．*E. burunetti* 感染では少量の血液を混じた下痢がみられるが，本種は日本ではまれである．*E. maxima*，*E. acervulina*，*E. praecox* などの感染では非出血性の下痢が主徴で，斃死はみられないが，体重の減少や産卵率の低下が起こり，産業上の損害は大きい．

診　　断

出血を伴う急性症では鮮血便（*E. tenella*）と粘血便（*E. necatrix*）で診断することができる．糞便中のメロゾイ

表１　鶏コクシジウム症の症状

タイプ	寄生種	寄生部位	性　状
テネラ	*E. tenella*	盲腸	急性，死亡
	E. necatrix	小腸→盲腸	出血性下痢
マキシマ	*E. maxima*	小腸中下部	大型のオーシスト
	E. brunetti	小腸下部	粘血・血液便　死亡（少ない）
アセルブリーナ	*E. acervulina*	小腸上部	小型のオーシスト
	E. praecox	小腸上部	慢性症状
	E. hagani	小腸上部	粘液性下痢
	E. mitis	小腸下部	体重減少
	E. mivati	小腸上部→下部	産卵低下

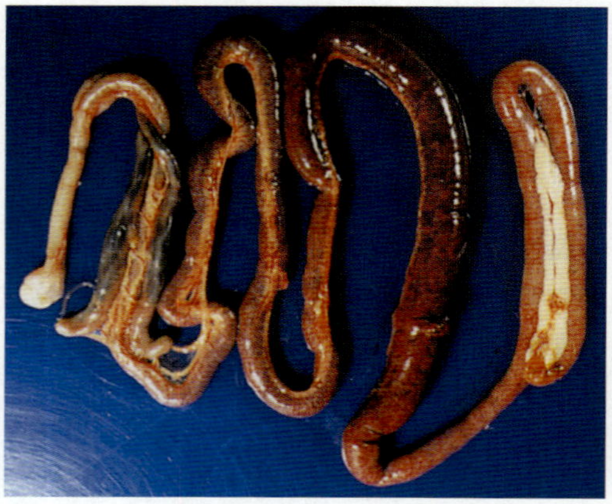

写真１　*E. necatrix* 感染．
小腸上部から中部にかけて腸管の膨大と出血がみられる．

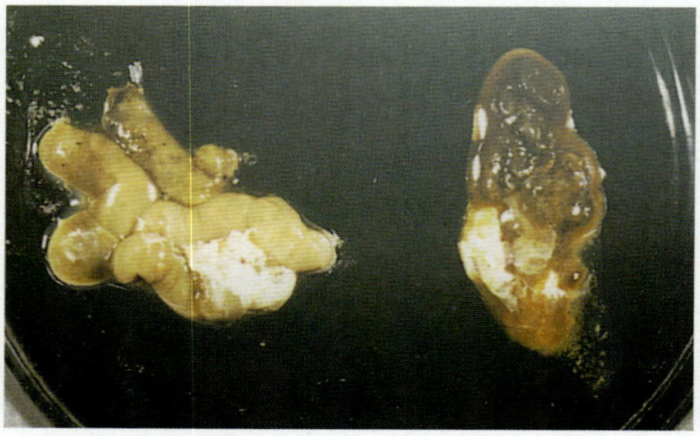

写真２　*E. acervulina* 感染時の肉様便．

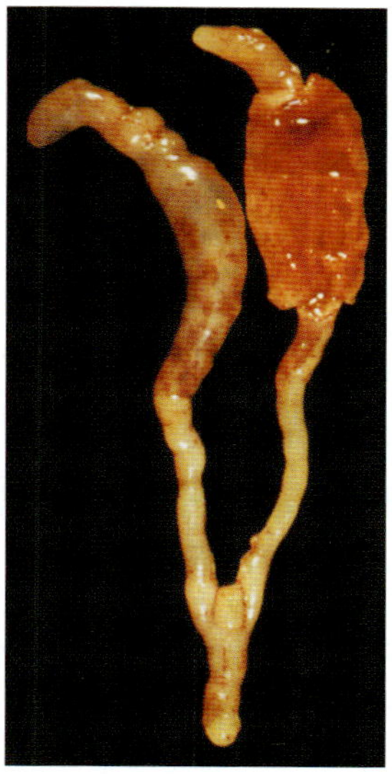

写真 3　*E. tenella* 感染鶏の盲腸，粘膜の出血.

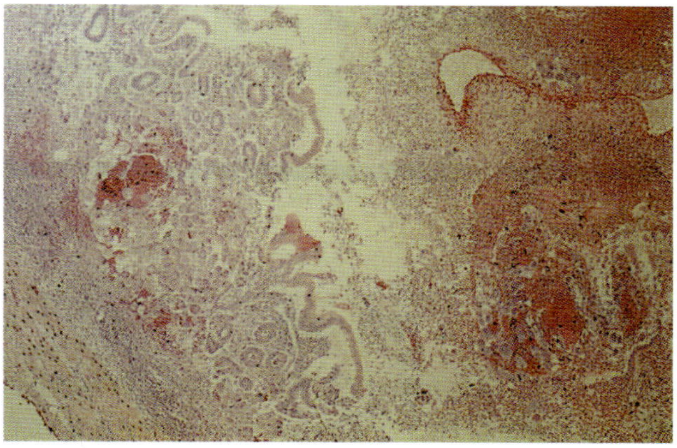

写真 4　*E. tenella* 感染鶏の盲腸組織像，著しい出血.

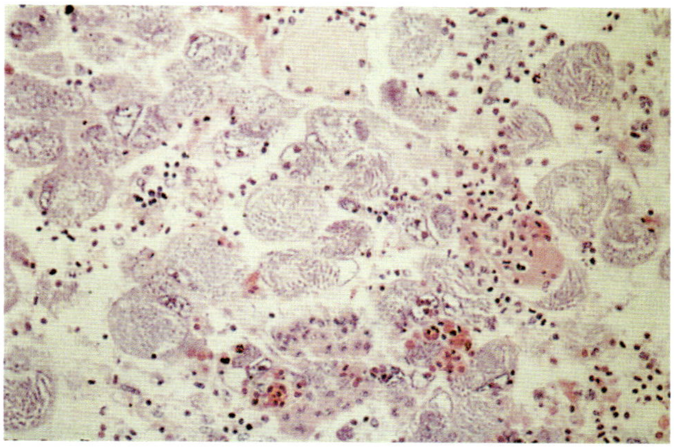

写真 5　*E. tenella* の第 2 代シゾントの集塊.

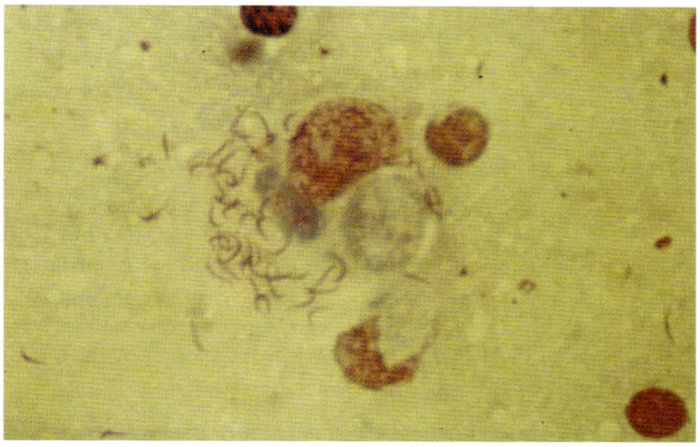

写真 6　*E .tenella* のミクロガメートとマクロガメート.

トやシゾントを生鮮標本や塗抹ギムザ染色標本で確認する．ただし，この時期にはオーシストが認められないことが多い．亜急性・慢性型のコクシジウム症では肉様便（粘膜に包まれて平滑な便）が認められることが多い（写真 2）．糞便検査（直接鏡検や浮遊法）でオーシストを確認して診断する．斃死鶏などでは剖検で病変（写真 3，4），各種発育期原虫の検出（写真 5，6），寄生部位の確認を行って寄生種を同定する．

予防・治療

治療には通常サルファ剤やサルファ剤とオルメトプリムまたはトリメトプリムの合剤が用いられる．野外では耐性株がほとんどであるので，合剤の方が効果が高い．治療にあたっては休薬期間を考慮し，病勢によっては自然治癒に任せる．予防としては，予防剤による方法と，ワクチン投与による方法がある．各種予防剤を飼料に添加する場合は，投薬できる期間（ブロイラーでは出荷前 1 週間以上，採卵鶏では 10 週齢まで）を守る．また，耐性株対策のため，シャトルシステムやローテーションシステムを用いて同一薬剤の長期連用を避ける．ワクチンとしては発育時間の短い株を選択して作出した弱毒早熟ワクチンが市販されている．

牛のコクシジウム症

bovine coccidiosis

Key Words：下痢，腸炎，経口感染

原因・症状

牛に寄生するコクシジウムはアイメリア 14 種で，そのほとんどが日本に存在する．病原体として最も重要なものは *Eimeria zuernii* と *E. bovis* の 2 種であり，次いで *E. ellipsoidalis*，*E. auburnensis*，*E. wyomingensis* があげられる．生後 2, 3 か月～1 歳未満の子牛が発症しやすく，哺乳牛や成牛では発症しにくい．しかし，近年成牛での急性コクシジウム症も散見されるようになった．急性コクシジウム症は *E. zuernii* および *E. bovis* の感染によって起こる．死亡率は高い（6 ～ 43%の報告あり）．カタル性腸炎から水様の粘血便（粥状）を排出し，腹痛や痙攣などがみられる．肛門および尾部は汚染し，貧血，元気喪失，食欲不振，呼吸促迫，衰弱などの症状が現れ，起立不能となる．発症後 7 ～ 10 日以内に斃死しない場合は回復する．慢性コクシジウム症では，軟便，下痢（写真 1），元気喪失，食欲不振，体重減少，発育不良などがみられる．

診　　断

ショ糖液浮遊法などを用いた糞便検査によりオーシストを検出して診断する．牛のコクシジウムオーシストは種によって特徴があるので，同定は比較的容易である．*E. zuernii* の濃感染では，発症してもオーシストが検出できない場合があり，この時は糞便の生鮮材料標本や塗抹ギムザ染色標本を作製してメロゾイトの検出を行う（写真 2）．斃死した場合は剖検によって消化管粘膜から原虫を検出する（写真 3）．

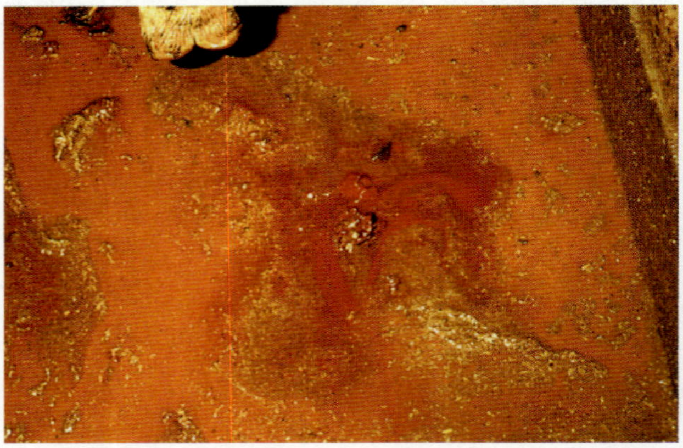

写真 1　牛のコクシジウム症でみられる血便（*E. zuernii* 感染）．

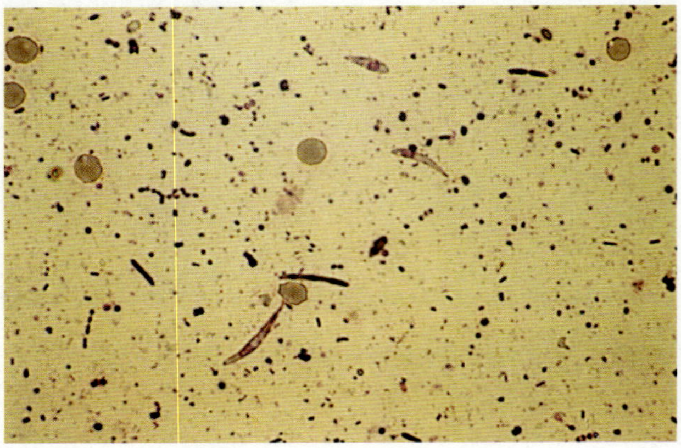

写真 2　*E. zuernii* 感染牛の血便の塗抹．血球に混ざってメロゾイトが見える．

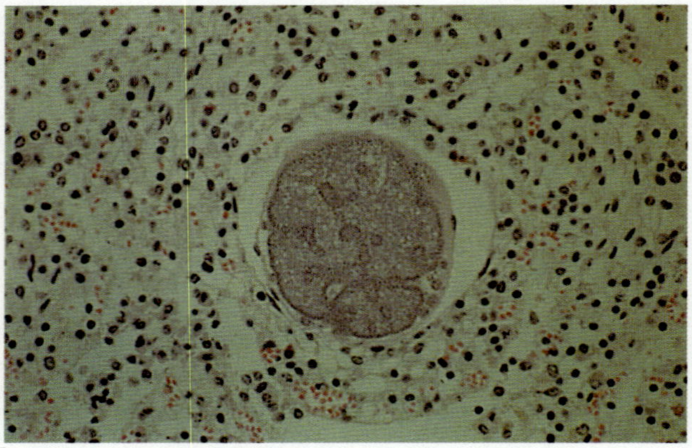

写真 3　*E. bovis* の巨大な初代シゾント．

予防・治療

治療にはサルファ剤を用いる．スルファジメトキシン 20mg/kg を 1 日 1 回，4 日間経口投与または 1 日目 100mg/kg，2 日目以降 50mg/kg の連続注射を行う．予防薬としてアンプロリウム 60 ～ 80mg/kg を飼料に混ぜて連用する．アンプロリウム 143mg/kg の投与を感染初期に行うこともある．集団飼育の場合は，未発症の牛にも予防的にこれらの薬剤を投与して新たな発症を抑えることが重要である．輸送などのストレスが発症要因となるので飼養管理を十分に行う．ワクチンはない．

豚のコクシジウム症

swine coccidiosis

Key Words：下痢，腸炎，哺乳豚

原因・症状

豚には *Eimeria* 12 種，*Isospora* 3 種が寄生する．豚で最も被害が大きいものは，哺乳豚における *I. suis* 感染である．発生は散発的であるが，汚染農場では継続して発生する．

I. suis 感染では，5 〜 15 日齢の哺乳豚で発生する．黄白色〜灰色の泡沫を多く含む悪臭を放つ下痢が続く．豚は元気喪失し，皮毛の光沢が失われる．肛門周囲は下痢便で汚れ，時に斃死する．死亡率は高い．*Eimera* 感染では，ほとんど症状はみられず，死亡もない．

診　　断

糞便からのオオシストの検出が最も確実であるが，*I. suis* 感染の場合，オオシスト排出以前に死亡する例も多いので，死亡豚の剖検により診断する．腸管内容はガスを含む悪臭を放つ液体で，粘膜は線維素におおわれ，壊死がみられる．粘膜の塗末標本や病理組織標本を作製して原虫を確認する．

予防・治療

オオシスト対策として発生のあった豚房を熱湯散布によって消毒する．*I. suis* では分娩室も同様に処理する．

I. suis ではスルファモノメトキシン 50mg/kg を 1 日 1 回 3 日間連続で筋肉内注射する．同居豚も同様に処置する．

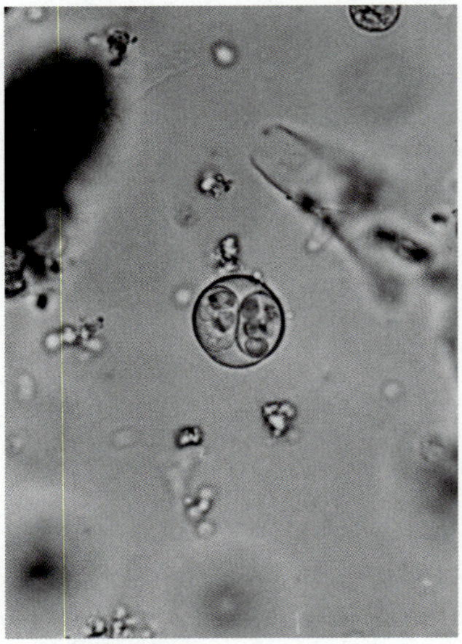

写真 1　*I. suis* オーシスト．

ネオスポラ症

届出

neosporosis

Key Words：流産，新生子牛の起立不能，神経症状，犬糞便中オーシスト

疫　学

1988年に米国において犬から *Neospora caninum* が発見されて依頼，牛，馬，羊，山羊などから分離され，日本を含め世界各国で発生がみられる．生活環は，固有宿主である犬が中間宿主である牛，馬，羊などの肉を摂取して感染することが明らかになった．犬の腸管内で有性生殖が行われた後，感染力を有したオーシストが糞便中に排泄される．オーシストを摂取した中間宿主の体内で無性生殖が行われタキゾイトとなり中枢神経系や筋組織内でシストを形成する．この結果，中間宿主である動物の細胞の破壊が起こり，起立不能症や運動麻痺などの神経症状ならびに流産などが発生する．中間宿主における母子感染が証明されているが水平感染については不明である．

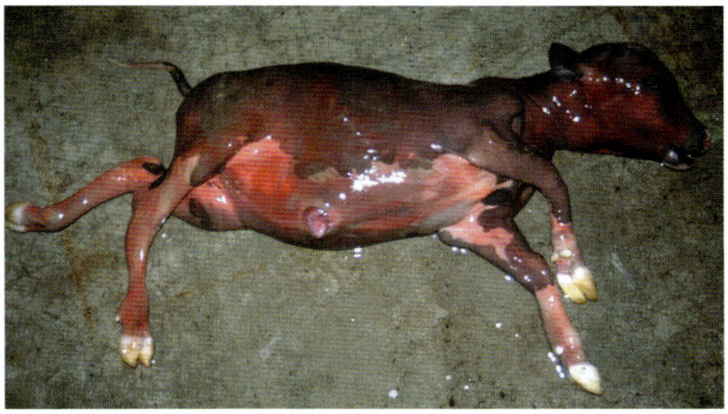

写真1　*Neospora* 感染による牛流産胎子．（写真提供：播谷亮氏）

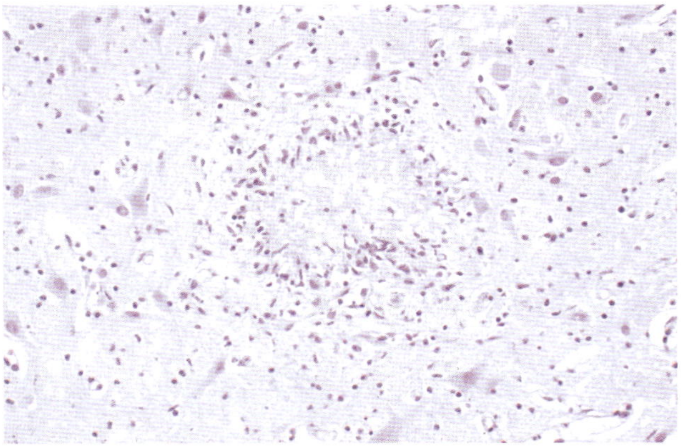

写真2　*Neospora* 牛感染流産胎子の脳にみられた小膠細胞によって包囲された壊死巣（HE 染色）．（写真提供：播谷亮氏）

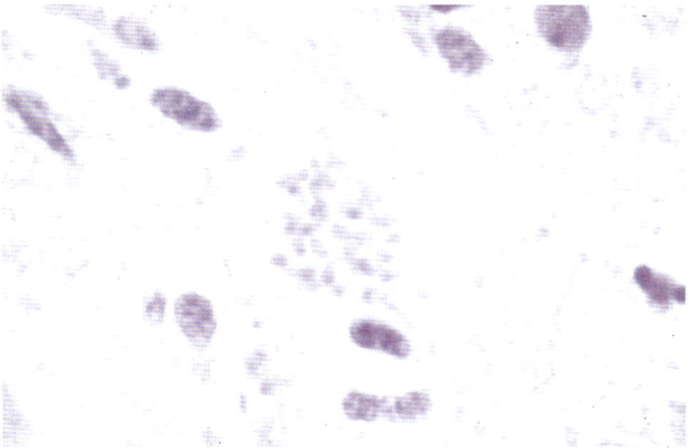

写真3　*Neospora* タキゾイト（HE 染色）．（写真提供：播谷亮氏）

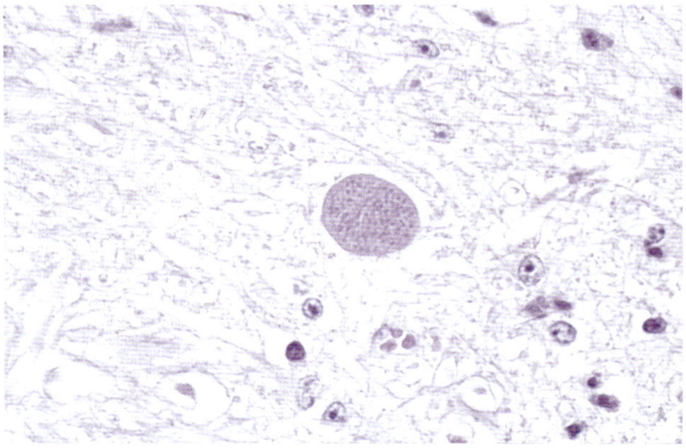

写真4　*Neospora* シスト（HE 染色）．（写真提供：播谷　亮氏）

症　状

年間をとおして発生する散発性ないしは単発性流産と新生子牛の異常が主要な症状である．流産は多くの場合に胎齢３～９か月（平均 5.6 か月）に発生するが，どの胎齢でも発生する．母牛は流産以外の症状はみられず，同一家系で何世代にもわたって流産がみられ，繰り返す流産が特徴である．

新生子牛の異常は神経症状が主体で，虚弱，体型異常または起立困難などがみられる．

診　断

ウイルス感染症による流産が否定された場合は，本症を疑い検査することを忘れてはならない．病理組織学的には，非化膿性脳脊髄炎，非化膿性心外膜炎，心筋炎，非化膿性骨格筋炎などが特徴的所見である．免疫組織化学的には，抗ネオスポラ抗体を用いたタキゾイトおよびシストの検出を行う．血清学的には，間接蛍光抗体法により血液中の抗体検出を試みる．原虫の分離は容易でない．

予防治療

現在最も有効な対策は，①固有宿主である犬と牛等を接触させない．②ネオスポラ症の確定診断がなされた牛は計画的に淘汰する．③流産胎子や胎盤等の処理を適切に行い，犬との接触を避ける．

ロイコチトゾーン

基本性状
胞子虫類
重要な病気
ロイコチトゾーン病（鶏）

分類・性状・病原性

胞子虫綱，真コクシジウム目（Eucoccidiorida），ロイコチトゾーン科（Leucocytozoidae），ロイコチトゾーン（*Leucocytozoon*）属の住血胞子虫による．

鳥類の血液に寄生する原虫で，ヌカカやブユなどの吸血性昆虫によって媒介される．野鳥など種々の鳥類から約 70 種類が報告されており，家禽においては，米国で七面鳥の *L. smithi* 感染が，日本では病原性の強い *L.*

表 1　家禽に寄生する主なロイコチトゾーン

種　類	宿　主	分　布
Leucocytozoon caulleryi	鶏	アジア
L. sabrazesi	鶏	東南アジア
L. smithi	七面鳥	米国，カナダ，欧州
L. simondi	アヒル，ガチョウ	米国，カナダ，欧州，東南アジア

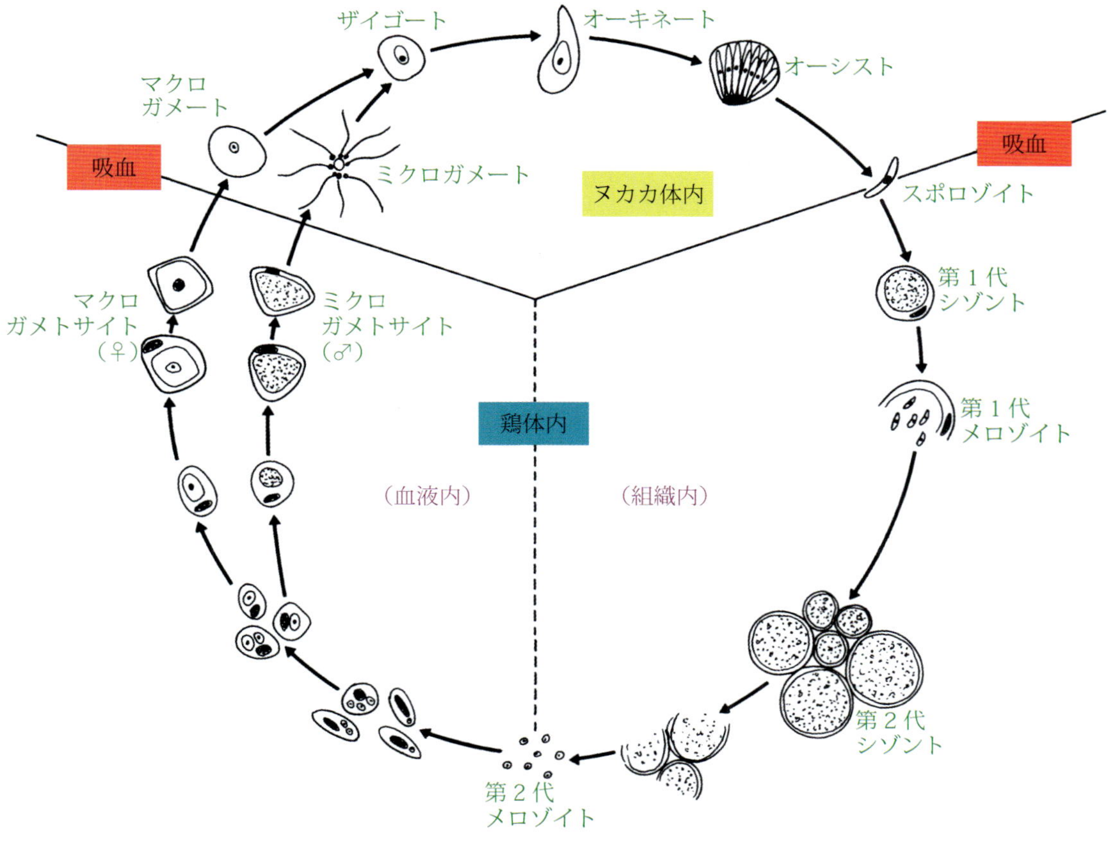

図 1　*Leucocytozoon caulleryi* の生活環．

caulleryi による鶏のロイコチトゾーン病が問題となっている（表 1）．例として，*L. caulleryi* の生活環を示す（図 1）．微小なニワトリヌカカ（約 1.8mm）が鶏を吸血すると同時に原虫（スポロゾイト：8 ～ 10 μm）が体内へ注入され鶏は感染する．スポロゾイトは血管内皮細胞に寄生して大きなシゾント（50 ～ 200 μm）へ発育する．これが出血の原因となる．さらに，シゾント内のメロゾイト（約 1 μm）が血流へ放出され，赤血球内に寄生してガメトサイト（20 ～ 30 μm）へ発育する．この過程で赤血球破壊が起こり貧血，緑色便の排泄の原因となる．このガメトサイトの出現している鶏の血液をニワトリヌカカが吸血するとスポロゾイトが形成され，次に他の鶏を吸血して病気を伝播する．

鶏のロイコチトゾーン病

届出

chicken leucocytozoonosis

Key Words：出血，貧血，産卵低下，ニワトリヌカカ

原　　因

住血胞子虫の *Leucocytozoon caulleryi* が原因である．

疫　　学

主な媒介者であるニワトリヌカカ（写真 1）が発生する毎年夏，とくに 7 月から 9 月にかけて，北海道を除く全国で，南から順にではなく各地で多発的に発生する．抗原虫剤を使用していないあるいは感染歴のない鶏は，どの日齢でも感染する．しかし，ブロイラーおよび採卵鶏雛には抗原虫剤を用いて予防することができるため，実際には抗原虫剤を使用できない産卵鶏での発生が多い．鶏の卵を介して親から子への感染（垂直感染）や，雛同志の接触や空気を介しての同居感染はない．

症　　状

鶏の日齢，体重，感染原虫数により多様な感染様相を示し，喀血・出血死亡するもの，貧血，緑色便を排泄して衰弱死するもの，貧血・緑色便の排泄，発育遅延，軟卵，産卵低下，換羽などがみられるが耐過・生存するもの，無症状で耐過するものまでさまざまである．一般に，日齢が高く体重の重い鶏ほど症状が軽く，また，ニワトリヌカカによって一度に注入される原虫数が多いほど症状が重くでる．感染後 2 週間は，ほとんど無症状である．重度に感染した鶏は，感染 2 週後に突然喀血し，沈うつ，うずくまり，運動失調，立毛の症状を呈し死亡する．生き残ったものでも，犬座姿勢，貧血，緑色便の排泄，削痩，産卵低下がみられる．

病変として，皮下，筋肉，腎臓，ファブリキウス嚢など全身各臓器の針尖大，大豆大の点状出血や不整出血斑（写真 2），腹腔内の血液貯溜および気管内・そ嚢内に血液混入，心外膜，肝包膜，膵臓に針尖大のシゾント塊をみる．貧血あるいは緑色便排泄鶏では，脾臓の腫大がみられる．

写真 1　鶏を吸血直後のニワトリヌカカの雌．

写真 2　感染後 13 日に死亡した鶏の胸筋の点状出血病変．

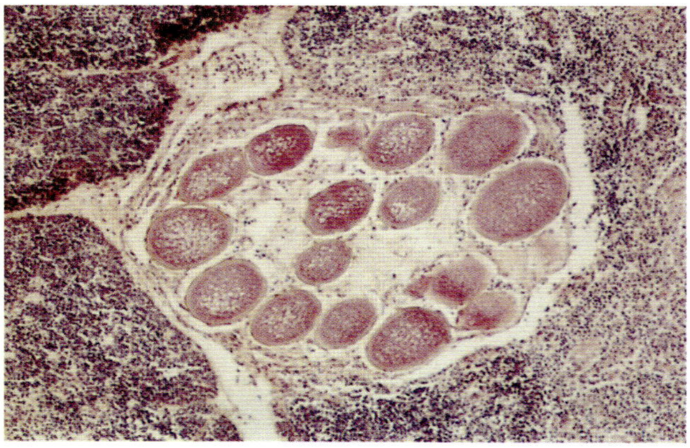

写真 3　感染後 14 日に死亡した雛の胸腺にみられたシゾント．

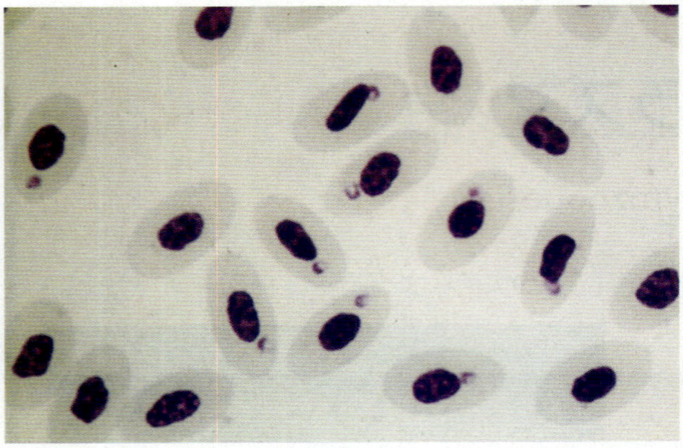

写真4　感染後15日の雛の血液中にみられたメロゾイト．

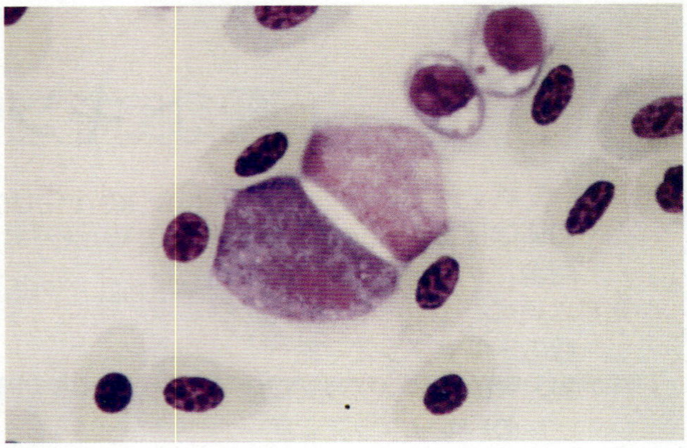

写真5　感染後20日の貧血した鶏の血液中にみられたガメトサイト．
青紫色の原虫がマクロガメトサイト．赤紫色の原虫がミクロガメトサイト．

病理組織学的には，シゾント（写真3）による血管の塞栓性，破綻性または漏出性出血，うっ血および水腫が，破壊したシゾントに異物巨細胞，マクロファージ，リンパ球などの細胞浸潤がある．

診　断

発生時期（夏），臨床症状（喀血，出血性貧血，緑色便の排泄，産卵低下など）および剖検所見（各種臓器の点状出血）などから，本病のおおよその推定は可能であるが，正確には寄生虫学的診断が必要である．

喀血や出血で死亡した鶏では，肉眼病変を確認後，出血がみられた部位を一部切り取り生鮮標本や組織切片を作製し，シゾントを確認する．貧血や緑色便を排泄している鶏では，末梢血液塗抹標本を作製し，ギムザ染色後メロゾイトあるいはガメトサイトを検出する（写真4，写真5）．

血清学的診断法として寒天ゲル内沈降反応，カウンター免疫電気泳動法，間接蛍光抗体法，酵素免疫測定法による抗体検出法がある．類症鑑別の必要な疾病は同じ住血性原虫病である鶏マラリアがある．

予防・治療

出荷1週間前までのブロイラーおよび10週齢までの採卵鶏雛には，飼料添加物（アンプロリウム・エトパベイト・スルファキノキサリンの合剤またはハロフジノンポリスチレンスルホン酸カルシウム）を用いる．10週齢以降産卵開始前までの採卵鶏雛には，動物用医薬品（スルファモノメトキシン，スルファキノキサリンなどのサルファ剤，ピリメタミンやその関連化合物とサルファ剤との合剤）で予防する．産卵中の鶏には，殺虫剤（カーバメイト系，ピレスロイド系，有機リン系など）を用いて，媒介者のニワトリヌカカの数を極力少なくし感染の軽減を図る．また，5週齢以降の採卵鶏雛には，不活化ワクチンを用いて発症を軽減することも可能である．

トキソプラズマ

基本性状
胞子虫類
重要な病気
トキソプラズマ病（豚，猫，犬，ヒト）

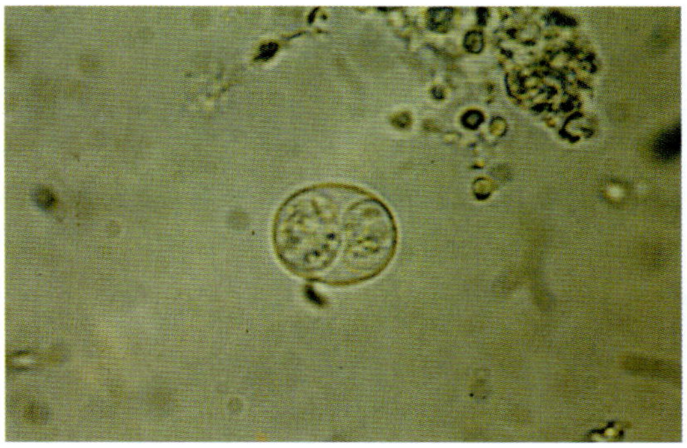

FIG　トキソプラズマ胞子形成オーシスト

分　　類

トキソプラズマはアピコンプレクサ門，胞子虫綱に属する原虫で，ネコ科を終宿主とするコクシジウムである．トキソプラズマがネコ科に感染した場合，コクシジウム型発育を行い，オーシストとして糞便中に排出される．ヒトを含むネコ科以外の動物は中間宿主であり，大部分の感染はオーシストを経口的に摂取することによって成立する．

病 原 体

増殖型，シスト，腸管型の３つの発育期がある．増殖型は感染初期や発症期にみられる形態で，虫体は長さ４～７μm，幅２～４μmの三日月型から半月形である．シストは慢性感染期にみられる原虫である．直径10～20μm（時に50μm以上）の類円形から楕円形の袋状の虫体で，内部にブラディゾイトと呼ばれる原虫を多数含んでいる．脳や横紋筋に存在し，ネコ科への感染源となるほか，ヒトへの感染源としても重要である．腸管型はネコ科の消化管でのみ認められ，コクシジウムとしてシゾント（無性生殖）形成とガメート，オーシストの形成（有性生殖）を行う（表1）．

表1　トキソプラズマの病原体

発育期	形　態	大きさ（μm）	寄生部位
増殖	三日月	4～7×2～4	実質臓器
シスト	類円形	10～50	脳，筋肉
オーシスト	類円形	10～13×8～10	猫の腸管

生 活 環

胞子形成オーシストがネコ科以外の宿主に食べられると，消化液の作用でスポロゾイトが遊出し，消化管粘膜を突破して感染が成立する．スポロゾイトは増殖型となり，急速に分裂増殖して組織を破壊し，宿主は発症する．感染後２週間以上経過すると宿主の免疫力などにより増殖型は発育が停止し，シストへと移行する．シストはきわめて長期間宿主体内に存在し，次の宿主への感染源となる．シストがネコ科以外の動物に食べられると，原虫は再び増殖型・シスト発育を繰り返す．シストがネコ科に食べられると，コクシジウム型の発育を行って，４～５日後に胞子形成オーシストとなり，感染力を持つ．このほかに，妊娠中に初感染を受けた母体から胎子への垂直感染が存在する（図1）．

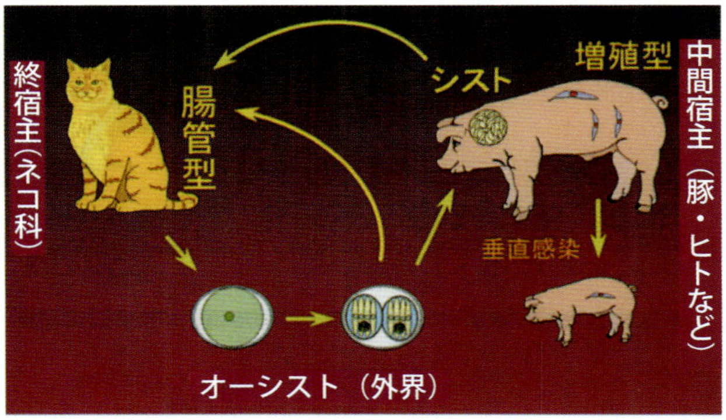

図1　トキソプラズマの生活環．

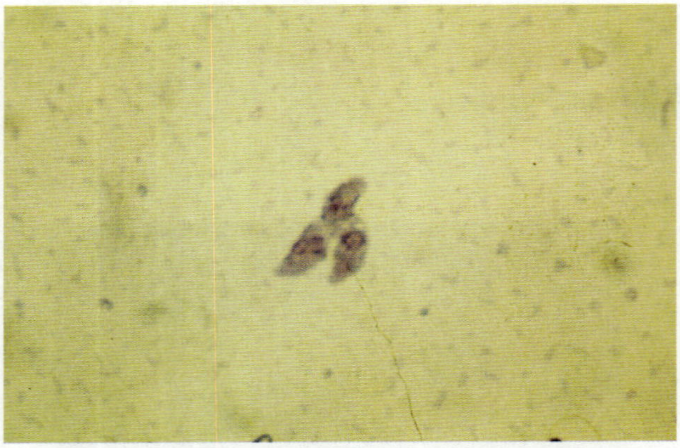

写真１ トキソプラズマ増殖型原虫（ギムザ染色）．

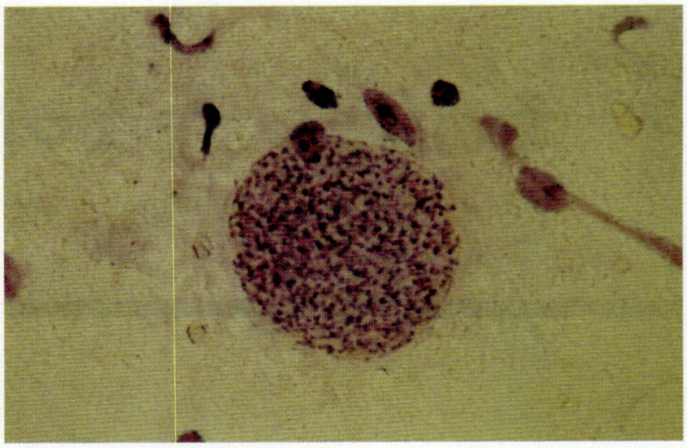

写真２ トキソプラズマ脳内シスト（押捺標本ギムザ染色）．

診　　断

診断にはトキソプラズマ原虫（写真 1）を確認する病原学的診断と血清学的診断がある．

原虫の確認には原虫の検出と分離がある．原虫検出には病変部臓器の押捺（スタンプ）や腹水および胸水の塗抹染色（ギムザ，FA）標本や（写真 2）．臓器の乳剤や脳を圧扁した生鮮標本を用いる．原虫の分離は臓器乳剤をマウス腹腔内に接種して行う．マウスが発症すれば10 日～ 2 週間程度で診断可能であるが，発症しない場合は 1 か月を要する．

血清診断には，色素試験（dye test），間接凝集反応（ラテックス凝集反応など），FA 反応，CF テストなどがあるが，早期診断には色素試験のみが有効である．

予防・治療

増殖型には有効な治療薬はあるが，シストに有効な薬剤はない．豚の急性発症期にはスルファモノメトキシン 60mg/kg もしくはスルファモイルダプソン 10 ～ 20mg/kg，1 日 1 回筋肉内注射の 1 週間連用やサルファ剤とピリメタミンの合剤の経口投与がある．

感染予防としては，オーシストの摂取を防止するために猫との接触を断つことが最も有効である．

豚のトキソプラズマ病

届出
人獣

swine toxoplasmosis

Key Words：全身感染症，肺炎，経口感染，垂直感染

発生状況

発生には特定の農家でのみ発生する古典的発生と，同時多発的に発生する集団発生とがある．古典的発生は，農家もしくは近隣の猫が排出したオーシストによるもので，汚染が長期間持続するために，発生が同一か所で繰り返される．集団発生は，飼料などがオーシストに汚染された場合に起こり，発生は広域同時多発だが一過性である．

症　　状

豚の月齢，感染原虫数，株により症状はさまざまだが，3～4か月齢の子豚では典型的な症状がみられる．40～42℃の発熱が10日間程度持続する．目やにや鼻汁流出，水様性下痢，咳，紫赤斑（耳翼，鼻端，下肢，内股部，下腹部）がみられ（写真1），極期には腹式呼吸，起立不能となり，斃死する．剖検では，皮下出血，胸水・腹水の増加，実質臓器リンパ節の腫大・出血・壊死，肝臓・腎臓の微細点状出血，消化管の出血・潰瘍，水腫性肺炎などがみられる（写真2，3）．水腫性肺炎はトキソプラズマに特徴的で，全葉性で時に出血性となり，肺は膨隆して平滑となり，間質は著しく拡張し，割面には泡沫を含んだ大量の漿液がみられる．肺炎のみで診断は可能である．

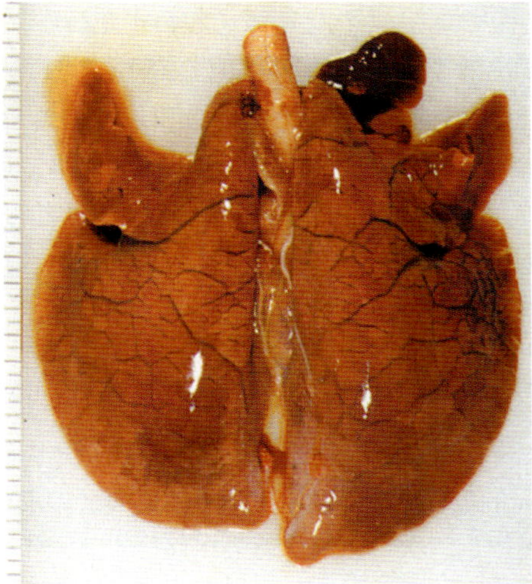

写真2　トキソプラズマ感染豚の肺病変．全葉性出血性水腫性肺炎．

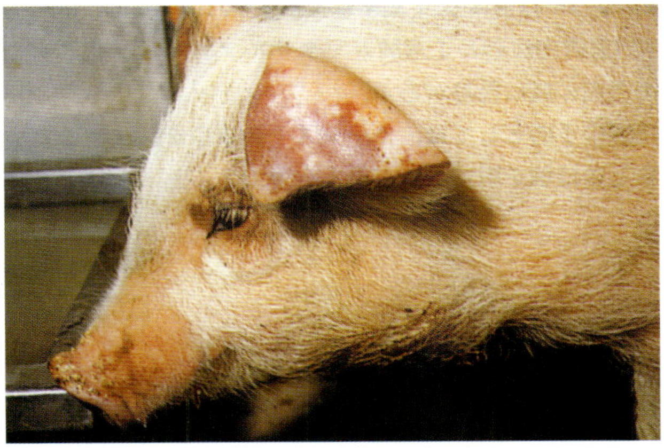

写真1　トキソプラズマ感染豚の耳翼の紫赤斑．

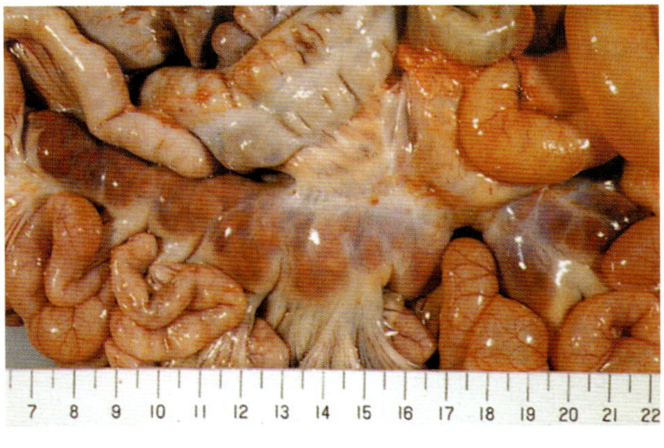

写真3　トキソプラズマ感染豚の腸間膜リンパ節．腫大し出血がみられる．

猫，犬のトキソプラズマ病

人獣

feline toxoplasmosis，canine toxoplasmosis

Key Words：全身感染症，肺炎，経口感染，垂直感染

発生状況

猫では，抗体陽性率は世界的にも50％以上であり，日本では9～60％と報告されているが，最近では低下傾向にあると推定されている．猫からの原虫分離率は数～10％程度である．オーシスト保有率は世界的に見て1％前後であり，これは地域を問わず変わらない．オーシスト排出は1歳未満の子猫にほぼ限定する．

犬では，抗体陽性率は世界的に50～90％と高いが，日本では0～52％とやや低い．抗体陽性率は加齢とともに上昇する．日本での原虫分離率は10％前後である．品種に関係なく感染するが，既往症を持つ犬では抗体陽性率が高いとされる．

表1 日本での猫のオーシスト保有率

地　域	年	検査数	陽性率（%）
関東	?	90	1.1
東京	1970～72	446	0.9
東京	1973～75	110	0.9
東京	1977	422	0.5
東京	1975～79	834	0.6
東京	1973～78	1,273	1.2
筑波	1979～86	237	1.7

症　　状

猫はトキソプラズマの終宿主であり，以下の経過をとる．シスト感染の場合は，下痢・便秘などの消化器系の症状が先行し，次いで全身感染へ移行する．オーシスト感染の場合は，他の動物と同様に全身感染が先行し，感染後3週間以上経過した後に消化器系の症状が発現する．成猫では，急性症状を示すことはまれである．急性症状を示すのはほとんどが子猫で，食欲不振，元気消失，発熱が共通症状で，その他に虹彩炎，嘔吐，下痢，貧血，黄疸，流産，中枢神経障害，咽頭炎，リンパ節の腫脹，腹水の貯留などがみられ，死の直前には肺炎，呼吸困難が認められる．最近では猫後天性免疫不全症候群（猫エイズ）との合併症がある．

犬では急性症例は1歳未満の子犬に多く，元気喪失，食欲不振，発熱，削痩，貧血，鼻汁・目やに，咳，呼吸困難，肺炎，下痢（水様，出血性），虹彩炎，網膜炎，中枢神経障害，麻痺，運動障害，脳炎などが知られている．ただし，中枢神経障害，運動障害など神経系の症状は，近縁のネオスポラ原虫感染によるものと現在では考えられている．

ヒトのトキソプラズマ病

人獣

human toxoplasmosis

Key Words：全身感染症，肺炎，経口感染，垂直感染

発生状況

ヒトのトキソプラズマ抗体陽性率は数～100％と幅が広い．その中で中南米地域で高い傾向がある．マレーシアでは，マレー系国民，中国系国民，インド系国民の間で抗体陽性率に差があり，マレー系国民で高い．これは猫を好んでペットにするかどうかがその要因と考えられる．また，同国のオラン・アスリー（アボリジニー：山岳狩猟民族）は肉食を主体としているが，猫を飼う習慣がないため抗体は検出されていない．パプアニューギニアでは，猫のいる地区の14～34％の陽性率に対して，猫のいない地区では0％であった．さらに，菜食主義者で抗体陽性率が高いことも報告されている．このことから，人の感染では食肉を介した感染よりも猫由来のオーシストによる感染が重要であると考えられている．

抗体陽性率は加齢とともに上昇する．日本では年齢×2/3％または年齢－10％がその年齢の抗体陽性率といわれている．

症　　状

ヒトの後天性感染では激しい症状を示すことはまれである．集団感染では，発熱，リンパ節の腫脹，筋肉痛，頚部の硬直，脈絡網膜炎が主な症状であった．免疫力が低下している場合，末期には全葉性の肺炎を起こす．この肺炎は細菌性のものと誤診され，サルファ剤投与が遅れることも多い．垂直感染では，流死産や水頭症がみられる．また脈絡網膜炎や知的発育遅延も知られているが，垂直感染の発生率はかなり低い．

タイレリア

基本性状

胞子虫類

重要な病気

小型ピロプラズマ病（牛）

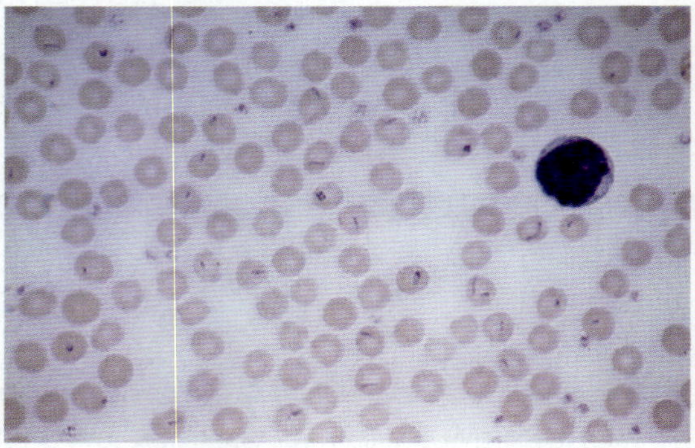

FIG　*T. buffeli/orientalis* のピロプラズム
実験感染牛より得た末梢血液塗沫標本のギムザ染色

分　類

牛のタイレリア病は胞子虫綱，ピロプラズマ目（Piroplasmida），タイレリア科（Theileriidae），タイレリア（*Theileria*）属の住血原虫（FIG）に起因するマダニ媒介性疾病の1つである．タイレリア属原虫の多くは反芻動物から検出され，そのうち牛寄生虫のタイレリアは *T. parva*，*T. annulata*，*T. mutans*，*T. buffeli/orientalis*（FIG，図1）など10種類近くが報告されている．*T. parva* および *T. annulata* は，わが国の家畜伝染病予防法施行規則によって指定されている病原体である．*T. buffeli/orientalis* はわが国における小型ピロプラズマ病の病原体として知られ，放牧衛生上の最大の障害となっている．

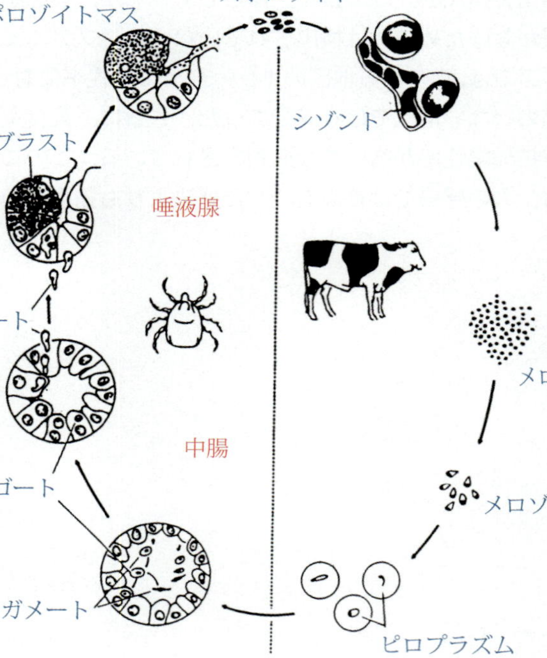

図1　*T. buffeli/orientalis* の発育環．

牛の小型ピロプラズマ病

bovine theileriosis caused by *T. orientalis*

Key Words：放牧衛生，マダニ媒介性，ピロプラズム，スポロゾイト，貧血

原　　因

小型ピロプラズマ *Theileria buffeli/orientalis* による．

分類・疫学

1905年にわが国の牛から検出された小型ピロプラズマは，1978年になってピロプラズマ目タイレリア科の *Theileria sergenti* と同定された．*T. sergenti* 類似のタイレリア種は温帯から熱帯にかけての世界各地に分布し，それらはオーストラリアでは *T. buffeli*，その他の地域では *T. orientalis* として知られ，しばしば，*T. sergenti/buffeli/orientalis* 群原虫と総称されていた．近年になって，原虫感染血液からPCR法で増幅したピロプラズム主要抗原遺伝子あるいは，リボソーム小サブユニット18S rRNA遺伝子を比較する手法が開発され，*T. sergenti/buffeli/orientalis* 群原虫の簡易分類法として利用されるようになった．この手法を用いて種名の再整理が行われた結果，*T. buffeli* はアジアスイギュウの小型ピロプラズマ，また *T. orientalis* は牛の小型ピロプラズマに用いるのが妥当との指摘がなされた．しかしながら，これらを別種と結論するには交雑試験の成績を待つ必要があるため，暫定的に，両者を合わせて *T. buffeli/orientalis* と称することが提唱されている．また，日本の *T. sergenti* については，その学名が羊のタイレリア種とホモニム（異物同名）であることから，現在では，その種名として *T. buffeli/orientalis* もしくは *T. orientalis* が用いられている．

発育環・形態

牛体内での発育：マダニの吸血によって牛体内に侵入したスポロゾイトは，シゾントを経て赤血球内のピロプラズム（赤内型原虫）へと発育する．*T. buffeli/orientalis* のシゾントはリンパ節，肝臓，脾臓に認められ，大きさ20～200 μmで，*T. parva* などと比較してきわめて巨大である（写真1）．シゾントはその後発育して，最終的にピロプラズムとして赤血球内に寄生する．ピロプラズムの大きさは1～2 μmで，その形態は桿状，コンマ状，卵円形，円形，4連球菌状などさまざまである．原虫感染赤血球内には，ピロプラズム以外の構造物として veil，bar が認められることがある．

マダニ体内での発育：牛寄生性のタイレリア属原虫の有性生殖はマダニ体内で行われる．マダニの吸血により中腸内に取り込まれたピロプラズムは，赤血球から遊出してマクロガメート（雌性）とミクロガメート（雄性）に発育し，両者の接合によってチゴートが生じる．チゴートはその後，キネートへと発育し，唾液腺内へ侵入する．唾液腺内のキネートはスポロブラストを経てスポロゾイトへと発育する．スポロゾイトの大きさは1～1.2 μmで，メチルグリーン・ピロニン染色などの核酸染色によってマダニ唾液腺内に集塊（スポロゾイトマス）として確認される（写真2，3）．

症状（感染と発症）

牛への感染は，*T. buffeli/orientalis* 感染ダニの吸血によってスポロゾイトが牛体内に侵入することによって成立する．わが国での主たる媒介者は，フタトゲチマダニ

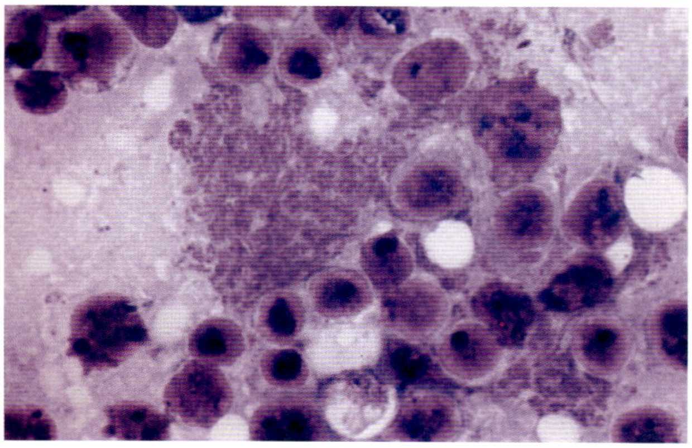

写真1　実験感染牛の耳下リンパ節内に形成された *T. buffeli/orientalis* のシゾント（スタンプ標本のギムザ染色）．

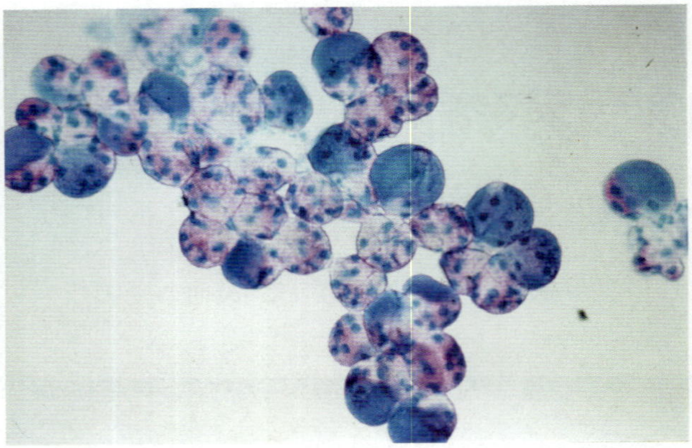

写真 2　マダニ唾液腺細胞内に形成された *T. buffeli/orientalis* のスポロゾイト（メチルグリーン・ピロニンで染色されたグリーンの集塊）.

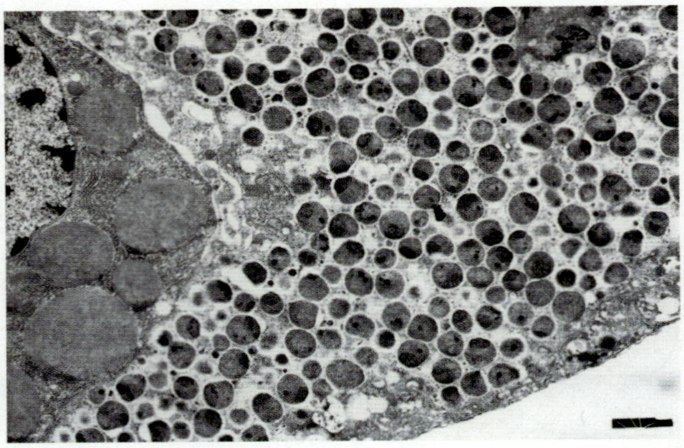

写真 3　スポロゾイト（EM 像）.

（*Haemaphysalis longicornis*）である．*T. buffeli/orientalis* は介卵感染しない．アブ，シラミによるピロプラズムの機械的な媒介も報告されている．小型ピロプラズマ病では，原虫の感染を受けた牛がすべて臨床的に発症するわけではない．放牧牛での原虫感染率はきわめて高いが，死廃率は 0.2 ～ 0.4％と低い．臨床的には，発熱と貧血が主症状である．スポロゾイトの感染後，流血中にピロプラズムが出現するまでの潜伏期間に，シゾゴニーに起因する一過性の発熱と体表のリンパ節の腫脹がみられることがあり，通常，第 1 次発症と呼ばれている（写真 1）．その後，粘膜の退色，元気・食欲の廃絶が認められる．重症例では黄疸が認められ，食欲廃絶から起立不能となり死亡する場合もある．血尿や血色素尿の排泄はみられない．慢性経過をとると，発育の停滞が著明となる．乳用牛では泌乳量の減少や停止，妊娠牛では流産も報告されている．

診　　断

末梢血液の塗沫標本をギムザ染色してピロプラズムを検出する．血清診断法としては，蛍光抗体法と ELISA が実験室レベルで用いられている．最近では，ピロプラズムの主要抗原遺伝子を増幅する PCR 法も簡易診断法として応用されている．

予防・治療

T. buffeli/orientalis の感染を阻止するには媒介ダニの撲滅が理想的である．このため各種殺ダニ剤による牛体寄生ダニおよび草地内のダニ駆除が，一般的に励行されている．また，ダニワクチンの開発も行われている．発症防止を目的とした予防法としては，ピロプラズム主要抗原の一部をモチーフにした合成ペプチドの発症防止効果が報告されており，そのワクチンへの応用も期待されている．最近では，その他のワクチン候補分子として，新たな原虫細胞表在性抗原も単離されている．

治療には，抗原虫剤による化学療法と対症療法とが併用される．抗原虫剤には，8- アミノキノリン製剤のパマキン，プリマキンおよびジアミジン製剤のガゼナックがある．

東海岸熱

East Coast fever

Key Words：マダニ媒介性，シゾント，リンパ球寄生，リンパ球増多症

原　　因

Theileria parva

分布・疫学

サハラ以南の東部，南部アフリカ諸国（ケニア，タンザニア，ウガンダ，ザンビア，マラウィ，ジンバブエなど）に分布する．主に *Rhipicephalus appendiculatus* により媒介されることから，発生範囲は媒介ダニの分布と一致する．発生時期もダニの活動期に限られる．アフリカ水牛から伝播される疾病は Corridor Disease，またジンバブエで発生する疾病は January Disease と表記され，病原性，病徴に違いがあるが原因となる原虫種はいずれも *T. parva* である．

発育環・形態

感染ダニ唾液腺に形成された *T. parva* のスポロゾイトは吸血により牛体内に注入され，リンパ球に侵入し，シゾントとなる．シゾント感染リンパ球は動物体内で自律的に増殖を繰り返し，リンパ芽球様細胞として体内の各臓器に浸潤する．*T. parva* は感染細胞中でシゾントからメロゾイトへと発育し，リンパ球から赤血球に移行し，ピロプラズムとして発育する．感染赤血球がマダニに取り込まれると，*T. parva* は小型ピロプラズマと同様なダニ体内での発育ステージを経てスポロゾイトが形成される．感染動物から採取したシゾント感染細胞は容易に試験管内で株化細胞として樹立でき，継代可能である．

症　　状

感染マダニの吸血を受けた後約 15 日で発症し，心拍，呼吸数の増多，元気消失，泌乳停止が認められる．感染初期に頚部リンパ節が腫大，40℃以上の高熱を発する．流涙，鼻汁排出，シゾントの増殖，感染リンパ球の浸潤に伴い，多臓器不全に陥り，重度の肺水腫に起因する呼吸困難を起こす．出血性の下痢も発症後期には認められる．感染末期には気道に大量の分泌液が貯留し動物は窒

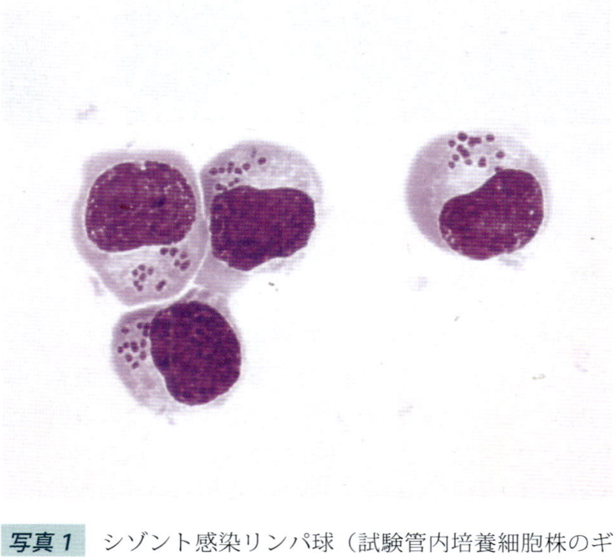

写真 1　シゾント感染リンパ球（試験管内培養細胞株のギムザ染色標本）．

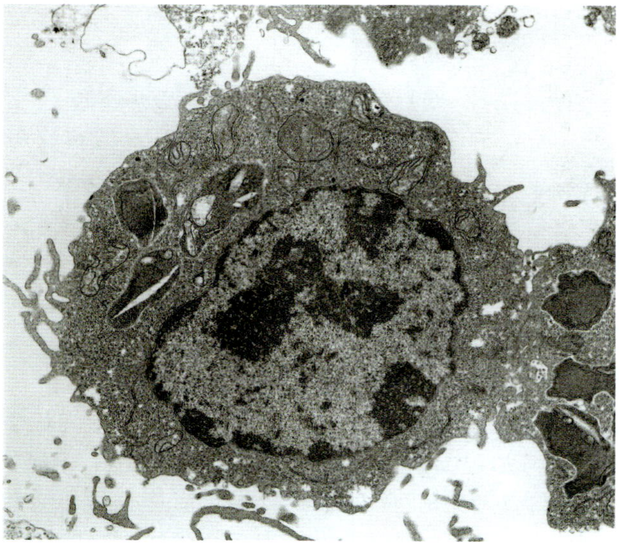

写真 2　シゾント感染リンパ球の EM 像．

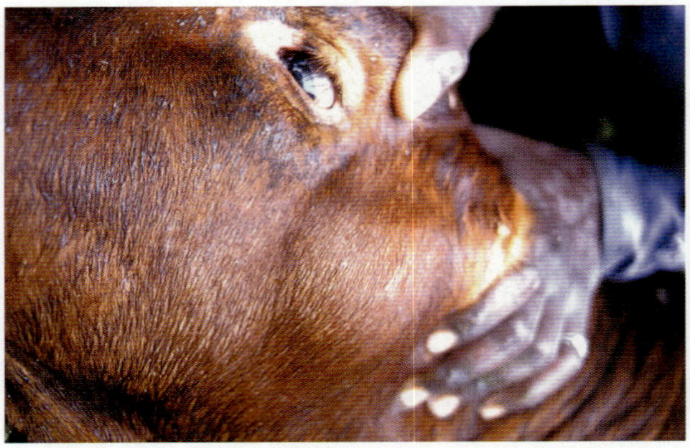

写真3 感染牛の腫大した耳下リンパ節.

写真4 感染動物気管内に貯留した分泌物.

写真5 呼吸困難により死亡した牛.

息状態となり，発症後 1 ～ 2 週間で死亡する．妊娠牛では流産も起こる．致死率は 90％以上である．本症ではシゾント感染細胞の異常増殖が病態形成の主原因となるため，小型ピロプラズマ症のような貧血，黄疸は症状が長引いたとき以外は観察されにくい．

写真6 スプレー法による抗ダニ剤の牛体への散布.

写真7 ディッピング（薬浴）施設.

診　断

発症期にはリンパ節の生検標本をギムザ染色し，シゾントを検出する．剖検時には肝臓，脾臓など各臓器の塗抹標本でシゾントが検出できる．発症後期には末梢血液にピロプラズム，シゾントが観察される．血清診断（蛍光抗体法，酵素抗体法）は感染個体の診断と，群レベルでの感染状況の把握に使用できる．PCR 法による原虫 DNA 検出も可能である．

予防・治療

流行地帯では感染治療法（infection and treatment）によりワクチネーションが実施されている．これはスポロゾイトの接種と治療薬（持続性テトラサイクリン）を同時接種し，シゾントに対する細胞性免疫を付与するものである．抗シゾント薬（parvaquone，buparvaquone，halofuginone）による治療は感染初期のみ有効である．ディッピング（薬浴），スプレー法などにより抗ダニ剤を適切に牛体に塗布することで，効果的に本症を予防できる．

熱帯タイレリア症

Tropical theileriosis

Key Words：マダニ媒介性，シゾント，リンパ球寄生，リンパ球増多症，貧血，黄疸

原　　因

Theileria annulata

分布・疫学

サハラ以北のアフリカ諸国，南欧，トルコ以東から中国以西のアジア諸国に分布．

発育環・形態

T. parva と同様な発育環・形態をとる．シゾント感染細胞の試験管内培養も可能である．*Hyalomma* 属のマダニ（*H. detritum*, *H. anatolicum* など 15 種）が媒介する．

症　　状

感染マダニの吸血を受けた後約 15 日で発症し，心拍，呼吸数の増多，元気消失，泌乳停止が認められる．感染初期に頚部リンパ節が腫大，40℃以上の高熱を発する．皮膚の点状出血，流涙，鼻汁排出も認められる．出血性あるいは粘液を混じた下痢も発症後期に認められる．妊娠牛では流産も起こる．致死率は 90％以上である．貧血に伴いビリルビン血症，ビリルビン尿症を呈し，黄疸も認められる．

診　　断

発症期にはリンパ節，肝臓の生検標本をギムザ染色し，シゾントを検出する．剖検時には肝臓，脾臓など各臓器の塗抹標本でシゾントが検出できる．発症後期には末梢血液にピロプラズムが観察されるが，シゾント感染細胞の出現はまれである．血清診断（蛍光抗体法，酵素抗体法）は感染個体の診断と，群レベルでの感染状況の把握に使用できる．PCR 法による原虫 DNA 検出も可能である．

予防・治療

流行地帯では試験管内で継代し弱毒化した生ワクチンが用いられている．ワクチネーションによりシゾントに対する細胞性免疫が成立する．オキシテトラサイクリンによる治療は感染初期のみ有効である．抗シゾント薬（parvaquone，buparvaquone，halofuginone）による治療も有効である．ディッピング（薬浴），スプレー法などにより抗ダニ剤を適切に牛体に塗布することで，効果的に本症を予防できる．

バベシア

基本性状

胞子虫類

重要な病気

バベシア病（牛，馬，犬）
ピロプラズマ病（馬）

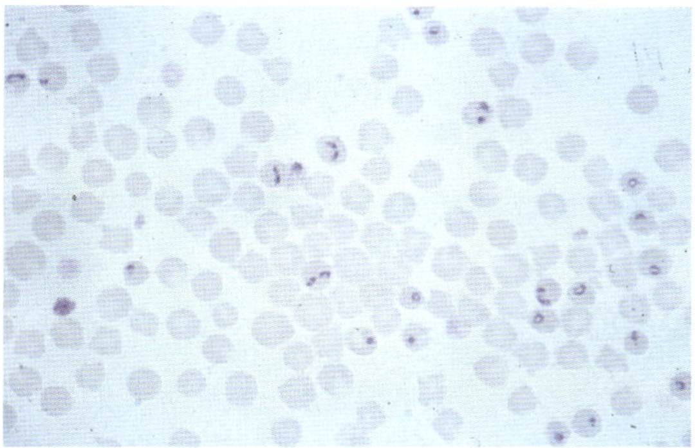

FIG 赤血球内の *B. bovis*（ギムザ染色）

分　類

バベシアは，胞子虫綱，ピロプラズマ目（Piroplasmida），バベシア科（Babesiidae），バベシア（*Babesia*）属に分類される原虫であり，マダニを媒介者として種々の哺乳類や鳥類に寄生する．バベシアの種類としては哺乳類寄生の75種，鳥類寄生の11種が知られ，このうち牛寄生の7種，馬寄生の2種，犬寄生の3種，および猫寄生の1種が主要種である（表1）．バベシア属の原虫には家畜衛生上重要な種類が多く含まれており，畜産国において，バベシア病はマダニ媒介性疾病として重要な放牧病である．牛のバベシア病の *B. bigemina*，*B. bovis*，馬のバベシア病の *B. equi*，*B. caballi* はわが国の家畜伝染病予防法施行規則で指定されている病原体である．また，バベシアは宿主範囲が広く，ヒトに感染する種類もあるため，人獣共通感染症の病原体として公衆衛生上注目されている．

表1 牛，馬，犬，猫に寄生する主要なバベシアの種類

牛	馬	犬	猫
B. bigemina	*B. equi*	*B. canis*	*B. felis*
B. bovis	*B. caballi*	*B. gibsoni*	
B. ovata		*B. vogeli*	
B. divergens			
B. jakimovi			
B. major			
B. occultans			

牛のバベシア病　法定

bovine babesiosis

Key Words：貧血，血色素尿，脳の充血，マダニ媒介性

原因・疫学

牛のバベシア病は温帯地域から熱帯地域までの広い範囲で発生している．熱帯から亜熱帯地域では *Babesia bigemina* と *B. bovis*，ヨーロッパでは *B. divergens* と *B. major* がみられる．わが国では *B. bigemina*，*B. bovis*，および *B. ovata* の3種が確認されているが，沖縄地方のバベシア病（*B. bigemina* と *B. bovis* に起因するもの）は媒介ダニの駆除が進み，近年発生報告はない．*B. ovata* は比較的新しい種であり，韓国にも分布している．

発育環と媒介ダニ

B. bigemina（写真1）：ダニ唾液腺内のスポロゾイトが吸血時に牛体内に侵入し，赤血球内で双梨子状または単梨子状のメロゾイトとなる．メロゾイトは二分裂増殖して他の赤血球への侵入・増殖を繰り返す．その後，感染牛をマダニが吸血すると，成ダニ体内に取り込まれた牛赤血球内の原虫はダニ腸管内で有性生殖を行い，シゾント，キネートへと発育する．キネートはダニの卵巣へ侵入し，孵化後の幼ダニ腸管細胞内でさらにシゾント，キネートを経た後，若ダニ唾液腺内でスポロゾイトとなる．

主要な媒介ダニは1宿主性のウシマダニ属のダニ（*Boophilus microplus*，*B. decoloratus*）であり，若ダニと成ダニ期に媒介する．わが国ではオウシマダニ（*B. microplus*）が媒介ダニである．

B. bovis：*B. bigemina* の発育環，媒介ダニと基本的に同じである．1宿主性のウシマダニ属の幼ダニ期に媒介し，若ダニと成ダニ期には媒介しない点が異なる．

B. ovata（写真2）：前2者とほぼ同様の発育環と考えられているが，未解明な点も多い．媒介ダニとしては3宿主性のフタトゲチマダニ（*Haemaphysalis longicornis*）のみが知られており，幼ダニと若ダニが媒介する．

症　　状

B. bigemina：原虫増殖に伴う高熱，貧血，血管内溶血による血色素尿排泄および黄疸が特徴的な症状である．甚急性の場合の死亡率は高く，血色素尿排泄の前後で死亡する．病理学的所見としては貧血と黄疸による変化が主体で，血色素尿の膀胱内貯留が著明である．

B. bovis：*B. bigemina* による症状，病理所見とほぼ同様であるが，そのほかに実質臓器の毛細血管が原虫寄生赤血球で閉塞される特徴がある．とくに，大脳の毛細血管での集積が顕著で，大脳の表面，割面は赤色の色調が

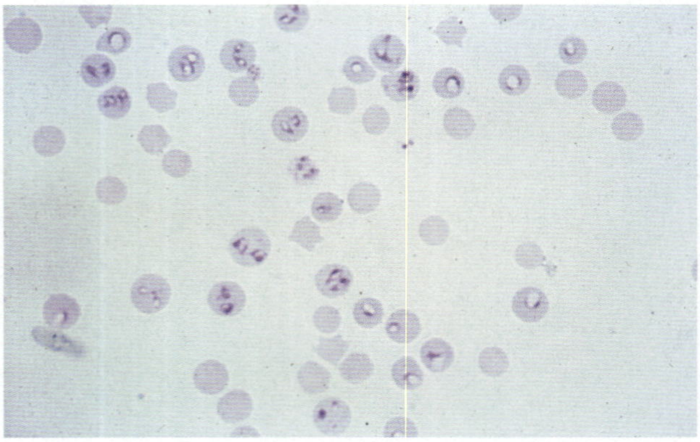

写真1　赤血球内の *B. bigemina*（ギムザ染色）．

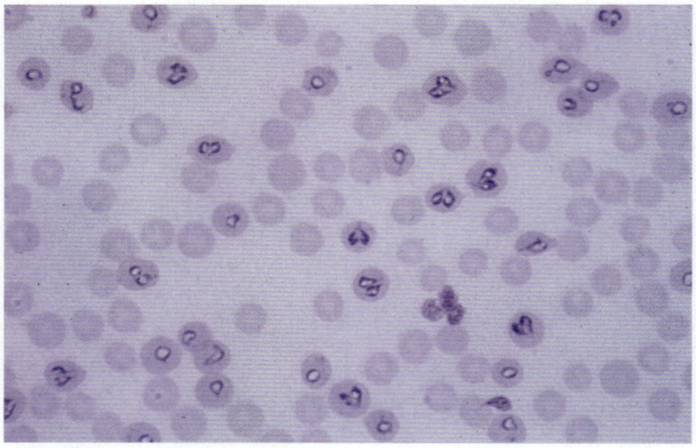

写真2　赤血球内の *B. ovata*（ギムザ染色）．

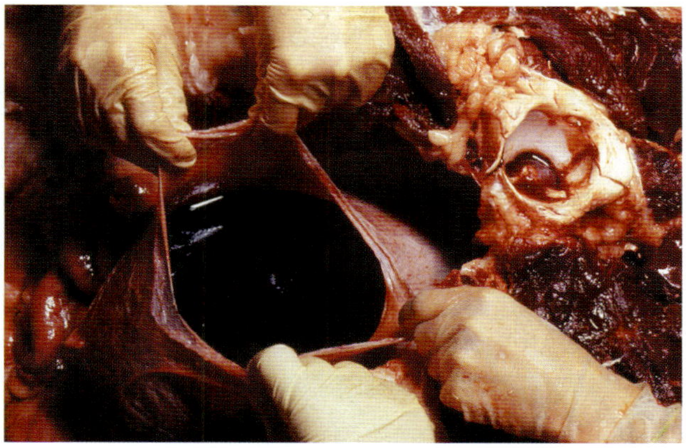

写真 3 *B. bovis* 感染牛の剖検所見．
膀胱内に貯留した血色素尿．

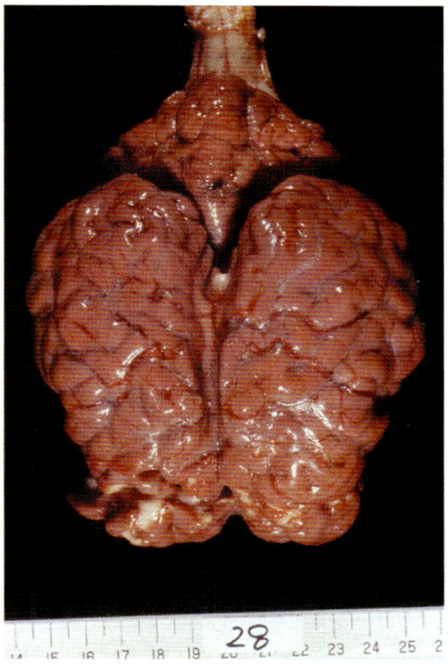

写真 4 *B. bovis* 感染牛の剖検所見．
赤色を呈する大脳．

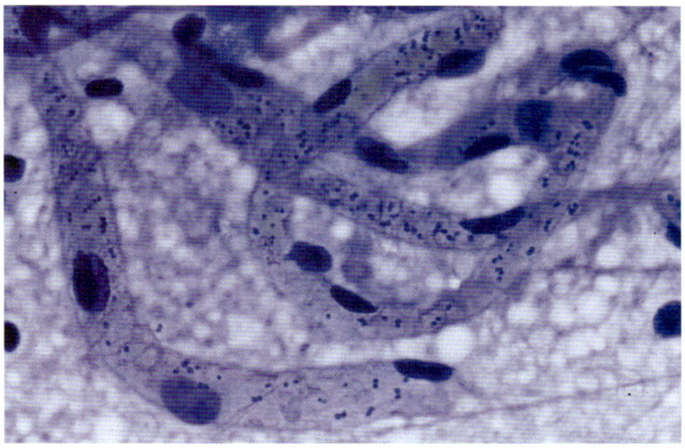

写真 5 *B. bovis* 感染牛の病理所見（ギムザ染色）．
大脳の毛細血管に集積した寄生赤血球．

強い．このため，*B. bovis* によるバベシア病は脳性バベシア病と呼ばれる．*B. bovis* 実験感染牛の剖検および病理所見を写真 3，写真 4，写真 5 に示した．

B. ovata：前 2 者と比較して病原性が弱いとされているが，症状や病理所見から *B. bigemina* と鑑別することは困難である．

診　　断

臨床症状や赤血球内の原虫の形態から，バベシア病の診断はある程度可能である．

また，赤血球内の原虫の大きさ，双梨子状虫体の結合角度から小型のバベシア種（*B. bovis*）と大型のバベシア種（*B. bigemina*，*B. ovata*）を区別することができる．確定診断のためには，赤血球内の原虫の形態，媒介ダニ種の分布による疫学的診断，さらに血清学的診断が必要である．血清学的診断法としては，CF，蛍光抗体法，酵素抗体法などが応用可能である．

予防・治療

バベシア病の治療薬として多くの薬品が開発されているが，ジアミジン誘導体（商品名：ガナゼックあるいはベレニル），イミドカルブ（同イミゾール）はすべてのバベシア種に有効であり，広く応用されている．

予防としては，感染源である媒介ダニの撲滅が理想である．殺ダニ剤として，有機リン系，カーバメイト系の製剤が用いられており，省力化のための個体別応用法としてイヤータッグ法やプア・オン法が主流となりつつある．免疫学的予防法としては，原虫感染血液を接種して感染免疫を付与させる方法が発症防止に有効である．オーストラリアや南アフリカでは，*B. bovis*，*B. bigemina*，アナプラズマを 2 ～ 3 種混合した保存感染血液をワクチンとして応用している．

馬のピロプラズマ病

法定

equine piroplasmosis

Key Words：馬胆汁熱，馬ダニ熱，馬マラリア，貧血・黄疸，マダニ媒介性

原　　因

馬のピロプラズマ病は，*Babesia caballi*（写真１）および *B. equi*（*Theileria equi*）（写真２）という２種類の原虫の感染により起こる伝染病である．なお，*B. equi* は最近の研究で，分類学的に *Theileria* 属に含めるべきと考えられている．感染はダニが媒介し，感染すると急性ないし慢性の経過をたどり，発熱，貧血，黄疸および血色素尿などを主徴とする．

わが国では本病の発生は認められないが，本病を媒介するダニは分布する．

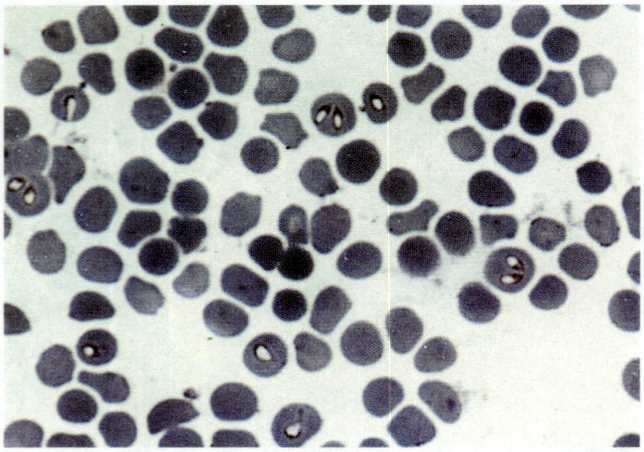

写真１　*Babesia caballi* の寄生した馬赤血球．

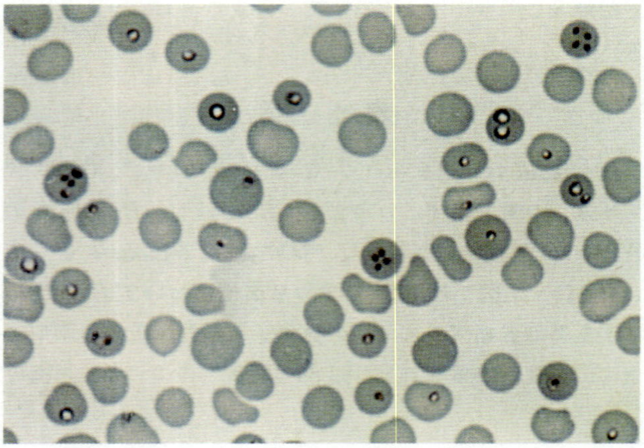

写真２　*Babesia equi* の寄生した馬赤血球．

生　活　環

馬体内：*B. caballi* は，馬赤血球内で最初は細胞質のほとんどないアナプラズマ様原虫として観察されるが，この原虫は次第に大きくなってメロゾイトとなり，次いで円形ないし楕円形のトロホゾイトとなる．トロホゾイトは，その後出芽に似た分裂をして多くの場合２つの芽胞を形成し，娘細胞に発育して双梨子状のメロゾイトとなる．

B. equi は，十字架形（Maltese cross）をした４個のメロゾイトになることが特徴である．

ダニ体内：*B. caballi* は，最初ダニの消化管内容物中に小体（直径４～６μm）として認められ，やがてクラブ様になり，さらに類円形のザイゴート（直径12～16μm）となって分裂し，キネートになる．キネートは，ダニのマルピギー管や卵巣内で分裂し，最終的にダニの唾液腺細胞内に侵入し，そこでスポロゴニーにより多数分裂し，スポロゾイトとなり，ダニが吸血する時に馬に感染する．

B. equi の場合もダニ体内では *B. caballi* とほとんど同様の発育を行い，馬を吸血して８日目にはダニの唾液腺上皮に侵入し，やがてスポロゴニーによりスポロゾイトとなる．

疫　　学

B. caballi は，アフリカ，南ヨーロッパ，アジア，中東，中南米諸国に分布する．*B. equi* は，*B. caballi* の分布とほぼ一致しているが，汚染の範囲は *B. caballi* の方が少し広いものの，汚染地域における病原体の分布密度は *B. equi* の方が高いと考えられている（図１）．*B. caballi* の流行は，1961年米国フロリダ州でみられ，その後南東

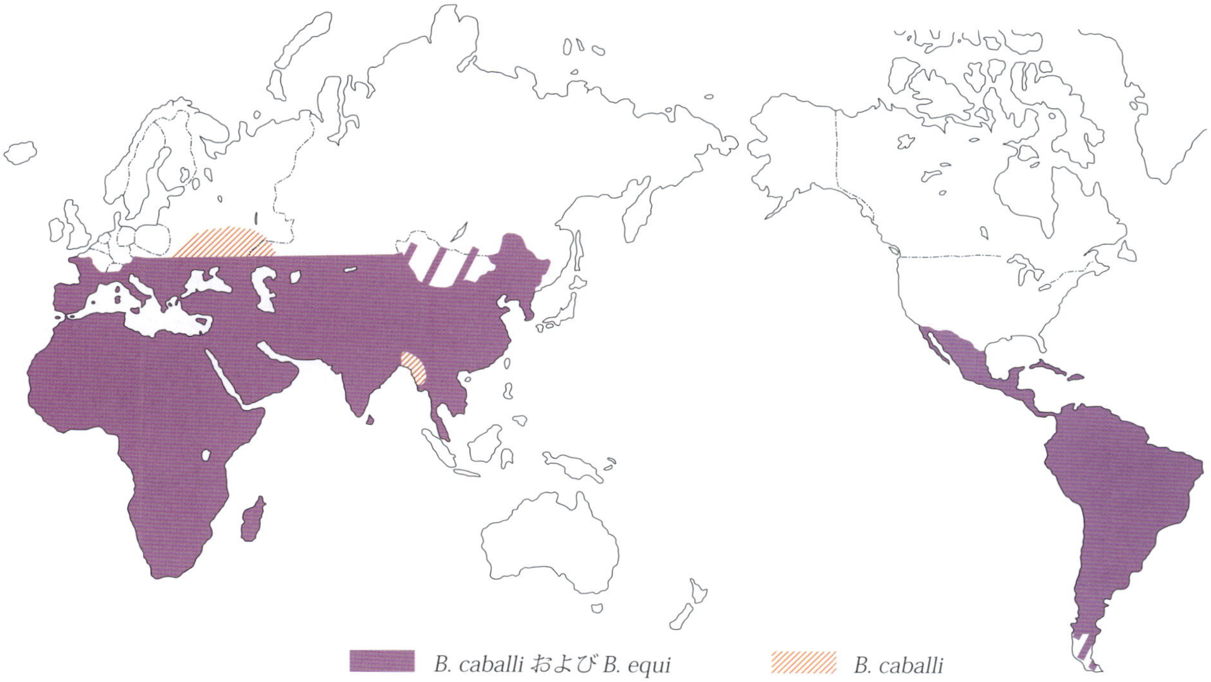

図1 馬のピロプラズマ病の分布.

部諸州に拡大し，1968年には182例の発生をみている．*B. equi* による本病の発生は，1965年に米国フロリダ州であり，1969年5月までに4例報告されており，1976年7月にはオーストラリアでも報告されている．汚染地域では，風土病として散発的に発生がみられる．

症　　状

本病の潜伏期間は病原体により異なり，*B. caballi* が約6～10日および *B. equi* が約10～20日である．発症すると，約40℃前後の高熱を発し，元気消失，顕著な貧血，黄疸，下腹部や四肢の浮腫，可視粘膜の点状出血，疝痛などがみられる．*B. caballi* の場合は後躯麻痺がみられ，*B. equi* では血色素尿が顕著である．原虫血症は，*B. caballi* の場合，感染後7～10日目に最高3～7%となり，*B. equi* の場合には，発症後約7日目に60～85%となり，顕著な貧血を示す．本病の死亡率は約10%であるが，まれに約50%に達することもある．罹患馬が耐過すれば，原虫は末梢血中から消失し，*B. caballi* の場合は以後1～4年間，*B. equi* では終生それぞれ原虫保有馬となる．

急性症以外では全身性に黄疸がみられる．血液は，貧血のため水様で，皮下織の水腫，胸・腹水および心膜腔液の顕著な増量がみられる．肺，肝臓，腎臓および脾臓のうっ血や水腫性肥大がみられる（写真3）．*B. caballi* の感染では，血漿中のフィブリノーゲンが増加し，一種の播種性血管内凝固（DIC）が毛細血管や細小血管内でみられる．

診　　断

両病原体の感染に対して従来から行われている方法は，赤血球内寄生原虫の確認である．これには，従来の血液塗抹法に加えて *in vitro* 培養法が報告されている．

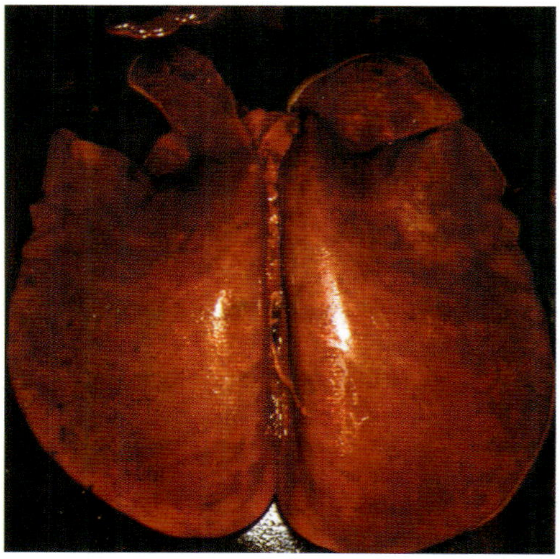

写真3 *B. caballi* 感染馬の顕著な水腫性腫大を示す肺.

このほか，蛍光抗体法，寒天ゲル内沈降反応，凝集反応などの診断法に関する報告がある．慢性症の場合は，原虫が流血中に出現していることが少ないため，現在，CF 反応を用いた血清診断を広く用いている．しかし，抗補体活性や抗赤血球活性を示す血清などにおける CF 反応に対する阻害反応が問題となっており，より感受性や特異性の高い診断法の開発が進められている．OIE 診断マニュアルでは，従来の CF 反応と間接蛍光抗体法の併用から間接蛍光抗体法と感受性の高い競合阻止 ELISA を採用しつつある．また，遺伝子組換えによる発現蛋白質を抗原とした ELISA の開発が進んでいる．

組織学的には，全身性に細網内皮系細胞の増殖がみられ，肝臓や脾臓ではヘモジデリンの沈着が顕著で，肝細胞内に胆汁色素が沈着する（写真 4）．腎臓では，尿細管上皮の変性および尿細管内に尿円柱がみられる．

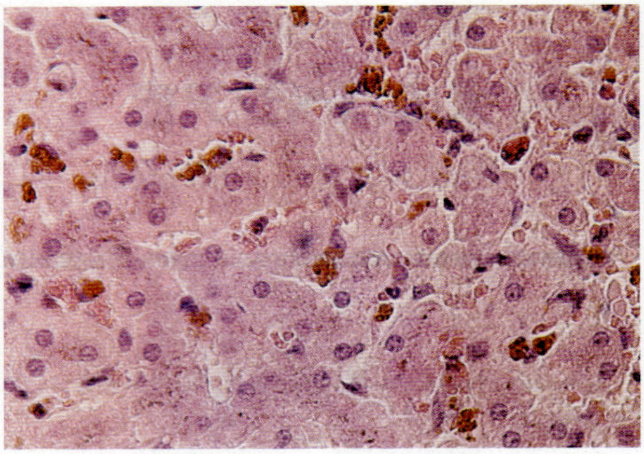

写真 4　*B. equi* 感染馬の肝臓における顕著なヘモジデリン沈着．

予防・治療

本病の有効な治療法は十分に確立されていない．主な抗原虫剤として，アクリジン誘導体のアクリフラビン，キノリン誘導体，ジアミジン誘導体，イミドカーブ，アルテエーテル，ブパルバキオネなどがある．*B. caballi* に対してイミドカーブ 2mg/kg を 24 時間間隔で 2 回筋肉内注射したところ，馬では 100％有効であった．*B. equi* は抗原虫剤に対し抵抗性を示す．*B. equi* 感染馬にイミドカーブ 4mg/kg を 72 時間間隔で 4 回筋肉内注射したところ，14 頭中 13 頭が治癒した．しかし，ロバは本剤に対し感受性が高いので，治療には十分な注意が必要である．また，アルテエーテルとブパルバキオネ混合物は，*B. equi* 感染症の治療にイミドカーブより効果があるという報告がある．

本病の予防は，媒介ダニの駆除と原虫保有馬の摘発である．*B. equi* については，ロバでメロゾイトワクチンの実験的投与が試みられ効果がみられたが，実用化されていない．

犬のバベシア病

canine babesiosis

Key Words：溶血性貧血，ダニ媒介性

バベシア科バベシア属に属する次の原虫が犬において重要である．

B. gibsoni は小型のバベシア（3 × 1 μm）で，環状あるいは卵形である．1 個の赤血球に単独寄生するものが多い．

B. canis は *B. gibsoni* より大きく（4 〜 5 μm），多形性を示すが洋梨状が多い．1 赤血球内の寄生数が多く，16 個にも及ぶことがある．赤血球のほか，肺や肝臓の内皮細胞内やマクロファージ内にもみられることがある．

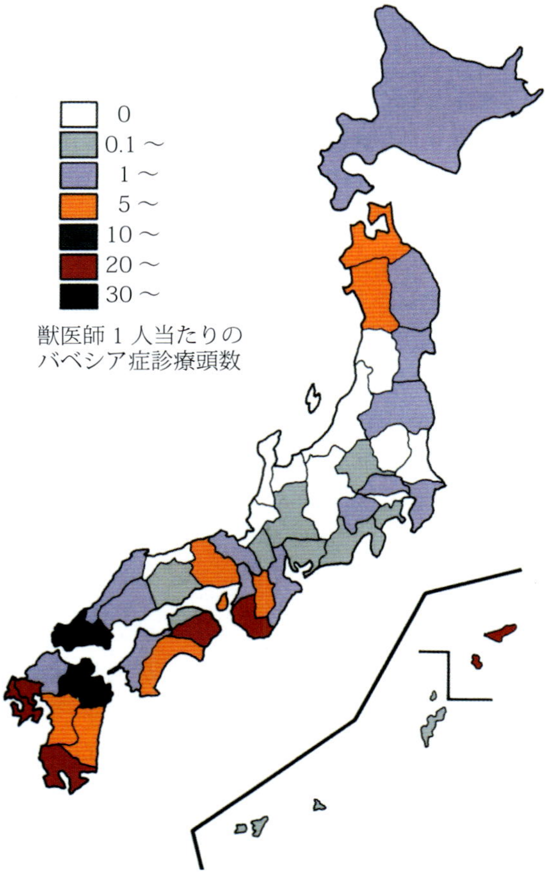

図 1 日本におけるバベシア症の発生状況（1992 年）．（日獣会誌，大西ほか，1994 年による）

疫　　学

関西地方以西に多く，とくに中国，四国，九州地方では一般的である．関東地方でも散発的ではあるが，発生は認められる（図 1）．

流行地域への旅行歴を聴取することが重要である．

潜伏期間は *B. gibsoni* で 2 〜 4 週間，*B. canis* では 10 日〜 3 週間である．

感染は感染ダニの吸血による（表 1）．感染犬からの輸血によっても伝播は起こり得る．吸血昆虫も機械的ベクターになる可能性がある．経卵伝播（transovarial transmission）もする．また，*B. canis* では経発育期伝播（stage to stage transmission）もする．

闘犬の際の創傷感染が疑われる．

症　　状

B. gibsoni，*B. canis* ともに類似した臨床症状を示す．発熱，貧血，血色素尿，黄疸，元気消失，食欲不振，沈うつ，虚脱など溶血性貧血に伴う症状を示す．慢性感染では，間欠的な発熱や体重減少がみられる．*B. canis* の感染はしばしば致命的となる．

診　　断

血液塗抹ギムザ染色標本による虫体の検出を行う（写真 1）．原虫数が少ない場合には，蛍光抗体法が必要である．

赤血球の大小不同，赤芽球の出現などの再生像がみら

表 1 *B. gibsoni* および *B. canis* の宿主とベクター

種	宿 主	ベクター
B. gibsoni	犬	フタトゲチマダニ (*Haemaphysalis longicornis*)
B. canis	犬	クリイロコイタマダニ (*Rhipicephalus sanguineus*)

第 4 章 原虫による感染症

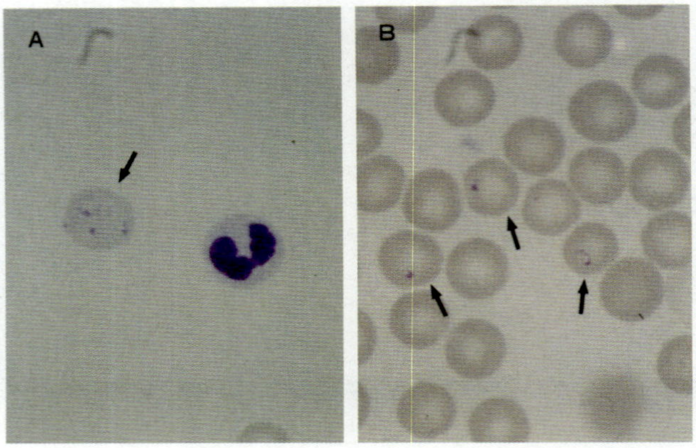

写真 1　*B. canis* および *B. gibsoni* 寄生赤血球.
A：*B. canis*．1 個の赤血球内に大型の 4 個の原虫が寄生している（矢印）.
B：*B. gibsoni*．*B. canis* と比較して小型の原虫が 1 赤血球当たり 1 個の寄生が認められる（矢印）.

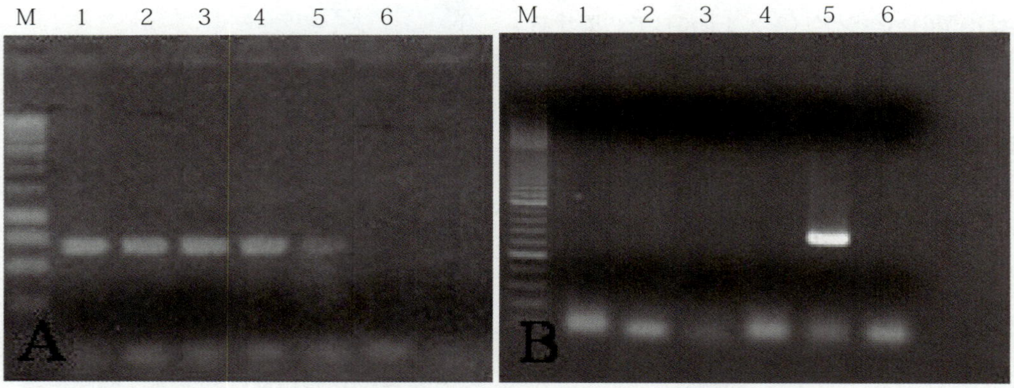

写真 2　*B. gibsoni* 特異的 PCR 法による感受性（A）と特異性（B）.（写真提供：猪熊　壽氏）
（A）M：Marker，1：170,000 infected RBC / μl，2：17,000 / μl，3：1,700 / μl，4：170 / μl，5：17 / μl，6：1.7 / μl
（B）M：Marker，1：*B. canis*，2：*B. divergens*，3：*B. bigemina*，4：*T. sergenti*，5：*B. gibsoni*，6：Negative control

れる．溶血性貧血の血液所見を有する．また，単球増多症の認められる場合もある．

クームス試験は陽性を示す．

遺伝子診断

バベシア症の確定診断は従来は血液塗抹標本の観察に頼ってきた．これは主観的で少数寄生の場合は検出率が著しく落ちることが予想される．また染色法によっても陽性，陰性が判断しにくいなどの問題点があった．このことを改善するためバベシア原虫に特異的な遺伝子を増幅して診断する PCR 法が用いられるようになった．この方法は感染を疑う患者の EDTA 血液を 0.5ml 以上用いてそこから DNA を抽出し PCR 反応を行うものである．感染犬の血液 1 μl 当たり 10 個の感染赤血球が存在すれば検出することが可能で血液塗抹標本の観察よりも客観的で高感度な方法である．

予防・治療

抗バベシア剤としてジミナゼンアセチュレート（Diminazene Aceturate；ガナゼック）があり，使用にあたっては，安全域が狭いので注意が必要である．投与量が多いと脳内出血による中枢神経症状を引き起こす場合がある．

投与方法は下記のようにさまざまであるが，累積で 7mg/kg を超えてはならないという報告もある．

1 ～ 5mg/kg　3 ～ 4 日間　筋肉内投与
2 ～ 3mg/kg　1 ～ 4 日間　筋肉内投与
3 ～ 4mg/kg　3 ～ 4 回　隔日あるいは数日おき
3.5mg/kg　　1 回　　筋肉内投与

対症療法として輸血や補液が必要な場合がある．

ノゼマ病 届出

nosemosis

Key Words：ミツバチ，原虫病，飛翔不能

ノゼマ病は微胞子虫類ノゼマ科（Nosematidae）の原虫 *Nosema apis* による成蜂の消化器病である．家畜伝染病予防法の届出伝染病である．

疫　学

わが国では 1958 年，北岡により初めて記載された．その後の発生実態は明確でないが，ある程度の頻度で発生していたものと考えられる．1997 年に届出伝染病に指定され，翌年に家畜保健衛生所により確定診断された症例が静岡県内で報告された．

N. apis 胞子は成蜂に経口的に侵入し，腸管内で発芽増殖する．中腸上皮に侵入して増殖，多量に形成された胞子は，糞とともに体外に排泄され，周囲を汚染し次の感染源となる．巣箱の汚染胞子は乾燥排泄物中で数か月間にわたり生残する．

病　状

感染は成蜂の中腸上皮に限局し，細胞反応に乏しいのが特徴的である（写真 1）．感染が他の臓器に広がることはない．重度に感染した蜂は糞づまりの状態となり，腹部膨満，飛翔不能となり，巣門周辺を徘徊する．飛翔不能などの障害は *N. apis* 単独ではなく麻痺病などの複合感染によるとも考えられる．感染群では下痢（巣箱の異常な汚れ）がみられるが，原虫感染と下痢の直接的因果関係は不明確といわれている．

感染蜂は寿命が半減し，かつ卵の孵化率が低いといわれ，群の弱小化をもたらす．

診　断

飛翔不能による徘徊蜂，個体数の減少，下痢による巣箱の汚れなどの臨床的特徴のほか，中腸内の原虫胞子の確認などにより診断する．罹患蜂の中腸内容をギムザ染色し顕微鏡下で観察すると楕円形の特徴的な *N. apis* 胞子（写真 2）が多数観察できる．

予防・治療

認可された有効薬剤がないため，栄養管理のほか換気をよく保ち，低温，高湿度，日射など巣箱の設置場所の環境管理に注意し，群をより強勢に保つことが重要である．感染拡大の要因となる盗蜂を防ぐ飼養管理，越冬期の疾病蔓延を防ぐ器具，資材の消毒など基本的衛生管理を徹底することが重要である．

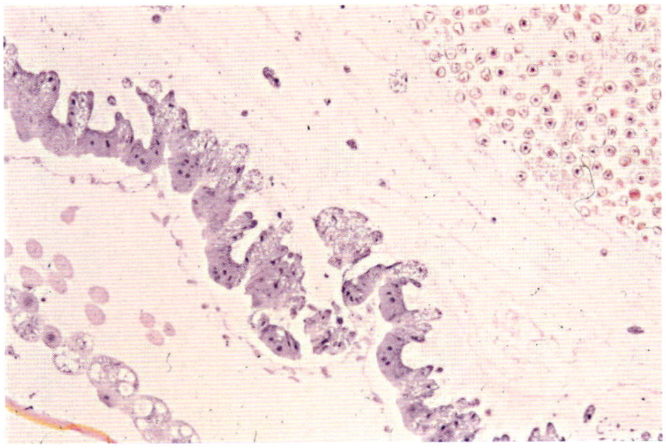

写真 1　ノゼマ病の中腸病変．
中腸上皮細胞内に多数の空胞と *N. apis* 虫体が観察できる．

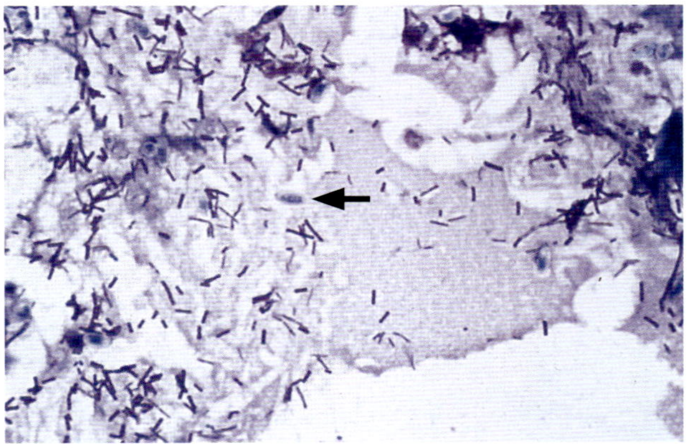

写真 2　ノゼマの胞子．
ギムザ濃染の構造物を中に持つ米粒形の胞子（*N. apis* 感染成蜂の中腸スメア，ギムザ染色，× 1,000）．

＜第５章＞
ダニによる感染症

疥　　癬

mange

届出
人獣

Key Words：ヒゼンダニ，疥癬トンネル

原　　因

無気門亜目の疥癬ダニ〔ヒゼンダニ科（Sarcoptidae）のヒゼンダニ（穿孔カイセン）（*Sarcoptes scabiei*）届出病原体，キュウセンヒゼンダニ科（Psoroptidae）のヒツジキュウセンヒゼンダニ（*Psoroptes ovis*），ウシショクヒヒゼンダニ（*Chorioptes bovis*）届出病原体，ミミヒゼンダニ科のミミヒゼンダニ（*Oedectes cynotis*），ニワトリカイセンダニ科のニワトリアシカイセンダニ（*Knemidocoptesmutans*）など〕の寄生による．

疫　　学

原因のダニは全種とも世界に広く分布している．主な感染経路は病畜との接触である．

ヒゼンダニは，豚で被害が大きく，体長 0.3 ～ 0.4mm の雌成ダニが宿主の皮膚内にトンネル（疥癬トンネル）をつくり，組織液や上皮細胞を摂取しながら産卵，変態するため，寄生部位では強い痒み，炎症，細菌の 2 次感染による膿疱，血液や体液の滲出，痂皮形成がみられるとともに，元気消失，食欲不振，削痩，発育不良，繁殖率低下など観察される．犬，馬，羊などの家畜のほかヒトにも感染し，人獣共通感染症としても重要である．

ヒツジキュウセンヒゼンダニは，皮膚にトンネルはつくらず，毛根部付近の表皮を摂食し，羊では組織液の滲出に起因する痂皮形成がとくに顕著で，羊毛の品質低下を招くため大きな問題となる．羊以外に馬，牛にも寄生する．

ウシショクヒヒゼンダニと *C. texanus* は，牛の尾根部や四肢に多く寄生し，疥癬特有の症状のほかに，重症の場合は食欲不振，栄養状態の悪化，泌乳低下，繁殖障害など被害が認められる．

ミミヒゼンダニ（*Oedectes cynotis*）は犬，猫などの耳道とその近辺に寄生し，特有の耳垢が認められる．

ニワトリアシカイセンダニは脚鱗下に寄生し，脚の変形，起立不能などの症状を起こし，慢性症では循環器や腎臓の障害を起こす．寄生は平飼い方式の養鶏で起こる．

診　　断

検出虫体の形態学的同定によって診断する．

予防・治療

早期に病畜を発見し隔離後，畜舎，敷料，器具などを殺虫剤で洗浄処理する．発症動物に対してはマクロライド系殺虫剤〔イベルメクチン（ivermectin）など〕の経皮接種が有効である．

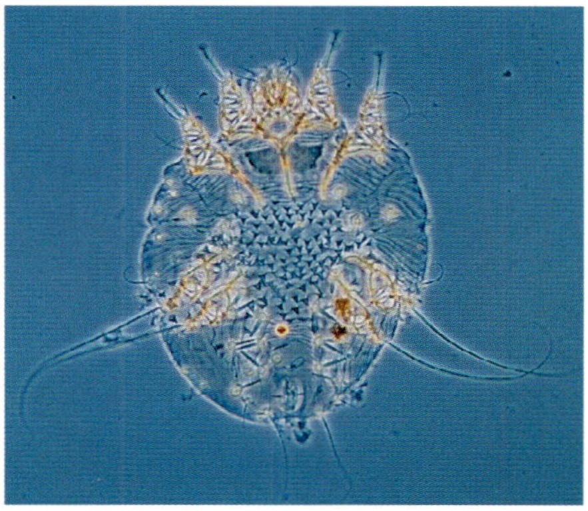

写真 1　繁殖豚に寄生していたヒゼンダニ雌．

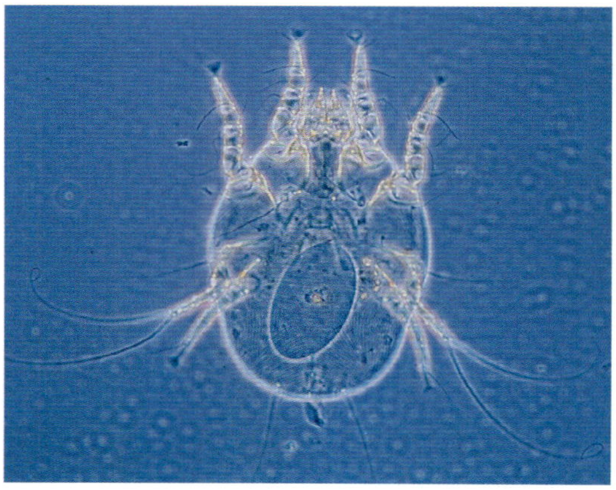

写真 2　牛のショクヒヒゼンダニ（雌）．

アカリンダニ症

届出

acarapisosis，acariosis

Key Words：*Acarapis woodi*，気管寄生ダニ

原　　因

ホコリダニ科のアカリンダニ（*Acarapis woodi*）がミツバチの気管内に寄生し，成蜂の衰弱を招く．ヨーロッパおよび北米で発生しているが，日本では報告されていない．

症　　状

外観ではアカリンダニの寄生は分からない．実際に寄生していても蜂群が強勢のうちは，目立った症状はみられず，また重度の感染群でも行動上の異変が認められないことが多い．寄生された働き蜂の寿命がわずかに短縮し，その結果として蜂群が弱勢化することもある．ただ，ダニの寄生自体がほとんど無害でも，麻痺病ウイルスなどの媒介者となることがあり，結果として麻痺病が発生した場合は成蜂の死亡率が高まり，蜂群の弱勢化が加速されることが知られ，多くの蜂群がこれによって死滅したと報告されている事例もある．

診　　断

体外からダニを見ることができないので，寄生の確認は成蜂の胸部第一気門から胸部内を経由して頭部に至る主気管の検鏡観察を行うことによる．ダニがいない場合も，気管内に褐色のしみ（メラニン色素の沈着）が認められ，また気管全体が暗色化し，ややもろくなっているのが寄生の痕跡で，その蜂群内でダニが発生している状況証拠となる．麻痺病ウイルスが蔓延している場合には，成蜂の胸部の脱毛や，巣門付近での死亡がみられる．

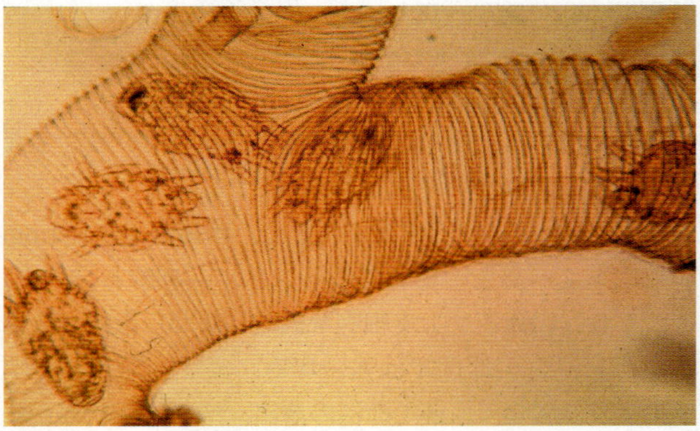

写真 1　気管内のアカリンダニ．

バロア病

届出

varroasis

Key Words：*Varroa destructor*，外部寄生ダニ

原　因

ミツバチの蛹期にヘギイタダニ科のミツバチヘギイタダニ（*Varroa destructor*）が寄生することにより，発育不全となり，羽化時点で肢翅の伸展不良や運動能力の消失，あるいは羽化不能個体が生じる．重篤な場合，巣房内での蛹の死亡が観察される．

本種は，従来，*V. jacobsoni* の学名を与えられていたが，2000 年に形態および DNA 解析によって，ジャワ島産を除く個体群が別種であることが分かり，新学名が与えられた．和名は変更せず，旧学名 *V. jacobsoni* にはジャワミツバチヘギイタダニをあてて区別する．

日本をはじめ，世界各地で発生しているが，被害の程度はダニの系統によっても異なり，日本でみられるダニの系統では比較的症状が軽いとされている．

症　状

蛹期に体液を吸われることで発育不全に陥り，羽化時点で翅の伸展不良，肢部の奇形などが生じた個体が巣板上，あるいは巣門付近でみられるようになる．また巣房内で死亡し，あるいは運動能力のない羽化直前の個体が巣門付近に捨てられることで，本病の発症に気がつくことが多い．春から夏にかけては蛹期が長い雄蜂の蛹に優先的に寄生し，急速に増殖し，蜂群内での雄蜂生産が終了する夏期に，増えたダニが一斉に働き蜂の蛹に重寄生

写真 1　正常な羽化個体（左）と翅の伸展不良個体（右）．

写真 2　巣門前にみられる羽化不全の働き蜂の死体．

写真 3　巣箱の底に落下した働き蜂とダニの死体．

第 5 章　ダニによる感染症

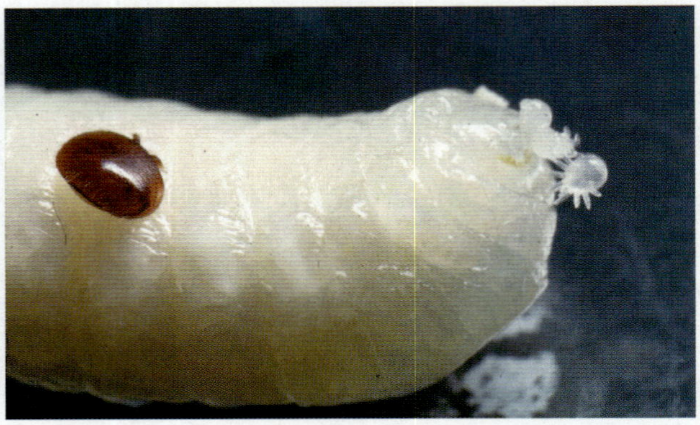

写真４　前蛹上の雌ダニ（褐色のもの）と雄ダニ（右端）.

することで，奇形率や発育不全の程度が上昇する．寄生を受けた働き蜂は，外見上の症状が軽くても一般に寿命が短縮する．寄生が継続することで，蜂群としての存続が困難なほどの重篤な状態に陥る．ダニによるウイルス媒介と思われる麻痺病に類似の成蜂の死亡がみられ，また吸血に伴う外傷がもとで敗血症を起こして巣房内で死ぬ蛹もあり，外見上，複合症状となることもまれではない．翅の伸展不良にもウイルスが関与するとの報告もある．

診　断

目視で成蜂の腹部に付着しているダニを確認できるが，そのレベルでは寄生率が高いことを意味している．寄生率は，100 匹前後の働き蜂をアルコールまたは中性洗剤液中でよく浸透し，ダニを蜂から分離して検出する．また雄蜂の蛹を含む有蓋巣房を含む巣片を切り出し，蜂児上および巣房内のダニを検出する．巣房内に複数の母ダニが含まれる頻度が高い場合には寄生率が高く，経済被害が出ていると判断する．

本病の防除には，ピレスロイド系のフルバリネートを主成分とする「アピスタン」が登録された薬剤として利用できる．

＜第６章＞

昆虫による感染症

牛バエ幼虫症

届出

hypodermosis

Key Words：羽化，皮下寄生，虫嚢，幼虫，体内移行，牛，水牛

疫　　学

牛バエ幼虫症の原因となるものは，双翅目，ウシバエ科，ウシバエ属のウシバエ（*Hypoderma bovis*）およびキスジウシバエ（*Hypoderma lineatum*）の２種である．

本症は北半球に広く分布し，熱帯や南半球での定着的発生はない．わが国の発生は，輸入牛の持込みによるものがほとんどであったが，北海道，東北北部や九州に２次発生が確認されている．牛バエの羽化は，６～８月で羽化後は吸血することなく交尾し牛体の皮毛に産卵する．平均４日で孵化した１期幼虫は，皮下に侵入し体内移行によって脊髄硬膜および骨膜間に４か月間留まる．その後再び体内移行し，約９か月かかって背腰部の皮下に達して皮膚を穿孔して２期幼虫となる．これが虫嚢（cattle grub）として冬から初夏にかけて観察される．次いで宿主の結合組織内で３期幼虫となり，その後皮膚から脱落し土中で蛹となり再び羽化する．

写真２　キスウシバエの３齢幼虫（背面）．（写真提供：動物衛生研究所）

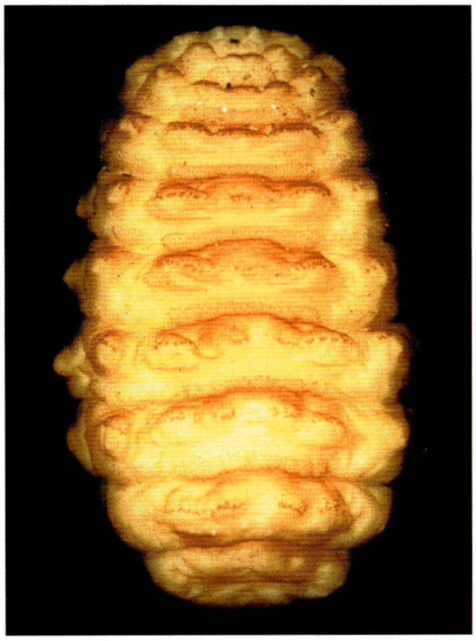

写真１　ウシバエの３齢幼虫（背面）．（写真提供：動物衛生研究所）

写真３　ヒツジバエ（*Oestrus ovis*）の３齢幼虫．（写真提供：動物衛生研究所）

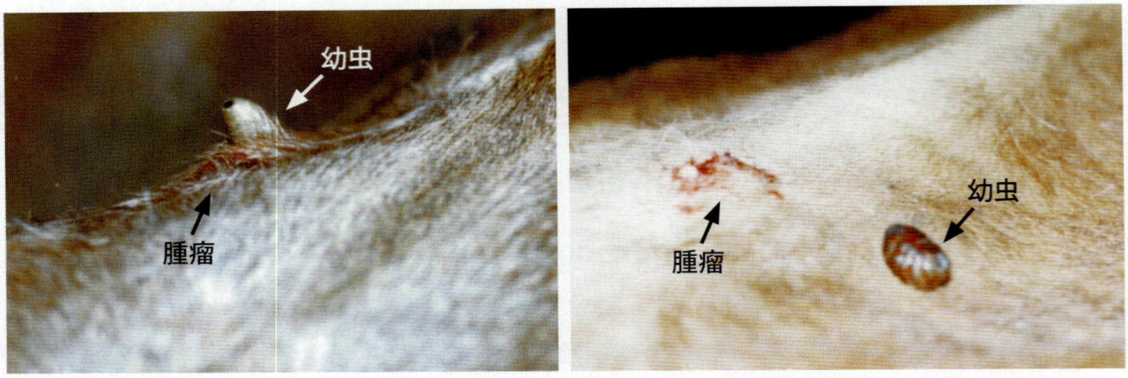

写真4 背部の皮膚に形成された腫瘤と幼虫.（写真提供：大竹　修氏）

症　　状

背腰部の皮膚に幼虫を包むクルミ大から鳩卵大の虫嚢が特徴的所見であり，その中央には幼虫の脱出による孔ができ，濃が流出している場合が多い．皮下侵入や体内移行時には疼痛があり，寄生組織の壊死，脊髄迷入による運動障害，神経麻痺，嚥下障害やアナフィラキシー症状などを起こす．

診　　断

背中線の両側，腰，頚部の皮膚に見られる開口部のある虫嚢から，幼虫を摘出することによって診断は比較的容易である．幼虫の分泌する毒素である *Hypoderma-toxin* に対する抗体を，皮内反応や ELISA による免疫学的診断法によって検査する．

予防治療

少数寄生例では，虫嚢より幼虫を摘出する．多数寄生例では，ネグホン 0.5％液などの有機リン剤の噴霧が実施されている．イベルメクチン製剤 0.2mg/kg の 1 回皮下注射は，前期幼虫に有効であることから最も簡便な治療法として用いられている．

＜第７章＞

感染症法に対応した人獣共通感染症一覧

感染症法と人獣共通感染症

1．人獣共通感染症の現状

人獣共通感染症（厚生労働省は人の感染症防御の立場から，感染症法では動物由来感染症と呼ぶ）は，1959年WHOとFAOの専門家会議で確認されたものだけで130種類以上，現在は重要なものでも500～700種類以上あると考えられている．最近世界を震撼させた感染症は野生動物や家畜に由来するものが多く，とくに20世紀後半に出現した新興ウイルス感染症の約3分の2は人獣共通感染症である．

これらの多くは開発途上国に由来している．その原因としては熱帯雨林開発と生態系の撹乱（エボラ出血熱，アルゼンチン出血熱など），急速な都市化・人口集中と貧弱なインフラストラクチュア・地球の温暖化（デング出血熱，黄熱，マラリアなど），航空輸送による人と動物の短時間の移動（ラッサ熱，マールブルグ病，SARSなど）があげられる．一方先進国では野生動物のペット化（ペスト，サル痘など），アウトドア生活による野生動物との接触（ハンタウイルス肺症候群，ライム病など）による感染症，あるいは産業動物の経済効率を求める飼育方式による新しい感染症（BSE・vCJD，O-157など）が出現した．さらにヘンドラウイルスやニパウイルスのように，オオコウモリから家畜を介してヒトに伝播する感染症が出現した．

米国のように感染症防御システムの最も進んだ国でも，ウエストナイル熱（鳥と蚊），中西部の乾燥地帯に常在するペスト（プレーリードッグとノミ），コウモリを介した狂犬病の制圧など野生動物を介した感染症を制御することは容易でない．また，アジアを中心に流行域が広がりつつある高病原性鳥インフルエンザ（H5N1）も，発生国の多さ，流行規模の大きさ，ヒトに直接感染・発症させる病原性の強さから，WHOが警戒を強めている．豚（ニパウイルス），ウマ（ヘンドラウイルス），牛（BSE），鶏（高病原性鳥インフルエンザウイルス）のように，家畜を介する感染症は野生動物由来感染症に比べ，ヒトとの接触頻度が高いこと，大規模な工場型飼育が盛んになるにつれ，一度病原体が群飼育の動物に侵入すると爆発的流行になること，大規模に新しい宿主の中で伝播する間に容易に遺伝子が変異する可能性があることなどから，以前とは違い高い危険性を帯びるようになってきている．

今回，感染症法の見直しに当たり，人獣共通感染症の流行状況，媒介輸入動物量，感染症の重篤性を指標にリスク評価し，リスクの程度に応じたリスク管理対応を検討した．

2．これまでの経緯

国際貿易の伸展により輸入動物などを介して，わが国にも世界各地から人獣共通感染症が侵入するリスクが指摘されてきた．また，伴侶動物の飼育の拡大，都市への人口集中，高齢化，エキゾチック動物のペット化等，社会の変化と人の行動様式の多様化から，従来にない人獣共通感染症の発生が強く懸念されている．人獣共通感染症の制御に最も熱心な米国においてもアライグマの狂犬病，野鳥を介したウエストナイル熱，アフリカのげっ歯類からプレーリードッグを介したサル痘の感染が起こり，またヨーロッパでもコウモリリッサウイルス感染や野兎病，エキノコックス症，腸管出血性大腸菌症（O-157）などが問題となっている．

他方，わが国がこうした感染症の被害を受けることが比較的少ない原因として，公衆衛生レベルの向上，インフラ整備，国民の健康志向への意識改革がある．また海に隔てられていて水際のコントロールで感染症の侵入を阻止する方法が一定程度有効であることが考えられる．しかし，航空機輸送の発達した現在では，この方法の有効性は急激に低下しつつある．

こうした事態を受けて，感染症法の制定（平成11年施行）にあたり，初めてヒトからヒトへの感染症の他に，人獣共通感染症が取り上げられ，サル類のエボラ出血熱・マールブルグ病および狂犬病予防法の対象動物の拡大（犬の他に猫，スカンク，アライグマ，キツネ）により，法定検疫が実施されるようになった．しかし，この時はこれ以外の感染症・動物種に関しては感染症法では規制対象とされなかった（例外的に，平年15年3月政令により，ペストを媒介する危険のある動物としてプレーリードッグの輸入禁止措置が取られ，またSARSの宿主としての可能性のある動物としてハクビシンなどの緊急輸入停止措置が7月にとられた）．感染症法の作成時には時間的余裕がなかったこと，わが国の人獣共通感染症の実態が不明であったこと，輸入動物の実態が明らかでなく，そのリスクがどの程度のものか分からなかったことなどのため，感染症法制定後，5年後の見直し時に対策の強化を検討することとした．

3．感染症法の見直しのためのリスク評価

感染症法見直しに先立ち，当該感染症の地域別発生率，当該地域からの輸入動物の種類と輸入量，当該疾病の重要度を組み合わせ人獣共通感染症のリスク評価を行った．リスク評価に基づく動物別の総合評価，リスク管理のための行政対応は以下のようにした．

翼種目：狂犬病，リッサウイルス感染症の媒介動物．ヘンドラウイルス，ニパウイルス感染症の自然宿主．コウモリの輸入量はペット用として年間数百頭に限られているが，これらの疾病は治療法がなく致死性であることから輸入禁止すべき（展示・研究用は除く）．この他，ヒストプラズマ症，ベネズエラ馬脳炎，東部馬脳炎，チクングニア，リフトバレー熱，キャサヌール森林熱，レプトスピラ症，トリパノソーマ症，Q熱，ヒストプラズマ症等を媒介するという報告がある．

げっ歯目：多くの重篤な新興・再興感染症（ペスト，ラッサ熱，ハンタウイルス肺症候群，腎症候性出血熱，レプトスピラ病，野兎病，サル痘等）の媒介動物．年間100万匹前後が輸入されている．最近はアフリカの野生げっ歯類からプレーリードッグがサル痘を感染し，ヒトに伝播した例（米国）やペットのハムスターの狂犬病感染例（南米）が問題となっている．原則として野生げっ歯類は輸入禁止すべき（展示・研究用は除く）．実験動物やペット用ハムスター等，衛生管理下で繁殖された個体は輸出国政府証明書の提出を義務化（届出）し，安全を確認する．

鳥　類：ウエストナイル熱，高病原性鳥インフルエンザおよびオウム病の重要な媒介動物，クリミア・コンゴ出血熱も媒介することが知られている．家禽以外のペット用鳥類が年間20～30万羽程度輸入されており，これらの鳥類を介した感染症対策のため，疾病の特性と流行地域を考慮した輸入規制が必要である．ウエストナイル熱対策には流行地や過去に発生があった地域からの輸入について，輸出国あるいは国内で一定期間の係留により安全を確認する．高病原性鳥インフルエンザ対策はOIEによる国際動物衛生規約（通称OIE規約）に準拠し，流行地からは輸入禁止．オウム病対策はOIE規約に準拠し，一定期間の抗生物質投与など国際獣医証明書の提出を義務化し安全を確認する．クリミア・コンゴ出血熱対策には流行地からの輸入について，一定のモニタリングを行うことにより安全を確認する．

食肉類：狂犬病の主たる媒介動物．輸入規制がないフェレット等，食肉類についても年間3万頭前後の輸入があること，OIE規約で狂犬病に関する国際獣医証明書の取得が可能であることから，食肉類全般について安全の確認を行うことが必要である．他にエキノコックス症，ブルセラ症，Q熱，サルモネラ症，猫ひっかき病，トキソカラ症などを媒介することが知られていることから，特定の疾患についてはフリーである証明を含む届出制度などを導入し，安全を確保する必要がある．

サル類：エボラ出血熱，マールブルグ病侵入防止のため厳しい輸入規制が行われているが，結核や赤痢等の安全確認は行われていない．OIE規約では上記疾病に関する国際獣医証明書の取得が可能であること，ペットとしての輸入を認めるべきではないとしていることを踏まえ，現行の輸入規制に加え一層の安全の確保を図るべきである．

ウサギ類：わが国に年間7千頭以上輸入されている．野兎病の媒介動物であることが知られている．OIE規約で野兎病等に関する国際獣医証明書の取得が可能であることを考慮し，安全の確認を行うべきである．

4．感染症法の見直しと人獣共通感染症の対策強化

感染症法の見直しにより，翼手目（コウモリ）とヤワゲネズミ科〔ラッサ熱の自然宿主であるマストミス（多乳房ネズミ）を含む〕の動物，SARSの自然宿主動物の可能性のあるハクビシン等は平成15年11月から全面輸入禁止となった．既に輸入禁止となっているプレーリードッグ，法定検疫の対象であるサル類と食肉目の動物（犬，猫，キツネ，スカンク，アライグマ）以外の動物に関しては，輸入届出・健康証明書添付などの対応をとることとした．また輸入動物によるリスクの回避の他に侵入動物（航空機の蚊，コンテナのネズミ属その他の昆虫類）対策，および国内動物に由来する感染症の流行を防止するため，獣医師の届出制対象疾病を拡大した．主な対策強化は，以下のようである，

①獣医師等の責務（5条2）：獣医師，獣医療関係者の国・地方公共団体の公衆衛生施策への協力および動物取り扱い業者の動物の適切管理，必要措置をとる責務が明確化された．

②感染症の類型見直し（6条）：感染症の類型で旧一類～四類であったものに，ウエストナイル熱，A,E型肝炎，サル痘，リッサウイルス感染症，ニパウイルス感染症，野兎病，レプトスピラ症，高病原性鳥インフルエンザな

どの人獣共通感染症を追加し，新たに一類から五類に分類した．人獣共通感染症は一類から四類に分類され，とくに四類感染症のうち媒介動物については輸入規制，消毒・駆除，能動的調査を可能にするよう規定された．

③獣医師の届出義務（13 条）：一～四類感染症であって，政令で定める動物・感染症を診断（疑った）時の届出義務．これまで，獣医師の届出義務は一類感染症のサル類のエボラ，マールブルグ病，プレーリードッグのペスト，SARS のハクビシンなど，実際に国内で目にする可能性のないものであったが，今回の見直しにより，サル類の赤痢，犬のエキノコックス感染，鳥類のウエストナイル熱を診断した時は届出義務が課せられた．

④人獣共通感染症の調査（15 条）：感染症発生状況調査で，感染症の恐れのある動物，死体の所有者に対し，質問・調査が可能なことを明確化し（35 条：質問及び調査），地方公共団体の調査体制の強化・連携が規定された．国内におけるオウム病の集団発生例の時のように，ヒトでの診断は医師の届出になっているが，原因となった動物側の調査は法的根拠がなく，感染ルートは解明されず，適切な防御措置をとることができなかった．今回の見直しにより，人獣共通感染症の発生時に動物側の調査が可能になった．

⑤都道府県の迅速措置（27，28，29 条）：ネズミ属・昆虫の駆除を知事が独自に指示できるようになり，煩雑な手続きを踏まず，迅速な対応が可能になった．

⑥輸入動物届出制度（56 条 2）：感染症の恐れのある動物，死体を輸入する者は当該感染症フリーの証明書，動物種，数量，輸入時期を届け出ることが規定された．

このように人獣共通感染症に関しては，獣医師の責務と活動範囲が著しく拡大し，感染症防御のためのシステム・組織づくりが，現実に国・自治体レベルで求められることになった．また医師・獣医師などが連携して，人獣共通感染症の疫学調査や流行時の原因究明のためのサーベイランスを行うことが法的に可能となった．

エボラ出血熱　一類
Ebola hemorrhagic fever

本文参照（p.380）．

クリミア・コンゴ出血熱　一類
Crimean-Congo hemorrhagic fever

病　原　体

ブニヤウイルス科（*Bunyaviridae*），ナイロウイルス（*Nairovirus*）属，クリミア・コンゴ出血熱ウイルス（*Crimean-Congo hemorrhagic fever virus*）．

疫　　　学

羊，牛，ウサギ，ダチョウなどを含めて広範な哺乳類家畜や野生動物に感染する．主として *Hyalomma* 属による多種類のマダニによって媒介される．ダニは持続感染し，介卵感染や交配により感染が拡大する．動物やヒトはダニに咬まれたり，ウイルスを含む血液や組織に直接接触することにより感染する．院内感染も報告されている．

第２次大戦中，クリミアにおける兵士間での流行と，その後のコンゴにおける流行が同一ウイルスによることが証明され，命名された．本病はアフリカ，アジア，中近東，東ヨーロッパなど広い範囲に分布しており，野鳥によって感染ダニが運ばれると考えられている．

症　　　状

発症はヒトのみで，１～３日，長くて９日程度の潜伏期間の後，突然，発熱，筋肉痛，頭痛などを呈し，重症の場合，粘膜や皮膚の点状や斑状出血，血便，血尿の他，肝炎や肝，腎，呼吸不全を示す．致死率は適切な治療を行わない場合，30％に上る．

診　　　断

ウイルス分離が確実な診断法であるが，蛍光抗体法による抗原検出やRT-PCR法による遺伝子検出も行われる．血清学的にはIgMやIgG ELISA，補体結合反応によって抗体を証明する．

予防・治療

ワクチンはない．発症患者には，成分輸血など対症療法を行う．その際は院内感染に注意する．とくに，動物飼育に従事するハイリスクのヒトはダニの駆除や防虫剤の散布により，感染予防に努める．

ペ　ス　ト　一類
plague，pest

本文参照（p.40）．

マールブルグ病　一類
Marburg disease

病　原　体

モノネガウイルス目（*Mononegavirales*），フィロウイルス科（*Filoviridae*），マールブルグウイルス（*Marburgvirus*）属，マールブルグウイルス（*Lake Victoria marburgvirus*）．

疫　　　学

マールブルグ病（別名ミドリザル出血熱）は1967年8月，ドイツのマールブルグでウガンダから輸入されたアフリカミドリザルを感染源とする致死性ウイルス出血熱の発生に由来する．同じウイルス科のエボラウイルスによる出血熱のように大きな発生はなく，その後，ジンバブエ（1975年），ケニア（1980年，1987年），コンゴ民主共和国（1999年）などで単発的に犠牲者が出ている．サルが感染源となっていたのは初発のマールブルグだけで，自然界における宿主とヒトへの伝播経路も不明である．各種サル類や実験小動物に致死性感染を起こす．ヒト間では排泄物への接触により伝播すると考えられる．

症　　　状

発症には濃厚なウイルス暴露が必要と考えられている．５～10日の潜伏期間の後，発熱，全身各所の疼痛，斑丘疹性発疹，嘔吐と下痢などがみられる．徴候は進行性で黄疸や体重減少が顕著になり多器官不全を起こす．これまでの一次感染例の死亡率は100％であるが，2次感染者では回復した例もあり，平均死亡率は23～25％である．

診　断

マラリアや腸チフスなどとの類症鑑別が必要である．バイオセーフティーレベル4の実験室で血液などからのウイルス分離や遺伝子検出による病原学的診断と，血清診断ができる．

予防・治療

有効かつ特異的なワクチンと治療法はない．

ラッサ熱　一類
lassa fever

病原体

アレナウイルス科（*Arenaviridae*），アレナウイルス（*Arenavirus*）属，ラッサウイルス（*Lassa virus*）．

疫　学

ギニア，リベリア，シエラレオネ，ナイジェリアなどの中央アフリカ西海岸に限局して発生する風土病である．この地域に生息する多乳房ネズミ（マストミス：*Mastomys natelensis*）がウイルスを媒介する．マストミスは生涯にわたって持続感染し，ヒトは咬傷や排泄物に含まれるウイルスによって感染する．ウイルスを含んだ血液や尿によるヒトからヒトへの接触感染も起こる．非流行地における発生は，旅行者による輸入感染症であり，わが国でも発生している．

症　状

不顕性感染から重症例まで病状は多様である．比較的長い潜伏期間（6～21日）の後，発熱，倦怠感，頭痛，のどの痛み，咳，嘔吐，下痢，関節痛，腹痛などの症状を示す．重症例では，顔面や頚部の浮腫，ショック症状，胸水貯留，出血，脳症などを示し，死亡率は発症者の15％に上る．妊娠時に感染すると，胎児死による死流産を高率に示す．

診　断

臨床症状からは，他の熱性，出血性疾患との鑑別は難しい．ウイルス分離やRT-PCR法による遺伝子診断が可能であるが，本ウイルスの取り扱いにはバイオセイフティーレベル4の実験室が必要である．血清学的には，ELISAや蛍光抗体法による抗体測定が行われる．

予防・治療

ワクチンはない．患者の隔離を厳格に行うことで，2次感染を防ぎ得る．発病初期であれば，リバビリンの静脈内投与が有効である．

細菌性赤痢　二類
shigellosis，bacillary dysentery

本文参照（p.30）．

腸管出血性大腸菌感染症　三類
enterohemorrhagic *Escherichia coli* infection

第1章の「大腸菌」の項参照（p.3～12）．

急性E型ウイルス肝炎　四類
viral hepatitis E

病原体

ヘペウイルス（*Hepevirus*）属に分類されるE型肝炎ウイルス（*Hepatitis E virus*）．ウイルス科は未分類．

疫　学

E型肝炎は経口感染する非A非B型肝炎の代表で主な流行地域は東南および中央アジアである．米国，ヨーロッパ諸国，あるいは日本などの衛生状態のよい先進地域での散発発生はこれらの地域への渡航と関連して発生している．主に飲用水の糞便汚染などを介して経口伝播する水系感染である．しかし，最近は米国や日本にも自然発生がある．多くの国で豚に抗体や遺伝子が検出され疫学上の重要性が示唆されているが，サル，犬，猫，牛，羊，山羊，鶏，ラットなどにも抗体が検出され，種間伝播や人獣共通感染の可能性が指摘されている．日本人の平均抗体保有率は5～6%である．発生例の主な原因は豚，イノシシ，シカなどの肝臓や肉の生食である．

症状

潜伏期間は平均6週間で，肝が主要標的器官で急性肝炎を起こす．無症状感染することが多い．症状はA型肝炎と類似し，悪心や腹痛などの消化器症状や黄疸が発現する．ウイルス血症を起こし糞便中にウイルスが排泄される．これらの症状は約2週間続き，慢性化せず1か月ほどで治癒する．しかし，妊婦は例外で劇症肝炎を起こしやすく，死亡率が20%に達することがある．全体の死亡率は1～3%である．

診断

病極期にウイルス特異的IgM抗体の検出，糞便や血清中のウイルスを遺伝子増幅法で検出する．

予防・治療

対症療法のみ．ワクチンは開発されていない．

エキノコックス症 四類
echinococcosis

病原体

多包条虫（*Echinococcus multilocularis*），単包条虫（*Echinococcus granulosus*），ほか2種．

疫学

多包条虫は北半球，ユーラシア大陸の北部，中央ヨーロッパ，旧ソ連邦，トルコ～中国，日本に分布する．主に家畜間で伝播する．単包条虫は世界的に分布し，野生動物間で伝播する．世界的には単包条虫による被害の方が多包条虫による被害よりも大きい．ここでは，わが国で問題となっている多包条虫による感染症について概説する．1936年北海道・礼文島での初発以来，野生動物の餌となる厨芥や畜産廃棄物の増大などにより感染源動物（キツネなど）が増え多包条虫の分布が全道に拡大した．キタキツネ，タヌキなど野生動物から飼い犬や猫の感染も確認され1999年には青森の豚から見つかり津軽海峡を越えて本州に侵入した．

感染経路

生活環は幼虫が寄生する中間宿主（被食者）と成虫が寄生する終宿主（捕食者）の間で成立する．キタキツネやイヌの糞に混じったエキノコックス虫卵が水，食物などを介してヒトが経口感染すると，肝臓に移行した幼虫は無性増殖し致死的な肝機能障害をもたらす．

症状

肝臓，肺，骨，腎臓，脳などが寄生部位である．肝包虫症では肝臓の腫大，黄疸，腹水貯留などの症状が出るまで成人で10年以上を要する．放置すれば全身状態が悪化し悪液質に陥り死亡する．

診断と治療

ELISAによる血清診断（1次検診），ウエスタンブロット法（2次検診）による抗体陽性確認，超音波やX線画像診断を行う．最も有効な治療は外科手術による包虫（幼虫組織）の完全切除である．

予防

感染源であるキツネやイヌなどの終宿主に対する対策が有効である．

黄熱 四類
yellow fever

病原体

フラビウイルス科（*Fraviviridae*），フラビウイルス属（*Flavivirus*），黄熱ウイルス（*Yellow fever virus*）．

疫学

アフリカでは，北緯15度から南緯10度の地域でウイルスが流行する．これに対し，アメリカ大陸ではアマゾン流域を含む北部南米地域と中央アメリカの一部およびカリブ海が流行地域である．アジアでは流行がないが，一部地域にはウイルス媒介可能な蚊と感受性の霊長類が存在するので注意が必要とされる．ウイルスは*Aedes*属や*Haemogogus*属（南米のみ）の蚊によって媒介される．流行地域によって，森林型（猿－蚊－猿，時にヒト），中間型（猿およびヒト－蚊－ヒト），都市型（ヒト－蚊－ヒト）の異なった流行形態を示す．

症　　状

霊長類およびヒトは類似した症状を示す．ヒトでは，3～6日の潜伏期間の後，発熱，筋肉痛，頭痛，けいれん，嘔吐を主徴とする急性期症状を呈す．通常は数日で回復するが，15％程度は黄疸，粘膜部からの出血，蛋白尿，腎不全を示す toxic phase に移行する．

診　　断

発症初期の血液から，猿や蚊の細胞を用いてウイルス分離ができる．RT-PCR 法による遺伝子診断も可能である．血清学的には，中和試験による抗体上昇や IgM 抗体の検出によって診断ができる．

予防・治療

予防には弱毒生ワクチンが使われる．ワクチンの安全性は高く，世界中で使われているが，発育鶏卵を用いているため，卵アレルギーを持つヒトへの接種は注意が必要である．流行地域への旅行者向けに，日本でも輸入ワクチンの接種が特定病院で行われている．

オウム病　四類
psittacosis

本文参照（p.281）．

回帰熱　四類
relapsing fever

病 原 体

シラミ媒介性回帰熱ボレリア（*Borrelia reccurentis*）とダニ媒介性回帰熱ボレリア（*B. duttonii*，*B. hermsii*，*B. turicatae*，*B. parkeri*，*B. mazzottii*，*B. venezuelenis*，*B. hispanica*，*B. crocidurae*，*B. merionesi*，*B. microti*，*B. dipodilli*，*B. persica*，*B. caucasica*，*B. latyschewii*）．

疫　　学

シラミ媒介性回帰熱は戦争・災害・飢饉などで衛生環境が悪化したような状況下で流行し，アフリカ東部・中央部と南米アンデス地方に局在する．ダニ媒介性回帰熱は全世界に存在し，主に北米西部，中南米，地中海，中央アジア，アフリカで流行している．保菌シラミを潰した際や，ダニに咬まれた時に，その唾液や排泄物中の病原体が皮膚や粘膜から擦り込まれて感染する．

症　　状

頭痛，筋肉痛，関節痛，全身倦怠感，咳，悪寒を伴う発熱が発現する．発熱期（菌血症状態）と無熱期（菌血症が治まった状態）を数回繰り返す回帰熱をみる．シラミ媒介性での発熱発作は通常2回であるが，ダニ媒介性では数回～十数回繰り返す．

診　　断

臨床症状と血液検査（白血球数増多，血小板数減少）で診断する．発熱期の血液塗抹標本のギムザ染色，アクリジンオレンジ蛍光染色，または暗視野顕微鏡でらせん菌を証明する．血清抗体価測定．発熱期の血液から菌分離して同定する．

予防・治療

ダニ・シラミとの接触を避ける．発生地へ渡航した場合には，ダニ・シラミの刺咬傷に注意する．感染発症した場合には，抗菌薬（テトラサイクリン，エリスロマイシン）により治療する．

Q　熱　四類
Q fever

本文参照（p.260）．

クリプトスポリジウム症 五類

cryptosporidiosis

病原体

クリプトスポリジウム（*Cryptosporidium parvum*）.

疫学

感染性腸炎を引き起こす原虫性人獣共通感染症である．家畜，犬，猫などにも感染がみられ，子牛の感染率は非常に高い．家畜はヒトへの重要な感染源である．世界的に発生している．先進諸国では水道水やプール遊泳による集団感染が毎年のように発生する．わが国では1996年に水道水による大規模な集団感染があった．

感染経路

オーシストの経口摂取により，汚染された水，野菜，手指などを介して感染する．腸粘膜上皮細胞の微絨毛内で増殖する．感染性のオーシスト（直径約5μmの球形）が糞便に多数排出される．排出直後でも感染性があり，水中や湿潤な環境では半年，低温ではさらに長期間生存する．感染力は非常に強い．1～数個の摂取で感染し発症する．

症状

潜伏期間は4，5日である．健常者と免疫不全患者，初感染か再感染か，摂取したオーシスト数，病原体の株による毒力の差などにより病型は異なる．健常者では普通は1日に数回～10回程度の下痢をみる．有病期間は平均6日（2～30日程度）である．

診断と治療

糞便からのオーシストの検出にて行う．下痢の極期には1ml当たり10^6～10^7個ものオーシストが排出される．検出には簡易迅速ショ糖浮遊法，ショ糖遠心沈殿浮遊法，抗酸染色法，直接蛍光抗体法などを用いる．免疫機能が正常であれば投薬は不要である．脱水症状に留意し，自然治癒する．先天性免疫不全や後天性免疫不全患者の場合には投薬が必要である．

予防

ワクチンはない．2次感染予防・感染の管理が重要である．とくに患者の糞便の取り扱いには細心の注意が必要である．

サル痘 四類

monkey pox

病原体

ポックスウイルス科（*Poxviridae*），コルドポックスウイルス亜科（*Chordopoxvirinae*），オルトポックスウイルス（*Orthopoxvirus*）属，サル痘ウイルス（*Monkeypox virus*）.

疫学

天然痘（痘瘡）が根絶された2年後の1968年，コンゴ民主共和国でヒトのサル痘が初めて発生し，以後中央アフリカや西アフリカで本病の発生が増加している．基本的には感染野生動物（げっ歯類，サル類）の病変部や血液・分泌物中のウイルスに口，鼻，咽頭，皮膚経路で感染する人獣共通感染症であるが，ヒトからヒトへの伝播も起きる．一方，流行地域からの保菌野生動物（げっ歯類やリス類）の輸入によりウイルスが土着動物や愛玩動物（プレーリードッグやウサギなど）に拡散，その後ヒトに伝播した事例が2003年に米国で発生している．日本には未侵入である．

症状

天然痘に類似する．潜伏期間は約2週間で発熱，倦怠感，身体各所の疼痛，リンパ節腫脹が初期症状で，後に発疹が発現し水疱から膿疱，痂皮へと変化し多くの場合治癒する．死亡率は1～10％といわれる．動物（プレーリードッグ）も同様な症状を呈する．

診断

電子顕微鏡検査はポックスウイルス感染症診断の基本であるが，遺伝子診断やウイルス分離法，あるいは血清診断なども可能である．

予防・治療

ワクチンは開発されていないが，種痘免疫は予防効果があるとされている．発生地域では種痘経験者の割合が少なくなるにつれヒト間の伝播が起きやすい傾向にある．支持療法や2次感染防止を主眼にした治療が行われる．

腎症候性出血熱 四類

hemorrhagic fever with renal syndrome

本文参照（p.431）.

ツツガムシ病 四類

tsutsugamushi disease

本文参照（p.265）.

デング熱 四類

dengue fever

病　原　体

フラビウイルス科（*Fraviviridae*），フラビウイルス（*Flavivirus*）属，デングウイルス（*Dengue virus*），1～4の血清型が存在し，血清型間の交差免疫は短期間で消失するため，別の血清型による再感染が起こる．

疫　　学

近年，流行域が拡大しており，アフリカ，南北アメリカ，地中海東部，東南アジア，太平洋西部諸島などの熱帯や亜熱帯地方で流行している．日本では，流行地域から帰国した旅行者の発症が報告されている．*Aedes* 属，主にネッタイシマカ（*Aedes aegypti*）によって媒介される．蚊はウイルスに持続感染し，介卵感染も成立する．主として，ヒト－蚊－ヒトで感染が広がる．

症　　状

臨床症状はデング熱と呼ばれ，発熱の他に，頭痛，筋肉痛，関節痛，発疹が認められる場合があるが，1週間程度で回復する．時として，回復後突然40～41℃の高熱，出血性肺炎，循環障害による胸水や腹水の貯留などの重篤な症状を示す場合があり，デング出血熱と呼ばれる．重症例では，ショック症状を呈して死亡する場合がある．

診　　断

蚊や猿由来細胞を用いてウイルス分離を行う．RT-PCR法による遺伝子診断も可能で，血清型特異的プライマーを使用すれば型別もできる．血清診断は，IgM抗体検出の他に，中和試験やHI試験によって抗体上昇を確認する．

予防・治療

ワクチンはなく，対症療法しかない．とくに，デング出血熱では適切な輸液が必要となる．ネッタイシマカは水たまりで産卵するため，居住域などに雨水が貯留しないよう留意する．

紅　斑　熱 四類

spotted fever

本文参照（p.262）.

ハンタウイルス肺症候群 四類

hantavirus pulmonary syndrome

本文参照（p.431）.

Bウイルス感染症 四類

B-virus infection

本文参照（p.325）.

発疹チフス　四類
epidemic typhus

本文参照（p.264）.

ボツリヌス症（乳児ボツリヌス症）　四類
botulism（infant botulism）

病原体

ボツリヌス菌（*Clostridium botulinum*）.

疫学

ボツリヌス菌の芽胞に汚染された食品を摂取し，芽胞が乳児腸管内で発芽して，そこで産生された毒素により発病する．致命率はボツリヌス中毒とは異なり，1～3％と低い．

症状

弛緩性の麻痺，呼吸麻痺を主症状とする．便秘状態が続き，全身の筋力が低下する脱力状態になり，哺乳力が低下して泣き声が小さくなる．顔面は無表情，頚部筋肉の弛緩により頭部を支えられなくなる．

診断

臨床症状と筋電図による診断，便からの毒素または菌の検出にて行う．

予防・治療

芽胞による汚染の可能性がある食品（ハチミツ，コーンシロップ，野菜ジュース）を避けることが唯一の予防策である．治療は抗菌薬投与による除菌を行う．

マラリア　四類
malaria

病原体

熱帯熱マラリア原虫（*Plasmodium falciparum*），三日熱マラリア原虫（*P. vivax*），卵形マラリア原虫（*P. ovale*），四日熱マラリア原虫（*P. malariae*）.

疫学

熱帯アフリカ，インド亜大陸，東南アジア，オセアニア，中南米に多発，他にも広く分布している．唾液腺にスポロゾイトを有するハマダラカがヒトを刺して感染させる．輸血や針刺し事故もある．ヒト血中に入ったスポロゾイトは，肝細胞に取り込まれて分裂しメロゾイトとなり，肝細胞を破壊して血中に遊離して赤血球に侵入する．赤血球内でさらに分裂し，新たな赤血球への侵入を繰り返し（無性生殖），一部が雌雄の区別のある生殖母体へと分化する（有性生殖）．これらはヒト体内では合体しないが，ハマダラカに吸われると中腸内で雌雄が合体受精し，オーシストとなり，その中に多数のスポロゾイトが形成され，唾液腺に移行集積する．

症状

潜伏期間は1～4週間だが，三日熱と卵形マラリア原虫の中には，感染後すぐに分裂せず，時に数か月～1年以上の後に発症するものもある．三日熱，卵形，四日熱マラリアでは，発熱と悪寒があっても生命を脅かすことは通常ない．治療が開始されないと，数日後に1日または2日おきの発熱パターンに移行する．四日熱マラリアが慢性化した場合にネフローゼ症候群を併発する．熱帯熱マラリアでは，発熱に伴う頭痛，倦怠感，筋肉痛，関節痛が強く，時に悪心・嘔吐，下痢，咳などを伴い，治療が遅れて重度になると，脳症による錯乱，痙攣，昏睡，肺水腫による呼吸不全，あるいは急性腎不全による尿毒症にまで発展し，死亡する危険性もある．貧血は初期にはないこともあるが，血小板減少，LDH上昇，総コレステロール低下，血清アルブミン低下は高率にみられる．

診断

血液塗抹標本のギムザ染色あるはアクリジンオレンジ蛍光染色による鏡検にて行う．PCR法も可能である．

予防・治療

予防は，①蚊による刺咬を避ける，②抗マラリア薬の予防的服用，③マラリアを疑う場合に自身の判断で直ちに抗マラリア薬を服用，を励行する．治療には，抗マラリア薬（クロロキン，キニーネ等）を使用するが，耐性化が進行しているので，流行地での有効薬剤に注意を払う．

ライム病　四類

lyme disease

本文参照（p.151）．

リッサウイルス感染症　四類

lyssavirus infection

病　原　体

モノネガウイルス目（*Mononegavirales*），ラブドウイルス科（*Rhabdoviridae*），リッサウイルス（*Lyssavirus*）属に属する狂犬病ウイルス以外のリッサウイルスの感染症である．古くから知られている狂犬病ウイルスが遺伝子型1型，各種コウモリから検出されたラゴスコウモリウイルス，モコラウイルス，ドーベンハーゲウイルス，ヨーロッパコウモリリッサウイルス1型，ヨーロッパコウモリリッサウイルス2型，オーストラリアコウモリリッサウイルスが遺伝子型2～7型の代表ウイルスで，ウイルス性状は狂犬病ウイルスに類似する．

疫　　　学

主としてヨーロッパ，ロシア，アフリカ，オーストラリアに分布している．これらのウイルスを保有する野生コウモリとの接触により感染するものと考えられる．1996年にオーストラリアコウモリリッサウイルス，2002年にはヨーロッパコウモリリッサウイルス2型の感染犠牲者が報告されている．フィリピンではコウモリの感染が血清学的に証明されている．日本ではコウモリからラブドウイルス科のウイルス（例えばオーイタラブドウイルス）が検出されているが，既知のリッサウイルスは未だ発見されていない．

症　　　状

ラゴスコウモリウイルス以外のリッサウイルスはヒトに狂犬病類似脳炎を起こすことが知られている．狂犬病の項を参照．

診　　　断

発生頻度は狂犬病に比して非常に低いが，狂犬病との病原学的鑑別が必要である．狂犬病の項を参照．

予防・治療

流行地域ではコウモリとの接触を避ける．暴露の危険が生じた場合は医療機関で受診する．専用のワクチンはない．狂犬病の項を参照．

付　　　表

付表 1　感染症の予防および感染症の患者に対する医療に関する法律（平成 15 年 12 月 18 日施行）の対象疾病のうち人獣共通感染症あるいはその疑いのある疾病

	感染症名	性　格
感染症類型	【一類感染症】 エボラ出血熱，クリミア・コンゴ出血熱，ペスト，マールブルグ病，ラッサ熱，重症急性呼吸器症候群（SARS），＜天然痘＞	・感染力，罹患した場合の重篤性等に基づく総合的な観点からみた危険性がきわめて高い感染症． ・患者，擬似症患者および無症状病原体保有者について入院等の措置を講じることが必要．
	【二類感染症】 細菌性赤痢，＜急性灰白髄炎，コレラ，ジフテリア，腸チフス，パラチフス＞	・感染力，罹患した場合の重篤性等に基づく総合的な観点からみた危険性が高い感染症． ・患者および一部の擬似症患者について入院等の措置を講じることが必要．
	【三類感染症】 腸管出血性大腸菌感染症	・感染力および罹患した場合の重篤性等に基づく総合的な観点からみた危険性は高くないが，特定の職業への就業によって感染症の集団発生を起こし得る感染症． ・患者および無症状病原体保有者について就業制限等の措置を講じることが必要．
	【四類感染症】 ウエストナイル熱（ウエストナイル脳炎を含む），エキノコックス症，黄熱，オウム病，回帰熱，Q 熱，狂犬病，コクシジオイデス症，腎症候性出血熱，炭疽，ツツガムシ病，デング熱，日本紅斑熱，日本脳炎，ハンタウイルス肺症候群，B ウイルス病，ブルセラ症，発疹チフス，マラリア，ライム病，レジオネラ症，急性 A 型ウイルス肝炎，急性 E 型ウイルス肝炎，高病原性鳥インフルエンザ，サル痘，ニパウイルス感染症，野兎病，リッサウイルス感染症，レプトスピラ症，ボツリヌス症	・動物，飲食物等の物件を介してヒトに感染し，国民の健康に影響を与えるおそれがある感染症（ヒトからヒトへの伝染はない．）． ・媒介動物の輸入規制，消毒，物件の廃棄等の物的措置が必要．
	【五類感染症】 全数把握感染症　14 種：アメーバ赤痢，クリプトスポリジウム症，クロイツフェルト・ヤコブ病，劇症型溶血性レンサ球菌感染症，ジアルジア症，破傷風，バンコマイシン耐性腸球菌感染症，バンコマイシン耐性黄色ブドウ球菌感染症，急性脳炎，＜他，後天性免疫不全症候群など 5 種＞ 定点把握感染症　28 種：ペニシリン耐性肺炎球菌感染症，メチシリン耐性黄色ブドウ球菌感染症，薬剤耐性緑膿菌感染症，＜他，百日咳など 25 種＞	・国が感染症の発生動向の調査を行い，その結果等に基づいて必要な情報を国民一般や医療関係者に情報提供・公開していくことによって，発生・まん延を防止すべき感染症．
指定感染症	政令で 1 年間に限定して指定された感染症	・既知の感染症のうち上記一～三類に分類されない感染症であって，一～三類に準じた対応の必要性が生じた感染症．
新感染症	【当初】 都道府県知事が厚生大臣の技術的指導・助言を得て個別に応急対応する感染症	・ヒトからヒトに伝染すると認められる疾病であって，既知の感染症と症状等が明らかに異なり，当該疾病に罹患した場合の病状の程度が重篤であり，かつ，当該疾病のまん延により国民の生命および健康に重大な影響を与えるおそれがあると認められるもの．
	【要件指定後】 政令で症状などの要件指定をした後に一類感染症と同様の扱いをする感染症	

＜　＞内はヒトのみの感染症

注）一～三類感染症は獣医師による届け出が義務付けられている．

付表2　細菌学名の新旧対照表

旧学名	新学名
Bacillus larvae	*Paenibacillus larvae* subsp. *larvae*
Bacillus piliformis	*Clostridium piliforme*
Bacteroides nodosus	*Dichelobacter nodosus*
Chlamydia pecorum	*Chlamydophila pecorum*
Chlamydia pneumoniae	*Chlamydophila pneumoniae*
Chlamydia psittaci	*Chlamydophila abortus* *Chlamydophila caviae* *Chlamydophila felis* *Chlamydophila psittaci*
Corynebacterium pyogenes *Actinomyces pyogenes*	*Arcanobacterium pyogenes*
Corynebacterium suis *Eubacterium suis*	*Actinobaculum suis*
Cowdria ruminantium	*Ehrlichia ruminantium*
Ehrlichia bovis	*Anaplasma bovis*
Ehrlichia phagocytophila	*Anaplasma phagocytophilum*
Eperythrozoon suis *Mycoplasma haemosuis*	*Mycoplasma suis*
Eperythrozoon wenyonii	*Mycoplasma wenyonii*
Ehrlichia risticii	*Neorickettsia risticii*
Erysipelothrix rhusiopathiae 血清型 3，7，10，14，20，22，23 血清型 13，18	 *E. tonsillarum* *Erysipelothrix* spp.
Fusobacterium necroforum	*Fusobacterium necroforum* subsp. *necroforum* *Fusobacterium necroforum* subsp. *fundriforme*
Haemobartonella felis	*Mycoplasma haemofelis*
Haemobartonella muris	*Mycoplasma haemomuris*
Haemobartonella canis	*Mycoplasma haemocanis*
Pasteurella anapestifer	*Riemerella anatipestifer*
Pasteurella haemolytica	*Mannheimia haemolytica*
Pasteurella haemolytica biovar T.	*Pasteurella trehalosi*
Pseudomonas mallei	*Burkholderia mallei*
Pseudomomas pseudomallei	*Burkholderia pseudomallei*
Pseudomomas cepacia	*Burkholderia cepacia*
Rickettsia tsutsugamushi	*Orientia tsutsugamushi*
Rochalimaea 属 *Bartonellacease* 科	*Bartonella* 属 （リケッチャから細菌へ）
Salmonella choleraesuis	*Salmonella enterica*
Streptococcus pluton *Melissococcus pluton*	*Melissococcus plutonius*
Streptococcus faecalis	*Enterococcus faecalis*
Treponema hyodysenteriae *Serpulina hyodysenteriae*	*Brachyspira hyodysenteriae*
Vibrio anguillarum	*Listonella anguillarum*

付表 3　2005 年現在で正式に記載された *Salmonella* 属の菌種

Salmonella enterica subsp. *enterica*
Salmonella enterica subsp. *salamae*
Salmonella enterica subsp. *arizonae*
Salmonella enterica subsp. *diarizonae*
Salmonella enterica subsp. *houtenae*
Salmonella enterica subsp. *indica*
Salmonella bongori

（Int. J. Syst. Evol. Microbiol. 55：521-524. 2005）

付表4　法定家畜伝染病（平成15年6月11日公布）

法定家畜伝染病	家畜の種類
牛　疫	牛，めん羊，山羊，豚，水牛，しか，いのしし
牛肺疫	牛，水牛，しか
口蹄疫	牛，めん羊，山羊，豚，水牛，しか，いのしし
流行性脳炎	牛，馬，めん羊，山羊，豚，水牛，しか，いのしし
狂犬病	牛，馬，めん羊，山羊，豚，水牛，しか，いのしし
水胞性口炎	牛，馬，豚，水牛，しか，いのしし
リフトバレー熱	牛，めん羊，山羊，水牛，しか
炭　疽	牛，馬，めん羊，山羊，豚，水牛，しか，いのしし
出血性敗血症	牛，めん羊，山羊，豚，水牛，しか，いのしし
ブルセラ病	牛，めん羊，山羊，豚，水牛，しか，いのしし
結核病	牛，山羊，水牛，しか
ヨーネ病	牛，めん羊，山羊，水牛，しか
ピロプラズマ病（バベシア・ビゲミナ，バベシア・ボビス，バベシア・エクイ，バベシア・カバリ，タイレリア・パルバ，タイレリア・アヌラタによるものに限る）	牛，馬，水牛，しか
アナプラズマ病（アナプラズマ・マージナーレによるものに限る）	牛，水牛，しか
伝達性海綿状脳症	牛，めん羊，山羊，水牛，しか
鼻　疽	馬
馬伝染性貧血	馬
アフリカ馬疫	馬
豚コレラ	豚，いのしし
アフリカ豚コレラ	豚，いのしし
豚水胞病	豚，いのしし
家きんコレラ	鶏，あひる，うずら，七面鳥
高病原性鳥インフルエンザ（家きんペスト）	鶏，あひる，うずら，七面鳥
ニューカッスル病	鶏，あひる，うずら，七面鳥
家きんサルモネラ感染症（サルモネラ・プローラム，サルモネラ・ガリナルムによるものに限る）	鶏，あひる，うずら，七面鳥
腐蛆病	みつばち

付表5　届出伝染病（平成12年2月4日公布）

届出伝染病	家畜の種類
ブルータング	牛，水牛，しか，めん羊，山羊
アカバネ病	牛，水牛，めん羊，山羊
悪性カタル熱	牛，水牛，しか，めん羊
チュウザン病	牛，水牛，山羊
ランピースキン病	牛，水牛
牛ウイルス性下痢・粘膜病	牛，水牛
牛伝染性鼻気管炎	牛，水牛
牛白血病	牛，水牛
アイノウイルス感染症	牛，水牛
イバラキ病	牛，水牛
牛丘疹性口炎	牛，水牛
牛流行熱	牛，水牛
類鼻疽	牛，水牛，しか，馬，めん羊，山羊，豚，いのしし
破傷風	牛，水牛，しか，馬
気腫疽	牛，水牛，しか，めん羊，山羊，豚，いのしし
レプトスピラ症（レプトスピラ・ポモナ，レプトスピラ・カニコーラ，レプトスピラ・イクテロヘモリジア，レプトスピラ・グリポティフォーサ，レプトスピラ・ハージョ，レプトスピラ・オータムナーリス及びレプトスピラ・オーストラーリスによるものに限る）	牛，水牛，しか，豚，いのしし，犬
サルモネラ症（サルモネラ・ダブリン，サルモネラ・エンテリティディス，サルモネラ・ティフィムリウム及びサルモネラ・コレラエスイスによるものに限る）	牛，水牛，しか，豚，いのしし，鶏，あひる，七面鳥，うずら
牛カンピロバクター症	牛，水牛

つづく

付表5　届出伝染病（平成12年2月4日公布）（つづき）

届出伝染病	家畜の種類
トリパノソーマ病	牛，水牛，馬
トリコモナス病	牛，水牛
ネオスポラ症	牛，水牛
牛バエ幼虫症	牛，水牛
ニパウイルス感染症	馬，豚，いのしし
馬インフルエンザ	馬
馬ウイルス性動脈炎	馬
馬鼻肺炎	馬
馬モルビリウイルス肺炎	馬
馬　痘	馬
野兎病	馬，めん羊，豚，いのしし，兎
馬伝染性子宮炎	馬
馬パラチフス	馬
仮性皮疽	馬
小反芻獣疫	しか，めん羊，山羊
伝染性膿疱性皮膚炎	しか，めん羊，山羊
ナイロビ羊病	めん羊，山羊
羊　痘	めん羊
マエディ・ビスナ	めん羊
伝染性無乳症	めん羊，山羊
流行性羊流産	めん羊
トキソプラズマ病	めん羊，山羊，豚，いのしし
疥　癬	めん羊
山羊痘	山羊
山羊関節炎・脳脊髄炎	山羊
山羊伝染性胸膜肺炎	山羊
オーエスキー病	豚，いのしし
伝染性胃腸炎	豚，いのしし
豚エンテロウイルス性脳脊髄炎	豚，いのしし
豚繁殖・呼吸障害症候群	豚，いのしし
豚水疱疹	豚，いのしし
豚流行性下痢	豚，いのしし
萎縮性鼻炎	豚，いのしし
豚丹毒	豚，いのしし
豚赤痢	豚，いのしし
鳥インフルエンザ	鶏，あひる，七面鳥，うずら
鶏　痘	鶏，うずら
マレック病	鶏，うずら
伝染性気管支炎	鶏
伝染性喉頭気管炎	鶏
伝染性ファブリキウス嚢病	鶏
鶏白血病	鶏
鶏結核病	鶏，あひる，七面鳥，うずら
鶏マイコプラズマ病	鶏，七面鳥
ロイコチトゾーン病	鶏
あひる肝炎	あひる
あひるウイルス性腸炎	あひる
兎ウイルス性出血病	兎
兎粘液腫	兎
バロア病	みつばち
チョーク病	みつばち
アカリンダニ症	みつばち
ノゼマ病	みつばち

表6　国際獣疫事務局（OIE）リスト疾病一覧

病　名	OIE リスト	病　名	OIE リスト
アフリカ豚コレラ	A	伝染性無乳症	B
アフリカ馬疫	A	トリコモナス病（牛）	B
小反芻獣疫	A	トリパノソーマ病症（牛）	B
ニューカッスル病	A	ナイロビ羊病	B
羊痘・山羊痘	A	鶏　痘	B
ブルータング	A	ハートウォーター	B
ランピースキン病	A	バベシア病（牛）	B
リフトバレー熱	A	バロア病	B
高病原性鳥インフルエンザ	A	羊精巣上体炎（*Brucella ovis*）	B
牛　疫	A	羊肺腺種症	B
牛肺疫	A	ひな白痢	B
口蹄疫	A	ブルセラ病（牛）	B
水胞性口炎	A	ブルセラ病（山羊・羊）（*B. ovis* を除く）	B
豚コレラ	A	ブルセラ病（豚）	B
豚水胞病	A	ベネズエラ馬脳脊髄炎	B
Q 熱	B	放線菌症	B
アカリンダニ症	B	豚嚢虫症	B
悪性カタル熱	B	マエディ・ビスナ	B
アナプラズマ症（牛）	B	マレック病	B
アヒルウイルス性腸炎	B	山羊伝染性胸膜肺炎	B
アヒル肝炎	B	野兎病	B
アメリカ腐蛆病	B	ヨーネ病	B
兎ウイルス性出血病	B	ヨーロッパ腐蛆病	B
兎粘液腫	B	流行性羊流産	B
牛カンピロバクター症	B	レプトスピラ症	B
馬疥癬	B	萎縮性鼻炎	B
馬　痘	B	家きんコレラ	B
馬伝染性貧血	B	牛海綿状脳症	B
馬脳脊髄炎（東部および西部）	B	牛伝染性鼻気管炎	B
馬鼻肺炎	B	牛嚢虫症	B
馬ピロプラズマ病	B	狂犬病	B
エキノコックス症，包虫症	B	鶏クラミジア症	B
オーエスキー病	B	鶏マイコプラズマ症（*M. galisepticum*）	B
家きんチフス	B	鶏脳脊髄炎	B
仮性皮疽	B	出血性敗血症	B
旧大陸スクリューワーム	B	炭　疽	B
結核病（牛）	B	伝染性気管支炎	B
結核病（鶏）	B	伝染性喉頭気管炎	B
サルモネラ症（*S.* Abortusovis）	B	豚エンテロウイルス性脳脊髄炎	B
新大陸スクリューワーム	B	豚繁殖・呼吸障害症候群	B
スクレイピー	B	日本脳炎	B
ズルラ病	B	馬インフルエンザ	B
タイレリア病	B	馬ウイルス性動脈炎	B
地方病性牛白血病	B	馬伝染性子宮炎	B
デルマトフィルス症	B	鼻　疽	B
伝染性胃腸炎	B	媾　疫	B
伝染性ファブリキウス嚢病（ガンボロ病）	B		

動物検疫所ホームページ（http://www.maff-aqs.go.jp/）より，2006 年 3 月現在

日本語索引

う

え

き

く

そ

た

ち

つ

て

と

な

に

ぬ

外国語索引

A

B

C

D

E

T

U

V

W

Y

Z

獣医感染症カラーアトラス第2版　定価 26,250 円（本体 25,000 円＋税）

1999 年 1 月 31 日　第 1 版第 1 刷発行
2006 年 5 月 15 日　第 2 版第 1 刷発行
＜検印省略＞

監修者　見　上　彪
発行者　永　井　富　久
印　刷　中　央　印　刷　㈱
製　本　㈱　三　森　製　本　所

発　行　**文永堂出版株式会社**
〒113-0033　東京都文京区本郷 2 丁目 27 番 3 号
TEL　03-3814-3321　FAX　03-3814-9407
URL　http://www.buneido-syuppan.com
振替　00100-8-114601 番

ISBN　4-8300-3203-0 C3061